DIE ENTWICKLUNG DER ZAHNRAD-TECHNIK

DIE ENTWICKLUNG DER ZAHNRAD-TECHNIK

ZAHNFORMEN UND TRAGFÄHIGKEITSBERECHNUNG

VON

H.-CHR. GRAF v. SEHERR-THOSS

MÜNCHEN

UNTER MITWIRKUNG VON

DR.-ING. HABIL. STEFAN FRONIUS

O. PROFESSOR AN DER TECHNISCHEN UNIVERSITÄT
DRESDEN

MIT 329 BILDERN UND 135 TABELLEN

MIT DEUTSCHEM
UND ENGLISCHEM VORWORT

SPRINGER-VERLAG

BERLIN · HEIDELBERG · NEW YORK

1965

ISBN-13: 978-3-642-92907-6   e-ISBN-13: 978-3-642-92906-9
DOI: 10.1007/978-3-642-92906-9

Titel Nr. 1289

Geleitwort

Bei der Herausgabe des Buches von Conrad Matschoss und Karl Kutzbach „Geschichte des Zahnrades", anläßlich des 25-jährigen Geschäftsjubiläums der Zahnradfabrik Friedrichshafen AG, 1940, wurde darauf hingewiesen, daß jener Teil des Werkes, der die Wissenschaft, die Herstellung und die Prüfung des Zahnrades umfaßt, auf die Zeit nach Abschluß des Krieges verschoben werden mußte. Es wurde der Hoffnung Ausdruck gegeben, daß ein Gesamtwerk in seiner Geschlossenheit der deutschen Zahnradtechnik jene Plattform bieten möge, von der aus sie weiterhin erfolgreich voranschreiten kann. Der Tod der Verfasser machte diese Fortführung unmöglich.

Heute dürfen wir aus Anlaß des 50-jährigen Bestehens der Zahnradfabrik Friedrichshafen AG eine umfassende Bearbeitung der Entwicklung der Technik des Zahnrades und der Verzahnung in Buchform vorlegen, die in ihrer Sorgfalt der Sicherung und der Verwendung historischer Daten beispielgebend sein dürfte. Den Fachleuten wird dieses Werk vieles geben können, was bisher noch nie in dieser geschlossenen Form der Behandlung historischer Anfänge bis in die Neuzeit hinein geboten wurde.

Wir haben bereits mit der Bearbeitung eines weiteren Buches über die Herstellverfahren der Zahnradtechnik begonnen. Das hiermit der Öffentlichkeit übergebene Buch wird zusammen mit dem zweiten Werk eine kaum zu übertreffende Aktualität haben. Die bisher bekannten Arbeiten zeigen alle mehr oder weniger Teilgebiete. Das neue Buch kann einen fühlbaren Mangel beseitigen.

Wir fühlen uns berechtigt, an dieser Stelle dem Verfasser, Graf von Seherr-Thoss, und allen Mitarbeitern herzlich zu danken und diesem Buch eine geneigte Leserschaft zu wünschen.

Friedrichshafen, im Oktober 1965

Dr.-Ing. E. h. Albert Maier

Vorwort

Die Technik ist heute an einem Punkte angelangt, wo sie genetisch betrachtet sein will, um voll verstanden zu werden. Nicht mehr ausreichend ist die rein kulturgeschichtliche Gestaltungslehre. Vielmehr muß man ihre Grundlagen betrachten, die Theorien und Praktiken, aus denen sie schließlich entstand. Es sind einerseits mathematische und naturwissenschaftliche Grundlagen, andererseits empirisch gewonnene Erkenntnisse. Die Bemessungsgrundlagen der technischen Gebilde entstammen den exakten Naturwissenschaften; diese sind immer mehr in die Technik eingedrungen. Aufgabe der Technikgeschichte sollte es jetzt werden, die Entwicklung dieser bestimmenden Grundlagen zu schildern. Nur eine solche Betrachtungsweise entspricht dem heutigen Wissensstande. Gleichzeitig kommt man aber damit zu einer Diskussion unserer heutigen technischen Situation. Schritte in dieser Richtung sind schon gemacht worden, und auch diese Arbeit soll dazu beitragen.

Besonders notwendig ist die wissenschaftliche Betrachtungsweise beim Zahnrad. Allgemein gesehen ist die geschichtliche Entwicklung der Maschinenelemente besonders wichtig zum Verständnis unserer heutigen Maschinen. Die Behandlung der Zahnräder im Rahmen der Maschinenelemente aber reicht nicht mehr aus. Die Zahnräder sind heute ein eigenes Gebiet der angewandten Wissenschaften, das eine Technik für sich wurde: die Zahnradtechnik. Diese gründet sich auf nahezu alle exakten Naturwissenschaften, dazu auf Mathematik und Geometrie. Die Entwicklung bestätigt, daß der Begriff „Zahnradtechnik" berechtigt ist. „Art of Gear Design" nennt sie 1936 zum ersten Male der Engländer MERRITT treffend, als Kunst innerhalb der technischen Künste.

Ziel dieser Arbeit ist es ferner, weiteres Licht in die Anonymität der Technik fließen zu lassen. Während es in den Geistes- und Naturwissenschaften selbstverständlich ist, Werke, Theorien und Gesetze nach ihren Schöpfern und Entdeckern zu benennen und mit biographischen Angaben wiederzugeben, so daß sie zu Begriffen werden, folgt die Technik diesem Brauch nur zögernd.

Nachdem aber heute die Technik als Disziplin anerkannt ist, muß endlich auch hier diese falsche Bescheidenheit einer Würdigung dieser schöpferischen Menschen Platz machen. Die sonst gewünschte nüchterne Kürze der Ingenieursprache muß bei der genetischen Schilderung etwas breiter werden.

Die vielen Ingenieure, die sich seit vierhundert Jahren mit Zahnrädern beschäftigen, sahen vornehmlich auf Gegenwart und Zukunft. Sie hinterließen nur wenige Aufzeichnungen über ihre Erfahrungen, Eindrücke und Meinungen. Das ist heute noch genauso. Viel Bekanntes muß sich der Nachwuchs immer wieder neu erarbeiten, wodurch viel Zeit verlorengeht. Später ist es dann schwer, die Gründe für frühere Entscheidungen anzugeben, was man in der politischen Geschichte als selbstverständlich erwartet. Vielleicht hilft eine solche Art der genetischen Darstellung unseren tätigen Ingenieuren, den heutigen Stand der Zahnradtechnik besser zu verstehen und die bereits von ihren Vorgängern geleistete Arbeit wirkungsvoller zu nutzen. Wahrscheinlich gilt auch für die

Technik, die doch so reißend fortschreiten soll, der Satz: wer die Vergangenheit kennt, kennt auch die Zukunft. Denn wie oft hört man gerade in der Technik sagen: es ist alles schon einmal dagewesen.

Die Vorbereitung zu dieser Arbeit begann 1955. Es wurde zunächst der weit verstreute Stoff gesammelt. Diese Stoffsammlung gestaltete sich sehr schwierig, trotzdem lag sie im November 1960 so gut wie fertig vor. Am 5. Januar 1961 wurde die Stoffgliederung festgelegt. Daraufhin begann der Technische Vorstand der Zahnradfabrik Friedrichshafen (ZF), Dr.-Ing. E.h. ALBERT MAIER, die Arbeit zu fördern. Im Oktober 1961 begann die Abfassung des endgültigen Manuskriptes. Zur gleichen Zeit erklärte sich Professor Dr.-Ing. habil. STEFAN FRONIUS zur Mitwirkung, der Springer-Verlag zur Publizierung der Arbeit bereit. Professor FRONIUS bearbeitete das Manuskript in hervorragender Weise, wofür ich ihm herzlich danke.

Die Arbeit wurde ausgeführt in der Bayerischen Staatsbibliothek, den Bibliotheken des Deutschen Museums, des Deutschen Patentamtes, des ADAC und der Technischen Hochschule, sämtlich in München. Eine besondere Unterstützung gewährte die Eisen-Bibliothek, Stiftung der Georg Fischer AG Schaffhausen. In diesen Instituten danke ich den Bibliothekaren EUGEN PÖHLMANN (1905 bis 1965) und EMIL REIFER für ihre jederzeit große Hilfsbereitschaft.

Besonders gern danke ich meinem verehrten Lehrer, Dr. GUSTAV GERKE, der mich in die Grundlagen der technischen Wissenschaften einführte. Ferner danke ich Dr. CHARLOTTE BAUSCHINGER und Dr. ROBERT THÉVOZ für viele Ratschläge während der Abfassung des Manuskriptes. Ich danke allen, die mich speziell in die Zahnradtechnik einführten, vor allem Dr.-Ing. E.h. ALBERT MAIER, der mir den Erwerb solcher Kenntnisse in schwerer Zeit ermöglichte und meine Interessen förderte. Weiter danke ich aus der ZF Direktor OTTMAR SCHNEIDER, den Oberingenieuren ANTON ZITTRELL (1909 bis 1957), JULIUS KIECHLE, ALOIS FISCHER, EUGEN HARTMANN und Ingenieur BERTHOLD TROLL, die mir alle viele Spezialkenntnisse und -fertigkeiten vermittelten. Dr.-Ing. HANS WINTER und Dipl.-Ing. ALFRED SEIFRIED betreuten die Arbeit mit Tat, Rat und Geduld. Dipl.-Ing. KURT HALLER hat die Korrekturen gründlich bearbeitet und noch viele Anregungen gegeben.

Für die Hilfe bei der Beschaffung der zahlreichen Bildvorlagen danke ich der Photoabteilung des Deutschen Museums, vor allem Herrn RICHARD GURRA, und dem Industriephotoatelier MARIANNE KUNATH. Meiner Frau danke ich für die Aufstellung der Register.

München, im Juli 1965

Hans-Christoph Graf von Seherr-Thoss

Preface

The aim of this work is to be both a technological history and a history of technological theory up to the present time. In pursuing this course I believe to be following a
new approach to technical history. Moreover, the engineers of today know little about
the development of gear science and even less regarding the life and work of its origina-
tors. History takes good care of statesmen, authors and soldiers. It is even kind to the
pioneer engineers who have first affected society. But little is known about the creators
of the art of gear design, who can hardly fail to be of interest to their colleagues of today.
They were busy men and modest, their records are mainly mathematics, theories of
strength, or mechanical devices. But the gear science of today is of little thought of
their origin. This was why the history of gear art and design had to be written. Here are
given many lectures and articles on the subject which are important for all the technical
literature, in journals, transactions and books of course.

Much of the creative work in gear art and production has been done in England and
the United States. The French were pioneers in mathematics and natural philosophy;
they have always shown an aptitude for refinements and ingenious novelties; so the
French have influenced other nations through their ideas. The English and Americans
are leading nations in the gear art because: first, they are the most technical and
practical minded people; second, they worked close together owing to their common
language and customs; third, England pioneered the iron and steel age with all its
inventions and mechanical developments. Fourth, both these nations developed the
efficient mass production and the economy of a mechanized twentieth century. And
in all these points, gears were unavoidable.

Although written in German language this book has to acknowledge the achievements
of British and American engineers for gear science. Think of HAWKINS, BUCHANAN,
WILLIS, WHITE, FAIRBAIRN, TREDGOLD, WATT, SANG, PARSONS, BOSTOCK, SYKES,
SUNDERLAND on the British side, GRANT, LEWIS, JOSEPH BROWN, GLEASON, FELLOWS,
BUCKINGHAM, CANDEE and ALMEN on the American side. The industrial life of the
United States is so vast that a comprehensive history of even a single industry, as the
gear business is, would run far beyond the limits of one volume.

Further we have to praise the achievements of the Swiss gear scientists and gear-
machine inventors. Their tradition begins with EULER and the BERNOULLI family,
with BODMER, WUEST, MAAG, TEN BOSCH, BRANDENBERGER, WILDHABER and BAUD
in their succession. Known all over the world they worked in these countries with great
success.

Gear art seems unthinkable and progress impossible without these people, and I am
proud to spotlight them now.

I had been fortunate in the help I have had in connexion with this volume and I am happy to take this opportunity of thanking those who have assisted me. In the course of my search for material I visited the libraries of the Deutsches Museum, Bayerische Staatsbibliothek, Patent Office, Automobile Club and the Technical Colleges, all of Munich.

The majority of illustrations required were prepared from my archives and the Picture Department of the Deutsches Museum, Munich.

This work would not have been possible without the interest shown by the *Zahnradfabrik Friedrichshafen*, who celebrate their fiftieth anniversary this october, and the active support and encouragement the project received from Dr. ALBERT MAIER, director and technical head of the Company.

Munich, Germany, July 1965

Count H. C. Seherr-Thoss

Inhaltsverzeichnis

Kapitel 1

Das Zahnrad als Organ der Kraftübertragung

Allgemeine Übersicht über den Getriebebau

Seite

1.1 Zahnräder in Kraftmaschinen 7
1.2 Zahnräder in Eisen- und Straßenbahnen 11
1.3 Zahnräder in Kraftfahrzeugen 23
1.4 Zahnräder in Schiffen 32
1.5 Zahnräder in Flugzeugen 38
1.6 Zahnräder in Werkzeugmaschinen 45
1.7 Zahnräder in Walzwerken 45
1.8 Zahnräder in Hebezeugen 48

Kapitel 2

Die Entwicklung der Zahnformen und Verzahnungssysteme

2.1 Die geometrisch-kinematischen Grundlagen der Zahnräder 54
  2.11 Die Entdeckung der Rollkurven für die Zahnradtechnik 60
  2.12 Die Begründung der modernen Verzahnungslehre durch ROBERT WILLIS . . . 81
  2.13 Die Verfahren zum Zeichnen von Gegenflanken für beliebige Zahnprofile seit 1827 96
  2.14 Die Entstehung der Verzahnungsgesetze 105
  2.15 Die Entwicklung der geometrisch-kinematischen Grundlagen für Schrauben- bzw. Schrägzahnräder 111
  2.16 Geräte und Methoden zum Zeichnen von Verzahnungen auf Grund des Verzahnungsgesetzes 137
  2.17 Die Evolventen-Verzahnung und die Gründe zu ihrer Verbreitung. Mathematische Evolventen-Beziehungen und ihre Ausnutzung für die Zahnradtechnik 149
  Literatur zum Kapitel 2.1 167
2.2 Die Entwicklung der Stirnräder und ihrer Verzahnungen 170
  2.21 Verzahnungen und Satzrädersysteme bis zur Normung eines Bezugsprofils . . . 171
  2.22 Die Betrachtung der Zusammenhänge von Eingriffstörung-Unterschnitt-Eingriffdauer-Gleitgeschwindigkeit 190
  2.23 Die Entwicklung der Methoden zur Beseitigung von Unterschnitt, Eingriffstörung und zur Verbesserung von Laufeigenschaften 207
  2.24 Sonder-Verzahnungen für hohe Tragfähigkeit 239
  Literatur zum Kapitel 2.2 251

Kapitel 3

Die Entwicklung der Tragfähigkeitsberechnung von Zahnrädern

3.1 Die Zahnradberechnung bis zu den Anfängen des Großkraftmaschinenbaues 258
  3.11 Erste Festigkeitsberechnungen im Mühlen- und Dampfmaschinenbau 259
  3.12 Die Begründung der Zahnradberechnung auf Festigkeit durch den Engländer THOMAS TREDGOLD 1822 264
  3.13 Die ersten Maschinen-Wissenschaftler in Deutschland und ihre Zahnradberechnung 274
  Literatur zum Kapitel 3.1 292

Seite

3.2 Die Berechnung der Tragfähigkeit nach CARL VON BACH 292
   3.21 Die Formel von CARL VON BACH zur Berechnung von Radzähnen 1881 293
   3.22 Die Kritiker von CARL VON BACH bis 1926 308
   3.23 Die Berechnung von Kunststoffrädern nach CARL VON BACH 318
   Literatur zum Kapitel 3.2 323
3.3 Die Berechnung der Zahnfuß-Tragfähigkeit mit Hilfe von Zahnformfaktoren . . . 324
   3.31 Die Berechnung der Biegefestigkeit von Radzähnen nach WILFRED LEWIS 1892 325
   3.32 Kritische Stimmen zum mathematischen Ansatz von WILFRED LEWIS 330
   3.33 Die Entwicklung eines Zahnformfaktors in Deutschland seit 1928 350
   3.34 Die Erforschung von Beanspruchungen in Zahnrädern durch Spannungsoptik
        seit 1922 367
   Literatur zum Kapitel 3.3 387
3.4 Die Berechnung der Flanken-Tragfähigkeit 389
   3.41 Die Berechnung auf Reibverschleiß 389
   3.42 Die Theorie der Berührung und Pressung fester elastischer Körper von HEINRICH
        HERTZ 1881 397
   3.43 Die erste Berechnung auf Druckverschleiß oder Wälzfestigkeit nach HERTZ durch
        EMIL VIDÉKY 1908 405
   3.44 Tragfähigkeits- und Verschleiß-Rechnung für Zahnräder mit der Hertz'schen
        Theorie von RICHARD STRIBECK 1900 und KURT WISSMANN 1928 410
   3.45 Berechnungsverfahren und Forschungen über die Walzenpressung von Zahn-
        rädern durch GUSTAV NIEMANN von 1938 bis 1950 435
   3.46 Die Berechnung auf Freßverschleiß durch HERMANN HOFER 1926 und JOHN
        OTTO ALMEN 1935 444
   3.47 Die Weiterentwicklung der Hofer'schen Wärmestauformel in Deutschland 1938
        bis 1943 454
   3.48 Die Einführung des Begriffs „Blitztemperatur" bei der Berechnung der Freß-
        tragfähigkeit durch den Holländer H. BLOK 1937 457
   Literatur zum Kapitel 3.4 463
3.5 Die Berechnung der Wärme-Tragfähigkeit 465
   3.51 Die Berechnung von Stirnrädern auf Erwärmung von 1894 bis 1940 466
   3.52 Geschichte der Wirkungsgrad-Untersuchungen an Zahnrädern 474
   Literatur zum Kapitel 3.5 490

Bibliographie der Zahnradtechnik 492

Namenverzeichnis 520

Sachverzeichnis 525

Berichtigung

Seite 268 in der Unterschrift zu Bild 194 und
Seite 269 in der Überschrift zu Tabelle 46 **lies** JOHN FAREY statt JOHN FARAY
Seite 462, 17. Zeile von oben: Die Formel von BLOK für Punktberührung **lies** $N'_f = C'_f \cdot l \cdot n^{1/3}$

1 Das Zahnrad als Organ der Kraftübertragung

Allgemeine Übersicht über den Getriebebau

Die Entstehung des Zahnrades läßt sich nicht genau erklären. Wie beim Rade versagen im Falle eines so grundsätzlichen Elementes alle Bemühungen, es auf etwas Einfacheres zurückzuführen oder gar eine Entwicklungsreihe aus den Vorstufen aufzustellen. Das Zahnrad kann nicht durch Intuition entstanden sein, es gab auch keine gedankliche Lösung, wie bei einer technischen Erfindung heute. Es ist eben ein Phänomen in unserer Kultur wie das Rad und die Drehbewegung.

Beim ersten Gebrauch von Zackenrädchen durch den Menschen ist keine technische Absicht erkennbar. Fast 2000 Jahre vor Christus tauchten Rädchen mit Zacken als Ornamente und Schmuckstücke auf, als Bemalung an Tonvasen und als Gravur an Metallgefäßen. Es folgen gegossene Zahnscheiben und Rädchen aus Bronze. Sie stammen aus den Anfängen der Metallbenutzung durch den Menschen und sollten wohl Augen und Sonnen darstellen. Aus dem 5. Jahrhundert v. Chr. kennt man bronzene Zahnrädchen als Verzierung der Pferdegeschirre[1]. Das Zahnrad als Ornament bleibt nicht nur auf Europa und die ägäische Kultur beschränkt, es findet sich bei den urtümlichen Volksstämmen bis in unsere Tage; diese nahmen auch statt selbst angefertigter Zackenrädchen fertige Messingzahnräder aus europäischen Uhren. Gezahnte Räder sind also bekannt lange bevor sie eine technische Bedeutung hatten, bevor es überhaupt eine Technik gab. Aber ein Bindeglied zwischen Schmuckstück und technischer Vorrichtung muß bestehen. Beim Gießen der Bronze-Ornamente kann immerhin das Ineinandergreifen solcher Zackenrädchen beobachtet worden sein. Auch der Gedanke, Reibung auszuschalten, muß eine Rolle gespielt haben, denn er entspricht dem werkzeugmachenden Habitus des Menschen.

Die Herstellung solcher Räder mit Zacken dürfte schließlich abhängig gewesen sein von der Fähigkeit des Metallgießens und des Feilens. Die Feile ist um 400 v. Chr. entstanden und wird z. T. noch älter geschätzt; sicher ist sie das älteste Werkzeug der Menschheit hinter Beil, Axt bzw. Hammer. Ägypter, Römer, Phönizier und Griechen benutzten sie, also alles Völker, die auch das Zackenrädchen kannten.

Daß eine Verbindung zwischen dem Zahnrad als Ornament und als technischem Gebilde heute noch besteht, sehen wir an den neuzeitlichen Symbolen und am Schmuck bis in die Moderne. Weitere Merkmale dieses Zusammenhanges finden wir in der Fachsprache. Denn im Bereiche der Maschinenelemente nähern wir uns der menschlichen

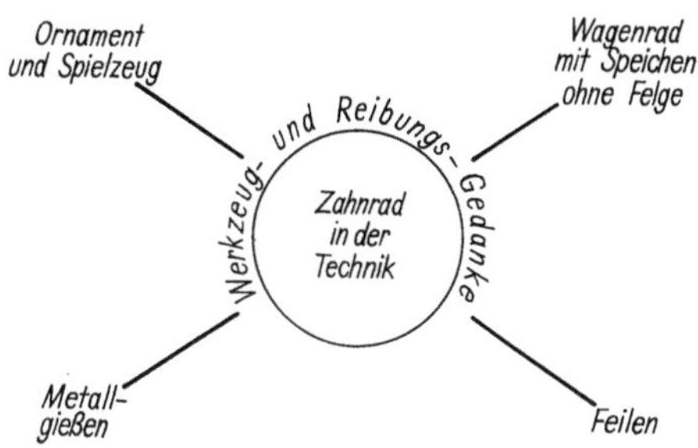

Bild 1.   Komponenten zur Entstehung des Zahnrades

---

[1] Dieser Riemen-Zierat ist Überrest der Spiralbandverzierung und findet sich schon in der Kupferzeit 2500 bis 1900 v. Chr.

Organprojektion und unserer urtümlichen Vorstellungswelt am meisten. Wir erwähnen hier die Fachbegriffe:

Bogenzahn	Teil-Kopf
Brustfläche (der Schneidzähne)	Tellerrad
Eingriff	Überdeckung
Fuß- { Flanke / Höhe	Übersetzen
	Unterschnitt
Gerad-Zahn	Verzahnen
Kopf- { Flanke / Höhe	Vorschub
	Wälzbahn
Messerkopf	
Pfeilrad	
Rad- { Arm / Körper	
Schnecke	
Schneidrad oder -zahn	
Schrägzahn	Zahn-
Stirnrad	
Stoßrad	
Sonnenrad	

Zahn- {
Breite
Dicke
Flanke
Fuß
Grund
Höhe
Kopf
Länge
Lücke
Paar
Rad (treibend + getrieben = Getriebe!)
Stange
tragen

Andere Fachwörter sind bereits vermischt mit abstrahierenden Begriffen:

mathematisch

Eingriffs-Winkel
Fußkreis
Kegel- { Rad / Scheitel
Kopf- { Kreis / Spiel
Planetenrad
Rollkreis
Spiralzahn

Stirn- } Ebene / Winkel
Teilkreis
Teilung
Teilzylinder
Wälzkreis
Zähnezahl

technisch

Fingerfräser
Kammstahl
Schraubenrad
Stirnteilung
Wälz- { Fräser / Hobler
Zahn-Druck

Die Begriffe, soweit sie mit Mathematik vermischt sind, geben die altertümliche Begriffswelt ebenfalls wieder, denn die Mathematik entstand ungefähr mit dem Zahnrad zusammen. Und aus dieser Verbindung: Organprojektion und mathematische Abstraktion, entstand ohnehin die gesamte Technik. Dies erkennt man auch an der Erklärung des Kreises von ARISTOTELES 330 v. Chr. Er idealisiert das Rad durch den Kreis nach Bild 2 und beobachtet: bei der Drehung eines Rades geht der oberste Punkt nach rechts, der unterste aber nach links. „Dies hat zu Werkzeugen den Anlaß gegeben", fährt er fort, „die viele Kreise zu gleicher Zeit mittels eines einzigen in Bewegung setzen. Dahin gehören die Drehräder von Erz oder Eisen, wo, wenn der Kreis AB vorwärts gedreht wird und den Kreis CD berührt, dieser rückwärts und zugleich aus gleicher Ursache der Kreis EF wieder nach der ersten Richtung bewegt wird." An anderer Stelle spricht er auch von Walzen, an denen Vorragungen von Holz sitzen.

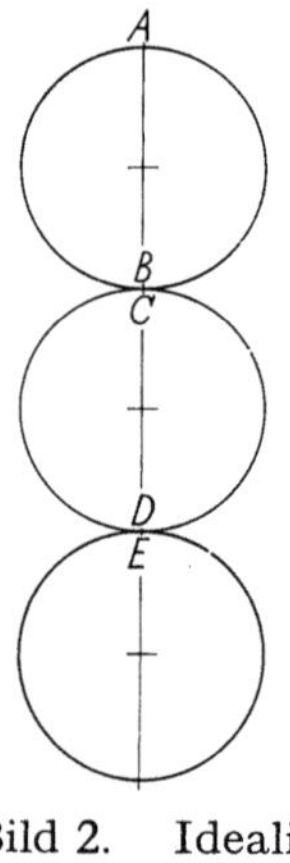

Bild 2. Idealisierung des Rades durch den Kreis nach ARISTOTELES 330 v. Chr.

Astronomische Forschungen im Altertum forderten von der alexandrinischen Mechanik große Anstrengungen. So entstanden schon damals mechanische Kunstwerke, die auch feinste Zahnräder enhielten. Man kann also unbedingt von einem antiken Instrumentenbau sprechen, in dem Zahnräder eine Rolle spielten. Beweis ist ein Planetarium aus dem 1. Jahrhundert v. Chr., das 1901 im Meer nahe der griechischen Insel Antikythera gefunden wurde. In einem Bronzekasten von der Größe einer Spieluhr befanden sich verschiedene Scheiben auf vierkantigen Achsen. Eine davon zeigt am Rande einen aufgesteckten Ring mit Zahnrädern und innen zwei aufgesetzte, sich berührende Zahnräder. Die Leistung ist für diese Zeit beachtlich und gehört zu den Meisterwerken griechischer Feinmechanik. Große Förderung erfuhren die Zahnräder am Ende des 13. Jahrhunderts, als die Räderuhren entstanden.

Entscheidende Bedeutung für die Technik erlangten die Zahnräder durch ihren Dienst in Arbeits- und Kraftmaschinen. Seit über zwei Jahrtausenden bilden sie als Vorgelege, Verteiler,- Wende-, Planeten- oder Reduzier-Getriebe das Zwischenglied von bestem Wirkungsgrade zwischen Kraft- und Arbeitsseite. In China und Ägypten wurden schon lange Zahnräder an Göpelmühlen und Wasserschöpfwerken benutzt. Die erste und älteste Maschine ist die Sakkiah. Bei ihr wurde das Zahnrad am häufigsten praktisch eingesetzt. Schon 230 v. Chr. lieferte PHILON aus Byzanz den ersten geschichtlich einwandfreien Beweis für die Existenz von Zahnrädern: er beschreibt das Wasserhebewerk des Barbiers von Alexandria KTESIBIOS. Die Sakien arbeiteten jahrtausendelang mit Menschen und Tieren als Antrieb. Bei den Römern berichtet 24 v. Chr. der Baumeister MARCUS VITRUVIUS POLLIO von Wassermühlen, an deren Wellbaum sich ein Zahnrad befand. „Dieses ist senkrecht gestellt und dreht sich gleichmäßig mit dem Wasserrad in derselben Richtung; in dieses eingreifend ist ein zweites, kleineres Zahnrad waagerecht angebracht, das in einer Welle läuft, ... in welche der Mühlstein eingekeilt ist." Es ist die älteste Beschreibung einer Wassermühle überhaupt. Die ersten Vorrichtungen bzw. Maschinen mit Zahnrädern dienten also der Wasserhaltung und Brotzubereitung, einer landwirtschaftlichen Technik, die in Ägypten entstand.

Wichtig für den Fortschritt zum Zahnrad war die menschliche Idee zur Verdoppelung des Hebels: das Aufwärtsschwingen des einen Hebels bewirkt das Abwärtsschwingen des anderen. Der nächste Schritt ist bereits die Drehbewegung an der Kurbel. Solches Rad und Getriebe aber schätzt 1724 schon JACOB LEUPOLD hoch ein, „... weil durch etliche wenige Räder und Getriebe ... das Vermögen nicht nur gewaltig vermehret wird, sondern weil die Bewegung continuirlich dauret, ohne daß, wie mit dem Hebel, eine Repitition zu machen ist ...."

Die Arbeitsleistung der Menschen und Tiere beim Betrieb von Vorrichtungen bzw. Maschinen gründet sich hauptsächlich auf

1. das Körpergewicht (Tret- und Laufwerke)

2. die Ausnützung ihrer Muskeltätigkeit, also deren Kraftleistung (Druck, Zug, Wechsel beider).

Mechanische Hilfsmittel zur Aufnahme und Umsetzung dieser Leistung in eine Schwing- oder Drehbewegung sind Schwinghebel, Zugseil und Göpel, für vereinigte Druck- und Zugleistung ist es die Kurbel. Nur der Göpel diente ausschließlich dem Tierbetrieb. Es können bei der Arbeit leisten:

Tabelle 1. *Arbeitsleistungen von Lebewesen*

	Gewicht (kg)	Leistung (kpm/s)	Geschwindigkeit (m/s)
Mensch	70	5 bis 12	0,2 bis 1,1
leichtes Pferd	230	73 bis 200	1 bis 1,5
Maulesel	234	27 bis 52	0,9 bis 1,1
schweres Pferd	280	100 bis 400	0,8 bis 1
Kuh bzw. Ochse	280	50 bis 100	0,5 bis 0,85

1*

Die ersten Kraftzahnräder liefen in den Göpeln. Jahrtausende alt, arbeiten sie auf dem Lande noch heute. Auf Bauernhöfen sah man sie noch in den dreißiger Jahren unseres Jahrhunderts (s. Bild 3).

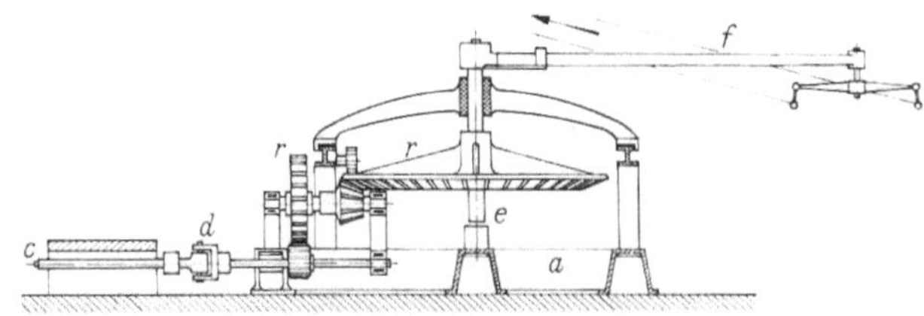

Bild 3.   Liegender Göpel. Die Tiere überschreiten die Welle c

a Rahmen, *c* Abtriebswelle, *d* Hooke'sches Gelenk, *e* senkrechte Welle, *f* Schwengel für das Anspannen der Tiere, *r* Zahnradpaare.

Bei 0,9 m/s Dauergeschwindigkeit der Tiere, einer Schwengellänge $f = 8$ m und der Zahnradübersetzung $i = 40$ bis 50 hat die Abtriebswelle c eine Drehzahl von $n = 70$ bis 100 U/min.

Gemäß der Leistungsfähigkeit ihrer Gespanne machten sie etwa $n = 1{,}7$ U/min. Das waren die Spitzendrehzahlen des Altertums an Kraftmaschinen. Je nach geforderter Arbeitsleistung arbeiteten ein bis acht Tiere.

Für die Entwicklung der Zahnräder sorgten ferner die Mühlen. Entsprechend dem Kreisgöpel gab es seit 200 bis 170 v. Chr. Tierdrehmühlen auf den Landgütern und in den gewerblichen Bäckereien. Im römischen Reiche kannte man auch Handmühlen. Seltener verwendet, aber vereinzelt vorgekommen, ist die menschliche Tretmühle noch im 18. Jahrhundert. Pferdemühlen hielten sich mindestens ebensolange.

Mit diesen gegebenen Kräften und Geschwindigkeiten konnten die Zahnräder entsprechend primitiv und grob bleiben. Als Ersatz der menschlichen und tierischen Arbeit kamen schon im Altertum die Naturkräfte Wasser und Wind hinzu. Die römische Wassermühle hat sich fast 2000 Jahre gehalten und bildet den Anfang aller Kraftmaschinen. VITRUV hat sie geschildert; sie ist die klassische Wassermühle mit Zahnräderübersetzung. Ihre Winkelradübertragung entstammt dem Göpel. Aber die Kombination von vertikalem Wasserrad, Winkelzahnrad und Drehmühle ist eine römische Erfindung.

Die größten Kraftmaschinen blieben zwischen dem 9. und 18. Jahrhundert die Windmühlen. Sie förderten wesentlich den Bau starker Wellen und großer Zahnräder, meistens natürlich aus Holz (s. Bild 4 bis 6). In Europa sind die ersten Windmühlen sicher in der zweiten Hälfte des 12. Jahrhunderts nachzuweisen. In England entstand die Bockwindmühle im 12. bis 13. Jahrhundert. Eine Windmühle mit drehbarem Dach, nach LEONARDO DA VINCI um 1500, sicherte den Holländern seit dem 17. Jahrhundert die Führung im Mühlenbau; sie erlangten dadurch auch maßgeblichen Einfluß auf die Zahnräder-Entwicklung. Aus dem Mühlenbau stammen manche Fachwörter des Maschinenbaues, wie:

Getriebe	Theilung
Kamm bzw. Kamm- oder Kron-Rad	Theilriß oder -kreis
	Triebstock
Königswelle	Trilling = später Drehling
Radkranz	Vorgelege = später Stirnrad
Schablone	Wellbaum = später Welle
Spiel(-raum)	Winde
Stern-Rad	Zapfen[1]

---

[1] Außerdem das französische pignon, die englischen Wörter pinion, cog, pitch oder bevel gear.

Bild 4. Wind-Wasserhebewerk nach GEORG ANDREAS BÖCKLER 1661

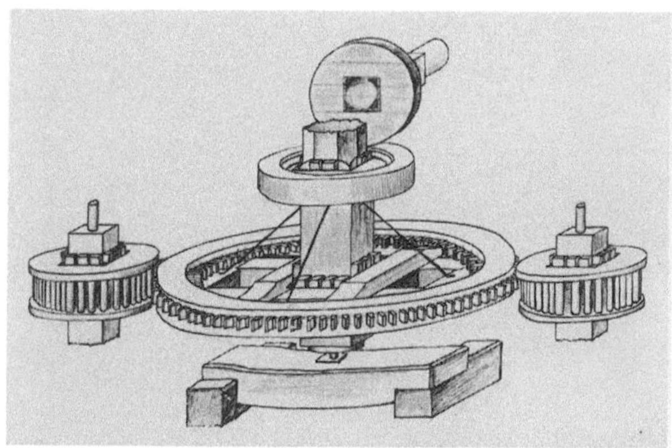

Bild 5. Hauptwelle mit beiden Mahlsteinwellen
in der Bokeler Mühle im Museumsdorf
zu Cloppenburg (Deutsches Museum)

Bild 6. Ritzel und Kammrad einer Windmühle aus dem 18. Jahrhundert
(Deutsches Museum)

Der Gedanke des Zahnradgetriebes im Mühlenbau äußerte sich in der Regel, „... daß man jede Bewegung stufenweise zu erreichen trachtet ...". Natürlich hielten auch die Mühlenräder wegen ihrer langsamen Drehzahl und geringen Beanspruchung Jahrzehnte, sogar Jahrhunderte! Trotzdem wußten bereits die Mühlenbauer den ersten Grund für eine Theorie der Zahnräder zu legen, angeregt durch die Mathematiker und Physiker.

Die Erschließung weiterer Betriebsstoffe aus der Natur regte die Erfinder an. Sie ermöglichten den Aufstieg der Kraftmaschinen, ihre ungeahnten Leistungen und die hohen Geschwindigkeiten im Betriebe. Sie teilten sich bald in Kolben- und Rad-Kraftmaschinen. Ihnen allen ist am Abtrieb gemeinsam die Drehbewegung, durch die sich

1. der Antrieb zur Arbeitsmaschine erleichtert

2. die Umsetzung in eine andere, beliebige Bewegungsform oder -geschwindigkeit ergibt.

Tabelle 2. *Die Erschließung der Betriebsstoffe aus der Natur*

Stoff	als Brennstoff benutzt seit	als Kraftstoff erkannt seit	erzeugt als Arbeitsmedium	verarbeitet in
Steinkohle	1120	1681	Wasserdampf	Dampfmaschine
Gas aus Kohlen	1682 }	1860	explosives Gas	Verbrennungs-motor
Petroleum	77 }			

Die Entwicklung der kraftübertragenden Zahnräder hing nun von der Leistungsfähigkeit dieser Maschinen ab, und sie wuchsen mit ihnen. Die Leistungen der Kraftmaschinen schnellten rapide in die Höhe. Im gleichen Maß erhöhten sich aber auch die Drehzahlen, und damit wurden wiederum höhere Anforderungen an die Zahnräder gestellt.

Tabelle 3. *Entwicklung der Drehzahlen von Kraftmaschinen*

	n_{max} (U/min)
0 bis 18. Jahrhnudert	
Kreis — Göpel	1,7 bis 3
Wasser- und Windmühlen	4 bis 50
19. Jahrhundert	
Gasmaschine (Lenoir & Otto)	80 bis 180
schnellaufende Dampfmaschine } (Corliss, Allen/Porter) }	200 bis 400
Wasserturbine (Francis 1868)	75 bis 550
Elektro-Motor	bis 1500
Fahrzeug-Motor (Daimler/Maybach)	800 bis 1600
Dampfturbine (Parsons 1884)	18000
Dampfturbine (de Laval 1889)	10000 bis 30000
20. Jahrhundert	
Wasserturbine (Kaplan 1912)	1300
Fahrzeug-Motoren, bis 1914	2000 bis 3000
bis 1930	3500 bis 4000
bis 1950	4500 bis 6000
Rennmotore in Fahrzeugen, 1926 bis 1939	7000 bis 8000
bis 1949	9000
1950 bis heute	bis 13000
Flugmotoren, bis 1920	1500 bis 2200
bis 1940	bis 3400
Flugzeug-Gasturbinen (Whittle 1939)	16650
Fahrzeug-Gasturbinen (Boeing 1952)	36000
Fahrzeug-Gasturbinen (Socema 1953)	45000

Schon, als die Dampfmaschine geschaffen war, mehrten sich die Bestrebungen, die menschliche Arbeit zu verringern, um mit Maschinenkraft viele Waren billiger herzustellen. Die Maschinenleistung stand also auch unter dem Gesichtspunkte der Wirtschaftlichkeit. In diesem Zusammenhange wies der Wiener Professor JOHANN FRIEDRICH EDLER VON RADINGER (1842 bis 1901) auf die Bedeutung schnellaufender Kraftmaschinen hin. Mit seinem Werke „Die Dampfmaschine mit hoher Kolbengeschwindigkeit" schuf er 1870 in Europa die Grundlage für den Bau schnellaufender Dampfmaschinen. Solche Maschinen waren in den USA schon seit 1850 bekannt. Aber diese Tatsachen schienen noch nicht zu genügen. Deshalb mußte um 1900 der Professor und Rektor der Technischen Hochschule Berlin Dr. ALOIS RIEDLER (1850 bis 1936) in seinem Buche „Schnellbetrieb" erneut darauf hinweisen. Das Zeitalter der modernen Technik war angebrochen und RIEDLER faßte die Bemühungsrichtungen der technischen Wissenschaftler und Ingenieure wie folgt zusammen:

1. Vervollkommnung der Werkstoffe
2. Vervollkommnung der Werkzeuge
3. Ausnutzung und Verteilung der Naturkräfte
4. Verwendung hoher Geschwindigkeiten und Energiespannungen
5. Kosten- und Zeitersparnis durch vervollkommnete Arbeitsmittel
6. Konzentrierung der Energie zur Bewältigung großer Aufgaben
7. wirtschaftlich richtige Verwendung der technischen Mittel.

Also auch RIEDLER fordert hohe Geschwindigkeiten unter Punkt 4.

„Die Verwendung hoher Geschwindigkeiten," sagt er, „ist nicht bloß das Kennzeichen unseres Verkehrs — der nur durch das Maschinenwesen möglich und von ihm abhängig ist — sondern alles technischen Schaffens überhaupt. Die Einführung hoher Energiespannungen hat gleichfalls große wirtschaftliche und technische Fortschritte geschaffen. Die Entwicklung der Schiffskessel und Schiffsmaschinen und damit der Dampfschiffahrt, der Lokomotiven, der Fortschritt der Elektrotechnik, der Wärmetechnik, alle großen Aufgaben der Kraftübertragung und Kraftverteilung sind von der Ausbildung der Hochspannungstechnik abhängig ... Die Konzentrierung der Naturkräfte zur Bewältigung von Aufgaben größter Art konnte nur durch den Bau großer Maschinen erreicht werden ... Es ist die höchste Ingenieurleistung, mit dem verhältnismäßig geringsten Aufwand technischer Mittel und Kosten die höchste wirtschaftliche Leistung zu erzielen." Der Einfluß des Maschinenwesens greift auf verwandte Ingenieurgebiete über und RIEDLER schließt 1900: „Inbesondere ist es die *Erhöhung der Betriebsgeschwindigkeit*, die sich ... als das beständige Ziel des technischen Fortschrittes ergibt und zu immer neuen Vervollkommnungen führt. Daneben stellt in neuerer Zeit die Konzentrierung und Vertheilung der Maschinenkraft ihre gewichtigen Forderungen. Überall aber zeigt sich als Zweck des technischen Schaffens: die wirtschaftlich richtige Ausnutzung der Naturkräfte, die *Erhöhung der Wirtschaftlichkeit*."

Das sind die Grundgedanken der modernen Technik, wie sie noch heute gelten. Zu ihren Verwirklichungen hat das Zahnrad wesentlich beigetragen, wenn man es auch oft nicht glauben wollte. Sein hoher Wirkungsgrad, seine Anpassungsfähigkeit an die gegebenen Verhältnisse und Forderungen, sicherten ihm immer einen Platz auch in den kühnsten Zukunftsplanungen. Dies werden die nachfolgenden Beispiele beweisen.

1.1 Zahnräder in Kraftmaschinen

Die gezahnte Kolbenstange gab es bereits 1690 an DENIS PAPINS atmosphärischer Dampfmaschine. Sie trat erneut 1866 bei den ersten Versuchen von NIKOLAUS AUGUST OTTO mit seinem Gasmotor auf. Die Stunde des Zahnradgetriebes an der Kraftmaschine schlug aber erst, als JAMES WATT 1781 die Kurbel an seiner Dampfmaschine umgehen mußte. Unter seinen fünf Lösungen, die hin- und hergehende Bewegung in eine drehende zu verwandeln, wählte er 1782 schließlich das Umlaufgetriebe. Bei seiner Betriebsdampfmaschine, die von 1788 bis 1858 lief, war auch das große Schwungrad verzahnt, um weitere Vorgelege anzutreiben. Damit war das Zahnrad in die Drehbewegung der Kraftmaschinen endgültig eingeführt. Und mit ihm kam auch das Eisen als sein Werkstoff. Große Beanspruchungen der Zahnräder gab es, als seit der Hälfte des 19. Jahrhunderts in USA die schnellaufenden Dampfmaschinen arbeiteten. Schon dabei machte man die Erfahrung, daß sorgfältige Bearbeitung Laufruhe bringt. Ein gezahntes Schwungrad mit 9 m Durchmesser von GEORGE HENRY CORLISS (1817 bis 1888) übertrug 1876 1400 PS bei 17 m/s Umfangsgeschwindigkeit.

Als sich seit 1860 die Verbrennungsmaschinen einführten, boten sich zahlreiche Steuerungsaufgaben für die Zahnräder. Von der Kurbelwelle aus mußte der Gaswechsel im Zylinder gesteuert werden, es mußten Hilfsaggregate, wie Pumpen aller Art und Zündapparate angetrieben werden. Noch zahlreichere Zahnradverwendung zeigten die Verbrennungsmaschinen erst durch die halb hochgelegten oder ganz obenliegenden Nockenwellen seit 1903. Die Nockenwelle eines der ersten Schiffsdieselmaschinen von Burmeister & Wain, Copenhagen, wurde mit fünf größeren Zahnrädern angetrieben. Die ersten „obengesteuerten" Verbrennungsmotoren zu Beginn des 20. Jahrhunderts hatten die aus dem Mühlenbau bekannte Königswelle mit Kegelradpaaren an der Kurbel- und Nockenwelle. Man fand hier später auch Schraubenräder mit gekreuzten Achsen. In den zwanziger Jahren unseres Jahrhunderts führte man die Steuerung durch ganze Zahnradzüge aus, besonders, wenn es Hochleistungsmotore mit zwei Nockenwellen waren. Siehe Bild 8. Die Konstruktion dieses abgebildeten Delage-Rennmotors von 1926, wie sie der geniale Pariser Ingenieur ALBERT LORY (1894 bis 1963) ausführte, stellte keine Übertreibung in der Zahnradverwendung dar, sondern blieb richtungweisend für alle Hochleistungsmotore bis heute.

Sehr zahlreich waren die Zahnradantriebe in den Kolbenmaschinen der Flugzeuge, die ja aus den Automobilmotoren hervorgingen. Hinzu kamen noch die Steuerzahnräder der Schieber-Sternmotore. Für die vielen Geräteantriebe mußten die Konstrukteure bis in die vierziger Jahre hinein eigene Räderpläne aufzeichnen, um alle Antriebe am Kolbenflugmotor passend anordnen zu können (s. Bild 9 u. 10).

Die Leistungen der Flugmotoren hatten sich wie folgt entwickelt:

1902 — 1914	11 bis 200 PS	1941 — 1945	bis 3000 PS
1915 — 1927	bis 600 PS	1946 — heute	4000 PS
1928 — 1940	bis 1500 PS		und mehr

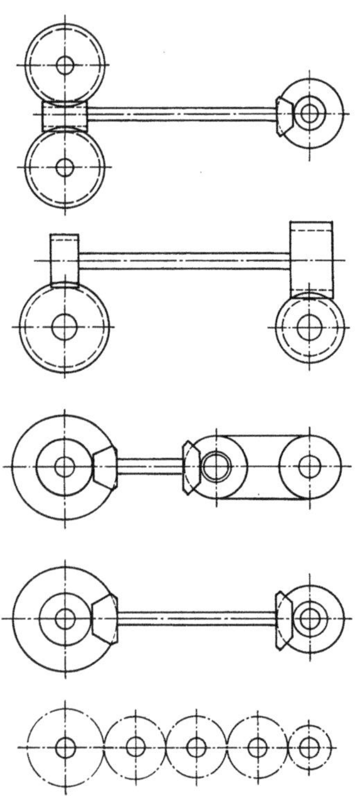

Bild 7. Zahnradantriebe von obenliegenden Nockenwellen bei Verbrennungsmotoren

Natürlich enthalten die heutigen Gasturbinen der Flugzeuge ebenfalls zahlreiche Nebenantriebe durch Zahnräder.

Oft wurde die Frage nach dem günstigsten Zahnradabtrieb von der Kurbelwelle aus gestellt. Am häufigsten geschah er natürlich von einem ihrer Enden aus. Als die Fertigungsmöglichkeiten sich ergaben, erzielte man auch Vorteile, indem man das Zahnrad in die Mitte zwischen zwei bis vier Kurbeln legte. Diese Idee war schon 1843 bekannt.

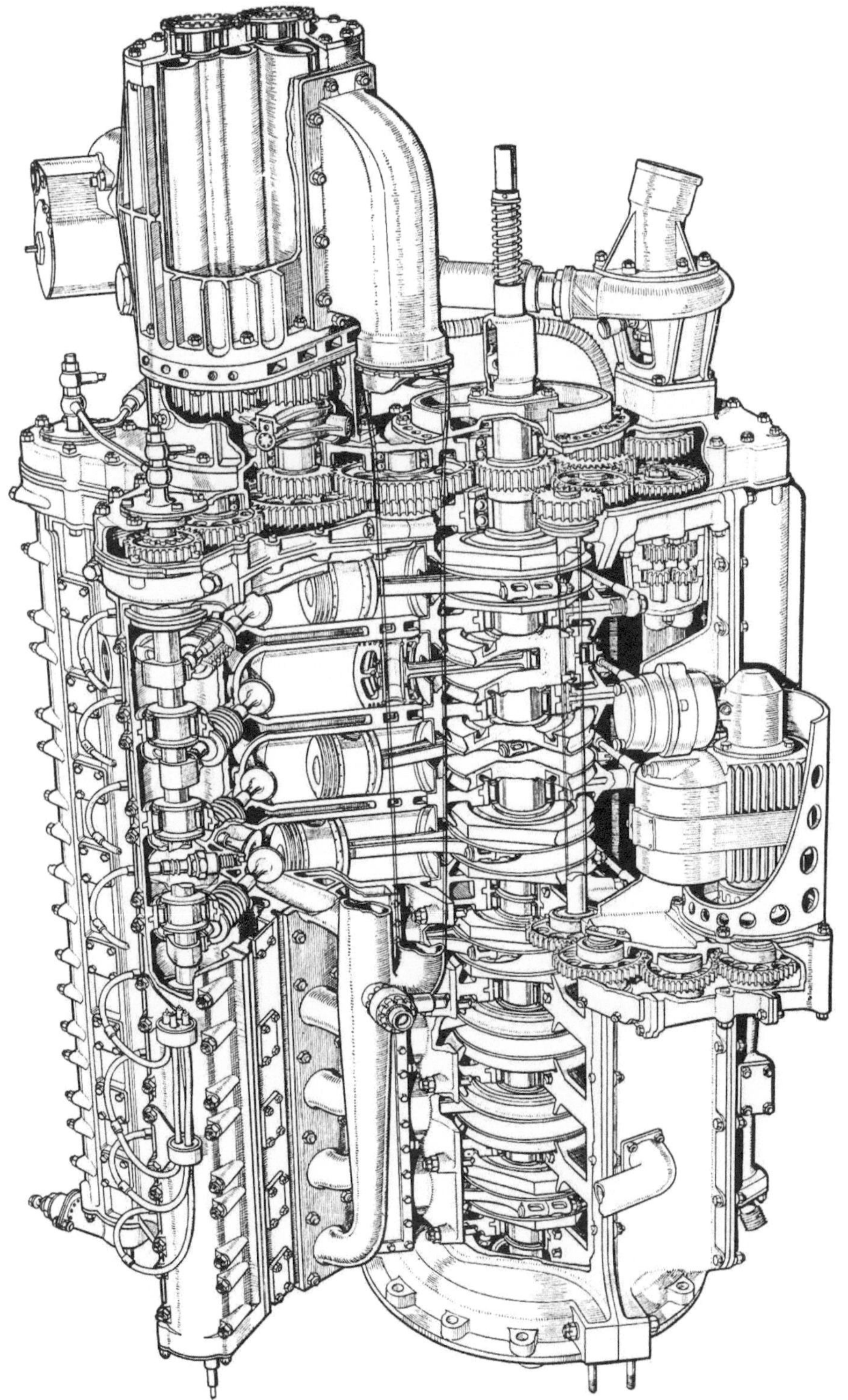

Bild 8. Zahnradantriebe im Delage-Rennmotor von ALBERT LORY 1926

Bild 9.   Zahnradantriebe an einem
Flugmotor Hirth HM 508 um 1940

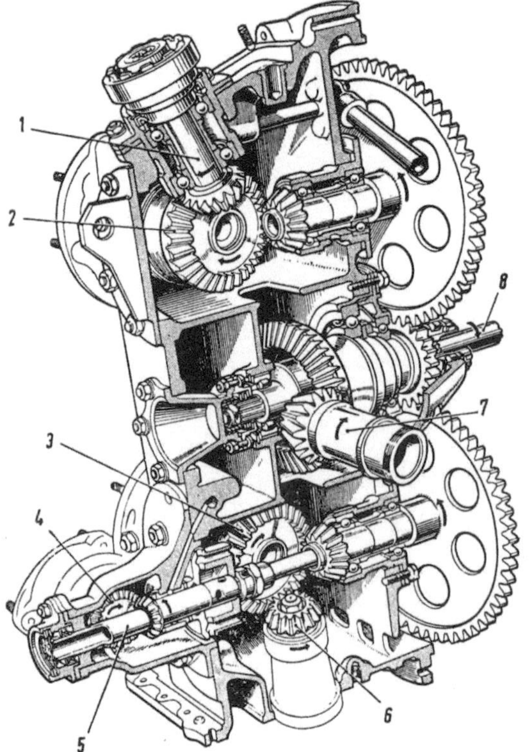

Bild 10.   Nebenantriebe der Flugzeugturbine
Rolls-Royce „Nene" 1947

Im letzten Viertel des 19. Jahrhunderts drang der Elektromotor auf allen industriellen Gebieten in die Betriebe vor, wo er eine bequeme und billige Antriebskraft bot. Besonders der elektrische Einzelantrieb erwies sich als äußerst nützlich. Er war betriebssicher und anpassungsfähig. Schuld an seinem Versagen trugen meistens die Organe zwischen ihm und den Arbeitsmaschinen, weil die Betriebsverhältnisse zu wenig erkannt und berücksichtigt wurden. Da aber auch der Elektromotor im Direktantrieb nicht marktfähig werden konnte, mußten Zahnräder die niedrige oder hohe Drehzahl für die Arbeitsmaschine vermitteln. So verlangte man schon vor der Jahrhundertwende von der Elektroindustrie, die überhaupt zu den Wegbereitern der modernen Zahnradtechnik gehört, betriebssichere, ruhige und ausdauernde Zahnräder. Genügend kräftige Wellen, richtiges Befestigen der Räder, sorgfältige Lagerung und Schmierung — das alles mußte man schon damals beim Aggregatbau sorgfältig beachten. Schäden an elektrischen Antrieben mit Zahnradvorgelegen entstanden immer wieder durch:

1. ungenaue Zahnradbearbeitung
2. schlechte Schmierung
3. Fehlen elastischer Zwischenglieder
4. falsche Werkstoffwahl oder -paarung
5. falsche Anordnung der Zahnräder bzw. Vorgelege.

Natürlich überwand man diese Schwierigkeiten im Laufe der Zeit und heute arbeitet der elektrische Getriebemotor in seinem Leistungsbereich als unentbehrlicher Partner des Verbrennungsmotors und der Dampfkraft.

Wichtiger für die Anwendung der Zahnradtechnik aber sind die Arbeits- und Leistungscharakteristiken dieser Motoren, um sie den verschiedensten Verwendungen anpassen zu können.

1.2 Zahnräder in Eisen- und Straßenbahnen

Zu den ältesten Anwendungsgebieten von Kraftzahnrädern nach den Mühlen gehört das Eisenbahnwesen. Als die ersten Lokomotiven an die Stelle der Zugpferde traten, glaubte man noch, daß die Reibung von Eisenrädern auf Eisenschienen nicht ausreiche um die Antriebskraft zu übertragen, und verwendete deshalb zum Antrieb Zahnstangen und -ritzel. So kam es im Anfang des 19. Jahrhunderts zu den ersten Zahnradbahnen, wie sie z. T. heute noch im Betrieb sind. Die erste richtige Zahnradlokomotive baute 1811 der Engländer MATTHEW MURRAY in Leeds für den Besitzer der Middleton-Kohlenwerke JOHN BLENKINSOP (1783 bis 1831). BLENKINSOP verwirklichte 1812 als Erster den Gedanken der Zahnradbahn. Sie bestand aus 27 Waggons = 94 t und fuhr 5,6 km/h. 1813 bewies der Engländer BLANCKETT, daß die Reibung zwischen Rad und Schiene allein genügt, um die Zugkraft zu übertragen. Von da ab beschränkte sich die Zahnradbahn auf Strecken mit einer Steigung, die über der Neigungsgrenze einer Reibungsschiene liegen.

Die größte Steigung auf Reibungshauptbahnen war zu Beginn der modernen Technik $35^0/_{00}$, auf schmalspurigen Nebenbahnen mit Dampf- oder Dieselbetrieb bis $75^0/_{00}$, mit elektrischem Betriebe bis $115^0/_{00}$. Dagegen konnte 1866 der Amerikaner SYLVESTER MARSH (1803 bis 1884) mit seiner Zahnradbahn bereits $377^0/_{00}$ überwinden.

Gemischte Zahnradbahnen sind in der Überzahl. In der Schweiz allein gibt es 25, in der ganzen Welt 140 Zahnradbahnen mit ca. 2000 km Gesamtlänge. Sie sind alle nach den Zahnstangensystemen der Schweizer NIKOLAUS RIGGENBACH (1817 bis 1899), CARL ROMAN ABT (1850 bis 1933), EDUARD LOCHER (1840 bis 1910), EMIL VIKTOR STRUB

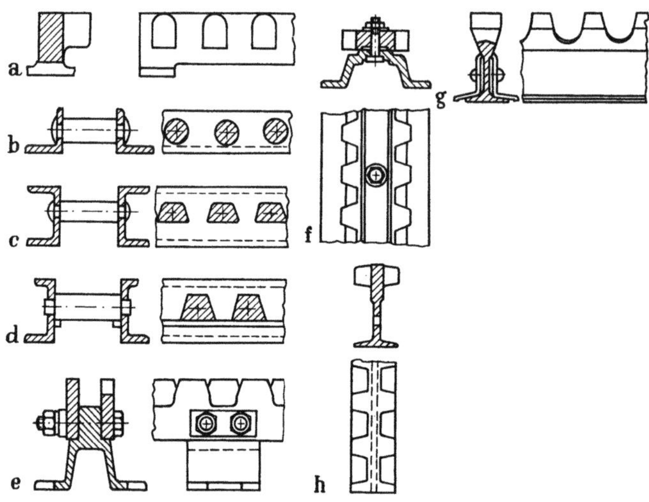

Bild 11. Zahnstangensysteme für Bergbahnen 1812 bis 1917. Am häufigsten sind solche nach RIGGENBACH und ABT

Bauarten: a) Blenkinsop 1812 (Gußeisen); b) Marsh 1858; c) Riggenbach 1871; d) Bissinger & Klose 1887 (Flußstahl); e) Abt 1882; f) Locher 1885; g) Strub 1896; h) Peter 1917.

Tabelle 4. *Die ersten ausgeführten Zahnradbahnen*

Jahr	Strecke	Bauart der Zahnstange	Länge (km)	Steigung
	reine Zahnstangen-Strecke			
1812	Middleton Kohlenwerk/GB	JOHN BLENKINSOP	5,6	
1816	Grube Königshütte/OS	JOHN BLENKINSOP		
1868	Mount Washington/USA	SILVESTER MARSH	4,5	1 : 3
1871	Vitznau-Rigi/CH		7,1	1 : 4
1874	Kahlenberg b. Wien		5,5	1 : 10
1874	Schwabenberg b. Ofen/H	NIKOLAUS RIGGENBACH	3,03	1 : 9,8
1875	Arth-Rigi/CH		9,8	
1882	Petropolis/BR		5,9	
1883	Green Mountains/USA	SILVESTER MARSH	3,7	
1883	Drachenfels, Siebengeb.		1,52	1 : 5
1883	Corcovado/BR	NIKOLAUS RIGGENBACH	3,7	
1884	Rüdesheim a. Rh.		2,4	
	gemischte Zahnradbahnen			
1847	Madison-Indianapolis/USA	A. CATHCART	3,2	
1870	Steinbr. Ostermundingen/CH		2,0	1 : 10
1874	Rorschach-Heiden/CH		7,0	1 : 11,1
1876	Grube Wasseralfingen/D	NIKOLAUS RIGGENBACH	2,0	1 : 12,7
1877	Fabrikbahn Rüti/CH		1,13	1 : 10
1878	Steinbruch Laufen/CH		0,4	1 : 20
1880	Grube Friedrichsegen a. L.		2,4	1 : 10

(1858 bis 1909) und HEINRICH H. PETER (1859 bis 1927) angelegt. Auf italienischen Bergbahnen findet man das System AGUDIO. Die erste elektrische Zahnradbahn bauten 1892 die Genfer Ingenieure ALFRED DE MEURON und EMILE CUÉNOD (1834 bis 1917) auf den Mont Salève mit einer größten Steigung von $250^0/_{00}$. Nach der Jahrhundertwende konzentrierten sich die Verbesserungen der Zahnradbahn auf die Lokomotive bzw. den Triebwagen. Der elektrische Antrieb setzte sich allgemein durch. Um 1905 gab es Zahnradlokomotiven mit einer Leistung von 200 PS. Sie wogen 15 bis 18 t und

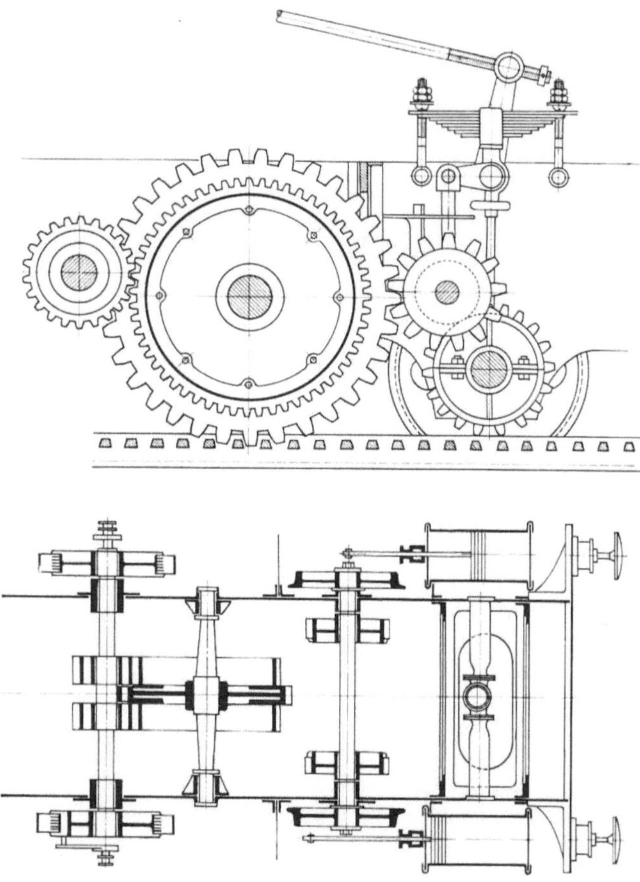

Bild 12.   Lokomotiv-Antriebsschema der Bahn Rorschach—Heiden um 1880.
Durchmesser der Ritzel = 372 mm, der Zwischenräder = 890 mm, des Triebzahnrades = 1050 mm.
Gezogene Last auf $90^0/_{00}$ = 36 t.

hatten eine Brutto-Zugkraft von 6 bis 7 t. Die Geschwindigkeit betrug bei großer Steigung 5 bis 7 km/h, auf den Hauptbahnen 12 bis 15 km/h. Wegen Entgleisungsgefahr bei Talfahrt und raschem Bremsen wird die Steigung der Zahnradbahnen nicht größer als 1 : 4 angelegt; das Zahnrad greift sonst nicht mehr sicher in die Stange ein. Die Höhen, die solche Zahnradbahnen erklettern, liegen zwischen 1750 und 4330 m über NN. Für Evolventenverzahnungen an Zahnradbahnen wählte man bis zur Einführung von Normen meistens: Eingriffswinkel β = 75°57'49,5'' bis 74°30', γ = 14° 2' 10,5'' bis 15°30'. Die Teilung betrug t = 80 bis 120 mm, die Eingriffdauer war d = 1,08 bis 1,44; d.h. zeitweise überträgt ein einziger Zahn die volle Zugkraft. Siehe Bild 14.

Je nach Lokomotive ist der Zahnrad-Durchmesser 550 bis 1100 mm, die Zähnezahl dabei $z = 17$ bis 35. Die größten Kräfte P am Zahn treten beim Bremsen in Talfahrt auf, sie betragen 8 bis 10 t, und darüber, bei $v = 2,5$ m/s und einem Zuggewicht von 26 bis 30 t. Bei raschem Anhalten wird P noch größer. Die Kraft P wächst hauptsächlich mit zunehmendem Neigungswinkel α des Bahngeleises. Inzwischen erhöhte sich die Steigung der Zahnradbahnen bis zu $480^0/_{00}$.

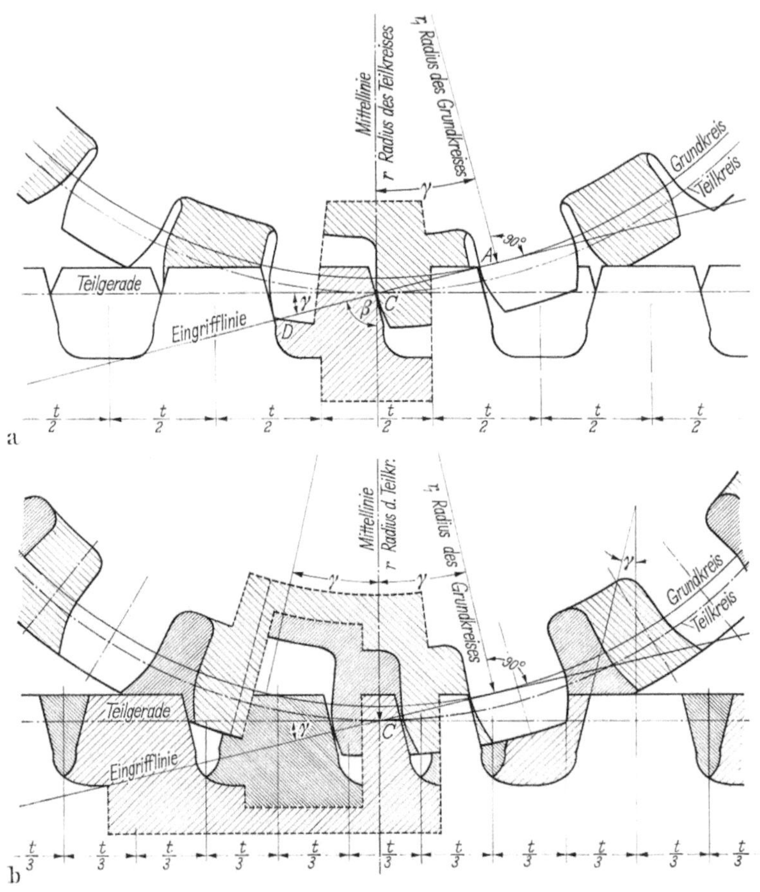

Bild 13.   Zwei- und dreistufige Evolventen-Zahnstange für Bergbahnen von Carl Roman Abt 1885 (M 1 : 4). Verzahnungsdaten: Teilkreisradius $R = 286,5$ mm, $z = 15$, $t = 120$ mm, $\tan\gamma = {}^1/_4$.

Um eine gleichmäßige Fahrt unter solch hoher Belastung zu erhalten, erfand Carl Roman Abt 1882 die Stufenzahnstange. Er versetzte zwei bzw. drei nebeneinandergelegte Zahnstangen um je $^1/_2$ bzw. $^1/_3$ mal Teilung gegeneinander; entsprechend hat die Lok zwei oder drei Triebräder nebeneinander. Die zweiteilige Stufenzahnstange verlegte man am häufigsten. Man sah also am Beispiel der Zahnradbahnen schon sehr früh, welche großen Kräfte man Zahnrädern zumuten durfte.

Beachtliche Hochleistungsgetriebe befanden sich in den Turbinenlokoomtiven, wie sie 1921 der Zürcher Baurat Dr. Heinrich Zoelly (1862 bis 1937) von Escher, Wyss & Cie entwickelt hatte. Zu der Zoelly-Dampfturbine auf normalem Dampflok-Rahmen lieferte 1921 Maag ein Getriebe mit den beiden Übersetzungen $i = 7$ und 4. Diese Turbinen-lokomotive dachte man sich als Konkurrenz der Elektro-Lok, da sie ebenfalls unabhängig von Wasserstationen war und 20 bis 30% weniger Kohlen verbrauchte. Eines Tages sollte sie die Kolben-Dampflok ablösen. Schon 1916 baute der Schwede FREDRIK LJUNGSTRÖM (1875 bis 1964) in der Dampf-Turbinenfabrik seines Bruders ebenfalls eine Turbolok. Sie hatte ein Getriebe mit Doppelschrägverzahnung unter 45°, das die Umsteuerung durch Zwischenräder besorgte. Die Ljungström-Dampfturbine leistete 1800 PSe bei 9200 U/min. Dr. RUDOLF LORENZ (1880 bis 1947) entwickelte 1924 bei der

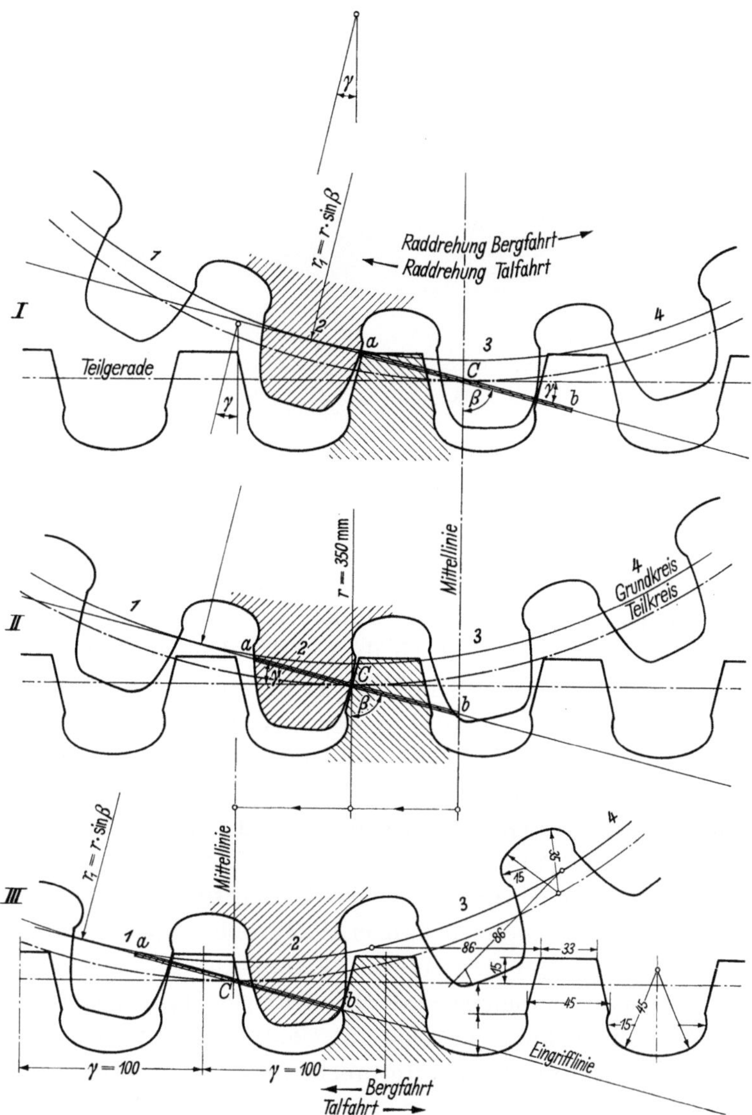

Bild 14.   Evolventenverzahnung für gefräste Leiterzahnstangen nach EMIL STRUB 1896 (M 1 : 3)

Friedrich Krupp AG ebenfalls eine Turbinen-Lokomotive mit zwei Zoelly-Dampfturbinen von insgesamt 2800 PSe bei 6800 U/min. Diese Drehzahl wurde durch das Getriebe auf 300 bis 400 U/min reduziert. Wie man aus Bild 15 ersieht, ähnelt es den Turbogetrieben von Schiffen, und wurde aus Kruppschen Spezialstählen hergestellt. Die Schmierung erfolgte durch Zahnrad-Ölpumpe auf der linken Lok-Seite. Jeder wird diese Getriebe bereits als Spitzenleistungen der Zahnradtechnik ansehen müssen. Zur gleichen Zeit aber bemühte man sich, mit Dieselmotoren auf Lokomotiven voranzukommen, ein Weg, der sich wie bei den Schiffen, als ungemein tragfähig erwies.

Bild 15.   Getriebe der Dampfturbinen-Lokomotive von Krupp 1924

Die ersten Lokomotiven mit Verbrennungsmotor und Zahnradgetriebe baute 1891 bis 1894 GOTTLIEB DAIMLER in der Art seiner Automobile. Auf seine Anregung hin liefen bald viele kleine Rangierloks in Gruben und Fabriken. Zwischen 1894 und 1904 kamen Triebwagen mit Benzinmotor in USA, Frankreich, Ungarn und England in den Verkehr. Die Idee, den Dieselmotor auf Lokomotiven zu benutzen, kam von den Schiffen, für die er schon seit 1905 von der MAN geliefert wurde. 1905 meldete der russische Ingenieur JADOFF die erste Diesellok zum Patent an. Zum Bau der ersten größeren Dieselloks kam es erst nach dem 1. Weltkriege. An den Entwürfen arbeitete seit 1920 der Professor in Kiew und Petersburg Dr. GEORGIJ LOMONOSSOFF (1876 bis 1934). Er hatte als Antriebsmaschine einen umsteuerbaren U-Bootsdiesel der MAN von $N = 1100\,\mathrm{PS}$ bei $400\,\mathrm{U/min}$ gewählt. Durch diesen bekam er 1922 große Schwierigkeiten mit der mechanischen Kraftübertragung, denn damals wollte keine Firma für Zahnräder mit solcher Belastung garantieren. In Zusammenarbeit der Düsseldorfer Hohenzollern AG und Krupp in Essen entstand 1923 ein Zahnradgetriebe mit elektromagnetischen Schaltkupplungen, um die Zugkraft von 17,6 t nur kurz unterbrechen zu müssen. Die drei Gänge hatten die Übersetzungen 6,92 — 3,97 — 2,05. Das ganze Getriebe wog 12 t, die Zahnräder waren in Nickel- und Manganstahl verarbeitet und drucköl geschmiert (s. Bild 16).

Diese Diesellok wurde 1927 fertiggestellt. Sie blieb bis in die dreißiger Jahre hinein die stärkste der Welt. Ihre Reisegeschwindigkeit betrug mit 200 bis 1335 t Zuggewicht 44 bis 13,7 km/h, bei einem Eigengewicht von 131 t. Die geschichtliche Bedeutung dieser Diesellok bestand darin, daß 1927 bewiesen wurde: es sind im Eisenbahnbetrieb Zahnradgetriebe mit über 1000 PS möglich. Daraufhin arbeitete man auch bei der Friedr. Krupp AG in dieser Richtung weiter und entwarf bald darauf ein Getriebe für zwei Motoren von zusammen 2000 PS mit Kegelradwendegetriebe. Dabei wirkten sich einerseits die unerhörten Fortschritte aller Arten von Zahnradbearbeitungen aus, andererseits erhielt das Zahnradgetriebe vermehrte Chancen auch im Eisenbahnwesen. Einen neuen Auftrieb erhielt die Diesellok nach dem 2. Weltkrieg. Jetzt verdrängt sie den Dampfbetrieb fast völlig. In Zusammenarbeit mit hydraulischen Wandlern behauptete das Zahnrad weiter seinen Platz in der Lok.

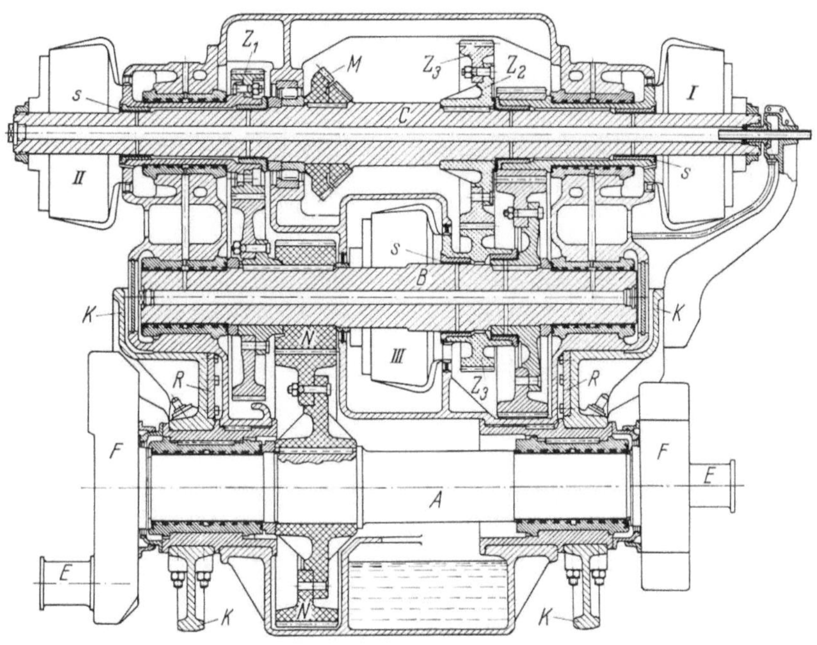

Bild 16. Getriebe der 1100-PS-Diesellokomotive
von Prof. GEORG LOMONOSSOFF für die russischen Staatsbahnen 1923
A Blindwelle, *F* Kurbel. *I, II, III* elektromagnetische Kupplungen.

Inzwischen hatte sich der Triebwagen mit Verbrennungsmotor weiter eingeführt. Mit dem Wachsen der Wagengrößen hatten sich beim Eisenbahngetriebe, im Gegensatz zum Automobilgetriebe, um 1925 folgende Schwierigkeiten ergeben:

1. die Getriebemassen sind viel größer, z. B. betragen sie bei einem Pkw 7 kg und beim 75 -PS-Triebwagen schon über das Zehnfache
2. ein Triebwagen fährt mit der gleichen Geschwindigkeit in beiden Richtungen
3. die Schaltung muß bei der großen Länge des Triebwagens über ein Gestänge erfolgen
4. im Triebwagen schaltet man häufiger
5. auf 1 PS des Triebwagens kamen 1925 noch über 400 kg Wagengewicht, d.i. das Zehnfache gegenüber dem Pkw.

Triebwagen und Automobil haben eines gemeinsam: ihre Verbrennungsmotoren sind nicht so elastisch wie die Dampfmaschine oder ein Hauptstrom-Motor. Daher mußte man ihre Zugkraft-Geschwindigkeits-Kurve durch Getriebe stufenweise annähern. Die Kraftübertragung erfüllte darüber hinaus anpassende Aufgaben zu wirtschaftlichem Betriebe und zur Betriebssicherheit. Daher mußte in den zwanziger Jahren unseres Jahrhunderts

der Antrieb durch Zahnräder beherrschend bleiben. Bestimmende Größen für die Kraftübertragung waren:

1. die Fahrzeuggeschwindigkeit, bzw. das Gesamtübersetzungsverhältnis als Verhältnis der Drehzahlen von Motor und Antriebsachse,
2. das größte Drehmoment, das proportional der Zugkraft ist,
3. der Gesamtwirkungsgrad aller Teile der Kraftübertragung.

Tabelle 5. *Bekannte höchste Reisegeschwindigkeiten von Eisenbahnen*

Jahr	Land	km/h
1847	England	92,7
1907	England	99,3
1925	England	99,5
1929	England	106,5
1931	England	111,3
1932	England	114,9
1934	Deutschland	124,6 (Fliegender Hamburger)
1936	Deutschland	132,2 (FDt)
1937	Deutschland	137,6 (FDt)

Reisegeschwindigkeiten auf der Strecke Paris—Marseille

Jahr	Zug-Gewicht (to)	Zugleistung (PS)	km/h
1892	210	500	63
1901	240	700	75,4
1907	230	900	83,3
1929	448	1600	79
1938	200	—	95,8 (Aerodynamique)
1954	500	5000	107,7 (Mistral, elektr.)
1957	700	4750	109 (Mistral, elektr.)

Höchstgeschwindigkeiten in km/h auf Schienen

Jahr	Land	Zugtyp	Kraftquelle	km/h
1901	Deutschland	AEG- u. S&H-Versuche	Elektromotor	160
1903	Deutschland	AEG- u. S&H-Versuche	Elektromotor	210
1931	Deutschland	Kruckenberg-Schienenzepp	Ottomotor	230
1939	Deutschland	Kruckenberg-Triebwagen	Dieselmotor	213
1939	England	„Mallard"	Dampfmaschine	202
1955	Frankreich	BB 9004 mit 3 Waggons	Elektromotoren	331

Die drei Hauptsysteme von Triebwagen-Getrieben um 1925 zeigt Bild 17.

In den dreißiger Jahren spielten ferner bei Leistungen bis 500 PS eine Rolle die
Getriebe von Cotal, Wilson, SLM, ZF und DGG. Für größere Leistungen verwendete
man in dieser Zeit Zahnradgetriebe mit hydraulischer Kupplung, in der Art des
Mekydrogetriebes von Maybach/Voith bzw. des AEG/Trilok-Getriebes.

Starkes Interesse an Zahnradübertragungen entstand durch die elektrischen Bahnen.
Sie begannen mit Werner von Siemens (1816 bis 1892) und nach seinen Ideen führte
1878 der Schwede Hemming Wesslau (1841 bis 1900) die erste Elektro-Lokomotive aus.
Interessant an ihr war der Zahnradantrieb durch Stirnräder, später durch ein Kegelradpaar mit Bund. Aus den elektrischen Ausstellungsbahnen von Siemens in Berlin 1879,

Düsseldorf 1880 und Frankfurt 1881 entstanden zwischen 1881 und 1887 die ersten
Betriebsbahnen. Die große E-Lok sah man zuerst 1910 auf der Strecke Dessau-Bitter-
feld. Die Konstrukteure von elektrischen Bahnen waren bei Siemens der Reg.-Baumeister
und Geheimrat Dr. Heinrich Schwieger (1846 bis 1911) und vor allem der Geheimrat

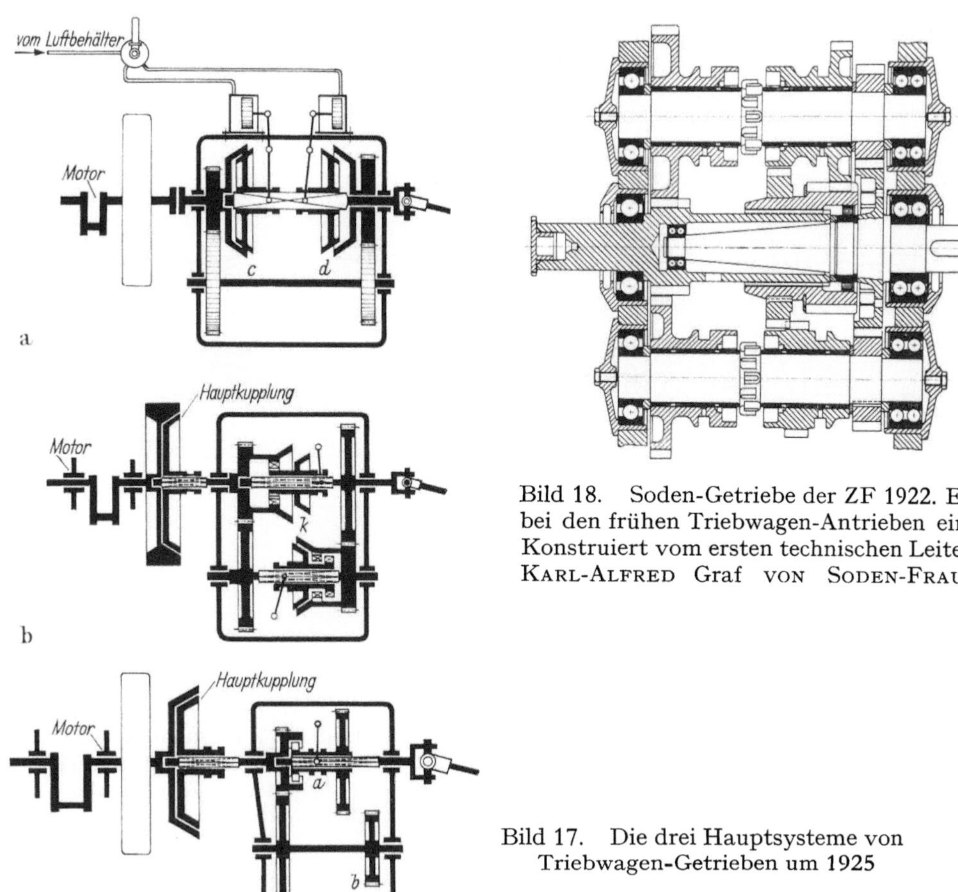

Bild 18.   Soden-Getriebe der ZF 1922. Es spielte
bei den frühen Triebwagen-Antrieben eine Rolle.
Konstruiert vom ersten technischen Leiter der ZF
Karl-Alfred Graf von Soden-Fraunhofen

Bild 17.   Die drei Hauptsysteme von
Triebwagen-Getrieben um 1925

und Professor für Elektromaschinenbau an der Technischen Hochschule Berlin Dr.
Walter Reichel (1867 bis 1937). Sie konstruierten viele Zahnradantriebe für
die Triebachsen der E-Lok, anstatt Stangenantrieben, und gingen mit ihnen zum
Einzelantrieb der Achsen über. Originell war die Lösung der BBC durch einen Außen-
antrieb mit fliegendem Ritzel, den 1917 ihr Konstrukteur Dr. Jakob Buchli (1876 bis
1945) vorgeschlagen hatte; dieser Antrieb eignet sich besonders für Schnellzug-Loko-
motiven und ist heute noch anzutreffen. Die Zahnradantriebe innerhalb des Treibrades
sind aber häufiger und wurden seit 1913 auch in England und den USA ausgeführt. Die
Befestigung des Zahnrades löste 1935 der AEG-Oberingenieur Hermann Mecke (1887
bis 1952) eleganter durch Aufschrumpfen statt durch Federkeil. Um 1925 führten die
Siemens-Schuckertwerke auch senkrecht stehende Lok-E-Motoren mit Kegelradübersetzung aus.

Die elektrischen Straßen- und Lokalbahnen kamen erst zum Erfolg, als sie Zahnradantriebe einführten. Hier erwarteten das Zahnrad schwere Beanspruchungen. Alle Klein-
bahnmotoren hatten hohe Drehzahlen ($n = 400$ und mehr) und konnten nicht direkt

mit der Triebachse gekuppelt werden. Sie brauchten daher zuerst eine zweifache, später einfache Übersetzung ($i = 3$ bis 5). In den Straßenbahnwagen mußten die Zahnräder bei schlechter Schmierung mit mangelhaftem Eingriff, unter Stößen, Schmutz- und Staubeinwirkung und häufiger Überlastung arbeiten. Die älteste Antriebsart ist der sog. Tatzlagermotor für Gleichstrom nach BENTLEY-KNIGHT 1885 bzw. FRANK H. SPRAGUE 1886 bis 1888. Der zweipolige Gleichstrommotor von hoher Drehzahl trieb die Achse

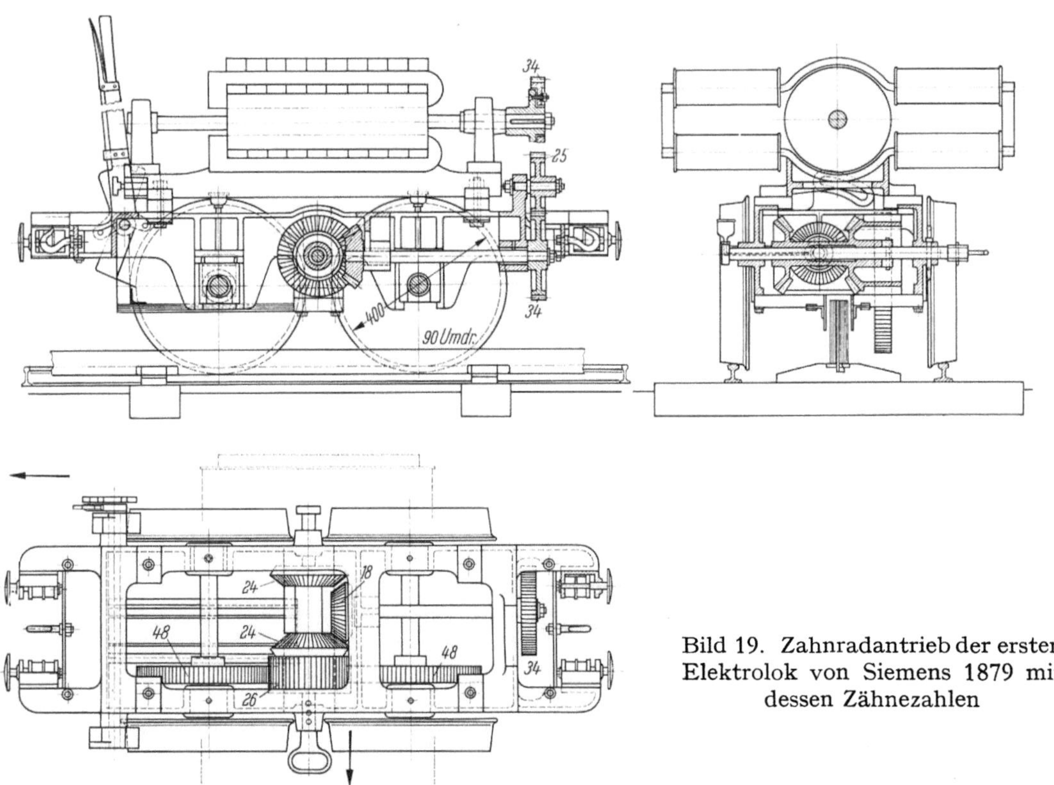

Bild 19. Zahnradantrieb der ersten Elektrolok von Siemens 1879 mit dessen Zähnezahlen

über eine doppelte Stirnradübersetzung an. Dabei stützte sich der Motor mit zwei Armen tatzenartig auf die Wagenachse, an der entgegengesetzten Seite mit einer Nase federnd auf das Untergestell. Dadurch sollte die parallele Lage beider Zahnradachsen zur Wagenachse gewahrt und ein sicherer Zahneingriff erreicht werden. Die British Thomson-Houston benutzte 1890 nur ein einfaches Vorgelege und rückte dadurch näher an die Wagenachse heran. Vorteile des bis heute diskutierten Tatzlager-Triebsatzes von Straßenbahnen mit einfacher Übersetzung:

1. einfaches Getriebe
2. Betriebssicherheit
3. leichtere Wartung

Ihnen stehen aber mehr als doppelt so viele Nachteile entgegen:
1. unabgefedertes Gewicht
2. Isolationsstörungen durch ungefederte Stöße, Lagerabnutzung
3. Notwendigkeit schwerer Laufgestelle
4. schwierige Abdichtung, dadurch Schmiermittelverluste

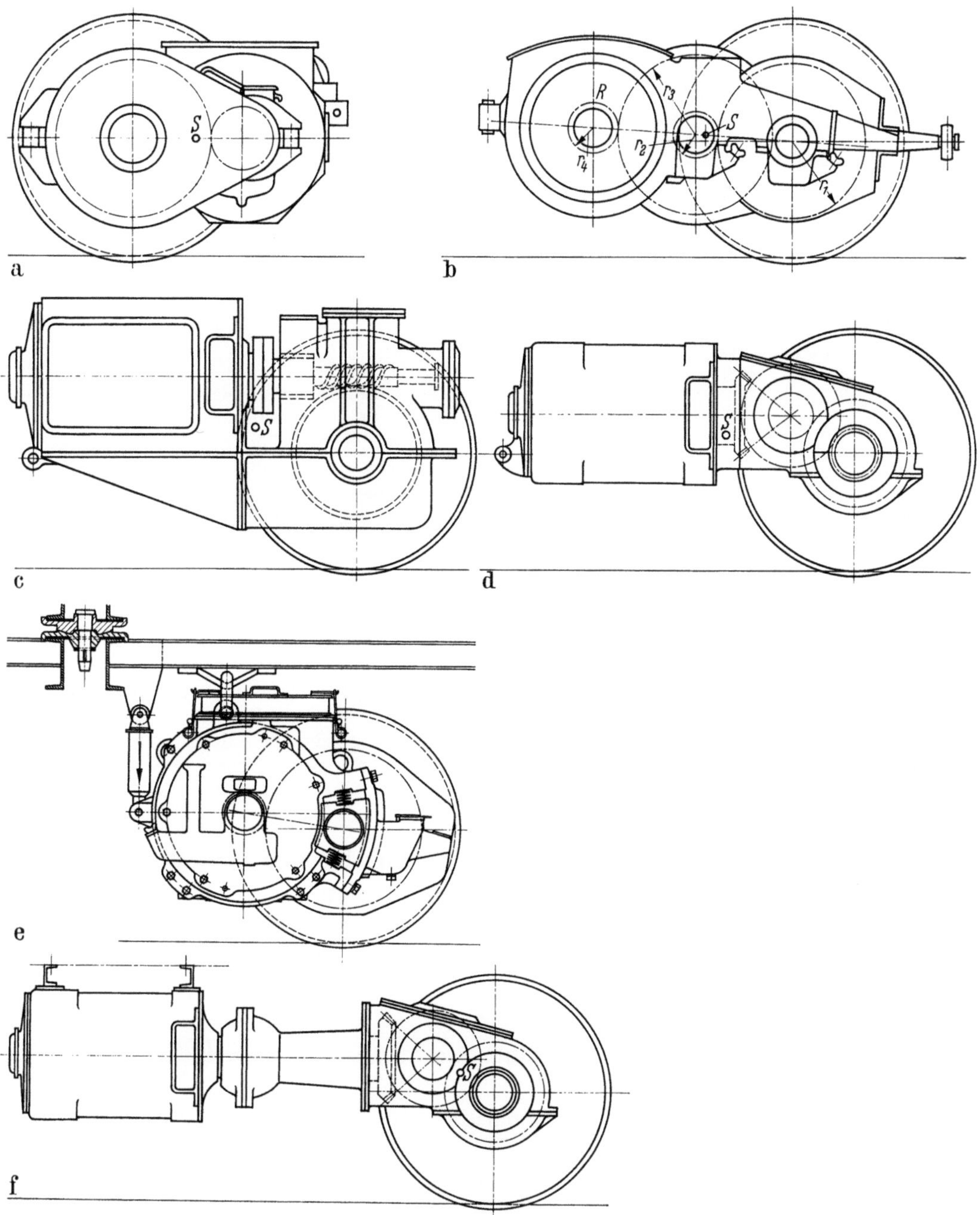

Bild 20. Straßenbahn — Antriebe

a) Gewöhnlicher Tatzlagermotor am Ende federnd aufgehängt, b) Tatzlagermotor mit doppelter Übersetzung, c) Längsmotor mit Schneckenantrieb, d) Längsmotor mit konischem Zwischenantrieb, e) stützlagerloser ,schwebender Motor
nach HERMANN LIECHTY, f) Kardanantrieb.

5. größerer Zahnradverschleiß durch gestörten Zahneingriff beim Anfahren, Bremsen,
   bei Stößen und durch abgenutzte Tatzlagerschalen

6. ungenaue Anordnung des fliegenden Ritzels

7. knapper Raum zwischen den Rädern

Trotz der vielen Nachteile blieb das Tatzlagersystem wegen seiner Einfachheit vorherrschend, ohne daß man mit ihm zufrieden war. Kegelrad- und Schneckengetriebe an leichten Motoren hoher Drehzahl versuchte man auch wieder.

Der Schneckenantrieb wurde aktuell, als 1920 in Europa und 1925 in den USA der Bau von Kardanwagen begann. In Paris hatte man bald 470 Stück hergestellt, in Deutschland ging die Einführung zögernder voran. Die Verbindung von Schnecken- und Kardaantrieb brachte folgende Vorteile:

Schneckenantrieb	*Kardanantrieb*
1. ununtergebrochener Eingriff der schraubenförmig verlaufenden Zähne	1. Motor hängt unabhängig von den Wagenachsen am gefederten Wagenkasten oder Untergestell
	2. Motor und Getriebe besser durchgebildet
	3. Motor vom Getriebe getrennt
2. längere Eingriffsdauer	4. Zahnräder in vollständig dichten Gehäusen gegen Schmutz, Schnee, Spritzwasser und Ölverluste gesichert
3. Kraftübertragung steigend von Null auf ein Maximum und wieder fallend auf Null, statt plötzlicher Be- und Entlastung	5. Möglichkeit des Einbaus von Getriebe —, statt Radklotz-Bremsen
	6. bei einfacher Übersetzung, langsam laudem Motor (bis 900 U/min) und verkleinerten Wagenrädern sind günstiges Übersetzungsverhältnis und Absenken des Wagenfußbodens möglich
4. ruhiger, gleichmäßiger Gang	7. bei doppelter Übersetzung sind kleinere und leichtere Motoren (bis 1300 U/min) möglich
5. hohe Umfangsgeschwindigkeit, Belastbarkeit barkeit und Lebensdauer	8. beidseitig gelagertes Ritzel
	9. bei 1 m Spur sind über 65 PS unterzubringen.

Kardanantriebe zeigt Bild 21.

Man kehrte aber um 1928 mit verbesserten Mitteln wieder zu alten Methoden zurück, und wollte auch die Tatzlagerantriebe verbessern. Um diese Zeit stellten sich die Wagengewichte niedriger, Rollenlager wurden eingebaut und kleinere Rad-Durchmesser (660 mm) gewählt. Die Forderungen an Straßenbahn-Zahnräder blieben aber nach wie vor die gleichen:

1. geräuschloser Betrieb
2. geringste Abnutzung in der Verzahnung, d.h. längste Lebensdauer
3. kleinster Kraftbedarf.

Schon 1902 waren sich die Hersteller darüber klar, daß nur genaue Bearbeitung das Ziel von Punkt 1 erreicht. Bei den neuen Verbesserungsbemühungen um die Antriebsfrage zeichneten sich der Dortmunder Direktor MAX ALBRECHT und der Berner Ingenieur HERMANN LIECHTY (1876 bis 1952) aus. Der getriebelose Motor (Gearless) konnte sich niemals länger halten. Die wichtige Verbesserung vom Tatzlager- zum stützlagerlosen Motor gelang LIECHTY. Die Aufhängung im Motorschwerpunkt erwies sich als falsch. Bei seiner ersten Ausführung diente das Tatzlager nur noch als Distanzhalter zur Sicherung eines richtigen Zahneingriffs. Bei der Lösung ALBRECHT besorgen diese Funktion zentrisch zur Motorachse eingebaute Schwinghebel. Am besten bewährte sich die letzte Bauart von LIECHTY nach Bild 20e. Bei diesem stützenlagerlosen Motor sind die Stöße nur $^1/_4$ so groß als beim früheren Tatzlagersystem.

Auch nach LIECHTY wurden die Tatzlagermotore ständig weiterentwickelt. So ließ die Friedr. Krupp AG 1933 beidseitig der Achse je einen Tatzlagermotor gemeinsam auf diese arbeiten.

Mit den dreißiger Jahren begannen neue Richtungen im Straßenbahn-Wagenbau, vor allem auf den Gelenkzug bzw. Doppelwagen. Dieser erforderte wesentlich stärkere Motoren, die heute bei 300 PS je Einheit angelangt sind.

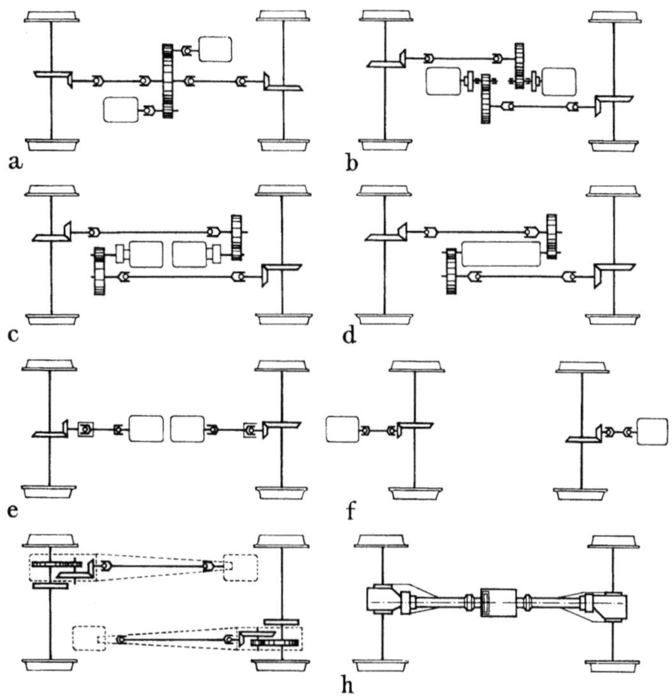

Bild 21.   Straßenbahn-Antriebe mit Kardan

a) bis c) Antriebe von ALBRECHT-KRUPP.

a) Erster deutscher Kardan-Straßenbahnwagen mit zwei gegeneinander versetzten Motoren. Sie arbeiteten beide auf ein gemeinsames Hauptzahnrad. Vorteile sind die einfache Stirnradübersetzung und die langen Kardanwellen. Ungleiche Raddurchmesser können aber Verdrehungsbeanspruchungen im Getriebe hervorrufen.

b) Selbständige Antriebe. Motorachsen in Wagenlängsrichtung, größerer Abstand zur Wagenachse.

c) Dicht aneinander gerückte Motoren und dadurch längere Kardanwellen, Stirnradübersetzungen nach den Wagenachsen verlegt. Stark aus der Mitte gerückter Antrieb der Wagenachsen.

d) Versuch eines zentralen Antriebes durch Doppelmotor nach AEG. War nur bei großem Radstand ausführbar, da lange Wellen.

e) und f) Pariser Antriebe.

e) Kurzer Kardanantrieb der Pariser Straßenbahn. Starke Abnutzung und Lagerschäden am Motor. Aber angenehme Mittellage von Motor und Antrieb. Daher auch Ausführung nach f) mit Motoren unter den Plattformen.

f) Hier aber stärkere Schwankungen der Plattformen und Schlingerbewegungen. Kardanwellen in beiden Fällen zu kurz. Die Berliner Straßenbahn erprobte in den zwanziger Jahren verschiedene Kardanwagen; sie führte ein- und und zweimotorige Wagen mit verschiedenen Getrieben ein.

g) und h) Antriebe der Berliner Straßenbahnen.

g) Kegelradübersetzung in öldichten Gehäusen an den Achsen. Die Kardangelenke sitzen dicht am Motor. Die Getriebekästen bauen schwerer, der seitliche Antrieb ist etwas ungünstig. Eine Abwandlung dieses Wagens hat Schneckenantrieb. Ähnliche Antriebe liefen in den zwanziger Jahren auch bei den Kölner Straßenbahnen mit 7,3 m Drehzapfenabstand der Drehgestelle.

h) Erste einmotorige Bauart, allerdings für Zwillingswagen. Verlängerung der Motorachse bis zu den Achsen, Kegelradübersetzung.

1.3 Zahnräder in Kraftfahrzeugen

Die grundsätzlichen Erfindungen im Getriebebau für Kraftfahrzeuge wurden bereits um die Wende in unser Jahrhundert gemacht. Die Entwicklungstufen im Bau der Wechselgetriebe zeichneten vor: 1894 und 1899 die Franzosen EMILE LEVASSOR (1842 bis 1897) und LOUIS RENAULT (1877 bis 1944), 1900 WILHELM MAYBACH (1846 bis 1929).

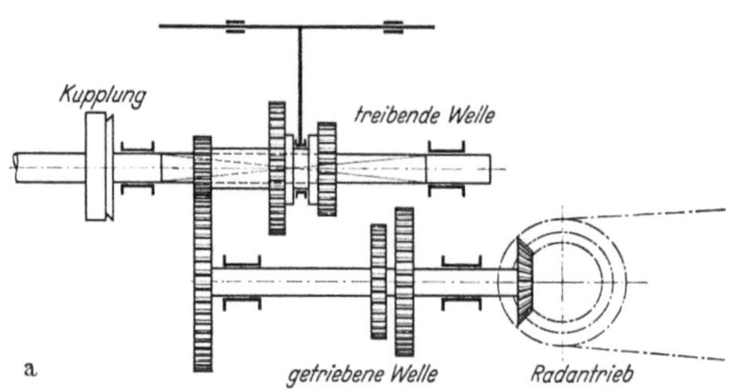

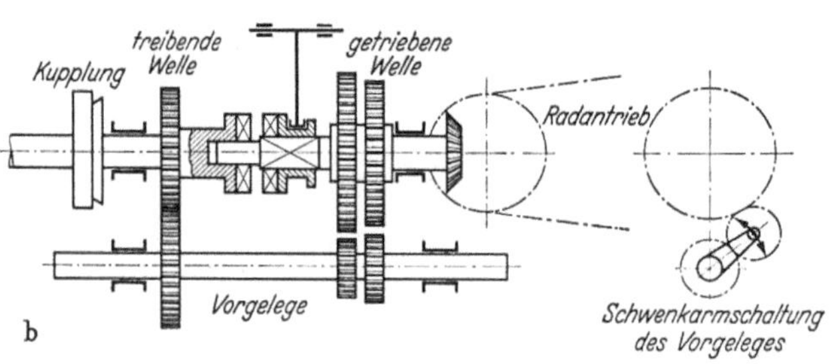

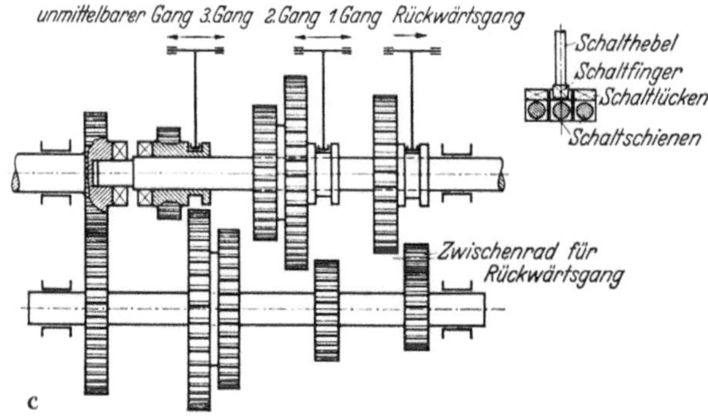

Bild 22.   Grundsätzliche Bauarten von Zahnradgetrieben in Kraftfahrzeugen
a) Erste Entwicklungsstufe nach LEVASSOR 1894, b) Zweite Entwicklungsstufe nach LOUIS RENAULT 1899, c) Dritte Entwicklungsstufe nach MAYBACH 1900.

LEVASSOR schuf 1894 das ungleichachsige Vorgelege-Getriebe mit Schubradschaltung, bei dem am Abtrieb eine Kettenradwelle angetrieben wird. Die Verbindung mit dem Hinterachsantrieb erfolgt also durch Kette (s. Bild 22a).

RENAULT führte 1899 das gleichachsige Vorgelege-Getriebe mit „direktem Gang" und zweiteiliger Hauptwelle ein. Die erste Welle konnte durch eine Klauenkupplung unterbrochen werden. Beim Schalten wurde jeweils ein Paar der festgelagerten Radsätze durch Einschwenken von Zwischenrädern verbunden, wodurch lange Schaltwege und große Baulänge vermieden wurden. Die Einschwenkräder waren aber nicht starr genug gelagert und verursachten Geräusche durch schlechten Eingriff (s. Bild 22b).

MAYBACH führte 1900 die Schieberadsätze, verschoben durch Schaltgabeln und Schaltschienen, ein. Er ordnete mehrere Schieberadsätze an, in denen jeweils nur zwei Räder zusammengefaßt waren. Die nebeneinander liegenden Schaltschienen bediente ein längs und quer beweglicher Schalthebel, dessen Ende MAYBACH 1900 als Schaltfinger ausbildete. Dieser Schaltfinger konnte von einer Schiene zur anderen wechseln. Deshalb mußte der Schalthebel sicherheitshalber in einer „Kulisse" geführt werden. Die Auflösung des Schubradkörpers in zwei Einzelsätze von je zwei Rädern ergab kurze Baulänge, starre Lagerung der Zahnräder und erleichtertes Schalten (s. Bild 22c).

1902 empfahl man für Wechselgetriebe von Kraftwagen noch gußeiserne Wechselräder aus dem Werkzeugmaschinenbau mit gefrästen Zähnen, einer Zahnbreite von 20 bis 50 mm und einer Zähnezahl von 12 bis über 100. Aber die Geräuschfrage beschäftigte die Hersteller und sie rieten zu genauer Fertigung, theoretisch richtigen Zahnprofilen und sorgfältiger Montage.

Bild 23.   Achsantriebe für Kraftfahrzeuge von Friedr. Stolzenberg & Co, Berlin 1902.
Die Achsantriebe der unteren Reihe sind noch nach der Daimler-Bauart ausgebildet

Nach 1918 begann der eigentliche Aufschwung der Kraftmaschinen- und Automobil-Industrie. Dazu brauchte man die verschiedensten Arten von Zahnrädern. Um aber große Leistungen bei hohen Drehzahlen übertragen zu können, mußte man die Zahnräder immer genauer bearbeiten. Die Vorgelege-Getriebe blieben am meisten verbreitet. Es kamen jetzt als Sondergetriebe die Wende-, Schnellgang-, Gruppen-Getriebe, Außenantriebe und Freiläufe. Die hochtourigen Otto-Motoren ermöglichten den Automobilen so hohe Geschwindigkeiten, daß immer vielgängigere Getriebe gebraucht wurden. Man baute daher schon in den zwanziger Jahren unseres Jahrhunderts Mehrgruppenschaltungen und Mehrwellengetriebe. Zu Anfang der zwanziger Jahre führte sich die Schrägverzahnung der Getrieberäder ein, erst bei einem Radpaar, in den dreißiger Jahren bei allen. Jetzt standen auch hochfeste Stähle zur Verfügung. Als man in den

Limousinen immer größere Laufruhe forderte, schritt man zu folgenden Maßnahmen an den Getriebezahnrädern:

1. dritter Gang 1 : 1, vierter Gang ins Schnelle übersetzt
2. niedrige Hinterachsübersetzung
3. sorgfältige Lagerung von Wellen und Zahnrädern
4. geschliffene, breite Schrägzahnräder mit großem Schrägungs-Winkel
5. hohe Ausführungsgenauigkeit
6. konzentrische Lage der Verzahnung zur Radbohrung und Getriebewelle
7. annähernd gleich große Zahnräder
8. möglichst dicke Wellen zur Verringerung ihrer Durchbiegung.

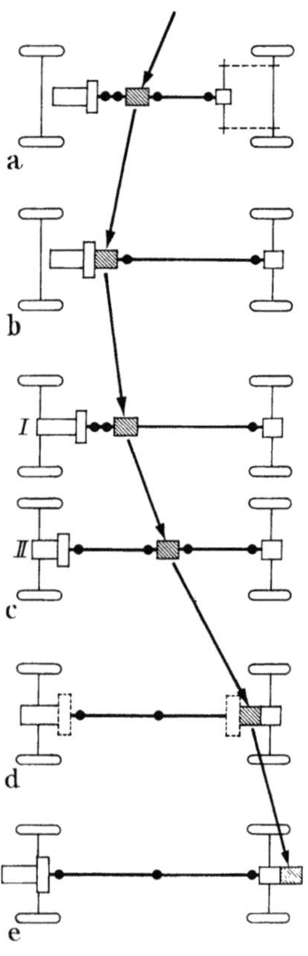

Bild 24. Die Lage des Getriebes im Personenwagen bei vornliegendem Motor
a) Bauweise 1900 bis 1920, b) Echte Blockbauweise und normale Ausführung bis heute, konzipiert von Hans Ledwinka, c I) Durch kurze Gelenkwelle getrenntes Getriebe nach Barenyi/Vogt, Getefo 1937 und BMW 501 1953, c II) Getriebe in Chassismitte nach Bugatti 44 1931 und Morgan Plus Four 1951, d) Getriebe und Hinterachsantrieb in einem Block nach Alfa-Romeo 8 C 2900 B 1936 und Lancia Aurelia 1951, e) Getriebe hinter dem Hinterachsantrieb in einem Block nach Pegaso Z—102 1952.

Wie sich im Laufe der Zeit die Lage des Getriebes im Automobil änderte, zeigt Bild 24. Sie waren ständig leichter, kleiner geworden durch die Fortschritte in den Materialien und beim Bau der Wälzlager.

Einen neuartigen Aufbau des Wechselgetriebes verursachten die Front- und Hecktriebsätze. Die ersten Frontantriebe kamen um 1930 in Serie, und zwar: Rumpler 1926, Cord und Alvis 1930, Rosengart, DKW, Stoewer und Vomag 1931, Adler und Derby 1932, Audi und NAG 1933, Citroen 1934. Automobile mit Heckmotoren baute man in kleiner Serie schon seit 1921. Die Getriebeanlage hierfür konzipierte ebenfalls der Flugzeug-Konstrukteur Dr. Edmund Rumpler (1876 bis 1943) und sie wurde 1924 von Benz übernommen. Die nächsten Heckmotorwagen nach ihm waren Claveau 1928, Tatra, Porsche und Mercedes-Benz 1934. Interessante Achsantriebe und Verteilergetriebe erforderten die Vierradantriebe, die bereits seit 1910 immer wieder gebaut wurden.

Um 1910 befand sich die Konstruktion der Achsantriebe voller in Bewegung. Ketten und Zahnräder hielten sich noch die Waage. Unter den Zahnradantrieben kamen Kegel-, Stirn- und Schneckenräder vor (s. Bild 25). Als sich das Kegelradpaar an der Antriebsachse durchsetzte, wurde seine Gestaltung immer mehr vom Achsgehäuse abhängig. Zuerst kamen kegelförmige, zweiteilige Trichter mit eigenem Antriebsgehäuse in der Mitte. Um 1922 führte sich die Banjoachse aus den USA ein. Sie war aus Blech in einem Stück gepreßt, was den Leichtbau der Achsen ermöglichte. Diese Bauart bedingte aber ballentragende Spiralkegelräder, die sich 1927 einführten. Die Eingriffsverhältnisse gestalteten sich bis dahin ungünstig in den Achsantrieben, denn man verlangte kleine Ritzelzähnezahlen. So kam schon 1921 an einem 5 t-Lkw ein Siebenzahn-Ritzel vor. Mitte der dreißiger Jahre war dann die Antriebsachse perfekt in Festigkeit, Laufruhe und Zuverlässigkeit. Natürlich setzten sie auch einwandfreie Kardanwellen voraus, deren Bau 1903 der Amerikaner CLARENCE WINFRED SPICER (1875 bis 1939) begründete.

Die Lenkung der Kraftfahrzeuge übermittelten seit der Jahrhundertwende Schnekkengetriebe, wie sie in gleicher Funktion schon eher bei Dampfpflügen bekannt waren. Im Laufe der Jahre spezialisierten sie sich aber zu Sonderbauarten.

Bestimmend für die Entwicklung der Zahnräder und Getriebe in Kraft-, vor allem Radfahrzeugen, wirkten ihre ständig sich erhöhenden Geschwindigkeiten, bei denen man

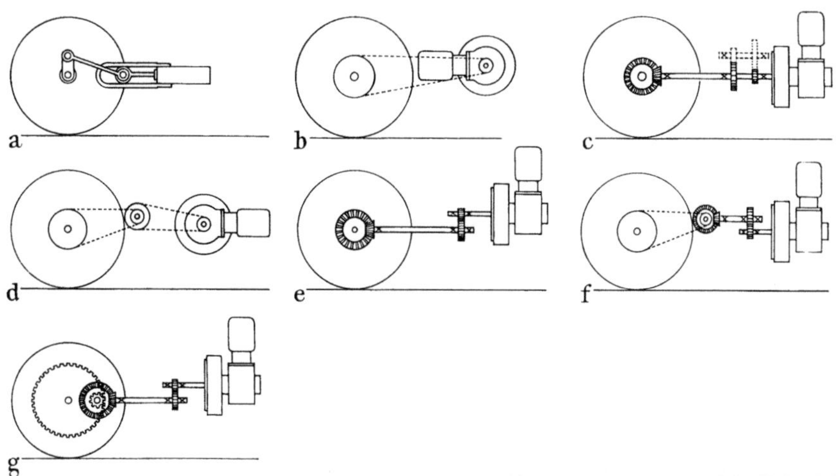

Bild 25. Die Antriebsformen der Kraftfahrzeuge, entworfen 1906

a) Einfachste Form, sog. „direkter" Antrieb, z.B. wie beim Motorrad von Hildebrand & Wolfmüller 1894.

b) Einfacher Kettenantrieb zwischen Motorkurbelwelle und Hinterachse. Oft angewandt an leichten Wagen der Frühzeit in USA. aber auch in Europa.

c) u. e) Bereits moderne Anordnung der Kraftübertragung. Sie setzte einwandfreie Kardanwellen voraus.

d) Bis heute typischer Motorradantrieb: Kette vom Motor zum Getriebe, und vom Getriebe zur Antriebsachse.

f) Bekannteste Anordnung aus der Frühzeit des Automobils, bei Lastwagen noch in den zwanziger Jahren.

g) Ähnlich f) jedoch Stirnradantrieb mit Innenverzahnung.

Bild 26. Schwerer Dampflastwagen von JOHN I. THORNYCROFT um 1900 mit Pfeilradantrieb der Hinterachse; er ist in einem besonderen Dreiecksrahmen gelagert

aber gleichzeitig hohe Lebensdauer verlangte. Die nonstop zurückgelegten Langdistanzen der Automobile steigerten sich seit 1907 nach Tabelle 6.

Tabelle 6. *Nonstop zurückgelegte Langdistanzen von Automobilen*

Jahr	Wagen (Liter)	km	km/h
1907	Rolls-Royce	8 000	
1922	Armstrong-Siddeley	16 100	
1926	Invicta (2,0)	25 000	
1928	Marmon (3,5)	80 450	50,3
1932	Citroen „Rosalie II (3,2)	134 867	104,1
1933	Citroen „Petite Rosalie" (1,5)	310 000	93,1
1963	Ford Taunus 12 M (1,2)	358 270	105,1

100 000 km *Nonstop in der Automobilgeschichte*

Jahr	Wagen (Liter)	Tage	km/h
1932	Citroen (3,2)	39,9	104,3
1957	Simca Aronde (1,29)	36,8	113,1
1963	Ford Comet (4,7)	23,8	175,3

Interessante Aufgaben erwarteten den Konstrukteur von Zahnradgetrieben auch im Traktorenbau. Der Traktor entstand schon mit der Dampfmaschine, zunächst als Dampfpflug. Der echte Radtraktor kam aber erst um 1920, mit Eisenrädern, aber auch mit Riemenscheibe zum Dreschen. Er konnte außer pflügen bereits eggen, walzen und mähen. Bis etwa 1925 diente der Traktor lediglich als Ersatz der tierischen Zugkraft, d.h. zum Ziehen landwirtschaftlicher Geräte und Maschinen. Eine getriebetechnische Maßnahme erhöhte seine Verwendbarkeit 1925: durch Anbringung der Zapfwelle konnte er angehängte Geräte direkt antreiben. 1927 kamen als weitere Verbesserungen die Luftbereifung, der Anbau-Mähbalken und der Kraftheber. Die Luftbereifung dehnte seine Verwendbarkeit entscheidend aus, denn jetzt konnte er auch landwirtschaftliche Transportaufgaben ausführen. Konzepte aus dem Automobilbau benutzte als Erster für seine Ackerschlepper der amerikanische Automobilkönig HENRY FORD (1882 bis 1946). Der Fordson wurde Vorbild für die weitere Schlepper-Entwicklung. Seit den dreißiger Jahren, besonders seit 1946, wurde der Traktor immer mehr zum Träger von Arbeitsgeräten und Kraftabgabequellen. Jetzt entwickelten sich die Hauptelemente auch enger parallel zur Kraftfahrzeugtechnik. Die ersten Anbaugeräte kamen 1937, 1950 der Frontlader. Mittelpunkt des Traktors ist seit den dreißiger Jahren das Getriebe. Vorher waren seine Geschwindigkeitsstufungen noch sehr grob. Durch seinen erweiterten Aufgabenbereich lagen die Geschwindigkeiten des Traktors um 1950 bei 0,4 bis 3, 3 bis 7,5 und 5,7 bis 20 km/h. Drei Beispiele von Traktoren-Getrieben der zwanziger und dreißiger Jahre zeigen Bild 27, 28 und 29.

Als die Traktoren noch nicht genügend geländegängig waren, baute man Raupenschlepper. Die bekanntesten von ihnen waren die Cletrac- und Renault-Raupen. Solche Kraftfahrzeuge mit Kettenlaufwerken verursachten ganz erhebliche Kräfte in den Getrieben und Zahnrädern. Am meisten belastet sind hier außer dem Wechselgetriebe das Kettenlenkgetriebe und die Seitenvorgelege. Um ein Vielfaches erhöhten sich die Beanspruchungen bei den Panzerfahrzeugen, die in den Anfängen mit dem Raupenschlepper verwandt waren. Je schneller und schwerer sie aber wurden, desto schwieriger

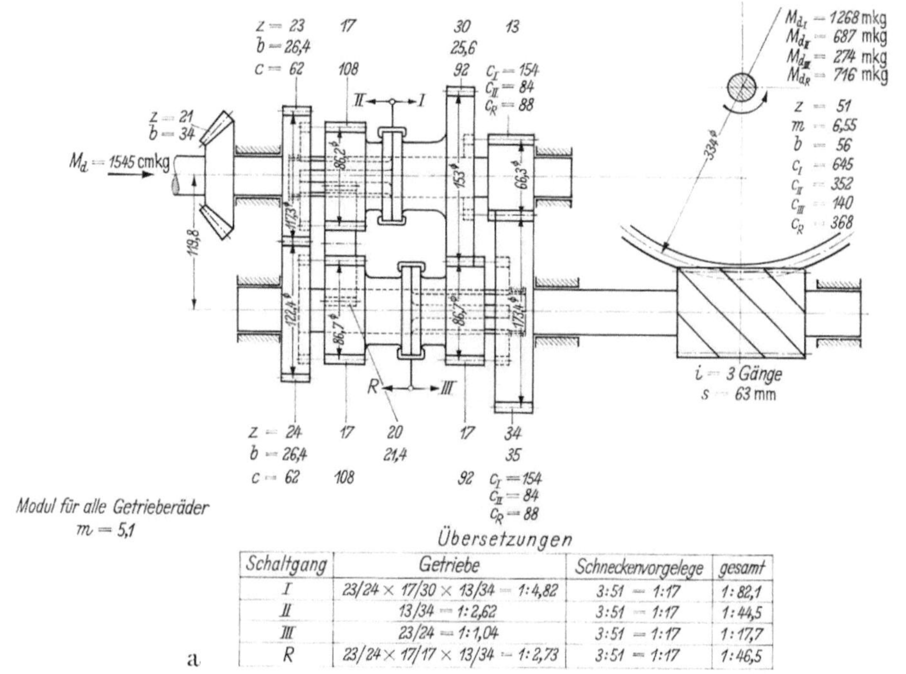

Schaltgang	Getriebe	Schneckenvorgelege	gesamt
I	23/24 × 17/30 × 13/34 = 1:4,82	3:51 = 1:17	1:82,1
II	13/34 = 1:2,62	3:51 = 1:17	1:44,5
III	23/24 = 1:1,04	3:51 = 1:17	1:17,7
R	23/24 × 17/17 × 13/34 = 1:2,73	3:51 = 1:17	1:46,5

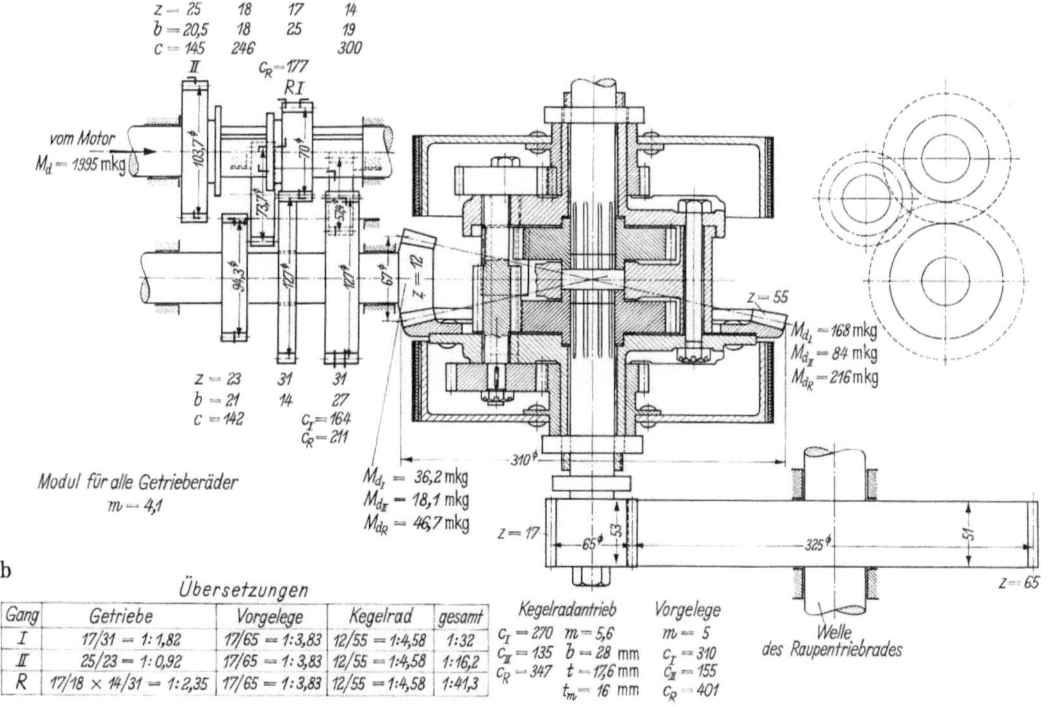

Gang	Getriebe	Vorgelege	Kegelrad	gesamt
I	17/31 = 1:1,82	17/65 = 1:3,83	12/55 = 1:4,58	1:32
II	25/23 = 1:0,92	17/65 = 1:3,83	12/55 = 1:4,58	1:16,2
R	17/18 × 14/31 = 1:2,35	17/65 = 1:3,83	12/55 = 1:4,58	1:41,3

Bild 27. Triebwerke der wichtigsten landwirtschaftlichen Schlepper um 1925

a) Fordson-Radschlepper, b) Cletrac-Raupenschlepper (Cletrac = Cleveland Tractor Co., Cleveland/Ohio).

gestaltete sich ihre Lenkung. Das geht aus der Formel für die Lenkkraft A an der Kette $A = \dfrac{G \cdot \mu \cdot l}{4 \cdot s}$ sofort hervor, wobei G = Fahrzeuggewicht (kg), μ = Reibwert Kette-

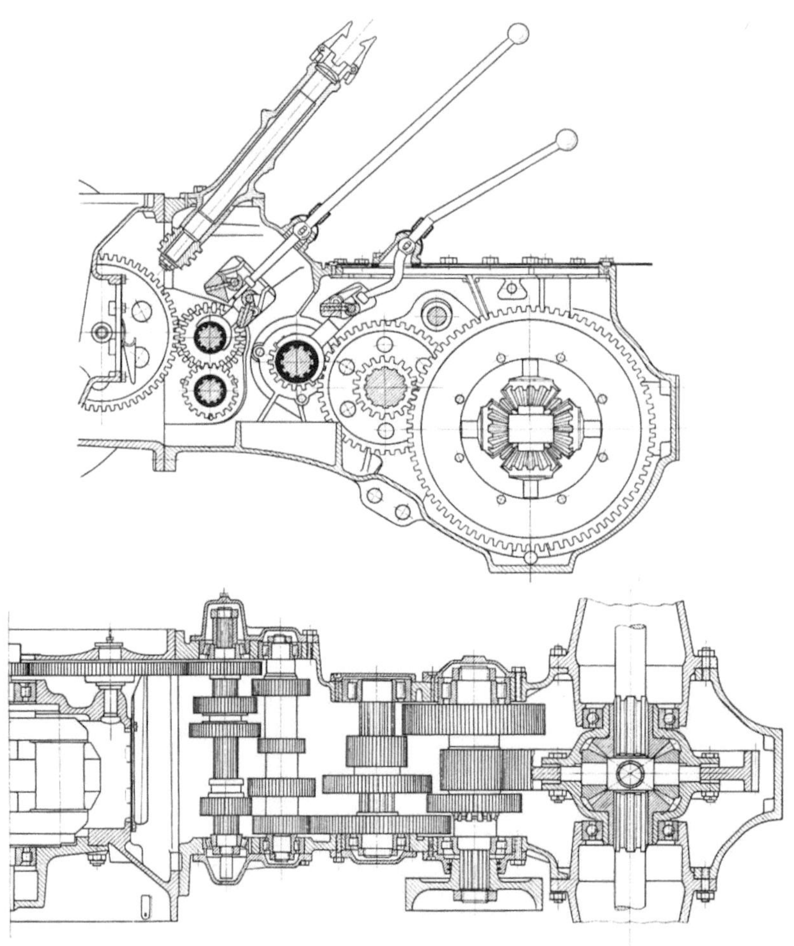

Bild 28.   Getriebe des Lanz-Bulldogg 1939; er war über 20 Jahre lang der erfolgreichste deutsche Radschlepper

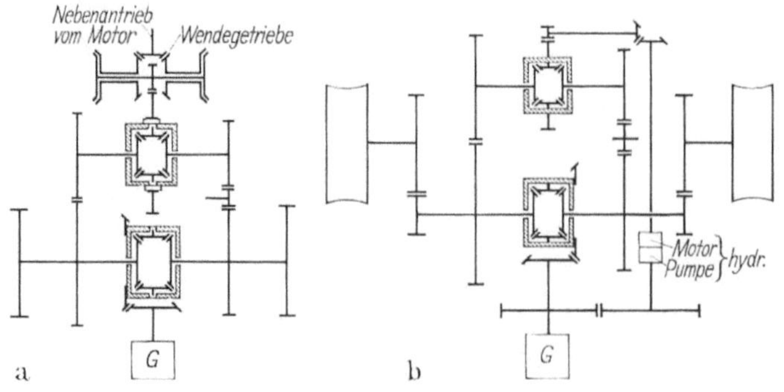

Bild 29.   Die ersten Überlagerungs-Lenkgetriebe der französischen Panzerkampfwagen um 1937
a) 35 Somua, b) B 2 Renault.

Fahrbahn, $2l =$ Kettenauflagelänge und $2s =$ Spurweite (beides in m) sind. Die Hauptabmessungen der Panzerfahrzeuge entwickelten sich in den dreißiger Jahren bis zum Kriegsende nach Tabelle 7.

Tabelle 7. *Hauptabmessungen der Panzerfahrzeuge*

	N (PS)	G (t)	$V_{\max}$ (km/h)	2 l (m)	2 s (m)
1935	140	10,2	48	2,39	1,88
1938	282	$22 \div 25$	$40 \div 45$	$3.81 \div 4.13$	$2.79 \div 2.83$
1942/43	600	$57 \div 70$	$37 \div 41$	$2.86 \div 3.52$	$2.05 \div 2.40$

An Lenkgetriebeanlagen für Panzerfahrzeuge wurden Kupplungs-Brems- und Überlagerungslenkungen gebaut (die letztere Art kannte zuerst Frankreich in den dreißiger Jahren). Nach Professor Dr. ERNST LEHR (1896 bis 1944) wird das höchste Drehmoment

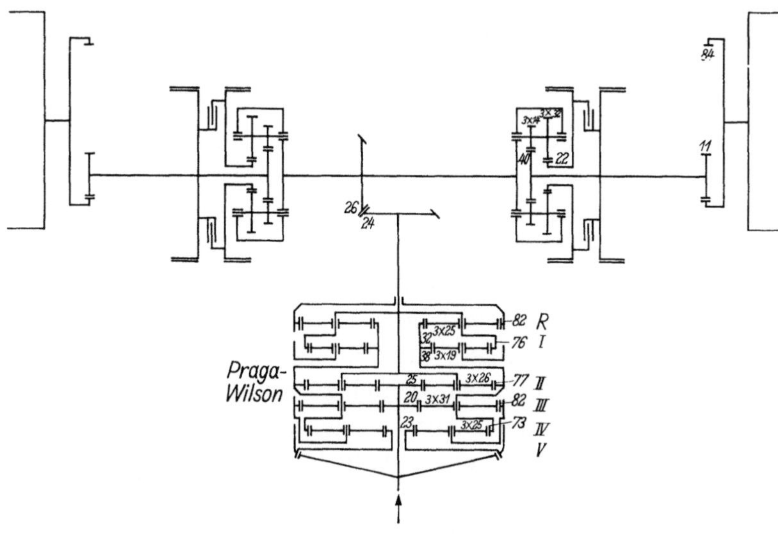

Bild 30. Schalt- und Lenkgetriebe des leichten tschechoslowakischen Panzerkampfwagens 38 t mit deren Zähnezahlen, gebaut 1938 bis 1950

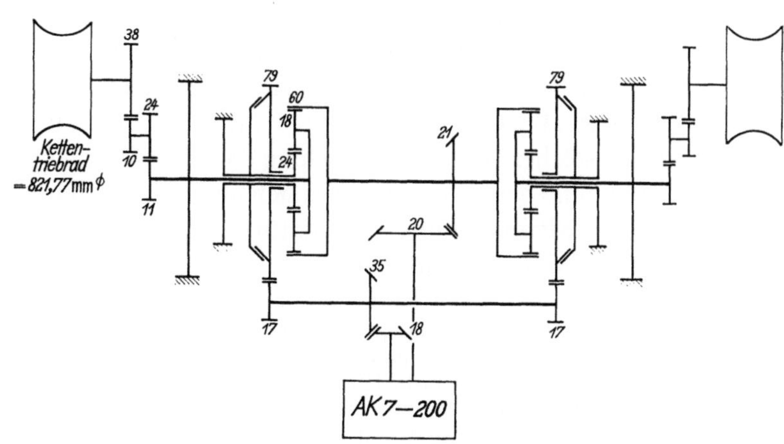

Bild 31. Lenkgetriebe und Seitenvorgelege des deutschen Panzerkampfwagens V Panther 1943 bis 1945 mit deren Zähnezahlen

beim Lenken durch die abgebremste Kette erzeugt. Bei der Gestaltung der Seitenantriebe für die Ketten der Panzerfahrzeuge mußte die ganze Zahnrad-Festigkeitslehre aufgeboten werden. Die Lenkkräfte wurden immer größer und die Zähne auch durch grobe Stöße kurzzeitig überlastet. Dazu wurden bei gleichbleibendem Triebwerk die Fahrzeuggewichte ständig erhöht. In diesen Seitenvorgelegen brachen die Zähne oft, mindestens trat Freßverschleiß auf. Die Zahnfußspannungen betrugen beim Ritzel 40 bis 90 kg/mm², im Rad 46 bis 100 kg/mm², die Flankenpressung erreichte 300 bis 500 kg/mm². Durch Stöße stieg das Drehmoment an einem Radpaare bis 1500 mkg. Trotz dieses schweren Betriebes mußten diese Zahnräder mit normalen Werkzeugen, auf normalen Verzahnungsmaschinen und aus handelsüblichen Spezialstählen hergestellt werden können.

1.4 Zahnräder in Schiffen

Als die Dampfmaschine auch im Schiffbau die Naturkraft des Windes beim Segelschiff verdrängte, trieb man mit ihr große, seitliche Schaufelräder direkt an. Eine Umwälzung dieser Methode verursachte die Schiffsschraube, erfunden von dem Österreicher JOSEPH RESSEL 1826 und dem Franzosen PIERRE-LOUIS-FRÉDÉRIC SAUVAGE 1832. Bereits 1839 baute der Engländer ISAMBARD KINGDOM BRUNEL den ersten Ozeandampfer „Great Western" mit vierflügliger Schraube. Aber die Schraube verlangte eine höhere Drehzahl als die seitlichen Schaufelräder und die Dampfmaschinen selbst. Man mußte die Drehbewegung der langsamlaufenden Kolbendampfmaschinen durch Zahnräder ins Schnelle übersetzen. Während dieser Praxis machten die Ingenieure zum ersten Male unüberhörbar mit dem Problem des Zahnradlärms Bekanntschaft. Daher versuchten sie immer wieder den direkten Antrieb zu benutzen. Eine völlig neue Situation entstand aber, als um 1890 eine neue Antriebsmaschine für Schiffe bekannt wurde: die Dampfturbine. Sie stellte die umgekehrte Aufgabe: ihre hohen Drehzahlen waren auf dem Wege zur Schraube zu verringern!

Diese neuartige, wirtschaftliche Verwendungsmöglichkeit der Dampfkraft verdanken wir dem Engländer PARSONS 1884 und dem Schweden DE LAVAL 1887. Seit 1909 setzte sie sich durch, wenn über 5000 PS und 15 kn verlangt wurden. DE LAVAL hatte 1888 das erste Zahnrad-Reduziergetriebe an seine Turbine angeschlossen, PARSONS führte es in den Schiffsantrieb ein. Als PARSONS 1894 das erste, große Turbinenschiff baute, konnte man noch keine Zahnradgetriebe mit großen Leistungen und hohen Drehzahlen bauen. Dafür genügten die Methoden des allgemeinen Maschinenbaues nicht mehr. PARSONS glaubte aber an die Verwirklichung solcher Getriebe und schlug dazu den Weg möglichst genauer Herstellung der Zahnräder ein. Diese Lösung erwies sich als richtig. Seine zweite richtige Lösung war die sog. „starre Ritzellagerung", die natürlich genaue Herstellung voraussetzte. Auch sie setzte sich durch. So bildeten sich während der ersten Hälfte unseres Jahrhunderts die Antriebsschemen nach Bild 39 heraus.

Die Parsons-Turbine wurde zu Beginn des 20. Jahrhunderts so gestaltet, daß sie mit einfachem Reduziergetriebe wirtschaftlich arbeitete und günstige Propeller-Geschwindigkeiten erreichte. Das letzte Großschiff mit „direktem" Antrieb wurde 1914 gebaut. Am wirtschaftlichsten und erfolgreichsten waren allmählich Dreiritzel-Antriebe an einem großen Rade. Um 1917 kamen die ersten Zweifach-Übersetzungsgetriebe; bei ihnen gab es auf An- wie Abtriebsseite keine so extremen Geschwindigkeiten. Die Engländer blieben aber lieber bei der Einfachlösung bis in die dreißiger Jahre hinein. Die Amerikaner hatten mit den Doppelritzeln mehr Erfolg, da sie genauere Untersuchungen angestellt hatten und Fehler früh erkannten. Während der dreißiger und vierziger Jahre existierten beide Lösungen nebeneinander. Das Zweifach-Reduziergetriebe braucht weniger Raum und Gewicht bei gleicher Leistung und hat fast gleiche Wirtschaftlichkeit.

Aufsehen erregte 1909 das Turbogetriebe der Pittsburgher Westinghouse Machine Co. für eine Parsonsturbine von $N = 6000$ PS, $n = 1500$ U/min und $i = 5$. Es leitete einen bedeutenden Abschnitt in der Geschichte der Zahnradgetriebe ein. Denn dies war die höchste Leistung, die ein Zahnradgetriebe je übertragen hatte, und wie man sie bisher für unmöglich gehalten hatte. Der Konteradmiral der US-Navy GEORGE WALLACE MELVILLE (1841 bis 1912) und der Getriebe-Ingenieur von Westinghouse JOHN H. MACALPINE hatten dieses Getriebe entwickelt. Es gehörte zum Typ der beweglich gelagerten Ritzel, der später als zu kompliziert verschwand. Die (hohle!) Ritzelwelle war hier nachgiebig in einem Rahmen gelagert, der sich in Achsrichtung selbsttätig auf gleichmäßigen Zahndruck einstellte.

Wichtig für die Verwirklichung der Schiffsgetriebe waren die Zahnrad-Bearbeitungsmaschinen von REINECKER und PFAUTER. Die Turbogetriebe der Zeit zwischen 1920 und 1950 zeigten weniger Getriebeschäden, weil sie nicht so hoch belastet waren. Mitte der fünfziger Jahre kamen die Leichtturbinen hoher Drehzahl auf, da jetzt der Raumbedarf für die Bordmaschinen eine große Rolle zu spielen begann. Entsprechend forderte man auch leichte Getriebe, an die man neue, hohe Anforderungen stellte. Seit 1950 war nämlich nicht mehr das große Passagierschiff allein mit Dampfturbinen höchster Leistung ausgerüstet. 1954 lief das erste Handelsschiff mit 20000 PS an einer Schraube aus, die Zahl der Schiffe über 15000 t stieg 1956 von 28 auf 102. Entsprechend den Anforderungen erreichte man einen neuen Hochstand an Genauigkeit der Zahnradbearbeitung, als die Zahnradbearbeitungsmaschinen von SCHIESS in Sonderwerkstätten bei konstanter Temperatur bearbeitet wurden.

Die Hauptforderungen an die Zahnräder solcher Schiffsgetriebe waren allgemein:
1. Schräg- bzw. Doppelschräg-Verzahnung, anfangs auch Pfeil- und Doppelpfeil-Verzahnungen
2. möglichst kleine Ritzel-Durchmesser, damit das getriebene Rad nicht zu groß wird (bei $i = 30$ gehört zu einem 150-mm-Ritzel bereits ein Rad von 4,5 m!)
3. hoher Überdeckungsgrad
4. Maßnahmen zur Sicherung tadellosen Zahneingriffs:
    a) kräftige, und doch nicht zu schwere, Radkörper (meist aus Gußeisen mit aufgeschrumpftem Stahl-Zahnkranz
    b) sorgfältige Lagerung der antreibenden Wellen gegenüber dem getriebenen Rade
5. reichliche Ölschmierung: an den Eingriffsstellen mit Spritzöl, sonst mit Trockensumpf.

Bald nach Erscheinen der Dampfturbine versuchte man auch den Dieselmotor an Bord. 1905 lieferte die MAN Augsburg schon die ersten vier U-Boots-Dieselmotoren an Frankreich (300 PS), 1906 begann die Germaniawerft von FRIEDRICH KRUPP mit dem Bau von Schiffsdieselmotoren und ihr folgten alle Werften schiffbauender Länder. MAN und Krupp behielten die Führung. 1912 lieferten Burmeister & Wain Kopenhagen das erste Ozean-Motorschiff (zwei umsteuerbare Achtzylinder, gesamt 2500 PS, 140 U/min, 7600 t und 11 Knoten) an die East Asiatic Co. Es war bis in den 2. Weltkrieg im Dienst. Nach dem 1. Weltkriege ging es mit dem Schiffsdiesel sprunghaft aufwärts. Schnellaufende Dieselmotoren mit Getriebe erwiesen sich gegenüber Direktantrieb im Raumbedarf bescheidener. Meistens bauten Maschine plus Getriebe kürzer als die direktwirkende Maschine. Bei Verwendung von Getrieben kann man außerdem mehrere

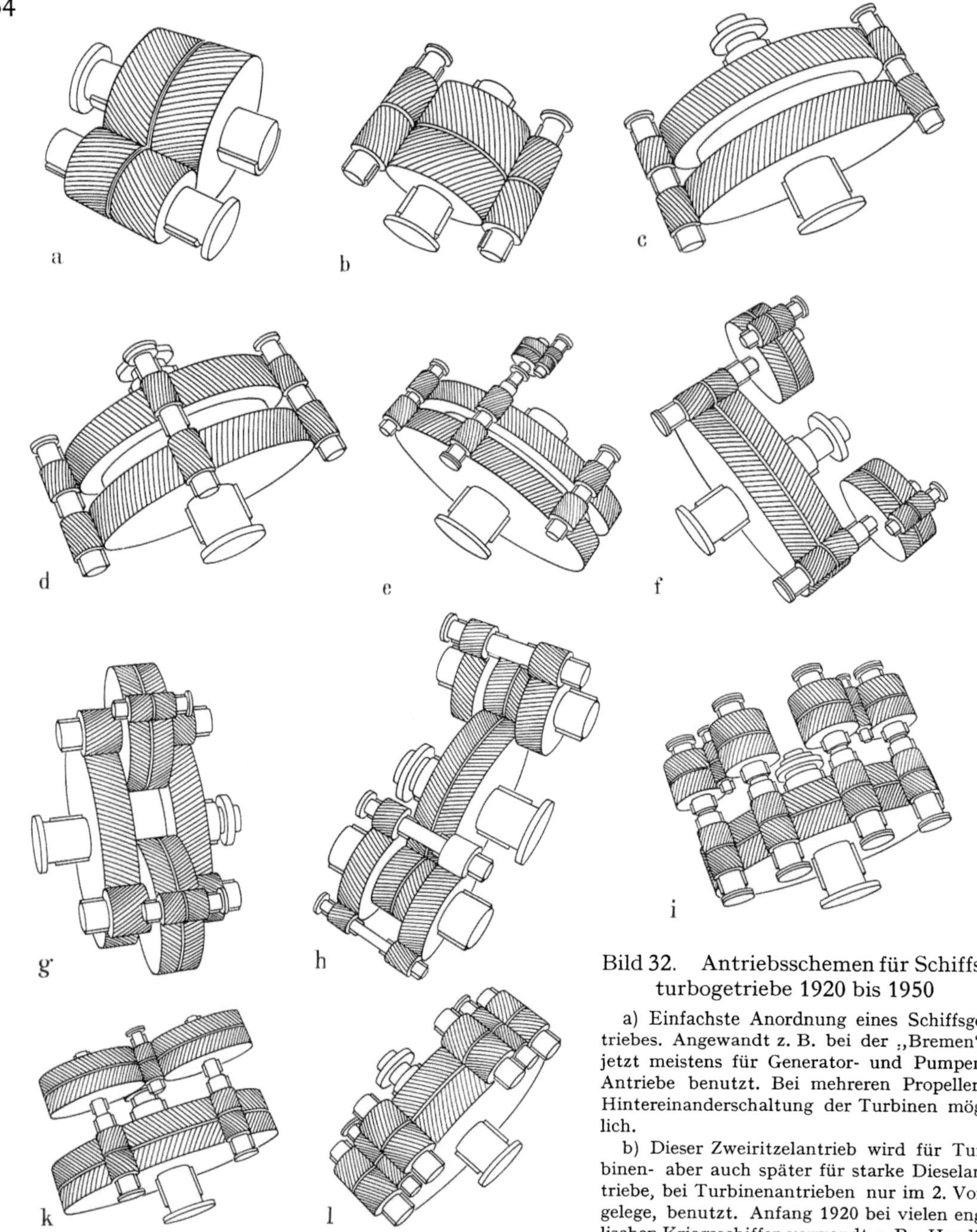

Bild 32. Antriebsschemen für Schiffsturbogetriebe 1920 bis 1950

a) Einfachste Anordnung eines Schiffsgetriebes. Angewandt z. B. bei der „Bremen", jetzt meistens für Generator- und Pumpen-Antriebe benutzt. Bei mehreren Propellern Hintereinanderschaltung der Turbinen möglich.

b) Dieser Zweiritzelantrieb wird für Turbinen- aber auch später für starke Dieselantriebe, bei Turbinenantrieben nur im 2. Vorgelege, benutzt. Anfang 1920 bei vielen englischen Kriegsschiffen verwandt, z. B. „Hood".

c) Älteste Anordnung des Turbinenantriebes nach Parsons, der sich nur in der Ritzellagerung von b) unterscheidet. $i > 20$. Heute bei Neubauten nicht mehr angewandt.

d) Einfaches Übersetzungsgetriebe mit drei Ritzeln an *HD*- und *ND*-Turbinen. Angewandt an den US-Schiffen „Manhattan" und „Washington"; aber nur noch in den 30er- und 40er Jahren gebaut. Vier Ritzel in dieser Anordnung hatten die englischen Passagier-Großschiffe „Queen Mary" und „Queen Elizabeth".

e) Kombination von einfachem und doppeltem Übersetzungsgetriebe, eingebaut z. B. in der „America" (heute „US West Point").

f) Üblichste Anordnung von doppelten Übersetzungs-Getrieben, vor allem in USA, in den 30er und 40er Jahren. Frachtdampfer schon früher.

g) Ineinandergeschobene Anordnung von Ritzeln und Rädern. Seit 1918. Schiffe Empress of Canada 1922, Conte Rosso 1921, Conte Biancamano 1925.

h) Doppelreduziergetriebe ineinandergeschobener Anordnung, verbunden mit drei Turbinen. Bis 1930 baute man es mit einem dreifach geteiltem Gehäuse, danach sind Ritzel und Räder gewöhnlich in Einzelgehäusen untergebracht.

i) Geschlossene Räderanordnung eines Doppelreduziergetriebes. Seit Anfang der 40er Jahre oft angewendet bei hohen Leistungen. Zur besseren Lastverteilung verbindet eine Zwischenwelle das 1. mit dem 2. Reduzier-Ritzel. Da die Kraft zum langsam laufenden Rad durch vier Ritzel übertragen wird, baut diese Art kompakter und leichter als alle anderen.

k) Angewandt bei kleineren Schiffen bis 2000 PS mit einer Turbine.

l) Einfach-Reduziergetriebe. Das Doppel-Reduziergetriebe dieser Art ist günstiger, es kann die Last besser ausgleichend verteilen, und läßt höhere Turbinen-Drehzahlen zu.

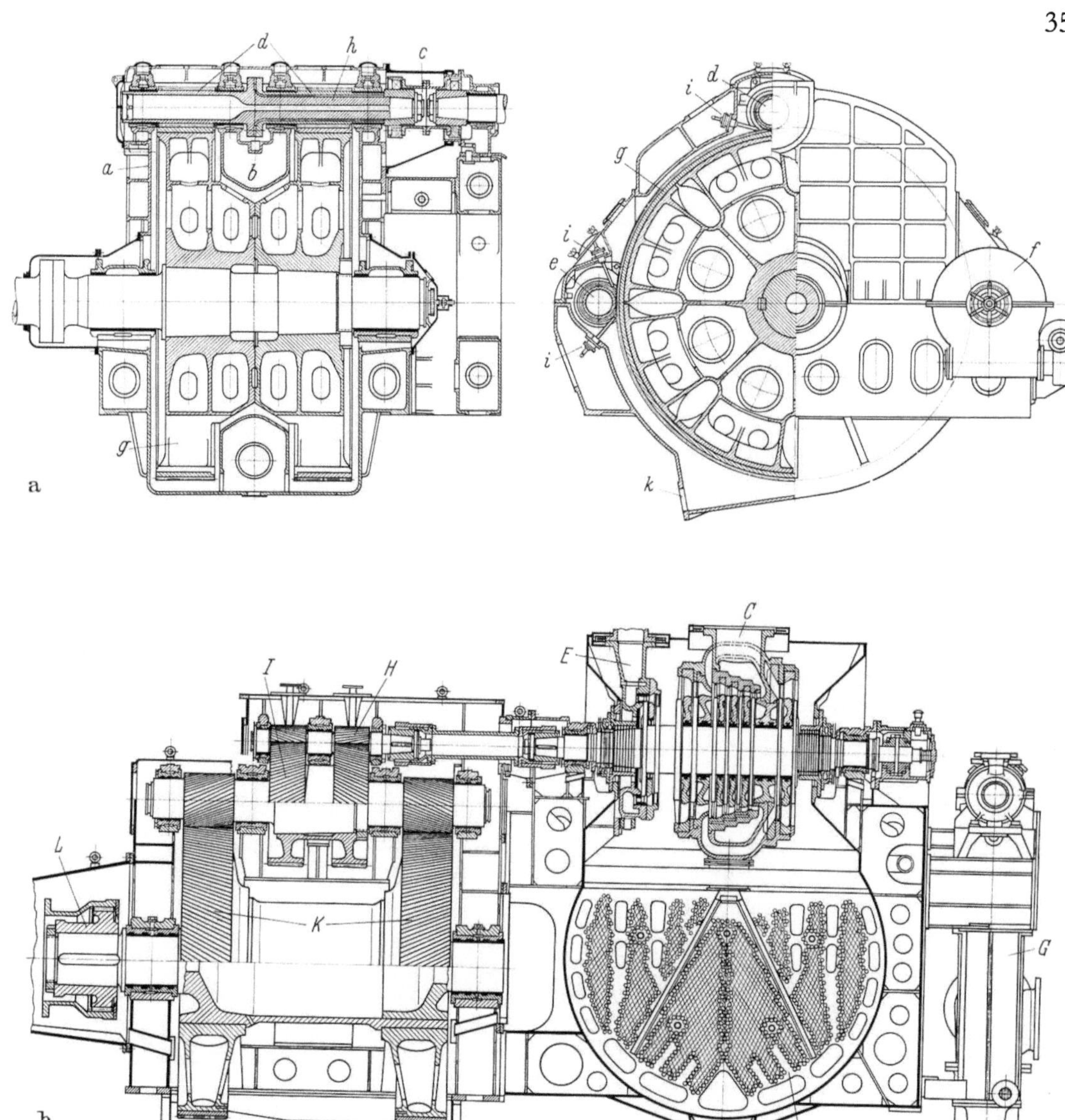

Bild 33. Beispiele von Schiffsgetrieben
a) Bremen 1928/29 (M 1 : 92,6), b) Hapag-Dampfer Tannenberg 1935 (M 1 : 60).

a) Getriebe der „Bremen" des Norddeutschen Lloyd 1928/29. Doppelschrägverzahnte Räder mit einfacher Übersetzung. Zwischen den Zahnkränzen eine starke, bogenförmige Brücke b als Teil des Ge-Gehäuses; sie trägt die beiden inneren Ritzellager. Turbinenantrieb von der Mitte her; er verteilt sich von dort symmetrisch auf die beiden Ritzelhälften. Daher keine großen Zahnbreiten, keine Durchbiegung und Verdrehung und keine ungleichmäßige Belastung bei den Ritzeln. Zahnrad-Daten:

Ritzel: $b = 2 \times 635$ mm, Teilkreis- ⌀ $d = 414,25$ mm, $n = 1800$ U/min
Rad: Teilkreis- ⌀ $D = 4087,26$ mm, $n = 182,5$ U/min

$t = 8\,\pi$, Schrägungswinkel $\beta = 29°\,39'\,15''$, $i = 9,87$, c Klauenkupplungen, $d = HD$-, $e = MD$-Ritzel, f Drehvorrichtung, g großes Rad, h Innenwelle, durch ein hohles Ritzel hindurchgehend und in der Mitte mit dem Ritzel verbunden; hintere Hälfte ist als Fortsetzung der Innenwelle mit ihr aus einem Stück geschmiedet und hohlgebohrt. i Schmierdüsen in beiden Drehrichtungen, k Ölablauf, $z_{Ritzel} = 45$.

b) Leichtbauanlage in Blockkonstruktion der Wahodag (Wagner-Hochdruck-Dampfturbinen-KG, Hamburg) für den Hapag-Dampfer „Tannenberg" des Seedienst Ostpreußen 1935. HD-, MD- und ND-Turbinen sind auf dem Kondensator F angeordnet. Kondensator und Getriebe starr verbunden, selbsttragender fester Block, in drei Punkten gelagert. Dadurch leichteres Maschinenfundament und Unabhängigkeit von Schiffsdeformationen bei Seegang. Getriebe mit doppelter Übersetzung, korrigierter Verzahnung, Schrägungswinkel $\beta = 42° \div 38°$ bzw. 35°, Antriebsleistung $N = 2 \times 3000$ PS, $N_{max} = 6250$ PS, $n_{Propeller} = 250$ U/min. Ritzel: $b = 2 \times 210$ bzw. 290 mm, $n = 18\,000$ (HD), 15 650 (MD), 6490 (ND)
C ND-Turbine, E ND-Rückwärtsturbine im Gehäuse der ND-Turbine, G Pumpen-Hilfsaggregat, angetrieben durch gemeinsame Turbine, H Ritzel, K Großräder, I Vorgelegeräder, L bewegliche Zwischenkupplung.

Beginn der Leichtbaubestrebungen, die sich nach dem 2. Weltkriege durchsetzten.

Bild 34. Doppelte Schrägverzahnung
an einem Schiffsgetriebe um 1913

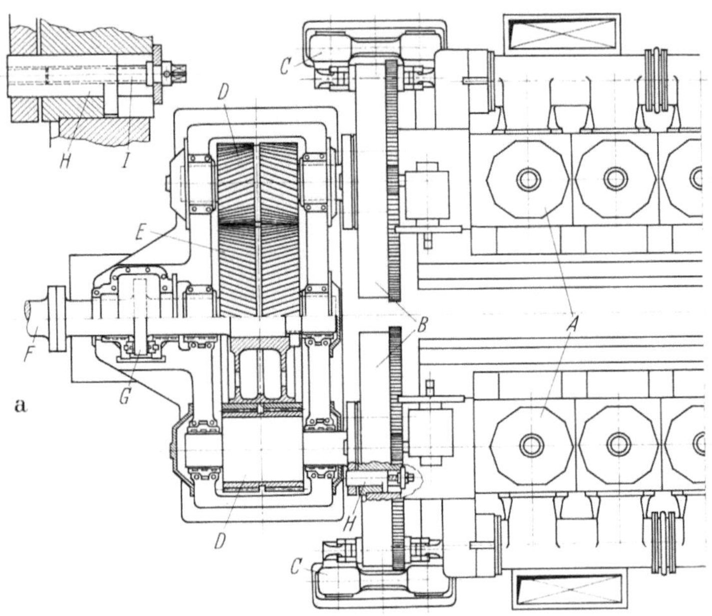

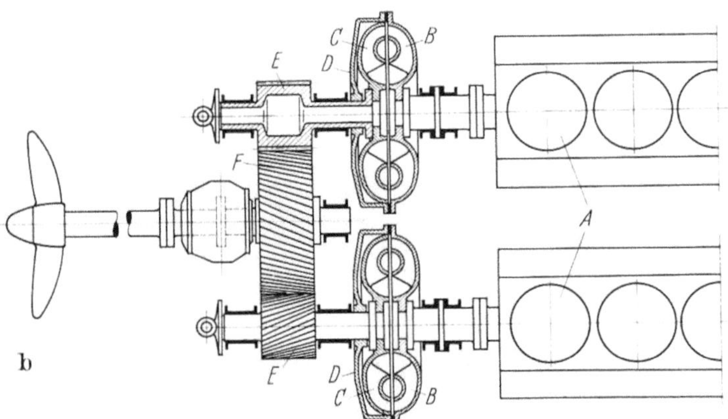

Bild 35. Schiffsantriebe mit Dieselmotoren

a) MS Sofia der Hapag, gebaut von der
Deutschen Werft Hamburg 1934. Zwei ein-
fachwirkende Sechszylinder-Zweitakt MAN-
Diesel. $N_{ges} = 4000$ PS, $n_{Prop} = 95$ U/min.
A Motoren, B Schwungrad von 2,5 m ø mit
Zahnkranz für Drehvorrichtung, C Backen-
bremsen zur Abkürzung des Umsteuerns, D
zwei Ritzel, E = großes Rad, F = Propellerwelle, G Drucklager, H Schiebekupplung
zur Verbindung der Kurbel- mit der Ritzelwelle zum Abschalten eines Motors durch
Spindel J.

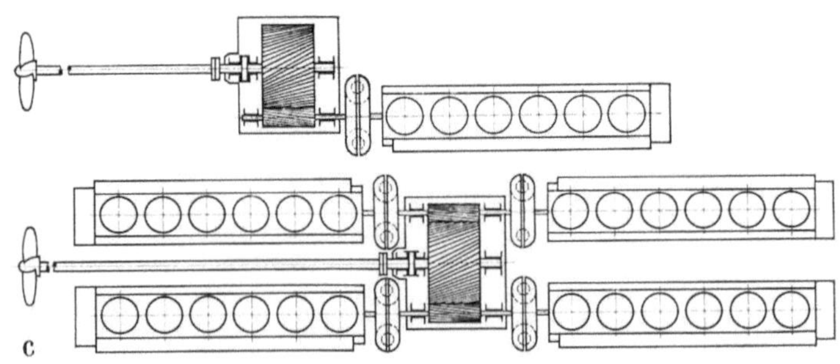

b) u. c). Dieselanlage mit Zahnradgetriebe und eingeschalteten hydraulischen Kupplungen. Verluste:

in der hydraulischen Kupplung	2 bis 3%
im Zahnradgetriebe	1 bis 1,5%
Gesamtverlust	3 bis 4,5%

A Dieselmotoren, B Primär-, C Sekundärteil der hydraulischen Kupplung (C verflanscht mit dem Ritzel E), D Deckel,
verbunden mit Primär- oder Sekundärteil.

Motoren gemeinsam auf eine Propellerwelle arbeiten lassen (nach Bild 35). Die Forderungen an die Zahnräder stellten sich in Dieselgetrieben günstiger als bei Turbinen: die Drehzahlen sind nicht annähernd so hoch, dadurch konnte man kleinere Übersetzungen wählen, größere Ritzel ausführen, und erzielte günstigere Eingriffsverhältnisse. Es blieben nur die Ungleichförmigkeit der Motoren und ihre kritischen Drehzahlen auszuschalten. Man kuppelte sie mechanisch, hydraulisch oder elektrisch. Unter den mechanischen Kupplungen setzten sich die starre Verbindung mit reichlichem Schwungrad durch, die Blohm & Voss kurz nach 1920 einführte. Die Torsionsschwingungen und Ungleichförmigkeiten fing die zwischengeschaltete Vulcan-Kupplung nach HERMANN FÖTTINGER auf. Schon 1924 schaltete man dort zwei Motoren ohne elastische Zwischenglieder auf eine Welle, d.h. die Ritzel waren unmittelbar mit der Kurbelwelle verbunden.

Die Schiffsdieselmotoren überschritten bis heute pro Einheit die Leistung von 30000 PS.

Tabelle 8. *Entwicklung der Schiffsgeschwindigkeiten auf dem Nordatlantik USA-Europa*

Jahr	Schiff	Land	Knoten
1869	City of Brussels	England	14,65
1879	Arizona	England	15,95
1889	City of Paris	England	19,49
1900	Deutschland	Hapag/D	23,51
1910	Lusitania	England	25,57
1929	Bremen	Nordd. Lloyd	27,91
1938	Queen Mary	England	31,69
1952	United States	USA	35,59

In 70 Jahren verdoppelte sich die Reisegeschwindigkeit auf dem Wasser.

Bild 36.   Schiffswendegetriebe BW 800/2 der ZF

Außer den Antrieben für die Großschiffahrt setzte nach dem 1. Weltkriege eine intensive Entwicklung größerer Motorboote für die Kleinschiffahrt im Binnen- und Küstenverkehr ein. Hierzu benutzte man Schnelläufermotoren nach dem Dieselverfahren. Das Wendegetriebe erhielt in diesen schnellaufenden Booten gleichzeitig die Funktion des Untersetzungsgetriebes. Bei Drehzahlen von 1200 bis 1900 U/min gingen die Leistungen nach dem 2. Weltkriege bereits auf über 3000 PS. Die Getriebe reduzieren hier die Propellerdrehzahl auf 350 bis 500 U/min, gelegentlich auch auf 600 bis 1500 U/min (s. Bild 36).

1.5 Zahnräder in Flugzeugen

Der erste Zahnradbedarf in der Luftfahrt entstand durch die Zeppeline. Als diese Propeller an beiden Seiten der Hülle erhielten, brauchte man Kegelradgetriebe, die die Motorenkraft nach dorthin verteilten. Zur Herstellung solcher Getriebe bildete 1915 der General-Direktor des Luftschiffbaues Friedrichshafen Kom.-Rat ALFRED COLSMAN die Zahnradfabrik Friedrichshafen (ZF). In den Zeppelin-Bauarten nach dem 1. Weltkrieg wurden zwar die Motoren mit ihren Propellern in seitlichen Gondeln untergebracht. Aber zum Schwenken dieser großen Luftschiffe brauchte man noch bis zum Bau der letzten Exemplare Kegelradgetriebe nach Bild 37.

Bild 37.   Zeppelin-Schwenkgetriebe der ZF von 1932

Während des 1. Weltkrieges hatten sich durch die Kriegsanstrengungen der ganzen Welt die Motordrehzahlen der Flugmaschinen so erhöht, daß auch hier getriebliche Maßnahmen ergriffen werden mußten:

1. die Propellerdrehzahl mußte im Bereich besten Wirkungsgrades gehalten werden
2. durch Lader sollte in größeren Höhen ein Leistungsabfall der Motoren verhindert werden

Die serienmäßige Einführung von Luftschraubengetrieben, am Motor angeflanscht, begann während des 1. Weltkrieges gleichzeitig in England, Frankreich und den USA. Dabei wird die Luftschraubendrehzahl ins Langsame übersetzt zwischen $i = 1,3$ bis $1,8$. Das einfachste Getriebe war natürlich das geradflankige Stirnradpaar. Hierbei war die Luftschraubenwelle mit dem großen Stirnrad verbunden, das Ritzel war in einem verwindungssteifen Gehäuse angeordnet und stirnseitig am Motor angeflanscht. Aus Leichtbaugründen gestaltete man seit Ende der dreißiger Jahre an den 1000-PS-Motoren die Ritzel als hohle Kastenträger. Zum Abdämpfen von Schwingungen und Stößen wandte man hier besondere Kupplungen an, damit die Zahnräder möglichst immer in ganzer Breite tragen. Der Bearbeitung solcher Zahnräder war die gleiche Sorgfalt zu widmen

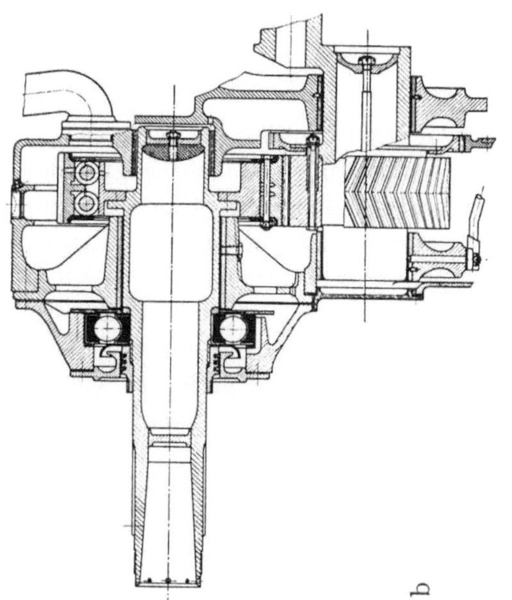

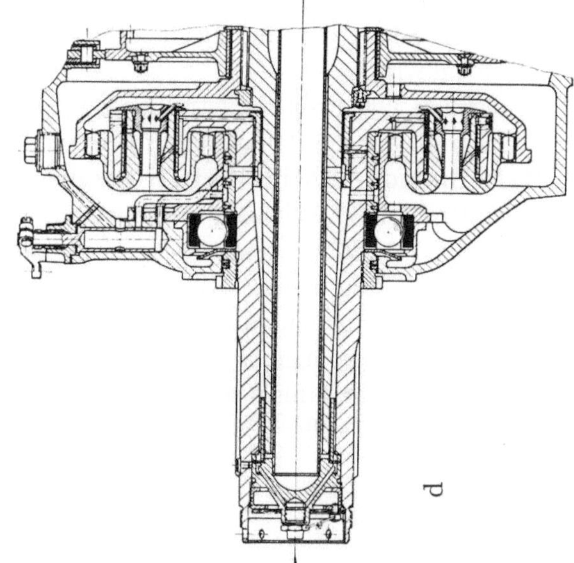

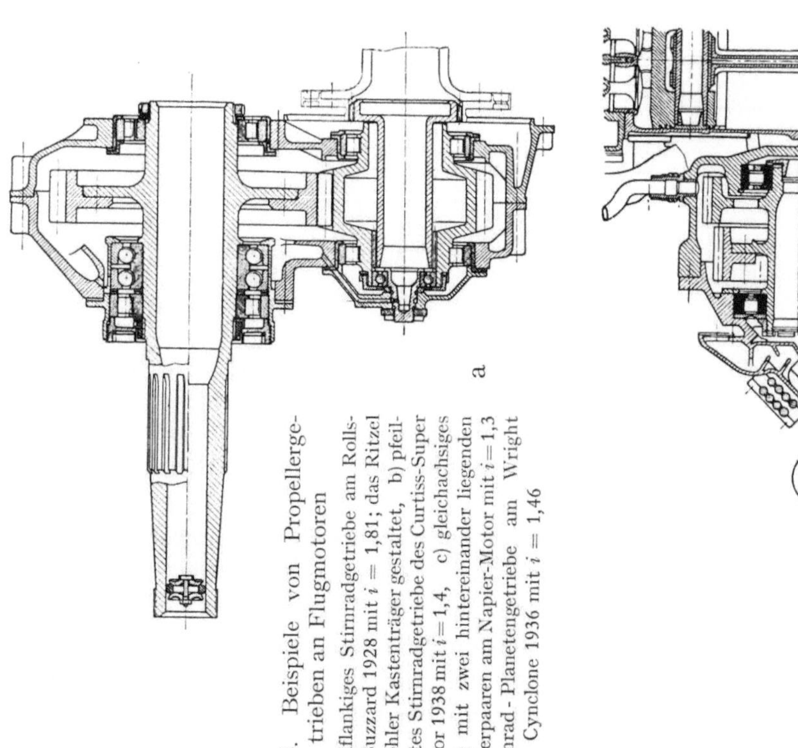

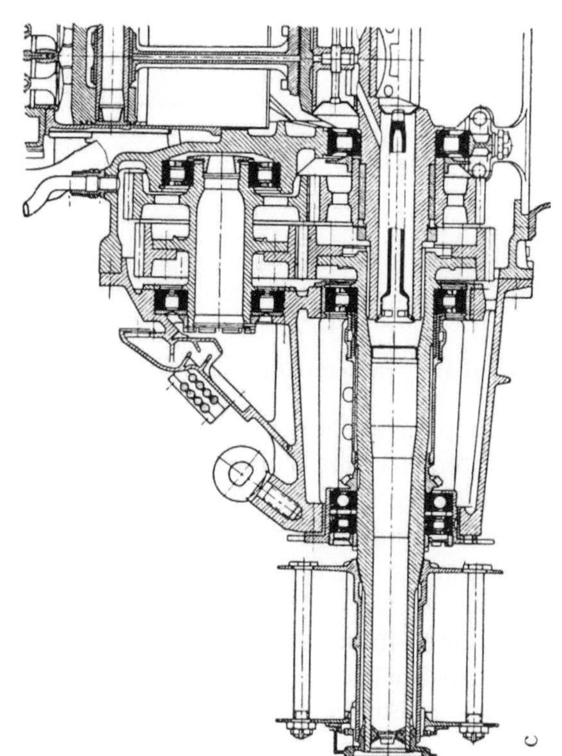

Bild 38. Beispiele von Propellergetrieben an Flugmotoren

a) geradflankiges Stirnradgetriebe am Rolls-Royce Buzzard 1928 mit $i = 1,81$; das Ritzel ist als hohler Kastenträger gestaltet, b) pfeilverzahntes Stirnradgetriebe des Curtiss-Super Conqueror 1938 mit $i = 1,4$, c) gleichachsiges Getriebe mit zwei hintereinander liegenden Stirnräderpaaren am Napier-Motor mit $i = 1,3$ d) Stirnrad-Planetengetriebe am Wright Cynclone 1936 mit $i = 1,46$

wie beim Kfz-Getriebe. 1931 hatte außerdem der Münchner Ingenieur WILHELM STOEK-
KICHT die Schrägverzahnung eingeführt, die zusammen mit kardanischer Lagerung ausgleichend wirkte.

Beispiele von Propellergetrieben zeigt Bild 38.

Originell war die Bauart mit Innenverzahnung des Genfer Flugmotoren-Industriellen
MARC BIRKIGT (1878 bis 1953); er war der Pionier des Hochleistungs-Kolben-Flugmotors
in vollendetem Leichtbau. Am meisten verbreitet und am längsten in Produktion,
nämlich von 1929 bis in unsere Tage, war das Kegelradumlaufgetriebe der Pariser
Brüder und Flugpioniere HENRI (1874 bis 1958) und MAURICE FARMAN (1877 bis 1964)
nach Bild 39. Hier sind das abstützende und das antreibende Kegelrad auf Kugelflächen
beweglich und können sich selbst einstellen. Dieses Getriebe erforderte zwar sehr genaue
Herstellung, die damals schon möglich war, zeigte aber von allen die geringste Abnutzung und ergab außerdem noch eine günstige Gehäuseform. Mit Luftschraubenwelle und

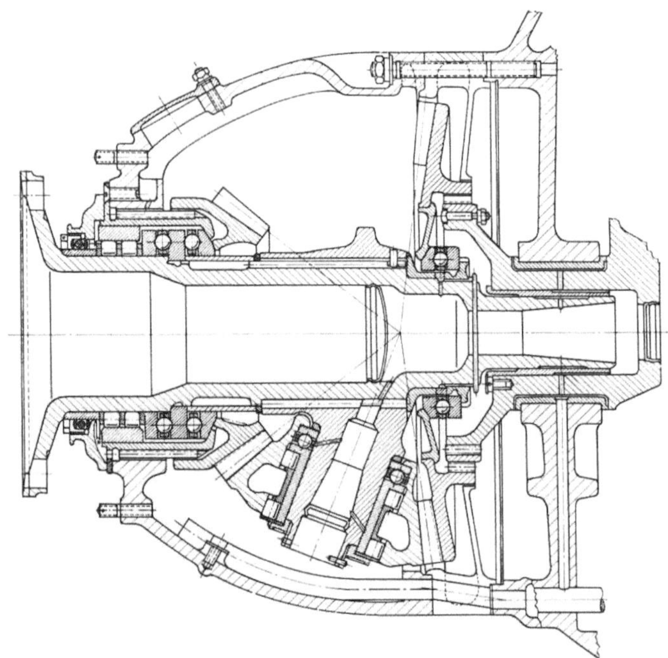

Bild 39.   Farman-Kegelradumlaufgetriebe von 1929, gebaut in allen Ländern, in Deutschland von ZF

Kupplungen betrug der Gewichtsanteil des Propellergetriebes 8 bis 15% des gesamten
Motorgewichtes. Vorkehrungen zur Verstellluftschraube mußten natürlich schon bei der
Getriebegestaltung berücksichtigt werden.

Für schnelle Flugzeuge in großen Höhen entwickelte man 1936 auch Zweigang-Luft-
schrauben, die man schon Mitte der zwanziger Jahre erwogen hatte. Zu dieser Zeit hatte
man auch an Mehrwellen-Motoren (H-Form, Junkers Gegenkolben-Motor, Mehr-
motoren-Anordnung) gedacht. In diesen Fällen enthielt das Koppelungsgetriebe der
Kurbelwellen auch das Luftschraubengetriebe. Mehrmotoren-Anordnungen versuchte
man im Flugzeugbau bis heute. Auch sie brauchten Übertragungen durch hochbelastete
Zahnräder. Für gleichachsige, gegenläufige Luftschraubenpaare Ende der zwanziger
Jahre waren Verzweigungsgetriebe erforderlich. 1938 baute der holländische Flugzeug-
konstrukteur FRITS KOOLHOVEN sogar ein Propeller-Ferntriebwerk, da sich der Motor

hinter dem Pilotensitz befand. Zur Herabsetzung der Drehschwingungen im Luftschraubenantrieb schlug schließlich 1936 der englische Air-Commodore FRANCIS RODWELL BANKS (geb. 1898) vor, das Propellergetriebe von der Mitte der Kurbelwelle her anzuschließen. Man hätte dann außerdem beide Kurbelwellenenden zur Verfügung, könnte die übrigen Hilfsmaschinen besser unterbringen und die Motoren symmetrisch bauen. Dies war aber ein zu langer Entwicklungsweg im damaligen Zeitpunkt.

Laderantriebe übersetzten ins Schnelle, nämlich auf $i = 6$ bis 15. Dabei erreichten die Zahnräder Geschwindigkeiten bis 91 m/s. Daher bildete sich gegen Ende der dreißiger Jahre das Sprichwort: in Flugmotorengetrieben kommt es weniger auf den Zahn als die Zahnlücke an. Außer Brüchen kamen hier die verschiedensten Arten von Verschleiß vor.

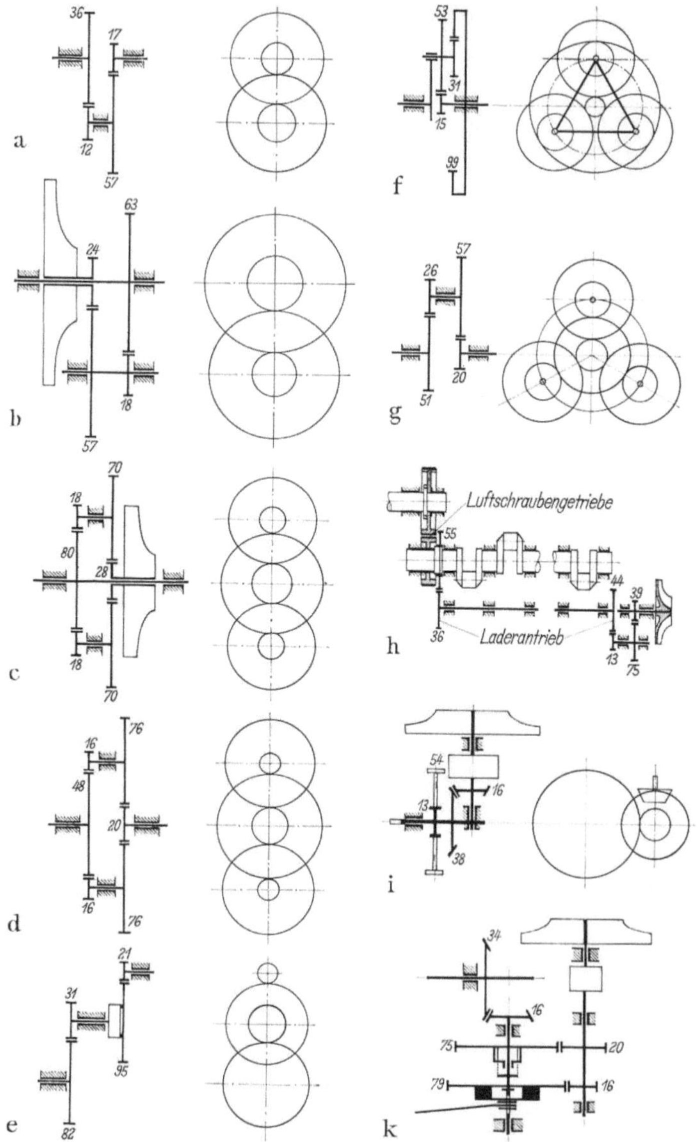

Bild 40. Getriebeschemen von Laderantrieben der 30er und 40er Jahre unseres Jahrhunderts a) BMW 132, b) Wright Cyclone, c) Bramo-Lader, d) Bramo Fafnir, e) Junkers-Lader, f) Farman-Getriebe zum Rateau-Lader, g) Rolls-Royce Buzzard, h) Curtiss Super-Conqueror, i) Daimler-Benz 600, k) Junkers Jumo 210.

Die außerordentlichen Fortschritte in der Luftfahrt, an denen die hochwertigen Zahnradgetriebe großen Anteil haben, verkörpern natürlich ihre Reisegeschwindigkeiten, von denen Tabelle 9 ein Beispiel bringt.

Tabelle 9. *Reisegeschwindigkeiten von Flugzeugen auf der Strecke New York — Paris* (5820 km)

Jahr	Flugzeug/Motor	Leistung je Motor (PS)	Flugzeit (Stunden)
1927	Ryan/Wright (Lindbergh)	220	33,5
1929	Bernard/Hispano Suiza (3 Mann)	600	28,9
1938	Lockheed/2 Wright (Rekordflug um die Welt, 5 Mann)	1100	16,6
1946	Lockheed Constellation/4 Wright	2700	17
1949	Boeing Stratocruiser/4 Pratt & Whitney	3600	12
1957	Douglas DC — 7 C/4 Wright	3445	10,8
1960	Boeing 707/4 Pratt & Whitney-Turbofan	8100 kp (Schub)	6,5
1961	Convair B-58 a/4 GE-J 79 (Rekordflug, 3 Mann)		3,3

Ein neues Betätigungsfeld erhielt das Zahnradgetriebe im Hubschrauber. Seine Serienfertigung begann Ende der dreißiger Jahre. Auch hier gibt es Reduziergetriebe, etwa um $i = 10$, meistens in Schrägverzahnung. Es gibt weiter Kegelrad- und Planeten-

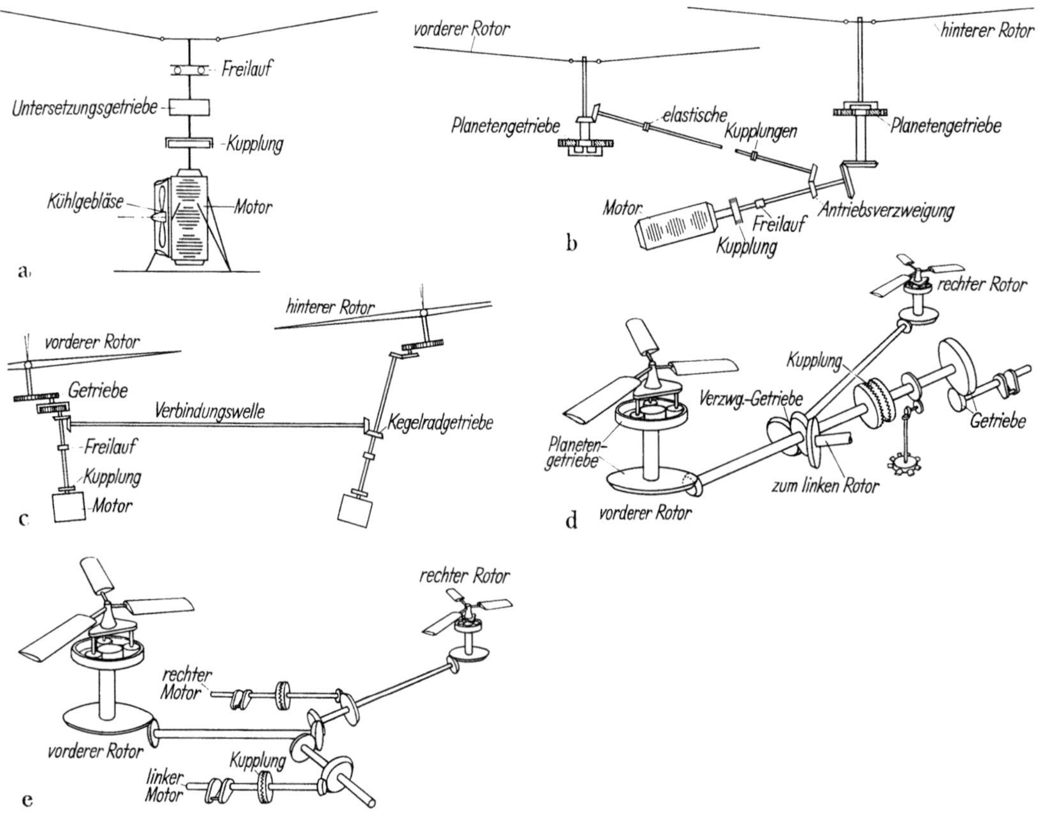

Bild 41.   Antriebsschemen von Hubschraubern
a) Vertikale Kurbelwelle des Motors mit Rotor direkt darüber, b) Einmotoriger Tandem-Rotor, c) Je zwei Motoren und Rotoren, d) Ein Motor und drei Rotoren, e) Zwei Motoren und drei Rotoren.

getriebe, sogar Doppelschneckengetriebe waren schon vorgesehen. Freiläufe verhindern plötzliches Abbremsen des Rotors; daher ordnet man sie heute — wie früher beim Automobilgetriebe — hinter oder im Getriebe an. Ihre Betriebssicherheit ist im Hubschrauber lebenswichtig. Antriebsschemen der verschiedensten Hubschrauber sehen wir auf Bild 41.

1.6 Zahnräder in Werkzeugmaschinen

Der Zahnradgebrauch in der Werkzeugmaschine beginnt im 18. Jahrhundert. Um diese Zeit beginnen die Bestrebungen, die menschlichen Handgriffe an ihr einzuschränken. Ferner strebte man nach gleichbleibender Drehbewegung des Werkstückes. 1800 führte der Engländer HENRY MAUDSLEY (1771 bis 1831) die Wechselräder an der Drehbank ein. Der Antrieb der Drehbank und Bohrmaschinen geschah bis 1895 durch Schnecken mit großem Schraubenrad und Holzzähnen[1]. Die Verwendung von Zahn-

Bild 42   Gewindebohrer-Schneidmaschine um Mitte des 19. Jahrhunderts (Deutsches Museum)

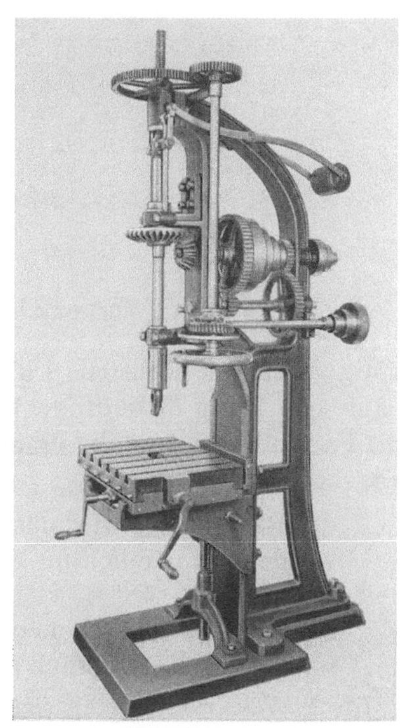

Bild 43   Bohrmaschine von JOHANN LUDWIG WERDER 1870 (Deutsches Museum)

rädern in Werkzeugmaschinen vermehrte sich noch, als nach dem amerikanischen Bürgerkriege (1861 bis 1865) die USA die Führung im Werkzeugmaschinenbau von den Engländern übernahmen. Zeigte schon die erste Fräsmaschine 1818 von ELI WHITNEY einen Schneckenantrieb, so gab es interessante Zahnradantriebe 1862 an der Hobelmaschine von WILLIAM SELLERS (1824 bis 1905) und an der Fräsmaschine von JOSEPH R. BROWN von Brown & Sharpe. Zu dieser Zeit erkannte FRANZ REULEAUX sehr gut die Forderungen, wie man sie schon damals an die Zahnräder von Werkzeugmaschinengetrieben zu stellen hatte: „Endlich kann ein unregelmäßiger Gang der Räder, wenn solche an Arbeitsmaschinen vorkommen, von schädlichem Einfluß auf die Güte des Productes sein. Man denke nur an die nachtheilige Wirkung schlechter Verzahnungen bei den Hobelmaschinen und Drehbänken".

---

[1] 1835 kam die automatische Schraubendrehbank von JOSEPH WHITWORTH mit Zahnradgetriebe.

Der Zahnrad-Getriebebau an Werkzeugmaschinen begann vor der Wende in unser Jahrhundert, als der Einzelantrieb mit Elektromotor den Riemenantrieb mit Transmissionen verdrängte. Aber auch die Vor-, Rück- bzw. Eilgänge förderten diese Entwicklung, genauso wie die Werkstoffzuführer an den Fräs- und Hobelmaschinen. Die wichtigsten solcher Zahnradantriebe an Drehbänken waren das Norton-, Mäander-, Bickford- und Brown & Sharpe-Getriebe. Wichtig wurden diese Getriebe vor allem durch den Taylor-White Stahl, 1900 eingeführt und die drei- bis zehnfache Schnittgeschwindigkeit ermöglichend. Die Spanquerschnitte vergrößerten sich und Antriebe von 4,5 kW wurden

Bild 44.   Englische Leitspindeldrehbank um 1810 (Deutsches Museum)

nötig gegenüber höchstens 1 kW früher. Sprichwörtlich wurde die Leitspindel-Drehbank von Pratt & Whitney 1907, Ludwig Loewe und Otto Schaerer. 1909 stellte die Fa. Ludwig Loewe die Frage ,,Stufenscheibe oder Räderkasten?" und kam zu dem Ergebnis:

1. der Räderkasten wird nötig bei Übertragung von über 3,5 kW. Für diese Leistung würde man nämlich im Falle der Stufenscheibe einen Riemen von 10 cm Breite brauchen
2. eine Werkzeugmaschine mit Räderkasten ist um $30^0/_0$ teurer als eine mit Stufenscheibe, ihr Einsatz muß sich also lohnen.

Im 1. Weltkrieg zeigten sich die Zahnräder in den Werkzeugmaschinen-Getrieben noch mangelhaft. Es kamen Zahnbrüche vor und der Verschleiß war stark. Dadurch fiel die Maschine einige Zeit aus. Die Stufenscheibe gewann wieder Boden. Aber in der Neuzeit der Werkzeugmaschine, d.h. nach 1920, setzte sich das Getriebe in ihr doch durch. Als Gründe lassen sich nennen:

1. Übersichtlichkeit und Sauberkeit in den Werkstätten
2. Minderung der Gefahren durch geschlossene Räderkästen
3. schnelle und einfache Bedienung der Maschine
4. sichere Durchzugskraft
5. Wunsch nach höheren Dehzahlbereichen.

Dies alles war aber erst möglich durch gehärtete Schieberäder aus legiertem Stahl. Überragend wurde die Bedeutung der Zahnräder Ende der dreißiger Jahre beim Antrieb von Mehrspindelköpfen und Aufbaueinheiten. Nicht zuletzt durch ihre Getriebe haben die heutigen Werkzeugmaschinen eine siebenmal höhere Spanleistung als vor 25 Jahren.

1.7 Zahnräder in Walzwerken

Schon LEONARDO DA VINCI hatte um 1495 ein Walzwerk mit Vorgelege vorgeschlagen. Aber es war damals ganz ausgeschlossen, Profileisen zu ziehen oder zu walzen. Dazu reichten die verfügbaren Kräfte nicht aus. Das englische Walzwerk in Paris nach FAYOLLE 1729 hatte einen Göpelantrieb durch sechs Pferde und ein richtiges Walzwerksgetriebe zwischen Göpel und Walzen. So wurde aus dem Walzhandwerk der Fabrikbetrieb. Durch das Bleiwalzen entstanden schon früh die Umkehrwalzwerke, vor allem im letzten Viertel des 18. Jahrhunderts in England. Zur Kraftübertragung brauchte man starke Zahnradpaare aus Kronrädern und Laternen. An das Walzen von Eisen ging man nur zögernd heran, da geschmiedetes Eisen vorgezogen wurde. Nur der Schwede CHRISTOPH POLHEM walzte bereits zu Anfang des 18. Jahrhunderts Profile. Die Zahnräder für die Walzwerke bauten damals die Mühlenbauer, denn Walzwerke und Mühlen waren damals die schwersten und stärksten Maschinen, die es gab. Die Kammräder und Trillinge führten sie daher ebenfalls in Holz aus; gegen Ende des 18. Jahrhunderts verwandten sie schon gußeiserne Radkränze mit eingesetzten Holzkämmen und -triebstöcken. Zur Kraftspeicherung erhielten die Wasserräder große Schwungmassen. Ähnlich war die Zahnradverwendung in den Blechwalzwerken. Den modernen Walzwerksbau begründete der Engländer HENRY CORT 1783/84 durch seine Idee des Fertigwalzens. Die Verbindung seiner Erfindung mit der Watt'schen Dampfmaschine ergab die Grundlage der heutigen Walzwerkstechnik. Das erste Dampfwalzwerk baute 1784 der englische Hüttenmann JOHN WILKINSON in Bradley. Die englischen Puddelwalzwerke hatten mehrere eiserne Stirnradvorgelege, da seit SMEATON 1769 *Ge*-Räder bekannt waren. Ihr Antrieb erfolgte durch Watt'sche Balanciermaschinen von 10 bis 20 PS und einem schweren Schwungrad von 7,8 m Durchmesser. Die Übertragungszahnräder hatten 1,6 m Durchmesser. Zu Anfang des 19. Jahrhunderts stand in den englischen Walzwerken die Dampfmaschine zwischen zwei riesigen Zahnradvorgelegen, die vier Walzenstraßen, Luppenhämmer und eine Schere antrieben. Die Zahnräder dieser Vorgelege hatten bis zu $5^1/_2$ m Durchmesser. Die Drehzahlen gingen bis 75 U/min, bei Feineisenwalzwerken bis zu 250 U/min. 1835 lag die Antriebsleistung der Dampfmaschinen bei 80 PS. Und schon jetzt begannen die Schäden in der Antriebsanlage. Zwischen 1836 und 1842 ereigneten sich im großen Walzwerk Couillet/Belgien folgende Betriebsstörungen:

Zerspringen des Schwungrades, als Folge Zerstörung aller Zahnräder
Vorgelege bei der Luppenquetsche brach einmal
Ge-Schwungradwelle und großes Stirnrad brachen je zweimal
Schwungradgetriebe brach dreimal
Vorgelege am Luppenwalzwerk brach öfter
Schwungrad des Schienenwalzwerkes brach über zehnmal

Schon 1839 hatte das Werk 165000 Francs an Reparaturkosten, das waren $10^0/_0$ des Baupreises. 1857 brach im Walzwerk zu Marchienne-au-Pont das Hauptschwungrad mit seinem ganzen Räderwerk. Manche Schienen konnte man nur walzen, wenn die Zähne in den Vorgelegen geschmiedet waren. Neue, hohe Anforderungen stellte seit 1857 der harte Bessemerstahl an die Walzwerke, außerdem die Stahlschienen-Fabrikation seit 1861 durch JOHN BROWN und JOHN RAMSBOTTOM in Sheffield und Crewe. Man verlangte bald ausschließlich homogene Stahlschienen, als Ramsbottom ihre Überlegenheit gegenüber geschweißten Eisenschienen bewiesen hatte. Das Walzverfahren verbesserte sich durch den Vor- und Rücklauf, ihre Reversierkupplungen fingen die groben Stöße auf. Dampfmaschinen spielten beim Antrieb noch immer die Hauptrolle, vereinzelt auch die Gasmaschinen. 1876 trieb eine Fowler'sche Zwillingsdampfmaschine die Walzen der Farnley Iron Works in Leeds mit Zahnrädern unter $i = 2{,}88$ an. Bis 1882 löste man die Antriebsprobleme der Umkehrwalzwerke. Ihren elektrischen Antrieb führte die AEG 1897 in ihrem Kabelwerk an der Berliner Oberspree ein, mit Leistungen von 200 bis 400 PS. Die Schwierigkeit des elektrischen Antriebes in Umkehrwalzwerken löste 1902/03 der Breslauer Dipl.-Ing. KARL ILGNER (1862 bis 1921), indem er durch Anordnung von Leonard-Schaltung und Schwungrad die starken Belastungsstöße durch elektrisch-mechanische Maßnahmen milderte. Dies bedeutete den Sieg über Dampf und Gas in den Walzwerken.

Auch in den seit 1798 bekannten kontinuierlichen Walzenstraßen kamen viele Zahnräder vor. Diese Bauart hielten vor allem die Amerikaner für überlegen. Mit der Mechanisierung der Walzenstraßen gegen die Wende unseres Jahrhunderts wuchs auch die Benutzung hochbeanspruchter Zahnräder. 1871 baute der Amerikaner ALEXANDER HOLLEY (1832 bis 1882) das erste wirklich brauchbare Block-Walzwerk, indem er die Triostraße von JOHN FRITZ (1823 bis 1913) benutzte; zur Kraftübertragung dienten HOLLEY Zahnräder. Um 1890 stellten die amerikanischen Brammen- und Panzerplatten-Walzwerke große Anforderungen. Die Antriebsleistungen gingen hier bis 6000 PS. In einer kontinuierlichen Universalträgerstraße mit Profilwalzen ließ 1892 der Amerikaner E. M. BUTZ die Horizontalwalzen durch Kegelräder antreiben, die direkt an den Horizontalwalzen saßen.

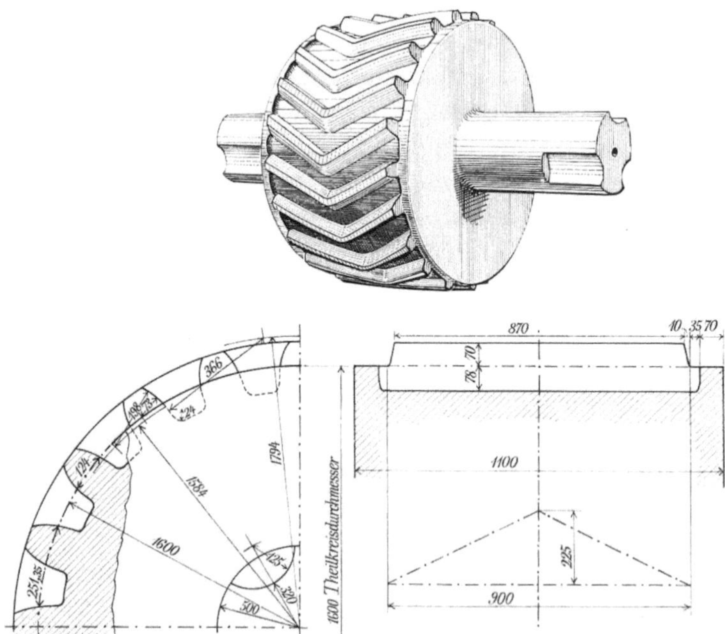

Bild 45.   Kammwalze in Pfeilverzahnung für ein Panzerplatten-Walzwerk von Krupp 1893.
Teilkreis-Durchmesser $= 1{,}6$ m, $z = 20$, $t = 251{,}35$ mm, $G = 20$ t

Die Grob- und Mittelblech-Walzwerke entwickelten sich so schnell, weil genug Kraft zur Verfügung stand, im Schiffbau immer mehr Eisenbleche verwendet wurden und die Einführung des Flußeisens immer größere Blechtafeln ermöglichte. Seit 1855 führte sich die Schiffspanzerung ein, weshalb man die schweren Blechstraßen noch mehr verstärken mußte. Das Walzen von Panzerplatten, statt Schmieden, erfand 1859 JOHN ARROWSMITH. 1867 war man schon bei 382 mm Dicke und 21 t Gewicht angekommen. 1902 stieg das Gewicht auf 105 t. Das Anstellen der Walzen erfolgte lange durch Kegelräder; der elektrische Antrieb kam hier erst 1897. 1911 begann ein riesiges Universaltrio-Walzwerk für 20000 t monatlich zu arbeiten, in dem man getrennte Kammwalzengerüste für Horizontal- und Vertikalwalzen benutzte. Die Hersteller wetteiferten mit der Größe der Grobbleche im Hinblick auf ihre Verarbeitung in Kesseln. Die Idee des kontinuierlichen Blechwalzens gewann um 1890 Boden.

Tabelle 10. *Abmessungen der Kesselbleche 1867 bis 1902*

Jahr	Walzwerk	Länge m	Breite m	Dicke m	Gewicht (t)
1867	Jackson, Pétin & Gaudet	21	1,7	0,01	26,1
1893	Friedr. Krupp AG	20	3,3	0,032	16,2
1896	Stockton Mall. Iron Co.	23,24	1,5	0,015	5,588
1902	Friedr. Krupp AG	26,8	3,56	0,038	29,5

Das fesselndste Kapitel der Walzwerksgeschichte ist das Mannesmann-Röhren-Verfahren. Hier wogen die Schwungräder um 30 t und machten vorübergehend 810 bis 5000 PS verfügbar. Eines der Hindernisse bei der Verwirklichung dieser Röhrenwalzwerke bildeten vor allem bei größeren Anlagen die mangelhaften Winkelzahnräder. Die Kegelräder waren um 1890 zwar aus Stahlguß und in der besten Weise bearbeitet, sie nutzten sich aber zu schnell ab. Bei hoher Pressung hatten sie immerhin mindestens 300 U/min zu machen. Die Brüder MANNESMANN führten daher vorübergehend eine Art Triebstockzahnräder ein.

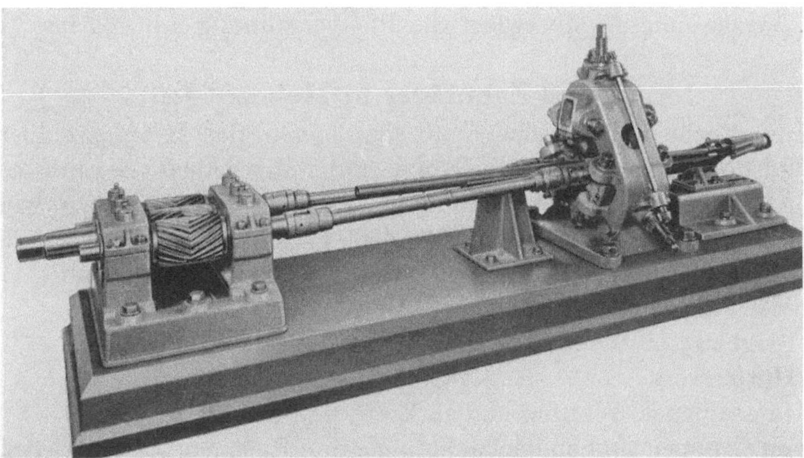

Bild 46.   Erster Schrägwalzapparat zur Herstellung nahtloser Rohre nach Mannesmann
(Modell Deutsches Museum)

Interessante Zahnradübertragungen zeigten auch die vor der Mitte des 19. Jahrhunderts erfundenen Radreifen- und Räderwalzwerke. Erfolg mit ihnen hatten erst 1854 JACKSON, PÉTIN & GAUDET in St. Chamond. Eine weitere wichtige Voraussetzung zur Entwicklung des Walzwerkswesens bildete die Einführung des Gußstahls durch FRIEDRICH KRUPP; mit ihm walzte er schon 1854 Radreifen für Lokomotiven. Die Zahnradübertragungen wurden hier aber erst durch die stehenden Walzen interessant, die nach 1860 aufkamen. Unter ihnen fand viel Beachtung das Radreifenwalzwerk von VITAL DAELEN 1864; es war ein Vierwalzengerüst und DAELEN verwendete hier außer vielen Kegelradpaaren eine Zahnradtrommel. Die Anwendung festgelagerter Kegelräder und beweglicher Walzen war in den 70er Jahren des 19. Jahrhunderts schon aus französischen Patenten bekannt, wurde aber erst in unserem Jahrhundert beachtet. Um 1920 walzte man in den USA sogar Zahnräder. In den Walzwerken der 20er- und 30er Jahre unseres Jahrhunderts werden die Walzen durchweg durch sehr breite Ritzel, sog. Kammwalzen gedreht. Sie sind in einem separaten Gerüst mit ungleichachsigem Antrieb untergebracht.

Viele hochbelastete Zahnräder aller Art enthielten auch die Universaleisen-Walzwerke, deren Bauart REINER DAELEN (1813 bis 1887) begründete. Seine erste Konstruktion 1848 besaß Unterflurantrieb der Stehwalzen. Bei der nächsten 1856 wählte er dafür Kegelräder oberhalb des Hüttenflurs wegen ihrer leichteren Zugänglichkeit und Reinhaltung. DAELEN verlegte auch als erster die Antriebe von Steh- und Waagerechtwalzen in ein gemeinsames Kammwalzengerüst. Maßgebend für die Ausbildung des Kammwalzengerüstes war die Anzahl der Waagerecht- und Stehwalzen sowie die gegenseitige Lage der Triebkegelräder der Stehwalzen. Die Übersetzung für die schnellaufenden Stehwalzen verlegte man stets in die Rädergetriebe. Sie blieben bis in die Neuzeit die gefährdetsten Teile aller Universaleisen-Walzwerke.

Inzwischen veränderte sich das Standard-Walzwerksgetriebe nur wenig. Verlangt wurde nach wie vor Betriebssicherheit und angemessener Raumbedarf. Das Charakteristikum des schweren Betriebes mit Verschleiß, Dauerbruch und Stößen blieb bestehen. Daher verwendet man auch im Walzwerksbau hochwertige Werkstoffe und sieht sorgfältige Schmierung vor. Das Verhältnis Schwungradleistung zu Motorleistung liegt zwischen 8 und 15. Es bildeten sich neben ein- auch zweistufige Walzwerksantriebe heraus. Als Verzahnungsart überwiegt die Pfeilverzahnung mit 25° bis 30° Schrägungswinkel.

1.8 Zahnräder in Hebezeugen

Eine wesentliche Rolle spielen Kraftzahnräder in den Hebemaschinen. Die Lastenförderung ist das älteste technische Anliegen der Menschheit. Bekannt ist die Zahnradwinde mit Schneckenantrieb von ARCHIMEDES, die er um 250 v. Chr. baute. Damit soll das große Kriegsschiff „Syrakusia" von 4200 t während des Punischen Kriege 264 bis 201. v. Chr. mit wenigen Sklaven zu Wasser gebracht worden sein. Hebemaschinen traten in der Folge der Zeit auf:

1. im Bergbau
2. im Hüttenwerk
3. in Hafenanlagen, Werften und an Bord.

In diesen Gruppen sind zu beobachten die drei Epochen von Antrieben:

1. Tretrad, Kurbel, Göpel und Wasserrad　　　um 1500
2. Druckluft und -wasser, Dampf　　　　　　ab 1820
3. elektrischer Strom　　　　　　　　　　　ab 1890

Im frühen Mittelalter brauchte man für die großen Bauvorhaben: Dome, Kathedralen, Denkmale, Mauern und Türme der Städte, selbstverständlich Hebezeuge. Seit AGOSTINO RAMELLI Ende des 16. Jahrhunderts finden wir mechanische Hebezeuge mit Zahnrädern in allen klassischen Büchern über den Maschinenbau. Als sich im 15. Jahrhundert in Deutschland der Bergbau zum Tiefbau mit Schacht und Stollen entwickelte, mußte das Erz aus 200 m Tiefe gehoben werden. GEORG AGRICOLA überlieferte uns Göpel- und Wasserrad-Fördermaschinen. Die Fördermaschine blieb das entscheidende Lebenselement des Bergbaubetriebes. Ihre Leistung stieg in hundert Jahren nach Tabelle 11 an.

Tabelle 11. *Leistungen von Fördermaschinen in hundert Jahren*

	Göpel 1800	Elektr. Antrieb 1903
Teufe (m)	200	560
Nutzlast (kg)	550	2200
Höchstgeschwindigkeit (m/s)	0,27	16
Leistung (PS)	3	1000
Lieferung pro Stunde	2,2	132

Bei den Werftkranen erhöhte sich die Leistung zwischen 1860 und 1900 von 60 auf 200 t Tragkraft und 12 bis 35 m Ausladung. Bei den Helling-Kranen wurden nicht so hohe Tragkraft, aber große Geschwindigkeiten verlangt, um kurze Bauzeiten zu erhalten. Am fühlbarsten für die Zahnräder der Hebezeuge wurde die Umstellung auf elektrischen Antrieb 1890. Die Einführung der Elektrizität führte auch zur Normung der Hebezeuge; die ältesten Normen für Krane sind die der amerikanischen AISE (Association of Iron & Steel Engineers) 1910 und die des deutschen Normenausschusses DIN 120 von 1920.

Seitdem gehört die Ausbildung der Getriebe zu den wichtigsten Gestaltungsaufgaben des Kranbaues. Die Anforderungen an sie sind sehr verschieden. Die Übersetzungen liegen zwischen $i = 7$ und 200. Es gibt Stirnrad-, Kegelrad-, Schnecken- und Planetengetriebe. Bei älteren Kranen lagen die Zahnradgetriebe meistens offen auf der Eisenkonstruktion in einfachen Stehlagern; die neuere Entwicklung faßte alle rasch laufenden Getriebe in einem einzigen Getriebekasten zusammen. Durch hochwertige Werkstoffe, kleine Zahnteilungen und genaue Zahnradlagerung in Wälzlagern verfeinerten sich die Krangetriebe und erfüllten die Forderungen an Geräuscharmut und genaue Herstellung. Es führten sich Schräg- und Pfeilverzahnung ein, um gedrängte Bauart und Laufruhe zu erhalten. Dadurch sank der Raumbedarf auf 80% der früher ausschließlich üblichen Geradverzahnung, und das Drehmoment konnte um 25% erhöht werden. Umlaufgetriebe wurden immer häufiger, denn mit ihnen konnte man zwei Antriebsbewegungen gegenseitig überlagern. Die Triebstockverzahnung kommt bei großen Zahnkränzen an Drehkranen oder Zahnstangen von Auslegereinziehwerken heute noch vor, weil sie hier billiger kommt als ein Zahnkranz mit Normalverzahnung. Zwecks gedrängter Bauart wünscht man auch im Kranbau kleinen Achsabstand und kleine Ritzel. Diese Forderung sicherte zunächst Schneckengetrieben weite Verbreitung, die außerdem eine hohe Übersetzung liefern. In neuerer Zeit teilte man die gewünschte Gesamtübersetzung in einen vorgeschalteten Stirnradtrieb ($i = 2$ bis 6) und einen Schneckentrieb ($i = 10$) auf.

Der neuzeitliche Kranbau wurde größtenteils zum Getriebebau, aber seine Getriebe unterschieden sich vom allgemeinen Getriebebau durch den aussetzenden Betrieb, den sich wiederholenden Anlauf und das Abbremsen der bewegten Massen. KURT WISSMANN, nach dessen Verfahren seit 1928 noch heute Krangetriebe gerechnet werden, unterscheidet die drei Betriebsarten „leicht", „normal" und „schwer", s. Kap. 3.44. Später teilte die englische Norm die Krane in Gruppen nach jährlichen Betriebsstunden ein, nach Tabelle 12

Nach früher bekannten Baggerketten-Hebezeugen mit Handbetrieb schuf 1859 der Franzose A. COUVREUX den Eimerkettenbagger. Er wurde beim Bau der Ardennenbahn

Tabelle 12. *Einteilung der Krane nach der englischen Norm*

Gruppe	0 sehr leicht	1 leicht	2 mittel	3 schwer	4 extra schwer
Verwendung	Handbetrieb	elektr., in Warenhäusern, Lagern, Klein-Masch.-Betrieben	Fabriken, Werkstätten	Fabriken, höhere Geschwindigkeit schwerer Betrieb, Stahlwerke	Dauerbetrieb in kontin. Arbeitsprozeß
max. Betriebsstunden pro Jahr	1000	2000	3000	4000	> 4000

1860 bis 63 und des Suez-Kanals 1863 bis 68 eingesetzt. Später erhielt er ein Raupenfahrgestell, das Stirnrad- und Schneckengetriebe mit großem Übersetzungsverhältnis voraussetzte. Die größten Überlastungsstöße gibt es im Eimerkettenantrieb, weshalb die Zahnräder hier dagegen gesichert und stark bemessen sein müssen. Verschiedenste Zahnradantriebe, meist Schneckenantriebe, erfordern hier die Windwerke. Getriebeteile eines Grabenbaggers zeigt Bild 47.

Den ersten Universal-Löffelbagger zur Beförderung großer Bodenmassen baute 1832 der Amerikaner WILLIAM OTIS in Philadelphia. Er war für Bahnbauarbeiten vorgesehen, stand auf Schienen, hatte Dampfbetrieb, Derrick-Ausleger und 180° Drehwinkel. Die deutschen Konstruktionen seit 1905 waren um 360° drehbar. Aus diesen gleisgebundenen Baggern entstand der Universal-Löffelbagger auf Raupenketten mit Diesel- oder Elektromotor. Beim Schaufelradbagger für Abraum und Kohle kommen die wohl größten Zahnkränze überhaupt vor: Teilkreis-Durchmesser von 40 m

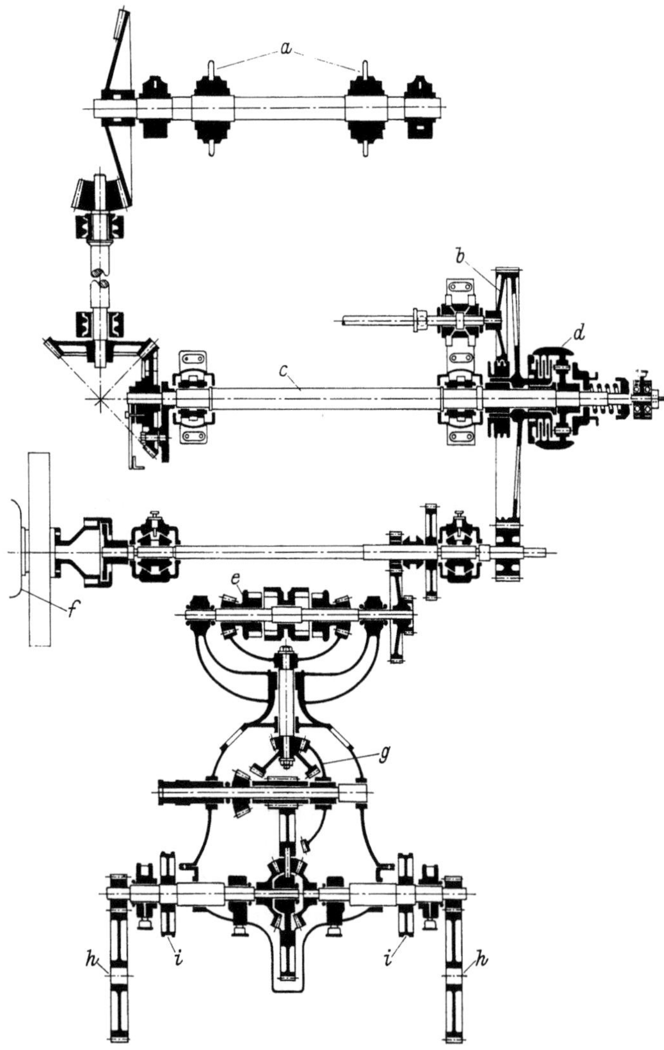

Bild 47.   Getriebe eines Baggers

a) Eimerketten-Antrieb, b) Antrieb der Leiterwinde, c) Vorgelege zum Hauptantrieb, d) Kupplung, e) Wendegetriebe zum Fahrantrieb,   f) Antriebs-Motor,   g) Wechselgetriebe für Arbeits- und Marschgeschwindigkeit, h) Gleiskettenantrieb, i) Lenkbremsen.

und $30\,\pi$ Teilung; die Kräfte an den Ritzeln betragen bis zu 170 t, daher benötigt man zum Antrieb drei Aggregate in Leonard-Schaltung. Revolutioniert hat das Hebezeugwesen der Elektrozug der DEMAG 1911. Als elektrisch betriebene Seilwinde konnte er heben und Wege zurücklegen, bei leichter und einfacher Handhabung. Er brauchte gute Getriebe zu schneller Arbeit, bei geringem Eigengewicht. Diese Elektrozüge entstanden aus den Motorwinden und Handflaschenzügen. Ihr Auftrieb begann aber erst durch die Verwendung von Drahtseilen und neuartigen Getrieben. Die Wahl von Stirnradgetrieben, statt Schneckenantrieben, verbesserte bereits den Wirkungsgrad. Durch Verlegen von Motor und Getriebe in die Seiltrommel wurde das Triebwerk gut geschützt und konnte einwandfrei geschmiert werden (s. hierzu Bild 48).

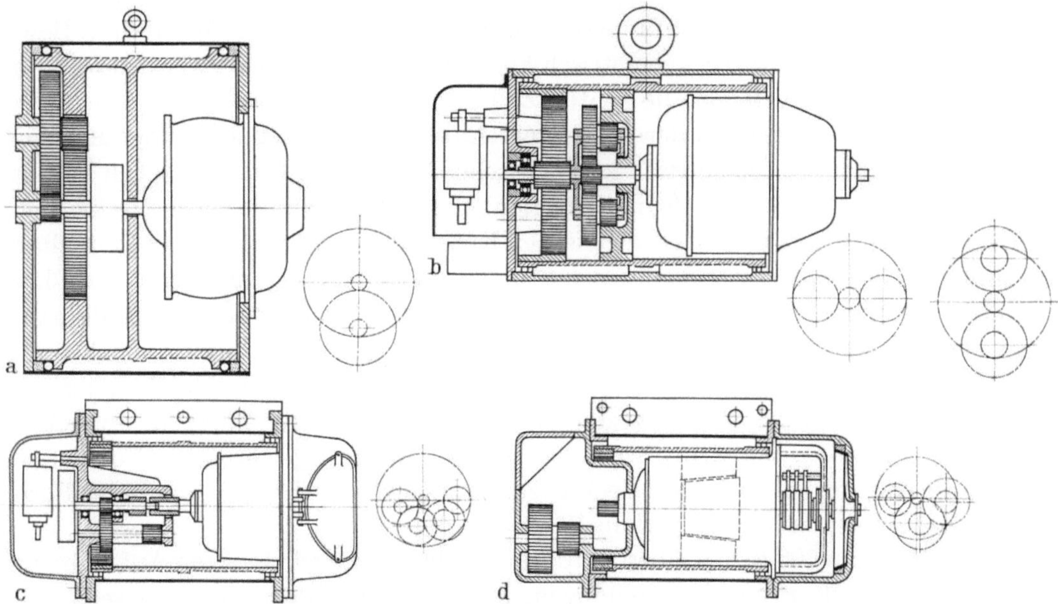

Bild 48.   Entwicklung des Elektro-Flaschenzuges bei der DEMAG 1911 bis 1931

a) 1911 Motor, Getriebe und Lastdruckbremse innerhalb der Trommel, Getriebe zweistufig, ungünstige Lagerung und Schmierung der Zahnräder, b) 1912 mit z.T. fliegender Lagerung der Getriebewellen, c) 1925 Stirnradvorgelege statt Planetengetriebe, dadurch bessere Getriebelagerung und einfacherer Zusammenbau; Getriebeschmierung erschwert, d) 1931 Getriebe außerhalb der Trommel in geschlossenem Getriebekasten, dadurch günstige Lagerung, leichte Montage, gute Schmierung.

Während immer stärkere Kraft- und Arbeitsmaschinen entwickelt wurden, brauchte das Kraftzahnrad die meiste Erforschung unter allen Triebwerksteilen. Die Zahnradtechnik in ihrer Entwicklung basiert auf den Fundamenten der Naturwissenschaften: Geometrie, Trigonometrie, Physik, mit Mechanik und Kinematik. Zur wichtigsten Bemessungsgröße der Kraftübertragung wurde bald die physikalische Beziehung zwischen der Antriebsleistung N und der Drehzahl n. Sie ergibt das Drehmoment M_d allgemein zu $M_d = N/n \cdot$ konst. Hierin stecken die beiden entscheidenden Größen, in denen sich der Kraftmaschinenbau steigerte.

Theorie und Praxis aber wurden von selbst zusammengeführt durch die stets wachsenden, gegensätzlichen Forderungen an die Kraftzahnräder, zu deren Erfüllung die eine wie die andere allein nicht mehr ausreichte.

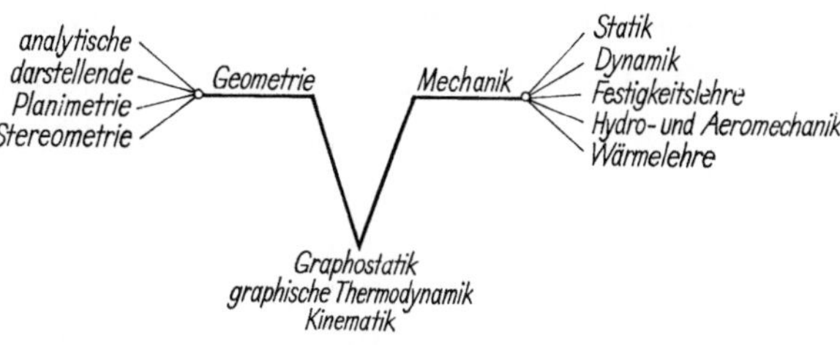

Bild 49.   Zusammenhänge zwischen Geometrie und Mechanik

2 Die Entwicklung der Zahnformen und Verzahnungssysteme

Zahnräder dienen zur formschlüssigen Moment- und Bewegungsübertragung zwischen zwei nicht fluchtenden Wellen. Voraussetzung für eine gleichförmige Kraft- und Bewegungsübertragung aber ist das geometrisch korrekte Zusammenspiel zwischen Rad und Gegenrad. Es muß möglich sein, die richtige Zahnform erst am Reißbrett zu konstruieren, bis man ihre Abmessungen auf der Zeichnung einträgt und schließlich an der Maschine einstellt. Dies führt auf geometrisch-kinematische Untersuchungen. Wir sehen hier das Geistige mit dem Materiellen zusammentreffen. Das fertige Zahnrad enthält eine Fülle von Begriffen, Beziehungen und geometrischen Konstruktionen, die geistiger Vorstellung entstammen. Die frühesten rein geistigen Studien dieser Art begannen mit der Planimetrie, der Geometrie der Bewegung, und endeten bei den Theorien über die Rollkurven. Dabei fehlten zunächst Begriffe wie Kraft, Festigkeit und Werkstoffwahl noch völlig, von Schmierung, genauer Messung oder Geräuschverminderung gar nicht zu reden. Vielmehr dachte man zunächst die gleichförmige Zahnradübertragung ausschließlich kinematisch zu finden. Von den wissenschaftlichen Verzahnungslehren ist also die kinematische die erste und älteste. Und doch begann diese wissenschaftlich fundierte Formpaarung von zwei Zahnflanken erst im 17. Jahrhundert.

Nach HERON (um 100 v. Chr.) beschäftigte sich die Geometrie in ihren Anfängen mit den Landvermessungen und Landteilungen. Daher stammt auch das Wort selbst, das ja zu deutsch „Erdvermessung, Landmessung" bedeutet. PLATON (429 bis 348 v. Chr.) sagte allgemeiner: „Die Geometrie ist die Kenntnis des ewig Seienden". In den ältesten deutschen Drucken finden wir Geometrie deutſch zwischen 1483 und 1485, im Rechenbuch des JOHANN WIDMANN von Eger 1489 bedeutet sie Mathematik. Das Adjektiv „geometrisch" bildete 1518 HEINRICH GRAMMATEUS († 1525 in Wien). Das Wort „Planimetrie" erhielt erst Ende des 18. Jahrhunderts die Bedeutung einer „Geometrie der Ebene", z.B. durch FR. MEINERT (1757 bis 1828) in seinem „Lehrbuch der Mathematik" von 1790.

Die meisten Begriffe der Geometrie stammen von den alten Griechen. So der Gang des Beweisverfahrens: Lehrsatz, Voraussetzung, Behauptung, Beweis und Beschränkung. Der Begriff ἐπίπεδον stammt von PLATON (429 bis 348 v. Chr.). Man brauchte ihn abwechselnd für Fläche und Ebene. Die Linien teilten er und ARISTOTELES (384 bis 322 v. Chr.) ein in εὐθεῖαι (gerade), περιφερεῖς (gebogenlinige) und μικταί (gemischtlinige Linie). In Euklids Elementen um 325 v. Chr. treten nur die Gerade εὐθεῖα und der Kreis κύκλος auf. Den Richtungsunterschied zweier Geraden fand EUKLID (365 bis 300 v. Chr.). Er spricht von κλίσις (Biegung). Ihm folgen APOLLONIUS (um 265 bis 170 v. Chr.) und HERON mit der Einengung der Ebene am Knickpunkt einer Geraden. Hieran schließen sich an die Araber und über LEONARDO VON PISA († 1250) die mittelalterlichen Mathematiker. Dann kamen mechanische Prinzipien in die Definition des

Winkels hinein. 1539 zeichnet Wolfgang Schmid in „Das erste Buch der Geometria" den Drehungskreis des Winkels und nennt den zugehörigen Bogen „die größe des winkels."

Lazare-Nicolas-Marguerite Carnot (1753 bis 1823) unterscheidet in seiner „Géométrie de position" den Drehungssinn, B. Fr. Thibaut (1775 bis 1832) betrachtet 1801 den Winkel als Drehungsgröße. Das deutsche Wort „Winkel" tritt bereits in den ältesten deutschen Mathematikbüchern auf, z.B. 1400 in der „Geometria Culmensis". Der ‚rechte Winkel', eine lateinische Bezeichnung im 1. Jahrhundert n. Chr., ist einer der ältesten geometrischen Begriffe, wohl entstanden aus dem Abbild des Menschen selbst, der sich aufrecht über dem Erdboden bewegt. Die Senkrechte definierte Euklid mit κάθετος. Sie stammt aus der vorplatonischen Zeit und ist vielleicht aus Ägypten gekommen, genauso wie die Einteilung in spitze, stumpfe und rechte Winkel. Alle diese heute üblichen deutschen Wörter finden sich zuerst ebenfalls in der „Geometria Culmensis" von 1400.

Der Kreis κύκλος, circulus orbis, gehört zu den ältesten geometrischen Figuren. Die Wörter κεντρον (centrum = eigentlich Stab) für den Mittelpunkt und περιφέρεια (herumtragen) für den Umfang deuten an: der Kreis wurde damals hergestellt durch ein gespanntes Seil, dessen Ende an einem festen Stabe befestigt war. κέντρον ist eins der ältesten Fachwörter, das schon Hippokrates (um 440 v. Chr.) als festen Begriff kennt. Der römische Schriftsteller Gajus Secundus Plinius d. Ä. (23 bis 79 n. Chr.) benutzt es gern im Lateinischen als ‚centrum', der ebenfalls römische Geschichtsschreiber Titus Livius (59 bis 17 v. Chr.) spricht von einem ‚circulus muri exterior". Marcus Tulius Cicero (106 bis 43 v. Chr.) übersetzte damit das griechische κύκλος. Rein mathematisch erwähnen es Balbus (um 100 n. Chr.) und Martinus Capella (um 470 n. Chr.)

Von einem διάμετρος spricht als Erster Euklid (um 300 v. Chr.). Dagegen kannte das Altertum den Ausdruck „Radius" überhaupt nicht, es gab nur Umschreibungen wie ἡ ἐκτοῦ κέντρον oder die εὐθεῖα z. B. bei Hippokrates (460 bis 377 v. Chr.). Die Griechen sahen im Durchmesser die wichtigste Abmessung und bezogen alle Sätze auf ihn. Der Begriff ‚Radius' kommt von den Indern; von ihnen gelangte er zu den Babyloniern, die ihn als Hauptstrecke am Kreis auffaßten. Der Grund dazu scheint in ihrem System der Sechsteilung des Kreises zusammenzuhängen. Hipparchos von Nikaia (2 v. Chr.) lernte nämlich von babylonischen Astronomen die Sehnen des Kreises in Sechzigsteln messen. Das älteste Buch, in dem das Wort „radius" vorkommt, sind die „Scholae mathematicae" von 1569 des Pariser Philologen Petrus Ramus (1515 bis 1572). Bei Ovid und Vergil hat allerdings ‚radius' die Bedeutung von Strahl bzw. Radspeiche. Und Platon sagte: „... darum verlieh er der Welt die kugelige, vom Mittelpunkt aus in allen Endpunkten weit abstehende, kreisförmige Gestalt ...". Um die Einführung vieler geometrischer Fachwörter machte sich verdient der französische Mathematiker François Viète (1540 bis 1603). Das Wort ‚radius' benutzte er gern, weil es ihm handlich erschien; nach ihm griff die Verwendung des ‚radius' um sich, und in lexikalischen Werken des 17. Jahrhunderts finden wir den ‚radius' als Fachwort aufgenommen. Streng altphilologische Schriftsteller wie Huygens in „de circuli magnitudine inventa' 1654, Philippe de la Hire in „Sectiones conicae in novem libros distributae" 1685 und Newton in „Arithm. universalis" 1707 umschreiben das Wort ‚Radius' noch.

Die erste Definition des Kreises gab Platon (429 bis 348 v. Chr.) in dem Dialog „Parmenides": „ . . . Rund ist doch wohl das, dessen äußerste Teile überall vom Mittelpunkt aus gleich weit entfernt sind . . .". Und ähnlich Euklid: „ . . . Kreis ist eine ebene, von einer einzigen Linie gebildete Figur, in welcher die von dieser Linie nach einem innerhalb der Figur befindlichen Punkte gezogenen Geraden sämtlich einander gleich sind . . .". Die genetische Definition gibt erst Heron: „Ein Kreis entsteht, wenn eine Gerade, indem sie in derselben Ebene bleibt, während der ein Endpunkt festliegt, mit dem anderen herumgeführt wird, bis sie wieder in dieselbe Lage zurückgebracht wird, von wo sie sich zu bewegen anfing." Daß ein Kreis durch einen Durchmesser halbiert wird, bewies als Erster Thales von Milet (um 624 bis 548). Euklid behandelt in seinen Sätzen 11 und 12 das Berühren zweier Kreise. Archimedes (287 bis 212 v.Chr.) soll ein besonderes Werk darüber geschrieben haben. In den Berührungsaufgaben des Apollonius (um 265 bis 170 v. Chr.) soll ein Kreis gezeichnet werden, der drei Bedingungen erfüllen soll:

1. durch einen gegebenen Punkt gehen
2. eine gegebene Gerade berühren
3. einen gegebenen Kreis berühren.

In neuerer Zeit lieferte als erster wieder Viète in „Apollonius Gallus" 1600 Lösungen mit Zirkel und Lineal, für diese drei Aufgaben.

Großes Interesse fand zu allen Zeiten die Bewegungsaufgabe: in einem Kreis rollt ein kleinerer Kreis. Viermal wurde hierüber ein Satz neu gefunden, zuletzt von Nikolaus Kopernikus (1473 bis 1543) in „De Revolutionibus orbium coelestium" 1530 und Philippe de la Hire (1640 bis 1718) in seinem „Traité des epicycloides" 1694. Dieser Satz heißt: ist der Radius des kleinen Kreises halb so groß wie der des großen, dann beschreibt jeder Punkt des kleinen Kreises beim Rollen einen Durchmesser des großen Kreises.

Die Babylonier betrachteten den Kreis als dreimal so groß wie seinen Durchmesser, Archimedes als 96-Eck und Ludolph van Ceulen 1586 als $60 \cdot 2^{29}$-Eck. Leonhard Euler bringt 1729 seine Exponentialfunktion e^x mit den trigonometrischen Funktionen in Verbindung und gibt dem Verhältnis Kreisumfang zu Durchmesser endgültig den Buchstaben π. Die Irrationalität von π beweisen Johann Heinrich Lambert 1760, Ferdinand Lindemann 1882 und Karl Theodor Wilhelm Weierstrass 1885. Das heißt: die Rektifikation des Kreises ist nur im Zusammenhang mit π durch eine transzendente Kurve möglich.

Die Rektifikation des Kreises ist ein Urbedürfnis der Technik. Es tritt immer dort auf, wo Kreis, Zylinder, Rolle oder Rad sich auf einer Geraden oder Ebene abwälzen, oder wo drehende in geradlinige Bewegung umzuwandeln ist.

2.1 Die geometrisch-kinematischen Grundlagen der Zahnräder

Zusammen mit der Entdeckung der Kegelschnitte entstand die Theorie des geometrischen Ortes. Sie geht auf die ersten Platoniker zurück. Ein geometrischer Ort ist der Inbegriff von Punkten, die Bedingungen erfüllen, wie sie kein Punkt außerhalb dieses geometrischen Ortes erfüllen kann. Verdienst der platonischen Schule ist die Ausbildung der Lehre über geometrische Örter zur eigentlichen Theorie. Mit ihr erhielt die Wissenschaft eine neues, mächtiges Hilfsmittel zur Lösung von Aufgaben.

Den Körper, entstanden durch Rotation einer geometrischen Figur um ihre Achse, entdeckte schon ARCHIMEDES: Ellipsoid, Paraboloid und Hyperboloid. Die Bewegung geometrischer Figuren aber führt in die Bewegungslehre. Die Mechanik ist eine Erfahrungs-, die Geometrie eine Verstandeswissenschaft. Die Form der Bahn bei Fortbewegung eines Punktes zeigt nur die Geometrie. Bei komplizierten Bahnen wird die Geometrie zur unentbehrlichen Hilfswissenschaft für die Mechanik. Hierzu bemerkt der Pariser Ingenieur EDMOND BOUR (1832 bis 1866) im Jahre 1865: „La Mécanique est la science du mouvement et des forces. La Géométrie est la science de l'espace et de sa mesure". Für BOUR entsteht eine Linie durch die Bewegung eines Punktes, eine Fläche durch die Bewegung einer Linie. 1758 sagt der französische Philosoph und Mathematiker JEAN-BAPTISTE LE ROND D'ALEMBERT (1717 bis 1783) hierüber: „C'est ainsi que les Navier, les Coriolis, les Poncelet, ont créé une science de transition, si l'on peut s'exprimer ainsi science que nous appellerons la ‚Mécanique appliquée, par opposition a la ‚Mecanique rationelle'." Alles, was sich also über die Bewegung eines Körpers ohne Berücksichtigung von Kräften aussagen läßt, ist κίνημα. Davon hatten nach D'ALEMBERT auch schon EULER 1775 und LAZARE CARNOT 1803 gesprochen. CARNOT meinte 1803 mit „geometrischen Bewegungen", ein System von Körpern, das — nur nach Art ihrer Verbindung voneinander abhängig — rein geometrisch bestimmt werden kann. Von dieser Theorie geometrischer Bewegungen sagt LAZARE CARNOT 1803 schließlich:

„Cette science n'a jamais été traitée spécialement: elle est entièrement à créer, et mérite, tant par sa beauté en elle même que par son utilité, toute l'attention des Savants; car les grandes difficultés analytiques qu'on rencontre dans la mécanique, et surtout dans l'hydraulique, viennent uniquement de ce que la théorie des mouvements géométriques n'est point faite ..."

Aus dem griechischen Worte κίνημα bildete 1834 der französische Physiker ANDRÉ MARIE AMPÈRE (1775 bis 1836) in seinem „Essai sur la philosophie des sciences" das Wort „Kinematik", wie es sich bis heute erhielt. Ampère trat darüber hinaus 1834 endgültig für eine Trennung der Mechanik in zwei voneinander gesonderte Gebiete ein:

„... La Cinématique doit renfermer tout ce qu'il y a à dire des différentes sortes de mouvement, indépendamment des forces, qui peuvent les produire. Elle doit d'abord s'occuper de toutes les considérations relatives aux espaces parcourus dans tous les différents mouvements, aux temps employés pour les parcourir, à la détermination des vitesses d'après les divers relations qui peuvent exister entre les espaces et ces temps ... Elle doit ensuite étudier les différents instruments à l'aide desquels on peut changer un mouvement en un autre. Après les considérations sur ce que c'est que mouvement et vitesse, la Cinématique doit surtout s'occuper des rapports qui existent entre les vitesses des divers points d'une machine et en général d'un système quelconque de points matériels dans tous les mouvements que cette machine ou système est susceptible de prendre; en un mot de la détermination de ce qu'on appelle vitesses virtuelles, indépendamment des forces appliquées aux points matériels, détermination qu'il est infinement plus facile de comprendre, quand on la sépare ainsi de toute considération rélative aux forces ..."

Planimetrie ist ruhende Geometrie. Die Bewegungsgeometrie behandelt bewegte Mechanismen. Vor AMPÈRE nannte sie 1786 der Königsberger Philosph IMMANUEL KANT (1724 bis 1804) im ersten Hauptstück seiner „Metaphysischen Anfangsgründe der Naturwissenschaft" rein philosophisch ‚Phoronomie', d.h. Lehre von den Bewegungsgesetzen. FERDINAND REDTENBACHER suchte sie im Hegel'schen Sinne „Bewegung als Erscheinung" zu nennen, was genauso wenig blieb wie Phoronomie.

Die Kant'sche Definition von 1786 verblüfft durch folgende Formulierungen:

„In der Phoronomie, da ich die Materie durch keine andere Eigenschaft, als ihre Beweglichkeit kenne, … kann die Bewegung nur als Beschreibung eines Raumes betrachtet werden, doch so, daß ich nicht bloß, wie in der Geometrie, auf den Raum, der beschrieben wird, sondern auch auf die Zeit darin, mithin auf die Geschwindigkeit, womit ein Punkt den Raum beschreibt, Acht habe. Phoronomie ist also die reine Größenlehre (mathesis) der Bewegungen. Der bestimmte Begriff von einer Größe ist der Begriff der Erzeugung der Vorstellung eines Gegenstandes durch die Zusammensetzung des Gleichartigen. Da nun der Bewegung nichts gleichartig ist, als wiederum Bewegung, so ist die Phoronomie eine Lehre der Zusammensetzung der Bewegungen eben desselben Punktes nach ihrer Richtung und Geschwindigkeit, d. i. die Vorstellung einer einzigen Bewegung als einer solchen, die zwei und so mehrere Bewegungen zugleich in sich enthält, oder zweier Bewegungen eben desselben Punktes zugleich, sofern sie zusammen eine ausmachen, d. i. mit dieser einerlei sind, und nicht etwa sofern sie die letztere …"

Schon 1742 wies der Baseler Mathematiker JOHANN BERNOULLI (1667 bis 1748) die Existenz einer Momentanachse nach. Die ersten, für die Kinematik wichtigen, Sätze stammen von EULER 1750 und D'ALEMBERT 1758: sie führen die Bewegung eines starren Systems um einen festen Punkt zurück auf eine Drehung um eine Achse, die durch diesen Punkt hindurchgeht. D'ALEMBERT nennt sie „axe instantane de rotation". Mithin zerlegt sich jede Momentanbewegung in die Drehung um einen Punkt und in die Parallelverschiebung mit der Geschwindigkeit dieses Punktes. Die allgemeinste Form der Bewegung ist nach EULER 1750 und D'ALEMBERT 1758 Drehung um eine Achse, die sich parallel verschiebt. Einen weiteren fundamentalen Satz der Kinematik gab 1763 der Florentiner GIULIO GIUSEPPE MOZZI DEL GARBO (1730 bis 1813) in seinem „Discorso matematico sopra il rotamento momentaneo dei corpi". Danach lassen sich die beiden gleichzeitigen Bewegungen der D'Alembert'- und Euler'schen Zerlegung zurückführen auf zwei andere: Drehung um eine zu der ursprünglich gefundenen parallelen Achse und Parallelverschiebung an dieser entlang. Das ist also eine Schraubenbewegung um diese als Achse. Alle diese Untersuchungen aber wurden nicht allgemein bekannt und auch nicht weitergeführt. Dies taten erst die französischen Mathematiker AUGUSTIN-LOUIS CAUCHY (1789 bis 1857) durch Beschreibung einer fortlaufenden Bewegung um ein Momentanzentrum 1827 als „einander Einhüllende", ETIENNE BOBILLIER (1797 bis 1832) und MICHEL CHASLES (1793 bis 1880) um 1830 durch den Hinweis, daß die Normalen zu den Bahnkurven sich im Pol der Drehung schneiden. In der deutschen Schule machte sich der Leipziger Mathematiker Professor AUGUST FERDINAND MOEBIUS (1790 bis 1868) um die Bewegungsgeometrie verdient.

Von der Seite der Praxis her kamen die Maschinenbauer auf die Kinematik zu. In ihren Büchern zeigten sie „Mechanismen" aus ihrer Erfahrung. Diese behandelte als erster gesondert der Leipziger Mechaniker und Mathematiker JACOB LEUPOLD (1674 bis 1727) im ersten Bande seines „Theatrum Machinarum Generale" 1724. Systematisiert hat die Mechanismen als erster der Pariser Mathematiker GASPARD MONGE, COMTE DE PÉLUSE (1746 bis 1818). In seine Vorlesungen über „Stéréometrie" 1794 an der Pariser École Polytechnique baute er auch die „Elemente der Maschinen" ein; er nannte sie damals „…. les moyens par lequels on change la direction des mouvements, ceux par lequels on peut faire naître les uns des autres, le mouvement progressif en ligne directe, le mouvement de rotation, le mouvement alternatif de va-et-vient …" Monge's Unterricht übernahm 1806 JEAN-NICOLAS-PIERRE HACHETTE (1769 bis 1834) mit seinem „Programme du cours élémentaire des machines", in dem er die Mechanismen in zehn Klassen gruppiert. 1830 sagt er in Kapitel 6 seiner „Geschichte der Dampfmaschine": „... les recherches sur la forme à donner aux pièces, qui composent les machines, et sur la combinaison de ces pièces, sont plutôt du domaine de la géometrie, que de la mécanique proprement dite ...". Bei diesem Stand erschien 1834 das Buch von AMPÈRE, in dem er als erster die Kinematik treffend definierte und als neue Wissenschaft begründete[1]. Damit begann ein wirkliches Bedürfnis nach speziellen Werken über diesen Stoff. Das erste und richtungweisende dieser Art lieferte der Professor für Mechanik und Architektur an der Universität Cambridge ROBERT WILLIS (1800 bis 1875). Seine „Principles of Mechanism" beschränken sich auf die Anwendungen und geben von der reinen Bewegungslehre nur so viel als notwendig. Aus diesem Buch schöpften die meisten Nachfolger. Die wichtigsten Werke der Kinematik bis zur Neuzeit zeigt Tabelle 13.

Ein ganz neues Gesicht erhielt die Kinematik 1862 durch den Professor an der Eidgen. Technischen Hochschule Zürich und später an der Kgl. Gewerbe-Akademie in Berlin FRANZ REULEAUX (1829 bis 1905). Er stellt sich in Gegensatz zu MONGE. MONGE hatte 1794 nur die Form der Bewegungsübertragung betrachtet, die notwendigen Mittel hierzu hatte er abstrahiert. REULEAUX dagegen machte gerade diese Mittel zur Grundlage seiner Systematik. Der Leipziger Professor für Mathematik AUGUST FERDINAND MOEBIUS (1790 bis 1868) schuf 1837 den Begriff der „Kette". REULEAUX führte außer diesem noch den Begriff des „Paares" ein. Durch diese beiden Begriffe „Paar" und „Kette" erhielt die Kinematik der Maschine ein ganz anderes Gesicht. Lehrten die älteren Werke nur eine Anwendung der Kinematik auf Maschinen, so erhält die Theorie der Mechanismen erst durch REULEAUX's Deutung für „Paar" und „Kette" ein naturliches System. Diese Betrachtungen führten die Wissenschaftler auf die Definition der Maschine; sie muß den grundsätzlichen Unterschied jeder Bewegung innerhalb der Maschine berücksichtigen als einer unfreien, z.T. durch Widerstände gehemmten Vorrichtung. Bekannte Autoren und Forscher definierten die Maschine wie folgt:

VITRUV: „Machina est continens ex materia coniunctio maximas ad onerum motus habens virtutes."

JACOB LEUPOLD 1724: „Eine Maschine oder Rüstzeug ist ein künstliches Werk, dadurch man zu einer vortheilhaften Bewegung zu gelangen, und entweder mit Ersparung der Zeit oder Kraft etwas bewegen kann, so sonst nicht möglich wäre."

JEAN-VICTOR PONCELET 1829: „Die industriellen oder technischen Maschinen haben den Zweck, gewisse Arbeiten mit Hilfe der Motoren oder bewegenden Kräfte, welche uns die Natur darbietet, zu entwickeln."

ANDRÉ MARIE AMPÈRE 1834: „... un instrument à l'aide duquel on peut changer la direction et la vitesse d'un mouvement donné ..."

LOUIS POINSOT 1834: „Ainsi l'on est conduit naturellement à cette definition générale des machines, savoir, que les machines ne sont autre chose que des corps ou systèmes gênés dans leurs mouvements par des obstacles quelconques ..."

JULIUS LUDWIG WEISBACH 1836: „Maschinen heißen alle künstlichen Vorrichtungen, mittels welcher Kräfte eine Wirkung äußern, verschieden von derjenigen, welche sie ohne diese geäußert haben würden."

ROBERT WILLIS 1841: „Machines ... are interposed between the power and the work, for the purpose of adapting the one to the other. ... Two portions of the machine are given, the one by the nature of the power, and the other by that of the work ... this machine consists of a series of connected pieces ..."

CHARLES-PIERRE LEFEBVRE DE LABOULAYE 1849: „Man gibt den Namen Maschine jedem Körpersystem, welches dazu bestimmt ist, die Arbeit der Kräfte zu übertragen und in Folge dessen sowohl die Kräfte selbst in Bezug auf ihre Intensität abzuändern, als die hervorgerufene Bewegung auf das zu erreichende Ziel umzugestalten."

---

[1] Den von AMPÈRE vorgezeichneten Rahmen suchte JEAN-VICTOR PONCELET (1788 bis 1867) auszufüllen mit seinen Vorlesungen an der Pariser „Faculté des sciences" 1838/39. Er entwickelte hierin die geometrische Theorie der wichtigsten Maschinenteile, die eine Bewegung übertragen.

Tabelle 13. *Klassische Werke der Kinematik*

Jahr	Verfasser	Titel	Erscheinungsort
1841	WILLIS, ROBERT (1800 bis 1875)	Principles of Mechanism*	London
1847	GIULIO, CARLO IGNAZIO (1803 bis 1859)	Elementi di Cinematica applicata alle arti	Turin
1849	LABOULAYE, CHARLES-PIERRE LEEBVRE DE (1813 bis 1886)	Traité de Cinématique	Paris
um 1851	MORIN, ARTHUR JULES (1795 bis 1880)	Notions géométriques sur les mouvements et leurs transformations, ou éléments de cinématique	Paris
1851	DELAUNAY, CHARLES EUGENE (1816 bis 1872)	Traité de Mécanique Rationelle, Livre I Cinématique	Paris
1858	GIRAULT, CHARLES FRANCOIS (geb. 1818)	Elements de géométrie appliquée à la tranformation du mouvement dans les machines	Paris
1858	RANKINE, WILLIAM JOHN MACQUORN (1820 bis 1872)	Manual of applied mechanics, Part III und IV	London
1862	RESAL, HENRY AME (1828 bis 1896)	Traité de Cinématique pure	Paris
1864	BELANGER, JEAN-BAPTISTE-CHARLES-JOSEPH (1790 bis 1874)	Traité de Cinématique*	Paris
1864	HATON DE LA GOUPILLIERE, JULIEN-NAPOLEON (1833 bis 1927)	Traité des Mécanismes	Paris
1865	BOUR, EDMOND (1832 bis 1866)	Cours de Mécanique et Machines, Premier Fascicule: Cinématique*	Paris
1867	THOMPSON, WILLIAM (1824 bis 1907), & TAIT, PETER GUTHRIE (1831 bis 1901)	Treatise on natural Philosophy, vol. I	Oxford
1870	SCHELL, WILHELM JOSEPH FRIEDRICH NIKOLAUS (1826 bis 1904)	Theorie der Bewegung und der Kräfte	Leipzig
1873	RITTER, GEORG DIETRICH AUGUST (1826 bis 1908)	Lehrbuch der analytischen Mechanik	Hannover
1875	REULEAUX, FRANZ (1829 bis 1905)	Theoretische Kinematik*, 1. Band	Braunschweig
1876	SOMOFF, JOSEPH (1815 bis 1876)	Theoretische Kinematik, I. Teil Kinematik	St. Petersburg
1883	MacCORD, CHARLES WILLIAM	Kinematics*	New York/London
1888	BURMESTER, LUDWIG (1840 bis 1927)	Lehrbuch der Kinematik*	Leipzig
1913	HARTMANN, WILHELM (1853 bis 1923)	Die Maschinengetriebe*	Stuttgart
1917	GRÜBLER, MARTIN FÜRCHTEGOTT (1851 bis 1935)	Getriebelehre	Berlin
1923	WITTENBAUER, FERDINAND (1857 bis 1922)	Graphische Dynamik	Berlin
1931	BEYER, RUDOLF AUGUST (1892 bis 1960)	Technische Kinematik*	Leipzig

* enthält ausführliche Kinematik der Verzahnungen

CHARLES EUGENE DELAUNAY 1856: „Maschinen sind Apparate, welche dazu dienen, die Arbeiten der Kräfte zu übertragen, oder auch: eine Kraft auf einen Punkt wirken zu lassen, der nicht in ihrer eigenen Richtung liegt."

CHRISTIAN MORITZ RÜHLMANN 1862: „Die Maschine ist eine Verbindung beweglicher und unbeweglicher (fast ausschließlich) fester Körper, welche dazu dient, physische Kräfte aufzunehmen, fortzupflanzen oder auch nach Richtung und Größe derartig umzugestalten, daß sie zur Verrichtung bestimmter mechanischer Arbeiten geeignet werden."

JULIEN-NAPOLEON HATON DE LA GOUPILLIERE 1864: „Eine jede Maschine ist ein Apparat, welcher dazu bestimmt ist, einen Motor mit einem zu bearbeitenden Stoff in Beziehung zu setzen."

FRANZ REULEAUX 1875: „Eine Maschine ist eine Verbindung widerstandsfähiger Körper, welche so eingerichtet ist, daß mittelst ihrer mechanischen Naturkräfte genöthigt werden können, unter bestimmten Bewegungen zu wirken."

TRAJAN RITTERSHAUS 1884: „Die Maschine, und namentlich die der großen Praxis, ist eben nicht nur ein Mechanismus, wie ihn die Kinematik, die ja eben die Kräfte ausschließt, als höchste Stufe nur betrachten kann; in ihr reichen sich Kinetik, Kinematik und Physik die Hand …"

THEODOR BECK 1886: „Eine Maschine ist eine künstliche Verbindung widerstandsfähiger Körper, welche zur Verrichtung einer bestimmten mechanisch-technischen Arbeit dient, und zu diesem Zwecke so eingerichtet ist, daß durch sie mechanische Kräfte genötigt werden können, unter bestimmten Bewegungen zu wirken."

Das *Gesetz, betr. den Schutz von Gebrauchsmustern*, vom 1. Juni *1891*, trennt in seiner Begründung zu § 1 Gerätschaften für Arbeitszwecke und Gegenstände des Gebrauchs. Diese Trennung läßt sich schwer durchführen.

EGBERT VON HOYER 1893: „… daß eine Maschine zu erklären ist: als eine Verbindung von Körpern, welche mit bestimmter gegenseitiger Beweglichkeit ausgestattet sind und durch Aufnahme motorischer Kraft zu bestimmten mechanischen Arbeitsleistungen befähigt werden …"

Amtliches Warenverzeichnis zum Zolltarife 1895 und 1906: „Maschinen sind aus festen und beweglichen Teilen bestehende Vorrichtungen, bei denen die beweglichen Teile durch eingeleitete Kraft (Menschenkraft, tierische Kraft, Winddruck, Wasserdruck, Spannung von Dämpfen oder Gasen, Elektrizität oder dergl.) in vorgeschriebenen Bahnen und in regelmäßiger Wiederkehr bewegt werden. Die eingeleitete Kraft wird entweder in eine drehende oder hin und hergehende, technisch nutzbare Bewegung oder mittelbar in nutzbringende Kraftwirkungen oder in Wärmemengen umgesetzt und dadurch wieder ausgeleitet … Die nutzbare Bewegung oder die nutzbringende Kraftleistung muß der Hauptzweck der Vorrichtung sein. Vorrichtungen, bei denen dies nicht zutrifft, … sind nicht als Maschinen anzusehen …"

WERNER SOMBART 1902 und 1913. Nach ihm ist die Maschine als ein Arbeitsmittel oder ein Komplex von Arbeitsmitteln aufzufassen, welches derart eingerichtet ist, daß es eine Arbeit, die sonst der Mensch verrichten müßte, an Stelle des Menschen ausführt. Die Maschine ist ein Arbeitsmittel, welches nicht wie das Werkzeug menschliche Arbeit unterstützt, sondern menschliche Arbeit ersetzt.
„… Kurz zusammengefaßt kommt …" GEORG LINDNER 1905 bis 1929" … zu der Bestimmung der Maschine als einer Verbindung mehrfacher Glieder, die sich unter der dauernd gleichartigen Wirkung einer Kraft gegenseitig in regelmäßiger Wiederkehr bewegen und eine technisch nutzbare Arbeit leisten (indem sie Kraftwirkungen unter bestimmten Bewegungen ausüben)."

Man verwendet heute meistens die Definition von FRANZ REULEAUX, da er als „Vater der Kinematik" gilt. REULEAUX hat tatsächlich das ganze Gebiet der Technik vom Gesichtspunkte der Bewegung aus durchforscht. Er wollte dabei feststellen, durch welche Gestaltung und Anordnung der Maschinenelemente deren Bewegungen erzwungen werden. Diese Analyse führte zum Prismen-, Schrauben- und Zylinder-Paar, auf die sich alle erzwungenen Bewegungen zurückführen lassen. 1928 sieht der Professor für Mechanik an der Technischen Hochschule Dresden Dr. MARTIN FÜRCHTEGOTT GRÜBLER (1851 bis 1935) die Getriebelehre aus zwei verschiedenen Ausgangspunkten entstehen:

1. aus der geometrischen Bewegungslehre

2. aus der Zwanglauflehre.

Dabei suchte man die Zwangläufigkeit eines Getriebes oder einer kinematischen Kette durch Modelle oder auf geometrischem Wege zu erkennen. Hierbei wandte man meistens den Satz an, daß die drei Pole der Relativbewegungen dreier komplaner Ebenen in einer

Geraden liegen. Diesen Weg gingen z.B. Ludwig Burmester (1840 bis 1927) und
Trajan Rittershaus (1843 bis 1899); er ist aber umständlich, nicht allgemein benutz-
bar und unzuverlässig. Grübler hatte dagegen schon 1883 darauf hingewiesen, daß die
Zwangläufigkeit der Getriebe

1. unabhängig ist von den Abmessungen der Kettenglieder
2. auf ganzzahligen, einfachen Beziehungen beruht zwischen n Kettengliedern und p
   beweglich verbindenden Elementenpaaren. Beispiel: die Unschluß-Paarkette
   $2p - 3n + 4 = 0$.

Diese Anschauungen und Beziehungen erweiterte Dr. Rudolf Müller in seiner
Dresdener Dissertation von 1920 erheblich und machte sie praktischen Anwendungen
zugänglich. Grübler lehnt es 1928 ab, Differentialgleichungen aus der Dynamik hinzu-
zuziehen, da sie für die allgemeine kinematische Praxis zu schwierig sind.

Schließlich sieht der Frankfurter Professor Carl Weihe (1872 bis 1954) die Reuleaux'sche Kinematik als noch nicht abgeschlossen an. Für ihn erwächst aus ihr „die
systematische Ordnung der Getriebe. Diese, in notwendigem Zusammenhang mit einer
klaren und streng durchgeführten Benennungsweise, gibt erst eine Übersicht über die
Mannigfaltigkeit der vielen Gebilde, die uns in der Technik entgegentreten".

2.11 Die Entdeckung der Rollkurven für die Zahnradtechnik

Mit den Rollkurven beschäftigten sich bereits die Geometer des Altertums. Sie kannten bereits die Epizykloide. Apollonius v. Perga (um 200 v. Chr.) und besonders
Hipparchos v. Nikaia (um 150 v. Chr.) erklärten die Bewegungen der Planeten mit
„Epizykeln". Das Wort „Epizykel" kommt vor bei Theon v. Smyrna (um 130 n. Chr.)
und im „Almagest" des Klaudios Ptolemaios v. Alexandria (um 150 v. Chr.).

Als erster studierte die Zykloide genauer der deutsche Kardinal Nicolaus Cusanus
(1401 bis 1464) im Jahre 1451, wie aus dem 2. Bande seiner Werke hervorgeht. Sehr
anregend auf die allgemeine Kegelschnittslehre wirkte die Perspektive der Malerei, die
seit Anfang des 17. Jahrhunderts auf bedeutender Höhe stand. Daher war es auch der
Nürnberger Maler Albrecht Dürer (1471 bis 1528), der bereits 1525 eine bestimmte
Epizykloide geometrisch betrachtete in seiner „Underweysung der messung mit dem
zirckel und richtscheyt …".

Um 1598 gab der Physiker Galileo Galilei (1564 bis 1642) der Zykloide ihren
Namen und suchte ihre Fläche mit der Waage zu bestimmen. Den genauen Flächeninhalt der Zykloide ermittelte erst 1634 der französische Mathematiker Gilles Per-
sonne de Roberval (1602 bis 1675) und gab ihr den Namen „trochoides comes"; ihm
gelingt auch die Quadratur der Zykloide mit Hilfe der, später als Sinuslinie erkannten,
Kurve. Außerdem erkannten Marin Mersenne (1588 bis 1648), René Descartes
(1596 bis 1650) und Evangelista Torricelli (1608 bis 1647) die bedeutenden Eigenschaften dieser Kurvenfamilie. Von nun ab reißen die geometrischen Untersuchungen
über die Zykloide nicht mehr ab. Die Resultate der Mathematiker drangen aber nicht
in die Praxis vor. Erst der gleichzeitig schöpferische Geometer wie geschickte Praktiker
Gérard Desargues (1593 bis 1661) verstand die bisherigen Ergebnisse 1639 praktisch
zu nutzen. Er bildete damals den Begriff der „Involution" und baute eine Kegelschnittslehre auf. Außerdem soll Desargues schon erkannt haben, daß epizykloidische Zähne
von Rädern die geringste Reibung erzeugen. Bekannt wurden die Leistungen von

DESARGUES durch den Pariser Künstler und Mathematiker PHILIPPE DE LA HIRE, der 1679 das Hauptwerk von DESARGUES abschrieb und es damit der Nachwelt erhielt. Ferner sagt DE LA HIRE 1694 in der Vorrede zu seiner Abhandlung über die Epizykloide: beim Schloß Beaulieu ließ er ein Zahnrad mit epicycloidisch geformten Zähnen ersetzen, das von DESARGUES stammte.

Sehr bedeutend für die Theorie der Rollkurven wurde das Werk des holländischen Physikers und Mathematikers CHRISTIAAN HUYGENS[1]. Er hatte schon 1665 seine Niederschrift „De Horologium oscillatorium" beendet, die dann 1673 im Druck erschien und Ludwig dem XIV. gewidmet war. Darin behandelt HUYGENS zunächst die Berührungsaufgabe für die Zykloide. Er beobachtet in einer beliebigen Figur, die längs einer Geraden rollt, einen Punkt A; dieser beschreibt durch die rollende Bewegung eine Kurve. Ist weiter C der tiefste Punkt dieser beliebigen Figur, in welchem sie sich über der Geraden erhebt, so ist in jeder Lage die Strecke CA normal zur Rollkurve. Weiter bringt HUYGENS 1665 in diesem Werke noch den 25. Satz: ein Körper langt in der gleichen Zeit im Tiefpunkte an, gleichgültig von welchem Punkt des absteigenden Zykloidenarmes er fällt. Diesen Satz, bekannt geworden als ‚Tautochronismus der Zykloide', lehrte schon vor HUYGENS der Dozent für alte Sprachen, Mathematik und Physik am Jesuitenkollegium in Pau IGNACE GASTON PARDIES (1633 bis 1673). Im 3. Teil seines Werkes „Horologium oscillatorium" schafft HUYGENS 1665 bzw. 1673 die Begriffe der Evoluten

Bild 50.   Grabstein des Kardinals und Mathematikers NICOLAUS CUSANUS in Rom, wo er seit 1448 gelebt hatte

---

[1] CHRISTIAAN HUYGENS (1629 bis 1695) aus den Haag/Holland. Sohn des vermögenden Sekretärs und Ratgebers der Prinzen von Oranien. Wuchs in wissenschaftlich anregendem Milieu auf. Studium in Leiden und Breda. Mathematisch begabt. Erste Abhandlung 1651 über Geometrie, als er die Universität verließ. Lebte 1655 und 1666 bis 1680 in Paris, Akademiemitglied. Erfinder der Pendeluhr. Erforschte das physikalische Pendel, begründete die Wellentheorie des Lichtes, berechnete die Gesetze des elastischen Stoßes. Machte mehrere Entdeckungen auf den Gebieten der Astronomie und Optik.

und Evolventen. Er erklärt: ist um eine, nach einer Seite hin, hohle Linie ein biegsamer Faden gewickelt, und blieb das eine Ende des Fadens mit der Kurve in Verbindung, während das andere unter fortwährender Spannung des abgelösten Stückes weitergeführt wird, so beschreibt dieses Fadenende eine zweite Kurve, welche die durch Abwicklung beschriebene ist, „descripta ex evolutione". Dies ist die heutige Evolvente,

Bild 51.   CHRISTIAAN HUYGENS, Physiker und Mathematiker (Deutsches Museum)

vom lateinischen volvere = rollen. Die erste Kurve nennt HUYGENS 1665 in seiner 4. Definition des 3. Teiles „die Abgewickelte" oder „Evoluta", französisch volute = Schnecke, Spirale. Hier behauptet HUYGENS im 1. Satz: jede Berührungslinie der Evolute steht auf der Evolvente senkrecht, die Evolvente ist fortwährend gleichartig gekrümmt — „... in partem unam inflexam esse ...". Das alles beweist HUYGENS an den zwei Figuren von Bild 53. Schließlich gelangt er zu dem ganz allgemeinen Satz: die Evolute ist Ort aller Durchschnittspunkte der laufenden Normalen an die Evolvente. Zu jeder Kurve kann also die Evolute gefunden werden und sie ist rektifizierbar. Damit zeigte HUYGENS schon 1665 den Lösungsweg für das Urbedürfnis der Technik: Kreis, Zylinder oder Rad wälzen sich auf einer Geraden oder Ebene ab, bzw. wandeln Drehbewegungen verschiedener Geschwindigkeiten um oder Dreh- in Geradlinien-Bewegung. Der geometrische Ort aller Krümmungsmittelpunkte einer ebenen Kurve war gefunden. CHRISTIAAN HUYGENS war also seiner Zeit um mehr als ein Jahrhundert voraus.

Daß die Evolventen durch Abrollen einer Geraden entstehen, zeigte 1706 erneut der Leipziger Philosoph und Mathematiker GOTTFRIED WILHELM VON LEIBNIZ (1646 bis 1716). Systematisch behandelte die Kreisevolvente erst 1748 der französische Schriftsteller und Enzyklopädist DENIS DIDEROT (1713 bis 1784). Spätestens bis Mitte des

18. Jahrhunderts war also allgemein geklärt: die Rollkurven sind die beiden einzigen Kurven, die bei gegenseitiger Bewegung der Systeme beständig aufeinander rollen. Damals nannte man alle Rollkurven oft noch Trochoiden vom griechischen ὁ τροχός = der Reif. Die Kinematik und ihre praktische Anwendung in Räderuhren wirkte auf jeden Fall befruchtend auf die spätere Technik der Zahnradgetriebe in Maschinen.

Die erste Anwendung der Rollkurven auf Zahnräder schrieb LEIBNIZ dem dänischen Astronomen OLAUS ROEMER (1644 bis 1710) zu. In einem Briefe vom Januar 1698 teilte LEIBNIZ dem Baseler Mathematiker JOHANN BERNOULLI (1667 bis 1748) mit, ROEMER soll während seines zehnjährigen Aufenthaltes in Paris seit 1671 „die schicklichste Gestalt der Zähne eines Rades" angegeben und beim Bau einer

Bild 52. Buchtitel von HUYGENS' klassischem Werk „Horologium Oscillatorium", erschienen in Paris 1673 (Deutsches Museum)

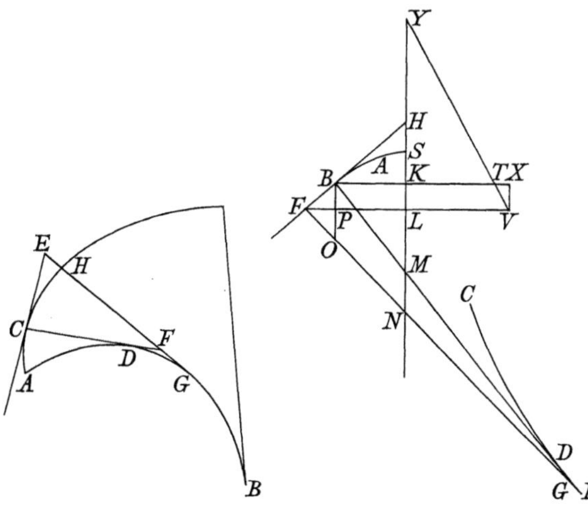

Bild 53. Evolvente und Evolute nach CHRISTIAAN HUYGENS 1665 bzw. 1673

Sternwarte benutzt haben. Jedoch ist von ROEMER kein schriftlicher Beweis erhalten.

Begründer der wissenschaftlichen Verzahnungslehre ist vielmehr PHILIPPE DE LA HIRE[1]. Auf den Schultern von DESARGUES und HUYGENS stehend, entwickelte er eine Theorie der Epi- und Hypozykloiden für große Zahnräder an Pumpen, Windwerken und Mühlen. Die Geometer untersuchten allgemein gern die Zykloide wegen ihrer vielen schönen Eigenschaften. DE LA HIRE aber zeigte als erster die systematische Anwendung einer Rollkurve auf die Form von Radzähnen. 1694 gab er eine Verzahnung für gleichbleibende Übersetzung rein mathematisch an, nebst praktischer Anwendung. Diese Arbeit wurde erst 1730 in den „Mémoires de l'Academie royale des sciences" abgedruckt. Die geometrische Methode von DE LA HIRE ist die der Griechen. Als seine wichtigsten, dort veröffentlichten, Arbeiten gelten:

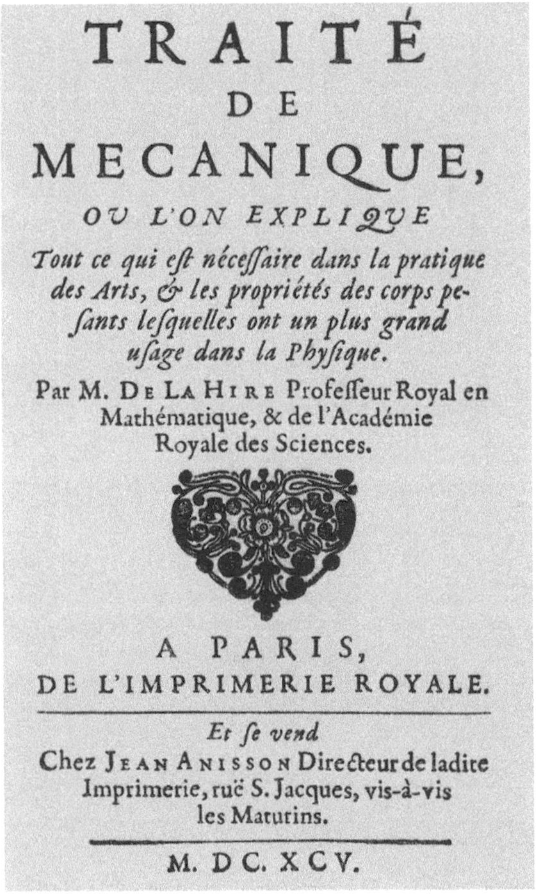
TRAITÉ
DE
MECANIQUE,
OU L'ON EXPLIQUE
Tout ce qui eſt néceſſaire dans la pratique des Arts, & les propriétés des corps peſants leſquelles ont un plus grand uſage dans la Phyſique.
Par M. DE LA HIRE Profeſſeur Royal en Mathématique, & de l'Académie Royale des Sciences.
A PARIS,
DE L'IMPRIMERIE ROYALE.
Et ſe vend
Chez JEAN ANISSON Directeur de ladite Imprimerie, ruë S. Jacques, vis-à-vis les Maturins.
M. DC. XCV.

Bild 54. Buchtitel des klassischen Werkes von PHILIPPE DE LA HIRE „Traité de Mécanique" 1695

1685 Sectiones conicae in novem libros distributae

1694 Traité des Epicycloides et leur usage dans les Mécaniques

1695 Traité de Mécanique

1706 Traité des Roulettes, où l'on demontre universellement de trouver leurs touchantes, leurs points de recourbement et de rebroussement, leurs superficies et leurs longueurs

1708 Des conchoides en général.

Schließlich: Méthode générale pour réduire toutes les lignes courbes à des Roulettes.

Vor allem 1694 behandelte er als erster die geometrischen Prinzipien der Verzahnung, nämlich:

1. einheitliche Pressung und gleichförmige Bewegung
2. Konstruktion der Zahnoberflächen so, daß sie aufeinander rollen und die Reibung verringern
3. das Prinzip der Einzelverzahnung.

[1] PHILIPPE DE LA HIRE (1640 bis 1718), geboren in Paris als Sohn eines königlichen Malers. Wurde ebenfalls Künstler und ging 1660 nach Rom. Bei Rückkehr nach Paris eröffnete er dort eine Malerschule. Interessiert an Geometrie und Astronomie, Professor für Mathematik am Collège Royal de France, seit 1678 Mitglied der Akademie der Wissenschaften. Drei größere Arbeiten über Kegelschnitte in den Jahren 1673, 1679 und 1685.

Hier entwickelte DE LA HIRE als erster die einseitige Punktverzahnung und die „Zapfenverzahnung" nach Bild 55. Er legte ferner 1694 als erster eine Verzahnung für gleichbleibende Übersetzung fest und verwirklichte sie praktisch. Die Umfangsgeschwindigkeiten beider Räder müssen zur Vermeidung aller Verluste durch Beschleunigungen und Verzögerungen konstant sein.

Für eine gegebene Zahnform zeigt DE LA HIRE 1694 die Auffindung des entsprechenden Gegenzahnes. Er tut dies für einige gegebene Zahnformen, hebt aber hervor: obwohl die Konstruktion theoretisch für jede Zahnform ausgeführt werden kann, sind in der Praxis einige unmöglich. Er stellt auch fest: mit rollkurvengekrümmten Zähnen laufen Rad und Gegenrad, als hätten deren Zähne gerade Seiten.

1706 gab DE LA HIRE die Kreis-Evolvente wieder. Bei dieser Gelegenheit spricht er auch von der Erzeugbarkeit der Kurven als Rollkurven: „Es ist immer möglich, eine Kurve zu finden, welche, auf einer gegebenen Basiskurve rollend, mit irgendeinem beschreibenden Punkte, ähnlich einer

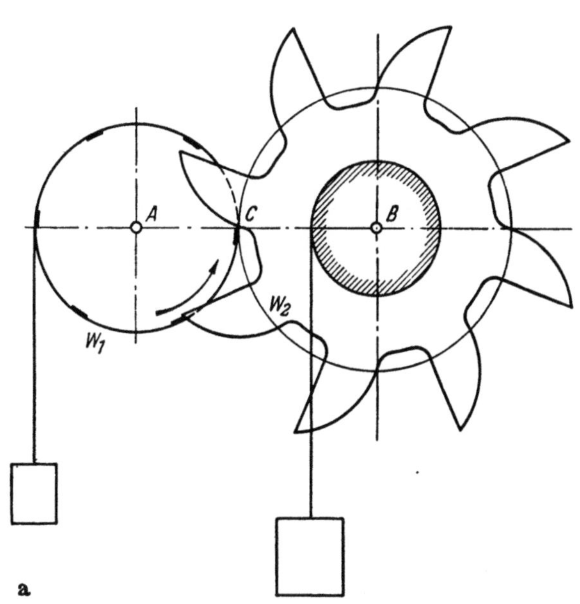

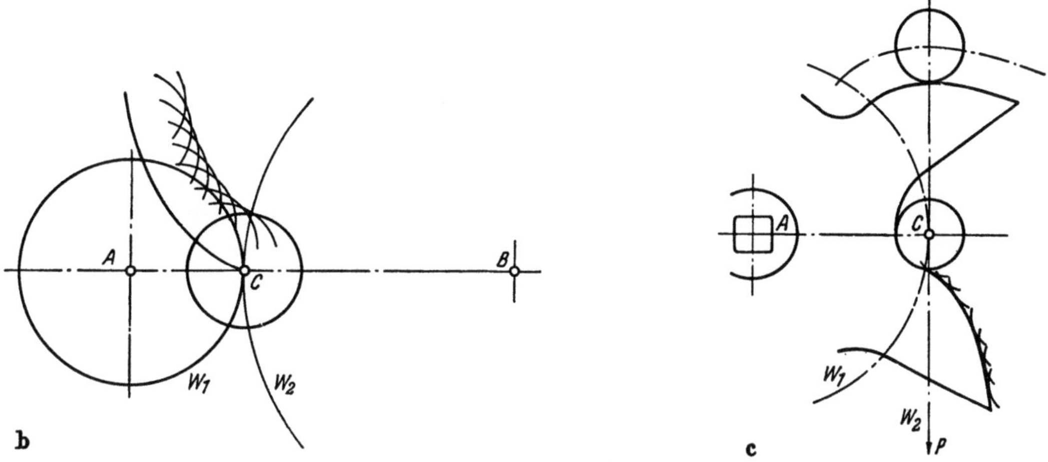

Bild 55.   Verzahnungen von DE LA HIRE 1694 und CAMUS 1733
Nach KARL KUTZBACH, Bemerkungen zur Entwicklung der Verzahnung, 1939

a) einseitige Punktverzahnung, b) Zapfenverzahnung, c) Zapfenzahnstange mit Antrieb durch eine Evolvente, a) bis c) Nach DE LA HIRE 1694 müssen die Umfangsgeschwindigkeiten beider Räder zur Vermeidung aller Verluste durch Beschleunigungen und Verzögerungen konstant sein. Dies erfordert im Zusammenhang mit der Zähnezahl die Kreisform und die Wälzbahnen W_1 und W_2, laut a). Andererseits bildet sich als Zahnform des Gegenrades eine Epizykloide zum Punkt C auf der Wälzbahn W_1, wie sie der Punkt C durch Abrollen von W_1 auf W_2 beschreiben würde. Zur Vermeidung des Punktes C ersetzt sie DE LA HIRE durch einen Kreis bzw. Zapfen um C, laut b) und erhält als Gegenflanke eine Epizykloide im Abstand des Kreishalbmessers. Im Falle der Zapfenzahnstange nach c) wird die Epizykloide zur Evolvente.

Trochoide, eine gegebene zweite Kurve erzeugt, vorausgesetzt, daß die Normalen aller Punkte der zweiten Kurve die erste treffen." DE LA HIRE führt 1706 als Beispiel an die Erzeugung einer Geraden durch Rollen einer Kurve auf einer anderen Geraden, die die erste schneidet. Den „Traité de Mécanique" übersetzten bereits 1709 die Engländer VENTERUS MANDEY und JAMES MOXON in ihren „Mechanical Powers".

DE LA HIRE hatte 1694 die Einzelverzahnung behandelt. Die Möglichkeit einer zeichnerischen Paarverzahnung entdeckte 1733 der Pariser Mathematiker, Astronom und Professor für Geometrie Abbé CHARLES-ETIENNE-LOUIS CAMUS (1699 bis 1768). Er erzielte wesentliche Fortschritte für die Verzahnungslehre. Außer seinen geometrischen Lehren entdeckte er noch den Vorgang des Gleitens in der Zahnradübertragung als Hauptquelle ihrer Reibung und Abnutzung, das Problem der kleinsten Zähnezahl, und die Wichtigkeit einer guten Zahnspitzenform. Seine Werke, die alle diese Fragen behandeln, sind:

1733 Sur la figure des dents des roues et des ailes des pignons pour rendre les horloges
      plus parfaites
1749 Cours de Mathématiques à l'usage des écoles du génie et de l'artillerie, IIIme partie
1752 Eléments de méchanique statique, Tome II.

Es war doch damals folgendes Problem zu lösen: für jede Kurve der Seite eines Zahnes von gegebenem Teilkreise muß sich die entsprechende Zahnform für einen anderen Teilkreis zeichnen lassen. Und zwar so, daß die gemeinsame Normale beider berührender Kurven in allen Lagen die Mittellinien in einem festen Punkt des Bereichs beider Kreise teilt.

Die vollständige Lösung dieses Problems lieferte 1733 CAMUS mit den Worten:

„Si l'on veut que le pignon tourne comme la roue avec une force toujours uniforme, la courbure de l'aile et la courbure de la dent doivent être engendrées comme les épicycloides, par une même courbe, qui roulera au-dedans du pignon sur la circonférence pour décrire l'aile, et extérieurement sur la circonférence de la roue pour décrire l'aile, et extérieurement sur la circonférence de la roue pour décrire la dent ..."

Diese Regel nennt man bis heute den „Satz von Camus". Sie heißt in deutscher Übersetzung nach FRANZ REULEAUX von 1875:

„Wenn man will, daß das Getriebe und das Rad sich mit immer gleichbleibender Kraft drehen, so müssen die Flanke und die Wälzung des Zahnes wie Epicycloiden durch eine und dieselbe Kurve K erzeugt werden, welche innerhalb des Getriebes auf dem Umfang W zu rollen hat, um die Flanke zu beschreiben, und außerhalb auf dem Umfang W_1 des Rades, um den Zahn zu profilieren ..." s. hierzu Bild 56.

CAMUS entwickelte also 1733 gleichzeitig *beide* zusammenarbeitenden Zahnflanken, indem er voraussetzte: die, beiden Zähnen gemeinsame, Normale geht durch ihren Berührungspunkt und ihre gemeinsame Mittellinie. Hieraus stellt er den Satz auf: die Zahnflanken des Ritzels *und* Rades müssen erzeugt werden durch den Punkt einer auf gegebenen Wälzkreisen rollenden Kurve. Durch diesen Satz konnte CAMUS durch Annehmen einer Rollkurve und eines mit ihr fest verbundenen Punktes beliebig viele Flankenpaare finden. 1752 bildete er die Verzahnungen weiter aus und stellte sie anschaulicher dar; hierin erweiterte er auch seinen Satz auf beliebig liegende Punkte auf einer beliebigen Rollkurve.

Die Arbeiten von CAMUS fanden den größten Anklang in England. Als Mitglied der Royal Society London war er dort ein angesehener Wissenschaftler. Bis dahin hatten die spärlichen Lehren über Zahnräder gewirkt, wie sie der Londoner Astronom, Mathematiker und Erfinder vieler astronomischer Apparate JAMES FERGUSON (1710 bis 1776) in seinen „Lectures on Select Subjects in Mechanics, Hydrostatics, Pneumatics, and Optics" 1760 verbreitet hatte. Sie wirkten deshalb, weil FERGUSON wohl der erste elementare Physik-Schriftsteller Englands war. Sein Werk fand bis Mitte des 19. Jahrhunderts weite Verbreitung in der angelsächsischen Welt. 1787 gewann ein Werk von

Bild 56.   Paarverzahnung von CAMUS 1733

Für kleinere Zähnezahlen des Ritzels empfiehlt er eine doppelseitige Zykloidenverzahnung. Ihre Flanke ist am Fuß gerade und am Kopf epizykloidisch gekrümmt. Diese Form legte CAMUS als Erster mathematisch fest.
Die gemeinsame Normale BC, im Berührungspzunkt B, muß immer durch den Punkt C der gemeinsamen Mittellinie gehen. Daher treffen auch die Normalen von zwei gleich weit von C entfernten Punkten P und Q der Wälzbahnen auf die zwei Punkte M und R, die sich später berühren. Nach dem Satz von CAMUS müssen die Zahnflanken des Ritzels und des Rades durch einen Punkt B einer auf gegebenen Wälzkreisen W_1 und W_2 rollenden Kurve K erzeugt sein.
Für Uhren hält CAMUS die Räder mit radialen Flanken wegen ihrer einfachen Herstellbarkeit für zweckmäßig. Die beiden Flanken denkt er sich entstanden als Rollkurven durch einen Kreis K mit halbem Wälzkreis-Durchmesser.

JOHN IMISON „The School of Arts" Einfluß, das 1803 THOMAS GILL unter dem Titel „Imison's Elements of Science and Art" neu herausgab. IMISON schlug um 1787 als erster eine Zahnform vor, die bis zum Teilkreis kreisrund verlief und anschließend bis zur Zahnspitze epizykloidisch gerundet war. Diese Zahnform verbreitete sich weit in der Praxis, weil IMISON angab, wie bequem man mit einer Messingschablone Räder und Ritzel dieser Form schneiden könne. Am meisten beeinflußte den Fortschritt die Übersetzung des 10. und 11. Teiles des Camus'schen „Cours de Mathématique" 1806 durch JOHN ISAAC HAWKINS (1772 bis 1865). Wie FERGUSON und IMISON war auch HAWKINS ein Wissenschaftler, der die Mathematik den Mechanikern der Praxis verständlich machen und sie zu ihrer Benutzung anregen wollte. Er gab diese beiden Teile von CAMUS zusammen mit Partien aus der Neuauflage von „Imison's Elements of Science and Art" 1806 heraus. HAWKINS verursachte hierbei die Verbreitung eines Irrtums, der dreißig

Jahre lang zu Kontroversen Anlaß gab: der entsprechende, erzeugende Kreis der Epizykloide sollte den gleichen Durchmesser haben wie der Durchmesser des Gegenrades, anstatt den gleichen Radius. Jedoch hatte dies auch sein Gutes, denn

1. viele Mechaniker übernahmen die Lehre von IMISON; hier dauerte es zwei Generationen, bis sein Irrtum aus der Praxis verschwand
2. diese Meinungsverschiedenheit fachte in England ein lebhaftes Interesse für Verzahnungsfragen an, und überhaupt für Formgebungsfragen von Radzähnen.

In der 2. Auflage seines Werkes 1837 korrigierte HAWKINS den Irrtum, und führte zum Beweise viele Autoritäten einschließlich CAMUS an.

Die Evolvente als Zahnform behandelte als Erster der große Baseler Mathematiker LEONHARD EULER[1]. Er stieß auf dieses Thema, als er während seiner 25 jährigen Tätigkeit an der Berliner Societät bzw. Akademie der Wissenschaften von 1741 bis 1766 die Krümmung von zyklischen Kurven untersuchte. EULER wirkte nicht nur auf dem Gebiete der Mathematik bahnbrechend, er arbeitete außerdem öfter an technischen Fragen wie Artillerie-, Schiffbau-, Turbinen-Wesen, der Festigkeitslehre, Navigation und Karthographie. Bei solchen praktischen Arbeiten zeigte EULER eine technische Phantasie ähnlich der des ARCHIMEDES. Schon damals war er von Nutzen der höheren Mathematik für die Technik überzeugt und schrieb an FRIEDRICH DEN GROSSEN:

„Alle Wahrheiten hängen miteinander zusammen, und da auch die höhere Mathematik den Zweck verfolgt, Methoden zur Erforschung der Wahrheit zu schaffen, so kann sie nicht ohne Nutzen sein. Ja, ihr Nutzen ist weit umfassender als der der elementaren Mathematik, den niemand leugnen wird. Dies läßt sich an einzelnen Disziplinen der Mechanik, Hydrostatik, Astronomie, Ballistik, Nautik, Physik und Physiologie eingehend nachweisen. ...“ EULER stellte die schwierigsten Probleme sehr klar, wenn auch in behaglicher Breite, dar. Hierüber äußerte sich der Göttinger Mathematiker ABRAHAM GOTTHELF KÄSTNER (1719 bis 1800): „Sonst hatten die Franzosen das Verdienst, schwere Untersuchungen durch Auseinandersetzung und Witz zu erleichtern, aber bey den genannten beyden ist mir oft eingefallen: EULER sey der gefällig unterhaltende, belehrende Franzose und D'ALEMBERT der schwerfällige Deutsche. ...“

Die erste Untersuchung über Zahnräder unternimmt EULER 1752. Er zeigt das Zusammenarbeiten zwischen einem kleinen und einem sehr großen Rade. Beim kleinen Rad formte er die Zähne nach der Kreisevolvente, bei der der Teilkreis zugleich die Evolute war. Beim großen Rade hatte er die Zähne geradlinig abgeschnitten. Er fragte dann, ob ein Zahnradpaar ohne Gleiten laufen könne, und welche Zahnform dies erfordere. Sein Ergebnis: wegen der dadurch nötigen wandernden Wälzpunkte und wechselnden Treibrichtung ist dies selbst bei Uhrenrädern unmöglich. Damit beweist EULER 1752 als erster: kinematisch betrachtet ist die Wälzbewegung von Zahnflanken eine Überlagerung von Roll- und Gleitbewegung. Ferner stellt er die Gleichungen der Hüllbahnkurven auf, offenbar ohne DE LA HIRE und CAMUS zu kennen. Folgende Arbeiten EULERS interessieren im Zusammenhang mit kinematischen Verzahnungsfragen:

1. De aptissima figura rotarum dentibus tribuenda 1754/55
2. Demonstratio theorematis Bernoulliani quod ex evolutione curvae cujuscunque rectangulae in infinitum continuata tandem cycloides nascantur 1764
3. Supplement de figure dentium rotarum 1765.

---

[1] LEONHARD EULER (1707 bis 1783). Geboren in Basel als Pfarrerssohn. 14 jährig an der Universität Basel; Mathematik bei JOHANN BERNOULLI, zusammen mit dessen Söhnen NIKOLAUS und DANIEL. Sie brachten EULER 1727 nach Petersburg, dort Adjunkt für Mathematik an der Petersburger Akademie der Wissenschaften. 1730 bis 1740 Professor für Physik. Während Regierung Friedrichs d. Großen in Berlin. Direktor mathematische Klasse der 1744 gebildeten Akademie d. Wissenschaften. 1766 zurück nach Petersburg und völlige Erblindung. Sein Werk besteht aus 756 Abhandlungen in 50 Bänden. Beherrschte lateinisch, französisch, russisch und deutsch.

Bild 57. LEONHARD EULER, der Baseler Mathematiker, Physiker und Astronom (Deutsches Museum)

Man sieht: die Arbeiten verfaßte EULER alle während seiner Berliner Zeit, man trug sie auch an der Berliner Akademie vor, aber veröffentlicht und gedruckt wurden sie an der Akademie der Wissenschaften zu St. Petersburg, wo damals viele Gelehrte aus der Schweiz und Deutschland wirkten.

Tabelle 14. *Arbeiten über kinematische Verzahnungsfragen von Leonhard Euler*

Arbeit	Gelesen Berliner Akademie d. Wissensch.	Eingereicht Petersburger Akademie d. Wissensch.	Novi comment. acad. sc. Petrop. Bd. (Jahr)	Eneström -Verzeichnis	Opera Omnia. Series, Vol.
1	23. 3. 1752	12. 3. 1753	5 (1760)	249	—
2	12. 2. 1761	17. 5. 1762	10 (1766)	300	I, 27
3	14. 10. 1762	23. 5. 1763	11 (1767)	330	—

In Arbeit 2 gab EULER einen ersten Beweis des Bernoulli'schen Satzes, daß ein beliebiger konvexer Kurvenbogen durch unendlich oft wiederholte Abwickelung in den Bogen einer Zykloide übergeführt werden kann. Diese Arbeit regte EULER an, erneut auf Verzahnungsfragen zurückzukommen.

Arbeit 3 erlangte weittragende Bedeutung. 1939 hat der Dresdener Professor für Maschinenelemente Dr. KARL KUTZBACH (1875 bis 1942) als erster diese Euler'schen Arbeiten mit heutigen Bezeichnungen und praxisnahen Abbildungen interpretiert.

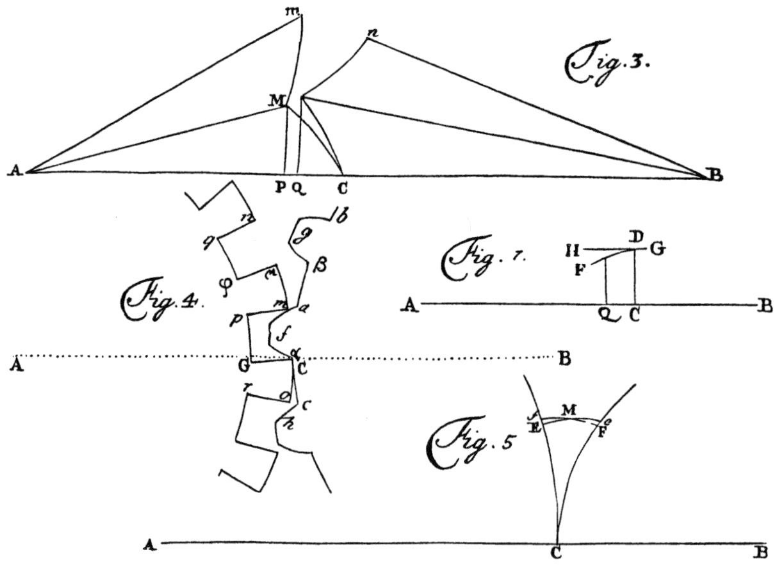

Bild 58.   Zahnformen nach EULER's Original 1752

KUTZBACH beweist darin den hohen Wert des Euler'schen Beitrages für die wissenschaftliche Verzahnungslehre. Dem Sinn nach legt er dar:

EULER nahm 1762 einen Berührungspunkt 0 an, von dem aus eine Normale durch den Wälzpunkt C und die beiden Krümmungsmittelpunkte der Zahnflanken P und Q hindurchgeht (s. Bild 59a). Er beweist nun: bei Annahme eines gleichbleibenden Wälzpunktes C und eines veränderlichen Eingriffs-Winkels $90° - \omega$ bestimmen sich die Krümmungsmittelpunkte P und Q beider Zahnflanken gegenseitig, die Lage des Berüh-

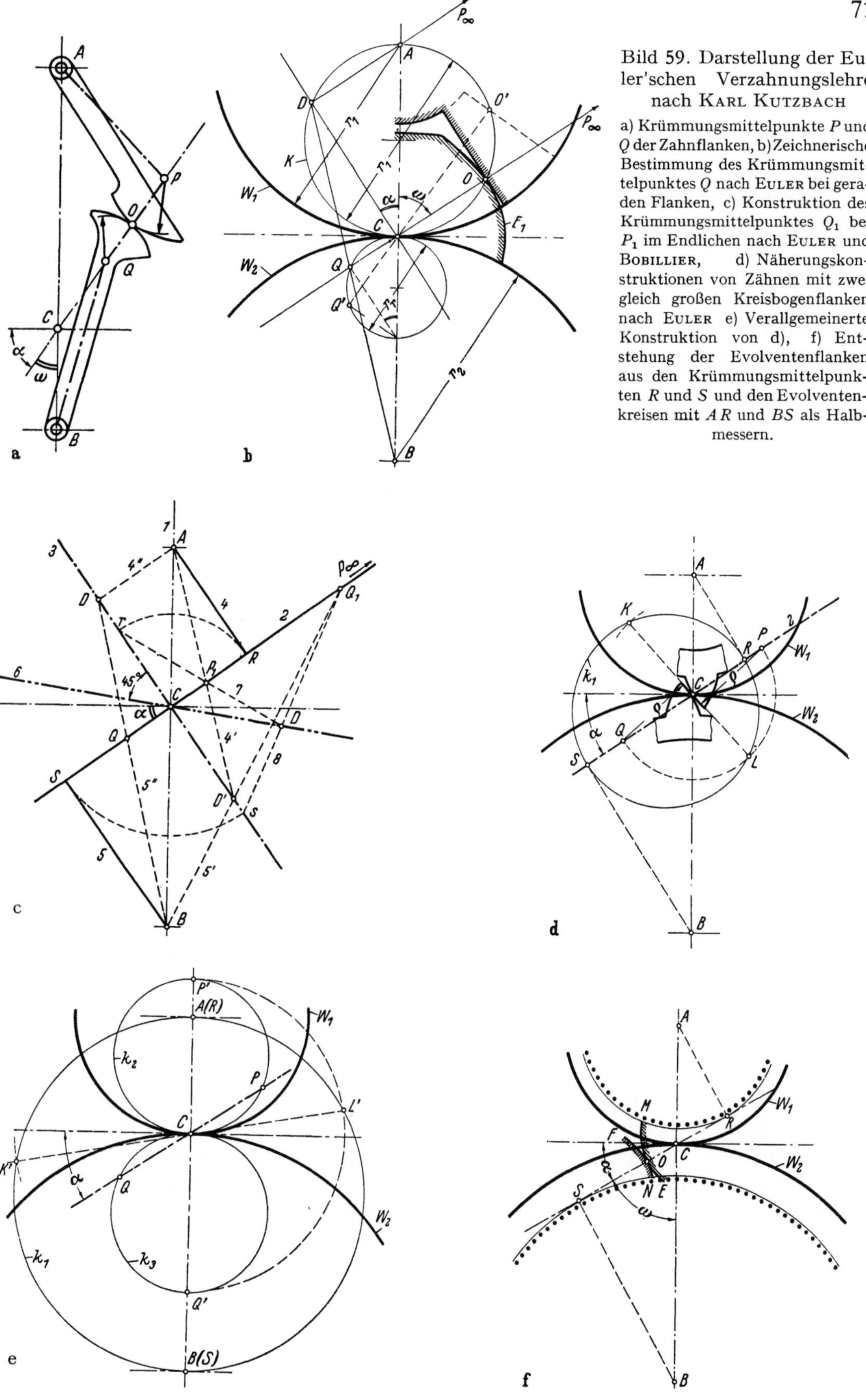

Bild 59. Darstellung der Euler'schen Verzahnungslehre nach Karl Kutzbach

a) Krümmungsmittelpunkte P und Q der Zahnflanken, b) Zeichnerische Bestimmung des Krümmungsmittelpunktes Q nach Euler bei geraden Flanken, c) Konstruktion des Krümmungsmittelpunktes Q_1 bei P_1 im Endlichen nach Euler und Bobillier, d) Näherungskonstruktionen von Zähnen mit zwei gleich großen Kreisbogenflanken nach Euler e) Verallgemeinerte Konstruktion von d), f) Entstehung der Evolventenflanken aus den Krümmungsmittelpunkten R und S und den Evolventenkreisen mit AR und BS als Halbmessern.

rungspunktes 0 auf der Berührungsnormalen läßt sich dagegen beliebig annehmen. Nach diesen Voraussetzungen untersucht EULER 1762 folgende drei Fälle:

1. Krümmungsmittelpunkt P liegt unendlich fern, d.h. die Gegenflanke ist eine Gerade
2. die Krümmungsmittelpunkte P und Q liegen im Endlichen
3. die Krümmungsmittelpunkte P und Q fallen in die Fußpunkte R und S der Lote auf die Berührungsnormale

Im 1. Fall entwickelt EULER gemäß Bild 59b eine Gleichung für die Entfernung des Krümmungsmittelpunktes Q vom Wälzpunkte C. Nach Umformung und Verwendung heute üblicher Bezeichnungen durch KARL KUTZBACH lautet sie (Bild 59b):

$$CQ = \left(\frac{1}{r_1} + \frac{1}{r_2}\right) \cdot \cos \omega = \frac{\sin \alpha}{r_r} \quad \text{wenn man setzt} \quad \frac{1}{r_r} = \frac{1}{r_1} + \frac{1}{r_2}$$

Diese Formel leitete 1845 der Pariser Mathematiker und Astronom FÉLIX SAVARY (1797 bis 1841) noch einmal ab und benutzte sie zum gleichen Zwecke. Für ihre Vereinfachung in die heutige Form sorgten WILHHELM HARTMANN (1853 bis 1922) durch seinen „Hilfssatz" von 1889 und FRANZ REULEAUX (1829 bis 1905) durch Kombination von SAVARY und HARTMANN 1900. Der Münchner Professor für darstellende Geometrie und Kinematik Dr. LUDWIG BURMESTER (1840 bis 1927) schrieb sie 1888 ebenfalls in der Form $\left(\dfrac{1}{r_1} - \dfrac{1}{\varrho_1}\right) \cdot \cos \varepsilon_1 = \dfrac{1}{r_0} - \dfrac{1}{\varrho_0}$.

Im 2. Fall ermittelt EULER rechnerisch und zeichnerisch die Lage des Krümmungsmittelpunktes Q bei angenommenem Wälzpunkt C, den Berührungswinkel ω bzw. Eingriffswinkel α und den Mittelpunkt P. Die Lage des Berührungspunktes 0 auf der Berührungsnormalen ist beliebig, kann also auch nach P fallen (s. Bild 59d). Die zeichnerische Lösung von EULER, gegeben auf Bild 59d, vereinfachte 1829 der französische Professor für Mechanik ETIENNE BOBILLIER (1797 bis 1832). Seine Lösung ist dieselbe wie die unter 1. von EULER gebrachten Geradflanken, veröffentlicht 1870 in seinem „Cours de géométrie".

Danach bringt EULER 1762 noch den Sonderfall: gleiche Zahnform bei ungleichen Durchmessern. D.h. die Krümmungsmittelpunkte P und Q liegen trotz ungleicher Raddurchmesser gleich weit vom Wälzpunkt entfernt, womit auch die Krümmungshalbmesser CP und CQ gleich sind.

Am bedeutendsten ist aber EULER's 3. Fall. Er stellt hier den Gegensatz zu 1. und 2. fest. Da sich Eingriffswinkel α und damit die Lage von Q selbst beim Weiterwandern der Zahnflanken ständig ändern, sieht EULER schon 1762 ein: die Kreisbogenverzahnungen können nur Annäherungen sein. Fallen aber die Krümmungsmittelpunkte nach R und S, s. Bild 59e, so bleiben diese und der Eingriffswinkel unverändert! Dies ist die entscheidende Entdeckung von EULER! In diesem Fall hält er nämlich für beide Zahnkurven die „... ex evolutione circuli nata ..." = Kreisevolvente für zweckmäßig! Und zwar beschrieben aus den Kreisen AR und BS als Kurven, die „wegen der Leichtigkeit ihrer Aufzeichnung die bequemste Lösung darzubieten scheinen", im lateinischen Urtext:

„Quodsi iam angulus ω statuatur constans, erunt quoque perpendicula AR et BS constantia ideoque utraque curva EOM et FON ex evolutione circuli nata illa tempe ex circulo, qui centro A radio AR, haec vero ex circulo qui centro B radio BS describitur, quae curvae cum sint descriptae facillime, solutionem commodissimam praebere videntur."

EULER zeigt auch die zweckmäßige Konstruktion der Evolventenzähne. Am Zahnfuß gibt er noch Spiel hinzu. Je größer α, desto spitzer werden nach EULER die Zähne und je kleiner α, desto niedriger können die Zähne ausfallen.

In dieser wichtigen zweiten Zahnradarbeit von 1762 fand EULER demnach:

1. zeichnerische und rechnerische Verfahren zur Bestimmung der Krümmungsmittelpunkte von Kurventriebflanken gleichbleibender Übersetzung
2. Näherungsverfahren für Kreisbogen-Verzahnungen
3. die Kreisevolvente als geeignete Hüllbahnkurve für eine Verzahnung mit Eingriffswinkel zwischen 10° und 30°
4. im Zusammenhang mit der Kreisevolvente erkennt er die Konstanz von Eingriffswinkel und Krümmungsmittelpunkten für beide Räder.

Der Schwerpunkt der Euler'schen Leistung liegt auf den zeichnerischen Lösungen der Probleme, da diese später die Kinematiker und Maschinenbauer brauchten. Denn Krümmungsradien von Kurven höheren Grades sind rechnerisch schwierig zu bestimmen.

Zweimal behandelt der Göttinger Mathematiker und Epigrammdichter ABRAHAM GOTTHELF KÄSTNER (1719 bis 1800) die Verzahnungsfrage in den „Commentationes Societatis Regiae Scientiarum Gottingensis", mathematische Klasse:

1. De rotarum dentibus, 1781, Seiten 3 bis 25
2. De dentibus rotarum qui inguntur paxillis rotundis, 1782, Seiten 3 bis 27.

KÄSTNER kannte die Arbeiten über Zahnräder von LEIBNIZ, DE LA HIRE, CAMUS, EULER und vor allem das Bernoulli'sche Theorem über die Normalen zu Kurven. Dieses bekannte Wissen wollte KÄSTNER für den Praktiker zugänglicher machen, ein Weg, den später die Engländer sehr entschieden einschlugen. Er geht auf Evolvente wie Epizykloide ein, und untersucht als Erster die erforderliche Länge von Epizykloidenzähnen.

Bild 60. ABRAHAM GOTTHELF KÄSTNER, Göttinger Mathematiker und Dichter

Schließlich betrachtet er den kleinsten, möglichen Eingriffswinkel und findet ihn zu ungefähr 15°.

Als nächster macht der schon genannte Engländer JOHN ISAAC HAWKINS[1] 1806 auf die Evolvente als Zahnform aufmerksam. Er hebt sogar den besonderen Wert des Evolventenzahnes gegenüber dem Epizykloidenzahne hervor. Damit deutet sich bereits 1806 ein Wendepunkt in der Zahnformfrage an, denn jetzt beginnt die zweigleisige Zahnformbetrachtung mit Evolventen- und Zykloidenverzahnung. HAWKINS kam zur Bevorzugung der Evolventenzahnform beim Austausch der Wechselräder von Schrau-

---

[1] JOHN ISAAC HAWKINS (1772 bis 1865), Sohn eines Uhrenbauers in Somersetshire/England. Ging nach den USA und studierte am Jersey College/Pa. Mezidin. Später ging er auf die technische Wissenschaft über. Kehrte nach London zurück und arbeitete dort als beratender und Patent-Ingenieur. Zur Verfolgung einiger seiner Patente kehrte er nach den USA zurück und starb in Elizabeth/N. J.

benschneidmaschinen. Er bemerkte: Evolventenzähne gegebener Teilung können mit anderen jeder beliebigen Größe arbeiten! Hierin stecken bereits Keime der erkannten praktischen Vorteile dieser Verzahnungsform.

Lange bestand überhaupt kein Bedarf für die Lösung der Frage Zykloiden- oder Evolventenverzahnung. Die Epizykloidenform und ihre primitiven Abwandlungen arbeiteten bis ins 19. Jahrhundert hinein so zufriedenstellend, daß niemand an andere Zahnformen dachte oder die Vor- und Nachteile der einen oder anderen Art heraussuchte. Die Praxis war noch lange nicht so weit, um auch nur einen Teil der gewonnenen

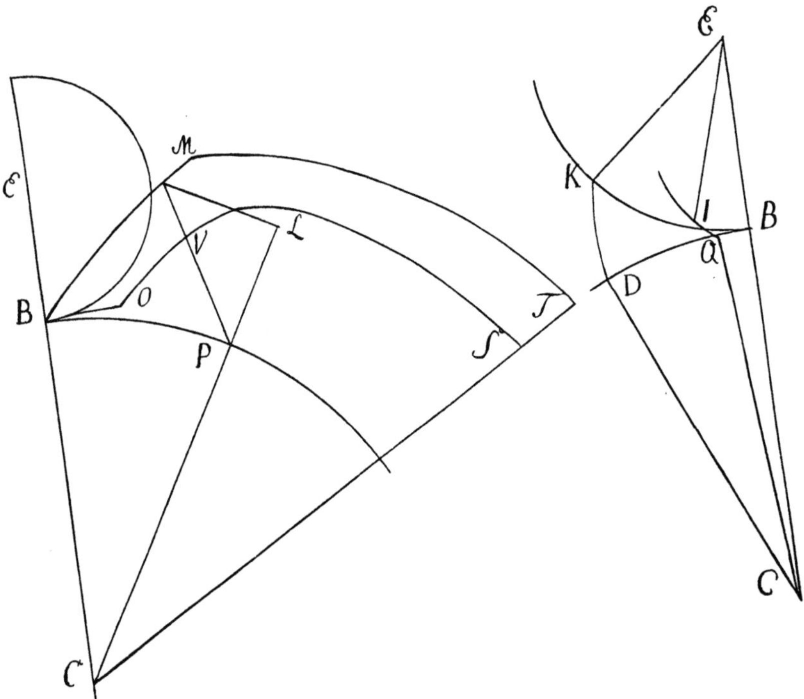

Bild 61.   Zahnformen nach Kaestner 1782

wissenschaftlichen Theorien aufzunehmen. Die bisher zitierten Arbeiten waren in lateinischer, französischer oder englischer Sprache, jedenfalls in einer Form abgefaßt, die die Maschinenbauer damals nicht verstanden. Die Herstellungsweise der Zahnräder war noch zu Beginn des 19. Jahrhunderts unglaublich primitiv. Augenmaße und Daumenregeln herrschten vor. Die Praktiker arbeiteten meistens nach dem Verfahren des Leipziger Mechanikers Jacob Leupold (1674 bis 1727). Er hatte es 1724 in seinem „Theatrum Machinarum Generale" angegeben, und man empfahl es über hundert Jahre lang weiter. Leupold sagt hier: „Rad und Getriebe ist eines der künstlichen Rüst-Zeuge, und deßwegen hoch zu schätzen, weil durch etliche wenige Räder und Getriebe, die man nach Umstande des Werkes, offt in einem kleinen Raum einschließen kan, das Vermögen nicht nur gewaltig vermehret wird, weil die Bewegung continuirlich dauret, ohne daß, wie mit dem Hebel, eine Repitition zu machen ist." Für die Gestalt der Zähne gibt Leupold 1724 folgende Regeln: Bei der Teilung t soll der Triebstock $^4/_7$ t stark sein, der Zahn des Rades $^3/_7$ t, die Kopfhöhe $^2/_7$ t und die Fußhöhe $^3/_7$ t. Den Zahnkopf führt Leupold mit einem Halbmesser ($^3/_7$ bis $^9/_7$ t) aus, und empfiehlt besonders $^6/_7$ t. Wegen seiner Wichtigkeit für die praktische Technik des 18. und 19. Jahrhunderts bringen wir die oft zitierte Tafel XIV LEUPOLDS in Bild.

Bild 62.   Buchtitel von JACOB LEUPOLD's „Theatrum Machinarium", erschienen in Leipzig 1725

LEUPOLD sagt 1724 im § 91: „Bey den Kämmen und Getrieben, so in Mühlen und großen Wasser-Künsten gebrauchet werden, ist die Weite der Kämme selten unter 4 Zoll, und wenig über 5 Zoll genommen, weil jene alsdenn zu schwach, diese aber allzu starck werden. Zum Exempel dient hier Fig. I da ein Stück eines Getriebes in ein Stern-Rad, und Fig. II da es ins Kamm-Rad greiffet. Die Kamm-Weite von einem Mittel bis zum andern ist in 7 Theil getheilet, davon der Kamm 3, und der Stab etwas weniger als 4 hat; die Höhe des Kammes ist über der Theilungs-Linie 2, und unter derselben $2^1/_2$ Theil. Die Rundung wird oben dem Kamm gegeben, wenn am Ende der Linie $a\,b$ Fig. V der Circkel in a gesetzt, und mit dem andern Fuß der Bogen $b\,c$, und also, daß aus b der Bogen $a\,d$ gemachet wird. ... Die Kämme im Kamm-Rade $A\,B\,C$ Fig. II werden nicht viereckig, sondern bekommen gegen den Stab des Getriebes eine Circkel-Rundung. Hr. STURM hat solche mit der Dicke des Kamms gemacht, als: Fig. IV aus dem Punct a, ich habe solche aus dem Punct b als doppelte Kamm-Dicke gemachet. PETER LIMBOURG in seinem Moolebock Tab. XII.XIII nimmt drey Theil zum Radio, als hier dem Puncte c. So wohl im Stern- als Kamm-Rade werden die scharffen Ecken

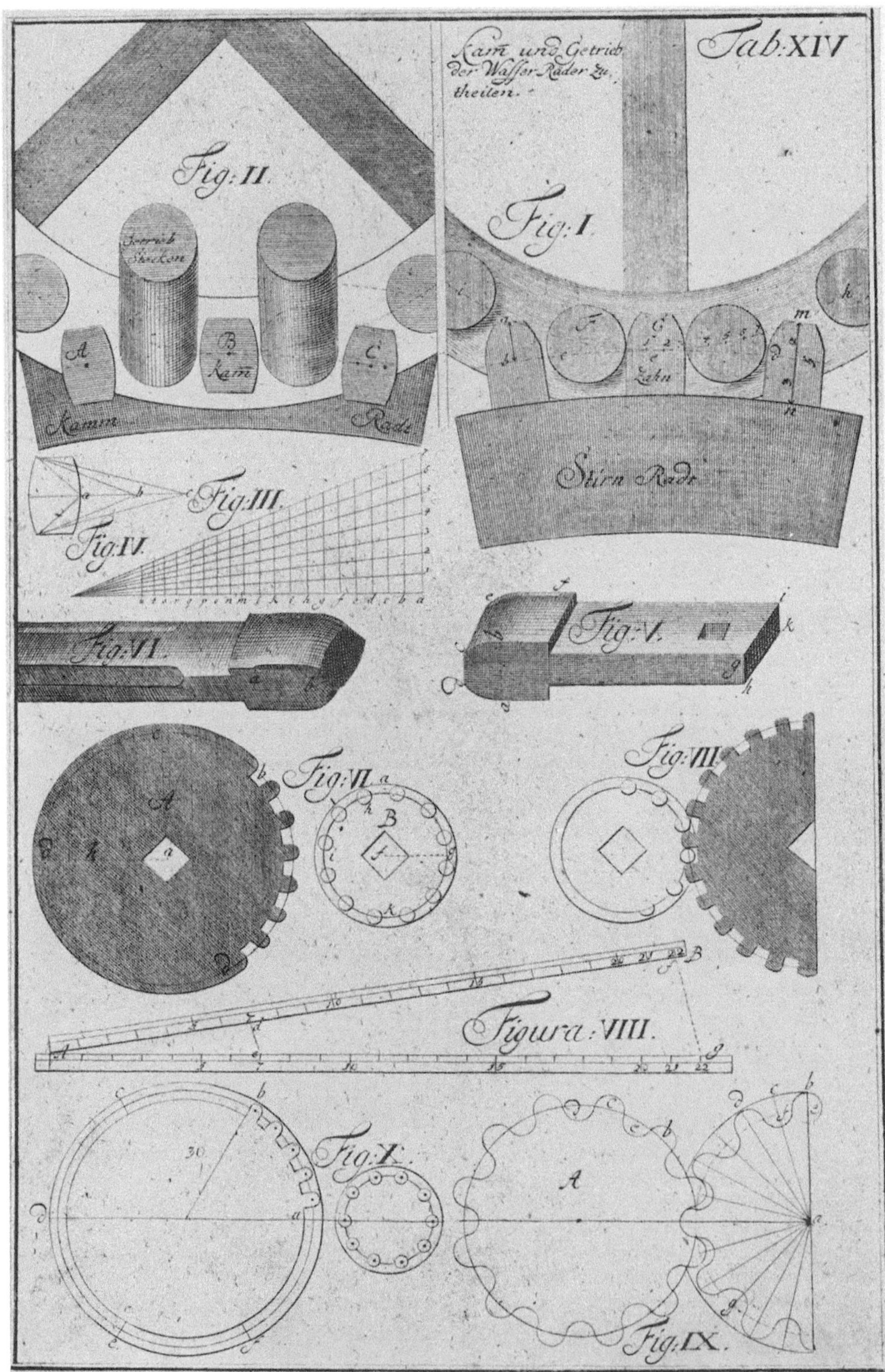

Bild 63.   Zahnformausmittlung nach JACOB LEUPOLD 1724 (Deutsches Museum)

in etwas gebrochen, daß es sich nicht so schieffert, wie bey Fig. V *e f*, Fig. VI *a b* zu sehen. Die Zapfen der Kämme werden zwar anfangs meistens viereckig ausgearbeitet, wie Fig. V *g b i k* zu sehen, weil es aber schwehr und mühsam fället, ein so tieffes Loch ins Gevierdte accurat durchzumeißeln, so werden sie untenher 8-eckigt, oder vielmehr rund gemachet, und wird nur oben ein 4 eckigter Ansatz gelassen, damit sich der Kamm nicht drehen kan, wie Fig. VI die Abtheilung weiset. ... Ein Maaß-Stab zu 7 oder auch zu andern Theilen ist Fig. III *a b c d* u.s.f. ist in 7 Theile getheilet, deren jeder einen solchen Maaß-Stab abgeben kan." Und im § 92 „Unterschiedliche Anmerckungen vom Räder-Werck" sagt Leupold 1724: „... V. Je glätter Zahn und Stab poliret sind, je weniger Friction hat das Werck, und also je leichter gehet es, und ist viel länger beständig. .."

Wie 1734 der Dominikaner-Mönch Jacques Allexandre in seinem „Traité Générale des Horloges,, berichtet, wurde die endgültige Form der Zähne mit der Hand zugefeilt, wobei die Lücken etwas enger gehalten wurden als die Zähne. Hundert Jahre später gab es nur ein einziges Instrument für die Herstellung genauer Epizykloidenzähne, nämlich das von Saxton aus Philadelphia und London.

Als erster Praktiker übernahm 1808 der Glasgower Ingenieur und Mühlenbauer Robertson Buchanan (1770 bis 1816) die Lehre von Camus in seinem „Treatise on Millwork" für den Maschinenbau. Denn der Fall eines Ritzels kleiner Zähnezahl war schon zu seiner Zeit durchaus interessant. Er stellt sich zwei Zahnräder bereits als zwei sich berührende Zylinder vor, dargestellt durch zwei Kreise, die sich in einem Punkte berühren ... ... und man kann die Sache so betrachten, als hätten die Räder unendlich kleine Zähne oder als setzten sie sich gegenseitig durch bloße Berührung in Bewegung. Diese Kreise heißen Proportionalkreise; von Mühlenbauern werden sie gewöhnlich Theilrisse oder Eingriffslinien genannt."

Erstaunlicherweise taucht hier 1825 zum ersten Male in der deutschen Fachsprache das Wort „Eingriffslinie" auf, wenn auch in der Bedeutung für Teilkreis. Das mag daher kommen, daß es der Kgl. preußische Regierungs-Conducteur M. H. Jacobi bei seiner

§. 88.

Die Peripherie mechanice zu suchen.

Nehmet zwey Lineal, nach der Grösse des Rades, theilet solches in 22 gleiche Theile, wie hier Tab. XIV. Fig. VIII. weiset; es müssen aber die Lineal wenigstens fast 3 mahl so lang als der Diameter des Rades seyn, (sind sie noch länger, schadet es auch nicht.) Diese Lineal leget in *A*, im Anfang des ersten Theils aneinander, thut solche so weit in *B* und *C* voneinander, biß der Diameter oder Durchschnitt des Rades zwischen der Linie oder Theil 7 und 7, ist hier von *d* biß *e*, Platz hat, so wird die Weite zwischen 22 und 22, als hier *f g* die Peripherie des Rades geben, denn ist *d e* 7 Zoll, so ist *f g* 22 Zoll, ist *d e* 6 Zoll, so ist *f g* $18\frac{6}{7}$ Zoll. Hat man die Peripherie, so nimmt man die Weite, die man von einem Mittel des Zahns oder Kammes biß zum andern geben will, und dividiret solche durch die Peripherie des Rades; als die letzte sey 8 Fuß oder 96 Zoll, und der Kämme Weite sey 4 Zoll, so findet man nach geendigter Division 24, diesemnach kan man 24 Kämme um die Peripherie einsetzen. Man mercke aber, daß die Kämme also nicht accurat 4 Zoll Weite bekommen werden, weil die Distanz mit dem Hand-Circkel zu geraden Linien gehet, die Circkel-Linie aber einen Bogen machet, und also je kleiner das Rad oder Circkel, und je grösser die Kamm-Weite, je mehr verliehret man, aber je grösser das Rad und engere Distanz der Kämme, je weniger gehet ab. Weil aber die Theilungs-Linie auf den Zähnen über das Rad heraus kömmet, wird die Kammen-Weite ehe mehr als weniger seyn.

Bild 64. „Die Peripherie mechanice zu suchen." Originaltext von Leupold zur Zahnradausmittlung
(Deutsches Museum)

Hat man nun dieſes richtig, ſo muß man um die Stärcke und Höhe der Kämme, und um die Dicke der Getrieb-Stäbe bekümmert ſeyn.

§. 89.

Von Stärcke und Höhe der Zähne.

Bey denen Stern-Rädern fället zweyerley Art vor, entweder, es werden die Zähne eingeſetzt, und alſo wird die Peripherie des Rades dadurch gröſſer, als gemeiniglich in denen höltzernen Rädern, oder es werden die Zähne eingeſchnitten, als wie in denen eiſernen und meßingenen, wodurch die Peripherie kleiner wird.

Wenn die Zähne eingeſetzet werden, als Fig. I. Tab. XIV. verfähret man alſo: Iſt die Höhe m n der Zähne 4 Zoll, die Dicke 3 Theile, und der Stäbe oder Stecken 4 Theile, ſo muß man dem Zahn wenigſtens 5 Theil Höhe geben, und vom äuſſerſten Ende des Zahnes, als von a bis b 2 Theil mit einem Circkel-Bogen aus dem Centro des Rades abſchneiden, und ſolche Linie, als hier c e d, giebet die rechte Weite von dem Mittel eines Zahnes, bis zu den andern, welche man mit dem Circkel in 7 gleiche Theile eingetheilet, und davon 3 zur Dicke des Kammes, und etwas weniger als 4 zu den Stab des Getriebes nimmet. Es muß aber der Stab des Getriebes F auch alſo ſtehen, daß ſein Centrum oder Diameter accurat mit der Linie e des Kammes G eintrifft, und in e, oder dem Ausrechnungs-Punct, beyde eine Linie machen.

§. 90.

Den Radium und die Peripherie zu den Getriebe zu finden.

Man thut am beſten, weñ man ſolches durch den Radium oder Peripherie des Rades ſuchet; denn ſoll das Getriebe 2mahl umlauffen, ehe das Rad 1mahl, ſo muß accurat die halbe Peripherie des Rades die Peripherie des Getriebes geben, und alſo in dieſem Fall der halbe Diameter des Rades, den Diameter des Getriebes; ſoll das Getriebe 3mahl umlauffen, iſt es der dritte Theil, bey 4mahl, der vierdte Theil, u. ſ. f. als: in unſerm Exempel ſey der Diameter des Rades 6 Fuß, und das Getriebe ſoll 6mahl umlauffen, ehe das Rad 1mahl, ſo dividiret die 6 Fuß mit 6, giebet 1 Fuß. Die Peripherie hierzu zu finden, ſetzet man wieder: 7 giebt 22, was 1 Fuß oder 12 Zoll? machet 3 Fuß $1\frac{5}{7}$ Zoll zum Diameter; oder: man dividire die Peripherie von 6 Fuß, ſo $18\frac{6}{7}$ Zoll beträget, giebt ſolche auch der Peripherie 3 Fuß $1\frac{4}{8}$ Zoll, ohne dem kleinen Bruch; und alſo muß ein Radius des Getriebes bis in die Centra der Trieb-Stecken 3 Fuß, $1\frac{5}{7}$ Zoll ſeyn: man mercke aber, daß der Radius des Rades bis in die Theilungs-Linie b c d fig. I. oder von a bis b c d fig. VI. a genommen ſey. **Ein ander Exempel:**

Es ſey Fig. VI. a das Rad A, deſſen Radius a d 4 Fuß, oder 48 Zoll; iſt die Peripherie 12 Fuß, $6\frac{6}{7}$ Zoll: hierzu ſoll ein Getriebe kommen, ſo 2mahl umlaufft bey einem Umlauff des Rades; will man nun den Radium des Getriebes haben, ſo dividiret man 4 Fuß mit 2, giebt 2 Fuß, oder die Helffte von a d, nehmet und ziehet mit dieſer, als dem Radio des Getriebes f g, die Circkel-Linie g h i k zur Austheilung der Getrieb-Stäbe. Fig. VII. weiſet, wie die Theilungs-Linien des Rades und Getriebes einander in ihren Diametris berühren müſſen.

§. 91.

Bey den Kämmen und Getrieben, ſo in Mühlen und groſſen Waſſer-Künſten gebrauchet werden, iſt die Weite der Kämme ſelten unter 4 Zoll, und wenig über 5 Zoll genommen, weil jene alsdenn zu ſchwach, dieſe aber allzu ſtarck werden. Zum Exempel dient hier Fig. I. da ein Stück eines Getriebes in ein Stern-Rad, und Fig. II. da es ins Kamm-Rad greiffet. Die Kamm-Weite, von einem Mittel bis zum andern iſt in 7 Theil getheilet, davon der Kamm 3, und der Stab etwas weniger als 4 hat; die Höhe des Kammes iſt über der Theilungs-Linie 2, und

un-

Bild 65. „Von Stärcke und Höhe der Zähne." Originaltext von Leupold zur Zahnradausmittlung
(Deutsches Museum)

deutschen Übersetzung der zweiten, durch THOMAS TREDGOLD verbesserten, Auflage aus den englischen Wörtern „pitch line" bzw. „pitch curve" bildete.

Als Vorläufer eines Verzahnungsgesetzes können wir BUCHANAN's Formulierung von 1808 ansehen, siehe dazu Bild 66:

> „Wenn Zähne eine solche Gestalt haben, daß ein Loth *HEI*, welches man auf der gemeinschaftlichen Berührungslinie der Seiten zweier Zähne vom Punkte *E* aus, wo sich dieselben berühren, errichtet, die Mittellinie im Punkte *A* trifft, wo die Proportionalkreise sich berühren, *so haben ihre Theilrisse in correspondirenden Punkten gleiche Geschwindigkeiten*, das Rad mag das Getriebe, oder das Getriebe das Rad in Bewegung setzen, d. h. sie werden sich gegenseitig so bewegen, als berühren sie sich bloß."

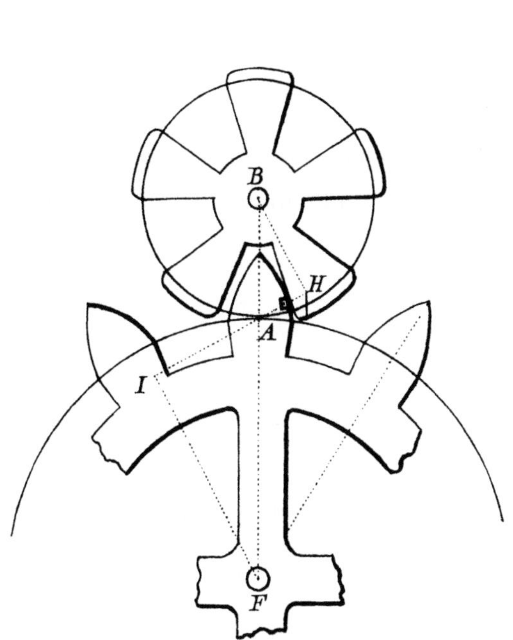

Bild 66.   Vorläufer eines Verzahnungsgesetzes
von ROBERTSON BUCHANAN 1808

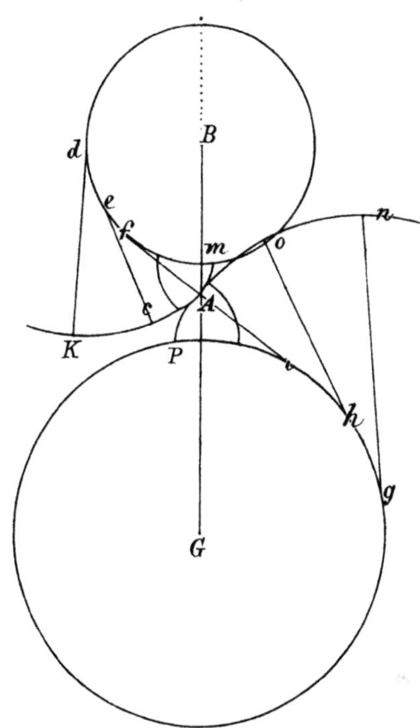

Bild 67.   Evolventen-Verzahnung
von BUCHANAN 1808

Er läßt den Faden *i f* so wirken, als „. . . wird
die Linie *i f* die Linie der Thätigkeit sein . . .".

Schließlich behandelt ROBERTSON BUCHANAN 1808 die Evolventen-Verzahnung. „Es ist klar, daß obgleich diese Zähne sowohl vor als hinter der Mittelpunktslinie arbeiten müssen, sie dennoch mit gleicher Richtigkeit gehen, sie mögen tief oder flach eingeschnitten sein, eine besondere Eigenschaft derselben, die von großer Wichtigkeit ist." Daraufhin hält BUCHANAN „. . . folgende Eigenschaften der evolventen Zähne für Räderwerke von großer Wichtigkeit . . . :

1. Treibt das Rad das Getriebe, so wird der größte Theil der Arbeit vor der Mittelpunktslinie statt finden

2. Treibt das Getriebe das Rad, so arbeiten sie grösstentheils hinter der Mittelpunktslinie, weshalb in diesem Falle Evolventen-Zähne häufig gebraucht werden

3. Sind die Zähne lang, so ist ihre Wirkung ziemlich schief und verursacht einen großen unnöthigen Druck auf die Axen, besonders wenn das Rad das Getriebe umdreht . . ."

Wenige Jahre nach BUCHANAN beschrieb der Edinburgher Professor JOHN ROBISON (1739 bis 1805) im Supplement zur „Encyclopaedia Brittannica" die Evolventenzähne nach BUCHANAN. Sein Landsmann Sir DAVID BREWSTER (1781 bis 1868) wies 1806 in der 2. Auflage von Ferguson's „Lectures" Bd. 2 darauf hin: schon DE LA HIRE betrachte die Kreisevolvente als die äußerste der Epicycloiden; er bewies das, indem er die erzeugende gerade Linie als einen Kreis von unendlichem Durchmesser betrachtete. Jedoch hat DE LA HIRE die Evolvente nicht auf Radzähne angewandt.

Zur Zeit von BUCHANAN waren die Vorteile der Evolvente noch nicht voll erkannt, weil sie noch nicht hervortreten konnten. THOMAS GILL hatte sie 1803 verworfen wegen der größeren Reibung. Und so wurden beide Verzahnungsarten nebeneinander behandelt. Außerdem blieb es noch immer bei der ziemlich großen Kluft zwischen Theorie und Praxis.

Zu den Theorien von DE LA HIRE 1694, EULER 1752 und 1762, und KÄSTNER 1781/82 behauptete 1826 der Heidelberger Professor für Mathematik Dr. KARL CHRISTIAN VON LANGSDORF (1757 bis 1834): „... die epicykloidische Abrundung sey bei Kammrädern die angemessenste und gewähre bedeutende Vortheile, die Bewegung werden gleichförmig, aller Stossfalle dabei weg und die Reibung werde vermindert...". LANGSDORF stellt sich also mehr auf den Standpunkt der Praktiker, indem er sogar die epizykloidische Rundung der Radzähne bei der Herstellung für vernachlässigbar hält:

> „Man wird mich daher entschuldigen, wenn ich das Streben theoretischer Mathematiker, gewisse krumme Linien zu empfehlen, um nebenbei den großen Nutzen der höheren Geometrie bei Maschinen kennbar zu machen — wenn ich hier das Resultat dieses Strebens, wenigstens für minder wichtig halte, als es angenommen wird. Dennoch behalten theoretische Kenntnisse ihren ewigen Werth, weil ohne sie auch nicht über die Vortheile eines theoretischen Resultats geurtheilt werden kann. BUCHANAN glaubt die angemessene Abrundung dadurch zu erhalten, daß er die angreifende Fläche, parallel mit der vorhin verzeichneten, um den Halbmesser der angegriffenen Triebstöcke weiter zurücklegt."

Abschließend wiederholt er 1826 noch einmal: „Die besonderen Vortheile von der Abrundung der Kämme nach der cycloidischen und epicycloidischen Krümmung sind in der Ausübung von keiner besonderen Wichtigkeit. Selbst bei Triebstöcken von der Dicke einer Stecknadel leisten diese Linien nicht, was man ihnen gewöhnlich zuschreibt ..."

LANGSDORF unterscheidet aber absichtlich zwischen empirischer und theoretischer Abrundung der Radzähne. Die Theorien von DE LA HIRE; CAMUS, EULER und KÄSTNER waren zu Anfang des 19. Jahrhunderts tatsächlich schon weithin bekannt. Es war aber nicht nur die Skepsis der Praktiker gegen die Theorie ausschlaggebend für die Zahnradgestaltung an Kraftanlagen. Auch diese weiteren Gründe verzögerten damals die Benutzung der Theorie in der Zahnradpraxis:

1. solange die Holztechnik im Mühlenbau u. ä. vorherrschte, war es einfacher und vor allem auch billiger, allerorts die Zahnräder durch einen beliebigen Schreiner bauen zu lassen; ihre Wartung und Ausbesserung besorgte dann einfach der Müller selbst
2. solange also die Bearbeitungsmaschinen fehlten
3. solange vor allem die Geschwindigkeiten noch nicht groß waren, nämlich im 15. bis 18. Jahrhundert 0,03 bis 1 m/s
4. solange es nicht auf Genauigkeit ankam, die erst mit den Metallrädern begann (SMEATON 1769, Uhren schon früher)
5. solange Beobachtungen der Zahnräder im Betriebe zu irrigen Anschauungen führten, wie Abnutzung, Reibung, Stoßen oder das sogen. „Einlaufen".

Die weiteren Fortschritte in wissenschaftlicher Verzahnungslehre und praktischer Ausführung der Zahnräder fallen daher in die Mitte des 19. Jahrhunderts.

2.12 Die Begründung der modernen Verzahnungslehre durch Robert Willis

Noch ein Jahr vor Buchanan wandte 1807 der englische Arzt und Physiker Dr. Thomas Young (1773 bis 1829) im ersten Bande seiner „Lectures on Natural Philosophy and the Mechanical Arts" Satz und Verfahren von Camus an. 1825 veröffentlichte der Kgl. britische Astronom und Mathematiker Sir George Bidell Airy (1801 bis 1892) im zweiten Bande der „Philosophical Transactions of the Cambridge Society" eine Arbeit über Radzähne „On the Forms of the Teeth of Wheels". Hier beginnt er direkt mit dem Theorem von De la Hire 1706:

„It is always possible to find a curve, which, by revolving upon a given curve as a base, shall, by some describing point, in the manner of a trochoid, generate a second given curve, provided that the normals from all points of the second curve meet the first. This second curve is termed a "Roulette"."

Franz Reuleaux übersetzte dieses Theorem 1875 in seiner „Theoretischen Kinematik" auch ins Deutsche.

Am meisten aber wirkte damals die Übersetzertätigkeit der Engländer. Die Arbeiten von Hawkins, Young, Buchanan und Airy machten die Lehren der Franzosen in größeren Kreisen bekannt und gestalteten sie sofort aus. All dies wurde in den englisch sprechenden Ländern eher bekannt als anderswo. Durch die aufmerksame Tätigkeit dieser englischen Interpreten kamen die Engländer zur Führung in der Verwirklichung wissenschaftlicher Verzahnungslehre. Hierzu kam noch begünstigend ihre Führung in der Eisentechnik und im Werkzeugmaschinenbau. So behielten sie einen guten Anschluß zu den Problemen.

In seinen „Lectures" von 1807 hatte Dr. Thomas Young auch behauptet, die Reibung ist bei großem Eingriffswinkel zwar nicht groß, aber um so größer wird dabei der Druck auf die Achsen. Auf Vorschlag des damals bekannten englischen Werkzeugmaschinen- und Uhrenbauers Joseph Clement (1779 bis 1844) prüfte John Isaac Hawkins 1772 bis 1865) vor 1837 diese Behauptung nach. Bei verschiedenen Eingriffswinkeln bis zu 21° fand er diese jedoch nicht bestätigt. Nie wirkte eine solche Kraft in beträchtlicher Höhe. Bei dieser Gelegenheit erkannte Hawkins vor 1837 die Unempfindlichkeit von Evolventenzähnen gegen Achsabstandsänderung. Er hebt sie hervor als große Annehmlichkeit gegenüber Epizykloidenzähnen. Als weitere Vorteile der Evolventenzähne erkennt er:

1. es ist mehr als ein Zahn gleichzeitig im Eingriff, dadurch kann die Belastung leicht geteilt werden
2. Evolventenzähne gleiten nur ungefähr halb so viel wie Epizykloidenzähne, dafür ist die Strecke des Rollens größer.

Damit ist Hawkins bis 1837 zu wesentlichen Erkenntnissen über die Evolventenverzahnung vorgestoßen, durch die er zu einem großen Namen in der Zahnradgeschichte wird. Mit ihm beginnt ganz klar die Übertragung mathematischer Sätze in die Praxis, sowie deren Ausnutzung. Ihm folgt unmittelbar eine zentrale Figur der Kinematik und Verzahnungslehre mit dem vielseitigen Cambridger Professor für angewandte Mechanik Robert Willis[1]. Er schuf nicht nur eine praktisch anwendbare Verzahnungslehre und

---

[1] Robert Willis (1800 bis 1875). Geboren in London. Frühbegabt zu Hause ausgebildet. Studium in Cambridge. Seit 1829 Studien in Mechanik. Seit 1830 Mitglied der Royal Society, 1837 Professor in Cambridge, 1853 Lehrer für angewandte Mechanik an der englischen Bergbauschule. Auch in der Architektur und Archäologie erfolgreich tätig. Hervorragend im Vortrag führte er seine Hörer leicht durch die schwierigsten Einzelheiten. Hielt zwischen 1854 und 1867 in London Spezialvorlesungen für Arbeiter. Veröffentlichte 37 Arbeiten zwischen 1821 und 1870.

das erste Verzahnungssystem, mit ihm beginnt die technische Getriebelehre überhaupt. Vor allem gestaltete WILLIS den wissenschaftlichen Stoff auch für Praktiker benutzbar, wie es im Titel seines Hauptwerkes „Principles of Mechanism" auch heißt „Designed for the Use of Students in the Universities and for Engineering Students Generally". Dieses Konzept erwies sich als bedeutungsvoll. Denn so beginnt 1841 mit WILLIS nicht allein die Ingenieur-Kinematik, sondern auch die spezielle Zahnrad-Kinematik mit allen ihren Begriffen und Themen. Sein Werk kam wie gerufen, um einem größeren Kreis von Interessenten die verschiedenen Zahnradarten und deren geometrische Zusammenhänge, näher zu bringen. Außerdem entstand um die gleiche Zeit in Philadelphia die erste Zahnradfräsmaschine nach dem Wälzverfahren durch JOSEPH SAXTON, die kinematische Kenntnisse voraussetzt. In seinen „Principles of Mechanism" schneidet WILLIS viele Themen an, die später ein Spezialgebiet wurden, so daß sie heute gesondert behandelt werden müssen.

ROBERT WILLIS gründet 1841 sein neues kinematisches System auf drei Arten der Bewegungsübertragung. Innerhalb dieser spricht er von Berührungsarten, nämlich rollender und gleitender Berührung. In diesem Zusammenhange ist ihm klar, daß die Zahnradberührung eine Überschneidung zwischen rollender und gleitender Berührung darstellt; die Bewegung des Einzelzahnes ist eine gleitende, die des ganzen Zahnes im Teilkreise eine rollende. Zunächst wendet sich WILLIS den Hauptbeziehungen der Zahnrad-Dimensionierung zu. Im Kapitel „On Pitch" schreibt er als erster alle Proportionalitäten der Zahnräder zu $\dfrac{N}{n} = \dfrac{R}{r} = \dfrac{p}{P} = \dfrac{l}{L}$ wobei sind N bzw. n = Zähnezahl Ritzel bzw. Rad, R bzw. r = Radius des Teilkreises von Ritzel bzw. Rad, P bzw. p = Winkelgeschwindigkeit Ritzel bzw. Rad, L bzw. l = Drehzahl Ritzel bzw. Rad.

WILLIS definiert als Teilkreis „pitch circle" eines Zahnrades den Kreis, dessen Durchmesser gleich ist dem eines Zylinders, dessen Rollbewegung einem Zahnrad entspricht. In England nannte man diesen Kreis „pitch circle" des Rades, „primitive" (Grundkreis) oder „geometrical circle". WILLIS bevorzugte aber schon 1838 in seiner ersten Zahnradarbeit „On the Teeth of Wheels" das Wort „pitch", da es kurz und eindeutig ist und am meisten im Gebrauch stand. Mit pitch (Teilung) meint er die genaue Entfernung einer Zahnflanke von der entsprechenden Flanke des nächsten Zahnes, gemessen auf dem Teilkreis; sie ist gleichbedeutend mit der Summe von Zahnweite und Lückenweite am Teilkreis.

Die Gleichung für den Kreisumfang aus dem Altertum schreibt WILLIS um 1840, angewandt auf Zahnräder, zu $N \cdot C = \pi \cdot D$, wobei C = Teilung (pitch), D = Durchmesser des Teilkreises, beide in Zoll, und N = Zähnezahl. In der englischen Praxis gab es schon zu Anfang des 19. Jahrhunderts nur einige Standard-Teilungen, und zwar $1 - 1^1/_4 - 1^1/_4 - 1^1/_2 - 2 - 2^1/_2 - 3$ Zoll bei Eisen-Rädern. Gußeisen-Zähne mit weniger als $^1/_8$ in. Teilung gab es selten; außerdem pflegte man Räder kleinerer Teilung schon damals mit einer Schneidmaschine aus Metallscheiben zu schneiden. WILLIS schlägt aber 1841 vor, für die kleinen Räder die gleichen Standard-Größen einzuführen wie für die Eisen-Räder.

ROBERT WILLIS berücksichtigt 1841 gern, daß die auszuführenden Rechnungen zwar für einen Mathematiker einfach erscheinen, für einen Fabrikarbeiter dieser Zeit wäre es aber des Multiplizierens und Dividierens zu viel. Er gibt daher mehrere Vereinfachungen.

Für die Berechnungsformeln der Zähnezahl N bzw. des Durchmessers D, $N = \dfrac{\pi}{C} \cdot D$

und $D = \dfrac{C}{\pi} \cdot N$ bildete er für die gebräuchlichen Kreisteilungen C die Abkürzungen

π/C und C/π in Tabelle 15. Da in der Praxis am häufgsten Zähnezahl und Teilkreis-Durchmesser gegeben sind und man die Teilung sucht, führte sich zu Anfang des 19. Jahrhunderts in den Maschinenfabriken von Manchester eine andere Methode zur Zahndimensionierung ein. Statt der Teilung direkt führte man als Hilfsgröße den „Modulus" ein, und erhielt dadurch für den Teilkreisdurchmesser immer ganze Zahlen, was den Fabrikarbeitern eine willkommene Vereinfachung war. Diesen neuen „Modulus" nennt WILLIS 1841 „diametral pitch" = Durchmesser-Teilung eines Rades, zum Unterschied von der bisher bekannten Teilung, die WILLIS „circular pitch" = Kreis-Teilung nennt. WILLIS bezeichnet diesen „diametral pitch" mit dem Buchstaben M als Bruch eines Zolls:

„... Call this new modulus the 'diametral pitch' of a wheel, to distinguish it from the common pitch, which may be named the 'circular pitch', and let M be the diametral pitch $D/N = M$, and, as M is a simple fraction of the inch, let $M = 1/m$; $m \cdot D = N$, in which N and m are always whole numbers ...".

Die damals allgemein gebrauchten Werte für $m = \dfrac{1}{M}$, also den Reziprokwert des

Moduls waren $20 - 16 - 14 - 12 - 10 - 9 - 8 - 7 - 6 - 5 - 4 - 3$. Man führte alle Räder so aus, daß sie diesen Zahlen entsprachen; den Durchmesser oder die Zähnezahl jedes Rades erhält man so mit viel weniger Rechnung als mit dem allgemeinen System des „circular pitch". Tabelle 16 zeigt die Werte des „circular pitch" C in Abhängigkeit der üblichen Werte für m. Dieser Wert m wurde später fälschlicherweise mit „diametral pitch" bezeichnet und ist heute noch mit dieser Bezeichnung und der Abkürzung DP oder P_d in England und den USA eingeführt.

<table>
<tr><td colspan="3" align="center">Tabelle 15.
Teilungs-Tafel von Robert Willis 1841</td><td colspan="2" align="center">Tabelle 16. Modul-Tafel der Maschinenfabrik
Sharp, Roberts, & Co in Manchester um 1840</td></tr>
<tr><td align="center">$C = \dfrac{\pi}{m}$
(Kreis-Teilung
in Zoll)</td><td align="center">$m = \dfrac{\pi}{C}$
(1/Modul
in 1/Zoll</td><td align="center">$M = \dfrac{C}{\pi}$
(Modul
in Zoll)</td><td align="center">$m = \dfrac{1}{M}$
(1/Modul
in Zoll)</td><td align="center">$C = \dfrac{\pi}{m}$
(Kreisteilung
in Zoll)</td></tr>
<tr><td align="center">3</td><td align="center">1,0472</td><td align="center">0,9548</td><td align="center">3</td><td align="center">1,047</td></tr>
<tr><td align="center">$2^1/_2$</td><td align="center">1,2566</td><td align="center">0,7958</td><td align="center">4</td><td align="center">0,785</td></tr>
<tr><td align="center">2</td><td align="center">1,5708</td><td align="center">0,6366</td><td align="center">5</td><td align="center">0,628</td></tr>
<tr><td align="center">$1^1/_2$</td><td align="center">2,0944</td><td align="center">0,4774</td><td align="center">6</td><td align="center">0,524</td></tr>
<tr><td align="center">$1^1/_4$</td><td align="center">2,5132</td><td align="center">0,3978</td><td align="center">7</td><td align="center">0,449</td></tr>
<tr><td align="center">$1^1/_8$</td><td align="center">2,7924</td><td align="center">0,3580</td><td align="center">8</td><td align="center">0,393</td></tr>
<tr><td align="center"></td><td align="center"></td><td align="center"></td><td align="center">9</td><td align="center">0,349</td></tr>
<tr><td align="center">1</td><td align="center">3,1416</td><td align="center">0,3182</td><td align="center">10</td><td align="center">0,314</td></tr>
<tr><td align="center">$^3/_4$</td><td align="center">4,1888</td><td align="center">0,2386</td><td align="center">12</td><td align="center">0,262</td></tr>
<tr><td align="center">$^5/_8$</td><td align="center">5,0265</td><td align="center">0,1988</td><td align="center">14</td><td align="center">0,224</td></tr>
<tr><td align="center">$^1/_2$</td><td align="center">6,2832</td><td align="center">0,1590</td><td align="center">16</td><td align="center">0,196</td></tr>
<tr><td align="center">$^3/_8$</td><td align="center">8,3776</td><td align="center">0,1194</td><td align="center">20</td><td align="center">0,157</td></tr>
<tr><td align="center">$^1/_4$</td><td align="center">12,5664</td><td align="center">0,0796</td><td align="center"></td><td align="center"></td></tr>
</table>

In der Maschinenfabrik Sharp, Roberts, & Co nannte man um 1840 z. B. bei $m = 10$ das Rad ein „ten-pitch wheel" usw. Ist der Modul $M = D/N = C/\pi$, so ist der „diametral pitch" nach heutigem Begriff die Größe, wie sie in der zweiten Spalte von

Tabelle 15 errechnet ist. Angewandt wurde dieses System bei Berechnung kleinerer Mühlen- und Gußeisen-Räder. Uhrenbauer kannten den Begriff pitch oder Teilung gar nicht, sie ließen den Teilkreis mit dem geometrischen Kreis zusammenfallen. WILLIS schlägt daher bereits 1841 aus Vereinheitlichungsgründen vor, den Begriff pitch für alle Arten von Zahnrädern anzuwenden. Denn für geschnittene Räder muß man die Teilung berechnen, um die Größe des Schneidwerkzeuges zu bestimmen, da es die Lücken schneiden und daher genau deren Form haben soll. Der Begriff Modul (modulus = engl., konstanter Koeffizient) und seine mathematische Gebrauchsweise entstand also in England, und ROBERT WILLIS sorgte für seine allgemeine Verbreitung. Heute rechnet man in den englisch sprechenden Ländern mit dem sogenannten „Diametral-Pitch" DP (oder P_d), den WILLIS mit m bezeichnet hatte. In den Ländern mit metrischem Maß-system rechnet man heute dagegen mit dem Modul, den WILLIS mit dem Großbuch-staben M bezeichnet hatte, der aber heute allgemein mit dem Kleinbuchstaben m anschreibt. Bei großen und kleinen Verzahnungen benutzten die englisch sprechenden Länder den Circular-Pitch CP, ebenfalls nach der Willis-Definition von 1840. Zwischen den angelsächsischen und den metrischen Größen bestehen folgende Zusammenhänge:

$$CP = \frac{t}{25,4} = \frac{m}{8,085} \text{ und } m = 8,085 \cdot CP, \text{ wobei } CP \text{ in Zoll, } t \text{ und } m \text{ in Millimetern.}$$

Hierauf geht ROBERT WILLIS 1841 auf Verzahnungen selbst über, die er schon 1837 behandelt hatte. Er widmet ihnen als wichtigem Zweige der Kinematik das besondere Kapitel „On the Teeth of Wheels". Er stellt sich erneut die Aufgabe: zu der Kurve eines umlaufenden Körpers die entsprechende Kurve eines anderen umlaufenden Körpers finden, so daß die gemeinsame Normale der beiden Kurven die Mittellinien in einem festliegenden Punkte in allen Berührungslagen teilt.

Hierzu gibt er in Bild 68 vier Lösungen:

1. Lösung Bild 68 a Zykloide nach PHILIPPE DE LA HIRE 1694, THOMAS YOUNG 1807 und GEORGE PEACOCK 1820
2. Lösung Bild 68 b Epizykloide nach CAMUS 1733 bzw. 1752
3. Lösung Bild 68 c Epi- und Hypozykloide übernommen von FERGUSON 1803 bzw. DAVID BREWSTER 1806. Ihre Anwendung auf zwei zusammen-arbeitende Räder gab als Erster WITLIS 1837 in „On the Teeth of Wheels".
4. Lösung Bild 68 d Evolvente nach LEONHARD EULER 1762.

Mit diesen vier allgemeinen Lösungen zeigt WILLIS grundsätzlich, wie Kurven gefunden werden können, die eine konstante Geschwindigkeit während der Drehung in gleitender Berührung ergeben. Diese vier Lösungen wendet er jetzt speziell auf Zahn-räder an: bei gegebenem Teilkreis zeichnet er aus jeder für einen Zahn angenommenen Kurve die entsprechende Zahnform für den anderen Teilkreis, so daß die gemeinsame Normale der beiden berührenden Kurven in allen Lagen die Mittellinien in einem festen Punkt der Berührung beider beteiligter Kreise teilt. Diese Aufgabe hatte CAMUS 1733 als Erster gelöst, aber WILLIS lernte dessen Lösung erst nach Veröffentlichung seines Werkes 1841 kennen; denn die Lösung war in der englischen Übersetzung seines „Cours de Matématique" 1759 nicht enthalten.

Im Zusammenhang mit diesen geometrischen Betrachtungen kam ROBERT WILLIS 1841 auf die Bedeutung des Überdeckungsgrades bzw. der Zahnhöhe. Bei dieser Gelegenheit führt er auch neue Begriffe in die Zahnrad-Fachsprache ein. Bei R = Teilkreis-radius, E = Projektion des Zahnes über dem Teilkreis und U = wirklicher Radius des Rades bis zur Zahnspitze, ist $U = R + E$. Diese Addition von $R + E$ nannten die Uhr-

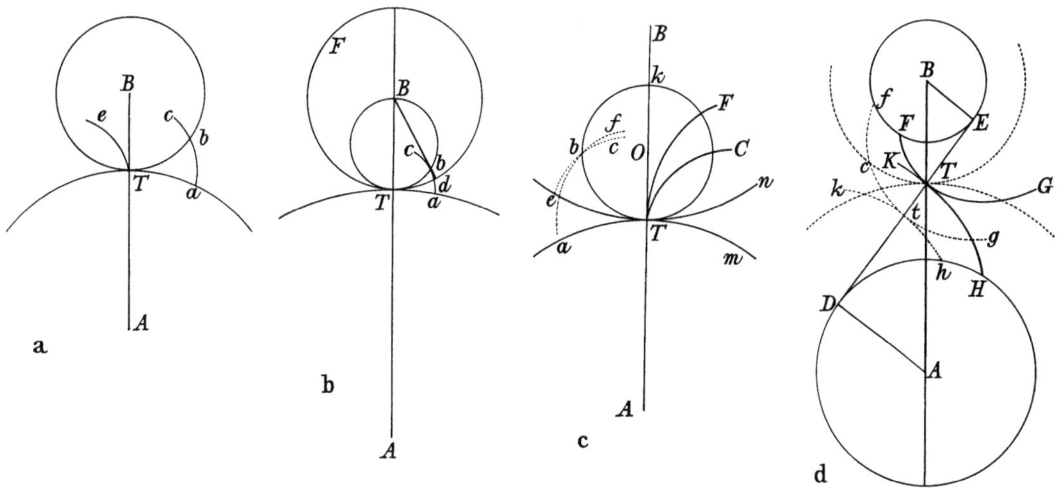

Bild 68.   Die vier Lösungen von ROBERT WILLIS 1841 zum Auffinden von Kurven, die während einer Drehung konstante Geschwindigkeit bei gleitender Berührung haben

Auf den Bildern 68 a) bis d) zeigt WILLIS 1841 die verschiedenen Möglichkeiten, unter denen das Winkelgeschwindigkeitsverhältnis beider Kurven konstant ist, d.h. die Normale durch T geht. Er zeigt ferner für vier Lösungen die geometrischen Orte der Berührungspunkte (englisch = locus of contact).

a) Gemäß den Eigenschaften der Epizykloide geht die Normale zu jedem Punkte b durch den Berührungspunkt T seines beschreibenden Kreises und des Grundkreises, die gleichzeitig Teilkreise des Systems sind. Die Normale der Kurve $a\,b$ ist im Berührungspunkte gezeigt, wie sie durch den konstanten Punkt T der gemeinsamen Mittelpunkts-linie geht. So ist das Winkelgeschwindigkeitsverhältnis (englisch = angular velocity ratio) der Kreise konstant und gleich dem umgekehrten Verhältnis ihrer Radien.

b) Wie oben geht die Berührungsnormale auf b durch den konstanten Punkt T der Mittelpunktslinie und teilt sie daher in ein Paar konstanter Segmente. Oder: der Berührungspunkt b zwischen der Kurve $a\,c$ und dem Radiusvektor $B\,d$ befindet sich immer innerhalb des Kreises $T\,b\,B$, beschrieben durch T, mit einem Durchmesser gleich dem Teil-kreisradius, mit seinem Mittelpunkt auf der Linie aller Mittelpunkte. Dieser Kreis ist deshalb Ort der Berührungspunkte.

c) Diese dritte Lösung enthält die beiden ersten. Ist ein Durchmesser des beschreibenden Kreises einer Hypozykloide gleich dem Radius des Grundkreises, so wird die Hypozykloide eine Gerade, die mit ihrem Durchmesser zusammenfällt. Dies ist die 2. Lösung nach b). Ist der beschreibende Kreis der Hypozykloide gleich dem Grundkreise, so wird aus der Hypozykloide ein Punkt ihres Umkreises, was die erste Lösung nach a) bedeutet.

d) Sind $k\,t\,h$ und $f\,t\,g$ die neuen Lagen der Evolvente, so befindet sich der Berührungspunkt t stets auf der Strecke DE, die sein geometrischer Ort ist. $H\,h$ und $F\,f$ sind die bezüglichen Bögen, beschrieben von den Grundkreisen der Evolvente. Da diese Bögen gleich sind, sind auch die Geschwindigkeiten am Umkreis der Grundkreise gleich. Durch Konstruktion ist $\dfrac{AD}{BE} = \dfrac{AT}{BT}$, d.h. die Radien der Grundkreise sind proportional den Radien der Grundkreise. Hier-aus folgt: Die Geschwindigkeiten am Umfange der Teilkreise sind ebenfalls gleich. Das Winkelgeschwindigkeitsver-hältnis ist gleich dem, wie man es erhalten würde, wenn man ihre Umfänge aufeinander rollen ließe. Weil also die Nor-male zu jedem Berührungspunkte t der Evolventen mit der gemeinsamen Tangente ihrer Fußpunkte übereinstimmt, ist diese Normale eine feste Linie und geht durch den festen Punkt T der Mittelpunktslinie, was ebenfalls — wie vorher — die Konstanz des Winkelgeschwindigkeitsverhältnisses zeigt. WILLIS fährt bedeutungsvoll fort: auch wenn der Abstand der Mittelpunkte A und B geändert wird, bleiben die Evolventen in Berührung und die Geschwin-digkeiten der Umfänge der Grundkreise bleiben gleich. So bleibt auch das Verhältnis der Winkelgeschwindigkeiten beider Kurven unverändert. Dies ist eine Eigenschaft, die die Evolvente von den anderen diskutierten Kurven aus-zeichnet, und die von einiger praktischer Bedeutung ist.

WILLIS sagt 1841 wörtlich: „... This is a property which distinguishes the involute from th other curves that have been given, and is of some practical importance; for when these curves are employed for the teeth of wheels, it is not only unnecessary to fix the centers of their wheels at a precise distance, but a derangement of the centers, from wearing or settlement in the frame-work, does not impair the action of the teeth. In every other pair of curves that have been assigned, a variation in the distance destroys the equal ratio of the motion, by destroying the principle of their con-nection ...“ Er schließt: „For every given pair of pitch circles an infinite number of pairs of involutes may be assigned, that will answer the conditions required ...“, denn entscheidend ist die Neigung von DTE zur Mittelpunktslinie, und eder Wechsel dieser Neigung ergibt ein neues Paar von Grundkreisen und Evolventen. WILLIS behandelte 1841 für jede der vier Lösungen auch den Fall der Zahnstange. Die Grenzzähnezahl behandelte er bei den ersten drei Lösungen, für die Evolvente also nicht.

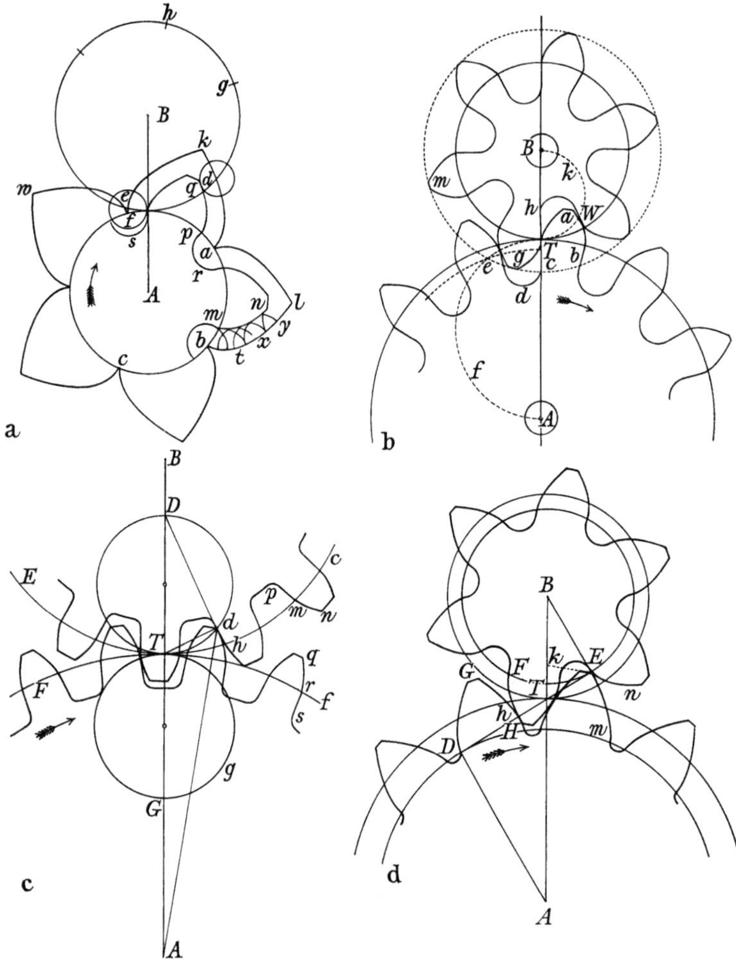

Bild 69. Anwendungen dieser vier Lösungen in der Praxis

a) Zähne dieser 1. Lösung gehören zur historischen Art hölzerner Mühlenräder und wurden noch zur Zeit WILLIS' auch in Metall ausgeführt.

b) Die Zähne dieser 2. Lösung waren zu Zeiten von WILLIS am meisten verbreitet und befanden sich meistens an Metallrädern.

Schon 1841 nennt WILLIS den Zahnteil oberhalb des Teilkreises face = Kopfflanke, unterhalb des Teilkreises flank = Fußflanke. Ort der Berührungspunkte sind die Halbkreise feT und TkB. Die Berührung jedes Zahnpaares beginnt also am Fuß des Ritzels und schreitet nach auswärts weiter bis zum Wälzpunkt.

Beim Gegenrad ist es umgekehrt. Außerdem ist der Anteil der Kopfflanke bei der Berührung viel größer als der der Fußflanke.

c) Anwendung der 3. Lösung auf Zahnräder. Sie ist von der zweiten abgeleitet, und daher ebenfalls in der Praxis am meisten angewendet. Hier ergibt sich aber eine Unbequemlichkeit. Ein Rad gegebener Teilung und Zähnezahl, z. B. $z = 40$ und $Z = 50$, würde nicht zu einem anderen Rade passen als $z = 100$. Denn die Durchmesser der erzeugenden Kreise sind verschieden groß. WILLIS spricht daher 1841 zum ersten Male von dem Begriff „Satzräder". Ein Radpaar eines solchen Satzes zeigt Bild 69c. TdD oder TgG sind die Erzeugungskreise. Der Erzeugungskreis beschreibt die Kopfflanken der Zähne, die unter dem Teilkreise FTf des Ritzels liegen. Ferner beschreibt er die Fußflanken innerhalb des Teilkreises ETe des Rades. Folglich arbeiten diese Kurven mit konstanter Winkelgeschwindigkeit zusammen, wobei der beschreibende Kreis TdD die Eingriffslinie darstellt. Sie entfernt sich allmählich vom Ritzelmittelpunkt A und nähert sich dem Mittelpunkt des getriebenen Rades B. Zuletzt endet die Berührung beim Punkte q des Ritzels und beim Fuß p des Rades. Dasselbe trifft zu für die Eingriffslinie TGg zwischen dem Fuß s des Ritzels und dem Punkte n des Rades. Gelegentlich der Behandlung dieser 3. Lösung kommt WILLIS erneut — wie schon 1837 — auf die Idee der „Satzräder".

d) Als 4. Lösung bringt WILLIS 1841 die Evolventenzähne. Sie unterscheiden sich von epizykloidischen der 2. und 3. Lösung durch eine kontinuierliche Kurve über die ganze Zahnflanke, Kopf- und Fußflanke zusammen, während ein epizykloidischer Zahn aus zwei verschiedenen Kurven besteht, die sich im Teilkreis vereinigen. A, B sind die Zentren der Bewegung, T Berührungspunkt der Teilkreise, BE und AD sind die Radien der Evolventen-Ursprünge, ED ihre gemeinsame Tangente und deshalb auch Eingriffslinie der Zähne. Jetzt ist $DT = $ arc DH, wobei $TH = $ Evolvente von DH bzw. Eingriffswinkel vor der Mittelpunktslinie, also $\dfrac{DH}{DA} = \dfrac{DT}{DA} = \dfrac{AT \cdot DT}{DA}$ als Eingriffslänge auf dem Teilkreise.

WILLIS hatte schließlich schon durch Bild 68d bewiesen: die Eingriffslängen sind bei einem Evolventen-Zahnpaar vor und nach der Mittelpunktslinie direkt proportional den Radien von Ritzel und Rad, d.h. lt. Bild 69d

$$\frac{\text{Kopfflanken-Eingriffslänge}}{\text{Fußflanken-Eingriffslänge}} = \frac{AT \cdot DT \cdot BE}{BT \cdot ET \cdot DA} = \frac{AT}{BT} = \frac{DA}{BE}.$$

Jedoch kann durch Kürzen der Zahnhöhe die Eingriffslänge beliebig verringert werden.

Bei zwei gegebenen Teilkreisen lt. Bild 69d und dem verlangten Eingriffswinkel TBE lassen sich die Radien der Grundkreise leicht finden, da $BE = BT \cos TBE$ ist. WILLIS vergleicht die Strecken $ATBE$ des Bildes 69d mit $ATBd$ des Bildes 71 und findet diese ähnlich nach den Formeln

$$\frac{E}{C} = \pi \cdot F^2 \cdot \left(\frac{2}{n} + \frac{1}{N}\right) \quad \text{und} \quad \frac{e}{C} = \pi \cdot f^2 \cdot \left(\frac{2}{n} + \frac{1}{N}\right).$$

Sie stimmen mit den Evolventen überein, aber nur in den Punkten, E oder D, wenn die Berührung sich mit den Grundkreisen deckt. Sie ergeben daher die geforderte Kopfhöhe, so daß die Zähne auf dem Grundkreis des Gegenrades im Eingriff fortfahren können.

macher damals „addendum", und Willis übernahm diesen Begriff. Die Kopfhöhen

eines Radpaares schreibt er dann zu $\dfrac{U}{u} = \dfrac{R + E}{r + e}$ oder als Funktion der Teilung

$E = K \cdot \dfrac{2\pi \cdot R}{N}$ und $e = k \cdot \dfrac{2\pi \cdot r}{n}$. Mit $\dfrac{R}{r} = \dfrac{N}{n}$ erhält Willis $\dfrac{U}{u} = \dfrac{N + 2 \cdot \pi \cdot K}{n + 2 \cdot \pi \cdot k}$.

Zu seiner Zeit nahm man in der Praxis des Mühlenbaus eine konstante Kopfhöhe von

$^3/_{10}$ Teilung. Mit $K = k = 0,3$ erhält Willis jetzt $\dfrac{U}{u} = \dfrac{N + 1,885}{n + 1,885} \approx \dfrac{N + 2}{n + 2}$. Der füh-

rende englische Uhrenbauer Thomas Reid rechnete 1826 mit $\dfrac{U}{u} = \dfrac{N + 2,25}{n + 1,5}$, wobei

immer U bzw. $u = $ Außendurchmesser Ritzel bzw. Rad, $K = 0,36 = \,^3/_8$ Teilung, $k = 0,24 = \,^1/_4$ Teilung, N bzw. $n = $ Zähnezahlen von Ritzel bzw. Rad.

Mit $AT = R$, $BT = r$ und der Kopfhöhe $fd = E$ in Bild 70 ist $Ad = R + E$. Der Winkel $TBd = \Theta$ ist der Winkel, durch den die Berührung nach dem Passieren der Mittelpunktslinie fortdauert. Willis nennt ihn den Winkel der „receding action". Die obigen Werte eingesetzt und den Ausdruck geordnet erhält Willis 1841

$\dfrac{R + E}{R} = \left\{ 1 + \dfrac{2 \cdot R \cdot r + r^2}{R^2} \cdot \sin^2 \Theta \right\}^{1/2}$. Dann drückt Willis diese Gleichung als Binom aus,

entwickelt $\sin \Theta$ in eine Reihe $\Theta - \dfrac{\Theta^3}{6} + \dots$, schreibt aber wegen des sehr kleinen Winkels

$\dfrac{E}{R} = \dfrac{2 \cdot Rr + r^2}{2 \cdot R^2} \cdot \Theta^2$. Er findet es aber doch bequemer, Kopfhöhe und Eingriffslänge in Ver-

bindung mit der Teilung auszudrücken durch $C = \dfrac{2 \cdot \pi \cdot R}{N} = \dfrac{2 \cdot \pi \cdot r}{n}$, womit $\dfrac{E}{C} = \dfrac{E}{R} \cdot \dfrac{N}{2\pi}$. Ist

F das Verhältnis der Eingriffslänge $Tm = r \cdot \Theta$ zur Teilung, so wird $\Theta = \dfrac{F}{r} \cdot \dfrac{2 \cdot \pi \cdot r}{n} = \dfrac{\pi \cdot F}{n}$.

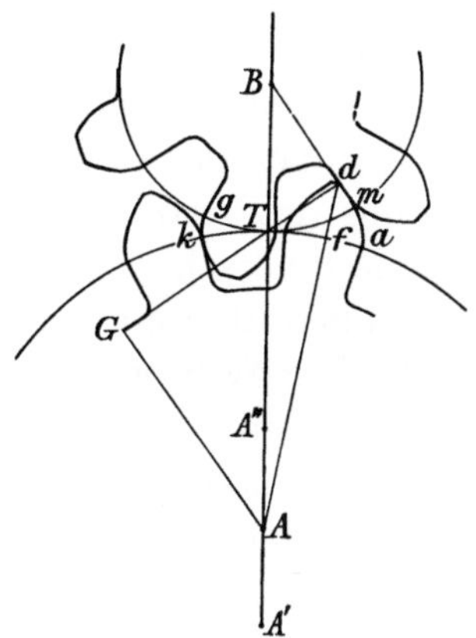

Bild 70. Bestimmung der Zahnlänge nach Willis 1841

$Ad^2 = TA^2 + Td^2 - 2 \cdot TA \cdot Td \cdot \cos ATD$

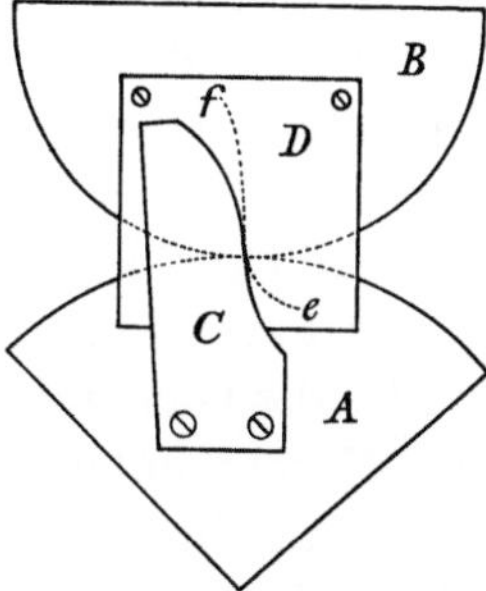

Bild 71. Vorrichtung zur Demonstration der geometrischen Verhältnisse an einem Radzahn von
Robert Willis 1837

Hinter dem gegebenen Zahne C bewegt sich ein Stück Zeichenpapier D, so daß sich nun der Zahn C auch über dem Zeichenpapier bewegen kann. Man dreht nun beide Tafeln A und B gegeneinander und zeichnet auf D die verschiedenen entstehenden Lagen von C auf. So entsteht die Kurve e, f die alle folgenden Lagen von C berührt und die dem gedachten Zahne für die Tafel B entsprechen. Die Berührung beider Kurven von C und $e\,f$ stellt genau die Rollbewegung der Teilkreise dar.

Durch Einsetzen dieser Werte erhält Willis 1841 als Kopfhöhe für ein Ritzel

$K = \dfrac{E}{C} = \pi \cdot F^2 \cdot \left(\dfrac{2}{n} + \dfrac{1}{N} \right)$. Entsprechend ist beim Rade:

$$\frac{E}{e} = \frac{F^2}{f^2} \cdot \frac{2 \cdot N + n}{2 \cdot n + N} \,,$$ womit sich die Zahnkopfhöhen in jedem Falle berechnen lassen. Damit besteht also für Robert Willis die ganze Zahnhöhe aus der Summe der Kopfhöhen von Ritzel und Rad, zuzüglich $^1/_{10}$ Teilung als Spiel $H = E + e + \dfrac{C}{10}$, wobei $E =$ Kopfhöhe Ritzel, $e =$ Kopfhöhe Rad und $C =$ Teilung. Er findet es wichtig, daß jedes Zahnpaar im Eingriff bleibt, bis das nächste Paar in Eingriff kommt, so daß die Summe der Bögen von Kopf- und Fußeingriffslinie gleich der Teilung ist, nämlich $F + f = 1$. Es ist sogar besser, sie bleiben noch länger in Berührung, um den Druck zwischen mehreren Zähnen zu teilen und zu verhindern, daß ein Zahn außer Eingriff kommt bevor der nächste eingreift. Willis findet es daher unnötig, die Kopfhöhe so genau zu bemessen und die ganze Eingriffslänge konstant zu halten. Aber er fordert Werte, die vorzeitiges Auskämmen verhindern. Seine Gleichung für die Kopfhöhe des Ritzels zeigt sofort: die größte Kopfhöhe braucht man bei gegebener Eingriffslänge für kleine Zähnezahlen. Die Gleichung gilt nahezu für alle Fälle, nur bei Zähnezahlen unter 15 muß die Kopfhöhe größer sein. Da die Kopfhöhe aber bestimmt ist durch die Kopfeingriffslänge des folgenden Zahnes, andererseits die Fußeingriffslänge von der Kopfhöhe des Ritzels, so kann man nach Willis diesen Bögen jedes beliebige Verhältnis geben. Die Kopfhöhen sollen so gewählt werden, daß es wenig Reibung bzw. Gleiten vor und nach der Mittelpunktslinie gibt. Genau lassen sich diese Eingriffslängen aber nicht proportionieren und Willis kennt 1841 Niemanden, der in dieser Richtung schon Versuche angestellt hätte.

In Verbindung mit der 3. Lösung nach Bild 69c kommt Willis jetzt auf den entscheidenden Gedanken der „Satzräder". Zu seiner Zeit waren die Gußeisenräder mit ihren höheren Genauigkeitsforderungen schon stark eingeführt, und er hält deshalb ein korrektes Zusammenarbeiten mit jedem anderen Rade gleicher Teilung nur mit dieser Methode für möglich. Diesen „set of wheels" von gleicher Teilung und konstantem Erzeugungskreise machte er schon 1837 bekannt. Würde nämlich der Durchmesser des Rollkreises, der die Epizykloide erzeugt, gleich dem Radius des Rad-Teilkreises sein, mit dem das Ritzel arbeitet, so ergäbe das für jedes Gegenrad verschiedene Zykloiden. Und damit müßte die Gießerei immer verschiedene Formen bereithalten. Schon damals war es aber im Maschinenbau üblich, daß ein Rad gleichzeitig zwei oder mehr Räder verschiedener Zähnezahl antrieb. Daher sah das Satzrädersystem von Robert Willis für damalige Verhältnisse besonders günstig aus. Ein solches Satzräderpaar beschrieb Willis bereits 1837 mit Bild 69c. 1841 sagt er in seinen „Principles of Mechanism" wörtlich: „If for a set of wheels of the same pitch a constant describing circle be taken and employed to trace those portions of the teeth which project beyond each pitch line by rolling on the exterior circumference, and those which lie within it by rolling on its interior circumference, then any two wheels of this set will work correctly together."

Da er also für den ganzen Satz einen konstanten Erzeugungskreis verwendet, so gilt das oben Gesagte für jedes mitlaufende Rad! Gleichgültig, ob der Berührungspunkt auf der einen oder anderen Seite der Mittelpunktslinie liegt, immer arbeiten Epi- und Hypozykloide zusammen, und beide entstehen durch den gleichen konstanten Kreis des Radsatzes. Macht man den Erzeugungskreis wesentlich kleiner als den Radius des Teilkreises, so werden die Zähne zu kurz, und damit auch die Eingriffsdauer. Willis' feste Regel ist:

Der Durchmesser des konstanten Erzeugungskreises in einem gegebenen Radsatze sollte gleich dem kleinsten Radius des Satzes gemacht werden. Soll also jedes Rad die Funktion von Ritzel und Rad ausüben können, so gibt es bei „Satzrädern" keine verschiedenen Abmessungen. Die erforderliche Kopfhöhe zu jedem Rade im Satz ist für

Willis 1837 $\dfrac{E}{C} = \pi \cdot F^2 \cdot \left(\dfrac{2}{N_1} + \dfrac{1}{N} \right)$. Bei fallendem N steigt E. Der kleinste Wert für N

ist N_1, das größte erforderliche $E = \dfrac{3 \cdot \pi \cdot C \cdot f^2}{N_1}$. Noch lieber wollte Willis damals

zwei Radsätze bilden, wobei der eine mit Einzelverzahnung versehen wäre. Dies hätte ihm aber die Kosten zu sehr erhöht, „. . . außer in sehr speziellen Fällen . . .". Die kleinsten, möglichen Zähnezahlen in seinem Satzrädersystem zeigt Willis mit seinem Bild 70.

Die Idee der Satzräder kam allerorts schnell in die Praxis, weil man nur wenige Fräser auf Lager zu halten hatte. Jedoch ergaben sie bei geringen Zähnezahlen zu starke Unterschneidung des Zahnkopfes, d.h. der Zahnfuß wurde zu stark ausgehöhlt bzw. zu viel von ihm weggeschnitten. Ferner ergab die Satzräderverzahnung beträchtliches spezifisches Gleiten. Robert Willis schlug 1837 einen Eingriffswinkel von 15° vor. Daß man aber zur Abhilfe von Unterschnitt und Gleiten den Eingriffswinkel variieren sollte, erkannte 1852 als Erster der Edinburgher Ingenieur Edward Sang (1805 bis 1891). Er veröffentlichte damals das erste englische Buch ausschließlich über die Zahnradtechnik. Als er darin auf die Satzräder zu sprechen kam, behandelte er auch die Frage der kleinsten Zähnezahl am Ritzel und ihre bezüglichen Bedingungen an Evolvente und Epizykloide. Dabei arbeitete er 1852 als Erster mit einem veränderlichen Eingriffswinkel von 16° 49' bis 24° 09'. Sang äußerste 1852 als Erster die Idee, daß man für jeden Zahn eines gegebenen Zahnrades die beste Kurve verwenden müsse. Er hob hervor: nicht nur Satzrädereigenschaft, sondern gutes Zusammenspiel der Räder, geringe Reibung, einfache Herstellung, Festigkeit und Genauigkeit — das alles zusammen ist von einem Zahnradgetriebe zu fordern. Damit brachte der Schotte als Erster die Zahnrad-Geometrie bzw. -Kinematik in die aufkommende praktische Metalltechnik.

Veränderliche Eingriffswinkel verwendete 1873 auch der Berliner Ingenieur Paul Hoppe in der dortigen Maschinenfabrik seines Vaters, (s. Bild 72b). Er verstand unter Satzrädern solche, „. . . die von einem gewissen kleinsten Rade bis zum unendlich großen, der Zahnstange, beliebig miteinander gewechselt werden können und doch dabei stets richtig miteinander arbeiten . . .". Sang 1852 wie Hoppe 1873 verringerten den Eingriffswinkel und erhöhten dabei gleichzeitig die Zahnhöhe. Dadurch blieb die Satzrädereigenschaft erhalten und der Eingriff gestaltete sich auch bei kleinen Zähnezahlen gut. Eingeführt hat sich aber nur das Satzrädersystem von Willis 1837, und zwar für Evolventen- wie Zykloidenzähne.

Der letzte und gleichzeitig wichtigste Abschnitt in Willis' Verzahnungslehre von 1841 bringt seine berühmt gewordenen Vorschläge zur Annäherung der korrekten Zahnform durch Kreisbögen. Zu diesen glaubt er sich seit 1838 berechtigt, weil der Anteil der mathematisch genauen Zahnkurve am Profil sehr klein ist. Allerdings müssen dann Mittelpunkt und Radius dieses Kreisbogens mathematisch korrekt ermittelt werden, wofür Willis Methoden angibt.

Die Mühlenbauer vernachlässigten bis ins 19. Jahrhundert hinein die Zahnformen und empfahlen „Einlaufen" in die betriebsbedingten Formen. Entsprechend dem damaligen

Stande der mathematischen Wissenschaften nahm WILLIS die Wahl der richtigen Zahnform sehr ernst: „In truth, the question is one of great practical importance; I do not mean to say, that it is necessary, or even practicable, to shape the teeth of small wheels into exact epicycloids or involutes, such as those which have been described in the preceding pages ...". „Aber ich behaupte fest," fährt WILLIS 1841 fort, „daß ohne die Verzahnungsregeln oder ihre Annäherungen die Maschinen unregelmäßig, laut und vor Erschütterungen stampfend arbeiten".

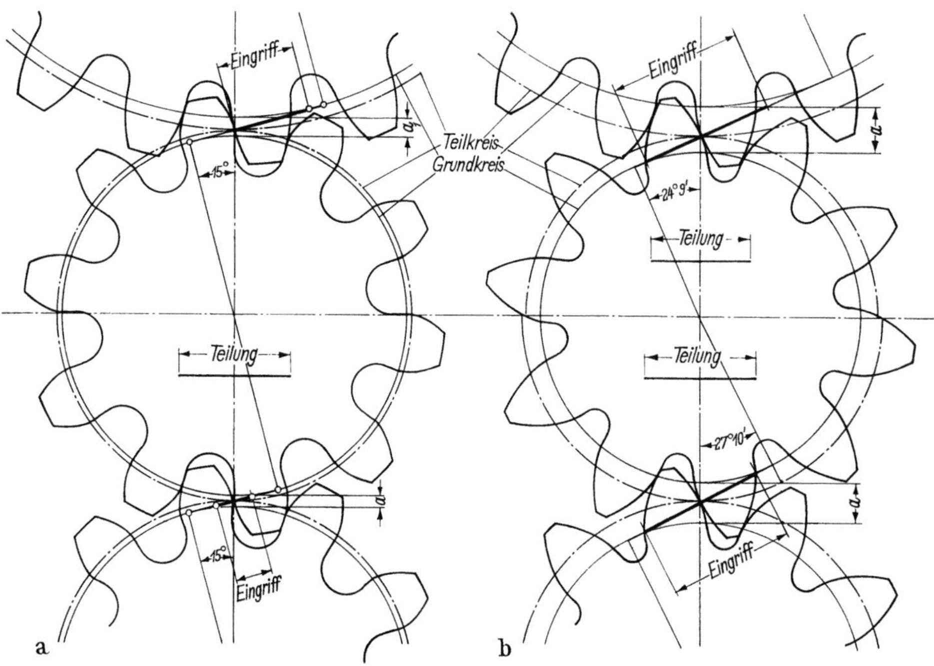

Bild 72.   Evolventen-Satzrädersysteme
a) ROBERT WILLIS 1837,   b) PAUL HOPPE 1873.

Wie im vorangegangenen Kapitel 2.11 erwähnt, hat der große Baseler Mathematiker LEONHARD EULER (1707 bis 1783) als erster 1762 einen allgemeinen Ausdruck für sich berührende und bewegende Kurven gefunden. Dabei zeigte er die Bildung von Zahnflanken durch kleine Kreisbögen mit einigen geometrischen Konstruktionen. Die späteren Schriftsteller beachteten aber EULER nicht, weil bis in das 19. Jahrhundert hinein mit größeren Zähnezahlen und kürzeren Zähnen gearbeitet wurde. Der Grund dazu wiederum war 1769 die Einführung der Gußeisenräder durch JOHN SMEATON (1724 bis 1792). Bei kurzen Flanken erschienen kreisförmige Annäherungen tatsächlich vernünftig, nachdem die Werkzeugmaschinen noch nicht genügend entwickelt waren zur selbsttätigen Erzeugung mathematisch genauer Zahnkurven. Auf Grund dieser Lage suchte WILLIS 1838 ernstlich, die Vorschläge von EULER für die Praxis auszunützen: er schuf damals seinen „Odonthographen", mit dem er für jedes gegebene Radpaar die Krümmungsmittelpunkte ohne geometrische Konstruktionen finden konnte. Dieser „Odonthograph" = Zahnzeichner ist eine Vorrichtung zum Auffinden von Mittelpunktspaaren für die Krümmung von Zahnkurven. Seine Grundlage und Ableitung gibt er durch drei Figuren (s. Bild 73).

Ist auf Bild 74, Op der Bogen einer Evolvente mit dem Grundkreis Ppq, so ist PT der Erzeugungsradius bei T. Daher sind diese Zähne annähernd Evolventenzähne und sie besitzen die merkwürdige Eigenschaft, ebenfalls mit jedweden Rädern jeder Zähnezahl bei genügendem Flankenspiel zusammenzuarbeiten. Da aber die Seiten der Zähne jeweils aus einem einzigen Bogen bestehen, so gibt es nur eine Berührungslage, in der das Winkelgeschwindigkeits-Verhältnis konstant ist, vor allem, wenn der Wälzpunkt auf der Mittelpunktslinie liegt.

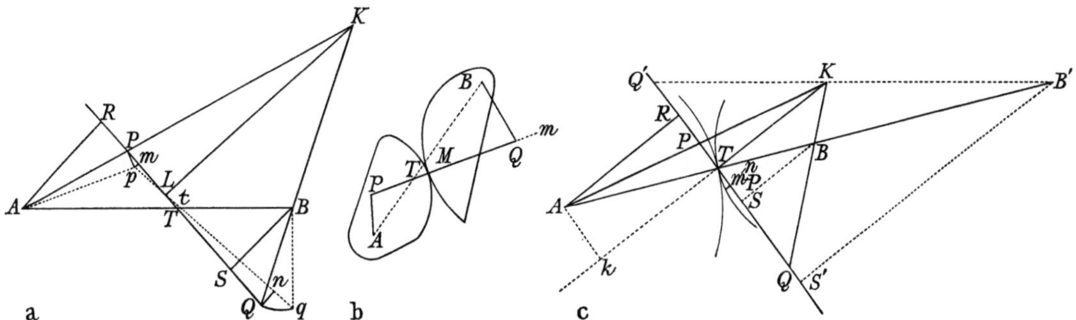

Bild 73.   Grundlage des Odonthographen von Willis 1838

In a) sind A und B Radmitten, T Wälzpunkt. Willis zieht nun die durch T die Strecke PTQ im Winkel zur Mittelpunktslinie ABB' und nimmt P als Zentralpunkt an, von dem aus die runde Zahnseite für die Achse A beschrieben werden soll. Um den entsprechenden Mittelpunkt des Rades B zu finden, zieht Willis TK senkrecht auf PTQ, damit AP auf K trifft; ferner zieht er KB, damit PTQ auf Q trifft. Dann ist Q der verlangte Mittelpunkt.

b) Zeigt die Berührung von Kurvenpaaren, wie sie in jedem Moment den Radienpaaren AP und BQ gleich ist, verbunden durch die Gerade PQ, wobei P und Q die entsprechenden Mittelpunkte der allgemeinen Kurven im Berührungspunkt sind.

Robert Willis zeichnet nun Bild 73a so, daß der Punkt L anf die Mittelpunktslinie AB fällt. Dies ergibt c)

In c) zieht Willis von P aus die kleinen Bögen m und n als Radzähne der Achse A. Dieser Bogen mn arbeitet korrekt zusammen mit dem Bogen mp von Q aus; er ist Zahnkurvenstück der Radachse B. Legt man B so, daß der Winkel KBT spitz wird, wie z.B. bei B', dann fällt Q nach Q' auf der gleichen Seite von T als P, aber darüber hinaus. Dadurch wird der Zahn mp konkav, anstatt konvex.

Wird aber der Winkel $KBT = PTA$, so wird KB parallel zu PT und der Punkt Q wird dadurch in unendliche Entfernung gerückt, der Bogen mp oder Radzahn mit B als Drehachse ist dann eine gerade Linie senkrecht auf PT.

Die Entfernung der Mittelpunkte von T aus ermittelt Willis wie folgt:

Er zieht AR senkrecht zu PT. Dann bezeichnet er die Strecken $KT = C$, $AT = R$, $PT = D$ und $ATP = \Theta$. Dann ist wegen der ähnlichen Dreiecke ARP und PTK

$$KT = \frac{PT \cdot AR}{PR} = \frac{PT \cdot AR}{TR - PT} \quad \text{oder} \quad C = \frac{DR \cdot \sin\Theta}{R \cdot \cos\Theta - D} \quad \text{und} \quad D = \frac{RC \cdot \cos\Theta}{C + R \cdot \sin\Theta}$$

Zieht Willis entsprechend BS senkrecht auf TQ und setzt $BT = r$ und $QT = d$, so erhält er den zugehörigen Bogen mp zu $\quad d = \dfrac{r \cdot C \cdot \cos\Theta}{C + r \cdot \sin\Theta}$

Wird ein konkaver Zahn gewüscht, so zieht Willis $B'S'$ senkrecht zu PTQ und erhält

$$KT = \frac{Q'T \cdot B'S'}{Q'T + TS'} \quad \text{und} \quad d = \frac{C \cdot r \cdot \cos\Theta}{r \cdot \sin\Theta - C} \; .$$

Soll aber die Zahnseite aus einem einzigen Bogen bestehen, so zeigt Willis 1838 eine sehr einfache Regel: Ist KT unendlich, dann steht AP und BQ senkrecht auf der Linie PTQ und die Punkte P und Q kommen nach R bzw. S. Laufen die Bögen der Zähne durch T, ist Θ der Winkel ATP zur Mittelpunktslinie PTQ, R = Radius des Rades AT, sowie $D = TR$ als geforderte Entfernung des Zahnmittelpunktes von T, so ergeben sich folgende Beziehungen.

$D = R \cdot \cos\Theta$ ist vom Gegenrad unabhängig, genauso von der Teilung und Zähnezahl des Ritzels selbst. Macht man daher Θ in einem Radsatze konstant, so arbeitet jedes Paar zusammen und dessen Zähne bestimmen sich durch den angenommenen Winkel $\Theta = 75° \, 30'$. Er stellt nämlich den bequemen Wert dar $D = R/4$; außerdem ist $\cos 75° \, 30' = 0{,}25038 \approx {}^1/_4$. Auf dieser Grundlage baut seine Vorrichtung Willis Bild 74 auf.

Macht man die Flanken jedes Zahnes aus zwei Kreisbögen, die sich am Teilkreis treffen, und zeichnet sie so, daß der genaue Eingriffspunkt beim einen Rad etwas vor der Mittelpunktslinie liegt, nämlich in der Entfernung $^1/_2$ Teilung, und der Eingriffspunkt des anderen Rades in der gleichen Entfernung etwas dahinter liegt. Damit erhält Willis 1838 einen ausreichenden Genauigkeitsgrad für alle praktischen Zwecke.

Im Zusammenhange mit seinen Untersuchungen gibt WILLIS zu, den Eingriffswinkel von 75° bzw. 15° aus obigen rechnerischen Rücksichten willkürlich gewählt zu haben, aber nach verschiedenen Versuchen hat er mit ihm tatsächlich die beste Zahnform gefunden.

Um die Zähne eines solchen Radpaares zeichnen zu können, wählt man nach Bild 75 A und B als Drehachsen und T als Berührungspunkt der Teilkreise. Dann zieht man QTq unter 75° zur Mittelpunktslinie, kTK senkrecht zu QTq und zeichnet TK und Tk sowie AT oder TB einander gleich. Dann bringt man AK und BK zum Schnitt und verlängert die letztere Gerade nach Q. Dann sind P und Q ein Paar von Zahnmittelpunkten. Darauf nimmt man einen Punkt m auf dem Teilkreis aTe in der Entfernung der halben Teilung von T aus, sowie auf der Gegenseite der Zahnmittelpunkte. Ein konvexer Bogen, gezogen von P durch m auf der Außenseite dieses Teilkreises, arbeitet korrekt mit einem konkaven Bogen, gezogen von Q durch den gleichen Punkt, innerhalb des anderen Teilkreises.

Zum Zeichnen der Kopfflanken des Ritzels verfährt man genauso. Man schlägt um A einen Kreis durch P, der der Ort aller Mittelpunkte der kleinen Kreisbögen ist. Nachdem man vorher den Teilkreis für die Aufnahme der Zähne geteilt hat, nimmt man einen konstanten Radius Pm in die Zirkelspitzen und beschreibt mit Pf die Kopfflanken der Zähne rechts und links außerhalb des

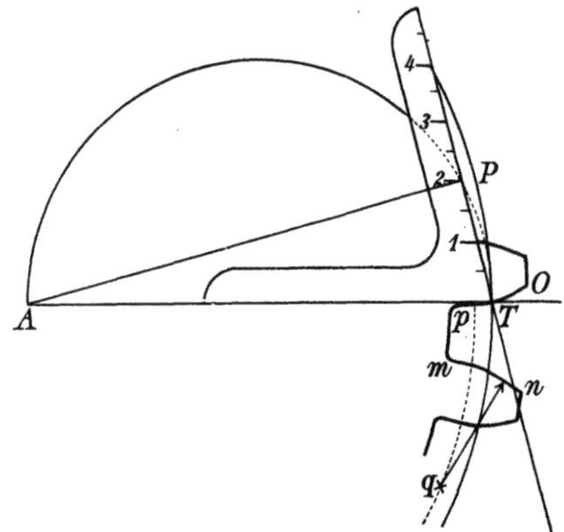

Bild 74.   Winkel zum Aufsuchen der Mittelpunktspaare von Zahnkurven nach ROBERT WILLIS 1838

Hier ist A der Achsmittelpunkt und AT der Radius des Teilkreises eines gegebenen Rades. Dazu zieht WILLIS TP unter einem Winkel von 75° 30' $= ATP$ mit dem Radius. Er errichtet eine Senkrechte AP auf TP, oder beschreibt einen Halbkreis über AT und erhält $TP = \dfrac{AT}{4}$. Dann ist P der Mittelpunkt, von dem aus der Bogen op durch T beschrieben wird als Zahnkurve. WILLIS empfiehlt: Am besten macht man sich einen Winkelmesser von 75° 30' aus Messing oder Karton, dessen Seite TP in eine Skala von $^1/_4$ und $^1/_{10}$ inches geteilt ist. Diesen Winkel legt man auf den Radius AT, so daß T auf dem Teilkreise liegt. Durch Ablesen des Rad-Radius auf der Skala findet man sofort den Mittelpunkt P.

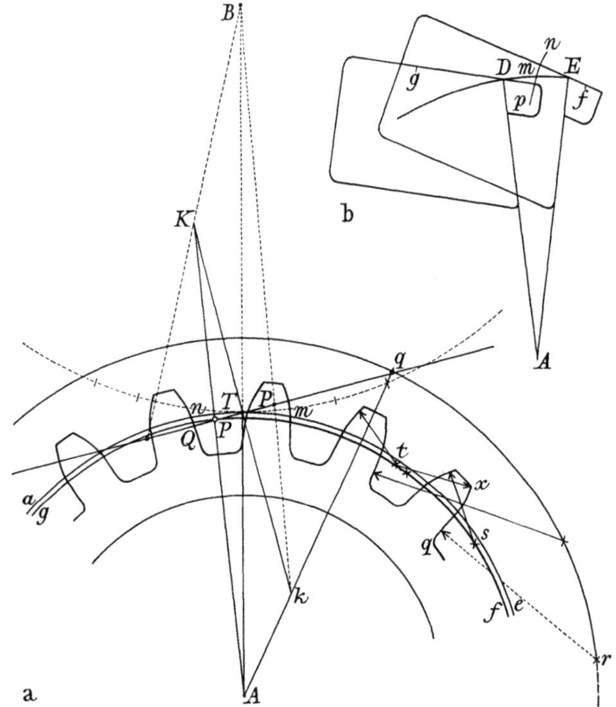

Bild 75.   Ableitung und Gebrauch des Odonthographen nach ROBERT WILLIS 1838

Teilkreises, nach Bild 75, in t und s. Um die Fußflanken des Ritzels und die Kopfflanken des Rades zu erhalten, verbinde Bk und Ak, dabei Ak nach q verlängernd. Dann ist p und q ein anderes Mittelpunktspaar. Zur Fertigstellung der begonnenen Zähne des Ritzels beschreibt man um A mit Aq einen Kreis als Ort der Mittelpunkte der Fußflanken dieser Zähne. Mit dem konstanten Radius qn beschreibt man die Fußflanken von Zahn zu Zahn wie in r und q lt. Bild 75.

Wird also jede Anzahl von Rädern in der obigen Art gezeichnet, daß nämlich die Linien Qq und Kk in der gleichen angewinkelten Lage zur Mittelpunktslinie stehen und in den gleichen Entfernungen KT und kT bleiben, dann arbeitet ein solches Radpaar einwandfrei zusammen.

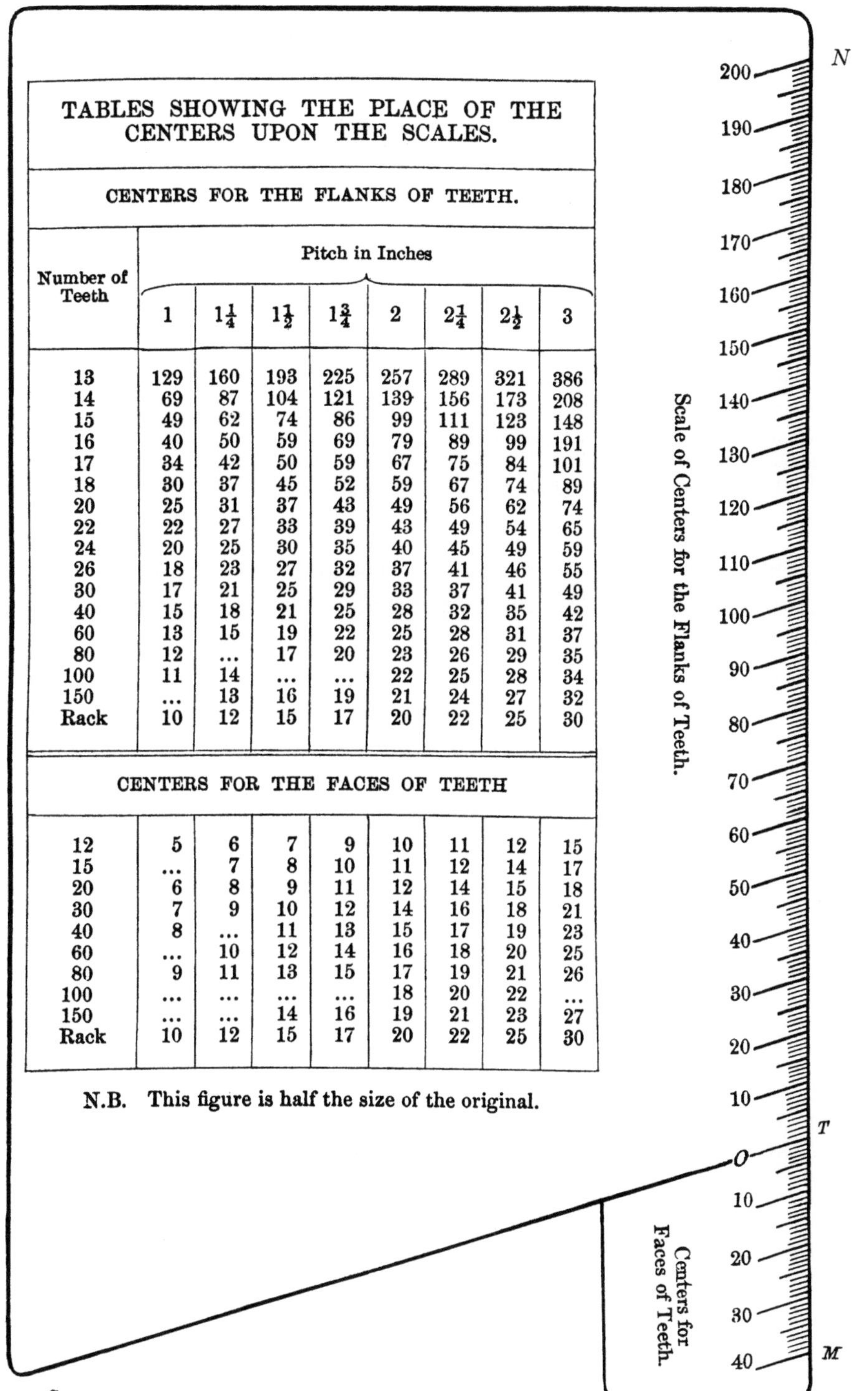

TABLES SHOWING THE PLACE OF THE CENTERS UPON THE SCALES.

CENTERS FOR THE FLANKS OF TEETH.

Number of Teeth	Pitch in Inches							
	1	$1\frac{1}{4}$	$1\frac{1}{2}$	$1\frac{3}{4}$	2	$2\frac{1}{4}$	$2\frac{1}{2}$	3
13	129	160	193	225	257	289	321	386
14	69	87	104	121	139	156	173	208
15	49	62	74	86	99	111	123	148
16	40	50	59	69	79	89	99	191
17	34	42	50	59	67	75	84	101
18	30	37	45	52	59	67	74	89
20	25	31	37	43	49	56	62	74
22	22	27	33	39	43	49	54	65
24	20	25	30	35	40	45	49	59
26	18	23	27	32	37	41	46	55
30	17	21	25	29	33	37	41	49
40	15	18	21	25	28	32	35	42
60	13	15	19	22	25	28	31	37
80	12	...	17	20	23	26	29	35
100	11	14	...	...	22	25	28	34
150	...	13	16	19	21	24	27	32
Rack	10	12	15	17	20	22	25	30

CENTERS FOR THE FACES OF TEETH

Number of Teeth	1	$1\frac{1}{4}$	$1\frac{1}{2}$	$1\frac{3}{4}$	2	$2\frac{1}{4}$	$2\frac{1}{2}$	3
12	5	6	7	9	10	11	12	15
15	...	7	8	10	11	12	14	17
20	6	8	9	11	12	14	15	18
30	7	9	10	12	14	16	18	21
40	8	...	11	13	15	17	19	23
60	...	10	12	14	16	18	20	25
80	9	11	13	15	17	19	21	26
100	...	...	...	...	18	20	22	...
150	...	...	14	16	19	21	23	27
Rack	10	12	15	17	20	22	25	30

N.B. This figure is half the size of the original.

Bild 76. Odonthograph von WILLIS 1838

Beispiel zum Gebrauch des Odonthographen Bild 76 und Bild 75 b: Ein Rad mit $z = 29$ und $t = 3$ in. soll gezeichnet werden. Man beschreibt vom Zentrum A aus einen Bogen mit dem gegebenen Teilkreise, zieht DE gleich der Teilung und halbiert sie in m. Dann zieht man die radialen Linien DA und EA. Für den Bogen innerhalb des Teilkreises legt man die schräge Kante des Instruments so zu der radialen Linie AD, daß ihr äußerster Punkt D auf den Teilkreis kommt. Nun sucht man in der oberen Zahlentafel unter "Pitch in inches" die 3, unter den "Number of Teeth" die 30, was 49 ergibt. Der Punkt g bezeichnet auf dem Zeichenbrett die Lage von 49, es ist nämlich der Mittelpunkt für den Bogen mp mit dem Radius gm. Genauso findet man den Mittelpunkt für den Bogen nm der Kopfflanke unter Benutzung der unteren Zahlentafel. Man legt die schräge Kante an die radiale Linie EA. Die Zahl 21 aus der unteren Zahlentafel ergibt die Lage f des gesuchten Mittelpunktes. Man muß immer daran denken, daß Maßstab und Punkt m auf den beiden gegenüberliegenden Seiten der radialen Linie liegen, an die man das Instrument legt. Die Kurve nmp ist also richtig für ein Rad, nm wird Kopf- und mp Fußflanke des Zahnes. Im Falle der Zahnstange wird der Teilkreis DE eine Gerade, DA bzw. EA stehen auf ihr im Abstande der Teilung senkrecht.

ROBERT WILLIS wollte nun 1838 abschaffen, daß man für jeden Fall eine solche Konstruktion ausführen muß. Und deshalb nahm er konstante Werte für R' und den Eingriffswinkel Θ an, aus denen sich D und d für die verschiedenen Zähnezahlen und Teilungen berechnen lassen. Er legt zugrunde die kleinste Zähnezahl $z = 12$ und den Eingriffswinkel $\Theta = 75°$. Mit diesen Werten schuf er 1838 seinen „Odonthographen" = Zähnezeichner. Damit ihn jeder Praktiker in Büro und Werkstatt gleich benutzen konnte, bildete er ihn damals in halber Größe des Originals zum Ausschneiden ab.

Auf Bild 76 entspricht die Seite NTM der Seite QTq_0 in Bild 75a. NTM und die Linie TC bilden den Winkel von genau 75°; NTM ist eingeteilt in eine Skala von halben inches, jedes davon ist wieder unterteilt in zehn Teile, wobei die halben inch-Stufen auf beiden Seiten von T numeriert sind. Die Zahlentafeln zeigen die Lage der Mittelpunktspaare für Kopf- und Fußflanken. Teilungen, die in diesen Tafeln nicht eingetragen sind, gewinnt man durch Interpolieren oder Berechnen. Ursprünglich hatte WILLIS 1838 in diesem Odonthographen noch Kolonnen für $^1/_4$, $^3/_8$, $^1/_2$, $^5/_8$, $^3/_4$ und $3^1/_2$ Teilung vorgesehen, ließ sie aber aus Platzgründen endgültig weg; sie sind auch kaum notwendig, weil diese Werte durch die angegebenen leicht berechnet werden können, etwaige Fehler aus solchen Zwischenwerten sind sehr klein und daher in der Praxis annehmbar.

Sollen die Räder aber nicht als Satzräder arbeiten, so empfiehlt WILLIS 1841 seine Konstruktion gemäß Bild 73c, für spezielle Fälle. Auch die Annäherung an Epizykloidenzähne ist damit möglich.

Schließlich verwendet WILLIS seinen Odonthographen auch zur Auswahl der Fräser zum Schneiden von Metallzahnrädern aus der vollen Scheibe. Da die Form dieses Fräsers gleich der Zahnlücke ist, braucht man nur ein Zahnpaar zu zeichnen, um seine richtige Form zu erhalten. Man braucht nicht für jedes Rad ein eigenes Werkzeug, weil die Formen benachbarter Zähnezahlen ähnlich sind. Dieser Fehler wäre hier kleiner als der in der Werkstatt. Die Formdifferenzen sind unter den großen Zähnezahlen geringer als unter den kleinen, z.B. ist der Unterschied zwischen einem Fräser von 150 und 300 Zähnen nicht größer als zwischen einem für 16 und 17 Zähne.

WILLIS schloß das aus einer Tabelle, die er so anordnete, daß die gleiche Differenz in der Form zwischen den folgenden zwei Größen besteht. Es fräsen also in den einzelnen Bereichen:

Tabelle 17. *Tafel äquidistanter Werte für Fräser und deren zusammengefaßte Bereiche nach* ROBERT WILLIS 1838

Fräser		Zähnezahl	
1		Zahnstange	
2	14	300	23
3	15	150	21
4	16	100	20
5	17	76	19
6	18	60	17
7	19	50	16
8	20	43	—
9	21	38	15
10	22	34	14
11	23	30	13
12	24	27	—
13	25	25	12

Anzahl der Fräser	Fräser Nr.	Bereich von z
1	25	12 bis ∞
3	5	∞ bis 38
	13	38 bis 19
	21	19 bis 12
6	3	150 bis 50
	7	50 bis 30
	11	30 bis 21
	15	21 bis 16
	19	16 bis 13
	23	13 bis 12

Sechs Fräser genügen demnach bei einem Hundertstel inch Genauigkeitsgrenze im Satz von $^1/_2$ inch Teilung.

Diesen Odonthographen von ROBERT WILLIS stellten seit 1838 die aus Deutschland stammenden Londoner Mechaniker und Werkzeugmacher Vater und Sohn CHARLES HOLTZAPFEL (1806 bis 1847) her. Das Instrument wurde ein Erfolg in der ganzen Welt.

Die führenden Werke der Kinematik gaben ihn wieder, so Weisbach 1860, Laboulaye 1861, Bour und Haton de la Goupillière 1864. Den Amerikanern gefiel darüber hinaus die Vereinfachung der Profile durch Kreisbögen, trotzdem dieses Moment später keine Rolle mehr spielte. Sie führte zur sog. Mischverzahnung, die in den USA seit dem ersten Weltkrieg verbreitet war. Durch Willis kam die 15°-Verzahnung ebenfalls in die ganze Welt und erhielt sich sich bis in unsere Tage.

Ähnlich Robert Willis brachte 1876 anläßlich der Weltausstellung in Philadelphia der Professor für Maschineningenieur-Wesen an der Illinois Industrial University Stillman Williams Robinson (1838 bis 1910) einen „Templet Odonthographen" heraus, gefertigt in der dortigen Lehrwerkstatt. Er besteht gemäß Bild 77. aus einer Metall-Lehre mit zwei gleichzeitig benutzbaren Kurvenrändern. Man legt diese an Tangenten, die an gewisse Punkte der Teilkreise gezogen sind. Das Gerät wurde in den USA viel benutzt, weil es sehr genaue Annäherungen an die streng zykloidischen Zahnformen lieferte.

Aus allem, was wir hier aus dem Munde von Willis hörten, wird klar: er ist der Begründer der wissenschaftlichen Verzahnungslehre, wie sie sich in der Praxis anwenden ließ. Viele seiner Lehren erhielten sich bis in die moderne Literatur. Auf jeden Fall beginnt mit ihm um 1841 die Betrachtung vieler Einzelprobleme der Zahnradtechnik. So viel man den Zahnkurvenersatz durch Kreisbögen in den USA beachtete, so sehr ignorierte man ihn in Deutschland, trotzdem W. Salzenberg ihn 1842 in seinen „Vorträgen über Maschinenbau" vollständig wiedergab.

Die Verdienste von Robert Willis aber beruhen ferner in der Schaffung des konstanten Eingriffswinkels, der Satzräder für Zykloiden- (bei gleich großen Rollkreisen)

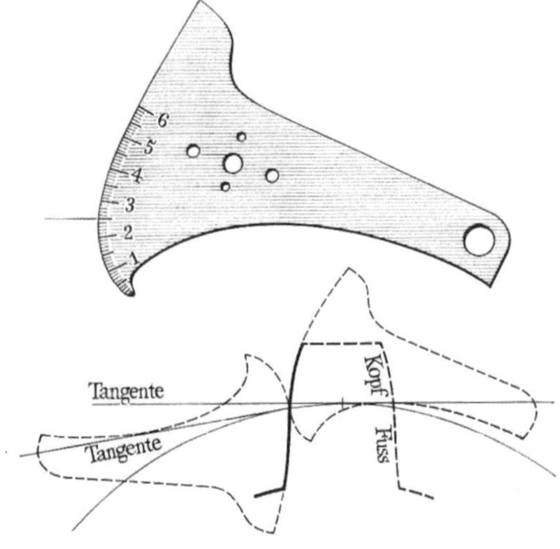

Bild 77. Odonthograph von Stillman Williams Robinson 1876 und seine Bedienung

und Evolventen-Verzahnung (bei gleich großem Eingriffswinkel), der Mischverzahnung und schließlich in der Schaffung von fachlichen Begriffen wie

addendum	= Kopfflanke	depth, total/whole/ working	= Lückentiefe bzw. Zahnhöhe
angle of action	= Eingriffswinkel		
arc of action/contact	= Eingriffslänge	face und flank	= Kopf- und Fußflanke
arc of approach	= Kopfflanken-Eingriffslänge	freedom	= Spiel
		line of contact/action/ centres	= Eingriffs- bzw. Mittelpunktslinie
arc of recession	= Fußflanken-Eingriffslänge		
back-lash	= Flankenspiel	locus of contact	= geometrischer Ort der Berührungspunkte
circle, primitive/geometrical/pitch/describing	= Grund- bzw. Teilkreis	pitch	= Teilung
		pitch circle/point/line	= Teilkreis/-punkt
common tangent	= gemeinschaftliche Tangente	point of contact/ contingence	= Wälzpunkt
contact ratio	= Eingriffsdauer/Überdeckungsdauergrad	modulus	= Modul, konstanter Koeffizient
dedendum	= Fußflanke	set of wheels (of the same pitch)	= Satzräder
diametral pitch	$= \dfrac{1}{\text{modulus}}$	oblique action	= schräger Eingriff

Teilweise mögen diese Fachwörter der englischen Sprache schon älter sein, aber durch die „Principles of Mechanism" von ROBERT WILLIS wurden sie 1841 in der Welt allgemein in Theorie und Praxis bekannt, und führten sich in allen Ländern gleicher Zunge ein oder halfen zu passender Übersetzung in andere Sprachen mit. WILLIS gab das erste der prominenten, historischen Verzahnungssysteme.

Durch die Engländer ROBERTSON BUCHANAN, JOHN ISAAC HAWKINS und ROBERT WILLIS erhielten die Maschinenbauer endlich die Mittel, in ihren Werkstätten mathematisch genaue Zähne produzieren zu können, deren Bedarf etwa seit 1840 ernstlich begann. Nur die Fragen um Zahnkurve und Festigkeit bleiben noch ungelöst; diese Entwicklung zeigen die Kapitel 2.17 und 3.

2.13 Die Verfahren zum Zeichnen von Gegenflanken für beliebige Zahnprofile seit 1827

Während der Anfangszeit der theoretischen Verzahnungslehre pflegten alle Kinematiker die sogenannte allgemeine Verzahnung zu behandeln. Das hieß: sie konstruierten zur beliebig angenommenen Zahnflanke die Gegenflanke lediglich unter Beachtung der gegebenen Bewegungsgesetze zylindrischen Rollens. Man findet dieses Problem in fast allen Büchern der Kinematik und des Maschinenbaues angeschnitten und gelöst. Am bekanntesten wurden die Lösungsmethoden der Professoren PONCELET und REULEAUX. Die Aufgabe, zu einer gegebenen Zahnflanke die Gegenflanke zu konstruieren, lösten diese beiden am überzeugendsten, so daß ihre Methoden sich bis heute überlieferten.

Das Verfahren des Professors für angewandte Mechanik in Metz JEAN-VICTOR PONCELET (1788 bis 1867) von 1827 ist eine Annäherung, bei der man auf Genauigkeit verzichtet. An dem gegebenen Kurvenzuge nach Bild 78a trägt man in einiger Nähe zueinander die Punkte a, c und e auf und errichtet auf ihnen Lote zur gegebenen Kurve, die den Wälzkreis A in b, d und f schneiden. Dann fällt man von ihnen das Lot auf den Wälzkreis B und erhält dadurch die entsprechenden Berührungspunkte b_1, d_1, f_1. Schließlich beschreibt man mit den Abständen ab, cd und ef Kreisbögen, die dann das gesuchte Profil ergeben. Diese Lösung blieb wegen ihrer Einfachheit im Gedächtnis der meisten Ingenieure, da ihre Genauigkeit für die Praxis ausreichte, und die Fehler an anderer Stelle viel größer waren.

Der damalige Professor für Maschinenbaukunde am eidgenössischen Polytechnikum in

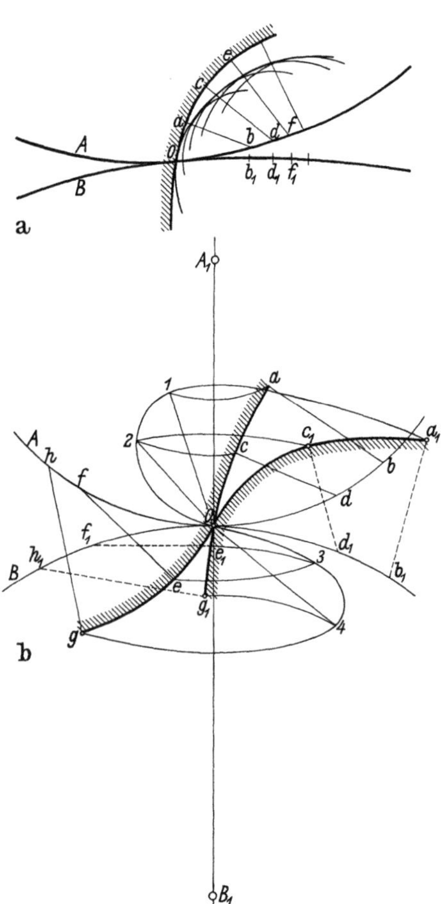

Bild 78.   Verfahren zur zeichnerischen Bestimmung von Gegenflanken für beliebige Zahnprofile nach a) PONCELET 1827, b) REULEAUX 1865

Zürich FRANZ REULEAUX[1] veröffentlichte sein bemerkenswertes Verfahren zu einer allgemeinen Verzahnung in der 2. Auflage seines „Constructeur" 1865. Für das deutsche Sprachgebiet enthielt dieses Buch viele bedeutsame Erklärungen zur Zahnradtechnik, die noch heute als für uns richtungweisend anerkannt sind. Die vier Auflagen des „Constructeur" von 1861 bis 1894, das man als das erste moderne Werk über die Maschinen-Elemente in deutscher Sprache bezeichnen darf, fanden im deutschen Sprachgebiet weite Verbreitung. Hierin definiert REULEAUX zum ersten Mal 1865 gelegentlich der Beschreibung seines Verfahrens zu einer „allgemeinen Verzahnung" genauer die Begriffe „Eingriff" und „Eingrifflinie".

Laut Bild 78b ist $a\,c\,O\,e\,g$ das gegebene Zahnprofil, A der Wälzkreis um A_1, desgleichen B der Wälzkreis um B_1. Man zieht die Normale $a\,b$ zur gegebenen Zahnkurve und bringt sie mit dem Wälzkreise A zum Schnitt, so daß man den Punkt b erhält. Beginnt in a die Berührung oder der „Eingriff" mit dem gesuchten Profil, so sucht man den Punkt 1, der einerseits auf dem Kreis um A_1 mit dem Radius A_1a liegt, andererseits auf dem Kreis um 0 mit dem Radius $a\,b$. Denn im Augenblick des Eingriffs muß die Normale ab durch 0 gehen. Weiter durchläuft B mit seinem Umfang einen Bogen Ob_1, der gleich dem Bogen Ob ist. Der neue Profilpunkt a_1 bestimmt sich also durch einen Kreis um B_1 mit dem Radius $1\text{-}B_1$ und einen Kreis um b_1 mit dem Radius $0\text{-}1$. Entsprechend findet man dann die Eingriffpunkte 2, 3, 4 usw., sowie die zugehörigen Profilpunkte $c_1\,e_1\,g_1$. Diese durch die Punkte 1 bis 4 bestimmte Linie definiert REULEAUX 1865 als sog. „Eingrifflinie", auf der der Eingriffpunkt wandert.

Diese beiden Verfahren liefern praktisch unendlich viele Profile, ob sie in der Praxis ausführbar sind oder nicht. Spitzen, Schleifen und sehr enge Spiralen scheiden z. B.

Bild 79.   FRANZ REULEAUX 1829 bis 1905

für die Praxis aus, wenn sie auch geometrisch richtig sind. Weiterhin scheiden Profile aus, deren Normalen den Wälzkreis unter einem zu großen Winkel schneiden, z. B. die Normale $0-1$ in Bild 78b, wodurch Reibung und Einklemmen entstehen. Ganz zu schweigen von dem Fall, in dem die Normalen den Wälzkreis gar nicht schneiden. Es werden sich also nur wenige Profile praktisch anwenden lassen.

---

[1] FRANZ REULEAUX (1829 bis 1905). Geboren in Eschweiler bei Aachen als vierter Sohn eines Maschinenfabrikanten. 1850 bis 1852 Maschinenbau-Studium an der Polytechnischen Schule Karlsruhe bei REDTENBACHER, 1852/53 Studium der Mathematik und Mechanik an den Universitäten Bonn und Berlin. Trat danach als technischer Schriftsteller hervor mit „Festigkeit der Materialien" 1853 und einer „Berechnung der wichtigsten Federarten" 1857. 1856 als 27jähriger Professor für Maschinenbau an der Polytechnischen Schule Zürich. 1862 gibt er seine „Konstruktionslehre für den Maschinenbau" heraus, 1861 seinen „Constructeur", mit dem er großen Einfluß auf die Maschinenbauer nahm, übersetzt in vier Sprachen. 1864 bis 1896 Professor an der Berliner Gewerbe-Akademie, 1868 bis 1879 ihr Direktor. Hauptverdienst ist seine Kinematik, die er auf neue Grundlage stellte durch Einführung des Paar- und Kettenschlusses. Begründete die kinematische Sammlung der Technischen Hochschule Berlin, nachgebaut für USA, Australien und St. Petersburg. Trennte Maschinen-Elemente und Kinematik durch sein Werk „Theoretische Kinematik" 1875 und 1900, übertragen in drei Sprachen. Die deutsche Fachsprache verdankt ihm viele Begriffe wie Verbund, Zwanglauf und auch Eingriff bzw. Eingrifflinie 1865. Mitglied des Preisgerichts auf den Weltausstellungen 1862 bis 1881. Starb am 20. August 1905 in Charlottenburg.

„Damit die Praxis nicht genöthigt ist, sich auf diese speziellen Zahnformen zu beschränken und jedesmal denselben Umriß der Zähne nehmen zu müssen, welcher dem gegebenen Falle am meisten entspricht, ist es unbedingt nöthig, ein allgemeines Konstruktionsmittel zu besitzen, durch welches sich für beide Räder die verlangten Zahnformen leicht ergeben," glaubt 1873 der Professor für Mathematik an der Universität St. Petersburg Pafnutij Ljwowitsch Tschebytew (1811 bis 1894). Er findet es falsch, daß sich die Praxis mit ungenauen Zahnformen begnügt, und findet die Annäherungen vor allem durch Kreisbögen für den Eingriff ungenügend, da sie niemals ein Verhältnis konstanter Winkelgeschwindigkeiten ergeben könnten. Er sucht daher die unregelmäßige Bewegung in der allgemeinen Verzahnung zu vermindern und zeigt 1873: „... wie diejenige von Kreisbogen gebildete Zahnform gefunden wird, bei welcher die Unregelmäßigkeiten in der Bewegung der Räder die niedrigste, für die Ausführung in der Praxis zulässige Grenze erreichen ...".

Die Zahnflanken-Bestimmung interessierte jetzt allgemein die Mathematiker und Kinematiker. Der Schweizer Professor für Geometrie und angewandte Mathematik an der Technischen Hochschule Dresden Martin Disteli (1862 bis 1923) legte 1908 rein mathematisch einige Sätze der kinematischen Geometrie der Ebene und der Kugel dar, auf denen die Verzahnungsmethoden zylindrischer und konischer Räder beruhen. Er führte die Aufgabe, zu einer gegebenen Eingriffslinie e die entsprechende Zahnflanke z zu bestimmen, auf das Bestimmen einer bewegten Polkurve zurück für den Fall, daß gegeben sind 1. die Bahn e eines ihrer Punkte E, und 2. die Form der festen Polkurve. 1925 berechnete der Dozent an der kgl. japanischen Tohoku-Universität Dr. Masao Narusé (geb. 1898) beliebige Zahnflanken, deren Eingriffslinien Kegelschnitte sind.

Den Praktikern blieb die Zahnflanken-Bestimmung wichtig für die Gestaltung der Verzahnungswerkzeuge. Daher entwickelte man in der Folge die graphischen Verfahren weiter, die man in den Büros ausführen konnte. In Deutschland wirkt das Verfahren von Reuleaux mit kleinen Änderungen bis in unsere Zeit. Auch die Professoren für Maschinen-Elemente Adalbert Schiebel und Karl Kutzbach praktizieren es noch im ersten Viertel unseres Jahrhunderts. Ihre Weiterentwicklung versucht 1929 der Professor für Maschinen-Elemente und Mechanische Technologie an der Technischen Hochschule Aachen Dr. Felix Rötscher (1873 bis 1944). Grundlage seiner Methode ist Bild 80. Er betrachtet 1929 auch die Umstände, bei denen Unterschneidungen entstehen. Diese gehören jedoch in die Entwicklung der Konstruktion von Verzahnungswerkzeugen und werden daher im Kapitel 6 des zweiten Bandes behandelt.

Die bisherigen Methoden diskutiert 1931 der Aachener Erich Schneckenberg. Üblicherweise schwenkte man die Normalen durch ein Dreieck $33'0_1$, Bild 81a, um den Mittelpunkt 0_1 und fand als Schnitt der Kreisbögen mit $3-3'$ um C und mit $3'0_1$ um 0_1 den Punkt $3'$ auf der Eingriffslinie E. Das mit diesem Punkt $3'$ als Eingriffsort gebildete Dreieck $3'CO_2$ wurde um 0_2 zurückgeschwenkt, d.h. man ermittelte bisher durch je einen Kreisbogen mit $3'0_2$ um 0_2 und $3'C$ um den links von C auf W_2 liegenden Teilpunkt 3 den Punkt $3'$ des Gegenprofils. Speziell bei der Rötscher-Methode von 1929 wird der Zeichner beim Einstecken in die entfernten Mittelpunkte 0_1 und 0_2 stark von der Verzahnungsstelle abgelenkt, und muß außerdem die Teilpunkte auf der Wälzbahn W_1 richtig ermitteln, zuordnen und aufsuchen. Schließlich braucht man immer ein sehr großes Papierformat, weil ein Kreis vom Radius der Summe aller Wälzkreisradien gezogen werden muß. Die Schwenkdreiecke sind bei Rädern größeren Durchmessers sehr unbequem, wenn man zwecks größerer Genauigkeit die Verzahnungen in mehrfacher

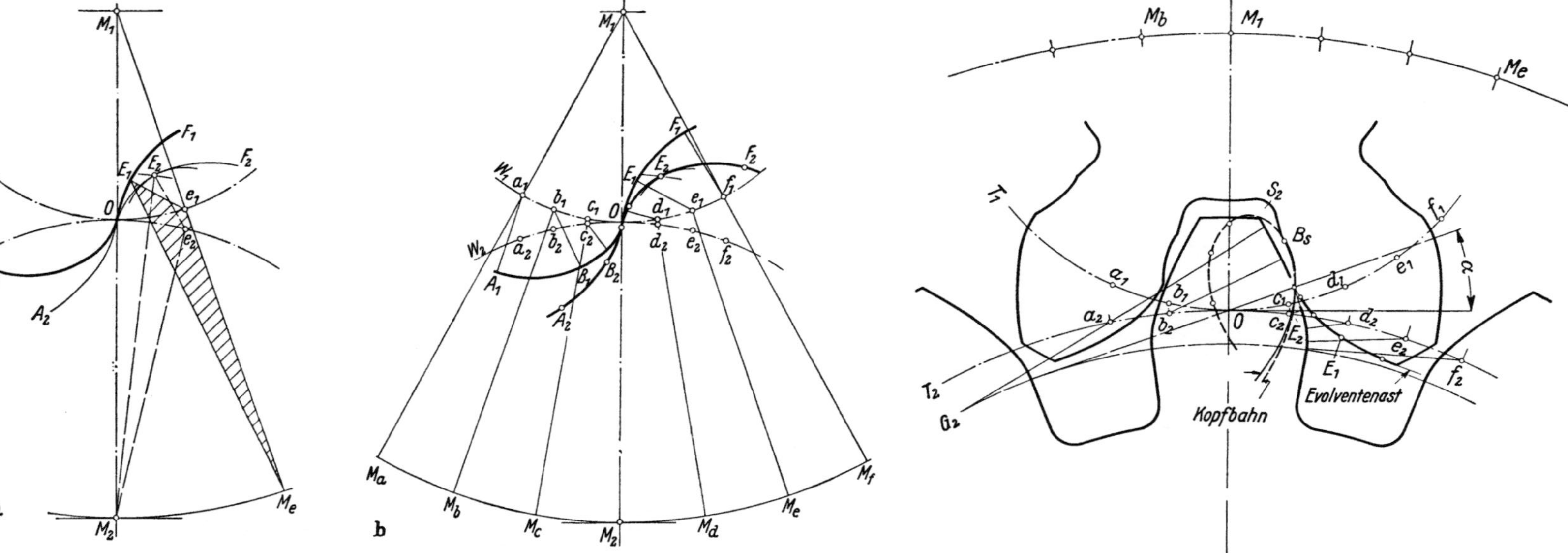

Bild 80.   Ermittlung der Zahn-Gegenflanke nach Felix Rötscher 1929

a) Grundlage des Verfahrens, b) Ermittlung der Gegenflanke A_2OF_2 zu A_1OF_1, c) Getriebe mit zwölf und sechs Zähnen, normaler Evolventenverzahnung und Unterschneidung des kleinen Rades (T_1T_2 sind Teilkreise, G_2 ist der Grundkreis). Ein beliebiger Flankenpunkt E_1 kommt nach dem Verzahnungsgesetz mit dem Gegenprofil in Eingriff, wenn die Profilnormalen zusammenfallen. Er denkt sich Rad *1* in a) festgehalten, errichtet das Profillot E_1e_1 und zieht den Strahl $M_1e_1M_e$, wobei M_e auf dem Kreis um M_1 mit dem Radius M_1M_2 liegt. E_1 ist in dieser Lage des Rades *2* auch ein Punkt seiner Zahnflanke. Beim Zurückwälzen des Rades *2* aus der Lage M_e in die Lage M_2 bleibt das schraffierte Dreieck $M_eE_1e_1$ erhalten. Das beweist das gestrichelt gezeichnete Dreieck $M_2E_2e_2$. Die beiden Kreise um M_eE_1 und E_1e_1 um e_2 führen zum Punkt E_2 der Gegenflanke, wenn die Bogen Oe_1 und Oe_2 entsprechend dem Abwälzen der Teilkreise gleich groß sind.

Nun verfährt Rötscher wie folgt: Er teilt nach b) die Wälzkreise W_1 und W_2 durch die Punkte a_1 bis f_1 bzw. a_2 bis f_2 in gleiche Teile und fällt zu den Punkten a_1 bis f_1 wie gewohnt die Profillote. Dann zieht er Strahlen von M_1 aus durch diese Punkte und erhält die Punkte M_a bis M_f auf dem Kreis durch M_2. Die Punkte A_2 bis F_2 des gesuchten Gegenprofils liefern dann die Schnittpunkte der Kreisbögen mit den Profilloten um die Punkte a_2 bis f_2 unter den Abständen A_1M_a bis F_1M_f um M_2.

Nach c) zeichnet er nach seiner Methode zum Rad *2* mit $z = 12$ das 20°-Evolventenprofil vom Gegenrad *1* mit $z = 6$. Es bilden sich in diesem Fall zwei Kurvenäste heraus, von denen II unbrauchbar ist. Dies bedeutet die Unterschneidung des Ritzels *1*, d. h. die Zähne werden entsprechend der Kopfbahn für S_2 ausgehöhlt.

Rötscher findet diese Kopfbahn 1929 ebenfalls punktweise. Die Lage von S_2 ergibt sich, wenn während des Abwälzens der Teilkreise T_1 und T_2 die Punkte b_2 und b_1 als Schnittpunkt B_s der Kreise mit b_2S_2 um b_1 bzw. mit M_bS_2 um M_1 zusammenfallen. Der Punkt beginnenden Unterschnittes B_s liegt in einer Höhlung des Ritzel-Zahnflusses.

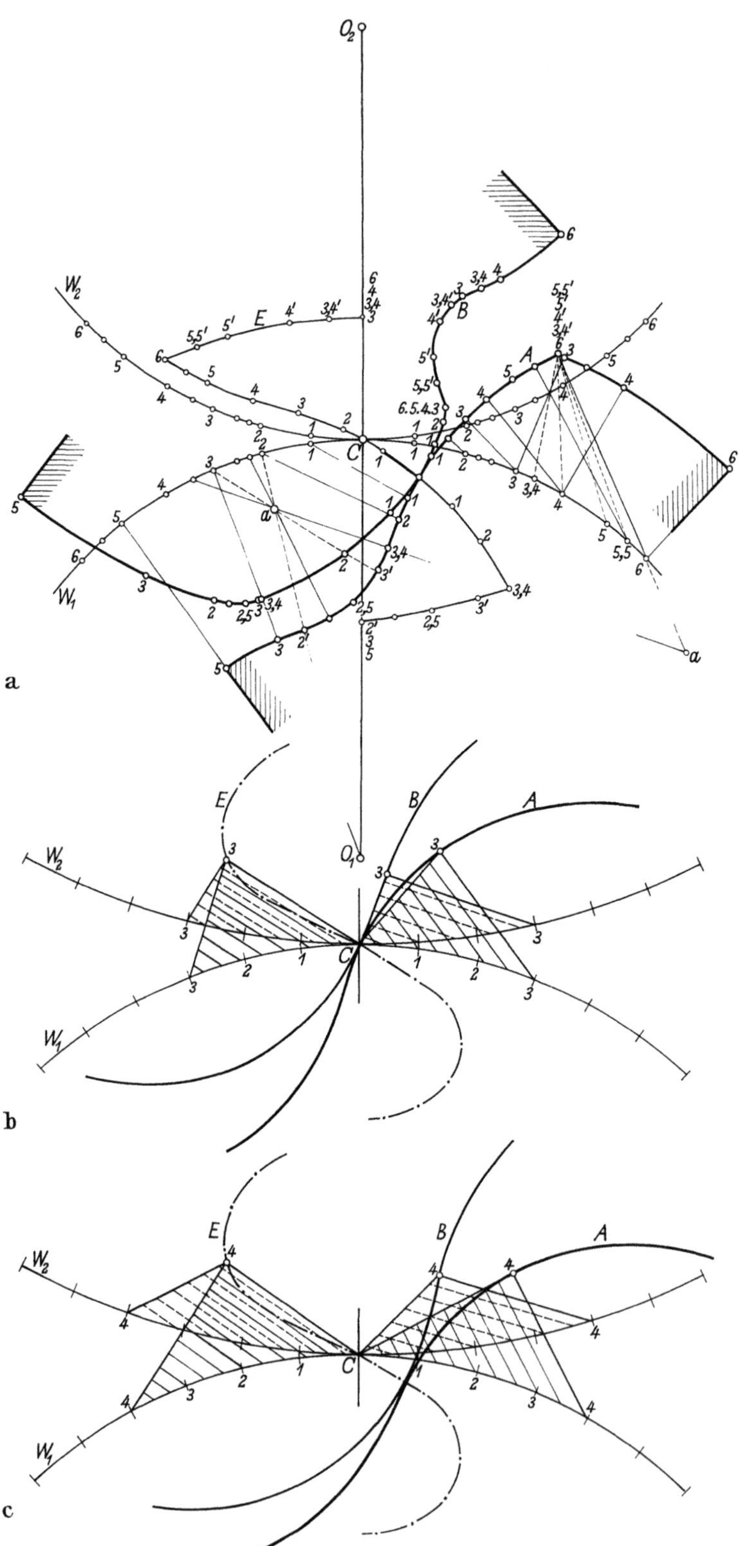

Bild 81.   Schnellverfahren zur Ermittlung der Zahn-Gegenflanke von ERICH SCHNECKENBERG 1931

Legende siehe gegenüberliegende Seite

Vergrößerung aufzeichnen will. Dabei muß man den Zirkel fortgesetzt von einem sehr großen auf einen sehr kleinen Radius umstellen, also abwechselnd Stangen- und Reißzeug-Zirkel benutzen.

Daraufhin schlägt ERICH SCHNECKENBERG 1931 ein schnelleres und einfacheres Verfahren gleicher Genauigkeit vor. Er benutzt nur kleine Dreiecke, die ganz im Verzahnungsbereich liegen. Zum Beispiel nach Bild 81a rechts für den Punkt 4 auf der Flanke A das Dreieck 4 4 C, dessen Basis der Bogen 4 C des Wälzkreises W_1 ist. SCHNECKENBERG meint dazu: „Diese Dreiecke bestimmen in überraschend einfacher und anschaulicher Weise … sowohl die betreffenden Punkte der Eingriffslinie E als auch die des Gegenprofils B." Das Prinzip seines neuen Verfahrens zeigt deutlich Bild 81 b.

Wichtig bei diesem Verfahren ist, nacheinander den Eingriffsort und Punkt des Gegenprofils zu ermitteln. SCHNECKENBERG findet jedenfalls 1931 mit vier kurzen Zirkelschlägen Eingriffslinie und Gegenprofil. Er arbeitet nur mit solchen Dreiecken, deren eine Seite ein Lot auf A vom Endpunkt des zugehörigen Bogenstückes auf W_1 ist. Daß er vor dem gesuchten Gegenprofil schon die Eingriffslinie erhält, ist für SCHNECKENBERG deshalb wertvoll, weil man an ihr u.a. am Überdeckungsgrad den Charakter der Verzahnung vorausbeurteilen kann.

Anläßlich der Tagung für Getriebetechnik in Düsseldorf 1937 trug der Dozent bei der Technischen Hochschule Dresden Dr. Ing. habil. FRITZ GERHARD ALTMANN (geb. am 4. April 1899 in Zittau/Sa.) ein zeichnerisches Verfahren zur Ermittlung von Zahnflanken vor, bei dem die Eingriffslinie gegeben ist. Er bestimmt als Erster die Zahnflanke z mit Hilfe der Geschwindigkeit des Eingriffspunktes E auf der Eingriffslinie e nach Bild 82 bei einseitiger Verzahnung. Eine „Erstrad-Zahnflanke" ist also unbekannt. ALTMANN zeigt 1937 in seinem Vortrage vier gleichwertige Verfahren zur Zahnflanken-Bestimmung mit:

1. der Wandergeschwindigkeit des Eingriffspunktes auf der Eingriffslinie

2. den Flanken-Normalen

---

a) Ermittlung des Gegenprofils B zum gegebenen Zahnprofil A mit der Kurve E ihrer Berührungsorte im Raum. Oder Zahnradhobel A im Radkörper, beide um O_1 bzw. O_2 drehend. Zeichnerisches Abwälzen im Schnellverfahren nach c) zur Erzeugung der Zahnflanke B, b) Prinzip des Verfahrens, c) wie b) jedoch beliebige Lage der Flanke A.
Nach a) werden zunächst wie üblich auf O_1O_2 vom Wälzpunkt C aus nach rechts und links die Teilpunkte *1*, *2*, *3*, etc. auf den Wälzbahnen W_1 und W_2 in gleichen Abständen aufgetragen und Normalen gefällt. Hierzu probt SCHNECKENBERG den Krümmungskreis an der betreffenden Stelle des Profils aus und zieht die Lote als dessen Radien, z. B. von a aus, durch die betreffenden Teilpunkte. Hierbei können von gewissen Punkten aus *zwei* Lote auf die Zahnflanke gefällt werden, z. B. links von C vom Punkte *3* aus, das zweite Lot ist gestrichelt und sein Fußpunkt auf der Flanke durch *3* angedeutet. Dagegen sind für Eckpunkte des Profils, z. B. den oben rechts, Lote von *vielen* Teilpunkten auf W_1 möglich, z. B. von *3*, *4*, *5* und dem Zwischenpunkt *5,5*, denn bei unendlich kleinem Krümmungshalbmesser der Ecke geht jede Linie zum Eckpunkt zugleich durch den Krümmungsmittelpunkt. Durch Berücksichtigung dieser Eckpunktlote, die alle länger sind als die Flankenlote von den gleichen Teilpunkten, ergibt sich später die bei B erkennbare Aushöhlung oder Unterschneidung der gesuchten Flanke. Die Profile A und B nach a) wären nur in ganz kurzer Länge für Zahnräder brauchbar. Daher sind sie bis zu den zu O_1 bzw. O_2 konzentrischen Teilen ausgedehnt. In b) bestimmt SCHNECKENBERG 1931 zum besseren Einprägen den zugehörigen Punkt der Eingriffslinie E und des Gegenprofils B für den rechts von C liegenden Punkt *3* des Profils A. Der Punkt *3* auf A ergab sich durch das auf A vom Teilpunkt *3* der Wälzbahn W_1 gefällte Lot. SCHNECKENBERG benutzt dazu als erster ein Ausgangsdreieck, das auf dem Wälzkreis W_1 sitzt. Er verschiebt es nun längs der Wälzbahn W_1 nach der anderen Seite von C, bis es mit dem anderen Ende seiner Basis in C liegt. Er erhält dadurch einen Punkt als Eingriffsort, in dem sich bei der Drehung beider Räder Punkt *3* des Profils A mit dem zugehörigen Punkt des Gegenprofils B berührt. Jetzt faßt SCHNECKENBERG den Punkt *3* der Eingriffslinie E als Spitze eines EW_e-Dreiecks über dem Bogen von C bis zum Punkt *3* des Wälzkreises W_2 auf (es ist in b) gestrichelt und ebenfalls schraffiert). Die gemeinsame Gerade *3C* dieser beiden Dreiecke bedeutet die in dieser Lage beim Sichberühren der betr. Punkte *3* des Profils und Gegenprofils zusammenfallenden Normalen, wie es das Verzahnungsgesetz fordert. Nun verschiebt SCHNECKENBERG 1931 dieses Dreieck längs seines Kreisbogens W_2 nach der Seite hin, bis es mit seinem anderen Ende im Wälzpunkt C liegt. Die Spitze des Dreiecks in dieser Lage ist dann der gesuchte Punkt *3* des Gegenprofils in seiner wirklichen Lage zur Flanke A.

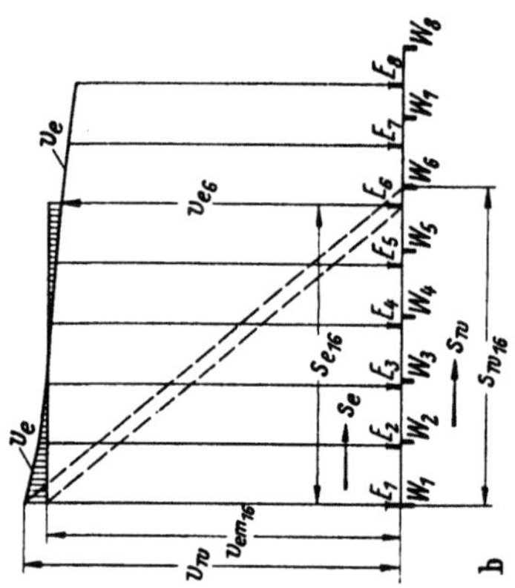

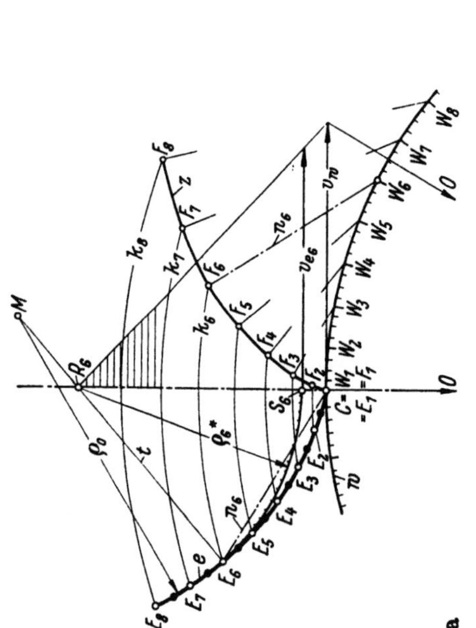

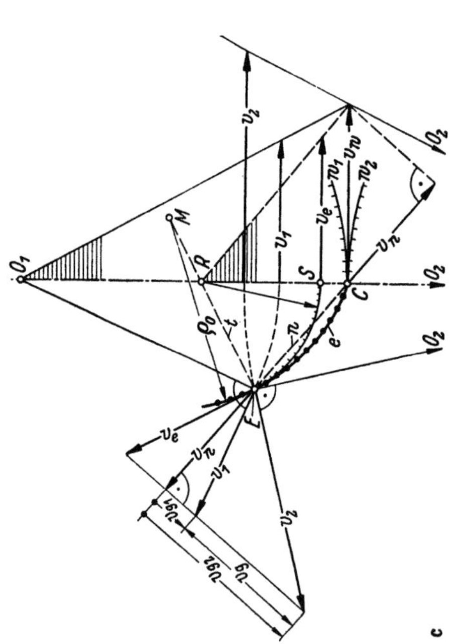

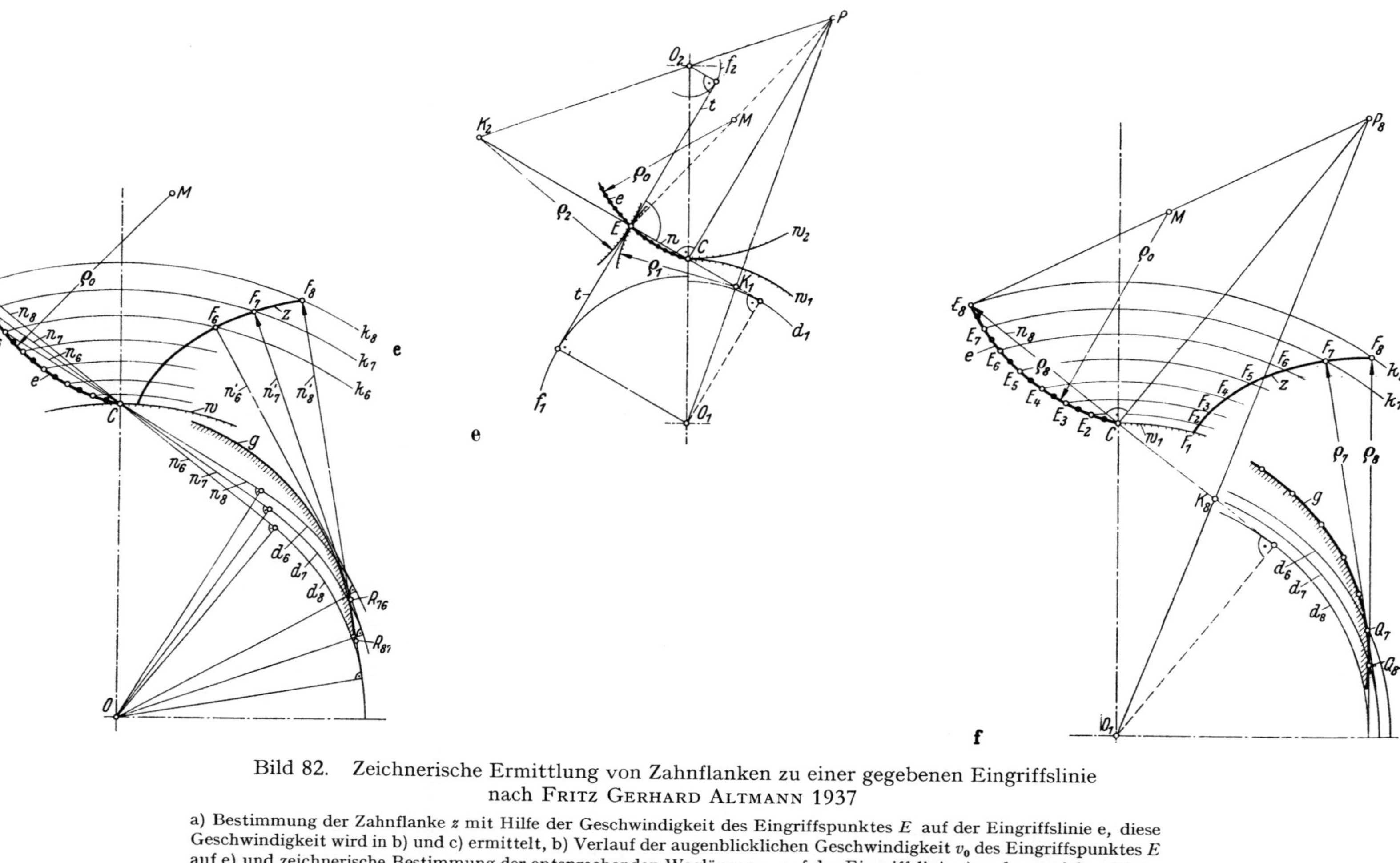

Bild 82.   Zeichnerische Ermittlung von Zahnflanken zu einer gegebenen Eingriffslinie nach Fritz Gerhard Altmann 1937

a) Bestimmung der Zahnflanke z mit Hilfe der Geschwindigkeit des Eingriffspunktes E auf der Eingriffslinie e, diese Geschwindigkeit wird in b) und c) ermittelt, b) Verlauf der augenblicklichen Geschwindigkeit v_0 des Eingriffspunktes E auf e) und zeichnerische Bestimmung der entsprechenden Weglängen s_e auf der Eingriffslinie e) und s_w auf dem Wälzkreis w, c) Hilfsfigur zur Ermittlung der Geschwindigkeit v_0 für b), d) Bestimmung der Zahnflanke z mit Hilfe der Flanken-Normalen n, e) Ermittlung der Krümmungshalbmesser ϱ_1 und ϱ_2 zweier Zahnflanken im Punkt E einer gegebenen Eingriffslinie e), f) Bestimmung der Zahnflanke z mit Hilfe der Flanken-Normalen n und des Krümmungshalbmessers ϱ im jeweiligen Flankenpunkte.

3. der Flanken-Normalen und dem Krümmungsradius, oder dem Tangenten-Verfahren

4. zwei Wälzkurvenpaaren.

In sämtlichen dieser Verfahren nimmt ALTMANN als weitere Neuerung eine graphische Integration vor, um die Zahnflankenform zu erhalten. Welches dieser Verfahren das günstigste ist, oder eine Kombination von zwei Verfahren gewählt werden muß, entscheiden die Art der gegebenen Eingriffslinie und die Genauigkeitsansprüche.

zu 1. Nach dem Verzahnungsgesetz geht die Berührungsnormale, in Bild 82a z.B. n_6, irgendeines im Eingriff befindlichen Zahnflankenpunktes E_6 durch den Wälzpunkt C. Gesuchter Zahnflankenpunkt zu E_6 ist F_6. Die geometrischen Orte für den gesuchten Zahnflankenpunkt F_6 sind die Kreise: 1. mit OE um O, und 2. mit CE_6 um W_6. Die Entfernungen der Punkte W_2 bis W_8 von C ermittelt ALTMANN 1937 durch das Verhältnis der Wandergeschwindigkeiten der Punkte E auf e und W auf w. Bewegt sich nämlich der Schnittpunkt W von Flächennormale n und Wälzkreis W mit gleichbleibender Geschwindigkeit v_w, so wandert der entsprechende Eingriffspunkt E auf e mit der Geschwindigkeit v_e. Die mittlere Geschwindigkeit v_{em} des Eingriffspunktes E auf der Eingriffslinie e während des Weges s_e ergibt sich aus dem Verlauf der augenblicklichen Geschwindigkeit v_e des Eingriffspunktes. Sie ist in Bild 82b aufgetragen. Diese augenblickliche Geschwindigkeit v_e ermittelt ALTMANN nach Annahme einer Wandergeschwindigkeit v_w mit Hilfe eines Geschwindigkeitsdreiecks nach KUTZBACH 1926, das aus den Vektoren v_1, v_2 und der relativen Gleitgeschwindigkeit v_g lt. Bild 82c besteht. Hier ist v_e auf der Tangente an e in E sofort abzulesen. Rascher findet man v_e bei gegebener Richtung der Normalen in den Punkten der Eingriffslinie.

zu 2. In diesem Verfahren geht ALTMANN 1937 davon aus, daß jede Zahnflanke z die allgemeine Evolvente einer bestimmten Grundkurve g ist. Daher wälzt er nach Bild 82d auf g eine Gerade ab und erzeugt so z nach REULEAUX 1875 (sekundäre Polkurven). Die Winkel der benachbarten Profilnormalen bestimmt er durch graphisches Integrieren, wobei sich Grundkurve g und Zahnflanke z gleichzeitig ergeben.

zu 3. Sind die Kurvennormalen der vorgelegten Eingriffslinie bekannt, so arbeitet ALTMANN 1937 mit den Krümmungsradien in den einzelnen Flankenpunkten. Diese Methode gab schon 1829 der Professor für Mechanik und Direktor der Ecole des Arts et Métiers in Châlons-sur-Marne ETIENNE BOBILLIER (1797 bis 1832) an. Durch stückweises Aneinanderreihen der Krümmungsradien in den einzelnen Flankenpunkten wird dann die Zahnflanke gezeichnet, wie Bild 82f zeigt.

Sind die Kurvennormalen der Eingriffslinie nicht bekannt, so empfiehlt ALTMANN ein Tangentenverfahren. Denn die Tangenten t an die Zahnflanke nach Bild 82e lassen sich in den Eingriffslagen E der Flankenpunkte als Senkrechte auf der jeweiligen Profilnormale $n = EC$ sofort angeben. Damit ist der Tangenten-Abstand zum gesuchten Zahnprofil z von der Radmitte O bekannt.

zu 4. Hier faßt ALTMANN die Zahnflanke als allgemeine Zykloide auf, weil sie sich als Bahnkurve eines Punktes E erzeugen läßt, wenn eine bewegte Rollkurve r, mit der E fest verbunden ist, auf einem ruhenden Wälzkreis W abrollt. ALTMANN benutzt hier den Satz von CAMUS aus dem Jahre 1733. Läßt sich diese bewegte Rollkurve r aus der Eingriffslinie e bestimmen, so ist die Aufgabe gelöst, r und w sind das erste Wälzkurvenpaar. Wird r auf w abgewälzt, so beschreibt E die Zahnflanke z. In der Ausführung läuft dieses Verfahren auf eine Wälzhebel-Bestimmung hinaus, wie sie der

Professor für Getriebelehre und Mechanik an der Technischen Hochschule Dresden Dr. HERMANN MARTIN ALT (1889 bis 1954) schon 1922 ausführlich bearbeitet hatte.

Nach der Beschreibung dieser vier Verfahren stellt FRITZ GERHARD ALTMANN 1937 folgende praktische Aufgabe: „Welche Form erhält die Flanke eines genormten Zahnstangen-Werkzeuges für Evolventen-Verzahnung innerhalb des Kopfspieles, wenn man als Eingriffslinie dieser Kopfspiel-Flanke den Grundkreis wählt?" ALTMANN will den Teil der Werkzeugflanke, der das Kopfspiel erzeugt, um so viel zurücksetzen, daß der Unterschnitt vermieden wird. Die Eingriffslinie dieses Flankenteiles ist nicht mehr identisch mit der Eingriffsgeraden, sondern liegt auf dem Grundkreis. Aus dieser Aufgabe geht die Bedeutung solcher Verfahren überhaupt hervor. Zu ihrer Lösung lassen sich alle vier Verfahren anwenden. Diese vier Verfahren stellen die Weiterentwicklung zu den sechs dar, die 1875 FRANZ REULEAUX in seiner „Theoretischen Kinematik" angegeben hatte. Die graphischen Methoden von PONCELET 1827 und REULEAUX 1865 werden allerdings heute noch angewendet und gelehrt.

2.14 Die Entstehung der Verzahnungsgesetze

Die kinematisch einwandfreie Verzahnung von Rädern begann im letzten Zehnt des 17. Jahrhunderts. Bei der Festlegung von mathematischen Beziehungen und Angabe zeichnerischer Lösungsmethoden schälten sich mannigfaltige Voraussetzungen heraus. Wir haben sie z. T. schon in den Kapiteln 2.11 und 2.12 kennengelernt. Sie vereinigen sich insgesamt zu axiomatischen Forderungen, die allein eine einwandfreie Verzahnung ergeben. Damit ließ sich rechnen, Unbekanntes zu Bekanntem zeichnerisch ermitteln. Seit dem 19. Jahrhundert sind nun diese Forderungen bekannt geworden als „Allgemeine Verzahnungsgesetze" und stehen am Anfang der Verzahnungslehre. Hier sei die Entwicklung dieses Theorems bis zur heutigen Fassung dargestellt.

1. Voraussetzung: konstante Umfangsgeschwindigkeiten der Räder

$$\frac{\omega_1}{\omega_2} = \frac{R}{r} = \text{constans}$$

Diese Voraussetzung sprach 1694 PHILIPPE DE LA HIRE (1640 bis 1718) aus in seinem „Traité des épicycloides" mit dem Unterkapitel „De l'usage des Epicycloides dans les Mécaniques". Er deutet auch schon die 2. Voraussetzung an:

2. Voraussetzung: bei zwei zusammenarbeitenden Zahnflanken geht die gemeinsame Normale in ihrem Berührungspunkte stets durch den gleichen Punkt der Verbindungslinie beider Drehpunkte.

Diese Voraussetzung sprach als Erster CHARLES-ETIENNE-LOUIS CAMUS (1690 bis 1768) durch sein „Theorème II" von 1733 aus, wonach die Zahnflanken des Ritzels und des Rades durch einen Punkt B einer auf gegebenen Wälzkreisen W_1 und W_2 rollenden Kurve K erzeugt sein müssen: siehe Bild 56 im Kapitel 2.11. Die gemeinsame Normale BC im Berührungspunkt B muß stets durch den Punkt C der Mittelpunktslinie gehen. Also treffen auch die Normalen, gefällt von zwei gleich weit von C entfernten Punkten P und Q auf die Zahnkurve, die zwei sich später berührenden Punkte M und R. Die Berührungs-Normale irgendeines im Eingriff befindlichen Zahnflankenpunktes geht also durch den Wälzpunkt C.

Damit waren 1733 Wälzpunkt und Wälzkreis definiert.

3. Voraussetzung, oder Schlußfolgerung: die tangentialen Geschwindigkeits-Komponenten sind meistens verschieden groß, so daß die Zahnflanken gleiten mit $v_g = v_2 - v_1$. Nur im Wälzpunkt C ist $v_g = 0$.

Die Frage, ob die Geschwindigkeiten verschieden groß sind und Gleiten möglich sei oder nicht, beantwortete LEONHARD EULER (1707 bis 1783) schon 1752 in seiner ersten Zahnradarbeit „De aptissima figura rotarum dentibus tribuenda". Er stellt damals fest: man muß Gleitung in Kauf nehmen, sie aber durch konstante Übersetzung herabsetzen. In seiner zweiten Zahnradarbeit von 1762 kommt EULER auf die bedeutungsvollen Begriffe des Wälzpunktes, der Krümmungsmittelpunkte, Berührungswinkel und -normalen[1] zu sprechen (s. Kap. 2.11). Später interessierten EULER Kurven mit drei Rückkehrpunkten wegen ihrer Evolventen. Er erkennt eine wichtige Eigenschaft der Evolvente, wie sie sonst nur dem Kreis zukommt: jede Normale eines beliebigen Kurvenpunktes X steht in ihrem zweiten Schnittpunkt x mit der Kurve wieder auf dieser senkrecht, wobei $Xx = $ constans. EULER nennt diese Kurven „orbiformes". Diesen bedeutsamen Satz über die Evolvente legt er 1778 in seiner Arbeit „De curvis triangularibus" nieder.

Natürlich übersah man damals noch nicht die Bedeutung dieser Erkenntnisse, die überdies den praktischen Maschinenbauern wenig bekannt waren. Noch 1814 empfahl zwar ROBERTSON BUCHANAN (1769 bis 1816) das Studium von CAMUS und sagte dazu: „Die Methoden, die man anwendet, um die Anzahl der Räderwerke so einzurichten, daß die gleichzeitigen Umdrehungen immer in einem gegebenen Verhältnisse stehen, gehören zu einem besonderen Zweige der Mechanik, wo von der Construction der Glokken und Uhrwerke, der Planetenmaschinen usw. die Rede ist". Dann formuliert er 1814 sein eigenes Grundgesetz der Bewegungsübertragung durch Zahnräder, wie wir es schon in 2.11 nebst Bild 66 kennengelernt haben.

In Frankreich greift 1826 bzw. 1840 der Begründer der Maschinen-Dynamik JEAN-VICTOR PONCELET (1788 bis 1867) das allgemeine Verzahnungsgesetz wieder auf und benutzt es zu seiner sehr einfachen, allgemeinen graphischen Lösung nach Bild 83a, wie wir sie schon im Kapitel 2.13 kennenlernten. Natürlich geht er von den Winkelgeschwindigkeiten der Zahnräder aus, die im konstanten und umgekehrten Verhältnis der Halbmesser stehen. Nach Bild 83a stellen $a\,m\,b$ und $a^1\,m\,b^1$ die Krümmungen zweier Radzähne mit ihren Grundkreisen Ct und $C^1\,t$ dar. So folgt für PONCELET 1826, „... daß die gemeinschaftliche Normale der beiden Curven in m durch den Punkt t gehen muß. Denn da die Bewegung ebenso übertragen werden muß, als wenn die beiden Kreise Ct und $C't$ übereinander hinrollten, so folgt, daß, wenn der Zahn $a\,m\,b$ den Zahn $a^1\,m^1\,b$ fortschiebt, der Punct m im ersten Augenblicke einen kleinen Kreisbogen zu beschreiben strebt, welcher beide Curven berührt, und daß folglich die Normale in m, welche dieser kleine Kreisbogen und die beiden Curven mit einander gemein haben, durch den Punct t geht. ..."

Aus den ähnlichen Dreiecken $C\,k\,t$ und $C^1\,K^1\,t$ folgt

$$\frac{C\,k}{C^1\,K^1} = \frac{C\,t}{C^1 t} = \frac{\omega^1}{\omega}.$$

„Folglich muss der Durchschnittspunct t der gemeinschaftlichen Normale mt die Mittelpunctslinie CC^1 in zwei Theile teilen, welche den Winkelgeschwindigkeiten um-

---

[1] Danach kann der Berührungspunkt beider Zahnflanken auf der Berührungsnormalen beliebig angenommen werden. Durch ihn geht die Normale, die außerdem noch den Wälzpunkt und die beiden Krümmungsmittelpunkte der Zahnflanken enthält.

gekehrt proportional sind, und für alle Lagen dieselben bleiben." Daher kommt PON-
CELET 1826 zu seiner Konstruktion der Verzahnung nach Bild 83b.

Die „Allgemeinen Verzahnungsgesetze" zeigen sich um diese Zeit noch nicht in ihrer
zusammengefaßten Formulierung. Die Forderungen finden sich vielmehr in alten Lehr-

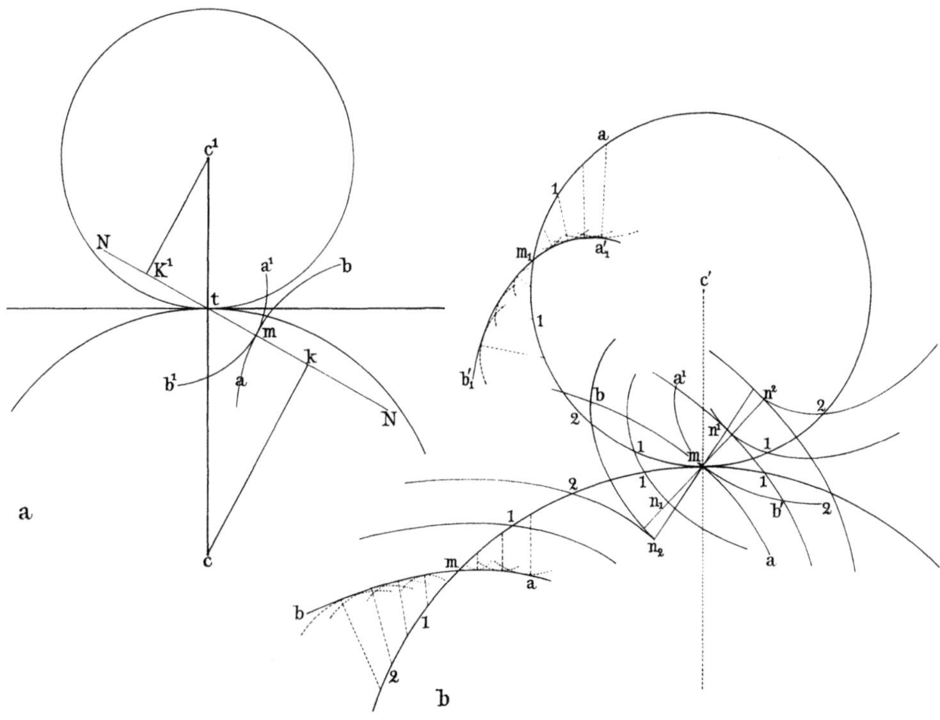

Bild 83. Graphische Lösung zum allgemeinen Verzahnungsgesetz von PONCELET 1826 und 1840
a) Darstellung der Winkelgeschwindigkeiten am Zahnradpaar, b) Konstruktion der Verzahnung.

büchern sehr breit und umständlich dargestellt, verstreut auf Bewegungslehre bzw.
Dynamik, Kinematik, Geometrie oder Kur-
venlehre. Hier scheinen überall die einge-
kleideten Forderungen durch. Die erste deutsche Formulierung in straffer Zusammenfassung finden wir 1851 im „Lehrbuch der
Ingenieur- und Maschinen-Mechanik" von
JULIUS LUDWIG WEISBACH (1806 bis 1871)
ausgesprochen. Aus Bild 84 folgert er: „Bei
jeder Stellung des arbeitenden Zähnepaares
muß die Drucklinie oder gemeinschaftliche
Normale im Berührungspunkte durch den
Berührungspunkt D beider Theilkreise gehen.
... Mit Hilfe der vorstehenden Regel läßt
sich nun auch die Form der Zähne des einen
Rades finden, wenn die des anderen gegeben
ist ..."

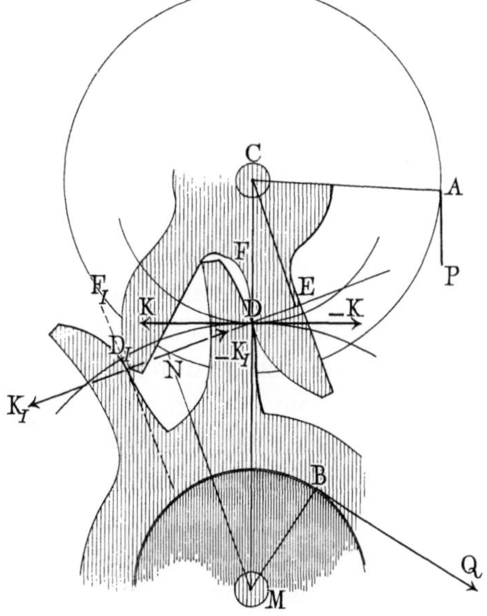

Bild 84. Verzahnungsgesetz nach JULIUS
LUDWIG WEISBACH 1851

Unbestreitbar sind die Verdienste von ROBERT WILLIS (1800 bis 1875) am Grundgesetz der Verzahnung, mit dem er seit 1838 arbeitete, wie wir schon im Kapitel 2.12 feststellten. Wichtig sind besonders seine dort eingeführten Begriffe speziell für die Zahnradtechnik. Auf WILLIS gehen alle anderssprachigen Bezeichnungen zurück, die man mehr oder weniger frei übersetzte. So stand vor allem FRANZ REULEAUX (1829 bis 1905) mit seiner 1862 in die deutsche Sprache eingeführten „Eingriffslinie" auf den Schultern von WILLIS. REULEAUX faßte 1875 in seiner „Theoretischen Kinematik" alle sechs Verfahren zum Aufzeichnen allgemeiner Verzahnungen nach dem Verzahnungsgesetz zusammen, nachdem er bereits 1865 in der 2. Auflage seines „Constructeur" vier Verfahren angegeben hatte, darunter sein eigenes und das von PONCELET. Wesentlich trug ein zweiter Engländer zur Zusammenfassung grundsätzlicher Theoreme der Verzahnung bei, nämlich der Schotte EDWARD SANG (1805 bis 1891). In Vorträgen vor der Royal Scottish Society of Arts seit 1837, besonders aber in seinem heute noch bedeutendem Buche „New General Theory of the Teeth of Wheels" 1852 gibt er den weittragenden Lehrsatz:

„Eine Zahnstange ist ein Zahnrad von unendlichem Radius, ihr Teilkreis ist eine Gerade. Sind die Wege von Fuß- und Kopfflanke im Eingriff gleich und um den Wälzpunkt symmetrisch, so sind die vier Kurven, die zusammen Kopf- und Fußflanken der treibenden und getriebenen Seite bilden, ebenfalls gleich. Umgekehrt: wenn die Kopf- und Fußflanken der Zahnstangenzähne aus gleichen Kurven zusammengesetzt sind, so werden alle zugeordneten mit der Zahnstange Glieder einer sich untereinander paarenden Reihe bilden." Damit ist der Grundgedanke des „Bezugsprofil" ausgesprochen.

Dieses Theorem läßt sich von Stirnrädern ausdehnen auf Schrauben-, Spiral- und konische Evolventen-Zahnräder, indem man sagt: alle zylindrischen Zahnräder, die konjugiert sind mit der gleichen symmetrischen Zahnstange, sind auch konjugiert zu jeder anderen, vorausgesetzt, daß die entsprechende Lage der Achse die Summe der einzelnen Achslagen ist bezüglich der Teilungsebene der Zahnstange.

Eine Präzisierung des Grundgesetzes der Verzahnung mit interesanten Aspekten für die moderne Zahnradtechnik erfolgt 1861 durch den Professor für Maschinenkunde an der Berliner Gewerbe-Akademie FRIEDRICH CARL HERMANN WIEBE (1818 bis 1881). Er setzt nur noch die Kreis-Evolvente voraus und kleidet das Grundgesetz der Verzahnung allein für die Evolvente in folgende Sätze:

1. Wenn zwei beliebige Kreis-Evolventen sich berühren, so ist die gemeinschaftliche Normale im Berührungspunkte gemeinschaftliche Tangente zu den beiden Evolutenkreisen.

2. Wenn zwei beliebige Kreis-Evolventen sich äußerlich oder innerlich berühren, so schneidet die gemeinschaftliche Normale im Berührungspunkte die Centrale der Evolutenkreise im Verhältnis der Radien der Evolutenkreise.

3. Wenn zwei sich berührende Kreis-Evolventen mit den Mittelpunkten ihrer Evolutenkreise fest verbunden sind und sich um sie drehen, so ändern sich zwar die Berührungspunkte zwischen den beiden Evolventen, aber diese Berührungspunkte bleiben stets auf der gemeinschaftlichen Tangente der beiden Evolutenkreise, und diese Tangente gibt zugleich die Richtungslinie des Normaldruckes an, welchen die eine Evolvente gegen die andere ausübt.

4. Wenn an zwei beliebigen Kreis-Evolventen in bei 3. vorausgesetzter Weise die Lage der Mittelpunkte ihrer Evolutenkreise zueinander unverrückt bleibt, so folgt für jede beliebige Lage der Evolventen, daß

a) die Richtung des Normaldruckes konstant ist

b) die gemeinschaftliche Normale stets durch denselben Punkt der Centrallinie der Evolutenkreise geht

c) die gemeinschaftliche Normale in jeder Lage der Evolventen die Centrallinie in konstantem Verhältnis schneidet, und zwar ist

d) dieses Verhältnis gleich dem der Radien der Evolutenkreise

5. die Voraussetzungen 1 mit 3 gelten immer noch, wenn sich die Mittelpunkte der Evolutenkreise gegeneinander verschieben. In Voraussetzung 4 ändre sich nur die Punkte a) und b), aber c) gilt auch hier.

Aus diesen Sätzen folgert WIEBE 1861, „daß es für die richtige Construction der Kreis-Evolventen für Zahnformen gar nicht ankomme auf den absoluten Werth der Theilkreishalbmesser, auch nicht auf den absoluten Werth der Theilung in den Theilkreisen, sondern nur auf die Halbmesser der Evolutenkreise, und auf die Theilung in den Evolutenkreisen." Er hält es daher für Evolventen-Verzahnungen zweckmäßiger, „den Evolutenkreis der Zahn-Evolvente für die Grundlage der Construction zu wählen." Für WIEBE ist die Evolvente des Zahnkranzes seine Zahnform. Zahnstärke und Teilung mißt er auf dem Evolutenkreise und bezieht alles auf ihn. Er kann daher jedes Rad unabhängig vom anderen konstruieren. „Die Zähne ragen," sagt er 1861, „um ihre Länge über den Evolutenkreis hervor."

Diese Erkenntnis von WIEBE ist ein wesentlicher Schritt zur Möglichkeit einer Profilverschiebung, wie man sie 35 Jahre später auszunutzen begann. Im gleichen Jahre hatte außerdem der hannoversche Ingenieur H. VON REICHE den Evoluten- oder Grundkreis betrachtet und dabei folgende Sätze formuliert:

1. die Zähnezahlen zweier Räder müssen sich verhalten wie die Halbmesser ihrer Grundkreise

2. die Entfernung zweier Zähne, peripherisch auf ihren Grundkreisen gemessen, muß gleich sein, und zwar gleich oder kleiner als die Eingriffstrecke. Oder umgekehrt: „Fadenlinienräder von gleicher Grundtheilung arbeiten immer richtig zusammen, vorausgesetzt, daß die Eingriffstrecke größer ist, als die Grundtheilung."

Mit „Grundtheilung" meint v. REICHE 1861 die Entfernung der Zähne voneinander, gemessen auf dem Grundkreis. Er findet: was bei Zykloidenrädern Teilkreis und Teilung ist, bedeutet entsprechend bei Evolventenrädern Grundkreis und Grundteilung. Er schließt: „Bei einem Fadenlinienrade ist der Theilkreis variabel … Diesen Hauptvortheil … nicht auszubeuten … ist ein Vergehen, welches sich … unfehlbar rächen muß." An der Arbeit v. REICHE fällt auf, daß er bereits 1861 die Begriffe „Eingriffslinie" und „Eingriffstrecke" ganz selbstverständlich verwendet, deren Entdeckung stets FRANZ REULEAUX zugeschrieben wird.

Das Ingenieurpaar WIEBE/v. REICHE bleibt auf jeden Fall wichtig für die Klarstellung geometrischer Evolventen-Beziehungen in Verbindung mit dem Grundgesetz der Verzahnung. Auf ihren Schultern stehen die Begründer des modernen Verzahnungswesens PAUL HOPPE, OSKAR LASCHE, MAX MAAG und MAX FÖLMER.

Den „Grundsatz der Theorie der Verzahnung" formulierte 1870 der Lehrer für Mathematik und Mechanik an der kgl. Provinzial-Gewerbeschule zu Königsberg i. Pr. Dr. LOUIS SAALSCHÜTZ wie folgt:

„Bei jeder richtigen Verzahnung zweier Räder geht die gemeinsame Normale der einander berührenden Zahnwölbungen in ihrer Verlängerung durch den Berührungspunkt der beiden Theil-

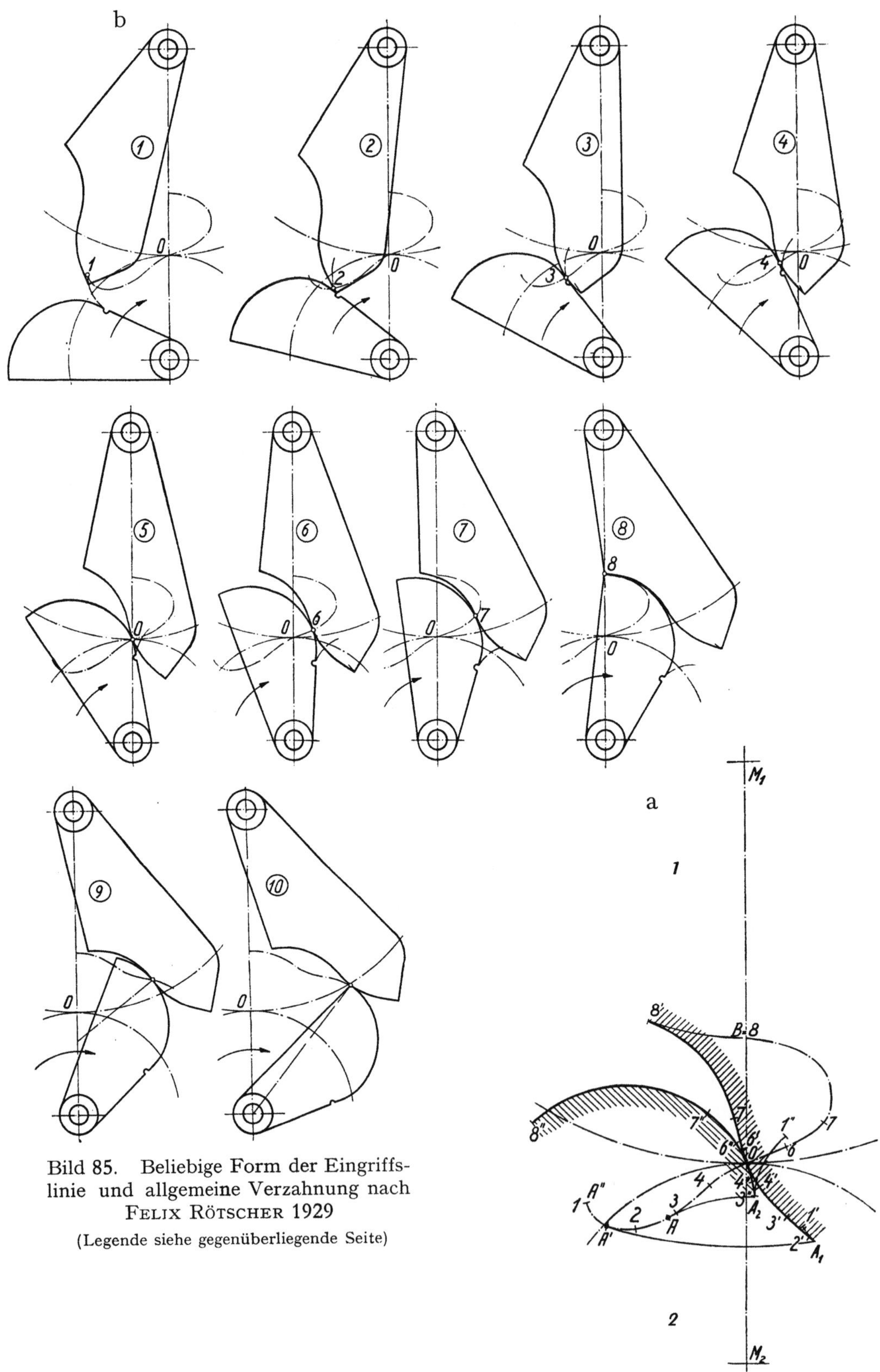

Bild 85.   Beliebige Form der Eingriffs-
linie und allgemeine Verzahnung nach
FELIX RÖTSCHER 1929
(Legende siehe gegenüberliegende Seite)

kreise, wenn man darunter diejenigen Kreise versteht, in deren Peripherie die lineare Geschwindigkeit beiderseits gleich groß ist, oder deren Radien im umgekehrten Verhältnisse der Winkelgeschwindigkeiten der beiden Räder (Umsetzungsverhältnis) stehen."

SAALSCHÜTZ verfaßte 1870 in Königsberg die erste deutschsprachige Spezialschrift über die Evolventen-Verzahnung.

2.15 Die Entwicklung der geometrisch-kinematischen Grundlagen für Schrauben- bzw. Schrägzahnräder

Eine Bereicherung erfuhr die Verzahnungstechnik durch die Einführung von Schrägzahnrädern. Man erkannte, daß eine gleichförmige Bewegungsübertragung nicht nur durch bestimmte Flankenprofile gewährleistet werden kann, sondern auch durch räumlich gekrümmte Flankenlinien.

Auf die Idee der Schrägverzahnung kam JAMES WHITE durch die Unterhaltung mit einem Ingenieur, der zwei Zahnräder stufenartig versetzt nebeneinander gelegt hatte. Durch diese Maßnahme, schilderte er, ließen sich Teilung und Reibung verringern. WHITE fand diese Beobachtungen nicht nur wahr, sondern auch wichtig: ist die Wirkung schon bei zwei nebeneinandergelegten Rädern so gut, dann mußte sie doch bei drei, vier und fünf noch besser sein! So folgerte er: unendlich viele Räder gestuft nebeneinander wären dann auch unendlich viel besser. WHITE gedachte dazu die Ecken der nebeneinandergelegten Zähne zu begradigen und es entstände dann eine schraubenförmige Linie, die eine unendliche Zahl von Zähnen darstellt.

Das war der Ursprung der modernen Schrägverzahnung! Übrigens hielten sich die Stufenzahnräder bis in das 20. Jahrhundert hinein. Noch 1914 baute z.B. die Mesta Machine Company in einer pennsylvanischen Papiermühle ein stählernes Stufenzahnrad ein, das aus drei Zahnkränzen bestand (der mittlere war homogen mit dem Radkörper, die beiden äußeren aufgeschraubt, Abmessungen $z/Z = 20/154$, Zahnbreite $b = 97$ mm und $t = 14$ cm).

WHITE war sich klar darüber: hier mußte es sich um die genaueste Annäherung zwischen exakter Materialgestaltung und mathematischer Präzision handeln, die in der praktischen Technik möglich ist. Andererseits ist er sich auch über den Seitendruck auf die Wellen klar, findet aber diesen Nachteil nicht bedeutend, „... for this tendency can be destroyed altogether by using two opposite inclinations ...". WHITE denkt also in diesem Zusammenhange gleich an Pfeilzähne, von denen er auch ausgegangen war.

Um 1808 meldete JAMES WHITE ein Patent in England an. Nach seiner Rückkehr aus Frankreich trug er am 29. Dezember 1815 der Literary & Philosophical Society of Manchester die Idee seiner Schraubenzähne unter dem Thema vor: „On a

---

Legende zu Bild 85

Nach a) kann die Eingriffslinie die beliebige Form $A''\,A'\,AOB$ haben. Praktich ausführbar ist nur der Teil AOB, eingegrenzt durch die Berührungspunkte der Kreise um M_1 und M_2. Punkt A führt zur Spitze A_2, die Punkte $A\,A'\,A''$ führen zur nicht ausführbaren Flanke $A_2\,1''$ am Rad 2. Zur Bildung einer Spitze in A_1 kommt es an der Flanke des Rades 1, entsprechend dem Berührungspunkt A' des Kreises um M_1.

b) soll die Grenze der Eingriffmöglichkeit im Punkte B von Bild 85a zeigen. RÖTSCHER zeichnete hier die Zähne in acht fortlaufenden Lagen unter gleichen Drehwinkeln.

In Lage 1 und 2 ist der theoretisch mögliche zweite Ast der Zahnflanke $A_2\,1''$ des Rades 2 von a) im Eingriff. In den Lagen 3 bis 7 treibt der untere Zahn den oberen normal an. Unmöglich ist eine Kraftübertragung in Lage 8, da die Normale im Berührungspunkt hier in die Mittelpunktslinie fällt. In den Lagen 9 und 10 gehen die Normalen in den Berührungspunkten nicht mehr durch den Wälzpunkt, das Grundgesetz der Verzahnung ist also nicht mehr erfüllt. Die Lagen 7 und 8 zeigen ungünstige Gleitverhältnisse.

New System of Cog or Toothed Wheels". Bei diesem Vortrag erklärte WHITE das Wesen seiner Schrägverzahnung nicht nur theoretisch, sondern auch praktisch an Hand von Modellen,

„... the nature of which is to turn each other in perfect silence, while the friction and wear of their teeth, if any exist, are so small as to elude computation, and which communicate the greatest known velocity without shaking, and by a steady and uniform pressure ...".

In Manchester gab es um diese Zeit viel Bedarf an Zahnrädern durch den Aufschwung der Textilmaschinenindustrie, die Menge und Wert der Manchestertuche vergrößerten. Trotzdem erregte der Vortrag von WHITE 1815 neben einigem Interesse Animosität und Protest.

Die Prinzipien der White'schen Schraubenverzahnung sind:

1. die Bewegung im Radpaar ist gleichförmig

2. nur zwei Punkte, einer an jedem Rade, berühren sich gleichzeitig. Dieser Berührungspunkt liegt unendlich nahe der Ebene, die im Eingriffspunkt durch die beiden Radachsen geht, „... in which case there will be no sensible friction between the points in contact ...". Aus dieser Annahme folgert WHITE:

3. man könnte deshalb verschiedene Zahnformen anwenden, ohne die gleichförmige Bewegung zu stören.

Durch diese Äußerungen unter Punkt 2 steht fest: JAMES WHITE gab schon um die Wende ins 19. Jahrhundert eine räumliche Betrachtungsweise der Schrägzahnräder an. Er beruft sich ferner auf den Satz von CAMUS 1752, daß bloße Berührung unendlich kleiner Zähne schon die Eigenschaft gleichförmiger Übertragung besitzt. Auf Grund dieses Satzes, den wir schon in den Kapiteln 2.11 und 2.14 kennenlernten, erklärt WHITE 1822 anhand von Bild 86a die Anwendung des allgemeinen Verzahnungsgesetzes auf Schrägzahnräder. Schneidet er auf der zylindrischen Oberfläche eines Rades schiefe bzw. schraubenförmige Zähne ein, „so wird dieses Rad der Idee nach in eine unendliche Anzahl von Zähnen geteilt sein, oder wenigstens in eine größere Anzahl, als die Zahl der Theile der Materie, welche sich in einer Kreislinie von dem Umfange des Rades befindet".

WHITE setzt 1815 seine Erklärung der Schraubenzähne auf Bild 86b an einem abgewickelten Zylinder $ABCE$ fort: hier stellt die Hypothenuse BC des rechtwinkligen Dreiecks ABC alle Zähne des gegebenen Rades dar. Zwischen A und B befinden sich m, zwischen A und C n kleine Teilchen, so daß die Strecke $\overline{BC}\ \sqrt{m^2 + n^2}$ Teilchen enthält. Die Seiten AN und BC unterscheiden sich durch die Größe des Winkels ACB, dem „angle of obliquity" oder Schrägungswinkel. WHITE wählte 15° und rechnet für seinen Fall in Bild 86b tg $15° = {}^{268}/_{1035} \approx {}^1/_4$. WHITE bestreitet ausdrücklich, daß sich bei Schraubenzähnen die Reibung erhöht „... but I dare presume to have already proved, that it is this very obliquity, joined to the total absence of motion in direction of the axes, that destroys the friction, instead of creating it...". Dann gibt er aber zu: „I acknowledge however, that the pressure on the points of contact, is greater than it would be on teeth, parallel to the axes of the wheels, and I farther concede that this pressure tends to displace the wheels in the direction of the axes ..." obwohl sich diese Tendenz aufhebt bei Rädern mit zwei entgegengesetzten Schrägungen. Anhand seines Bildes 86b zeigt WHITE die Druckverhältnisse. Bewegt sich dort ein Punkt auf AB, gleichzeitig auch auf AD, so kommen beide zur gleichen Zeit in D an, mit dem Unterschied: er kann sich auf AD langsamer bewegen. Geschwindigkeits- und Druckverhältnis auf diesen beiden Wegen ist demnach $\dfrac{BC}{AC} = \dfrac{AB}{DA}$. Der Druck auf $\overline{BC}$ erhöht sich durch die Schrägung nur um $^1/_{29}$. Die Axialkraft, d. h. die resultierende Kraft, die das Rad in Achsrichtung zu verschieben versucht, ist bei 15° Schrägungswinkel wie oben erwähnt ungefähr $^1/_4$ der Umfangskraft. Aus diesem Bild 86a schließt WHITE 1815:

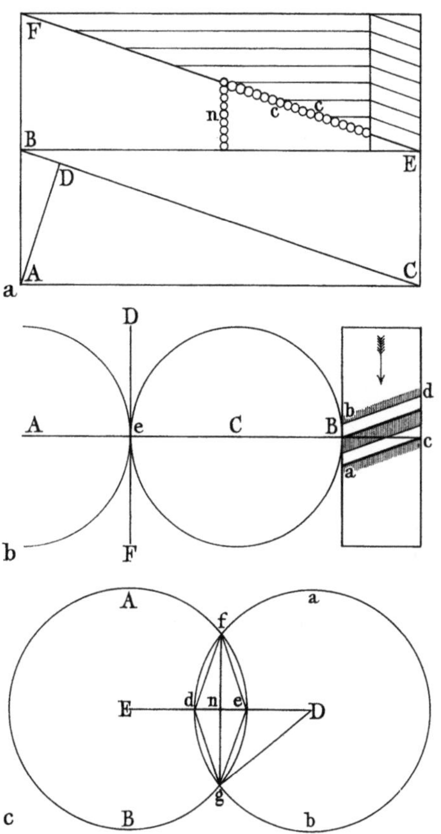

1. ein Punkt, der den drei Linien gemeinsam ist, kann sich bewegen, ohne die Tangente *DF* zu verlassen
2. aus einer unendlichen Zahl von Zähnen kämmen die auf der Mittelpunktslinie vor denen außerhalb von ihr, bis letztere in die gemeinsame Tangente kommen.

Daß sich die beiden Kreise in diesem Falle durchdringen, zeigt JAMES WHITE an Bild 86c. Ist der Bogen *dg* sehr klein, so wird die Drehung beider Kreise nicht mehr Reibung zwischen den berührenden Oberflächen *g e f* und *f d g* verursachen, als zwischen den beiden Kreisen am Berührungspunkt *n*.

WHITE nennt in Bild 86c $dn = x$, $gn = y$ und $Dg = a$ und schreibt aus der analytischen Geometrie die Kreisgleichung $2ax - x^2 = y^2$. Aus ihr erhält er $a = \dfrac{y^2 + x^2}{2x}$, wobei $2x = de$ die Länge der Berührungslinie ist. Der Zähler ist gleich dem Quadrat der Sehne $gd = z$ des Winkels EDg. Dann ergibt sich $a = \dfrac{z^2}{2x}$, aus welcher Gleichung WHITE die Proportion entwickelt $\dfrac{a : z}{z : 2x} = \dfrac{z^2}{a}$. Bei sehr kleinen Winkeln kann man den Sinus gleich dem Bogen setzen, hier ebenso die Sehnen. Bogen *dg* oder Sehne z sind sehr klein, so daß die Strecke $de = 2x = \dfrac{z}{a}$ unendlich kleiner ist. Gibt also die Sehne z die kreisförmige Entfernung zweier Teile der schrau-

Bild 86.   Erklärung der Schraubenzähne von JAMES WHITE 1815

benförmigen Zähne *ac* des Rades *Bc* in Bild 86a (Kreis ab in Bild 86c) wieder, so ist die Entfernung z proportional dem Radius *Dg* eines solchen Rades und dem Sinus dieses kleinen Winkels *dDg*. Nachdem die Projektion jedes Teiles einer Schraube auf eine Ebene im rechten Winkel zur Schraubenachse ein Kreis ist, so kann auch die Sehne z oder die Strecke *gd* Projektion eines entsprechenden Teiles jeder Linie sein, in Bild 86b z. B. *BC*, wenn sie um einen Zylinder gewickelt wird, dessen Durchmesser gleich dem Kreise a*b* in Bild 86c ist.

Daraufhin führt WHITE 1815 fertige Räder vor, ·die er anläßlich seines Vortrages auch ausstellte. Zwei solche Räder aus Messingblech ließ er damals mehrere Wochen sehr schnell unter Belastung laufen und schmierte sie mit öligem Schmirgel. Nach diesem Versuch zeigten sich die Zähne an ihrer Mittelpunktslinie so unversehrt wie vorher, weil sie vermutlich fast ohne fühlbare Reibung gearbeitet hatten.

WHITE hält sein System auch anwendbar für Kegelräder, wenn beide immer in der gleichen Ebene liegen.

Schnur und Seil vermittelten damals die weichsten und ruhigsten Antriebe für hohe Drehzahlen. WHITE's Schraubenräder aber gaben den Maschinen von Manchester bald die gleiche Weichheit, Präzision und Kraftersparnis, womit sie den Kattundruck, die Uhrmacherei und die Hammerwerke verbesserten.

Nach diesem Vortrag Ende 1815 in Manchester hielt JAMES WHITE noch weitere. Bei einem davon führte er die Arbeitsweise seiner schrägen Verzahnungen mit einem Demonstrationsapparat vor. Er zeigte die Berührung mit einem Gegenrad durch ein Transparent, das er mit einer linienförmigen Lichtquelle beleuchtete (s. Bild 87a). Die Eingriffsverhältnisse wurden sichtbar durch die teilweise und veränderliche Verdunkelung.

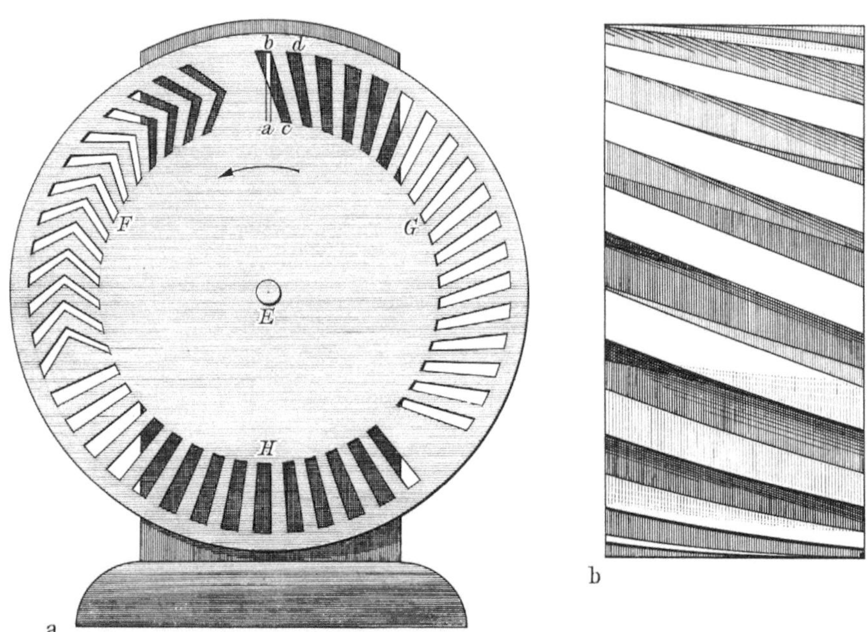

Bild 87.   Demonstration der Wirkungsweise schräger Zähne durch JAMES WHITE 1815
a) Apparat mit Lichtquelle, b) Fertiges Schraubenrad.

In Bild 87a ist die Transparentlinie *ba* geschnitten und stellt den Ort der Berührung beider Räder dar. Man sieht: der Eingriff schreitet immer längs der Transparentlinie ab fort, gleichgültig, ob einfache oder doppelte Schrägung bei *G* oder *F*. Das untere Ende jedes Zahnes *c* bedeckt nicht die Linie *ab*, bis der obere Punkt des folgenden Zahnes *d* erscheint. Die geraden Zähne bei *H* passieren die Linie *ba* auf einmal ganz.

Ferner zeigte WHITE zwei Radpaare aus Zucker: eines mit geraden und eines mit schrägen Zähnen. Er ließ sie unter Belastung laufen, wobei sich große Unterschiede zeigten: während die geraden Zähne sofort brachen, hielten die schrägen dem gleichen Impuls schadlos stand; nicht einmal Körnchen von Zucker verloren sie! Zur Aufnahme des Seitendruckes bei Schraubenrädern schlug WHITE Leisten vor, oder eben Pfeilräder.

Die Eigenschaften seiner Schraubenverzahnung faßte WHITE in den drei Punkten zusammen:

1. solche Zahnformen an jedem Rade ausführen, heißt, sie in eine unendlich große Zähnezahl teilen, genauso wie ein mathematischer Punkt unendlich kleiner ist als ein materieller;

2. durch den Gebrauch dieser Zähne und die Vielheit ihrer Berührungen in ununterbrochener Folge wird jeglicher wahrnehmbarer Lärm oder stoßweiser Gang vermieden;

3. aus den gleichen Gründen wird aller merklicher Verschleiß vermieden, denn es ist bewiesen, daß die Relativbewegung irgendeines Punktes des einen Rades gegenüber dem entsprechenden Punkt des anderen Rades unendlich kleiner ist als der kleinste Abstand zweier Teilchen des Werkstoffgefüges.

Die Verbesserung gegenüber der Geradverzahnung erschien WHITE so groß, daß er sich in seinem Optimismus zu viel versprach. Klar schilderte die Schraubenräder neben JAMES WHITE noch sein Landsmann JOSEPH WOOLLAMS, ein Grundstücksmakler aus Wells/Somerset, in seiner britischen Patentschrift vom 20. Dezember 1820. Seine Erfindung besteht in „Zähnen oder Kämmen, die so geformt sind, daß sie auf einem Zylinder, Kegel oder anderen mechanischen Gebilden in einer oder mehreren Richtungen schräg

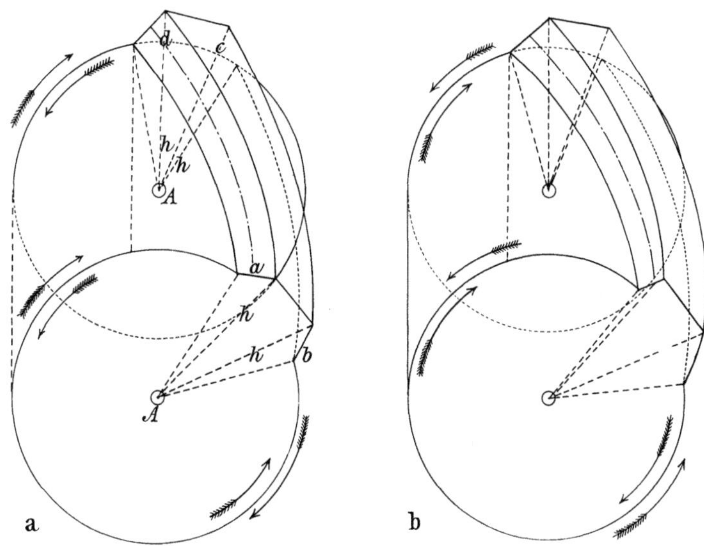

Bild 88.   Schrägverzahnung im britischen Patent Nr. 4477 von JOSEPH WOOLLAMS 1820

geneigt zu ihren jeweiligen Bewegungsebenen angebracht werden können." Er will damit eine kontinuierliche Bewegung erzielen, indem der Kamm eines Einzahnritzels sich über mehr als den gesamten Umfang dieses Ritzels erstreckt. Bei einem mehrzahnigen Ritzel überdecken sich die Enden der schrägen Zahnflanken. In Bild 88a und b zeigt er ein Paar Schraubenräder. Es ist nach seiner Ansicht die beste allgemeine Form seiner Zähne und Kämme, die es gibt.

„Meine verbesserten Zähne oder Kämme," so schließt WOOLLAMS seine Patentschrift, „können aus Holz, Metall oder anderem geeigneten Material oder Kombinationen von Materialien hergestellt werden." Und mit seinen Worten und Skizzen schließt sich der Kreis von Erfindern der Schrägverzahnung.

1835 schildert bereits der Leydener Mathematiker, Physiker und Professor der praktischen Mechanik GIDEON JAN VERDAM (1802 bis 1866) die Vorzüge schräger Zähne in seinem „Neuen Schauplatz der Künste und Handwerke, Grundsätze der angewandten Werkzeugwissenschaft und Mechanik". Nach seiner Ansicht wendet man auswendiges Räderwerk mit schrägen Zähnen manchmal an, „wenn die Räder sehr genau mit einer großen Geschwindigkeit bewegt werden müssen und zugleich einen großen Druck aufeinander ausüben ... die Zähne des einen Rades kommen demnach auf alle die

Punkte der Zähne des andern Rades; sind nun die Zähne klein, so wird die Bewegung wegen dieser Genauigkeit des Eingriffs höchst genau seyn können, und eine große Geschwindigkeit der Bewegung wird deshalb mit Regelmäßigkeit gepaart seyn".

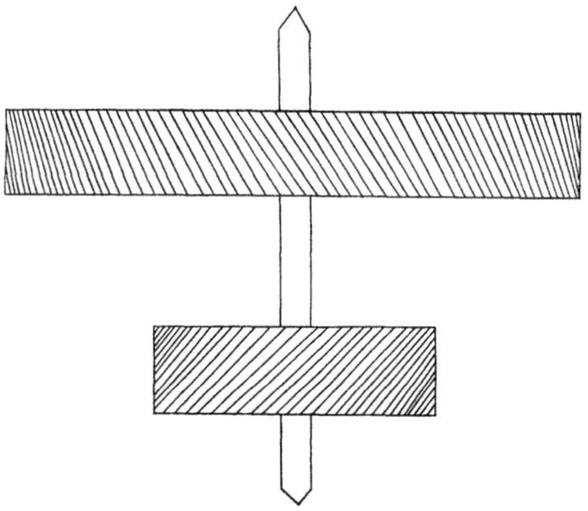

VERDAM sieht 1835 aber auch die größere Stärke der schrägen gegenüber den geraden Zähnen:

1. greifen wenigstens zwei Zähne ein
2. richtet sich der Zahndruck schräg aufeinander, weshalb er kleiner und weniger stark ist als der lotrechte, „durch welchen die Zähne allein brechen können"
3. sind die schrägen Zähne breiter als die geraden, bei gleichen Abmessungen beider
4. wechselt der Druck dauernd auf verschiedene Punkte der gleichen Zähne, die entsprechenden Teile zweier Zähne bleiben nur sehr kurz miteinander in Berührung.

„Wenn deshalb die Zähne schräg genommen werden," schließt er 1835 die Äußerungen über die Schrägverzahnung, „so braucht man das Rad nie so breit oder dick zu machen, als es bei Anwendung gerader Zähne der Fall seyn müßte, so daß dasselbe dann häufig viel leichter werden kann; die Zähne brauchen dann auch nicht die Dicke zu haben, wie in dem Falle, wo sie gerade auf dem Umfange stehen".

In diesen Äußerungen spürt man natürlich den direkten Einfluß von JAMES WHITE seit 1822, denn so viele Erfahrungen mit Schrägverzahnungen gab es damals noch nicht. Nach diesen rein erfindungsmäßigen Vorschlägen für Räder mit schrägen Zähnen oder zylindrische Schraubenräder meldeten sich die Geometer zu Wort. Sie zeigten den richtigen, gleichförmigen Eingriff und überhaupt die Eingriffsmöglichkeiten zwischen windschiefen Achsen allgemein. Dabei brachten sie die Geometrie des Raumes oder die „darstellende Geometrie" in die Verzahnungstheorie.

Bild 89. Ritzel und Rad mit einfacher Schrägung in einer Richtung nach JOSEPH WOOLLAMS 1820

Beide Räder haben jedoch entgegengesetzte Schrägung, damit sie dem Seitendruck entgegenwirken. Ferner ist zur Vermeidung des Seitendruckes die Neigung der Ritzel-Zähne größer als die des Rades, da ja auch dessen Durchmesser kleiner ist.

Bild 90. Doppelte Schrägverzahnung von Dr. CARL GUSTAF PATRIK DE LAVAL (1845 bis 1913). Er reduzierte damit 1892 die hohe Drehzahl seiner Dampfturbine. 1903 übertrug er mit diesem Getriebe bis 500 PS

Diese „géométrie descriptive" fügte 1765 GASPARD MONGE (1746 bis 1818) der Geometrie als Wissenschaft hinzu, und machte sie seit 1795 in seinen Vorlesungen an der Ecole Polytechnique allgemein bekannt. Mit bekannten Projektionsmethoden führte er die Geometrie des Raumes auf die der Ebene zurück. Die Entstehung von Raumkurven und Abwicklungsflächen beschäftigten ihn bereits 1771 bis 1785. Er stellte die Durchdringungskurven krummer Flächen nach der Methode schneidender Hilfsflächen dar. In den einfachen Fällen wählt er horizontale Hilfsebenen, bei Zylinderflächen legt er die Ebenen parallel zu den Erzeugenden, bei zwei Kegelflächen durch beide Spitzen, bei zwei Rotationsflächen mit sich schneidenden Achsen benutzt er konzentrische Kugelflächen. Die Tangente einer Raumkurve ergibt sich als Schnitt der Tangentialebenen der Flächen, die sich in ihr durchdringen.

MONGE ahnte die Bedeutung der deskriptiven geometrischen Methoden für das Ingenieurwesen voraus: ,,... c'est une langue nécessaire à l'homme de génie, qui conçoit un projet à ceux qui doivent en diriger l'exécution, et enfin aux artistes qui doivent eux-mêmes en exécuter les différentes parties ...'' An praktisch wichtigen Anwendungen für die Tangentialebenen streift MONGE die Verzahnungstheorie und bestätigt die Kreisevolvente als geeignete Form von Maschinenelementen, wie Daumenwellen, Hebezapfen und Zahnräder.

Einer der bedeutendsten Nachfahren von MONGE war der spätere Professor für darstellende Geometrie am Conservatoire des Arts & Métiers zu Paris THÉODORE OLIVIER (1793 bis 1853). Er veröffentlichte seine ersten Arbeiten über darstellende Geometrie schon 1809 bis 1813 als Schüler der Militärschule in Metz, wo er auch mit JEAN-VICTOR PONCELET (1788 bis 1867) zusammentraf. Aus dieser Sicht studierte er von 1815 bis zu seinem Tode die räumliche Räderverzahnung. 1816 bekam er in Metz zufällig eine Broschüre von JAMES WHITE über zylindrische und konische Zahnräder in die Hand. OLIVIER fand zu dem White'schen das Hyperboloid-Zahnrad zur Übertragung von Drehbewegung zwischen zwei Achsen, die nicht in der gleichen Ebene liegen. Er beschrieb es in zwei Vorträgen im Dezember 1825, die er Anfang 1826 der Académie des Sciences schriftlich einreichte, mit den Titeln:

1825 «Recherches géométriques sur les engrenages de WHITE» veröffentlicht im ‚Journal de Mathématiques pures & appliquées' 1839, Seiten 281 und 303, 1840 Seite 146. «Construction géométrique d'un engrenage dans lequel les axes des deux roues dentées ne sont pas situés dans un même plan et comprennent entre eux un angle plus petit que l'angle droit les vitesses étant dans un rapport constant et le frottement étant de roulement angulaire» veröffentlicht im gleichen Journal 1839, Seite 304 bis 316

1827 «De la nature géométrique du frottement qui peut exister entre deux courbes et deux surfaces en contact» veröffentlicht als Broschüre in Paris.

In dieser Broschüre kleiner Stückzahl sprach THÉODORE OLIVIER zum ersten Male über die Reibungsverhältnisse beim Rollen oder Gleiten zweier Kurven. Auf seine Gedanken ging übrigens später der Pariser Mathematiker JEAN-NICOLAS-PIERRE HACHETTE (1769 bis 1834) in der letzten Auflage seines ,,Traité des Machines'' ein[1]. 1829 behauptete OLIVIER im ,,Bulletin der Société d'Encouragement pour l'Industrie nationale,'' Seite 430, daß das zylindrische Außenzahnrad auch zur Übertragung von Drehbewegung zwischen zwei Achsen dienen kann, die nicht in der gleichen Ebene liegen. Am 2. Juni 1830 übergab er dieser Gesellschaft das Modell eines solchen Kraftzahnrades, und stellte es im nächsten Jahre an der Ecole Polytechnique in Paris aus; es war sehr groß ausgeführt, mit der Übersetzung $i = 1$, und rechtwinkliger Kreuzung der Achsen mit je nur einem Zahn am Radpaar. Am 5. Oktober 1831 verständigte er die Société d'Encouragement davon, daß sich das Prinzip der Schraube ohne Ende auch für Zahnräder mit beliebigen Achsen anwenden läßt. Diese Theorie unterstützte 1834 sein Landsmann LOUIS POINSOT (1777 bis 1859) mit dem Satze: jede beliebige Bewegung eines Körpers im Raume läßt sich als eine ununterbrochene Reihe unendlich kleiner

---

[1] HACHETTE hatte 1811 als erster die darstellende Geometrie von MONGE auf Maschinen angewendet.

Schraubungen auffassen. 1834 veröffentlichte OLIVIER im ‚Journal de l'Ecole Polytechnique' (Heft 23) eine Arbeit über die einhüllende Oberfläche normaler Ebenen an die sphärische Epizykloide. Damit vereinfachte er das Verfahren des Artillerie-Obersten LEFEBVRE, der vor OLIVIER in seinem „Mémorial d'Artillerie" als erster die Aufmerksamkeit auf den Gebrauch sphärischer Evolventen in der geometrischen Konstruktion von Kegelrädern gelenkt hatte. An weiteren wichtigen Arbeiten über darstellende Geometrie in ihrer Anwendung auf Zahnräder verfaßte OLIVIER noch:

1841 «Des propriétés osculatrices de deux surfaces en contact par un point» veröffentlicht im ‚Journal de Mathématiques pures & appliquées'

1842 «Théorie géométrique des engrenages destinés à transmettre le mouvement de rotation entre deux axes situés ou non situés dans un même plan» Paris: Bachelier, Imprimeur-Libraire

1847 «Applications de la Géométrie Descriptive aux Ombres, à la Perspective, à la Gnomonique et aux Engrenages» Paris: Carilian-Goeury & Victor Dalmont.

In diesen beiden, letztgenannten, Büchern gibt OLIVIER u. a. eine geometrisch richtige, räumliche Evolventenverzahnung und beweist die Möglichkeit, ein gewöhnliches Evolventen-Stirnrad in korrekten Linieneingriff mit einem Rade zu bringen, dessen Achse zu der des anderen windschief liegt. Er erkennt als Erster: für die beiden Zylinder gibt es nur eine einzige Ebene, die zur Erzeugung von Spiraloiden brauchbar ist, wobei immer die gleichen Spiraloide entstehen. OLIVIER's Räder berühren sich fortwährend längs einer geradlinigen Strecke und sind daher zur Übertragung mechanischer Arbeit befähigt. Als Fläche wählt OLIVIER eine Ebene und bewegt sie so, daß sie sich dreht und gleichzeitig senkrecht zu sich mit konstanter Geschwindigkeit verschiebt. Diese Flächen sind Tangentialebenen von Schraubenlinien. OLIVIER prägt in diesem Zusammenhange auch die Begriffe von „Kraft- und Präzisionsrädern". Unter „Krafträdern" versteht er solche, deren Zähne sich in einer Linie berühren, unter Präzisionsrädern solche mit Punktberührung. Nach der Theorie zur Mitte des 19. Jahrhunderts berühren sich Kron-, Kamm- oder Conoid-Räder nur in einem Punkte und verschleißen daher schneller als bei Linienberührung.

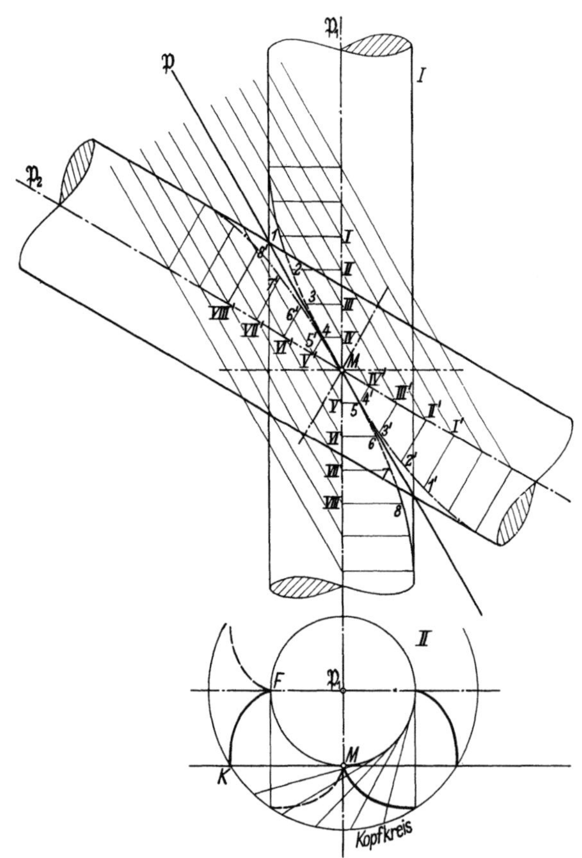

Bild 91.   Schraubenräder nach OLIVIER
Irgendeine Gerade dieser Ebene, die durch den Berührungspunkt beider Zylinder gehen muß, erzeugt die beiden spiraloidischen Zahnflächen. Anfangslage der Erzeugenden ist hier Berührungspunkt M beider Zylinder. Man rollt die Ebene $\mathfrak{P}_s$ auf je einem der Zylinder so ab, daß sich die Erzeugende $\mathfrak{P}$ auf dem Zylinder auf- und abwickelt. Dabei ist sie immer Tangente an eine Schraubenlinie auf dem Zylinder.

Das Wesen der Präzisionszahnräder mit Punktberührung zeigt OLIVIER 1842 in Tabelle 18.

Tabelle 18. *Wesen der Präzisionszahnräder mit Punktberührung nach Théodore Olivier 1842*
(2 Zähne in Punktberührung)

rollende Reibung zylindrische und konische Zahnräder nach WHITE 1808; Hyperboloid-Räder nach OLIVIER 1816	*gleitende* Reibung Neue Zahnräder nach OLIVIER 1831 (Schraube und Mutter mit Dreiecksprofil)
1. Gebrauch einer Teilmaschine unentbehrlich	1. Werkzeug gibt gleichzeitig Zahnform und teilt das Rad
2. ein zylindrisches Rad kämmt *nur* mit einem gleichartigen; dasselbe gilt für konische und hyperboloidische Räder	2. jedes zylindrische Rad kann ein zylindrisches, konisches und hyperboloidisches Rad treiben
3. ein Rad mit n Zähnen kämmt mit einem Rad von $n_1, n_2 \ldots$ Zähnen. Die Gleichung $$\frac{n}{n_1} = \frac{v_1}{v}$$ ist befriedigt, wenn man v konstant läßt und v_1 variiert, wodurch man eine andere Oberflächenform wählen kann	3. ein Rad mit n Zähnen kämmt mit einem Rad von $n_1, n_2 \ldots$ Zähnen. Bewegt sich die räumliche Achse A mit der Geschwindigkeit v, so kann sie die Drehbewegung an weitere Achsen $A_1, A_2 \ldots$ übertragen, wobei sich die Achsen mit den verschiedenen Geschwindigkeiten $v_1, v_2 \ldots$ bewegen
4. die Lage der Achsen ist unveränderlich, weil die Kurven, durch die die Zähne aufeinander rollen, in jedem Moment der Drehung einen gemeinsamen Punkt bilden müssen, damit die beiden Zähne überhaupt kämmen können	4. die Lage der Achsen zylindrischer Räder ist nur deshalb unveränderlich, weil die Zahnspitzen ohne Kopfspiel im Grund des Gegenrades aufliegen. Trotzdem kann man den Winkel zwischen den Achsen konischer und hyperboloidischer Räder verändern
5. das Zahnrad ist für Rücklauf geignet, d.h. das treibende Rad kann rechts und links laufen	5. das Zahnrad ist für Rücklauf geeignet; die Achse A kann sich nach rechts oder links drehen und ihre Drehbewegung über die Zahnräder auf die Achse A_1 übertragen

Nach Tabelle 18 gibt THÉODORE OLIVIER 1842 zu denken, daß in vielen Fällen die Präzisionszahnräder mit gleitender Reibung denen mit rollender Reibung vorzuziehen sind. Ihm wird es dadurch klar, „... daß die bestimmten Probleme, wie sie die Praxis der mechanischen Künste stellt, nur mit ihnen gelöst werden können, weil man mit Zahnrädern rollender Reibung die Drehbewegung einer Achse A nicht anderen Achsen $A_1, A_2 \ldots$ übermitteln kann, wenn diese gegenüber A anders im Raume liegen.

Den wesentlichen Unterschied zwischen beiden Arten von Präzisionszahnrädern faßt OLIVIER 1842 wie folgt zusammen: Die White'schen Zahnräder gestatten nach den Versuchen von BREGUET fils Drehzahlen von 2000 bis 3000 U/min., waren aber nur bei parallelen Achsen anwendbar. Die neuen Räder von OLIVIER ermöglichen die Drehzahlübertragung von einer Achse auf andere, auch wenn sie beliebig zueinander im Raume liegen, aber nur bei kleinen Drehzahlen.

Im einzelnen enthält die Olivier-Theorie von 1842 folgende Gedanken:

Läßt man eine Gerade von einem Zylinder abwälzen, mit deren Erzeugenden sie einen Winkel $\alpha \neq 90°$ bildet, so erzeugt sie eine Evolventen-Schraubenfläche. Ihre Rückkehrkante bildet die Schraubenlinie, als die sich die Geraden in ihren Elementen auf dem Zylinder abbilden.

Man legt nun zwei Zylinder aneinander, jeden mit einer ihn berührenden Geraden, so daß sich beide Zylinder berühren und zugleich auch die beiden berührenden Geraden in eine einzige zusammenfallen. Dreht man in dieser Lage die Zylinder so um ihre Achsen, daß sich die beiden auf ihnen wälzenden Geraden nicht trennen, so haben die Evolventenschraubenflächen in jedem Augenblick ein Element gemeinsam. Die Komponenten ihrer Umfangsgeschwindigkeit sind also normal zur Richtung dieser Geraden und einander gleich.

Zum Beweise, daß diese Evolventenschraubenflächen als Zahnflanken brauchbar sind, müssen sie sich als Begrenzungsflächen materieller körperlicher Gebilde ausführen lassen, d.h. sie dürfen keine Schleifen, Rückkehrkanten o.ä. enthalten. Diese flächenbegrenzten Körpergebilde dürfen sich in keiner ihrer Lagen an der Relativbewegung hindern.

Es ist nicht möglich, hier alle Einzelheiten der Olivier-Theorie wiederzugeben. Für Verzahnungstheoretiker aber ist sie noch heute von grundlegendem Interesse.

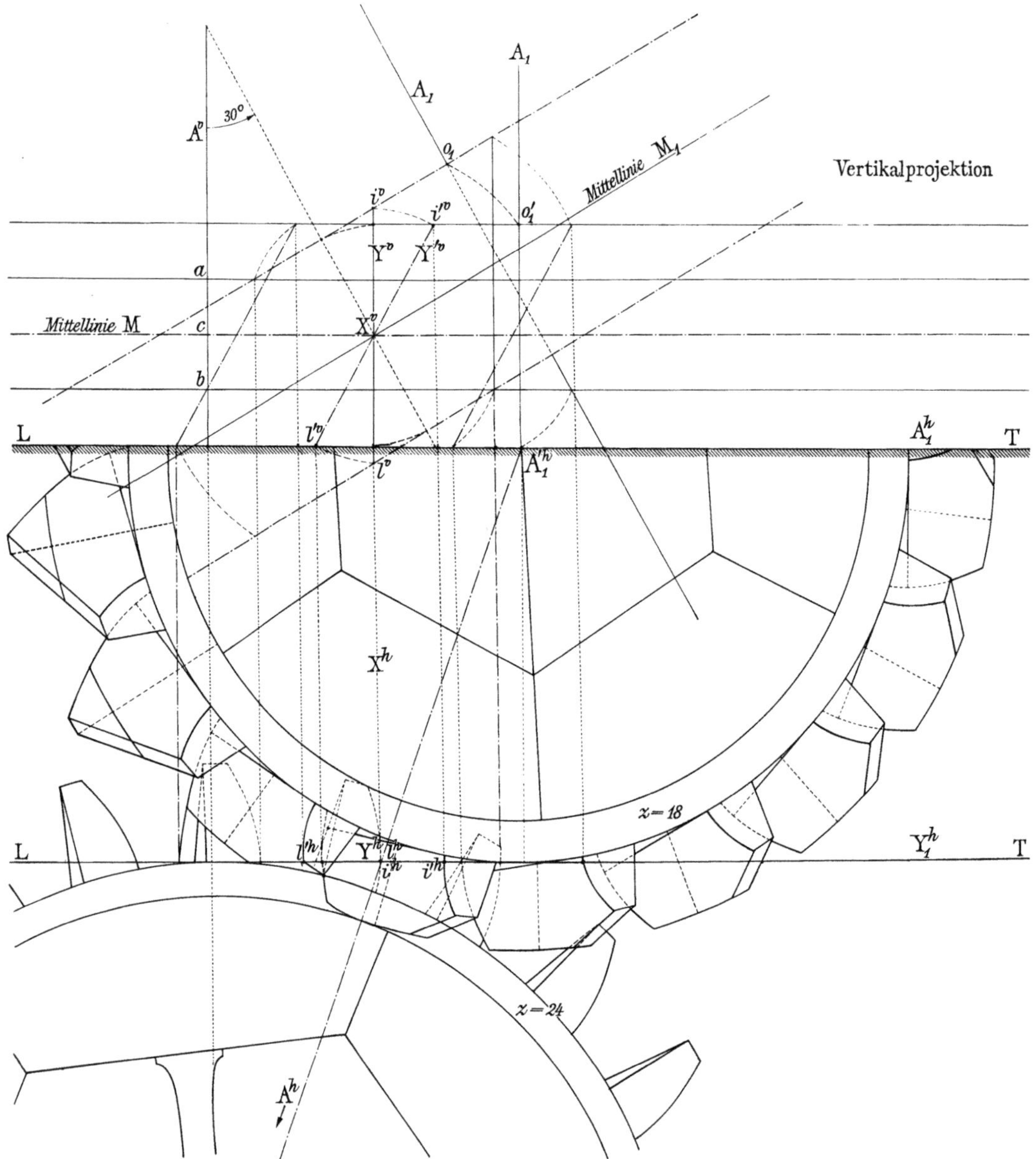

Bild 92.   Entwurf eines Kraftzahnrades zur Übertragung von Drehbewegung zwischen zwei Achsen, die nicht in der gleichen Ebene liegen, nach THÉODORE OLIVIER 1842

Diese Tafel zeigt die Konstruktion zum Bau des Modells eines Kraftzahnrades mit gekreuzten Achsen unter 30°. Dieses Modell befindet sich in den Sammlungen der Ecole Polytechnique und wurde 1831 vom Modell-Konservator dieser Schule BROCCHI angefertigt. Ein zweites Modell des gleichen Zahnrades führte 1841 MÉDAR für die Sammlung des Conservataire des Arts & Metiers aus.

Die Achse A des Rades trägt 24 Kreisevolventenzähne und liegt vertikal: seine Projektionen sind A^h und A^v. Die Achse A_1 des Rades trägt 18 Schraubenzähne und liegt in der vertikalen Ebene der Projektion; seine Projektionen sind A_1 und A^k oder LT. Die Mittellinien M und M_1 auf der projizierten Vertikalebene sind die vertikalen Linien beider Ebenen in gleichen Teilen, die zu gleichen Teilen an den Zahnrundungen teilnehmen. Diese Linien M und M_1 schneiden sich im Punkte X^v, der vertikalen Projektion der Geraden X als Durchtritt der beiden Ebenen, die zu gleichen Teilen die Scheibe teilen. Man kann das um die geneigte Achse A befestigte Rad längs der Geraden X bewegen, um es in die horizontale Lage zu bringen. In dieser horizontalen Lage findet sich das 18 Zahn-Rad, wie durch den Entwurf wiedergegeben.

Was man an diesen Rädern sofort sah, war ihre genauere Herstellbarkeit gegenüber Geradzahn-Stirnrädern. Aber für die Übertragung größerer Kräfte mied man sie. So benutzte um 1855 der Pariser Erfinder und Industrielle Eugène Bourdon (1808 bis 1884) bei seinem Instrument zur Messung der Strömungsgeschwindigkeit auf Eisenbahnzügen Schraubenräder nach Olivier.

Bild 93.   Schraubenradpaar mit rechtwinklig gekreuzten Achsen, Durchmesser 11,5 cm. Typische „Präzisions"-Schraubenräder Ende des 19. Jahrhunderts

Übrigens hatten bereits Robert Willis 1841 und William John Macquorn Rankine 1856 bis 1858 versucht, mit ihrer Methode der ebenen Hilfs- und Sekundärpolbahnen an Zykloiden- und Evolventenzähnen auch im Raum vorzugehen. Sie schlugen zur Erzeugung einer räumlichen Zykloidenverzahnung ein Rotationshyperboloid als Hilfsachsoid vor. Später entdeckte man aber, so 1876 der Professor für mechanische Technologie an der Technischen Hochschule Aachen Friedrich Gustav Herrmann (1836 bis 1907), daß dies auf falsche Zahnflächen führt.

Im August 1860 versuchte der Aachener Dozent, VDI-Gründungsmitglied Josef Pützer (1831 bis 1913) den Stoff des „spiraloidischen Eingriffs" nach den Linien von Olivier neu darzustellen und im deutschen Sprachraume einzuführen.

Er zählt fünf spiraloidische Eingriffe zur Übertragung zwischen zwei windschiefen Achsen auf: (siehe hierzu Bild 94)

1. Präzisionseingriffe $\Big\}$ zwischen zwei halben Spiraloiden
2. Krafteingriffe

3. Präzisionseingriffe zwischen einem halben Spiraloid und einem Evolventenzylinder
4. Präzisionseingriffe zwischen zwei halben Evolventenzylindern
5. Krafteingriff zwischen einem halben Spiraloid und einem halben Evolventenzylinder.

Für Pützer entsteht der Krafteingriff zwischen einem Evolventenzylinder und einem Spiraloid nur auf eine einzige Weise. Dazu berechnet er die Ganghöhe h_2 der Spirale auf dem Evolventenzylinder c_2 durch Einsetzen der Geschwindigkeit $u = \dfrac{d \cdot v_1 \cdot v_2 \cdot \cos\beta}{v_2 \cdot \cos\beta \pm v_1}$ in die Formel für die Ganghöhe $h = \dfrac{2\cdot\pi\cdot w}{v} = \dfrac{2\cdot\pi\cdot u}{v\cdot\sin\alpha}$ und erhält $h_2 = \dfrac{2\cdot\pi\cdot d\cdot v_1}{v_2\cdot\cos\beta \pm v_1}\cdot\operatorname{ctg}\beta.$

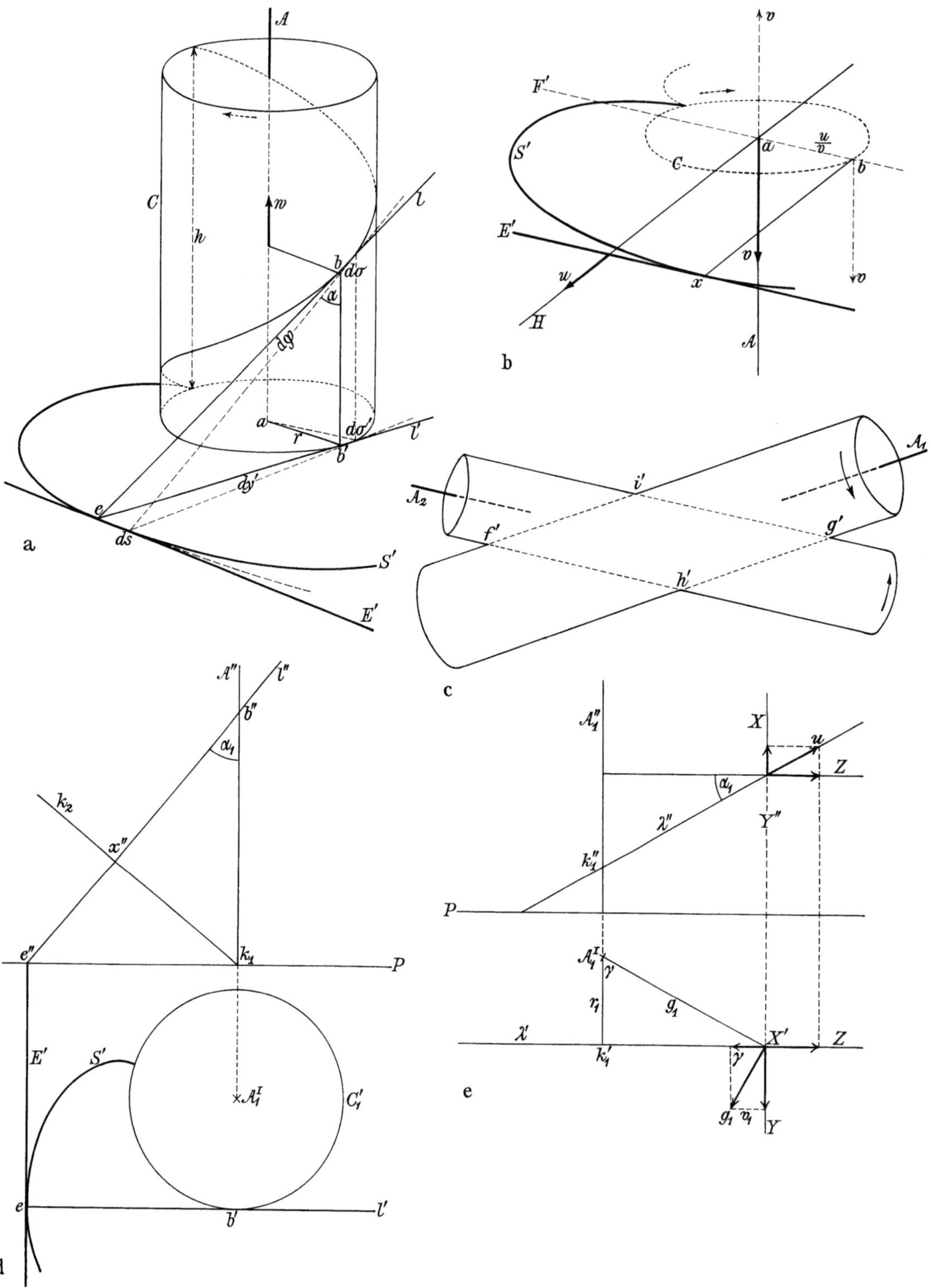

Bild 94.   Spiraloidischer Zahneingriff nach Josef Pützer 1860

a) Pützer denkt sich 1860 wie Olivier 1842 durch l eine Tangentialebene T des Zylinders gelegt, sie ist die projizierende Ebene der Geraden l, ihr Schnitt l'. Der Durchgang der Linie l sei e. Ist ferner b der Berührungspunkt der Linie l und des Zylinders, so ist bb' die Seite, in der sich der Zylinder C und die Ebene T berühren. Das Dreieck $eb'b$

(Fortsetzung siehe gegenüberliegende Seite)

Dies gilt für den Fall, daß E parallel A_1, $\alpha_1 = 0$ ist und daß das Spiraloid S_1 in einen Evolventenzylinder von $r_1 = \dfrac{u}{v_1}$ übergeht. Die Kurve S_1 auf dem Evolventenzylinder schneidet die Seiten desselben unter 90°, da $k_1 k_2$ zu A_1 normal ist. Wickelt man sie bei S_1 ab, so wird sie eine Gerade. Bei $\beta = \dfrac{\pi}{2}$ bilden A_1 und A_2 einen rechten Winkel und $h_2 = 0$. Aber für kleine β ist der Olivier-Eingriff in der Praxis brauchbar, das Rad auf der Achse A_1 läßt sich leicht ausführen. Bei solchen Winkeln wird h_2 sehr groß und das Rad auf A_2 nahezu ein Evolventenzylinder.

Die Bedingungen für zwei Spiraloide S_1 und S_2 zur Bewegungsübertragung zwischen A_1 und A_2 bei konstantem Verhältnis der Winkelgeschwindigkeit sind:

$$r_1 = \frac{u}{v_1 \cdot \cos \alpha_1} \quad \text{und} \quad r_2 = \frac{u}{v_2 \cdot \cos \alpha_2}$$

$$h_1 = \frac{2 \cdot \pi \cdot u}{v_1 \cdot \sin \alpha_1} \quad \text{und} \quad h_2 = \frac{2 \cdot \pi \cdot u}{v_2 \cdot \sin \alpha_2}$$

---

ist bei b' rechtwinklig. Pützer läßt nun T auf dem Zylinder rollen. Dabei beschreibt die in T feste Linie l sowohl die Spirale auf dem Zylinder, als auch das Spiraloid im Raume. Die Linie eb' aber wickelt sich dabei von dem Kreise ab, und der in ihr feste Punkt e beschreibt eine reine Evolvente des Kreises C'. Dies ist der Schnitt S' des Spiraloids. Die Lage der Ebene E ist nun gegeben durch die Ebene, die das Winkelelement $d\varphi$ zwischen l und der nächstfolgenden Charakteristik in sich aufnimmt, also auch das Element der Evolvente S' bei e. Die Tangente bei e ist also der Schnitt E' der Ebene E in der Lage, wo e erzeugt wird. Es steht aber diese Tangente senkrecht zu eb', also die Ebene E normal zu T. Hieraus, und weil A parallel T, zieht Pützer 1860 den wichtigen Schluß: l bildet denselben Winkel α mit A wie die Ebene E. Bei der augenblicklichen Lage von E ist die sich eben Erzeugende l parallel der Projektion der Achse A auf E. Da der Neigungswinkel der Spirale gegen die Seiten des Zylinders gleich α, so ist $eb' = bb' \cdot \operatorname{tg} \alpha$. Bei einer ganzen Abwicklung der Ebene T ist $2 \cdot \pi \cdot r = h \cdot \operatorname{tg} \alpha = \dfrac{2 \cdot \pi \cdot u}{v \cdot \sin \alpha} \cdot \operatorname{tg} \alpha$ und daraus $r = \dfrac{u}{v \cdot \cos \alpha}$. ds ist ein Element der Evolvente S' und ist zu eb' senkrecht. Mit Winkel $d\varphi'$ zwischen eb' und der nächstfolgenden Lage der Ebene T hat Pützer 1860 die Gleichung $ds = eb' \cdot d\varphi'$. Ist $d\varphi$ der Winkel zwischen eb und der nächstfolgenden Lage, so ist auch $ds = eb \cdot d\varphi$, woraus er folgert: $eb' \cdot d\varphi' = eb \cdot d\varphi$ und $\dfrac{d\varphi}{d\varphi'} = \dfrac{eb'}{eb} = \sin \alpha$. Nun bezeichnet Josef Pützer 1860 die von eb' und eb erzeugten Elemente des Kreises C' und der Wendekurve mit $d\sigma$ und $d\sigma'$, und erhält $d\sigma' = r \cdot d\varphi'$ und $d\sigma' = d\sigma \cdot \sin \alpha$, also $r \cdot d\varphi' = d\sigma \cdot \sin \alpha$ und $d\varphi' = \dfrac{d\sigma \cdot \sin \alpha}{r}$, Bei Abwicklung der Fläche S muß sich die Wendekurve in einen Kreis K verwandeln, da gleiche aufeinander folgende Elemente $d\sigma$ derselben gleiche Winkel miteinander bilden:

$d\varphi = d\varphi' \cdot \sin \alpha = \dfrac{d\sigma \cdot \sin^2 \alpha}{r}$. Weder die eine noch die andere dieser beiden Größen verändern sich bei der Abwicklung.

Pützer nennt den gesuchten Radius dieses Kreises R und erhält ihn zu $d\sigma = R \cdot d\varphi = \dfrac{R \cdot d\sigma \cdot \sin^2 \alpha}{r}$,woraus $R = \dfrac{r}{\sin^2 \alpha}$. Die Evolvente S' des Kreises C' ist auch Evolvente der Wendekurve und bleibt auch nach der Abwicklung der Fläche S eine reine Evolvente des Kreises K, in welchen die Wendekurve sich verwandelt.

b) Hier trägt Pützer 1860 auf A von a aus v als Größe der Drehung nach derjenigen Seite hin ab, von welcher aus die Drehung rechtsläufig erscheint. Das Drehungspaar u denkt er sich in eine durch A gehende, mit E parallele Ebene F verschoben. Die Drehung v und das Drehungspaar u geben nun eine einfache Drehung, welche parallel und gleichgerichtet ist der ursprünglichen Drehung in A, aber von dieser in F um die Breite u/v verschoben ist nach der Seite hin, welche von der sich von F wegbewegenden Ebene R aus rechts erscheint. Die neue Drehachse möge P im Punkt b auf F' schneiden, dann ist $ab = $ u/v. Die Gerade E geht in ihre nächstfolgende Lage über durch eine einfache, unendlich kleine Drehung, um den Punkt b mit der Winkelgeschwindigkeit v. Den Wendepunkt x des Schnittes E' findet er durch eine senkrechte von b aus auf E'. Er ist der augenblicklich erzeugte Punkt des Schnittes der Fläche S. Dies wiederholt sich mit der Winkelgeschwindigkeit v um den Punkt a herum: während die Gerade bx sich mit der Winkelgeschwindigkeit v um a dreht, ohne ihren Abstand von A zu ändern (da $ab = $ u/v konstant), bewegt sich wie E' auch der Punkt x auf bx mit der Geschwindigkeit u. Da diese Geschwindigkeit gleich ist der Peripheriegeschwindigkeit v u/v des Punktes b, so stellt bx die Länge des von b durchlaufenden Kreisbogens von dort ab dar, wo $bx = 0$ war. Es ist also S' die reine Evolvente des mit dem Radius $r = $ u/v um a als Mittelpunkt beschriebenen Kreises C'. Die Evolvente S' ist vollständig, d. h. sie besteht aus zwei entgegengesetzten Zweigen, deren gemeinsamer Ausgangspunkt auf der Peripherie des Kreises C' in dem Augenblick erzeugt wird, wo E durch A geht.

Diese Gleichungen enthalten weder d als kürzesten Abstand der Achsen, noch ihren Winkel β. Man kann also A_1 und A_2 beliebig einander nähern oder voneinander entfernen, auch ihren Winkel β ändern, ohne daß der richtige Eingriff gestört wird[1]. Diese Eigenschaft entspricht also der Evolventen-Geradverzahnung. Schließlich faßt PÜTZER 1860 die Eigenschaften des richtigen spiraloidischen Eingriffs nach OLIVIER zu den drei Punkten zusammen:

1. der Eingriff ist unabhängig vom kürzesten Achsabstand d und dem Winkel β
2. bei beliebigen d und β ist die Anzahl richtiger spiraloidischer Präzisions- und Krafteingriffe unendlich groß
3. man kann β und d variieren, behält aber in jedem Fall einen richtigen Präzisionseingriff von konstanter Winkelgeschwindigkeit. Die Eingriffe gelten auch für sich schneidende und parallele Achsen.

Schließlich sucht JOSEF PÜTZER 1860 das Spiraloid auf der Drehbank herzustellen.

PÜTZER's Darstellung mit gelegentlichen Bemerkungen für die Praxis konnte den Ingenieur nicht gewinnen. Die Zusammenhänge waren zu schwer verständlich und lagen zeitlich noch vor ihrer Einführungsmöglichkeit. Die Linienverzahnung von THÉODORE OLIVIER aber blieb lange Zeit die einzige, wirklich ausführbare Verzahnung. Spätere Versuche, z. T. schon mit hyperboloidischen Grundkörpern, erreichten nicht die Allgemeinheit seiner Theorie von 1842. Allgemeinen Zahnprofilen, die den ebenen Zahnrädern analog sind, näherte sich 1861 als Erster der Pariser Professor für Mechanik an den Ecoles des ponts & chaussées und polytechnique JEAN-BAPTISTE BÉLANGER (1790 bis 1874). Er ging von den, als Achsenflächen möglichen, Rotationshyperboloiden aus und versah sie längs vieler Erzeugender mit sehr dünnen Streifen. Genaue Zahnräder seiner Art gab zuerst der Turiner D. TESSARI geometrisch an. Er setzte 1871 auf eine der beiden hyperboloidischen Achsenflächen ein paraboloidisch geformtes Zahnprofil auf und konstruierte dazu die entsprechende Gegenzahnfläche. Eine allgemeine, rechnerische Behandlung des Problems lieferte 1893 der Pariser Professor an den Ecoles polytechnique und des mines HENRY-AMÉ RESAL (1828 bis 1896).

Die Theorie der Schrägverzahnung, wie auch der Schnecken und weiterer räumlicher Verzahnungen entstammt der Schraubentheorie. Sie beginnt mit dem Florentiner GIULIO GIUSEPPE MOZZI DE GARBO (1730 bis 1813), der 1763 zwei Jahre vor LEONHARD EULER in seinem „Discorso matematico sopra il rotamento momentaneo dei corpi" das Theorem von der gleichzeitigen Drehung und Verschiebung mitteilte.

Es gibt bei jeder Bewegung eines starren Systems in jedem Augenblick eine, und im Allgemeinen auch nur eine, Gerade dieses Systems, deren Ort durch die Bewegung nicht geändert wird, deren Punktreihe sich aber gegen die mit ihr zusammenfallende Gerade des ruhenden Systems verschiebt. Verschieben wir den Punkt in seine homologe Lage und greifen wir einen dieser Punktreihe heraus, so kann jede Bewegung eines starren Systems aus im Augenblick zurückgeführt werden auf eine Drehung um die Achse, die sich gleichzeitig in sich selbst verschiebt. Denkbar ist auch eine Drehung um die Achse, verbunden mit einem Entlanggleiten an derselben, d.h. also eine Schraubenbewegung, deren Achse und Steigung in jedem Augenblick eindeutig bestimmt ist. Nach einer Arbeit von MICHEL CHASLES (1793 bis 1880), der die Schraubung 1830 rein geometrisch aus der Bewegung nachwies, heißt diese Achse „Centralachse der Bewegung".

1838 erkannte der Professor für Mathematik in Leipzig AUGUST FERDINAND MOEBIUS (1790 bis 1868) das gleiche Problem in der Formulierung: ... durch zwei einander folgende Drehungen, deren Achsen einander zugeordnet sind, läßt sich ein bewegtes System aus jeder seiner Lagen in jede andere überführen ... Er nannte diese Achsen „conjugirte Drehachsen".

---

[1] Dies gilt entsprechend auch für zwei Evolventenzylinder.

1868 setzte der Bonner Professor für Mathematik und Physik Julius Plücker (1801 bis 1868) in seiner „Neuen Geometrie des Raumes" die Schraubentheorie fort. Er fand als erster: die Lage der konjugierten Drehachsen beschränkt sich auf eine Fläche. Diese untersuchte Plücker als erster geometrisch.

Auf jeden Fall muß diese Fläche die kürzeste Entfernung der konjugierten Drehachsen normal schneiden. Durch zwei Paare von konjugierten Drehachsen ist demnach die Momentanachse als kürzeste Entfernung von deren kürzesten Entfernungen eindeutig bestimmt. Aber auch, wenn nur ein Paar von konjugierten Drehachsen gegeben ist, ist die Lage der Momentanachse keine willkürliche mehr. Plücker nannte 1868 sein entstandenes geometrisches Gebilde „kubisches Conoid".

Die kinematische Bedeutung dieser Plücker'schen Fläche erkannte 1872 der Professor für Astronomie an der Universität Dublin Sir Robert Stawell Ball (1840 bis 1913). Er nannte sie auf Vorschlag seines Kollegen Arthur Cayley (1821 bis 1895) „Cylindroid". Ball behandelte auf gleicher Linie die Schraubentheorie in zwei Büchern 1876 und 1900 und wurde damit zum wichtigsten Schraubentheoretiker.

Wir können also jede Bewegung eines starren Systems zurückführen auf:

1. eine Drehung um eine im System festgelegte Achse, die sich wieder um eine im Raum festgelegte zweite Achse dreht, oder

2. eine Schraubenbewegung, deren Achse und Steigung in jedem Falle eindeutig bestimmt ist.

Nachdem also auch das Prinzip der Schrägverzahnung auf der Schraubentheorie beruht, gingen schrägverzahnte Stirnräder unter dem Begriffe „Schraubenrad" in den Sprachschatz ein. Je näher jetzt die Wende zum 20. Jahrhundert heranrückte, um so mehr drängte die Verwirklichung der Schrägverzahnung in der Praxis. Nachdem sich auch die geometrische Methode von Ball für die Ingenieur-Praxis nicht eignete, versuchten Köpfe aus deren Kreisen eine Lösung. Den wesentlichsten Fortschritt erzielte 1890 der Chefkonstrukteur in der Werkzeugmaschinenfabrik Brown & Sharpe, Providence/USA, Oscar J. Beale (1843 bis 1911). Im „American Machinist" gab er Schraubenräder für beide Drehrichtungen an. Die Schraubenräder von Olivier waren keine Kehlkreisräder gewesen und arbeiteten daher nur mit je einer ausgebildeten Zahnflanke in einer Drehrichtung. Bei Beale ist die Radbreite in beiden Fällen durch die Zahnhöhe bedingt. Die Zahnköpfe sind begrenzt durch einen Zylinder, der zum Achsoidzylinder konzentrisch ist. Dadurch werden bei der Bearbeitung diejenigen Stücke von den Zahnflächen weggeschnitten, die nicht zum Eingriff kommen, s. Bild 95. Den Kopf-Zylinder legt Beale dort durch den Punkt K, Bild 91, wobei FK die Länge des Profils ist. Die Neigung der Erzeugenden $\mathfrak{P}$ und Punkt K bedingen dann die Radbreite. Kehlkreisräder haben allerdings unterschnittene Vorwärtsflanken. Mit Oscar Beale aber ist im Jahre 1890 bereits die moderne Technik erreicht. Es bestanden jetzt Möglichkeiten zur einfachen Herstellung von Schrägverzahnungen: seit 1887 durch das Wälzhobelverfahren des Bostoner Ingenieurs George Barnard Grant (1849 bis 1917) und seit 1897 durch das allgemeine Schraubwälzfräsen des Chemnitzer Ingenieurs Hermann Pfauter (1854 bis 1914).

Sehr umständlich hatte man vorher die ersten Schraubenräder für Gewehrlaufziehmaschinen auf der Leitspindeldrehbank hergestellt, später auf der Universal-Fräsmaschine ähnlich spiralgenuteten Fräsern. Seit 1900 fand man an Werkzeugmaschinen, besonders an Drehbänken und Fräsmaschinen, Zahnradübertragungen durch Schraubenräder. Man hielt damals die Anwendung der etwas teuereren Schraubenräder für berechtigt, wenn

1. die Achsen nicht parallel und nicht in einer Ebene lagen, so daß weder Stirn- noch Kegelräder in Frage kamen

2. bei parallelen Achsen ein axialer Druck ausgeglichen werden sollte

3. bei parallelen Achsen ein ruhiger Gang erzielt werden sollte.

Der Schwerpunkt lag zunächst auf dem Vorzug des ruhigen Ganges. Weiteres Vordringen der Schrägverzahnung ermöglichte die allgemeine Entscheidung im Maschinenbau zugunsten der Evolventenverzahnung, weil sie im Teilkreispunkt des Normalschnittes theoretisch die genau richtige Tangentenlage und Krümmung hat.

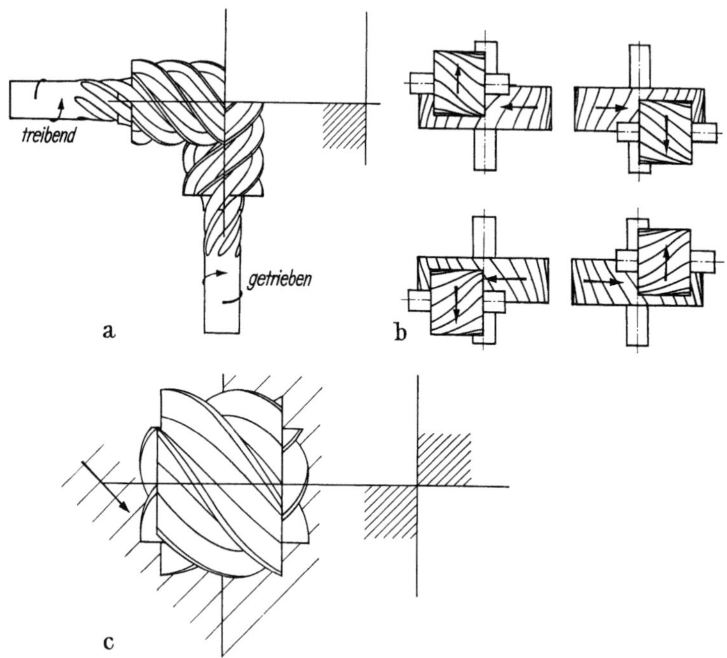

Bild 95.   Schraubenräder nach Oscar J. Beale 1890

a) Radpaar für eine Drehrichtung, es ist in der Kehlkreisebene abgeschnitten, b) Anordnung der Räder für bestimmte Drehrichtungen beider sich kreuzender Wellen, c) Radpaar für beide Drehrichtungen; beide Räder liegen symmetrisch zur Kehlkreisebene.

Dadurch ließ sie sich auch leicht berechnen. Man kann nämlich von der Normalteilung t_n ausgehen, so daß die Beziehung zwischen Normalteilung t_n, Stirnteilung t_s und dem konstruktiv bedingten Achsenwinkel lautet $\cos \alpha = \dfrac{t_n}{t_s}$. Die Stirnteilung t_s drückte man in der Praxis durch Auflösen dieser Gleichung nach t_s aus. Danach ist auch der Teilkreis-Durchmesser $D = \dfrac{z \cdot t_s}{\pi} = \dfrac{z \cdot t_n}{\pi \cdot \cos \alpha} = \dfrac{z \cdot Normalmodul}{\cos \alpha}$. Die meisten Zahnbeziehungen entsprechen sonst der Geradverzahnung. Auch der Modul wird für die Normalteilung t_n gewählt, da nur hier ganzzahlige Werte brauchbar sind. Bei parallelen Achsen ist $\alpha = 0$, $\cos \alpha = 1$ und $\alpha_1 = \beta$. Die Zähnezahlen beider Räder sind umgekehrt proportional dem Sinus ihrer Achsenwinkel α, also $z \cdot \sin \alpha = z_1 \cdot \sin \alpha_1$. Die Summe beider Achsenwinkel ist gleich dem Schrägungswinkel β, also $\sin \alpha + \sin \alpha_1 = \sin \beta$. Durch Ausdrücken von α folgt $z_1 \cdot \sin \alpha + z \cdot \sin \alpha = z_1 \cdot \sin \beta$ und schließlich $\sin \alpha_1 = \sin \beta - \sin \alpha$. Oft vergaß man um die Jahrhundertwende, daß der Durchmesser des Schraubenrades größer ist als der des Geradzahnrades gleicher Teilung. Dadurch gab es manche Fehler. Man stellte sich damals nicht klar vor, daß der rechtwinklige Schnitt zum Zahn die Form einer Ellipse hat, auf deren Nebenachse der Zahn liegt. Maßgebender Kreis für die Verzahnung ist also der Krümmungskreis $r = a^2/b$ des flachen Ellipsenscheitels b, wobei $a = \dfrac{D_s}{2 \cdot \cos\alpha}$ und $D_s =$ Teilkreisdurchmesser des Schraubenrades. Dann wird der Teilkreisdurchmesser D_f des erforderlichen Fräsers $D_f = 2\,a^2/b$ mit den oben erwähnten Werten $D_f = \dfrac{D_s}{\cos^2 \alpha}$. Die meisten Irrtümer entstanden aber durch die Beschriftung der Fräser mit den Zähnezahlen z_s für Gerad-, statt z_f für Schräg-Zahnräder. Die virtuelle Zähnezahl des Schrägzahnrades ist aber $z_f = \dfrac{D_f}{\dfrac{t_n}{\pi}} = \dfrac{z_s}{\cos^3 \alpha}$.

Tabelle 19

Tafel zum Ablesen der Stirnteilungen t_s bei verschiedenen Schrägungswinkeln α nach Friedrich Stolzenberg & Co., Berlin-Reinickendorf, 1909

1		2		3		4		5		6		7	
Normal-teilung		parallele Achsen				sich kreuzende Achsen						Zahn-	
		Stirnteilungen t_s und $\frac{t_s}{\pi}$											
		$\alpha = 10°$		$\alpha = 20°$		$\alpha = 26° 35'$		$\alpha = 45°$		$\alpha = 63° 25'$			
$\frac{t_n}{\pi}$	t_n mm	$\frac{t_s}{\pi}$	t_s mm	$\frac{t_s}{\pi}$	t_s mm	$\frac{t_s}{\pi}$	t_s mm	$\frac{t_s}{\pi}$	t_s mm	$\frac{t_s}{\pi}$	t_s mm	Höhe mm	Kopf mm
1	3,14	1,015	3,19	1,064	3,34	1,118	3,51	1,414	4,44	2,235	7,02	2,17	1
1¼	3,93	1,269	3,99	1,332	4,18	1,398	4,39	1,768	5,55	2,793	8,78	2,71	1,25
1½	4,71	1,523	4,79	1,596	5,02	1,677	5,27	2,121	6,66	3,352	10,53	3,25	1,50
1¾	5,5	1,777	5,58	1,826	5,85	1,957	6,15	2,475	7,78	3,911	12,29	3,79	1,75
2	6,28	2,031	6,38	2,128	6,69	2,236	7,03	2,829	8,89	4,469	14,04	4,33	2
2¼	7,07	2,285	7,18	2,394	7,52	2,516	7,90	3,182	10	5,028	15,80	4,87	2,25
2½	7,85	2,539	7,98	2,660	8,36	2,792	8,78	3,535	11,11	5,587	17,55	5,42	2,50
2¾	8,64	2,792	8,77	2,926	919	3,075	9,66	3,889	12,22	6,145	19,31	5,96	2,75
3	9,42	3,046	9,57	3,193	10,03	3,355	10,54	4,243	13,33	6,704	21,06	6,5	3
3¼	10,21	3,300	10,37	3,459	10,87	3,634	11,42	4,596	14,44	7,263	22,82	7,04	3,25
3½	11	3,554	11,17	3,725	11,70	3,914	12,30	4,950	15,55	7,822	24,57	7,58	3,50
3¾	11,78	3,808	11,96	3,991	12,54	4,193	13,17	5,303	16,66	8,380	26,33	8,13	3,75
4	12,57	4,062	12,76	4,257	13,38	4,473	14,05	5,657	17,77	8,938	28,08	8,67	4
4¼	13,35	4,316	13,56	4,523	14,21	4,752	14,93	6,011	18,88	9,498	29,84	9,21	4,25
4½	14,14	4,569	14,36	4,789	15,04	5,032	15,81	6,364	19,99	10,056	31,59	9,75	4,50
4¾	14,92	4,823	15,15	5,055	15,88	5,312	16,69	6,718	21,10	10,615	33,35	10,92	4,75
5	15,71	5,077	15,95	5,321	16,72	5,591	17,57	7,071	22,21	11,173	35,10	10,83	5
5¼	16,49	5,331	16,75	5,587	17,55	5,871	18,44	7,424	23,32	11,732	36,86	11,38	5,25
5½	17,28	5,585	17,55	5,853	18,39	6,150	19,32	7,778	24,44	12,291	38,61	11,92	5,50
5¾	18,06	5,839	18,34	6,119	19,22	6,430	20,20	8,132	25,55	12,849	40,36	12,46	5,75
6	18,85	6,093	19,14	6,385	20,06	6,709	21,08	8,485	26,66	13,408	42,12	13	6
6¼	19,64	6,346	19,94	6,651	20,89	6,989	21,96	8,839	27,77	13,966	43,88	13,54	6,25
6½	20,42	6,603	20,74	6,917	21,73	7,268	22,83	9,192	28,88	14,525	45,63	14,08	6,50
7	21,99	7,108	22,33	7,449	23,40	7,827	24,59	9,900	31,10	15,643	49,14	15,17	7
7½	23,56	7,616	23,93	7,981	25,07	8,387	26,35	10,607	33,32	16,760	52,65	16,25	7,50
8	25,13	8,123	25,52	8,513	26,75	8,946	28,10	11,314	35,54	17,877	56,16	17,32	8
9	28,27	9,139	28,71	9,578	30,09	10,064	31,62	12,730	39,99	20,112	63,18	19,5	9
10	31,42	10,154	31,90	10,642	33,43	11,182	35,13	14,142	44,43	22,347	70,21	21,67	10

Die Schrägverzahnung verbreitete sich ständig weiter, vor allem durch die Automobilindustrie. Wegen der hohen Genauigkeitsforderungen zur Geräuschminderung bevorzugte diese ausschließlich Abwälzfräsmaschinen in der Zahnradherstellung, mit denen sich beliebig auch Schrägzahnräder fräsen ließen. Ihre Verwendung begann mit Nockenwellenantrieben der Motoren (mit $i = 2$), wobei das kleinere Rad auf der Kurbelwelle saß, unter dem Achsenwinkel $\alpha = 63° 25'$. Diese Ausführung kam billiger als Kegelräder[1]. Aber auch an parallelen Achsen gewannen Schrägzahnräder nach der Jahrhundertwende zusehends Boden, besonders in Getrieben von Werkzeugmaschinen. Mit Einführung des Schnellstahls im Jahre 1900 kamen auch die Schnelldrehbänke. Diese arbeiteten mit hohen Geschwindigkeiten und Kräften. Die schrägverzahnten Vorgelegeräder liefen dabei nicht nur geräuscharm, sondern auch stoßfrei. In Automobil-Wechselgetrieben führten sich schrägverzahnte Stirnräder erst in den zwanziger Jahren ein.

Inzwischen beschäftigte die Mathematiker das geometrisch-kinematische Problem der Schraubenräder weiter. Der Schweizer Professor für Geometrie an der Universität Straßburg Dr. Martin Disteli (1862 bis 1923) behandelte 1904 als erster einwandfrei die räumlichen Bewegungsvorgänge bei der Drehung zweier Räder mit windschiefen Achsen. Während seiner Professur an den Technischen Hochschulen Dresden und Karlsruhe setzte er seine Arbeiten zu diesem Thema in der „Zeitschrift für Mathematik und Physik" noch fort, weshalb wir ihre Titel hier folgen lassen:

1904 Über instantane Schraubengeschwindigkeiten und die Verzahnung der Hyperboloidräder, Band 51, Seite 51 bis 88

1908 Über einige Sätze der kinematischen Geometrie, welche der Verzahnungslehre zylindrischer und konischer Räder zugrunde liegen, Band 56, Seite 233 bis 257

1911 Über die Verzahnung der Hyperboloidräder mit geradlinigem Eingriff, Band 59, Seite 244 bis 298

1913 Über das Analogon der Savary'schen Formel und Konstruktion in der kinematischen Geometrie des Raumes, Band 62, Seite 261 bis 309.

Der wichtigste Beitrag ist der erste von 1904. Hierin knüpft Disteli direkt an die Ergebnisse von Julius Plücker 1868 und Sir Robert St. Ball 1872 an, vor allem für den Fall der Linienverzahnung. Er setzt die Schraubengeschwindigkeiten zusammen und leitet die Bedingungen für die Vereinigung und Zerlegung unendlich kleiner Schraubungen ab, in denen die räumliche Vorstellung für die entsprechenden Bewegungen verloren zu gehen pflegte. Die gewonnenen Formeln stellte er nach den Methoden der algebraischen Geometrie zeichnerisch dar.

Der alltäglichen Ingenieurpraxis weitergeholfen hat aber erst die graphische Kinematik. Sie begründete um 1872 der Professor für Höhere Mathematik an der Technischen Hochschule Berlin Siegfried Heinrich Aronhold (1819 bis 1884) in seinen „Grundzügen der kinematischen Geometrie". Auf seiner Linie wirkte entscheidend weiter der Professor für Getriebelehre an der gleichen Hochschule Wilhelm Hartmann (1853 bis 1923). Auf den Schultern seines großen Lehrers Franz Reuleaux stehend lehrte er selbst als erster brauchbare geometrische Verfahren, die man bei praktischen Fragen zu Konstruktion und Bearbeitung bequem anwenden konnte. Reuleaux selbst stellte sich 1875 noch die räumliche Evolventenverzahnung als „Abschroten" (Rollen

---

[1] Wegen zu starken Verschleißes und Geräusches ging man um 1910 mit dem Schrägungswinkel auf 12° bis 20° herunter. Die Zahnbreite steigerte man von 19 mm bis 21 mm auf 25 mm bis 30 mm, später weiter. Die Teilung wurde anfangs zu grob genommen.

und Gleiten) einer Ebene auf zwei Zylindern mit windschiefen Achsen vor, die sich berühren. In seinen Vorlesungen an der Technischen Hochschule Berlin trug WILHELM HARTMANN schon seit 1889 sein „Neues Verfahren zur Aufsuchung des Krümmungskreises" einer durch Bewegung entstandenen Kurve vor. Hier war die graphische Kinematik verwirklicht, wie sie der Ingenieur brauchte. HARTMANN arbeitete nicht mit geometrischen Örtern, sondern mit Bahnen, die von einzelnen Punkten erzeugt oder von anderen Kurven umhüllt werden. Zu solchen Bewegungsvorgängen benutzte er in seinen Vorlesungen den „Geschwindigkeitsplan". Seinem Schüler, dem Kaiserslauterer RUDOLF CRAIN, gelang es 1905, diese Methode des Geschwindigkeitsplanes auch im Raume anzuwenden. CRAIN arbeitet nur mit Gleit- und Drehgeschwindigkeiten, die er als Längen darstellte. In einem neu erdachten „Achsenplan" zerlegt er die Elementarschraubungen und entwickelt mit ihm die brauchbaren Hilfsaxoide räumlicher Zahn-

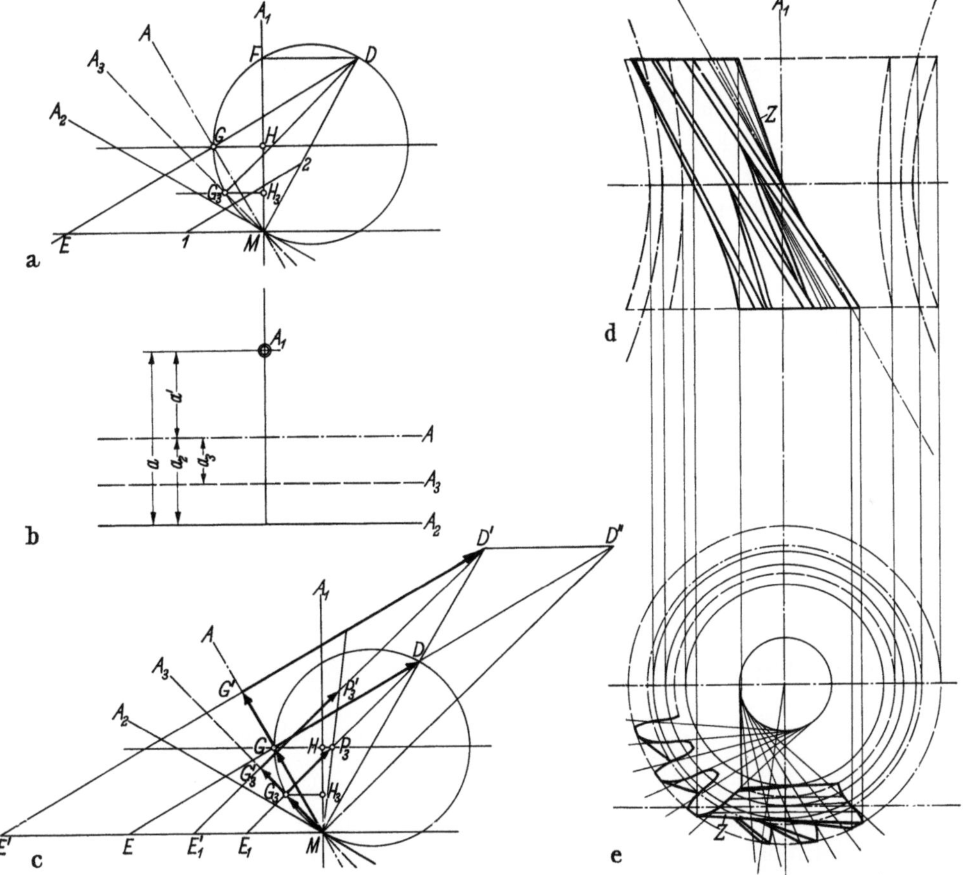

Bild 96.   Konstruktion des Schraubenrades nach RUDOLF CRAIN 1905

a) Achsenplan, b) Hilfsaxoide, c) u. d) Schraubenrad zur Achse A_1 in Auf- und Grundriß, d) und e) zeigen das Schraubenrad zur Achse A_1 in Auf- und Grundriß. Im Grundriß sind die Zahnprofile in der Kehlkreisebene und in der oberen und unteren, zu dieser parallelen Begrenzebene des Rades eingezeichnet. Lt. e) sind Vor- und Rückwärtsprofil nur in der Kehlkreisebene symmetrisch. Im Zahn Z sind einige Geraden in geometrisch richtiger Lage eingetragen und bilden der Reihe nach eine Zahnflanke, wenn man die Axoide stetig aufeinander abschrotet. Die Flanken setzen sich aus zwei Stücken zusammen, entsprechend dem außen und innen berührenden Hilfsaxoid; sie haben daher in der Geraden, die auf dem Axoid liegt, eine Wendegerade. Die Profile, die in Schnittebenen normal zur Radachse liegen, haben einen Wendepunkt. e) zeigt: die Tangenten an die Profile einer Normalebene berühren alle einen Kreis. Sein Radius ergibt sich aus dem „Achsenplan". Die Tangenten an die Wendepunkte der Profile in der Kehlkreisebene gehen durch den Mittelpunkt des Kehlkreises. Eingriffsfläche ist eine Schraubenfläche, die sich aus je einem Stück der beiden Hilfsaxoide zusammensetzt. Die Zahnköpfe und -füße sind durch je ein passend gewähltes Rotationshyperboloid begrenzt. Die Durchdringungslinien der Zahnflanken mit dem Kopf- und Fußhyperboloid sind annähernd Geraden.

flanken durch darstellende Geometrie. Mit dem Achsenplan ermittelt CRAIN 1905 zwei Hilfsaxoide, läßt sie auf dem Axoid abrollen und verschiebt sie gleichzeitig mit der resultierenden Gleitgeschwindigkeit v längs der augenblicklichen Berührungsgeraden. Das außen berührende Hilfsaxoid erzeugt den Zahnkopf, ein innen berührendes den Zahnfuß. Durch „Schroten" dieser Hilfsaxoide nach der einen Seite entstehen die Vorwärts-, nach der anderen Seite die Rückwärts-Zahnflanken. 1907 prüft CRAIN in seiner Dissertation an der Technischen Hochschule Berlin erneut die geometrischen und dynamischen Eigenschaften richtig erzeugter Schraubenräder mit geradlinigem Eingriff (= Krafteingriff). Jetzt fügt er der räumlichen Zykloiden- noch die Evolventen-Verzahnung hinzu. Durch seinen „Achsenplan", mit dem sich alle möglichen Hilfsaxoide bestimmen lassen, kommt CRAIN 1907 auf die räumliche Evolventen-Verzahnung von THÉODORE OLIVIER 1842 zurück.

Das Endergebnis von CRAIN 1907 führt zu dem gleichen Gedanken, den schon 1904 MARTIN DISTELI fand: das Hyperboloid als Hilfsaxoid ist zur Erzeugung einer räumlichen Verzahnung unbrauchbar, weil die Punkte der erzeugenden Zahnflankengeraden nicht die gleiche Schraubenlinie gegenüber den beiden Axoiden der Räder beschreiben. Es kann aber durch eine Schraubenfläche bestimmter geometrischer Eigenschaften ersetzt werden. Das Verfahren von CRAIN war jedoch für den Ingenieur weitaus bequemer. Es blieb wohl das letzte gültige geometrische Verfahren, denn von jetzt ab verstummten die geometrischen Diskussionen um die Schrauben- und Schrägräder.

Für das Maß der Verdrehung beider Endprofile innerhalb der Zahnbreite b findet 1913 der Professor für Maschinenelemente an der deutschen Technischen Hochschule in Prag Dr. ADALBERT SCHIEBEL (1872 bis 1932) den Begriff Sprung des Schraubenzahnes zu $t_0 = b \cdot \mathrm{ctg}\,\beta$. Dieser verlängert die Eingriffdauer über den Eingriffsbogen e des Zahnprofils hinaus. Der Überdeckungsgrad beträgt damit bei

Gerad-Verzahnung	Schräg-Verzahnung
$\dfrac{e}{t}$	$\dfrac{e + t_0}{t}$

Ferner zeigt SCHIEBEL 1913 genau den Eingriffsverlauf von A bis E nach seinem Bild 97. Der Zahndruck P normal zur Flankenrichtung vergrößert sich ebenfalls; er beträgt bei

Gerad-Verzahnung	Schräg-Verzahnung
$P = 1$	$P = \dfrac{1}{\sin \beta}$

SCHIEBEL definiert als Winkel β den Winkel zwischen der Flankenrichtung und der Umfangsrichtung, während wir heute unter β den Winkel zwischen Flanken- und Achsrichtung verstehen.

Die Axialkraft P_a drückt SCHIEBEL 1913 durch die Gleichung $P_a = P \cdot \mathrm{ctg}\,\beta$ aus und empfiehlt keine größeren Schrägstellungen der Zähne als 5° bis 20° bzw. $\beta = 70°$ bis 85°. Für den Zahnreibungsverlust $\mathfrak{v}$ schreibt SCHIEBEL 1913 bei

$$\text{Geradverzahnung} \qquad \mu \cdot \pi \left(\frac{1}{z_1} + \frac{1}{z_2} \right) \frac{\varphi}{2}$$

$$\text{Schrägverzahnung} \qquad \frac{\mu \cdot \pi}{\sin \beta} \left(\frac{1}{z_1} + \frac{1}{z_2} \right) \frac{\varphi}{2}$$

Den Eingriff der Schrägzähne verglich man zu dieser Zeit oft mit einem Ineinanderfalten, im Gegensatz zum stoßweisen Aufeinandertreffen der geraden Zahnflanken.

1928 stellt der Professor für Maschinenelemente und Werkstoffkunde an der Technischen Hochschule Aachen Dr. Felix Rötscher (1873 bis 1944) die Schrägverzahnung durch ein Band dar, das längs der Grundzylinder läuft. Es stellt die Eingriffsebene dar. Längs der schrägen Linien, die die Zahnflanken erzeugen, berühren sich diese während des Eingriffs.

Entsprechend Bild 98 vergrößert sich der Überdeckungsgrad gemäß des Sprunges zu

$$\dfrac{\dfrac{A'B'}{\sin\beta} + t_0}{t}$$

worin Rötscher den Ausdruck $\dfrac{A'B'}{\sin\beta} = w_0$ den Wälzbogen w_0 nennt, entsprechend dem Zahnprofil in der vorderen Stirnfläche.

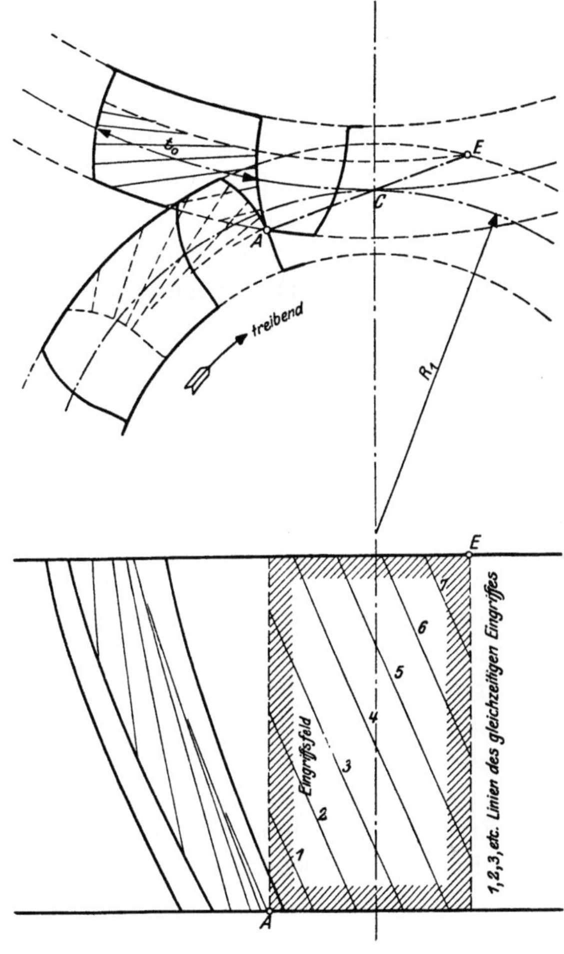

Bild 97. Eingriffsverlauf am Stirnrad mit Schraubenzähnen nach Adalbert Schiebel 1913

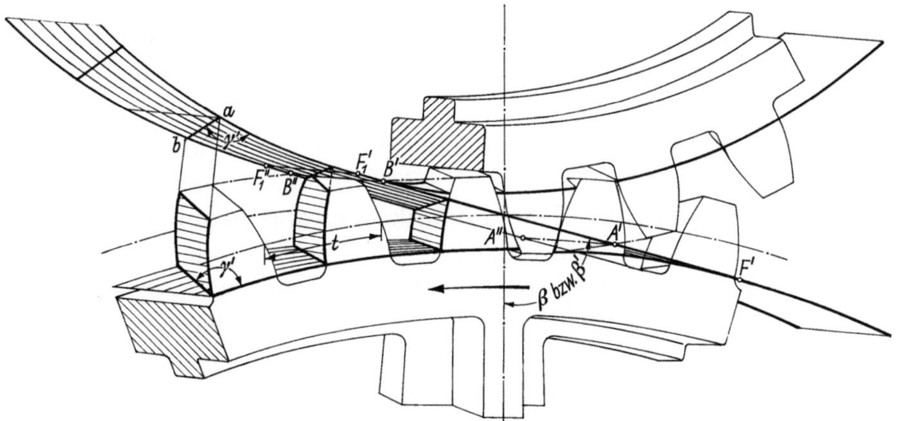

Bild 98.   Darstellung der Schrägverzahnung mit einem Bande, das auf den Grundzylindern läuft, nach Felix Rötscher 1928

Kopfzylinder begrenzen auf dem Bande das Eingriffsfeld $A'A''B''B'$. Am unteren Rade beginnt der Eingriff in einem einzigen Punkte bei A'. Allmählich breitet sich die Berührung beider Zähne weiter aus. Während die Vorderkante der Flanke B' den Eingriff verläßt, greifen weiter zurückliegende Teile noch so lange ein, bis die Zahnspitze in der hinteren Stirnfläche nach B'' kommt.

Bei

$t_0 < w_0$ berühren sich die Flanken einige Zeit auf ihrer ganzen Breite

$t_0 > w_0$ liegen die Flanken nicht auf der vollen Breite an.

$t_0 > t$ ist auf jeden Fall ständiger Eingriff gesichert.

Nach dem 1. Weltkriege lieferte die Berliner AEG bereits für Vollbahnlokomotiven Schrägzahnrädergetriebe. 1921 führte sie diese auch bei ihren Achsmotoren für einseitige Antriebe von Straßen-, Hoch- und Untergrundbahnen ein. Schneller Verkehr und schwerer Betrieb forderten jetzt geschnittene Schrägräder, die sich außerdem billiger stellten als geschliffene Geradzahn-Stirnräder. Auch bei den städtischen Bahnen schätzte man ruhigen Lauf, lange Lebensdauer und Schonung aller Motorteile durch Schwingungsfreiheit. Der Steigungswinkel betrug bei diesen Achsmotoren 6° bis 12°, in beidseitigen Antrieben (die den Achsialdruck gegenseitig aufheben) bis 30°. Die Großräder (bei $i = 5$) baute die AEG 1921 als zweiteilige Schraubenräder, wobei die Teilfuge parallel zur Flankenrichtung gelegt wurde. Durch diese Schrägzahn-Stirnräder erhöhte sich die Eingriffsdauer von 1,5 bis 2 auf 3. Um diese Zeit begann auch die Entwicklung von Automobilgetrieben mit schrägverzahnten Radpaaren, da hier die Forderungen ähnlich waren.

Im allgemeinen aber machte das Vordringen der Schrägverzahnung nur langsame Fortschritte. Auf die „einzigartige günstige Wirkungsweise der Reibungskräfte bei schrägverzahnten Stirnrädern" mußte noch 1935 der Leiter des Verzahnungsbüros der Zahnradfabrik Friedrichshafen (ZF) Ob.-Ing. HERMANN HOFER (1891 bis 1963) eigens hinweisen. „Hier verläuft die Zahnanlage schief auf der Zahnflanke, so daß die Zahnkraft an ein und derselben Flanke stets über und unter dem Teilkreiszylinder gleichzeitig angreift. Damit greift aber auch die Reibungskraft über und unter dem Teilkreiszylinder stets gleichzeitig an." Inzwischen war auch das Schleifen schräger Zähne als neue Errungenschaft hinzugekommen und ermöglichte eine nahezu volle Zahnanlage. Beim Einhalten gleicher, genügend großer Zahnschräge im Radpaar hält HOFER das Schrägzahnrad für „... das Zahnrad mit vollkommenem Reibungsausgleich", da die Reibungskräfte über und unter dem Teilkreiszylinder entgegengesetzt gerichtet sind. Er spricht Anfang März 1935 auch von einem „Reibungsausgleich innerhalb der jeweils tragenden Flanke", weil sich die Zahnanlage in axialer Richtung schräg über die ganze Zahnflanke schraubt. So wirken ein- und austretende Reibung stets am gleichen Zahne und heben sich auf.

Bis in unsere Tage aber fürchtete man die Berechnung von Schrägverzahnungen wegen der vorkommenden Winkelfunktionen und schwierigen Berechnungsformeln. Hier gelang es 1952 dem Ob.-Ing. der Zahnradfabrik Schwäbisch-Gmünd (ZF) Dr. GEORG DIETRICH, graphische Berechnungsverfahren und Rechenschemata vor allem für Schrägzahnräder mit und ohne Profilverschiebung anzugeben, so daß sich auch hierin das Verständnis für die Zusammenhänge bei Schrägverzahnung vertiefte.

Die Doppelschräg- oder Pfeilverzahnung erfand 1801 ebenfalls der Engländer JAMES WHITE. Er zeigte sie zuerst in einer Pariser Ausstellung und Napoleon I. zeichnete sie mit einer Medaille aus. WHITE verwandte sie in Uhrengetrieben. 1804 sah man einen Pfeilradantrieb in der englischen Patentschrift einer Dampfmaschine. Klar kennzeichnete im schon erwähnten Patent JOSEPH WOOLLAMS die doppelte Schräg- bzw. Pfeilverzahnung 1820. Seine Zähne oder Zargen konnten „... in einer oder mehreren Richtungen schräg gegen ihre respektiven Bewegungsflächen angebracht werden ...".

JAMES WHITE kam 1822 in seinem „Century of Inventions" noch einmal auf die Pfeilverzahnung zurück wegen ihres Linieneingriffs und ruhigen Ganges. Bei Betrachtung der Pfeilräder erkannte man einen bisher völlig unbekannten Vorteil der schrägen Verzahnungen. Irrtümlich schrieb man bis zum letzten Viertel des 19. Jahrhunderts ihren ruhigen Gang einem reibungsfreien Eingriff zu. Aus diesem Grunde suchte man solche schrägen Verzahnungen nur mit rollender, und nicht gleitender Reibung, auszuführen. Diese Bemühung erwies sich aber als vergeblich.

Im letzten Viertel des 19. Jahrhunderts führten sich die Pfeilräder in den Schwermaschinenbau ein. So begannen 1878 die Hagener Gußstahlwerke AG ihre Fabrikation für Walzwerke. Bis zum Herbst 1882 lieferten allein westfälische Stahlgießereien Pfeilräder mit einem Gesamtgewicht von 2000 Tonnen ins In- und Ausland.

Gründe des vorzüglichen Arbeitens von Pfeilverzahnungen sind

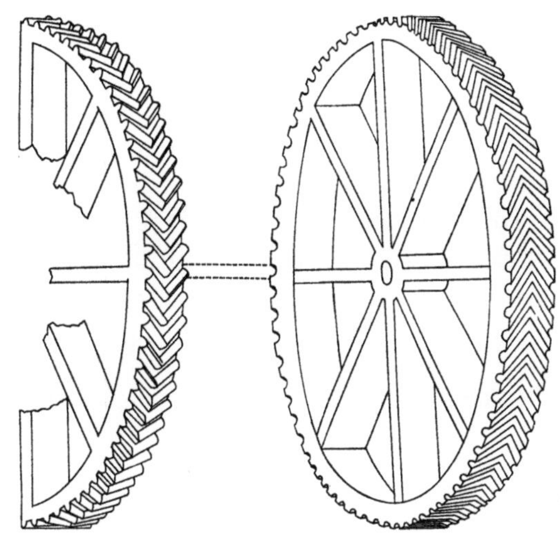

Bilder 99. Pfeilräder nach JOSEPH WOOLLAMS 1820

1. der allmählich wachsende und wieder abnehmende Zahndruck
2. die richtige Bewegungsübertragung von einer Achse zur anderen, auch im stark abgenutzten Zustande, ohne Achsverkantung.

Mit der zweiten Eigenschaft stehen die Pfeilräder unter sämtlichen Stirnrädern einzig da. Dies hob im August 1890 der Professor für Mechanik und Maschinenbau an der k. k. Bergakademie Leoben ANTON BAUER (1856 bis 1935) nochmals hervor. Er lieferte die beste deutschsprachige Arbeit über Pfeilräder, nachdem er eine größere Zahl von ihnen untersucht hatte, die verschieden abgenutzt waren.

Ein interessanter Gesichtspunkt ist die Wahl des günstigsten Pfeilwinkels. BAUER behauptet 1890: das 25°-Pfeilrad ist doppelt so fest wie das 45°-Rad, es geht aber fast die zweifache Arbeit verloren. Genauen Vergleich zu den geraden Zähnen 1910 gestattet Tabelle 20.

Tabelle 20. *Genauer Vergleich zwischen geraden und gepfeilten Zähnen 1910*

	$z_{\min}$	Zahnfußdicke	Belastbarkeit	$\eta_i = 5$
Geradzähne	30	1	1	97,1
Pfeilräder 45°	11	1,25	1,5	98,4

Also auch die Unterschnittsgrenze lag bei Pfeilrädern viel günstiger. Deshalb gab man 45°-Pfeilstirnrädern bald den Vorzug. Hier konnte man auch mit der Zähnezahl bis vier heruntergehen und eine Übersetzung bis $i = 20$ erzielen. Man lag damit günstiger als ein Schneckengetriebe[1]. Die Zahnkurve ist auch hier die 15°-Evolvente einer Ellipse, mit der kleinen Achse $b = $ Teilkreis-Durchmesser D des Rades und der großen

---

[1] Die Joh. Renk AG in Augsburg führte daher 1907 statt 20° Pfeilwinkel zum ersten Male nur 30° aus und konnte am Ritzel bis auf fünf Zähne heruntergehen.

Achse $a = \dfrac{D}{\sin \alpha}$. Mit genügender Genauigkeit konstruierte man um 1910 in der

Praxis die Zahnform mit einem Kreisbogen vom Krümmungsradius $R = \dfrac{D}{2 \cdot \sin^2 \alpha}$.
Der Pfeilzahn ist an seiner Wurzel immer stärker als der des gewöhnlichen Stirnrades
gleicher Zähnezahl.

Um mit Stirnradgetrieben noch höhere Übersetzungen zu erzielen, was besonders die
Elektrotechnik verlangte, nahm die Zahnräderfabrik Augsburg vorm. Joh. Renk AG
1907 die Fertigung des Pfeilradgetriebes von ARTUR RABITZ[1] auf. Man nannte es auch
Stirnrad-Schneckengetriebe, denn mit Übersetzungen bis $i = 20$ erreichte es die
Werte von Schneckengetrieben. Das Ritzel mit $z_{\min} = 3$ nannte man 1907 auch
Doppelschnecke oder -schraube; es wird dann dreigängig ausgeführt (s. Bild 100a
und b). Die Teilkreis-Geschwindigkeit des Rabitz-Getriebes ging bis 3,07 m/s, der
Wirkungsgrad lag zwischen 91,7 und 93,8%. Der Sprung b_e ist sehr groß, daher auch der

Überdeckungsgrad $\varepsilon = \dfrac{2 \cdot b_e}{t}$. Diese Werte überbot 1921 der Engländer WILLIAM EDWIN

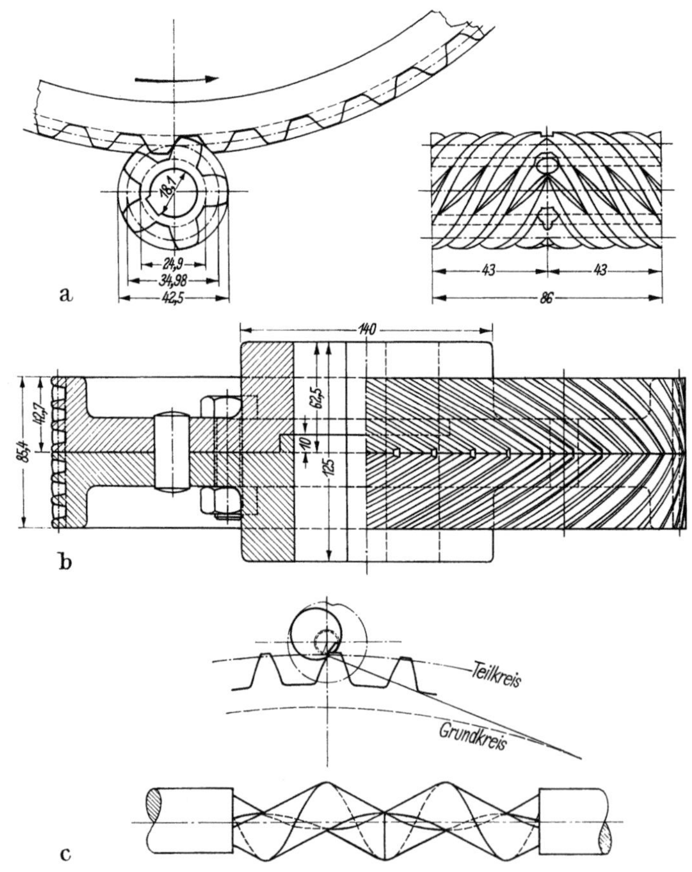

Bild 100.   Stirnrad-Schneckengetriebe von ARTUR RABITZ und WILLIAM EDWIN SYKES
a) Rabitz-Getriebe 1907, b) Großrad des Rabitz-Getriebes bestehend aus zwei zusammengeschraubten, rechts- bzw.
linksgängig verzahnten Radhälften, c) Sykes-Getriebe 1921.

[1] ARTUR RABITZ (1877 bis 1946). Seit 1903 Betriebs- und Oberingenieur bei Joh. Renk, AG. 1909
stellvertretender Vorstand, 1920 Alleinvorstand, 1930 Aufsichtsratsmitglied.

SYKES während seiner Tätigkeit in der Power Plant Co., West Dayton/USA. Mit einem einzahnigen Ritzel erzielte er $i = 63$. Bei 1000 U/min übertrug es einwandfrei 10 PS. Das Radpaar arbeitete auch bei der Übersetzung ins Schnelle gut (s. Bild 100c).

Tabelle 21. *Übersicht über die Stirnrad-Schneckengetriebe*

	$\dfrac{z}{Z}$	Teilkreis-Durchmesser D (mm)	Sprung $t_0 = b_e$	Teilung t_s (mm)	Zahn-breite b (mm)	Steigungs-winkel β	Eingriff-dauer ε
Rabitz-Renk 1907	$\dfrac{3}{30}$	$\dfrac{34,97}{349,7}$	3,43 t	36,62	$\dfrac{86}{85}$	18° 56′ 30″	6,86
	$\dfrac{5}{50}$	$\dfrac{34,98}{349,8}$	3,43 t	21,98	$\dfrac{86}{85,4}$	29° 45′ 40″	6,86
Power Plant 1921	$\dfrac{1}{63}$	$\dfrac{12,9}{812,9}$		40,5	152,4	67° 50′	

Außerordentlich wichtig blieben die Pfeilräder als Umformer zwischen Dampfturbinen und Schiffsschrauben, Dynamos, Elektromotoren und Arbeitsmaschinen. Ihre Verwendung erweiterte sich nach dem ersten Weltkrieg auf den Kranbau, auf Werkzeugmaschinen, Reduziergetriebe aller Art, Fertigwalzwerke, Wasserwerkspumpen, große Bagger, Steuermaschinen an Schiffen, Lokomotivantriebe von Bergbahnen, Grubenlüfter, Wasserhaltungen, Gebläse, Grubenloks, Kraftwerke, Kompressoren, Kalander, und sogar auf schwere Pressen. In den dreißiger Jahren unseres Jahrhunderts erhielten sich die Pfeilräder ihre Bedeutung, da außer ihren bekannten Vorteilen auch die Schmierung bei ihnen besser ist; das Öl wird weniger erwärmt und gepantscht. Ein Zusammenlaufen der Zähne bewertete man in den dreißiger Jahren noch als Vorteil zur Verstärkung der Zähne, was man heute eher bestreitet. Pfeilzahnrad-Getriebe mit einer Ritzeldrehzahl von 7500 U/min und 1400 PS Leistungsübertragung liefen über zehn Jahre. Bei kleineren Leistungen kamen 10000 bis 24000 U/min vor.

1949 prüfte der Direktor der Frankfurter Schleifmittel- und -Maschinenfabrik Naxos Union JULIUS GRUNDSTEIN (1872 bis 1957) den Einfluß des Pfeilwinkels nach, jetzt hinsichtlich der Walzenfestigkeit und einiger Bearbeitungsfragen. Er vergleicht zwei Kammwalzen, denen gemeinsam ist: $z = 24$, $d_0 = 768$ mm, Stirnteilung $t_s = 100,48$ mm und der Normal-Eingriffswinkel $\alpha_n = 15°$; ihre Zahnbreiten sind $b = 1070/1030$ mm. Bei diesem Vergleich findet GRUNDSTEIN erhebliche Unterschiede, die er in Tabelle 22 aufstellt. Sie zeigt die Überlegenheit des 45°-Zahnschrägungswinkels. Beim 45°-Zahnschrägungswinkel ist der Kraftanteil in Achsrichtung zwar größer und die Zähne fallen schwächer aus, aber die Belastungsverteilung ist besser. In der Walzenfestigkeit schneidet die 45°-Kammwalze bei GRUNDSTEIN 1949 ebenfalls besser ab als die von 30°. Weiter sprechen zugunsten von 45°:

1. die Zahnfußdicke wird um $10,4^0/_0$ kleiner, die Flankenbelastung aber auch um $26^0/_0$ geringer

2. der Krümmungshalbmesser der Zahnflanken wird um $50^0/_0$ größer, dadurch ermäßigt sich die Walzenpressung um $45^0/_0$.

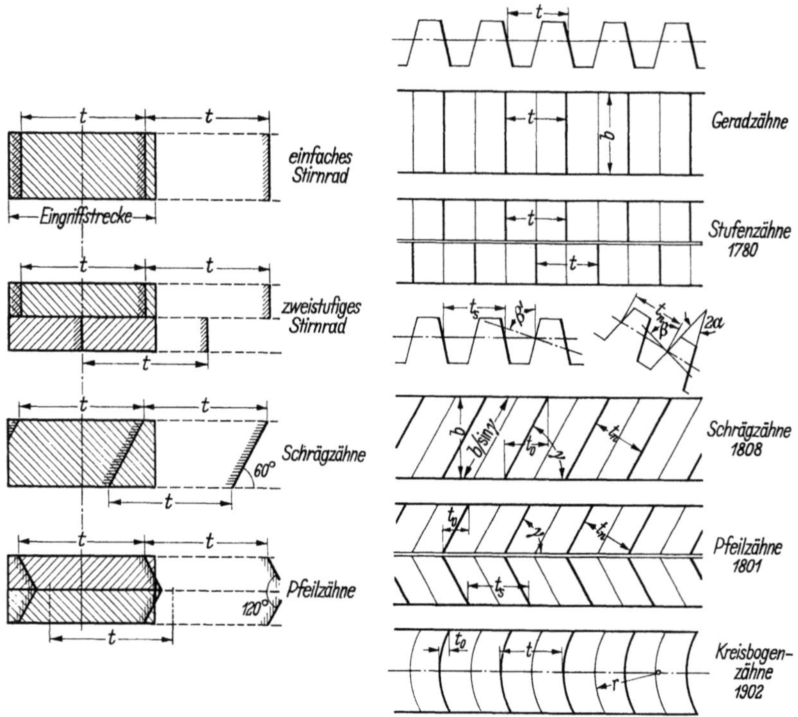

Bild 101.   Stirnrad-Planverzahnungen und ihre Eingriffsfelder

Tabelle 22.   *Vergleich zweier Kammwalzen mit verschiedenen Zahnschrägungswinkeln von Julius Grundstein 1949*

	Zahnschrägungswinkel β	
	30°	45°
Normalteilung $t_n = t_s \cdot \cos \beta$ (mm)	87	71
Zahl der eingreifenden Zähne an der Wälzachse $z_e = \dfrac{b}{t_s \cdot \mathrm{ctg}\, \beta}$	6	10
Zahnlast $P_f = \dfrac{U}{z_e \cdot \cos \beta}$	$\dfrac{U}{5,196}$	$\dfrac{U}{7,07}$
Zahnlast $P_{f_{1000}}$ für $U = 1000$ (kg)	192,4	141,4
Rechnerische Zähnezahl $z_i = \dfrac{z}{\cos^3 \beta}$	37	68
Krümmungsdurchmesser d_r der Zahnflanken am Teilkreis $d_r = \dfrac{z \cdot t_s \cdot \sin \alpha_n}{2 \cdot \cos^2 \beta \cdot \pi}$ (mm)	132,5	198,7
Rechnerische Zahnbreite $b_i = \dfrac{b}{\cos \beta}$ (mm)	1 206	1 421
Walzenpressung $k_h = \dfrac{U}{b_i \cdot d_r}$ (kg/cm²)	$\dfrac{U}{1\ 598}$	$\dfrac{U}{2\ 824}$
Walzenpressung $k_{h_{1000}}$ für $U = 1000$ (kg)	0,62	0,36
Normalzahnfußdicke (mm)	48	43
Gewicht der unverzahnten Kammwalze ohne Lagerzapfen (kg)	4 450	4 160
Gewicht des verspanten Materials aus den Zahnlücken (kg)	612,5	467,5

2.16 Geräte und Methoden zum Zeichnen von Verzahnungen auf Grund des Verzahnungsgesetzes

Seitdem es eine Verzahnungslehre gibt, und Zahnräder im Maschinenbau praktisch ausgeführt werden, ist natürlich auch das Aufzeichnen der Verzahnungen nötig. Dies vor allem so lange, wie es noch keine automatischen Bearbeitungsmaschinen gab, sondern die Zahnräder gegossen oder für die mechanische Werkstatt Blechschablonen zum Aushobeln und -feilen der Zähne hergestellt werden mußten.

Eine viel umworbene Aufgabe war stets der Ellipsenzirkel gewesen. Daraus konnte man auch Geräte zum Zeichnen anderer Kurven entwickeln. Zuerst waren es die Zykloiden, deren zeichnerische Darstellung mit Geräten ebenfalls die Erfinder anregte. Bald gab es Zeichengeräte sowohl für Zykloiden- wie für Evolventen-Verzahnung. Schon in den ältesten Maschinenbau-Büchern fanden sich weitschweifige Anweisungen über das Zeichnen der Zykloiden und Evolventen, aber ausreichende Genauigkeit und einen Zeitgewinn in der Praxis brachten erst die Zeichengeräte. FRANZ REULEAUX sagte darüber 1900 in seiner kinematischen Sprache: ,,Höhere Kurven ziehen wir vielfach mit Blei und mit Ziehfeder am Kurvenlinieal, d.h. auf kinematisch: unter kraftschlüssigem Anlegen der Schreibspitze an die in der Kurvenform hergestellte Schmiege, oder strenger eine Aequidistante derselben.'' In der Werkstatt hält REULEAUX eine genaue Kurve ,,... durchaus empfehlenswerth, weil die werthvolle Fräse ungefähr ebensoviel Arbeit kostet, ob sie genau oder nur grob angenähert die Form wiedergibt.''

Die klassischen Maschinenbau-Bücher bringen durchweg langatmige Abhandlungen über das Zeichnen von Zykloiden und Evolventen. Wer von den Autoren an die Praxis dachte, schlug Geräte zum Aufzeichnen von Zykloiden- und Evolventen-Zähnen vor. Und aus den Lehrbüchern kamen diese Zeichengeräte um die Wende ins 20. Jahrhundert in die Patentliteratur.

Eine der ersten Methoden zum Aufzeichnen von Evolventen für Zahnräder auf wissenschaftlicher Grundlage gab 1781/82 der Göttinger Mathematiker und Epigrammdichter ABRAHAM GOTTHELF KÄSTNER (1719 bis 1800). Sie war leicht auszuführen und wurde später übernommen von den Engländern JAMES FERGUSON 1806, ROBERTSON BUCHANAN 1808, GEORGE BIDDELL AIRY 1825 und ROBERT WILLIS 1838.

1803 beschreibt THOMAS GILL in seinem Zusatz zu ,,Imison's Elements of Science and Art'' eigene Verfahren und Instrumente zum Zeichnen von Verzahnungen, (s. Bild 102).

In a) möchte er epizykloidische Radzähne zeichnen. ,,Die gekrümmten Theile über den Berührungslinien, welche bis an das Ende der Zähne reichen, müssen Theile von Epizykloiden seyn. Um diese zu erzeugen, lasse man zwei Bogen-Ausschnitte oder Theile von Kreisen, welche mit den Halbmessern der Berührungslinien gezogen wurden, auf einem ebenen Eichen- oder anderem Brette zeichnen, das nicht weniger als einen halben Zoll dick ist, und dann nach diesen krummen Linien sägen, oder auf irgend eine andere Weise in diese Form bringen'' (s. f und g).

,,Man lasse hierauf schief in jedes derselben ein Loch bohren, das ungefähr ein Viertelzoll von der Kante an einer Seite anfängt, und an der Kante der gegenüberstehenden Seite sich endet. In jedes dieser Löcher muß ein Nagel *bc* eingetrieben werden, bis die Spitze desselben unten etwas hervorragt, wie bei *EE*. Diese Spitze muß dann zugefeilt werden, so daß sie genau in dem Umfange des Kreises bleibt, und gerade lang genug ist, um einen Eindruck auf irgend einer unter ihr gestellte Fläche hervorzubringen. Sie muß ferner zugerundet und kegelförmig gemacht werden, so daß sie eine glatte ebene Linie zu zeichnen vermag. Nachdem man hierauf die Seiten oder kreisförmigen Kanten dieser Ausschnitte mit gepulvertem Harze gerieben hat, befestige man den Ausschnitt g) auf der Berührungs-Linie des Triebstockes, und bringe den zeichnenden Stift des anderen Ausschnittes f) nach und nach auf alle Theilungen der Zähne in der besagten Berührungs-Linie. Man drücke die Kante desselben dicht an die Kante des befestigten Ausschnittes, und lasse sie sich um dieselbe, ohne daß sie auf die eine oder auf die andere Seite glitscht, so lang herumdrehen, bis sie die für alle Zähne des Triebstockes geeigneten krummen Linien gezeichnet hat. Man nehme hierauf den kleinen Ausschnitt von dem Triebstocke ab, und befestige den großen auf der Berührungs-Linie des Rades, und fahre fort, die krummen Linien der Zähne des Rades mit dem zeichnenden Stifte in dem kleinen Ausschnitte genau auf dieselbe Weise, wie bei dem Triebstocke die Zähne des Triebstockes beschrieben wurden, zu zeichnen."

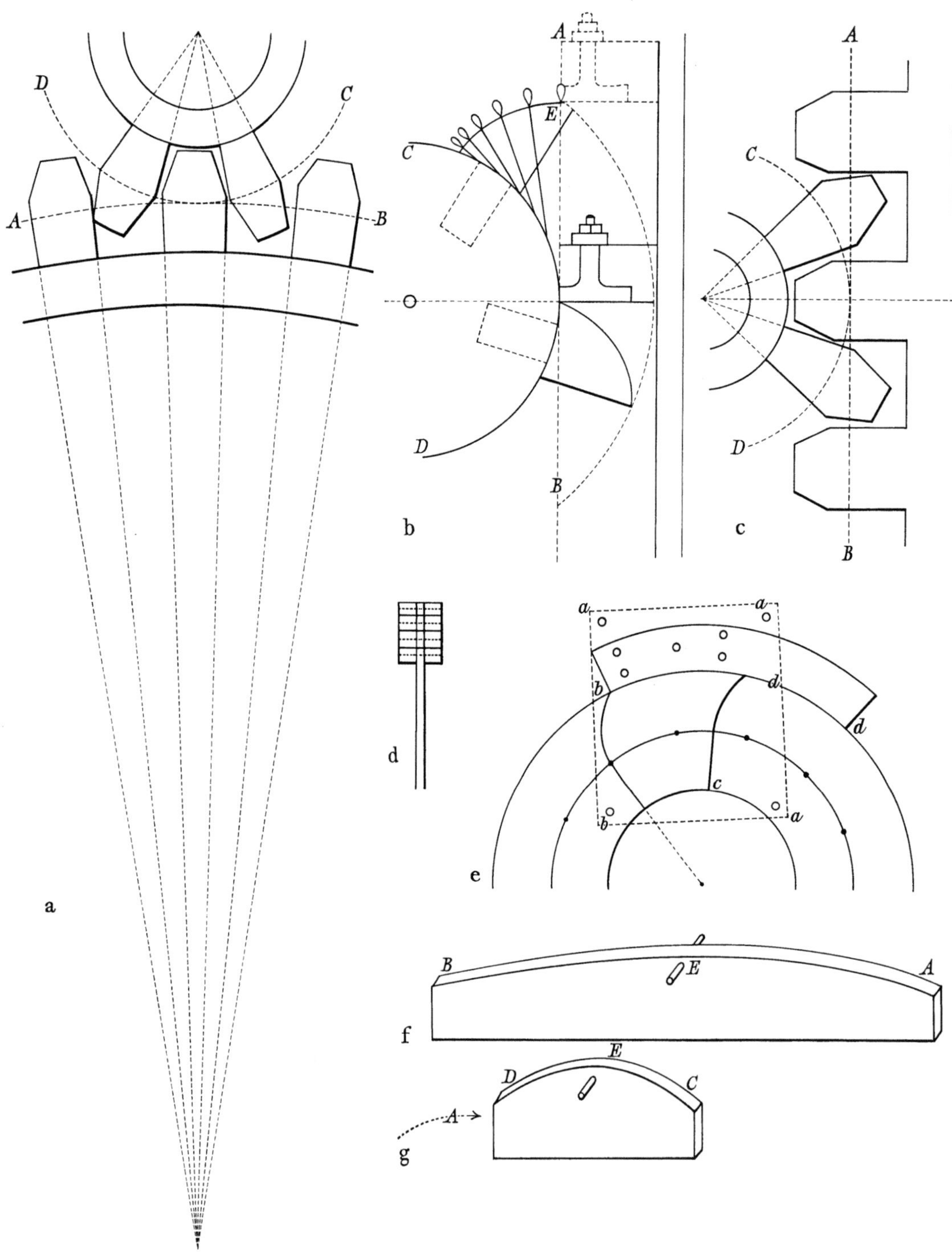

Bild 102.   Verfahren und Instrumente zum Zeichnen von Verzahnungen nach THOMAS GILL 1803

Die Triebstockverzahnung auf c) von Bild 102 und deren gekrümmte Teile der Zähne zeichnet THOMAS GILL 1803 nach der Form einer Zykloide durch folgende Methode:

„Man versieht sich," so empfiehlt er, „mit einem Kreis-Ausschnitte von gleichem Halbmesser mit der Berührungs-Linie des Triebstokes, und mit einem geraden Lineale. Beide müssen an ihren Kanten den zeichnenden Stift führen. Man befestige hierauf den Kreis-Ausschnitt auf der Berührungs-Linie des Triebstokes, und zeichne alle die gekrümmten Theile der Zähne des Triebstokes, indem man den zeichnenden Stift an die Kante des Lineales anlegt, und nach und nach in alle Theilungen der Berührungs-Linie des Triebstokes bringt, und auf eine oder die andere Seite des Kreis-Ausschnittes ohne zu glitschen, hinrollt. Man befestige ferner das Lineal auf der ersten Linie, oder auf der Berührungs-Linie des Zahnstokes, und nehme den Ausschnitt von dem Triebstoke herab, bringe den zeichnenden Stift in die Eintheilungen der Berührungs-Linie des Zahnstokes, und rolle denselben auf dem Lineale nach einer oder nach der anderen Seite so lang, bis auf diese Weise alle krummen Linien der Zähne des Zahnstokes gezeichnet sind."

Daraufhin beschreibt GILL, „wie man Patronen verfertigen kann, um sich die Anwendung der Cycloide und Epicycloide auf die Zähne der Räder und Triebstöke zu erleichtern."

„Da es in jedem Falle langweilig, und in einigen Fällen sogar unmöglich ist, diese krummen Linien auf jedem Zahne eines Rades oder Triebstokes aufzuzeichnen, wollen wir hier eine leichte Methode angeben, wie man sich eine Patrone oder einen Muster-Zahn verfertigen, und diese Patrone mit Leichtigkeit nicht nur auf die großen Räder und Triebstöke von Mühlen, sondern auch auf die Zähne der kleineren Räder an Baumwollen-Spinnmaschinen, bei Stok- und Sakuhren etc. anwenden kann. Nachdem man die Halbmesser der Berührungs-Linien bestimmt, und mit denselben korrespondirende Ausschnitte vorgerichtet hat, nachdem man ferner noch die Höhe und Tiefe der Zähne bestimmt, und die Berührungs-Linien in Zähne und in Räume getheilt hat, nimmt man für Räder und Triebstöke, statt daß man die Ausschnitte unmittelbar auf die Räder und Triebstöke, selbst auflegte, eine Messing- oder andere schikliche Metall-Platte, *aa* in e), und befestigt sie (mittelst Stiften, die durch Löcher in ihren Eken gestekt werden) auf irgend einem flachen Brette, und beschreibt dann auf derselben mittelst eines Zirkels oder Stok-Zirkels die mit dem ersten Durchmesser oder mit der Berührungs-Linie und den Spizen und dem Grunde der Zähne korrespondirenden Linien. Man befestigt hierauf die korrespondirenden Ausschnitte auf ihren korrespondirenden Berührungs-Linien, und beschreibt mit dem in dem anderen Ausschnitte befestigten Stifte jenen Theil der Epicycloide, welcher von der Berührungs-Linie bis an die Spize der Zähne reicht. Nachdem hierauf die befestigten Ausschnitte abgenommen wurden, zieht man von dem Anfange der krummen Linie in der Berührungs-Linie bis an den Grund der Zähne seinen Halbmesser; und, nachdem man die Metallplatte von dem Brette abgenommen hat, feilt oder formt man eine Kante derselben von *b* bis *b* genau nach diesen gezogenen Linien, und ebenso die obere und untere Kante nach den darauf beschriebenen Kreisbögen. Das besondere Stück von *c* kann gleichfalls entfernt werden. Man nehme sodann ein Brett (oder, bei kleineren Werken) ein Stük Metall von gehöriger Dicke und Breite, und von solcher Länge, daß es wenigstens über zwei Zähne reicht, beschreibe auf demselben einen Kreisbogen *dd*, dessen Halbmesser genau der Spize der Zähne gleich ist, und nachdem man ein Ende desselben von *b* bis *d* gespalten hat, befestige man in diesem Spalte die o. ä. Metallplatte mit jenem Theile, mit welchem sie über die Linie *bd* hervorragt, wohl beachtend, daß sie so in den Spalt paßt, daß sie genau mit der Lage korrespondirt, in welcher sie erzeugt wurde; d. h., daß der Halbmesser der Patrone genau nach dem Mittelpunkte des Kreisbogens *dd* des so gespalteneu Stückes Holz hinsieht, und der ähnliche Bogen *bd* der Patrone mit diesem Bogen in Berührung steht. In dieser Lage muß sie sodann mittelst Löcher, die man durch beide Stüke bohrt, und vernietet, befestigt werden, und dadurch eine hervorstehende Schulter an jeder Seite der Patrone bilden, wie d) zeigt. Wenn hierauf die Spizen der Zähne nach ihrem gehörigen Durchmesser zugedreht sind, darf man bloß die gehörige Patrone an jede Theilung in ihrer ersten oder Berührungs-Linie anlegen, und, indem man zugleich die Schulter derselben auf den Spizen der Zähne ruhen läßt, mittelst zweier Operationen (indem man nämlich mit den Seiten der Patrone abwechselt) die genaue Figur eines jeden Zahnes auf seine beiden Enden zeichnen, und die Zähne hernach nach dieser Figur zuformen."

Diese langatmige Arbeitsvorschrift kennzeichnet klar die Verhältnisse zu Ende des 18. Jahrhunderts. Sehr schnell kam man damals auch mit Hilfe der Technik noch nicht voran, und die Lieferfristen waren entsprechend lang. Dabei haben wir hier bestimmt noch eine kürzere Anleitung zum Anreißen von Zykloidenzähnen kennengelernt.

Deutschlands erster Lehrer für die „Construction der Verzahnungen mit besonderer Rücksicht auf die beste Form der Zähne" war der Professor an der königl. polytechnischen Schule und Vorstand der Schule für praktische Mechanik in München SEBASTIAN HAINDL (1802 bis 1863). 28 Jahre lang lehrte er dort, und seine Stärke war das Zeichnen,

Entwerfen und anschauliche Darstellen des Maschinenwesens. Bild 103 zeigt ihn auf ein Zahnrad gelehnt, über das er das erste spezielle Buch in deutscher Sprache veröffentlichte, Bild 104 seine „Vorrichtung zur Erzeugung der Cycloide".

Bild 103.   Professor SEBASTIAN HAINDL 1802 bis 1863

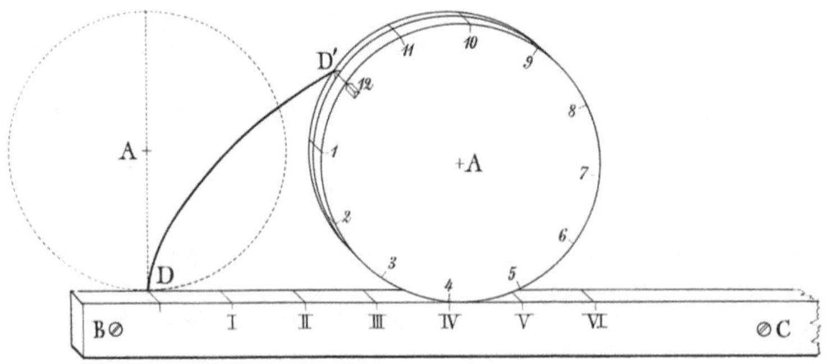

Bild 104.   Vorrichtung zur Erzeugung der Cycloide von SEBASTIAN HAINDL 1830

1837 gibt der Begründer wissenschaftlicher Verzahnungslehre für die Praxis in England JOHN ISAAC HAWKINS (1772 bis 1865) eine einfache Vorrichtung zum Aufzeichnen korrekter Zahnformen an. Sie ist gekennzeichnet durch die Verwendung biegsamer und verschiebbarer Organe (s. Bild 105). Diese Vorrichtung gehört zu den ersten Evolventen-Zeichengeräten. HAWKINS nimmt ein gerades Stück einer Uhrenfeder $a\,b$. Bei b steckt er ein Stück Draht durch, bei a eine Schraube, mit der er diese Uhrenfeder an die Kante einer Schablone schraubt. Die Schablone A ist nach dem Grundkreisradius der Evolvente geformt, und wird so gelegt, daß ihr Mittelpunkt sich mit dem Mittelpunkt des Rades deckt. Mit dem Draht wird die Feder festgehalten und gestreckt, wenn sie von der Basis abgewickelt ist, an der die Evolvente erzeugt wird. Die Schablone bzw. der Sektor A wird gedreht, um einen der Punkte c laufend zu jedem der Punkte zu bringen, an denen die betr. Kopfflanken des Zahnes den Teilkreis schneiden. Durch Öffnen der Uhrenfeder und tangentiales Halten zum Sektor A wird mit dem Draht eine Folge von Evolventen beschrieben. Zum Zeichnen der Evolventen der gegenüberliegenden Kopfflanken wird der Sektor A umgeschlagen.

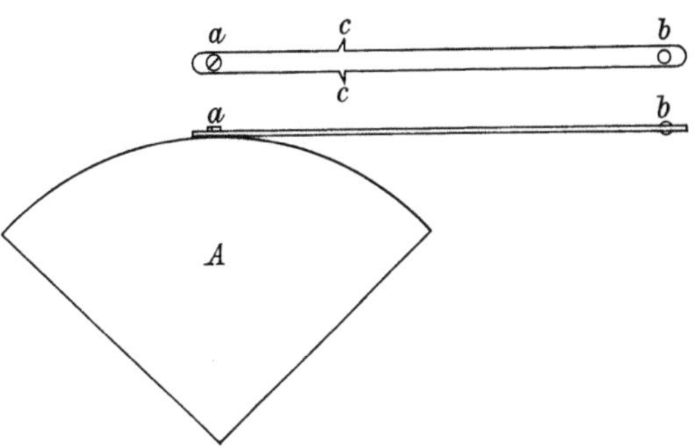

Bild 105.   Evolventen-Zeichengerät von John Isaac Hawkins 1837

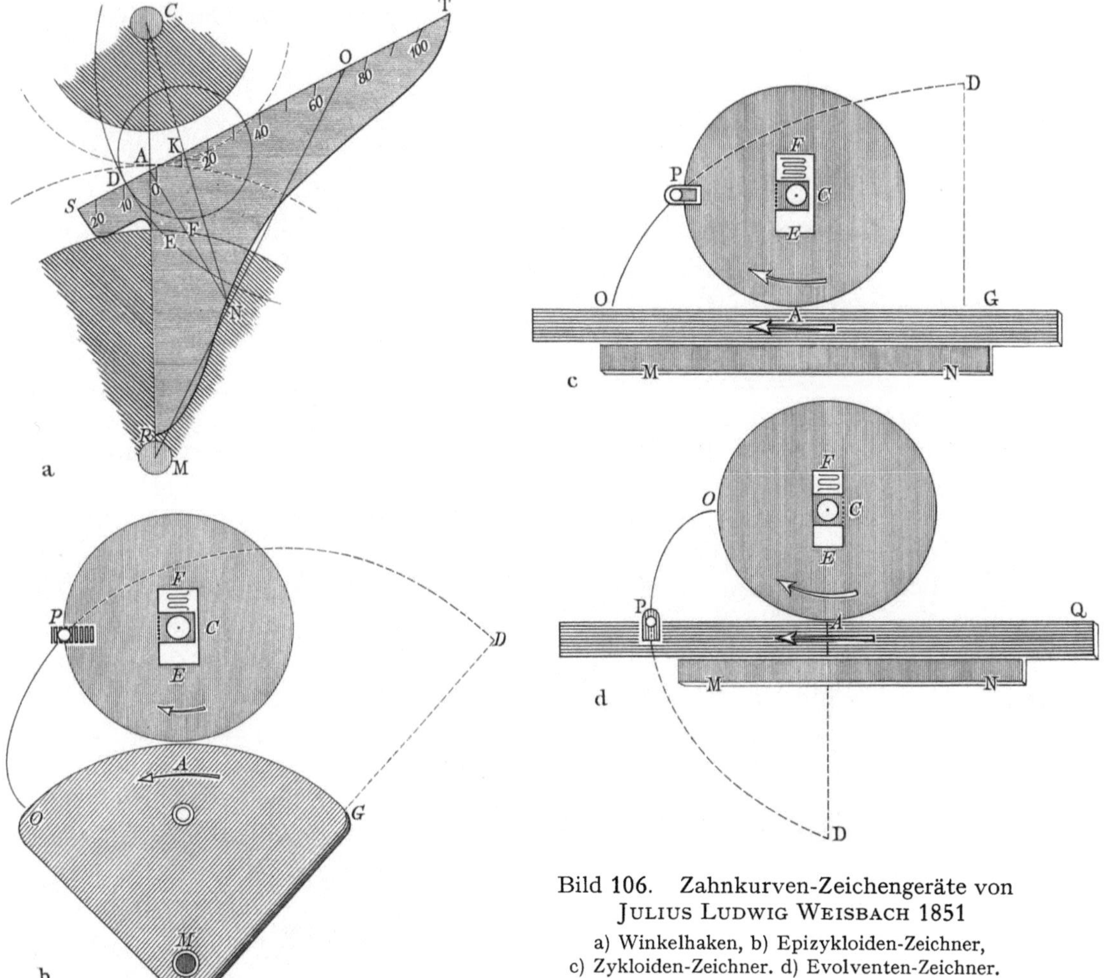

Bild 106.   Zahnkurven-Zeichengeräte von Julius Ludwig Weisbach 1851

a) Winkelhaken, b) Epizykloiden-Zeichner, c) Zykloiden-Zeichner. d) Evolventen-Zeichner.

Zur gleichen Zeit schlug der Cambridger Professor für angewandte Mechanik Robert Willis (1800 bis 1875) seinen bekannten „Odonthographen" vor. Dieses Gerät war gleichzeitig Verzahnungssystem und praktischer Zahnzeichner. Es ersetzte außerdem zur Erleichterung des Aufzeichnens die Zykloiden- und Evolventenbögen durch Teile kleiner Kreisbögen. Dieses Gerät erwähnten die Maschinenlehrer auch auf dem Kontinent mehrfach und empfahlen es zur Benutzung. Zu ihnen gehörte auch der sächsische Oberbergrat und Professor an der Bergakademie Freiberg Dr. JULIUS LUDWIG WEISBACH (1806 bis 1871), der aber 1851 einen eigenen Winkelhaken lt. Bild 106a angab. Man legt ihn mit dem einen Schenkel AR an die Zentrallinie CM so an, daß der Nullpunkt 0 des anderen Schenkels ST an den Berührungspunkt A der Teilkreise zu liegen kommt. Die Abszissen x_1 und x_2 der Mittelpunkte der Zahnbögen errechnet WEISBACH 1851 nach untenstehender Formel und liest sie auf der Einteilung des Schenkels ab. Mit der kleinsten Zähnezahl $n = 12$ und $\Theta = 75°$ ist nach WILLIS/WEISBACH

$$x_{1,2} = \frac{12 \cdot \cos 75°}{2\,\pi} \cdot \frac{n_{1,2} \cdot s}{n_{1,2} \mp 12} = 0{,}4943 \cdot \frac{n_{1,2} \cdot s}{n_{1,2} \mp 12} \quad \text{mit } s = \text{Teilung}$$

WEISBACHS Apparat zum Zeichnen einer Epizykloide OPD zeigt Bild 106b. AM ist eine, um die Achse M drehbare, nach einem Bogen OAG des Grundkreises abgerundete Scheibe, ACP eine weitere, um C drehbare, die den Erzeugungskreis vorstellt. Damit beim Umdrehen der einen Scheibe auch die andere mit umläuft, wird das Lager EF der Achse C durch eine Schraubenfeder in Richtung CM und dadurch auch diese Scheibe gegen die andere gedrückt.

Die Reibung, welche hieraus zwischen den Radumfängen entsteht, bewirkt, daß das eine Rad dem anderen mit gleicher Umfangsgeschwindigkeit folgt. Um einen Epizykloidenbogen zu beschreiben, wird an der unteren Fläche von OMG ein Blatt Papier angeklebt, und am Umfang von ACP ein Stift P befestigt. Dreht man nun die erste Scheibe mit dem Blatt um M, so zeichnet P den Epizykloidenbogen OP, der sich durch weiteres Umdrehen bis auf eine halbe Epizykloide OPD ausdehnen läßt.

Ersetzt man den einen Bogen oder die eine Scheibe durch eine gerade Linie oder das Lineal OG lt. Bild 106c oder PQ lt. Bild 106d und schiebt man es in der Führung MN' tangential am Umfang einer ebenfalls durch eine Feder FE angedrückten Scheibe AC hin, so erhält man eine Zykloide OPD, sobald das Blatt Papier lt. Bild 106c auf dem Lineal und der Stift P auf der Scheibe sitzt. Wird das Blatt Papier von der Scheibe ACO und der Stift P vom Lineal PQ getragen, entsteht eine Kreisevolvente OPD lt. Bild 106d.

Ein interessantes Gerät zum Zeichnen von Zykloidenzähnen benutzte um 1860 der schottische Maschinenbauer und Ingenieur WILLIAM FAIRBAIRN (1789 bis 1874). Sein Verfahren ist in der Beschreibung kompliziert, in der Ausführung aber einfach. FAIRBAIRN schneidet zwei Schablonen A und B, deren kreisförmige Kanten die Teilkreise der gewünschten Zähne darstellen. Siehe Bild 107. Ferner schneidet er eine dritte Schablone C als beabsichtigten erzeugenden Kreis der Epizykloide. Dann setzt er einen Stahlstift p auf den Rand der Schablone C. Eine Tafel F, auf den der Zahn gezeichnet werden soll, befestigt er unterhalb der Schablone B. Jetzt wird das Verfahren mit zwei Schablonen wiederholt, die nach dem Teilkreise des Ritzels zugeschnitten sind. Dadurch erhält man die Zahnform für das Ritzel.

In der Mühlenbaupraxis zur Mitte des 19. Jahrhunderts zeichnete man zuerst die epi- und hypozykloidischen Formen der gewünschten Zähne am Rad und Ritzel auf. Dann konstruierte man zwei Modellzähne, einen für das Rad und einen für das Ritzel, und aus diesen bestimmte man die wahren Kurven. Mit Stiften übertrug man sie auf die Räder oder Schablonen, auf die diese Formen eingedrückt werden sollen.

Um 1870 führte man die gefundenen Zahnprofile wie folgt praktisch aus: Man pauste zwei symmetrische Zahnkurven und ihre zugehörigen Teilkreis-Tangenten auf ein Stück Papier. Dieses legte man nun auf ein Stück starkes Zeichenpapier und schnitt dieses nach der Bleistiftzeichnung des Pauspapiers durch. Vorher stach man noch die Tangenten durch. Hierauf beschnitt man die Kopf- und Fußlinien und zeichnete die Teilkreistangente auf beiden Seiten der Schablone auf. Diese Schablone aus starkem Zeichenpapier gab man nun in die Werkstatt. Dort legte man sie mit ihrem Teilkreis auf den Teilkreis des Modells und riß die Kurve an. Nach diesem Anriß fertigte dann der Tischler eine Holzschablone mit Anschlag an, mit der man dann alle übrigen Zähne anreißen konnte. Die Papierschablone aber wurde zur Kontrolle der fertigen Räder im Büro aufbewahrt.

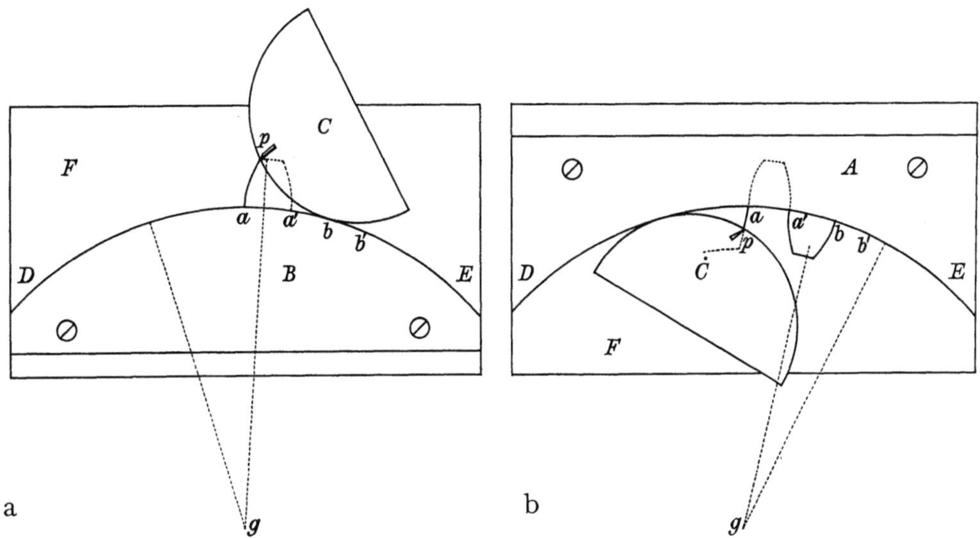

Bild 107. Zykloiden-Zeichner von WILLIAM FAIRBAIRN 1860

a) FAIRBAIRN trägt auf der Tafel F den Teilkreis des Rades DE auf, nimmt die Abstände ab, bc entsprechend der Zahnteilung und die Abstände aa′, bb′ gleich der Zahndicke. Ist dann die Schablone C so gelegt, daß sie die Schablone B berührt und mit dem Stahlstift p gegen E rollt und den Punkt a trifft, dann beschreibt dieser Punkt p eine Epizykloide ap auf der Tafel F, auf der sich eine Kopfflanke des gewünschten Zahnes zeichnet. Bei der anderen Kopfflanke a′p läßt man die Schablone C gegen D rollen.

b) Zum Zeichnen der Fußflanken muß jetzt die Schablone A (an Stelle von B) fest auf der Tafel F liegen. Jetzt beschreibt man Hypozykloiden bei a und a′ durch Abrollen von C innerhalb des Teilkreises. Die Zahnhöhe findet man mit der Fairbairn'schen Vorrichtung: Man bringt p zur Deckung mit a und rollt C gegen E bis es A in b berührt, entsprechend der Kopfflanke des nächsten Zahnes. Dann zeichnet man die Lage des laufenden Punktes ein und zieht durch diesen Punkt einen Bogen vom Mittelpunkt g des Rades aus. Dieser Bogen mit dem Radius gp ist der Fußkreis des Rades.

Um die Wende in das 20. Jahrhundert brauchte man zur Entwurfsarbeit im Büro Instrumente zum Zeichnen von Verzahnungen. Die Annäherung der Zykloiden und Evolventen-Zahnform nach WILLIS und REULEAUX reichte den Konstrukteuren für das korrekte Entwerfen der Zähne nicht aus. Oft aber mußte im Büro zu einer gegebenen Zahnform die Gegenflanke konstruiert werden, denn die theoretischen Formeln halfen hier nur durch mehrmaliges Probieren.

Weiterhin pflegte man damals in den Konstruktionsbüros die gewählte Zahnform des bekannten Rades A, lt. Bild 108a, in natürlichem oder vergrößertem Maßstabe aus einem steifen Papier auszuschneiden und auf ein zweites Stück Papier B zu legen, so daß sich die Teilkreise beider Räder berührten. Dann befestigte man beide Stücke in den Mittelpunkten A und B durch Reißnägel auf dem Brett. Man drehte nun die Räder A und B gleichförmig und zeichnete laufend die ausgeschnittene Zahnform des Rades A auf das Blatt B, so daß sich eine stetige Folge von Zahnumrissen der Umhüllungskurve bildete, s. Bild 108a. Diese Umhüllungskurve war dann die gesuchte Zahnform des Rades B. Bei diesem umständlichen Verfahren war man zu sehr abhängig von der Genauigkeit des Zeichnens.

Es begann daher die Zeit der Zahnkurven-Zeichengeräte. Vielfach diente als ihre Grundlage der Stangenzirkel, den um 1493 der Florentiner LEONARDO DA VINCI (1452 bis 1519) erfunden hatte. Als Gerät dieser Art wurde 1903 eine Zahnkurven-Zeichen

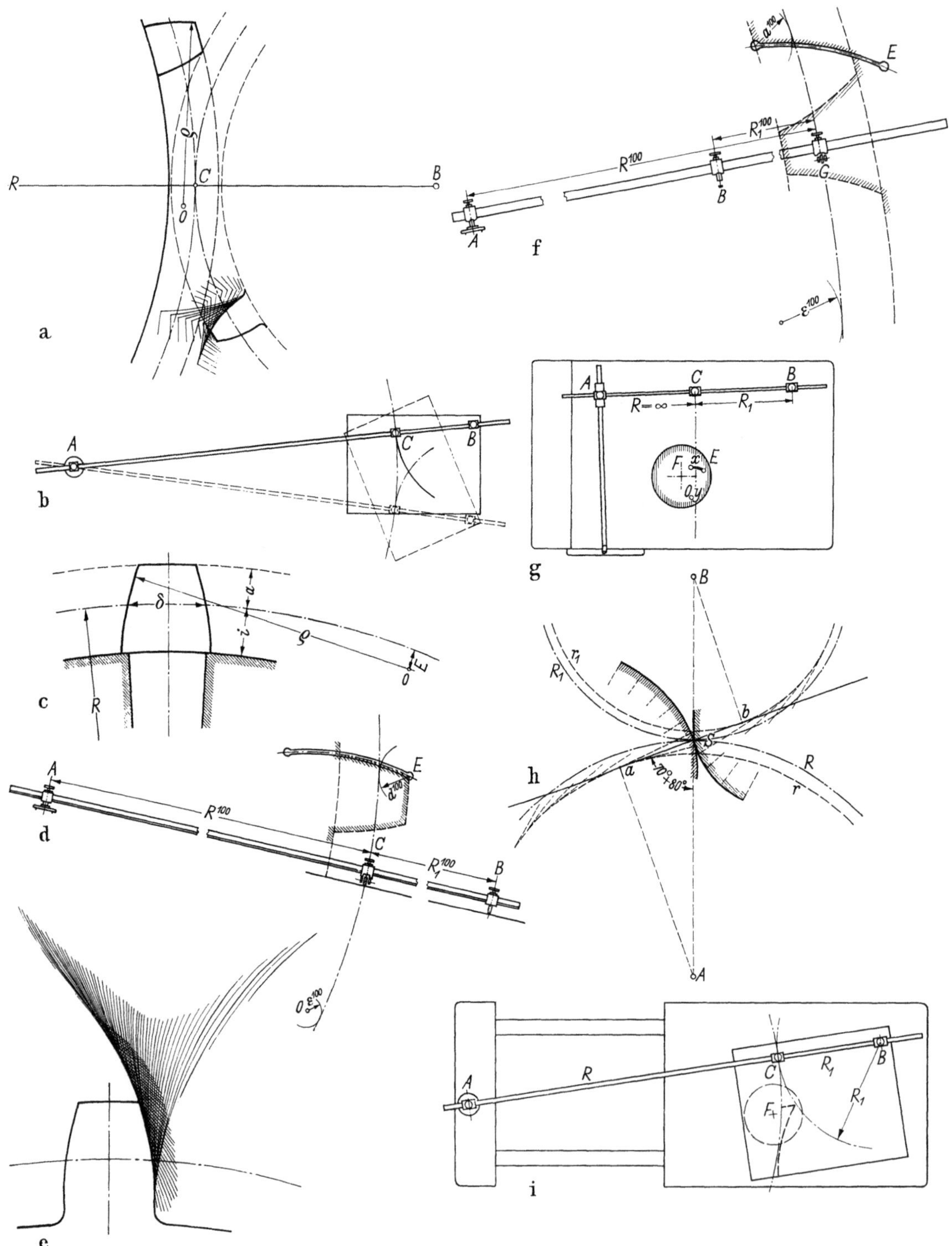

Bild 108.   Zahnkurven-Zeichenmaschine von FRANZ HAAS 1903

Legende siehe gegenüberliegende Seite

maschine des Ravensburger Ingenieurs FRANZ HAAS bekannt. Im Prinzip nimmt er A und O fest an und läßt B um A drehen. Der Teilkreis B wälzt sich auf dem Teilkreise A, wenn in C von Bild 108a eine Rolle angebracht ist, die bei Drehung des Punktes B um A dem Teilkreise B eine erzwungene Bewegung um den Teilkreis A erteilt.

1897 meldete CHARLES PIEHLER von Annen i. Westf. aus das erste deutsche Patent auf einen Evolventenzeichner an. Er bestand aus den elastischen Teilen b und c aus Bandfederstahl, einer Klammer d (mit b verschiebbar verbunden) und dem Schreibstift e. Er brachte die Feder c auf b in der Mitte oder seitlich an. War b mit den Steckspitzen g auf dem Grundkreis a festgelegt, so griff man Stift e am Kopf und beschrieb mit ihm auf dem Papier die Kurve f, indem man c stramm anzog, damit eine richtige Abwicklung der Tangente h erfolgt. Siehe hierzu die Patentzeichnung Bild 109.

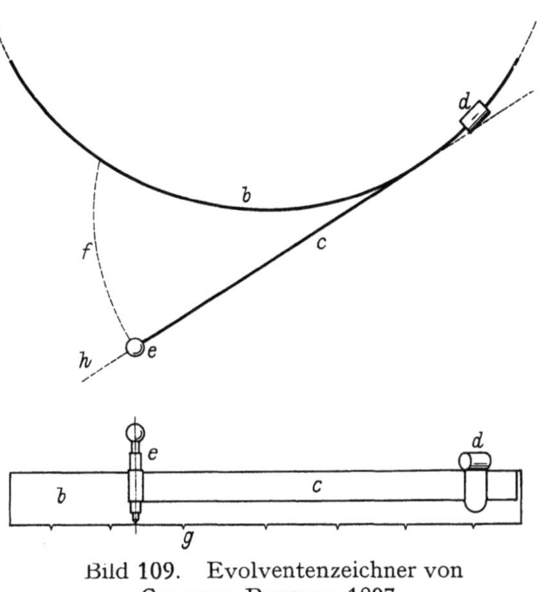

Bild 109. Evolventenzeichner von CHARLES PIEHLER 1897

Legende zu Bild 108: Zahnkurven-Zeichenmaschine von FRANZ HAAS 1903

b) Ein Stangenzirkel dreht sich um A. In B wird ein Papier befestigt, auf das die Zahnkurve gezeichnet werden soll. In C, als Berührungspunkt der Teilkreise, trägt der Stangenzirkel eine Rolle, die dem Papier die erzwungene Bewegung um B erteilt. Die Bleifeder dreht sich oszillierend um den festen Punkt O in a). Die Lage von A bestimmt sich durch die Entfernung des Punktes O von $A = R \pm \varepsilon$ und durch die Größe a in b). Sämtliche gegebenen Daten ändert HAAS 1903 im Verhältnis 1 : 100, nämlich R und R_1.

d) Gegeben R bzw. R_1 = Teilkreisradius für Rad A bzw. B, ϱ = Krümmungsradius der Zahnflanke bei Rad A, ε = Entfernung des Mittelpunktes O dieser Zahnflanke vom Teilkreis A, a = Zahnhöhe außerhalb, i = innerhalb des Teilkreises, t = Teilung, δ bzw. δ_1 = Zahndicke Rad A bzw. B. Bei Kegelrädern sind die Radien $R_c = R/\cos \alpha$ und $R_{1_c} = R_1/\sin \alpha$, wobei tg $\alpha = R/R_1 = Z/Z_1$ ist.

Im Drehpunkt A muß man so einsetzen, daß die Rolle bei C einen Kreis beschreibt, dessen Umfang vom äußersten Punkte E der schwingenden Bleifeder um a^{100} entfernt ist, vom Drehpunkt O der Erzeugenden um ε^{100}. Dann wird das Papier mit einem Stift in B befestigt. Nun setzt man die schwingende Bleifeder mit einem Tretrade in Bewegung, gleichzeitig den Stangenzirkel mit dem Papier um B drehend. Er dreht sich um A und wird durch die Rolle gegen die Tischplatte gedrückt. Dabei beschreibt die Bleifeder auf dem Papier die Umhüllungskurve für den Zahn des Rades B. e) u. f) zeigen die Deutlichkeit, mit der die Maschine Zahnflanken schreibt. Sie läßt sich auch für Innenverzahnungen und Zahnstangen verwenden. Sie entwickelt ebenfalls Zahnkurven für Einzel- wie für Evolventen-Satzräder.

g) zeigt den Einsatz der Haas'schen Zahnkurven-Zeichenmaschine von 1903 bei Schneckengetrieben. Hierzu setzt man Anschlaglineal und -schiene an. Außerdem schraubt man eine halbrunde Hülse auf, die sich auf dem halbrunden Lineal leicht hin und her schieben läßt. Die Rolle C geht dabei durch die Punkte x und y.

i) Die einfache Zeichenmethode einer Evolvente nach i) führt die Zeichenmaschine von HAAS rasch und genau aus. Zuerst zeichnet man die Zahnflanke des einen Teilkreises. Bei gegebenem Teilkreisradius R ist der Radius des Evolventenkreises $R_e = R \cdot \sin 75°$. Man stellt die Rolle C und den Stift B in dieser Entfernung ein, bringt das halbrunde Führungsstück in beliebige Entfernung von C und befestigt das Lineal so, daß die Rolle C durch den Bleistift geht. Nun verschiebt man ACB längs des Führungslineals und erhält die Evolvente. In dieser Anordnung können auch Epi- und Hypozykloiden gezeichnet werden.

Zykloidenschreiber und -zeichenapparate wurden überdies noch angemeldet, wobei folgende Lösungen hervortreten:

Anmelder	Datum der Anmeldung	DRP
FRIEDRICH SCHÄFFER, Eisenach	6. 7. 1886	38 024
JAKOB HILB, Stuttgart	29. 5. 1906	195 589
HERMANN KÜHNER, Stuttgart	24. 10. 1907	209 360
Dr. Ing. ELIA AFRICANO, Turin	10. 8. 1934	625 448

Mit einem feststellbaren Schieber auf einem Stangenzirkel arbeitet das Evolventen-Zeichengerät des Turiners P. I. LOHRKE von 1905. An seinem Stangenzirkel a befindet sich parallel zur Zeichenebene und senkrecht zur Stangenachse ein verschiebbares Lineal b; es trägt den Zeichenstift c, den man auf den Grundkreis einstellt. Der Zeichenstift bewegt ein Rad i senkrecht zur Stange a fort. Das Rad m läuft auf dem Grundkreis angetrieben durch die Zahnräder l und k, (s. Bild 110).

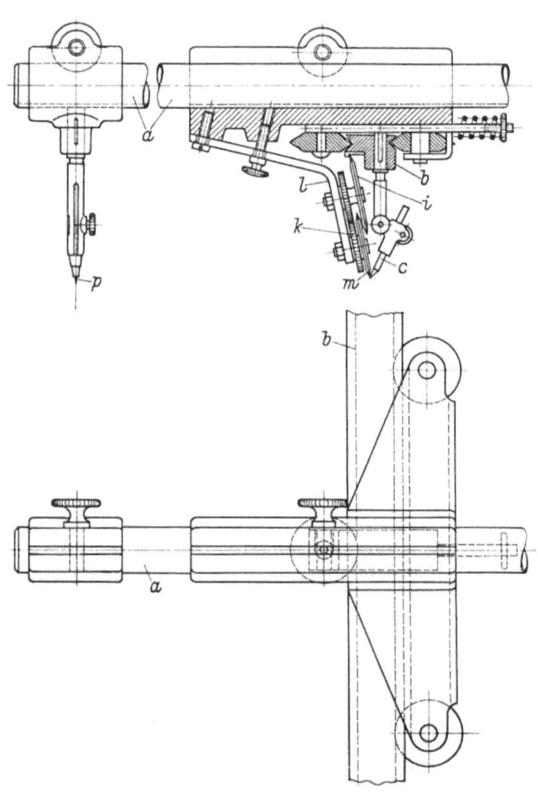

Bild 110.   Stangenzirkel zum Zeichnen von
Evolventen nach P. I. LOHRKE 1905

Zum gegebenen Teilkreis konstruiert man den Grundkreis, entsprechend der gewählten Eingriffslinie. Darauf setzt man die Spitze p des Zirkels in den Kreismittelpunkt und stellt das Kopierrädchen auf den gezeichneten Grundkreis und den Schreibstift des Lineals so an das Rädchen, daß er den Grundkreis berührt. Bewegt man die Stange des Zirkels um den Mittelpunkt, so rollt das Kopierrädchen m auf dem Kreise. Durch die Zahnrädchen l, k und das zweite Kopierrädchen i wird eine Längsbewegung des Lineals b erzielt, welche ihrer Größe nach jedesmal gleich dem abgerollten Kreisbogen ist. Da die Schreibfeder c stets tangential zum Grundkreise verschoben wird, so muß die vom Schreibstift dargestellte Kurve die Evolvente des betreffenden Grundkreises sein.

Neue Systeme mit eingebauten Präzisionsgetrieben einerseits, einfachen Schlitten und Kulissenschubstangen andererseits, folgen 1908. Der Evolventenverzahnungszirkel des Zürchers HUGO WEISS zeichnet die beiderseitigen Zahnflanken gleichzeitig (Bild 111). Dies besorgt ein Gelenkviereck a mit d, an dem die beiden Zeichenstifte d und e liegen. Das Laufrädchen f bewegt sich auf dem Grundkreis und schiebt durch Zahngetriebe f und g eine Stange mit dem Zeichenstift e um den abgerollten Weg zurück. Die untere Figur zeigt das ganze Gerät in Gesamtansicht.

Das Gerät des Parisers PAUL BOISSEAU von 1921 zeigt keinerlei biegsame Organe und Zahnräder, läßt sich daher leicht bedienen und zeichnet die Evolvente auch in der Nähe ihres Anfanges genau (Bild 112). Die Vorrichtung wird auf ein Blatt Papier gelegt, dabei b in den Mittelpunkt des abzuwickelnden Kreises. Wird nun im festliegenden Lineal a der Zapfen g in dem Schlitz d verschoben, also entlang der Evolvente des Kreises A von großem Radius, so beschreibt der Zapfen h eine andere Evolvente des Kreisbogens A; sie ist parallel der Evolvente d. Die Schreibspitze p beschreibt eine Evolvente des Kreises A'. Durch den Führungsschlitz d lassen sich die Evolventen aller Kreise mit kleinerem Radius als dem des Kreises A aufzeichnen. Dazu muß man die Stange n in einem Abstande vom Punkt b anordnen, der gleich dem Radius des abzuwickelnden Kreises oder des Grundkreises des Zahnrades ist.

Mit sehr einfachen Lösungen auf der Basis des Stangenzirkels arbeitet der Oberingenieur und Leiter des Verzahnungsbüros der Zahnradfabrik Friedrichshafen HERMANN

HOFER (1891 bis 1963). Mitte September 1931 meldet er seinen bekannten Evolventenzirkel zum Patent an, der auch in der technischen Fachliteratur öfter besprochen wurde. HOFERS Evolventenzirkel besteht aus zwei senkrecht zueinander gerichteten und gegeneinander verschiebbaren Stäben, von denen der eine Stab eine ein- und feststellbare

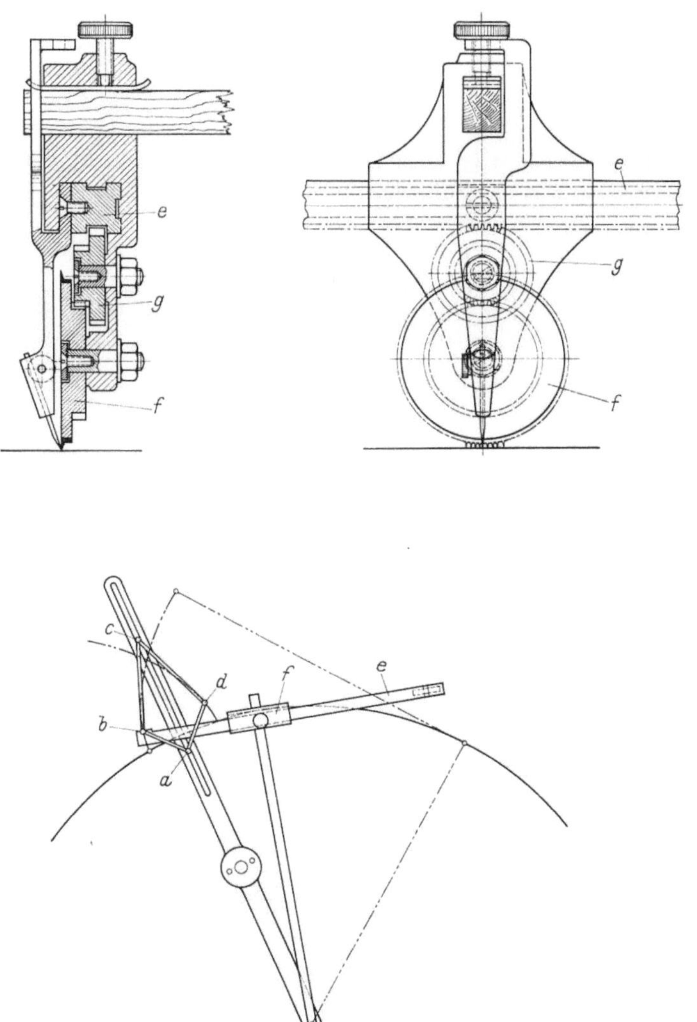

Bild 111.   Zirkel zum Zeichnen von Evolventen-Verzahnungen nach HUGO WEISS 1908

Mittelpunktsspitze trägt, der andere einen Zeichenstift. Eine scharfkantige, drehbare Rolle an dem Stabe schneidet die Zeichenebene senkrecht zu seiner Achse.

Diese Idee führt HOFER weiter und meldet Mitte Dezember 1941 einen Evolventenzirkel zum Zeichnen von Abwälzprofilformen an, der sich erneut durch große Einfachheit auszeichnet, (s. Bild 113). Die zwei senkrecht zueinander gerichteten und gegeneinander verschiebbaren Stäbe benutzt er weiter. Jetzt ist aber die Radiusstange mit einstellbarer Mittelpunktsspitze und einer Tangentenschiene B versehen. An den beiden Enden dieser Tangentenschiene befinden sich zwei scharfkantige Rollen

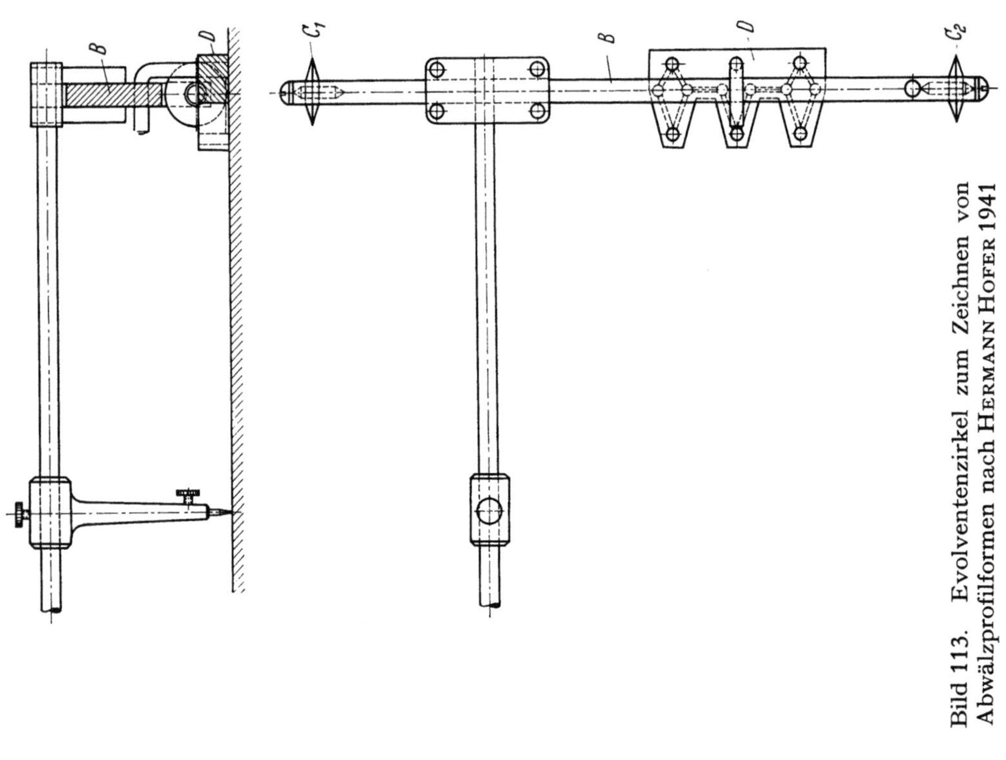

Bild 113. Evolventenzirkel zum Zeichnen von Abwälzprofilformen nach Hermann Hofer 1941

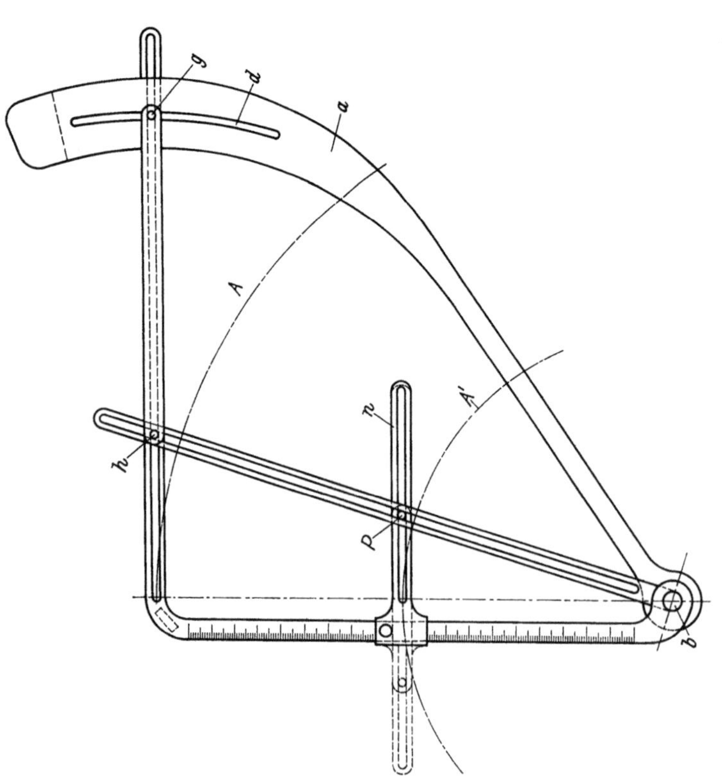

Bild 112. Vorrichtung zum Aufzeichnen von Kreisevolventen von Paul Boisseau 1921

C_1 und C_2. Die Ebene der Tangentenschiene B schneidet die Zeichenebene senkrecht zur Achse dieses Stabes. D ist die Zeichenprofilplatte.

Das letzte deutsche Patent (Nr. 847202) auf ein Evolventenzeichengerät meldete Dr. JOHANNES HEIDENHAIN aus Traunreut/Oberbayern Ende Dezember 1949 an. Damit endet im wesentlichen die Entwicklung der Zahnkurvenzeichengeräte, da heute im Entwurf mehr gerechnet wird, und in der Fabrik die Verzahnungsmaschinen die gewünschten Zahnformen selbsttätig erzeugen.

2.17 Die Evolventen-Verzahnung und die Gründe zu ihrer Verbreitung. Mathematische Evolventen-Beziehungen und ihre Ausnutzung für die Zahnradtechnik

Nachdem wir vor allem von LEONHARD EULER 1762, JOHN ISAAC HAWKINS 1806 und ROBERT WILLIS 1837/38 wissen, daß sie die Evolventen-Verzahnung ausführlicher behandelt und auch begünstigt hatten, begann jetzt die Suche nach der besten, auch für die Praxis geeigneten, Zahnform.

Schon 1826 gibt der Professor für angewandte Mechanik in Metz JEAN-VICTOR PONCELET (1788 bis 1867) folgende Nachteile der Epizykloiden-Verzahnung an:

1. die Druckkräfte auf die Zähne nehmen zu, je weiter sich der Berührungspunkt von der Mittelpunktslinie entfernt; daher ungleiche Abnutzung

2. die Zahnform des einen Rades hängt vom Grundkreisradius des anderen Rades ab; dasselbe Ritzel kann also kein Rad von verschiedenen Durchmessern bewegen

3. der Eingriff der Räder ist bei etwas verschobenen Achsen nicht mehr genau.

Für PONCELET entfallen diese Nachteile, wenn man den Zahnprofilen die Form von Kreisevolventen gibt. Er hebt den konstanten Druck auf die Zähne hervor, weshalb die Abnützung gleichmäßig ist.

Auch der Wiener Professor für Mechanik und Maschinenlehre am dortigen Polytechnikum ADAM RITTER VON BURG (1797 bis 1882) nimmt in seinem Vorlesungsmanuskript von 1846 Partei für die Evolvente: „Diese Verzahnung ist besser als jene durch die Epicykel, indem sie

a) den Eingriff mehrerer verschieden großer Räder in ein und dasselbe Rad zuläßt, und indem

b) der Druck auf die Zähne immer derselbe, sonach die Abnützung gleichmäßig, was bei andern Verzahnungen nicht der Fall ist."

In die fernere Zukunft weisende Gedanken über die Evolventen- und Zykloiden-Verzahnung äußert 1837 und 1841 ROBERT WILLIS (1800 bis 1875). Als Haupteinwand gegen die Evolventenzähne führt er ihre zwar gerade, aber schrägliegende Eingriffslinie an. Dadurch entsteht ein auseinanderlaufender und größerer Druck auf die Achsen als bei anderen Zahnformen. Der Eingriff von Epizykloidenzähnen ist im Augenblick des Passierens der Mittelpunktslinie senkrecht zu dieser. Bei Evolventenzähnen verläuft der Eingriff konstant in Richtung der gemeinschaftlichen Tangenten ihrer Grundkreise, und liegt daher schräg zur Mittelpunktslinie. Diese nachteilige Eigenschaft gleicht sie aber durch zwei Vorteile aus:

a) eine Entfernungsänderung der Achsmittelpunkte stört nicht den Zahneingriff

b) alle Radpaare gleicher Teilung können zusammenarbeiten.

WILLIS sagt 1841 wörtlich: "This injurious property is balanced by the advantages that a variation of the distances of their centers does not destroy the action of the teeth, and that any two wheels of the same pitch will work together ...".

Diese letztgenannte Eigenschaft können aber auch epizykloidische Zähne besitzen. Demnach gibt es für WILLIS 1841 Satzräder für Epizykloiden-Verzahnungen mit gleichgroßen Rollkreisen, sowie für Evolventen-Verzahnungen mit gleichem Eingriffswinkel. Nach seiner Meinung besitzen Evolventenzähne ferner eine festere Zahnform als Zykloidenzähne und Kreisverzahnungen, sie kommen außerdem mit sehr wenig Flankenspiel aus. Denn beide Seiten der eingreifenden Zähne berühren sich gleichzeitig. Das ist theoretisch bei allen Zahnformen möglich, wenn sie einem Radius symmetrisch sind. Und das ist praktisch nicht möglich, weil ein kleiner Fehler in jeder Zahnform schon Verklemmen in der Gegenlücke verursacht. Wird jetzt die Achsentfernung der Räder vergrößert, so ist die doppelte Berührung gestört, obwohl sich der Zahneingriff zur Erzeugung konstanter Winkelgeschwindigkeit nicht verschlechtert. WILLIS empfiehlt daher ein Flankenspiel, das um so größer ist, je mehr die Räder voneinander entfernt werden. Bei jedem gegebenen Evolventenradpaar aber läßt sich durch genaues Anordnen ihrer Mittelpunkte das Flankenspiel auf ein Mindestmaß verringern, das notwendig ist, damit sich die Zähne nicht verklemmen können. Diesen Vorteil besitzt keine andere Zahnform. Sie empfiehlt sich deshalb nach WILLIS' Meinung sogar für Zählwerke und ähnliche Mechanismen, in denen ein Flankenspiel nachteilig ist.

ROBERT WILLIS sagt darüber 1841 wörtlich: "Now if the distance of the centers of these Wheels be increased, this double contact will be destroyed, although the action of the teeth in effecting a constant velocity ratio will not be impaired. ... In any given pair of involute wheels, therefore, we can, by properly adjusting by trial the distance of their centers, reduce the back-lash to the least quantity that will allow the teeth to act without jamming ...".

Hiermit ahnt WILLIS die praktisch verwertbare Möglichkeit einer Profilgestaltung durch Verschieben der Achsmittelpunkte voraus.

„Die Evolventenverzahnung ist jedenfalls die vollkommenste aller Zahnconstructionen" findet 1851 der Professor für angewandte Mathematik und Mechanik an der Bergakademie Freiberg JULIUS LUDWIG WEISBACH (1806 bis 1871). „Sie steht der Epicycloidenverzahnung nur insofern nach," fährt er fort, „als sie längere Zähne liefert, und deshalb eine größere Anzahl von Zähnen fordert als diese. Da jedoch auch aus anderen Gründen eine größere Zähnezahl mechanisch vortheilhaft ist, so tritt dieser Nachtheil sehr in den Hintergrund. Der Vorwurf, welchen man diesen Rädern noch macht, daß bei ihnen aus der schiefen Wirkung der Druckkraft K_1 Seitendrücke

$$N_1 = \frac{s}{r_1} \cdot K_1 \text{ und } N_2 = \frac{s}{r_2} \cdot K_1$$ entspringen, welche die Zapfenreibung vergrößern, ist

ebenfalls von keiner Erheblichkeit, da sich bei der Epicycloidenverzahnung Seitendrücke ebenfalls einfinden, so lange die Zähne außerhalb der Centrallinie aufeinander wirken. Dagegen hat aber die Evolventenverzahnung folgende wesentliche Vorzüge:

1. da der Druck K_1 zwischen den Evolventenzähnen vom Anfang bis Ende des Eingriffes unverändert derselbe bleibt, so findet bei diesen Zähnen eine gleichförmigere und deshalb weniger nachtheilige Abnutzung statt, als bei den Epicycloidenzähnen, wo dieser Druck veränderlich ist

2. ein und dasselbe Rad *EML* mit Evolventenzähnen, lt. Bild 114a, kann zugleich mit verschiedenen Rädern *DCG* usw. arbeiten, denn die Evolventenbögen *DE* oder D_1E, welche einem und demselben Grundkreise entsprechen, sind nur der Länge nach von einander verschieden. D_1E ist nur ein Theil von *DE*. Bei der Epicycloidenverzahnung hingegen hängt die Zahnform des einen Rades auch von dem Theilkreishalbmesser des anderen ab, es kann also hier ein Rad nicht zugleich mit anderen von verschiedenen Halbmessern arbeiten. Räder mit Evolventenverzahnung können also stets, wenn sie nur einerlei Theilung haben, in einander regelrecht eingreifen. Es gewährt hiernach diese Verzahnung nicht allein eine allgemeinere Anwendung, sondern auch den großen ökonomischen Vortheil, daß durch sie die Anschaffung einer großen Anzahl von Gußmodellen erspart wird, da bei der Epicycloidenverzahnung für jede Theilung und für jedes Übersetzungsverhältnis ein besonderes

Räderpaar, bei der Evolventenverzahnung aber zur Herstellung einer verlangten Umsetzung nur eine Auswahl unter den verschiedenen Rädern von derselben Theilung nöthig ist

3. (lt. Bild 114b) „wenn bei der Evolventenverzahnung die Axenlage eine andere wird, was durch Abführen oder Verrücken der Zapfenlager leicht möglich ist, so wird dadurch nur die Dauer, nicht aber die Regelmäßigkeit des Eingreifens verändert. Bei der Epicycloidenverzahnung verursacht hingegen jede Änderung der Axenstellung einen fehlerhaften Eingriff, und es wird dadurch nicht nur der regelmäßige Gang gestört, sondern auch leicht ein Einklemmen und Abbrechen der Zähne herbeigeführt. Aus diesem Grunde ist es auch nöthig, den Epicycloidenzähnen einen größeren Spielraum zu geben als den Evolventenzähnen …".

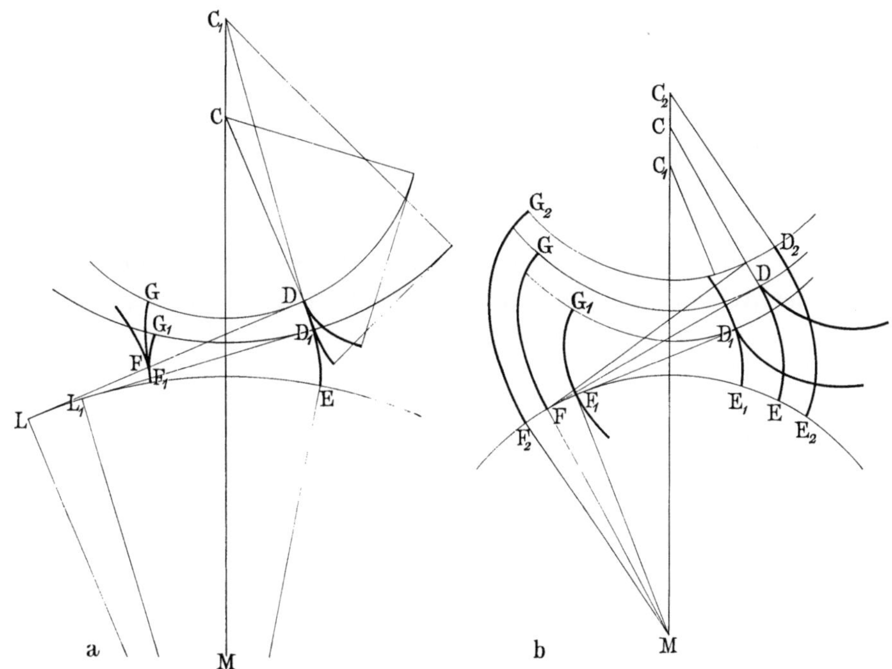

Bild 114.   Evolventen-Verzahnung von Julius Ludwig Weisbach 1851

So weit Weisbach 1851 im Originaltext seines „Lehrbuches der Ingenieur- und Maschinen-Mechanik", 3. Theil. 1852 setzt der Professor für Maschinenlehre an der Polytechnischen Schule in Karlsruhe Ferdinand Redtenbacher (1809 bis 1863) die Diskussion in Deutschland fort. „Die Evolventen-Verzahnung hat folgende praktisch wichtige Eigenschaften:

1. alle mit Evolventenzähnen versehenen Räder können, wenn sie nur gleiche Theile haben, einander richtig bewegen

2. die Entfernung der Axen der Räder kann, unbeschadet des richtigen Eingriffes vermindert oder vermehrt werden; die Dauer des richtigen Eingriffs wird jedoch dadurch geändert

3. Evolventenzähne verursachen die geringste Reibung

4. Evolventenzähne verändern am wenigsten ihre Form durch Abnutzung

5. Räder mit Evolventenzähnen können auch zur Bewegung von Axen, die sich nicht schneiden und einen Winkel bilden, gebraucht werden

6. Evolventenzähne sind geometrisch ähnlich, und können deshalb am leichtesten durch Maschinen richtig geschnitten werden

7. Nachtheilige Eigenschaften sind keine bekannt."

REDTENBACHER schließt 1852: „Vermöge dieser Eigenschaften sollten die Evolventenzähne allgemein eingeführt werden".

„Beide — Cykloiden- und Evolventen-Verzahnungen — liefern Zahnformen, welche den Anforderungen an die Bewegungsübertragung gleich gut entsprechen," meinen 1862 der Direktor des Gußstahlwerkes Bochum C. L. MOLL und FRANZ REULEAUX in ihrem Buche über „Die Construction der Maschinentheile". „In Betreff der praktischen Brauchbarkeit," räumen sie ein, „ist indess die Fadenlinien-Verzahnung der Radlinien-Verzahnung vorzuziehen, und zwar aus folgenden Gründen:

1. die Zahnflanken nach der Fadenlinie sind leichter auszuführen, als die nach der Radlinie, weil die letzteren S-förmig, die ersteren dagegen nur in einem Sinne gekrümmt sind

2. die Verzeichnung der Kreisverzahnung nach der Fadenlinie ist einfacher, und namentlich am Modell leichter auszuführen, als die der Kreisverzahnung nach der Radlinie

3. Die Räder mit Fadenlinien-Verzahnung gestatten ein Auseinanderrücken oder Nähern der Achsen, ohne Beeinträchtigung der richtigen Bewegungsübertragung, was bei den Rädern mit Radlinien-Verzahnung nicht zulässig ist

4. Bei Räderpaaren mit Fadenlinien-Verzahnung ist die Eingriffdauer im Allgemeinen weit günstiger, als bei solchen mit Radlinien-Verzahnung."

MOLL/REULEAUX schließen diese Erörterungen 1862 mit der Empfehlung: „Für alle Fälle, in welchen ein Rad als Satzrad construirt werden soll, ist aus den angegebenen Gründen die *Anwendung der Fadenlinien-Verzahnung ausschließlich* anzurathen."

Schon 1861 war FRANZ REULEAUX in seinem bedeutenden „Constructeur" bei der Abwägung von Vor- und Nachteilen zwischen Zykloiden- und Evolventen-Verzahnung weitergegangen. Er sagt über die:

Radlinienverzahnung. „Sie gewährt den großen Vortheil, daß man bei ihr mit der Zähnezahl bis auf 7 für gleichgroße Räder herabgehen kann, während bei der Fadenlinienverzahnung die kleinsten gleichgroßen Räder 14 Zähne haben müssen, man auch die Zähnezahl bei der Fadenlinienverzahnung nicht wohl unter 11 nehmen darf. Als ein kleiner Nachtheil ist zu betrachten, daß die Zahnprofile eine S-förmige Krümmung haben, was die Anfertigung erschwert; auch können zusammenarbeitende Räder nicht viel auseinandergerückt werden, ohne den genügend richtigen Eingriff einzubüßen."

Fadenlinienverzahnung. „Vortheile sind: vor allem die einfache Form der Zähne und sodann die Eigenschaft, daß man die Räder auseinanderrücken darf, ohne die Richtigkeit des Eingriffes zu beeinträchtigen. Diesen Vorzügen stellt sich aber ein eigenthümlicher Nachtheil entgegen. Derselbe besteht darin, daß bei kleinen Zähnezahlen der Zahnkopf nach Beendigung des richtigen Eingriffstückes eine solche Bahn gegen den ihn angreifenden Zahn oder genauer gegen dessen radialen Fuß beschreibt, daß er ihm eine unrichtige Geschwindigkeit ertheilt. Der Übelstand wird gehoben, wenn man die betreffenden Räder auseinanderrückt, und zwar so weit, daß bei beiden Rädern die Zähne wenigstens gleichzeitig aus der Eingriffslinie treten. Somit trägt die Verzahnung das Heilmittel für ihren Fehler in sich selbst; allein für starke Kraftübertragung möchten doch, namentlich wo Stöße häufig sind, so gesperrt gehende Räder nicht geeignet, beziehlich die Kleinheit der Zähnezahlen zu vermeiden sein."

Damit ist die Möglichkeit eines Verlegens der Kopf- und Fußkreise wohl zum ersten Mal klar erkannt, sowie auch ihre systematische Benutzung zur Vermeidung von Eingriffstörungen.

„Die Aufgabe, eine für den richtigen Zahneingriff geeignete Zahnform aufzufinden, gehört unstreitig zu den interessantesten der descriptiven Geometrie und Mathematik", betont 1869 der Professor für Maschinenbau am deutschen Polytechnikum zu Prag FRANZ H. STARK. Zu seiner Zeit sind die zykloidischen Zahnkurven so weit verbreitet, daß man meinte: nur zykloidische Kurven eignen sich als Zahnkurven. „Wie sich aber

Bild 115. Modelle zur Veranschaulichung der Zykloidenverzahnung von REULEAUX aus seiner kinematischen Sammlung an der Technischen Hochschule Berlin

nachweisen läßt," fährt er fort, „bilden die Zahncurven eine ganz besondere, nach
einem eigenen geometrischen Gesetze gebildete Gruppe, die von den Cycloiden verschieden ist; jedoch werden in besonderen Fällen durch beide Gesetze dieselben krummen Linien erzeugt." STARK beanstandet 1869: die Theorie liefert bisher zu wenig
Anhaltspunkte für die größere oder geringere Brauchbarkeit der einzelnen Verzahnungsarten in der Praxis.

„... denn theoretisch betrachtet, ist es sogar ganz gleichgültig, welcher Verzahnungsart man
sich bedient, wenn sie überhaupt nur ausführbar ist, und dem ersten Grundsatze, daß die Peripherie-
geschwindigkeiten der Theilkreise gleich sein sollen, entspricht. ... Es blieb der Praxis allein über-
lassen, unter den verschiedenen theoretisch richtigen Zahnformen jene mühsam herauszufinden,
welche am zweckmäßigsten sind, ohne daß ihr die Theorie dabei folgen konnte. ... Die Praxis
fordert nun möglichst einfache, leicht ausführbare Zahnconstructionen; es wird daher am zweckmäßigsten sein, für die Ausübung die einfachsten, nämlich den Kreis oder die Gerade als Erzeugende
zu wählen." STARK hält es 1869 für unnötig, eine besonders komplizierte Eingriffslinie anzunehmen.
„Für das Endresultat und die Anforderungen der Praxis ist es allerdings vollkommen gleichgiltig,
auf welche Weise die Zahncurve zu Stande kömmt, wenn sie nur überhaupt richtig ist ...".

Als charakteristische Eigenschaften der Evolventen-Verzahnung nennt der Königsberger Dozent Dr. LOUIS SAALSCHÜTZ 1870 die folgenden fünf:

1. „Der Berührungspunkt der Zähne rückt auf einer geraden Linie, nämlich der gemeinsamen
   Tangente der Grundkreise fort" — SAALSCHÜTZ nennt sie „Wirkungslinie" — „Die Richtung des
   Drucks der Zähne gegeneinander fällt mit der Richtung dieser Linie zusammen, der Hebelarm
   dieses Drucks ist daher immer der Radius des Grundkreises und daher ist der Druck gegen jeden
   Punkt der Zahnwölbung gleichgroß, folglich die Abnutzung möglichst gleichmäßig."
2. „Der Theilkreis ist nur ein idealer Kreis, welcher, sobald die Räder *einzeln* betrachtet werden,
   sich durch Nichts markiert, während er z. B. bei der Cycloiden-Verzahnung als Grenze zwischen
   zwei verschiedenen Curven zu erkennen ist."
3. „Die Theilung auf dem Theilkreise verhält sich zu derjenigen auf dem Grundkreise wie die Radien
   dieser Kreise sich verhalten."
   SAALSCHÜTZ beweist diesen Satz an zwei Dreiecken, die von zwei Geraden und einem Evolventenbogen begrenzt sind. Sind die Teilungen auf dem Grundkreise gleich, so sind sie es auch auf dem
   Teilkreise.
   „Da nun noch zwei ganz beliebige Evolventenbogen gegeneinander eine weiterschiebende Wirkung auszuüben im Stande sind", folgert SAALSCHÜTZ 1870:
4. „... daß alle nach der Evolvente verzahnten Räder, wenn sie auf dem Grundkreise gleich
   getheilt sind, mit einander arbeiten können ...".
5. „... daß dieselben beiden Räder mehr oder weniger einander genähert werden können, ohne daß
   die Fähigkeit gemeinsamer Arbeit aufgehoben würde."

SAALSCHÜTZ schließt: „In diesen beiden letzten Folgerungen, sowie in der ersten,
liegen die Hauptvorzüge der Evolventen-Verzahnung. Obgleich ... der Grundkreis
eines Rades eigentlich der allein erkennbare ist, so geht man doch meistens bei der Construction vom Theilkreise aus und construirt den Grundkreis durch Annahme der
Richtung der Wirkungslinie ... Der Arbeitsbogen vor der Centrale", so fährt SAAL-
SCHÜTZ in seiner Schrift über die Evolventen-Verzahnung 1870 fort, „hängt nur von der
Höhe der Zähne des getriebenen Rades ab, derjenige nach der Centrale nur von der
Zahnhöhe beim treibenden Rade. Es hängen also sämmtliche Dimensionen der Zähne
von der Anzahl derselben (n), der Richtung der Wirkungslinie (β), den beiden Arbeitsbogen (A_1, A_2) und zum Theil von dem Verhältnisse der gewünschten Zahnstärke zur
Theilung auf dem Theilkreise $(d/s = x)$ ab."
Um 1870 hebt man in Deutschland als Nachteil der Evolventen-Verzahnung besonders
den schlechten Gang bei kleinen Zähnezahlen hervor. Einerseits reicht die Eingriffsdauer nicht aus, „andererseits wirken die Spitzen der Zahnköpfe zu sehr unterwühlend
gegen die Flanken der zu treibenden Zähne, so daß letztere ausgehöhlt werden müssen,
wenn man vermeiden will, daß die Bewegung stoßweise übertragen werde". Die Schwä-

chung des Zahnfußes hält man allerdings auch entgegen. Man ist aus diesem Grunde allgemein geneigt, den Eingriffswinkel $\alpha > 15°$ zu wählen. Ja, sogar Einzelräder empfiehlt man schon zu dieser Zeit, um kleinere Zähnezahlen ausführen zu können. Diese verlangt der Maschinenbau mehr und mehr. An die Bedeutung der Achsenunempfindlichkeit denkt dagegen der Dozent am Polytechnikum zu Aachen A. BÜTTNER, und findet daher die praktische Genauigkeit der Evolventenverzahnung ungleich größer. „Nun wird man aber auf eine mathematisch genaue Montirung der Axen nie rechnen können", sagt er 1871, „ebenso wenig also auf einen genauen Eingriff der Cycloidenräder". BÜTTNER denkt darüber hinaus an die Fehler der Former und Monteure, sowie an den Verschleiß. Er lobt ferner die größeren Krümmungsradien der Evolventen-Zahnkurven, so daß „... die Subtilität und Empfindlichkeit derselben geringer sind. ... Zwei sich berührende Cycloidenzähne haben zusammen vier unendlich kleine Krümmungsradien, mithin vier Stellen von rasch zunehmender Krümmung, zwei Evolventenzähne haben im ungünstigsten Falle eine, meist gar keine derartige Stelle". Im einzelnen zieht BÜTTNER 1871 folgende Vergleiche zwischen Evolventen- und Zykloiden-Verzahnungen:

Zahndruck: bei der Evolventenverzahnung hat der Druck eine konstante Neigung zur Zentralen, nämlich die der Wirkungslinie. Bei der Zykloidenverzahnung wechselt er seine Richtung.

Eingriffsdauer: hier sind die Vorteile schwer zu entscheiden.

Zahnreibung: sie ist bei Zykloiden etwas geringer, da sie aber ungenauer greifen, ist die Reibungsarbeit praktisch größer als bei Evolventen.

Für die Evolvente spricht nach BÜTTNER ferner: das leichte Aufzeichnen und Modellieren, sowie die größere Fußstärke bei kleineren Rädern. Aus diesen Umständen schließt er: „Demnach scheint mir das Gesamtresultat nicht zweifelhaft, daß die Evolventenverzahnung den Vorzug und zur consequenten Anwendung als Satzräderverzahnung mehr empfohlen zu werden verdient". Für ihn „... bilden die praktisch genauere Form, die leichtere Herstellbarkeit und die Richtigkeit auch bei ungenauem Achsenabstand, Vorzüge der Evolventenverzahnung, gegen welche der in seltenen Fällen und ungefährlich auftretende und leicht zu beseitigende falsche Eingriff nicht schwer ins Gewicht fällt ...". Vor allem erkennt er klar: „Einfacher gestaltet sich die ganze Anschauung, wenn man den Begriff des Theilkreises als einen der Evolventenverzahnung fernliegenden ganz vermeidet". Diesen letztgenannten, wichtigen Punkt hatten 1861 bereits H. v. REICHE und F. C. H. WIEBE ausgesprochen.

Die gleichen Ansichten wie seine Vorgänger vertritt 1881 der Professor für Maschineningenieuer-Wesen am kgl. Polytechnikum zu Stuttgart CARL BACH (1847 bis 1931). „Der Vortheil der Zykloiden-Verzahnung besteht darin," sagt er, „daß mit der Zähnezahl weit herunter gegangen werden kann, was für manche Hebevorrichtungen von Vortheil ist. Der Nachtheil der Verzahnung liegt in dem Umstande, daß mit der Epicycloide des einen Rades immer nur ein und derselbe Punkt des andern Rades gleitend arbeitet, infolge dessen die richtige Form jedes Zahnes in der Nähe dieser Punkte durch rasche Abnutzung sich ändert. Grund genug, diese Verzahnung nur nothgedrungen anzuwenden." BACH erwähnt 1881 die konstante Umfangsgeschwindigkeit der Grundkreise bei der Evolventenverzahnung, weshalb die Grundkreise auch gleich geteilt werden können. „Zu einem Grundkreise gehört nur eine Evolvente, folglich ist diese unabhängig von der Lage der Erzeugenden. Wird die Lage geändert, indem die beiden Wellmitte einander genähert oder von einander entfernt werden, so ändern sich demnach die Evolventenflanken nicht. Hieraus folgt, daß Räder mit Evolventenverzahnung einander genähert und von einander entfernt werden dürfen, ohne daß der richtige Eingriff dadurch gestört wird, sofern nur die Eingriffsstrecke genügend groß bleibt."

Inzwischen begann sich aber in den USA eine weiterer, wesentlicher Einfluß auf die Wahl von Zahnformen bemerkbar zu machen: die Herstellungsmaschine. In den USA dominierte um 1880 die Epizykloide nach ROBERT WILLIS als Zahnform, vor allem, weil es seit 1876 dafür Verzahnungsmaschinen von OSCAR J. BEALE und CHARLES WILLIAM MACCORD gab. Für die Evolventen-Verzahnung in den USA setzte sich als Erster der Begründer der amerikanischen Zahnrad- und Rechenmaschinen-Industrie GEORGE BARNARD GRANT (1849 bis 1917) ein. In seinen ersten richtungweisenden Aufsätzen 1883 und 1885 im „American Machinist", sowie in seinem „Handbook of the Teeth of Gears" 1885, untersuchte er den Wirkungsgrad der Epizykloide gegenüber der Evolvente und bewies:

1. die Epizykloide ist immer weniger leistungsfähig als die Evolvente

2. der Gewinn an Leistungsfähigkeit bei Verwendung der Evolvente steigt, während die Zähnezahl im kleinen Rad des epizykloidischen Satzrädersystems abnimmt

3. für das Stufenrad ist die Evolvente immer günstiger, für das Spiralrad besteht kein Unterschied

4. bei Innenverzahnung ist die Evolvente immer leistungsfähiger und der Wirkungsgrad steigt hier noch, wenn sich die beiden arbeitenden Zahnräder derselben Größe nähern

5. die Festigkeit steigt mit dem Quadrat der Teilung, und deshalb erhält man Festigkeit am besten durch Steigern der Zahndicke.

GRANT schließt 1885: die Evolvente ist überlegen durch ihre Verschiebbarkeit (!), Gleichmäßigkeit der Pressung, Festigkeit und selbst im Aussehen. Die einzige Ausnahme bilden die Ritzel mit wenigen Zähnen. Die übliche Vorliebe für die Epizykloide unter den Mühlenbauern und Mechanikern schreibt GRANT ihren traditionellen Bräuchen zu, durch die in Unkenntnis über die Eigenschaften der Evolvente ein Vorurteil gegen sie entstand.

Den Standpunkt von GRANT unterstützte der Erfinder des Zahnrad-Formstahles JOSEPH R. BROWN (1810 bis 1876). Er war seit 1864 der einzige Formstahllieferant der USA und gewann Einfluß auf die Beachtung der Evolventen-Verzahnung, als er seit 1867 einen 15teiligen Werkzeugsatz in Diametral Pitch für Evolventen-Verzahnung herausbrachte. Die Fabrikanten sahen bald ein, daß sie mit diesem Satz eine größere Geauigkeit erhielten als mit einem 24teiligen Epizykloidensatz. So stellte 1898 der „American Machinist" bereits eine große Verbreitung der Evolventenverzahnung fest.

An die Werkzeugseite und weitere Einzelheiten denkt 1900 der Professor für Maschinenelemente an der Technischen Hochschule Karlsruhe GEORG LINDNER (1859 bis 1948):

„Daß die Evolvente der Zahnstange auch eine gerade Linie ist, verschafft diesem System einen wesentlichen Vorteil gegenüber den Zykloiden. . . . Die Praxis benutzt in den meisten Getrieben, besonders bei den vielen Zahnrädern der Werkzeug- und Arbeitsmaschinen, fast nur Evolventen. Ausschlaggebend mag hierfür wohl die Rücksicht auf den Spielraum der Zahnflanken sein, den man möglichst zu beschränken sucht. Evolventenzähne kann man von vornherein in solcher Dicke schneiden, daß sie spielfrei in einander passen, ohne fürchten zu müssen, daß sie sich festklemmen, weil sie vermöge der Steigung der Flanken oder der keiligen Zahnform leicht in- und auseinander gehen. Spielfrei geschnittene Zykloidenzähne würden sich dagegen leicht festklemmen und abbrechen, weil sie am Teilkreis radial verlaufen. Sind die Evolventenzähne ein wenig zu schwach oder zu stark ausgefallen, so kann man sie bei der Einstellung der Lager meist bequem auf spielfreien Gang einstellen; Zykloiden aber müssen in bestimmtem Abstande genau eingebaut werden, ohne daß man den Spielraum beseitigen kann, wenn sie zu locker gehen . . . Zykloidenzähne gefallen dem Auge besser, besonders in der Zeichnung, weil sich bei ihnen konvexe und konkave Flächen sanft an einander schmiegen, während Evolventen mit gegen einander gewölbten Flächen hart auf einander drücken, auch im Betriebe fällt dieser Unterschied bezüglich der Verteilung des Flächendruckes und der Erhaltung der Schmiere auf den Flanken zugunsten der Zykloiden ins Gewicht. ... Die Zykloiden haben einen stark springenden, nach den Seiten hin zunehmend anwachsenden Seitendruck von wechselnder Richtung, während die Evolventen viel gleichmäßiger und besonders hinter der Mittellinie mit viel geringerem Seitendruck arbeiten. Die radialen Flankenstücke sind also eher fehlerhaft als günstig, weil sie ... einen Richtungswechsel bewirken, der nicht in allen Fällen durch Gegenkräfte aufgehoben wird. Die Evolventenverzahnung äußerte hinter der Mittellinie keinen Seitendruck ...".

Die Entscheidung zugunsten der Evolventen-Verzahnung in der Technik fiel schon im letzten Viertel des 19. Jahrhunderts. Nun bedurfte es analytischer Unterlagen zur Ausnutzung der Evolvente in der Zahnradpraxis. Die einzige geometrische Rechnung, die man im 18. Jahrhundert an Zahnrädern ausführte, war die Berechnung des Rad-Durchmessers aus gegebener Teilung und Zähnezahl $z \cdot t = D \cdot \pi$ oder $\dfrac{t}{\pi} = \dfrac{D}{z}$. Der kgl.-preuß. geheime Oberbaurath und Direktor der kgl. Bauakademie zu Berlin JOHANN ALBERT EYTELWEIN (1764 bis 1848) berechnet 1808 die Teilkreisradien r und a, die Teilung t, die Zähnezahlen n und m, die Mittelpunktswinkel für die Teilung β und α nach den Formeln $r = \dfrac{180 \cdot t}{\pi \cdot \beta}$, $t = \dfrac{a \cdot \pi \cdot \alpha}{180} = \dfrac{m \cdot r}{n} \cdot \arccos\alpha$, $\beta = \alpha = \dfrac{180 \cdot t}{\pi \cdot r}$. Der böhmische k.k. Gubernialrat, Direktor der physischen und mathematischen Studien an der Universität Prag, Professor der höheren Mathematik, Astronomie und technischen Mechanik FRANZ JOSEPH RITTER VON GERSTNER (1756 bis 1832) rechnete 1832 mit der Beziehung für regelmäßige Vielecke aus der gegebenen Teilung und Zähnezahl den Radius des Rades aus nach $^1/_2 \cdot t = r \cdot \sin \dfrac{180}{n}$, woraus $r = \dfrac{^1/_2 \cdot t}{\sin \dfrac{180}{n}} = {}^1/_2 \cdot t \cdot \operatorname{cosec} \dfrac{180}{n}$, wobei t = Teilung in Zoll, n = Zähne-, Kamm- oder Stockzahl, r = Halbmesser des Rades. Der Pariser General der Artillerie, Direktor des Conservatoire des Arts-et-Métiers und Professor der Mechanik an der Artillerieschule Metz ARTHUR JULES MORIN (1795 bis 1880) nennt 1838 die Kreisradien R und R', n die Zahl der Umläufe, die Kreis R' bei jedem Umlauf von R machen soll, und erhält $R = n \cdot R'$. Die Achsentfernung ist $d = R + R'$ und so errechnet er die Radien zu $R = \dfrac{n \cdot d}{n+1}$ und $R' = \dfrac{d}{n+1}$. Als erster suchte 1851 der Wiener Professor für Mechanik und Maschinenlehre am Polytechnikum Wien ADAM RITTER VON BURG (1797 bis 1882) die Kreisevolvente einzuführen, indem er ihre Gleichung in Polarkoordinaten anschrieb mit

$$x = R \cdot \cos \varphi + R \cdot \varphi \cdot \sin \varphi$$
$$y = R \cdot \sin \varphi - R \cdot \varphi \cdot \cos \varphi$$

Damit konnte damals in der Praxis niemand etwas anfangen, trotzdem BURG durchaus einen bedeutenden Gedanken hatte, diese transzendente Kurve algebraisch darzustellen.

Zu Untersuchungen an der Evolvente selbst, wie man sie für die Zahnradtechnik braucht, kam es aber erst zu Beginn des 20. Jahrhunderts. Nachdem die Evolvente als gebräuchlichste Zahnform anerkannt war, brauchten die Ingenieure damals immer mehr Mittel zu ihrer genauen Berechnung. Diese ersten Berechnungsgrundlagen finden sich daher in der technischen, nicht mathematischen Literatur.

Eine vereinfachte Formel für die Evolvente benutzte man während des 1. Weltkrieges schon unter den Ingenieuren in England. ARTHUR FISHER erwähnte sie um 1919 in der englischen Zeitschrift „Machinery". 1921 leitete sie der Westinghouse-Konstrukteur für Marine-Getriebe ANTHONY BRUCE COX im „American Machinist" neu ab und kam zu gleichen Werten.

Bild 116.   MAX FÖLMER (1873 bis 1941)

Noch vor den Engländern dürfte der Zürcher Ingenieur MAX MAAG (1883 bis 1960) liegen. Er leitete bereits 1908 eine Formel zur Bestimmung der Schneidtiefe für spielfreien Gang eines Zahnradpaares ab. Sie basiert auf der später bekannten Evolventenfunktion $\varphi = \mathrm{tg}\,\alpha - \mathrm{arc}\,\alpha$. Die darin enthaltenen numerisch schwieriger zugänglichen Funktionen gab er für die Praxis in logarithmischen Zahlentafeln, mit dem sog. „Laufeingriffwinkel" als Argument. Bei gegebenem Achsabstand, gegebener Zähnezahl und Grundteilung des Werkzeugs ist dieser Winkel eindeutig bestimmt. Diese Tafeln gelangten aber nur Mitarbeitern der Firma Maag zur Kenntnis.

Etwa zur gleichen Zeit wie die Engländer kam der Berliner Ingenieur MAX FÖLMER[1] auf ein einfaches Rechenverfahren, zu dem eine Tabelle und der Rechenschieber genügte. Es reichte vom achtzähnigen Rade aufwärts für alle Zähnezahlen.

FÖLMER drückt 1919 die Winkel α, β, ψ bzw. α', β', ψ' auf Bild 117 im Bogenmaß aus und kann setzen $\dfrac{d}{2\cdot r} = \beta$ bzw. $\dfrac{d'}{2\cdot r'} = \beta'$ mit $\beta + \psi = \beta' + \psi'$. Eingesetzt ergibt

---

[1] MAX FÖLMER (1873 bis 1941). Geboren als Sohn eines Tischlers und Werkführers. Sein Großvater war Lehrer gewesen. Vier Jahre Mechaniker-Lehrzeit in Berlin, dann weitere vier Jahre im Maschinen- und Werkzeugbau tätig. Ging 1895/96 von der Abendschule zur Ersten Handwerkerschule über, Vorgängerin der heutigen Berliner Gauss-Schule. Hier bildete ihr Leiter Professor PAUL SZYMANSKI († 1914) hervorragende Ingenieure heran. FÖLMER absolvierte mit Auszeichnung. Danach Assistent von Professor DUBOIS und Studium an der Technischen Hochschule Berlin. Entwickelte hier seine teils mathematische, teils geometrisch-kinematische Denkweise. Konstrukteur bei Siemens & Halske, dann erster Konstrukteur für Meßinstrumente und Telegraphenapparate im Werner-Werk von Siemens, gefördert vom späteren S & H-Generaldirektor Dr. ADOLF FRANKE. 1901 Lehrer für Fachzeichnen an der Ersten Handwerkerschule, das er zur Konstruktionslehre ausbaute. Traf hier mit Professor EMILE TOUSSAINT zusammen. Während des 1. Weltkrieges bei Telefunken hochfrequenztechnische Arbeiten. Große Bedeutung für die Verzahnungstheorie hatte seine Zahnradforschung zwischen 1917 und 1919 bei S & H. Gründer, Leiter und Oberstudiendirektor der Gauss-Schule 1922 bis 1936. Zahnradarbeiten sind sein wissenschaftliches Vermächtnis. Anfang August 1941 bei einem Ruderausflug mit seinem Enkel nach Herzschlag auf tragische Weise ertrunken.

dies $\dfrac{d}{2\cdot r} - \dfrac{d'}{2\cdot r'} = \psi' - \psi$. Mit $2 \cdot r' = 2 \cdot r \cdot (1 + \tau)$ schreibt FÖLMER die *Grundgleichung*

$$d' = (1 + \tau) \cdot \left[d - 2 \cdot r \cdot (\psi' - \psi) \right]$$

Im Bild 117 ist weiter Winkel $aAt = \dfrac{\widehat{at}}{g}$ und $\psi =$ Winkel $aAt - \alpha$. Nach der geometrischen Entstehung der Evolvente ist $\widehat{at} = \overline{Pt}$, folglich $\dfrac{\widehat{at}}{g} = \dfrac{\overline{Pt}}{g} = \operatorname{tg}\alpha$ und damit sind auch die Winkel

$$\psi = \operatorname{tg}\alpha - \alpha$$
$$\psi' = \operatorname{tg}\alpha' - \alpha'$$

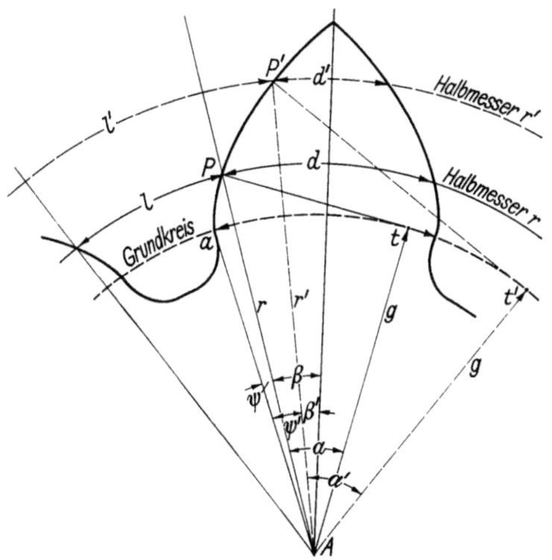

Bild 117.   Bis zur Spitze ausgefräster Evolventenzahn und seine Bezeichnungen nach FÖLMER 1919

Dies ist praktisch die Evolventen-Funktion für die Zahnradtechnik. Die Winkel α und α', sowie ψ und ψ' sind bestimmt durch $\cos\alpha = g/r$ und $\cos\alpha' = g/r'$. In Tabelle 23 gibt FÖLMER 1919 die Werte für $\cos\alpha$ und die Evolventenfunktion ψ. Für alle Eingriffswinkel ergibt sich aus $2 \cdot r' = 2 \cdot r \cdot (1 + \tau)$ die relative Halbmesseränderung

$$\tau = \frac{r' - r}{r} = \frac{\cos\alpha - \cos\alpha'}{\cos\alpha'}.$$

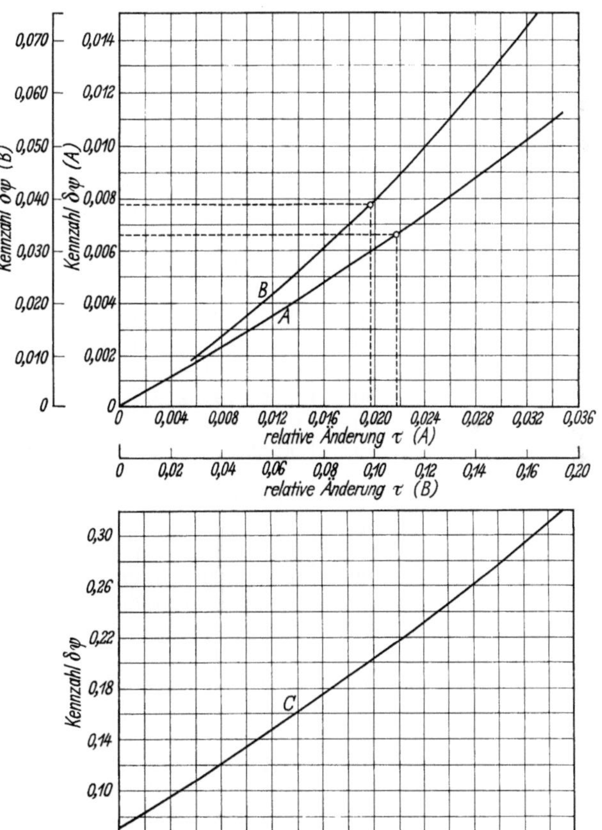

Bild 118.   Hilfstafel zur Schnellberechnung der Abmessungen von Evolventen-Zahnradgetrieben mit Zähnezahlen von 8/10 bis 8/∞ nach FÖLMER 1919

Danach wendet FÖLMER seine Fomreln auf den damals allgemein üblichen Eingriffswinkel $\alpha = 15°$ an, mit $\cos\alpha = g/r = 0{,}9659$ und daher $\psi_{15} = 0{,}0061498$ laut Tabelle 23.

Tabelle 23. *Evolventenfunktion $\psi = f(\cos\alpha)$ von* MAX FÖLMER 1919

α	$\cos\alpha$	$\psi =$ tg $\alpha - \widehat{\alpha}$	α	$\cos\alpha$	$\psi =$ tg $\alpha - \widehat{\alpha}$
1°	0,999 847 7	0,000 002 8	18° 0′	0,951 056 5	0,010 760 4
2	0,999 390 8	0,000 014 2	10′	0,950 153 6	0,011 070 5
3	0,998 629 5	0,000 047 9	20′	0,949 242 6	0,011 386 8
4	0,997 564 1	0,000 113 6	30′	0,948 323 6	0,011 699 3
5	0,996 194 7	0,000 222 2	40′	0,947 396 6	0,012 038 2
6	0,994 521 9	0,000 384 4	50′	0,946 461 6	0,012 363 4
7	0,992 546 2	0,000 611 6			
8	0,990 268 1	0,000 914 5	19° 0′	0,945 518 6	0,012 715 0
9	0,987 688 3	0,001 304 8	10′	0,944 567 5	0,013 063 1
10	0,984 807 8	0,001 794 1	20′	0,943 608 5	0,013 417 9
11	0,981 627 2	0,002 394 1	30′	0,942 641 5	0,013 779 3
			40′	0,941 666 5	0,014 147 5
12° 0′	0,978 147 6	0,003 117 1	50′	0,940 683 5	0,014 522 5
10′	0,977 538 6	0,003 250 4			
20′	0,976 921 5	0,003 387 5	20° 0′	0,939 692 6	0,014 904 3
30′	0,976 296 0	0,003 528 5	10′	0,938 693 7	0,015 293 2
40′	0,975 662 3	0,003 673 5	20′	0,937 686 9	0,015 689 1
50′	0,975 020 3	0,003 822 4	30′	0,936 672 2	0,016 092 1
			40′	0,935 649 5	0,016 502 4
13° 0′	0,974 370 1	0,003 975 4	50′	0,934 618 9	0,016 920 0
10′	0,973 711 6	0,004 132 5			
20′	0,973 044 8	0,004 293 8	21°	0,933 580 4	0,017 344 9
30′	0,972 369 9	0,004 459 2	22	0,927 183 9	0,020 053 8
40′	0,971 686 7	0,004 629 2	23	0,920 504 9	0,023 049 1
50′	0,970 995 4	0,004 803 3	24	0,913 545 5	0,026 349 7
			25	0,029 975 4	0,906 307 8
14° 0′	0,970 295 7	0,004 981 9	26	0,898 794 0	0,033 947 0
10′	0,969 587 9	0,005 165 0	27	0,891 006 5	0,038 286 5
20′	0,968 871 8	0,005 352 6	28	0,882 947 6	0,043 017 2
30′	0,968 147 6	0,005 544 8	29	0,874 619 7	0,048 163 6
40′	0,967 415 2	0,005 741 8			
50′	0,966 674 6	0,005 843 4	30°	0,866 025 4	0,053 751 5
			31	0,857 167 3	0,059 798 5
15° 0′	0,965 925 8	0,006 149 8	32	0,848 048 1	0,066 364 0
10′	0,965 168 8	0,006 361 0	33	0,838 670 6	0,073 448 9
20′	0,964 403 7	0,006 577 2	34	0,829 037 6	0,081 096 6
30′	0,963 630 5	0,006 798 4	35	0,819 017 0	0,098 224 0
40′	0,962 849 0	0,007 024 8	36	0,809 152 0	0,089 342 3
50′	0,962 059 4	0,007 256 1	37	0,798 635 5	0,107 782 3
			38	0,788 010 8	0,118 060 5
16° 0′	0,961 261 7	0,007 492 7	39	0,777 146 0	0,129 105 6
10′	0,960 455 8	0,007 734 5			
20′	0,959 641 8	0,007 981 6	40°	0,766 044 4	0,140 967 9
30′	0,958 819 7	0,008 234 1	41	0,754 709 6	0,153 698 2
40′	0,957 989 5	0,008 492 1	42	0,743 144 8	0,167 365 7
50′	0,957 151 2	0,008 755 6	43	0,731 353 7	0,182 023 5
			44	0,719 339 8	0,197 743 9
17° 0′	0,956 304 8	0,009 024 7	45	0,707 106 8	0,214 601 8
10′	0,955 450 2	0,009 299 4	46	0,694 658 4	0,232 678 8
20′	0,954 587 6	0,009 579 8	47	0,681 998 4	0,252 064 0
30′	0,953 716 9	0,009 866 1	48	0,669 130 6	0,272 854 5
40′	0,952 838 2	0,010 158 3	49	0,656 059 0	0,295 157 1
50′	0,951 951 4	0,010 456 3	50°	0,642 787 6	0,319 089 0

Schließlich schreibt er für $\psi' - \psi_{15} = \psi' - 0,0061498 = \delta\psi$ und leitet die Funktion $\delta\psi = f(\tau)$ ab, die nur von $\cos\alpha' = \dfrac{g}{r'}$ abhängt und für alle normalen 15°-Evolventen-Modulräder gilt; hierfür gibt er eine weitere Zahlentafel, Tabelle 24. Nach ihr trägt FÖLMER 1919 eine Hilfstafel nach Bild 118 auf. Mit den Kurven A, B, C lassen sich Getriebe mit 8/10 bis 8 / ∞ Zähnen schnell berechnen. Für den Fall der 15°-Verzahnung heißt die Grundgleichung jetzt $d' = (1 + \tau) \cdot (d - 2 \cdot r \cdot \delta\psi)$. Die relative Halbmesseränderung $\tau = \dfrac{r' - r}{r}$ bestimmt die Funktion, r' ist der Radius des Kreises, auf dem man die Zahndicke d' mißt.

FÖLMERS Rechenverfahren eignet sich besonders für korrigierte Verzahnungen, die im Kapitel 2.23 speziell behandelt sind. Auf jeden Fall ergibt es einfache mathematische Beziehungen, mit denen man die schwierigen Zusammenhänge zwischen Achsabstand Zahndicke und Flankenspiel leicht berechnen kann.

Die erste größere Wertetabelle für die Evolventenfunktion nach FÖLMER veröffentlichte 1922 der Professor für Maschinenelemente an der Technischen Hochschule Prag Dr. ADALBERT SCHIEBEL (1872 bis 1932) im ersten Bande seines Zahnradbuches. Weiterentwickelt hat das Fölmer'sche Rechenverfahren 1922 bis 1929 der Professor für Maschinenelemente an der Technischen Hochschule Dresden Dr. KARL KUTZBACH (1875 bis 1942). Im Hinblick auf die Normung der Verzahnungen in Deutschland legte er seit 1922 auf Fölmer'scher Grundlage alle geometrischen Beziehungen an den Zahnrädern fest, definierte sie exakt und berechnete die verschiedenen Einflüsse von Überdeckungsgrad, Kopfeingriffslänge, Radkrümmung, Zahnspitze, Unterschneidung, Kopf- und Fußabrundung.

Bis zum Beginn der zwanziger Jahre unseres Jahrhunderts bemühte sich die Zahnradindustrie in der ganzen Welt um die Aufklärung der geometrischen Eigenschaften der Evolvente für die Zahnradtechnik, ohne jedoch viel darüber zu veröffentlichen. In den USA gab zuerst ANTHONY BRUCE COX 1921 die Beziehungen der Kreisevolvente nach Bild 119 an. Ihm folgten die Gleason-Forschungsingenieure ERNEST WILDHABER 1923 und ALLAN HARRY CANDEE 1928.

Eine ausgesprochene Evolventen-Trigonometrie aber lehrte seit 1928 der amerikanische Professor am Massachusetts Institute of Technology EARLE BUCKINGHAM in

Tabelle 24. *Hilfsfunktion* $\delta\psi = f(\tau)$ *zur Schnellberechnung von 15°-Evolventenzahnrädern von Max Fölmer 1919*

τ	$\delta\psi$	τ	$\delta\psi$
$-0,0340$	$-0,006\ 15$	$+0,0418$	$+0,013\ 90$
$-0,0335$	$-0,006\ 14$	$0,0493$	$0,016\ 90$
$-0,0324$	$-0,006\ 10$	$0,0573$	$0,020\ 20$
$-0,0317$	$-0,006\ 04$	$0,0657$	$0,023\ 83$
$-0,0304$	$-0,005\ 93$	$0,0747$	$0,027\ 80$
$-0,0286$	$-0,005\ 77$	$0,0841$	$0,032\ 17$
$-0,0268$	$-0,005\ 54$	$0,0940$	$0,036\ 87$
$-0,0246$	$-0,005\ 24$	$0,1044$	$0,042\ 01$
$-0,0220$	$-0,004\ 85$	$0,1155$	$0,047\ 60$
$-0,0192$	$-0,004\ 36$	$0,127$	$0,053\ 65$
$-0,0160$	$-0,003\ 76$	$0,139$	$0,060\ 21$
$-0,0125$	$-0,003\ 03$	$0,152$	$0,067\ 30$
$-0,00866$	$-0,002\ 17$	$0,165$	$0,074\ 95$
$-0,0045$	$-0,001\ 17$		
0	0	$0,179$	$0,083\ 19$
		$0,194$	$0,092\ 07$
$+0,00485$	$+0,001\ 34$	$0,209$	$0,101\ 63$
$0,00740$	$0,002\ 08$	$0,229$	$0,111\ 91$
$0,0100$	$0,002\ 87$	$0,243$	$0,122\ 96$
$0,0128$	$0,003\ 72$	$0,261$	$0,134\ 82$
$0,0156$	$0,004\ 61$	$0,279$	$0,147\ 55$
$0,0185$	$0,005\ 55$	$0,300$	$0,161\ 22$
$0,0216$	$0,006\ 57$	$0,321$	$0,175\ 87$
$0,0247$	$0,007\ 63$	$0,343$	$0,191\ 59$
$0,0279$	$0,008\ 75$	$0,367$	$0,208\ 45$
$0,0312$	$0,009\ 94$	$0,417$	$0,245\ 91$
$0,0346$	$0,011\ 20$	$0,503$	$0,312\ 94$

seinem Buche über Stirnräder mit geraden Zähnen. Er betrachtet darin den Evolventenzahn als ein Dreieck mit einem Kreisbogen als Grundlinie und seinen beiden Evolventenflanken als kongruente Seiten und bringt viele praktische Beispiele auch zur Meß- und Werkstatt-Technik.

Mit diesen Beispielen zeigte BUCKINGHAM bereits 1928 den Ingenieuren, wie man die Evolventenverzahnung in der Praxis voll ausnutzen kann. Seine Wertetabelle zur Evolventenfunktion $\operatorname{inv} \alpha = \operatorname{tg} \alpha - \alpha$ ist die bisher ausführlichste. Aus diesen Gründen

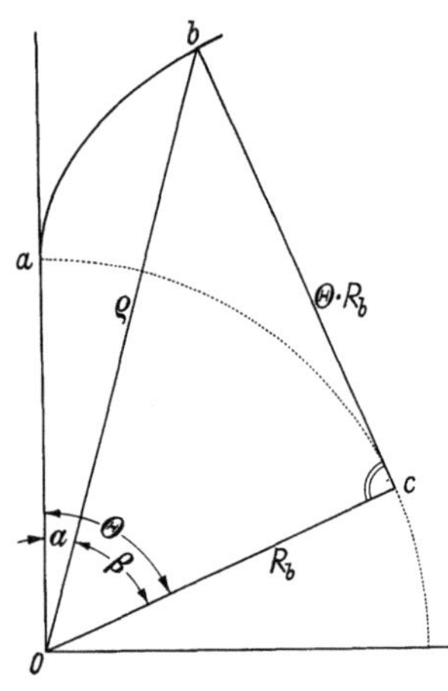

Bild 119.   Geometrische Beziehungen an der Kreisevolvente nach ANTHONY BRUCE COX 1921

In diesem Bild ist die Länge der Linie bc lt. Definition der Evolvente gleich der Länge des Bogens ac, oder $ac = \Theta \cdot R_b$, wobei Θ im Bogenmaß. Obc ist ein rechtwinkliges Dreieck und daher ist auch $\Theta^2 \cdot R_b{}^2 = \varrho^2 - R_b{}^2$ und aufgelöst nach Θ wird $\Theta = \sqrt{\dfrac{\varrho^2 - R_b{}^2}{R_b{}^2}}$. Meistens kennt man ϱ in Werten von R_b, so daß man Θ für diesen Wert von ϱ bestimmen kann. Man drückt ϱ aus durch $H \cdot R_b$, wobei H eine beliebige ganze, gebrochene oder gemischte Zahl ist. H ist das Verhältnis der Länge von ϱ zur Länge von R_b oder $\varrho = H \cdot R_b$. Die Gleichung für ϱ eingesetzt in die Gleichung für Θ ergibt $\Theta = \sqrt{H^2 - 1}$. Im Falle von Zahnrädern ist natürlich R_b der Radius des Grundkreises und damit $R_b = r \cdot \cos \varphi$, wobei $\varphi =$ Eingriffswinkel. Mit ϱ ausgedrückt durch den Teilkreisradius r wird $\Theta = \sqrt{H^2 \cdot \sec^2 \varphi - 1}$. Ferner ist $\operatorname{tg} \beta = \dfrac{\Theta \cdot R_b}{R_b} = \Theta$, also $\beta = \dfrac{1}{\operatorname{tg} \Theta}$ und durch Einsetzen von $\alpha = \Theta - \beta$ ist $\alpha = \Theta - \dfrac{1}{\operatorname{tg} \Theta}$. Die Gleichung für die Zahnradevolvente schreibt sich dann zu

$$\alpha = \sqrt{H^2 \cdot \sec^2 \varphi - 1} - \frac{1}{\operatorname{tg} \sqrt{H^2 \cdot \sec^2 \varphi - 1}}.$$

blieb der „Buckingham", 1932 von GEORG OLAH ins Deutsche übertragen und für hiesige Verhältnisse bearbeitet, bis heute ein unentbehrliches Handbuch für alle Ingenieure der Zahnradtechnik.

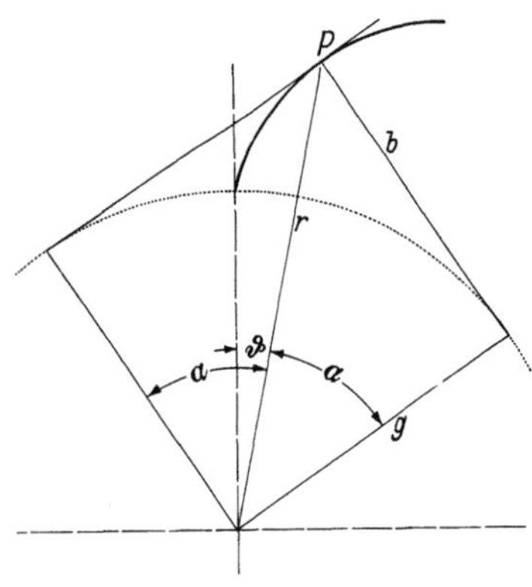

Bild 120. Entstehung der Evolvente nach EARLE BUCKINGHAM 1928
g Grundkreishalbmesser, r Länge des Leitstrahles, ϑ Polarwinkel, α Eingriffswinkel (von Leitstrahl und Kurventangente eingeschlossener Winkel), b Länge der Erzeugenden bis zum Eingriffspunkt

BUCKINGHAM faßt 1928 die Eigenschaften der Evolvente in den folgenden zehn Lehrsätzen zusammen:

1. Die Form der Evolvente ist lediglich von ihrem Grundkreisdurchmesser abhängig lt. Bild 120 ist $b = g\,(\vartheta + \alpha)$, wegen b als Kathete eines rechtwinkligen Dreiecks, aber auch $b = g \cdot \operatorname{tg} \alpha$. Durch Zusammenfassen dieser beiden Gleichungen wird $g\,(\vartheta + \alpha) = g \cdot \operatorname{tg} \alpha$. Mit $\vartheta + \alpha = \operatorname{tg} \alpha$ wird $\vartheta = \operatorname{tg} \alpha - \alpha$ und $r = \dfrac{g}{\cos \alpha}$.

2. Bei einem Evolventenräderpaar ist bei gleichförmiger Winkelgeschwindigkeit des treibenden Rades die Winkelgeschwindigkeit des getriebenen Rades auch gleichförmig, unabhängig vom Achsenabstand a. Mit $\cos \alpha = \dfrac{g_1 + g_2}{a}$ wird $\dfrac{\omega_1}{\omega_2} = \dfrac{g_2}{g_1}$. Daher ist auch

3. Das Verhältnis der Winkelgeschwindigkeiten lediglich von dem Verhältnis der Grundkreishalbmesser abhängig, die Winkelgeschwindigkeiten sind den Grundkreishalbmessern umgekehrt proportional.

4. Die gemeinsame Tangente der beiden Grundkreise bildet die Eingriffslinie. Zwei Evolventen können nur längs der gemeinsamen Tangente ihrer Grundkreise im Eingriff stehen.

5. Die Eingriffslinie einer Evolvente ist eine Gerade. Es kann ein jeder beliebiger Punkt an dieser Geraden als Wälzpunkt angenommen werden, die Eingriffslinie bleibt immer symmetrisch in bezug auf den Wälzpunkt.

6. Der Schnittpunkt der gemeinsamen Tangente der beiden Grundkreise und der Mittenlinie bestimmt die Wälzkreishalbmesser der zusammenarbeitenden Evolventenprofile. Bei einem Evolventenprofil kann von einem Wälzkreis nur die Rede sein, wenn es mit einem anderen Evolventenprofil im Eingriff steht oder mit einer Geraden kämmt, die in einer bestimmten Richtung geführt wird.

7. Die Wälzkreishalbmesser von zwei zusammenarbeitenden Evolventenprofilen sind den Grundkreishalbmessern direkt proportional. Der Eingriffswinkel zweier zusammenarbeitender Evolventenprofile ist der Winkel, den die gemeinsame Tangente der Grundkreise mit der Normalen zu der Mittenlinie bildet.

8. Bei einer Evolventenverzahnung kann man nur dann von einem Eingriffswinkel sprechen, wenn sie mit einer zweiten Evolventenverzahnung im Eingriff steht, oder wenn sie mit einer Geraden kämmt, die in einer bestimmten unveränderlichen Richtung geführt wird.

9. Der Eingriffswinkel eines Evolventenprofils, das mit einer Geraden kämmt, die in einer bestimmten Richtung geführt wird, ist der Winkel zwischen der Eingriffslinie und der Bewegungsrichtung der Geraden.

10. Der Wälzkreishalbmesser eines Evolventenprofils, das mit einer Geraden kämmt, die in einer bestimmten Richtung geführt wird, wird vom Schnittpunkt eines vom Grundkreismittelpunkt auf die Bewegungsrichtung gefällten Lotes mit der Eingriffslinie bestimmt.

Earle Buckingham setzte seine Lehre auf dem Gebiete der Evolventen-Trigonometrie in weiteren Büchern 1935 und 1949 fort, und wurde hierdurch für diese Fragen tonangebend in der englisch sprechenden Welt. Inzwischen verbesserte sich besonders in den dreißiger Jahren unseres Jahrhunderts die gesamte Zahnradtechnik, was sich in der Steigerung des Wirkungsgrades ausdrückte, durch die das Zahnradgetriebe überall konkurrenzfähig wurde. Neue Erkenntnisse über die Eingriffsverhältnisse, genauere Werkzeuge, Herstellungsverfahren, Prüf- und Meßgeräte — alle erforderten neue Berechnungsmethoden. Diese entwickelte der Berliner Meßtechniker Dr. Werner F. Vogel. Er beanstandet 1936: die vorhandenen Gleichungen für die Evolvente sind nicht umkehrbar und können daher nicht nach einer Veränderlichen aufgelöst werden. Vogel geht vom Polarwinkel der Evolvente aus, denn ein direkter Zusammenhang zwischen Polarwinkel und Fahrstrahl fehlte bisher. Buckingham leistete 1928 durch seine Kurzschreibweise inv α wertvolle Vorarbeit für praktische Berechnungen, er ermöglichte z.B. die Bildung von Differenzen wie inv α_1 — inv α_2. Vogel arbeitet 1936 die Zusammenhänge noch stärker heraus. Er schreibt statt des Bogens den Polar-

$$\text{winkel} \qquad \beta \qquad = \qquad \text{tg}\,\alpha - \alpha \qquad = \qquad \text{inv}\,\alpha$$

nach Vogel 1936   Fölmer 1919   Buckingham 1928

Der zugehörige Fahrstrahl f ist lt. Bild 121a

$$f = \frac{g}{\cos \alpha} = g \cdot \sec \alpha = g \cdot \text{ev}\,\beta$$

Mit dieser Gleichung für den Fahrstrahl f führte VOGEL die praktisch gut brauchbare Umkehrfunktion arc β = arc ev (f/g) ein und stellt die Verbindung zu den gebräuchlichsten trigonometrischen Funktionen $\sin\alpha$, $\cos\alpha$, $\operatorname{tg}\alpha$, $\operatorname{ctg}\alpha$ her durch die Beziehung ev β = $1/\cos\alpha$ = $\sec\alpha$, außerdem ist wieder cosec α = $1/\sin\alpha$.

Aus den beiden obigen Parameter-Gleichungen erhält VOGEL 1936 die Polarkoordinaten der Evolvente in Parameterform, mit dem Eingriffswinkel als Parameter. Den Verlauf der Evolventenfunktion zeigt Bild 121b. Die dort eingetragene Tangentenkonstruktion entsteht durch die Beziehung $\operatorname{tg}\varepsilon = \dfrac{d\beta}{d\alpha} = \dfrac{d\,(\operatorname{inv}\alpha)}{d\alpha} = \operatorname{tg}^2\alpha$. Der Aus-

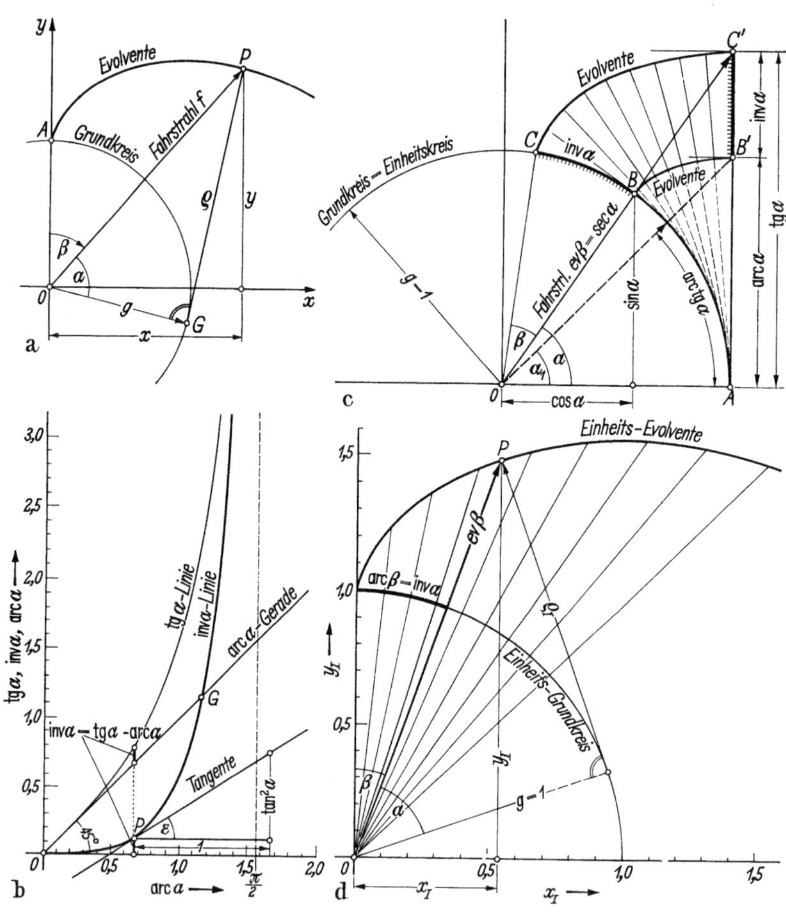

Bild 121.   Beziehungen an der Evolvente nach WERNER F. VOGEL 1936

a) Entstehung der Evolvente und Bezeichnungen, b) Verlauf der Evolventenfunktion inv α, c) Darstellung der Evolventenfunktion inv α auf dem Einheitskreis, d) Vogel'sche Einheitsvolvente berechnet nach $f = g \cdot$ ev β.
a) Die Evolvente entsteht durch gestrafftes Abziehen eines Fadens vom Grundkreis als Bahn eines beliebigen Fadenpunktes; der gestraffte Faden PG ist in jeder Stellung Krümmungshalbmesser der Kurve. g Grundkreishalbmesser, ϱ Krümmungshalbmesser (abgewälzter Faden!), β Polarwinkel und f Fahrstrahl: Polarkoordinaten, x und y rechtwinklige Koordinaten, α Anschlußwinkel (Pressungswinkel), $\alpha + \beta$ Wälzwinkel.
b) Die Ordinaten der inv-Kurve ergeben sich als Ordinaten-Differenz aus der tg-Kurve und der arcus-Geraden.
G Grenzpunkt: Links davon ist inv α kleiner, rechts davon größer als arc α. Der praktisch benutzte Teil der Evolvente erfordert nur Werte im Bereich links von G.
c) inv α erscheint hier als Bogen BC und als Strecke $B'C'$. Auch die arctg-Funktion läßt sich hier als Bogen auf dem Einheitskreis darstellen. Der Evolventen-Sektor OCC' und die Wickelfläche ACC' haben gleichen Flächeninhalt.

druck ev β soll die Abhängigkeit des Polarwinkels β vom Fahrstrahl einer „Einheitsevolvente" ausdrücken. Alle einschlägigen Beziehungen stellt VOGEL 1936 in Tabelle 25 zusammen, wovon er die einfachste und auflösbare Gleichung als neue Rechengrundlage auswählte.

Als wesentlichen Fortschritt in der Evolventen-Trigonometrie bzw. „Evolventenmetrie", wie sie VOGEL nennt, führt er die Einheitsevolvente mit dem Grundkreisradius $g = 1$ ein. Nach dem Muster der trigonometrischen Grundfunktionen am Einheitskreise $r = 1$ läßt sich nach VOGEL auch die Funktion inv α als Bogen wie als Strecke darstellen, und mit allen Rechenvorteilen wie in der Trigonometrie benutzen. Auf diese Lösung nach Bild 121c kommt VOGEL 1936 als Erster. Denn alle Kreisevolventen sind untereinander ähnlich. Danach ist auch jede beliebige Strecke auf der beliebigen Evolvente g-mal so groß wie die entsprechend liegende Strecke auf der Einheitsevolvente, während alle entsprechenden Winkel gleich sind. Mit der Vogel-Funktion

Tabelle 25. *Beziehungen zwischen den Polarkoordinaten der Evolvente nach Werner F. Vogel 1936*

Berechnungsformeln	Gleichung	Bemerkungen
Bisherige Parametergleichungen	$\beta = \text{tg}\,\alpha - \alpha = \text{inv}\,\alpha$ $f = \dfrac{g}{\cos \alpha} = g \cdot \sec \alpha$	Vgl. Bild 121a
Direkte Beziehung zwischen β und f	$\beta = \sqrt{\left(\dfrac{f}{g}\right)^2 - 1} - \text{arctg}\,\sqrt{\left(\dfrac{f}{g}\right)^2 - 1}$	Nach f nicht auflösbar
Einführung der neuen Evolventenfunktion f	$\text{ev}\,\beta = \sec \alpha = \dfrac{1}{\cos \alpha}$ $\boxed{f = g \cdot \text{ev}\,\beta}$ $\beta = \text{arc ev}\,\dfrac{f}{g}$	Einfachste Darstellungsform: β und ev β sind die Polarkoordinaten der dimensionslosen „Einheitsevolvente" vgl. Bild 121d

ev β lassen sich jetzt die zehn Buckingham'schen Aufgaben von 1928 einfacher lösen. Bild 121d zeigt die Vogel'sche Einheitsevolvente, deren Ordinaten sich nach $f = g \cdot \text{ev}\,\beta$ berechneten. ev β ist also nur die neue Schreibweise für die trigonometrische Funktion sec α, wie sie schon in den sechsstelligen Tafeln trigonometrischer Funktionen von JEAN PETERS 1929 bis 1962 enthalten ist.

Mit dem Professor Dr. JOHANN JEAN THEODOR PETERS (1869 bis 1941), Observator am Astronomischen Recheninstitut der Universität Berlin, nahm daher WERNER VOGEL 1936 nach seinen Vorstudien Verbindung auf. Beide berieten die Aufstellung eines Tafelwerkes, das sich auch für die Zahnradtechnik eignet. Dies forderte die Steigerung der Genauigkeit bei der Herstellung und Prüfung von Evolventen-Zahnrädern schon seit einiger Zeit. Aber erstaunlicherweise dachte man recht spät daran. In den Büros lag meistens der BUCKINGHAM-OLAH auf. Tafeln für die Beziehungen mit Kreis- und Evolventenfunktionen fanden sich nur verstreut und zeigten sich für die Zahnradtechnik ungeeignet. Wesentlich war für VOGEL 1936 die Koppelung von Tafeln für die Evolventenfunktion mit denen für trigonometrische Funktionen. Zu dieser Zeit regte die Zahnradfabrik Friedrichshafen (ZF) ein Tafelwerk zur genaueren Berechnung von

Tabelle 26. *Die Zahlentafelwerke mit Evolventenfunktionen*

Erscheinungsjahr	Verfasser	Evolventenfunktion	Zahlenbereich für α	Zahlendichte	Stellenzahl	Veröffentlicht in	Bemerkungen
1919	M. FÖLMER, Berlin		1° bis 50°	12° bis 21°, 10 zu 10 Min.	7	Der Betrieb, Jg. 1 1919	danebengestellt die Werte $\cos \alpha = \dfrac{1}{\mathrm{ev}\,\beta}$
1920	W. H. COWLIN · England			$x = 0{,}0055$ bis 0,04 $y = 0{,}03271$ bis 0,12609	4—5	Machinery (London), March 11	
1922	A. SCHIEBEL Prag	Polarwinkel arc β = inv α	9° bis 30°	10 zu 10 Bogen-Min.	6	Einzelkonstr. a. d. Masch. Bau 3. Heft, 2. Aufl.	mit Differenzen für eine Minute
1928	E. BUCKINGHAM, New York	Polarwinkel arc β = inv α	0°—1°, 1°—6°, 6°—16°, 16°—36°, 36°—60°	Min. zu Min.	12 8 7 6 5	Spur Gears Design, New York + Stirnräder mit geraden Zähnen, Berlin 1932	in der deutschen Übersetzung des Werkes durch GEORG OLAH 1932 steht die Tabelle auf den Seiten 43 mit 53
	A. H. CANDEE, Rochester		$y = 0{,}0$ bis 0,48	$y = 0{,}001$ zu 0,001	5	American Machinist, vol. 68, Nos. 9, 11, 14	enthält auch Werte für sec α, tg α und α
1929	J. PETERS Berlin	Einheitsfahrstrahl ev β = sec α	0° bis 90°	10 zu 10 Bogen-Sek.	6	Tafel d. Trigonometr. Funktionen, Aufl. 1929, 1939, 1946, 1953, 1962, Berlin	enthält auch Werte für sin, cos, tg, ctg α und cosec α. Mit Differenzen und Proportionalteilen für jede Bogen-Sekunde
1935	E. BUCKINGHAM, New York	Polarwinkel arc β = inv α	0°—0,5° 0,5—1° 1°—37° 37°—60°	0,01° zu 0,01°	12 10 8 7	Manual of Gear Design, New York	mit Differenzen der Tafelwerte. Viele Sondertafeln
1937	J. PETERS, Berlin	Einheitsfahrstrahl ev β = sec α	0° bis 90°	0,01° zu 0,01°	6	Kreis- u. Evolventen-Funktionen Aufl. 1937, 1951, 1963 Berlin u. Bonn	enthält links sec α = ev β, cosec α, arc β bzw. inv. α; rechts arc α und trigonometrische Funktionen

Tabelle 26. (*Fortsetzung*)

Erscheinungsjahr	Verfasser	Evolventenfunktion	Zahlenbereich für α	Zahlendichte	Stellenzahl	Veröffentlicht in	Bemerkungen
1942	H. E. MERRITT, London	Polarfunktion δ bzw. sec ψ	$\psi = 1°$ bis 30°	sec $\psi =$ 0,0001 zu 0,0001	7	Gears, London, 1942, 1946, 1954	gemäß den Funktionen sec $\psi = \dfrac{r}{r_b}$ und $\delta = \mathrm{tg}\,\psi - \mathrm{arc}\,\psi$
1945	W. F. VOGEL, Detroit	Einheitsfahrstrahl ev $\beta =$ sec α	0° bis 90°	0,01° zu 0,01°	7	Involutometry & Trigonometry, Detroit, 1945 u. 1948	mit zusätzlichen Zahlentafeln für die Zahnradtechnik. Weiterentwicklung der Arbeiten d. Verf. in Berlin 1929 bis 1937
1956	A. H. CANDEE, Rochester	Polarwinkel arc $y =$ inv x	$y = 0,0$ bis 0,48	$y = 0,001$ zu 0,001	5	Machine Design, May 17, und Kinematic Geometry, Philadelphia 1961	1961 mit Tafeln für die Normverzahnungen 20° und $14\frac{1}{2}$
1962	H. WINTER u. E. PIEPKA, Friedrichshafen	Einheitsfahrstrahl ev $\beta =$ sec α	0° bis 90°	10 zu 10 Bogen-Sek.	7	Zahnradfabrik Friedrichshafen (ZF), photomechanisch vervielfältigt	berechnet mit der IBM 1620/22. Für werkseigenen Gebrauch bearbeitet von RUDOLF HEILEK

korrigierten Verzahnungen an. VOGEL genügten zur Auslegung einer solchen Tafel sechs bis acht Dezimalstellen, weil die Werkstatt selbst bei geschliffenen Zähnen höchstens mit fünf Dezimalen arbeiten kann. Er wünscht aber größere Zahlendichte, um zeitraubendes Interpolieren zu ersparen. So entstanden 1937 die „Sechsstelligen Werte der Kreis- und Evolventen-Funktionen ... nebst einigen Hilfstafeln für die Zahnradtechnik" von JEAN PETERS, herausgegeben von den Leipziger Köllmann-Werken unter Mitwirkung von VOGEL und des Köllmann-Ingenieurs Dipl.-Ing. HELMUT KREISEL. 1951 besorgte KREISEL eine zweite Auflage, in der er auf Anregung des Dresdener Professors Dr. GEORG BERNDT die Bezeichnungen von VOGEL durch genormte ersetzte. VOGEL selbst veröffentlichte 1945 in den USA seine „Evolventenmetrie", die er schon 1938 geplant hatte. Eine Übersicht sämtlicher Tafelwerke mit Evolventenfunktionen und den Bogenmaßen der Winkel zeigt Tabelle 26.

Literatur zum Kapitel 2.1

1514 CUSANUS, NICOLAUS: Opera, tome II, Paris 1514, S. 33 bis 59.

1525 DÜRER, ALBRECHT: Underweysung der messung mit dem zirckel und richtscheyt, in linien ebnen und gantzen corporen. Nürnberg 1525.

1557 CARDANO, GIROLAMO: De rerum varietate, Basel 1557, S. 363 bis 372.

1673 CHRISTIANI HUGENII: Horologium Oscillatorium, Paris: F. Muguet 1673.

1695   DE LA HIRE, PHILIPPE: Traité de Mécanique ou l'on Explique. Paris: Imprimerie Royale 1695.

1710   V. LEIBNIZ, GOTTFRIED WILHELM: Tentamen de Natura et Remediis Resistentiarum in Machinis. Berlin: Miscellania Berolinensia 1710, S. 307.

1724   LEUPOLD, JACOB: Theatrum Machinarum Generale. Leipzig: Joh. Friedr. Gleditsch' Sohn sel. 1724

1733   CAMUS, CHARLES-ETIENNE-LOUIS: Sur la figure des dents des roues et des ailes des pignons pour rendre les horloges plus parfaites. Paris: Histoire et Mémoires de l'Academie des Sciences 1733.

1747   DE PARCIEUX, ANTOINE: Mémoire sur la manière de tracer mécaniquement. Paris: Mémoires de l'Academie des Sciences 1747, S. 359 bis 382.

1754   DIDEROT, DENIS, u. D'ALEMBERT, JEAN LE ROND: Encyclopédie ou Dictionnaire Raisonné des Sciences, des Arts et des Métiers, „Dent" Tome IV (1754) p. 840 bis 843.

1765   — —: Recueil de Planches sur les Sciences, les Arts Libéraux et les Arts Méchaniques avec leur Explication, „Horlogerie" Pl. XIX Fig. 94 bis 97, No. 2, 98 bis 104. Tome IV (1765). beide Paris & Neufchastel: Briasson/David/Le Breton/Durand & Samuel Faulche & Cie 1751 bis 1765.

1781   KAESTNER, ABRAHAM GOTTHELF: De rotarum dentibus. Commentationes Societatis Regiae Scientiarum Gottingensis, mathematische Klasse, 4 (1781) S. 3 bis 25.

1782   —: De dentibus rotarum qui inguntur paxillis rotundis daselbst 5 (1782) S. 3 bis 27.

1787   IMISON, JOHN: The School of Arts. London: J. Murray & S. Highley 1787.

1802   V. LANGSDORF, KARL CHRISTIAN: Grundlehren der mechanischen Wissenschaften, welche die Statik und Mechanik, die Hydrostatik, Aerometrie, Hydraulik und die Maschinenlehre enthalten. Besonders: Kapitel 28 Vom Vorgelege und Zwischengeschirr S. 626 bis 654 und Tab. IX und XII, Erlangen: JOHANN JACOB PALM 1802.

1806   HAWKINS, JOHN ISAAC: Teeth of Wheels. London: 1. Aufl. 1806, 2. Aufl. 1837, 3. Aufl. 1842.

1820   WOOLLAMS, JOSEPH: Certain Improvements in the Teeth or Cogs formed on or applied to Wheels, Pinions, and other Mechanical Agents for Communicating or Restraining Motion. Britisches Patent No. 4477 vom 20. 12. 1820.

1822   GILL, THOMAS: Über Verminderung der Reibung an Maschinen. Aus „Technical Repository" May 1822. Dinglers Polytechnisches Journal 3 (1822) 8. Band, 8. Heft S. 391 bis 400.

1822   WHITE, JAMES: A New Century of Inventions, being Designs and Descriptions of one hundred Machines, relating to Arts, Manufactures and Domestic Life. Manchester: Leech & Cheetham 1822.

1826   V. LANGSDORF, KARL CHRISTIAN: Ausführliches System der Maschinen-Kunde mit specieller Anwendung bei mannigfaltigen Gegenständen der Industrie, 1. Band 2. Abtheilung und Atlas. Heidelberg u. Leipzig: KARL GROOS 1826.

1838   WILLIS, ROBERT: On the Teeth of Wheels. Transactions of the Institution of Civil Engineers 2 (1838) S. 89.

1841   —: Principles of Mechanism. London: Longmans, Green, and Co. 1. Aufl. 1841, 2. Aufl. 1870.

1842   OLIVIER, THÉODORE: Théorie géometrique des engrenages destinés à transmettre le mouvement de rotation entre deux axes situés ou non situés dans un même plan. Paris: Bachelier, Imprimeur-Librairie, 1842. Deutsche Übersetzung 1844 von Dr. C. H. SCHNUSE.

1857   MIKOLETZKY, JOHANN: Über die Construktion der Zahnräder. Der Civilingenieur, Neue Folge, 3 (1857) S. 83 bis 88 u. Tafel 9.

1855   ARMENGAUD L'AINÉ, JACQUES-EUGÈNE: Dimensionsverhältnisse der Zahnräder. Publication Industrielle des machines-outils et appareils les plus perfectionnés et les récents, tome IX (1855). Der Civilingenieur, Neue Folge, 2 (1856) S. 16 bis 26, 59 bis 66, Tafeln 5 u. 8.

1860   PÜTZER, JOSEF: Über den spiraloidischen Zahneingriff. Z. VDI (1860) H. 8 bis 10, S. 234 bis 241, H. 11 S. 251 bis 253.

1861   V. REICHE. H.: Beitrag zur Construction der Fadenlinienverzahnungen. Der Civilingenieur, Neue Folge, 7 (1861) Spalten 219 bis 228.

1861   WIEBE, FRIEDRICH CARL HERMANN: Eine allgemeine Scala für Zahnräder mit sehr einfachen Constructions-Verhältnissen. Der Civilingenieur, Neue Folge, 7 (1861) Spalten 389 bis 454.

1869   STARK, FRANZ H.: Die Theorie der Zahncurven. Technische Blätter, Prag, 1 (1869) S. 146 bis 170; 2 (1870) S. 15 bis 48.

1870   SAALSCHÜTZ, LOUIS: Zur Theorie der Evolventenverzahnung. Königsberg: Hübner & Matz 1870.

1871   BÜTTNER, A.: Die Evolventenverzahnung für Satzräder. Z. VDI 15 (1871) H. 5 Spalten 305 bis 324.

1873 Tschebyschew, Pafnutij Ljwowitsch: Über die Zahnräder. Verhandlungen des Vereins zur Beförderung des Gewerbefleißes in Preußen 52 (1873) S. 197 bis 226.

1875 Reuleaux, Franz: Theoretische Kinematik, 1. Band. Braunschweig: Friedr. Vieweg & Sohn 1875.

1876 Robinson, Stillman Williams: Practical Treatise on the Teeth of Wheels, with the Theory and the Use of Robinson's Odonthograph 1876.

1878 Radinger, Johann Friedrich: Dampfmaschinen und Transmissionen in den Vereinlgten Staaten von Nord-Amerika. Bericht über die Weltausstellung in Philadelphia 1876 XXV. Heft. Wien: Commissions-Verlag Faesy & Frick 1878.

1878 Rittershaus, Trajan: Das Kurbelgetriebe und seine Anwendungen. Der Civilingenieur, Neue Folge, 24 (1878) Spalten 171 bis 202.

1884 Riley, Edgar: Karte zur Konstruktion von Zahnformen für Ingenieure, Techniker.... Turmuhrmacher. Neu bearb. und hrsg. v. Gustav Theodor Crusius. Leipzig: Baumgärtner's Buchhandlung 1884.

1890 Bauer, Anton: Der gute Gang der Räder mit Winkelzähnen. Österreichische Zeitschrift für Berg- und Hüttenwesen 38 (1890) No. 34 S. 391 bis 397.

1890 Grant, George Barnard: Odontics, or the Theory and Practice of the Teeth of Gears. American Machinist (1890).

1892 Kirsch, B.: Die gleichförmige Drehungsübertragung durch Zahnräder. Z. VDI 36 (1892) No. 6 S. 147 bis 151.

1893 Hartmann, Wilhelm: Ein neues Verfahren zur Aufsuchung des Krümmungskreises. Z. VDI 37 (1893) No. 4 S. 95 bis 101.

1897 Piehler, Charles: Evolventenzeichner. DRP 97 668 vom 3. 8. 1897.

1900 Reuleaux, Franz: Theoretische Kinematik, 2. Band, Braunschweig: Friedr. Vieweg & Sohn 1900.

1903 Haas, Franz: Zahnkurvenzeichenmaschine. Z. VDI 47 (1903) Nr. 20 S. 713 bis 716.

1903 Kammerer, Otto: Technische Mittel für akademische Vorlesungen über Maschinenbau. Z. VDI 47 (1903) Nr. 21 S. 735 bis 740, Nr. 24 S. 854 bis 859.

1904 Disteli, Martin: Über instantane Schraubengeschwindigkeiten und die Verzahnung der Hyperboloidräder. Zeitschrift für Mathematik und Physik 51 (1904) S. 51 bis 88.

1905 Crain, Rudolf: Schraubenrad und Verfahren zu seiner Herstellung. DRP 178 780 vom 16. 12. 1905.

1905 Lohrke, P. I.: Stangenzirkel zum Zeichnen von Evolventen. DRP 170 598 vom 28. 4. 1905.

1906 Braun, Gustav: Über Zahnformen. Verkehrstechnische Woche 1 (1906/07) Nr. 9 S. 233 bis 237, Nr. 11 S. 299 bis 303, Nr. 18 S. 492 bis 497, Nr. 20 S. 549 bis 555, Nr. 21 S. 577 bis 583, Nr. 24 S. 663 bis 666, Nr. 51 S. 1385 bis 1389, Nr. 52 S. 1423 bis 1428.

1907 Crain, Rudolf: Schraubenräder mit geradlinigen Eingriffsflächen. Diss. TH Berlin. Berlin: Springer 1907.

1908 Bach, Carl: Untersuchung zweier Räderpaare mit Winkelzähnen. Z. VDI 52 (1908) Nr. 17 S. 661/662.

1908 Disteli, Martin: Über einige Sätze der kinetischen Geometrie, welche der Verzahnungslehre zylindrischer und konischer Räder zugrunde liegen. Zeitschrift füt Mathematik und Physik 56 (1908) S. 233 bis 257.

1908 Weiss, Hugo: Evolventenverzahnungszirkel. DRP 214 400 vom 31. 12. 1908.

1909 Witz, H., und Gaisser, L.: Die Schraubenräder. Zeitschrift für Werkzeugmaschinen und Werkzeuge 13 (1909) H. 25 S. 328 bis 330.

1910 Crofoot, Charles E.: Schraubenräder für Automobile. Zeitschrift für praktischen Maschinenbau 1 (1910) S. 961/962.

1913 Hartmann, Wilhelm: Die Maschinengetriebe. Stuttgart u. Berlin: Deutsche Verlagsanstalt 1913.

1919 Fölmer, Max: Ein neues Rechenverfahren für Evolventen-Stirnrädergetriebe. Der Betrieb 1 (1919) Nr. 11 S. 265 bis 274.

1921 Boisseau, Paul: Vorrichtung zum Aufzeichnen von Kreisevolventen. DRP 376 436 vom 25. 5. 1921.

1921 Lindsay, F. E.: Skew Gear Design. The Engineer 131 (1921) No. 3416 S. 652.

1922 Alt, Hermann Martin: Untersuchungen über Wälzhebelmechanismen. Zeitschrift für angewandte Mathematik und Mechanik 2 (1922) H. 3 S. 187 bis 194.

1926 Kutzbach, Karl: Maschinenteile, in Hütte 25. Auflage, II. Band, 1. Abschnitt, S. 1 bis 277, hier: S. 170/171 u. 195 bis 206. Berlin: Wilhelm Ernst & Sohn 1926.

1929 Candee, Allan Harry: Gear Geometry. American Machinist 11 (1929) July 4 und 11, AGMA 1959 Publ. 115.01.

1929 RÖTSCHER, FELIX: Ermittlung der Gegenflanke bei gegebenem Zahnprofil. Z. VDI 73 (1929) Nr. 41 S. 1469 bis 1471.

1931 HOFER, HERMANN: Evolventenzirkel. DRP 534 900 vom 17. 9. 1931.

1931 MACK, KARL: Geometrie der Getriebe. Berlin: Springer 1931.

1931 SCHNECKENBERG, ERICH: Schnellverfahren zur Ermittlung von Eingriffslinie und Gegenprofil bei gegebenem Zahnprofil oder des Fräsereinschnittes beim Abwälzverfahren. Zeitschrift für angewandte Mathematik und Mechanik 11 (1931) H. 2 S. 157 bis 159.

1935 HOFER, HERMANN: Zahnrad, Quadratur des Kreises und Evolventenzirkel. Der Deutsche Techniker 3 (1935) Nr. 3, Beilage „Aus der Welt der Technik". Werkzeitschrift der Zeppelin-Betriebe Friedrichshafen.

1936 VOGEL, WERNER F.: Neue Grundlagen der Evolventenberechnung für die Zahnradtechnik. Die Werkzeugmaschine 40 (1936) H. 9 S. 225 bis 231, H. 18 S. 436 Nachtrag.

1938 ALTMANN, FRITZ GERHARD: Zeichnerische Ermittlung von Zahnflanken zu einer gegebenen Eingriffslinie. Z. VDI 82 (1938) Nr. 7 S. 165 bis 168.

1940 KUTZBACH, KARL: Bemerkungen zur Entwicklung der Verzahnung. In: Conrad Matschoss, Geschichte des Zahnrades. Berlin: VDI-Verlag 1940, S. 111 bis 126.

1940 WALKER, HARRY: An Analysis of Gear Tooth Profiles for Helical Gears. University of London Library 1940.

1941 HOFER, HERMANN: Evolventenzirkel zum Zeichnen von Abwälzprofilformen. DRP 745 947 vom 11. 12. 1941.

1945 WILDHABER, ERNEST: True Circular-Arc Tooth Profiles Provide Accurate Gears. American Machinist 89 (1945) June 7 und 21.

1946 WALKER, HARRY: Helical Gears. The Engineer 182 (1946) S. 24 bis 26, 46 bis 48 u. 70/71.

1949 GRUNDSTEIN, JULIUS: Die Pfeilverzahnung von Kammwalzen. Z. VDI 91 (1949) Nr. 22 S. 611/612.

1949 HEIDENHAIN, JULIUS: Anordnung zum Aufzeichnen von Kreisevolventen. DP 847 202 vom 29. 12. 1949

1958 WOODBURY, ROBERT S.: The First Epicycloidal Gear Teeth. Isis 49 (1958) Nr. 158 S. 375 bis 377.

1961 STORZ, V.: Zur Geschichte der Uhrwerks-Verzahnung. Jahrbuch der Deutschen Gesellschaft für Chronometrie. Stuttgart 12 (1961) S. 44 bis 52.

1961 CANDEE, ALLAN HARRY: Introduction to the Kinematic Geometry of Gear Teeth. Philadelphia: Chilton Company 1961.

2.2 Die Entwicklung der Stirnräder und ihrer Verzahnungen

Die kinematischen Grundlagen konstanter Bewegungsübertragung durch Zahnräder klärten sich bis zur Mitte des 19. Jahrhunderts. Jetzt konnte der Aufbau einer speziellen Zahnradtheorie beginnen. Dies wurde durch das Wachstum der Industrie immer notwendiger, als vor allem Zahnräder in immer größerer Stückzahl hergestellt werden mußten. Die Kombination von Verzahnungsforderungen und Herstellungsrücksichten ergab das moderne Bild der Zahnradtechnik. Es wurde erkennbar, als sich feste Verzahnungsregeln bildeten, die man später einfach „Verzahnungen" nannte. Der Begriff „Satzräder" ist bereits ein Kennzeichen großindustrieller Ambitionen, denen bald spezielle Anforderungen folgten. So reißend es auch im Kraftmaschinenbau und in der Industrie überhaupt vorwärtsging, um so langsamer bürgerten sich vor allem die theoretischen Errungenschaften der Zahnradtechnik in der Praxis ein. In Deutschland z. B. klebte man zu lange am Teilkreise, an der Satzradforderung und an den Nullverzahnungen, obwohl Beiträge zur Entwicklung der modernen Zahnradtechnik auch aus Deutschland kamen.

Über die Möglichkeiten der Profilverschiebung war man sich in weiten Kreisen noch bis in die dreißiger Jahre hinein nicht klar, es wurde von ihr nebenbei gesprochen als der „sogenannten Profilverschiebung". Hier ließ man Schätze unberührt liegen. Schon das Ausgehen vom Erzeugungskreise als Bezugskreis setzte sich erst nach der Mitte der zwanziger Jahre durch. Die Grenzen der Zahnradgetriebe tauchten bald auf mit den kleinzahnigen Paarungen. Zu ihren Hauptschwierigkeiten gehörte weiter der Verschleiß,

Das V. Capitel.
Vom Rad und Getriebe.

§. 72.

Rad und Getriebe ist eines der künstlichen Rüst-Zeuge, und deswegen hoch zu schätzen, weil durch etliche wenige Räder und Getriebe, die man nach Umstande des Werks, offt in einem kleinen Raum einschliessen kan, das Vermögen nicht nur gewaltig vermehret wird, sondern, weil die Bewegung continuirlich dauret, ohne daß, wie mit dem Hebel, eine Repetition zu machen ist.

§. 73.

Die Arten der Räder, so uns die Mechanic an die Hand gegeben, sind vornehmlich: 1. Ein Stern-Rad, und 2. Ein Kamm-Rad. Und damit eines das andere mit Vortheil, entweder mit mehrer Krafft oder Zeit treibet, ist das Getriebe, da der Radius des Rades den langen und der Radius des Getriebes den kurtzen Theil des Hebels ausmachet.

Ein Stern-Rad ist, so die Zähne an der äussersten Peripherie oder Stirn hat, und mit dem Radio parallel läuffet,

Die Zähne sind mancherley Art und Figur, wie derselben P. Schotte in seiner *Technica curiosa L. IX. c. 1. p. 620. Tab. 11.* unterschiedene Arten gezeichnet hat, und jeder Art einen eigenen Nahmen beygeleget; weil ich aber hierbey schlechten Nutzen sehe, so will die Zeit und Platz menagiren, und nur deren Figur unter *No. III.* hieher setzen.

Ein Kamm-Rad ist, so seine Zähne, oder wie es hier genennet wird, Kämme auf der Seite mit der Welle parallel stehend hat,

§. 86.
Bey der Eintheilung der Kämme, wie auch Zähne und Getriebe
werden zweyerley Fälle observiret.

Erstlich: Da die Grösse des Rades verhanden, und sich die Kämme und Getriebe nach demselben richten müssen.

Zum andern: Da sich das Rad nach der Grösse, Weite und Zahl der Kämme richten muß.

Bey der ersten Art, da das Rad nach gewisser Grösse verhanden, ist zu überlegen: Wie viel Zähne, und wie starck sie seyn sollen. Solches kan zwar mechanice mit dem Zirckel geschehen; allein, weil es mühsam, und das Rad auch nicht allezeit in natura vorhanden, sondern nur theoretice geschehen soll, so ists am kürtzesten, man suche erst geometrice oder mechanice die Peripherie oder den Umkreiß des Rades.

§. 87.
Die Peripherie geometrice zu suchen.

Hierzu hat Archimedes gefunden, daß sich die Peripherie des Circkels allezeit beynahe verhält gegen den Diameter oder übers Creutz wie 22 zu 7, das ist, wenn der Diameter des Rades 7 Fuß, ist der Umkreiß 22. Als: man hat ein Rad, dessen Diameter übers Creutz ist 6 Fuß, die Peripherie zu finden, setze nach der Regel Detri also:

$$7 \text{ giebt } 22, \text{ was } 6?$$

$$\frac{6}{132} \qquad \frac{\begin{array}{l}66 \\ 132 \\ 77\end{array}}{}\,\Big|\,18\tfrac{6}{7}$$

Oder, das Rad ist 8 Fuß, so setze: 7 giebet 22, was 8?

$$\frac{8}{176} \qquad \frac{\begin{array}{l}31 \\ 176 \\ 77\end{array}}{}\,\Big|\,25\tfrac{1}{7}$$

ist also bey 6 Fuß die Peripherie $18\tfrac{6}{7}$, und bey 8 Fuß $25\tfrac{1}{7}$ Theil.

Bild 122. Textprobe aus L. C. STURM's „Vollständiger Mühlenbaukunst" 1718

dem man von der geometrischen Seite her durch Profilverschiebung bzw. Korrigieren der Zahnhöhen, durch Schräg- und Pfeilverzahnung zu begegnen suchte.

Ein Kennzeichen der modernen Zahnradtechnik ist schließlich die Zahnrad-Normung, die 1917 begann. Konvex/Konkav-Verzahnungen studierte man seit Beginn des 20. Jahrhunderts hin und wieder eingehend, da man sich von ihr immer wieder bessere Festigkeitseigenschaften und auch Herstellungsvorteile erwartet.

2.21 Verzahnungen und Satzrädersysteme bis zur Normung eines Bezugsprofils

Die erste Verzahnung auf wissenschaftlicher Grundlage ist die des Cambridger Professors für angewandte Mechanik ROBERT WILLIS (1800 bis 1875) von 1838 bzw. 1841. Wie schon im Kapitel 2.12 gezeigt, schlug er ein Zykloiden- und Evolventen-Satzrädersystem mit dem Eingriffswinkel $\alpha = 14^1/_2$ bis $15°$ vor. Die Teilung wählte er auf dem Wälzkreis in Vielfachen von π, um ganzzahlige Achsabstände zu erhalten. Die Kopfhöhe machte er gleich dem Modul m. Die Eingriffslänge wollte WILLIS durch Kürzung der Zahnlänge verändern. Die Satzräder haben bei Zykloiden-Verzahnungen gleich große Rollkreise, bei Evolventen-Verzahnungen den gleichen Eingriffswinkel α, hier $= 14^1/_2$ und $15°$. Am meisten tritt WILLIS aber für eine Annäherung der Zykloiden- und Evolventen-Zahnform durch Kreisbögen ein, und lieferte hierfür als erster einen sog. „Odonthographen", wie er im Kapitel 2.12 behandelt wurde.

Um 1840 stellte ROBERT WILLIS übrigens eine Verzahnung im Mühlenbau als üblich fest, die aus der Praxis heraus entstanden war. Sie hatte mit den Teilkreisen $m\ a\ n$ und $e\ a\ c$ und empirischen Zahnformen die Abmessungen wie in Bild 124.

Ein Spielraum von $^1/_{11}$ Teilung ist angebracht zur Verhinderung des Klemmens der Zähne in den Lücken, und $^1/_{10}$ Teilung am Zahnkopf, damit die Zähne am Grund nicht anstoßen. Diese Abmessungen fielen bei den verschiedenen Praktikern und auch örtlich etwas unterschiedlich aus.

Der wesentliche Verdienst von WILLIS ist, daß er die bis zu hundert Jahre schon bekannten geometrischen Tatsachen von Rollkurven und Zahnrad den Ingenieuren und Handwerkern begreiflich machte. Er führte Methoden ein, mit denen das beginnende Maschinenzeitalter in Büro und Werkstatt praktisch arbeiten konnte. Hier ist es vor allem der „set of wheels of the same pitch" mit einem „constant describing circle", in den deutschen Sprachgebrauch als Begriff „Satzräder" eingeführt, und gedacht für die zahlreich gebrauchten Stirnräder in Drehbänken, Textil- u.ä. -maschinen, wo ein Rad gleichzeitig zwei oder noch mehr Räder mit verschiedenen Zähnezahlen treiben soll.

Der k.k. Sektionsrath für das Kunst-Bau-Aufbereitungsfach beim Ministerium für Landescultur und Bergwesen in Wien PETER RITTINGER (1811 bis 1873) gab 1854 folgende Verzahnung an, die er ebenfalls durch die Teilung ausdrückt:

Kopfhöhe	$h =$	$(0,25\ \text{bis}\ 0,35) \cdot t$
Zahnhöhe	$l =$	$(0,6\ \text{bis}\ 0,8) \cdot t$
Zahnbreite	$b =$	$(2\ \text{bis}\ 3) \cdot t$
Zahndicke	$d =$	$0,46\ t$
Spielraum		$0,07\ t$

Bild 123. Verzahnung des Planetengetriebes an der ersten doppeltwirkenden Dampfmaschine von JAMES WATT. Sonnenrad $d = 1,22$ m Durchmesser, $z = 48$, $t = $ etwa 80 mm

Das nächste wichtige Verzahnungssystem folgt 1861 bis 1865 und stammt von dem Professor für Maschinenkunde an der Berliner Gewerbeakademie FRIEDRICH CARL

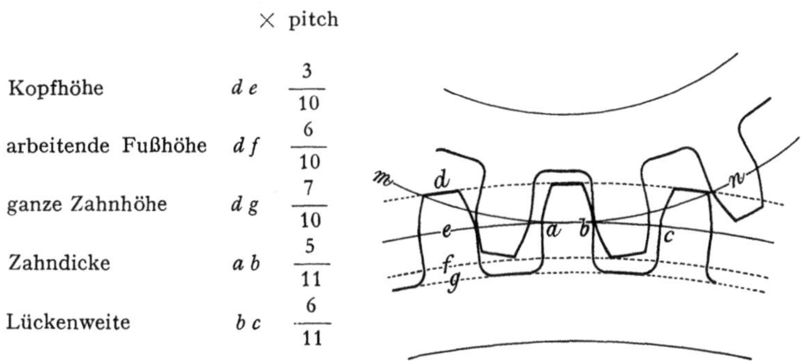

Bild **124**.   Übliche Verzahnung im Mühlenbau um 1840

HERMANN WIEBE[1]. Er maß vom Grundkreise aus und führte dementsprechend die „Grundkreis-Teilung" ohne Berücksichtigung des Teilkreises ein. Seine Einzelradverzahnung, mit der WIEBE trotzdem gewisse Vereinheitlichungsbestrebungen andeutet, charakterisiert sich durch die auf den Seiten 175 und 176 angegebenen Daten.

Tabelle 27.   *Verzahnungen von William Fairbairn 1861 in Zoll*

Teilung (in.)	Kopfspiel		Zahnfuß-höhe		Zahnhöhe innerhalb Teilkreis		arbeitende Zahnhöhe		gesamte Zahnhöhe		Zahndicke	
½	0″	2	0″	5	0″	7	0″	10	0″	12	0″	7
¾	0	3	0	8	0	11	0	16	0	19	0	10
1	0	3	0	11	0	14	0	22	0	25	0	14
1¼	0	4	0	13	0	17	0	26	0	30	0	18
1½	0	4	0	16	0	20	1	0	1	4	0	21
1¾	0	4	0	19	0	23	1	6	1	10	0	25
2	0	5	0	22	0	27	1	12	1	17	0	29
2¼	0	5	0	25	0	30	1	18	1	23	1	1
2½	0	5	0	28	0	33	1	24	1	29	1	5
2¾	0	6	0	31	0	37	1	30	2	4	1	8
3	0	7	1	1	1	8	2	2	2	9	1	12
3¼	1	7	1	4	1	11	2	8	2	15	1	16
3½	0	8	1	7	1	15	2	14	2	22	1	20
3¾	0	8	1	10	1	18	2	20	2	28	1	23
4	0	9	1	12	1	21	2	24	3	1	1	27
4½	0	10	1	18	1	28	3	4	3	14	2	3
5	0	11	1	24	1	35	3	16	3	27	2	10
5½	0	11	1	30	1	41	3	28	4	7	2	18
6	0	12	2	4	2	16	4	8	4	20	2	25

[1] FRIEDRICH CARL HERMANN WIEBE (1818 bis 1881). Geboren in Thorn/Westpreußen als Sohn eines Gerichtsassessors. Besuchte 1828 bis 1835 das Gymnasium Elbing. 1836 bis 1839 praktische Lehre des Mühlenbaus in Danzig. 1839 bis 1842 Studium am Berliner Gewerbeinstitut und Staatsprüfung als Mühlenbaumeister. Seit 1845 Dozent für Maschinenkunde an den Berliner Gewerbe- und Bauakademien. 1851 als erster in Preußen kgl. Professor der Maschinenbaukunde, 1877 Geheimer Regierungsrath. Erster Rektor der Technischen Hochschule Berlin von 1879 bis zu seinem Tode am 26. 8. 1881. Von seinen Werken erlangten Bedeutung: Archiv für praktischen Mühlenbau 1843 bis 1847, Die Lehre von den einfachen Maschinenteilen 1854 bis 1860, Skizzenbuch für den Ingenieur und Maschinenbauer seit 1868 in 130 Heften, sowie Schriften über Mühlenbau, Dampfmaschinen und Turbinen.

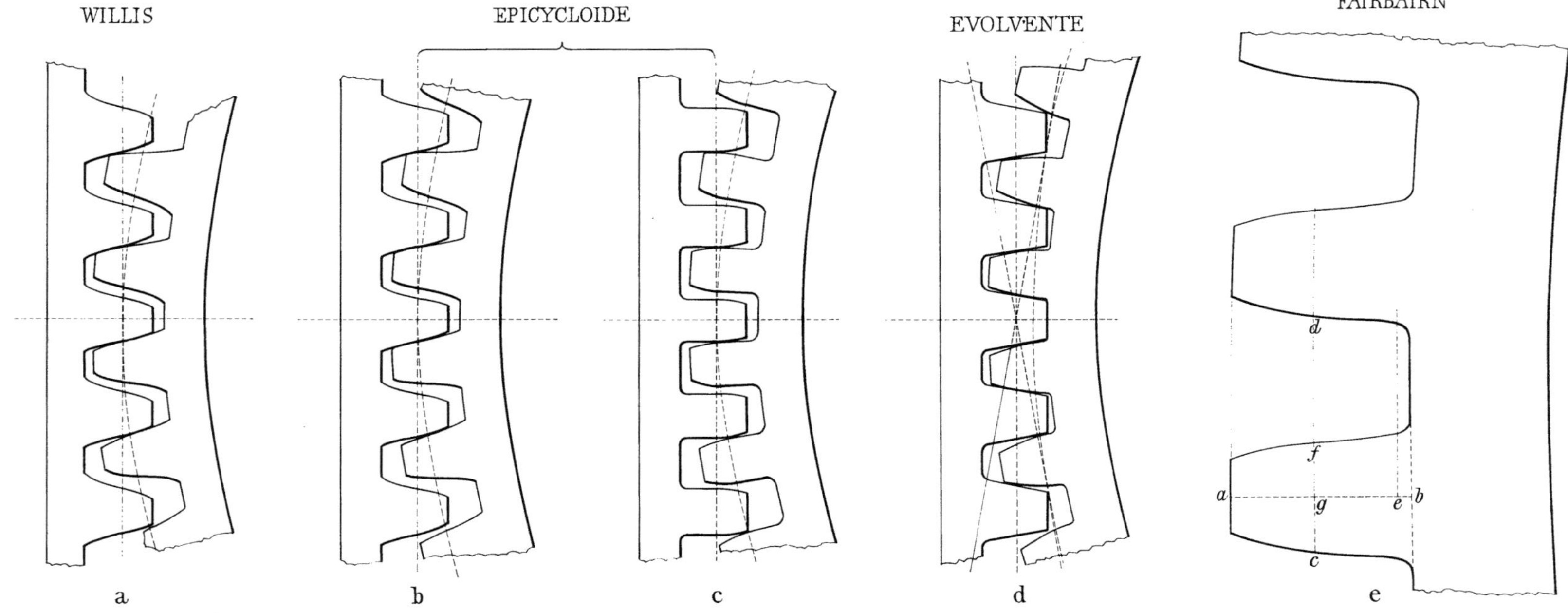

Bild 125. Formen von Radzähnen zur Zeit von WILLIAM FAIRBAIRN 1863

Die Teilungen dieser Verzahnungen sind bei a) bis d) gleich 1 in., e) hat $2^1/_2$ in. Die Durchmesser sind bei a) bis d) 19,1 in., bei e) 13 feet.

a) Verzahnung von ROBERT WILLIS 1841.

b) Epizykloiden-Verzahnung mit einem Erzeugungs-Wälzkreis, bestehend aus Epi- und Hypozykloide für Kopf- und Fußflanke. Satzrädereigenschaft.

c) Epizykloiden-Verzahnung mit Zahnstange. In diesem Falle sind die Fußflanken gerade. Die Kopfflanken der Zahnstange werden berührt durch einen Erzeugungs-Wälzkreis vom halben Durchmesser des Rades. Die Fußflanken des Rades werden durch den Erzeugungs-Wälzkreis unendlichen Durchmessers oder gerader Linie zu Evolventen.

d) Evolventen-Verzahnung. Die Kurve ist kontinuierlich und im Falle der Zahnstange eine gerade Linie senkrecht zur Tangente des Grundkreises. Bei diesen Zähnen ist es möglich, mit sehr wenig Spiel zu arbeiten. WILLIAM FAIRBAIRN sagt 1863 über die Evolventen-Zähne: "They are a good form for wheel and rack working together, the pressure on the journals being in this case less objectionable."

e) Verzahnung eines großen Rades einer Maschine von WILLIAM FAIRBAIRN um 1860, wie sie sich in der Praxis bewährte. Diese Verzahnung hatte die Abmessungen in Zoll: Teilung $cd = 2^1/_2$, Zahnhöhe $ab = 1^7/_8$, gemeinsame Zahnhöhe $ae = 1^3/_4$, Kopfspiel $eb = {}^1/_8$, Zahndicke $cf = 1^1/_8$, Zahnlückenweite $fd = 1^3/_8$, Spiel fd und $cf = {}^1/_4$, Länge unter dem Teilkreis $ag = {}^7/_8$. Als Spiel empfiehlt FAIRBAIRN um 1860 ${}^1/_{10}$ Teilung für kleinere und ${}^1/_{15}$ Teilung für die größeren Räder. Er hebt schließlich hervor: „Bei Holz- und Eisenrädern, wo die Zähne sorgfältig geschnitten sind, ist entweder sehr wenig oder gar kein Kopfspiel nötig. Denn sie arbeiten viel besser, wenn die Zähne jedes Rades ihre zugeteilte Zahnlückenweite einnehmen. Anders ist es, wenn Räder zusammenarbeiten sollen, die direkt von der Gießerei kommen; ihre Zähne sind nicht selten in der Sandform verdorben.

1. die Länge der Zähne ist um so größer, je größer die Zähnezahl ist.

Das Verhältnis Zahnlänge l zu Zahndicke h gestaltet WIEBE nach der Proportion $\dfrac{l}{h} = \dfrac{4}{3} \cdot \left(1 - \dfrac{5}{z}\right)$. Dadurch kommt er auf folgende Abmessungen:

z	l
20	h
30	$1{,}1\ h$
40— 55	$1{,}2\ h$
60— 90	$1{,}25\ h$
95—150	$1{,}3\ h$

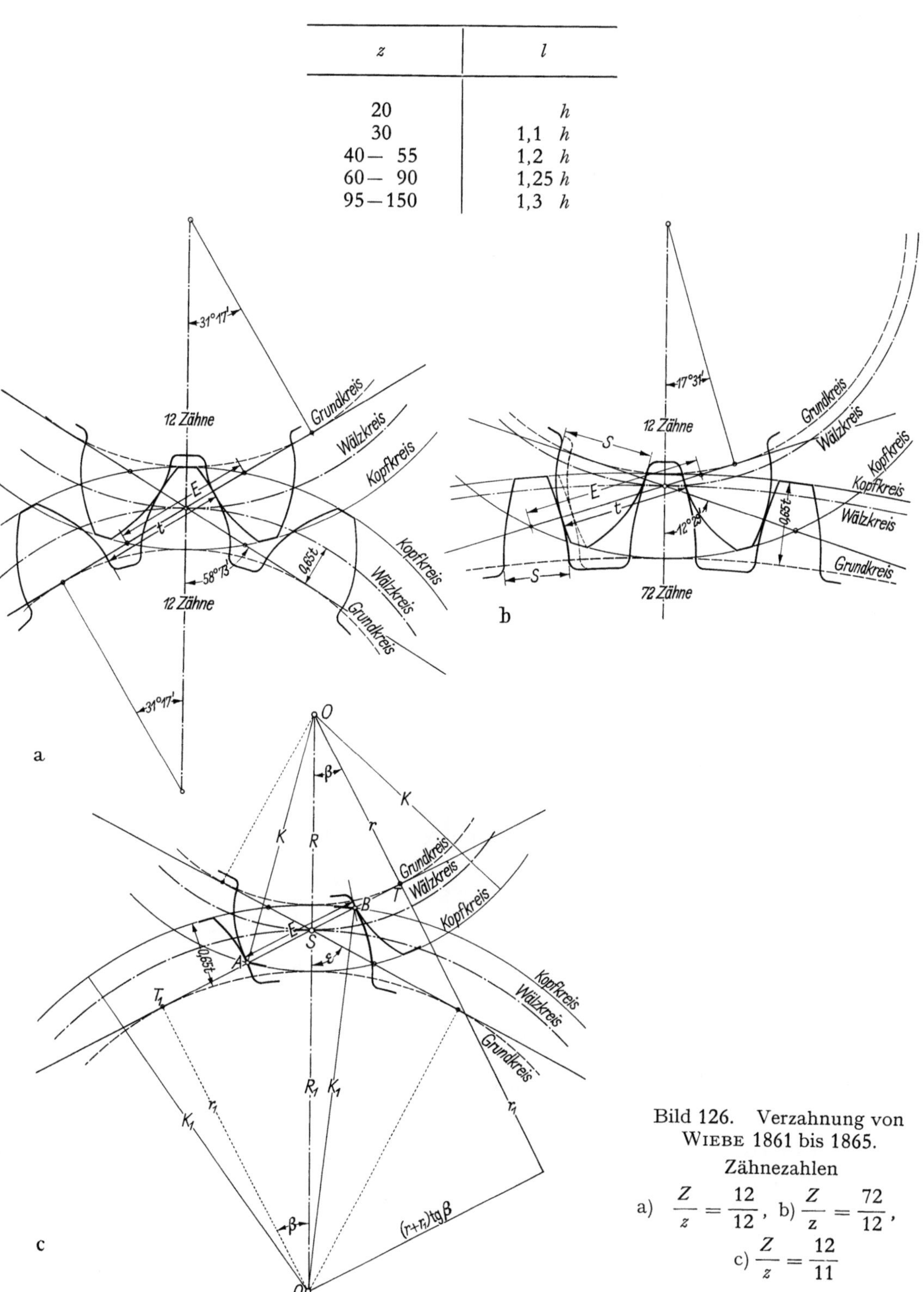

Bild 126.   Verzahnung von WIEBE 1861 bis 1865.

Zähnezahlen

a) $\dfrac{Z}{z} = \dfrac{12}{12}$,   b) $\dfrac{Z}{z} = \dfrac{72}{12}$,   c) $\dfrac{Z}{z} = \dfrac{12}{11}$

2. die Teilung auf dem Evoluten- bzw. Grundkreise ist t = $1^1/_2$ mal Zahndicke. Folglich ist $z = \dfrac{2 \cdot r \cdot \pi}{1,5 \cdot h} = 4,189 \cdot \dfrac{r}{h}$ oder $\dfrac{r}{h} = 0,2387 \cdot z$, wobei $r =$ Halbmesser des Evolutenkreises und $t =$ Grundkreisteilung.

3. die Tiefe des Eingriffs der Zähne ist gleich der Zahndicke h, bei $z = 20$ ist sie 0,9 mal Zahnlänge.

Eine Tabelle der Verzahnung von WIEBE befindet sich später im Kapitel 3.13, wo auch alle übrigen Maße der Verzahnung eingetragen sind. Nach Bild 126b erhält das 12-Zahn-Ritzel der Wiebe-Verzahnung eine um $^3/_4$ stärkere Zahnwurzel als das 72-Zahn-Rad; das Ritzel kann also $56^0/_0$ mehr Kraft übertragen als das Rad. Eine Untersuchung der Wiebe-Verzahnung nach Bild 126c ergibt eine kleinste Zähnezahl von $z = 11$ bis 12, wie auch in Bild 126a. Die Verzahnung von WIEBE ergab brauchbare Verzahnungen unter bestimmten Räderverhältnissen. Macht man die Zahnstärken in Bild 126b gleich, so erhält man die punktierten Zahnformen. Die Wiebe-Verzahnung spielte in Deutschland eine Rolle fast bis zur Wende in das 20. Jahrhundert.

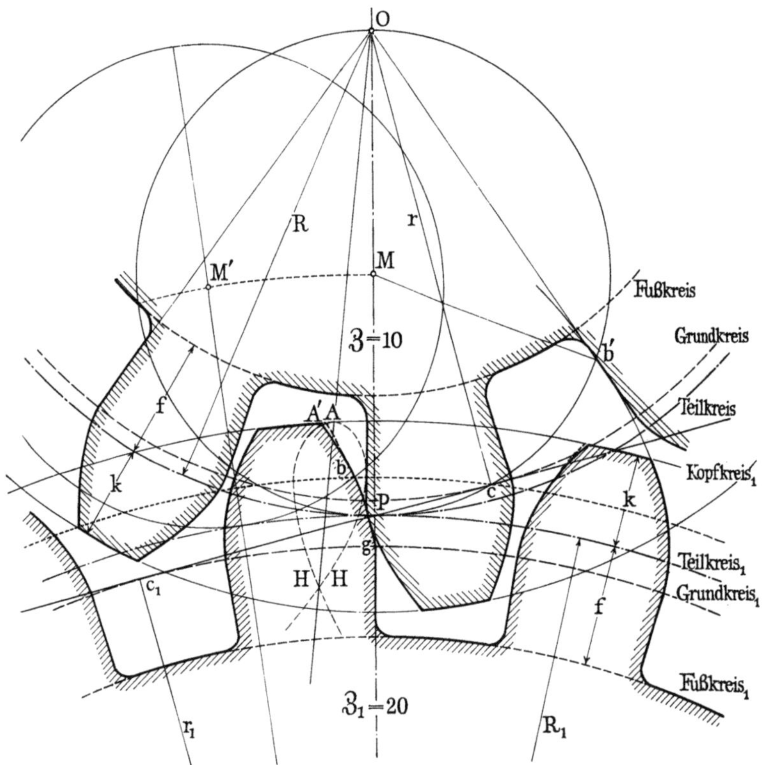

Bild 127.   Verzahnung von FRANZ REULEAUX 1865

Einen großen Einfluß auf die europäischen Maschinenbauer nahm der Professor für Maschinenkunde an den Polytechniken Zürich und Berlin FRANZ REULEAUX (1829 bis 1905). Er führte die 15°-Verzahnung nach ROBERT WILLIS 1841 auf dem europäischen Kontinent ein. Zusammen mit C. L. MOLL gab er 1862 in einer „Construction der Maschinentheile" die Verzahnung mit Zahndicke $d = {}^{19}/_{40} \cdot t$, Zahnlücke $= {}^{21}/_{40} \cdot t$, Spielraum zwischen den Zahnflanken $= {}^1/_{20} \cdot t$, die gesamte Zahnhöhe $= {}^3/_4 \cdot t$, später $h = (0,4 + 0,3) \cdot t = 0,7 \cdot t = 2^1/_6 \cdot t$ „... einem guten praktischen Gebrauch gemäß ..."

den Zahnfuß $h_f = {}^5/_{12} \cdot t$ und den Zahnkopf $h = {}^1/_3 \cdot t$. Später führte man die Reuleaux-Verzahnung wie bei WILLIS aus. Zur Beseitigung des Unterschnittes schlug REULEAUX 1865 eine radiale Ausbildung des Zahnfußes vor, wodurch sein System eine Einzelradverzahnung wird. Denn entsprechend ist auch Kopfkürzung oder -abrundung nötig. Da REULEAUX die Zykloiden-Verzahnung bevorzugte, ging er auch vom Teilkreis aus und empfahl hierzu als Maß für den Umfang Vielfache von π. Seine Verzahnung ergab jedoch zu große Zähne. Sie sollten eventuelle Achsenverschiebungen ausgleichen.

Die wichtigste historische Nullverzahnung neben WILLIS und REULEAUX ist die des amerikanischen Ingenieurs und Erfinders GEORGE BARNARD GRANT[1]. 1885 gab er in Boston im „Handbook on the Teeth of Gears" einen Odonthographen heraus. Dieser war praktisch eine Tabelle für eine Evolventenverzahnung mit 15° Eingriffswinkel, beginnend mit $z = 10$, siehe Bild 129. Diese Evolventen-Verzahnung ersetzt die Evolventen durch Kreisbogenstücke, deren Mittelpunkte auf dem Grundkreis liegen und deren Radien sich nach der Zähnezahl richten. Die Grant-Verzahnung war bekannt für praktisch genügende Genauigkeit bei allen Zähnezahlen von zehn aufwärts. Sie ließ sich bequem und genau nach den Willis'schen Kreisbogen-Methoden aufzeichnen und eignete sich sehr gut für die Anfertigung von Werkzeugen, sowie Lehren für Formmodellräder und Formstücken bei Räderformmaschinen. Schrittmacher für die 15°-Grant-Verzahnung waren natürlich auch die amerikanischen Verzahnungsmaschinen, die sich über die ganze Welt verbreiteten. Denn GRANT selbst war ja schließlich Begründer der amerikanischen Zahnradschneidmaschinen-Industrie. Für Deutschland wurde die Grant-Verzahnung von dem Berliner Ingenieur und Gründer der zweiten deutschen Zahnradfabrik FRIEDRICH STOLZENBERG († 1921) auf metrische Modulteilung umgestellt, die sich in Europa ungefähr seit 1870 durchsetzte. Mit der Verzahnung von GRANT arbeitete man daraufhin nicht allein in USA, sondern von 1885 bis in die zwanziger Jahre unseres Jahrhunderts hinein praktisch auf der ganzen Welt. Sie hieß einfach „Grants Tabelle für normale Evolven-

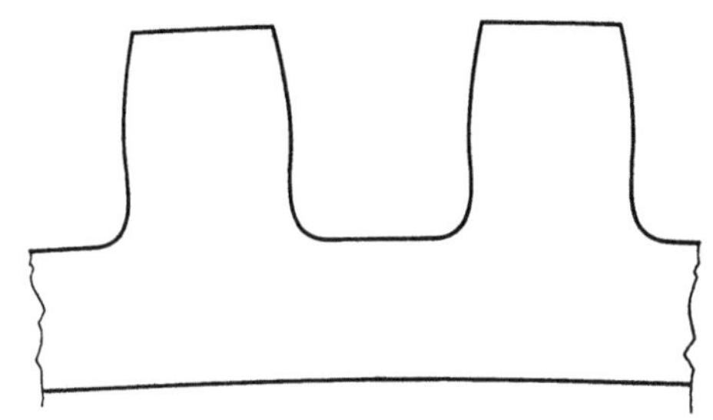

Bild 128. Verzahnung des Schwungrades der „Centennial" Balancier-Dampfmaschine des amerikanischen Fabrikanten und Erfinders GEORGE HENRY CORLISS (1817 bis 1888), gezeigt auf der Weltausstellung in Philadelphia 1876

Zykloiden-Verzahnung mit Unterschnitt, jedoch wegen des hohen Überdeckungsgrades = 3 bis 4 keine Bruchgefahr. Weitere Zahndaten: Dicke 63 mm, Lücke 67 mm, Höhe 76 mm. Zahndruck 6155 kg, d. i. bei $b = 609$ mm eine spezifische Belastung von 10,1 kg/mm. $D/d = 9052/3017$ mm, $z/Z = 72/216$, $\alpha \leqq 10°$, $n = 36/108$ U/min, $v = 17,06$ m/sec, $t = 131,6$ mm. CORLISS hatte 1876 einen alten Arbeiter, der die Kopfform nach Gefühl annahm, und dann an Blechschablonen in Naturgröße die Wurzelform dazu aufsuchte. Das dauerte einige Tage. Die Zahnradform wurde dann nach Schablone auf der Räderhobelmaschine geschruppt, nach Ausbalancieren des Rades der Teilkreis definitiv angerissen, dann die Zähne „absolut" genau geteilt und schließlich die Zähne fertig gehobelt.

---

[1] GEORGE BARNARD GRANT (1849 bis 1917). Geboren in Gardiner, Me., als Sohn eines Schiffbauers und Urenkel des Capt. SAMUEL G. Pionier der Siedlung von Maine. Studium 1869 bis 1873 an Lawrence Scientific School des Harvard College. 1872/1873 erste Patente auf eine Rechenmaschine, deren Pionier in den USA er wurde. Dabei kam er mit Zahnrädern in Berührung, gründete in Charlestown, Mass., eine Maschinenfabrik und verlegte sie später als „Grant Gear Works Inc." nach Boston mit Zweigwerken in Philadelphia (bis 1911) und Cleveland (kurze Zeit). Dort stellte er Zahnräder und Zahnradmaschinen her und erhielt hierauf Patente. Seine Bostoner Tafeln und Handbücher für Kegel- und Stirnräder von 1885 und sein „Treatise on Gear Wheels" von 1890 bzw. 1899 wurden richtungweisend für die Welt.

tenverzahnung" und blieb in Kraft, bis man in den einzelnen Ländern die Verzahnungsnormen einführte.

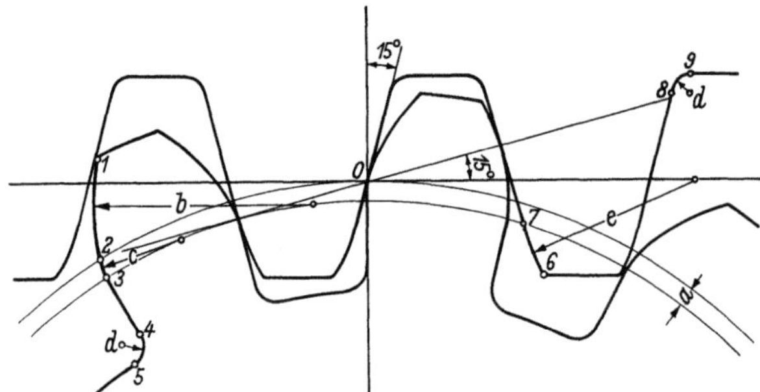

Bild 129.   Normale Evolventenverzahnung mit 15° Eingriffswinkel
von George Barnard Grant 1885

Zähnezahl	c Fußbogen-Radius mit dem Modul zu multiplizieren 3 — 2 — 1	b Kopfbogen-Radius mit dem Modul zu multiplizieren 3 — 2 — 1	Zähnezahl	c Fußbogen-Radius mit dem Modul zu multiplizieren 3 — 2 — 1	b Kopfbogen-Radius mit dem Modul zu multiplizieren 3 — 2 — 1
10	0,69	2,28	28	2,59	3,92
11	0,83	2,40	29	2,67	3,99
12	0,96	2,51	30	2,76	4,06
13	1,09	2,62	31	2,85	4,13
14	1,22	2,72	32	2,93	4,20
15	1,34	2,82	33	3,01	4,27
16	1,46	2,92	34	3,09	4,33
17	1,58	3,02	35	3,16	4,39
18	1,69	3,12	36	3,93	4,45
19	1,79	3,22			
20	1,89	3,32	37— 40		4,20
21	1,98	3,41	41— 45		4,63
22	2,06	3,49	46— 51		5,06
23	2,15	3,57	52— 60		5,74
24	2,24	3,64	61— 70		6,52
25	2,33	3,71	71— 90		7,52
26	2,42	3,78	91—120		9,78
27	2,50	3,85	121—180		13,38
			181—360		21,62

$$\text{Modul} = \frac{\text{Teilung}}{\pi}.$$

Teilkreisdurchmesser = Zähnezahl × Modul; Kopfkreisdurchmesser = (Zähnezahl + 2) · Modul.
Zahnkopf = Modul. Zahnfuß = 1,166 · Modul. Zahnhöhe = 2,166 Modul.
Die Mittelpunkte der Kopf- und Fußbogenradien liegen auf dem Konstruktionskreis.
a = Abstand des Konstruktionskreises innerhalb des Teilkreises = $^1/_0$ Teilkreisdurchmesser.
Fußrundungsradius = 0,166 · Modul.
Der Kopf des Zahnes der Zahnstange ist mit einem Radius 2,1 · Modul, Mittelpunkt der Teillinie,
zu runden.

Anfang März 1900 schlug der Professor für Mechanische Technologie und Allgemeine Maschinenlehre an der Technischen Hochschule Karlsruhe Georg Lindner (1859 bis 1946) auf der Suche nach neueren Zahnformen als erster eine Satzräderverzahnung mit kombinierter Eingriffslinie vor. Er wünscht sie nämlich kombiniert aus Gerade und

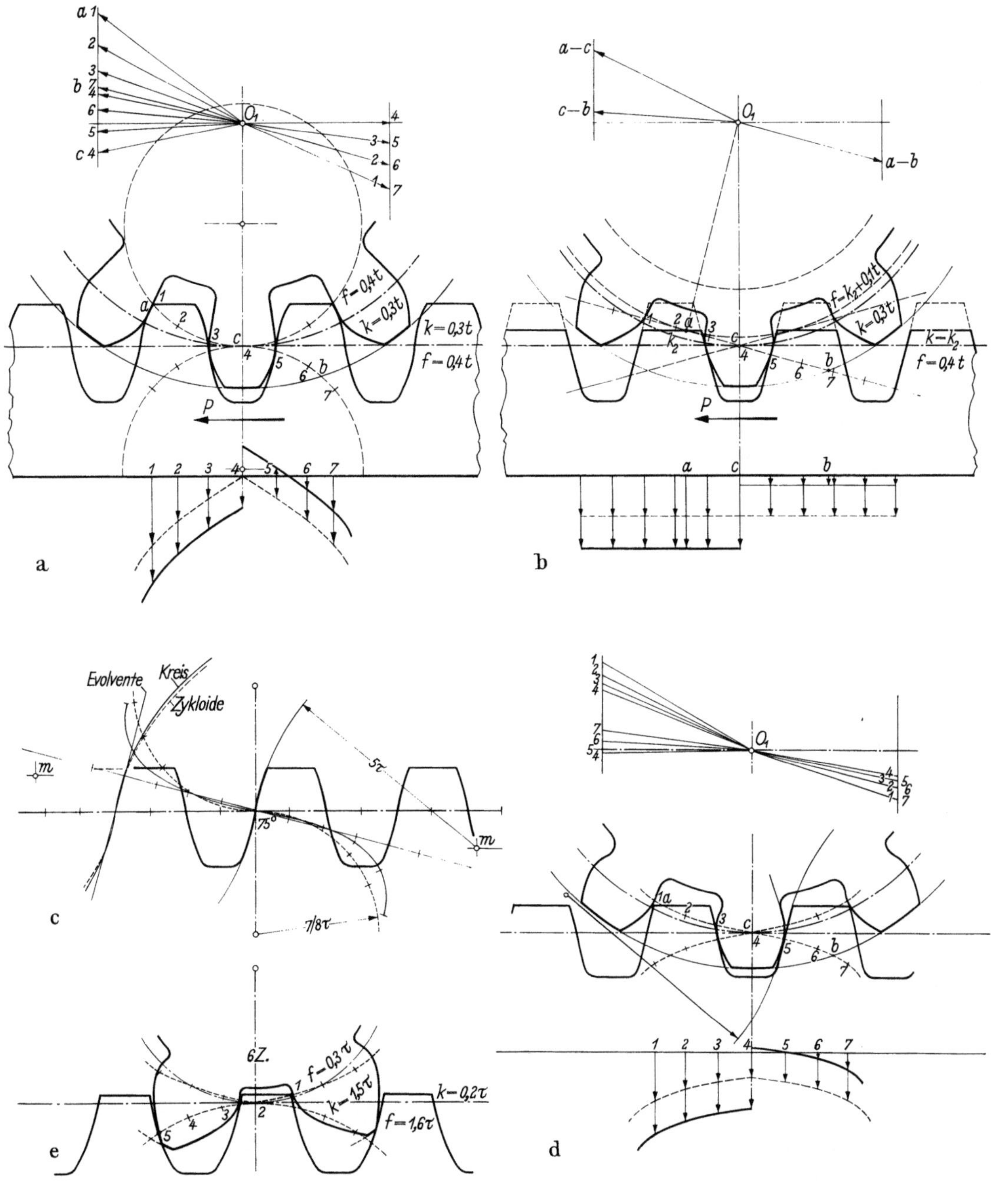

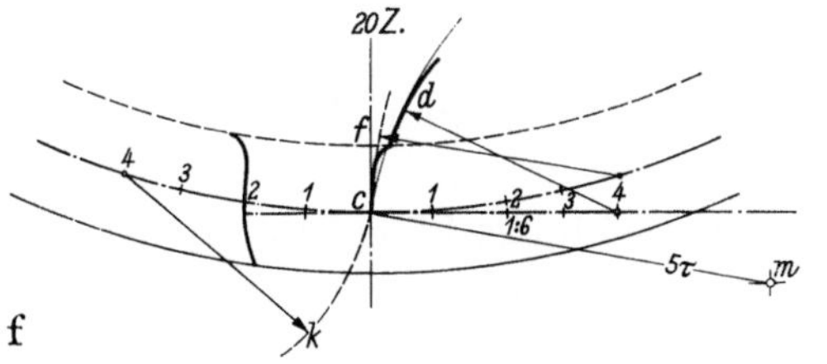

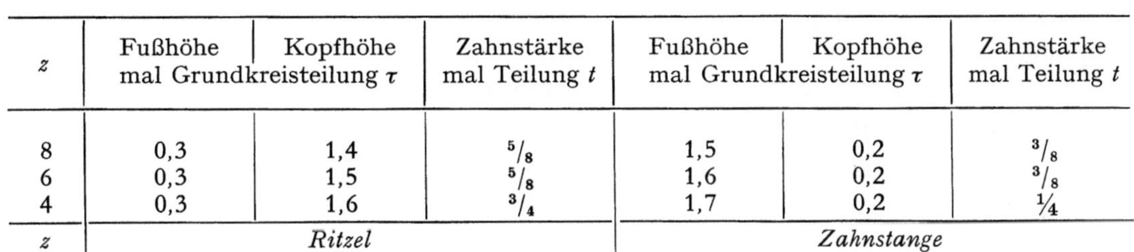

Bild 130. Verzahnungen von
GEORG LINDNER 1900
a) Zykloiden-Verzahnung,   b) Evolventen-Verzahnung, c) Kombination von a) und b), d) Lindner-Verzahnung, e) Lindner-Verzahnung für kleine Zähnezahlen, (s. folgende Tabelle),   f) Aufzeichnen der Lindner-Verzahnung

z	Fußhöhe mal Grundkreisteilung τ	Kopfhöhe	Zahnstärke mal Teilung t	Fußhöhe mal Grundkreisteilung τ	Kopfhöhe	Zahnstärke mal Teilung t
8	0,3	1,4	$^5/_8$	1,5	0,2	$^3/_8$
6	0,3	1,5	$^5/_8$	1,6	0,2	$^3/_8$
4	0,3	1,6	$^3/_4$	1,7	0,2	$^1/_4$
z	*Ritzel*			*Zahnstange*		

Kreis, und bildet den Zahn der Zahnstange aus zwei Kreisbögen von gleichem Radius mit 5mal Grundkreisteilung. Die Verbindungslinie der beiden Mittelpunkte läßt er mit der Neigung 1:6 oder fast $9^1/_2°$ durch den Teilriß gehen. Nach Bild 130c ist LINDNERS Zahnform von 1900 eine Kombination von Evolventen- und Zykloiden-Formen. Zum Vergleich mit Zykloiden- und Evolventen-Verzahnungen von Bild 130a und b zeigt LINDNER seine Verzahnung auf Bild 130d. Seine Fußflanken sind etwas mehr unterschnitten als bei den Zykloiden, aber nur so viel, daß sie gerade noch parallel der Mittellinie der Lücke sind. Die Verzahnung von LINDNER ergibt nach Bild 130e auch für kleine Zähnezahlen noch brauchbare Formen.

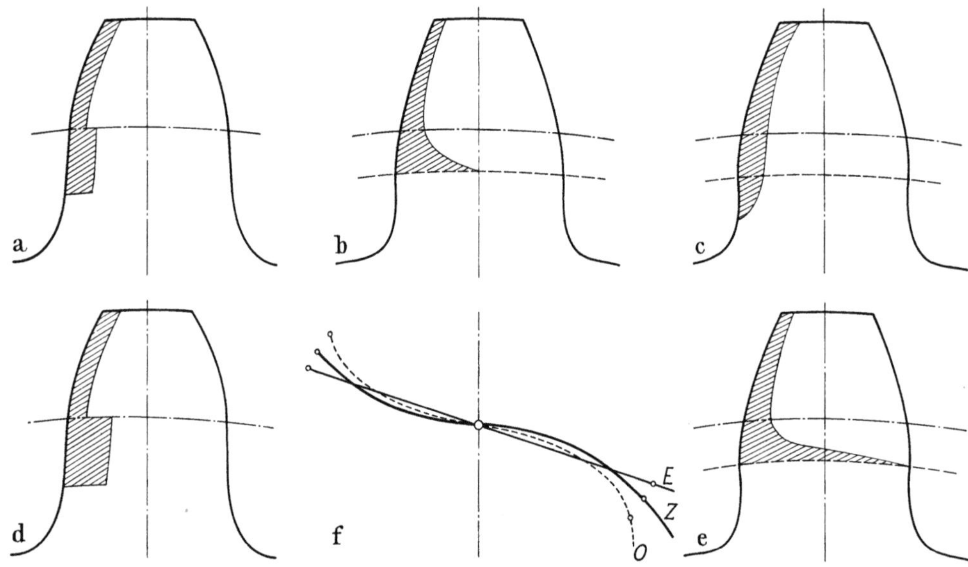

Bild 131.   Ritzel-Zahnformen bei Einwirkung der Abnutzung nach BERNHARD FRANZ 1909

a) Zykloide, b) Evolvente, beide mit $\dfrac{z}{Z} = \dfrac{24}{96}$, c) aus Beobachtungen angenommene Abnutzung des Evolventenzahnes, d) Zykloide, e) Evolvente beide mit $\dfrac{Z}{z} = \dfrac{24}{24}$, f) angenommene Veränderung der Eingriffslinie von Zykloide und Evolvente.

Ihrer Natur nach genießt die Lindner-Verzahnung von 1900 nicht ganz die Vorzüge der Evolventen-Verzahnung, aber so viel wie in der Praxis davon nötig ist, da die Eingriffslinie in der Mitte gerade ist. So glaubte wenigstens GEORG LINDNER.

Damals war es aber schon allgemein bekannt, daß die üblichen Zahnprofile mehr übereinander gleiten als rollen, und man wollte dieses Gleiten gleichmäßiger auf die Profile verteilen. Überhaupt trat die Abnutzungsfrage um diese Zeit immer stärker in Erscheinung. Von dieser Seite her kam der Entwicklungs-Ingenieur für die Berliner Zahnradfabrik Stolzenberg & Co. BERNHARD FRANZ auf eine ähnliche Lösung wie LINDNER. Er zeigt 1909 auf Bild 131 die Abnutzungsneigungen bei verschiedenen Radpaarungen und schloß von ihnen her in f auf die voraussichtliche Änderung der Eingriffslinie. Er stellt sie sich gemäß 0 in Bild 131f vor und meint: „... eine Verzahnung, deren Eingriffslinie der Linie 0 entspricht, hat die meiste Aussicht auf Erhaltung der ursprünglichen Profile und infolgedessen die längste Lebensdauer ...".

Wie LINDNER wollte 1909 auch FRANZ die Vorzüge der Zykloiden- und Evolventenverzahnung vereinigen, ohne deren Nachteile zu übernehmen. Er wählte für diese

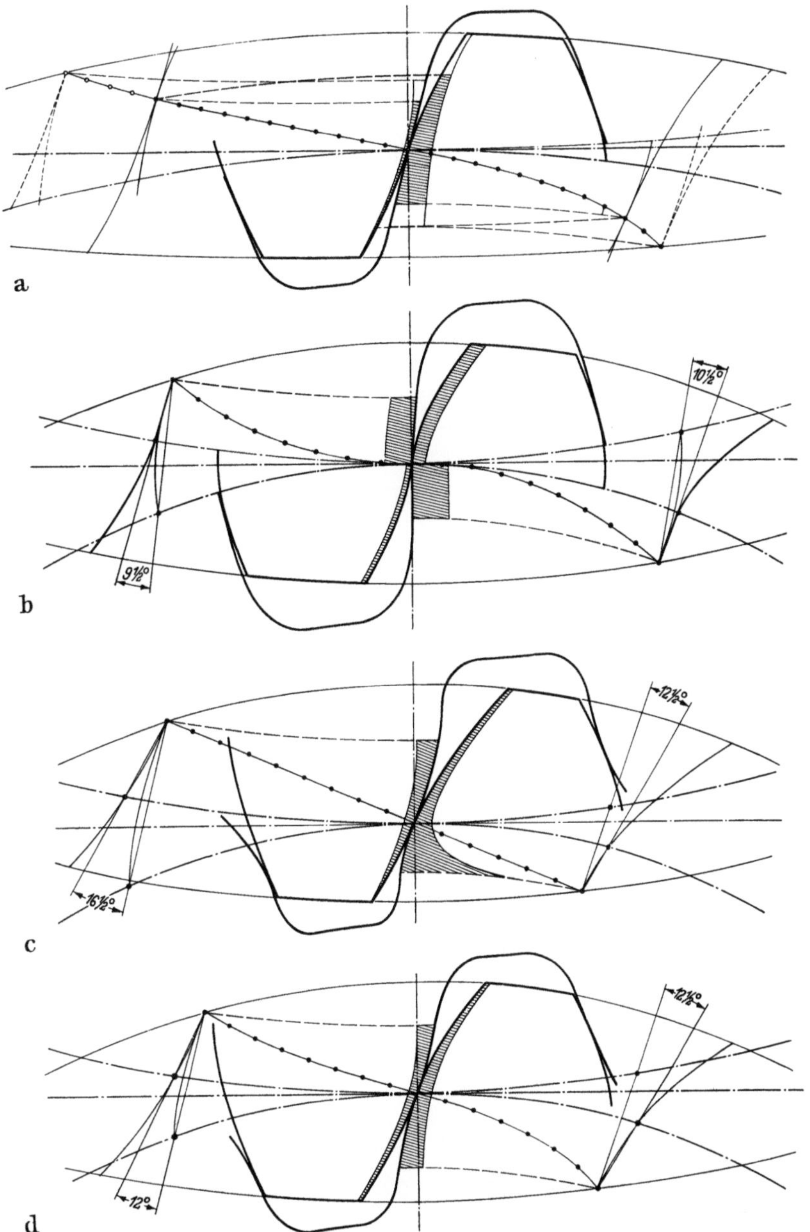

Bild 132. Vergleich von Zykloiden-, Evolventen- und Ozoiden-Verzahnungen

a) Ozoiden-Verzahnung mit $\dfrac{Z}{z} = \dfrac{24}{100}$, b) Zykloiden-Verzahnung, c) korrigierte Evolventen-Verzahnung, d) Ozoiden-Verzahnung, alle mit 12 : 12 Zähnen.

a) Eingriffslinie im großen Rade nur schwach gekrümmt, schlanke Profile, relativ geringe Pressung. Besonderes Merkmal in diesem Fall: verkürzter Eingriff trotz normaler Kopfhöhen, dadurch stoßfreier Eingriff und Sicherheit gegen Bruch.

b) Eingriffslinie besteht aus Teilen der beiden gleichgroßen Rollkreise. Beim Ritzel ist Grundkreis = neutraler Kreis. Sprung in der Abnutzungstiefe an den neutralen Kreisen, die hier gleichzeitig Teilkreise sind. Relativ geringe Pressung, da mittlerer Pressungs-Winkel 10°.

c) Die gerade Eingriffslinie als Teil des unendlichen Rollkreises schneidet die neutralen Kreise und die Zentrallinie unter $22^1/_2°$ bzw. $67^1/_2°$ Neigung. Die neutralen Kreise ändern sich mit dem Übersetzungsverhältnis, sie sind also nur bei einem bestimmten Übersetzungsverhältnis gleich den Teilkreisen. Starke Verkürzung des theoretischen Eingriffs zu beiden Seiten der Mittelpunktslinie, um die ungünstigsten Profilstrecken zu vermeiden. Günstige Abnutzungstendenz, außer am Fuß des Ritzels. Mittlerer Pressungswinkel = $14^1/_2°$, daher relativ hohe Pressung.

d) Die Eingriffslinie, zusammengesetzt aus unendlichen und maßbegrenzten Rollkreisen, schneidet die neutralen Kreise, die Krümmung entspricht der Zähnezahl bzw. dem Übersetzungsverhältnis. Ausgleichende Abnutzungstendenz. Liegt mit einem Pressungswinkel von $12^1/_4°$ genau zwischen Zykloide und Evolvente.

Ähnlich wie bei c) und d) liegen die Verhältnisse bei der Radpaarung $z/Z = 6/48$. Die Abnutzungstiefe ist durch schraffierte Flächen dargestellt.

Kombination den Namen „Ozoiden-Verzahnung" als Abkürzung für die Rollkurven-bezeichnungen „Ortho-Zykloide" und „Zyklo-Orthoide" nach REULEAUX 1876. Mit diesen beiden Kurven ist die neue von FRANZ verwandt. Die Vorzüge der Ozoiden-Verzahnung sind:

1. Satzrädereigenschaft ohne Unterschritt bis $z = 6$
2. geringe Abnutzung durch saubere gefräste Flanken
3. lange Lebensdauer
4. geringere Pressung als bei Evolventen
5. um etwa $30^0/_0$ höhere Beanspruchung der Zähne möglich durch kräftigen Zahnfuß und geringe Zahnhöhe, lt. Bild 132b mit d. Daher ist knappere Bemessung möglich.

Ihnen stehen aber die Nachteile entgegen:

a) es ist kein einfaches Werkzeug möglich

b) die Zahnform muß auf das Werkzeug übertragen werden, daher beschränkte Ausführbarkeit

Die Patentnehmerin und Herstellerin Fa. Stolzenberg & Co., Berlin empfiehlt ihre Ozoiden-Verzahnung für größere Kräfte und Geschwindigkeiten, sowie für größere Übersetzungen.

BERNHARD FRANZ sucht 1909 die unvermeidlichen Übel der Evolventen- und Zykloiden-Verzahnung zu tolerieren, indem er mit zunehmender Zähnezahl vom theoretischen Profil abweicht. Er krümmt das Kopfprofil stärker. Durch diese Kürzung der Eingriffsdauer hofft er Stöße beim Eingriffsbeginn zu vermeiden und zugleich die Abnutzung zu verringern. Idee seiner Ozoiden-Verzahnung ist ein „neutraler Kreis", d. h. ein Kreis von

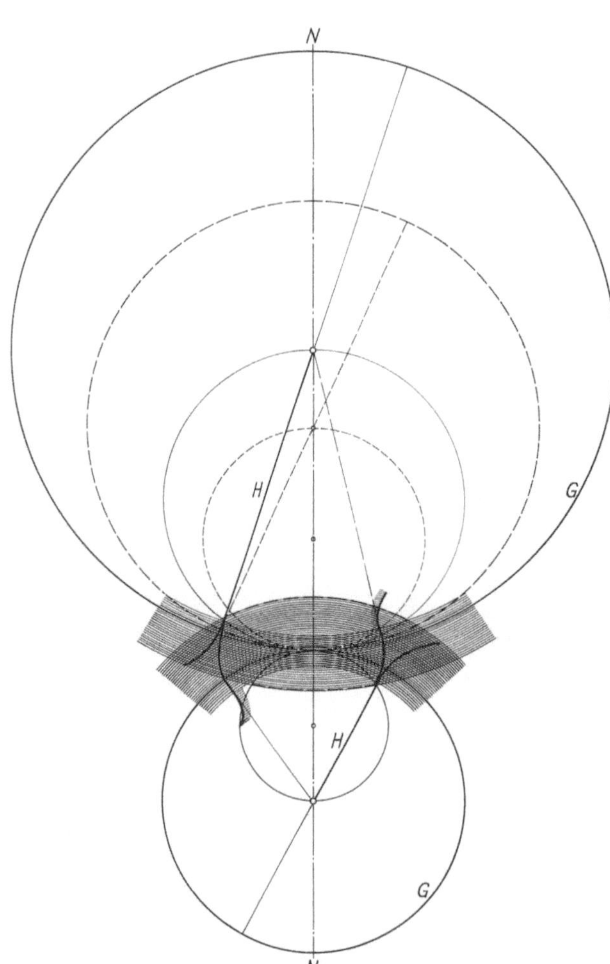

Bild 133.   Profilpaar der Ozoiden-Verzahnung als Funktion gemeinschaftlicher Tangenten an jeden Punkt des wandernden Eingriffs

gleicher Peripheriegeschwindigkeit zwischen zwei Ebenen, bestimmt durch die Mittenentfernung der Ebenen und durch das Verhältnis der Anzahl Vorsprünge jeder Ebene. Dieses „neutrale Kreispaar" wälzt ohne Gleiten aufeinander, die anderen sich berührenden oder schneidenden Zonen haben unter sich verschiedene Geschwindigkeit. FRANZ will seine Rad-Zähne so formen, daß sich ihre Geschwindigkeits-Differenzen in den Eingriffszonen ausgleichen. Seine Radzähne haben Profile, deren Punkte sich durch die verhältnismäßige Geschwindigkeits-Differenz der gegenseitigen Eingriffszonen bestimmen. So ist ein Profilpaar nach FRANZ eine Funktion der gemeinschaftlichen Tangenten an jeden Punkt des wandernden Eingriffs.

Die Normalen dieser gemeinschaftlichen Tangenten schneiden die Mittelpunktslinie unter $N-N$ lt. Bild 133 im Schnittpunkt mit dem neutralen Kreis, bei FRANZ „Zentralpunkt" genannt. Hier findet der Eingriffswechsel statt, d. h. der Berührungspunkt eines Profilpaares ergibt nur eine Seite der Eingriffslinie. FRANZ fährt 1909 fort: „Da die Radien der Grundkreise die Kopfprofile an allen Punkten des Eingriffs tangieren und somit die Eingriffzentriwinkel bilden, so ergibt sich daraus ein festes Verhältnis zwischen der kinematischen Funktion der Profile und der trigonometrichen Funktion der Winkel."

Die Verzahnungen von GEORG LINDNER 1900 und BERNHARD FRANZ 1909 sind jedenfalls wesentliche Versuche, aus einer Nullverzahnung die besten Eigenschaften herauszuholen. Zu einer Zeit, als die korrigierte Verzahnung längst bekannt war, glaubte man vorteilhafter die Korrekturmöglichkeit zu umgehen und auf diese Art auf ein Optimum an Festigkeit nnd Raumersparnis zu kommen.

Wahrscheinlich noch früher, mindestens aber zur gleichen Zeit wie in Europa, praktizierte man in den USA eine solche „Kompromiß"-Verzahnung und nannte sie „Mischverzahnung". Nach ROBERT WILLIS 1841 hatte sie $14^1/_2{}^\circ$ Eingriffswinkel, Satzradeigenschaften und einen Zähnezahlbereich von zwölf bis unendlich. Sie bedeutete den

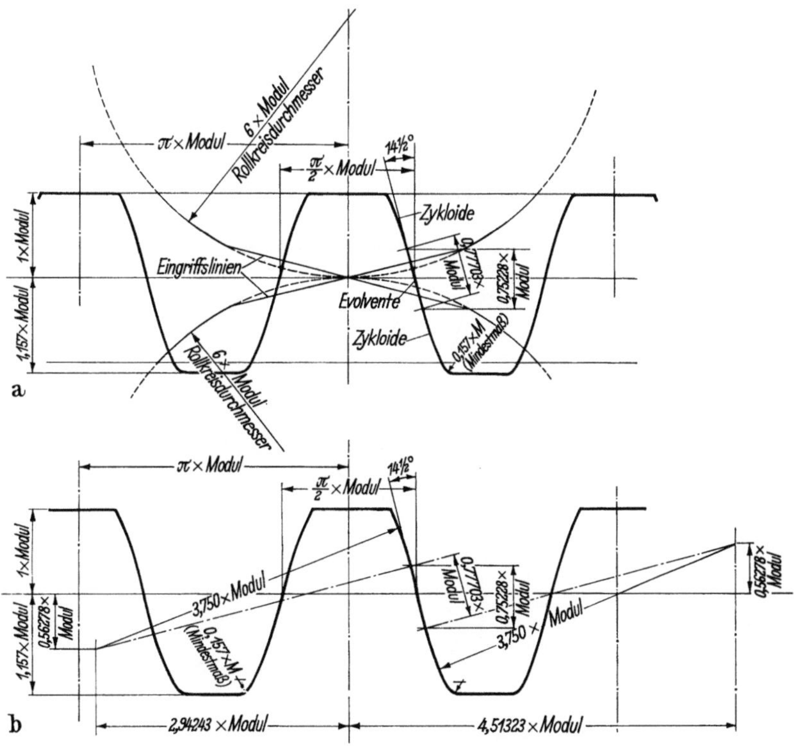

Bild 134. Bezugsprofil $14^1/_2{}^\circ$ — Mischverzahnung
a) Genaues Profil, b) angenähertes Profil mit Kreisbögen im Zykloidenteil (theoretisch richtiges Bezugsprofil mit Satzradeigenschaft, angewendet in USA um 1928).

ersten großen Fortschritt für die USA. Der mittlere Teil des Profils ist Evolvente, die anschließenden Teile sind Zykloiden. Dieses Verzahnungssystem wurde ursprünglich für das Formfräsverfahren entwickelt, jedoch konnte man es auch durch Abwälzen erzeugen, s. Bild 134. Der Rollkreis-Durchmesser ist gleich dem halben Wälzkreis-Durchmesser des 12-Zähne-Ritzels. In den zwanziger Jahren unseres Jahrhunderts näherte man die Zykloidenteile der Mischverzahnung durch Kreissegmente an.

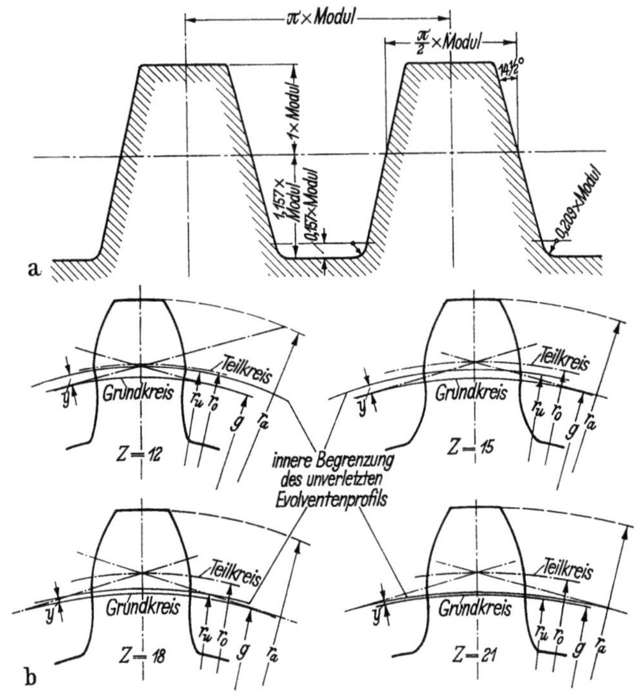

Bild 135.   Bezugsprofil $14^1/_2°$ — reine Evolventenverzahnung
a) Bezugsprofil, b) Zahnformen bei $z = 12, 15, 18$ und 21.

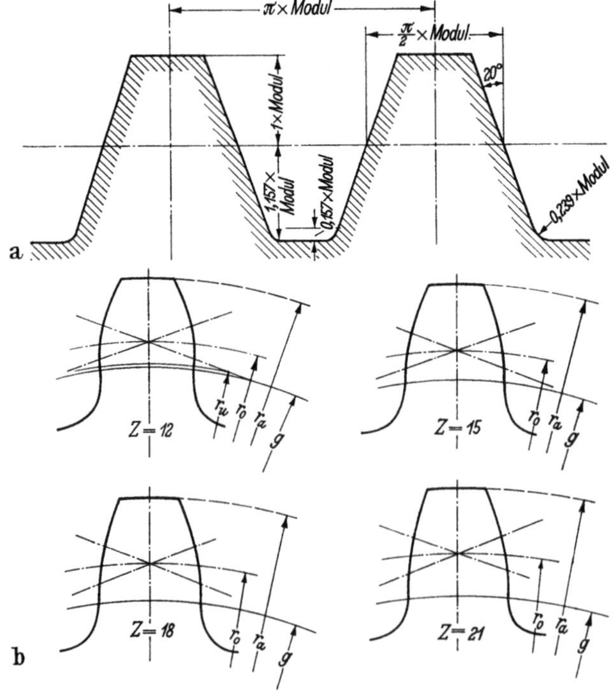

Bild 136.   Bezugsprofil 20° — reine Evolventenverzahnung mit normaler Zahnhöhe
a) Bezugsprofil, b) Zahnformen bei $z = 12, 15, 18$ und 21.

Die verschiedenen Verzahnungssysteme entstanden in den USA mit Rücksicht auf das Herstellungsverfahren. Neue Systeme entstanden vor allem bei der Einführung des Abwälz- und Formfräsverfahrens. Das Abwälzfräsen führte zur $14^1/_2°$-Evolventenverzahnung nach Bild 135. Sie ist die älteste und erfolgreichste nach der Mischverzahnung. Hierzu konnte man den schneckenförmigen Abwälzfräser leicht und genau mit geradlinigen Schneidkanten erzeugen, und erhielt so das Bezugsprofil der reinen Evolvente. Mit der Mischverzahnung kämmte sie allerdings nicht mehr. Die Misch- und reine Evolventen-Verzahnung von $14^1/_2°$ sind zwei verschiedene, untereinander nicht austauschbare Systeme. Beide zeigten aber großen Unterschnitt bei $z \gtrless 12$.

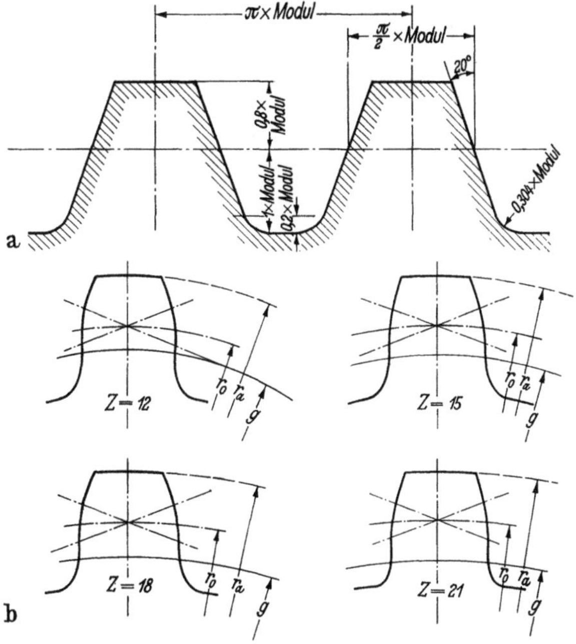

Bild 137.   Bezugsprofil 20°-Stumpfverzahnung
a) Bezugsprofil, b) Zahnformen bei $z = 12, 15, 18$ und 21.

Um daher auch bei kleinen Zähnezahlen auf brauchbare Werte zu kommen, vergrößerte man in den USA während des 1. Weltkrieges den Eingriffswinkel, eine schon seit 1852 durch EDWARD SANG bekanntgemachte Maßnahme. Dadurch entstand eine reine 20°-Evolventenverzahnung nach Bild 136. Sie wurde allerdings zunächst nicht einheitlich ausgeführt. Ihr zur Seite stellte im gleichen Zeitraum E. R. FELLOWS die 20°-Stumpfverzahnung. Mit Zähnen verringerter Höhe nach Bild 137 wollte er die Festigkeit bei kleinen Zähnezahlen erhöhen. Man benutzte diese vierte amerikanische Nullverzahnung daher für schwere Antriebe wie z. B. in Mühlen oder für Getriebe mit sich wiederholenden kleinen Zähnezahlen wie z. B. bei Automobilen und Flugzeugmotoren, wo ebenfalls hohe Bruchfestigkeit gebraucht wird. Aber bei $z \geq 40$ wählte man in den USA am liebsten die reine Evolventen-Verzahnung mit $14^1/_2°$. 1932 kam die 20°-Stumpfverzahnung in die Norm B 6.1 der USA. Man verwendete sie danach nur noch für untergeordnete Zwecke und bei stark belasteten, langsam laufenden Getrieben. Ihre Grenzzähnezahl liegt bei vierzehn.

Die Ausführung dieser vier Verzahnungen aber differierten selbst auf dem nordamerikanischen Kontinent. Noch 1923 gab es in den USA und Canada mindestens neun

Stumpf-Verzahnungen mit verschiedenen Zahnhöhen und ebensoviele Systeme mit voller Zahnhöhe. Aber im September 1924 wurden sie vom Sectional Committee für die Vereinheitlichung von Zahnrädern mit HENRY J. EBERHARDT von der Newark Gear Cutting Machine Comp. als Vorsitzendem gemäß Tabelle 28 genormt:

Tabelle 28. *Erste Verzahnungsnorm in USA und Canada 1924*

	20°-Stumpfverzahnung $\frac{1}{\text{D. P.}}$ (in.)	14½° u. 20° reine Evolventenverzahnung mit voller Zahnhöhe $\frac{1}{\text{D. P.}}$ (in.)
Kopfhöhe	0,8	1
Fußhöhe	1 (Minimum)	1,157 (Minimum)
gemeinsame Zahnhöhe	1,6	2,0
gesamte Zahnhöhe	1,8	2,157 (Minimum)
Teilkreis-Durchmesser	N	N
Außendurchmesser	$N + 1,6$	$N + 2$
Zahndicke auf Teilkreis	— —	1,5708
Kopfspiel	0,2 (Minimum)	0,157 (Minimum)

Dieses Committee setzte sich seit 1921 zusammen aus den drei Verbänden:

1. American Engineering Standards Committee (AESC)
2. American Gear Manufacturers Association (AGMA)
3. American Society of Mechanical Engineers (ASME)

unter dem Vorsitz von B. F. WATERMAN. Die amerikanischen Hauptverzahnungen untersuchte danach eingehend auf ihre Eigenschaften, nämlich auf Überdeckungsgrad bzw. Eingriffsstrecke und spezifisches Gleiten, der Professor für Normung und Meßtechnik am Massachusetts Institute of Technology EARLE BUCKINGHAM.

Den Vergrößerungsmaßstab zum Aufbau einer Zahnradreihe bildete in englisch sprechenden Ländern der „Diametral Pitch". Er ist schon seit 1724 bekannt und von ROBERT WILLIS 1841 und JOHANN GEORG BODMER 1843 anerkannt worden, wie bereits im Kapitel 2.12 erörtert. Die übliche DP-Reihe blieb seit Beginn der amerikanischen Normungsarbeit 1909 bzw. 1913 in folgenden Stufen:

$\frac{1}{2}$, $\frac{3}{4}$, 1, $1\frac{1}{4}$, $1\frac{1}{2}$, $1\frac{3}{4}$, 2, $2\frac{1}{4}$, $2\frac{1}{2}$, $2\frac{3}{4}$, 3, $3\frac{1}{2}$, 4, 5, 6, 7, 8, 9, 10, 12, 14, 16, 18, 20, 24, 28, 32, 36, 40 und 48.

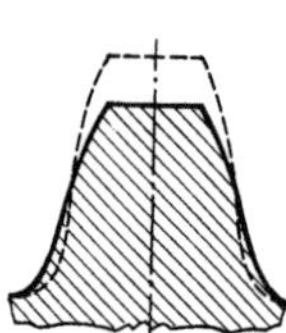

Die Zahnradnormung betrieb man in den USA, nach Versuchen zwischen 1909 und 1913, seit 1918. Hierbei wirkten 46 Unternehmen mit, die Zahnräder für Zugmaschinen, Panzer und Flugmotoren er-

Bild 138.   Vergleich der 14½° — Evolventenverzahnung mit normaler Zahnhöhe und der 20°-Stumpfverzahnung (schraffiert) gleichen Moduls

zeugten. Sie schlossen sich 1916 in der AGMA zusammen. Im September 1918 setzten sie in Syracuse, N.Y., mehrere Unterausschüsse für die verschiedensten Gebiete der Zahnradtechnik ein.

Während sich um die Mitte der zwanziger Jahre unseres Jahrhunderts die Hauptindustrieländer eng auf die amerikanischen Verzahnungen einrichteten, gab es in

Deutschland eine $14^1/_2°$- und eine 15°-Verzahnung. Für den Eingriffswinkel von 15° sprach sein einfacher Wert. So lieferten die deutschen Werkzeugfabriken Formfräser für amerikanische reine Evolventen- und Mischverzahnung mit beiden Winkeln. Bei der Mischverzahnung war die Abweichung vom Evolventenprofil allerdings nicht genau vereinbart. Viel verwendete man in Deutschland das amerikanische 20°-Evolventensystem mit voller Zahnhöhe. Hierbei führte man das Kopfspiel meistens mit etwa 0,167 Modul aus. In Deutschland war also eine Vereinheitlichung besonders dringend. 1917 hatte sich im Berliner VDI-Haus ein „Deutscher Normen-Ausschuß" (DNA) gebildet, der eine solche Normung für alle Industriezweige ausführen sollte. Seine führenden Männer waren bis 1943 der frühere Borsig-Generaldirektor in Berlin-Tegel als erster und längster Präsident des DNA Dr. FRITZ ALFRED ERNST NEUHAUS (1872 bis 1949) und der Direktor des VDI Dr. WALDEMAR HELLMICH (1880 bis 1949) als geschäftsführendes Präsidialmitgleid des DNA. Sie bildeten noch 1917 einen Arbeitsausschuß „Zahnräder", der die vielen Moduln und Verzahnungssysteme auf einen wirtschaftlichen Nenner bringen sollte. Es sollten ferner die Begriffe in der Zahnrad-Fachsprache eindeutig definiert werden. Die Mitglieder dieses Arbeitsausschusses „Zahnräder" verstanden es, hervorragende wissenschaftliche Arbeit zu leisten und dadurch weit in die Zukunft vorzuhalten. Die Obmänner des Arbeitsausschusses „Zahnräder" waren in den einzelnen Jahren:

1917 bis 1919 Professor Dr. EMILE TOUSSAINT (1868 bis 1935), Fritz Werner AG in Berlin-Marienfelde

1919 bis 1920 Ob.-Ing. WILHELM JUNG, Friedrich Stolzenberg & Co in Berlin-Reinickendorf

1920 bis 1922 Dr.-Ing. CURT BARTH (1881 bis 1960), Ludwig Loewe & Co in Berlin

1922 bis 1945 Dr.-Ing. WALTHER BAUERSFELD (1879 bis 1959), Carl Zeiss AG in Jena.

Aus Gründen der Werkzeughaltung vereinheitlichte dieser Arbeitsausschuß zuerst die Moduln, da noch viele Formfräser in Gebrauch waren. Die endgültige Modulreihe, wie sie der DNA im März 1923 veröffentlichte, entsprach den Ansprüchen der Feinmechanik genauso wie den des Kraftfahr-, Werkzeug- und Schwermaschinenbaues. Zwischen 1921 und 1929 verabschiedete der Arbeitsausschuß „Zahnräder" in Berlin die ersten sechs Zahnradnormen nach Tabelle 29.

Tabelle 29.   *Die ersten Zahnradnormen in Deutschland*

DIN	Titel der Norm	Ausgabe
37	Zeichnungen. Sinnbilder für Zahnräder	Februar 1921
780	Zahnräder. Modulreihe (2. Ausgabe Februar 1934 mit Teilungen in mm)	März 1923
781	Zähnezahlen der Wechselräder für Leitspindel-Drehbänke, Universal-Fräsmaschinen und Zahnräder-Bearbeitungsmaschinen	März 1923
867	Zahnform für Stirnräder und Kegelräder (Bezugsprofil bzw. Zahnform)	Juli 1927
868	Zahnräder. Begriffe, Bezeichnungen, Kurzzeichen (2. Ausgabe April 1929)	Januar 1928
782	Wechselräder für Werkzeugmaschinen. Konstruktionsblatt	Januar 1929

Das Interesse des Auslandes an dieser Normungsarbeit, besonders von Holland und der Schweiz, wurde wach, als ein einheitliches Bezugsprofil zur Debatte stand. Hierzu nahm man auch mit den USA Verbindung auf, da viele amerikanischen Zahnradmaschinen in Deutschland arbeiteten. Über die Wahl der Evolventen-Zahnform bestand kein Zweifel. Nachdem 1923 noch der Eingriffswinkel 24° zur Wahl stand, entschied sich

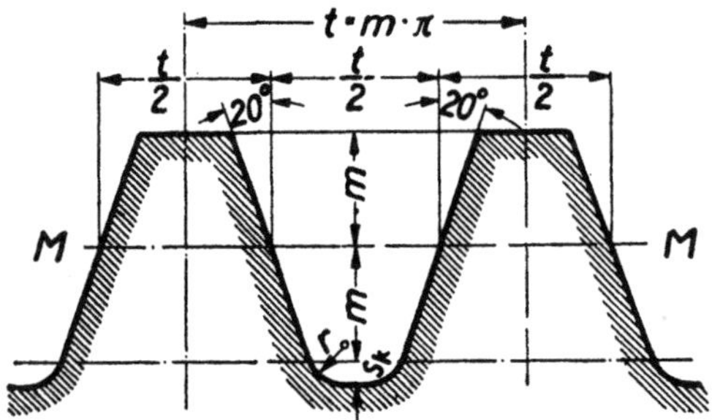

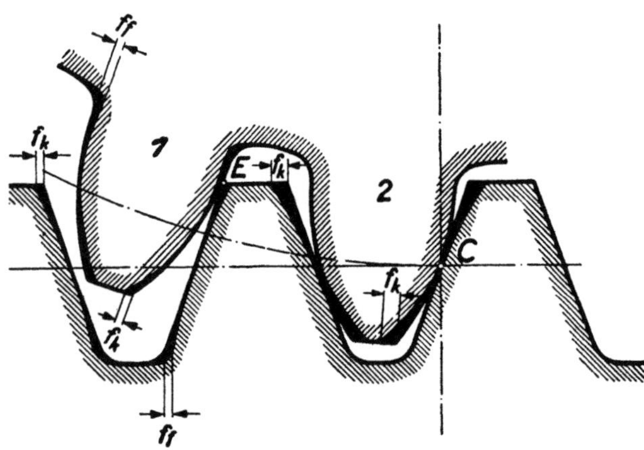

Bild 139.   Normale Zahnform für Stirn- und Kegelräder 1925 nach DIN E 867 Entwurf 1

die Industrie doch für 20° als Kompromiß zwischen 15° und 24°. Hauptgrund für die Annahme von 20° bildete die hier unterschnittsfreie Grenzzähnezahl von 17, wobei noch zwei Zahnräder zu $z = 14$ trotz Unterschnitt einen Überdeckungsgrad von 1,42 ergeben; ferner fand man die Biegungs- und Walzenfestigkeitt bei 20° günstiger. Die Werkzeugmaschinenfabrik J. E. Reinecker in Chemnitz arbeitete bereits seit Januar 1923 mit 20° Eingriffswinkel und hatte zufriedenstellende Ergebnisse. Auf Vorschlag des Forschungs-Ingenieurs von Ludwig Loewe & Co GEORG OLAH (geb. 1899) ließ der Ausschuß Kopf- und Fußabweichungen zu. Zur Erzielung kleinerer Zähnezahlen empfahl er Abrückung des Wälzfräsers, wozu er Richtlinien in mehreren Normblättern ankündigte. Die Norm DIN 867 als Evolventen- Bezugsprofil mit den Abmessungen nach Bild 139 und $z_{\mathrm{min}} = 14$ wurde am 11. November 1926 in Berlin fertigberaten von Dr. CURT BARTH, Studiendirektor MAX FÖLMER, Professor Dr. KARL KUTZBACH, Professor Dr. EMILE TOUSSAINT und Dr. WALTHER BAUERSFELD als Obmann — wie man sieht: alles Persönlichkeiten der wissenschaftlichen Zahnradtechnik. Auf Kurzzähne nach amerikanischer Art verzichtete der Ausschuß, weil 1. der Überdeckungsgrad kleiner wird, dagegen 2. der Vollzahn für die Abnutzung mehr Material bietet. Die Verzahnung nach DIN 867 führte sich in der Praxis gut ein, setzte sich 1929 in der deutschen Automobilindustrie durch und auch die führenden Elektrokonzerne Siemens und AEG, sowie auch Krupp folgten ihr gern.

Die $14^1/_2°$- und 15°-Verzahnungen mußten wegen der vorhandenen Maschinen und Werkzeuge noch bis in die dreißiger Jahre hinein bestehenbleiben.

Weitere Bezugsprofile für 20° normte man:

1952	Schweiz	VSM	15520
1955	Italien	UNI	Tab. 3522 S (s. Bild 140)

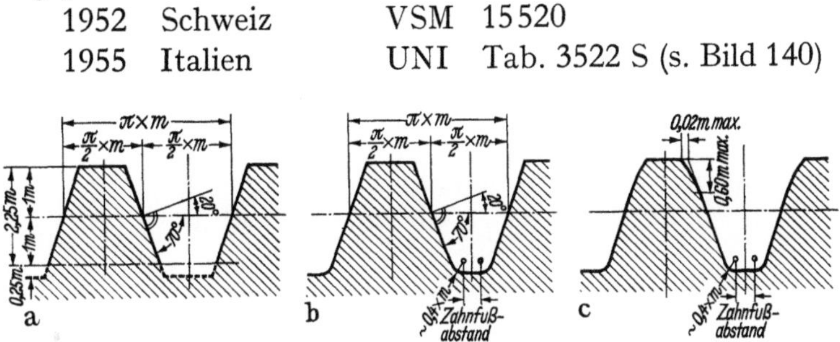

Bild 140.   Bezugsprofil der 20° — Evolventenverzahnung in Italien nach UNI Tab. 3522 S.
Bereich $m = 0,5$ bis 20 und $h = 2,25$ m

Diese Systeme erfüllten die Forderungen nach:

1. Satzradeigenschaft.
2. Achsabständen proportional der Zähnezahlsumme beider Räder, sobald die Teilung gleich ist.
3. festgelegtem Eingriffswinkel, gleichen Kopf- und Zahnhöhen, unabhängig von der Zähnezahl. Der gleichbleibende Eingriffswinkel richtet sich nach der ungefähr gewünschten kleinsten Zähnezahl des Systems.

Für gewöhnliche Zahnradübertragungen, bei denen man keine speziellen Wünsche hat, leisten sie Brauchbares. In der Zeit immer größerer und gegensätzlicher Forderungen im Maschinenbau aber konnte man sie nicht mehr so oft heranziehen. In den USA nahm die Zahnradtechnik zuerst die heute bekannten Formen an. Hier schuf man schon zur Zeit des 1. Weltkrieges in großem Stile Fabrikationsbedingungen, die eine $14^1/_2°$-Mischverzahnung auf die Seite drängen mußten. Während der Kriegslieferungen an die Alliierten kamen die großen Serien, die Bereitstellungen von Sonderwerkzeugen erlaubten, was man vorher nicht gewagt hätte. Jetzt aber wurden Großserien zur Regel und blieben es bis heute. Außerdem trat an die Stelle des Form- das Abwälz-Fräsverfahren. Mit einfachen vereinheitlichten Werkzeugen ließen sich bessere Zahnformen genauer herstellen als früher. Einen Teil der Austauschbarkeit gab man allerdings auf, indem jetzt die Achsabstände nicht mehr proportional den Zähnesummen genommen wurden. Aber das ist im Maschinenbau unseres Jahrhunderts nicht mehr so wichtig, weil in den meisten Zahnradgetrieben die Räder nur paarweise verwendet werden. Schon die Radkörper sind speziell für ihren Arbeitsort gestaltet. Eine allgemeine Austauschbarkeit würde den Fortschritt also nur hemmen. Nachdem aber die Anforderungen an die Zahnräder immer mehr wuchsen, konnten nur optimale Zahnform und Genauigkeit sie erfüllen. Daher bestimmten jetzt mehr die Spezialfabriken für Zahnräder und Zahnradbearbeitungsmaschinen die Zahnform. In den USA erkannte die AGMA schon seit dem 1. Weltkriege meistens die Werknormen solcher führender Firmen als allgemein gültig an. Einen weiteren Ausweg aus den steigenden Anforderungen im Maschinenbau, speziell bei hohen Umlaufgeschwindigkeiten, suchte man vielfach in den Pfeil- und Schrägverzahnungen, bei denen ja die Achsabstände ebenfalls gebrochene Zahlen ergeben. Schon zur

Mitte der zwanziger Jahre überboten sie geradverzahnte Stirnräder bei günstigen Eingriffsverhältnissen und genauer Herstellung. Um das Beste aus der Evolventen-Verzahnung herauszuholen, suchte man den Eingriffswinkel und die Zahnabmessungen zu variieren, was vor über hundert Jahren durch EDWARD SANG 1852 bekanntgemacht und seit 1873 z.B. von dem Berliner PAUL HOPPE praktisch ausgeführt wurde. Für die Verwirklichung dieser Ideen bot sich aus Gründen der Wirtschaftlichkeit vor allem das Abwälzverfahren an. Es traten also in der modernen Zahnradtechnik Wünsche für die Zahnform zu Forderungen nach rationellen Fabrikationsbedingungen in Wechselwirkung.

2.22 Die Betrachtung der Zusammenhänge von Eingriffstörung — Unterschnitt — Eingriffdauer — Gleitgeschwindigkeit

Die zusammenhängende Betrachtung der Fragen Eingriffstörung — Unterschnitt — Eingriffdauer — Gleitgeschwindigkeit gehört bereits in die moderne Zahnradtechnik.

Die Eingriffstörung spielt besonders beim Formverfahren und bei kleinen Zähnezahlen eine Rolle. Eingriffstörungen können dadurch entstehen, daß die nichtevolventische Fußabrundung des Ritzels zu einem falschen Eingriff mit dem Kopfpunkt des Gegenrades führt. Durch falschen Eingriff wird aber die gleichförmige Bewegungsübertragung gestört. In der modernen Technik spielen Eingriffstörungen eine gewisse Rolle bei der Paarung von Zahnrädern, die mit Schneidrädern hergestellt werden, und bei Zahnrädern mit großer Profilverschiebung.

Bei kleinen Zähnezahlen wird durch den Kopf des Werkzeuges unter bestimmten Bedingungen ein Teil der evolventischen Flanke am Zahnfuß weggeschnitten, dadurch die brauchbare Flanke verkürzt und die Flankenfestigkeit verringert; außerdem wird der Zahnfuß geschwächt. Diese Erscheinung heißt „Unterschnitt" (s. Bild 141). Eine weitere Grenze kann dadurch gezogen werden, daß man eine Verzahnung verlangt, bei der die relative Kopfbahn des Werkzeugs die radiale Verlängerung der Zahnflanke vom Grund- zum Fußkreis nicht schneidet, während sie die Fußrundung ausschneidet. Wird die radiale Verlängerung geschnitten, so spricht man von „Hinterschnitt" oder ebenfalls von Unterschnitt.

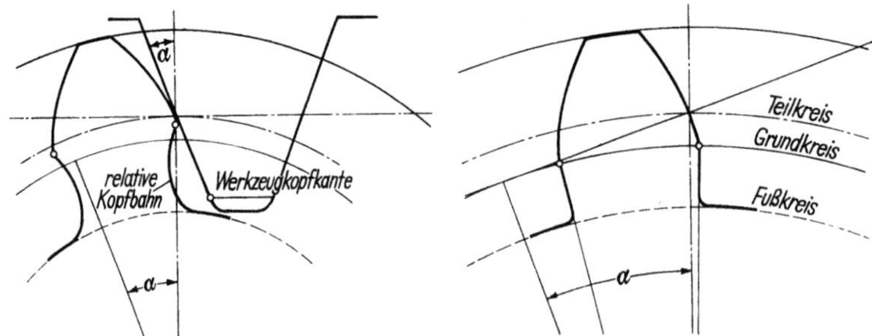

Bild 141.   Wesen des Unterschnitts

Die Frage der Eingriffdauer stellte sich im letzten Viertel des 19. Jahrhunderts, als die aufkommenden Großkraftmaschinen keinen stoßweisen Lauf der Getriebe mehr gestatteten. Geräusch- und Festigkeitsfragen lösten die Bestrebungen nach kontinuierlichem Gang bald ab.

Die Gleitgeschwindigkeit kam zuletzt in die Debatte, als die Abnutzung und Erwärmung der Stahlräder bei den großen Kräften eine ernstliche Rolle zu spielen begann.

Man brachte daher die Gleiterscheinung der Evolventenverzahnung bald in den Zusammenhang mit der Zahnradschmierung.

Im Zusammenhang mit der Betrachtung der Eingriffstörung, des Unterschnitts und des Überdeckungsgrades wurde das Problem der kleinsten Zähnezahlen aufgeworfen. Bereits im 19. Jahrhundert diskutierte man das Problem kleiner und kleinster Zähnezahlen in Mühlen-, später Maschinenbau. So sagte 1814 der Glasgower Ingenieur ROBERTSON BUCHANAN (1770 bis 1816): „Bisweilen verlangt man nur wenig Zähne im Getriebe; in solchem Falle würde sich im gedrehten Rade, es mag Rad oder Getriebe sein, Triebstöcke den Zähnen oder Stäben vorziehen, weil ein Drilling oder Rad mit cylindrischen Triebstöcken weniger angegriffen wird, wenn die Zähne vor der Mittelpunktslinie wirken, und weil die Friktion geringer ist, als bei einem Rade oder Getriebe, dessen Zähne nach dem Mittelpunkt gerichtete geradlinichte Stäbe sind". Wenn also damals kleine Zähnezahlen gebraucht wurden, griff man sofort zur Triebstock-Übertragung. BUCHANAN empfahl 1814 $z_{min} = 8$, besser 11 oder 12.

Wissenschaftlich betrachtet die Frage der kleinsten Zähnezahl bei Stirnrädern 1841 als erster der Cambridger Professor ROBERT WILLIS (1800 bis 1875). Bei Epizykloiden-Verzahnung hält er folgende Paarungen für möglich:

Ritzel z	Rad $z \geqq$
7	56
8	16
9	12
10	10

Anschließend sucht er die geometrischen Bedingungen, unter denen kleinzahnige Ritzel bei Zykloidenverzahnung möglich sind.

In Bild 142 ist TBd der Winkel, durch den die Berührung der Zähne ad nach Passieren der Mittelpunktslinie fortbestehen sollte. Nach Beendigung des Eingriffs befindet sich der Berührungspunkt an der Zahnspitze d. Mit N und n als Zähnezahlen des Radpaares hält es WILLIS 1841 von „einiger praktischer Bedeutung", die Grenzwerte von n zu bestimmen: "And it is of some practical importance to determine these limiting values of n in every case, that we may avoid setting out impossible pairs of numbers in wheel-work". In Bild 142 zieht WILLIS die Strecke dT nach G und von A aus zieht er dazu senkrecht AG bis zum Schnitt mit Punkt G. Dann ist $\dfrac{\text{tg } GAd}{\text{tg } GAT} = \dfrac{Gd}{GT} = \dfrac{AB}{AT}$ oder

$$\frac{\text{tg } (TBd + TAd)}{\text{tg } TBd} = \frac{AT + BT}{AT} .$$ Bekannt sind der Winkel TBd, der Radius BT und der Bogen Ta als Eingriffsbogen. Ist Tf bekannt, dann ist auch $TAd = \dfrac{Tf}{AT}$. Der Wert für AT läßt sich nicht direkt ermitteln, daher zeichnete WILLIS um 1841 Bild 142 in vergrößertem Maßstabe auf, griff daraus die Werte ab und stellte sie in einer Tabelle zusammen. Für Ritzel hält er bei Zykloidenverzahnung $z = 6$ für möglich, für das Gegenrad $Z = 10$ und das kleinste mögliche Radpaar hat $z_{ges} = 16$. Diese Grenzen sind nach WILLIS geometrisch exakt, aber er selbst empfiehlt für die Praxis mehr Zähne zu wählen als in der Tabelle angegeben.

Die kleinsten möglichen Zähnezahlen in den einzelnen historischen Nullverzahnungen haben wir im vorhergehenden Kapitel 2.21 kennengelernt. Als der Maschinenbau in engem Raum die Übertragung immer größerer Leistungen forderte, bildeten sich verschiedene Methoden heraus, die auf niedrigere Zähnezahlen führten. Sie stehen aber in Verbindung mit der Frage des Unterschnitts. Sie entstand durch den Charakter der mechanischen Zahnradbearbeitung, beim Formfräsen wie beim späteren Abwälzfräsen, -stoßen, usw. Schon ROBERT WILLIS sagte 1841: der Durchmesser des beschreibenden Kreises darf nicht größer als der Radius des Teilkreises sein, sonst entsteht ein Zahn, der am Fuß viel schwächer ist als am Teilkreis. Ist dagegen der Erzeugungskreis kleiner als der Teilkreis, so erhält der Zahnfuß eine sehr feste Form.

Im Zeitalter der Evolventenverzahnung zeigte sich der Unterschnitt als ihr störendster Nachteil bei kleinen Zähnezahlen. Schon im Laufe des 19. Jahrhunderts fand man drei Wege zu seiner Herabsetzung:

1. Vergrößern des Eingriffswinkels

2. Verkleinern der Zahnhöhe auf einer Seite

3. Profilverschiebung, wie später im Kapitel 2.23 behandelt.

Eingriff-Länge	Zähnezahl Ritzel	kleinste Zähnezahl Rad	
		Rad treibt	Ritzel treibt
$Ta = {}^1/_1$ pitch.	5	unmöglich	
	6		176
	7		52
	8		35
	9		27
	10	Zahnstange	23
	11	54	21
	12	30	19
	13	24	18
	14	20	17
	15	17	16
	16	15	......
$Ta = {}^3/_4$ pitch.	3	unmöglich	
	4		35
	5		19
	6		14
	7	31	12
	8	16	10
	9	12	10
	10	10	10
$Ta = {}^2/_3$ pitch.	2	unmöglich	
	3		36
	4		15
	5		13
	6	20	10
	7	11	9
	8	8	8

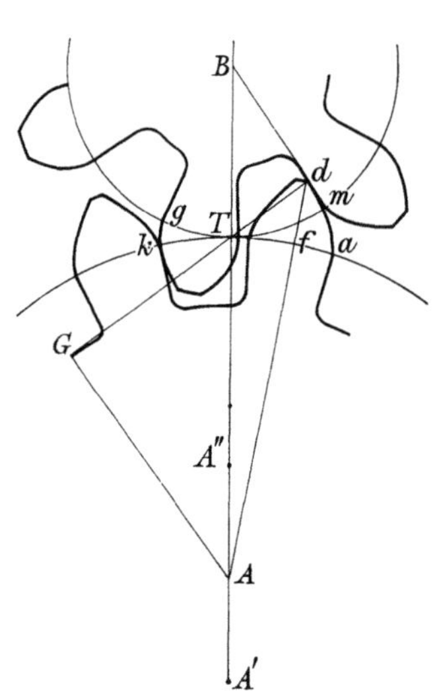

Bild 142. Betrachtung der kleinsten Zähnezahl bei Zykloiden-Verzahnung durch ROBERT WILLIS 1841 (Zahnweite = Lückenweite)

Es gibt keine Verzahnung ohne Gleiten. Nur im Wälzpunkt rollen die Zähne aufeinander ab, davor und danach gleiten sie. Man erkannte das Gleiten zunächst nicht klar, wußte aber schon sehr früh, daß zwischen Zahnradpaaren Reibung auftritt. Diese Reibung bemühte man sich bald zu verringern. Der erste Versuch dazu stammt von LEONARDO DA VINCI (1452 bis 1519). Er war der erste Reibungsforscher überhaupt.

Im Falle ineinandergreifender Räder suchte er deren Reibung durch ein „Rollenrad" zu verringern. Aber seine technischen Entwürfe blieben im 17. Jahrhundert noch vollkommen unbekannt, sie ließen sich größtenteils auch nicht ausführen.

Wegen ihres geringeren Gleitens lobte 1837 der weitgereiste englische Ingenieur John Isaac Hawkins (1772 bis 1865) die kurzen Zähne. Lange Zähne sollten schon damals nur den Überdeckungsgrad (> 1) verbessern. Er beobachtete: das Gleiten verringert sich nur bei gleichen Zähnezahlen oder kurzen Zähnen. Als erster gab er 1837 ein Verfahren an, die Größe des Gleitens in jedem Falle geometrisch zu bestimmen. Zu den Vorteilen kurzer Zähne rechnet er also: 1. geringere gleitende Reibung, 2. höhere Festigkeit. Zu seiner Zeit erhöhte man die Festigkeit aber lieber durch größere Zahnbreiten.

1871 ist es „... ein bekannter Mangel der Evolventenverzahnung, daß man bei der bis jetzt üblichen Konstruktionsmethode für kleine Zähnezahlen der Räder einen schlechten Gang erzielt. Einerseits reicht in vielen Fällen..." so fährt der Begründer der Pumpenfabrik Klein, Schanzlin & Becker Johannes Klein (1845 bis 1917) fort, „die Eingriffsdauer der Zähne nicht aus, andererseits wirken die Spitzen der Zahnköpfe zu sehr unterwühlend gegen die Flanken der zu treibenden Zähne, so daß letztere ausgehöhlt werden müssen, wenn man vermeiden will, daß die Bewegung stoßweise übertragen werde".

Franz Reuleaux gab 1852 in seiner „Constructionslehre" Tabellen mit konstanten Werten für die Eingriffdauer, nämlich $a = 1/3$ bei $\beta = 15°$. Der Königsberger Dozent Dr. Louis Saalschütz findet 1870 „die Anwendung konstanter Werte für die Zahnhöhen nicht thunlich." Er beweist: je größer die Übersetzung, desto größer auch die Zähnezahl des Ritzels n_2. Den höchsten Wert für das Ritzel n_2 erreicht die Zahnstange

$$\text{mit} \quad n_2 = \frac{2 \cdot a \cdot \pi}{\sin^2 \beta}.$$

Die Eingriffdauer E nach Saalschütz 1870 ist:

n_2	12	13	14	15	16	17	18	19	20, 21	22	23	24	> 24
E	1,05	1,14	1,22	1,31	1,4	1,49	1,57	1,66	1,75	1,83	1,92	2	2

Er schließt: „Diese Methode liefert uns also in den meisten Fällen einen Eingriff von zwei Theilungen und Zahnköpfe von höchstens $0{,}36 \cdot s$ Höhe", wobei $s =$ Teilung.

Ein beliebtes Mittel war damals Abdrehen der Zahnköpfe; die so entstandene Verzahnung kann man als Vorläufer der Kurzverzahnung werten.

Im gleichen Jahre versucht der Dozent am Aachener Polytechnikum A. Büttner siebenzahnige Evolventen- und Zykloidenräder zu entwerfen (s. Bild 143). Er vergleicht dann beide Lösungen und notiert als Vorteile für das Evolventenrad: größere Stärke des Zahnes und größere Länge der „streichenden" Zahnflanke, und als Nachteile: spitzer Zahnkopf und kürzere Eingriffdauer. „Auch verschwindet in diesem extremen Falle", meint Büttner 1871, „der Vorteil der Evolventenräder, eine ganz geringe Näherung oder Entfernung der Achsen zu gestatten. Man darf nämlich das siebenzähnige Trieb seinem Gegenrade nicht mehr nähern, um nicht einen falschen Eingriff herbeizuführen, resp. einen solchen zu verstärken, und es nicht weiter von ihm entfernen, um nicht die Eingriffdauer zu sehr zu verkürzen. Der spitze Zahnkopf sieht wohl gefährlicher aus, als er ist, da der Zahndruck, wie aus Bild 143a ersichtlich, an dieser Stelle eine starke radiale Componente hat". Büttner hält daher das siebenzähnige Zykloidenrad für entschieden besser. Und er ist nicht der einzige, der damals glaubte, kleinere Zähnezahl durch Zykloiden zu erreichen, trotzdem man in Frankreich schon die Profilverschiebung kannte. Um 1900 griffen die Zahnrad- und Maschinenfabriken bei kleinen Zähnezahlen meistens zu dem Aushilfsmittel, den Eingriffswinkel von 15° auf 20° und $22\frac{1}{2}°$ zu erhöhen. Die Zahnköpfe am getriebenen Rad möchte auch der Professor für allgemeine Maschinenlehre und mechanische Technologie an der Technischen Hochschule Karlsruhe Dr. GEORG LINDNER (1859 bis 1948) abdrehen. In diesem Zusammenhang spricht er 1900 von der Bedeutung der Eingriffdauer: ,,Gegen die Verkürzung der Zähne läßt sich einwenden, daß damit die Eingriffdauer beschränkt wird. Aber was schadet das? Wenn nur die Eingriffdauer etwa größer als eins ist, bleibt der Fortgang gesichert, und

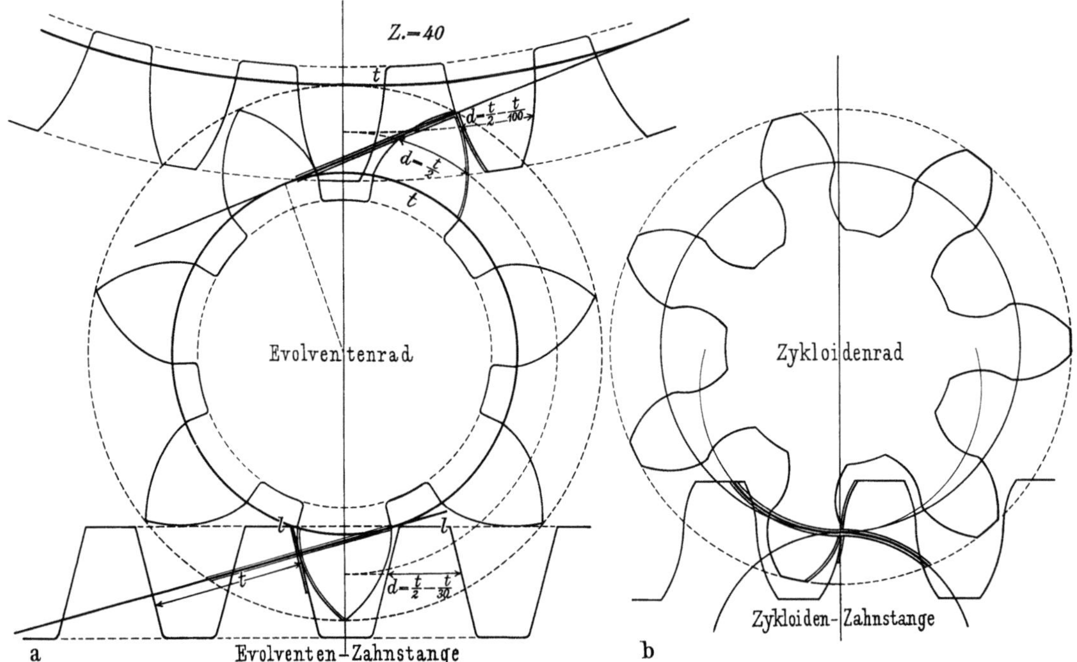

Bild 143.   Untersuchung der Grenzzähnezahl $z = 7$ durch A. BÜTTNER 1871
a) Evolventen-Verzahnung, b) Zykloiden-Verzahnung

wenn sie größer als zwei wird, bleibt der Betrieb auch noch ungestört, wenn ein Zahn ganz ausbricht. Das sind die greifbaren Anhaltspunkte für die Eingriffdauer". LINDNER befürchtet bei längeren, stärkeren und breiteren Zähnen ,,... nur schwere, teuere Anlage — und unruhigen Gang ...". Er meint 1900: ,,Die Regel, daß große Eingriffdauer ruhigen Gang bedinge, ist doch wohl unzutreffend und wahrscheinlich eine mißverständliche Fassung der Erfahrung, daß Räder mit beiderseits großen Zähnezahlen besser laufen, als solche mit kleinen Zähnezahlen". Aus all diesen Gründen kommt LINDNER auf eine eigene Evolventen-Kurzverzahnung laut Bild 144.

Wegen der Abnutzungs- und Reibungsfrage ging die Diskussion dieser Themen natürlich weiter, nachdem auch FRANZ REULEAUX um 1870 auf die Gefahren des Unterschnitts hingewiesen hatte. Danach klärten auch die Arbeiten von OSCAR LASCHE 1899, KARL BÜCHNER (Assistent der TH Dresden) 1902, CURT BARTH 1911 und ADALBERT SCHIEBEL 1912 die Zusammenhänge nicht ganz auf. Auch die Zahnradfabriken erreichten bei ihren Bemühungen um diese Fragen wenig. Dieser Tatbestand veranlaßte 1916 den Professor an der Technischen Hochschule Berlin Dr. EMILE TOUSSAINT (1868 bis 1935) zur genauen Behandlung des Themas. Es war auch besonders interessant geworden im Hinblick auf eine bevorstehende Normungsarbeit. Um 1915 verzeichneten die Kataloge der Werkzeugfabriken acht- und fünfzehnteilige Fräsersätze für Evolventenräder, benutzbar für die Zähnezahlen zwölf bis unendlich. Mit diesen beiden Sätzen beginnen die Unterschneidungen bei $z < 21$. Daher gab man den Fräsern für kleine Zähnezahlen abgeänderte Kurven, wodurch sich aber die Eingriffdauer verkleinerte.

TOUSSAINT stellt daher 1916 ein Gesetz zur Vermeidung des Unterschnitts auf: „Der Kopfkreis eines Rades darf nie über den Punkt hinausreichen, in dem der Grundkreis

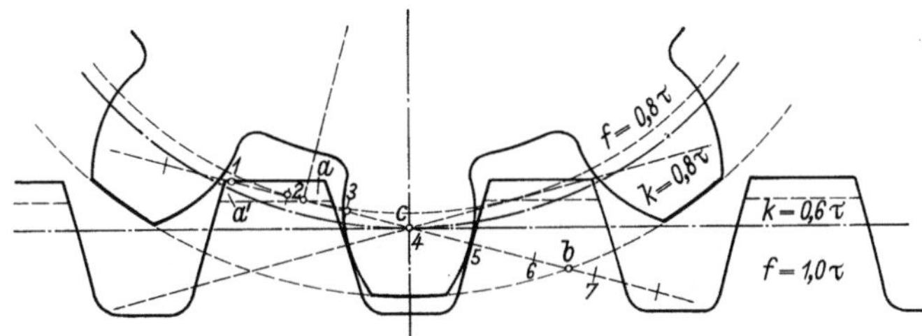

Bild 144.   Evolventen-Kurzverzahnung von GEORG LINDNER 1900

Zähnezahl	Fußhöhe	Kopfhöhe	gesamte Zahnhöhe
	mal Grundkreisteilung τ		
10 bis 20	reichlich $0{,}8\,\tau$	knapp $0{,}8\,\tau$	$1\,6.\tau = 0{,}51\,t$
21 bis 52	$0{,}9\,\tau$	$0{,}7\,\tau$	$1{,}6\,\tau$
über 52	$1\ \ \tau$	$0{,}6\,\tau$	$1{,}6\,\tau$

des Gegenrades die gemeinschaftliche Tangente an beide Grundkreise berührt". Er beweist dessen Richtigkeit anhand Bild 145.

EMILE TOUSSAINT berechnet 1916:

1. mit dem Cosinussatz den größten zulässigen Kopfkreis-Durchmesser bei gegebener Zähnezahl Z und gegebenem Eingriffswinkel φ zu

$$D_2 = M \cdot Z_1 \cdot \sqrt{u^2 \pm (2\,u \pm 1) \cdot \cos^2 \varphi}, \quad \text{wobei } D_2 = \text{Außendurchmesser des größeren}$$

Rades, M = Modul, Z_1 = Zähnezahl des Ritzels und u = Übersetzung $= \dfrac{z_2}{z_1}$; bei Innenverzahnung wird das Übersetzungsverhältnis negativ.

2. die Grenzzähnezahl für das kleinere Rad. Bei normaler Kopfhöhe $D_2 = M\,(z_2 + 2)$ wird jetzt

$$z_1{}^2 - \frac{4\,u \cdot z_1}{(2u + 1)\cos^2\varphi} - \frac{4}{(2u + 1) \cdot \cos^2\varphi} = 0. \quad \text{Mit } \varphi = 75° \text{ und } \cos^2\varphi = 0{,}067 = {}^2/_{30} \text{ ver-}$$

einfacht sich die Formel zu $\quad z_1{}^2 - \dfrac{60\,z_1}{2 \pm 1/u} - \dfrac{60}{2u \pm 1} = 0.$

Aus dieser Formel lassen sich u und φ berechnen. Sie ergibt die unterschnittsfreien Zähnezahlen, ohne daß sich der Außendurchmesser ändert.

Nach Bild 146 definiert TOUSSAINT 1916 die Eingriffdauer

$$\varepsilon = \frac{\text{Eingriffbogen}}{\text{Teilung}} = \frac{e}{t} = \frac{e}{M \cdot \pi} > 1.$$

Denn die Länge der Eingriffbögen e, die die Zahnflanken auf den Teilkreisbögen zurücklegen, ist $\quad e = \dfrac{AE}{\sin \varphi}.$

Für die Länge des Eingriffbogens e bei zwei Zahnstangen gilt:

$$\cos \varphi = \frac{A'E_0}{A'A_0} = \frac{2 \cdot M}{\sin \varphi \cdot e_{\mathrm{axm}}}. \quad \text{Daraus wird } \quad e_{\mathrm{max}} = \frac{2 \cdot M}{\sin \varphi \cdot \cos \varphi} = \frac{4 \cdot M}{\sin 2\varphi}.$$

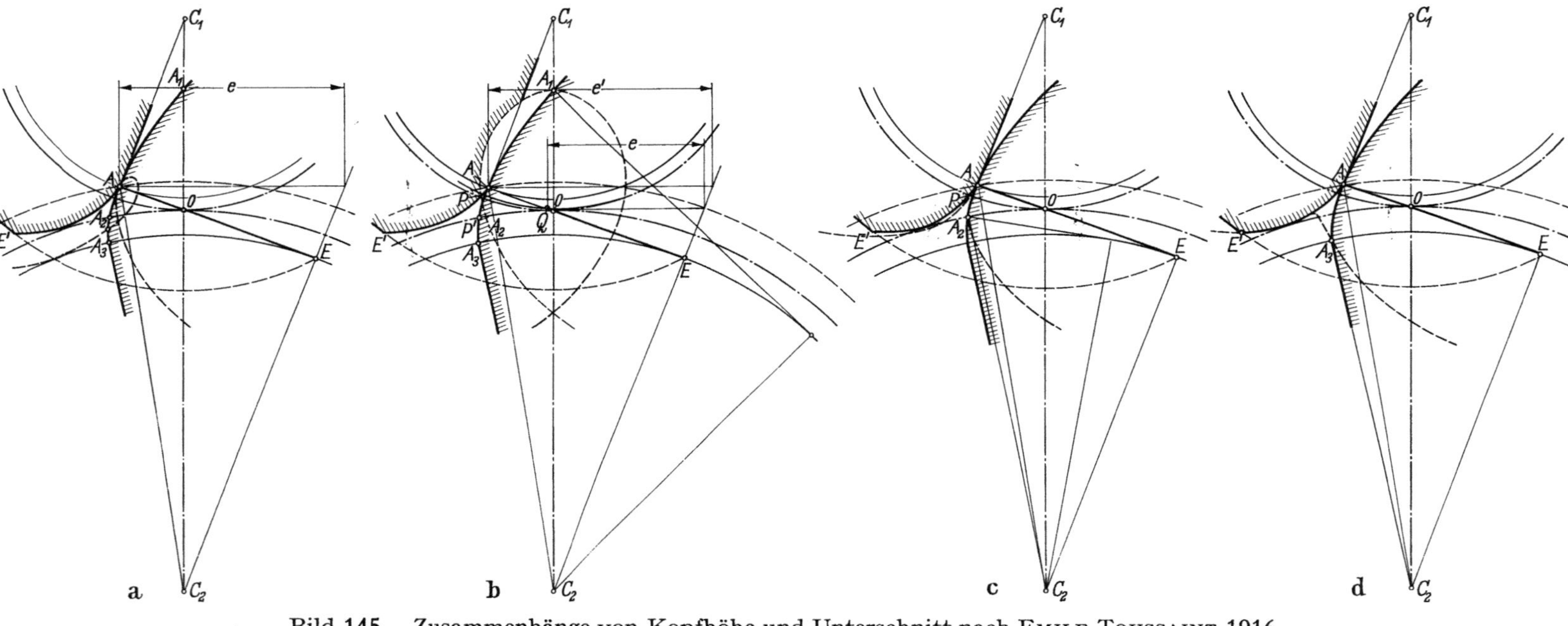

Bild 145.　Zusammenhänge von Kopfhöhe und Unterschnitt nach EMILE TOUSSAINT 1916

a) zeigt die verlängerte Zykloide als Werkzeugweg. Sie läßt die Gegenflanke so lange unbehelligt, als die Schleife vollständig innerhalb der Gegenevolvente verläuft.

b) Die verlängerte Zykloide schneidet in P die Gegenflanke. Durch Verlängern des Zahnkopfes über A als letztem geeigneten Kurvenpunkt hinaus, wird ein Stück der Zahnkurve am oberen Rade weggeschnitten. Im Punkt Q der Eingriffslinie AE würde P mit dem Gegenpunkt P' zum Eingriff kommen. Durch Kopfverlängerung über A hinaus geht von der Eingriffslinie AE das Stück QA verloren, womit die Eingriffsdauer verkürzt ist. Das ganze Stück des Zahnkopfes am unteren Rad von P' bis A ist überflüssig. Tatsächlich bedeutete daher diese Kopfverlängerung eine Verkürzung des wirksamen Zahnkopfteiles.

c) u. d) zeigen die Kurven, die durch den Teilkreispunkt A_2 bzw. durch den Grundkreispunkt A_3 beschrieben werden, wenn man den Teilkreis des unteren Rades auf dem des oberen abwälzt. Normalerweise sind die absoluten Bahnen der Zahnkurven Kreise, die Relativbahnen der Punkte des einen Rades gegenüber dem anderen ergeben diese verlängerten, verkürzten, normalen Epizykloiden.

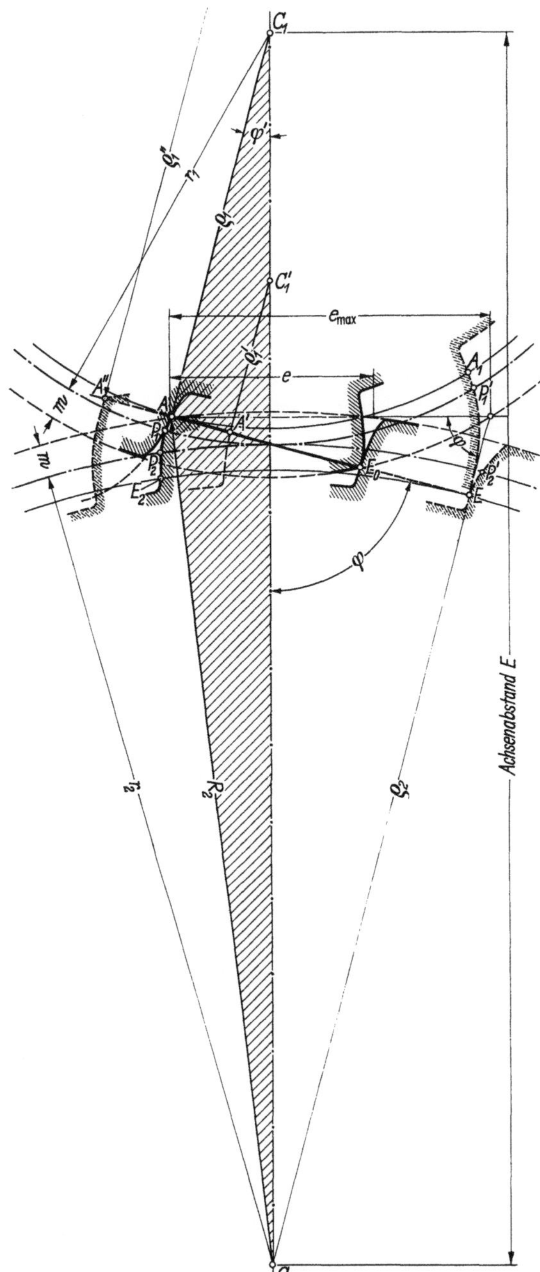

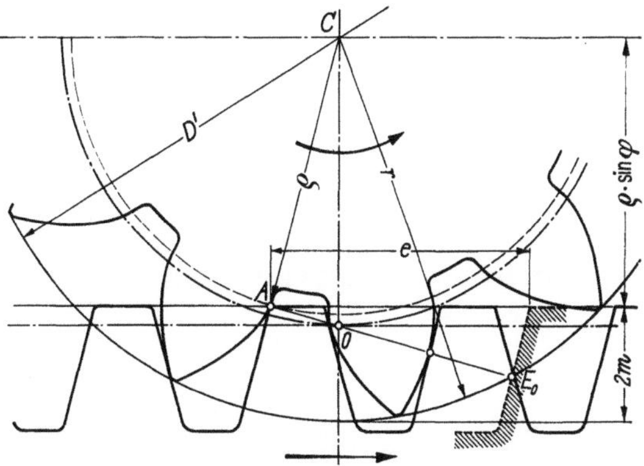

Bild 147. Vermeidung des Unterschnitts durch Herausziehen der Zahnstange und Veränderung der Abmessung am Ritzel nach Toussaint 1916

Bild 146. Gefahrengrenze für Unterschnitt bei Außenverzahnungen nach Toussaint 1916

Je weiter C_1 nach oben rückt, d. h. je größer der Teilkreisradius des oberen Rades wird, um so weiter rückt der Fußpunkt A des Lotes von C_1 auf die Eingrifflinie $A E_0$ über den Kopfbogen hinaus. Rückt C_1 nach unten, d. h. verringert sich die Zähnezahl, so muß der Kopfkreis des Gegenrades einen kleineren Durchmesser erhalten. Dies Bild zeigt den Grenzfall, wo der Kopfkreisbogen gerade durch den Berührungspunkt A geht. Überhaupt keinen Unterschnitt gibt es bei

$$\alpha = \begin{cases} 15^\circ \\ 20^\circ \end{cases} \text{ für } z \geqq \begin{cases} 30 \\ 17 \end{cases} .$$

Der Höchstwert für die Eingriffdauer wird dann $\varepsilon_{\max} = \dfrac{e_{\max}}{M \cdot \pi} = \dfrac{4}{\pi \cdot \sin 2\varphi}$.

Das ergibt bei $\varphi = 75°$, $2\varphi = 150°$ ein $\varepsilon_{\max} = 2{,}55$ als höchster möglicher Wert bei $z = \infty$, also zwei Zahnstangen.

In TOUSSAINTs Untersuchung sinkt die Eingriffdauer durch Unterschnitt bei $z = 10$ auf $\varepsilon = 0{,}98$. In seinem Bild 147 erreicht er durch Kopfhöhung im Ritzel des gleichen Getriebes und durch Kopfkürzung an der Zahnstange ein $\varepsilon = 1{,}52$. Der Kopfdurchmesser für das Ritzel $z = 10$ ist nach Bild 147

$$D' = 2\,(\varrho \cdot \sin \varphi + 2\,M) = M \cdot (Z \cdot \sin^2\varphi + 4).$$

TOUSSAINT stellt die Ritzelbedingungen für Unterschnitt in Bild 148 graphisch zusammen und hält eine Kopfhöhung bei $Z < 10$ für unmöglich.

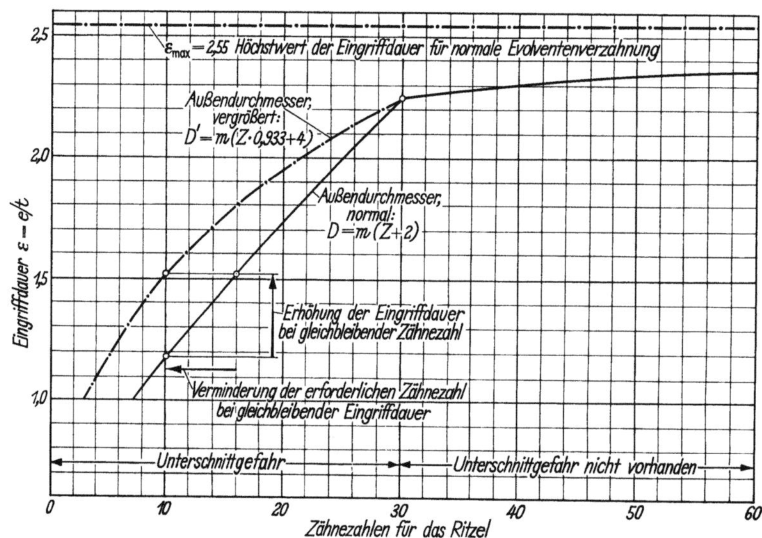

Bild 148.   Einfluß der Vergrößerung von Außen-Durchmesser oder Ritzel-Zähnezahl auf die Eingriffdauer bei Zahnstangengetrieben nach EMILE TOUSSAINT 1916

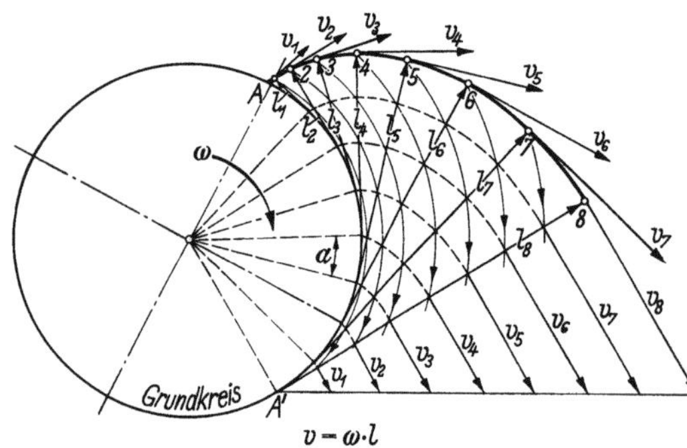

Bild 149.   Umfangsgeschwindigkeit v auf der Kreisevolvente nach TOUSSAINT 1916

Bedeutend sind die Äußerungen TOUSSAINTs 1916 über das spezifische Gleiten. Diese interessierten später wesentlich bei Belastungs-, Schmierungs- und Erwärmungsfragen. Unter der Bedingung $\alpha = \alpha'$ stellt er in Bild 149 die Geschwindigkeiten auf den Gleitflächen in verschiedenen Lagen heraus, und knüpft daran die Überlegung: die Umfangsgeschwindigkeit ist $v = \omega \cdot l$, wobei l als Radius der Punktbahn für jeden Evolventenpunkt gleichzeitig Tangente vom Kurvenpunkt an den Grundkreis ist.   Aus diesem Bilde findet TOUSSAINT die Umfangsgeschwindigkeit eines beliebigen Evolventenpunktes, indem er seine Winkelgeschwindigkeit auf dem Grundkreis mit seiner Tangentenlänge multipliziert. In Bild 150a und b gibt EMILE TOUSSAINT 1916 ein Verfahren an, mit dem er für jeden beliebigen Punkt der Eingriffslinie AE die Gleitgeschwindigkeiten findet, und damit auch die gegenseitige Geschwindigkeit, mit der die Zahnflächen aufeinander gleiten. Sie läßt sich in Bild 150a zwischen den Geraden AO' und EA_1 abgreifen. Aus Bild 150a ersieht man die Beziehungen:

$$\frac{00'}{v_{1\,\mathrm{max}}} = \frac{r_1}{r_1 + r_2} = \frac{Z_1}{Z_1 + Z_2} \qquad , \qquad \frac{00'}{v_{2\,\mathrm{max}}} = \frac{r_2}{r_1 + r_2} = \frac{Z_2}{Z_1 + Z_2}$$

Mit $v_{1\,\mathrm{max}} = AE$ und $v_{2\,\mathrm{max}} = AE \cdot \dfrac{Z_1}{Z_2}$ ergibt sich durch Einsetzen in die obigen Formeln der Wert für $00' = \dfrac{AE \cdot Z_1}{Z_1 + Z_2}$, den Toussaint 1916 in die Worte kleidet: „Die Geschwindigkeit auf den Zahnflanken ist für beide Kurven gleich und gleichgerichtet, wenn die Teilkreispunkte zum Eingriff kommen, das relative Gleiten nimmt also den Betrag Null an". Die Größe der Abnutzung ist für Toussaint abhängig vom spezifischen Gleiten nach dem Verhältnis $s_1 = \dfrac{v_1 - v_2}{v_1}$ bzw. $s_2 = \dfrac{v_2 - v_1}{v_2}$[1]. Er erkennt: die Abnutzung ist dann am größten, wenn auch die Gleitgeschwindigkeit der Flanken am größten ist. Womit Toussaint auch beweist, daß sie in Nähe Kopfkreis am größten ist. Bei Innenverzahnungen nach Bild 150b liegen die Gleitverhältnisse günstiger.

In England und den USA untersuchte man damals die Gleitverhältnisse im Zusammenhang mit dem Verschleiß. Als in USA die Normen 1924 aufkamen, waren alle Verzahnungen schon auf ihre Gleiteigenschaften untersucht. Um 1925 hatte sich ferner Professor Earle Buckingham besonders damit beschäftigt.

Die Frage nach der kleinsten, überhaupt möglichen Zähnezahl löste in England Arthur Fisher um 1919, ein Jahr später der Chefkonstrukteur für Schiffsturbogetriebe bei der Westinghouse Electric & Mfg. Co in East Pittsburgh Anthony Bruce Cox. Anläßlich der ASME-Frühjahrsversammlung in Cleveland, Ohio, Ende Mai 1924 trug er das Problem noch einmal öffentlich vor, wodurch es allgemeiner bekannt wurde. In Nullverzahnungen sind die beiden Grenzfälle für Räderübersetzungen:

<table>
<tr><td align="center">1 : 1</td><td></td><td align="center">1 : ∞</td></tr>
<tr><td align="center">$n = \dfrac{\pi \cdot q \cdot (1 + \sqrt{1 + 3 \cdot \sin^2 \varphi})}{1,5 \cdot \sin^2 \varphi}$</td><td></td><td align="center">$n = \dfrac{2 \cdot q \cdot \pi}{\sin^2 \varphi}$</td></tr>
</table>

wobei $\varphi° =$ Eingriffswinkel, $q = P_c/A$ lt. Bild 152, $n =$ Grenzzähnezahl.

Jetzt behandelt Cox diese Grenzfälle einzeln.

Grenzfall 1 : 1. Hier findet Cox nach einiger Ableitung die Gleichung $n = \pi \cdot M_t \cdot \operatorname{ctg} \varphi$, wobei $M_t =$ Anzahl der Zahnpaare im Eingriff. Mit $M_t = 1$ verbleibt $n = \pi \cdot \operatorname{ctg} \varphi$. Diese Formel ergibt für jedes Zähnezahlpaar den genauen Eingriffswinkel φ bei vollständigem Eingriff. Danach nehmen mit fallendem n die Eingriffswinkel zu, bis bei einem bestimmten Wert von n der Eingriffswinkel so groß wird, daß der erforderliche q-Wert für vollständigen Eingriff nicht mehr erreicht wird. Wie schon bekannt, lehrt die Gleichung: je größer Eingriffswinkel φ, desto kleiner wird die Zähnezahl n. Die Werte für q und n lassen sich für verschiedene Eingriffswinkel in Grad auf Bild 152 sofort ablesen. Es ist ein besonders instruktives Diagramm, wie man es in Deutschland erst

---

[1] Darauf wies bereits 1899 Oskar Lasche in seiner Arbeit „Elektrischer Antrieb mittels Zahnradübertragung" hin.

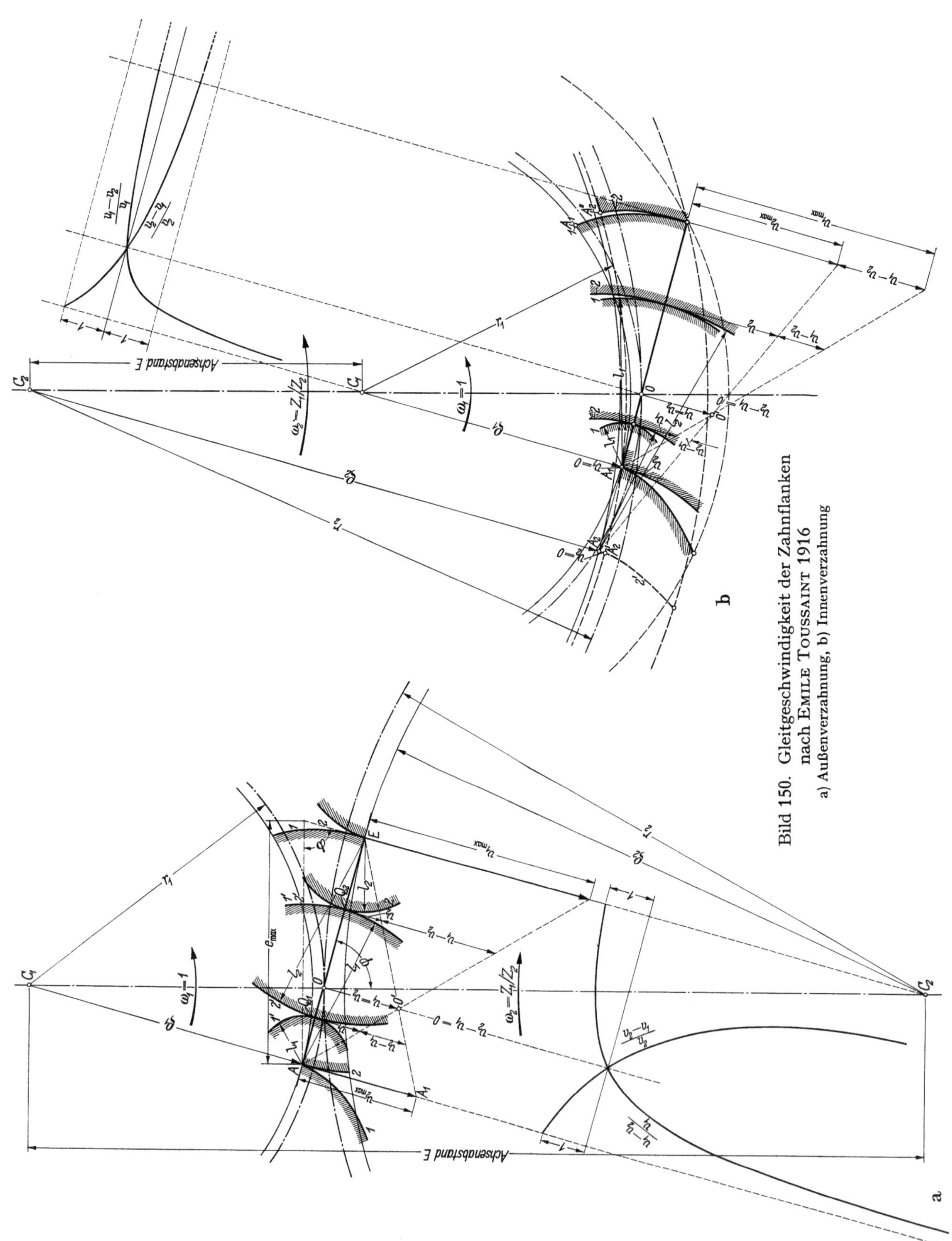

Bild 150. Gleitgeschwindigkeit der Zahnflanken nach EMILE TOUSSAINT 1916
a) Außenverzahnung, b) Innenverzahnung

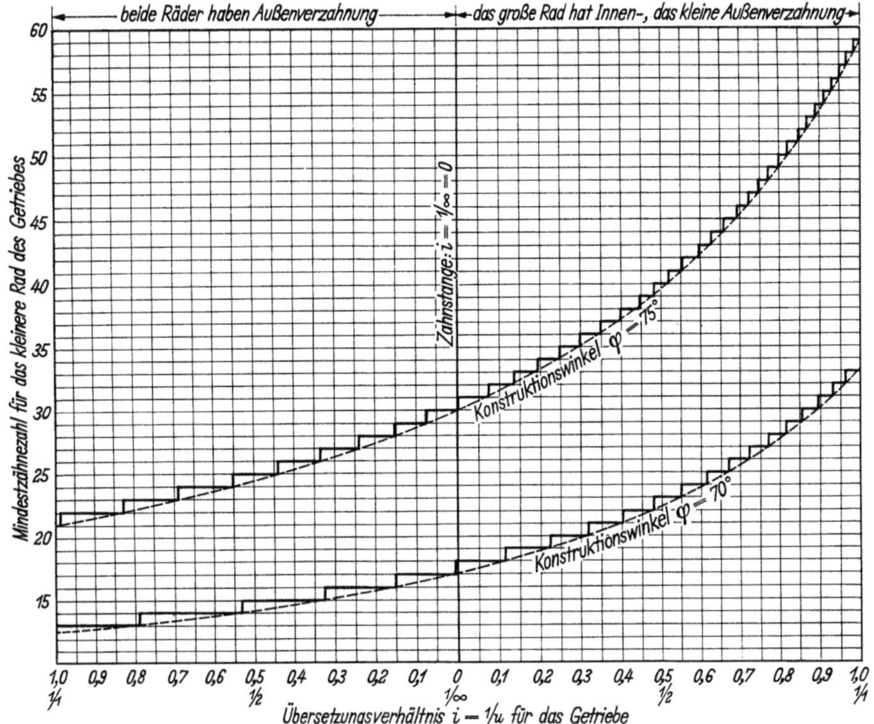

Bild 151. Mindestzähnezahlen für normale Abmessungen ohne Unterschnitt nach EMILE TOUSSAINT 1916

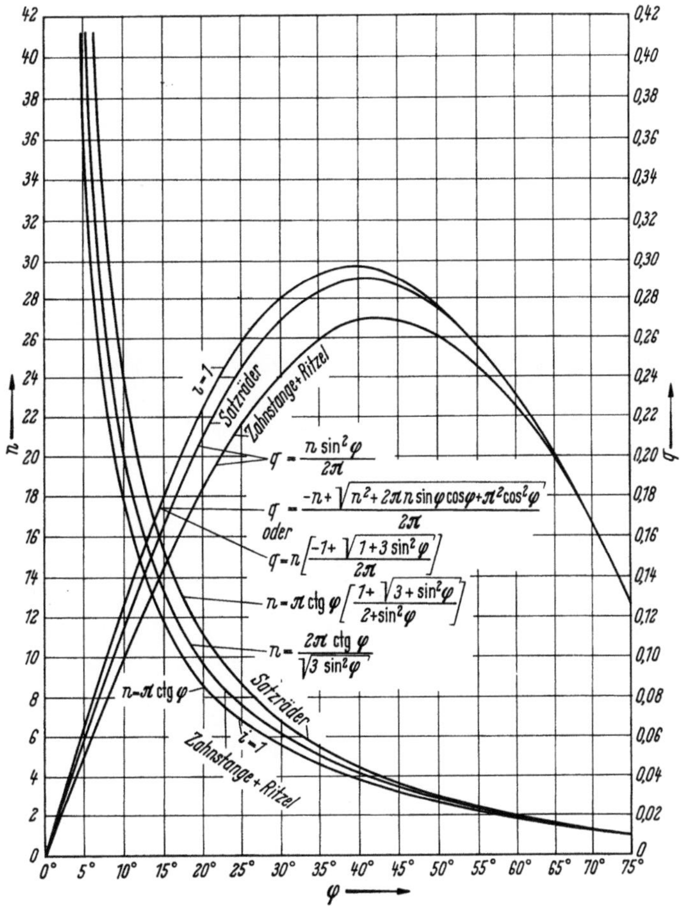

Bild 152. Grenzfälle der Evolventen-Verzahnung nach ANTHONY BRUCE COX 1924

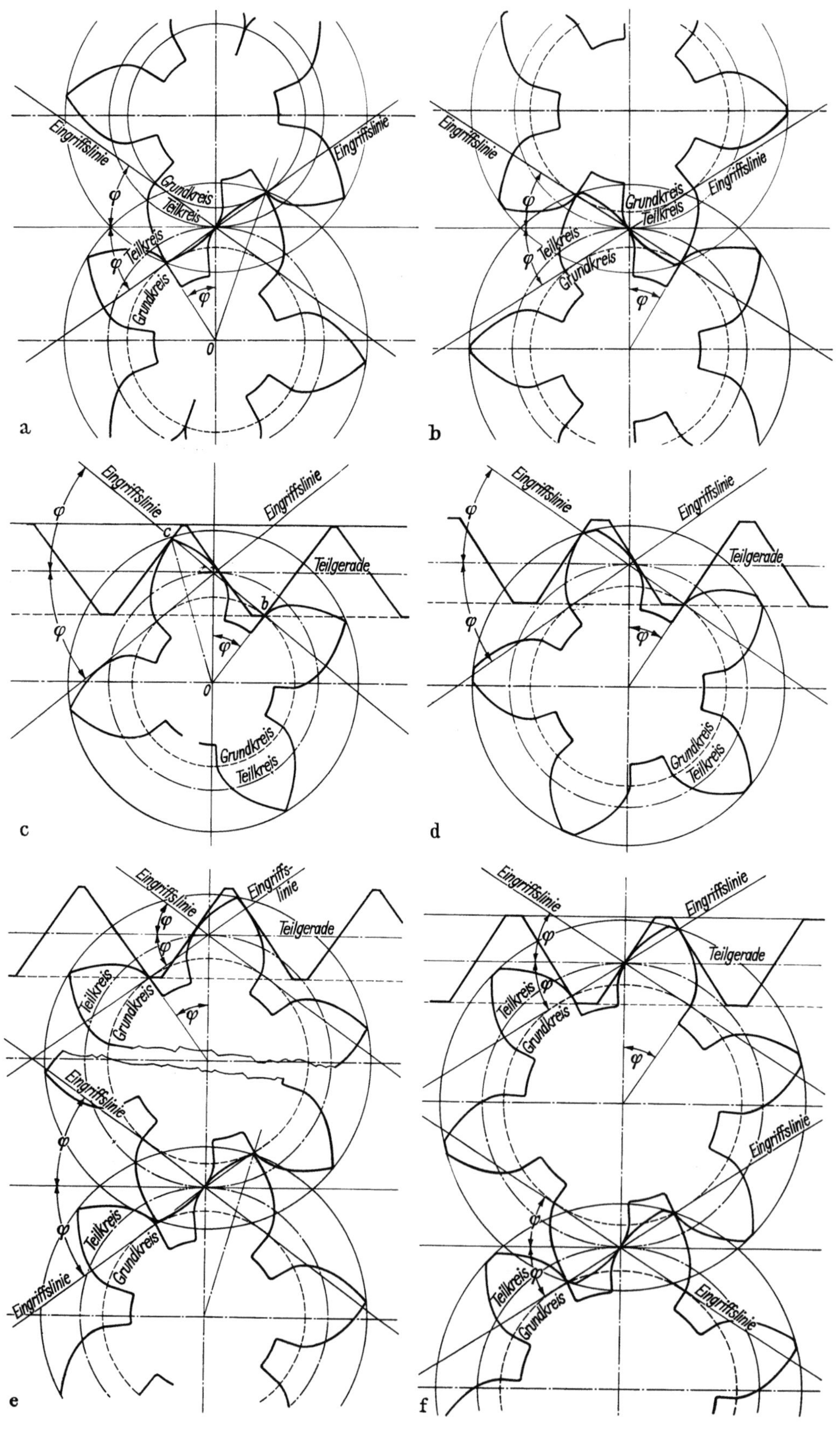
Eingriffslinie
Eingriffslinie
Grundkreis
Teilkreis
Teilkreis
Grundkreis
0
a
Eingriffslinie
Eingriffslinie
Grundkreis
Teilkreis
Teilkreis
Grundkreis
b
Eingriffslinie
Eingriffslinie
Teilgerade
c
b
0
Grundkreis
Teilkreis
c
Eingriffslinie
Eingriffslinie
Teilgerade
Grundkreis
Teilkreis
d
Eingriffs-
linie
Eingriffs-
linie
Teilgerade
Teilkreis
Grundkreis
Eingriffslinie
Teilkreis
Grundkreis
Eingriffslinie
e
Eingriffslinie
Eingriffslinie
Teilgerade
Teilkreis
Grundkreis
Eingriffslinie
Teilkreis
Grundkreis
Eingriffslinie
f

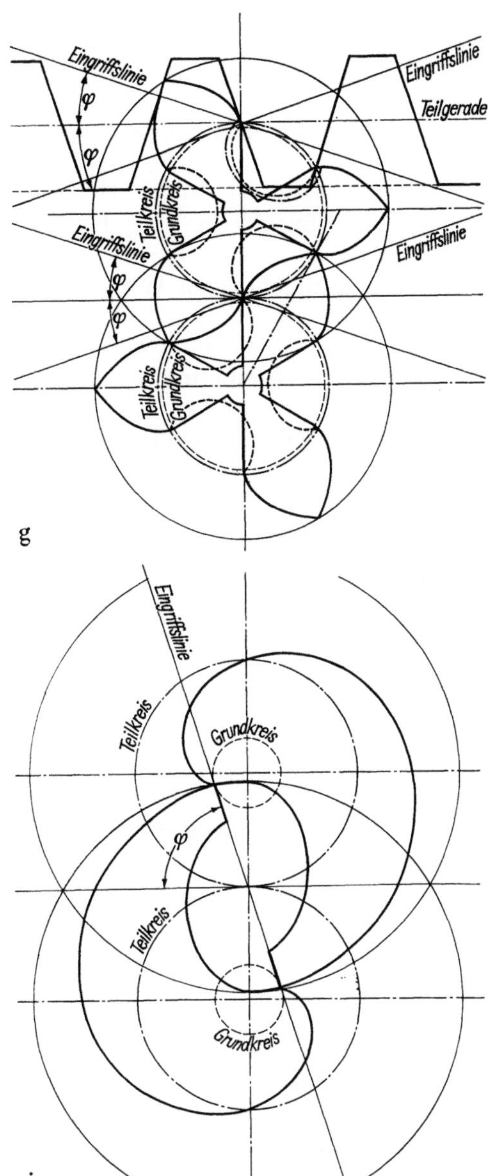

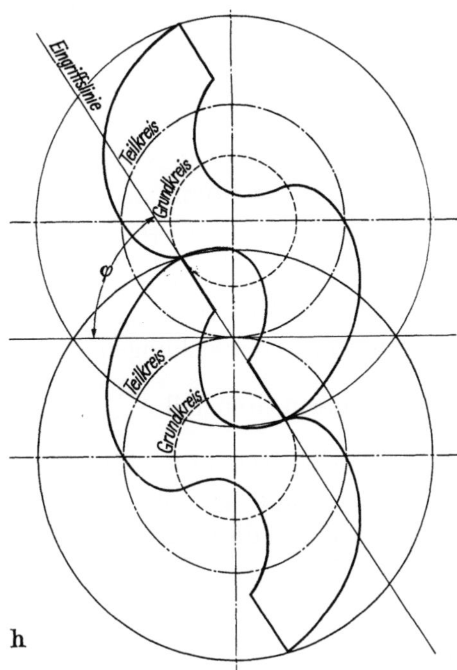

Bild 153.   Zahnräder mit Grenzzähnezahlen nach Cox 1924

a) Zahnrad mit gebrochener Zähnezahl,   b) Radpaar mit $z = 5$, c) Zahnstange und -rad mit gebrochener Zähnezahl, d) Fünfzahn-Ritzel im Eingriff mit Zahnstange, e) Zahnradpaar mit $i = 1$ und $i = \infty$, f) austauschbare Zahnräder mit kleinster Zähnezahl, zusammenarbeitend mit $i = 1$ und $i = \infty$, g) Unterschnitt an Dreizahn-Ritzeln,   h) Zweizahn-Ritzel, i) Einzahn-Ritzel, alle mit $i = 1$

	n	P	q	φ°	d	P_c (in.)	A
a	4,625	1	0,292	34° 12′	4,625	π	0,917
b	5	1	0,2865	32° 9′	5	π	0,9
c	4,34	1	0,264	38° 12′	4,34	π	0,829
d	5	1	0,2563	34° 35′	5	π	0,805
e	5,28	1	0,286	35° 42′	5,28	π	0,898
f	6	1	0,2794	32° 45′	6	π	0,878
g	3	1	0,3497	18° 30′	3	π	1,098
h	2	0,5	0,2457	57° 31′	4	2π	1,544
i	1	0,25	0,148	72° 20′	4	4π	1,86

wobei n = Grenzzähnezahl, $\vartheta = \pi \cdot \mathrm{ctg}\,\varphi$, P = diametral pitch, q = Kopfhöhenfaktor A, normal $= \dfrac{1}{\pi}$, $A = q \cdot P_c$, φ° = Eingriffswinkel, P_c = circular pitch

später sah. In Bild 153a zeigt Cox jetzt ein Rad mit gebrochener Zähnezahl. Hieran sind der Radius des Grundkreises $ob = a = r \cdot \cos \varphi$ und die Eingriffslinie

$$bc = P_1 = \frac{2 \cdot \pi \cdot r \cdot \cos \varphi}{n}\,, \text{wobei } a = \text{Grundkreisradius}, \ r = \text{Teilkreisradius des Ritzels}$$

und $P_1 =$ Teilung längs der Eingriffslinie. Danach schreibt er unter Benutzung seiner Evolventenfunktion als Gleichung für den Radiusvektor der Evolvente

$$\partial_1 = r \cdot \cos \varphi \ \sqrt{1 + \frac{4 \cdot \pi^2}{n^2}}\,. \text{ Mit } H_0 = 1 \text{ erhält er für den zugehörigen Winkel } \alpha \text{ zum}$$

Radiusvektor der Evolvente wie MAX FÖLMER 1919 $\alpha_0 = \operatorname{tg} \varphi - \varphi$. Nach weiteren Entwicklungen, Vereinfachungen und Einsetzen von n aus der Gleichung $n = \pi \cdot \operatorname{ctg} \varphi$

wird in diesem Grenzfall $\dfrac{\operatorname{tg} \varphi}{2} + \varphi - \dfrac{1}{\operatorname{tg}(2 \operatorname{tg} \varphi)} = 0$. Diesen, wie auch den folgenden Grenzfall löste Cox 1921 graphisch und erhielt Resultate, die auf Bild 153 noch einmal zusammengestellt sind. Nachdem gebrochene Zähnezahlen praktisch nicht möglich sind, ist die nächsthöhere Zähnezahl für diesen Grenzfall fünf. Sie ist ausgeführt in Bild 153b.

Grenzfall 1 : ∞ (Zahnstange und Ritzel). Hier lautet mit $M_t = 1$ die Gleichung für

die Zähnezahl $n = \dfrac{2 \cdot \pi \cdot \operatorname{ctg} \varphi}{\sqrt{3 + \sin^2\varphi}}$, die entsprechende Kopfhöhe lt. obiger Gleichung

für n, jetzt nach q aufgelöst $q = n \cdot \dfrac{\sin^2\varphi}{2\pi}$. Auch diese Werte sind in Bild 152 eingetragen. In Bild 153c gelten jetzt die gleichen Beziehungen wie in Bild 153a, vor allem

die Gleichung $\dfrac{3\pi}{2n} - \dfrac{1}{\operatorname{tg}\left(\dfrac{2\pi}{n}\right)} - \operatorname{tg} \varphi + \varphi = 0$. Mit den Werten für n aus diesen bei-

den Gleichungen wird jetzt in diesem Grenzfall:

$$0{,}75 \cdot \operatorname{tg} \varphi \cdot \sqrt{3 + \sin^2\varphi} - \frac{1}{\operatorname{tg}(\operatorname{tg} \varphi \ \sqrt{3 + \sin^2\varphi})} - \operatorname{tg} \varphi + \varphi = 0.$$

Auch diese Gleichung löst Cox 1921 graphisch und erhält als Minimum wieder fünf Zähne, s. Bild 153d. Für das folgende Bild 153e schreibt er nach verschiedenem Einsetzen und Umformen die Gleichung

$$\frac{\operatorname{tg} \varphi \cdot (2 + \sin^2\varphi)}{2 \cdot (1 + \sqrt{3 + \sin^2\varphi})} + \varphi - \frac{1}{\operatorname{tg}(\operatorname{tg} \varphi \cdot \sqrt{3 + \sin^2\varphi})} = 0$$

und meint: würde der Eingriffswinkel größer werden, so würden die Zähne zu kurz ausfallen und nicht gleichmäßig eingreifen. Cox stellt dem Fünfzahnrad mit Bild 153f ein Sechszahnrad gegenüber. Alle Zähnezahlen unter sechs sind demnach entweder nicht korrekt oder nicht normal. $z = 5$ ergibt Sonderräder, die nur paarweise verwendbar sind. Das wußte schon seit 1908 der Zürcher Ingenieur MAX MAAG (1883 bis 1960) und führte solche Räder aus. Abschließend zeigt Cox in seinem Vortrage 1924 die beiden weiteren Extremfälle umkehrbarer Zahnräder gleichförmigen Ganges, nämlich $z = 4$ und $z = 3$. Sie sind unterschnitten und keine einwandfreien Evolventenzähne mehr. Ein Vierzahnrad könnte man vielleicht praktisch ausführen. Ob ein Dreizahnrad laut Bild 153g überhaupt unter Last läuft, ist fraglich. Zwei- und Einzahnräder laut Bild 153h und i sind nicht mehr umkehrbar, laufen aber ohne Unterbrechung.

Abschließend rechnet Cox 1924 die USA-Normverzahnungen mit seinen Formeln nach und kommt zu den Ergebnissen in Tabelle 30.

Tabelle 30. *Kleinste Zähnezahlen genormter USA-Verzahnungen nach den Formeln von Cox 1924*

USA-Normverzahnung	z		z_{min}	Kopfhöhen-faktor q
	1 : 1	1 : ∞		
14½° — normale Evolvente	32		17	0,3183
20° — Stumpfverzahnung	9	14	12	0,25

Dabei verweist er wieder auf sein Bild 152 und sucht durch diese Übersicht die Notwendigkeit für mehrere Normen zu beweisen: „Perhaps it is desirable to have two or three permanent standards to cover the entire practicable commercial range". Nach diesem Wunsch wurde in den USA auch verfahren!

Fast zur gleichen Zeit wie ANTHONY BRUCE COX gab der Entwicklungsingenieur von Gleason Works in Rochester, N.Y., ERNEST WILDHABER eine Näherungsformel für den Unterschnitt. Zur gleichen Zeit ersetzte auch Professor ADALBERT SCHIEBEL (1872 bis 1932) seine unhandliche Gleichung von 1912 durch ein graphisches Verfahren nach Bild 154

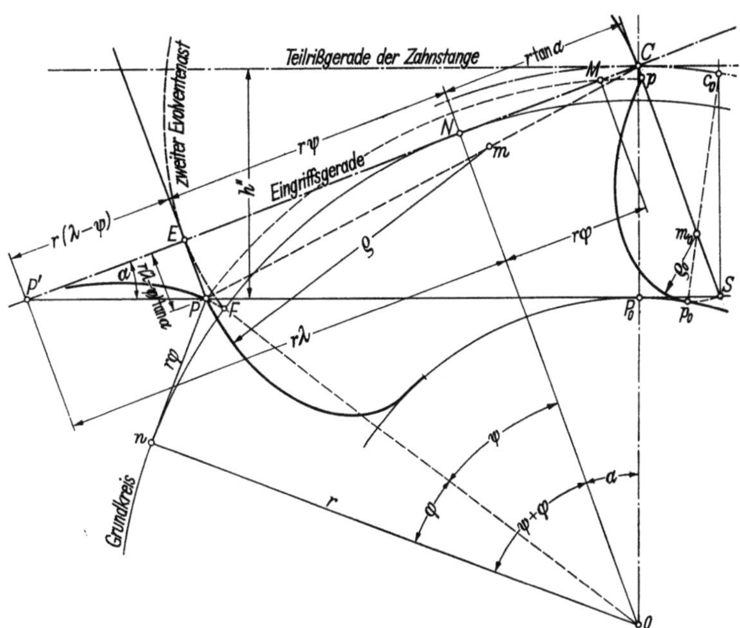

Bild 154. Ermittlung der Zahnunterschneidung nach ADALBERT SCHIEBEL 1922

Bei Zähnezahlen unter 35 schneidet die Kopfgerade P_0P des Schneidprofils außerhalb des dem Radmittelpunkt O am nächsten liegenden Punktes N. Die Folge ist eine Unterschneidung des Zahnes, denn der Kopfpunkt S des Zahnstangenprofils beschreibt in relativer Bewegung eine verlängerte Evolvente, die das Fußende FP wegschneidet. Dadurch wird die Eingriffslinie um $\overline{NM} = r \cdot \varphi$ verkürzt. Die Größe der Eingriffsminderung φ hängt ab vom Zahnstangenabschnitt λ. Fällt λ nach auswärts, so ist λ positiv und es entsteht Unterschnitt. Die Lage des Zahnstangenprofils in E entspricht dem Eindringen des Zahnstangenkopfes S in die Zahnevolvente. Aus einer Funktion $\varphi = f(\lambda, \alpha)$, wobei φ = Eingriffsminderung, λ = Zahnstangenabschnitt und α = Eingriffswinkel, gibt ADALBERT SCHIEBEL 1922 in einer Tabelle Werte für $\alpha = 15°$. Er nennt folgende Grenzwerte:

$$\text{leichte Unterschneidungen} \qquad \varphi = 0,5\,\lambda$$
$$\text{mittlere Unterschneidungen} \qquad \varphi = 0,5\,\lambda \cdot (1 - \lambda)$$

Die Größe des Zahnstangenabschnittes $\overline{NP'} = r \cdot \lambda$ ergibt die Fußtiefe h'' des Zahnes zu $h'' = r \cdot (\lambda + \operatorname{tg} \alpha) \cdot \sin \alpha$, woraus wird

$\lambda = \dfrac{1}{\sin \alpha} \cdot \dfrac{h''}{r} - \operatorname{tg} \alpha$. Aus dem Verhältniswert des Zahnstangenabschnittes $\lambda = \dfrac{4}{z \cdot \sin 2\alpha} \cdot \varkappa'' - \operatorname{tg} \alpha$ schließt SCHIE-

BEL 1922: „Der Zahnstangeneingriff des Wälzverfahrens liefert ein Zahnprofil, dessen Evolvente allgemein nicht bis zum Fußpunkt reicht."

und gab in einer Zahlentafel Verhältniswerte der Eingriffsminderung bei $\alpha = 15°$. 1931 vereinfachte GEORG OLAH anläßlich der Übersetzung des Buckingham-Werkes „Stirnräder mit geraden Zähnen" die Schiebel-Gleichung in die Form $y = \dfrac{u^2}{8 \cdot g \cdot \sin^2\alpha}$, wobei $y =$ radiale Höhe des durch Unterschnitt entfernten Profilstückes, $u =$ Unterschneidungsbetrag, $g =$ Grundkreisradius und $\alpha =$ Eingriffswinkel waren.

1931 rechnete der führende japanische Zahnradwissenschaftler MASAO NARUSÉ von der kaiserlichen Tohoku Universität trigonometrisch, graphisch und tabellarisch nach, daß die Wildhaber-Gleichung bis $150°/_0$ Fehler und die Schiebel-Gleichung auch noch $100°/_0$ Fehler enthält. Daher entwickelt 1941 der Leiter des Verzahnungsbüros der Zahnradfabrik Friedrichshafen (ZF) Ob.-Ing. HERMANN HOFER (1891 bis 1963) eine einfache Unterschnittsberechnung. Er beantwortet damit die Frage: in welchem Punkte des Teilkreishalbmessers wird ein Evolventenprofil, erzeugt

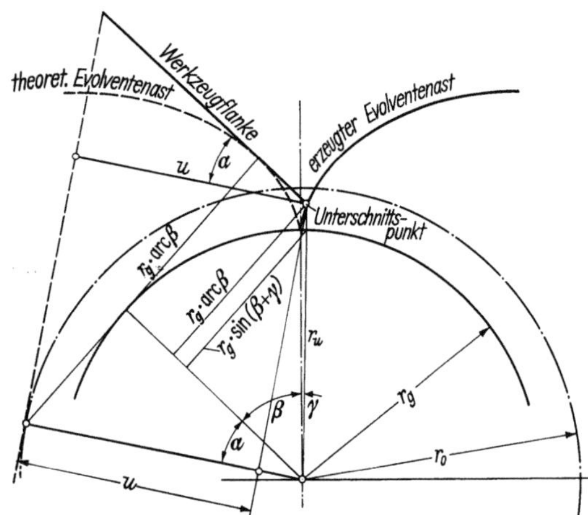

Bild 155. Beziehungen für die Unterschnittsberechnung und Werte der Schneidtiefe U_1 für verschiedene entsprechende Unterschnittshalbmesser r_{u_1} bei den Flankenwinkeln $\alpha = 0°$, $15°$ und $20°$ von HERMANN HOFER 1941

r_{u_1}	γ Grad	Min.	Sek.	$\beta + \gamma$ Grad	Min.	Sek.	U_1 für α 0°	15°	20°
1,000	0°	0'	0 "	0°	0'	0 "	0,000 000	0,069 350	0,124 485
1,001			6	5	7	23	0,002 999	0,095 381	0,157,874
1,002			17	7	13	20	0,005 950	0,107 701	0,173 160
1,003			32	8	52	12	0,008 995	0,118 095	0,185 833
1,004			49	10	13	49	0,011 962	0,127 055	0,196 713
1,005		1	8,5	11	26	41	0,014 983	0,135 435	0,206 768
1,006		1	30	12	31	20	0,017 931	0,143 123	0,215 936
1,007		1	53,5	13	31	42	0,020 940	0,150 545	0,224 730
1,008		2	19	14	27	29	0,023 923	0,157 695	0,233 041
1,009		2	45	15	19	19	0,026 864	0,164 305	0,240 918
1,010		3	14	19	9	14	0,029 876	0,170 938	0,248 667
1,012		4	14	17	41	10	0,035 832	0,183 535	0,263 309
1,015		5	55	19	45	03	0,044 711	0,201 313	0,283 813
1,020		9	05	22	46	13	0,059 495	0,228 994	0,315 414
1,025		12	40	25	25	18	0,074 248	0,254 951	0,344 747
1,030		16	37	27	48	33	0,088 959	0,279 646	0,372 428
1,035		20	54	29	59	20	0,103 563	0,303 279	0,398 739
1,040		25	28,5	32	00	36	0,118 126	0,326 131	0,424 033
1,045		30	20	33	54	00	0,132 637	0,348 319	0,448 467
1,050		35	27	35	40	46	0,147 094	0,369 939	0,472 166
1,060		46	24	38	58	00	0,175 839	0,411 725	0,517 711
1,070		58	13	41	57	47	0,204 374	0,436 368	0,561 234
1,080	1	10	50	44	43	37	0,232 694	0,490 549	0,603 090
1,090	1	24	10	47	17	59	0,260 803	0,528 594	0,643 538
1,100	1	38	10,5	40	42	20	0,288 613	0,565 279	0,682 648

durch ein Zahnstangenwerkzeug beliebigen Flankenwinkels, unterschnitten, wenn die Schneidtiefe den Grenzwert $r_0 \cdot \sin^2\alpha$ überschreitet? Seine Antwort ist die gesuchte Gleichung für U:

$U = r_0 - r_u \cdot \cos(\alpha + \beta + \gamma)$, wobei ist $U =$ Tiefeneinstellung der Werkzeugkopflinie unter den Teilkreishalbmesser, $r_0 =$ Teilkreis- (d.h. Werkzeugwälzkreis-) -Halbmesser des zu erzeugenden Zahnrades, $r_u =$ Unterschnittshalbmesser, bis zu dem die erzeugte Zahnflanke unterschnitten wird, $\alpha =$ Flankenwinkel des Werkzeugs, $\gamma =$ Polarwinkel des Unterschnittspunktes, und β bestimmt sich aus $\dfrac{\text{arc }\beta}{\sin(\beta + \gamma)} = \dfrac{r_u}{r_g}$. Hierin ist wieder $r_g =$ Grundkreishalbmesser der erzeugten Zahnflanken-Evolvente. γ bestimmt sich aus

$\text{arc }\gamma = \text{ev sec}\dfrac{r_u}{r_g}$; diese Funktion bedeutet den Evolventen-Funktionswert jenes Winkels, dessen s-Wert $= \dfrac{r_u}{r_g}$ ist. Mit $r_0 = \dfrac{r_g}{\cos\alpha}$ und $r_g = 1$ wird die Schneidtiefe $U_1 = \dfrac{U}{r_g}$ beim Unterschnittshalbmesser $r_{u_1} = \dfrac{r_u}{r_g}$. Dann lautet die Gleichung jetzt für U_1:

$U_1 = \dfrac{1}{\cos\alpha} - r_{u_1} \cdot \cos(\alpha + \beta + \gamma)$, worin sich β bestimmt aus $\dfrac{\text{arc }\beta}{\sin(\beta + \gamma)} = r_{u_1}$ und γ aus $\text{arc }\gamma = \text{ev sec } r_{u_1}$. Werte von U_1 für verschiedene Beträge von r_{u_1} bei den Flankenwinkeln $0°$, $15°$ und $20°$ gibt HOFER 1941 in einer Tabelle auf Bild 155. Wünscht man die Größen U und r_u für beliebige Werte von r_g, r_0, z und m, so multipliziert man die Werte U_1 und r_{u1} aus dieser Zahlentafel für alle α mit $r_g = r_0 \cdot \cos\alpha = \dfrac{z}{2} \cdot m \cdot \cos\alpha$.

2.23 Die Entwicklung der Methoden zur Beseitigung von Unterschnitt, Eingriffstörung und zur Verbesserung von Laufeigenschaften

Nach der kurzen Periode, in der Vorschläge zum Abdrehen von Zahnköpfen gemacht wurden — siehe Kapitel 2.22 — kamen die sog. ,,korrigierten'' Verzahnungen. Das Tätigkeitswort ,,korrigieren'' zeigt schon das Vorhaben: richtigstellen oder verbessern, nämlich der Eingriffsfehler und Mängel, wie sie zwangsläufig durch die maschinellen Herstellungsverfahren entstehen.

Das Verlegen der Kopf- und Fußkreise an den Radzähnen war schon zu Anfang des 19. Jahrhunderts nachweisbar bekannt. Die Mühlenbauer wußten damit schon sehr gut Bescheid, wie Bild 156 beweist. Weitere Berichte über ihre Kenntnisse in dieser Hinsicht lieferte 1814 der Glasgower Ingenieur ROBERTSON BUCHANAN (1770 bis 1816) in seinen dreibändigen ,,Practical Essays on Mill Work and other Machinery''. Er erwähnt darin einen Mühlenbauer, der besondere Erfahrungen im Bau von Pferdemühlen besaß. Dieser erlebte, daß die Zähne seines Göpelgetriebes immer sehr leicht abbrachen, wenn die Pferde plötzlich ruckartig anzogen oder scheuten.'' Er gab daraufhin den Zähnen seiner Räder nur die Hälfte der Teilung zur Länge und ließ sie so tief arbeiten als nur möglich, ohne daß jedoch der Kopf den Kranz berührte''. BUCHANAN bemerkt dazu 1814:

,,In der That findet man bei einigem Nachdenken, daß durchaus kein Grund für eine größere Freiheit[1] vorhanden ist, als daß die Spitze des Zahnes an einem Rade nur soweit vom Kranze des andern entfernt ist, daß sie ihn nicht berührt. Jedoch ist die oben beschriebene Art des Eingriffs bei Roßmühlen nothwendiger als bei solchen, wobei die bewegende Kraft stätig und regelmäßig wirkt.''

---

[1] Freiheit = Entfernung der Zahnspitze vom einen Zahn zum Zahnfuß des anderen, gemessen auf der Mittelpunktslinie.

Als weiteres Beispiel führt BUCHANAN 1814 seinen Landsmann HUTTON an. Dieser möchte in Uhrwerken den Abstand der Teilrisse gleich $^3/_4$ der Zahndicke machen. Bei einer zweizölligen Teilung ragt dann der Zahn um dreiviertel Zoll über den Teilkreis heraus, sein Fuß liegt so weit innerhalb der „Eingriffslinie" (wörtlich so genannt!), daß der Gegenzahn ungehindert aufgenommen werden kann (s. Bild 157).

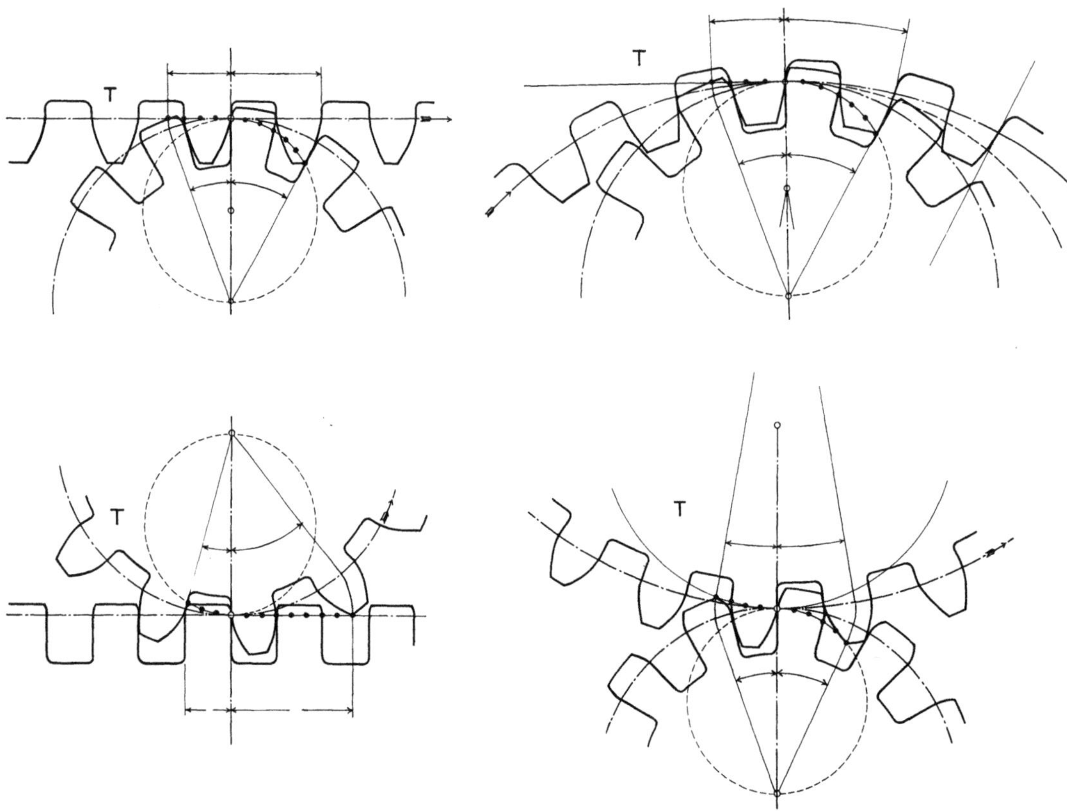

Bild 156.   Zahnhöhenkorrektur zu Anfang des 19. Jahrhunderts

Das „Korrigieren" im höheren Sinne, an Evolventenverzahnungen nämlich, lehrte 1855 der damals in Frankreich führende Maschinenlehrer und Professor für Linearzeichnen am Conservatoire des arts et métiers in Paris JACQUES-EUGÈNE ARMENGAUD L'AÎNÉ (1810 bis 1891). Zusammen mit seinem Bruder und Patentberater CHARLES JEUNE (1813 bis 1893) gab er außer seiner Lehrtätigkeit seit 1840 die bekannte „Publication industrielle des machines-outils et appareils les plus perfectionnés et les plus récents" heraus. Darin vergleicht er zu Anfang des Abschnitts über Zahnräder die Zykloiden- und Evolventen-Verzahnung im Hinblick auf ihre Achsenverschiebbarkeit. An Hand von Bild 158 erklärt er nun 1855 folgende Eigentümlichkeit:

„Wenn man die Curve $b'e^2$ um einen der Theil‘ punkte b' des Kreises EF fortrücken läßt, so geht die Curve b^2e^3, abgewickelt vom Kreise BD, welche die erstere im Punkte T der Linie BB' berührt, durch den Theilpunkt b^2 des Kreises $E'F'$, während die Längen der Abwickelungslinien bb' und bb^2 gleich sind. In der That ist BT gleich dem rectificirten Bogen $Bf'a'$, das Stück bT gleich dem Bogen aa' und folglich gleich cc'; vermöge eines ähnlichen Schlusses ist aber auch der Bogen cc' gleich $f\,2$ in Folge der Symmetrie der Curven, und aa' gleich $f'2'$, woraus $f\,2$ gleich $f'2'$ folgt. Nun bedingt aber die Gleichheit dieser beiden Bogen diejenige der Bogen bb' und bb^2, da die Radien von CB' und BD den Theilkreisen EF und $E'F'$ proportional sind. Folglich durchlaufen die zwei Curven $b'e^2$ und b^2e^3 dieselben Wege, indem sie durch denselben Punkt T in der (Eingriffs-) Linie BB' gehen."

Durch den „Civilingenieur" wurde seine Arbeit schon ein Jahr später in Deutschland bekannt. ARMENGAUD wollte hier das Verhältnis der Zahnkopfhöhen von Rad und Gegenrad abhängig vom Übersetzungsverhältnis gestalten. Seine Darstellung, wie

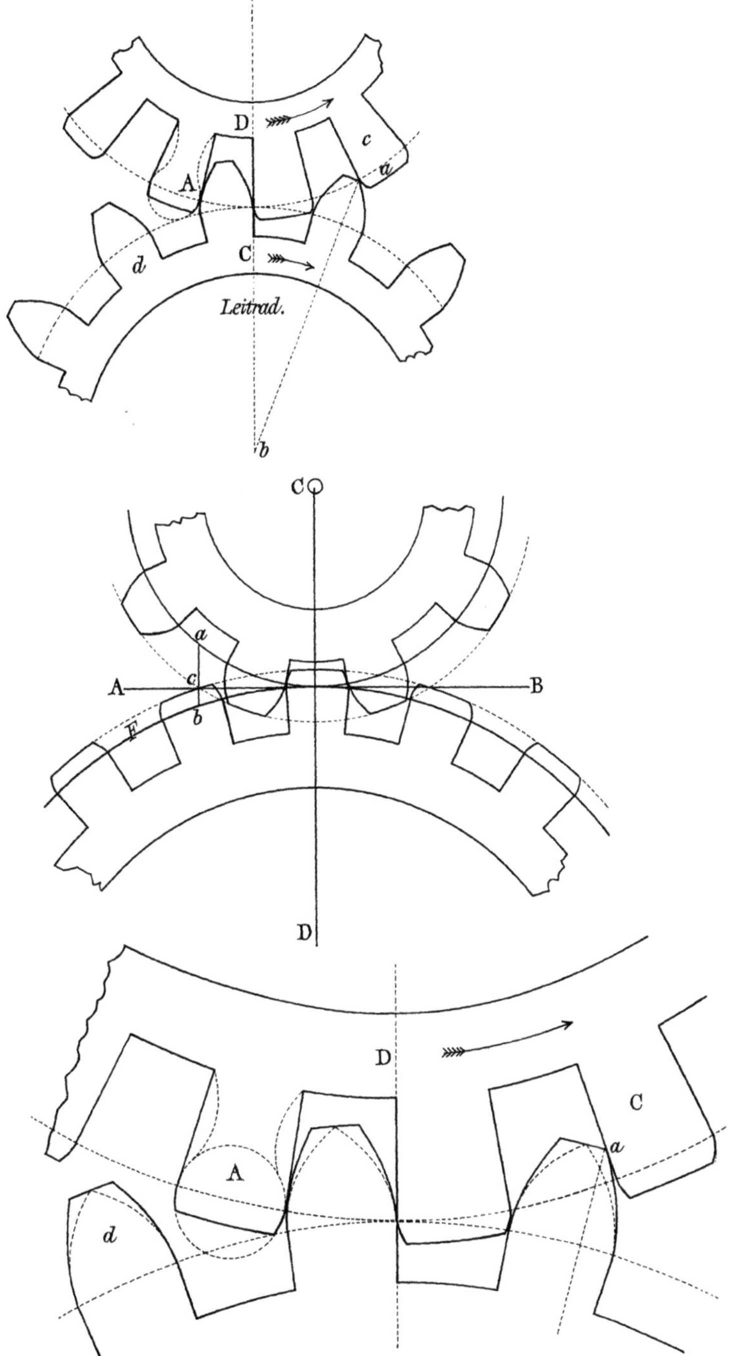

Bild 157.   Zahnkorrekturen nach ROBERTSON BUCHANAN 1814

selbstverständlich die der Mühlenbauer, gerieten in Vergessenheit. Das Verfahren der Zahnhöhenkorrektur tauchte in der zweiten Hälfte des 19. Jahrhunderts erneut auf

durch die hohen Leistungsforderungen an die Fertigung und an die Zahnräder selbst.
Ausgehend von den USA begann in den 80er Jahren die Zahnradherstellung in Spezial-
fabrikation. War die Normung der Zahnräder von den USA und England ausgegangen, so lockerte sie sich dort jetzt durch deren Bearbeitungsmaschinen wieder,
da sich mit dem technischen Fortschritt die Anforderungen über die Norm hinaus
steigerten.

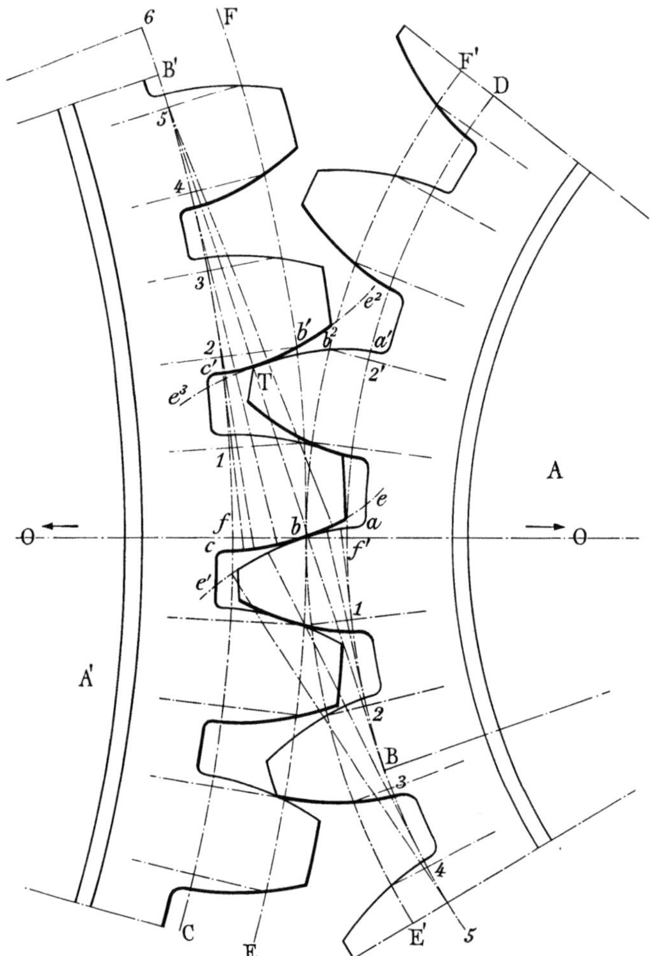

Bild 158.   Zahnkorrektur von ARMENGAUD L'AÎNÉ 1855

Die Zahnkorrektur ist das Kennzeichen der modernen Verzahnung. Sie begann mit
dem endgültigen Entscheid für die Evolventen-Verzahnung zum Ende des 19. Jahrhunderts. Damals bereitete sich gerade eine Umwandlung in der Richtung vor, daß man
immer mehr vom Formwerkzeug weg zur kombinierten, zwangsläufigen Bewegung von
Arbeitsstück und Werkzeug überging. Man begann die Beziehungen zwischen Werkzeug
und Werkstück unter diesen Verhältnissen eingehender zu betrachten.

Das Verfahren der „Zahnhöhenkorrektur" an einem Radpaar mit stark abweichenden
Zähnezahlen bedeutet: die über den Teilkreis jedes Rades hinausragenden Zahnteile
haben nicht normale Höhe, sondern die Zahnköpfe des größeren Rades sind niedriger
und die des kleineren Rades sind höher. Man untersuchte also seit dem letzten Viertel

des 19. Jahrhunderts die Verhältnisse, unter denen sich die Kopf- und Fußkreise folgerichtig verschieben lassen. Daraus entstand damals das Fachwort „Profilverschiebung". Sie nützt die Unabhängigkeit der Evolvente vom Wälzkreis aus, von der 1861 WIEBE/ v. REICHE gesprochen hatten. Und sie sollte die drei Hauptnachteile der Evolventen-Verzahnung wettmachen, die schon aus der Zeit der historischen Nullverzahnungen bekannt sind:

1. ungleiche Gleitgeschwindigkeiten auf Zahnkopf und -fuß
2. Unterschnitt bei geringen Zähnezahlen
3. begrenzte Belastbarkeit.

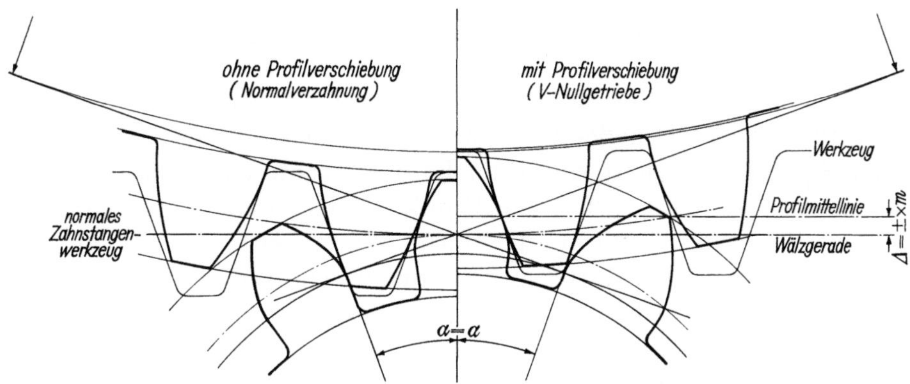

Bild 159.   Wesen der Profilverschiebung bei Evolventen-Verzahnung in heutiger Sicht

Verschoben wird das Werkzeugprofil bei der Herstellung. Durch diese Verschiebung ergeben sich aber geänderte Zahnformen, aus denen wieder andere Festigkeits- und Laufeigenschaften entstehen. Zuerst benutzte man die Profilverschiebung nur zur Vermeidung des Unterschnittes bei kleinen Zähnezahlen. Erst danach wurden die Möglichkeiten zur Verbesserung der Eingriffs- und Belastungsverhältnisse erkannt. Und zu Beginn der zwanziger Jahre langte man bei dem erstaunlichen Standpunkte an, daß die Nullverzahnungen wirtschaftlich überhaupt nicht mehr tragbar sind, weil sie Material, Arbeitszeit und Nutzleistung verschwenden! Durch Einführung der Profilverschiebung kam die Zahnradtechnik erst auf unseren hohen Stand, und dies nur durch die geschickte Handhabung einfacher, genormter Werkzeuge.

Die Profilverschiebung diente also in ihren Anfängen zur Vermeidung des Unterschnittes an den Evolventenzähnen. Wie schon im Kapitel 2.12 behandelt, wies 1852 der Edinburgher Ingenieur EDWARD SANG (1805 bis 1891) als erster darauf hin, daß man dem Unterschnitt durch veränderliche

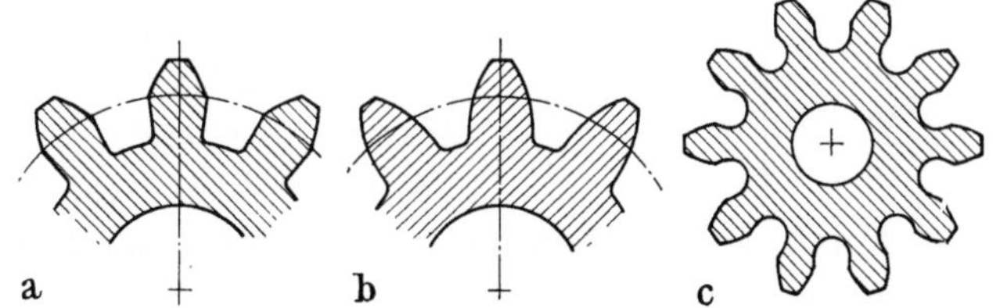

Bild 160.   Auswirkung des Eingriffswinkels auf die
Evolventen-Zahnform
a) 15°, b) 22° 30′, c) Stirnrad mit 20°

Eingriffswinkel begegnen kann. Er selbst arbeitete mit den Winkeln 16° 49′ bis 24° 09′. Ferner empfahlen im deutschen Sprachbereich 1861 WIEBE/v. REICHE den Grundkreis als alleinbestimmende Bezugsgröße für die Evolvente. Der Königsberger Dozent

Dr. Louis Saalschütz schreibt 1870 als geringste Zähnezahlen n_2 aus der Gleichung für tg β die folgenden:

β	21° 4′	23° 25′	24° 50′	26° 18′	27° 7′	37° 25′
n_2	16,3	14,5	13,6	25,4	24	41

„Es ist ein ... Vorzug bei der Evolventenverzahnung", sagt 1870 Saalschütz, „daß die ganze Eingriffsdauer in der verschiedensten Art durch Änderung der Zahnhöhen beider miteinander arbeitenden Räder aus dem Arbeitsbogen vor und demjenigen nach der Centrale zusammengesetzt werden kann und es findet noch das Besondere statt, daß für denselben Arbeitsbogen im Ganzen auch die Ausnutzung im Ganzen dieselbe bleibt, wie sich dies aus der Gleichung für

$$\text{tg } \beta = \frac{E}{e} \cdot \frac{2\pi}{n_2}$$

ergiebt". Er bemerkt 1870, daß die Kopfhöhen untereinander sehr verschieden ausfallen können. Von diesen Erkenntnissen konnte der Berliner Ingenieur Paul Hoppe ausgehen, als er in der Maschinenfabrik seines Vaters 1873 eine Sonderverzahnung mit Satzradeigenschaft einführte. Er untersuchte eingehend alle bekannten Nullverzahnungen auf ihre Eingriffstrecke, Kopfkreise und Grenzzähnezahlen, besonders die Verzahnung von Friedrich Carl Hermann Wiebe 1861. Danach kam er auf die Idee, beide bekannten Aushilfsmittel gleichzeitig zu benutzen: 1. Verändern des Eingriffswinkels, 2. Vergrößern der Kopfhöhe. Seine Sonderverzahnung beruhte auf den Hauptgrößen: Grundkreis-Durchmesser, Kopfhöhe über dem Grundkreis und Zähnezahl. Die Idee seines Satzrades mit veränderlichem Eingriffswinkel ist im Kapitel 2.12 neben dem Satzrad von Robert Willis abgebildet. Hoppe kam auf eine unterschnittsfreie Grenzzähnezahl $z_{\min} = 10$ bei gleicher Grundkreisteilung.

Tabelle 31. *Eingriffswinkel bei bestimmten Zahnpaarungen nach Paul Hoppe 1873*

Zahnpaarung	Eingriffswinkel α
$\frac{20}{80}$	17½°
$\frac{10}{40}$	21°
$\frac{20}{20}$	22°
$\frac{10}{10}$	27°

Alle Sonderfälle von Radpaaren ähnlich Tabelle 31 hatte Paul Hoppe 1873 in Tafeln berechnet, aus denen sich ihr zugehöriger Achsabstand abgreifen ließ. Diese Tabellen sind natürlich nie bekanntgemacht worden, denn das Geheimnis um die günstigste Verzahnung für jedes Radpaar begann um diese Zeit. Hoppe hat diese Chance 1873 als erster erkannt und in die Tat umgesetzt, als er sagte: „Die Praxis verlangte aber natürlich, daß auch kleinere als 30zähnige Räder mit einer Zahnstange richtig arbeiten, dann darf man die genannten Konstruktionsangaben nicht gedankenlos anwenden, sondern man muß jeden einzelnen Fall prüfen". Auf den Schultern von Sang und Wiebe/v. Reiche stehend, ist Paul Hoppe der Begründer der Zahnkorrektur-Systeme und ein Vorläufer des Schweizers Max Maag. Dieser Meinung ist 1919 auch der Berliner Ingenieur und Pionier der modernen Verzahnungstheorie in Deutschland Max Fölmer (1873 bis 1941): „Die Hoppeschen Vorschläge decken sich dem Sinne nach in vielen Punkten mit den später von Maag befolgten Grundsätzen".

Die Forderung nach Satzradeigenschaft hemmte den Vormarsch der Profilverschiebung. Die meisten Ingenieure scheuten sich, „Sonder-" oder „Einzel-Verzahnungen" anzuwenden. Sie befürchteten, unwirtschaftlicher Konstruktionsweise bezichtigt zu werden. Zu einer Aufgabe dieses starren Standpunktes mahnt schon im März 1881 der

Magdeburger Maschinenbau-Ingenieur aus der dort bekannten Industriellen-Familie, OTTO WILHELM GRUSON (1831 bis 1886), mit der Beobachtung:

„Man kann jedoch auch bei Evolventen-Verzahnung diesem Übelstande des falschen Eingriffs ausweichen, wenn man davon absieht, Satzräder zu machen. In den meisten Fällen ist vielleicht die Benutzung der Constructionsregeln für Satzräder weniger durch die Möglichkeit späterer anderweiter Verwendung, als durch die Bequemlichkeit, welche diese Regeln dem Constructeur bieten, veranlaßt. Sobald man die üblichen Formeln von Höhe des Kopfes über und Höhe des Fußes unter dem Theilkreise verläßt und nur den Abwicklungskreis der Evolvente festhält, erhält man auch bei kleinen Getrieben günstige Zahnformen...".

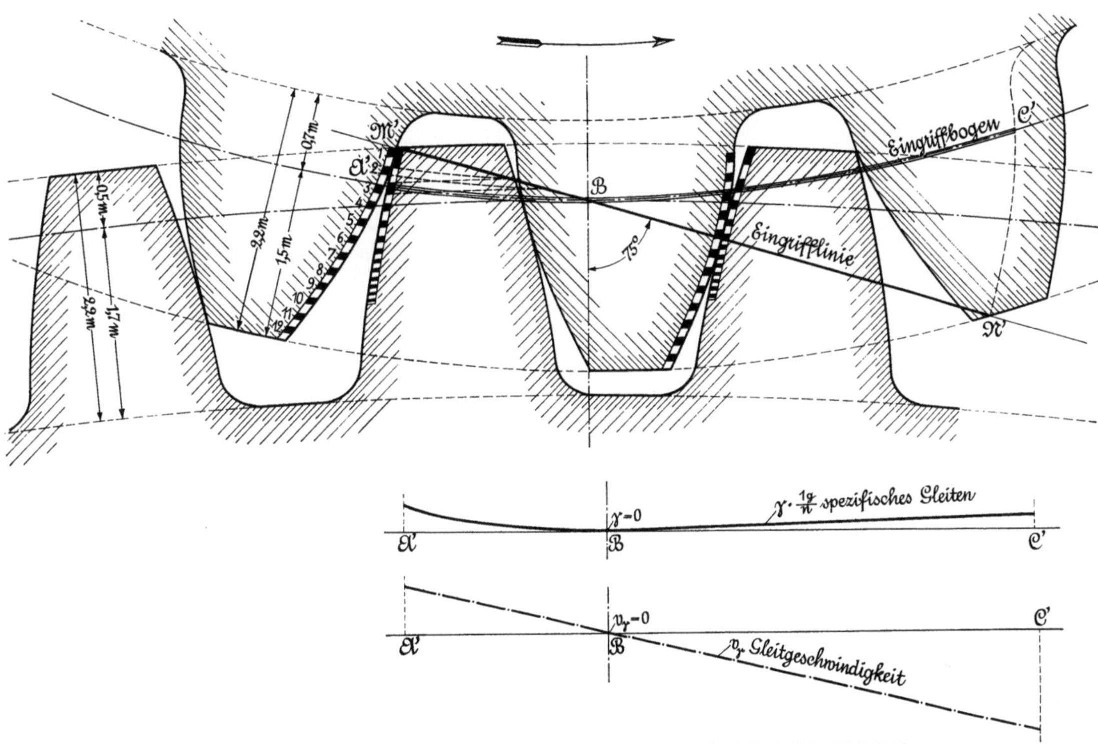

Bild 161.   AEG-Verzahnung von OSCAR LASCHE 1899 bei 25 : 100 Zähnen

LASCHE läßt 1899 den Eingriff erst in A' bzw. M' beginnen und dann über $\mathfrak{C}$ hinaus fortdauern, bis der neue Kopfkreis des Ritzels die Eingrifflinie schneidet. Dadurch wird die Eingriffdauer nicht verkürzt und die Periode größter Abnutzung vermieden, trotz Beibehaltung der üblichen Zahnhöhen. Die neue Abnutzungscharakteristik zeigt den angestrebten geradlinigen Verlauf, ähnlich der Zykloidenverzahnung.

Tabelle 32. *Allgemeine Abmessungen der AEG-Verzahnung von Oscar Lasche 1899*

	Ritzel Z_1	Rad Z_2
Kopfkreis-Durchmesser	$(Z_1 + 3) \cdot M$	$(Z_2 + 1) \cdot M$
Fußkreis-Durchmesser	$(Z_1 - 1,4) \cdot M$	$(Z_2 - 3,4) \cdot M$
Teilkreis-Durchmesser	$Z_{1,2} \cdot M$	
Kopfhöhe	$1,5 \cdot M$	$0,5 \cdot M$
Fußhöhe	$0,7 \cdot M$	$1,7 \cdot M$
Zahnhöhe (gesamt)	$2,2 \cdot M$	
Zahnstärken	$^3/_5 \cdot t$	$^2/_5 \cdot t$
Zahnlücke	$^2/_5 \cdot t$	$^3/_5 \cdot t$

M = Modul und t = Teilung

Durch das Verschieben der Kopf- und Fußkreise ändert sich zwar die Zahnhöhe nicht, aber die Zähne werden stärker, die Gleitverhältnisse günstiger und der Verschleiß wird geringer. Diese drei Vorteile der Korrektur zusammen erkannte 1896 der Versuchsleiter

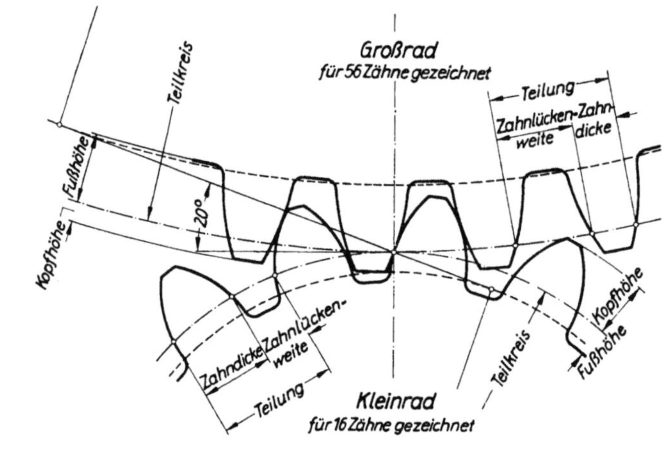

V-Nullgetriebe entsprechend DIN 870 mit einer Profilverschiebung von + 0,5 · Modul für das kleine Rad und — 0,5 · Modul für das große Rad

Zahnform entsprechend DIN 867 mit einem Eingriffswinkel von 20°, Werkzeugflankenwinkel von 40° und einer Zahnhöhe von 2,2 · Modul

Begriffsbestimmungen siehe DIN 868

Kleinrad	Großrad
Zähnezahl $= z_1$	Zähnezahl $= z_2$

$$\text{Stirnmodul} = \frac{\text{Normalmodul}}{\cos \text{Schrägungswinkel}}$$

$$\text{Stirnteilung} = \pi \cdot \text{Stirnmodul}$$

$$\text{Normalteilung} = \pi \cdot \text{Normalmodul}$$

Kleinrad	Großrad
Teilkreis $= z_1 \cdot$ Stirnmodul	Teilkreis $= z_2 \cdot$ Stirnmodul
Kopfhöhe $= 1,5 \cdot$ Normalmodul	Kopfhöhe $= 0,5 \cdot$ Normalmodul
Fußhöhe $= 0,7 \cdot$ Normalmodul	Fußhöhe $= 1,7 \cdot$ Normalmodul
Zahndicke $= 0,615 \cdot$ Stirnteilung[1]	Zahndicke $= 0,385 \cdot$ Stirnteilung
Zahnlückenweite $= 0,385 \cdot$ Stirnteilg.[1]	Zahnlückenweite $= 0,615 \cdot$ Stirnteilung

$$\text{Achsenabstand} = \frac{z_1 + z_2}{2} \cdot \text{Stirnmodul}$$

[1] Für Flankenspiel und Flankeneintrittspiel ist Normung vorbehalten.

Die Ausführung mit einer Profilverschiebung nach obenstehenden Angaben wird wegen der grundlegenden Arbeiten von O. Lasche Z. d. VDI 1899 S. 1488 auch als AEG-Verzahnung bezeichnet.

Verband Deutscher Elektrotechniker E. V.
Verband Deutscher Verkehrsverwaltungen E. V.

Januar 1931

Bild 162. Die AEG-Verzahnung als Norm für elektrische Bahnen 1931

im Dampfturbinenbau der AEG in Berlin OSCAR LASCHE[1] als er Zahnradgetriebe für große Leistungen und Drehzahlen baute. Das Vorwärtsstürmen des elektrischen Antriebes als bequemster und billigster Antriebskraft stellte neue Aufgaben an die Maschinenbauer, denn der schnellaufende Elektro-Motor konnte nur durch zwischengeschaltete Getriebe an Arbeitsmaschinen und Eisenbahnen marktfähig werden. Über diese Fragen veröffentlichte OSCAR LASCHE[1] bereits seit 1893 Entwicklungsberichte, 1901 baute er einen elektrischen S-Bahnwagen hoher Geschwindigkeit für die Berliner Stadtbahn. Auf die Idee einer Sonderverzahnung kam er durch seine „Folgerungen aus der Abnutzungscharakteristik" und natürlich durch die Unterschnittserscheinung an den Zähnen. Kleine Zähnezahlen kamen nämlich gerade bei elektrischen Antrieben oft vor. LASCHE kannte die Abhilfe-Methode des variablen Eingriffswinkels genauso, wie die der Kopfkreisverlegung. Die erstere vermied er wegen höheren Achsdrucks, die zweite wegen stärkeren Gleitens. „Das Verlegen der Kopfkreise gegenüber dem Teilkreise," so bemerkt Ob.-Ing. LASCHE 1899 in seinem Bericht über ‚Elektrischen Antrieb mittels Zahnradübertragung', „wollte sich nicht einbürgern, weil man wohl lediglich für Triebe mit kleinsten Zähnezahlen keine besonderen Fräser oder Hobelschablonen beschaffen wollte". OSCAR LASCHE beabsichtigte mit seiner Verzahnung eine gleichmäßige Beanspruchung aller Zahnflanken-Bereiche, leichtere Herstellbarkeit und größere Festigkeit. Er verstärkt das Ritzel mit $z_{\min} = 14$ und $i > 3$ auf Kosten seines Gegenrades.

Die Tabelle bei Bild 161 ist Grundlage der AEG-Werksnorm 335 seit 1899, der DIN-Norm 43226 vom März 1932 und der VDE-Norm 3226 vom Januar 1931 (s. Bild 162). Später wurde dieser 15°-Verzahnung eine solche mit 20° Eingriffswinkel und gleicher Profilverschiebung hinzugefügt. Die AEG-Verzahnung eignet sich nur für größere Übersetzungen. Man sieht: LASCHE hat 1896 einerseits die Idee einer kombinierten Zykloiden- und Evolventen-Verzahnung im Auge, andererseits möchte er auf Profilverschiebung hinaus, die er danach wieder kompensiert. Er meint 1899:

„Die durch diese Abänderung entstehende Zahnform vereinigt Vorzüge in sich, sowohl betreffs der Festigkeit als auch in Hinsicht auf die leichter durchzuführende genaue Herstellung der Zähne. Die Festigkeit der Zähne des Triebes ist für die gleiche Teilung bedeutend größer, als bei den nach üblichen Zahnformen verzahnten Rädern. Die Zähne haben annähernd die Form eines Körpers gleicher Biegungsfestigkeit und sind in in bezug auf elastische Deformation günstiger gestaltet. Auch die Verschwächung der Zähne durch das erwähnte Ausfräsen fällt nahezu gänzlich fort, also auch das damit verbundene Erzittern in radialer Richtung. Ferner werden die Flanken nicht mehr unterschnitten, die Fräser zum Schneiden der Zähne sind leichter herzustellen und bleiben viel länger scharf."

Es sieht fast so aus, als wäre die praktische Verwirklichung der korrigierten Verzahnungen allein von Berlin ausgegangen:

1861 FRIEDRICH CARL HERMANN WIEBE: Grundkreisteilung vorgeschlagen

1873 PAUL HOPPE: variabler Eingriffswinkel verwirklicht

1896 OSCAR LASCHE: konstante, positiv/negative Korrektur hergestellt

1902 FRIEDRICH STOLZENBERG: korrigierte Verzahnungen hergestellt

1917 MAX FÖLMER: Vau-Verzahnung bei Siemens & Halske, Wernerwerk,
       ausgearbeitet und Vorschläge zu ihren Begriffen gemacht

---

[1] OSCAR LASCHE (1868 bis 1923). Wuchs in seiner Geburtsstadt Leipzig auf. Starke Neigung zum Ingenieur-Beruf. 2½ Jahre als Konstrukteur in Halle und Weissenfels. Studium an der TH Berlin bis 1890, dann bis 1896 Assistent bei Professor ALOIS RIEDLER und Leiter seines Konstruktionsbüros. Zwischendurch arbeitete er in den USA und in der Schweiz. Seit 1896 AEG Berlin, 1904 Direktor der Turbinenfabrik Huttenstraße. 1918 Dr. Ing. E. h. der TH München, 1920 Vorstandsmitglied der AEG. 1920 Gründungsmitglied der Deutschen Gesellschaft für Metallkunde. Weltberühmte Arbeiten über Zahnradantriebe und Reibung in Lagern hoher Umfangsgeschwindigkeit, Dampfturbinenbau und Werkstoffkunde.

1919   Bernhard Franz und Wilhelm Jung: Zahnhöhenkorrektur-Tabellen bei
       Friedr. Stolzenberg & Co entwickelt
1919   Dr. Curt Barth: Normung von Vau-Verzahnungen bei Ludwig Loewe & Co.
       vorbereitet.

Aber hier schaltete sich ein Zürcher Ingenieur 1908 ganz entscheidend ein,
nämlich Max Maag[1]. Nach sorgfältiger Beobachtung in seiner Maschinenbau-Praxis
erkennt er klar die Möglichkeiten zum gleichzeitigen Einsatz aller Korrekturmaßnah-
men: 1. veränderlicher Eingriffswinkel, und 2. Profilverschiebung, wie sie für jede Radpaarung am günstigsten ist. Mit dieser Idee begründet er 1913 eine ganze Werkzeug-,
Bearbeitungsmaschinen- und Zahnradindustrie. Sein, heute sprichwörtlich als Maag-
Verzahnung bekanntes System, trat nach dem ersten Weltkrieg einen Siegeszug um die

Bild 163.   Max Maag 1883 bis 1960

[1] Max Maag (1883 bis 1960), Stammt aus Flurlingen bei Zürich. Sohn eines Dorfschullehrers.
Nach Gymnasium in Zürich Besuch des dortigen Polytechnikums. Brach Maschinenbaustudium
aber vorzeitig ab, um neu zu beginnen als Lehrling der Maschinenfabrik Oerlikon. Große Bega-
bung. Bald Konstrukteur in der Maschinenfabrik von Kaspar Wüst in Oerlikon bei Zürich, wo er
die ersten Verbesserungsvorschläge für Zahnform und Zahnbearbeitung macht. Beginn seiner Ver-
zahnungsstudien, die um 1910 bei seinem eigenen System enden. Nach Konkurs von Wüst gründet
er 1910 in Horgen eine eigene Werkstätte zur Herstellung von Zahnrädern für Eisen- und Straßenbahnen und Werkzeugmaschinen. 1909 erstes Patent, 1912 Patente in vierzehn Ländern. Gründete
1913 seine eigene Firma, 1915 Mitgründer der ZF. 1912 begann die Zahnradmaschinenherstellung,
1924 der Bau von Meßgeräten. Schied 1926 aus der Maag-Zahnräder AG aus und gründete eine
Fabrik für Mikrometerschrauben höchster Genauigkeit. 1955 Dr.-Ing. h. c. der Eidgen. Technischen
Hochschule Zürich.

ganze Welt an. 1910 veröffentlichte MAAG die erste Schrift über seine Zahnräder und am 20. April 1917 sprach er in einem Vortrag vor dem Technischen Verein Winterthur zum ersten Male öffentlich über sein gesamtes Zahnradprogramm.

Übrigens schnitt um 1910 der österreichische Ingenieur RUDOLF PLESSING in Kapfenberg bei Wien mit 15°-Werkzeugen größere Eingriffswinkel, wenn sich der Teilkreisradius r_{15} und der dem Winkel φ entsprechende sich umgekehrt den Cosinussen dieser Winkel verhalten, d.h. wenn der Grundkreis ist $r_g = r_\varphi \cdot \cos \varphi = r_{15} \cdot \cos 15°$. Nach diesem Verfahren arbeitete auch MAX MAAG. Er nutzt 1908 die Grundkreisteilung nach WIEBE/V. REICHE 1861 bis zum äußersten aus, und doch ist seine Verzahnungsart von allen übrigen Korrektursystemen verschieden. Er vereinheitlicht nämlich nicht das Zahnprofil, sondern das Werkzeug und dessen Zustellung. Mit variablen Zustellungen allein beeinflußt er Eingriffswinkel, Zahnhöhenverschiebung und Zahndicke, so daß die vorgeschriebene Achsenentfernung eingehalten und trotzdem eine günstige Zahnform

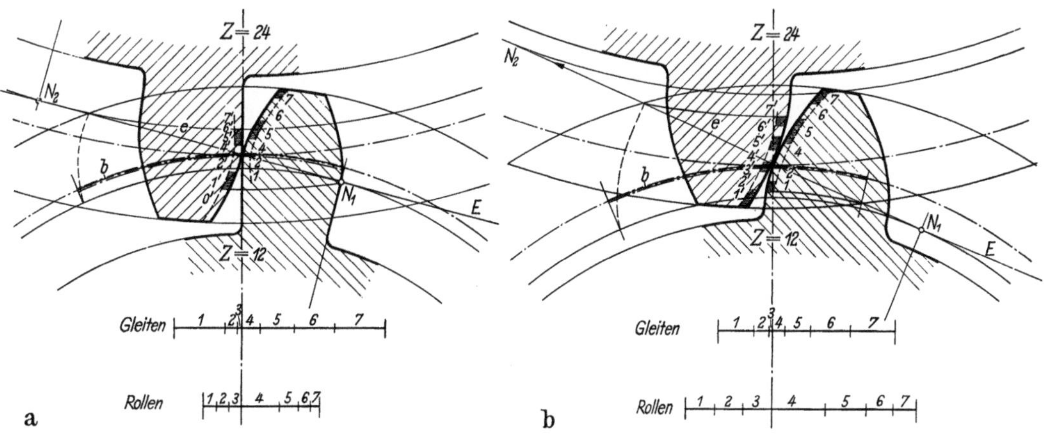

Bild 164.   Vergleich von Normal- und Maag-Verzahnung bei 12:24 Zähnen
a) Normal-Verzahnung, b) Maag-Verzahnung

erzielt wird. Bild 164 vergleicht Normal- und Maag-Verzahnung. Man erkennt als äußere Merkmale der Maag-Verzahnung:

1. starke Zahnwurzeln, kein Unterschnitt
2. kleinere Zahnhöhe als normal, und doch
3. längere wirksame Profilteile als bei Normalverzahnung
4. geringe Flankenkrümmung.

Zur Bestimmung der günstigsten Evolventenzahnform für jedes Übersetzungsverhältnis stellte MAAG empirische Formeln auf, in die der zu wählende Eingriffswinkel und Außen-Durchmesser der Räder eingesetzt wird. Zwischen 1908 und 1916 hat er durch Rechnung, Zeichnung und Versuch die bestmöglichen Zahnformen so bestimmt, daß Zahnfußstärke, spezifische Gleitung, Überdeckungsgrad und Abnutzung einen optimalen Kompromiß darstellen. Wesen und Eigenschaften der Maag-Verzahnung sind demnach:

1. für jedes Zähnezahl-Verhältnis variieren gleichzeitig Eingriffswinkel, Rad-Durchmesser, Achsabstand, Kopf- und Fußhöhen
2. die Modulreihe ist dreimal feiner gestuft als nach Norm
3. die Achsabstände sind beliebig

4. der Kopfkreis schneidet die Eingriffslinie ein gutes Stück vor de Punkt N_1, in Bild 164b

5. auch bei kleinen Zähnezahlen, bis herunter auf fünf, sind große Übersetzungen bei geringen Achsabständen möglich

6. die Verzahnung wird mit Maag-genormten Werkzeugen und passenden Wälzteilkreisen geschnitten. Der Wälzteilkreis des Werkzeuges ist vom Laufteilkreise des Rades und von der Teilrißlinie des Werkzeugs verschieden. Von diesem Verhältnis hängen die Eigenschaften der Maag-Verzahnung ab

7. die Zahndicke im Wälzteilkreis des Werkzeugs ist meistens kleiner als es für spielfreien Gang des Zahnradpaares im vorgeschriebenen Achsabstande erforderlich wäre

8. das Verhältnis von Rollen und Gleiten ist größer 1. Deshalb geringere Abnutzung.

Die ersten Veröffentlichungen über seine Verzahnung stammten natürlich von MAX MAAG selbst. Erst viel später folgten Versuche zur Nachrechnung.

1910 MAX MAAG, Maag-Räder. Zürich 1910

1917 MAX MAAG, Die Maag-Zahnräder und ihre Bedeutung für die Maschinen-Industrie. Schweizerische Bauzeitung Bd. 70, Nr. 12 vom 22. September

1917 DEXTER SIMPSON KIMBALL, The Maag Gear System. American Machinist vol. 47 No. 3, July 19, S. 89—93, erste amerikanische Arbeit über die Maag-Verzahnung

1927 MAX MAAG, Herstellung und Prüfung der Maag-Zahnräder. Z. VDI Bd. 71 Nr. 16 Seite 509—515

1928 HEINRICH BRANDENBERGER, Die Maag-Zahnformen und ihre Herstellung Schweizerische Bauzeitung Bd. 92 Nr. 13/14 erste veröffentlichte Nachrechnung der Maag-Verzahnung

Der Privatdozent an der Eidgen. Technischen Hochschule Zürich Dr. HEINRICH GEORG BRANDENBERGER (geb. 12. Juli 1896 in Wien) zeigt 1928 als Erster wesentliche Beziehungen der Maag-Verzahnung. Nach Definition der Werkzeug-Schneidtiefe $\varphi \cdot m$ und des Korrekturfaktors schreibt er den Betrag, um den die Wälzgerade gegenüber

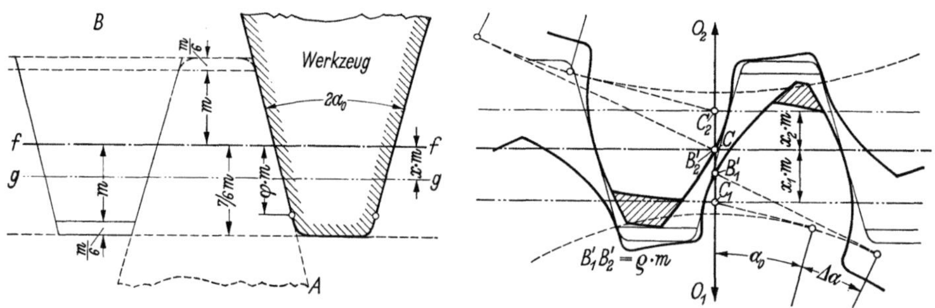

Bild 165.   Bezugsprofil und Beziehungen der Maag-Verzahnung

der Profilmittenlinie verschoben werden muß, zu $x \cdot m = \varphi \cdot m - \xi \cdot m$ und erhält daraus mit der maximalen Schneidtiefe ξ des geraden Teiles einer eingreifenden Zahnstange $\xi = z \cdot \dfrac{\sin^2\alpha}{2} = \dfrac{z}{z_0}$ den Profilverschiebungsfaktor zu: $x = \varphi - \dfrac{z}{z_0}$. $\varphi \cdot m$ ist für BRANDENBERGER gleichzeitig der Betrag, um den die Räder zusammengerückt werden müssen. Gegenüber normalen Zahnrädern ist daher die Achsenabstandsvergrößerung allgemein

$$x_1 \cdot m + x_2 \cdot m - \varphi \cdot m = \lambda \cdot m.$$

Bei diesem Zusammenrücken entsteht der geänderte Eingriffswinkel $\alpha_0 + \Delta\alpha$ laut Bild 165. Daraufhin findet HEINRICH BRANDENBERGER die bis 1928 noch nicht veröffentlichte Abhängigkeit zwischen der Summe der Korrekturen $x_1 + x_2$, der Kopfkürzung ϱ und der Achsenabstands-Vergrößerung λ, indem er sie durch die mittlere Zähnezahl $z_m = {}^1/_2 \, (z_1 + z_2)$ dividiert. Wie schon MAX FÖLMER 1919 festgestellt hatte, sind lt. Bild 166, die Werte $\dfrac{x_1 + x_2}{z_m}$, $\dfrac{\varrho}{z_m}$ und $\dfrac{\lambda}{z_m}$ eindeutige Funktionen von α_0 und $\Delta\alpha$.

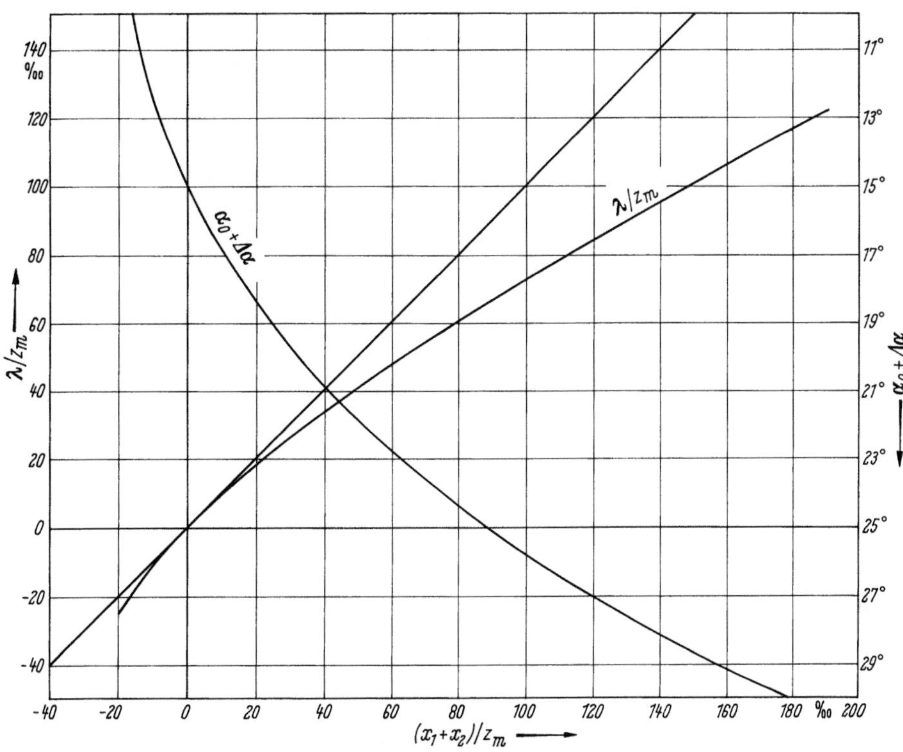

Bild 166. Abhängigkeit zwischen den Korrekturen $x_1 + x_2$, der Kopfkürzung ϱ und der Achsabstands-Vergrößerung λ für $\alpha = 15°$ der Maag-Verzahnung nach HEINRICH BRANDENBERGER 1928

Genaue Werte zu den gezeichneten Funktionen

$\Delta\alpha$ in Grad	$\alpha_0 + \Delta\alpha$ in Grad	$\dfrac{x_1 + x_2}{z_m}$ in $^0/_{00}$	$\dfrac{\lambda}{z_m}$ in $^0/_{00}$	$\Delta\alpha$ in Grad	$\alpha_0 + \Delta\alpha$ in Grad	$\dfrac{x_1 + x_2}{z_m}$ in $^0/_{00}$	$\dfrac{\lambda}{z_m}$ in $^0/_{00}$
— 7	8	+ 19,5	— 24,6	+ 5	20	+ 32,7	+ 27,9
— 6	9	— 18,1	— 22,0	— 6	21	— 41,8	+ 34,6
— 5	10	— 16,3	— 19,2	+ 7	22	+ 51,9	+ 41,7
— 4	11	— 14,0	— 16,0	+ 8	23	+ 63,1	+ 49,3
— 3	12	— 11,3	— 12,5	+ 9	24	+ 75,4	+ 57,3
— 2	13	— 8,1	— 8,7	+ 10	25	+ 88,9	+ 65,8
— 1	14	— 4,4	— 4,5	+ 11	26	+ 103,7	+ 74,7
0	15	0	0	+ 12	27	+ 119,9	+ 84,1
+ 1	16	+ 5,0	+ 4,9	+ 13	28	+ 137,6	+ 94,0
+ 2	17	+ 10,7	+ 10,1	+ 14	29	+ 156,8	+ 104,4
+ 3	18	+ 17,2	+ 15,6	+ 15	30	+ 177,7	+ 115,4
+ 4	19	+ 24,5	+ 21,6				

Nach Bild 167 lauten diese Funktionen:

$$\varrho = z_m \cdot \left[1 - \frac{\cos \alpha_0}{\cos (\alpha_0 + \Delta\alpha)} \right] + 2 \cdot x_m$$

$$\frac{x_1 + x_2}{z_m} = \operatorname{ctg} \alpha_0 \cdot [\operatorname{tg} (\alpha_0 + \Delta\alpha) - \Delta\alpha] - 1$$

$$\frac{\lambda}{z_m} = \frac{\cos \alpha_0}{\cos (\alpha_0 + \Delta\alpha)} - 1.$$

Nach diesen Gleichungen für $\alpha = 15°$ berechnet BRANDENBERGER 1928 die Kurventafel Bild 166 für verschiedene $\Delta\alpha$. Zu einem ähnlichen Ergebnis kam 1941 der Friedrichshafener Ingenieur JOSEF BAUMANN anläßlich eines neuerlichen Versuches, das Wesen der Maag-Verzahnung mathematisch darzustellen. Er gibt 1941 noch einen Gang der Berechnung einer Maag-Verzahnung dazu, zu der man die nicht allgemein zugänglichen Tabellen von MAAG benötigt, die MAX MAAG selbst noch vor dem ersten Weltkriege aufstellte.

Was man MAAG schon um 1910 übelnahm, war seine Aufgabe der Satzrädereigenschaft. Mit diesem Punkte suchte „... einer der ersten deutschen Zahnradfachleute ..." sogar patentrechtlich gegen ihn vorzugehen, da dies nach seiner Ansicht einen technischen Rückschritt bedeutete. MAAG entgegnete 1917 während seines Vortrages in Winterthur: „... was könnte unsinniger sein, als die Forderung, daß z.B. ein Trambahnritzel so zu verzahnen sei, daß es sagen wir mit einem Drehbankvorgelegerad von zufällig gleicher Teilung zusammenlaufen könnte. Mit genau demselben Recht könnte gefordert werden, daß die Zylinder eines stationären Dieselmotors ohne weiteres auch in einem Flugzeugmotor gleicher Bohrung eingebaut werden könnten".

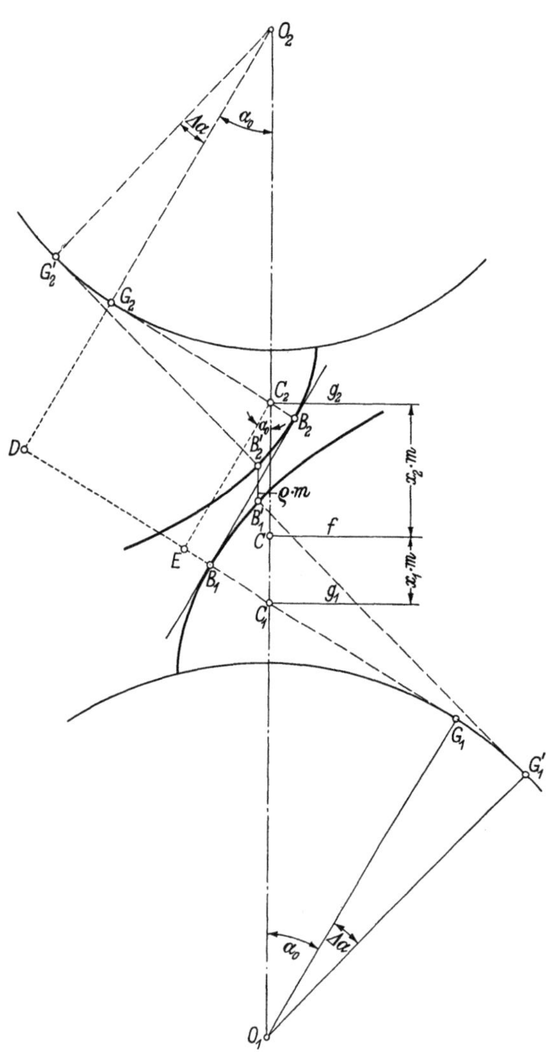

Bild 167. Figur zur Analyse der Maag-Verzahnung von HEINRICH BRANDENBERGER 1928

MAAG fährt 1917 fort:

„In diesem wie in jenem Falle handelt es sich vielmehr darum, die für einen bestimmten Zweck verwendeten Organe gerade so auszubilden, daß sie zur Erreichung dieses Zweckes bestmöglichst geeignet sind. Wenn es sich dann einmal, wie z. B. bei Wechselrädern von Drehbänken, darum handelt, daß wirklich alle Räder des Satzes beliebig unter sich gepaart richtig zusammenlaufen sollen, so rüstet man eben die Räder mit Satzverzahnung aus, was natürlich nach meinem Verfahren ebensogut möglich ist als nach irgendeinem anderen, aber ebenso natürlich den teilweisen Verzicht auf bestmögliche Zahnformen und Eingriffsverhältnisse nach sich zieht".

Die Brauchbarkeit der Maag-Zahnräder sprach sich schon vor dem ersten Weltkriege herum. MAX MAAG hatte das Wesen der Zahnradindustrie und ihre Möglichkeiten so früh erkannt, daß sein Haupterfolg erst in den zwanziger Jahren eintrat. Aber schon 1918 stellte seine Maag-Zahnräder AG auf der Baseler Mustermesse einige besondere Musterstücke aus: ein Pumpengetriebe mit $z = 10$, ein Turbo-Reduktionsgetriebe für 7500/15 000 Umin mit geschliffenen Stirnrädern, und ein Ritzel für die Druckölpumpe der weltgrößten Dampfturbine zu 60 000 PS, „... das auf der ganzen Welt nur von der Maag-Zahnräder AG bearbeitet werden konnte ...". Maag-Zahnräder bewährten sich danach in Kraftfahrzeug- und Straßenbahngetrieben. 1921 arbeiteten 65 schweizerische Straßenbahnverwaltungen mit Maag-Getrieben. Zu dieser Zeit lieferte auch die Zahnradfabrik Friedrichshafen (ZF) in Deutschland Maag-Ritzel, z.B. an die Nürnberg-Fürther Straßenbahn.

Wir sind jetzt durch MAX MAAG bereits so tief in das Wesen der Profilverschiebung eingedrungen, trotzdem wir erst die Zeit zwischen 1908 und 1917 haben, daß wir die Betrachtungen hier schon abbrechen könnten. Vor dem ersten Weltkriege lieferten schon mehrere Zahnradfabriken korrigierte Stirnräder, von denen wir nennen AEG 1899, Stolzenberg 1902, Werkzeugmaschinenfabrik Oerlikon 1912, Prometheus um die gleiche Zeit. Später kamen noch hinzu Pfauter, Reinecker und ZF. Bei Friedr. Stolzenberg & Co in Berlin rechnete man den korrigierten Kopfkreis-Durchmesser zu $d_k =$ $= 0{,}937 \cdot d_t + 4 \cdot M$, wobei $d_t =$ Teilkreis-Durchmesser. Seit 1913 rechnete man nach einer ähnlichen Formel des Professors EMILE TOUSSAINT $d_k = M \cdot (0{,}933 \cdot Z + 4)$. Die Allgemeinkenntnisse über Zahnhöhenkorrekturen und ihre mathematischen Zusammenhänge verbreiteten sich aber nur sehr langsam. 1908 kannte man in Deutschland als Achsabstand s für korrigierte Räder und bei der Zahndicke im Modulkreis $d > \pi/2 \cdot m$ die

Faustformel $s = \left(\dfrac{z_1 + z_2}{2} + 0{,}5\right) \cdot m$. Sie liefert Näherungswerte, die bis zu 3 mm un

genau sind[1]. Bei spielfreien Getrieben muß aber das Stichmaß genau sein. Daher probierte man in der Praxis das richtige Stichmaß an Musterrädern aus. Die Herstellung korrigierter Evolventen-Zahnräder war im Wälzverfahren mit schneckenförmigem, geradflankige Werkzeug durch Abrücken wohl möglich. Aber es änderten sich damit zwangsläufig die Rad- und Getriebeabmessungen gegenüber der Normalverzahnung. Die Abmessungen solcher Zahnräder konnte man also erst nach dem Probieren mit Musterrädern in die Zeichnung eintragen. So gingen auch Spezialfirmen wie Ludwig Loewe oder Schuchardt & Schütte in Berlin vor. So weit wie MAX MAAG in Zürich war man eben vielerorts noch nicht! In Deutschland, wie in England, suchte man nach Abstellung dieses heute unvorstellbaren Zustandes. Unvorstellbar in Hinsicht auf Austauschbau, Genauigkeit und flüssige Arbeit im Konstruktions- und Arbeitsvorbereitungs-Büro. Merkwürdigerweise gab in Deutschland die feinmechnische Industrie den Anstoß zur Entwicklung eines Verfahrens, das die mathematischen Zusammenhänge zwischen Frästiefe, Zahndicke, Flankenspiel und Achsabstand wiedergibt. Der Direktor des Werner-Werkes von

---

[1] Noch Mitte März 1919 gibt der Berliner Direktor der Stock-Motorpflug AG, Dr. KARL SCHMIDT (geboren am 8. Juli 1876 in Frankfurt a.M.), als Berechnungsformel des Teilkreis-Durchmessers für korrigierte Stirnräder die Formel $d' = z \cdot m \left(\dfrac{1{,}1526}{z} + 0{,}9711 \, z\right)$. Sie ergibt für $z = 40$ den normalen Teilkreis-Durchmesser $d = z \cdot m$.

Siemens & Halske AG in Berlin Dr. phil. ADOLF FRANKE (1865 bis 1940) beauftragte 1917 den Berliner Ingenieur MAX FÖLMER (1873 bis 1941) mit der Lösung dieser Aufgabe. Für seine Präzisions-Zahnradgetriebe brauchte FRANKE vollkommene Spielfreiheit. Der Auftrag an FÖLMER kam im Moment, als die deutsche Zahnradnormung vorbereitet wurde, anläßlich der verschiedene Forschungsarbeiten in den technischen Zeitschriften erschienen. Das Ergebnis seiner Arbeit bei Siemens faßte FÖLMER 1919 in der Zeitschrift „Der Betrieb" zusammen:

1. Vorschläge und theoretische Grundlagen zu einem erweiterten Evolventen-Modulsystem für Stirnrädergetriebe, Jg. 1, Heft 5 Seite 107—112

2. Ein neues Rechenverfahren für Evolventen-Stirnrädergetriebe, Jg. 1, Heft 11 Seite 265 bis 274.

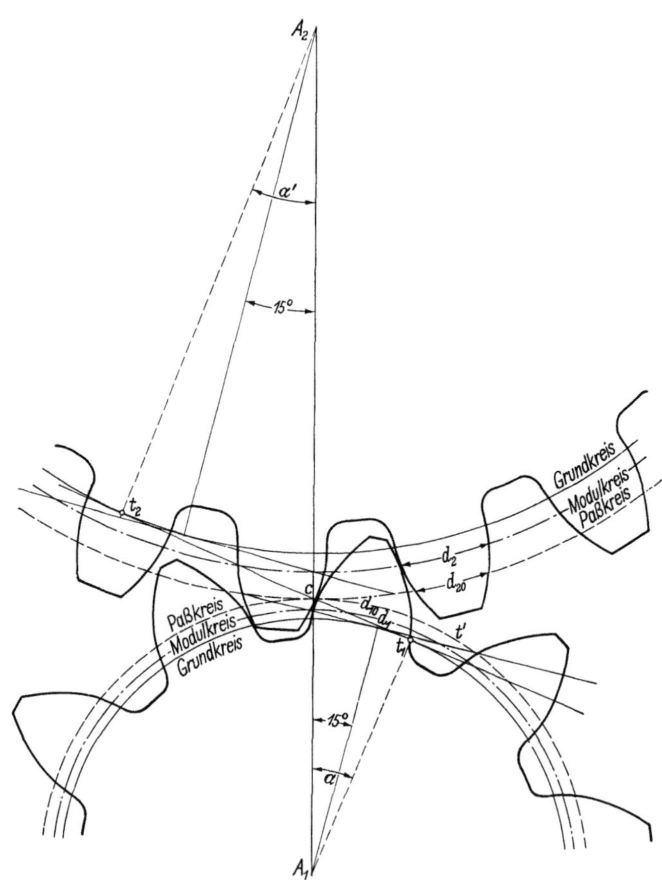

Bild 168.   Ermittlung der Modulkreise, Paßkreise und Zahndicken bei *V*-Getrieben
von MAX FÖLMER 1919

MAX FÖLMER leitet sein System, später im DNA-Arbeitsausschuß „Zahnräder" „Fölmer"-System bzw. -Verzahnung genannt, mit der Festlegung von Begriffen ein, ohne die eine moderne Zahnradtechnik später undenkbar sein sollte. So prägt er im Januar 1919 vor allem den deutschen Fachbegriff „Vau-Rad" bzw. „Vau-Getriebe" im Gegensatz zum „Null-Rad" bzw. „Null-Getriebe". „Null-Räder" haben eben keine Profilverschiebung, das „Vau" der „Vau-Räder" trägt den Sinn von „verschoben".

Tabelle 33. *Kennzeichen der Vau-Räder von Max Fölmer 1919*

	Zähnezahl z	Vergrößerung v	Zahndicke d
Null-Rad	$z \geqq 25$	$v = 0$	$d = \dfrac{\pi}{2} \cdot M$
Vau-Rad	$8 \leqq z \leqq 25$	$v = \dfrac{53 - 2z}{100}$	$d = \left(\dfrac{\pi}{2} + v\right) \cdot M$

Ferner hatten wir schon im Kapitel 2.17 die Evolventenfunktion von FÖLMER kennengelernt. Sie bildet die Grundlage seines Korrektur- oder Vau-Systems. Denn seine „Systemzahl" τ ist eine Funktion von $\delta\psi$, und ψ wiederum ist seine Evolventenfunktion $\operatorname{tg}\alpha - \widehat{\alpha}$. FÖLMER berechnet 1919 den Achsabstand und das Winkelspiel sog. „korrigierter" Verzahnungen. Er setzt Evolventenzähne voraus im Verhältnis

$$\frac{\text{Grundkreishalbmesser } g}{\text{Modulkreishalbmesser } r} = 0{,}966 = \cos 15°.$$ Laut Bild 168 ist der Achsabstand

$s = (1 + \tau) \cdot (r_1 + r_2)$, wobei τ = relative Achsabstandsvergrößerung, d.h. um wieviel der Achsabstand größer ist als die Teilkreisradiensumme. Aus den Dreiecken $t_1 C A_1$ und

$t_2 C A_2$ in Bild 168 ergibt sich die relative Halbmesseränderung zu: $\tau = \dfrac{s - (r_1 + r_2)}{r_1 + r_2}$.

Die für Null- wie Vau-Getriebe geltende Gleichung der Zahndicke schreibt FÖLMER allgemein $d = (\pi/2 + v) \cdot M$, wobei v = Vergrößerungszahl und M = Modul. Bei Null-Rädern ist $v = 0$, bei Vau-Rädern ist $v > 0$, also $d > \pi/2 \cdot M$. Die „Zahnverdickung" auf dem Teilkreise ist demnach $v \cdot M$ (mm). Diese Fölmer'sche Vergrößerungszahl v hatte 1919 folgendes Aussehen:

Tabelle 34. *Vergrößerungszahl v nach Fölmer um 1919*

Zähnezahl	8	10	12	15	20	24	25	30	Formel
$v_{Pfauter}$	0,402	0,367	0,332	0,284	0,198	0,13	0,115	0,029	$\dfrac{\varnothing - \text{Vergr.}}{3{,}732}$
$v_{Fölmer}$	0,37	0.33	0,29	0,23	0,13	0,05	—	—	$\dfrac{53 - 2z}{100}$

Werte für v in Abhängigkeit zur Zahndicke auf dem Kopfkreis siehe auch Bild 169. Für das Flankenspiel σ_1 im Winkelmaß schreibt MAX FÖLMER im Juni 1919 unabhängig vom Modul $\sigma_1 = \dfrac{2}{z_1} \cdot [(z_1 + z_2)\,\delta\psi - (v_1 + v_2)]$, wobei $\delta\psi = \dfrac{x_1 + x_2}{z_m} \cdot \operatorname{tg}\alpha$. Für spielfreien Eingriff erhält man die relative Achsabstandsvergrößerung τ_0 aus

$s_0 = (1 + \tau_0) \cdot \dfrac{z_1 + z_2}{2} \cdot M$. Der Eingriffswinkel α' wird dann aus $\cos\alpha' = \dfrac{g}{r'} = \dfrac{0{,}966}{1 + \tau_0}$

berechnet. Die Werte für τ_0 entnimmt er dem Diagramm Bild 169, das wir schon im Kapitel 2.17 zusammen mit der Evolventenfunktion brachten.

Laut Bild 170, auf dem alle von FÖLMER 1919 benutzten Größen verzeichnet sind, verbinden sich Werkzeugabrückung x bzw. Vergrößerung des Fußkreishalbmessers f, sowie die Zahnverdickung $v \cdot M$ im Modulkreis bei einem 15°-Fräser zu der Gleichung $x = {}^1/_2 \cdot v \cdot M \cdot \operatorname{ctg} 15°$. Das wirkliche Kopfspiel δ' berechnet er aus $\delta' = s - (k_1 + f_2) + y$, wobei s = Achsabstand, k_1 = Kopfkreisradius Ritzel, f_2 = Fußkreisradius Rad,

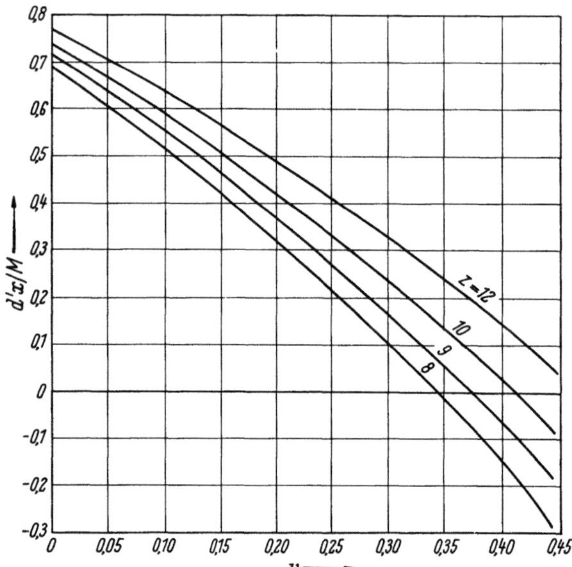

Bild 169. Zahndicke auf dem Kopfkreis in Abhängigkeit von der „Vergrößerungszahl" v nach der Gleichung $\delta = (1 + \tau) \cdot (d - 2 \cdot r \cdot \delta\psi)$ von MAX FÖLMER 1919

y = Zahnkürzung bei kleiner Zähnesumme. Jetzt sind die Kopfkreis-Durchmesser anstatt $2\,k$ nur $2\,k' = 2k - 2y$, die Zahnhöhe = Frästiefe anstatt h nur $h' = h - y$. Es ist

$$\delta' \approx 0{,}15 \text{ bei } M > 1{,}5$$
$$\delta' \approx 0{,}35 \text{ bei } M \leqq 1{,}5$$

Eine Kopfkürzung ist notwendig bei:

M	δ'	$z_1 + z_2$
$> 1{,}5$	$\approx \frac{1}{10} \cdot M$	$\leqq 36$
$\leqq 1{,}5$	$\approx \frac{1}{8} \cdot M$	$\leqq 30$

Die Kürzungszahl y drückt sich aus durch die Formel

$$\frac{2 \cdot y}{M} = (v_1 + v_2) \cdot 3{,}73 - (z_1 + z_2) \cdot \tau - 0{,}15$$

Zum erleichterten Wählen von v_1 gibt FÖLMER eine Kurvenschar nach Bild 169, die aus der Gleichung $\delta = (1 + \tau)\,(d - 2r \cdot \delta\psi)$ berechnet ist.

Durch sein System ermöglicht es FÖLMER 1919, durch Abrücken des normalen Wälz-Formfräsers Vau-Räder herzustellen und ihn ferner so auszubilden, daß auch im Teilverfahren noch acht- und neunzahnige Räder gefräst werden können. Es lassen sich nicht allein die Hauptabmessungen Achsabstand, Eingriffswinkel und

Tabelle 35. *Grundgleichungen für korrigierte Verzahnungen von Max Fölmer 1919*

	Vergrößerungszahl v	Kopfkreis-Durchmesser $2k$	Zahndicke d	Systemzahl	Achsenabstand s	Eingriffswinkel α
Null-Rad $z \geqq 25$	0	$(z + 2) \cdot M$	$\dfrac{\pi}{2}\,M$	$\delta\psi = 0,\ \tau = 0$	$\dfrac{z_1 + z_2}{2} \cdot M$	$\alpha = 15°$ $\cos \alpha = 0{,}966$
Vau-Rad $8 \leqq z \leqq 25$	$\dfrac{53 - 2z}{100}$	$\left(z + 2 + \dfrac{3{,}732 \cdot v}{\text{ctg } 15°}\right) \cdot M$	$\left(\dfrac{\pi}{2} + v\right) \cdot M$	$\delta\psi = \dfrac{v_1 + v_2}{z_1 + z_2}$ $\tau = f\,(\delta\psi)$	$\dfrac{z_1 + z_2}{2} \cdot M\,(1 + \tau)$	$\alpha = 15°$ $\cos \alpha = \dfrac{0{,}966}{1 + \tau}$

d, Zahnlücke 1 und Zahnverdickung $v \cdot M$ sind auf dem Modulkreis $2r = M \cdot z$ nach Bild 168 gemessen.

Flankenspiel vorausberechnen, es erlaubt auch nachträgliche Änderungen der Übersetzung ohne Anwendung anormaler Moduln und ohne Änderung des Achsabstandes; andererseits läßt sich bei vorgeschriebenem Achsabstand und Übersetzung eine bestimmte Zahnstärke einhalten durch entsprechendes Wählen von v.

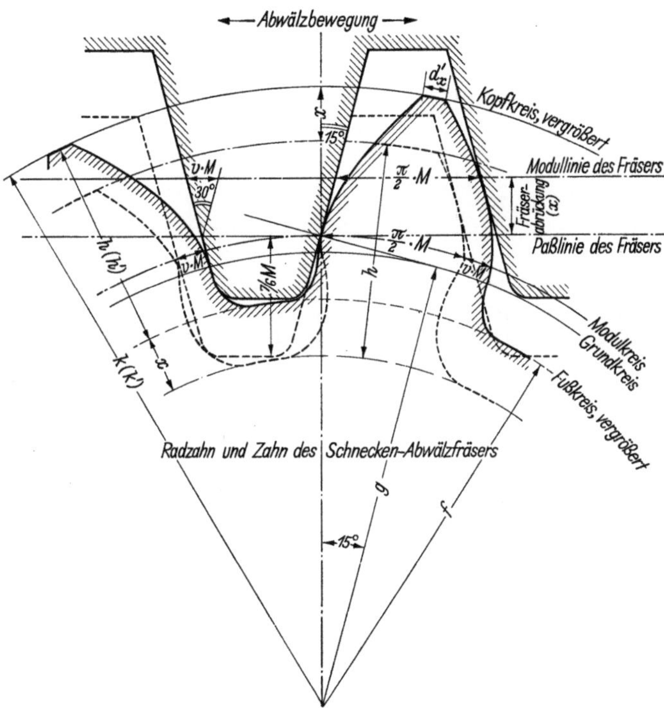

Bild 170.   Verminderung des Unterschnittes und Verstärkung des Zahnes durch Abrückung des Abwälzfräsers nach Max Fölmer 1919

Fölmer ist schon 1919 davon überzeugt, „... daß das Anwendungsgebiet von Zahnrädern mit wenigen, dafür aber kräftigen und genau profilierten Zähnen (V-Rädern) außerordentlich erweiterungsfähig ist ...". Den Grund für die damals seltene Anwendung von Vau-Getrieben sieht er neben dem hohen Preis genau gehobelter Räder auch in ihrer bisher umständlichen, unklaren Berechnungsweise. Für sein Vau-System genügen normale Werkzeuge. Fest steht: Fölmer gehört mit diesen klärenden, exakten Arbeiten neben Euler (1762), Kaestner (1781), v. Langsdorf (1802), Wiebe (1861), Reuleaux (1865), Hartmann (1893), Stribeck (1894) und Lasche (1899) zu den großen Vätern wissenschaftlicher Verzahnungslehre in Deutschland. Denn er fügte unserer Zahnradtechnik einen wichtigen Baustein an, auf den sich auch die deutsche Zahnradnormung gründen konnte.

Zur gleichen Zeit wie Fölmer bemühte sich der technische Leiter der Berliner Zahnradfabrik Stolzenberg & Co, Ob.-Ing. Wilhelm Jung, um eine Erweiterung der AEG-Verzahnung, die ja nur den Korrekturfaktor 0,5 kennt. Er möchte kein Berechnungsverfahren über die Zahnhöhenkorrektur, sondern fertig abzugreifende Korrekturwerte für die Werkstätten anschreiben. Daher gibt er eine Tafel, (s. Tabelle 36). Sie ist die erste Korrekturtafel in der deutschen Literatur. In ihr ist die Profilverschiebung mit Zähnezahl und Übersetzung veränderlich. Wie die Verzahnung nach seiner Tabelle vom

Tabelle 36. *Erste veröffentlichte deutsche Korrekturtafel von Wilhelm Jung 1919 (Auszug)*

Zähnezahl	12	13	14	15	16	17	18
25	0.110	0.101	0.093	0.085	0.076	0.068	0.060
26	0.118	0.109	0.101	0.903	0.084	0.076	0.068
27	0.126	0.117	0.109	0.101	0.092	0.084	0.076
28	0.134	0.125	0.117	0.109	0.100	0.092	0.084
29	0.142	0.133	0.125	0.117	0.108	0.100	0.092
30	0.150	0.142	0.134	0.125	0.117	0.109	0.101
31	0.159	0.150	0.142	0.134	0.125	0.117	0.109
32	0.167	0.158	0.150	0.142	0.133	0.125	0.117
33	0.175	0.166	0.158	0.150	0.141	0.133	0.125
34	0.184	0.175	0.167	0.159	0.150	0.142	0.134
35	0.193	0.184	0.176	0.168	0.159	0.151	0.143
36	0.201	0.192	0.184	0.176	0.167	0.159	0.151
37	0.210	0.201	0.193	0.185	0.176	0.168	0.160
38	0.218	0.209	0.201	0.193	0.184	0.176	0.168
39	0.227	0.218	0.210	0.202	0.193	0.185	0.177
40	0.235	0.226	0.218	0.210	0.201	0.193	0.185

Sie ergab den Wert in mm, um welchen der Zahnkopf des Ritzels verlängert, der des Rades verkürzt werden mußte. Die Tafel wurde in der Berliner Zahnradfabrik Friedr. Stolzenberg & Co. benutzt.

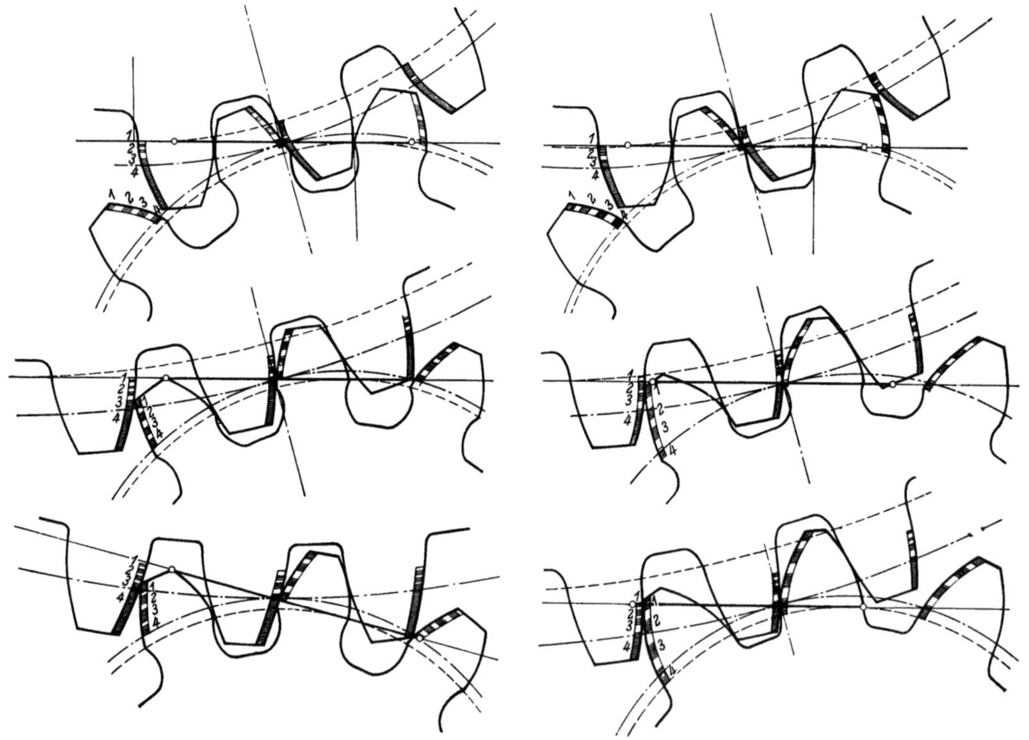

Bild 171. Vergleich nicht korrigierter und nach Tabelle 36 korrigierter Zahnräder mit den Zähnezahlen 12:25, 12:45, 12:70 nach WILHELM JUNG 1919

Januar 1919 im Vergleich zur unkorrigierten aussieht, zeigt Bild 171. JUNG empfiehlt abschließend, die Korrektur nicht weiter zu treiben als in seiner Tabelle, da sonst die Zähne der Ritzel zu spitz werden.

Aus dem Kapitel 2.17 ist erinnerlich, daß zur gleichen Zeit in England ähnliche Zusammenhänge gefunden und dargestellt wurden, vor allem von Arthur Fisher.

Während man bei Fölmer mit Wälz- und Scheibenfräsern korrigierte Verzahnungen herstellte, benutzte man in USA zu dieser Zeit für Räder mit $z < 26$ abgeänderte Werkzeuge; die dortigen vier Großfirmen korrigierten verschieden, worüber Einzelheiten nicht bekanntgegeben wurden. Man ging dabei von den vier Systemen aus, die wir schon im Kapitel 2.21 kennenlernten. Im Oktober 1925 normte die AGMA eine korrigierte $14^1/_2°$-Verzahnung, nachdem die $20°$-Kurzverzahnung schon im April 1924 angenommen war.

In Deutschland meldeten zu Beginn der zwanziger Jahre einige Zahnradhersteller korrigierte Evolventenverzahnungen zum Patent an, zum Beispiel:

	Firma	DRP	Erfinder	Bezeichnung
1923	Stolzenberg & Co.	423 518	B. Franz	SR-Verzahnung
1924	ZF Friedrichshafen AG	471 121	H. Hofer	B-Verzahnung

Bernhard Franz findet 1923 das Fölmer-Verfahren für die allgemeine Praxis zu schwierig in der Handhabung. Außerdem schließt es ein Satzrädersystem aus. Auch das ältere Maag-Verfahren hält er für zu kompliziert und zu spezialisiert. Seine SR-Verzahnung ist eine korrigierte $15°$-Verzahnung mit Satzrädereigenschaft. Darin nennt er den Profilverschiebungs-Faktor $y - x$. Dann wird der Achsabstand beider Räder

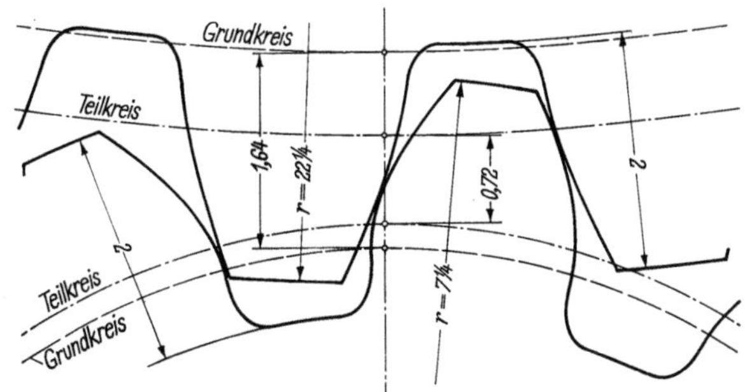

Bild 172. Profil der SR-Verzahnung von Bernhard Franz 1923 bei 12 : 42 Zähnen

$E = z + (y - x)$. Die Grundkreise rücken weiter auseinander, wodurch sich auch der Eingriffswinkel α vergrößert. Bei mittleren und kleinen Zahnsummen von Räderpaaren fallen im Fölmer-System von 1919 die Zahnkopfhöhen veränderlich aus, so daß sie sich nur von Fall zu Fall bestimmen lassen. Zum Beispiel ist der für 12 : 12 passende Zahn für 12 : 60 zu kurz. Ist also in diesen Fällen auch y veränderlich, so sorgt Franz in seinem Patent von 1923 dafür, daß nur noch x mit der Zähnezahl veränderlich bleibt. Für das Verhältnis von Kopf- bzw. Fußkreis zum Teilkreise bildete er einen konstanten Wert, der auch y enthält. So kann Franz für alle Zähnezahlen die Veränderliche und den Achsabstand E festlegen. Der Außen-Durchmesser ist in allen Fällen (Zähnezahl $+ 2,5$) mal Modul, die Zahnhöhe zweimal Modul. Bei korrigiertem Rad plus Zahnstange ist $x = 0$, der Eingriffswinkel α gleich dem Werkzeugflankenwinkel β, also $\alpha - \beta = 0$. Die Winkel $\alpha - \beta$ verändern sich genauso wie x. Bei Franz wird also jedes Rad um einen, vom Modul abhängigen, Betrag im Durchmesser vergrößert hergestellt und dann nach dem Wälz- oder Teilverfahren auf gleicher Zahnhöhe für alle Räder verzahnt. Damit ist die SR-Verzahnung von 1923 die erste Satzräderverzahnung mit Profilverschiebung, vielleicht nach Max Maag.

Den Profilverschiebungsfaktor der ZF-A-Verzahnung hatte HERMANN HOFER auf konstant ± 1 gesetzt. Bei seiner ZF-B-Verzahnung von 1924 verteilte er die Eingriffsstrecken gleichmäßig zum Wälzpunkt. Dadurch sollten die Zahnreibungskräfte ein konstantes Kräftepaar bilden, es sollte allein die konstante Normalkraft wirken (s. Bild 173).

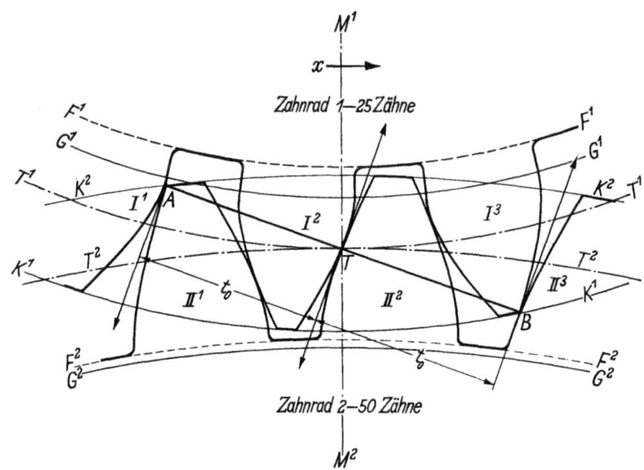

Bild 173.   ZF-*B*-Verzahnung von HERMANN HOFER 1923 bei 25 : 50 Zähnen

Die kleinste mögliche Zähnezahl war hier $z_{\min} = \dfrac{2\,\pi}{\mathrm{tg}\,\alpha_0} \cdot$ B-Verzahnungen waren als Null- oder Vau-Verzahnungen ausführbar. Sie legten den Überdeckungsgrad $\geqq 2{,}0$ zugrunde. Die jeweiligen Kopfkreis-Durchmesser waren:

Null-Verzahnung $d_{k1} = m_g \sqrt{z_1{}^2 + (z_1 \cdot \mathrm{tg}\,\alpha_0 + 2\,\pi)^2}$

Vau-Verzahnung $d_{k1} = 2 \sqrt{t_e{}^2 + r_{v1}{}^2 - 2 \cdot t_e \cdot r_{v1} \cdot \cos(90 + \alpha_v)}$

Die Eigenschaften der ersten korrigierten Verzahnungen im Vergleich zu den Nullverzahnungen bis zur Mitte der zwanziger Jahre zeigt Bild 174. Hierin bedeuten:

a)	15° — Nullverzahnung nach GRANT	1885
b)	20° — Nullverzahnung nach DIN 867	1927
c)	AEG-Verzahnung	1899
d)	Maag-Verzahnung	1908
e)	Fölmer-Verzahnung	1919
f)	Stumpf-Verzahnung nach AGMA-Norm	1924
g)	ZF — *A*-Verzahnung	1919
h)	ZF — *B*-Verzahnung	1924

So begann die selbstverständliche Anwendung der Profilverschiebung in der Industrie. Da ihre Formeln und Daten aber geheimgehalten wurden, ging seit 1922 von den Technischen Hochschulen das Bestreben aus, die Profilverschiebung zu berechnen und ihre mathematischen Zusammenhänge allgemein zugänglich zu machen. Im Juli 1922 begann der Professor für Maschinenelemente an der Technischen Hochschule Dresden KARL KUTZBACH (1875 bis 1942) als Angehöriger des DNA-Arbeitsausschusses „Zahnräder" mit weiteren grundlegenden Arbeiten. Sie wurden in der Fachwelt bekannt durch die Aufsätze:

1922   Bezeichnungen und Vorschriften für die Verzahnung von Stirn- und Kegelrädern, veröffentlicht in Maschinenbau/Gestaltung 1 (1922) H. 7 Seite 412—422

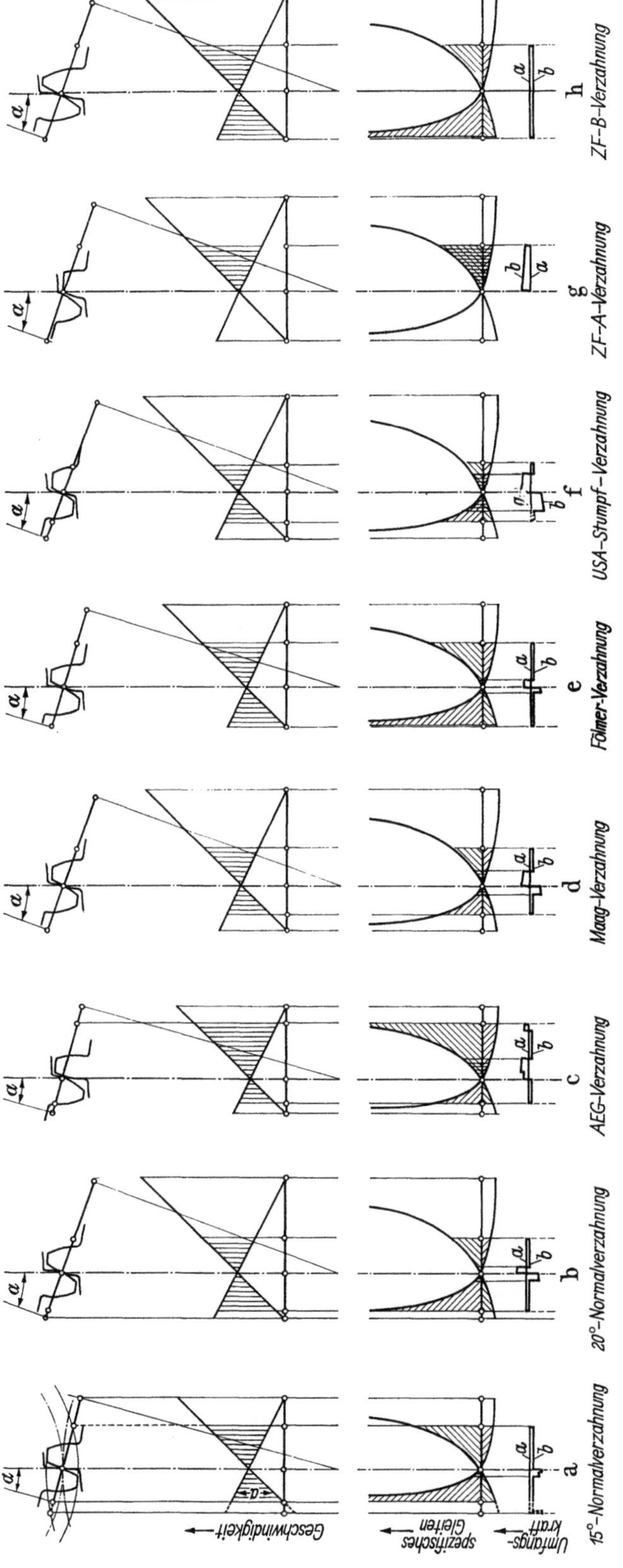

Bild 174. Eigenschaften der bekannten Verzahnungen 1885 bis 1927 mit $m = 10$ und $i = 18:36$

Die Strecken a sind Relativgeschwindigkeiten in den beiden Verzahnungsberührungspunkten. Beim spezifischen Gleiten bedeuten die doppelten Schraffuren Teile der Eingriffslinie, bei denen nur ein Zahnpaar im Eingriff ist. Beim Verlauf der Umfangskräfte während eines Eingriffs bedeuten a treibendes Ritzel, b getriebenes Rad.

1923   Gesichtspunkte für die Normung der Zahnform von Satzrädern, veröffentlicht in Maschinenbau/Gestaltung 2 (1923) H. 16 Seite 626—629; H. 21 Seite 839—846.

1924   Grundlagen und neuere Fortschritte der Zahnrädererzeugung, veröffentlicht in Z. VDI 68 (1924) Nr. 36 Seite 913—920, Nr. 41 Seite 1075—1081, Nr. 42 Seite 1105.

Aus diesen Aufsätzen entstand als selbständige Broschüre der erweiterte Sonderdruck:

1925   Grundlagen und neuere Fortschritte der Zahnraderzeugung, nebst 2 Anhängen: Begriffe und Bezeichnungen für Stirn- und Kegelräder, Die Benutzung der Evolventenverzahnung für kleine Zähnezahlen (Zahnkorrektur). Berlin: VDI-Verlag 1925.

Die letzte Veröffentlichung wurde für die deutschen Fachleute zu einem wichtigen Leitfaden, den man kurz „den Kutzbach" nannte. Die gesamte Behandlung des Stoffes durch KARL KUTZBACH gipfelte im Juli 1929 in seiner Norm DIN 870 „Berechnung der Profilverschiebung bei Evolventenverzahnung".

Nachdem er die Bezeichnungen koordiniert hatte, definiert KUTZBACH 1922 die Profilverschiebung mit $\pm x \cdot m$, wobei er x als Profilverschiebungsfaktor bezeichnet. Aufbauend auf FÖLMER's Gliederung in Vau- und Nullräder unterscheidet er bei den Vau-Rädern noch Vau-Plus- ($x > 0$, größere Zahnstärke und Kopfhöhe) und Vau-Minus-Räder ($x < 0$), falls x positiv oder negativ sind. Ferner schafft er den Begriff von Vau-Null-Getriebe für die beiden Fälle, daß

a) z_2 mit negativer Profilverschiebung $= z_1$ mit positiver Profilverschiebung ist, so daß $x_1 + x_2 = 0$ wird

b) bei Innenverzahnung $x_1 - x_2 = 0$ wird, so daß beide Räder Vau-Plus-Räder sein können.

Die Vau-Getriebe definiert KARL KUTZBACH 1922 als Getriebe mit verschobenen Radmitten $a \neq a_0$, also auch $x_1 + x_2 \neq 0$. Allgemein schreibt er mit den beiden Profilverschiebungen $x_1 \cdot m$ und $x_2 \cdot m$ im gemeinsamen Bezugsprofil die Gleichung für den Achsabstand mit $a_p = a_0 + (x_1 + x_2) \cdot m$. Die getrennte Profilanlage der Verzahnungen verlangt die Verschiebung einer Radmitte, so daß der neue Achsabstand heißt:

$$a_v = a_0 + (x_1 + x_2) \cdot m - \varkappa \cdot m = a_0 + \lambda m = (z_m + \lambda) \cdot m, \text{ wobei bedeuten } z_m = \frac{z_1 + z_2}{2},$$

$\lambda = x_1 + x_2 - \varkappa$, $\pm \varkappa \cdot m =$ Achsverschiebung und $\pm \lambda \cdot m =$ Teilkreisabstand. Die Achsverschiebung $\varkappa \cdot m$ und der Teilkreisabstand $\lambda \cdot m$ berechnen sich aus dem Verlauf der Evolvente, wie ihn MAX FÖLMER (1873 bis 1941) angegeben hatte. FÖLMER arbeitete 1919 noch mit den Bezeichnungen: Vergrößerungszahl $v = 2x \cdot \mathrm{tg}\,\alpha$, relative Stichmaßvergrößerung $\tau = \dfrac{\lambda}{z_m}$ und einer Kennzahl $\delta\psi = \dfrac{x_1 + x_2}{z_m} \cdot \mathrm{tg}\,\alpha$. KUTZBACH suchte sie 1922 durch bequemere Beziehungen zu ersetzen und gab dementsprechend eine neue Zahlentafel für $\alpha = 15°$ und die wichtigsten Zahnsummen an. 1924 formulierte außerdem der Jenaer Zeiss-Mathematiker Dr. JOSEF GECKELER (1897 bis 1952) noch die allgemeine Näherungsgleichung $\lambda \approx \dfrac{x_1 + x_2}{\sqrt[4]{1 + \dfrac{52 \cdot (x_1 + x_2)}{z_1 + z_2}}}$.

Die λ-Werte für $\alpha = 15°$ und $20°$ weichen nur unbedeutend voneinander ab.

Tabelle 37. *Profilverschiebungsfaktoren x nach Karl Kutzbach 1922 und 1929*

	15°	20°	15°	20°	15°	20°
x	$\dfrac{25-z}{30}$	$\dfrac{14-z}{17}$	$\dfrac{25-\dfrac{z}{\cos^3\beta}}{30}$	$\dfrac{14-\dfrac{z}{\cos^3\beta}}{17}$	$\dfrac{25-\dfrac{z_1}{\cos\delta_1}}{30}$	$\dfrac{14-\dfrac{z_1}{\cos\delta_1}}{17}$
	Geradzahn-Stirnräder 1922		Schrägzahn-Stirnräder 1929		Geradzahn-Kegelräder 1929	

Bei Vau-Getrieben unterscheidet KARL KUTZBACH 1922 drei Fälle:

1. z_1 ist Vau-Rad, z_2 Null-Rad. Dieser Fall reicht in die Anfänge der Zahnhöhenkorrektur zurück, wie im Kapitel 2.21 behandelt.

2. beide Räder sind Vau-Räder, ihre Profilverschiebungen heben sich aber nicht auf. Dies ist das Fölmer-Verfahren von 1919.

3. zwecks Erreichung eines verlangten oder vorhandenen Achsabstandes muß Profilverschiebung gewählt werden.

Punkt 3 erwies sich in der Kutzbach'schen Behandlungsweise als der wichtigste. Seine $\varkappa$- und λ-Werte aus der Zahlentafel von 1922 wandelt er 1929 in die neuen Größen für die Achsverschiebung B bzw. B_v um. Beim Nullgetriebe berührten sich die Teilkreise noch im Wälzpunkt C, so daß der Achsabstand wäre bei

$$\text{Geradverzahnung} \quad a_0 = \frac{z_1 \pm z_2}{2} \cdot m \qquad\qquad \text{Schrägverzahnung} \quad a_0 = \frac{z_1 \pm z_2}{2 \cdot \cos\beta} \cdot m \,.$$

Beim Vau-Getriebe nach Bild 175 ist der Abstand zwischen den beiden Wälzpunkten C_1C_2 gleich der Summe der Profilverschiebungen mit den neuen Bezeichnungen $C_1C_2 = (x_1 + x_2) \cdot m = B \cdot a_0$. KUTZBACH setzt 1929 das a_0 aus obiger Gleichung ein und erhält den Achsverschiebungsfaktor zu $B = 2 \cdot \dfrac{x_1 + x_2}{z_1 \pm z_2}$. Laut Bild 176a kann aber eine Verschiebung des Teilkreis-Halbmessers O_1C_1 nach $O_1'C_1'$ möglich werden, wodurch der Teilkreisabstand ohne Flankenspiel ist $C_1'C_2 = B_v \cdot a_0 = \dfrac{x_1 + x_2}{\dfrac{B}{B_v}} \cdot m.$

Decken sich die Bezugsprofile, so ist nach Bild 176a der Achsabstand O_1O_2:

$a_p = a_0 + B \cdot a_0 = a_0 + \dfrac{x_1 + x_2}{B/B_v} \cdot m.$ Die Teilkreispunkte C_1' und C_2 sind vom Betriebswälzpunkt C_b um die Beträge $B_v \cdot r_1$ und $B_v \cdot r_2$ entfernt. Das Verhältnis von B/B_v gibt KUTZBACH 1929 gemäß der Näherungsgleichung nach JOSEF GECKELER von 1924 in Tabelle 38. Der Achsabstand wird dann $a = a_0 \cdot (1 + B_v)$, die Verringerung der Zahnhöhe $h - h_v = x_1 + x_2 - (a_v - a_0)$. Mit der Gleichung für die Zahnhöhe läßt sich die Profilverschiebung des zweiten Rades zum gegebenen errechnen. B_v bzw. B kann man auch aus Bild 176b ablesen, wenn einer der beiden Werte bekannt ist. Für den häufigsten Fall, daß die Profilverschiebungsfaktoren x bekannt sind, gibt KARL KUTZ-BACH 1929 u. a. die Tabelle unter Bild 175 an. Die Hauptabmessungen der korrigierten Räder berechnen sich dann nur noch mit dem Rechenschieber. Übrigens wirkte bei

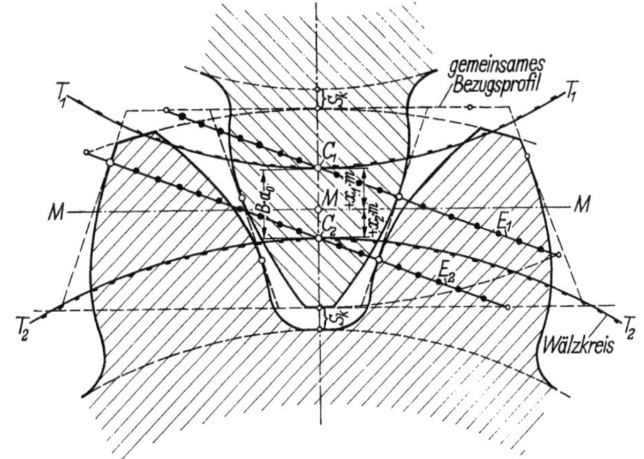

Bild 175. V-Getriebe bei Deckung ihrer Bezugsprofile nach KARL KUTZ-BACH 1922

T_1 und T_2 Erzeugungswälzkreise (Teilkreise), C_1 und C_2 Wälzpunkte, E_1 und E_2 Eingriffs-linien mit dem Bezugsprofil, MM = Profil-mittellinie, $x_1 \cdot m$ und $x_2 \cdot m$ = Profilverschie-bungen, S_k = normales Kopfspiel

$z_1 + z_2$	$x_1 + x_2$	B	B_v	k
28	—	—	—	—
27	$0{,}059 = \dfrac{1}{17}$	0,00 44	0,00 43	0,00 08
26	$0{,}118 = \dfrac{2}{17}$	0,00 90	0,00 87	0,00 35
25	$0{,}177 = \dfrac{3}{17}$	0,01 41	0,01 35	0,00 82
24	$0{,}235 = \dfrac{4}{17}$	0,01 96	0,01 83	0,01 45
23	$0{,}294 = \dfrac{5}{17}$	0,02 55	0,02 36	0,02 25
22	$0{,}354 = \dfrac{6}{17}$	0,03 22	0,02 92	0,03 24
21	$0{,}412 = \dfrac{7}{17}$	0,03 93	0,03 50	0,04 38
20	$0{,}471 = \dfrac{8}{17}$	0,04 70	0,04 12	0,05 72
19	$0{,}530 = \dfrac{9}{17}$	0,05 58	0,04 82	0,07 20
18	$0{,}588 = \dfrac{10}{17}$	0,06 52	0,05 56	0,08 90
17	$0{,}647 = \dfrac{11}{17}$	0,07 57	0,06 34	0,10 76
16	$0{,}706 = \dfrac{12}{17}$	0,08 80	0,07 23	0,12 82
15	$0{,}765 = \dfrac{13}{17}$	0,10 20	0,08 19	0,15 07
14	$0{,}824 = \dfrac{14}{17}$	0,11 77	0,09 27	0,17 63

diesen Arbeiten KUTZBACHs seit 1921 sein Assistent, der heutige Obmann des DNA-Arbeitsausschusses Zahnräder Dr. ARNO BUDNICK, mit. Mit dem Kutzbach-Verfahren, den Formeln von JOSEF GECKELER und der Tabelle bei Bild 175 lassen sich also die folgenden beiden Aufgaben lösen:

1. Zahnhöhe h bzw. $h_v - h$ und Achsabstand a_v bei gegebenen Profilverschiebungen x_1 und x_2. Umgekehrt:
2. Summe der Profilverschiebungen $x_1 + x_2$ bei gegebenem Achsabstand a_v für Modul 1.

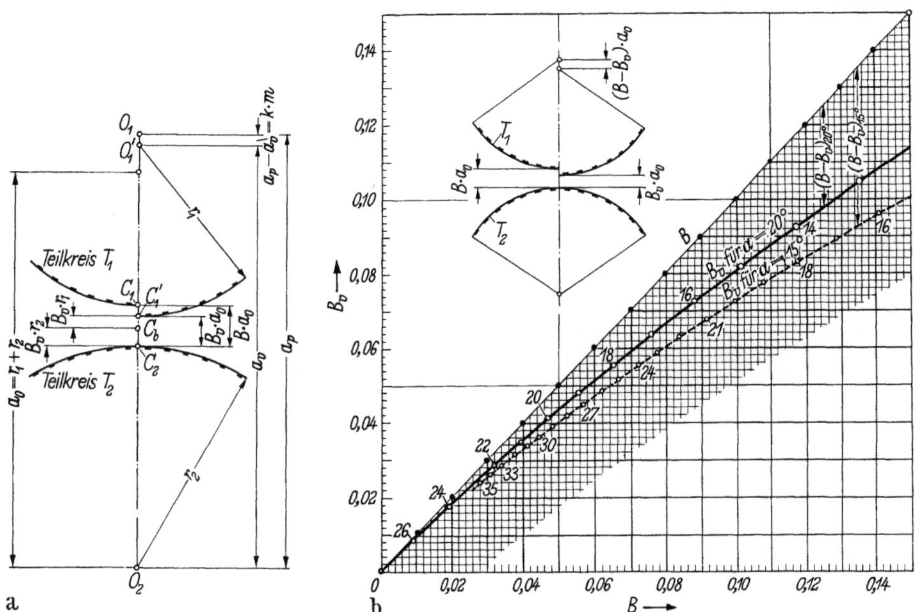

Bild 176.   Berechnung der Achsverschiebung nach KARL KUTZBACH 1929

a) Lage der Teilkreise bei V-Getrieben und Größe der Achsverschiebung $k \cdot m$, b) Verhältnis und Differenz der Faktoren B und B_v für $\alpha = 20°$ bzw. 15°. Für $\alpha = 20°$ siehe Tabelle in Bild 175 mit $B \cdot a_0$ und ohne Flankenspiel $B_v \cdot a_0$

Dieses Verfahren nach KUTZBACH erschien im März 1931 als DIN 870 und wird heute noch in der Praxis erwähnt. Schon während der dreißiger Jahre benutzte man die genauere Näherungsgleichung $B/B_v = 1 + 0{,}025 \cdot (\alpha_w° - 20°)$, wobei $\alpha_w° =$ Eingriffswinkel am Wälzkreise. Hier entfallen die lästigen Wurzeln.

Tabelle 38.   *Verhältniswerte $\dfrac{B}{B_v}$ von Karl Kutzbach 1929*

	15°	20°
$\dfrac{B}{B_v} \approx$	$\dfrac{\sqrt{1 + 26\,B}}{\sqrt{1 + 13\,B_v}}$	$\dfrac{\sqrt{1 + 18\,B}}{\sqrt{1 + 7\,B_v}}$

In England normte man 1932 die korrigierten Verzahnungen durch die BSS 436 von HENRY EDWARD MERRITT, die er 1940 verbesserte zu $x = 0{,}02\,(30 - z)$. Ferner beteiligte sich dort HARRY WALKER an der Entwicklung.

Daß man auch zwei voneinander unabhängige Eigenschaften der Verzahnung rechnerisch wunschgemäß vorausbestimmen kann, publizierte 1922 als erster exakt der Professor für Maschinenelemente an der deutschen Technischen Hochschule zu Prag Dr. ADALBERT SCHIEBEL (1872 bis 1932) in seinen Vorlesungen und Werken.

„Das gleichzeitige Einhalten der Forderungen $\sigma = 0$ und $\tau = 0$ führt zu einer Grenzausführung, die man als den günstigsten Fall bezeichnen kann." Mit σ meint er die Differenz der Zahnfußdicke bei Ritzel und Rad, mit τ den durch Unterschnitt wegfallenden Teil der Eingriffsstrecke. Nur die Zuspitzung der Zahnköpfe wirkt einschränkend, was 1919 schon MAX FÖLMER zeigte. SCHIEBEL fährt 1922 fort: „Eine Reihe von Vorteilen ist mit dieser Ausführung verknüpft. Die Profilabrückungen

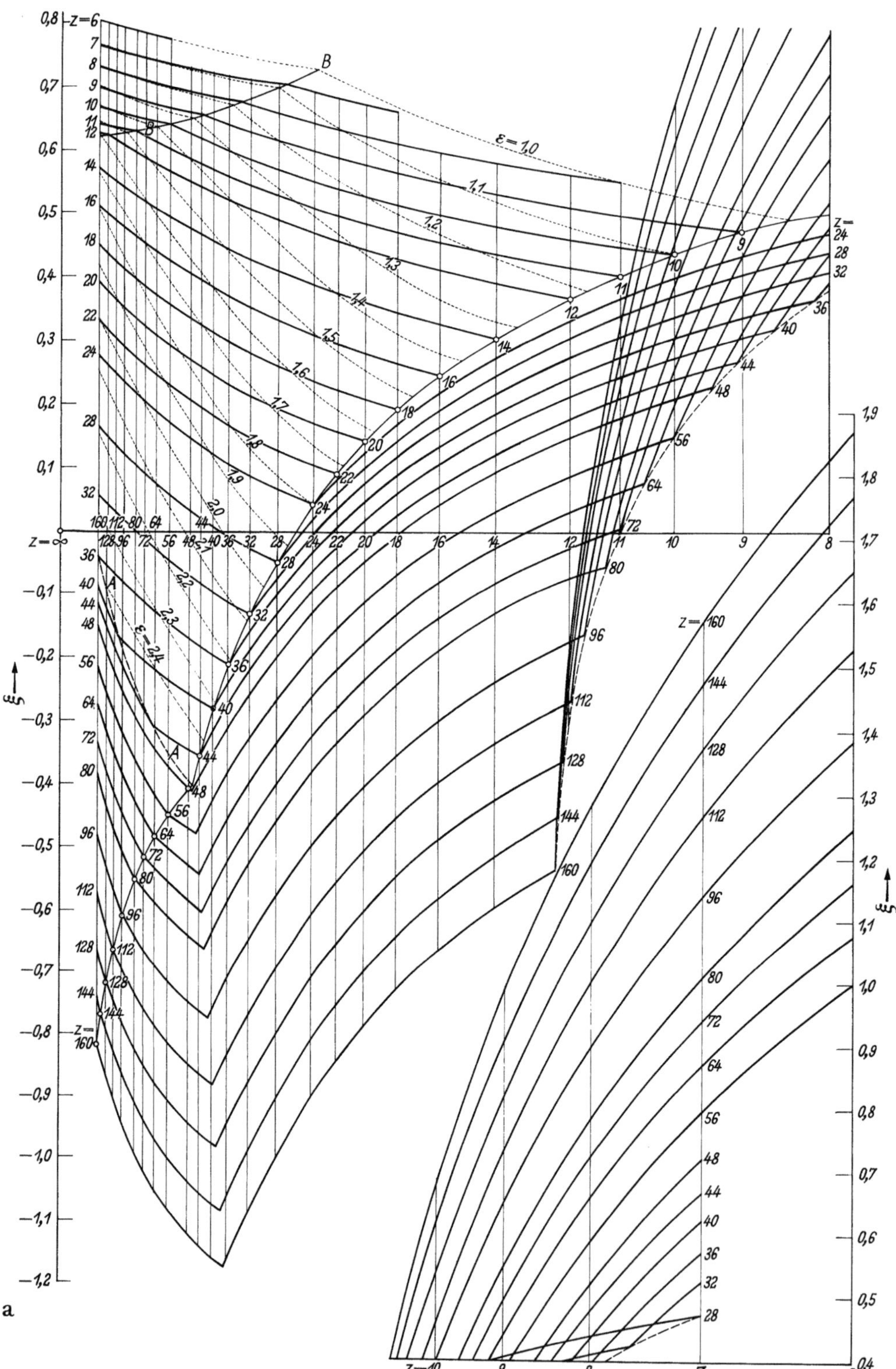

Bild 177. Diagramme zur Profilverschiebung nach ADALBERT SCHIEBEL 1922, bezogen auf den Modul

a) Aus dem Verlauf der Kurven sieht man die Veränderlichkeit der Abrückung bei verschiedenen Übersetzungen. Im linken Teil liegen die Profilabrückungen für das Ritzel, in der rechten für das Gegenrad. Die punktierte Kurvenschar im linken Teil zeigt die Eingriffsdauer ε. Aus der Lage eines Kurvenpunktes der Profilabrückung gegenüber zwei benachbarten ε-Linien läßt sich die Eingriffsdauer abschätzen. Die Kurve BB entspricht $\sigma = 0$. Das gleichzeitige $\tau = 0$ bestimmt die Profilabrückungen ξ_1 und ξ_2 im Gebiete spitzer Zähne.

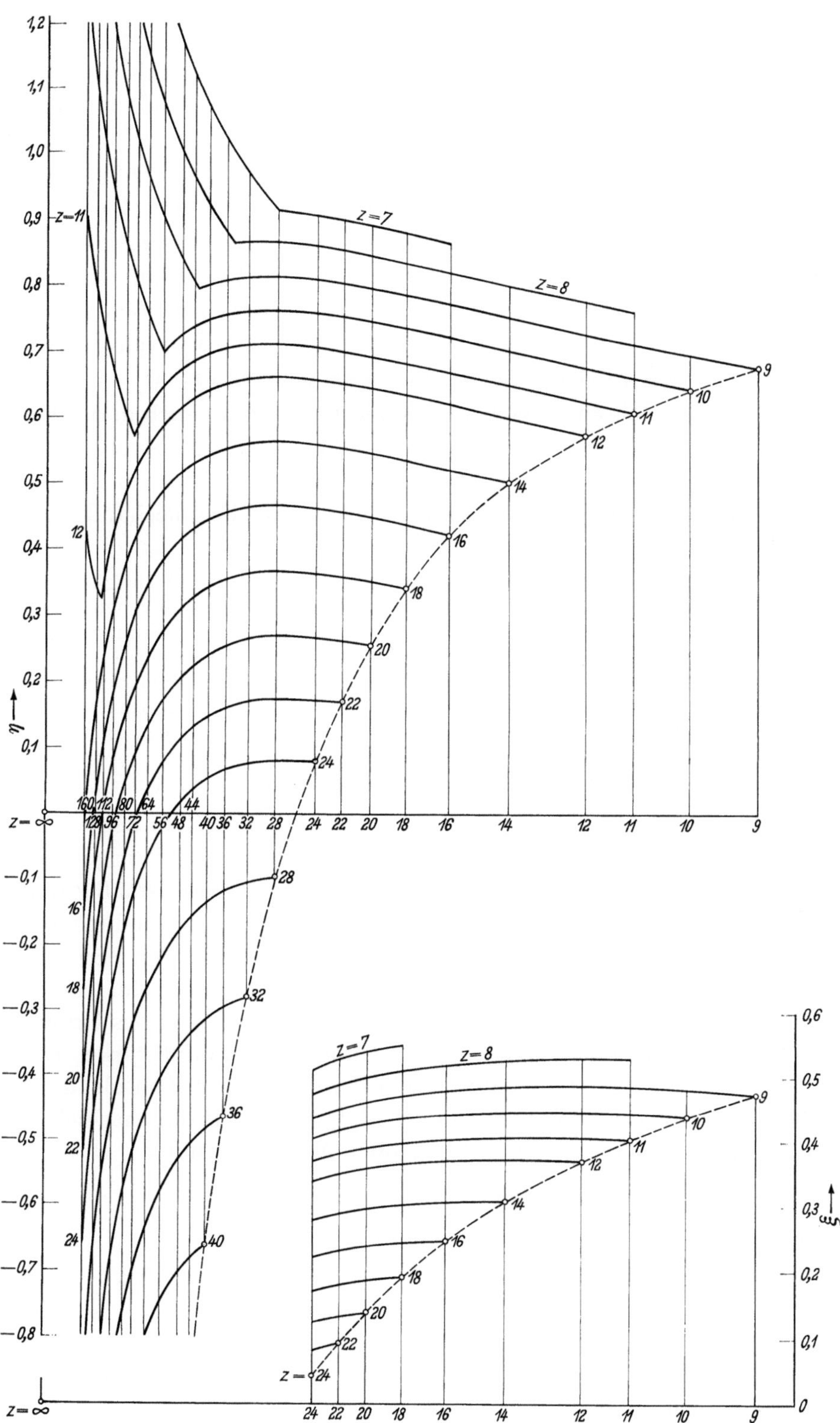

b) zeigt das bei a) fehlende Gebiet für $z < 24$ bis $z = 7$ deutlicher. An den Kurven stehen die Zähnezahlen des eingreifenden Rades.

c) zeigt die Verhältniswerte η der Radabrückung für spielfreien Gang, die die Profilabrückungen ξ von a) u. c) erfordern. Abszisse und Kurvenpunkt bestimmen in der Ordinate die Radabrückung des Getriebes für die zugehörigen Zähnezahlen.

fallen am kleinsten aus, welcher Umstand dadurch an Bedeutung gewinnt, als größere Abrückungen beim Schneiden mit Schneckenfräser Bearbeitungsfehler zeitigen. Diese kleinsten Profilabrückungen bedingen kleinsten Achsenabstand und kleinsten Eingriffswinkel α des Getriebes, so daß die Schräge des Zahndruckes nicht unnötig groß ausfällt. Vom kleinen Rad gelangt das ausgeschnittene Evolventenprofil in ganzer Länge zum Eingriff und die Eingriffsdauer nimmt einen Höchstwert an.‟

Um seine Näherungsrechnung aus den transzendenten Gleichungen bequem zugänglich zu machen, zeigt SCHIEBEL 1922 seine Ergebnisse in drei Schaubildern auf Bild 177. Die Abhängigkeit der Profilabrückung von Zähnezahl und Übersetzung drückt er durch eine Kurvenschar aus. Abszisse ist die Zähnezahl. Aus dem Kurvenverlaufe sieht man, wie sich die Abrückung bei verschiedenen Übersetzungen ändert.

Seit den dreißiger Jahren unseres Jahrhunderts ging man auch in der Feinmechanik bei kleinen Zähnezahlen zur Profilverschiebung über, als hier die Evolventenverzahnung Boden gewann. 1929 hatte sie MAX FÖLMER in einem ausführlichen Kapitel des ersten deutschen umfassenden Werkes über „Bau-Elemente der Feinmechanik‟ von RICHTER/ v. Voss behandelt. FÖLMER sagt darin:

> „Die Vauverzahnung ist für die Feinmechanik von besonderer Wichtigkeit. Sie ergibt bei spielfreien und hochübersetzten Präzisionszahngetrieben und Zahnstangengetrieben mit wenigzähnigem Kleinrade noch günstige Zahnformen, wo die übliche Normverzahnung nicht mehr genügt. Die Vauverzahnung erweitert auf einfache Art das Anwendungsgebiet der Evolventen-Satzräderverzahnung nach dem Gebiet der kleinen Zähnezahlen hin durch systematische Einreihung verbesserter Kleinräder mit verstärkten Zähnen, sog. Vauräder, in das 15°-Normsystem ... Zahnstangengetriebe der Feinmechanik, die gleichmäßig sanften Gang haben sollen, erhalten deshalb meist Vauschrägverzahnung ...‟.

Die Abhandlung FÖLMERS wurde in den späteren Auflagen des Werkes so sehr gekürzt, daß man seine Lehren in der Feinmechanik vergaß und erst in den vierziger Jahren wieder auf sie zurückkam. Trotz ihrer auch schon fast hundertjährigen Geschichte ist die Profilverschiebung für die Allgemeinheit eben eine verhältnismäßig junge Methode der Zahnradtechnik. Die Klagen über ihre nur zögernde Anwendung reichen bis in unsere Tage. Der Rechenaufwand wird gescheut. Aber bei großen Serien lohnt er sich auf jeden Fall. Die Bemühungen richteten sich daher auf immer einfachere Rechenverfahren. Meistens korrigierte man die Räder nur zur Vermeidung des Unterschnitts, der Automobilgetriebe-Hersteller bald zur Erhöhung der Zahnfußstärke. Die Zahnform näherte sich durch Profilverschiebung so sehr der dreieckigen Konsole, daß man sie für die Zahnfestigkeitstheorie heranzog. So erschloß sich die Profilverschiebung neue Anwendungsgebiete, die immer noch auf folgenden Mitteln beruhte:

1. nur Verschiebung der Zahnhöhe		
a) fester Wert	LASCHE	1899
b) veränderlicher Wert	FÖLMER u. JUNG	1919
2. nur Änderungen des Eingriffswinkels		
a) fester Wert	Nullverzahnungen	
b) veränderlicher Wert, beim Schneiden mit Einflanken-Werkzeug	PLESSING	1910
3. gleichzeitige Verschiebung der Zahnhöhe und Änderung des Eingriffswinkels beim Schneiden mit Profilwerkzeug	MAAG SCHIEBEL	1908 1922

Für die allgemeine Bekanntmachung der Zusammenhänge bei Zahnkorrekturen und ihrer Ergebnisse setzten sich nach dem zweiten Weltkriege in Deutschland vor allem zwei Wissenschaftler ein: der Direktor der Rheinischen Ingenieur-Schule Bingen,

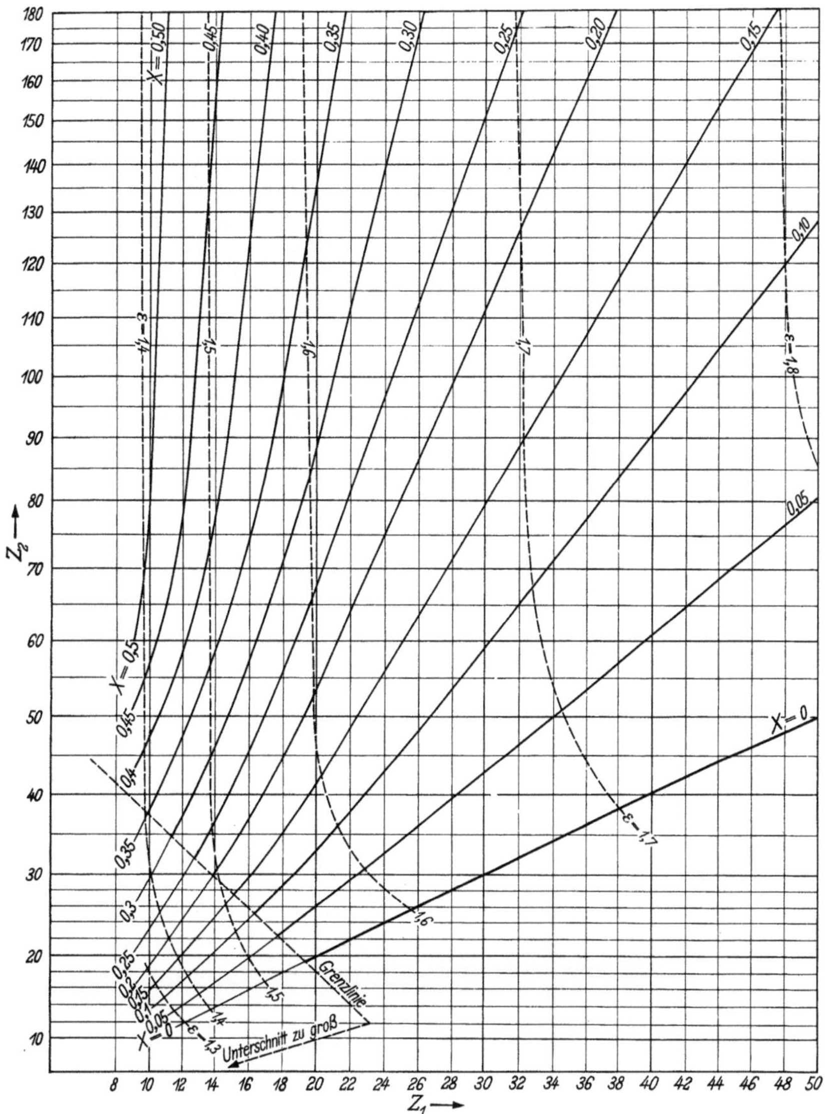

Bild 178. Profilverschiebungsfaktoren X nach Franz Killmann 1928 bei 20° Eingriffswinkel

Dr. Martin Bergsträsser, und der Ober-Ingenieur der Rheingetriebe GmbH Düsseldorf, Dr. Heinz Max Hiersig. Die fünf wichtigsten Arbeiten von Bergsträsser in dieser Richtung sind:

1939 V-Getriebe mit Geradzahn- und Schrägzahn-Stirnrädern, veröffentlicht in Maschinenbau/Getriebetechnik 7 (1939) H. 9 S. 465—468

1950 V-Verzahnung mit großen Profilverschiebungen, veröffentlicht in Z. VDI 92 (1950) Nr. 33 S. 952—956

1952 Evolventengeometrie für Stirnradgetriebe, veröffentlicht im VDI-Forschungsheft 436, Düsseldorf 1952, und Wege zur optiamlen Zahnform bei Evolventenverzahnung, veröffentlicht in Z. VDI 94 (1952) H. 2 S. 48/49

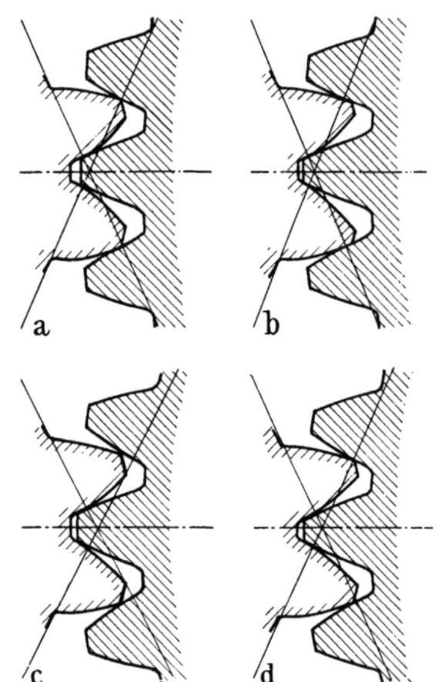

Bild 179. *V*-3 Verzahnung von Heinz Max Hiersig 1948 für $m = 10$

	z_1	x_1	z_2	x_2	a_v	ε
a	12	0,84	78	0,83	465	1,15
b	13	0,81	117	0,81	665	1,27
c	14	0,78	36	1,0	165	1,1
d	15	0,75	57	0,95	375	1,28

1955 Zahnräder mit Profilverschiebungen, veröffentlicht in Konstruktion 7 (1955) H. 9 S. 336—342.

Am wichtigsten ist Bergsträssers Bearbeitung der Evolventengeometrie für Stirnradgetriebe 1952. In ihr rät er davon ab, weiterhin die Näherungsgleichungen aus DIN 870 zu benutzen, dafür führt er α_w als unabhängige Veränderliche ein und berechnet die Achsverschiebungsfaktoren B und B_v in sechsstelligen Tafeln neu. Hierzu legt er die Gleichungen zugrunde

$$B = \frac{\mathrm{ev}\,\alpha_w - \mathrm{ev}\,\alpha_0}{\mathrm{tg}\,\alpha_0} \qquad B_v = \frac{\cos\alpha_0}{\cos\alpha_w} - 1$$

1947 hatte schon Curt Mehl eine Zahlentafel gegeben und 1952 stellte der Ober-Ingenieur der Zahnradfabrik Schwäbisch-Gmünd (ZF) Dr. Georg Dietrich die Summe der Profilverschiebungen $x_1 + x_2$ in einem Diagramm (Tafel 1 seines Werkes) dar, dessen Ablesegenauigkeit ausreicht.

1948 begründet Heinz Max Hiersig die Stirnradverzahnung mit großer Profilverschiebung, die er Vau-X-Verzahnung nennt. Hier werden die Zahnräder bei unverändertem Achsabstand a_0 des Nullgetriebes mit großen positiven Verschiebungen des Erzeugungsprofils geschnitten. Ähnliche Räder hatte die ZF schon während des 2. Weltkrieges ausgeführt. Als Gründe für dieses neue System führt Hiersig in den drei Arbeiten von 1949 und 1950 an:

1. Leistungssteigerung an hochbelasteten Zahnrädern. Ein Beitrag zur Frage der Zahngestaltung, veröffentlicht in Stahl u. Eisen 69 (1949) Nr. 20 S. 695—701
2. Wege zur Weiterentwicklung der Stirnradverzahnung, veröffentlicht in Z. VDI 91 (1949) H. 22 S. 559—566
3. Erhöhung der Tragfähigkeit bei Stirnradgetrieben. Anwendung günstigerer Zahnformen. Vortrag 6 der Fachtagung Zahnradforschung 1950 in Braunschweig.

Bei der Vau-X-Verzahnung tritt an die Stelle des zu vergrößernden Achsabstandes eine kleinere Zähnezahlsumme. Praktisch angewendet wurde aus diesem System bisher die V-3-Verzahnung, d.h. hier vermindert man die Zähnesumme im Getriebe um drei Zähne gegenüber dem entsprechenden Nullgetriebe gleichen Achsabstandes. Die gedrungene Gestalt der Hiersig-Verzahnung nach Bild 179 verspricht hohe Biegefestigkeit, ohne daß sich die Eingriffsdauer verkürzt.

Bergsträsser und Hiersig veranlaßten schließlich andere führende Wissenschaftler zur Behandlung der Profilverschiebung in ihrer vielfältigen Rücksicht, wie Professor

Dr. GUSTAV NIEMANN, Dr. HEINZ GLAUBITZ, ferner W. ASSMANN mit seiner V_e-Verzahnung 1950, WENDT mit seiner Demag-Norm 1951, KARL FRIEDRICH KECK 1952, Dr. GUSTAV GERKE mit seinen großen Profilverschiebungen in Getrieben von Mehrspindelköpfen 1953, Dr. HANS WINTER mit seiner „tragfähigsten Evolventenverzahnung" 1954 und Baurat Dr. WOLFRAM LINDNER, der 1954 die Profilverschiebung in vier Diagrammen mit Verbesserung von zwei und drei Eigenschaften darstellte. Wir konnten jedoch nur die deutsche Entwicklung schildern, da Methoden aus dem Auslande so gut wie gar nicht bekannt wurden. In der Schweiz trat 1952 der Zürcher Ingenieur ARTHUR BAUMGARTNER für eine Aufteilung des $(x_1 + x_2)$-Wertes bei $z > 16$ ein. In Frankreich gibt Professor GEORGES HENRIOT eine Vau-Null-Verzahnung an, die einen Ausgleich des spezifischen Gleitens anstrebt.

Alle Arbeiten auf dem Gebiet korrigierter Verzahnungen mußten schließlich in der Normung ihren Niederschlag finden. Der Arbeitsausschuß „Zahnräder" im Deutschen Normenausschuß konstituierte sich 1946 wieder unter folgenden Obmännern:

1946 bis 1948   Professor Dr. phil. GEORG WILHELM BERNDT, Technische Hochschule Dresden

1948 bis 1962   Direktor WALTHER KRUMME, W. Ferd. Klingelnberg Söhne in Hückeswagen

1962 bis heute   Dr.-ing. habil. ARNO BUDNICK, Pfauter Wälzfräsmaschinenfabrik in Ludwigsburg.

Besonders um 1955 wurden die Stimmen in Fachkreisen immer lauter, daß das Normblatt DIN 870 überholt sei. Es war zu sehr auf die Unterschnittsvermeidung zugeschnitten. So kritisierte Dr. MARTIN BERGSTRÄSSER 1955 direkt KARL KUTZBACH mit der Behauptung, „daß mit dem bisherigen Normblatt DIN 870 dem Konstrukteur keine hinreichende Anweisung in die Hand gegeben wurde, um die Vorteile der korrigierten Verzahnung gegenüber der Nullverzahnung in die Tat umzusetzen". 1955 stellte der Dozent an der Technischen Hochschule Braunschweig RUDOLF NOCH den Zusammenhang zwischen dem Abstand beider Teilkreise im Getriebe und der Profilverschiebung für Außen- und Innenverzahnung bei gerad- und schrägverzahnten Stirnrädern in einer Netztafel dar. Aus ihr lassen sich die Verzahnungswerte in genügender Genauigkeit sehr rasch ermitteln. Im April 1959 erschienen die Entwürfe für die Normblätter DIN 3994 und 3995 „Profilverschiebung bei geradverzahnten Stirnrädern mit 05-Verzahnung"[1]. Im August 1960 kam dann die neue Norm DIN 3960 heraus mit dem Titel „Bestimmungsgrößen und Fehler an Stirnrädern, Grundbegriffe"; in sie wurden die mathematischen Beziehungen zwischen Profilverschiebung, Achsenabstand und Pressungswinkel an den Wälzkreisen eingearbeitet. Ebenfalls im August 1960 folgte DIN 3992, mit der die Profilverschiebung an Außenverzahnungen gewählt werden kann.

2.24 Sonder-Verzahnungen für hohe Tragfähigkeit

Im 20. Jahrhundert hat sich die Evolventen-Verzahnung als wirtschaftlichste Verzahnung für die meisten Fälle eingeführt, wobei ihre Nachteile, und zwar Paarung von konvex-konvexen Flanken und Unterschnitt bei kleinen Zähnezahlen in Kauf genom-

---

[1] Sie besitzt eine konstante Profilverschiebung von $x = \pm\, 0{,}5$ bei $z \geqq 8$; ihre Fuß- und Flanken tragfähigkeit ist höher als die der 20°-Nullverzahnung DIN 867, besonders bei kleinen Zähnezahlen. Ferner erfüllt die 05-Verzahnung Satzradeigenschaften und soll überall dort verwendet werden, wo der Achsabstand nicht vorgeschrieben ist.

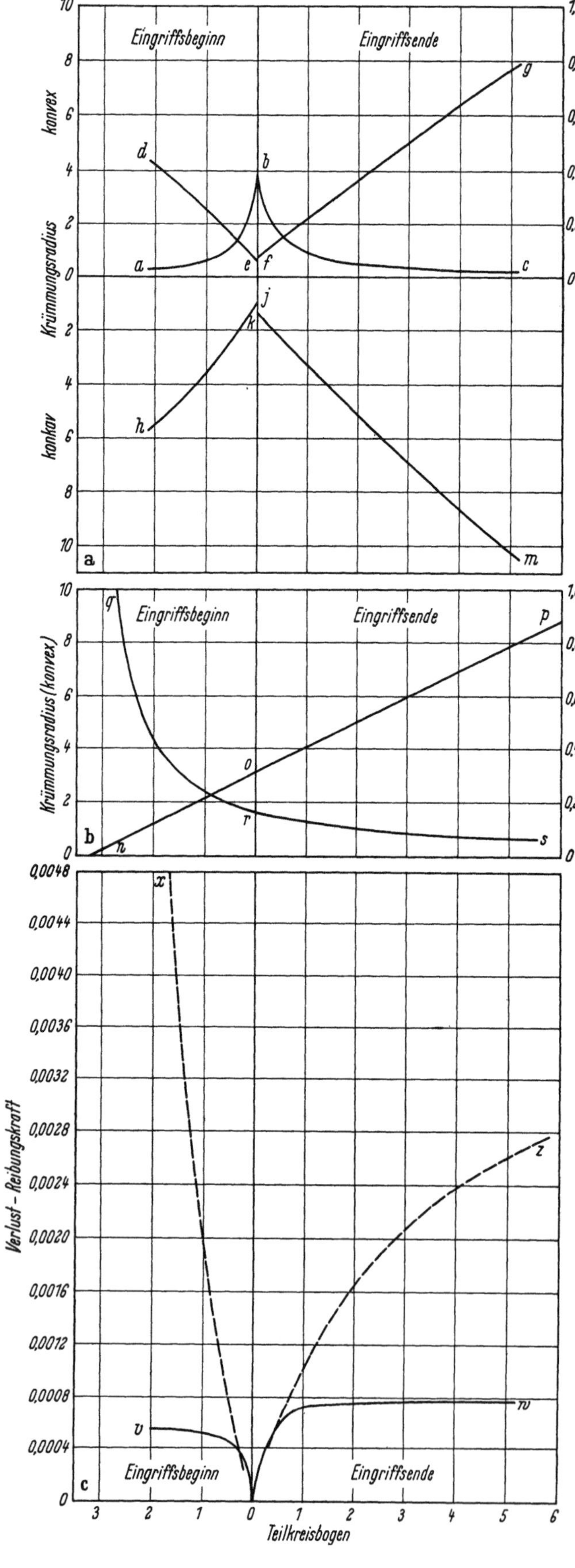

Bild 180. Konkav-konvexe Verzahnung von ROBERT HENRY SMITH 1912

a) Eingriffsdiagramm für die Zahnpaarung 12:40; hierin sind a, b und c Kurvenpunkte der Anschmiegung, d bis m sind die Kurven der Krümmungsradien, und zwar ist de die Kopfflanke des Rades, fg die Kopfflanke des Ritzels, hk die Fußflanke des Ritzels und jm die Fußflanke des Rades.

b) Zum Vergleich das Eingriffsdiagramm bei 15°-Evolventen-Verzahnung.

c) Vergleich der Reibungsverluste zwischen Smith-Verzahnung vw und 15°-Evolventen-Verzahnung xz.

men wurden. Daneben suchen laufend Ingenieure, für Sonderzwecke Spezialverzahnungen hoher Tragfähigkeit zu entwickeln.

Auf dieses Problem stieß zuerst der Engländer FRANK HUMPHRIS, der damals zu den führenden Getriebeingenieuren Englands zählte und 1907 mit seiner Humphris-Verzahnung für große Übersetzungen bekannt wurde. Es handelte sich hier um eine Paarung von Stiftritzel und Lochrad, womit der damals gefürchtete Unterschnitt vermieden werden sollte. Schon hier übertrugen den Zahndruck viel größere Flächen, außerdem griff er näher dem Zahnfuß an. Da Übertragungen großer Kräfte mit großen Übersetzungen immer wieder vorkamen, entwickelte seine Firma, die Humphris Patent Gear & Engineering Company Ltd. in London, diesen Gedanken weiter. Hier tat sich besonders ihr beratender Ingenieur ROBERT HENRY SMITH hervor. Er meldete im Februar

1912 ein britisches Patent auf Stirn- und Kegelräder mit geraden oder Triebstockzähnen an. Er paart in Ritzeln von kleinen Zähnezahlen konkav-konvexe Oberflächen. Damit verfolgt SMITH 1912 bereits das Ziel:

1. den Winkel vor der Mittelpunktslinie zu verringern, und den nach ihr zu vergrößern

2. eine engere Berührung zwischen den Zahnoberflächen während des ganzen Eingriffs zu erhalten.

Das 2. Ziel sichert SMITH dadurch, daß alle Flanken der Ritzel auf ihrer ganzen Länge vom Teilkreis zur Zahnwurzel konkav, die Zahnköpfe konvex sind; s. Bild 181. Dadurch kommt eine konkav-konvexe Berührung zustande, mit dem genauen mathe-

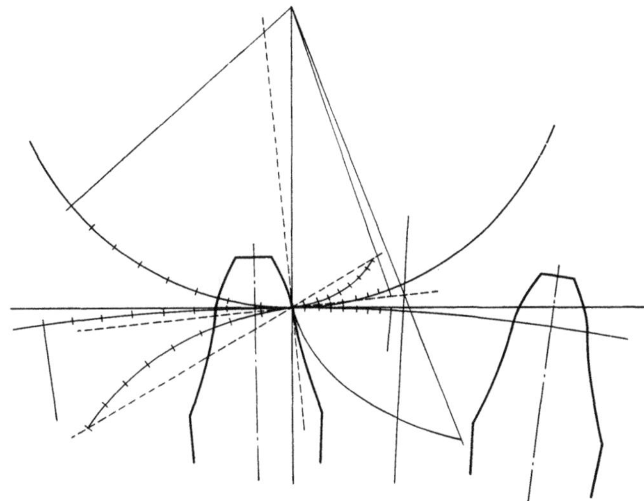

Bild 181. Beispiel für die Zahnform nach SMITH 1912 bei 6:45 Zähnen. Die Konstanten sind so gewählt, daß eine Konkavität in den Fußflanken beider Getrieberäder entsteht.

matischen Maß für die Anschmiegung $\frac{1}{2} \cdot \left(\dfrac{1}{\varrho_a} + \dfrac{1}{\varrho_b} \right)$, wobei ϱ_a und ϱ_b die Kurvenradien der Berührungsflächen sind, positiv bei konvexen und negativ bei konkaven Radien. SMITH faßt nun 1912 die Berührungsstrecke in Polarkoordinaten mit dem Pol im Wälzpunkt, einem Radius τ und der Winkelordinate i. Bezogen auf die Räder A mit Winkel α und B mit Winkel β lauten die Gleichungen für die Radien

$$\varrho_A = \frac{A \cdot \sin i}{1 + \dfrac{di}{d\alpha}} + \tau \qquad\qquad \varrho_B = \frac{B \cdot \sin i}{1 - \dfrac{di}{d\beta}} - \tau$$

Für den Fall konstanter Winkelgeschwindigkeiten sind die Differentialquotienten $\dfrac{di}{d\alpha}$ und $\dfrac{di}{d\beta}$ verbunden durch Gleichung $\dfrac{1}{A} \cdot \dfrac{di}{d\alpha} = \dfrac{1}{B} \cdot \dfrac{di}{d\beta}$. Um die Flanke an jedem Punkte konkav zu machen, d. h. ϱ_B negativ, schreibt SMITH 1912 die Ungleichung $\dfrac{di}{d\beta} < 1 - \dfrac{B \cdot \sin i}{\tau}$.

Er stellt fest: in allen bekannten Zahnformen sind die beiden Zweige des Eingriffes Rückkehr-Kurven oder -Geraden. Dies aus dem Grund, um zu sichern, daß

1. Vor- und Rücklauf gleich sind

2. die beiden Räder gleicher Teilung und Zähnezahl auch in ihrer Zahnform gleich sind, so daß sie beide aus der gleichen Schablone gegossen werden könnten.

In den Patenten von FRANK HUMPHRIS[1] sind die beiden Zweige des Berührungsverlaufes nicht gleich und auch nicht ähnlich, sie sind aber beide umkehrbar gleich und

---

[1] Britisches Patent No. 27 491 und 28 209 von 1907 und 22 535 von 1908.

ungleich und treffen sich tangential zueinander am Wälzpunkt, so daß doch eine kontinuierliche Kurve entsteht mit dem Eingriffspunkt im Wälzpunkt. Also kann auch ein solches Getriebe in beiden Richtungen arbeiten. Als Zahndicke empfiehlt SMITH 1912 am Ritzelzahn 0,7 bis 0,75 mal Teilung. Die Berührungsdauer nach der Mittelpunktslinie begrenzt sich durch die beschränkte Zahnhöhe am Ritzel und durch eine Eingriffslinie, die nicht zu schräg verlaufen darf, damit die Zahnreibung und der Druck in den Wellenlagern nicht zu groß wird. Die Eingriffslänge vor der Mittelpunktslinie ist in allen Fällen $1/_3$ Teilung, dahinter etwa $82^0/_0$ Teilung bei $z = 6$, etwa $92^0/_0$ Teilung bei $z = 12$ und steigt bei mehr Zähnen. Durch die Verkürzung der Eingrifflänge vor der Mittelpunktslinie auf $1/_3$ Teilung kann dieses Ende des Berührungsweges stark gekrümmt werden, ohne schräger als 30° zu werden.

In der normalen Evolventen-Verzahnung ist der Winkel i während des ganzen Eingriffs konstant, die Eingriffslinie gerade. Das führt für SMITH zu sehr schlechter Anschmiegung zwischen den berührenden Oberflächen, besonders nahe dem beginnenden Eingriff. Je schärfer der Berührungsweg gegen seine beiden Enden hin gekrümmt ist, desto inniger ist die Anschmiegung in der Nähe des Anfangs und Endes der Berührung. Diese Stellen des Eingriffs aber sind die wichtigsten, denn hier ist auch die Gleitgeschwindigkeit am größten.

Eine andere von der Evolvente verschiedene Zahnform gibt SMITH 1912 an durch Einführen einer Beziehung zwischen den Winkeln i einerseits, α und β andererseits, wobei sich i in konstantem Verhältnis zum Wachsen von α und β vergrößert. Durch diese Beziehung entsteht eine kurvenförmige Eingriffslinie und eine viel bessere Anschmiegung als bei Evolventenzähnen. SMITH drückt sie 1912 durch die Gleichung aus

$$i = i_0 + C_a \cdot \alpha = i_0 + C_b \cdot \beta$$

wobei i_0 = Komplementwinkel zum Eingriffswinkel im Wälzpunkt, C_a und C_b = Konstanten für die Radien A und B bei

Eingriff vor Wälzpunkt $C_a = \dfrac{A}{5,3}$ $C_b = \dfrac{B}{5,3}$

Eingriff hinter Wälzpunkt $C_a = \dfrac{A}{13}$ $C_b = \dfrac{B}{13}$

Die Erfindung von SMITH 1912 verlangt einen Eingriff, der in der Nähe des Wälzpunktes nur leicht kurvenförmig ist, sich aber gegen beide Enden stärker krümmt.

SMITH behauptete 1912 in seiner Patentschrift: bei allen möglichen Arten von Zahnformen, die die Bedingung konstanter Winkelgeschwindigkeit erfüllen, ist das Maß der Anschmiegung im Wälzpunkt immer gleich $\dfrac{A + B}{2 \cdot A \cdot B \cdot \sin i_0}$, wobei A und B = Radien beider Zahnräder. Dieses Gesetz ist vollkommen unabhängig von der Form des Berührungsweges und deshalb auch der Radzähne außer dem Divisor $\sin i_0$. Das Grundgesetz, dem alle Zahnradarten gehorchen müssen, bezeichnet das Differential oder die beliebig kleine Zunahme von τ als Polarkoordinate zur Eingriffstrecke mit den Radien und Winkelgeschwindigkeiten der Räder, und lautet:
$d\tau = A \cdot \cos i \cdot d\alpha = B \cos i \cdot d\beta$, wo $A \cdot d\alpha = B \cdot d\beta$ die kleinen Bögen sind, die sich über den beiden Teilkreisen abrollen, während τ mit $d\tau$ wächst. Das Integral gibt den Wert für τ bei jedem α und β. In allen Evolventen-Verzahnungen ist $B \cdot \sin i$ konstant und durchweg größer als τ, so daß konkave Fußflanken unmöglich sind. Die Gleichung

$\sin i = \sin i_0 + C_a \cdot \alpha^2 = \sin i_0 + C_b \cdot \beta^2$ ermöglicht sehr enge Anschmiegung. Die Gleichung kann arithmetisch oder graphisch integriert werden. Die einfachere Gleichung $\sin i = \sin i_0 + C_a \cdot \alpha = \sin i_0 + C_b \cdot \beta$ läßt sich nach $d\tau$ leichter integrieren und bei günstig gewählten Konstanten i_0, C_a und C_b kommen ebenfalls günstige Ergebnisse.

Aus den Gleichungen $\dfrac{di}{d\alpha} = \dfrac{C_a}{\cos i}$ und $\dfrac{di}{d\beta} = \dfrac{C_b}{\cos i}$ wird die Konkavitätsbedingung in den Fußflanken $C_b < \left\{ 1 - \dfrac{B \cdot \sin i}{\tau} \right\} \cdot \cos i$.

Man sieht: hier sind durch ROBERT HENRY SMITH bereits 1912 die Hauptgedanken über die moderne Kreisbogenverzahnung niedergelegt und sogar mathematisch formuliert.

Anfang Juli 1920 meldete die Pariser Motorenfabrik Gnome & Rhône eine Kreisbogenverzahnung zum Patent an. Mittelpunkt und Radius dieses Kreisbogens werden lt. Bild 182 wie folgt ermittelt: man legt an den Grundkreis die Tangente TX und zieht hierzu unter 30° die Gerade TY. Ein neuer Kreis um O berührt diese in C. Eine Gerade OC schneidet auch TX in K. Auf der Geraden OK trägt man nun von C aus in Richtung CK eine Strecke $\overline{CF} = \dfrac{\overline{CK}}{10\,m}$ an, wobei $m =$ Modul. Der Punkt F ist Mittelpunkt des Kreisbogens, der das Zahnprofil bildet; Radius dieses Kreisprofiles ist der Abstand TF.

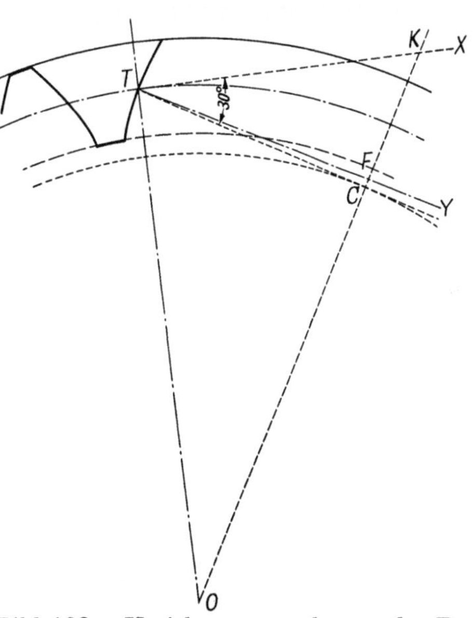

Bild 182. Kreisbogenverzahnung der Pariser Motorenfabrik Gnome & Rhône von 1920

Der Bedarf an hoch belastbaren, verschleißfesten Zahnrädern trat inzwischen besonders bei den Getriebe-Turbinen auf. Diese Antriebsart für Schiffe hatte sich als die wirtschaftlichste herausgebildet, aber hier waren große Kräfte bei hohen Geschwindigkeiten zu übertragen. Dadurch traten Schäden in den Getrieben auf, über deren Ursachen die Ingenieure zu Beginn der zwanziger Jahre unseres Jahrhunderts verschiedener Meinung waren. Klar sah die Dinge allerdings das damals führende englische Getriebe-Entwicklungsbüro zu Huddersfield, Bostock & Bramley. Ihre leitenden Partner FRANCIS JOHN BOSTOCK (1881 bis 1943) und SWINFEN BRAMLEY-MOORE (geb. 14. April 1883 in London) fanden es ungenügend, Zahnräder herzustellen, die nur dem allgemeinen Verzahnungsgesetz gehorchen. Sie fordern für die Praxis mehr, nämlich:

1. die Zahnprofile sollten nicht allein genau, sondern auch einfach hergestellt werden können

2. das Gleiten zwischen den Radzähnen sollte auf ein Minimum reduziert, damit der Verschleiß verringert, aber der Wirkungsgrad gesteigert werden

3. die beiden zusammenarbeitenden Zahnflächen an jedwedem Radpaare sollten sich eng aneinanderschmiegen, um ihre Tragfähigkeit zu steigern

4. die schräg liegende Eingriffslinie sollte so flach wie möglich liegen, um den Druck zu verringern, der die Getriebewellen zu trennen sucht

5. der Zahnquerschnitt sollte so fest wie möglich sein, um die Spannungen im Material zu verringern.

Bostock und Bramley-Moore wenden sich in ihrer britischen Patentschrift vom 2. Juli 1921 eindeutig gegen die Evolventen-Verzahnung. An dieser allgemein eingeführten Verzahnung stellen sie als Nachteile fest:

1. der Gleitanteil ist unangemessen hoch
2. die Profile sind immer konvex (im Falle der Zahnstange höchstens gerade)
3. zwei konvexe Oberflächen eignen sich nicht gut zum Tragen schwerer Lasten
4. stark belastete Evolventen-Zahnräder neigen in der Nähe des Teilkreises zu der eigentümlichen Grübchenbildung, ein Schaden, der durch die reibende Tätigkeit zweier konvexer Oberflächen entsteht.

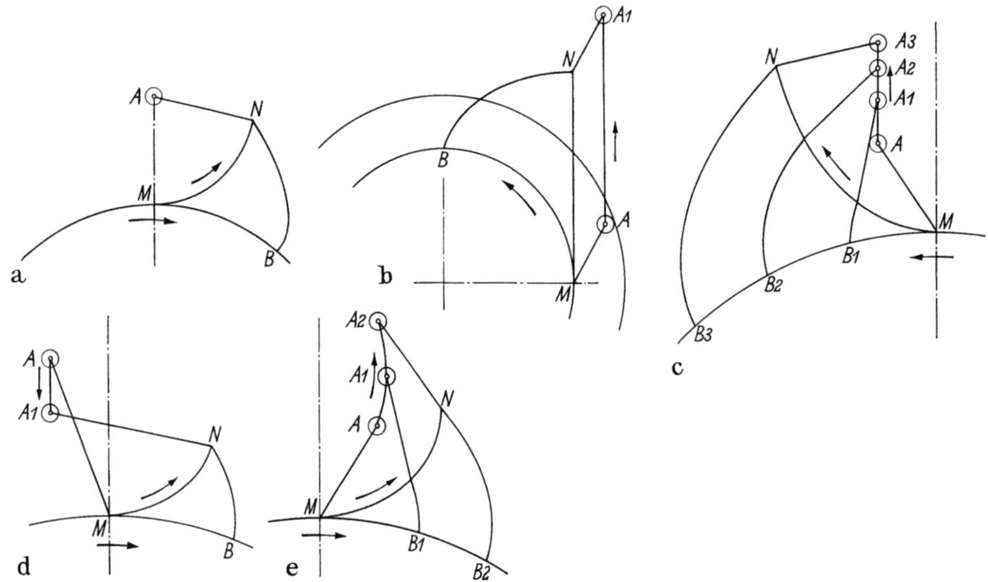

Bild 183.   Verzahnung von Bostock und Bramley-Moore 1921
a) Zykloiden-Verzahnung, b) Evolventen-Verzahnung, c) bis e) BB-Verzahnung.
In d) entspricht die Stellung A_1 der einhüllenden Zahnkurve BN, in e) bewegt sich der Drehpunkt A auf gekrümmtem Wege zum Punkte A_2. B_1 und B_2 entsprechen hier den Drehpunkt-Stellungen A_1 und A_2.

Einige Nachteile der Evolventenverzahnung lassen sich natürlich mildern, aber nie ganz ausschalten. Zykloidenzähne sind wegen ihrer Doppelkrümmung schwer genau und schnell herzustellen. Würde man dem einen Zahn die Form der Kopfflanke geben, und dem anderen die der Fußflanke, so würde die Eingriffslinie zu steil ausfallen. Auf diesem Wege käme man also auch nicht voran.

Bostock und Bramley-Moore schlagen daher 1921 eine Verzahnung vor, die ihren gestellten fünf Hauptforderungen an die Zahnradpraxis eher entspricht und die Nachteile speziell der Evolventen-Verzahnung vermeidet. Die Eigenschaften ihrer neuen Verzahnung sind:

1. sie ist leicht herzustellen
2. sie zeigt geringe Gleiterscheinungen
3. ihre Zahnprofile hüllen einander ein
4. der Zahnquerschnitt ist außergewöhnlich stark
5. ihre Eingriffslinie verläuft flach.

Das Wesen ihrer Verzahnung zeigen die Erfinder nun an Figuren, Bild 183. Auf ihnen bedeuten MN stets die Eingriffslinien, und BN die Zahnkurven (s. Bild 183 und 184).

Wegen des „einhüllenden Systems" der Verzahnung ist hier die Eingriffslinie bestimmt durch die kombinierten Bewegungen des Dreharmes AM und des Drehpunktes A. Wird AM gedreht, bewegt sich A entsprechend. Die einhüllenden Kurvenpunkte B_1 und B_2 sind Zwischenstationen der Drehpunkte A_1 und A_2.

BOSTOCK und BRAMLEY-MOORE zeigen 1921 in Bild 183 die kinematischen Folgen von Veränderungen an Zykloiden- und Evolventen-Verzahnungen im Vergleich zu ihrer Erfindung. In jedem Falle zu steil liegt die Eingriffslinie bei der Zykloiden-Verzahnung durch Verringern des Erzeugungskreis-Durchmessers bzw. des Grundkreises bei Evolventen-Verzahnung. Bei allen Änderungen am Dreharm AM oder am Wege des Drehpunktes A bleiben die Räder in jedem Falle Zykloiden- oder Evolventenräder. Bei der neuen Verzahnung von BOSTOCK/BRAMLEY-MOORE aber läßt sich die Länge des Dreharmes AM und der Weg des Drehpunktes A verändern, und welche Veränderungen auch immer gewählt werden mögen, die Art der Zahnkurve bleibt gleich.

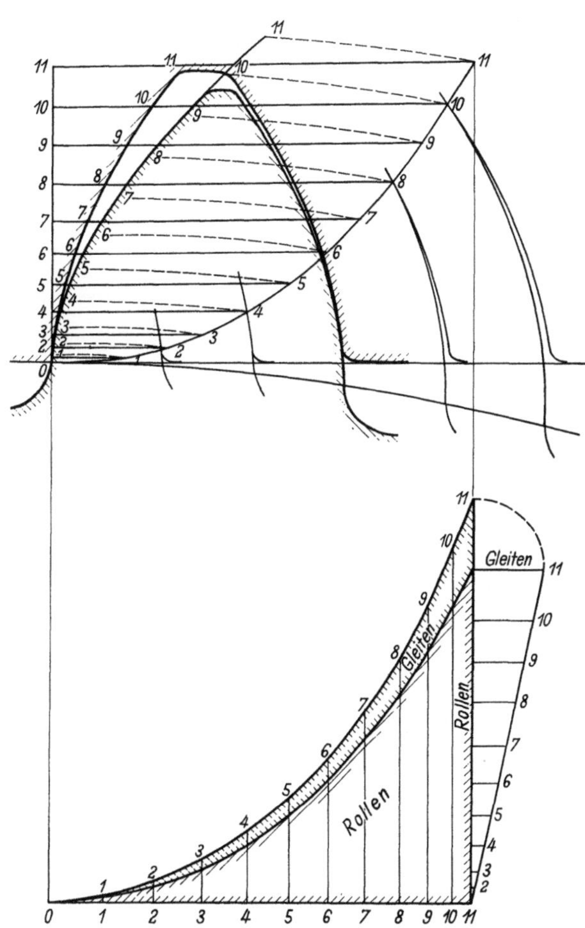

Bild 184. Verhältnis des Gleitens zum Rollen während des Zahneingriffs bei der VBB-Verzahnung von 1921.

Das Patent für ROBERT HENRY SMITH war 1912 erteilt worden für eine Form von Radzähnen mit einer gekrümmten Eingriffslinie; diese war durch eine mathematische Formel dargestellt. BOSTOCK/BRAMLEY-MOORE lassen 1921 in ihrem Patent eine Eingriffslinie entstehen durch einen Punkt auf einem schwingenden Dreharm, dessen Drehpunkt nicht fest ist; er bewegt sich aber im vorausbestimmten Wege einer Geraden oder eines Kreisbogens.

Diese zweifellos geniale Erfindung fand das Interesse der Schiffswerft von Vickers Ltd. in Sheffield. Sie führte sofort Versuche aus. Der interessanteste von ihnen war: sie bauten ein Vorgelege, bestehend aus einem Schrägzahnradpaar mit Evolventenverzahnung und einem weiteren mit BB-Verzahnung. Hauptdaten: $z/Z = 30/89$, $b = 2$ in., Achsabstand $= 12{,}747$ in., legierter Stahl mit Zugfestigkeit $= 43{,}4$ to/sq. in., ölgehärtet, $n/N = 800/270$ U/min., $v = 200$ ft./s. Die Verzahnungen hobelte man mit den gleichen Maschinen, wie sie auch für Evolventenverzahnungen eingesetzt sind. Während des ersten Versuches zeigten sich im Evolventenradpaar bei 55 PS Belastung nach 92

Stunden die ersten Grübchen, kräftig wurden sie bei 100 PS nach 138$^1/_4$ Stunden Lauf. Bei der *BB*-Verzahnung gab es erst bei 166 PS nach 232$^1/_2$ Stunden Grübchen, jedoch nur am Rade allein; das Ritzel wies auch bei 166 PS nach 270 Stunden noch keinerlei Grübchen auf, und beim Rad vergrößerten sie sich nicht. Schon damals klärte sich also

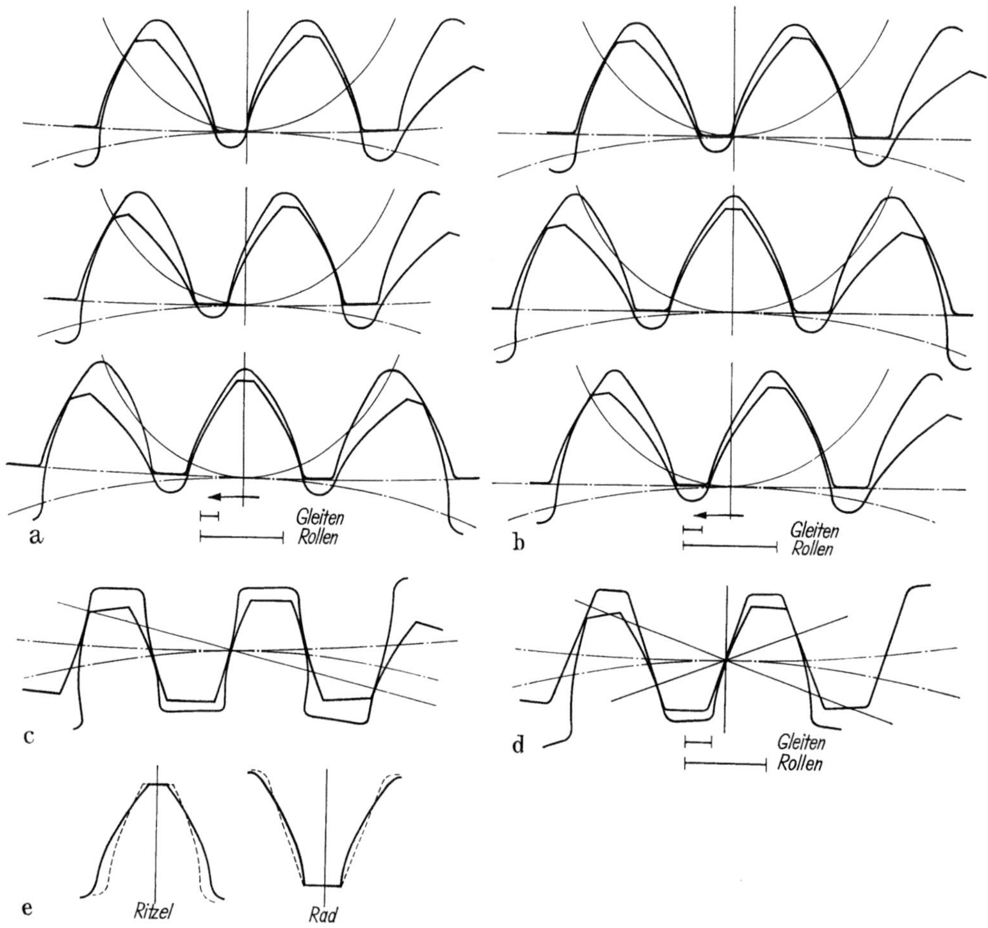

Bild 185. Eigenschaften der VBB-Verzahnung und Vergleich mit der Evolventen-Verzahnung
a) drei aufeinanderfolgende Eingriffsstellungen der *VBB*-Verzahnung bei 30:180 Zähnen, b) das gleiche bei 30 Zähnen und Zahnstange, c) zum Vergleich 14$^1/_2$°-Evolventen-Verzahnung. d) Evolventen-Verzahnung mit auf 20° erhöhtem Eingriffwinkel, e) stärkerer Zahnfuß der *VBB*- im Vergleich zur Evolventen-Verzahnung (.... Evolvente, ——*VBB*)

Tabelle 39. *Werte der letzten 30 Stunden eines 300 Stundenlaufs bei erhöhtem Achsabstand mit der BB-Verzahnung 1923*

PS	Laufzeit (h)	Belastungswert (K)	Belastung lbs. pro in. Zahnbreite	Gesamt-Laufzeit (h)
85	15	205	520	285
124	15	300	760	300

wobei $K = \dfrac{\text{Belastung in lbs./in Zahnbreite}}{\sqrt{\text{Teilkreis-}\varnothing\ \text{Ritzel}}}$ bei Vickers 1923 üblicher Belastungswert

die Frage dahin: die BB-Verzahnung verträgt die dreifache Belastung. Die letzten 30 Stunden des 300 Stunden-Laufs wurde mit einem auf 12,757 in. erhöhtem Achsabstande gefahren.

Einen besseren Beweis für die Verschleißerscheinungen bei Evolventenverzahnungen kann man wohl kaum finden als bei diesem Vergleichsversuch. Auf Grund der guten Ergebnisse kaufte Vickers Ltd. das Patent am 9. September 1924, und von da an hieß diese neue Verzahnung „Vickers-Bostock-Bramley"- = VBB-Verzahnung. Die ersten Turbinengetriebe führte dann Vickers-Armstrongs Ltd. (fusioniert seit 1927) aus und baute sie in eine Anzahl Schiffe der Kriegs- und Handelsmarine ein. Dabei stellten sich weitere Vorteile heraus:

1. das Getriebe läuft sehr weich und hat keinen großen Schmierungsbedarf, weil der Ritzelzahn nur auf der Eingriffsbahn hinter der Mittelpunktslinie Kraft überträgt (Teilkreis am Zahnkopf)

2. ein gelaufenes Evolventen-Zahnrad kann, nach Zuschnitt durch ein VBB-Werkzeug, mit einem neuen, im Durchmesser etwas größeren, Ritzel laufen. Und zwar bei gleichem Abstand und ohne Änderung des ursprünglichen Übersetzungsverhältnisses. Diese Möglichkeit wurde oft benutzt, weil sich dadurch das Auswechseln der aufgezogenen Zahnkränze auf die Felge erübrigt

3. die Lagerung des Ritzels ist einfacher. Bei Evolventen-Verzahnung mußte ein Ritzel, das hohe Leistungen überträgt und mit hohen Drehzahlen läuft, dreifach gelagert werden. Gerade das dritte, mittlere Lager erhöht Gewicht und Preis der Anlage bedeutend. Bei der hohen Belastbarkeit der VBB-Getriebe genügen kleinere Zahnbreiten, so daß ein drittes, mittleres Lager wegfällt. Also ergeben sich in diesem Punkte erneut Platz-, Gewichts- und Kosten-Ersparnis. Um die Mitte des Jahres 1931 wurde ein solches zweifach gelagertes VBB-Ritzel in einem Schiffsgetriebe verwendet.

Tabelle 40 bringt Daten einiger ausgeführter VBB-Getriebe, die eine beträchtliche Zeit Dienst taten. In keinem Falle beobachtete man Verschleiß an den Zahnoberflächen,

Tabelle **40.** *Beispiele ausgeführter VBB-Getriebe bis Ende 1933*

Getriebeart	PS	Teilkreis-Durchmesser (in.)		Zahnbreite (in.)	Teilkreisgeschwind. (ft./sec.)	Belastung pro in. Zahnbreite (lb.)
		Ritzel	Rad			
Reduziergetriebe für elektrische	450	$9\frac{1}{4}$	$95\frac{1}{2}$	15	19	870
Kohlenförderanlage	1 400	$13\frac{1}{2}$	100	35	17	1 280
Einfach-Reduziergetriebe für	4 400	$8\frac{1}{8}$	$145\frac{1}{2}$	40	62	500
große Frachtschiffe	4 500	7	145	35	60	600
Einfach-Reduziergetriebe	7 000	$11\frac{1}{2}$	122	58	70	490
für große Passagierschiffe	10 000	$10\frac{5}{8}$	155	50	65	570
	19 000	10	96	31	145	1 020

im Gegenteil zeigten sie nach einigen Monaten Laufzeit eine gleichmäßig polierte Oberfläche und nach zehn bis zwölf Jahren Betriebszeit sahen die Räder aus, als würden sie ewig halten, während Evolventengetriebe nach höchstens zwölf Jahren abgenutzt sind.

Insgesamt wurden mindestens 37 Getriebe mit *VBB*-Verzahnung bis Ende 1933 gebaut. So hat das *VBB*-Getriebe als einzige in der modernen Praxis angewendete, Kreisbogenverzahnung in vielen Kraftübertragungen unter den härtesten Bedingungen zu Wasser und zu Lande gearbeitet. Es haben sich in keinem einzigen Falle die kleinsten Störungen gezeigt.

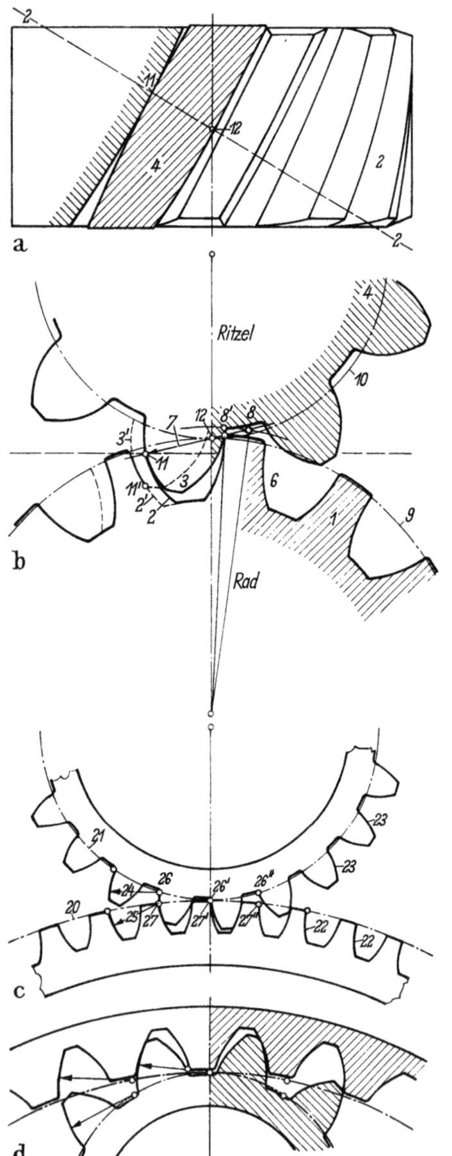

Zu Beginn der zwanziger Jahre, um die gleiche Zeit wie BOSTOCK und BRAMLEY-MOORE, studierte auch der Leiter der Forschungsabteilung von Gleason Works ERNEST WILDHABER (geb. 1892 in Luzern) die Möglichkeit einer Konvex/konkav-Verzahnung. Er hatte 1920 bei Gleason ein Radpaar nach seiner Idee herstellen lassen, das aber nicht

Bild 186.   Konkav-konvexe Verzahnung von ERNEST WILDHABER 1923

a) Seitenansicht und teilweiser Schnitt der Schraubenverzahnung, b) Schnitt 2—2 von a), c) Seitenansicht eines Zahnpaares dieser Verzahnung, d) Teilschnitt durch eine entsprechende Innenverzahnung

a) u. b) Die Zahnprofile *6* des Zahnrades sind kreisförmige Bögen mit den Radien *7* und den Mittelpunkten *8*. Die Mittelpunkte *8* liegen eng am Teilkreis *9*. Die entsprechenden Ritzelzähne *4* sind so geformt, daß sie auf den Teilkreisen *9* und *10* aufeinander rollen. Ist Zahn *2* in gezeigter Stellung und sein Mittelpunkt in *8*, dann berührt er Zahn *3* im Punkt *11*, der sich bestimmt durch eine Senkrechte zum Zahn *2* durch den Punkt *12*, wobei Punkt *12* der Berührungspunkt zwischen den beiden Teilkreisen *9* und *10* ist. Die Senkrechte ist in diesem Fall Verbindungslinie zwischen Punkt 12 und Mittelpunkt *8* des Zahnprofils.

In b) ist eine andere Stellung *2'* des Zahnprofils und *3'* des zugehörigen Ritzels gestrichelt gezeichnet. Die Zahnprofile berühren sich hier im Punkt *11'*.

c) Die Zahnprofile sind Kreise in einem Schnitt, der senkrecht zu den Achsen liegt. Die arbeitenden Flächen des Rades liegen unter dem Teilkreis *20*, das Ritzel arbeitet nur über dem Teilkreis *21*. Die arbeitenden Profile *22* des Rades sind konkav und kreisförmig, ihre Mittelpunkte liegen auf dem Teilkreis *20*. Die konvexen Arbeitsprofile *23* des Ritzels sind ebenfalls kreisförmig. Ihre Radien *24* sind die gleichen wie die Radien *25* des kämmenden Profils. Die Mittelpunkte *26, 26', 26"* liegen ähnlich auf dem Teilkreise *21*. Die Profilmittelpunkte *27, 27', 27"* des Teilkreises *20* und die Profilmittelpunkte *26, 26', 26"* des Teilkreises *21* entsprechen einander. Sie decken sich während des Eingriffs, der sofort auf dem ganzen Zahnprofil einsetzt. Der Berührungspunkt wandert über das ganze Profil.

ausführlich geprüft wurde. Daraufhin meldete WILDHABER seine Verzahnung 1923 in USA zum Patent an. Er handelte sich ebenfalls um ein Schrägzahnrad, mit einem einzigen Kreisbogen als wirksamem Profil. Der Berührungspunkt zwischen den Zahnprofilen läuft hier über die ganze Flanke, während sich das Rad um weniger als eine halbe Teilung weiterdreht (s. Bild 186). Der Mittelpunkt des Kreises, der das Profil beschreibt, liegt nahe dem Teilkreismittelpunkt. Die Ritzelzähne arbeiten oberhalb, die getriebenen Zähne unterhalb des Teilkreises. Durch entsprechende Kreismittelpunkte beider Räder findet Eingriff auf dem ganzen Zahnprofil gleichzeitig statt. WILDHABER zeigt 1923 mit Bild 186 den einhüllenden Charakter seiner Verzahnung. Aber der Radius des konkaven Kreisbogenprofils ist etwas größer als der Radius des konvexen, so daß die Berührungsmittelpunkte während des Eingriffs nicht genau übereinstimmen. Die kleine Differenz der Profilradien erleichtert die Zahnberührung und erlaubt kleine Fehler bei Herstellung und Montage.

Mitte August 1940 gibt der Forschungsleiter von John Holroyd & Co in Milnrow/ England Dr. HARRY WALKER anläßlich einer Artikelserie im „Engineer" eine Kreisbogenverzahnung an, die er „arcuate gear" nannte. Sie enthält die wesentlichen Grundzüge früherer und kommender Lösungen. Bei dieser Gelegenheit wies WALKER noch einmal darauf hin, daß die Evolventen-Verzahnung trotz ihrer außergewöhnlichen praktischen Vorzüge vom Standpunkte der Belastungsfähigkeit aus die ungünstigste mögliche Zahnform ist. Viel bessere Leistungen könnte man erwarten, so meinte WALKER 1940, wenn man die Berührungslinie in oder in Nähe der Ebene senkrecht zu den Radachsen legen würde, anstatt schräg über die Zahnflanke, wie im Falle der Evolventen-Schrägverzahnung. Er zeigt schon 1940, wie diese kreuzweise Berührung ideal erfüllt werden kann durch Gestaltung der Zahnprofile als Kreisbögen mit entsprechenden Mittelpunkten im Wälzpunkt. Die Firma David Brown & Sons in Huddersfield führte eine große Anzahl von kreisbogenverzahnten Rädern für Lenkgetriebe und Ölpumpen aus.

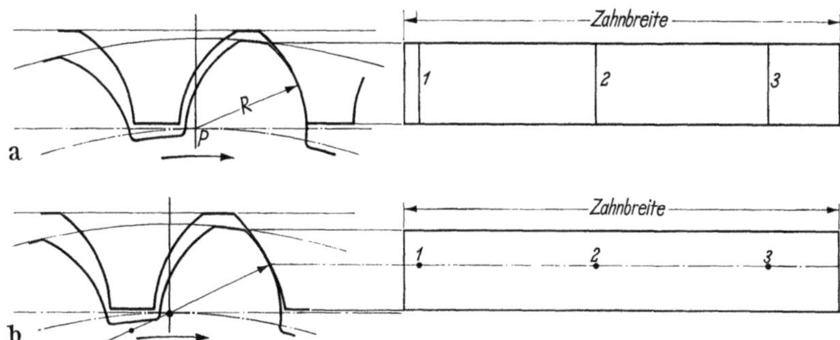

Bild 187.   Vergleich der Kreisbogen-Verzahnungen von WALKER 1940 und NOVIKOV 1955 (um 90°
gedreht)
a) Verzahnung von HARRY WALKER 1940 mit Kreisbogenprofilen gleicher Radien; die Berührungslinien sind im
Stirnschnitt Kreisbögen; auf die Flankenfläche projizieren sie sich als Gerade in Richtung der Zahnhöhe.
b) Bei der Verzahnung von NOVIKOV 1955 differieren die Radien von Rad- und Ritzel-Profilen etwas, so daß die
Berührungslinie ein Punkt wird.
Berührungslinie bzw. -punkt wandern beim Drehen der Räder in axialer Richtung über die Flanke.

Im Jahre 1955 verfaßte der Oberst und Professor an der Zhukovski Luftkriegsakademie zu Leningrad MIKHAIL LÉONTIEVITCH NOVIKOV († 1956) eine Dissertation zur „Theorie der Punktverzahnung für Zahnradgetriebe von großer Leistung". PatentAnmeldungen folgten 1956 bis 1960. Damit hat er die Konvex/konkav-Verzahnung zum dritten Male erfunden, denn er hatte keine Kenntnis der Entwicklung. Im Unterschied zu BOSTOCK/BRAMLEY und WILDHABER reichen die Zähne bei NOVIKOV nicht über den Teilkreis hinaus. Das Ritzel ist also nur Zahnkopf, das Rad nur Zahnfuß. Bild 189 zeigt die Novikov-Verzahnung im Vergleich zur Evolventen-Verzahnung.

ERNEST WILDHABER beurteilt die Novikov-Verzahnung 1959 wie folgt: „Es wäre falsch, das neue russische Projekt als altbekannt und überflüssig abzutun. Auch wenn die Forderungen nach einer solchen Verzahnung übertrieben sind, hat sie viele interessante und versprechende Eigenschaften. Die Pressung zwischen den zusammenarbeitenden Zähnen ist kleiner als bei Evolventenzähnen gleicher Abmessungen und Belastun-

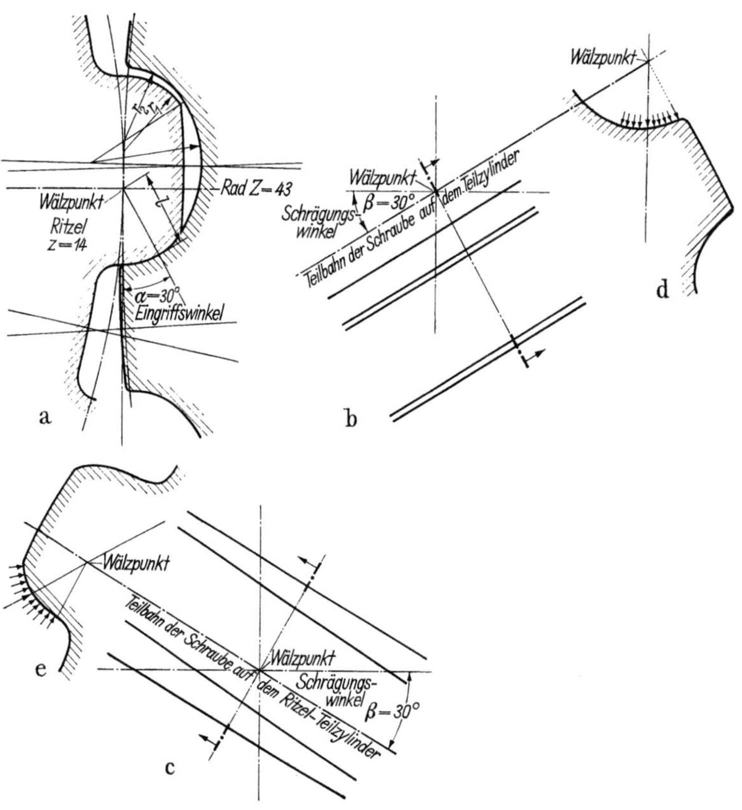

Bild 188.   Einzelheiten der Novikov-Verzahnung 1955
a) Schnitt *A—B*, b) Ansicht *A*, c) Ansicht *B*, d) Schnitt *D—D*, e) Schnitt *C—C*

gen. ... Diese Räder sind jedoch viel achsenabstandsempfindlicher. ... Sie sind tragfähiger und umschließen sich viel besser als Evolventenzähne wegen ihrer einheitlichen oder fast einheitlichen Gleitgeschwindigkeit an allen Profilpunkten. ..." Novikov-

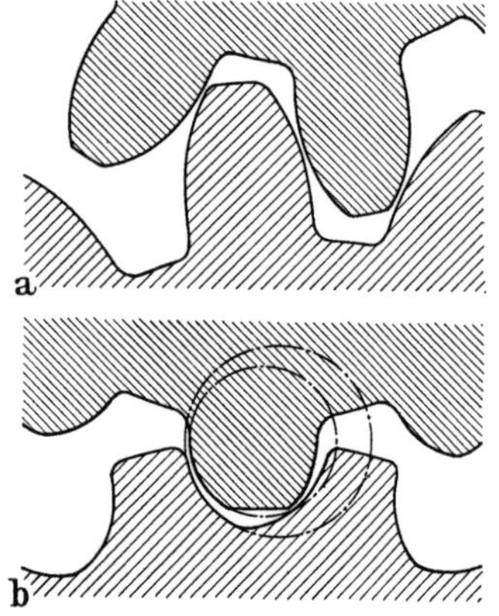

Bild 189. Novikov-Verzahnung im Vergleich zur Evolventen-Verzahnung
a) Evolventen-Verzahnung,
b) Novikov-Verzahnung.

Zahnräder dürften verwendet werden in russischen Turboprop-Anlagen, Helikoptern und VTOL-Flugzeugen, sowie auch an hochbelasteten Antrieben an Traktoren, Baumaschinen und Panzern.

Die Kreisbogen-Verzahnung ist nicht anwendbar an Stirn- und an Kegelrädern mit geraden Zähnen. Sie hat theoretisch die Profilüberdeckung Null. Daher ist kontinuierlicher Gang nur bei einer Sprungüberdeckung $\varepsilon_{sp} > 1$ möglich. Ihr wesentliches Merkmal ist daher ein großer Schrägungswinkel. Ursache zur Verwendung dieser Verzahnung scheint die Tendenz zu weicheren Stählen zu sein, wie sie schon in England um 1922 erkennbar war, und zum Zahnradläppen in der Bearbeitung.

Die Betrachtung der Zahnformen und Verzahnungssysteme müssen wir aus Platzgründen hier abbrechen. In einem späteren Band werden die Kapitel behandelt:

4.3 Maßnahmen zum Ausgleich dynamischer Beanspruchungen und Kraftwirkungen an Zahnrädern
4.4 Die Entwicklung der Kegelräder
4.5 Die Entwicklung der Schneckengetriebe
4.6 Die Triebstockverzahnung.

Literatur zum Kapitel 2.2

1855 ARMENGAUD, L'AINÉ, JACQUES-EUGÈNE: Dimensionsverhältnisse der Zahnräder. Der Civilingenieur, Neue Folge, 2 (1856), S. 16 bis 26, Tafel 5, S. 59 bis 66, Tafel 8 nach „Publication Industrielle des machines-outils et appareils les plus perfectionnés et les plus récents" tome 9 (1855).

1861 WIEBE, FRIEDRICH KARL HERMANN: Eine allgemeine Scala für Zahnräder mit sehr einfachen Constructions-Verhältnissen. Der Civilingenieur, Neue Folge, 7 (1861) Spalten 389 bis 454.

1881 GRUSON, OTTO: Einige Bemerkungen über Zahnformen. VDI-Wochenschrift (1881) No. 12 S. 99/100.

1887 v. DOEPP, G.: Über die Möglichkeit einer genauen Kreisbogenverzahnung (von Professor NICOLAI P. PETROFF 1870). St. Petersburg: Eggers & Co. 1887, und in: Protocolle des St. Petersburger Polytechnischen Vereins 1887 No. 80 S. 7—12 u. d. T. Über Kreisbogenverzahnungen.

1890 GRANT, GEORGE BARNARD: Odontics, or the Theory and Practice of the Teeth of Gears. American Machinist (1890).

1892 KIRSCH, B.: Die gleichförmige Drehungsübertragung durch Zahnräder. Z. VDI 36 (1892) No. 6 S. 147 bis 151.

1899 LASCHE, OSKAR: Elektrischer Antrieb mittels Zahnradübertragung, Abschnitt 6: Folgerungen aus der Abnutzungscharakteristik. Z. VDI 43 (1899) Nr. 48 S. 1488 bis 1490.

1900 LINDNER, GEORG: Neuere Zahnformen. Z. VDI 44 (1900) Nr. 10 S. 304 bis 311.

1903 KAMMERER, OTTO: Technische Mittel für akademische Vorlesungen über Maschinenbau. Z. VDI 47 (1903) Nr. 21 S. 735 bis 740, Nr. 24 S. 854 bis 859.

1906 BECK, THEODOR: Leonardo da Vinci (1452 bis 1519), Vierte Abhandlung: Codice atlantico. Z. VDI 50 (1906) Nr. 14 S. 524 bis 531, besonders S. 528/529.

1909 FRANZ, BERNHARD: Zahnrad und Verfahren zum zwangsläufigen Bearbeiten von Zahnflanken. DRP 336 379 vom 1. 4. 1909.

1909 HOPPE, PAUL: Satzräder mit Evolventenverzahnung. Verhandlungen des Vereins zur Beförderung des Gewerbefleißes in Preußen 88 (1909) S. 245 bis 260, 293 bis 302.

1910 BECKER, ERICH: Die Stirnräder mit gefrästen Pfeilzähnen. Zeitschrift für Werkzeugmaschinen und Werkzeuge 14 (1910) H. 24 S. 329/330.

1910 PLESSING, RUDOLF: Ausführung von Evolventenverzahnungen mit beliebigem Eingriffswinkel auf Maschinen, die nach dem Wälzverfahren arbeiten. Z. VDI 54 (1910) Nr. 40 S. 1682 bis 1684.

1912 FRANZ, BERNHARD: Ozoiden-Verzahnung. Berlin: Friedrich Stolzenberg & Co. 1912.

1912 SMITH, ROBERT HENRY: Improvements in Toothed Gearing. Britisches Patent No. 3 425 vom 10. 2. 1912.

1913 JUNG, WILHELM: Eine neue Zahnform. Die Werkzeugmaschine 18 (1913) H. 1 S. 1 bis 4.

1916 TOUSSAINT, EMILE: Unterschnitt — Eingriffsdauer — Gleitgeschwindigkeit. Die Werkzeugmaschine 20 (1916) H. 19 S. 423 bis 426, H. 20 S. 447 bis 450, H. 21 S. 474 bis 478.

1917 MAAG, MAX: Die Maag-Zahnräder und ihre Bedeutung für die Maschinen-Industrie. Schweizerische Bauzeitung 70 (1917) Nr. 12 Inseratenteil.

1918 TOUSSAINT, EMILE: Vermeidung des Unterschnittes bei Zahnrädern. Der praktische Maschinen-Konstrukteur, Teilausgabe Der Deutsche Werkzeugmaschinenbau, 51 (1918) H. 19 S. 155—159.

1919 FÖLMER, MAX: Vorschläge und theoretische Grundlagen zu einem erweiterten Evolventen-Modulsystem für Stirnrädergetriebe. Der Betrieb 1 (1919) H. 5 S. 107 bis 112.

1919 —: Ein neues Rechenverfahren für Evolventen-Stirnrädergetriebe. Der Betrieb 1 (1919) H. 11 S. 265 bis 274.

1919 JUNG, WILHELM: Zahnhöhenkorrektion bei Stirnrädern. Der Betrieb 1 (1919) H. 5 S. 104 bis 107.

1919 MÜLLER, EDUARD: Normung der Verzahnungen. Der Betrieb 1 (1919) H. 11 S. 274 bis 276.

1919 SCHMIDT, KARL: Der Einfluß der Korrektion von Zahnrädern auf Zahnstärke und Achsenabstand. Werkstatttechnik 13 (1919) H. 6 S. 81 bis 83, H. 7 S. 98 bis 101.

1919 TOUSSAINT, EMILE: Zahnräder. Bericht über den Stand der Arbeiten des Arbeitsausschusses Zahnräder. Der Betrieb 1 (1919) H. 6 S. 178 bis 184.

1920 BOOTH, W. H.: Long Teeth on Gear Wheels. American Machinist, European Edition, 53 (1920) S. 105.

1920 COX, ANTHONY BRUCE: Involute Spur-gear Teeth. American Machinist, European Edition, 54 und 55 October 14, November 11 (1920), March 31 (1921).

1920 GARDNER, RICHARD: Involute Teeth. Engineer 110 (1920) No. 2864 S. 659/660.

1920 GNOME & RHÔNE: Zahnprofil für Zahnräder. DRP 335 791 vom 2. 7. 1920.

1921 COX, ANTHONY, BRUCE: Derivation of a Formula to determine Number of Teeth in Contact of Two Meshing Gears. American Machinist, European Edition 55 (1921) S. 899.

1921 LOGUE, CHARLES H.: Backlash Standards for Spur Gears. American Machinist, European Edition 55 (1921) S. 1040.

1922 BOSTOCK, FRANCIS JOHN, und BRAMLEY-MOORE, SWINFEN: Improvements in Gear Teeth. Britisches Patent No. 186 436 vom 2. 10. 1922.

1922 COX, ANTHONY BRUCE: Gear Teeth and Method of Designing the Same. US-Patent No. 1 525 642 vom 28. 9. 1922.

1922 TOUSSAINT, EMILE: Einige Betrachtungen über Gleitgeschwindigkeiten, Eingriffdauer und Flankenkrümmung bei Zahnradgetrieben. Der Betrieb 4 (1922) H. 8 S. 245 bis 248.

1923 FISCHER, HEINRICH: Zahnform und Eingriffdauer von Evolventen-Zahnrädern. Maschinenbau 2 (1923) H. 21 S. 853 bis 857.

1923 FRANZ, BERNHARD: Studie über Zahnhöhenkorrektion. Berlin-Reinickendorf: Friedrich Stolzenberg & Co. 1923.

1923 —: Verfahren zum Erzeugen von Evolventenverzahnungen mit Zahnhöhenkorrektion. DRP 423 518 vom 7. 10. 1923.

1923 KUTZBACH, KARL: Gesichtspunkte für die Normung der Zahnform von Satzrädern. Maschinenbau 2 (1923) H. 21 S. 839 bis 846.

1923 SCHWEND, FRIEDRICH: Die Evolventen-Verzahnung. Maschinenbau 2 (1923) H. 16 S. 629 bis 632.

1923 WILDHABER. ERNEST: Helical Gearing. USA Patent No. 1 601 750 vom 2. 11. 1923.

1924 COX, ANTHONY BRUCE: Limiting Cases in Involute Spur Gearing. Mechanical Engineering 46 (1924) H. 7 S. 166 bis 168 und H. 17 S. 606.

1924 KUTZBACH, KARL: Einseitige Zykloidenverzahnung. Z. VDI 68 (1924) Nr. 30 S. 788.

1924 MECKE, HERMANN: Schraubenräder für Bahnmotoren. AEG-Mitteilungen (1924) H. 3 S. 93 bis 95, H. 9 S. 279/280.

1925 CRANZ, HERMANN KARL GEORG: Kritische Betrachtungen zur Verzahnungstheorie. Maschinenbau 4 (1925) H. 8 S. 353 bis 359.

1925 KUTZBACH, KARL: Die Benutzung der Evolventenverzahnung für kleine Zähnezahlen („Zahnkorrektur"). Anhang 2, S. 49 bis 68, in: Grundlagen und neuere Fortschritte der Zahnrad-Erzeugung. Berlin: VDI-Verlag 1925.

1925 CANDEE, ALLAN HARRY: Tooth Contact in Helical Gears. American Machinist 62 (1925) No. 12 March 19.

1926 BUCKINGHAM, EARLE: The Design of Gear Tooth Forms. American Machinist 64 (1926) No. 18 April 8.

1926 BAUERSFELD, WALTHER: Über die Normung der Zahnform. Maschinenbau 5 (1926) H. 6 S. 258 bis 262.

1926 GREUNER, F.: Die bisherige Entwicklung der Zahnrad-Normung unter besonderer Berücksichtigung des Flanken-Eingriffwinkels. Maschinenbau 5 (1926) H. 6 S. 255 bis 258, 1151 bis 1156.

1926 KRÜGER, PAUL: Die Satzrädersysteme der Evolventenverzahnung. Berlin: Springer 1926.

1928 BRANDENBERGER, HEINRICH: Die Maag-Zahnformen und ihre Herstellung mit einem normalen 15°-flankigen Werkzeug. Schweizerische Bauzeitung 92 (1928) Nr. 13/14 S. 169 bis 171.

1928 SCHLAEFKE, KARLHANS: Die Bestimmung des kleinstmöglichen Achsabstandes von Schraubenrädern. Maschinenbau 7 (1928) H. 23 S. 1120/1121.

1928 SKORNIA, M.: Korrigierte Verzahnungen. Loewe-Notizen 13 (1928) Januar S. 8 bis 16, Juli S. 113 bis 120.

1929 HERRMANN, RICHARD: Evolventen-Stirnradgetriebe. Berlin: Springer 1929.

1931 KUTZBACH, KARL: Berechnung der Profilverschiebung bei Evolventenverzahnung. DIN 870 vom März 1931. Berlin: Beuth-Vertrieb 1931.

1933 v. SODEN-FRAUNHOFEN, KARL-ALFRED GRAF: Das Zahnrad als Lärmquelle. Z.VDI 77(1933) Nr. 9 S. 231 bis 238.

1933 ohne Verfasser: VBB Enveloping Tooth Gearing. The Marine Engineer 56 (1933) No. 67 S. 371 bis 374.

1934   SCHMITTER, W. P.: Determining Capacity of Helical and Herringbone Gears. Machine Design (1934) Vol. 6 June S. 40 bis 45, 53 bis 62, Vol. 7 July S. 33 bis 37, 44 bis 61.

1935   HOFER, HERMANN: Laufruhe von Zahnrädern und ihre Abhängigkeit von Genauigkeit und Art der Verzahnung. Werkstatttechnik 29 (1935) H. 5 S. 92 bis 95.

1939   BERGSTRÄSSER, MARTIN: V-Getriebe mit Geradzahn- und Schrägzahn-Stirnrädern. Maschinenbau 7 (1939) H. 9 S. 465 bis 468.

1939   BREUER, KARL: Korrigierte Verzahnung. DRP 913 254 vom 19. 8. 1939.

1940   WALKER, HARRY: An Analysis of Gear Tooth Profiles for Helical Gears. University of London Library 1940.

1940   —: Gear Tooth Deflection and Profile Modification, Part 3. The Engineer 169 (1940) August 16.

1941   BAUMANN, JOSEF: Entstehung, Vorteile und Berechnung der Maagverzahnung. Z. VDI 85 (1941) Nr. 21 S. 481 bis 485.

1941   HOFER, HERMANN: Einfache und genaue Unterschnittsberechnung für Zahnräder. Z VDI 85 (1941) Nr. 37/38 S. 785/786.

1941   SZENICZEI, LAJOS: Az Altalános Fogazás (Die allgemeinen korrigierten Verzahnungen). Budapest: Techn. Verlag Müszaki Könyvkiadó 1941, 2. Auflage 1955.

1943   HOFER, HERMANN: Korrigierte Verzahnung mit ausgerundetem Zahnfußprofil und beliebiger Zähnezahl bei gleichem Modul und gleichem Werkstoff von Ritzel und Gegenrad. DRP 924 178 vom 21. 11. 1943.

1946   WALKER, HARRY: Helical Gears. The Engineer 182 (1946) Seiten 24—26, 46—48 und 70/71.

1947   HOFER, HERMANN: Verzahnungskorrekturen an Zahnrädern. Automobiltechnische Zeitschrift 49 (1947) Nr. 2 S. 19/20, 50 (1948) Nr. 3 S. 44/45.

1949   HERR, C. H.: Modifying Standard Proportions of Involute Gears SAE-Journal 57 (1949) November S. 19 bis 23.

1949   HIERSIG, HEINZ MAX: Wege zur Weiterentwicklung der Stirnradverzahnung. Z. VDI 91 (1949) H. 22 S. 559 bis 566.

1949   REINING, HEINRICH; Procédé pour l' exécution d'engrenages. Belgisches Patent No. 492 961 vom 27. 12. 1949. Recueil des Brevets d'Invention 1950, 1. Heft, S. 47.

1950   HIERSIG, HEINZ MAX: Erhöhung der Tragfähigkeit bei Stirnradgetrieben. Anwendung günstigerer Zahnformen. Vortrag 6 der Fachtagung „Zahnradforschung" 1950. Schriftenreihe Antriebstechnik, Heft 1 S. 26 bis 47. Braunschweig: Friedrich Vieweg & Sohn 1950.

1950   KECK, KARL FRIEDRICH: Über die Bestimmung der Beanspruchungsvergleichswerte bei Geradzahnstirnrädern. Automobiltechnische Zeitschrift 52 (1950) Nr. 1 S. 8 bis 13 und ATZ-Konstruktionstafeln 76 bis 81.

1951   MEHL, CURT: Die Evolventenzahnform der Stirnräder mit geraden Zähnen. II. Abschnitt S. 75 bis 77 Stuttgart: Franckh'sche Verlagshandlung 1951.

1952   BERGSTRÄSSER, MARTIN: V-Verzahnung mit großen Profilverschiebungen. Z. VDI 92 (1950) Nr. 33 S. 952 bis 956.

1952   BENSINGER, WOLF DIETER: Konstruktion und Berechnung von hochbelasteten Zahnrädern. Formeln zur Berechnung der Zahnradabmessungen und zur Aufzeichnung der Verzahnungen. Automobiltechnische Zeitschrift 54 (1952) Nr. 11 Seite 256 bis 258, ATZ-Konstruktionstafeln 88 bis 95.

1952   KECK, KARL FRIEDRICH: Bestimmung der Profilverschiebungsfaktoren bei Vau-Null-Getrieben. Werkstatt u. Betrieb 85 (1952) H. 10 S. 533 bis 537.

1952   BAUMGARTNER, ARTHUR A.: Berechnung von Verzahnungen mit Profilverschiebung. Schweizerische Bauzeitung 70 (1952) Nr. 44 S. 623 bis 629, Nr. 45 S. 639 bis 645.

1952   BERGSTRÄSSER, MARTIN: Evolventengeometrie für Stirnradgetriebe. VDI-Forschungsheft 436, Band 18. Düsseldorf: Deutscher Ingenieur-Verlag 1952.

1953   GERKE, GUSTAV: Profilverschobene Satzräder für Werkzeugmaschinen. Z. VDI 95 (1953) Nr. 11/12 S. 351 bis 355.

1954   BAUMGARTNER, ARTHUR A.: Vorschlag für ein neues Verzahnungssystem. Schweizerische Bauzeitung 72 (1954) Nr. 49 S. 712 bis 715.

1954   WINTER, HANS: Die tragfähigste Evolventen-Geradverzahnung. Schriftenreihe Antriebstechnik, Band 15. Braunschweig: Friedrich Vieweg & Sohn 1954.

1955   BERGSTRÄSSER, MARTIN: Zahnräder mit Profilverschiebungen, Konstruktion 7 (1955) H. 9 S. 336 bis 342.

1955   NIEMANN, GUSTAV, u. WINTER, HANS: Profilverschobene Verzahnungen. Tragfähigkeitssteigerung bei geradeverzahnten Stirnrädern durch zweckmäßige Wahl von Profilverschiebung und Zähnezahl. Z. VDI 97 (1955) Nr. 7 S. 185 bis 198.

1955   NOCH, RUDOLF: Begriffe und Rechengrundlagen für die Profilverschiebung bei Stirnradgetrieben mit Evolventenverzahnung. Konstruktion 7 (1955) H. 10 S. 376 bis 381.

1955 NOVIKOV, MIKHAIL LÉONTIEVITCH: Grundlegende Fragen einer geometrischen Theorie der Punktverzahnung für Zahnradgetriebe von großer Leistung. Diss. Moskau russisch (1955).

1955 WINTER, HANS: Vorzugssysteme profilverschobener Verzahnungen. Ein Vorschlag der internationalen Normenorganisation ISO und der Gegenvorschlag des Deutschen Normenausschusses. Konstruktion 7 (1955) H. 10 S. 369 bis 375.

1956 SZENICZEI, LAJOS, u. ERNEY, G.: Grenzen des Betriebseingriffwinkels für gerad- bzw. schrägverzahnte Stirnräderpaare. Konstruktion 8 (1956) H. 10 S. 418 bis 422, 10 (1958) H. 2 S. 55 bis 61.

1957 HOFER, HERMANN: Genaue Berechnung des Unterschnitts an Zahnrädern. Z. VDI 99 (1957) Nr. 6 S. 241—243 (letzte Veröffentlichung von HOFER).

1960 NOVIKOV, MIKHAIL LÉONTIEVITCH: Engrenages à contact ponctuel. Französisches Patent No. 1 258 264 vom 26. 2. 1960.

1960 WALKER, HARRY: A Critical Look at the Novikov Gear. The Engineer 209 (1960) No. 5440 S. 725 bis 729, 818.

1961 WILDHABER, ERNEST: Eine Kreisbogenverzahnung, ähnlich der Novikov-Verzahnung. VDI-Berichte Nr. 47 S. 19 bis 21. Düsseldorf: VDI-Verlag 1961.

3 Die Entwicklung der Tragfähigkeitsberechnung von Zahnrädern

In seinen Anfängen kannte der Maschinenbau nur Erfahrungsformeln, -werte und -rezepte. Er war also ein Handwerk der Erfahrung. Die Abmessungen der technischen Gebilde, auch der Zahnräder, richteten sich nach bewährten Ausführungen, die in Formeln gekleidet wurden. Jedoch brauchte man für neue Aufgaben, bei denen Erfahrungen noch fehlten, eine wissenschaftliche Fundierung des Maschinenbaues. Gegen Ende des 18. Jahrhunderts behandelte man den Maschinenbau schon zunehmend auf mathematischer Grundlage.

Zu den Persönlichkeiten, die Rechnung und Zeichnung als konstruktive Tätigkeit vereinten, gehört der österreichiche Professor an der Polytechnischen Schule Karlsruhe FERDINAND REDTENBACHER (1809 bis 1863). Er sagt 1852: „Ist einmal alles wohl ausgedacht, und sind die wesentlichsten Dimensionen durch Rechnung oder Erfahrung bestimmt, so ist man mit dem Entwurf einer Maschine oder Maschinenanlage auf dem Papier bald fertig, und kann das Ganze und die Einzelheiten mit aller Bequemlichkeit der schärfsten Kritik unterwerfen ...".

Zur Tragfähigkeitsberechnung von Zahnrädern benutzte man schon zu Anfang des 18. Jahrhunderts die allgemeine Festigkeitslehre. Diese begründeten die Italiener LEONARDO DA VINCI (1452 bis 1519) und vor allem GALILEO GALILEI (1564 bis 1642). Grundlegend wurde 1678 das Gesetz über die Theorie fester, elastischer Körper von ROBERT HOOKE (1635 bis 1703): „Ut tensio sic vis" oder „die Kraft, die jeden elastischen Körper nach Belastung in seine ursprüngliche Lage zurückpendeln läßt, ist immer proportional zu dem Abstand von seiner Ausgangslage. Dies kann man an allen elastischen Körpern beobachten, gleichgültig, ob sie aus Metall, Holz, Stein, Haar, Horn, Seide, Knochen, Glas usw. bestehen. ... Durch diese Regel kann man leicht die verschiedenen Kräfte während der Durchbiegungen berechnen ...". Ferner bewies HOOKE: die Kraft wirkt auf einen befestigten prismatischen Körper nicht parallel mit seiner Länge, sondern senkrecht zu ihr.

Einen weiteren Fortschritt zur exakten Behandlung von Festigkeitsberechnungen ermöglichte 1807 der englische Arzt und Physiker THOMAS YOUNG (1773 bis 1829) durch seine Einführung des Elastizitätsmoduls E. Schließlich behandelt 1802 der Pariser Bauingenieur und Professor an der Ecole des beaux-arts JEAN-BAPTISTE RONDELET (1743 bis 1829) in einem Werk als erster die statische Berechnung als wesentlichen Teil der Konstruktionslehre, und 1820 legt LOUIS MARIE HENRI NAVIER (1785 bis 1836) mit seinen elastischen Gleichungen den Grund zur modernen Ingenieurmechanik. 1822 suchte auch CAUCHY die elastischen Grundgleichungen auf technische Probleme anzuwenden.

In seinen „Theoretischen Principien der Mechanik" bezeichnet 1844 der Professor am Wiener Polytechnikum ADAM VON BURG (1797 bis 1882) die „Festigkeit der Materia", d. h. die „absolute Festigkeit" als die Kraft, die die Cohäsion der Körper vernichtet und ihre Trennung bewirkt. „Tragvermögen" oder „Widerstandsfähigkeit" nennt er die Kraft, die die Materie nur bis zu ihrer Elastizitätsgrenze angreift und bei Entlastung ihren früheren Zustand wieder einnimmt. Er fährt fort: früher suchte man Tragfähigkeit mit beliebigem Sicherheitszuschlag zu absoluter Festigkeit zu finden, d. h. man beanspruchte nur mit $^1/_3$, $^1/_4$ etc. der absoluten Festigkeit. Erst, nachdem durch Versuche die Elastizitätsgrenzen gefunden waren, konnte man das Tragvermögen genau angeben.

Erst 1855 konnte der französische Mathematiker und Professor am Ecol des ponts & chaussees Adhémar-Jean-Claude Barré de Saint-Venant (1797 bis 1886) die Balken-Biegung der allgemeinen technischen Theorie zugänglich machen.

Die Theorie der Elastizität enstand zunächst nicht im Hinblick auf ihre Brauchbarkeit für die technische Mechanik. Vielmehr begründeten sie Männer, die die Welt verstehen, nicht ausgestalten wollten. Aber ihr geistiger Gewinn ist hoch, denn sie warf tiefste Fragen über die Natur der Moleküle auf. Einerseits stammen große materielle Fortschritte von der Arbeit auf diesem Gebiete. Andererseits brachten die meisten großen Fortschritte in der Naturwissenschaft Männer, die auch Praxis und experimentelle Methoden kannten.

Die Tätigkeit des Ingenieurs, in der er ganze Maschinen schnell zeichnen muß, verlangt während seines Entwurfs einfache Berechnungsformeln. Sie vereint Zeichnen und Rechnen. Im 20. Jahrhundert errechnet der Konstrukteur zunächst einzelne Größen der Maschinen überschlägig, er hat meistens keine Zeit zu längeren und genauen Berechnungen, seine Gebrauchsformeln müssen genauso einfach wie „Maß gebend" sein. Die genaue Kontrolle seiner Annahmen werden in neuen Zeit von eigenen Berechnungsabteilungen nachgeprüft, gegebenenfalls neue Entwurfsdaten vorgeschlagen. So kamen Bestandteile der Mathematik, Physik und technischer Mechanik in die Konstruktionssäle. Aus Gleichungen der höheren Analysis entstanden handliche Formeln, mit denen die Konstrukteure kopfrechnend und mit dem Rechenschieber umgingen. Die Überschlagsrechnung aber verlangt vom Konstrukteur ein beträchtliches Urteilsvermögen; denn viele Faktoren stehen hier zur Wahl. Schließlich streben die Konstruktionsbüros und Werkstätten nach ganzen Zahlen, wie sie die Maßstäbe enthalten und mit bekannten Werkzeugen hergestellt werden können. Überschlagsrechnung, Konstruktionsziel, Entwurfsverhältnisse und Anpassung an die Werkstattpraxis verlangen insgesamt den treffenden Kompromiß.

Bis zur Mitte des 18. Jahrhunderts war das Zahnrad ein rein geometrisches Problem; allgemein diskutierte man seine Festigkeit bzw. Tragfähigkeit erst, als sich Ende des 18. Jahrhunderts Eisen als Baustoff einführte. In der zweiten Hälfte des 19. Jahrhunderts wuchs der Einfluß des Theoretikers bei der Konstruktion, die vorher ausschließlich beim erfahrenen Praktiker gelegen hatte. Die Berechnung teilte sich dann in die Überschlags- und Nachrechnung. Kennzeichen des erfahrenen Konstrukteurs wurde es im 20. Jahrhundert, wenn er die richtigen Abmessungen gleich trifft und die genaue Nachrechnung auf alle Beanspruchungen die Konstruktion nicht mehr umwirft.

Auch im Getriebebau besteht der Werdegang einer Konstruktion aus dem maßstäblichen Entwurf und seiner Nachrechnung auf alle zu fordernden Beanspruchungen, bzw. Tragfähigkeiten. Diese Methode bürgerte sich schon um die Jahrhunderwende ein, weil sie schneller zum Ziel führt, als die Vorausberechnung der vielen Unbekannten. Bei den Nachrechnungen verwendet der Ingenieur auch hier seit fast hundert Jahren die angewandte Festigkeitslehre. Mit den Jahren verlangte er von ihnen bei aller Einfachheit steigende Wirklichkeitstreue. Die Getriebefabriken richteten daher zusätzlich Verzahnungsbüros ein, die ihren Konstruktionsbüros in der letzten Ausnutzung der Möglichkeiten zur Hand gehen. So entstand das Bild des Ingenieurs mit seinen Hauptrequisiten Reißbrett, Lineal bzw. Maßstab und Rechenschieber. Er zeichnet den Entwurf nach Erfahrung und Gefühl, und rechnet nach, ob die Beanspruchungen innerhalb der zulässigen Grenzen liegen.

Der Rechenschieber in seiner heutigen Art entstand aus Anfängen 1627 in der Dampfmaschinenfabrik von JAMES WATT 1775, wozu 1854 der Läufer trat. Der Rechenschieber verbreitete sich schon zu Anfang des 19. Jahrhunderts in England, wo ihn auch Arbeiter im Betrieb benutzten. Er ist das rechte Hilfsmittel für die Überschlagsrechnungen, wie sie in der Folge auch für die Tragfähigkeit der Zahnräder entstanden.

Seit Beginn des 20. Jahrhunderts gewann eine Tragfähigkeitsberechnung im Maschinenbau mehr und mehr an Wichtigkeit. Ständig stiegen die Belastungen der Triebwerke, wie wir im Kapitel 1 gesehen haben.

Hier gab es plötzlich so große Kräfte zu übertragen, daß sich die analytische Erklärung der Beanspruchungsvorgänge bedeutend erschwerte. Eine Vielzahl von Einflüssen aus den verschiedensten theoretischen Wissensgebieten wie aus der Praxis traten zutage. Um diese Vorgänge hinreichend erklären und daraus Methoden für ihre Vorausberechnung ableiten zu können, benutzte man abwechselnd die Erkenntnisse der exakten Wissenschaft und der Empirie. Wegen der Stärken und Schwächen der einen wie der anderen Seite haben in der modernen Zeit immer beide nebeneinander bestanden. Fortschritte und Änderungen auf den verschiedensten technischen Gebieten stellen die Ingenieure laufend vor neue Situationen. Letztlich übernehmen sie aber gern jede Methode, mit der sie die Widerstandsfähigkeit ihrer Konstruktionen genauer vorausbestimmen können. Der verantwortliche Konstrukteur in der Industrie fragt nur danach, ob eine Entwurfsformel gute Dimensionen liefert. Dann ist sie für ihn auch richtig. Hierzu meint HERBERT F. MOORE 1947[1]:

„Wir Ingenieure gelten gewöhnlich nicht als Idealisten. Trotzdem basieren unsere gebräuchlichen Formeln für Drang, Zwang und Festigkeit der Maschinenteile auf den Eigenheiten eines idealen Materials. Was sind denn die grundsätzlichen Annahmen, die unseren allgemeinen Formeln der Festigkeitslehre zugrundeliegen? Es sind drei solche Annahmen:

1. das Material ist homogen und deshalb hat das kleinste vorstellbare Teilchen dieses Materials die gleiche Steifheit und Festigkeit wie ein großes Stück
2. das Material ist isotrop, d. h. es ist in allen Richtungen gleich widerstandsfähig gegen Verformung
3. es gilt das Hooke'sche Gesetz der Proportionalität von Drang und Zwang.

Blicke durch ein Mikroskop und Versuche zeigen das Fehlen von Homogenität, weites Streuen im Elastizitätsmodul und die Anwendbarkeit des Hooke'schen Gesetzes in sehr engen Grenzen."

Manche richtigere Wege schlugen die Ingenieure ein nach erkannten Fehlern, beobachteten Zwischenfällen und Betriebserfahrungen. Solange die Kenntnisse über das Verhalten der Werkstoffe in geprägter technischer Form noch unzureichend sind, müssen die Versuche im Laboratorium wie in der Praxis weitergeführt werden, gleichfalls aber die Arbeiten an den exakten Theorien.

---

[1] HERBERT FISHER MOORE (1875 bis 1960). Professor für Metallurgie an der Cornell University 1900 bis 1903, an der University of Illinois in Urbana seit 1907. Führender Metallurge der USA.

Hierzu meint 1948 der Sektionsleiter in den Research Laboratories der General Motors Corp. JOHN OTTO ALMEN: „... mit den herkömmlichen Festigkeitsrechnungen oder den üblichen Gefügeuntersuchungen im Labor erzielte man Erfolge bei großen Getrieben. Hochleistungszahnräder mit größter Materialausnutzung können nur mit Hilfe empirischer Formeln dimensioniert werden, die auf Grund vieler praktischer Laufergebnisse entstanden sind. So lassen sich Werkstoffe, Herstellungsmethoden und Entwurfs-Einzelheiten am ehesten abschätzen, so daß am Ende für jeden einzelnen Zweck die beste Lösung bei den niedrigsten Kosten bereitsteht. Das bekannteste Beispiel für die Verwendung empirischer Formeln, basierend auf Laufversuchen mit kompletten Einheiten, findet sich in der Wälzlagertechnik. ... Die Aufstellung empirischer Formeln für jedes Maschinenelement ist im Prinzip einfach, in seiner Durchführung schwierig. Eine Unmasse von Daten über das Verhalten des Maschinenteils während seines Einsatzes sind erforderlich ...".

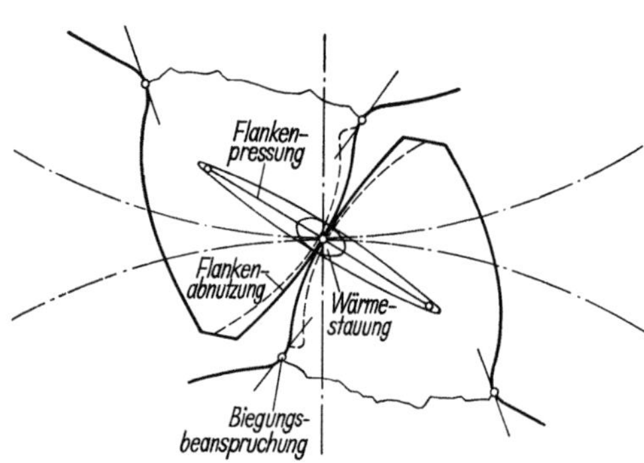

Bild 190.   Die vier Hauptbeanspruchungen
von Zahnrädern
Biegung, Flankenpressung, Flankenabnutzung,
Wärmestauung

Die Streuungen beim praktischen Laufversuch wiederum liegen in der ungenauen Rekonstruktion der praktischen Einsatzverhältnisse.

Während des fruchtbaren Zusammenwirkens zwischen Praxis und Theorie traten im Laufe von zweihundert Jahren folgende Beanspruchungsarten von Zahnrädern nach Bild 190 zutage:

1. Biegung oder Zahnfuß- bzw. Bruchfestigkeit
2. Pressung oder Flankenfestigkeit
3. Abnützung oder Verschleißfestigkeit
4. Erwärmung und Fressen oder Warmfestigkeit.

Hierbei ist die Berechnung auf Biegung die älteste. Sie allein machte vier Stufen durch, je nach Art und Beschaffenheit der verarbeitenden Materialien:

1. Stufe: Festigkeitsberechnung bei Holz
2. Stufe: Festigkeitsberechnung bei Gußeisen (Ge)
3. Stufe: Festigkeitsberechnung bei Stahl (St)
4. Stufe: Festigkeitsberechnung bei legierten und gehärteten Stählen.

Andererseits rief allein die vierte Stufe wieder die drei weiteren Berechnungsarten auf Flanken-, Verschleiß- und Warmfestigkeit hervor.

3.1 Die Zahnradberechnung bis zu den Anfängen des Großkraftmaschinenbaues

Zu den kinematischen bzw. geometrischen Ausmittlungen trat im 18. Jahrhundert die Festigkeitsberechnung. Zur Notwendigkeit wurde sie 1768, als JAMES WATT (1736 bis 1819) mit seiner Dampfmaschine den modernen Maschinenbau begründete. Die Dampfmaschine brachte das Tempo in die Technik, das keine langwierigen Versuche und Irrwege, aber auch keine vagen Schätzungen duldete. Zu WATT's Zeit kannte man schon die Biegefestigkeit des geraden Stabes nach GALILEO GALILEI, dessen Formel

JAKOB BERNOULLI (1654 bis 1705) und LEONHARD EULER (1707 bis 1783) zu Gleichungen elastischer Linien erweiterten. Auch Versuche über Zug-, Druck- und Biegungsfestigkeit stellten vor WATT schon an: 1707 der Pariser Mathematiker ANTOINE PARENT (1666 bis 1716) und 1729 der französische Ingenieur BERNARD FOREST DE BÉLIDOR (1693 bis 1761). 1727 prüfte der holländische Physiker PIETER VAN MUSSCHENBROEK (1692 bis 1761) die Biegungsfeder von GALILEI nach; 1738 kritisierte ihn bereits der Pariser Physiker GEORGE LOUIS LECLERC COMTE DE BUFFON (1707 bis 1788) durch Versuche mit großen Probebalken aus Holz, und bestätigte dabei GALILEI. Sicher ist: WATT stellte einfache Festigkeitsrechnungen an Stangen, Balanciers, Schrauben, Zapfen, Achsen, Wellen, und auch an den Zahnrädern des Planetengetriebes auf.

3.11 Erste Festigkeitsberechnungen im Mühlen- und Dampfmaschinenbau

Die Festigkeitsrechnungen an Zahnrädern begannen mit den Berechnungen auf Bruch. Sie stammen von den Mühlenbauern, die große, langsam laufende, Räder mit einzeln einsetzbaren Zähnen ausführten, um die Kraft des Wasserrades weiterzuleiten. Die Zähne dieser hölzernen Mühlräder bemaßen sie nach einem überlieferten Verhältnis zum Durchmesser des Mühlsteines. Nach der Größe der zu übertragenden Leistung konnte man die Zahnräder noch nicht berechnen, da erst 1770 JAMES WATT den Begriff Leistung in Pferdestärken „PS" einführte. Später machten die Mühlenbauer die Dicke der Zähne von der Teilung abhängig. So lehrte 1718 der Professor für Mathematik an der Universität Frankfurt-Oder und Oberbaudirektor in Braunschweig LEONHARDT CHRISTOPH STURM (1669 bis 1719): „Diese Theilung nun, welche wenigstens viertehalb, höchstens fünff Zoll halten muß in hölzernen Maschinen, wird wieder in sieben gleiche Theile getheilt und um ein gar weniges ringer als vier Theil bekömmt der Stab des Getriebes, und ein gar weniges ringer als drey Theil der Kamm des Kamm- oder Stern-Rades zur Dicke, so viel muß man nemlich nur ringer nehmen, als recht auserlesen drocken Holtz, welches im Abnehmen des Mondes im Winter gehauen worden, in der Feuchte quellen kan. ... Die Kämme der Stern-Räder aber werde über den Theilungs-Circul nach seiner halben und innerhalb den Theilungs-Circul seiner gantzen Dicke hoch, der Kamm des Kamm-Rades hingegen bekömmt so wol inner- als außerhalb des Theilungs-Circuls eine halbe Dicke. ... „ 1724 empfiehlt der Leipziger Mechaniker und Mathematiker JACOB LEUPOLD (1674 bis 1727) in seinem „Theatrum Machinarum Generale" folgende Zahnstärken in Abhängigkeit von der Theilung: Treibstock $^4/_7$ t, Radzahn $^3/_7$ t, Kopfhöhe $^2/_7$ t und Fußhöhe $^3/_7$ t.

1729 veröffentlichte der Leidener Naturforscher PIETER VAN MUSSCHENBROEK (1692 bis 1761) in seinen „Dissertationes Physicae experimentalis et Geometricae" Festigkeitsangaben nach seinen Versuchen mit Eisen, Stahl und Holz. Er nannte dieses Kapitel „Introductio ad cohaerentiam corporum firmorum" und stellt dort auch eine Gleichung für die relative Festigkeit des Materials auf zu $Q = m \cdot \dfrac{B \cdot H^2}{L}$. Hierbei ist Q die Last, die ein Balken von der Länge L, Breite B und Höhe H tragen kann, und m der Cohaesionskoeffizient des Materials lt. Zerreiß-Versuch (Eiche 1 404, Ulme 922, Kiefer 1 131). Nach dieser Formel für Q berechnete man lange die Zahnabmessungen der Mühlenräder. 1785 versuchten JAMES WATT und JOHN RENNIE (1761 bis 1821) Zahnräder auf Bruch bzw. Biegung zu berechnen. Sie arbeiteten beim Bau der Londoner

Alboinmühle zusammen. Guß- und schmiedeeiserne Zahnräder, angetrieben durch WATT's Rotationsdampfmaschine, zeigten eine außergewöhnlich scharfsinnige Bemessung von Teilung und Zahnbreite hinsichtlich der zu übertragenden Kraft und der Umlaufgeschwindigkeit. Die Zähne waren genau geformt und in ihrer Stärke der Beanspruchung angepaßt, die sie zu tragen hatten. Um die Sonnen- und -Planetenräder der

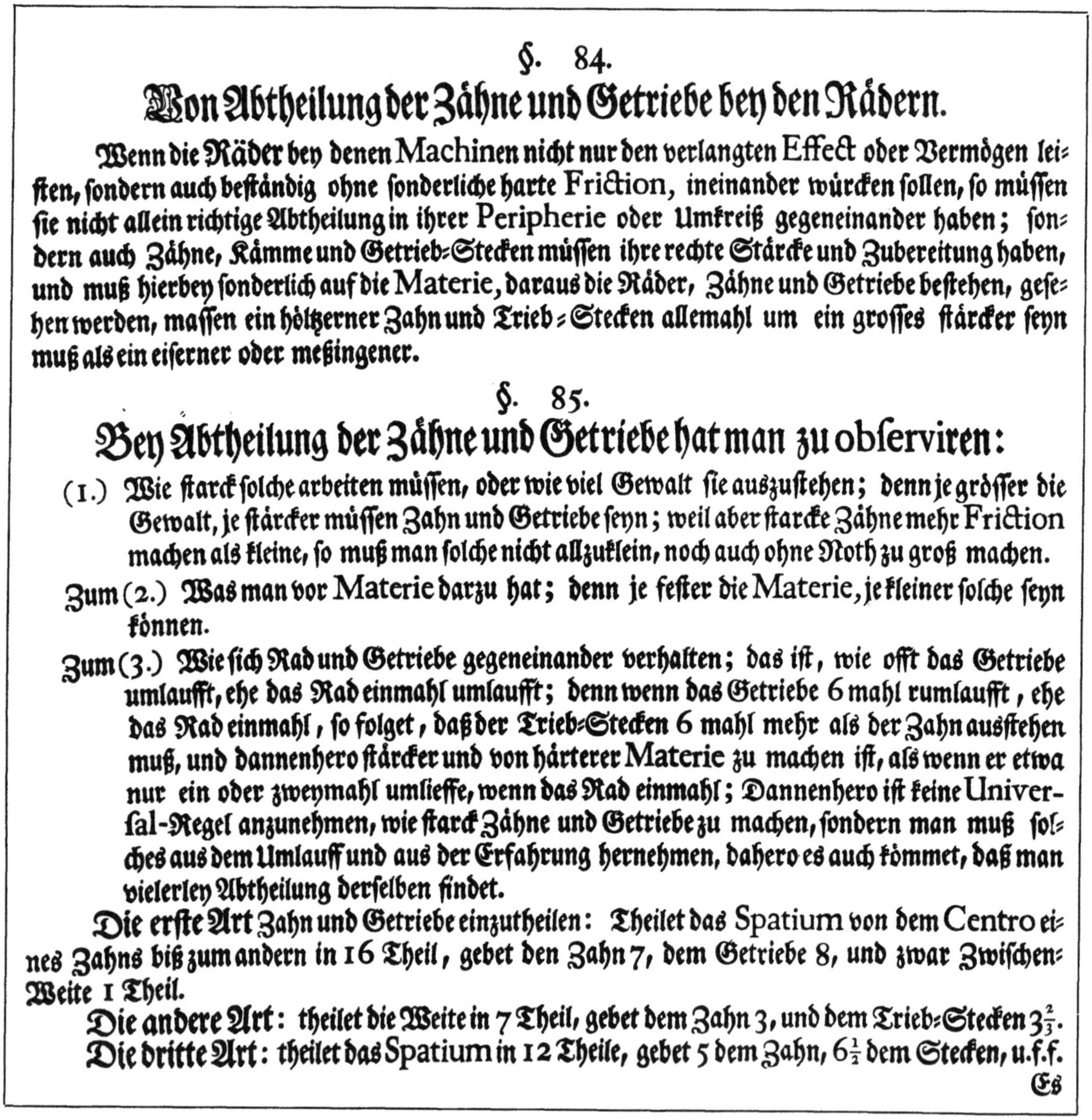

---

§. 84.
Von Abtheilung der Zähne und Getriebe bey den Rädern.

Wenn die Räder bey denen Machinen nicht nur den verlangten Effect oder Vermögen leisten, sondern auch beständig ohne sonderliche harte Friction, ineinander würcken sollen, so müssen sie nicht allein richtige Abtheilung in ihrer Peripherie oder Umkreiß gegeneinander haben; sondern auch Zähne, Kämme und Getrieb-Stecken müssen ihre rechte Stärcke und Zubereitung haben, und muß hierbey sonderlich auf die Materie, daraus die Räder, Zähne und Getriebe bestehen, gesehen werden, massen ein höltzerner Zahn und Trieb-Stecken allemahl um ein grosses stärcker seyn muß als ein eiserner oder meßingener.

§. 85.
Bey Abtheilung der Zähne und Getriebe hat man zu observiren:

(1.) Wie starck solche arbeiten müssen, oder wie viel Gewalt sie auszustehen; denn je grösser die Gewalt, je stärcker müssen Zahn und Getriebe seyn; weil aber starcke Zähne mehr Friction machen als kleine, so muß man solche nicht allzuklein, noch auch ohne Noth zu groß machen.

Zum (2.) Was man vor Materie darzu hat; denn je fester die Materie, je kleiner solche seyn können.

Zum (3.) Wie sich Rad und Getriebe gegeneinander verhalten; das ist, wie offt das Getriebe umlaufft, ehe das Rad einmahl umlaufft; denn wenn das Getriebe 6 mahl rumlaufft, ehe das Rad einmahl, so folget, daß der Trieb-Stecken 6 mahl mehr als der Zahn ausstehen muß, und dannenhero stärcker und von härterer Materie zu machen ist, als wenn er etwa nur ein oder zweymahl umlieffe, wenn das Rad einmahl; Dannenhero ist keine Universal-Regel anzunehmen, wie starck Zähne und Getriebe zu machen, sondern man muß solches aus dem Umlauff und aus der Erfahrung hernehmen, dahero es auch kömmet, daß man vielerley Abtheilung derselben findet.

Die erste Art Zahn und Getriebe einzutheilen: Theilet das Spatium von dem Centro eines Zahns biß zum andern in 16 Theil, gebet den Zahn 7, dem Getriebe 8, und zwar Zwischen-Weite 1 Theil.

Die andere Art: theilet die Weite in 7 Theil, gebet dem Zahn 3, und dem Trieb-Stecken $3\frac{2}{3}$.

Die dritte Art: theilet das Spatium in 12 Theile, gebet 5 dem Zahn, $6\frac{1}{2}$ dem Stecken, u.s.f.

Es

Bild 191.   Textprobe aus LEONHARDT CHRISTOPH STURM „Vollständige Mühlenbaukunst" 1718

Dampfmaschinen stark genug zu machen, daß sie die gesamte Kolbenkraft ohne Bruchgefahr aufnehmen können, bestimmte WATT mit seinem Mathematiker SOUTHERN ihre Zahnabmessungen für jede Dampfmaschinengröße nach der Formel $H = \dfrac{p^2 \cdot f \cdot d \cdot n}{306}$, wobei sind H = übertragbare Leistung (PS), p = Teilung (in.), f = Zahnbreite (in.), d = Rad-Durchmesser (ft.), n = Umdr./min. WATT's ausgeführte Zahnräder dienten allgemein als maßgebende Beispiele. Sie wurden immer wieder als Muster in allen Einzelheiten angeführt. Gründliche theoretische Untersuchungen stellte man damals noch nicht an. Die Maschinenbaulehrer wiesen aber verschiedentlich darauf hin, daß man ohne allgemeine Theorie nicht auskomme. So sagte 1806 eine englische Stimme:

„Mathematiker sind selten Erfinder, und die Maschinisten selten Männer von wissenschaftlichen Kenntnissen, dennoch ist der gegenseitige Beistand von Studium und Praxis durchaus nötig, um den Gegenstand zu vervollkommnen, den jeder zu verbessern bestrebt ist."

Zwischen diese beiden gedanklichen Richtungen wollte sich der Glasgower Ingenieur ROBERTSON BUCHANAN (1770 bis 1816) stellen, sie miteinander bekannt und füreinander brauchbar machen. Diese Aufgabe war damals sehr schwer. Zunächst hatte er große sprachliche Differenzen auszugleichen, weil die Mühlenbauer in den einzelnen Distrikten verschiedene Wörter gebrauchten. Dann kamen die regional verschiedenen Maßsysteme; z. B. gab es in jedem Lande verschiedene Längenmaße in Fuß (englischer, Kölner, Berliner, Nassauer usw. Fuß) oder Gewichte in Pfund, s. Tabelle 41.

Tabelle 41. *Beispiele für Maße vor 1858*

Maß \ Land	Baden (und Schweiz)	England (USA, Rußland)	Rheinland (preußisch)	Wien	Paris
Fuß 0,3 m	1	0,9836	0,955	0,949	0,923
Pfund 0,5 kg	1	1,102	1,029	1,021	0,892

In Deutschland gibt es allein über hundert Fußmaße zwischen 0,25 und 0,34 Meter. An Gewichten hatte fast jede Stadt ihr eigenes Pfund, bis 1858 der Zollverein gebildet wurde. Das Meter führten ein: 1799 Frankreich, 1803 Italien, 1821 Holland und Belgien, 1836 Griechenland, 1859 Spanien, 1872 Deutschland, 1875 Schweiz, 1876 Österreich-Ungarn, 1879 Schweden, 1882 Norwegen, 1886 Finnland, 1893 Japan (endgültig 1921), 1912 Dänemark, 1913 China (endgültig 1923), 1920 Sowjetunion (endgültig 1925).

BUCHANAN hatte seit langem Beobachtungen über Mühlenräder gesammelt und ordnete sie so, daß man in ähnlichen Fällen durch Vergleich mit ihnen dimensionieren konnte. 1808 beginnt er seinen „Essay on the Teeth of Wheels" und fährt 1814 fort mit den dreibändigen „Practical Essays on Mill Work and other Machinery". Hierin bringt er durchweg einfache Sätze ohne Beweis, denn „eine Regel, wenn sie auch nicht absolut vollkommen ist, ist doch auf jedem Falle besser, als wenn man nichts hat, wonach man sich richten kann."

Außerdem haben die Mühlenbauer keine Zeit und Gelegenheit zu wissenschaftlichen Untersuchungen. Bei Wahl der Zahnstärke in bezug auf den zu überwindenden Widerstand stellt BUCHANAN 1808 drei Grundsätze für Teilung und Breite der Zähne auf:

„I. Grundsatz. Die Stärke eines Stückes Holz oder Metall dessen Durchschnitt ein Rechteck ist, verhält sich direkt wie die Breite und das Quadrat der Dicke."

BUCHANAN weiß, daß sich bei genau arbeitenden Rädern der Druck zwar gleichzeitig auf mehrere Zähne verteilt. Aber es wird doch, „wenn die geringste Unregelmäßigkeit eintritt, oder ein Stückchen Holz oder Stein dazwischen kommt, in der Wirklichkeit der ganze Druck auf einen einzelnen geworfen, und um diesen Fall zu vereinfachen, wollen wir annehmen, daß die Stärke jedes einzelnen Zahnes dem Druck des ganzen Werkes Widerstand leisten müsse. Da aber die Länge der Zähne gewöhnlich mit der Theilung verändert wird ..." und BUCHANAN diese Tatsache mitberücksichtigen will, so betrachtet er den Fall, „... als wirkte der ganze Widerstand, den jeder Zahn zu ertragen hat, am Kopfe desselben".

„II. Grundsatz. Wenn eine Kraft auf einen Hebel oder Balken wirkt, so verhält sich der Druck auf irgend einen Punkt, wie die Kraft und ihre Entfernung von diesem Punkt."

„III. Grundsatz. Ist die Theilung dieselbe, so verhält sich der Druck umgekehrt wie die Geschwindigkeit."

BUCHANAN setzte 1808 die zu übertragende Kraft mit folgenden Werten ein:

$$\frac{P \cdot V}{v} = \frac{200 \cdot H \cdot 3^2/_3}{v} = \frac{733 \cdot H}{v} \approx \frac{740 \cdot H}{v}, \text{ wobei } H = \text{Anzahl der Pferdekräfte,}$$

d. h. 200 Pfund auf $3^2/_3$ Fuß in der Sekunde gehoben, und v = Geschwindigkeit.

Tabelle 42. *Größen für die Pferdekraft H 1734 bis 1894*

Jahr	Benutzer		Fußpfund pro Minute	H in Fußpfund pro Sekunde
1734	Desaguliers		44 000	
1758	Emerson		44 000	740
1759	Smeaton		22 916	
1770	Watt	Mühlen	33 000	540—550
		Maschinen	44 000	740
1808	Buchanan		28 125—44 000	740
1842	Salzenberg (Preußen)			480—510
1894	Frankreich (und später allgemein)		75 mkg/sec	510,87

Bemerkung: 1 mkg = 7,2331 englische Fußpfund. Die Franzosen und Amerikaner hatten zur Zeit BUCHANANS als dynamische Einheit ein gewisses Quantum Wasser, das auf gegebene Höhe gehoben wurde. Den Ausdruck „Arbeit" für 1 kg, einen Meter hoch gehoben, führte 1821 — mit diesen Dimensionen (mkg) angegeben — der Franzose LOUIS-MARIE-HENRI NAVIER (1785 bis 1836) in die Theorie der Maschinen ein.

Nun gibt BUCHANAN 1808 zwei Regeln speziell für die Zahnbreite und Teilung:

1. „Man mache die Zähne so viel Zoll breit, als die Zahl der Pferdekräfte beträgt, der sie Widerstand leisten sollen."

BUCHANAN bemerkt zu ihr: diese Regel gilt für Wasserräder, die folgende zweite für alle Räder, „die gehörig geschmiert und frei von Sande sind."

2. „Nimmt man H als Vergleichungsmaß an, so kann man schließen, daß bei einer 3 zölligen Theilung und 3 Fuß Geschwindigkeit in der Sekunde jeder Zoll Breite für $1^1/_2$ Pferdekräfte gerechnet werden kann."

Die besten Meister führten um die Wende des 18. und 19. Jahrhunderts die Zahnbreite mit der zwei- bis dreifachen Teilung aus.

Aus all diesen Grundsätzen und Regeln erwartet BUCHANAN dauerhafte und widerstandsfähige Zähne. Er rät den jungen Mühlenbauern, die Räder von beiden Extremen lieber zu stark zu machen. „Man muß bei der Anordnung von Räderwerken die Dauerhaftigkeit auch nicht einen Augenblick aus dem Gesicht verlieren. Es giebt zwar viele Theile bei Maschinen, die großen Druck zu ertragen haben, ohne sich abzunutzen," sagt BUCHANAN 1808, „dahingegen die Zähne der Räder im Augenblicke, wo sie zu arbeiten anfangen, ihre wahre Gestalt verlieren und nach und nach immer an Stärke abnehmen."

Im Dezember 1808 teilt der Glasgower Mühlenbauer JAMES CARMICHAEL folgende Regel mit: „Man multipliziere die Breite der Zähne mit dem Quadrate ihrer Dicke und dividire das Produkt durch die Länge. Der Quotient wird die Widerstandsfähigkeit in Pferdekräften bei einer Geschwindigkeit von 2,27 Fuß in der Sekunde angeben.

$$H = \frac{t^2 \cdot f \cdot v}{2,27 \cdot l}$$ ", wobei t = Zahndicke (in.), l = Zahnlänge (in.) = 1,2 t und v = Teilkreis-

geschwindigkeit (ft./s). Die Teilung findet CARMICHAEL durch Multiplizieren der Dicke t mit 2,1, damit der Raum zwischen den Zähnen ein wenig größer wird als die Zahndicke. Die Zahndimensionen nach seiner Formel faßte CARMICHAEL 1808 in eine Tabelle zusammen (s. Bild 192).

Stärke gusseiserner Zähne.

Gattung der Maschinen	Anzahl ihrer Pferdekräfte	Theilung des Rades engl. Zolle	Länge der Zähne	Rad			Getriebe			Vorhandene Geschwindigkeit in engl. Fussen
				Anzahl der Zähne	Umdrehungen in 1 Minute	Durchmesser des Theilrisses	Anzahl der Zähne	Umdrehungen in 1 Minute	Durchmesser	
A. Wasserrad (1)	10	$4^1/_8$	$5^1/_2$							
B. ,, (2)	30	3	$10^1/_4$	304	$3^1/_7$	24′	3	318,47		3,95
C. ,,	15	3	6	204	$4^1/_2$	16′..2″	44	20,00	3′..6″	3,8
D. ,, (3)	$5^1/_2$	3	4	207		$16′..5^1/_4″$	50		$3′.11^5/_8″$	3,0
E. Pferdemühle	1	$2^1/_4$	4	91	3	$6′..0^1/_2″$	22	12,90	$1′..5^1/_2″$	0,949
F. ,,	1	$2^1/_4$	$4^1/_2$	91	3	$6′..0^1/_2″$	20	13,13	1′..4″	0,949
G. Dampfmaschine v. *Boulton* und *Watt*	24	$3^1/_4$	6	96	19	8′..0″	42	43,32	3′..6″	7,95
H. ,,	46	3	8	152	$17^1/_2$		54	50,00		11,0
I. ,,	32	3	6	116	19	8′..10″				8,78
K. ,,	14	3	5	64	25	5′..1″	29	55,00	2′. 4″	6,65
L. Dampfmaschine	20	$2^1/_2$	5	90	18	5′..11″	38	42,63	2′ .7″	5,57
M. ,, (4)	10	$2^1/_4$	$5^3/_4$	77	25	$4′..7^1/_8″$	40	48,50	$2′..4^1/_8″$	6,04
N. ,, (5)	6	$2^1/_4$	$5^1/_4$	60	28	3′..7″	27	62,60	$1′..7^3/_8″$	5,25
O. ,, (6)	4	$2^1/_4$	$4^3/_4$	48	32	$2′..10^1/_5″$	25	61,11	1′..6″	4,8
P. ,,	12	2	$4^1/_2$	62		3′..6″			2′	8,8
Q. ,, (7)	10	$1^7/_8$	6	77	25	3′..10″	40	48,50	$1′.11^1/_8″$	5,0
R. ,,	12	$1^3/_8$	3	66	44	2′..8″	48	60,50	1′..9″	6,14

(1) Diess Rad wurde 16 Jahre gebraucht; die Zähne waren sehr abgenützt.

(2) Diess Rad wurde 16 Jahre gebraucht; allein das Vorgelege wurde für die Kraft zu klein befunden, da es sich weit schneller, als die übrigen Räder in dieser Mühle abnützte.

(3) Der einzige Fehler bei diesem Vorgelege, welches bis jetzt 16 Jahre gearbeitet hat, ist der Mangel an Länge der Zähne bei dem Stirnrad und Getriebe, diese hätte nämlich 6 Zoll oder mehr betragen müssen, da es nicht halb so lang als das damit verbundene konische Rad und Getriebe dauern wird.

(4) Diess ist eine bessere Theilung für die vorhandene Kraft als bei Q.

(5) und (6) Dieses Rad hat hölzerne Kämme und arbeitet seit 3 Jahren.

(7) Diese Theilung wurde zu klein befunden.

Bild 192.　Zahnradabmessungen nach JAMES CARMICHAEL 1808

BUCHANAN regelt 1808 die Stärke der anderen Teile des Zahnrades im Verhältnis der Dicke seiner Zähne. Seine Dimensionsregeln für den Radkörper sind:

Dicke der Radfelge = Zahnfußdicke

Radarm, an der Felge = Felgenbreite und -dicke

Arme in Richtung Nabe verbreitern

Nabe breiter als die Zähne ausführen.

„Kleine Räder haben im Allgemeinen nur 4 Arme," schließt BUCHANAN, „aber da es nicht gut ist, wenn ein großer Theil des Kranzes nicht unterstützt wird, so muß die Zahl der Arme bei großen Rädern auch größer sein. Um die Arme mit wenigem Aufwand von Metall zu verstärken, macht man sie häufig gefiedert, welches geschieht, indem man eine dünne Platte unter einem rechten Winkel hinzufügt ...". Große Räder gießt BUCHANAN bereits aus verschiedenen Stücken und verschraubt sie dann.

Man sieht: BUCHANAN's richtungweisende Arbeit stand unter dem Einfluß neuer Werkstoffe. 1769 hatte der Ingenieur, Architekt und Instrumentenmacher JOHN SMEATON (1724 bis 1792) aus Leeds die Gußeisen-Zahnräder eingeführt. Seit 1784 waren auch schmiedeeiserne Räder durch den Puddelprozeß von HENRY CORT (1740 bis 1880) möglich. ROBERTSON BUCHANAN konnte als erster in einem Buch die Festigkeitsrücksichten für Gußeisen neben denen für Holz behandeln.

3.12 Die Begründung der Zahnradberechnung auf Festigkeit durch den Engländer Thomas Tredgold 1822

BUCHANAN wurde noch übertroffen von dem Londoner Ingenieur THOMAS TREDGOLD[1]. Nachdem er schon 1820 Untersuchungen über den Widerstand von Holz als Konstruktionsmaterial veröffentlicht hatte, arbeitete er auf dieser Linie in Richtung Gußeisen weiter. So bewies er die Theorie des Arztes und Physikers THOMAS YOUNG (1773 bis 1829) über den Widerstand von Materialien durch eigene Versuche im Großen und gab ihre Ergebnisse als Festigkeitswerte zu den Berechnungen in Tabellen. Zudem hatte YOUNG 1807 den Begriff „Elastizitätsmodul" eingeführt. Seine Erfahrungen sammelte TREDGOLD in dem Werk von 1822 "A practical essay on the strength of cast iron and other metals." Es war das erste seiner Art und so willkommen, daß man es bereits 1825 ins Französische und 1826 ins Deutsche übersetzte. Außerdem überarbeitete TREDGOLD 1822 die 2. Auflage von BUCHANAN's „Mühlen- und Maschinen-Baukunst" unter Verwertung seiner Erkenntnisse und bemerkte hier eingangs: „Es ist vielleicht nicht so schwierig, wie unser Verfasser wohl glauben möchte, aus theoretischen Principien die gehörige Stärke der Zähne zu bestimmen und solche Methode müßte denn unmaßgeblich den bloß praktischen Regeln vorzuziehen sein."

TREDGOLD fragte 1822 als erster nach den Umständen, unter denen die Spannung eines Zahnes unter Druck am größten ist. Er bringt damit sogar die Elemente der Differentialrechnung in die praktische Technik!

Mit Hilfe der Extremwertbildung in der Differentialrechnung kann TREDGOLD 1822 beweisen: Ist in Bild 193 $EC = CB$, so wird die Spannung in der Linie EB am größten; daher ist EB für den Fall des Zahnbruches die Bruchebene.

Nun drückt TREDGOLD das Verhältnis des Zahndrucks zur entsprechenden Festigkeit

in der Gleichung aus $\dfrac{740 \cdot H}{v} = \dfrac{0\,7854 \cdot f \cdot 2\,(FC) \cdot d^2}{8\,(FC)}$. Bei der Spannung von

---

[1] THOMAS TREDGOLD (1788 bis 1829). Geboren in Brandon bei Durham (England), ging er mit 14 Jahren bei einem Kunsttischler in die Lehre. Trotzdem er nur die Dorfschule Durhams besucht hatte, begann er schon mit 14 Jahren mathematische und bautechnische Studien. Nach fünfjähriger Arbeit als Tischler in Schottland ging er in das Londoner Geschäft von WILLIAM ATKINSON. Während dieser Zeit studierte er privat weiter. 1820 veröffentlichte er sein erstes Werk, 1827 sein letztes. Sie hatten einen großen Erfolg. TREDGOLD förderte wesentlich die Zahnradtechnik, und seine Regeln daraus wirkten bis zum Ende des 19. Jahrhunderts, z. T. länger.

$f = 15\,300$ Pfund für einen Quadratzoll, schreibt Tredgold für die Zahndicke $d^2 = \dfrac{0{,}247}{v} \cdot H$. Er fährt fort:

„Ein Zahn soll aber dem Drucke widerstehen können, wenn er auch schon durch Reibung beträchtlich abgenutzt ist. Wir wollen daher annehmen, daß die abgenutzten Theile bei einer Maschine nicht eher erneut zu werden brauchen, als bis der dritte Theil ihrer Dicke abgerieben ist. Um nun die Festigkeit dieser Abnutzung gemäß einzurichten, soll der Zahn im Stande sein, einen $2^1/_4$ mal so großen Druck als vorher zu ertragen...." Tredgold erhält daher als neue Zahndicke $d^2 = \dfrac{0{,}556 \cdot H}{v}$ oder $d = \dfrac{3}{4}\sqrt{\dfrac{H}{v}}$, wobei auch hier $H =$ Pferdekraft am Angriffspunkt, $v =$ Geschwindigkeit des Teilkreises in Fuß/Sekunde, $d =$ Dicke des Zahnes in Zoll. „Diese Gleichung", so schließt Tredgold, „giebt uns eine leichte praktische Regel, um die Dicke der Zähne und folglich auch die Theilung der Räder und Getriebe zu bestimmen."

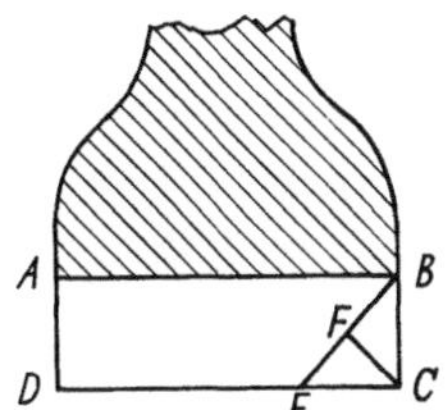

Bild 193. Berechnungsansatz von Thomas Tredgold 1822

$ABCD$ sind die Seitenansicht eines Zahnes. Dann ist für Tredgold 1822 klar, „... daß die Spannung am größten sein wird, wenn der Druck auf eine Ecke des Zahnes, z. B. C geworfen wird, welches entweder durch unregelmäßige Arbeit oder auch dadurch bewirkt werden kann, daß irgendein Körper zwischen die Zähne kommt..."

Hieran knüpft Tredgold 1822 noch die Regel: „Sollen die Zähne des Getriebes mit den Zähnen des Rades gleiche Dicke haben, so multiplicire man die oben erhaltene Dicke mit 2,1, so wird das Produkt die gesuchte Theilung sein." Er beugt auch größerer Abnutzung durch die Übersetzung vor und setzt die Teilung bei $i = 3$ und $n =$ Drehzahl auf:

$$\frac{5 \cdot 3 + n}{3} \cdot d \quad \text{Zoll für das Rad und} \quad \frac{2 + n}{3} \cdot d \quad \text{Zoll für das Getriebe.}$$

Die Betrachtung der Breite gußeiserner Zähne beginnt Tredgold 1822 mit folgendem Gedanken:

„Der Fall, wo ein Balken an einem Ende befestigt ist und die Last am anderen wirkt, findet seine Anwendung auf die Zähne der Räder bei der gewöhnlichen Art und Weise ihrer Arbeit." Daher schreibt er ein Breitenverhältnis von $212 \cdot bd^2 = \dfrac{740 \cdot H \cdot l}{12 \cdot v}$, wobei $l =$ Länge, $b =$ Breite, $d =$ Dicke des Zahnes, $\dfrac{740 \cdot H}{v} =$ Zahndruck. Mit Berücksichtigung der Abnutzung ist weiter $212 \cdot bd^2 = \dfrac{2^1/_4 \cdot 740 \cdot H \cdot l}{12 \cdot v}$. Mit $d^2 = \dfrac{0{,}556 \cdot H}{v}$ wird $0{,}556 \cdot b \cdot 212 = \dfrac{2^1/_4 \cdot 740 \cdot l}{12}$ oder $b = 1{,}2 \cdot l$, d. h. die Breite darf nie geringer sein als 1,2 mal der Länge des Zahnes. Ferner steht für Tredgold die Dauerhaftigkeit beinahe in geradem Verhältnis der Breite und im umgekehrten Verhältnis zum Druck. Er geht bei der Zahnbreite mit Buchanan's Werten einig, während auf dessen Angaben in bezug auf Widerstandsfähigkeit und Grenzen der Teilung kein so sicherer Verlaß ist.

Für hölzerne Zähne bleibt es bei der Regel von Buchanan $b = \dfrac{5H}{v}$. Tredgold betrachtet 1822 als erster die Stärke von Triebstöcken, da er sie für verbesserungsfähig hält und ihnen manche Vorteile zuschreibt. Dazu läßt er die Kraft in der Mitte der

Triebstocklänge l als schwächstem Punkte wirken. Er findet dann die Festigkeit des Zylinders zu

$$d^3 = \frac{740 \cdot H \cdot l}{500 \cdot v}$$

wobei $l =$ Länge des Triebstocks in Fuß, $d =$ Durchmesser des Triebstocks in Zoll, und die Kraft $= \dfrac{740 \cdot H}{v}$. Der Triebstock soll aber der $2^1/_4$ mal so großen Kraft widerstehen, also $d^3 = \dfrac{2^1/_4 \cdot 740 \cdot H \cdot l}{500 \cdot v}$ oder $d = \left(\dfrac{3,33 \cdot H \cdot l}{v} \right)^{1/3}$ oder weiter vereinfacht $d = 2 \cdot \left(\dfrac{H \cdot l}{v} \right)^{1/3}$.

TREDGOLD kennt das Holz als ungefähr $^1/_4$ so fest als Gußeisen. Da sich die Dicke der Zähne umgekehrt verhält wie die Quadratwurzel aus der Materialfestigkeit, müssen Holzzähne die Stärke $1 : \sqrt{^1/_4} = 2$ haben, d. h. sie müssen zweimal so stark sein als gußeiserne Zähne.

Schließlich gibt TREDGOLD die erforderlichen Zahnradabmessungen in einer Tabelle zum direkten Ablesen (s. Tab. 43). Über den Radkörper sagt er noch: er soll in allen Fällen sechs Arme haben, falls sie von gleicher Festigkeit sind wie die Felge. Dann gilt die Gleichung $D^2 \cdot P \cdot R = 3 \cdot 212 \cdot bd^2$.

Tabelle 43. *Festigkeitswerte und Abmessungen von Rad-Zähnen und -Armen nach Thomas Tredgold 1827*

zulässiger Zahndruck [lbs]	Leistung [PS] bei 3 Fuß/sec	Zähne der Räder			Rad mit 6 Armen	
		Teilung [in.]	Dicke [in.].	Breite [in.]	Tiefe des Armes für 1 Fuß Radius	Breite der Rippe [in.]
22	0,12	0,25	0,119	0,75	0,87	0,25
85	0,5	0,50	0,238	1,25	1,24	0,42
191	1	0,75	0,357	1,75	1,67	0,60
337	2	1,00	0,475	2,50	1,76	0,80
520	3	1,25	0,590	3,00	2,00	1,00
800	4	1,50	0,730	4,00	2,20	1,30
1040	5	1,75	0,835	4,25	2,40	1,40
1370	7	2,00	0,955	5,00	2,50	1,70
1720	9	2,25	1,070	5,50	2,70	1,80
2100	10,5	2,50	1,190	6,00	2,85	2,00
2560	13	2,75	1,310	6,75	3,00	2,20
3000	15	3,00	1,430	7,25	3,20	2,40
3600	18	3,25	1,550	8,00	3,30	2,60
4150	21	3,50	1,670	8,50	3,40	2,80
4800	24	3,75	1,790	9,25	3,50	2,90
5700	27,5	4,00	1,910	10,25	3,60	3,40
6300	31,5	4,25	2,025	10,50	3,70	3,50
6900	34,5	4,50	2,150	11,00	3,80	3,70
7700	38,5	4,75	2,270	11,75	3,90	3,90
8500	42,5	5,00	2,390	12,25	4,00	4,00

Unter der Annahme, daß die Arme ein Drittel der Radbreite betragen, wird: $bd^2 = \dfrac{D^2 \cdot P \cdot R}{212}$. Mit dem Radius $R = 1$ und der zweifachen Dampfkraft $P = 28$ wird

$d = \dfrac{D}{\sqrt{7 \cdot b}}$. Entsprechend den Zahndimensionen in Tabelle 43 und 44 läßt TREDGOLD
für Gußeisen $\sigma_y = 300$ kg/cm² bzw. auf einen Zentimeter Zahnbreite 40 ... 80 kg zu.
Diesen Regeln schlossen sich die maßgebenden Maschinenlehrer bis in unser Jahrhundert an.

1826 lehrt der Begründer der Maschinen-Dynamik und Professor für angewandte Mechanik in Metz JEAN-VICTOR PONCELET (1788 bis 1867) in seinem Werk „Cours de mécanique appliquée aux machines": „Die Breite der Zähne, parallel zu der Rotationsaxe oder in der Richtung der Erzeugungslinien der Kegel gemessen, wird gewöhnlich 4 mal größer genommen, als ihre auf dem Umfange des Grundkreises gemessene Dicke, wenn die Geschwindigkeit eines Punctes dieses Grundkreises nicht größer ist, als 1,5 m, und man nimmt diese Breite 5 mal größer als die Dicke, um die größere Abnutzung zu compensiren, wenn die Geschwindigkeit größer ist. Wenn endlich die Zähne benetzt und mit Sand beschmutzt werden, so daß die Abnutzung noch beträchtlicher ist, so gibt man ihnen eine Breite, welche wohl 6 mal größer ist, als die Dicke."

In bezug auf die Teilung hält sich PONCELET 1826 an die alte englische Mühlenbauregel $a = 2,1 \cdot b$. Bei verschiedenen Werkstoffen des Radpaares, z. B. Holz/Eisen, wird die Teilung $a = 2,84 \cdot b$. Bei Metallrädern aus einem Stück macht man die Zähne genauso breit wie die Felge, die Felgendicke ebenfalls gleich der Zahndicke. PONCELET's Methode findet seine Anhänger, vor allem wegen des vorteilhaften metrischen Maßes.

Tabelle 44. *Belastungswerte von Radzähnen im metrischen Maß nach Tredgold von Jean-Victor Poncelet 1829. Die Zahnstärke steigt in arithmetischer Reihe um 3 mm*

Zahndruck [kg]	Teilung [cm]	Zahndicke [cm]	Zahnbreite [cm]
k.	c. m.	c. m.	c. m.
10	0,63	0,30	2,00
40	1,27	0,60	3,27
80	2,00	0,90	4,54
158	2,54	1,20	5,81
244	3,17	1,50	7,08
336	3,80	1,80	8,35
430	4,43	2,10	9,62
580	5,08	2,40	10,89
730	5,71	2,70	12,16
870	6,34	3,00	13,43
1100	6,97	3,30	14,70
1210	7,62	3,60	15,97
1500	8,25	3,90	17,24
1750	8,88	4,20	18,51
2200	9,51	4,50	19,58
2300	10,16	4,80	20,85
2660	10,79	5,10	22,12
2840	11,42	5,40	23,39
3220	12,05	5,70	24,66
3500	12,68	6,00	25,93

Tabelle 45. *Berechnungsformeln für Zahnräder, die keinen Stößen ausgesetzt sind, von Poncelet 1826*

	b	l
Gußeisen	$0,105 \sqrt{P}$	$4b$
Bronze, Kupfer	$0,131 \sqrt{P}$	$5b$
Weißbuche, Birnbaum, Esche	$0,183 \sqrt{P}$	$6b$

wobei $b =$ Zahndicke (cm), gemessen auf dem Grundkreis, $P =$ Zahndruck (kg) und $l =$ Zahnbreite (cm).

1827 lehnt sich der englische Ingenieur JOHN FAREY (1791 bis 1851) in seinem Buch „A treatise on the Steam Engine" an die Baumethoden von JAMES WATT an. Auf Bild 194 finden wir seine „Rules" für die Zahnradberechnung im Original. Sie zeigen, wie es damals in Ingenieurkreisen noch an mathematischer Schreibtechnik, an geordneten Dimensionsgleichungen und an Festigkeitswerten der Werkstoffe fehlte. Dadurch erschwerten sich die Berechnungen und machten sie unübersichtlich. FAREY hatte zur Bestätigung seiner Regeln das Planetengetriebe einer 20-PS-Dampfmaschine von WATT

To find the pitch of the teeth of any cog-wheel. Having given, the geometrical diameter of the wheel (that is the diameter of the pitch circle) in feet, and the number of the teeth.

RULE. Multiply the diameter of the pitch circle in feet, by 37·7 inches, and divide the product by the number of teeth; the quotient is the pitch of the teeth in inches.

Example. Suppose a wheel 2½ feet diameter to have 37 teeth. Then 2·5 ft. dia. × 37·7 = 94·25 inches circumference of the pitch circle ÷ 37 teeth = 2·546 inches pitch of teeth.

Sliding Rule, slide inverted. { A 37·7 inches. | Number of teeth. — Pitch dia. feet. | Pitch of teeth inc.   *Exam.* A 37·7 inc. 37 teeth. — 2·5 ft. dia. 2·55 pitch.

To find the breadth for the teeth of the sun and planet-wheels of Mr. Watt's Rotative Steam-engine. Having given the diameter of the steam cylinder in inches, and the pitch of the intended teeth in inches.

RULE. Divide the square of the diameter of the cylinder in inches, by 16 times the square of the pitch of the teeth, in inches. The quotient is the proper breadth for the teeth in inches.

Example. Suppose the cylinder is 24 inc. diameter, and the sun-wheel 2½ feet diameter, with 37 teeth; their pitch will be 2·55 inches, the square of which is 6·5, and × 16 = 104 for the divisor. And 24 inc. diam. squared = 576 circular inches ÷ 104 = 5·54 inches for the breadth.

Sliding Rule, slide inverted. { q 625 gage point. | Breadth of teeth inc. — D Dia. of cylind. inc. | Pitch of teeth inches.   *Example.* q 625 5·54 brd. — D 24 dia. 2·55 pit.

Note. This gage point is really ·0625, the reciprocal of 16, used as a multiplier.

The sliding rule when thus set, forms a table for that size of cylinder; so that any other pitch for the teeth being chosen on the lower line D, the proper breadth, to give the teeth the same strength, will be opposite to it on the line q. For instance, if the above sun-wheel had 42 teeth, then the pitch would be 2·244 inc., and according to the sliding rule, its breadth ought then to be 7·15 inches (*a*).

The modern steam-engines which are made with multiplying wheels and pinions to turn the fly-wheel, have 1·6 times greater strength in the teeth, than if they were proportioned by the above rule; but as the sun and planet-wheels were very rarely broken, the modern proportions may be considered as giving a great

(*a*) The author has had continual opportunities during 20 years past, of observing the condition of a pair of sun and planet-wheels in an engine of 20 horse-power (see p. 498), with a cylinder 24 inc. diam. and 5 ft. stroke, which was constructed by Messrs. Boulton and Watt in 1792, and has continued in constant use to the present time, 1827. These wheels have 42 teeth (= 2·24 inc. pitch), and are only 5 inches broad, so that they are but seven 10ths of the strength given by the calculation. The sun-wheel has wooden teeth, which require to be renewed every second year. The planet-wheel has iron teeth, and they become worn, so as to require a new wheel, once in 8 or 10 years. The engine is fully loaded, and the teeth have been broken once or twice by accident.

The first rotative-engines which Mr. Watt made for the Breweries in London (see p. 437), are 24 inch cylinders, and 6 feet stroke; the sun and planet-wheels being 3 feet diam., have 44 and 45 teeth = 2·54 inc. pitch, and were 4 inches broad; the preceding rule would give 5·57. Several of these wheels have been in constant use for 36 years. The wooden teeth of the sun-wheels are made of live oak, and they require to be renewed every third or fourth year. Some of these engines are now working with cylinders of 26¼ inc. diam., and sun and planet-wheels with 44 and 45 teeth, but 5¼ inches broad; the rule would give 6·67 inc. broad. These instances show that the strength given by the rule is sufficient to avoid breaking.

Bild 194.   Regeln für die Zahnradberechnung von JOHN FARAY 1827

35 Jahre lang beobachtet, ohne daß ein Bruch aufgetreten wäre. Die Holzzähne verbrauchen sich, so daß sie alle zwei bis drei Jahre erneuert werden müssen; aber die Eisenzähne des Planetenrades verschleißen kaum. FAREY gibt schließlich 1827 Tabelle 46 für die nötigen Zahnräder an verschiedenen Dampfmaschinengrößen laut seiner Regeln.

Die Stärke der „Kämme" von Zahnrädern in Mühlen wählt 1832 der böhmische k. k. Gubernialrath, Direktor der physischen und mathematischen Studien an der Universität Prag, Professor FRANZ JOSEPH RITTER VON GERSTNER (1756 bis 1832) nach der Arbeit der Mühle. „Mahlt sie viel, braucht sie größere Steine, folglich größere Kräfte."

Tabelle 46. *Zahnräder für verschiedene Dampfmaschinen-Leistungen nach John Faray 1827*

Dampfmaschine		Zahnrad			
Leistg. (h. p.)	Zylinder- ∅ (in.)	Rad- ∅ (feet)	Zähnezahl	Pitch (in.)	Zahnbreite (in.)
10—12	17½	2	32	2,356	3,45— 4
20	23¾	2½	36	2,618	5 — 5,15
30	28¼	3	40	2,828	6 — 6,23
40	31½	3½	44	3	6,9
50	34	4	50	3,015	8 —10

Bemerkung: Das Zahnrad der 50-PS-Maschine wurde praktisch ausgeführt mit zwei Sonnen- und zwei Planetenrädern aus *Ge* mit zwei Schwungrädern; Breite eines jeden Zahnrades 5 inches = insgesamt 10 inches, also stärker als nach Berechnung.

„... GERSTNER lehrt zum Zahnbruch an Stirnrädern: „Ein jeder mit dem Radkranze aus einem Stücke bestehende Zahn wird hart an dem Umfange, und wenn er in letztern eingesetzt ist, zu Anfange seines Stieles abbrechen. Nimmt man den Druck in der Linie des gemeinschaftlichen Theilrisses zwischen Zahn und Getriebe an, so wird man die nothwendige Stärke aus der Querschnittsfläche der Zähne im Theilrisse und dem Abstande des Theilrisses vom Umfange des Rades berechnen kännen." Es wird hier immer nothwendig, bloß einen sehr kleinen Theil von jenem Gewichte in Anschlag zu nehmen, welches den Bruch bewirkt, weil die Zähne bei ihrer fortwährenden Berührung mit den Stöcken sich nach einiger Zeit abnützen und nicht mehr jene Querschnittsfläche, wie zu Anfang besitzen, und weil dieselben, während sie auf den Stöcken fortgeschoben werden, einen immer größern Hebelsarm gegen die Bruchfläche erhalten." GERSTNER fügt große Formelübersichten und Tabellen an, die auf Regeln von MUSSCHENBROEK, EYTELWEIN, NEUMANN, BUCHANAN und TREDGOLD basieren.

Inzwischen gaben viele Lehrer die Art der Festigkeitsberechnung von THOMAS TREDGOLD wieder, teilweise vermengt mit eigenen Entwicklungen. 1842 leitet sie W. SALZENBERG an der kgl. Allgemeinen Bauschule zu Berlin wie folgt ab: er berechnet zunächst die Teilrißgeschwindigkeit in Fuß zu

$$V = \frac{2,1 \cdot b \cdot n \cdot N}{60 \cdot 12} = \frac{b \cdot n \cdot N}{342,86} \, .$$

Dann schreibt er den Druck auf den Zahn im Teilriß zu

$$P = \frac{342,86 \cdot P \cdot V}{b \cdot n \cdot N} \, , \text{ wobei}$$

b = Zahnstärke, n = Zähnezahl, Teilung = $2,1 \cdot b$, N = Drehzahl U/min und PV = zu übertragende Leistung. Nun führt SALZENBERG in TREDGOLD's Figur Bild 193 einen Winkel $EBC = \alpha$ ein und setzt $\mathrm{tg}\,\alpha = \tau$. Dann ist

$$\overline{BE} = \overline{BC} \cdot \sec \alpha = \overline{BC} \cdot \sqrt{1 + \tau^2}.$$

$$\overline{CF} = \overline{BC} \cdot \sin \alpha = \overline{BC} \cdot \frac{\mathrm{tg}\,\alpha}{\sec \alpha} = \overline{BC} \cdot \frac{\tau}{\sqrt{1 + \tau^2}} \, .$$

Weil das wirkende Lastmoment $P \cdot \overline{CF}$ und das Widerstandsmoment $1\,920 \cdot \overline{BE} \cdot b^2$ ist, so entsteht

$$P \cdot \overline{BC} \, \frac{\tau}{\sqrt{1 + \tau^2}} = 1\,920 \cdot b^2 \cdot \overline{BC} \cdot \sqrt{1 + \tau^2}$$

$$\text{oder} \quad P = 1\,920 \cdot b^2 \cdot \frac{1 + \tau^2}{\tau} = 1\,920 \cdot b^2 \cdot \left(\frac{1}{\tau} + \tau \right) .$$

P wird ein Minimum, wenn $\tau = 1$, also $\alpha = 45°$, denn

$$\frac{dP}{d\tau} = 1\,920 \cdot b^2 \cdot \left(-\frac{1}{\tau^2} + 1\right) = 0.$$

Folglich ist $\tau^2 = 1$, also auch $\tau = 1$. Die zweite Ableitung ist positiv. Es wird also nach SALZENBERG/TREDGOLD für den schlimmsten Fall

$$P = 1\,920 \cdot b^2 \cdot \frac{1 + 1}{1} = 3\,840 \cdot b^2.$$

Da der Zahn an der Wurzel und am Kopfe schwächer als im Teilriß ist, schrieb TREDGOLD 1822 schon

$$P = {}^3/_5 \cdot 3\,840 \cdot b^2 = 2\,304 \cdot b^2.$$

Mit der Abnutzung $^1/_3 \cdot b$ muß werden

$$P = 2\,304 \cdot b^2 \cdot (1 - {}^1/_3)^2 = \frac{4 \cdot 2\,304}{9} \cdot b^2 = 1\,024 \cdot b^2$$

und danach ist $b^2 = \dfrac{P}{1\,024}$ bzw. die Zahnstärke $b = {}^1/_{32} \sqrt{P}$.

SALZENBERG gibt 1842 auch eine eigene Festigkeitsformel für Radzähne an und vergleicht sie mit TREDGOLD's Ergebnissen. Diese Formel stützt sich auf das Widerstandsmoment des rechtwinkligen Zahnquerschnittes $= 12 \cdot 160 \cdot e \cdot b^2$ für Gußeisen, wobei $e =$ Zahnbreite, $b =$ Zahnstärke, $l =$ Länge des Zahnes, alles in Zoll. Nach $^1/_3 \cdot b$ Abnutzung ist das erforderliche Widerstandsmoment

$$1\,920 \cdot e \, ({}^2/_3 \, b)^2 = {}^4/_9 \cdot 1920 \cdot e \cdot b^2 = 853 \cdot e \cdot b^2.$$

SALZENBERG setzt also dem Lastmoment $P \cdot l$ das Widerstandsmoment $853 \cdot e \cdot b^2$ entgegen, woraus wird $b^2 = \dfrac{P \cdot l}{853 \cdot e}$. Wie gewöhnlich, ist $l = 1,2 \cdot b$ und mit $e = k \cdot b$ wird jetzt $b^2 = \dfrac{P \cdot 1,2 \cdot b}{853 \cdot k \cdot b} = \dfrac{P}{710 \cdot k}$. Den Koeffizienten k gibt SALZENBERG an für:

sehr ruhig und langsam gehende Zähne $k = 2$

schneller gehende Zähne $k = 4$

Mit dem eingesetzten Zahndruck P auf den Teilriß wird $b^3 = \dfrac{342,86 \cdot P \cdot V}{1024 \cdot n \cdot N} \approx \dfrac{P \cdot V}{3 \cdot n \cdot N}$.
Bei der Tredgold'schen Berechnungsweise werden die Zähne etwas stärker als bei SALZENBERG's eigener, „weshalb auch die Breite geringer sein kann." SALZENBERG warnt aber 1842 davor, die Breite zu sehr einzuschränken, „da … die Dauerhaftigkeit der Zähne mit ihrer Breite im direkten Verhältnisse steht, … ." TREDGOLD hatte 1822 wegen der kleinen Berührungsflächen eine Höchstbelastung von 400 Pfund pro Zoll Breite zugelassen. Bei $P = 1024 \cdot b^2$ bzw. $e = \dfrac{1024 \cdot b^2}{400} = 2,56 \cdot b^2$ gäbe es mit $e = k \cdot b$ folgende Werte:

Ist die Zahl der Pferdekräfte Z gegeben, so ist mit der Teilrißgeschwindigkeit v in Fuß $P = \dfrac{510 \cdot Z}{v}$. Im Falle des Bruches an der Zahnecke wird dann $b^2 = \dfrac{510}{1024} \cdot \dfrac{Z}{v} = \dfrac{Z}{2v}$. Danach nimmt SALZENBERG eine Breite von $e = \dfrac{510}{400} \cdot \dfrac{Z}{v} = 1{,}275 \cdot \dfrac{Z}{v}$. Für diese Beziehungen stellt SALZENBERG 1842 eine „Theilungs-Tabelle für gußeiserne Zahnräder" auf (s. Tab. 47). Die Teilung ist darin mit $t = 2{,}1 \cdot b$ und die Zahnlänge mit $l = 1{,}2 \cdot b$ berücksichtigt. Durch Multiplizieren mit einem Werkstoff-Faktor kann man aus ihr auch die Abmessungen für Zahnräder aus anderen Werkstoffen ablesen; dieser beträgt bei:

Holz	2,3
Rotguß	1,366
Messing	1,43 oder $1^3/_7$.

Zahnstärke b (Zoll)	k
½	1,28
1	2,56
1,5	3,84
2	5,12

Die dort gefundenen Werte stimmen sogar mit denen von ROBERTSON BUCHANAN 1808 gut überein.

Tabelle 47.   *Theilungs-Tabelle für gußeiserne Zahnräder von W. Salzenberg 1842*

Theilung des Rades.	Stärke der Zähne.	Verhältniß der Stärke zur Breite.	Breite der Zähne.	Länge der Zähne.	Anzahl der Pferdekräfte, denen die Zähne zu widerstehen vermögen bei einer Theilrißgeschwindigkeit von:								
t	b	k	e	l									
Zoll	Zoll		Zoll	Zoll	1 Fuß	2 Fuß	3 Fuß	4 Fuß	5 Fuß	6 Fuß	7 Fuß	8 Fuß	9 Fuß
1,05	0,5	1,28	0,637	0,60	0,50	1,00	1,50	2,00	2,50	3,00	3,50	4,00	4,50
1,26	0,6	1,54	0,918	0,72	0,72	1,44	2,16	2,88	3,60	4,32	5,04	5,76	6,48
1,47	0,7	1,79	1,249	0,84	0,98	1,96	2,94	3,92	4,90	5,88	6,86	7,84	8,82
1,68	0,8	2,05	1,632	0,96	1,28	2,56	3,84	5,12	6,40	7,68	8,96	10,24	11,52
1,89	0,9	2,30	2,065	1,08	1,62	3,24	4,86	6,48	8,10	9,72	11,34	12,96	14,58
2,10	1,0	2,56	2,550	1,20	2,00	4,00	6,00	8,00	10,00	12,00	14,00	16,00	18,00
2,31	1,1	2,82	3,085	1,32	2,42	4,84	7,26	9,68	12,10	14,52	16,94	19,36	21,78
2,52	1,2	3,07	3,672	1,44	2,88	5,76	8,64	11,52	14,40	17,28	20,16	23,04	25,92
2,73	1,3	3,33	4,309	1,56	3,38	6,76	10,14	13,52	16,90	20,28	23,66	27,04	30,42
2,94	1,4	3,58	4,998	1,86	3,92	7,84	11,76	15,68	19,60	23,52	27,44	31,36	35,28
3,15	1,5	3,84	5,737	1,80	4,50	9,00	13,50	18,00	22,50	27,00	31,50	36,00	40,50
3,36	1,6	4,10	6,528	1,92	5,12	10,24	15,36	20,48	25,60	30,72	35,84	40,96	46,08
3,57	1,7	4,35	7,369	2,04	5,78	11,56	17,34	23,12	28,90	34,68	40,46	46,24	52,02
3,78	1,8	4,61	8,262	2,16	6,48	12,96	19,44	25,92	32,40	38,88	45,36	51,84	58,32
3,99	1,9	4,86	9,205	2,28	7,22	14,44	21,66	28,88	36,10	43,32	50,54	57,76	64,98
4,20	2,0	5,12	10,200	2,40	8,00	16,00	24,00	32,00	40,00	48,00	56,00	64,00	72,00

Schließlich berechnet SALZENBERG 1842 noch den Stab eines Trillings als Zylinder, der an beiden Enden unterstützt ist. Die Belastung in seiner Mitte erfordert einen Durchmesser d des Stabes in Zoll $d^3 = \dfrac{P \cdot l}{4 \cdot 7{,}6} = \dfrac{P \cdot l}{30{,}4}$, wobei $P =$ Zahndruck im

Teilriß in Pfund, $d =$ Durchmesser des Stabes in Zoll, $l =$ freie Länge des Stabes in Fuß. Mit Berücksichtigung der Abnutzung von $\frac{1}{3} d$, der Teilung und den obigen Formeln für das Kraftmoment $P \cdot l$ in Fußpfund erhält SALZENBERG 1842 für den Trilling die Formeln nach Tabelle 48.

Tabelle 48. *Formeln für Trillings-Stäbe nach W. Salzenberg 1842*

	Durchmesser d des Stabes (Zoll)
bei Abnutzung $\frac{1}{3} d$	$\frac{1}{2} \sqrt[3]{P \cdot l}$
mit $t = (2{,}1 \div 2{,}143) \cdot d$	$(2{,}45 \div 2{,}48) \sqrt[4]{\dfrac{P \cdot V \cdot l}{n \cdot N}}$
mit der Leistung Z und der Teilrißgeschwindigkeit v	$4 \sqrt[3]{\dfrac{Z \cdot l}{v}}$

wobei $n =$ Zähnezahl, $N =$ Drehzahl in U/min, $PV =$ Leistung in Fußpfund/sec, $l =$ freie Länge des Stabes in Fuß, $Z =$ Leistung in PS, $V = v =$ Teilrißgeschwindigkeit in Fuß/sec.

Die Festigkeitsberechnung dieser Art gewann Bedeutung, weil sie die Spannung im Werkstoff berücksichtigte. Die meisten Versuche zu ihrer Ermittlung hatte man um die Mitte des 19. Jahrhunderts in England angestellt, und ihre Ergebnisse beeinflußten die Maschinenbau-Literatur in Frankreich und Deutschland. Anlaß zu systematischer Materialforschung bildeten Dampfmaschine, Eisenbahn, der Schiffbau und die gesteigerte Stahlproduktion Englands (Steigerung von 0,7 auf 3,7 Millionen to zwischen 1827 und 1857). Hatten die empirisch gefundenen Werte wenig Einfluß auf die Entwicklung der Theorie, so lieferten sie doch den Ingenieuren Zahlen, mit denen sie praktisch konstruieren konnten.

Nach THOMAS TREDGOLD erlangte in England Bedeutung der schottische Maschinenbauer und Ingenieur Sir WILLIAM FAIRBAIRN (1789 bis 1874). In seinem „Treatise on Mills and Millwork" gibt er 1861 seine Erfahrungen bekannt, die größtenteils aus Spinnereibetrieben stammen. Er geht von TREDGOLD's Formeln aus, entwickelt aber eigene Schreibweisen und gibt selbst ermittelte Werkstoff-Konstanten. Die Zahnkraft w ist

bei ihm unter Anrechnung von $\frac{1}{3} d$ für die Abnutzung $w = \dfrac{f \cdot d^2 \cdot (1 - \frac{1}{3})^2}{5} = \dfrac{f \cdot d^2}{10{,}25}$.

Mit dem Festigkeitswert für Gußeisen $f = 15\,300$ wird:

$$d = \sqrt{\frac{w}{1500}}$$ oder in Worten: „. . . die nöthige Dicke der Zähne ist gleich der Wurzel aus der Zahnbeanspruchung in pounds, dividiert durch 1500."

TREDGOLD's Formel $d = \frac{3}{4} \sqrt{\dfrac{H}{v}}$ für Gußeisen, wobei $d =$ erforderliche Dicke eines Zahnes zum Übertragen von H PS mit der Geschwindigkeit v in feet/sec schreibt FAIRBAIRN bequemer $t = x \sqrt{\dfrac{H}{v}}$. Hierin ist x die Werkstoffkonstante. Wie viele PS dann die Zahnräder übertragen können, sagt die Formel aus:

$$H = \frac{t^2 \cdot v}{x^2} \quad \text{bei}$$

Werkstoff	x	x^2
Gußeisen	0,587	0,344
Messing	0,821	0,674
Holz	0,891	0,795

Die industrielle Revolution, das Zeitalter des Stahls, der Aufschwung von Bergbau, Kohlenproduktion, Metallindustrie und schließlich das Maschinenzeitalter mit Dampfmaschine, Eisenbahn und Werkzeugmaschine waren von England ausgegangen.

Die französische Schule in der Zahnradberechnung hielt sich an JEAN-VICTOR PONCELET. So vor allem 1838 der durch seine Reibungsversuche bekannt gewordene Artillerie-Offizier ARTHUR JULES MORIN (1795 bis 1880). Seine Ansicht ist: „Die Formeln, welche wir mittheilen, sind die aus der Theorie der Festigkeit der Materialien abgeleiteten; allein bei der Wahl der Coefficienten, bezüglich auf den Bruch, haben wir uns durch besondere Betrachtung der Bestimmung jedes Stückes, wie durch die Vergleichung der von den geschicktesten Ingenieuren bei Bauten, die Solidität und Leichtigkeit vereinen, angewandten Dimensionen leiten lassen: ... " MORIN gibt einen Einblick in die Form der Radkörper von damals: bei Gußeisen-Zahnrädern soll der Zahnkranz zwei Drittel der Zahndicke betragen, die Verstärkungsrippe soll so dick wie die Felge sein. Den einzelnen Radgrößen gibt MORIN 1838 folgende Armzahlen:

Rad-Durchmesser (Meter)	Arme
1,30 und darunter	4
1,30—2,50	6
2,50—5,0	8
5,0 —7,0	10

Bei sehr leichten und schwachen Rädern nimmt MORIN mehr Arme, „... um dem Kranz beim Abkühlen seine Form zu erhalten."

Interessant bei MORIN sind seine Lebensdauer-Bemerkungen bei der Nachrechnung ausgeführter Zahnräder bis 1838, siehe Tabelle 49.

Tabelle 49. *Zahnrad-Daten mit Lebensdauerangaben von Arthur Jules Morin 1838*

PS	v (m/sec)	Halbmesser (m)	P (kg)	Zahndicke b (cm)	Zahnbreite a (cm)	Betriebszeit bis 1838 (Jahre)
20	1,5	2,48	305	11,4		16 bis 18
		1,815	1 103	4,8	19,2	
25	1,3		1 443	3,7	26	11
49,4	1,54	2,63	814	21	4,7	9 bis 10
	4,55			4,14	20,7	10

Um die Mitte des 19. Jahrhunderts stellte sich ein weiteres europäisches Land in der Maschinenlehre auf eigene Füße: Deutschland.

3.13 Die ersten Maschinen-Wissenschaftler in Deutschland und ihre Zahnradberechnung

Nach Ende der Herrschaft NAPOLEONS vollzog sich der wirtschaftliche Aufstieg Deutschlands seit 1833 durch Gründung des deutschen Zollvereins (FRIEDRICH LIST), Einführung des Dezimalsystems, der Eisenbahn 1835 (Nürnberg—Fürth) und Aufbau der Industrie durch Männer wie HARKORT, BORSIG, KRUPP und SIEMENS. Nach der Reichsgründung 1871 erfuhr die deutsche Wirtschaft einen weiteren Aufschwung. Das Anwachsen der Bevölkerung zwang noch mehr zu intensiver Wirtschaft, also auch zum industriellen Großbetrieb. Jetzt setzte sogar die Umwandlung vom Agrar- zum Industriestaat ein. In diesen Verhältnissen brauchte die Wirtschaft zahlreiche gutausgebildete technische Kräfte, weshalb die deutschen technischen Schulen zu Bedeutung gelangten. Den Maschinenbau als Wissenschaft begründeten in Deutschland REDTENBACHER, WEISBACH, REULEAUX und GRASHOF. In ihren zahlreichen Vorlesungen gaben sie natürlich auch ihre Verfahren zur Zahnradberechnung an.

Hier steht an erster Stelle der Professor für Maschinenlehre an der Technischen Hochschule Karlsruhe FERDINAND REDTENBACHER (1809 bis 1863). Als Österreicher, der auch zeitweise in der Schweiz gelehrt hatte, trennte er sich in seinen Karlsruher Vorlesungen von der engen Anlehnung an die Mathematik nach französischer Art. REDTENBACHER suchte vielmehr die Mathematik zur Hilfswissenschaft der Technik zu machen. In seinen grundlegenden „Resultaten für den Maschinenbau" berechnet er 1848 deren Elemente aus praktischer Sicht. In der Zahnradberechnung auf Festigkeit geht er stets von der Welle aus, auf der die betreffenden Zahnräder arbeiten, und führt hier den Begriff „relative Radgröße" R/d ein. „Damit die Räder passende Verhältnisse erhalten," sagt REDTENBACHER 1848, „müssen die Halbmesser derselben zum Durchmesser der Wellen in einem gewissen Verhältnisse stehen. Wir nennen das Verhältnis zwischen dem Halbmesser eines Rades und dem Durchmesser der entsprechenden Welle: die relative Größe des Rades, und sagen von einem Rade, dessen relative Größe z. B. 5 ist, es sei ein fünffaches Rad in bezug auf eine gewisse Welle." Bis 1862 untersuchte REDTENBACHER eine große Anzahl gut ausgeführter Räder und fand: der Halbmesser der größeren zweier Zahnräder ist in der Regel fünf- bis sechsmal so groß wie der Wellen-Durchmesser.

1848 schreibt REDTENBACHER zur Bestimmung der Zahndimensionen von Rädern, die „von Maschinen oder durch Menschenkräfte o. a. Motoren bewegt werden", folgende Formeln an:

$$\frac{\beta}{d} = 1{,}33 \sqrt{\frac{\beta}{\alpha} \cdot \frac{d}{R}}\,, \qquad \frac{\gamma}{\alpha} = \frac{3}{2}\,, \qquad \frac{t}{\alpha} = \begin{cases} 2{,}1 & \text{für Eisen auf Eisen} \\ 2{,}67 & \text{für Holz auf Eisen} \end{cases}$$

Formeln für die Zähnezahl $\mathfrak{N}$:

$$\mathfrak{N} = 2{,}25 \cdot \left(\frac{R}{d}\right)^{3/2} \cdot \left(\frac{\beta}{\alpha}\right)^{1/2} = 3 \quad \cdot \left(\frac{\beta}{\alpha}\right) \cdot \left(\frac{R}{\beta}\right) \qquad \text{für Eisen auf Eisen}$$

$$\mathfrak{N} = 1{,}79 \cdot \left(\frac{R}{d}\right)^{3/2} \cdot \left(\frac{\beta}{\alpha}\right)^{1/2} = 2{,}38 \cdot \left(\frac{\beta}{\alpha}\right) \cdot \left(\frac{R}{\beta}\right) \qquad \text{für Holz auf Eisen}$$

Hierbei ist: R = Halbmesser des Rades, d = Durchmesser der Welle, α = Dicke eines eisernen Zahnes, auf dem Teilkreis gemessen, β = Breite des Zahnes, d. h. bei Stirnrädern parallel mit der Achse und bei Kegelrädern auf der Mantellinie des Grundkegels gemessene Dimension eines Zahnes, γ = Länge eines Zahnes, d. h. bei Stirnrädern

$\frac{R}{d}$	$\frac{\beta}{\alpha}=4$			$\frac{\beta}{\alpha}=5$			$\frac{\beta}{\alpha}=6$			$\frac{\beta}{\alpha}=7$			$\frac{\beta}{\alpha}=8$		
		$\mathfrak{N}$			$\mathfrak{N}$			$\mathfrak{N}$			$\mathfrak{N}$			$\mathfrak{N}$	
	$\frac{\beta}{d}$	Eisen Eisen.	Holz Eisen.	$\frac{\beta}{d}$	Eisen Eisen.	Holz Eisen.	$\frac{\beta}{d}$	Eisen Eisen.	Holz Eisen.	$\frac{\beta}{d}$	Eisen Eisen.	Holz Eisen.	$\frac{\beta}{d}$	Eisen Eisen.	Holz Eisen.
1·0	2·660	5	4	2·967	5	4	3·258	6	5	3·519	6	5	3·761	6	5
1·5	2·172	8	6	2·424	9	7	2·660	10	8	2·872	11	9	3·071	12	10
2·0	1·860	13	10	2·076	14	11	2·278	15	12	2·460	17	14	2·630	18	14
2·5	1·682	18	14	1·877	20	16	2·060	22	18	2·225	24	19	2·378	25	20
3·0	1·536	23	18	1·714	26	21	1·882	29	23	2·032	31	25	2·171	33	26
3·5	1·422	29	23	1·586	33	26	1·741	36	29	1·881	39	31	2·010	42	34
4·0	1·330	36	29	1·484	40	32	1·628	44	35	1·760	48	38	1·880	51	41
4·5	1·254	43	34	1·399	48	38	1·530	52	42	1·659	57	46	1·774	61	49
5·0	1·190	50	40	1·328	56	45	1·458	62	50	1·574	67	54	1·682	71	57
5·5	1·134	58	46	1·265	65	52	1·411	71	57	1·500	77	62	1·602	82	66
6·0	1·086	66	53	1·212	74	59	1·330	81	65	1·437	88	70	1·535	94	75
6·5	1·048	75	60	1·169	83	66	1·284	91	73	1·386	99	79	1·481	105	84
7·0	1·006	83	66	1·122	93	74	1·231	102	82	1·331	110	88	1·422	118	94
7·5	0·971	92	74	1·083	103	82	1·189	113	90	1·284	122	98	1·373	131	105
8·0	0·941	102	82	1·049	114	91	1·153	125	100	1·245	135	108	1·330	144	115
8·5	0·912	112	90	1·017	125	100	1·117	137	110	1·207	148	118	1·290	158	126
9·0	0·887	122	98	0·990	136	109	1·086	148	118	1·172	161	129	1·254	168	134
9·5	0·863	132	106	0·963	147	118	1·063	161	129	1·141	174	139	1·220	186	149
10	0·841	142	114	0·938	159	127	1·030	174	139	1·112	188	150	1·188	201	161

Bild 195. „Tabelle über die Dimensionen und Anzahl der Zähne für Räder" von FERDINAND REDTENBACHER 1848

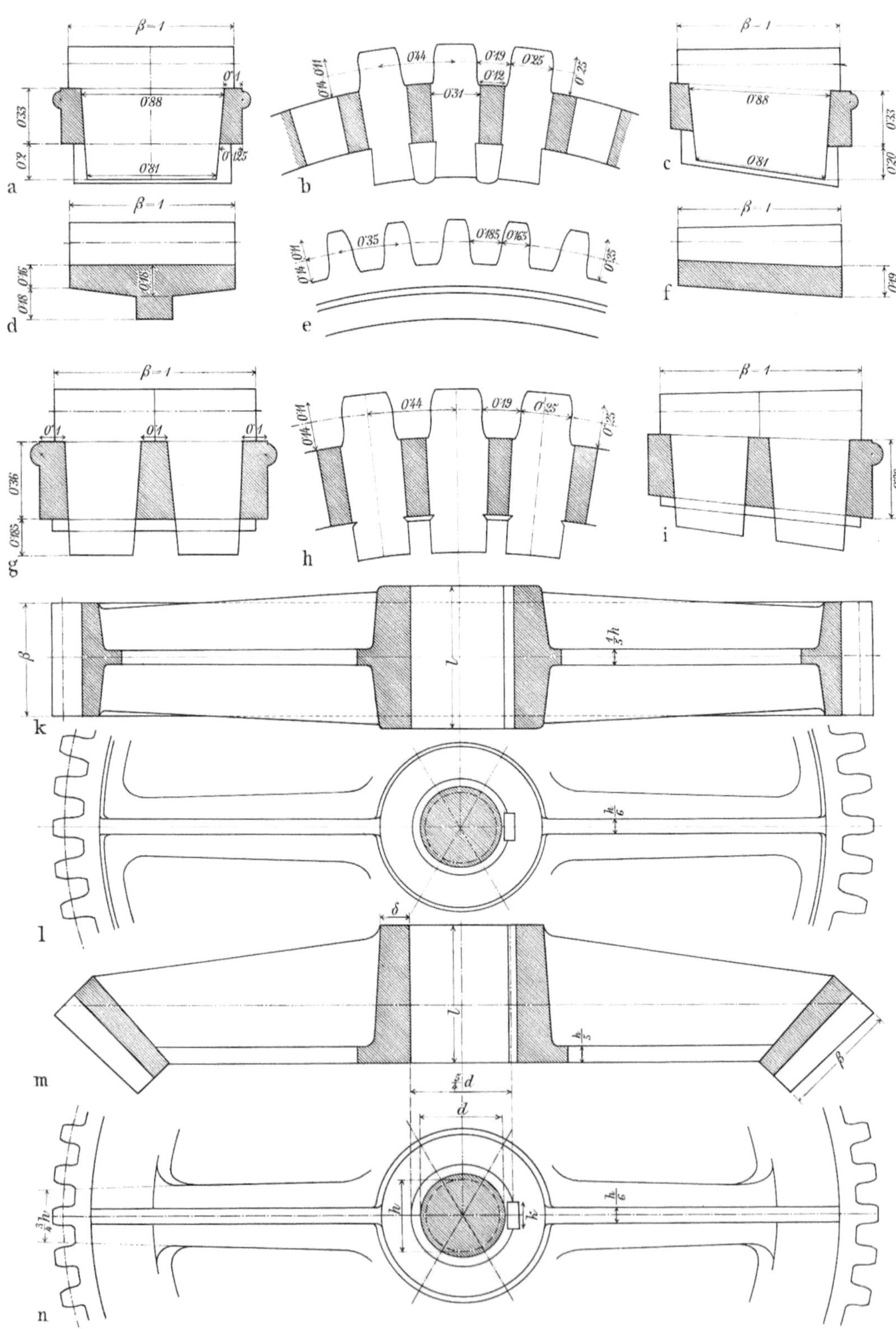

Bild 196.   Zahnradgestaltung von REDTENBACHER 1848

in radialer Richtung, bei Kegelrädern auf der Mantellinie des Ergänzungskegels gemessene Dimension eines Zahnes, t = Zahnteilung, $\mathfrak{N}$ = Zähnezahl. Fertige Werte für diese Formeln bringt REDTENBACHER 1848 in Tabelle 50 für gegebenes $\dfrac{R}{d}$. Zu wählen ist darin nur noch $\dfrac{\beta}{\alpha}$.

Tabelle 50.   *Werte für β/α in drei Fällen und entsprechende Beispiele für damalige Zahnradabmessungen von Ferdinand Redtenbacher 1848*

Fall	Maschinenart	$\dfrac{\beta}{\alpha}$
1	Menschenkraft	$4 \div 5$
2	Wasser- oder Dampfkraft	6
3	sehr schnell gehende Transmissionen	$7 \div 8$

d (cm)	$\dfrac{R}{d}$ (cm)	Halbmesser Rad R (cm)	$\dfrac{\beta}{\alpha}$	$\dfrac{\beta}{d}$	Zahnbreite (cm)	$\mathfrak{N}$	Verwendung	Fall
8	6	$6 \cdot 8 = 48$	5	1,212	$8 \cdot 1{,}212 = 9{,}696$	74	Winde(Fe/Fe)	1
16	5	$16 \cdot 5 = 80$	6	1,458	$16 \cdot 1{,}458 = 23{,}3$	50	Transmission (Holz/Eisen)	2
12	4,5	$12 \cdot 4{,}5 = 54$	7	1,659	$12 \cdot 1{,}659 = 20$	46	Transmission (Holz/Eisen)	3

Hierbei ist d = Wellen-Durchmesser (cm), R/d = relative Radgröße, R = Halbmesser des Rades (cm), β/α = Verhältnis Breite/Dicke des Zahnes, β/d = Verhältnis Zahnbreite/Wellendurchmesser, β = Zahnbreite (cm), $\mathfrak{N}$ = Zähnezahl.

Österreich arbeitet seit 1854 nach der „Theoretisch-praktischen Anleitung zur Räder-Verzahnung" des Wiener k.k. Sektionsrathes für das Kunst-Bau-Aufbereitungsfach beim Ministerium für Landescultur & Bergwesen in Wien PETER RITTINGER (1811 bis 1873). Er baut ebenfalls auf BUCHANAN und TREDGOLD auf, empfiehlt aber als Zahndicke $d = 0{,}46 \cdot t$, als Zahnbreite $b = 2$ bis $3\,t$. RITTINGER rechnet 1854 mit der Bruchfestigkeit nach GERSTNER für Gußeisen von 4500 und natürlich in Wiener Zoll und Pfunden. Für Gußeisen-Räder schreibt daher RITTINGER die Zahnbelastung zu

$$Q = 4500 \, \frac{d^2 \cdot b}{l} = 4500 \, \frac{(0{,}46t)^2 \cdot 2t}{0{,}7 \cdot t} = 2720 \cdot t^2,$$

hieraus wird $t = 0{,}0192 \sqrt{Q}$, wobei Q = Bruchbelastung in Wiener Pfund, t = Teilung, d = Zahndicke, b = Zahnbreite, alles in Wiener Zoll. RITTINGER empfiehlt, statt des von GERSTNER angegebenen Bruchkoeffizienten den höheren von 6000 einzusetzen. Er fährt fort: „Der Zahn muß aber haltbarer sein und aushalten, wenn durch zufällige Umstände die Belastung der Maschine in einzelnen Momenten ansehnlich vermehrt wird. Gußeisen besitzt örtlich verborgene Mängel, welche dessen relative Festigkeit bedeutend herabsetzen. Die Maschine wird beim Anlauf in ihren Theilen mehr angestrengt, als während ihres kurrenten Ganges."

Schließlich verlangt RITTINGER eine zehnfache Sicherheit für den Zahn und schreibt seine Formel für die Teilung jetzt $t = 0{,}0192 \sqrt{10 \cdot Q} = 0{,}061 \sqrt{Q}$. Allerdings hat er selbst auch Räder mit nur dreifacher Sicherheit ausgeführt und sich dabei auf eine Überdeckung von drei bis vier Zähnen verlassen.

Bedeutend beeinflußte neben REDTENBACHER in Karlsruhe der Professor an der Bergakademie Freiberg i. Sa., JULIUS LUDWIG WEISBACH (1806 bis 1871), die Maschinenlehre
in Deutschland. Schon als Privatgelehrter untersuchte er um 1830 technische Probleme
mit Hilfe der analytischen Mechanik und der höheren Analysis. In seinem dreibändigen

Gegenfeitiger Druck der Zähne Q	Theilung t	Zahndicke d	Zahnbreite b	Zahnhöhe h
in Wiener Pfunden	in Wiener Zollen			
100	0·610	0·28	1·22	0·18
200	0·862	0·40	1·72	0·26
300	1·056	0·49	2·11	0·32
400	1·220	0·56	2·44	0·37
500	1·364	0·63	2·73	0·41
600	1·493	0·69	2·99	0·45
700	1·613	0·74	3·23	0·48
800	1·725	0·79	3·45	0·52
900	1·830	0·84	3·66	0·55
1000	1·929	0·89	3·86	0·58
1500	2·363	1·09	4·73	0·71
2000	2·728	1·25	5·46	0·82
2500	3·050	1·40	6·10	0·92
3000	3·341	1·54	6·68	1·00
3500	3·609	1·66	7·22	1·08
4000	3·857	1·77	7·71	1·16
4500	4·092	1·88	8·18	1·20
5000	4·314	1·99	8·63	1·29
5500	4·524	2·08	9·05	1·36
6000	4·725	2·17	9·45	1·42

Bild 197.   „Tabelle über die Theilung und über die Dimensionen der Zähne, aus dem gegebenen
Drucke berechnet" von PETER RITTINGER 1854

„Lehrbuch der Ingenieur- und Maschinen-Mechanik" stellt er 1851 bis 1860 als wichtig-
stes Element eines Zahnrades die Zahnstärke heraus. Man erkennt auch bei ihm die
Lehren von THOMAS TREDGOLD und sogar BUCHANAN. Die Umdrehungskraft K, wie sie
auf die arbeitenden Zahnräder einwirkt, bestimmt er zu $K = \dfrac{510 \cdot L}{c}$, wobei $L =$
Leistung in PS und $c =$ Umfangsgeschwindigkeit in Fuß/sec. Den Zahnbruch leitet
WEISBACH aus dem Abbrechen eines Balkens ab, setzt für die Bruchfestigkeit von
Ge 1000 Pfund/Quadratzoll und erhält damit als Stärke gußeiserner Zähne $b = 0{,}03 \sqrt{K}$.
Durch Einsetzen von K in diese Formel erhält WEISBACH

$$b = 0{,}03 \sqrt{K} = 0{,}677 \sqrt{\frac{L}{c}} = 7{,}26 \sqrt{\frac{L}{u \cdot r}} \quad \text{(Zoll)},$$

wobei u = Umdrehungszahl des Rades pro Minute und r = Halbmesser des Rades in Zoll.

WEISBACH fährt fort: „Hölzerne Zähne müssen bei gleicher Sicherheit noch ein Mal so dick gemacht werden als gußeiserne; da man aber dieselben leicht auswechseln kann, und überdies zu ihrer Anfertigung das festeste harte Holz (oder Wurzeln) von Weißbuche, Esche, Birnbaum, Essig- oder Vogelbeerbaum usw. verwendet, so macht man sie oft nur um die Hälfte dicker als die gußeisernen Zähne also ..."

$$b = 0{,}045 \sqrt{K} = 1{,}016 \sqrt{\frac{L}{c}} = 10{,}89 \sqrt{\frac{L}{u \cdot r}} \quad \text{(Zoll)}.$$

Zähne aus Messing oder Rotguß macht WEISBACH um ein Drittel stärker als gußeiserne. Stärkere Zähne als nach den obigen Regeln gibt WEISBACH auch Räderwerken, die Stöße auszuhalten haben, z.B. Hammerwerken und Windmühlen. Als Zahnbreite empfiehlt WEISBACH:

bei langsam umlaufenden Rädern $\qquad l = (4 \text{ bis } 5) \cdot b$
bei schnell umlaufenden Rädern $\qquad l = (6 \text{ bis } 7) \cdot b$.

Die Zahnhöhe h, wenn auch abhängig von der Zahnform, bestimmt er zu $h = (1{,}2 \text{ bis } 1{,}5) \cdot b$. Für die Werkstoffpaarung Holz/Eisen schlägt WEISBACH für die Teilung $s = b_1 + 1{,}1 \cdot b_2$ vor, wobei b_1 = Stärke des eisernen, b_2 = Stärke des hölzernen Zahnes. Damit sich die Zähne nicht so schnell abnutzen, empfiehlt WEISBACH eine Übersetzung in den Grenzen $\psi = 1/6$ bis 6; zu seiner Zeit begnügte man sich schon mit $\psi = 1/3$ bis 3, für die weitere Übersetzung nimmt man mehrere Räderpaare. Die Radkörper eiserner Räder gestaltet WEISBACH, wie damals üblich, nach Tabelle 51.

Tabelle 51. *Radkörper-Gestaltung eiserner Räder nach Julius Ludwig Weisbach 1851*

	Kranz-	
	Breite	Dicke
Eisenräder	Zahndicke	Zahnbreite
Eisenräder mit eingesetzten Holz-Zähnen	$3/2$ Zahndicke	$1/4$ bis $1/8$ Zahnbreite

Die Radarme berechnet WEISBACH seit 1851 wie bei den Wasserrädern und schlägt Verrippung je nach Zahnbreite oder Radkranzdicke vor. Die Radnabe soll $1^1/_4$ bis $1^3/_4$ mal Zahnbreite sein, die Wandstärke $1^1/_4$ bis $1^1/_2$ Zahndicke.

Nach REDTENBACHER behandelt WEISBACH in seinem Werk von 1851 die Schraube ohne Ende. Die Dimensionen ihre Radzähne und der Zahnstärke b bestimmt er aus der gegebenen Leistung, der Drehzahl u und dem Halbmesser r wie oben. Der Zahnstärke b des Rades setzt er dann die Gewindestärke gleich. Die Ganghöhe wird $h = 2{,}1 \cdot b$. Den mittleren Halbmesser r der Schraube bestimmt WEISBACH zu

$r = \dfrac{h}{2\pi \cdot \text{tg}\,\alpha} = \dfrac{h}{2\pi} \cdot \text{ctg}\,\alpha = 0{,}15915 \cdot h \cdot \text{ctg}\,\alpha$. Schreibt WEISBACH statt α das Verhältnis

$n_1 = \dfrac{d}{h} = \dfrac{2 \cdot r}{h}$ so ergibt sich einfacher $r = \dfrac{d}{2} = \dfrac{n_1 \cdot h}{2}$, oder mit $\dfrac{d}{h} = 6$ wird

$r = \dfrac{d}{2} = 3\,h = 6{,}3\,b$. Genauso berechnet WEISBACH die Schraube ohne Ende.

Schließlich gibt WEISBACH 1851 als erster eine Berechnung der Schraubenräder an. Er bringt sie in den Zusammenhang zur Schraube ohne Ende, verkennt aber nicht ihre

MUSSCHENBROEK
1692—1761

WATT
1736—1819

PONCELET
1788—1867

TREDGOLD
1788—1829

FAIRBAIRN
1789—1874

REDTENBACHER
1809—1863

WEISBACH
1816—1863

GRASHOF
1826—1893

Bild 198.   Die Begründer der Tragfähigkeitsberechnung von Zahnrädern

Begleiterscheinungen: „Ein Hauptübelstand der Schraubenräder besteht in der excentrischen Wirkung der Seitenkräfte S und R, vermöge welcher die Räder nicht allein in ihrer Axenrichtung, sondern auch seitlich auf ihre Lager wirken, und zwar letzteres um so mehr, je kürzer ihre Axen sind."

Diese Kräfte R und S errechnet

WEISBACH mit $S_1 = S_2 = \dfrac{r}{l} \cdot S$ bzw.

$$R_1 = R_2 = \frac{r_1}{l_1} \cdot R.$$

Er macht hier den Normaldruck

$$N = \frac{P}{r \cdot \sin \alpha}$$

zur Grundlage der Zahndimensionierung; danach schreibt er die Zahndicke zu $b = 0{,}03 \sqrt{N}$. Die Teilung am Umfang des Triebrades wird

entsprechend $s = \dfrac{2{,}1 \cdot b}{\sin \alpha}$.

Damit war bis 1862 ein Grund gelegt zur Berechnung der hauptsächlichen Zahnradarten. Die Lehre THOMAS TREDGOLDS von der Kraftkonzentration auf der Zahnecke hält sich noch bis 1929, sie hat also über hundert Jahre gewirkt und brauchbare Ergebnisse geliefert, vor allem für rohe Gußeisen-Zahnräder.

1878 schließt sich ein weiterer deutscher Wissenschaftler der Zahnradberechnung von TREDGOLD aus dem Jahre 1822 an und faßt ihre Begründung mathematisch noch strenger: es ist der Professor für Festigkeitslehre, Hydraulik, Wärme- und allgemeine Maschinenlehre an der Technischen Hochschule Karlsruhe FRANZ GRASHOF (1826 bis 1893). Er gehört mit WEISBACH und REDTENBACHER zur ersten Dynastie der maß-

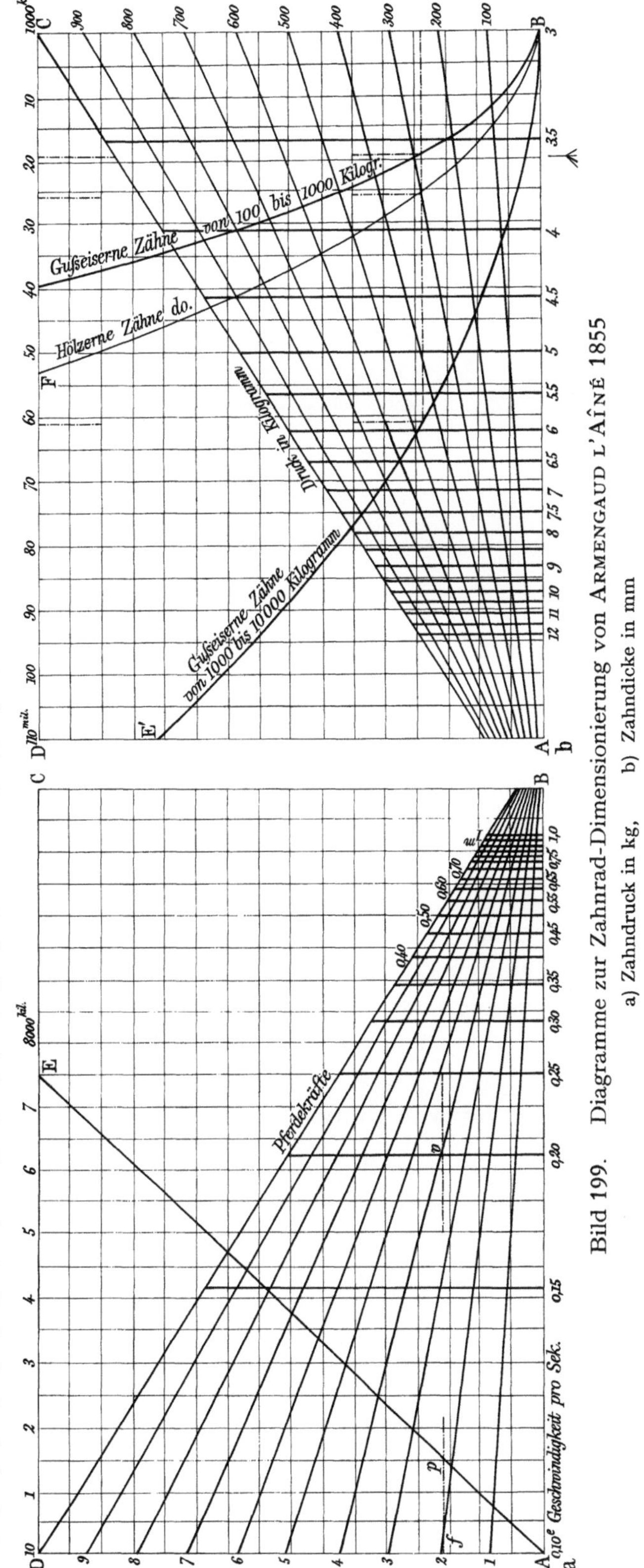

Bild 199. Diagramme zur Zahnrad-Dimensionierung von ARMENGAUD L'AÎNÉ 1855
a) Zahndruck in kg, b) Zahndicke in mm

geblichen deutschen Maschinenlehrer, die nach den napoleonischen Kriegen den Ingenieurnachwuchs heranbildete und der deutschen Industrie zu ihrem Aufstieg verhalf. GRASHOF sagt 1878: ,,Am meisten angestrengt ist ein solcher Zahn zu Anfang und zu Ende seiner periodisch wiederkehrenden Eingriffszeit, wenn also der Zahndruck an der äußeren Kante BB' angreift''.

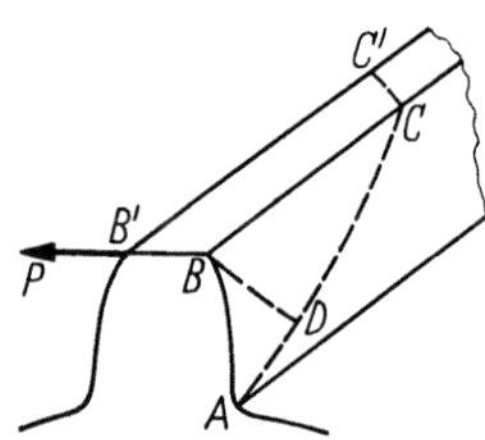

Bild 200. Bruchfestigkeitsberechnung des Radzahnes
nach FRANZ GRASHOF 1878

Die Bruchfläche ACC' steht unter dem Winkel α gegen die Stirnfläche ABB' des Zahnes. Dadurch wird die Spannung entsprechend der Zahndicke a ein Maximum. a ergibt sich durch eine Senkrechte von B auf die Brustfläche ACC'. GRASHOF substituiert $\overline{BD} = l \cdot \sin \alpha$ für l' und $\overline{CA} = \dfrac{l}{\cos \alpha}$ für b in die Formel, wie er sie 1866 schon aus seiner Betrachtung des geraden, stabförmigen Körpers mit konstantem Querschnitt gewonnen hatte, der an einem Ende befestigt ist. Dabei ist l die Zahnhöhe, l' die Biegelänge des Balkens und α der Winkel BAC.

1866 lautete die Formel für die Zahndicke $\quad a = \sqrt{\dfrac{6 \cdot l'}{k \cdot b} \cdot P}\ ;$ die Substitutionen für l und b einsetzend, erhält GRASHOF 1878 $\quad a = \sqrt{\dfrac{6 \cdot l \cdot \sin\alpha}{\dfrac{k \cdot l}{\cos\alpha}} \cdot P} = \sqrt{\dfrac{3}{k} \cdot \sin 2\alpha \cdot P}.$

Für das Maximum bei $\alpha = 45°$ wird $\quad a = \sqrt{\dfrac{3}{k} P}.$

Eine Vereinigung dreier Rechenverfahren versucht 1861 der überhaupt erste königliche Professor für Maschinenbaukunde in Deutschland (seit 1851) FRIEDRICH CARL HERMANN WIEBE (1818 bis 1881), indem er rechnet mit:

1. der allgemeinen Biegungsgleichung $P \cdot l = {}^1/_6 \cdot b \cdot h^2 \cdot \mathfrak{k}$ für den einseitig eingespannten Träger nach GALILEI 1638

2. dem angreifenden Druck P an der Zahnspitze, also an der ungünstigsten Stelle, auf Abbrechen nach TREDGOLD 1822

3. der Torsionsbeanspruchung für die Welle, auf der das arbeitende Zahnrad sitzt, nach REDTENBACHER 1848.

WIEBE lehrte am Berliner Gewerbeinstitut und an der späteren Technischen Hochschule vornehmlich Maschinenteile und Mühlenbau. Seine Lehrtätigkeit fiel in die Zeit der starken deutschen Aufwärtsentwicklung des Maschinenbaues. Schon 1861 findet er heraus, daß die Bedingungen der Maschinenkonstruktionen immer so ähnlich sind, daß sich auch deren Zahnräder häufig wiederholen. ,,Man sollte meinen,'' fährt er 1861 fort, ,,daß diese so häufige Wiederkehr derselben Bedingungen längst schon durch die Praxis zu ganz bestimmten Typen für diese wichtigen Maschinentheile geführt haben müsse … Dem ist aber nicht so.'' WIEBE bildet daher eine ,,Scala für Zahnräder'', ähnlich dem einheitlichen Maßsystem für Schraubengewinde von JOSEPH WHITWORTH 1841. Damit möchte er vor allem erreichen, daß der Konstrukteur bei mehreren Möglichkeiten, die alle gleich gut sind, immer nur eine ganz bestimmte Radgröße wählt, statt nach eigenem Gutdünken die eine oder andere. WIEBE will die Teilungen und Zahnstärken so anwenden, ,,daß sie einer gewissen Scala des zu übertragenden Druckes entsprechen''. Auch führt WIEBE 1861 nur ganz bestimmte Zähnezahlen aus, die sich aber zu möglichst vielen Übersetzungsverhältnissen kombinieren lassen, außerdem sich die häufigsten Übersetzungsverhältnisse möglichst oft wiederholen. Die 19 ausgewählten Zähnezahlen sind durch 5 teilbar, um größere Räder besser mit 5 Armen konstruieren zu können. Ferner befinden sich unter den Zähnezahlen Vielfache der ersten 8 Primzahlen (2, 3, 5, 7, 11, 13, 17 und 19), damit sich die Übersetzungsverhältnisse vermehren. Dann beschränkt sich WIEBE auf 5 Zahndicken h: $1 - 1,5 - 2 - 3 - 4$ cm, was bei 19 Zähnezahlen 95 Räder ergibt. Schließlich gibt WIEBE 1861 als erster alle Maße einheitlich in Zentimetern.

Ausgehend von der Evolventenzahnform, dessen Evolutenkreis zugleich die äußere Begrenzung des Zahnkranzes ist, faßt WIEBE seine Konstruktionsregeln für Zahnräder von 1861 zu folgenden Resultaten zusammen:

1. Teilung t und Zahndicke h werden auf dem Evolutenkreise gemessen, wobei
   $$t = 1^1/_2 \cdot h$$

2. die Länge l der Zähne wächst mit der Zähnezahl z

3. die Breite b der Zähne steht in konstantem Verhältnis zu ihrer Länge, sie ist bei allen Rädern gleich der vierfachen Länge der Zähne zu machen $b = 4h$ bzw. $l/b = ^1/_4$

4. die Dicke des Zahnkranzes ist $l \cdot m = h^2$, wobei $m =$ Dicke des Radkranzes

5. bei Beanspruchung der Welle, auf dem das Zahnrad sitzt, auf Verdrehung ist der Wellendurchmesser d, je nach Werkstoff, bei

Gußeisen	$d = h \sqrt[3]{z}$
Schmiedeeisen	$d = 0,8 \cdot h \sqrt[3]{z}$

Tabelle 52. *Breite b der Zähne in konstantem Verhältnis zu ihrer Länge nach F. C. H. Wiebe 1861*

z	Länge l	Breite $b = 4\,h$
20	h	$4\ h$
30	$1,1\ h$	$4,4\ h$
40— 55	$1,2\ h$	$4,8\ h$
60— 90	$1,25\,h$	$5\ h$
95—150	$1,3\ h$	$5,2\,h$

Er wird abgerundet „nach passenden Landesmaßen ...'' Den Sitz der Zahnradnabe nimmt man stärker als diese Werte von d. Kennt man den Wellen-Durchmesser schon, so findet man durch Tabelle 53 sofort die dazugehörigen Räder (die Zahl unter dem Bruchstrich ist die entsprechende Zahndicke h)

6. die Abmessungen der Nabe richten sich nach ihrer Bohrung d_1, entsprechend Zahndicke h abgerundet. Vom Durchmesser der Bohrung d_1 sind: Wanddicke $= ^1/_3$, Länge $= ^4/_3$, Breite des Keiles $= ^1/_4$.

   WIEBE fordert hier 1861 bereits eine weitere Vereinheitlichung: die Bohrungen für alle Räder gleicher Zähnezahl und Zahnstärke sollten gleich sein.

7. soweit das Zahnrad nicht eine volle Scheibe, ist die Zahl der Radarme $z_1 = 5$ möglichst immer einzuhalten. Die Mittellinie der Arme soll auf die Mitte zwischen zwei Zähnen treffen wegen besserer Verteilung der Gußmassen. Armquerschnitt T- oder Doppel-T-förmig. Breite der Arme soll gleich dem Durchmesser der Bohrung d_1 an der Nabe sein bzw. $= ^1/_2\, d_1$ am Radkranz, ihre Höhe $h_1 = d_1$, ihre Dicke $= l/z_1 \cdot d_1$.

Alle diese Regeln faßte WIEBE in Tabelle 54 zusammen. Ihre Zahlen sind nur noch mit einer der 5 Zahndicken h zu multiplizieren.

Den größten zulässigen Druck P_1 an den Zähnen bestimmt WIEBE 1861 nach der Formel $P_1 = \sigma \cdot P = 6 \cdot h^2$. Mit den gewählten fünf Zahndicken h wird

h	1	1,5	2	3	4	(cm)
$\sigma \cdot P = P_1$	6	13,5	24	54	96	(Centner)

Tabelle 53. *Scala der Zahnräder für verschiedene Wellendurchmesser nach F. C. H. Wiebe 1861.*
Zähler = Zähnezahl, Nenner = Zahndicke.

Durchmesser der Welle cm	Ungefährer Werth in Zoll		Zahnräder für Welle aus	
	preuß.	engl.	Schmiedeeisen	Gußeisen
3,00	$1\frac{1}{8}$	$1\frac{1}{5}$	$\frac{40}{1}$; $\frac{50}{1}$; $\frac{55}{1}$; $\frac{60}{1}$; $\frac{65}{1}$;	$\frac{20}{1}$; $\frac{30}{1}$;
4,00	$1\frac{1}{2}$	$1\frac{3}{5}$	$\frac{95}{1}$; $\frac{100}{1}$; $\frac{110}{1}$; $\frac{120}{1}$; $\frac{130}{1}$; $\frac{140}{1}$; $\frac{30}{1,5}$; $\frac{40}{1,5}$;	$\frac{55}{1}$; $\frac{60}{1}$; $\frac{65}{1}$; $\frac{70}{1}$; $\frac{20}{1,5}$;
5,00	$1\frac{7}{8}$	2	$\frac{60}{1,5}$; $\frac{65}{1,5}$; $\frac{70}{1,5}$; $\frac{75}{1,5}$; $\frac{30}{2}$;	$\frac{100}{1}$; $\frac{110}{1}$; $\frac{120}{1}$; $\frac{130}{1}$; $\frac{30}{1,5}$;
6,00	$2\frac{1}{4}$	$2\frac{2}{5}$	$\frac{100}{1,5}$; $\frac{110}{1,5}$; $\frac{120}{1,5}$; $\frac{130}{1,5}$; $\frac{50}{2}$; $\frac{55}{2}$;	$\frac{60}{1,5}$; $\frac{65}{1,5}$;
7,00	$2\frac{5}{8}$	$2\frac{4}{5}$	$\frac{70}{2}$; $\frac{75}{2}$; $\frac{80}{2}$; $\frac{85}{2}$; $\frac{90}{2}$; $\frac{95}{2}$; $\frac{100}{2}$; $\frac{30}{3}$;	$\frac{90}{1,5}$; $\frac{95}{1,5}$; $\frac{100}{1,5}$; $\frac{110}{1,5}$; $\frac{120}{1,5}$; $\frac{40}{2}$; $\frac{50}{2}$;
8,00	3	$3\frac{1}{5}$	$\frac{110}{2}$; $\frac{120}{2}$; $\frac{130}{2}$; $\frac{140}{2}$; $\frac{150}{2}$; $\frac{40}{3}$;	$\frac{130}{1,5}$; $\frac{140}{1,5}$; $\frac{150}{1,5}$; $\frac{55}{2}$; $\frac{60}{2}$; $\frac{65}{2}$; $\frac{70}{2}$; $\frac{75}{2}$; $\frac{20}{3}$;
9,00	$3\frac{3}{8}$	$3\frac{3}{5}$	$\frac{50}{3}$; $\frac{55}{3}$; $\frac{60}{3}$; $\frac{20}{4}$;	$\frac{80}{2}$; $\frac{85}{2}$; $\frac{90}{2}$; $\frac{95}{2}$; $\frac{100}{2}$; $\frac{30}{3}$;
10,00	$3\frac{3}{4}$	4	$\frac{65}{3}$; $\frac{70}{3}$; $\frac{75}{3}$; $\frac{80}{3}$; $\frac{85}{3}$; $\frac{30}{4}$;	$\frac{110}{2}$; $\frac{120}{2}$; $\frac{130}{2}$; $\frac{140}{2}$; $\frac{40}{3}$;
11,00	$4\frac{1}{8}$	$4\frac{2}{5}$	$\frac{90}{3}$; $\frac{95}{3}$; $\frac{100}{3}$; $\frac{110}{3}$; $\frac{40}{4}$;	$\frac{150}{2}$; $\frac{50}{3}$; $\frac{55}{3}$; $\frac{20}{4}$;
12,00	$4\frac{1}{2}$	$4\frac{4}{5}$	$\frac{120}{3}$; $\frac{130}{3}$; $\frac{140}{3}$; $\frac{50}{4}$; $\frac{55}{4}$;	$\frac{60}{3}$; $\frac{65}{3}$; $\frac{30}{4}$;
13,00	$4\frac{7}{8}$	$5\frac{1}{5}$	$\frac{150}{3}$; $\frac{60}{4}$; $\frac{65}{4}$; $\frac{70}{4}$; $\frac{75}{4}$;	$\frac{70}{3}$; $\frac{75}{3}$; $\frac{80}{3}$; $\frac{85}{3}$;
14,00	$5\frac{1}{4}$	$5\frac{3}{5}$	$\frac{80}{4}$; $\frac{85}{4}$; $\frac{90}{4}$;	$\frac{90}{3}$; $\frac{95}{3}$; $\frac{100}{3}$; $\frac{110}{3}$; $\frac{40}{4}$;
15,00	$5\frac{5}{8}$	6	$\frac{95}{4}$; $\frac{100}{4}$; $\frac{110}{4}$;	$\frac{120}{3}$; $\frac{130}{3}$; $\frac{50}{4}$; $\frac{55}{4}$;
16,00	6	$6\frac{2}{5}$	$\frac{120}{4}$; $\frac{130}{4}$;	$\frac{140}{3}$; $\frac{150}{3}$; $\frac{60}{4}$; $\frac{65}{4}$; $\frac{70}{4}$;
17,00	$6\frac{3}{8}$	$6\frac{4}{5}$	$\frac{140}{4}$; $\frac{150}{4}$;	$\frac{75}{4}$; $\frac{80}{4}$;

Tabelle 54.   *Konstruktionsdaten für Zahnräder bei Zahndicke 1 von F. C. H. Wiebe 1861*

| Anzahl der Zähne | Halbmesser | | Dimensionen der Zähne | | Durchmesser | | | Dimensionen | | | | Dicke des Zahnkranzes | Breite der Arme gemessen | | Dicke des Armes |
| | des Evolutenkreises (äußerer Halbmesser des Zahnkranzes) | der äußeren Begrenzung der Zähne (größter Halbmesser) | | | der Welle auf Torsion | | des Nabensitzes (Bohrung) | der Nabe | | des Keiles | | | | | |
			Länge	Breite	Schmiedeeisen	Gußeisen		Länge	Wanddicke	Breite	Dicke		in der Axe des Rades	an der äußeren Peripherie der Zähne	
20	4,774	5,774	1,00	4,00	2,17	2,71	3,00	4,00	1,00	0,75	$3/8$	1,00	3,50	1,50	0,60
30	7,161	8,261	1,10	4,40	2,48	3,10	3,50	$4^2/3$	$1^1/6$	$7/8$	$7/16$	0,91	3,50	1,75	0,70
40	9,548	10,748	1,20	4,80	2,74	3,42	4,00	$5^1/3$	$1^1/3$	1,00	0,50	0,83	4,00	2,00	0,80
50	11,935	13,135	1,20	4,80	2,94	3,68	4,00	$5^1/3$	$1^1/3$	1,00	0,50	0,83	4,00	2,00	0,80
55	13,129	14,329	1,20	4,80	3,04	3,80	4,00	$5^1/3$	$1^1/3$	1,00	0,50	0,83	4,00	2,00	0,80
60	14,322	15,572	1,25	5,00	3,13	3,91	4,00	$5^1/3$	$1^1/3$	1,00	0,50	0,80	4,00	2,00	0,80
65	15,516	16,766	1,25	5,00	3,22	4,02	4,00	$5^1/3$	$1^1/3$	1,00	0,50	0,80	4,00	2,00	0,80
70	16,709	17,959	1,25	5,00	3,30	4,12	4,50	6,00	1,50	$1^1/8$	$9/16$	0,80	4,50	2,25	0,90
75	17,903	19,153	1,25	5,00	3,38	4,22	4,50	6,00	1,50	$1^1/8$	$9/16$	0,80	4,50	2,25	0,90
80	19,096	20,346	1,25	5,00	3,45	4,31	4,50	6,00	1,50	$1^1/8$	$9/16$	0,80	4,50	2,25	0,90
85	20,290	21,540	1,25	5,00	3,52	4,40	4,50	6,00	1,50	$1^1/8$	$9/16$	0,80	4,50	2,25	0,90
90	21,484	22,734	1,25	5,00	3,58	4,48	4,50	6,00	1,50	$1^1/8$	$9/16$	0,80	4,50	2,25	0,90
95	22,677	23,977	1,30	5,20	3,65	4,56	5,00	$6^2/3$	$1^2/3$	$1^1/4$	$5/8$	0,77	5,00	2,50	1,00
100	23,870	25,170	1,30	5,20	3,71	4,64	5,00	$6^2/3$	$1^2/3$	$1^1/4$	$5/8$	0,77	5,00	2,50	1,00
110	26,257	27,557	1,30	5,20	3,83	4,79	5,00	$6^2/3$	$1^2/3$	$1^1/4$	$5/8$	0,77	5,00	2,50	1,00
120	28,644	29,944	1,30	5,20	3,94	4,93	5,00	$6^2/3$	$1^2/3$	$1^1/4$	$5/8$	0,77	5,00	2,50	1,00
130	31,031	32,331	1,30	5,20	4,05	5,06	5,50	$7^1/3$	$1^5/6$	$1^3/8$	$11/16$	0,77	5,50	2,75	1,10
140	33,418	34,718	1,30	5,20	4,15	5,19	5,50	$7^1/3$	$1^5/6$	$1^3/8$	$11/16$	0,77	5,50	2,75	1,10
150	35,805	37,105	1,30	5,20	4,25	5,31	5,50	$7^1/3$	$1^5/6$	$1^3/8$	$11/16$	0,77	5,50	2,75	1,10

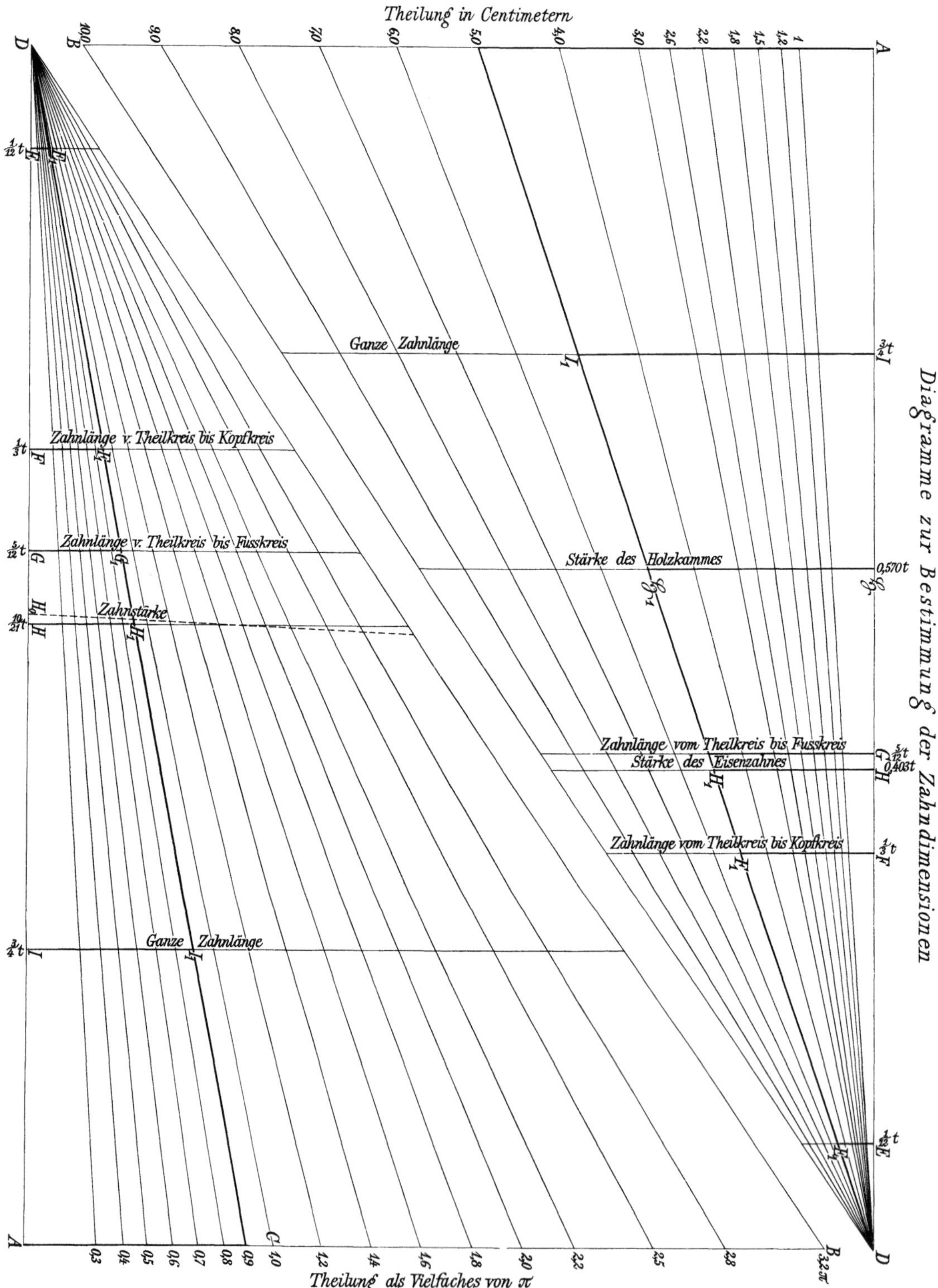

Bild 201.   Diagramme zur Bestimmung der Zahndimensionen von OTTO VON GROVE 1861

Benutzungsanleitung. „Auf eine Linie AB trägt man die der angenommenen Theilungsskala entsprechenden Theilungen in Centimetern, Zollen oder Vielfachen von π auf, zieht normal dazu eine Linie AD von beliebiger Länge und theilt dieselbe so ein, daß $DE = {}^1/_{12}\,AD$, $DF = {}^1/_3\,AD$, $DG = {}^5/_{12}\,AD$, $DH = {}^{10}/_{21}\,AD$ in den Diagrammen für Eisen und Eisen, $DH = 0,403\,AD$ und $DH = 0,57\,AD$ in dem Diagramm für Holz und Eisen, endlich $DI = {}^3/_4\,AD$ ist. In den Theilpunkten E, F, G, usw. errichtet man Normalen EE_1, FF_1 usw. und von D aus zieht man nach den Theilpunkten der Theilungen auf AB gerade Linien. Das durch eine solche Gerade von den Normalen EE_1, FF_1 abgeschnittene Stück

(Fortsetzung siehe gegenüberliegende Seite)

Hier arbeitet er mit der Belastungsdimension Centner, die damals in Deutschland noch weit verbreitet war. Unter der Sicherheit σ versteht WIEBE $\dfrac{\text{Maximaldruck } P_1}{\text{mittleren Druck } P}$ und er empfiehlt Sicherheitsfaktoren nach Tabelle 55.

Tabelle 55. *Sicherheitsfaktoren gemäß den Betriebsverhältnissen nach Wiebe 1861*

Antriebsart		σ
Lebewesen (Menschen und Tiere)		3—5
Transmissionen, angetrieben durch Naturkräfte (Wind und Wasser)	Riemen	3—5
	Räder	4—6
	Stöße, Erschütterungen, Geschwindigkeitsänderungen	6—8

Mit der Einführung eines Sicherheitsfaktors, der abhängig von den Betriebsverhältnissen gewählt wird, zeichnet sich eine neue Tendenz der Verzahnungsberechnung ab.

Sind Sicherheit σ, zu übertragende Leistung N in PS und die entsprechende Drehzahl u in U/min bekannt, so wird bei WIEBE 1861 für die Dimensionierung des Zahnrades auf Festigkeit der Ausdruck $\sigma \cdot \dfrac{N}{u}$ ausschlaggebend. Kennt man ihn, so braucht man nur aus Tabelle 56 das entsprechende Rad in Zähnezahl und Zahnstärke abzulesen. Den Zusammenhang zwischen Zahndicke h und Zähnezahl z gibt die Gleichung

$$\sigma \cdot \frac{N}{u} = \frac{h^3 \cdot z}{1000}.$$

Die Berechnung der angreifenden Kraft bzw. des Drehmomentes aus den dynamischen Beziehungen der gleichförmigen Kreisbewegung ist auch bei WIEBE 1861 noch auf die Landes-Dimensionen abgestimmt. In Deutschland gab es damals z.B. noch den ,,Zollcentner'' als allgemein geltendes Gewicht. So rechnet WIEBE die Pferdekraft N noch mit 5 Sekunden-Fuß-Centnern = 500 Sekunden-Fuß-Pfunden; d.h. er bewegt in der Sekunde 5 Centner einen preußischen Fuß weit, das sind nach seiner eigenen Umrechnung 784,6 m kg/s. Danach ist mit preußischem Zehntelfuß für r_0 das zu übertragende

Drehmoment $\qquad P \cdot r_0 = \dfrac{3000}{2\pi} \cdot \dfrac{N}{u} = \dfrac{477 \cdot N}{u},$

wobei $\qquad\qquad N = \dfrac{v \cdot P}{50} = \dfrac{2 \cdot \pi \cdot r_0 \cdot u \cdot P}{50 \cdot 60},$

$r_0 =$ Teilkreishalbmesser des Rades, $P =$ durchschnittlicher Druck am Zahn, $u =$ Umdrehungen/Min. Als Belastung $\mathfrak{k}$ nimmt WIEBE übrigens 140 Centner auf den Quadratzehntelfuß an, d.i. $\mathfrak{k} = 710$ kg/cm².

---

bildet denselben Theil der Theilung, welchen das Stück von D bis zum Fußpunkte der Normalen E, F usw. von der ganzen Länge AD ausmacht ... Für 0,9 cm Durchmessertheilung ist $EE_1 = {}^1/_{12}$ der Theilung, also gleich dem Spielraum zwischen Kopfkreis und Fußkreis, $FF_1 = {}^1/_3$ t die Zahnlänge vom Theilkreise bis zum Kopfkreise usw. Diese Längen können gleich auf dem Diagramme abgenommen und in die Zeichnung getragen werden''.

,,Sollte es wünschenswerth erscheinen, den Spielraum nicht stets z. B. ${}^1/_{10}$ der Zahnstärke zu haben, sondern für kleine Theilungen verhältnismäßig größer als für große, so kann man in dem Diagramme die Linie HH_1 schief ziehen, wie die von FH_0 ausgehende; dann fallen die Zahnstärken für schwache Theilungen geringer, also die Spielräume größer als für starke Theilungen aus''.

Erst 1866 gibt FRANZ GRASHOF (1826 bis 1893) die allgemeine Arbeitsgleichung zur Berechnung des Drehmomentes

$$M_d = P_{\mathrm{kg}} \cdot r_{\mathrm{cm}} = \frac{60 \cdot 75 \cdot 100}{2\pi} \cdot \frac{N}{n} = 71\,620 \cdot \frac{N}{n}.$$

Sie wird in dieser Form noch heute in der praktischen Technik angewendet. Auf jeden Fall zeigt F. C. H. WIEBE mit seinen vielen fertigen Tabellen und Faustregeln von 1861 schon das richtige Bestreben, dem Konstrukteur lange Festigkeitsbetrachtungen zu

Tabelle 56. *Werte für die Dimensionierung der Zahnräder auf Festigkeit nach der Scala von F. C. H. Wiebe 1861*

$\sigma \frac{N}{u}$	Rad der Scala	$\sigma \frac{N}{u}$	Rad der Scala	$\sigma \frac{N}{u}$	Rad der Scala	$\sigma \frac{N}{u}$	Rad der Scala	$\sigma \frac{N}{u}$	Rad der Scala	$\sigma \frac{N}{u}$	Rad der Scala	$\sigma \frac{N}{u}$	Rad der Scala
0,020	$\frac{20}{1}$	0,253	$\frac{75}{1,5}$	0,506	$\frac{150}{1,5}$	1,080	$\frac{40}{3}$	2,560	$\frac{40}{4}$	5,120	$\frac{80}{4}$		
0,030	$\frac{30}{1}$	0,270	$\frac{80}{1,5}$	0,520	$\frac{65}{2}$	1,120	$\frac{140}{2}$	2,565	$\frac{95}{3}$	5,440	$\frac{85}{4}$		
0,040	$\frac{40}{1}$	0,287	$\frac{85}{1,5}$	0,540	$\frac{20}{3}$	1,200	$\frac{150}{2}$	2,600	$\frac{100}{3}$	5,760	$\frac{90}{4}$		
0,100	$\frac{100}{1}$	0,304	$\frac{90}{1,5}$	0,560	$\frac{70}{2}$	1,280	$\frac{20}{4}$	2,970	$\frac{110}{3}$	6,080	$\frac{95}{4}$		
0,101	$\frac{30}{1,5}$	0,320	$\frac{40}{2}$	0,600	$\frac{75}{2}$	1,350	$\frac{50}{3}$	3,200	$\frac{50}{4}$	6,400	$\frac{100}{4}$		
0,110	$\frac{110}{1}$	0,321	$\frac{95}{1,5}$	0,640	$\frac{80}{2}$	1,485	$\frac{55}{3}$	3,240	$\frac{120}{3}$	7,040	$\frac{110}{4}$		
0,135	$\frac{40}{1,5}$	0,328	$\frac{100}{1,5}$	0,680	$\frac{85}{2}$	1,620	$\frac{60}{3}$	3,150	$\frac{130}{3}$	7,680	$\frac{120}{4}$		
0,160	$\frac{20}{2}$	0,371	$\frac{110}{1,5}$	0,720	$\frac{90}{2}$	1,755	$\frac{65}{3}$	3,520	$\frac{55}{4}$	8,320	$\frac{130}{4}$		
0,169	$\frac{50}{1,5}$	0,400	$\frac{50}{2}$	0,760	$\frac{95}{2}$	1,890	$\frac{70}{3}$	3,780	$\frac{140}{3}$	8.960	$\frac{140}{4}$		
0,186	$\frac{55}{1,5}$	0,405	$\frac{120}{1,5}$	0,800	$\frac{100}{2}$	1,920	$\frac{30}{4}$	3,840	$\frac{60}{4}$	9,600	$\frac{150}{4}$		
0,202	$\frac{60}{1,5}$	0,439	$\frac{130}{1,5}$	0,810	$\frac{30}{3}$	2,025	$\frac{75}{3}$	4,050	$\frac{150}{3}$				
0,219	$\frac{65}{1,5}$	0,440	$\frac{55}{2}$	0,880	$\frac{110}{2}$	2,160	$\frac{80}{3}$	4,160	$\frac{65}{4}$				
0,236	$\frac{70}{1,5}$	0,473	$\frac{140}{1,5}$	0.960	$\frac{120}{2}$	2,295	$\frac{85}{3}$	4,480	$\frac{70}{4}$				
0,240	$\frac{30}{2}$	0,480	$\frac{60}{5}$	1,040	$\frac{130}{2}$	2,430	$\frac{90}{3}$	4,800	$\frac{75}{4}$				

ersparen. Der Konstrukteur soll zeichnen und nicht untersuchen, Faustregeln soll er auswendig wissen und das für seinen Fall nötige Rad schnell finden können. In dieser Hinsicht sind WIEBES Konstruktionstafeln für seine Zeit beachtlich. Für ihren Wert spricht, daß solche Tafeln bis heute immer wieder auftreten.

Damit war bis 1861 ein Grund gelegt zur Berechnung der hauptsächlichen Zahnrad-arten. Die Annahme THOMAS TREDGOLDS von der Kraftkonzentration auf der Zahnecke hielt sich noch bis in die Mitte der zwanziger Jahre unseres Jahrhunderts. Sie hielt sich vielleicht deshalb so lange, weil man beobachtete, daß die Abnutzung der Zähne stets von der Ecke aus begann. Daraus schloß man: es müßte doch an der Tredgold'schen Annahme viel Richtiges sein. Die Konsequenzen der Feinbearbeitung von Werkstück und Werkstoff konnte TREDGOLD 1822 unmöglich vorausahnen.

Eine Abhängigkeit zwischen dem Festigkeitswert und der Geschwindigkeit fand 1862 als erster der damalige Professor am Polytechnikum zu Zürich FRANZ REULEAUX. Dadurch trat er aus der rein statischen Festigkeitsbetrachtung der Zahnräder heraus. In seinem, mit Direktor C. L. MOLL verfaßtem Buch über „Die Construction der Ma-schinentheile" geht REULEAUX 1862 noch von den damals üblichen Annahmen (Kraft-angriff am Kopfende eines Zahnes) und der allgemeinen Biegungsgleichung für den

Rechteckquerschnitt des Zahnes aus mit $P \cdot l = s \cdot \dfrac{1}{6} \cdot b \cdot h^2$, wobei $b =$ Zahnbreite,

$h = d =$ Zahndicke, $l =$ Zahnlänge, $s =$ Spannung. Nach s aufgelöst wird $s = \dfrac{6 \cdot P \cdot l}{b d^2}$.

Dann setzt REULEAUX für $d = {}^1\!/_2\, t$ und $l = {}^3\!/_4\, t$ „einem guten praktischen Gebrauch gemäß". Mit diesen eingesetzten Größen heißt die Biegungsgleichung jetzt

$$P \cdot {}^3\!/_4\, t = s \cdot {}^1\!/_6 \cdot b \cdot {}^1\!/_4 \cdot t^2,$$

woraus t eliminiert wird zu $t = \dfrac{18 \cdot P}{s \cdot b}$. Als erster hält es REULEAUX 1862 für prak-tischer, mit einem Breitenverhältnis b/t zu rechnen und schreibt

$$t = \sqrt{\dfrac{18 \cdot P}{s \cdot \dfrac{b}{t}}}.$$

Bei „Krahnrädern" ist $b/t = 2$, bei „Triebwerkrädern"

$$\frac{b}{t} = 2 + \frac{P}{2000} + \sqrt[3]{\frac{u^2}{8000}}\,, \quad \text{wobei } u = \text{Drehzahl Ritzel.}$$

Während REULEAUX 1862 mit diesem Breitenverhältnis auf die Abnützung der Zähne zielt, macht er über den Wert s folgende bedeutsamen Bemerkungen: „Besonders ist aber die Geschwindigkeit der Räder von großem Einfluß auf die in den Zähnen zulässige Spannung, indem die nachtheilige Wirkung der Stöße und Erschütterungen mit der Geschwindigkeit rasch zunimmt."

1869 baut REULEAUX die Rolle der Geschwindigkeit v in seiner Formel für s noch weiter aus. Er sagt damals:

„Die Spannung s, welche bei der statischen Beanspruchung durch P in den Zähnen eintreten würde, wählt man bei den Triebwerkrädern um so kleiner, je größer die Um-fangsgeschwindigkeit v der Räder ist, damit die dynamischen Einflüsse, Stöße und Erschütterungen ausgeglichen werden. Es empfiehlt sich zu nehmen bei Gußeisen

$s = \dfrac{3{,}37}{\sqrt[3]{v}}$ und für Holz 0,8 mal so viel, ohne $s = 2$ zu überschreiten."

Hierbei bedeutet $v = \dfrac{\pi \cdot R \cdot n}{30 \cdot 1000} = 0{,}10472 \cdot \left(\dfrac{R \cdot n}{1000}\right) \approx \dfrac{R \cdot n}{10\,000}$.

Danach gibt REULEAUX 1869 aus diesen Formeln Tabelle 57.

Tabelle 57.   *s-Werte in Abhängigkeit von der Geschwindigkeit v nach Reuleaux 1869*

	0,5	1	2	4	6	8	10	12	14	16	v (m)
s	4,25	3,37	2,69	2,13	1,86	1,67	1,56	1,47	1,4	1,34	Ge
	2	2	2	1,7	1,49	1,34	1,25	1,17	1,12	1,07	Holz

Inzwischen schlug 1868 der Engländer E. R. WALKER den gleichen Weg ein wie REULEAUX. Mit seiner klassischen Formel für die Bruchlast $X = 2000 \cdot p \cdot f$ (lb), wobei $p =$ Teilung und $f =$ Zahnbreite (beide in in.) bedeuten, verbindet er einen Sicherheitsfaktor m. So berücksichtigt er die Umlaufgeschwindigkeit und schreibt für $m = X/S$, wobei S den Zahndruck bedeutet. Dieser Faktor m stellt sich dann wie folgt dar:

Umlaufgeschwindigkeit (ft./s)	sehr langsam und stoßfrei	3	5	10	15	20	30	40
Sicherheitsfaktor $m = \dfrac{X}{S}$	3	4	5	6	8	10	12	14

Diese Werte müssen die praktischen Verhältnisse ganz gut getroffen haben, denn sie wurden den Berechnungen in den USA fast fünfzig Jahre zugrunde gelegt.

Nun kam aber die Diskussion unter den Maschinenwissenschaftlern in Gang und sie versuchten REULEAUX's Werte zu verbessern. So findet 1881 der Professor für Mechanik und Maschinenlehre an der Deutschen Technischen Hochschule Prag GUSTAV SCHMIDT (1826 bis 1883), die Räder fielen nach REULEAUX's Formel für s von 1869 etwas zu schwach aus. SCHMIDT rechnet 1881 lieber bei

gewöhnlichen Triebwerken ohne große Stöße $\sigma = \dfrac{270}{\sqrt[3]{v}}$

bei starker Stoßbeanspruchung $\sigma = \dfrac{135}{\sqrt[3]{v}}$

Für die gewöhnlichen Antriebe ohne große Stöße gibt GUSTAV SCHMIDT 1881 folgende Werte:

v	1	2	4	6	8	10	12	15	18	21	(m/s)
σ	270	214	170	149	135	125	118	109	103	98	(kg/cm²)

Mit Hilfe dieser Reihe läßt sich entweder σ bei gegebenem v passend annehmen, oder die Beanspruchung beim ausgeführten Rad beurteilen. Für starke Stöße soll man diese Werte halbieren. Große Peripherie-Geschwindigkeiten von 15 bis 22 m/s kamen nach GUSTAV SCHMIDT damals nur bei verzahnten Schwungrädern vollendetster Herstellungsweise in USA vor. Sie liefen Eisen in Eisen, waren ausbalanciert und die Zähne mit der Maschine gehobelt, drei Teilungen dauernd im Eingriff.

Im Laufe der Zeit hat Franz Reuleaux selbst seine Formel für die Spannung s mehrmals geändert. 1882 schreibt er sie zu: $s = \dfrac{34{,}5}{v + 11}$ für Gußeisen und gibt dazu Tabelle 59, ausgedehnt auf Stahlguß.

Tabelle 58. *Zusammenstellung angelsächsischer Berechnungsformeln auf Bruch von Radzähnen im 18. und 19. Jahrhundert*

Jahr	Verfasser	übertragbare Leistung H (PS)	Zahnbeanspruchung bzw. -Bruchlast S (lbs.)
1785	James Watt	$\dfrac{p^2 \cdot f \cdot d \cdot n}{306}$	
1800	James Carmichael, übernommen von Grier und Templeton	$\dfrac{t^2 \cdot f \cdot v}{2{,}27 \cdot l}$	
1808	Robertson Buchanan	$v \cdot \left(\dfrac{t}{0{,}75}\right)^2$	
1821/38	Thomas Tredgold	$\dfrac{p^2 \cdot v}{1{,}75}$	$138 \cdot p \cdot f$ später $1500 \cdot t^2$
1827	John Farey	$\dfrac{p^2 \cdot f \cdot d \cdot n}{240}$	——
1838	Arthur Jules Morin, Paris	——	$\left(\dfrac{t}{0{,}025}\right)^2$
1854	John W. Nystrom, Philadelphia	$0{,}614 \cdot p^2 \cdot r$ und $2{,}9 \cdot t^2 \cdot v$	$1600 \cdot t^2$ und $300 \cdot f \cdot t$, wobei $f = 2{,}5 \cdot p$
1856	„Engineer & Machinist's Assistant", Glasgow	$4 \cdot p^2 \cdot v$	$1600 \cdot t^2$ und $\left(\dfrac{p}{0{,}0517}\right)^2$
1860/67	John Haswell	$v \cdot t^2 \cdot 5{,}45$ und $v \cdot \left(\dfrac{t}{0{,}465}\right)^2$	$3000 \cdot t^2$ und $\dfrac{V \cdot f \cdot t^2}{L}$, wobei $t = 2{,}127 p$, $f = 2{,}5 p$
1861-63	William Fairbairn	$v \cdot \left(\dfrac{t}{0{,}587}\right)^2$ und $\dfrac{t^2 \cdot v}{0{,}344}$	——
1868	E. R. Walker, Newcastle-under -Lyme/England	$\dfrac{v \cdot S}{(550 \text{ bis } 864)}$	$\dfrac{2000 \cdot p \cdot f}{(3 \text{ bis } 14)}$
1869	William John Rankine		$160 \cdot p \cdot f$
1877	James Christie, Philadelphia		$462 \cdot p \cdot f$
1877	William Cawthorne Unwin		$200 \cdot p \cdot f$
1877	John W. Nystrom, Philadelphia		$\dfrac{150 \cdot f \cdot t^2}{L}$
1892	Wilfred Lewis, Philadelphia		$s \cdot p \cdot f \cdot \dfrac{2 \cdot x}{3 \cdot p}$

Bezeichnungen: p = Teilung, t = Zahndicke, $l = L$ = Zahnlänge (feet), f = Zahnbreite (alles in Zoll), d = Rad-Durchmesser (ft.), n = U/min, v = Teilkreisgeschwindigkeit (ft./sec), V = Werkstoffwert des Zahnes (Ge) = 45 bis 65, s = Biegespannung (lb./in.²), x = Strecke bis zum gefährdeten Zahnfuß lt. Bild 227a.

Tabelle 59.   *s-Werte in Abhängigkeit von der Geschwindigkeit v nach Reuleaux 1882*

v (m)	0,5	1	2	4	6	8	10	12	16
Ge	3	2,88	2,65	2,3	2,03	1,81	1,64	1,5	1,38
Stg	10	9,63	8,83	7,67	6,77	6,03	5,47	5	4,6
Holz	1,8	1,73	1,59	1,38	1,22	1,09	0,98	0.9	0,83

Was F. C. H. WIEBE 1861 begann, nämlich die dynamische Seite des Festigkeitsproblems bei Zahnrädern zu berücksichtigen, das hat nun REULEAUX in feste Bahnen gelenkt. Diese „dynamischen Zusatzkräfte" sollen später in einem besonderen Kapitel behandelt werden.

Literatur zum Kapitel 3.1

1827   FAREY, JOHN: A Treatise on the Steam Engine, Historical, Practical and Descriptive. London: Longman, Rees, Orme, Brown & Green 1827.

1861   v. GROVE, OTTO: Anleitung zur Konstruktion der Zahnräder. Mittheilungen des Gewerbe-Vereins für das Königreich Hannover, Neue Folge, 1861, Spalten 86 bis 97, 175 bis 202, 293 bis 302.

1861   WIEBE, FRIEDRICH CARL HERMANN: Eine allgemeine Scala für Zahnräder mit sehr einfachen Constructions-Verhältnissen. Der Civilingenieur, Neue Folge, 7 (1861) Spalten 389 bis 454.

1866   GRASHOF, FRANZ: Die Festigkeitslehre mit besonderer Rücksicht auf die Bedürfnisse des Maschinenbaues. Berlin: R. Gaertner 1866. 1. Aufl.

1878   — : Theorie der Elastizität und Festigkeit mit Bezug auf ihre Anwendungen in der Technik. Berlin: R. Gaertner 1878. 2. Aufl. obigen Werkes.

1879   COOPER, JOHN H.: Power Transmitting Mechanism. On the Strength of the Teeth of Wheels. Journal of the Franklin Institute 108 (1879) No. 1 S. 1 bis 17.

1881   SCHMIDT, GUSTAV: Die Größe der Zahnräder. Technische Blätter Prag 13 (1881) S. 134 bis 144.

1899   LASCHE, OSKAR: Elektrischer Antrieb mittels Zahnradübertragung Z. VDI 43 (1899) Nr. 49 S. 1528 bis 1531, Nr. 50 S. 1564 (Tabelle ausgeführter Zahnräder).

3.2 Die Berechnung der Tragfähigkeit nach Carl von Bach

Im 19. Jahrhundert unterschied sich die Zahnradberechnung in den Industrieländern kaum. Gegen sein Ende aber zeichneten sich zwei Berechnungswege mit verschiedenen Gesichtspunkten ab. Dabei standen im Vordergrund:

1. die Verschleiß-Rechnung
2. die Zahnfußfestigkeit.

Insbesondere verkörpern zwei Persönlichkeiten diese Richtungen: die erste Richtung vertritt CARL VON BACH. Er spielte um die Jahrhundertwende in Deutschland eine überragende Rolle auf dem Gebiete der Festigkeitslehre. In ihrem Rahmen entwickelte er auch eine Methode für die Zahnradberechnung, die sich dank seiner Autorität und der elf Auflagen seines Werkes „Die Maschinenelemente, ihre Berechnung und Construction" bis in die dreißiger Jahre unseres Jahrhunderts hielt.

Die zweite Richtung und mit ihr die moderne Berechnung auf Zahnfußfestigkeit beginnt mit WILFRED LEWIS in den USA. Er errechnete die Spannung im Zahnfuß unter Berücksichtigung der tatsächlichen Zahnform. Sie wird in den Kapiteln 3.31 und 3.32 behandelt werden.

Wie sah denn die Situation vor der Jahrhundertwende aus?

Um 1880 gliederte sich der Maschinenbau-Unterricht noch in theoretische Maschinenlehre und Konstruktion. Dies vertiefte die Kluft zwischen Theorie und Praxis. Es fehlte damals die Persönlichkeit, die Kenntnisse der exakten Wissenschaften verband mit der konstruktiven, fabrikatorischen und wirtschaftlichen Seite des Maschinenbaues. In den Werkstätten kannte man keine Festigkeitsversuche, aus denen von August Wöhler (1819 bis 1914) zog man keinen Nutzen. Die Masse von Maschinenteilen wählte man nach Verhältniswerten auf Grund statistisch erfaßter, bewährter Konstruktionen. Berechnete man überhaupt Teile auf Festigkeit, so setzte man „zulässige Beanspruchungen" nach Geheimrezepten ein. Carl von Bach aber gründete in seinen Vorlesungen und Werken die Berechnung auf die Ermittlung der aufzunehmenden Kräfte und der Materialspannungen. Als nach Wöhler auch Bach durch seine Laboratoriumsversuche seit 1881 mehr Werte an Elastizitäts- und Festigkeitseigenschaften der Werkstoffe besaß, setzte er die Anerkennung der Festigkeitslehre als Erfahrungswissenschaft in der Technik durch. Bach ordnete die „zulässigen Beanspruchungen" in die drei Hauptbelastungsfälle. Die Wechselfestigkeit von Wöhler baute er nicht aus, sondern beschränkte sich auf die statische Belastung. Einerseits suchte er das Verhalten verschiedener Bauformen unter statischer Belastung ganz zu durchforschen, andererseits hielt er die Kenntnisse der auftretenden Kräfte bei Wechselfestigkeit noch nicht für ausreichend, um eine Erforschung von Wechselfestigkeitswerten beginnen zu können.

3.21 Die Formel von Carl von Bach zur Berechnung von Radzähnen 1881

In seinen maßgebenden Werken über „Die Maschinenelemente, ihre Berechnung und Construction mit Rücksicht auf die neueren Versuche" gibt Professor Carl von Bach[1] seit 1881, in seinen Vorlesungen schon seit 1878, folgende Festigkeitsberechnung für Stirnräder an:

„Zunächst muß die Stärke der Zähne genügende Sicherheit gegen Abbrechen besitzen. Wird der ungünstigste Fall angenommen, daß der Zahndruck P bei B aufsetzt, so ergibt sich für die

Bild 202.   Carl Julius von Bach 1847 bis 1931

---

[1] Carl Julius von Bach (1847 bis 1931). Sohn eines Sattler- und Wagenbaumeisters in Stollberg/Sa. Erarbeitete sich als Handwerker und Werkmeister das Studium an den Polytechniken bzw. Technischen Hochschulen Dresden, Stuttgart und Karlsruhe. Industriestellungen in Sachsen, Österreich und England. 1878 bis 1922 Professor für Maschineningenieurwesen an der Technischen Hochschule Stuttgart. Gestaltete maßgeblich die deutsche Technik. 1881 schuf er in Stuttgart ein Laboratorium für Materialprüfung, 1903 erweitert zur Materialprüfungsanstalt, in denen er wichtige Festigkeitsversuche ausführte. An wichtigsten Werken erschienen neben den „Maschinenelementen" seine „Elastizität und Festigkeit" zwischen 1889 und 1924 neunmal. Wegen seiner Verdienste 1895 vom König von Württemberg geadelt und zum Baudirektor ernannt. 1899 Ehrenmitglied des VDI. Dr.-Ing. und Dr. rer. nat. Ehren halber.

wahrscheinliche Bruchfläche, wenn der Zahn als Parallelepiped von der Dimension $b \cdot l \cdot x$ vorausgesetzt wird".

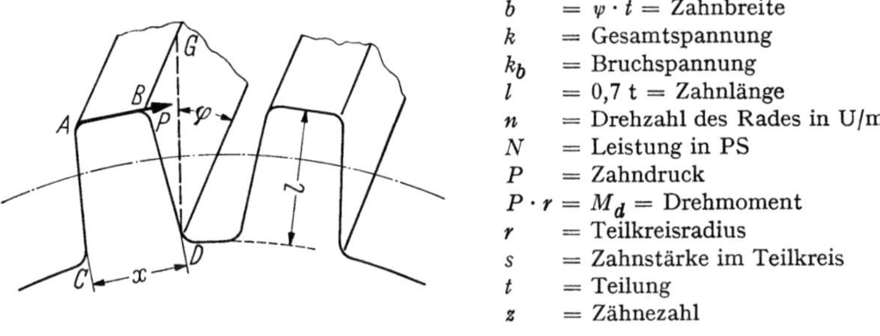

$b \quad = \psi \cdot t = $ Zahnbreite
$k \quad = $ Gesamtspannung
$k_b \quad = $ Bruchspannung
$l \quad = 0{,}7\ t = $ Zahnlänge
$n \quad = $ Drehzahl des Rades in U/min
$N \quad = $ Leistung in PS
$P \quad = $ Zahndruck
$P \cdot r = M_d = $ Drehmoment
$r \quad = $ Teilkreisradius
$s \quad = $ Zahnstärke im Teilkreis
$t \quad = $ Teilung
$z \quad = $ Zähnezahl

Bild 203.   Berechnungsansatz von Carl von Bach 1881

$$P \cdot l \cdot \cos \varphi = k_b \cdot {}^1\!/_6 \cdot \frac{l}{\sin \varphi} \cdot x^2$$

$$P \cdot \sin 2\,\varphi = {}^1\!/_3 \cdot k_b \cdot x^2$$

$$k_b = \frac{3 \cdot P \cdot \sin 2\,\varphi}{x^2}$$

Mit $\varphi = 45°$ erlangt k_b seinen größten Wert $k_b = \dfrac{3 \cdot P}{x^2}$.

Greift die Kraft P an der Zahnkrone in der Mittelebene des Rades an, so ist

$$\boxed{P \cdot l = k_b \cdot {}^1\!/_6 \cdot b \cdot x^2}$$

Die größte Biegespannung an der Zahnwurzel ist $k_b = \dfrac{6 \cdot P \cdot l}{b \cdot x^2}$.

Damit beide Beanspruchungen gleich groß ausfallen, muß sein:

$$\frac{3 \cdot P}{x^2} = \frac{6 \cdot P \cdot l}{b \cdot x^2} \quad \text{wobei} \quad b = 2 \cdot l = 1{,}4 \cdot t.$$

Nachdem Bach 1881 mit den gleichen Theorien beginnt wie vor sechzig Jahren Thomas Tredgold, bezweifelt er jetzt an Hand der Ableitung deren Treffsicherheit. Bach stellt in Frage, ob bei genau gearbeiteten Rädern die Kraft P konzentriert an der Ecke angreift. Er verlangt für die Zahnbreite b einen größeren Wert als $1{,}4\ t$. Vielmehr setzt Bach die Zahnbreite b gleich $2\,t$, „... so daß ... eine Vergrößerung von b über $2\,t$ hinaus keine Vermehrung der Garantie gegen Abbrechen bringt, da der Zahn durch einseitiges Aufsetzen abbrechen kann. ..."

In die obige Gleichung $P \cdot l = {}^1\!/_6 \cdot k_b \cdot b \cdot x^2$ setzt Bach ein $l = \alpha\,t$ und $x = \beta\,t$, wodurch er erhält: $P = {}^1\!/_6 \cdot \dfrac{\beta^2}{\alpha} \cdot k_b \cdot b \cdot t$. Aus der Substitution $k = {}^1\!/_6 \cdot \dfrac{\beta^2}{\alpha} \cdot k_b$ wird

$$\boxed{P = k \cdot b \cdot t} \ .$$

Mit $\alpha = 0{,}7$ und $\beta = 0{,}5$ bis $0{,}55$ wird $k = (0{,}06$ bis $0{,}07) \cdot k_b$. Für *Ge*-Zähne ist $k_b = 300$, also $k = 18$ bis 21. Mit diesen Werten nimmt Bach als Zahnbreite $b \leqq 2\,t$. Muß wegen der Abnutzung eine größere Zahnbreite b gewählt werden, so empfiehlt

Bach 1881 für $b \geqq 2\,t$ $\qquad\boxed{k \leqq 2\,l \cdot \dfrac{2\,t}{b}}$.

Bisher unterscheidet sich Carl von Bach nur unwesentlich von seinen Vorgängern. Jedoch hält er seine Formel nur zur Berechnung von sog. „Krafträdern" für ausreichend. Für die Berechnung von „Arbeitsrädern" sind neben der Festigkeit noch „... die Pressung in den aufeinander gleitenden Berührungsflächen zweier Zähne und die Arbeit der Zahnreibung, welche sich in Abnutzung der Zahnflanke und Erwärmung des Zahnes ..." von entscheidender Bedeutung. „Diese Anschauung", so erklärt Bach 1881 die Bedeutung der Abnutzung weiter, „ist zuerst von W. A. H. von Kankelwitz[1] bei der Berechnung der Zähne in den Vordergrund gestellt und, unter der im allgemeinen zutreffenden Annahme, daß diese Berührungsfläche proportional der Theilung und der Zahnbreite ist, in der Gleichung $P = k_1 \cdot b \cdot t$, worin k_1 einen Erfahrungskoeffizienten bedeutet, zum Ausdruck gebracht worden ...".

Diese Formel ist von der gleichen Art wie die des Festigkeitsansatzes. Hier hat aber der Koeffizient k_1 eine andere Bedeutung als k.

Der Wert k für Krafträder läßt sich aus den geometrischen Abmessungen bestimmen. Der Wert k_1 für Arbeitsräder wird, „... wenn man gleichzeitig auch die zweite, d.i. *die wichtigere der angeführten Forderungen* berücksichtigt, unter anderem abhängig sein von der Anzahl der Eingriffe, die ein und derselbe Zahn vollführen soll, ehe rasche, bis zur Unbrauchbarkeit gehende Abnutzung oder unzulässiges Warmlaufen der Zähne zu erwarten ist ...".

Trotz der klaren Unterscheidung der Faktoren k und k_1 im vorher Gesagten, faßt dann Bach beide Faktoren zusammen und empfiehlt die gleiche Berechnungsweise für Kraft- und Arbeitsräder. Er preßt also großzügig zwei wesensverschiedene Kriterien in eine Formel hinein, vereinfacht dadurch für den Praktiker die Berechnung, erschwert aber gleichzeitig eine sinnvolle Weiterentwicklung.

Später übersah man vielfach: Carl von Bach meinte die Formel $P = k \cdot b \cdot t$ nur für *Ge*-Räder. Handelte es sich um ein anderes Material als *Ge*, so benutzte er die Formel $P \cdot l = {}^1/_6 \cdot k_b \cdot b \cdot x^2$ und wählte die zulässige Beanspruchung k_b nach den damals bekannten Festigkeitswerten von Schweiß- und Flußeisen, Flußstahl, geschmiedetem Stahl, Stahlguß, Phosphorbronze oder Deltametall nach den drei Belastungsfällen.

Nachdem die Drehzahlen der Zahnräder um 1880 größtenteils noch sehr niedrig lagen, empfiehlt Bach bei Zykloidenverzahnung für *Ge* auf *Ge* die Belastungszahl $k = 20 - \sqrt{n}$ nach Tabelle 60.

Tabelle 60.

Belastungszahl k für Zykloidenverzahnung bei Ge als Werkstoffpaarung nach Carl von Bach um 1880

n	16	36	64	100	144	196	256
$\dfrac{k_1}{\alpha} = k$	16	14	12	10	8	6	4
$b = \psi \cdot t$	2,6 t	3 t	3,5 t	4,2 t	5,25 t		

Bei Holz auf *Ge* nimmt Bach 0,4 bis 0,5 dieser k-Werte je nach Tourenzahl, bei verzahnten Schwungrädern wegen ihrer periodischen Ungleichförmigkeit nur $10^0/_0$ von k. Überhaupt dimensioniert er Räder mit Stoßbeanspruchung möglichst reichlich; Mahlgänge nimmt er z.B. mit $k = 2$ bis 3 an, während doch $k = 4$ bis 4,5 normal ist. „Arbei-

---

[1] Wilhelm August Hermann von Kankelwitz (1831 bis 1915). Geboren in Neustrelitz/Schwerin. Lehrer für Mathematik und Mechanik an der Werkmeisterschule Chemnitz/Sa. 1868 bis 1885 Professor für Maschinenbau am Polytechnikum Stuttgart. Wegen seiner Verdienste 1879 geadelt. Sein Schüler war Carl Bach.

ten Räder Tag und Nacht fast ununterbrochen, k kleiner wählen. Räder mit Evolventenverzahnungen sind etwas geringer zu belasten.''

Schließlich errechnet BACH die Teilung t bei gegebener Leistung oder bekanntem Drehmoment nach Tabelle 61.

Tabelle 61. *Berechnung der Teilung t bei gegebener Leistung oder bekanntem Drehmoment nach Carl von Bach um 1880*

Leistung N (PS)	Drehmoment M (cm · kg)
$75 \cdot N = P \cdot \dfrac{2 \cdot \pi \cdot r}{100} \cdot \dfrac{n}{60}$	$M = P \cdot r = k \cdot \psi \cdot t^2 \cdot \dfrac{z \cdot t}{2\pi}$
$2 \cdot \pi \cdot r = z \cdot t$	
$P = k \cdot b \cdot t = k \cdot \psi \cdot t^2$	$t = \sqrt[3]{\dfrac{2\pi}{\psi \cdot z \cdot k} \cdot M}$
$t = 10 \sqrt[3]{\dfrac{450}{\psi \cdot z \cdot k} \cdot \dfrac{N}{n}}$	

Nach den Festigkeitsberechnungen bringt BACH den Halbmesser des Rades auf eine rationale Zahl, indem er die Teilung t in das Verhältnis zu π setzt durch $r = \dfrac{z \cdot t}{2\pi}$. Die Zahnbreite $b = \psi \cdot t$ wählt er 1881 für

Windenräder	2 t
gewöhnliche Transmissionsräder	(2 bis 3) t
Transmissionsräder größerer Beanspruchung (verzahnte Schwungräder)	bis 5 t

Er fährt fort: ,,Zu großen Breiten entschließt man sich nur, um die Theilung nach Möglichkeit klein zu halten. ... Selbstverständlich müssen ... breite Zähne sorgfältig bearbeitet werden, damit auf eine Berührung über die ganze Breite gerechnet werden darf. Es existieren gut laufende Räder bis ca. 130 mm Theilung bei 600 mm Breite.''

Schließlich nimmt 1881 BACH die Zahnstärken s an für:

Werkstoff		roh	bearbeitet
Eisen/Eisen		$\dfrac{19}{40} t$	$\left(\dfrac{19}{40} \text{ bis } \dfrac{39}{80}\right) t$
Eisen	bei Holz auf Eisen	$\dfrac{16}{40} t = 0{,}4\, t$	—
Holz		$\dfrac{23}{40} t$	—

BACH hält 1896 das Überschreiten der Festigkeitswerte für zulässig, wenn die Überdeckung groß ist, d. h. ,,daß mit Sicherheit auf das gleichzeitige Anliegen mindestens zweier Flankenpaare gerechnet werden darf ... je größer die tatsächliche Eingriffsdauer, je sorgfältiger die Konstruktion, die Ausführung und die Wartung der betr. Anlage ist, um so höher darf k in die Rechnung eingeführt werden. Unter diesen Verhältnissen finden sich in gut arbeitenden Anlagen Überschreitungen, die bei Holz auf Eisen bis zu 100% gehen, sofern der Ermittlung des Wertes von k die Belastung bei Vollbetrieb zu Grunde gelegt wird, welche allerdings in den meisten Fällen nicht dauernd, sondern nur kurze Zeit wirksam ist.''

Zahnräder mit sich kreuzenden Wellen rechnet BACH 1881 nach den gleichen Formeln. Als Belastungszahl empfiehlt er hier für Gußeisen $k = 18$, bei Anfreßgefahr der

Berührungsflächen $k = 8$ bis 12 je nach Schneckendrehzahl und bei guter Schmierung. Zahnbreite $b = 1{,}5\ t$. Als Moment, um die Schraube zu drehen, schreibt BACH bei $10^0/_0$ Reibung im Lager

$$M = 1{,}1 \cdot P \cdot r \cdot \frac{h + 2 \cdot r\,\pi \cdot \mu}{2 \cdot \pi\,r - \mu \cdot h} = 1{,}1 \cdot P \cdot r \cdot \mathrm{tg}\,(\alpha + \varrho), \quad \text{wobei sind} \quad h = \text{Ganghöhe,}$$

$h = \mathrm{t}$ für eingängige und $h = 2\,\mathrm{t}$ für zweigängige Schrauben, $t = $ Teilung in Zoll (wegen Drehbank), $\mu = 0{,}1$ bei guter Schmierung, sonst mehr. Bedingung für Selbsthemmung

$$\mathrm{tg}\,\alpha = \frac{h}{2 \cdot \pi \cdot r} \leqq {}^1/_{10}.$$

Über die Konstruktion des Radkörpers sagt BACH 1881: „Die Zahnräder bestehen meist aus *Ge*, seltener aus schmiedbarem Eisen, gegossenem Stahl, Bronce …“.

Wandstärke der *Ge*-Nabe $\delta = 10 + {}^1/_5\left(d_0 + \dfrac{d}{2}\right)$ bis $10 + {}^1/_4\left(d_0 + \dfrac{d}{2}\right)$ (mm), wobei $d = $ Bohrung der Nabe und $d_0 = $ Wellenstärke. Zu übertragendes Moment

$$M = P \cdot r = k_d \cdot {}^1/_5 \cdot d_0{}^3.$$

Nabenlänge $L = (1{,}2 \div 1{,}5) \cdot d$ und mehr oder $L \geqq b + 0{,}05 \cdot r$.

Die Befestigung der Räder auf den Wellen erfolgte damals üblicherweise durch Federn und Keile. BACH empfiehlt quadratische, runde, spießkantige ($\Diamond$) und flache Keile, für kleinere Kräfte Reibungskeile.

Bei der Zahl der Radarme setzt BACH 1881 $i = 4$ voraus. Trägheitsmoment Θ gegenüber dem Biegungsmoment $M_b = P \cdot y$ im Armquerschnitt $P \cdot y = \dfrac{\Theta}{h/2} \cdot k_b \cdot \dfrac{i}{4}$. Für kreuzförmigen Querschnitt schreibt BACH $P \cdot y = k_b \cdot {}^1/_{24} \cdot h_1 \cdot h^2 = k_b \cdot \dfrac{i}{120} \cdot h^3$ weil $h_1 = {}^1/_5\,h$ üblich ist, und nach Obigem ist dann:

$$h = \sqrt[3]{\frac{120}{i \cdot k_b}\,P \cdot y}\ . \quad \text{Bei } k_b = 300 \text{ wird} \quad h = \sqrt[3]{\frac{P \cdot y}{2{,}5 \cdot i}}\ .$$

Die Armhöhe h verjüngt sich zum Kranze hin im Verhältnis $5 : 4$.

Werte für	k_b
Winden und normale Transmissions-Räder	300
beidseitig arbeitende Zähne	150
stark stoßenden Betrieb	150

BACH fährt 1881 fort: „Die Anzahl der Arme liegt bei aus dem Ganzen gegossenen Rädern zwischen 3 und 6. Ganz kleine Räder werden voll gegossen.“ Als Anhalt dient ihm $i = {}^1/_7\sqrt{D}$, wobei $D = $ Teilkreis-Durchmesser in mm. Ist das Rad aus Segmenten zusammengesetzt, so beträgt die Armzahl $i = {}^1/_8\sqrt{D}$.

Hierzu die Konstruktionsbeispiele auf den Bildern 204 bis 206.

Zu großen Rädern sagt dabei BACH 1881: „Räder bis etwa 1800 mm Durchmesser können für ruhigen Betrieb aus einem Stück bestehen, also aus dem Ganzen gegossen werden, doch erlangen bei so großen Dimensionen die natürlichen Spannungen im Guß schon eine ziemliche Bedeutung…“

1891 behandelt BACH zum ersten Male die Pfeilräder, d.h. Winkelzähne. „Räder dieser Art, mit der erforderlichen — recht wesentlichen — Sorgfalt hergestellt, zeichnen

Bild 204 bis 206.   Gestaltung der Zahnräder und Radkörper nach Carl von Bach 1881

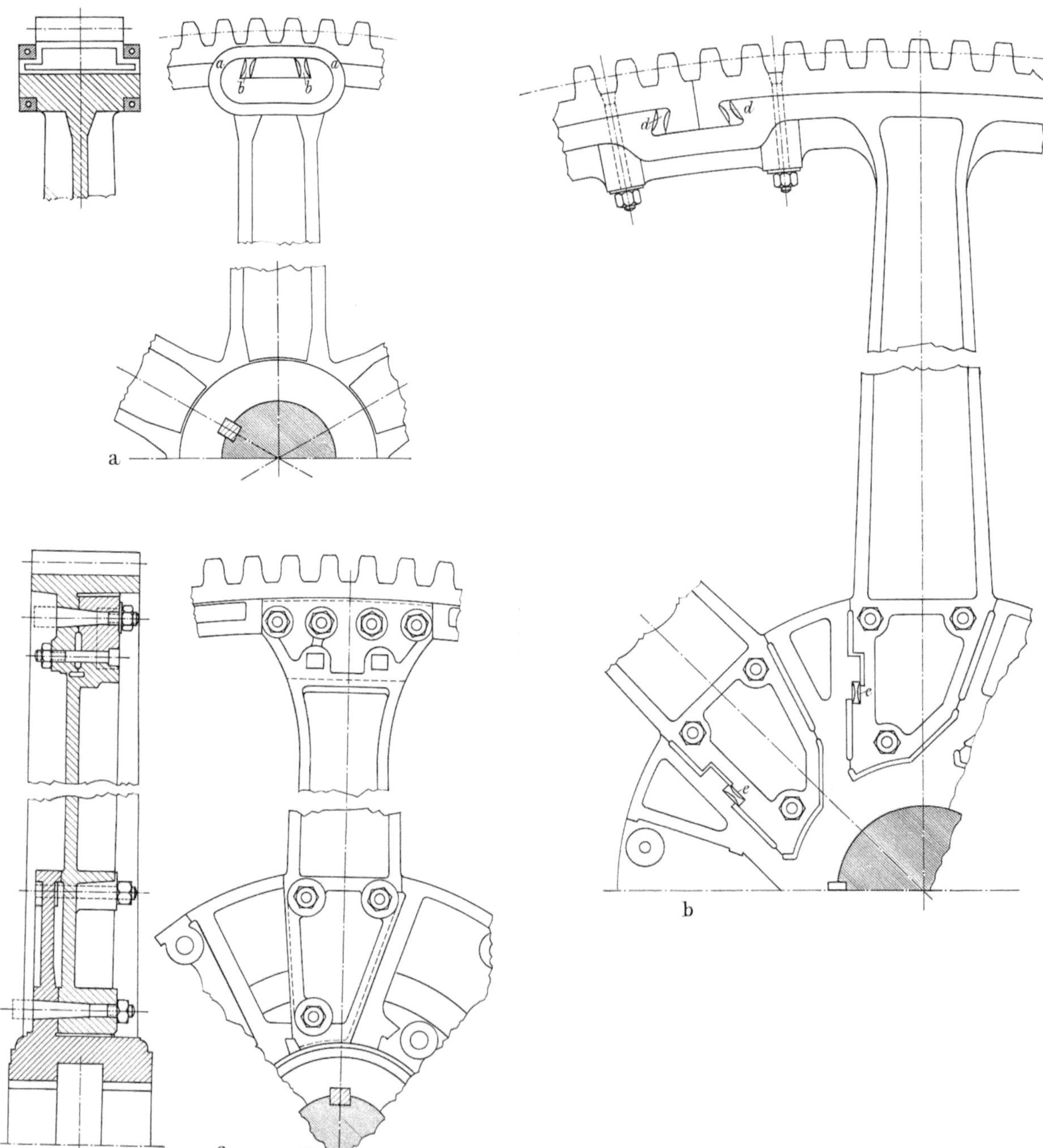

Bild 204

a) „Übersteigt der Durchmesser eines Rades etwa 4500 mm, so pflegt der Radkranz in Segmente getrennt zu werden, wobei dann verschiedene Constructionen möglich sind. Nabe und Arme können zusammengegossen werden, so daß ein Armstern entsteht; die Kranzsegmente sind dann mit den Armen und unter sich zu verbinden. Die erwähnte Verbindung der Segmente und Arme erfolgt durch warm aufgezogene, ovalartige Ringe a von Schmiedeeisen und durch die Keile b—b. Die Vermeidung scharfer Ecken muß hier im Auge behalten werden".

b) „Sind Räder Einflüssen ausgesetzt, welche eine verhältnismäßig schnelle Abnutzung der Zähne veranlassen, so kann es rationell erscheinen, diese leicht ersetzbar zu machen. Die Keile d bis d und e haben den Zweck, die Verbindungen zwischen Zahn- und Radkranz bzw. zwischen Arm und Nabe zu Verspannungsverbindungen zu machen."

c) Nabe, Arme und Segment für sich gegossen. Die Spannungsverbindungen sind hier konische Schraubenbolzen aus Stahl; sie müssen sauber geschliffen werden.

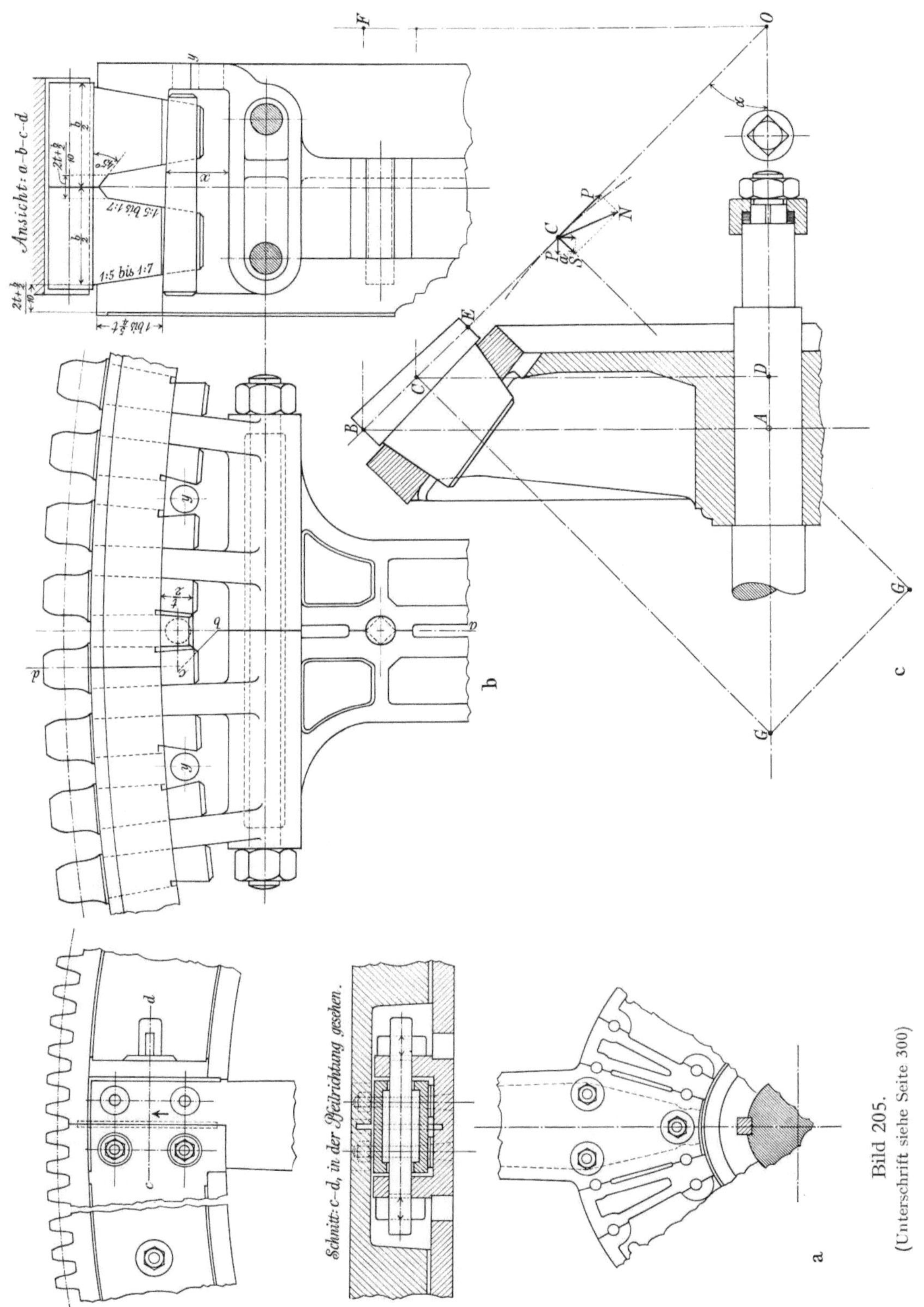

Bild 205.
(Unterschrift siehe Seite 300)

sich durch bedeutende Widerstandsfähigkeit und durch Ruhe des Ganges aus." Die
Festigkeit des Zahnes ist in der Mittelebene des Rades am stärksten, am besten ist daher
die Drehrichtung mit Eingriffsbeginn in der Mittelebene. Der Zahndruck wirkt halb auf

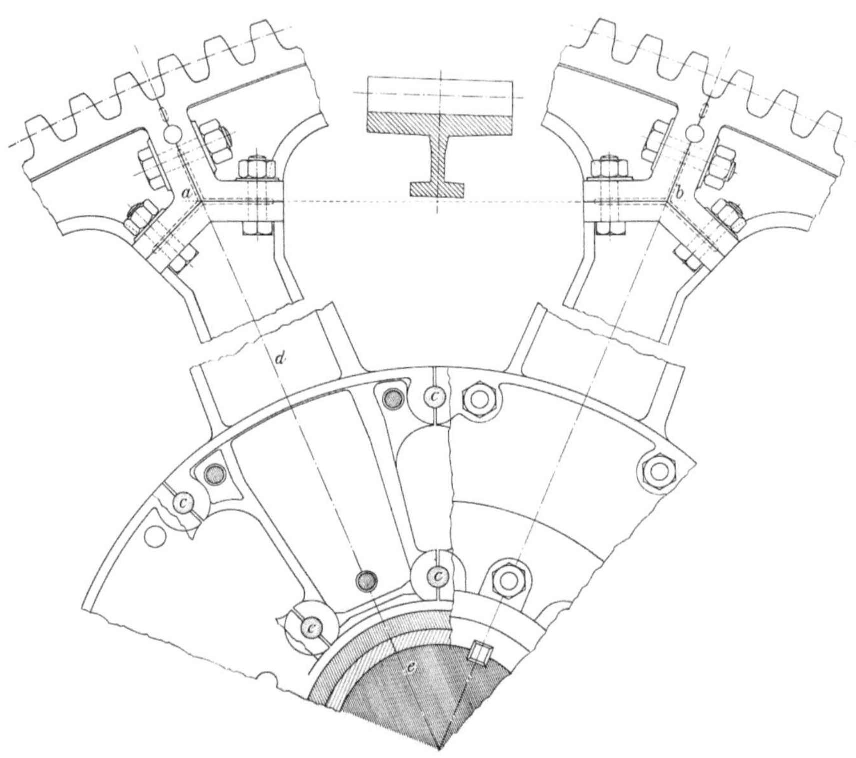

Bild 206.

„Um für die Arme großer, schwerer Räder nicht unförmliche Querschnittsdimensionen zu erhalten, muß so construirt werden, daß an der Übertragung der Kraft, wenigstens angenähert, alle Arme Theil nehmen. Das geschieht, wenn
der Kranz genügende Steifigkeit und die Arme genügende Elasticität besitzen, wie die kräftige Kranzversteifung und
der bedeutend größere Querschnitt der gezogenen Gurtung des Armquerschnittes erkennen lassen."

„Da die Zähne roh bleiben, so sind zunächst die Segmente mit Rücksicht auf Herstellung der richtigen Theilung
zusammen zu passen, dann die Linien a—b anzureißen und die Segmente hiernach zu hobeln, was mit beiden Auflageflächen jedes Segmentes gleichzeitig geschehen kann. Hierauf folgt Anreißen der Armköpfe, so daß sie möglichst radial
liegen, und entsprechende Bearbeitung. Die beiden inneren Radialebenen, gegen welche sich die Arme legen, abgedrehten Nabelhälften werden dann beiderseits gegen die bereits vorher bearbeiteten Füße der Arme gelegt und durch
Schrauben mit denselben verbunden."

„Hieran schließt sich das Bohren und Ausreiben der Löcher c, welche Arbeit sich um so weniger schwierig gestaltet, je
geringer der Spielraum zwischen den Armfüßen ist. In die Löcher c werden kräftige und schwach konische Stahlstifte
eingetrieben, welche die Spannungsverbindung zwischen Nabe und den Armen geben".

Bild 205, auf Seite 299.

a) Verzahntes Schwungrad einer Dampfmaschine. „Das erforderliche Gewicht erhält der Kranz durch besondere Einlagen." Bei massivem Kranze befürchtet CARL VON BACH 1881, daß am Anschluß Zahn — Kranz durch ungleichförmige
Abkühlung Hohlräume entstehen; diese beeinflussen die Haltbarkeit der Zähne. Hier sind die Füllungsteile in den
Zahnkranz eingelegt und durch je zwei Schrauben mit ihm verbunden. Durch Einlegen elastischer Platten in Füllungsteile ließe sich (nach CARL VON BACH) die Stoßwirkung und Armbruch verhindern.

b) Dimensionierung von Holzzähnen. Trennung des Kammes in zwei Teile, je nach Dimensionen des Kamm
Materials bei verschiedenen Werten von b). Bei $b \geqq 180$ mm meistens geteilte Kämme. Beim Anschluß an das Kammrad des Armes muß es möglich sein, die Kämme und Keile bzw. Stifte herauszuschlagen (Maß x bzw. Löcher y). Damit
sich bei kleinen Verrückungen des Rades in axialer Richtung ein Ansatz an den Kämmen nicht bilden kann, müssen
die Eisenzähne etwa 6 bis 10 mm breiter sein als die Kämme.

c) „Der Druck, welchen konische Räder in Richtung ihrer Achse auf die Welle ausüben, läßt sich so ermitteln:
CN = Richtung des Zahndrucks, welche am meisten von seiner tangentialen Componente P abweicht (entsprechend
äußerstem Punkt der Eingriffsstrecke), so fällt die Componente CS in die Richtung der Erzeugenden CG des mittleren
Ergänzungskegels. Daraus ist die kleine Strecke CP der Axialdruck.

einen, halb auf den anderen Schenkel des Winkelzahnes nach Bild 207. Der Professor für Maschinenbau an der k. k. Bergakademie Loeben Anton Bauer (1856 bis 1935) fordert 1890 als Radbreite $b \geqq 4\,t$, damit $2\,\beta$ nicht zu klein ausfällt. Für $b = 4\,t$ und $t_0 = t$ ist

$$\operatorname{tg} \beta = \frac{0,5 \cdot b}{t_0} = \frac{2 \cdot t}{t} = 2, \quad \beta = 63° 26'. \quad \beta \text{ schwankt nach Bach zwischen 68 und 72°,}$$

eher um 68°. Die Zahnwurzel wird $(0,35 \text{ bis } 0,4)\,t$, die Zahnkrone $(0,25 \text{ bis } 0,3)\,t$. Bis 1897 beobachtete Carl von Bach folgende Abmessungen: $t =$ bis 212 mm (bei 1350 mm Teilkreis-Durchmesser und $z = 20$), $b = 840$ mm, $t_0 = 210$ mm, $\operatorname{tg} \beta = 2$, $s = 100$ mm, Zahnwurzel $= 74$ mm, Zahnkrone $= 59$ mm. Die Hagener Gußstahlwerke bauen seit 1878 solche Räder mit Winkelzähnen. Sie geben um 1891 den Zähnen in der Regel $2\,\beta = 120°$ auf der Außenfläche (nicht im Teilkreis) und formen die Flanken nach angenäherten Evolventen mit Kreisbögen. Dies ist nötig wegen einer Zahnfußstärkung bei Stahlguß-Ausführung. Die Zahnstärke bestimmen die Hagener Gußstahlwerke nach der Gleichung $P \cdot l = {}^{1}/_{6} \cdot k_b \cdot b \cdot x^2$, wobei $x =$ Zahnstärke, $k_b = 400$ und Zahnlänge $= 1,2\,s$. Diese Berechnungsweise entspricht in $P = k \cdot b \cdot t$ dem Wert $k = 40$.

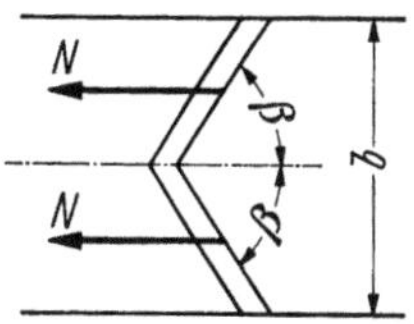

Bild 207. Berechnung von Winkelzähnen nach Bach 1891

Die zulässige Zahnbelastung von Schneckengetrieben berechnet Carl von Bach seit der Wende zum 20. Jahrhundert ebenfalls nach der Formel $P = k \cdot b \cdot t$. Er schenkte ihr besondere Beachtung seit 1903. Er schreibt hier $P = k \cdot b \cdot t = k \cdot \psi \cdot t^2$ und hat folgende Bezeichnungen:

i Gangzahl der Schnecke (bei Evolventenverzahnung $z \geqq 28$)

n Umdrehungszahl der Schnecke pro Minute

N die an der Schneckenwelle verfügbare Leistung (PS)

P Umfangskraft des Rades (kg)

k Zahnbelastung

t Teilung (cm)

v Gleitgeschwindigkeit

η_s Wirkungsgrad der Schnecke samt Welle

ψ Breite der Schnecke $= (1,5 \text{ bis } 2,5)\,t$

$t_0 - t_1$ Temperaturdifferenz

Aus $\;75 \cdot N = \dfrac{P}{\eta_s} \cdot \dfrac{i \cdot t}{100} \cdot \dfrac{n}{60}\;$ lassen sich die Formeln ableiten

$$P = k \cdot b \cdot t = k \cdot \psi \cdot t^2 \quad \text{und daraus} \quad t = 10 \sqrt[3]{\frac{450}{\psi \cdot i \cdot k} \cdot \frac{N}{n} \cdot \eta_s}\,.$$

Bei schnellaufenden oder stark belasteten Schneckengetrieben wählt Bach k nach der Gleichung $k = A \cdot (t_0 - t_1) + B$ wobei sind

$$A = \frac{1}{15 \cdot v} + 0,42 \quad \text{und} \quad B = \frac{109}{2,75 + v} - 25.$$ Für größere Geschwindigkeiten ist A fast unveränderlich.

1896 beginnt sich Carl Bach mit seinem ersten Kritiker, dem Professor für Maschinenbau an der Technischen Hochschule Dresden Richard Stribeck (1861 bis 1950) auseinanderzusetzen. Stribeck geht 1894 bei der Bestimmung der Zahnbreite von der Reibungsarbeit auf einen cm² aus. Er hält sie für die Ursache der Abnützung und Erwärmung der Zähne und geht bei ihrer Berechnung ähnlich wie bei den Zapfen vor. So errechnet Stribeck die Zahnbreite mit der Formel:

Radzahn

(durchschnittlicher Druck auf
1 cm Zahnbreite × Drehzahl)

$$w = \frac{P}{\varphi \cdot b} \cdot n_1 \leq \frac{\mathrm{const}}{\mu}$$

Zapfen

(durchschnittlicher Druck auf
1 cm Zapfenlänge × Drehzahl)

$$w \leq \frac{P}{l} \cdot n \,,$$

wobei φ = Eingriffsdauer und n_1 = Ritzel-Drehzahl. STRIBECK's Beziehung für w gibt vor allem an, wie weit man unter zwingenden Umständen mit der Zahnbreite heruntergehen kann; mit dem Gleichheitszeichen liefert sie untere Grenzwerte. STRIBECK setzt 1894 für Ge-Zähne $k' = 40$ bei $b = 2{,}4\,t$ und auch noch $k' = 30$ bei $b = 3\,\mathrm{t}$.

Zu STRIBECK's Methode von 1894 meint nun CARL VON BACH 1896: nur eine Zahnbreite von $b/t \approx 2$ verbürgt Bruchsicherheit! Bei größeren Werten, wie sie bei Arbeitsrädern meist vorkommen, darf $P' = k' \cdot t^2$ sein. BACH bleibt auch bei der Ermittlung der Teilung nach Festigkeitsrücksichten. Für Ge-Zähne wäre dann mit

$$b = 2\,t, \; P = 21 \cdot 2t^2 = 42t^2,$$

entsprechend $k' = 42$. Er faßt die Ergebnisse dahingehend zusammen: „Im allgemeinen ist sie jedoch zur Berechnung der Zahnbreite nicht geeignet, weil sich die hiernach bemessenen Zähne unter sonst gleichen Verhältnissen gleich stark abnützen würden, einerlei ob ihre Stärke klein oder groß ist, während doch dicke Zähne eine stärkere Abnützung vertragen als dünne. Werden die zulässigen Abnützungen proportional den Zahndicken angenommen, so ist an Stelle w zu setzen $q \cdot t$, womit dann $\dfrac{P \cdot n_1}{\varphi \cdot b \cdot t} = q$" ($\varphi$ = Eingriffsdauer und n_1 = Drehzahl kleines Rad). So schließt BACH seine Betrachtungen mit dem Hinweis, daß die w- und q-Werte ebenso unsicher sind, wie die k-Werte; er überläßt es dem Leser, entsprechende Schlüsse zu ziehen. 1913 bleibt BACH zwar noch bei seinen k-Werten für Ge auf Ge, nicht bearbeiteter, nur geglätteter, Zähne mit sauberen, richtig geformten Flanken ohne Mängel in der Teilung. Jetzt fügt er aber den Fall hinzu: „Bei bearbeiteten Zähnen genauer Teilung und richtigen Zahnflanken, sowie bei entsprechender Instandhaltung der Anlage, kann k bedeutend höher gewählt werden …". BACH baut 1913 auf Mindestzähnezahlen von 48, Überdeckungsgraden von über 2, überdurchschnittlich gutem Gußeisen und Teillast (da Vollast nach BACH nur kurzzeitig wirkt). CARL VON BACH ändert daher 1913 seine Formel für k in

$$k = k_1 - {}^1\!/_2 \sqrt{n}$$

n	k	
	$k_1 = 20$	$k_1 = 30$
64	16	26
100	15	25
144	14	24
196	13	23
256	12	22
324	11	21
400	10	20

Bis $k_1 = 30$ ging BACH 1921 bei hochwertigem Gußeisen von $k_b = 450$ kg/cm²

BACH meint 1913: man kann mit k desto höher gehen, je größer die Eingriffdauer, Wärmeabführung und Sorgfalt der Ausführung sind. So stellt er an Holz/Eisen-Zahnradpaaren noch Werte bis $k = 16$ bei $n = 150$ fest.

„Die Notwendigkeit, möglichst gedrängt und leicht zu bauen, wie sie z.B. im Kraftwagenbau vorliegt, kann zur Wahl von sehr hohen Werten für k veranlassen (800 bis 1200 kg/cm²). Dabei wird starke Abnützung, geringe Lebensdauer und selbst Bruchgefahr in Kauf zu nehmen sein." Und später fährt er fort: „Bei elektrischen Straßenbahnen, bei denen starke Beschränkung hinsichtlich der Abmessungen geübt werden muß, trifft man für mittlere (normale) Belastung auf rund die doppelten Werte, und für die Anfahrperiode — nur kurze Zeit — ergeben sich noch mehrfach größere Werte ..."

So erkennt BACH selbst seit Beginn des 20. Jahrhunderts die Notwendigkeit einer Änderung seiner Berechnungsmethode. Er läßt die Verdienste der Stribeck'schen Formeln in ihrer Art gelten, bleibt aber im wesentlichen bei seinem Verfahren, das sich auf vereinfachende Annahmen in der Biegungsgleichung stützt und von einer Biegungsbeanspruchung für Gußeisen von $k_b = 300$ kg/cm² ($k = 18$ bis 21) ausgeht. Aber gerade die Spezialstähle des Automobil- und Motorenbaues mußten sich um 1900 auf die Berechnungsmethoden auswirken. Die Drehmomente der Motoren erzeugten damals schon Biegespannungen in den Radzähnen bis zu 8000 und 11000 kg/cm², das entsprach k-Werten von ≈ 490 bis 700. Man konnte die Bach'sche Formel weiterverwenden, indem man, ausgehend von Gußeisen, andere Werte von k einsetzte.

Diesen Weg beschritt die Industrie. Sie führte c-Werte ein, basierend auf Gußeisen (s. Tabelle 63). Friedrich Krupp, Grusonwerk Magdeburg Buckau, rechnet seit 1911 für Gußeisen mit

$$k = \frac{21}{\sqrt[3]{v}} \quad \text{für } v > 1 \text{ (m/s)}$$

und erhält die c-Werte durch Multiplizieren mit dem Werkstoff-Faktor (bei Ge = 1) lt. Tabelle 62.

Friedrich Stolzenberg & Co, Berlin-Reinikkendorf, rechnete 1913 nach einem Verfahren laut Bild 208. Später kamen die Formeln

I) $k = 31 - 5\sqrt{v}$ und II) $k = \dfrac{312,5}{v+11}$ für v bis 15 m/s.

Tabelle 62. *Umrechnungsfaktor für andere Werkstoffe als Ge*

Dadurch konnte b in der Formel und zu t und P proportional bleiben

Werkstoff	Faktor
Gußeisen	1
Gußstahl	3 — 3,3
Stahlguß	2
Deltametall	2,5
Phosphorbronze, Rotguß	1,3— 1,7
Rohhaut	0,8— 1
Nickelstahl	6
Chromnickelstahl (in Öl gehärtet)	8 —10

v	0,25	0,5	1	2	3	5	7	9	11	13	15
k	28	27,5	26	24	22,5	20	17,5	15	14	13	12

Schuchard & Schütte, Berlin, geben 1916 die Abhängigkeit k von v in ähnlicher Weise an.

So kam vor allem die Industrie noch Mitte der zwanziger Jahre zu praktisch brauchbaren Zahlenwerten, indem sie nach eigenen empirischen Formeln arbeitete.

1927 rechnet der Berliner Ob.-Ing. ERNST WALDEMAR TORON im „Automobiltechnischen Handbuch" für Chromnickelstahl mit $c = 200$ bis 400.

Tabelle 63. *k_b- und c-Werte für Stirn- und Kegelräder nach Krupp-Gruson 1911*

Werte für k_b

Zulässige Biegungsbeanspruchung k_b des Baustoffes in kg/cm² bei den verschiedenen Umfangsgeschwindigkeiten

Baustoff	Umfangsgeschwindigkeit v in m/s														
	0,25	0,5	0,75	1	2	3	4	5	6	7	8	9	10	11	12
Gußeisen	345	330	320	310	300	275	250	225	200	188	175	162	150	135	120
Stahlguß	862	825	800	775	750	688	625	563	500	470	438	405	375	338	300
SM-St (geschm.)	1035	990	960	930	900	825	750	675	600	564	525	486	450	405	360
Phosphorbronze	620	590	570	558	540	495	450	405	360	338	315	290	270	243	220
Rotguß	450	430	416	403	390	357	325	293	260	244	228	210	195	175	156
Deltametall	862	825	800	775	750	688	625	563	500	470	438	405	375	338	300
Rohhaut	345	330	320	310	400	275	250	225	200	188	175	162	150	135	120
Holz	217	198	192	186	180	165	150	135	120	113	105	97	90	81	72

Aus obiger Tafel ergeben sich durch Multiplizieren mit 0,06 die folgenden c-Werte.

Werte für c

Baustoff	Umfangsgeschwindigkeit v in m/s														
	0,25	0,5	0,75	1	2	3	4	5	6	7	8	9	10	11	12
Gußeisen	20,7	19,8	19,2	18,6	18,0	16,5	15,0	13,5	12,0	11,3	10,5	9,7	9,0	8,1	7,2
Stahlguß	51,7	49,5	48,0	46,5	45,0	41,3	37,5	33,8	30,0	28,2	26,3	24,3	22,5	20,3	18,0
SM-St (geschm.)	62,1	59,4	57,6	55,8	54,0	49,5	45,0	40,5	36,0	33,8	31,5	29,2	27,0	24,3	21,6
Phosphorbronze	37,2	35,4	34,2	33,5	32,4	29,7	27,0	24,3	21,6	20,3	18,9	17,4	16,2	14,6	13,2
Rotguß	27,0	25,8	25,0	24,2	23,4	21,4	19,5	17,6	15,6	14,6	13,7	12,6	11,7	10,5	9,4
Deltametall	51,7	49,5	48,0	46,5	45,0	41,3	37,5	33,8	30,0	28,2	26,3	24,3	22,5	20,3	18,0
Rohhaut	20,7	19,8	19,2	18,6	18,0	16,5	15,0	13,5	12,0	11,3	10,5	9,7	9,0	8,1	7,2
Holz	13,0	11,9	11,5	11,2	10,8	9,9	9,0	8,1	7,2	6,8	6,3	5,8	5,4	4,9	4,3

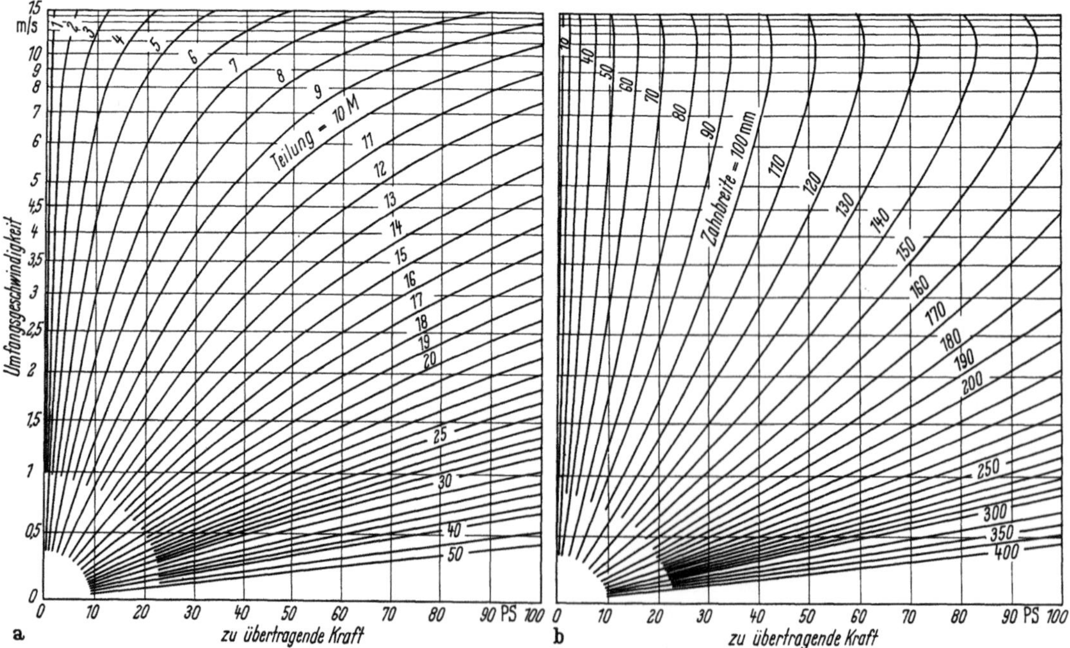

Bild 208. Diagramme zur Zahnradberechnung von Friedrich Stolzenberg & Co., Berlin-Reinickendorf 1913   (Näheres siehe gegenüberliegende Seite)

KARL LAUDIEN schreibt um 1925 für die Bach'sche Formel $k = 20 - \tfrac{1}{2}\sqrt{n}$

für $n = 400$ bis 1000 U/min einfacher $k = \dfrac{4500}{n}$.

Tabelle 64.   *Zulässige Beanspruchungen c* (kg/cm²) *von Zahnrädern nach E. W. Toron 1931*

v (m/s)	0,2	0,5	1	2	3	4	6	8	10	12	15
Chrom-Nickel-Stahl	240	228	212	196	182	166	144	124	104	92	80
Phosphor-Bronze	100	95	85	75	65	50	45	35	30	28	24

TORON setzt 1931 bei Zahnrädern von Automobilgetrieben für den 1. Gang $c = 420$, für den 2. Gang $c = 320$, für Differentialkegelräder $c = 600$, und für die übrigen Automobilzahnräder nicht über $c = 300$.

Bei all diesen Formeln suchte man Erwärmung, Abnutzung und Massenkräfte durch Verminderung des Festigkeitskoeffizienten zu berücksichtigen. Man änderte sie daher auch noch geringfügig ab.

Diese genannten Beziehungen, sowie die Formel von FRANZ REULEAUX 1882 sind auf Bild 209 eingetragen. Die errechenbaren Werte von REULEAUX, Schuchardt & Schütte und Stolzenberg & Co I und II stimmen fast völlig überein. Kurven von „Hütte$_{max}$" und „Hütte$_{min}$" sind die Mittelwerte von KARL KUTZBACH aus „Hütte" 24. Auflage 1923 bei bestem und schlechtestem Gußeisen. Die besten mittleren Werte liefert die dritte Formel von Stolzenberg & Co, weil ihre Gesetzmäßigkeit auch bei den ganz kleinen Umfangsgeschwindigkeiten nicht abweicht.

Den strittigen Punkt aller Festigkeitswerte zur Zahnradberechnung in der Industrie bildet um die Mitte der zwanziger Jahre immer wieder die Abhängigkeit von Werkstoff und Umfangsgeschwindigkeit. Um wenigstens innerhalb einer Firma auf einheitliche Ergebnisse zu kommen und die Zahnradberechnung zu erleichtern, gaben mehrere Firmen für ihre Konstrukteure Tabellen heraus. Nach diesen Tabellen führten sie die Räder seit vielen Jahren schon aus und noch weiter bis mindestens 1930. Um auf einen

---

zu Bild 208: Diagramme zur Zahnradberechnung von Friedrich Stolzenberg & Co., Berlin 1913.
Sie gelten für geschnittene und für Gußeisen-Räder und vermeiden die Annahme der Werkstoffspannung k und der Zahnbreite b in bestimmtem Verhältnis zur Teilung t. Üblich war 1913 zehnmal Modul (= $3t$). Basis der Diagramme ist die Formel für die Zahnbreite $b \geqq 0{,}71 \cdot m \cdot (v + 11)$. Diese Formel ist abgeleitet aus

denen von REULEAUX 1882 $k \leqq \dfrac{625}{v + 11}$ und BACH 1880 $P = c \cdot b \cdot t = c \cdot b \cdot 2a = k \cdot b \cdot a$ (wobei a = Zahnstärke).

Friedrich Stolzenberg & Co. änderte die Bach'sche Formel ab und erhält für den Modul

$$m = 3{,}27 \sqrt{\dfrac{N}{v \cdot w}} = \sqrt{\dfrac{P}{7 \cdot w}} \qquad \text{siehe a)}$$

wobei N = Leistung in PS, v = Umfangsgeschwindigkeit in m/sec, w = folgende Materialwerte

Materialwerte	w
Gußeisen	1
Rohhaut	0,5
Bronze	1,7
Stahlguß	2
SM-Stahl	3
Chrom-Nickel-St	5 bis 6

Die Formel wird dann praktischer geschrieben

$$m = 3{,}27 \sqrt{\dfrac{\dfrac{N}{w}}{v}} \quad \text{und} \quad \dfrac{N}{w} \text{ zuerst ausgerechnet.}$$

So las die Fa. Friedrich Stolzenberg 1913 die Abmessungen für Stirn- und Schraubenräder mit parallelen Achsen und Kegelräder ab. Für Schraubenräder ergeben sich die Teilungen als Stirnteilungen, während sie sich für Kegelräder für den mittleren Teilkreis verstehen.

gemeinsamen Nenner zu kommen, faßte 1925 der Braunschweiger Ingenieur JOACHIM DALCHAU die Festigkeitswerte von fünf Firmen tabellarisch zusammen und bildete aus ihnen Mittelwerte. Diese Mittelwerte des Festigkeitsfaktors $c = 0{,}06 \cdot k_b$ trug er in ein

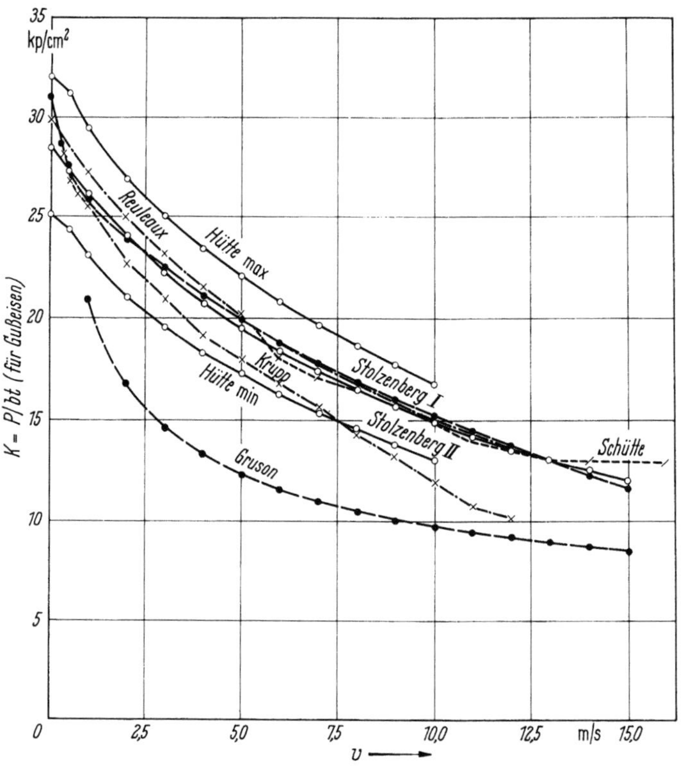

Bild 209.   Vergleich der Rechenverfahren für Zahnräder nach WERNER BONDI 1927

Koordinatensystem ein und fand daraus die Gesetzmäßigkeit $c = f\left(\sqrt{v}\right)$. Siehe Bild 210. Nach Aufstellen analytischer Geradengleichungen findet DALCHAU 1925 die Gleichung für c aus den Achsenabschnitten

$$\frac{\sqrt{v}}{a} + \frac{c}{c_0} = 1 \quad \text{oder} \quad c = c_0\left(1 - \frac{\sqrt{v}}{a}\right) = c_0\left(1 - {}^1/_6\sqrt{v}\right)$$

Nach dieser Ableitung schreibt DALCHAU 1925 die Bach'sche Formel $P = c \cdot b \cdot t$ mit seinem Geschwindigkeitsfaktor

$$P = b \cdot t \cdot 0{,}06 \cdot k_b \cdot \left(1 - {}^1/_6 \cdot \sqrt{v}\right)$$

Diese Formel lieferte befriedigende Werte. Die Bestrebungen liefen immer mehr auf eine erweiterte Bach-Formel hinaus, d. h. der Wert c wurde ein Produkt mehrerer Einflußfaktoren. Der „Dubbel" kennt in seiner 7. Auflage von 1939 den Grundbelastungswert c_0 für $Ge = 30\,\dfrac{10}{v+10}$, den Werkstoff-Faktor $\xi_1 = 0{,}3$ bis 12, den Betriebsfaktor $\xi_2 = 0{,}6$ bis 1 und einen Zuschlagsfaktor für verschiedene Einflüsse $\xi_3 = 0{,}8$ bis 1,5. Damit heißt das ganze Produkt für c der Bach'schen Formel 1939 $c = c_0 \cdot \xi_1 \cdot \xi_2 \cdot \xi_3$.

Noch lange nach dem Tode von CARL VON BACH wird seine Formel zur Zahnrad-Dimensionierung benutzt, mindestens aber für Überschlagsrechnungen empfohlen. So

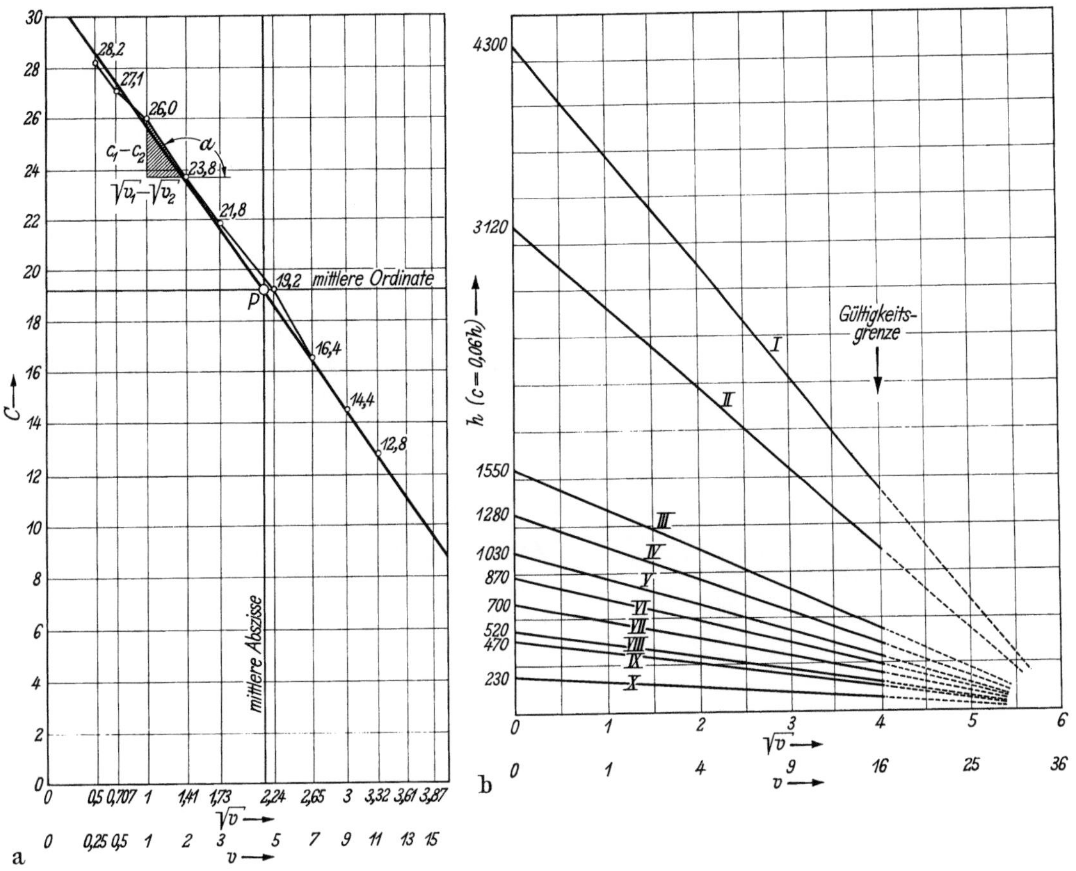

Bild 210.   Festigkeitsfaktor c in Abhängigkeit von der Geschwindigkeit nach Joachim Dalchau 1925

a) Gußeisen, b) c-Werte nach der Formel $c = c_0\,(1 - {}^1/_6\,\sqrt{v})$ für die Werkstoffe:
I Chromnickel-St, II Nickel-St, III SM-St, IV St-Bronze, V Stg, VI Phosphorbronze, VII Rotguß, VIII Ge, IX Rohhaut, X Buchenholz

Tabelle 65.   *Zulässige Werte für c nach Ludwig Quantz 1948*

Werkstoff	$v \leqq 0,25$	1	5	10	20
Ge 14.91 und Preßstoff	28	27	20	15	10
Stg 38.81 und Alu-Bronze	56	54	40	30	20
Schmiede-St und St 50.11	84	81	60	45	30
Nickel- und Mn Si-St	140	135	100	75	50
Cr Ni-St und Cr Mo-St	280	270	200	150	100
Holz	14	13	10	8	—

rechnet der Baurat a.D. Ludwig Quantz in seinen „Maschinenteilen" in der Formel $P = c \cdot b \cdot t$ (b und t in cm) noch 1948 mit $c = 0,06 \cdot \sigma_b$ von Werkstoff und Geschwindigkeit abhängig nach Tabelle 65.

Die Entwicklung war nicht aufzuhalten. In dieser Form konnte ihr aber nicht Rechnung getragen werden. Als Hauptargumente, die zur Änderung der Zahnradberechnung führen mußten, lassen sich anführen:

1. die Zahnräder selbst, im Dienst mit schnellaufenden Maschinen (Elektromotoren und Turbinen) und in Fahrzeugen (Straßenbahnen und Kraftwagen)

2. die verbesserte Festigkeit der Werkstoffe
3. die Möglichkeit genauerer Herstellung und Bearbeitung der Zahnräder
4. die zunehmende Wärme- und Geräuschbildung im Betriebe.

3.22 Die Kritiker von Carl von Bach bis 1926

Auf neue Zahnrad-Berechnungsarten sann man vor allen Dingen seit der Einführung des elektrischen Antriebes im Maschinenbau. Die Getriebe zwischen Elektromotor und Arbeitsmaschine versagten oft. Denn die Schnelläufigkeit des Elektromotors war etwas ganz Neues, und keiner konnte ahnen, daß die Zahnräder seinen Anforderungen nicht genügten. An der Arbeitsmaschine aber mußten die wirtschaftlichen Drehzahlen beibehalten, Betriebssicherheit, Lebensdauer und ruhiger Gang weiter sichergestellt werden.

Bild 211.   Dr.-Ing. E. h. OSKAR LASCHE
1868 bis 1923

Durch die Elektromotoren kamen die Zahnräder in den Bereich hoher Drehzahlen. Bisher liefen grobe und unvollkommene Zahnräder bei 2 bis 3 m/s noch völlig zufriedenstellend. Aber schon gegen Ende des 19. Jahrhunderts gefährdeten früher zulässige Fehler jetzt den ganzen Betrieb. Da alle diese Erscheinungen von der Elektroindustrie herkamen, mußte sie sich jetzt auch um die Behebung der Schwierigkeiten in den Zahnradantrieben bemühen. Die beachtlichste Studie hierzu lieferte der Oberingenieur in der AEG Berlin, OSKAR LASCHE (1868 bis 1923). Er kam teilweise zu weittragenden Ergebnissen. In der Festigkeitsberechnung der Zähne wollte LASCHE vor allem von der Routine abgehen, „... die verschiedenen Abmessungen der Zähne ... als Funktionen der Teilung bzw. eines ‚Moduls‘ m ...‘‘ auszudrücken, „... der aus der Teilung $t = m \cdot \pi$ definirt wird. ...‘‘ nach Bild 212. LASCHE unterscheidet klar zwischen:

Fall 1: roh gegossenen Zähnen

Fall 2: genau bearbeiteten und montierten Zahnrädern.

Im Falle 1 rechnet LASCHE mit dem ungünstigsten Tragen des Zahnes an einer Ecke, wie es auf THOMAS TREDGOLD 1822 zurückgeht. Wie CARL VON BACH geht hier auch LASCHE von $b = 2t$ aus. Denn wegen der angenommenen einseitigen Belastung wird die Festigkeit des Zahnes durch Verbreiterung nicht mehr größer. Laut Bild 212a ergibt sich aus der bekannten Biegungsgleichung

$$P \cdot l = \frac{b' \cdot a^2}{6} \cdot k_b$$

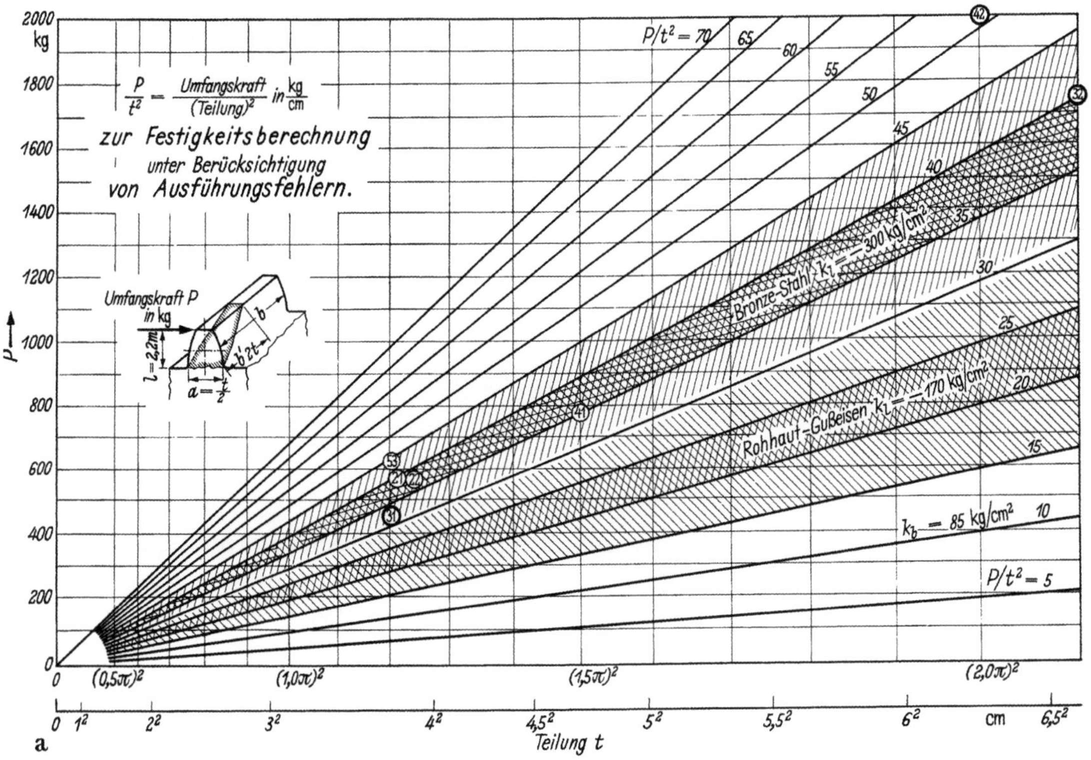

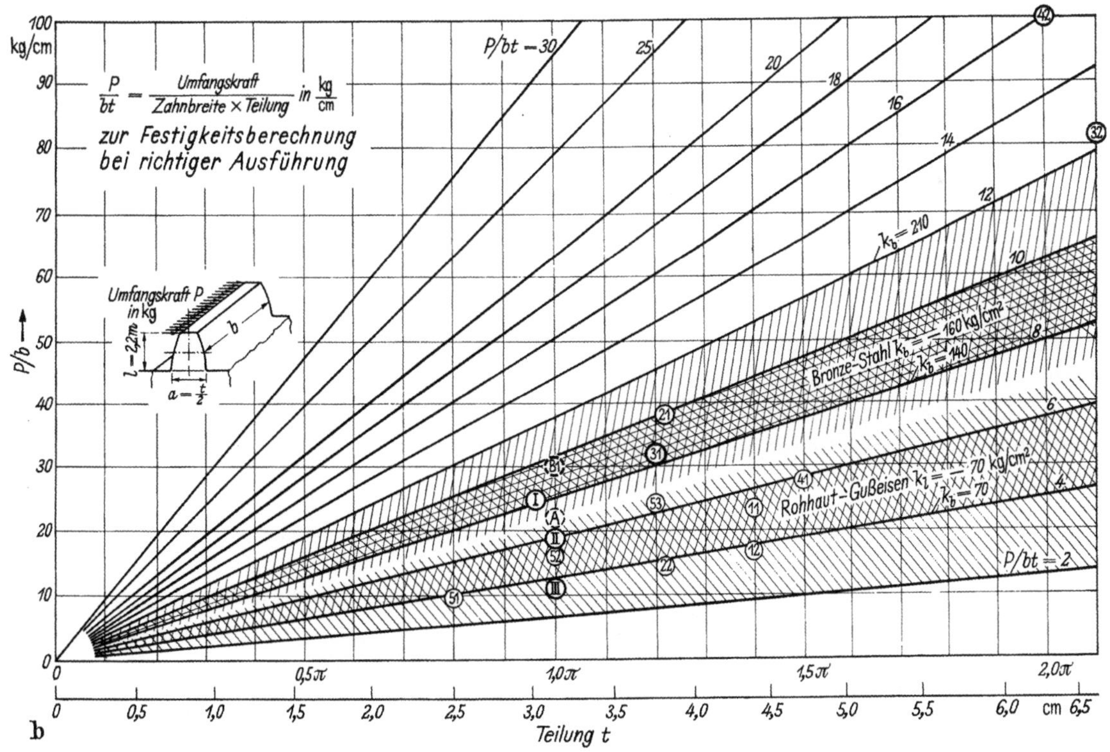

$$\frac{P}{t^2} = \frac{Umfangskraft}{(Teilung)^2} \ in \ \frac{kg}{cm}$$

zur Festigkeitsberechnung unter Berücksichtigung von Ausführungsfehlern.

$$\frac{P}{bt} = \frac{Umfangskraft}{Zahnbreite \times Teilung} \ in \ \frac{kg}{cm}$$

zur Festigkeitsberechnung bei richtiger Ausführung

Bild 212. Festigkeitsberechnung nach OSKAR LASCHE 1899 für Fall 1 und 2; Wahl der Abmessungen aus den schraffierten Sektoren

a) Berücksichtigung von Ausführungsfehlern, b) genaue Ausführung.

Die numerierten Marken stellen Werte von Versuchsrädern dar.

$$P \cdot 2{,}2 \cdot \frac{t}{\pi} = \frac{2 \cdot t}{6} \cdot \left(\frac{t}{2}\right)^2 \cdot k_b$$

$$\frac{P}{t^2} = \frac{k_b}{8{,}5} \quad \text{oder} \quad k_b = 8{,}5 \cdot \frac{P}{t^2} \ (\text{kg/cm}^2).$$

Diese Gleichung setzt ungünstigerweise eine Zahnfußstärke von $t/2$ voraus, obwohl sie oft größer ist.

Im Fall 2 ist die Umfangskraft P über die ganze Zahnbreite b gleichmäßig verteilt. Laut Bild 212b wird aus obigen Ausgangsgleichungen für den Zahn des schwächeren Materials gerechnet

$$\frac{P}{b \cdot t} = \frac{k_b}{16{,}8} \quad \text{und daraus} \quad k_b \approx 17 \cdot \frac{P}{b \cdot t} \ (\text{kg/cm}^2)$$

LASCHE gibt 1899 Erfahrungsbeispiele ausgeführter Räder, und möchte keine „... allgemein gültigen Regeln über ‚zulässige' Spannungen geben ... Für jede Anlage sind die Beanspruchungen je nach Betriebsverhältnissen und Gesamtanordnung zu wählen ...“ Schließlich überläßt LASCHE in letzter Instanz doch der Erfahrung, Beobachtung und deren Auswertung die Entscheidung. Der Fortschritt seiner Festigkeitsberechnung ist: seine AEG-Zahnform nach Bild 213b liefert für Triebräder erheblich kräftigere Zähne als bisher üblich.

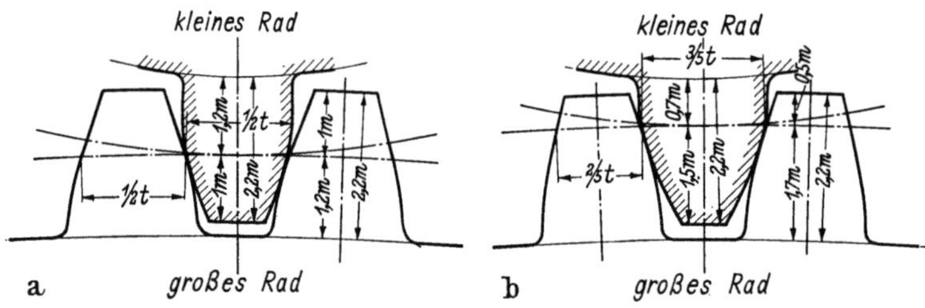

Bild 213.   Zahndimensionierung nach OSKAR LASCHE 1899
a) Übliche Methode, aus Funktion der Teilung, b) kräftigere AEG-Zahnform

Die Zahnbreite bestimmt LASCHE mit Rücksicht auf die Lebensdauer des Rades. Aus einem Diagramm entnimmt er die Erfahrungszahl P/b je nach Material und Schmierung. Die Wahl der günstigsten und noch zulässigen Zahnbreite im Verhältnis zu Umfangskraft und -geschwindigkeit aber überläßt er dem Gefühl des Konstrukteurs. Bei sorgfältig gefrästen Rädern setzt LASCHE 1899 auch die Anzahl der arbeitenden Zähne mit $\dfrac{P}{e \cdot b}$ in die Rechnung. 1921 hält er weder $p = \dfrac{P}{b}$ noch k für die Zahnrad-Dimensionierung ausreichend. LASCHE richtet sich bei der Beurteilung nach der englischen Praxis bei Schiffsgetrieben, wie sie WALKER im März gleichen Jahres vor der Institution of Naval Architects vorgetragen hatte. Bei gewöhnlicher Verzahnung und $d < 25$ cm Ritzel-Durchmesser soll der Wert $\dfrac{p}{d} \le 4{,}2$ bis $5{,}3$ sein; bei $d > 25$ cm sind die zulässigen Werte $\dfrac{p}{\sqrt{d}} \le 20{,}1$ bis $24{,}6$ (wobei p in kg/cm). LASCHE betrachtet 1921 das Verhältnis der Zahnbreite zum Ritzel-Durchmesser als weiteren wesentlichen Gesichtspunkt. Zwecks Vermeidung zu großer Durchbiegung empfiehlt er $1{,}5 : 1$, wobei

2,7 : 1 das zulässige Maximum wäre. Der Westinghouse-Getriebe-Ingenieur John H. MacAlpine errechnet übrigens um 1919 den Ritzel-Durchmesser mit der Formel $d = \dfrac{1000 \cdot N}{\text{const} \cdot n}$ (in.), wobei $N =$ zu übertragende Leistung (PS), $n =$ Ritzel-Drehzahl (U/min.), die Konstante bei Landanlagen und Handelsschiffen 3 bis 3,5 und bei Kriegsschiffen 4 bis 5.

Wie Oskar Lasche bei seinem Fall 2 geht 1923 auch der Professor für Maschinenelemente an der Technischen Hochschule Dresden Dr. Karl Kutzbach (1875 bis 1942) vor. Er denkt sich „... die ganze Last infolge mangelnder Überdeckung oder ungenauer Zahnteilung auf *eine* Kante...'' konzentriert. Laut Bild 214 und der Biegungsgleichung für den Einzelzahn $P \cdot h = W_b \cdot k_b$, wobei ist $W_b = \dfrac{b \cdot s_1^2}{6}$, setzt Kutzbach für „Nor-

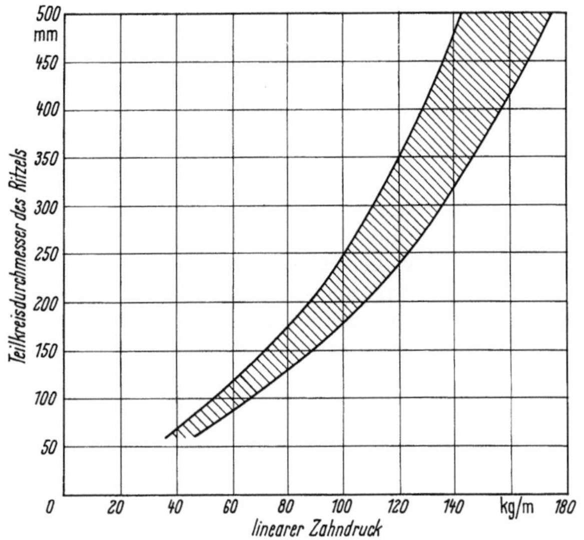

Bild 214. Mittlerer Zahndruck in Abhängigkeit vom Durchmesser des Ritzels, bezogen auf einen Zentimeter Zahnbreite, nach Oskar Lasche 1921

malzähne'' mit $z > 20$ dann $\dfrac{s_1}{h} \approx 0,8$. Der „mittlere Zahndruck'' p_z verteilt sich dann auf die gesamte „Zahnfläche'' zu $p_z = \dfrac{P}{b \cdot h} \approx \dfrac{k_b}{10}$. Setzt er für die Normalzähne $h \approx 0,66 \cdot t$ und $s_1 \approx 0,53 \cdot t$, so bekommt er den bekannten Vergleichswert mit $c = \dfrac{P}{b \cdot t} \approx \dfrac{k_b}{14}$. Kutzbach bemerkt hier: „Die Berechnung setzt voraus, daß die Abrundung am Zahnfuß genügend groß ist, um die Biegungserhöhung durch *Kerb*wirkung niedrig zu halten.

Die Massenkräfte sucht Kutzbach durch den Beiwert ξ zu berücksichtigen. Für „... normal bearbeitete Arbeitsräder ...'', die mit Geschwindigkeiten von $v = 0,5$ bis 10 m/s laufen, schreibt er die Gleichungen $p_z = \xi \cdot \dfrac{k_b}{10}$ bzw.

$\dfrac{P}{b \cdot t} = \xi \cdot c$. Hierbei bedeutet $\xi = 1,1 - \sqrt{\dfrac{v}{30}}$ mit den Werten zwischen 0,97 und 0,52 bei $v = 0,5$ bis 10 m/s.

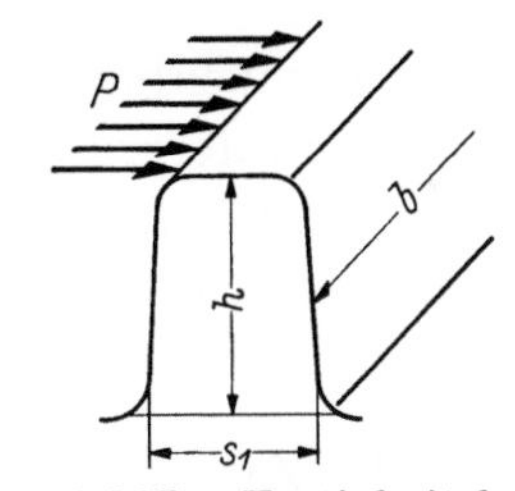

Bild 215. Festigkeitsberechnung nach Karl Kutzbach 1923

Als Zahnbreite sind laut Kutzbach 1923 üblich $b \approx 2t \approx 3h$ (wobei $h =$ Zahnhöhe); dabei legt er eine Wellenbeanspruchung von $k_t = \dfrac{k_b}{3}$ zugrunde.

Einige Jahre nach Kutzbach arbeiteten unabhängig voneinander zwei Forscher an Kritiken der Bach'schen Zahnradberechnung. Darüber hinaus wollten sie aufräumen mit den verwirrenden Begriffen in der deutschen Zahnradberechnung.

Waren es nämlich früher die vielen Maßeinheiten gewesen, die erschwerend wirkten, so waren es jetzt die Begriffe und die allgemeine Ratlosigkeit, welche Beanspruchungen eigentlich den Vorzug verdienen.

Tabelle 66.   *k_b- und c-Werte von Karl Kutzbach 1923. (Aus „Hütte" 24. Aufl. Band 1)*

Werkstoff	k_b (kg/cm²)	c
Gußeisen	350— 450	25 — 32
Stahlguß	500— 960	35 — 65
Flußstahl	800—1400	55 —100
Nickel-St und ungehärteter		
Werkzeug-Stahl	1000—1400	70 —100
ders., gehärtet u. geschliffen		
(bes. Chromnickel-St, einsatzgehärtet)	1400—2800	100 —200
Rotguß	500— 600	35 — 43
Phosphor-Bronze	700— 800	50 — 55
Deltametall	bis 1000	bis 70
ders., geschmiedet	bis 1100	bis 80
Holz (trockene Weißbuche)	80— 230	5,5— 16
Rohhaut	200— 300	14 — 21

Der erste von ihnen ist der Budapester Ingenieur Dr. EMIL VIDÉKY. Bereits 1908 hatte er noch als Adjunkt der Technischen Hochschule Budapest sehr treffende „Beiträge zur Berechnung der Zahnräder" veröffentlicht. Hierin hatte er den Zahn als eingemauerten Dreieckskonsol angesehen und hierzu die Durchbiegungen bestimmt. Die Hauptbedeutung gab VIDÉKY damals der Pressung, behandelt im Kapitel 3.42. 1926 geht er von der Bach'schen Berechnungsweise aus, an der er beanstandet:

1. BACHs $P = k \cdot b \cdot t$ bezieht sich nur auf den Fall $b = 2t$; d. h die Zahnbreite b ist empirisch auf $2t$ festgesetzt. Der Faktor k hat keine physikalische Bedeutung, da er sich auf die konstante Annahme $b = 2t$ gründet, und mit $\alpha = 0,7$ und $\beta = 0,5$ aus den Biegefestigkeitswerten berechnet ist

2. t hat nichts mit wirklicher Flächenpressung zu tun. Die Formel $P = k \cdot b \cdot t$ schaltet den charakteristischen Wert $p = P/b$ aus, den einzig maßgebenden Wert für die Flächenpressung, der völlig unabhängig von t ist. Jede unnötige Vergrößerung von t hat üble Folgen auf Gleiten, Reibung und dadurch auf die Abnutzung. Die Idee des Kraftangriffs P an der Zahnecke führte zur Wahl solch unnütz großer Teilungen $(P = k \cdot t^2)$

3. die Zahndicke ist nicht das charakteristische Maß für die Abnutzung, ein dicker Zahn hält nicht mehr Abnutzung aus

4. die Umdrehungszahl n in der Berechnung zu berücksichtigen, ist überflüssig. BACH's empirische Formel $k = 20 - \sqrt{n}$ wurde schon bei $n = 300$ U/min unbrauchbar und lieferte viel zu dicke Zähne

5. zur Ermittlung von Zahnbreite b und Teilung t ist eine Funktion $f(P, b, n, z)$ nicht möglich. Auch die Berücksichtigung der gleichzeitig im Eingriff stehenden Zähne ist unberechtigt.

VIDÉKY behandelt 1926 die Berechnung der Kraft- und Arbeitsräder, wie damals in Deutschland üblich, getrennt. Die Annahme, größte Kraft konzentriert sich auf eine Zahnecke, gilt nur für Räder, „... bei denen weder Ausführung noch Montage präzis, also nicht für Dauerbetrieb bestimmt sind...". VIDÉKY legt das Hauptgewicht seiner Theorie auf die Berechnung der Arbeitsräder. Hier nimmt er ein gleichmäßiges Anliegen der Zähne über ihre ganze Breite an. Danach heißt seine Festigkeitsgleichung:

$$P \cdot h = \frac{b \cdot v^2}{6} \cdot k_b,$$ wobei $h =$ Zahnhöhe und $v =$ Zahndicke. Mit $h = 0{,}7\,t = 1{,}4 \cdot v$

wird die Zahndicke $$\boxed{v = \frac{6 \cdot 1{,}4}{k_b} \cdot \frac{P}{b} = \frac{8{,}4}{k_b} \cdot \frac{P}{b}}.$$ Hierbei ist $p = \dfrac{P}{b}$ der zulässige

Druck pro cm, woraus sich $b_{\min}$ ergibt.

Aus gesammelten Daten des Straßenbahnbetriebs gibt VIDÉKY 1926 Tabelle 68.

Tabelle 67.　*Werte für P/b im Straßenbahnbetrieb von Emil Vidéky 1926*

Werkstoff	$\sigma_{\max}$ berechnet (kg/cm²)	$p = \dfrac{P}{b}$ für		p	$t = 2v$	t
		Evolvente	Zykloide			
Gußstahl ($k_b = 600$)	3000−5000	50−100 (bis 100)	120−150	60	$2 \cdot \dfrac{1{,}4 \cdot 6}{600} \cdot 60$	$\approx 6\pi$
Gußeisen ($k_b = 300$)	3000−4000	40− 50 (bis 80)	100−120	40	$2 \cdot \dfrac{1{,}4 \cdot 6}{400} \cdot 40$	$\approx 7\pi$

VIDÉKY wählt nach obiger Tabelle die Teilung t allein nach dem zulässigen k_b des Materials.

Mit dieser Methode erhielt VIDÉKY 1926 praktisch brauchbare Abmessungen.

„Alle (bekannten) Berechnungsweisen", so schließt er, „trachten die Berechnung der Zahnlänge von dem Gesichtspunkte eines zulässigen Maßes der Abnutzung abzuleiten, wogegen entschieden feststeht, daß, wenn einmal der Verschleiß eingesetzt hat, er sich immer beschleunigter fortsetzt; daher muß man den Beginn des Verschleißens möglichst verzögern, und zu diesem Behufe ist der Wert $p = P/b$ allein maßgebend, wenn sonst Umfangsgeschwindigkeit und Zähnezahl bereits gewählt wurden, da man so die Verhältnisse allein nur mehr durch Verminderung von $p = P/b$ zu verbessern imstande ist."

Der zweite Forscher, der verwirrende Begriffe und empirische Formeln in der Zahnradtheorie zu beseitigen suchte, war der Assistent am Lehrstuhl für Maschinenbau der Technischen Hochschule Darmstadt WERNER BONDI (geb. 7. Mai 1898 in Dresden).

Auf Anregung seines Professors Dr. ENNO WILHELM TIELKO HEIDEBROEK (1876 bis 1955) führter er 1925/26 in Darmstadt eine Forschungsarbeit mit diesem Ziele aus. Nach BONDI werden die Zahnräder bei normalen Beanspruchungen unbrauchbar, wenn unzulässig große Abnutzung an den Flankenoberflächen auftritt. „Für die Beanspruchung auf Festigkeit spielen allein die Kräfte eine Rolle, für die Abnutzung dagegen außer den Kräften auch die Anzahl der Stellen, auf welche diese Kräfte in bestimmter Zeit wirken ..." Nach BONDI kann man unmöglich den Abnutzungsverhältnissen dadurch Rechnung tragen, „daß man den Festigkeitskoeffizienten z.B. vorsichtiger wählt." Er läßt vor allem die Unterscheidung zwischen Kraft- und Arbeitsrädern (kleine bzw. große Umfangsgeschwindigkeit) fallen, die man bisher verschieden berechnete. Dem

Belastungskoeffizienten gibt er die Größe $k = \dfrac{11}{v + 11} \cdot k_0$, wobei $k_0 = \dfrac{k_b}{14}$ und k_b die

tatsächliche Materialspannung im Belastungsfall 2 sind. Dieses k darf sich nicht auf die Drehzahl n, sondern muß sich auf die Umfangsgeschwindigkeit v beziehen. „Als Grund für die niedrigere Wahl des Festigkeitskoeffizienten bei steigendem v wird in den meisten Büchern die Berücksichtigung der Erwärmung und Abnutzung angegeben ...", schließt BONDI 1927. In Wirklichkeit aber hängen beide Größen von der verzehrten Reibungsarbeit an den Zahnflanken ab. Sie behandeln die Kapitel 3.4 und 3.5.

Ob.-Ing. HERMANN HOFER (1891 bis 1963) kleidet 1926 für seine Praxis in der ZF die alte Reuleaux-Bach'sche Formel in ein neues, modernes Gewand, gibt aus seiner Erfahrung Beanspruchungswerte neuer Werkstoffe und empfiehlt bestimmte Sicherheiten für den Allgemeinen Maschinen- und Automobilbau. Die genaue Bearbeitung von Radzähnen durch Fräsen, Stoßen, Hobeln und vor allem Schleifen, sowie die gehärteten Zahnräder aus Chromnickelstahl, beeinflußten seit der Wende ins 20. Jahrhundert die Zahnradberechnung. Diese Entwicklung kam im wesentlichen aus den USA nach Deutschland, wo sie 1915 beim Luftschiffbau in Friedrichshafen begann. Den Anstoß hierzu hatten die Forderungen nach Raum- und Gewichtsersparnis gegeben. HOFER kombiniert 1926 Theorie und Erfahrung in den neuen Fertigungsmethoden zu der Formel für die Bruchsicherheit S_b bei 15° Normalverzahnung

$$S_b = \frac{m^2 \cdot z \cdot b \cdot n \cdot k_b}{8 \cdot 10^6 \cdot N} \quad \text{wobei } b = \text{Zahnbreite (mm)}, \; m = \text{Modul}, \; n = \text{Drehzahl (U/min)}$$

des kleineren Rades, N = Leistung in PS, k_b = Bruchbeanspruchung des Materials in kg/mm², z = Zähnezahl des kleineren Rades.

Für die verschiedenen Verzahnungsarten macht HOFER 1926 wegen der stärkeren Zahnfüße und der längeren Eingriffsdauer Zuschläge bis zu 100%. Als Bruchsicherheitswerte S_b gibt er an für

Leicht-Fahrzeuge und allgemeiner Maschinenbau	6 bis 10
Automobilbau	1,5 bis 6

Mit dieser S_b-Formel der ZF rechnete man noch 1940, wobei für Flugmotorengetriebe

$$\frac{M_{d_{\max}}}{716} = \frac{N}{n} \quad \text{eingesetzt wurde} \quad S_{b_{\text{Flugmot}}} = \frac{m^2 \cdot z \cdot b \cdot k_b \cdot 716}{8 \cdot 10^4 \cdot M_{d_{\max}}}.$$

Um diese Zeit betrug die Flankenabnutzung bei 100 Stunden Vollastlauf auf Prüfständen in der ZF drei bis fünf Mikrometer.

Um die Bach'sche Formel von der Zähnezahl, anstatt von der Teilung, abhängig zu machen, versieht sie 1920 der Professor an der Chemnitzer Akademie der Technik

Dr.-Ing. GEORG UNOLD mit dem Wert γ. Er schrieb $\gamma = 6\dfrac{\alpha}{\beta^2}$ und erhielt für die

Zähnezahlen zwischen 12 und 300 Werte von 22 fallend bis 9,2.

Tabelle 68.   *γ-Werte nach Dr. Georg Unold 1920*

z	γ	z	γ	z	γ	z	γ	z	γ
12	22	18	17,2	28	14,3	50	11,6	100	10,2
13	20,7	20	16,4	30	14	60	11,2	120	9,8
14	19,6	22	15,6	35	13,2	70	11	140	9,6
15	19	24	15,2	40	12,6	80	10,8	170	9,5
16	18,3	26	14,6	45	12	90	10,5	200	9,4
								300	9,2
								∞	9

Diese γ-Werte trug UNOLD auch in einer Kurventafel auf, die gleichzeitig γ-Werte für korrigierte Zähne bis $k = 1,6 \cdot m$ bzw. $= 0,4\,m$ enthielt. Für Neuberechnung entwickelt UNOLD 1920 aus $\quad P = \dfrac{M_d}{r}, r = \dfrac{z \cdot t}{2\pi}$ und $\quad b = \psi \cdot t \quad$ die Spannungsformel zu

$$k_b = \frac{M_d}{\dfrac{z \cdot t}{2\pi} \cdot \psi \cdot t \cdot t} \cdot \gamma, \quad \text{woraus wird}$$

$$t = \sqrt[3]{\frac{M_d \cdot \gamma \cdot 2\pi}{z \cdot \psi \cdot k_b}} = 1,84 \sqrt[3]{\frac{M_d \cdot \gamma}{z \cdot \psi \cdot k_b}}. \quad \text{Mit} \quad M_d = 71\,620 \cdot \frac{N}{n} \quad \text{ist}$$

$$t = \sqrt[3]{\frac{N \cdot \gamma}{n \cdot z \cdot \psi \cdot k_b} \cdot 71\,620 \cdot 2\pi} = 76,6 \sqrt[3]{\frac{N \cdot \gamma}{n \cdot z \cdot \psi \cdot k_b}}.$$

Nach UNOLD darf „das Verhältnis $\psi = b/t$ um so größer sein, je besser die gleichmäßige Verteilung des Zahndruckes über die Zahnbreite gewährleistet ist ...“

Tabelle 69.   *Werte für ψ nach Unold 1920*

	ψ
Unbearbeitete Flanken	2 bis 2,5
bearbeitete Flanken bei guter Lagerung der Wellen	2,5 bis 3,5
bearbeitete Flanken, sehr gute Lagerung der Wellen	3,5 bis 5 und mehr

Tabelle 70. *Werte für die zulässige Beanspruchung k_b nach Unold 1920*

	k_b (kg/cm²)
guter Grauguß	250 bis 350
Gußstahl, Phosphorbronze, Deltametall	500 bis 700
SM-Schmiedestahl	800 bis 1200
Sonderstähle	bis 2000
Rotguß	300 bis 500
Rohhaut	100 bis 150
Silcurit (Stolzenberg) oder Unica-Papierstoff (Schweden)	250 bis 300

Bei Rädern mit großem Überdeckungsgrad setzt UNOLD für P nur einen Teil der Umfangskraft, etwa $^2/_3$ bis $^1/_2$ davon, ein.

Über Räder mit größerer Umfangsgeschwindigkeit sagt Unold 1920: „Hierbei ist alles zu tun, um guten Eingriff und große Eingriffdauer zu erzielen. Die Flanken sind zu bearbeiten, bei Evolventenrädern ist von der Korrektion reichlich Gebrauch zu machen und die Zähnezahl des Triebes ist reichlich zu nehmen, bei hohen Drehzahlen wie z. B. elektromotorischem Antrieb nicht unter 20 bis 25; die Lagerung der Wellen ist möglichst sorgfältig vorzunehmen — bei elektrischem Antrieb Getriebekasten — wobei dann das Breiteverhältnis ψ reichlich — bis 5 — genommen werden kann und eine kleine Teilung erzielt wird. k_b ist mit Rücksicht auf die Stöße um so kleiner zu nehmen, je größer die Umfangsgeschwindigkeit v ist." Unold multipliziert für

v bis	1	2	4	6	8	10	15	(m/s)
k_b mal	1	0,9	0,75	0,67	0,6	0,53	0,43	

mit den Werten für langsam laufende Räder.

Da ein breiter Zahn selten auf der ganzen Breite abbricht, sondern nur an einer Seite, schlägt schon um die Jahrhundertwende der Professor für Maschinenbau an der Technischen Hochschule Karlsruhe Dr. phil. Dr.-Ing. E. h. Karl Keller (1839 bis 1928) in seinen „Triebwerken" vor, auch bei breiteren Zähnen nur $\psi = 2$ zu setzen.

Die Zahnradfabrik Friedrich Stolzenberg & Co GmbH, Berlin-Reinickendorf, nimmt um 1920 die Zahnbreite gleich zehnmal Modul, also reichlich dreimal Teilung. Sie rechnet nach der Formel $P = a \cdot b \cdot k$, wobei a = Zahnstärke im Teilkreis (cm), b = Zahnbreite (cm) und k = Festigkeitsfaktor nach Tabelle 71.

Tabelle 71. *k-Werte für Gußeisen von Stolzenberg 1920*

v	0,25	0,5	1	2	3	5	7	9	11	13	15	(m/s)
$k_{(Ge)}$	56	55	52	48	45	40	35	31	28	26	24	(kg)

Diese k-Werte für Gußeisen multipliziert man bei Stolzenberg im Falle anderer Werkstoffe mit folgenden Werten:

Bessemer-Stahl	3	Deltametall, gegossen	2,5
Werkzeug-Guß-Stahl	3,3	Deltametall, geschmiedet	2,7
Stahlguß	2	Rohhaut	0,8 bis 1
Rotguß & Phosphorbronze	1,3 bis 1,7	Silcurit (Pflanzenfaser)	1
Nickel-St, ungehärtet	2 bis 5	Buchenholz	0,4 bis 0,6
Nickel-St, gehärtet	5 bis 8		

Den letzten Beitrag zur Verbesserung der Bach'schen Formel lieferte seit 1922 in seinen Vorlesungen über Maschinen-Elemente an der Eidgen. Technischen Hochschule Zürich Professor Maurits ten Bosch (1883 bis 1950). Den Zahndruck nimmt er senkrecht zum Zahnprofil gerichtet an, lt. Bild 216. Er findet: die Beanspruchung wird in den bisherigen Berechnungen viel zu ungünstig angenommen, weil die Eingriffdauer immer größer eins ist. Ferner hält ten Bosch die maximale Umfangskraft P meist für größer als die errechnete Kraft P_u aus der Motorleistung, und schreibt daher $P = \xi \cdot P_u$, worin $\xi > 1$. Z.B. erreicht das Anlaßmoment des Motors bei Ingangsetzung großer Massen, wie Drahtseilbahnen, elektrischen Lokomotiven, Walzwerken und Kranen, das Dreifache des normalen Motordrehmomentes, d. h.

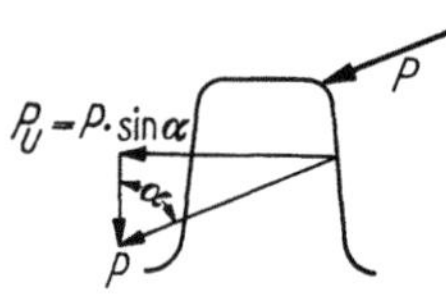

Bild 216. Kräfte im Radzahn nach Maurits ten Bosch 1922

$\xi = 3$. Während des Betriebes können zusätzliche Kräfte auftreten: beschleunigende durch ungenaue Zahnform oder stoßartige durch ungleichmäßige Belastung der Arbeitsmaschine (z.B. Blechschere). ten Bosch beurteilt diese Kräfte von Fall zu Fall und wählt danach ξ, hierin liegt für ihn die Sicherheit der Berechnung.

Ferner versieht TEN BOSCH 1922 die Bach'sche Formel noch mit dem Quotienten γ nach UNOLD. Er erhält damit $P = \dfrac{1}{\xi} \cdot \dfrac{\sigma_b}{\gamma} \cdot b \cdot t$.

1929 macht er die Räder breiter, nämlich $\psi = b/t$ für

unbearbeitete	2 bis 2,5
bearbeitete	3 bis 12 (bis 40)

Für ihn ist „...die richtige Wahl von ψ nicht immer leicht zu treffen, da diese von der Genauigkeit der Herstellung und von der Güte der gegenseitigen Lagerung der Räder abhängig ist. Je größer b gewählt wird, um so sorgfältiger muß die Ausführung sein. Für in geschlossenen Gehäusen laufende Räder muß ψ groß gewählt werden, da sonst die Zahnräder und damit die Gehäuseabmessungen und damit die Kosten unverhältnismäßig groß werden. Sicher darf in solchen Fällen als Minimalwert $\psi = 6$ gesetzt werden, und man kann ohne wesentliche Schwierigkeiten wohl bis $\psi = 10$ bis 12 gehen. Je breiter das Rad aber wird, um so sorgfältiger muß auch untersucht werden, ob infolge der Verbiegung der Welle oder der Verdrehung des Ritzels die Zahnflanken nicht einseitig aufliegen. Als Höchstwert der Zahnbreite kann etwa 2,5 bis 3 mal Ritzel-Durchmesser genommen werden."

„Je größer die Überdeckung ε ist, um so weniger trifft die ... gemachte Annahme zu, daß die Umfangskraft am Kopfrande eines Zahnes angreift ..." fährt TEN BOSCH 1929 fort. Wie die meisten Lehrer seiner Zeit nimmt auch er an, „... daß der Zahndruck sich zu gleichen Teilen auf beide Zähne verteilt ..." und setzt $\dfrac{\xi \cdot P}{\varepsilon} = \dfrac{\sigma_b}{\gamma} \cdot \psi \cdot t^2$. Wegen ihrer Abhängigkeit von genauer Zahnform und Achsenentfernung setzt TEN BOSCH für die Überdeckung ε nicht den theoretischen Wert ein, sondern 10 bis 20 $^0/_0$ weniger und schreibt mit $t = \dfrac{\pi \cdot m}{10}$ (cm): $m^2 = \dfrac{10 \cdot P \cdot \xi \cdot \gamma}{\sigma_b \cdot \psi \cdot \varepsilon}$.

Mit dem größten Drehmoment $\xi \cdot M_d = \xi \cdot P \cdot r$, wobei $r = \dfrac{z \cdot m}{20}$ (cm),

ist $\xi \cdot P = \dfrac{20 \cdot M_d \cdot \xi}{z \cdot m} \approx \dfrac{\sigma_b}{\gamma} \cdot \psi \cdot \dfrac{m^2}{10} \cdot \varepsilon$. Daraus ergibt sich $m = 5{,}85 \cdot \sqrt[3]{\dfrac{\xi \cdot M_d \cdot \gamma}{z \cdot \psi \cdot \sigma_b \cdot \varepsilon}}$ (mm).

Aus dieser Gleichung folgt: Modul m und damit Rad-Durchmesser nimmt mit der Größe $\sqrt[3]{\dfrac{1}{\psi \cdot \sigma_b}}$ ab. Das heißt: „doppelt so große Biegespannungen oder Radbreiten verkleinern den Durchmesser nur um etwa 20 $^0/_0$". Mit der Leistung N (PS) und dem Drehmoment M_d (cm kg) schreibt TEN BOSCH wegen $7500 \cdot N = M_d \cdot \dfrac{\pi \cdot n}{30} \left(\dfrac{\text{cm kg}}{\text{sec}} \right)$ bzw.

$$M_d = \frac{7500 \cdot 30}{\pi} \cdot \frac{N}{n} = 71\,620 \cdot \frac{N}{n} \ (\text{cm kg})$$

als weitere Formel für den Modul m:

$$m = 242{,}8 \cdot \sqrt[3]{\frac{\xi \cdot N \cdot \gamma}{z \cdot n \cdot \sigma_b \cdot \psi \cdot \varepsilon}} \ (\text{mm}).$$

TEN BOSCH rechnet 1929 alle Zahnräder bis $v = 11$ (m/s) Umfangsgeschwindigkeit nur auf Festigkeit, also allgemein $\xi = \dfrac{v + 11}{11}$. Als zulässige Biegespannungen der Werkstoffe gibt er praktisch bewährte Spannungen nach Tabelle 72 an.

Die vielgestaltigen Umänderungen und Interpretierungen der Bach'schen Formel blieben jedoch uneinheitlich und stifteten unter den praktisch arbeitenden Ingenieuren manche Verwirrung. Jeder von ihnen machte andere Annahmen, fügte andere Zuschläge hinzu oder setzte sogar andere Werkstoffspannungen ein. Als zutreffender erwies sich im Laufe der Zeit die amerikanische Berechnungsmethode auf Festigkeit, die später in Europa übernommen und interpretiert wurde. Für Überschlagsrechnungen und für die Berechnung von Kunststoffrädern hielt sich die Bach'sche Formel bis heute.

Tabelle 72. *Zulässige Biegespannungen σ_b der Werkstoffe nach ten Bosch 1929*

	σ_b (kg/cm²)
Gußeisen	bis 430
Stahlguß	bis 900
SM-Stahl	bis 1 300
Spezial-Bronze, überschmiedet	bis 1 040
Phosphorbronze	bis 750
Rotguß	bis 560
Rohhaut	bis 430
Holz (Weißbuche)	bis 220

3.23 Die Berechnung von Kunststoffrädern nach Carl von Bach

Zahnräder aus Kunststoff, eingeführt um 1890 von der amerikanischen General Electric Co. Schenectady, rechnet man in allen deutschsprachigen Gebieten Europas nach der Bach'schen Formel $P = c \cdot b \cdot t$ (kg) auf Biegung. Diese Praxis ergab sich aus der Berechnung der früheren Rohhaut-Zahnräder. Die Zahnbreite b pflegte man mit zehnmal Modul zu wählen. Im ganzen kannte man um 1925 Erfahrungswerte für Kunststoff-Ritzel nach Tabelle 73.

Tabelle 73. *Erfahrungswerte für Kunststoff-Ritzel um 1925*

Leistung (PS)	Drehzahl (U/min)	Modul m	Zahnbreite b (mm)
1		2	20
2		2,5	25
3		3	30
4		3,5	35
6	1 400	4	40
8		4,5	45
10		5	50
12		5	60
15		6	60
20		7	70
25	1 000	8	80
30		9	90
40		10	100
50	750	12	120

1927 erreichte man in Europa durch Zusammenarbeit mit der Automobil-Industrie die Berücksichtigung von Größe und Form der gewebten, dann gepreßten, Zahnrad-Werkstoffe. Der Zahn des Kunststoffrades wurde kräftig gehalten, daher vermied man Eindrehungen, Bohrungen und Aussparungen. Übergänge bekamen einen großen Radius. Das Kunststoffrad durfte nicht breiter als das metallene Gegenrad sein. Der unverletzte Werkstoff sollte immer 4,5 mal Modul betragen, damit der Zahnkranz stark genug wurde. Die Zähnezahl des Ritzels durfte nicht zu klein gewählt werden, für Anlaufmomente der Motoren wurden 50 bis 100⁰/₀ Zuschlag gegeben.

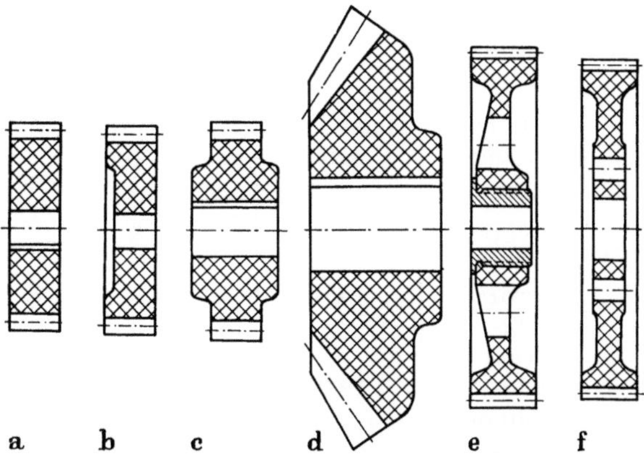

Bild 217.   Zahnräder aus Novotext um 1930
a) Volle Scheibe ohne Aussparung, Nabe oder Büchse, b) einseitige flache Eindrehung, c) beidseitig angedrehte Nabe mit starken Abrundungen und Übergängen, d) Kegelrad ohne Aussparung an der Innenseite und ohne scharfe Übergänge, e) formgepreßtes Nokkenwellenrad mit Steg und eingepreßter gekordelter Stahlbüchse, f) dasselbe mit Durchgangslöchern für Schrauben zum Anflanschen

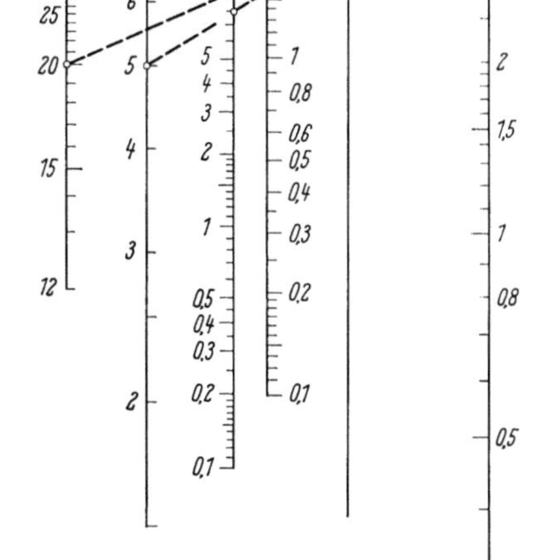

Bild 218.   Fluchtlinientafel zur Bestimmung der übertragbaren Leistung an Novotexträdern nach Richard Sprenger 1928

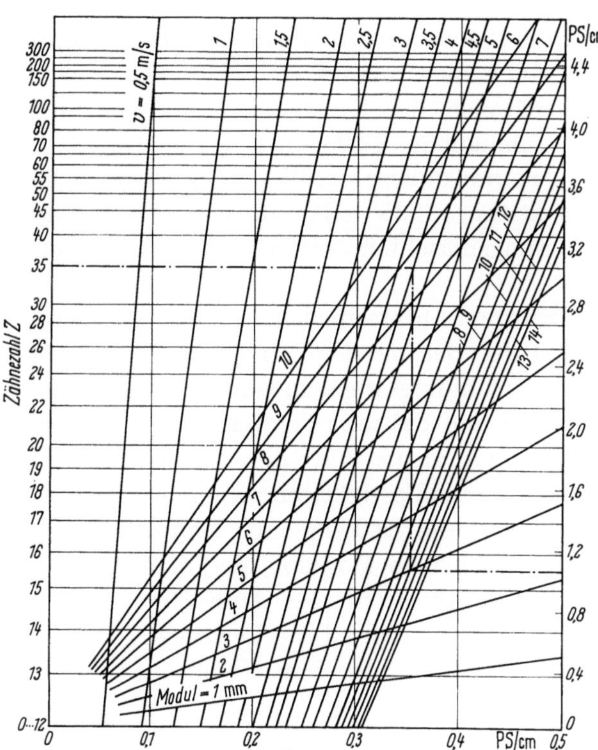

Zur Berechnung der Kunstharz-Zahnräder diente seit 1923 die Bach'sche Biegungsformel. Nach

$$c = \frac{P}{b \cdot t}$$

ermittelte man bei gegebenem P (kg) als zulässiger Zahnkraft und gegebener Zahnbreite b in cm die Zahnteilung t; die Teilung t wurde auch nach $t = m \cdot \pi$ (cm) angenommen. Man prüfte dann, ob der Wert P/b innerhalb der zulässigen Grenzen lag (nach Bild 218 und 219). Zur richtigen Wahl der Kunststoff-Zahnräder gaben die Hersteller-Firmen auf Grund ihrer Erfahrungen Kurven- und Fluchtlinien-Tafeln heraus; sie erübrigten eine Rechnung, gestatteten vielmehr das Ablesen der erforderlichen Abmessungen.

Bild 219.   Leistungsschaubild für Novotexträder nach Sprenger 1928

Tabelle 74. *Die ersten Hersteller von Zahnrädern aus Kunstharzpreßstoffen in Deutschland.*
Wert c bedeutet $c = \dfrac{0{,}7 \cdot \sigma_{\text{zul}}}{v + 11}$

Name der Lieferfirma	Handels- name	Herstellung seit	c (kg/cm²) bei $v = 10$ m/s
AEG, Hennigsdorf a. H.	Novotext	1923	9,5
Robert Bosch AG, Stuttgart	Resitex	1927	9
Ferrozell GmbH, Augsburg 2	Ferrozell	1931	11,5
Isola-Werke AG, Birkesdorf-Düren	Carta- Textil		
Meirowsky & Co AG,, Porz & Berlin	Migawit, Durcoton	1926	9
Römmler AG, Spremberg	Harex		12,5
Scherb & Schwer, Berlin	Turbax		13,3
Dynamit AG, Troisdorf b. Köln	Dytron, Lignofol-Z	1928	14,4
Hochvolt-Isolation	Unitex		11

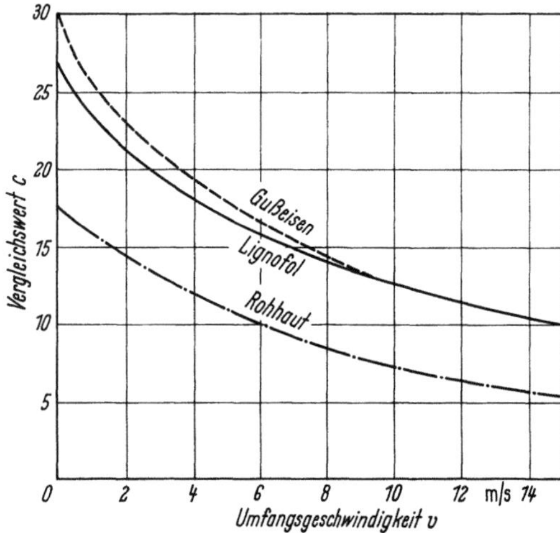

Bild 220. c-Werte von Lignofol-Z 1928 im Vergleich mit Gußeisen und Rohhaut

Nach eingehenden Versuchen wurde um 1930 folgende Formel für die Beanspruchung der Zähne bei verschiedenen Umfangsgeschwindigkeiten bekannt:

$$c = \frac{K_z}{42} \cdot \left(\frac{3}{1 + v} + 1 \right) \text{ (kg/cm²), wobei sind}$$

K_z = Zugfestigkeit des Werkstoffes = 600 bis 800 kg/cm², v = Umfangsgeschwindigkeit im Teilkreis (m/s). Man sieht: der Wert c hat hier nicht mehr die Bedeutung einer Werkstoff-Konstanten allein, sondern er enthält auch die Umfangsgeschwindigkeit. Nachdem nämlich die Kunststoff-Zahnräder im Maschinenbau allgemein Eingang fanden, liefen sie mit außerordentlich hohen Geschwindigkeiten, 1935 z. B. an einer Holzbearbeitungsmaschine mit $v = 42$ m/s, an einem Gebläse gar mit $v = 56$ m/s!

Die Werte der verschiedenen Herstellerfirmen unterschieden sich bei fast gleichem Werkstoff erheblich. Daher arbeitete 1934 der Berliner Dipl.-Ing. PAUL GRODZINSKI vergleichende Untersuchungen über deren Berechnungsangaben aus und entwickelte ein neues Rechenverfahren. Er spaltet vor allem den Faktor c der Bach'schen Formel in zwei Funktionen auf $c_1 = k \cdot f(v)$ und $c_2 = f(z)$, also $c = c_1 \cdot c_2 = k \cdot f(v) \cdot f(z)$. k ist jetzt die Werkstoffkonstante, zu wählen mit Zerreißfestigkeiten zwischen 600 und 900 kg/cm² bzw. Biegefestigkeiten zwischen 1000 und 1800 kg/cm². Danach berechnet GRODZINSKI die Kunstharz-Zahnräder aus gegebenem Modul m, der Zähnezahl z und der Umlaufgeschwindigkeit v. Die zulässige Zahnkraft beträgt dann $P = c_1 \cdot c_2 \cdot b \cdot t$, wobei noch b mit 10 mal Modul bekannt ist. Für eine gegebene Leistung N in PS löst GRODZINSKI 1934 die Gleichungen nach der Teilung oder dem Modul auf und erhält

$$m = 166 \sqrt[3]{\frac{N}{n} \cdot \frac{1}{c_1 \cdot c_2 \cdot z}} \text{ (mm).}$$

Aus Verschleißversuchen mit Kunststoff-Zahnrädern an der Technischen Hochschule Aachen 1940 leitete der Professor für Werkzeugmaschinen und Betriebslehre Dr. HERWART OPITZ (geb. 4. Juni 1905 in Wuppertal-Elberfeld) eine weiter geänderte Berech-

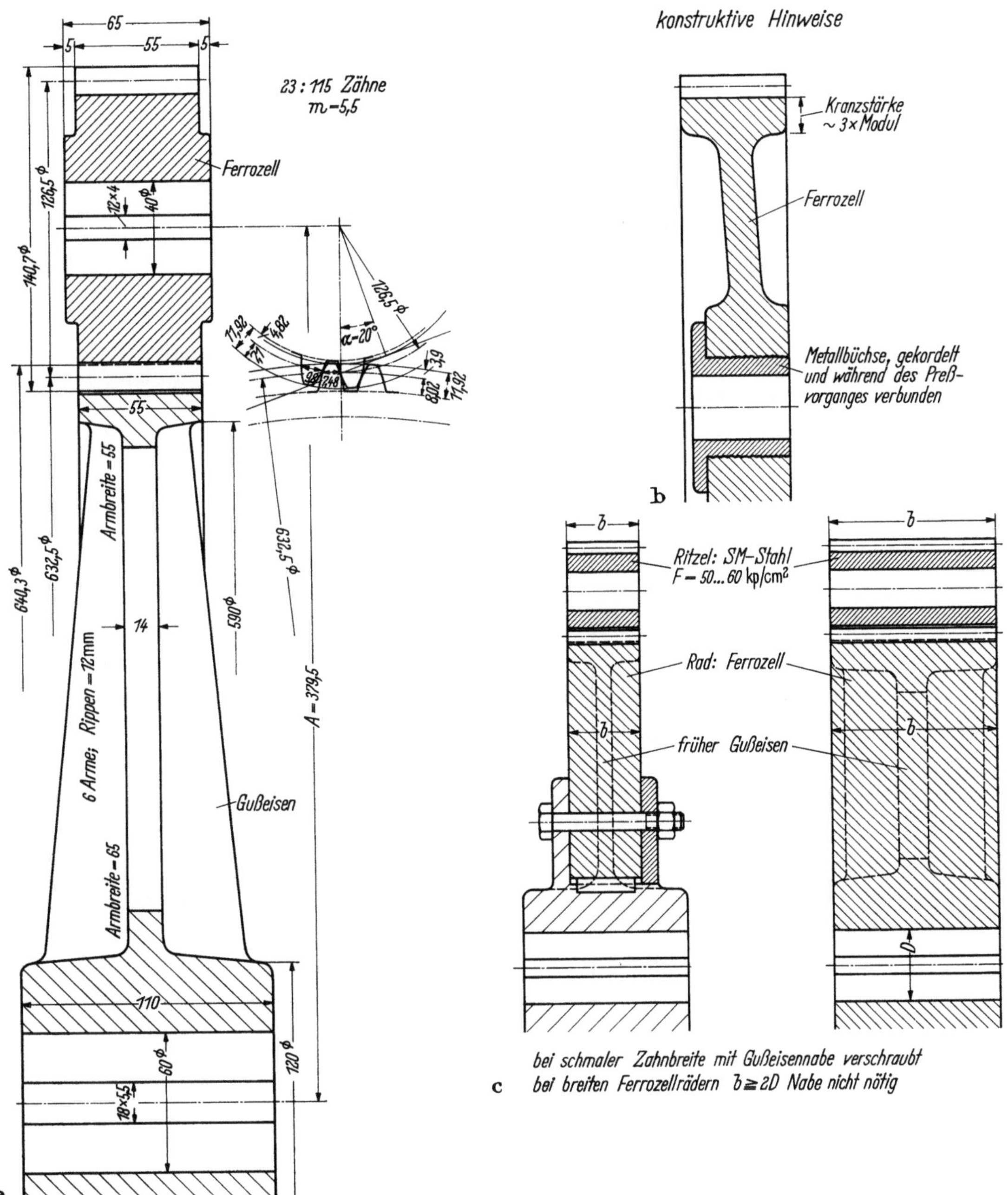

Bild 221.   Zahnradpaarungen mit Ferrozoll-Hartstoff 1938
a) Paarung Ge- und Ferrozell-Rad bei 23:115 Zähnen und $m = 5,5$, b) u. c) konstruktive Hinweise

nungsart für diese ab. Auch er ist der Ansicht, daß c von der Umfangsgeschwindigkeit der Zahnräder im Teilkreis und von der Zähnezahl abhängig ist. Zusammen mit seinem Assistenten HELMUT REESE ermittelte er aus den Verschleißgschwindigkeiten und Belastungswerten die c-Werte und trug sie in Bild 222 auf. Beide Forscher fanden theoretisch und praktisch: bei $z = 39$ liegt in raschlaufenden Getrieben das günstigste Verschleißverhalten bei einer Überdeckung von $\varepsilon = 2$. Nach dem versuchsmäßig ermittelten

Gesetz $\quad c_0 = \dfrac{1000}{v + 14{,}6} - 23{,}2 \;(\text{kg/cm}^2) \quad$ legten sie eine c_0-Kurve für diese Werte an. Das

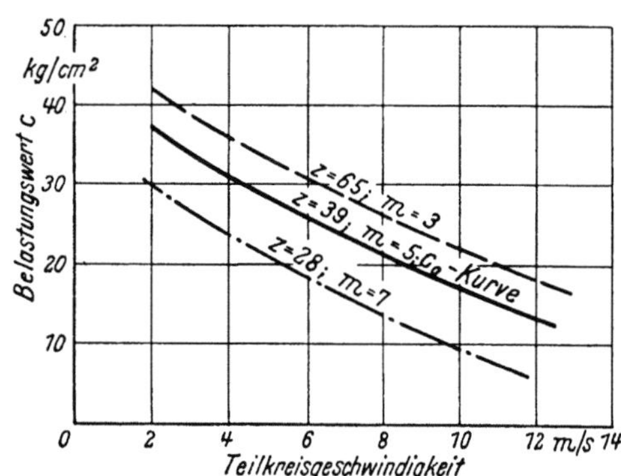

Bild 222.   Belastungswerte c für Kunststoffzahnräder nach OPITZ/REESE 1940

c_0-Gesetz gilt für drei untersuchte Hartgewebe und das Kunstharz-Preßholz. Für beliebige andere Zähnezahlen ist $c = c_0 + c_1$, worin $c_1 =$ Zuschlag, der Zähnezahl z und Teilung t berücksichtigt; er ist laut Tabelle 75 bei $z < 39$ negativ, bei $z > 39$ positiv. Die Bach'sche Formel schreibt OPITZ 1942 demnach $P_{\text{zul}} = (c_0 + c_1) \cdot b \cdot t$. Hierzu entnimmt er die zulässige Umfangskraft P in kg je cm Zahnbreite aus dem Diagramm Bild 223. Ausgehend von einer Zahnbreite $b = 1$ cm erhält OPITZ mit $t = \pi \cdot m$ und $m = d_t/2$ das

gesuchte P_{zul} in kg pro cm. Schließlich erhält er aus $\quad P_{\text{wirkl}} = \dfrac{75 \cdot N}{v} \;(\text{kg}) \quad$ und P_{zul}.

Die erforderliche Mindestzahnbreite $\quad b_{\text{erford}} = \dfrac{P_{\text{wirkl}}}{P_{\text{zul}}} \;(\text{cm})$.   Das Maximum der zulässi-

Tabelle 75.   *Werte für c_1 von Opitz/Reese 1940.* (kg/cm²)

z	c_1
24	$-14{,}1$
25	$-12{,}1$
26	$-10{,}3$
27	$-\;8{,}8$
28	$-\;7{,}5$
29	$-\;6{,}4$
30	$-\;5{,}4$
32	$-\;3{,}8$
34	$-\;2{,}5$
36	$-\;1{,}4$
39	$\pm\;0$
42	1
45	$1{,}9$
48	$2{,}6$
50	3
52	$3{,}3$
55	$3{,}8$
58	$4{,}2$
61	$4{,}6$
65	5
70	$5{,}4$
75	$5{,}8$

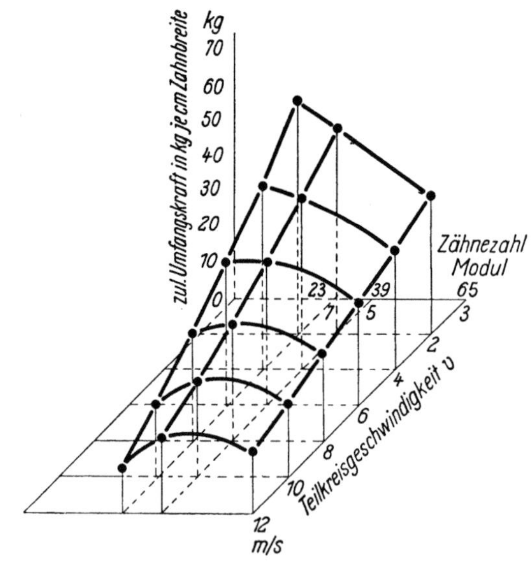

Bild 223.   Zulässige Umfangskraft P in kg je cm Zahnbreite in Abhängigkeit von der Teilkreisgeschwindigkeit v und der Zähnezahl z nach OPITZ/ REESE 1940 bei Teilkreis-Durchmesser $d = 195$ mm und 5000 Betriebsstunden

gen Umfangskraft und damit der übertragbaren Leistung verschiebt sich mit wachsender Teilkreisgeschwindigkeit in ein Gebiet größerer Zähnezahlen.

Dieses Ergebnis von OPITZ/REESE steht im Gegensatz zu den Angaben der Firmen. Die Herstellerwerke bringen nämlich in ihren Diagrammen die c-Werte in ein bestimmtes Verhältnis von z, was aber nur für konstante Teilung möglich erscheint. Mit ihrer weiterentwickelten Bach'schen Formel für Kunststoffräder errechnen OPITZ/REESE direkt die Zähnezahl, die bei gegebenem Raddurchmesser und bekannter Teilkreisgeschwindigkeit während 5000 Betriebsstunden die größte Leistung überträgt.

Alles in allem war die Festigkeit der Zähne rechnerisch bis 1930 noch nicht ganz erfaßt. Die Bedeutung der vielen veränderlichen Faktoren war in ihrem Range nicht geklärt. Anschlüsse an die strenge Festigkeitslehre lösten sich ab mit Gleichungen, die sich aus praktischen Erfahrungen ableiteten. Daher arbeitete man bis 1930 noch mit einer Fülle verschiedener Formeln und Regeln zur Ermittlung der Zahnfestigkeit und übertragbaren Leistung. 1886 suchte der amerikanische Professor JAMES HARTNESS den allgemeinen Charakter der bekannten Formeln zu finden, um vielleicht dadurch zu einer einheitlichen Berechnungsweise mit brauchbaren Resultaten zu kommen. Er sichtete das gesamte Schrifttum von 1796 bis 1886 und fand: alle empfohlenen Formeln und Konstanten für die übertragbare Leistung weichen bis zu $15:1$ voneinander ab; sie haben folgenden Charakter:

$$C \cdot V \cdot t \cdot b \quad \text{oder} \quad C \cdot V \cdot t^2 \quad \text{oder} \quad C \cdot V \cdot t^2 \cdot b$$

wobei sind: $C =$ Konstante, $V =$ Umfangsgeschwindigkeit (m/s), $t =$ Teilung und $b =$ Zahnbreite (beide in cm).

Aber diese Formeln enthielten noch nicht alle Faktoren, die im speziellen Fall der Zahnradübertragung festigkeitsseitig eine Rolle spielen. Das sahen zuerst amerikanische Ingenieure ein und sie schufen ein eigenes Berechnungsverfahren.

Literatur zum Kapitel 3.2

1881 bis 1924   VON BACH, CARL: Die Maschinen-Elemente. Ihre Berechnung und Konstruktion.

1. Aufl. 1881 Stuttgart: J. G. Cotta	7. Aufl. 1899 Stuttgart: A. Bergsträsser
2. Aufl. 1891—93 Stuttgart: J. Cotta, 3 Bde.	8. Aufl. 1901 Stuttgart: Alfred Kröner
3. Aufl. 1894 Stuttgart: J. Cotta	9. Aufl. 1903 Stuttgart: Alfred Kröner
4. Aufl. 1895 Stuttgart: J. G. Cotta	10. Aufl. 1908 Leipzig: Alfred Kröner, 2 Bde.
5. Aufl. 1896 Stuttgart: J. G. Cotta	11. Aufl. 1913 Leipzig: Alfred Kröner
6. Aufl. 1897 Stuttgart: A. Bergsträsser, 2 Bde.	12. Aufl. 1919 Leipzig: Alfred Kröner
	13. Aufl. 1921/22 Leipzig: Alfred Kröner

1894   STRIBECK, RICHARD: Berechnung der Zahnräder. Z. VDI 38 (1894) No. 40, S. 1182 bis 1187.

1899   LASCHE, OSKAR: Elektrischer Antrieb mittels Zahnradübertragung Z. VDI 43 (1899) Nr. 48, S. 1487 bis 1493, Nr. 49, S. 1528 bis 1533.

1923   KUTZBACH, KARL: Maschinenteile, II. Maschinenelemente, V. Kurventrieb-Elemente: Zahnräder, S. 1103. In „Hütte", des Ingenieurs Taschenbuch. 1. Band, 24. Aufl. Hrsg. vom Akademischen Verein Hütte. Berlin: Wilhelm Ernst & Sohn 1923.

1924   KRAFT, ERNEST ANTON: Energieumformung durch Zahnradvorgelege. AEG-Mitteilungen 20 (1924) H. 4, S. 123 bis 130, H. 5, S. 159 bis 164.

1925   DALCHAU, JOACHIM: Der Festigkeitsfaktor in der Festigkeitsformel für Zahnräder. Maschinenbau 4 (1925) H. 8, S. 360 bis 362.

1926   HOFER, HERMANN: Gehärtete und in der Verzahnung geschliffene Zahnräder aus hochwertigem Stahl. Maschinenbau 5 (1926) H. 8, S. 353 bis 356.

1926   VIDÉKY, EMIL: Beitrag zur Berechnungsweise der Stirnzahnräder. Maschinenbau 5 (1926) H. 8, S. 362 bis 365.

1927   BONDI, WERNER: Beiträge zum Abnutzungs-Problem, mit besonderer Berücksichtigung der Abnutzung von Zahnrädern. Berlin: VDI-Verlag 1927.

1927   HÖNNICKE, GUSTAV: Die Teilung der Zahnräder und ihre einfachste rechnerische Bestimmung. Berlin: Springer 1927.

1928: SPRENGER, RICHARD: Novotext als Werkstoff für geräusch- und schwingungsdämpfende Zahnradgetriebe. Maschinenbau 7 (1928) H. 14, S. 675 bis 678.

1931 HOFER, HERMANN: Die zulässige Zahnradbeanspruchung und ihre Berechnungsweise im Maschinenbau. Werkstattstechnik 25 (1931) H. 5, S. 128 bis 131.

1932 GRODZINSKI, PAUL: Über die Anwendung von Kunstharzzahnrädern im Motorenbau. Kunststoffe 22 (1932) Nr. 11, S. 243 bis 245.

1934 GRODZINSKI, PAUL: Zur Berechnung von Kunstharzzahnrädern. Werkstattstechnik u. Werkleiter 28 (1934) H. 11, S. 223 bis 225.

1938 KILLMANN, FRANZ: Zahnräder, ihre Anwendung und Berechnung unter besonderer Berücksichtigung des Edelhartstoffes Ferrozell. Augsburg: Joh. Walch 1938.

1942 OPITZ, HERWART, und REESE, HELMUT: Verschleißverhalten von Kunststoffzahnrädern. Kunststoffe 32 (1942) H. 9, S. 263—269.

3.3 Die Berechnung der Zahnfuß-Tragfähigkeit mit Hilfe von Zahnformfaktoren

Wir haben gesehen, wie sich die Festigkeitsberechnung von Zahnrädern bald an die grundsätzlichen Betrachtungen der Festigkeitslehre anlehnte, indem sie den Zahn als einseitig eingespannten Träger betrachtete. Diesen Träger, sowie überhaupt den Widerstand fester Körper gegen Bruch, erforschte 1638 als erster der italienische Mathematiker und Physiker GALILEO GALILEI (1564 bis 1642)[1] in seinen „Discorsi e Dimostrazioni Matematiche intorno à due nove scienze. Attenenti alla Mecanica & i Movimenti Locali." Er bestimmte den Widerstand eines Balkens, dessen eines Ende in die Wand eingemauert ist. Nach GALILEI dreht sich der Balken unter seinem Eigengewicht oder einer äußeren Last um eine zu seiner Längsrichtung senkrechte, in der Wandebene liegenden Achse. Vor allem gibt GALILEI aber 1638 den einseitig eingespannten Träger gleicher Festigkeit als parabelförmig an (s. Bild 225). Diese Erkenntnis wandte man im 19. Jahrhundert direkt auf die Radzähne an.

Bild 224. GALILEO GALILEI 1564 bis 1642

[1] GALILEO GALILEI (1564 bis 1642) stammte aus Pisa. Seit 1592 war er Professor für Mathematik an der Universität Padua. Er entdeckte das Trägheitsgesetz, den Begriff Beschleunigung, die Fallgesetze. Er begründete die Festigkeits- und Elastizitätslehre durch Sätze über die Bruchfestigkeit von Stäben, Prismen und Zylindern bei verschiedenen Beanspruchungsarten und Abmessungen. Er begründete die Dynamik. Vater der modernen Naturwissenschaften, erster großer Experimentator.

Die frühesten Festigkeitsversuche des Franziskaner-Paters Marin Mersenne (1588 bis 1648) um 1626 mit zug- und biegungsbeanspruchten Stäben aus Holz und Metall bestätigten die Theorie von Galilei: die Biegungsfestigkeit muß proportional zum Quadrat der Querschnittshöhe sein.

Um 1680 kombinierte Edmé Mariotte (1620 bis 1684) die Ergebnisse von Galilei und Hooke; dabei legte er die Achse zwischen Dehnung und Verkürzung des Balkens in die Mitte des Querschnittes, so daß er bei $h/2$ des Balkens schreiben konnte $Q = \dfrac{P \cdot h}{6 \cdot l}$.

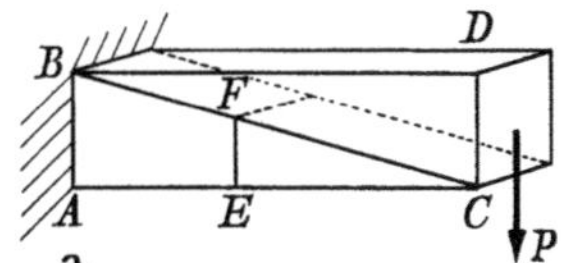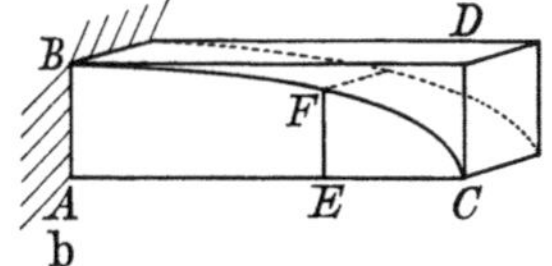

Bild 225.   Einseitig eingespannter Träger gleicher Festigkeit nach Galilei 1638

a) Prismatischer Balken ABC, b) Widerstands- = Biegungs-Moment in parabolischer Kurve BFC; also $\dfrac{\overline{(EF)}^2}{\overline{(AB)}^2} = \dfrac{\overline{EC}}{\overline{AC}}$

Den Widerstand des Balkens überhaupt führte Ende des 17. Jahrhunderts der Baseler Mathematiker Jakob Bernoulli (1654 bis 1705) auf die Dehnung und Verkürzung seiner Längsfasern zurück und stellte als erster eine Gleichung seiner „elastischen Linie" auf. Für ihn besteht der Biegungswiderstand in einem Kräftepaar, das der Krümmung des gebogenen Stabes proportional ist. Weitere Untersuchungen lieferte vor allem der Mathematiker Leonhard Euler (1707 bis 1783) in seinen Petersburger Arbeiten von 1744, 1757 und 1778. Euler sah die „Elastica" als eine materielle Linie an, die der Biegung widersteht. Die Theorie der Balken endlichen Querschittes führte 1776 der französische Ingenieur-Offizier und Erforscher der Reibung Charles-Augustin Coulomb (1736 bis 1806) ein, und er fand die wahre Lage der „neutralen Faser". In Verbindung mit dem Bruchvorgang studierte Coulomb 1776 als erster den „Schub". Bruch tritt ein, meinte er, wenn der Schub des Materials eine gewisse Grenze überschreitet.

Hypothesen über den Bruch stellten 1833 die Pariser Mathematiker und Physiker Gabriel Lamé (1795 bis 1870) und Benoit-Paul-Emile Clapeyron (1799 bis 1864) auf. Sie nahmen an: die größte Zugspannung liegt unter einer gewissen Grenze. Dagegen Poncelet und Saint-Venant: die größte Dehnung liegt unterhalb einer gewissen Grenze. Diese Hypothesen führen aber zu verschiedenen Grenzen für die zulässige Belastung. Daher benutzten 1882 der Pariser Bauingenieur und Professor Henri-Edouard Tresca (1814 bis 1885) und der Cambridger Professor für Experimental-Philosophie George-Howard Darwin (1845 bis 1912) als Maß für die Bruchgefahr die Maximaldifferenz zwischen der größten und kleinsten Hauptspannung.

3.31 Die Berechnung der Biegefestigkeit von Radzähnen nach Wilfred Lewis 1892

In den USA begann die Entwicklung der Bruch- bzw. Biegefestigkeits-Berechnung von Radzähnen ähnlich wie in Europa. Aber auch den Amerikanern wurde im letzten Viertel des 19. Jahrhunderts klar: alle damals bekannten Formeln enthielten noch nicht sämtliche Faktoren, die bei der Festigkeit von Radzähnen eine Rolle spielen. Neun Gesichtspunkte müßten in der Rechnung berücksichtigt sein:

1. die Festigkeit der Werkstoffe
2. Form und Abmessung des Radzahnes
3. der Ort größter Belastung am Zahnprofil

4. der Überdeckungsgrad

5. die Umlaufgeschwindigkeit des Zahnrades

6. ein Sicherheitsfaktor, der die Unsicherheit von Rechnung und Material ausgleicht

7. Verzahnungsfehler

8. Einfluß der angetriebenen Massen

9. Art der Belastung: allmählich, gleichbleibend, plötzlich, veränderlich, plötzliche Überlastung.

Als beste Regel ist in England und den USA die Formel von E. R. WALKER 1868 für die Bruchlast X bekannt zu $X = 2000 \cdot p \cdot f$ (lb), wobei $p =$ Teilung und $f =$ Zahnbreite (in.). 1879 untersuchte der Amerikaner JOHN H. COOPER die damals bekannten Formeln zur Festigkeitsbestimmung der Zahnräder. 48 Regeln wichen bis zu $500^0/_0$ voneinander ab. Für Gußeisen-Räder empfahl COOPER 1879 $X = 140 \cdot t \cdot b$, mit $t =$ Teilung und $b =$ Zahnbreite (beide in in.). Diese Formel ähnelte der von CARL VON BACH aus der gleichen Zeit. 1886 ließ Professor JAMES HARTNESS nach seinen Untersuchungen über den Charakter der Festigkeitsformeln für Zahnräder auf Gußeisen-Räder eine Leistung zu von $N = \dfrac{0{,}468 \cdot V \cdot t \cdot b}{\sqrt{1 + 2{,}13 \cdot V}}$ (PS), wobei $V =$ Umfangsgeschwindigkeit (m/s), $b =$ Zahnbreite und $t =$ Teilung (beide in cm). Aber schon 1879 hatte JOHN H. COOPER zugegeben, ,,... daß die Festigkeit der Zähne auch von der Zahnform abhängig ist; dieser Umstand ist in den bisher bekannten Formen nicht berücksichtigt, da sie alle von der Zahndicke am Teilkreis ausgehen und die Verschiedenheit der für die Festigkeit maßgebenden Zahndicken am Zahnfuß nicht berücksichtigen. ...''

Besonders um die Berücksichtigung der Zahnform ging es dem amerikanischen Ingenieur WILFRED LEWIS[1]. Um zunächst die Zahnformen genau vergleichen zu können, zeichnete er 1892 acht von ihnen so auf, wie sie die Fräser lieferten. Den Zahnfuß rundete er so stark wie möglich ab, so daß seine Zahnform entstand mit Kopfhöhe $= 0{,}3\,t$, Fußhöhe $= 0{,}35\,t$, Spielraum zwischen den Zähnen $= 0{,}02\,t$, d.h. Zahnstärke $= 0{,}49\,t$. So untersuchte LEWIS Zykloiden-, Evolventen-, Gerad- und Radialflanken-Radzähne von $z = 12$ aufwärts bis zur Zahnstange.

Seine Ergebnisse demonstrierte LEWIS am 15. Oktober 1892 anläßlich seines klassischen Vortrages im Ingenieur-Verein zu Philadelphia ,,Investigation of the Strength of Gear Teeth''. Er hätte bei Annahme des Angriffspunktes der Kraft gerne die Überdeckung berücksichtigt. Aber wegen der relativ ungenauen Verzahnungspraxis von damals betrachtete er den Radzahn lieber als einen Balken, dessen Ende belastet ist. LEWIS

---

[1] WILFRED LEWIS (1854 bis 1929). Geboren und aufgewachsen in Philadelphia. Schloß 1875 sein Studium am Massachusetts Institute of Technology ab. Arbeitete darauf als Mechaniker 1875 bis 1878, Zeichner 1879 bis 1882, Konstrukteur, leitender Ingenieur und schließlich als Direktor, alles 1883 bis 1900, bei William Sellers & Comp. in Philadelphia. Von 1900 bis 1928 Präsident der Tabor Mfg. Comp. in Philadelphia. Interesse an Zahnrädern begann schon bei Sellers. 1886 erste Arbeit ''Experiments on the Transmissions of Power by Gearing''. Baute 1910, 1918 und 1922 Maschinen zur Bestimmung der Reibungsverluste von Zahnrädern bei verschiedenen Geschwindigkeiten und Drücken. Seit 1884 ASME-Mitglied, 1901 bis 1903 deren Vizepräsident. Erhielt 1927 die ASME-Medaille für seine Zahnradforschung, wobei gesagt wurde: ,,Dieser Mann ist eine Weltautorität auf dem Gebiet der Zahnräder. Seine Formel, sein allgemeiner Leitfaden für die Zahnradkonstruktion sind Resultate einerseits der theoretischen Analyse, andererseits der praktischen Versuche. Er trat als erster für die Abschaffung von Daumenregeln bei der Zahnradberechnung und -konstruktion ein und führte sie auf eine ingenieurmäßige Basis''. 1927 erhielt er auch die Longstreth-Medaille des Franklin-Institutes. LEWIS starb auf See am 19. Dezember 1929 an Bord der ,,President Wilson'' während der Rückreise vom Welt-Ingenieur-Kongreß in Tokio; er wurde in ägyptischen Gewässern bestattet.

Bild 226.   WILFRED LEWIS 1854 bis 1929

zerlegte die senkrecht zur Zahnfläche angreifende Kraft in zwei Komponenten. Eine wirkt tangential, die andere radial. Die radiale Komponente sucht den Zahn zu zerdrücken, beansprucht ihn aber höchstens mit 10% seiner Festigkeit. Die tangentiale Seitenkraft greift im Schnittpunkt A der Druckrichtung PA und AE an (s. Bild 227a). Der Hebelarm $h = AO$, an dem die Kraft P angreift, geht vom schwächsten Querschnitt des Zahnfußes aus.

LEWIS schrieb nun 1892 dem Zahn einen parabelförmigen Balken gleicher Biegefestigkeit ein, wie ihn GALILEI 1638 angegeben hatte. Dieser parabelförmige Balken berührt die wirkliche Zahnform in B und B' als schwächstem Querschnitt des Zahnfußes. Die Stärke dieser schwächsten Stelle bestimmte LEWIS zeichnerisch, indem er AB zieht und von B aus eine Senkrechte auf AB errichtet, die die Mittellinie des Zahnes bei E schneidet.

Mit h und t lt. Bild 227a ist das Biegemoment im Schnitt BB' nach der bekannten Balkenformel $W \cdot h = \dfrac{s \cdot f \cdot t^2}{6}$, wobei $s =$ Biegespannung, $f =$ Zahnbreite, $t =$ Zahndicke, oder Umfangskraft $W = \dfrac{s \cdot f \cdot t^2}{6 \cdot h}$. Wegen der ähnlichen Dreiecke ABO und OBE ist $\dfrac{h}{t/2} = \dfrac{t}{2 \cdot x}$. Nach Eliminieren von x hat es die Größe $x = \dfrac{t^2}{4h}$. Nun löst LEWIS diese Gleichung nach t^2 auf und setzt sie in die Gleichung für W ein zu $t^2 = 4 \cdot h \cdot x$, so daß wird $W = {}^2\!/_3 \cdot s \cdot f \cdot x$. Mit dem circular pitch p erweitert, wird $W = s \cdot p \cdot f \cdot \dfrac{2 \cdot x}{3 \cdot p}$. Den Wert $\dfrac{2x}{3p}$ nennt LEWIS 1892 „Zahnformfaktor y" und bestimmt ihn für verschiedene Zähnezahlen zeichnerisch nach Tabelle 76. Damit berücksichtigt er als erster die Zahnform bei der Festigkeitsbetrachtung. Später ersetzte man den circular pitch p durch den diametral pitch dp, so daß der Zahnformfaktor y nun hieß $\dfrac{2 \cdot dp}{3\pi} \cdot x$.

Tabelle 76. *Zahnformfaktor y für verschiedene Zähnezahlen von Wilfred Lewis 1892*

Zähne-zahl z	Werte von y für		Zähne-zahl z	Werte von y für	
	20° Evolvente	15° Evolvente und Zykloidenzähne		20° Evolvente	15° Evolvente und Zykloidenzähne
12	0,078	0,067	27	0,111	0,100
13	0,083	0,070	30	0,114	0,102
14	0,088	0,072	34	0,118	0,104
15	0,092	0,075	38	0,122	0,107
16	0,094	0,077	43	0,126	0,110
17	0,096	0,080	50	0,130	0,112
18	0,098	0,083	60	0,134	0,114
19	0,100	0,087	75	0,138	0,116
20	0,102	0,090	100	0,142	0,118
21	0,104	0,092	150	0,146	0,120
23	0,106	0,094	300	0,150	0,122
25	0,108	0,097	Zahnstg.	0,154	0,124

Die Endformel nach Lewis 1892 heißt jetzt $W = s \cdot p \cdot f \cdot y$. Die Werte für x lassen sich nach Bild 227a je nach Zahnform und Zähnezahl für gegebenen Modul oder gegebene Teilung graphisch ermitteln.

Wegen fehlender Versuchsergebnisse empfahl Lewis 1892 mit Eisen und Gußeisen bei $v = 0{,}5$ bis 12 m/s zulässige Beanspruchungswerte, die E. R. Walker schon 1868 angegeben hatte. Carl Georg Lange Barth[1] gab hierzu später die Formel

$$\sigma_{zul} = \frac{3 \cdot \sigma_{s\,zul}}{3 + v},$$ für höhere Umfangsgeschwindigkeiten wird statt 3 die Konstante 6 eingesetzt. Rotierende Massen und Belastungsart berücksichtigte Lewis 1892 noch indirekt durch einen großen Sicherheitsfaktor.

Tabelle 77. *Werte für die zulässige Materialbeanspruchung s nach Wilfred Lewis, bezogen auf E. R. Walker 1868*

v (m/s)	$\lesseqgtr$ 0,51	1,016	2,02	3,05	4,6	6,1	9,1	12,2
Gußeisen	5,625	4,219	3,375	2,812	2,109	1,687	1,406	1,195
Stahl	14,06	10,55	8,44	7,03	5,27	4,22	3,52	3,02

Für Kegelräder schrieb Lewis 1892 die analoge Formel

$$w = s \cdot p \cdot f \cdot y \cdot \frac{D^3 - d^3}{3 \cdot D^2 \cdot (D - d)}, \quad \text{wobei}$$

$d \lesseqgtr {}^{2}/_{3} \cdot D$ sein soll. Daher rechnete er einfacher mit $w = s \cdot p \cdot f \cdot y \cdot \dfrac{d}{D}$.

Den Zahnformfaktor y formulierte Lewis für 15°-Verzahnung später auch mathematisch zu $y = 0{,}124 - \dfrac{0{,}684}{n}$,

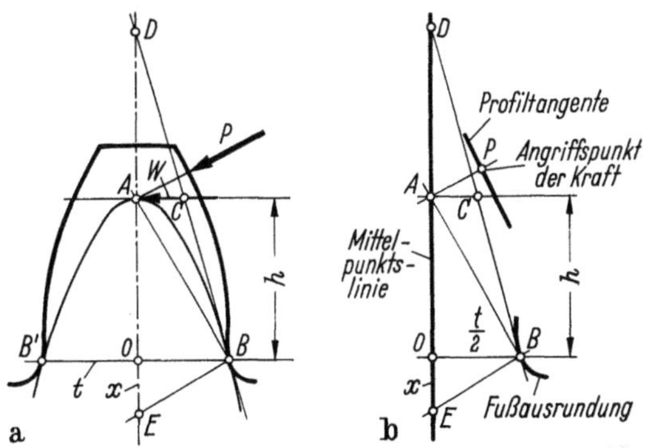

Bild 227. Geometrische Ermittlung der Biegung am Radzahn nach Robert Lewis 1892 und M. A. Durland 1923
a) Tangente und Subtangente an der Lewis-Parabel,
b) erforderliche Linien und Punkte zur graphischen Ermittlung des Zahnformfaktors

wenn keine Tabellen mit fertig bestimmten Zahnformfaktoren zur Hand waren. Dadurch lautete seine Formel endgültig

$$w = s \cdot p \cdot f \cdot \left(0{,}124 - \frac{0{,}684}{n}\right),$$ wobei $n =$ Zähnezahl. Die Lewis-Formel erwies sich in der Praxis als gut brauchbar[2], und wirkt noch heute. In den englisch sprechenden Ländern führte sie sich sehr schnell ein.

Eine willkommene Vereinfachung der geometrischen Parabel-Konstruktion nach Lewis zeigte 1923 der Amerikaner M. A. Durland. Er wandte für diesen Fall eine geometrische Beziehung an, die schon Archimedes kannte: die Subtangente einer Parabel wird durch deren Scheitel halbiert. Ist im Bild 227a BD die Tangente und OA die Subtangente, so ist $OA = AD$ und $BC = CD$. Man legt also einen Maßstab ans Diagramm, daß er mit einer Ecke die Fußausrundung berührt, und verschiebt ihn so, daß die Entfernungen CB und CD gleich werden. So bestimmt sich der Punkt B als Berüh-

---

[1] Carl Georg Lange Barth (1860 bis 1939). Geboren in Oslo. Seit 1881 in USA. Ehrenmitglied der ASME und deren Gear Research Committee. 14 Jahre bei Wm. Sellers in Philadelphia. 1899 in der Bethlehem Steel Comp. bei F. W. Taylor, dessen Arbeitsmethoden er weiterentwickelte. Seit 1905 beratender Ingenieur für wissenschaftliche Betriebsführung in der US-Industrie.

[2] Sie berücksichtigt von den auf Seite 325/326 genannten neun Gesichtspunkten die ersten sechs.

rungspunkt mit der Parabel, die man nicht ganz zu zeichnen braucht. Bild 227a zeigt die eingeschriebene Parabel, die gemeinsame Tangente mit der Fußausrundung und die Größe x als Masse der Zahnfestigkeit. Die einzigen, nötigen Punkte und Linien zur Konstruktion zeigt Bild 227b. Zum Beginn der Konstruktion braucht DURLAND 1923 nur: 1. die Mittelpunktslinie, 2. Lage und Richtung der Kraft, 3. Zahnfußradius bei B. Dann besteht das ganze Diagramm nur aus sieben Geraden und einer Kurve.

Diese Methode benutzte 1927 auch der Engländer HENRY EDWARD MERRITT. Andererseits entstand aus dieser Methode wohl die Idee von HERMANN HOFER, mit einem gleichschenkligen Dreieck von 60° zu rechnen. In den dreißiger Jahren gab der Forschungs-Ingenieur von Gleason Works ALLAN HARRY CANDEE eine kombinierte Konstruktion zum Auffinden der Lage des Kraftangriffs, des Zahnfußradius und Abstandes x an.

3.32 Kritische Stimmen zum mathematischen Ansatz von Wilfred Lewis

Trotzdem die Formel von WILFRED LEWIS um 1892 festigkeitsanalytisch einen wegweisenden Schritt vorwärts bedeutete, regten sich in den USA bald kritische Stimmen. Sie wollten die Treffsicherheit der Formel theoretisch und experimentell verbessern und nachprüfen. Bekannt wurden hierbei vor allem die Untersuchungen von:

1911/12   Professor GUIDO H. MARX (bis 3 m/s Umlaufgeschwindigkeit), veröffentlicht in Transactions ASME 1912, Seite 1323

1914   Professor G. H. MARX/L. E. CUTTER (bis 10 m/s Umlaufgeschwindigkeit), veröffentlicht in Transactions ASME 1915, S. 503

1924   LLOYD J. FRANKLIN/CHARLES HERBERT SMITH, als Fortsetzung der Versuche von MARX/CUTTER, sämtlich ausgeführt an der Stanford University, Calif., veröffentlicht in Mechanical Engineering 1925 No. 1

1925   Dr. STEPHEN P. TIMOSHENKO/ROBERT VIKTOR BAUD, ausgeführt in der Forschungsabteilung der Westinghouse Electric & Mfg. Comp. in East Pittsburgh, veröffentlicht in Mechanical Engineering 1926 No. 11

1927   Dr. HENRY EDWARD MERRITT, London, über seine Technik des Zahnradentwerfens, veröffentlicht in den Proceedings der Institution of Automobile Engineers 1927/28 und in The Engineer 1938.

Der Professor für Maschinenbau an der Stanford University, Calif., GUIDO H. MARX untersuchte 1911/12 die Bruchlasten an Gußeisen-Rädern mit einer von ihm erdachten Vorrichtung. Die Versuche sollten klären:

1. die Geschwindigkeitskoeffizienten zwischen 0 und 3, später 10 m/s, bei $14\frac{1}{2}°$- und 20°-Stumpfverzahnung
2. den Einfluß des Überdeckungsgrades
3. die experimentellen Werte für die Lewis-Zahnformfaktoren y.

In der ersten Versuchsreihe erwies sich bereits die Stoßbeanspruchung an genau gefrästen Zahnrädern bei zunehmender Geschwindigkeit als kleiner wie allgemein angenommen. Die Annahmen der Lewis-Formel zeigten sich als zu streng, MARX hält aber die Berücksichtigung des Überdeckungsgrades für notwendig; hierzu nahm er besondere Versuche vor. Auf Grund der gefundenen Werte für W fand MARX 1912 eine Änderung des Faktors $y = 0{,}154 - \dfrac{1{,}26}{n}$ angebracht. Zusammen mit Professor L. E. CUTTER stellte MARX fest: „Die Formel von LEWIS ist auf die Biegungslehre aufgebaut unter der Annahme, daß die Gesamtbelastung von einem einzigen Zahn getragen wird, der

Angriffspunkt der Kraft sich am äußersten Ende des Zahnes befindet und die Kraftrichtung senkrecht zum Zahnprofil in jenem Punkte steht." Da man sich die Wirkungslinie der Kraft P bis zur Mittellinie des Zahnes verlängert denkt und dort eine Kraft W als tangentiale Komponente der wirkenden Kraft P angreift, ist W letztlich eine Belastung am Teilkreisumfang. Die Marx-Parabel erhebt sich aber niedriger über dem Zahnfuß als die von Lewis, wie aus Bild 228b ersichtlich. Die Lewis'schen Zahnformfaktoren y vernachlässigen die Tendenz der geneigten Kraft zu Druckspannungen. Die Bruchbelastung bei 90 m/min ermittelte Marx mit 70% der statischen Festigkeit. Die zulässige Belastung W am Teilkreis unter Berücksichtigung des Eingriffbogens ist nach Marx/Cutter:

$14\,{}^1/_2°$ Evolventenverzahnung	$20°$ Stumpfverzahnung
$\dfrac{S \cdot p \cdot f}{k} \cdot \left(0{,}154 - \dfrac{1{,}26}{n}\right) \cdot v \cdot a$	$\dfrac{S \cdot p \cdot f}{k} \cdot \left(0{,}278 - \dfrac{2{,}69}{n}\right) \cdot v \cdot a$

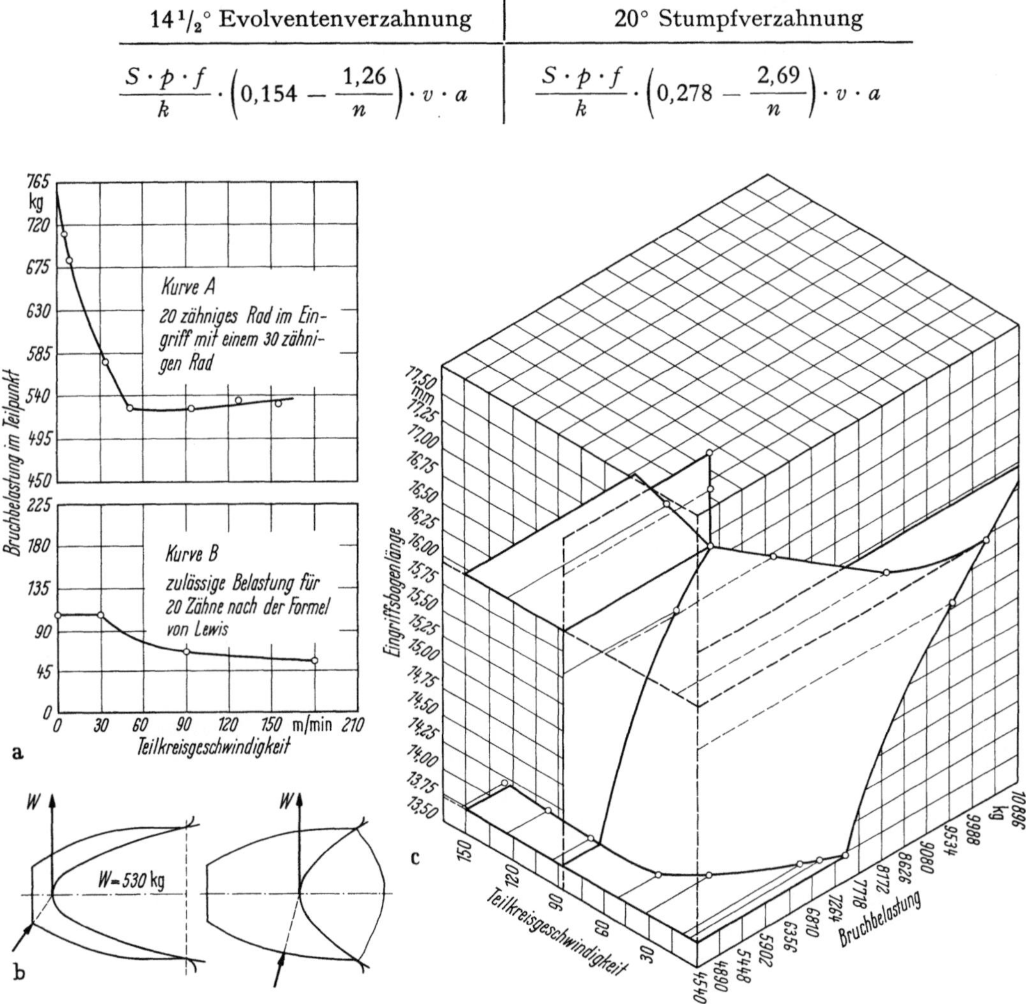

Bild 228.   Versuche von Guido H. Marx und L. E. Cutter 1911 bis 1914
a) Ergebnisse an 20zähnigen Trieben, b) Kraftverlauf nach Lewis 1892 und Marx/Cutter 1911 bis 1914, c) Beziehungen zwischen Eingriffbogen, Teilkreisgeschwindigkeit und Bruchbelastung in isometrischer Darstellung.

Hierbei sind S = Festigkeitskoeffizient = 2530 bis 2740 kg/cm², p = Teilung, f = Zahnbreite, n = Zähnezahl, k = Sicherheitskoeffizient zwischen 4 und 8, v = Geschwindigkeitskoeffizient, a = Koeffizient für den Überdeckungsgrad (beide aus isometrischem Bild 228 c, das die Beziehungen zwischen Eingriffbogen, Teilkreisgeschwindigkeit und Bruchlast darstellt).

Die Versuchsergebnisse von MARX/CUTTER ergaben bis 1914 folgende Tatbestände:

1. die rechnerische Ermittlung des Zahnformfaktors nach LEWIS ergibt zu kleine Werte
2. ein größerer Überdeckungsgrad ergibt größere Bruchlasten
3. der Koeffizient aus der Formel von CARL GEORG BARTH ist bei:
    kleinen Geschwindigkeiten zu hoch
    großen Geschwindigkeiten zu niedrig.

1924 stellten die Absolventen der Stanford University LLOYD J. FRANKLIN und CHARLES HERBERT SMITH (geb. 1. 8. 1901 in Saratoga, Calif.) die Marx'sche Prüfmaschine im Laboratorium der Leland Stanford Junior University erneut auf. Sie wollten die Versuche auf den Einfluß der Verzahnungsgenauigkeit ausdehnen. Die Versuchszahnräder, bearbeitet von Brown & Sharpe- und Maag-Maschinen, hatten Herstellungsfehler von 0,025 bis 0,15 mm. Die Forscher faßten den merklichen Einfluß der Verzahnungsgenauigkeit auf die Festigkeit der Zähne dahingehend zusammen: Bei einer Umlaufgeschwindigkeit von 1000 ft/min und darüber tragen Räder mit 0,001 in. Ungenauigkeit die doppelte Belastung als mit 0,006 in.; die Mitte zwischen beiden Werten liegt bei 0,002 in. Obwohl die Festigkeitsverhältnisse der genauesten zu den ungenauesten Zahnrädern bei 2000 ft./min 2 : 1 ist, so fiel der Unterschied nicht so groß wie erwartet aus. Die fallende Festigkeit folgt nicht dem Gesetz von LEWIS 1922, der irrtümlicherweise glaubte, die zulässige Last würde bei Geschwindigkeiten von 2600 bis 2700 ft./min zu Null.

1922 gaben die Ingenieure FREDERICK MCMULLEN und T. M. DURKAN den Gleason-Formfaktor bekannt, der für Spiralkegelräder paßte, sich aber nicht allgemein einführte. Auch der technische Redakteur der Zeitschrift „Automotive Industries" PETER MARTIN HELDT (1876 bis 1959) führte im gleichen Jahre neue Formfaktoren zur Lewis-Formel für Radzähne mit Profilverschiebung ein.

Zu dieser Zeit begannen in England und den USA photoelastische Untersuchungen an Zahnrädern. Diese beobachtete der aus Rußland stammende Forscher Dr. STEPHEN PROKOFIEVITCH TIMOSHENKO[1] vom Forschungslaboratorium der Westinghouse Electric & Mfg. Comp. in East Pittsburgh, Pa., und diskutierte sie. Er hielt diese photoelastische Methode der Spannungserforschung noch für zu neu, um in der Analysierung helfen zu können. Natürlich ging er von der allgemeinen Biegungsgleichung aus. Jedoch wollte er die Spannung in der Zahnfußausrundung berücksichtigen, da er sie für den Ort größter Zahnbeanspruchung hielt. Hierzu brauchte TIMOSHENKO Werte. Diese bestimmte 1925 als erster photoelastisch der Schweizer ROBERT VIKTOR BAUD. Er ermittelte die Beanspruchung in der Zahnfußausrundung spannungsoptisch an vier Zahn-

---

[1] STEPAN PROCOPOVIČ TIMOŠENKO, geboren am 22. Dezember 1878 in Shpotovka in der ukrainischen Provinz Konotop als Sohn eines Baurates. Schon während Kindheit an Mathematik und Mechanik interessiert. Studierte seit 1896 in St. Petersburg, München und Göttingen bei F. S. JASSINSKY, AUGUST FÖPPL, KLEIN und PRANDTL. 1922 bis 1926 im Forschungslabor der amerikanischen Westinghouse Electric Comp., studierte auch die Forschung bei Metropolitan Vickers und Siemens. 1927 bis 1944 Professor für Mechanik an der Universität von Michigan in Ann Arbor. Wichtige Werke: 1928 Vibration Problems in Engineering, 1930 Strength of Materials, 1933 Theory of Elasticity, 1936 und 1961 Theory of Elastic Stability, 1940 Theory of Plates and Shells, 1945 Theory of Structures, 1948 Advanced Dynamics, 1953 History of Strength of Materials. Mehrere Werke auch ins Deutsche übersetzt. Ehrendoktor von fünf Hochschulen.

modellen aus Celluloid von $^1/_4$ in. Dicke (s. Bild 231). Dann trug Baud die Tangentialspannungen mit Vektoren senkrecht zur Zahnkante ein. Die Gesamtlast P nach Bild 229a zerlegte Baud in die beiden Komponenten P_1 und P_2, lt. b) und c). Er brauchte aber nur den Fall P_2 aus c) zu untersuchen, weil die Vertikal-Komponente P_1 aus b) praktisch die gleichen k-Werte ergab wie für Biegung. In einem Vortrag in Toronto gab Baud seine k-Werte bekannt. Mitte Mai 1926 stellte dann Stephen Timoshenko in einem Vortrag bei der AGMA-Jahrestagung in Detroit das ganze Verfahren vor. Er empfiehlt die Lewis-Formel in folgender Schreibweise

$$P = \alpha \cdot \beta \cdot t \cdot p_w \cdot \cfrac{1}{1 + \cfrac{v}{600}}$$

wobei β = Faktor für die Zahnfußausrundung $= \dfrac{1,6}{k}$, k = Spannungskonzentrations-Faktor nach Baud $= 1 + \dfrac{0,15 \cdot c}{R}$, R = Radius der Übergangsrundung, c = Zahndicke oberhalb der Rundung, t = Teilung, $p_w = p_{max}$, v = Umlaufgeschwindigkeit.

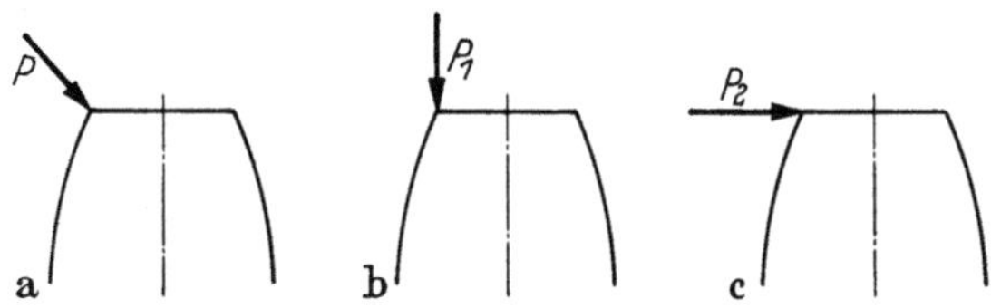

Bild 229. Zerlegung der Gesamtlast P an der Zahnkante in die Komponenten P_1 und P_2, 1925

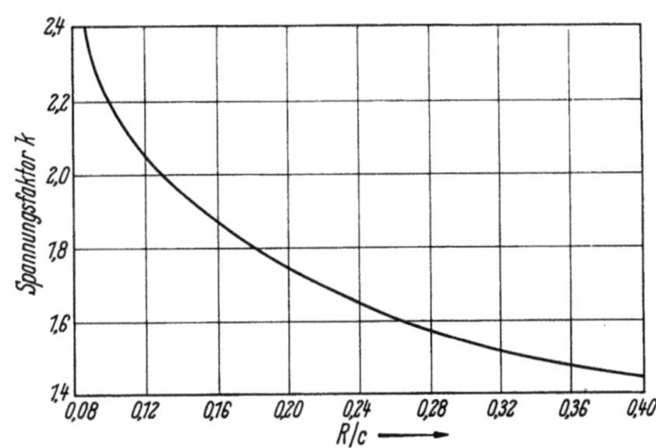

Bild 230. Graphische Darstellung des Spannungsfaktors k nach Robert Viktor Baud 1925

Werte für diese einzelnen Faktoren gibt Tabelle 78.

Tabelle 78. *Größen zur Benutzung der Formel von Stephen P. Timoshenko 1926*

Figur in Bild 231	Radius der Zahnfuß-Ausrundung R (in.)	Ausrundungs-Verhältnis $\dfrac{R}{c}$	Spannungs-Konzentrations-Faktor k	$\beta = \dfrac{1,6}{k}$
Zahn aus Lokomotiv-Getriebe	$^5/_{16}$	0,088	2,37	0,68
a	$^3/_8$	0,104	2,15	0,74
b	1	0,26	1,61	1.01
c	$1\frac{1}{2}$	0,375	1,46	1,14

Timoshenko faßte 1926 die Ergebnisse in drei Punkte zusammen:

1. die Spannung an der Zahnwurzel ist größer als die Biegung am Balken, errechnet nach der allgemeinen Biegeformel

2. diese maximale Spannungskonzentration am Zahnfuß läßt sich verringern durch genügend große Übergangsradien

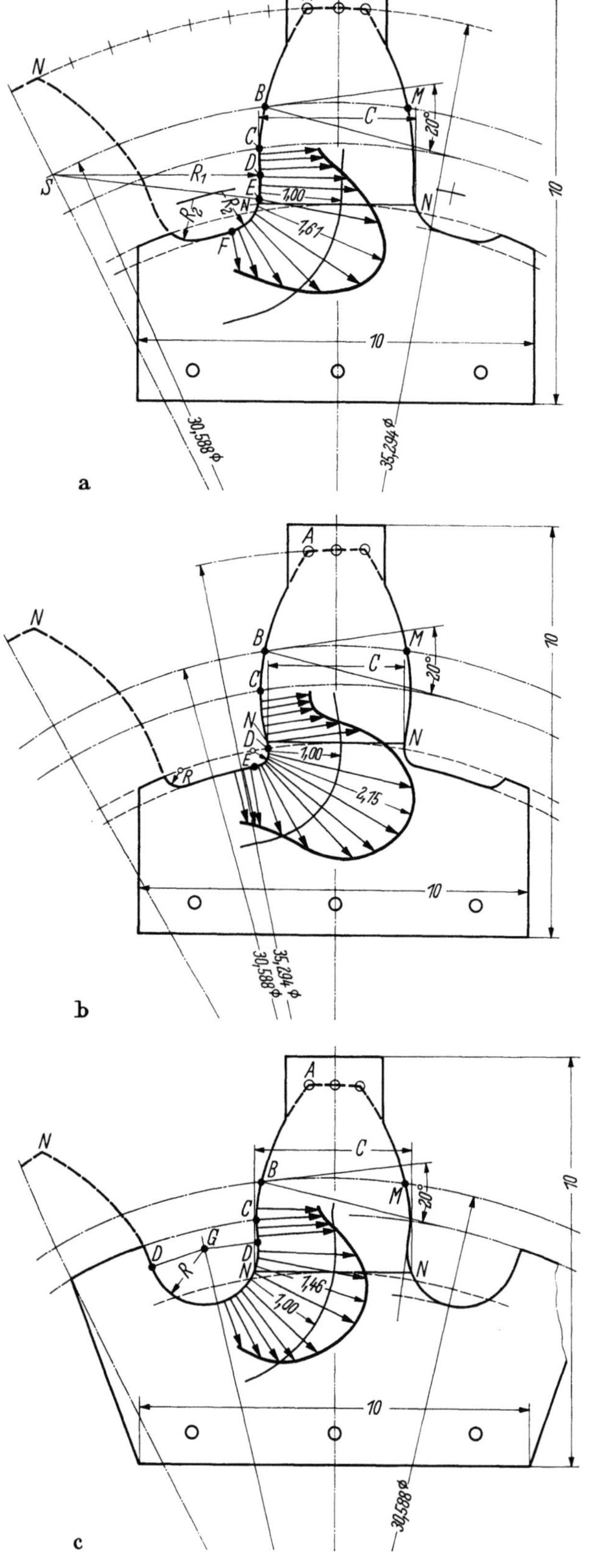

Bild 231. Spannungen in der Fußausrundung verschiedener Zahnformen nach BAUD 1925 (Maße in Zoll)

a) Vielbenutztes Zahnprofil. Die Zahnflanke besteht hier aus einem gestreckten Teil CD mit großem Radius und zwei Kreisbögen mit den Radien von ca. 5 und 1 in.

b) Hier ist CD derselbe Teil wie in a). Die Zahnfußausrundung DE hat $^3/_8$ in. Radius. Dieser Radius ist gleich $^1/_{10}$ der Zahnweite am Teilkreis und ist die kleinste der $AGMA$ damals bekannte Zahnfußausrundung.

c) Wie a), jedoch tritt an die Stelle ihrer zwei verschiedenen Radien ein Bogen DD von $R = \sim 1^1/_2$ in.

3. die Werte des neugefundenen Spannungskonzentrations-Faktors k für die Ausrundungsabmessungen am Zahnfuß R/c und den Faktor β zum Einsetzen in die Lewis-Formel enthält obige Tabelle; man muß die volle Schwächungswirkung schon wegen des hohen Härtungsgrades vieler Zahnräder anrechnen.

Was den Punkt 2 betraf, so gingen TIMOSHENKO und BAUD lieber wieder auf den Grundkreis zurück, was aber drei Kurvenelemente bedingte. Später schlug ROBERT VIKTOR BAUD als erster vor, die Zahnflanken zweier benachbarter Zähne mit einem einzigen Kurvenelement — z. B. Kreisbogen — zu verbinden.

Das US National Physical Laboratory bestätigte 1929 die Beobachtung von BAUD:

„Ein Zahnrad, dessen Fuß mit einem weichen, kreisförmigen Bogen ausgerundet war, zeigte auffallend mehr Ausdauer als eines mit der üblichen Zahnwurzelform. Obwohl dieser geänderte Zahn wegen seiner größeren Länge statisch viel weniger Bruchfestigkeit besaß, war er nach 47,5 Millionen Umdrehungen bei 1500 U/min und 1500 lb. p. in. Zahnflächenbelastung noch immer unversehrt. Unter den gleichen Bedingungen brach der normale Zahn durchschnittlich schon nach 8 Millionen Umdrehungen."

1931 setzt Robert Viktor Baud den Formfaktor k proportional der einfachen Balkenformel zu $S_{\mathrm{max}} = \dfrac{6 \cdot P \cdot l}{c^2} \cdot k$. Er unterscheidet außerdem zwischen Biegespannung $k_T = 0{,}8 \cdot k$ und Pressung $k_C = 1{,}1 \cdot k$. Es ergeben sich dementsprechend nach Baud 1931 zwei Spannungsgleichungen.

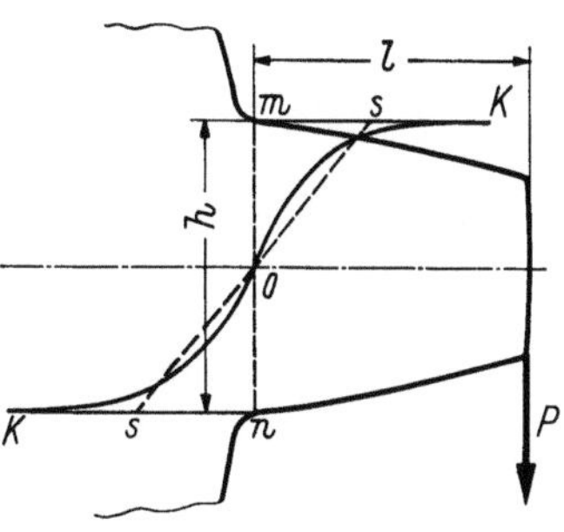

Bild 232. Festigkeitsbetrachtung am Radzahn nach Stephen Timoshenko 1925

Timoshenko betrachtet 1925 den Zahn als einseitig eingespannten Balken und bringt die Last am Zahnknopf an. Für einen Evolventenzahn von der Teilung t schreibt er 1925 annähernd $l = \dfrac{2{,}2 \cdot t}{\pi}$ und $h = t/2$. Dies in die allgemeine Biegungsgleichung für p_{max} eingesetzt, gibt mit $p_{\mathrm{max}} = p_w$ als wirksame Beanspruchung P die Gleichung $P = 0{,}06 \cdot t \cdot p_w$. Dieses angenommene lineare Gesetz für die Beanspruchungsverteilung über den Querschnitt mn entspricht der gestrichelten Linie SOS. Für Timoshenko herrschen aber in Wirklichkeit beträchtliche Beanspruchungskonzentrationen an der Zahnwurzel. Daher verläuft nach seiner Ansicht die wahre Beanspruchungsverteilung im Schnitt mn gemäß der ausgezogenen Kurve KOK.

Einfluß in der Zahnradberechnung in USA nahm der englische Forschungs-Ingenieur bei David Brown & Sons in Huddersfield Dr. Henry Edward Merritt[1]. Anläßlich einer Tagung der englischen „Institution of Automobile Engineers" am 7. November 1927 in Bristol erläuterte er eine neuartige Behandlung der Lewis-Formel im Rahmen eines Vortrages über sämtliche Zahnradfragen. Er meint als erster: die Annahme von Lewis 1892 mit dem vollen Kraftangriff auf einen Zahn an dessen Spitze ist eine zu ungünstige, wie sie in der Praxis auch nicht vorkommt, außer bei sehr ungenauer Zahnbearbeitung. Außerdem bemühte man sich damals schon um die Zurücknahme der Köpfe, um größere Laufruhe zu erzielen. Merritt möchte 1927 den Überdeckungsgrad in der Lewis-Formel besser berücksichtigen. Er legt die Zahnbelastung an den Punkt des eingreifenden Zahnes längs der Eingrifflinie in dem Moment, wenn der nächstfolgende Zahn eingreift. Handelt es sich also um

Bild 233. Dr. Henry Edward Merritt

---

[1] Henry Edward Merritt, geboren zu London im Mai 1899. Studierte von 1920 bis 1924 an der Universität London. Veröffentlichte hier bereits seine ersten Arbeiten über Zahnräder. Promovierte 1927 zum Dr. Sc. (Engineering) der Universität London mit einer Zahnradarbeit. 1925 bis 1936 und 1940 bis 1945 Entwicklungsleiter bzw. Direktor der Traktorenfabrik von David Brown. Entwickelte in der Nuffield-Gruppe 1945 bis 1948 den Nuffield-Schlepper. Hielt viele Vorträge in den Gesellschaften der Automobil-, Marine- und Maschinen-Ingenieure. Veröffentlichte 1942 das englische Standardwerk „Gears". Seine Arbeiten wurden zur Grundlage der britischen Normen. 1964 Goldmedaille der British Gear Manufacturers Association.

Zähne von fast theoretischer Genauigkeit, so trägt das Zahnradpaar das Maximum der Last. Die Biegeverhältnisse im Zahn zeigt dann Bild 234.

Die senkrecht aufs Zahnprofil auftreffende maximale Belastung schneidet die Mittellinie des Zahnes in B. Dann berührt die eingeschriebene Lewis-Parabel BG das Zahnprofil in G; diesen Punkt findet man durch Einzeichnen der Geraden GHI so, daß $KI = GH$ ist. In erster Annäherung ist die Festigkeit des Zahnes gleich einem Balken von der Höhe BK und der Breite $2\,GK$.

Nach Bild 234 lautet nun mit der Zahnbelastung F_r auf dem Teilkreis und der Biegespannung S_b die Biegungsgleichung $\quad F_r \cdot \overline{BK} = \dfrac{4 \cdot \overline{GK^2}}{6} \cdot S_b.$

oder $\quad F_r = S_b \cdot \dfrac{4 \cdot \overline{GK^2}}{6 \cdot \overline{BK}} = S_b \cdot Y.\quad$ Y ist der Zahnformfaktor von MERRITT 1927.

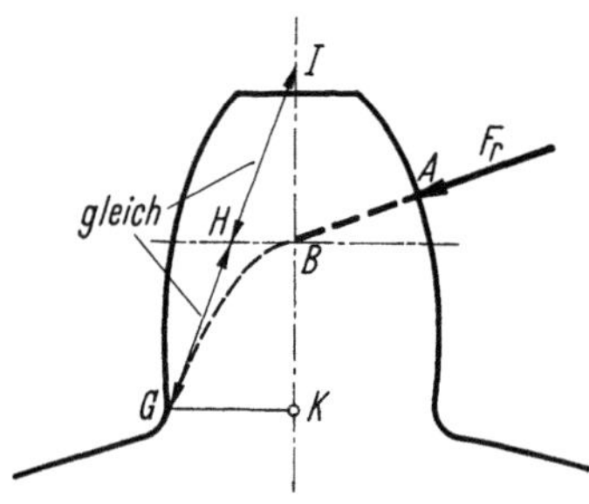

Bild 234. Zahnbeanspruchung und Definition des Zahnformfaktors y von HENRY EDWARD MERRITT 1927

Hierzu bemerkt MERRITT:

1. man erhält einen Gewinn an Festigkeit durch die Schräge der Zahnwurzel
2. Verluste bringt die Zahnfußecke und die dadurch entstehende Spannungskonzentration
3. die Pressung durch eine radiale Kraftkomponente ist vernachlässigt.

Danach schreibt MERRITT 1927 als zulässige Zahnbelastung pro Breiteneinheit $F_r = S_b \cdot \dfrac{Y}{P} = S_b \cdot Y \cdot M,$ wobei $P =$ diametral pitch, $M =$ Modul.

MERRITT dehnt seine Betrachtung auf Kegelräder aus. Hier berücksichtigt er die Abnahme des Zahnquerschnitts bei der Annäherung an die Kegelspitze. Die äquivalente Belastung jedes Zahnquerschnittes ist proportional dem Quadrat des Abstandes dieses Zahnquerschnittes vom Rückenkegel, gemessen auf der Mantellinie. Daher ist die Festigkeit eines Kegelrades geringer als die eines Stirnrades gleichen Teilkreisdurchmessers und gleicher Breite. Der Festigkeitsfaktor steht im Verhältnis $\dfrac{\left(C - \dfrac{f}{2}\right)^2}{C^2} \approx \dfrac{C-f}{C},$ wobei $C =$ Abstand von der Kegelspitze und $f =$ Zahnbreite, gemessen auf der Mantellinie. Die spezifische Belastung der Zahnfläche ist hier $F_i = \dfrac{2 \cdot \tau \cdot C}{M \cdot t \cdot f \cdot (C - f)},$ die Biegebeanspruchung $S_b = \dfrac{F_i}{M \cdot Y}.$ Hierbei sind $\tau =$ Drehmoment am Kegelritzel, $M =$ Modul, $t =$ Zähnezahl, $Y =$ Zahnformfaktor, s. Bild 235b.

Die Festigkeit von Spiralkegelräderzähnen ist nach MERRITT 1927 schwieriger zu berechnen, weil man die Druckverteilung nicht sicher kennt. Er nimmt an, daß die Biegebeanspruchung am größten ist, wenn die Last an einem Punkt in der Mitte der Berührungslinie angreift. Diese Annahme ist so gut wie jede andere und gibt brauchbare Werte. Erfahrungswerte s. Bild 235c.

Getrieberäder von Flugmotoren rechnete man 1927 mit $S_b = 20\,000$, bei Differentialkegelrädern von Automobilen liegen damals die S_b-Werte zwischen 21\,851 und 67\,000, bei Spiralkegelrädern zum Antrieb der Hinterachse zwischen 20\,600 und 63\,000 lb/sq. in.

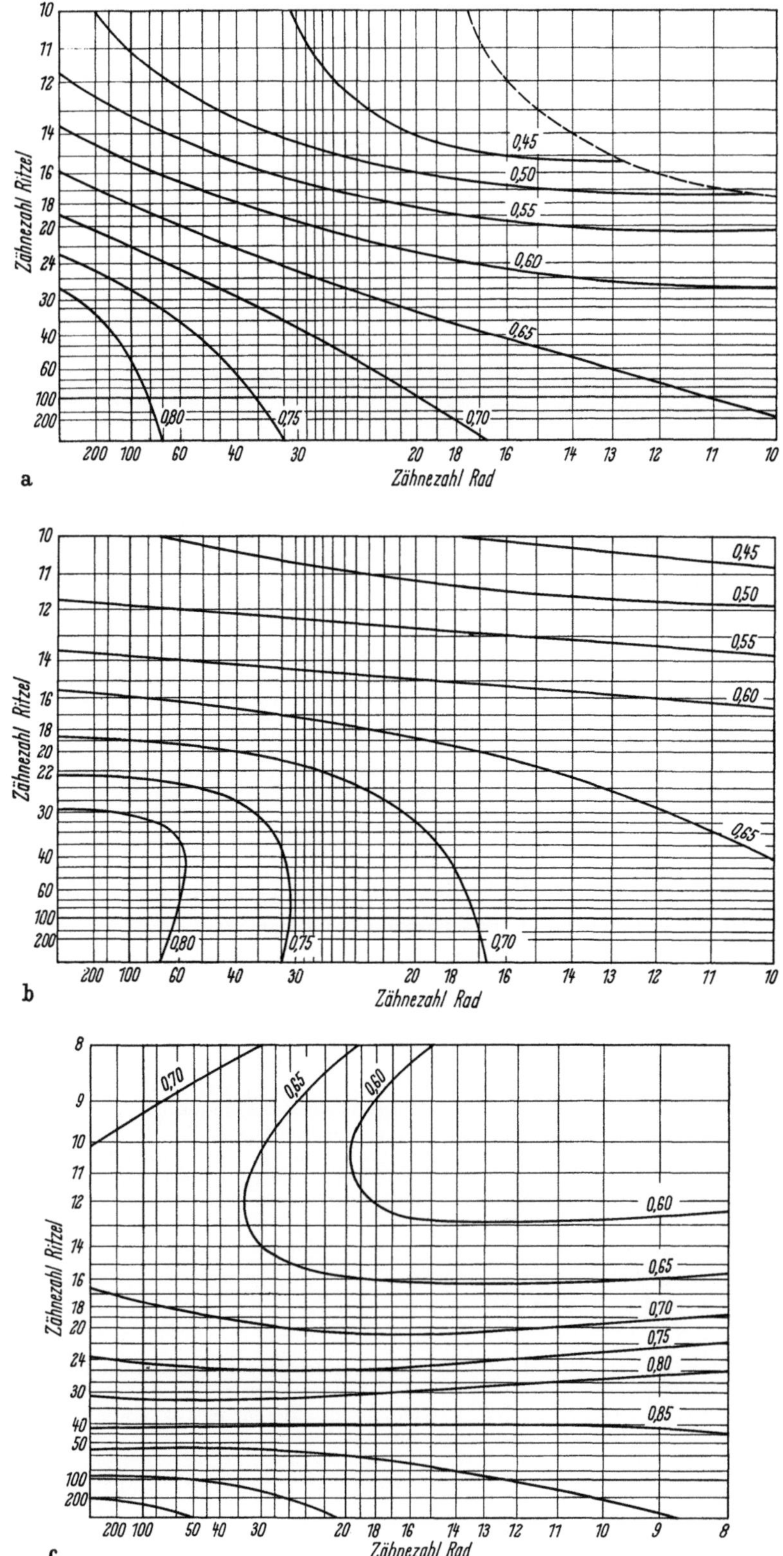

Bild 235.   Festigkeitsfaktoren von Radzähnen nach MERRITT 1927
a) 20°-Stirnräder, b) Geradzahn-Kegelräder, c) Spiralkegelräder mit $14^1/_2$°-Eingriffs- und 30°-Spiral-Winkel.

Weitere Werte von Zahnrädern im Automobil-Getriebebau gibt MERRITT 1927 in Tabelle 79 an.

Tabelle 79. *Werte für Zahnräder im Automobil-Getriebebau nach H. E. Merritt 1927*

Zähnezahl-Paarung	Zahnbreite f	Biegebeanspruchung S_b (lb/sq in.)	Verwendungszweck
$\dfrac{14 \text{ bis } 21}{26 \text{ bis } 41}$	0,432 bis 0,875	14 700 bis 35 900	Automobilgetriebe
$\dfrac{13 \text{ bis } 22}{25 \text{ bis } 35}$	0,44 bis 1	21 650 bis 61 600	dto., 1. Gang

Diese Werte gelten bei meistens $\alpha = 20°$, Modul $M = 0,1$ bis $0,167$ und einsatzgehärteten legierten Stählen.

Die Ansätze von MERRITT 1927 bildeten 1932 die Grundlage zur Britischen Norm BS 436 für Schrauben- und Geradzahn-Stirnräder.

1938 baut HENRY EDWARD MERRITT seine Methode weiter aus, womit er auch auf dem europäischen Festland Beachtung findet. Er beginnt mit einer Klärung der Überdeckungsfrage. Hier bemüht sich MERRITT um eine Beendigung der fortwährenden Streitigkeiten, ob man dem einzelnen Zahn die volle gegebene Kraft anlasten kann oder nicht. Für sein Berührungsverhältnis r_c stellt er eine eigene Funktion auf. Es handelt sich hier um das Verhältnis Berührungsweg zu Eingriffsteilung. Mit den Bezeichnungen von Bild 236 ist das Berührungsverhältnis ausgedrückt durch

$$r_c = \frac{l_p + l_w}{p_0} = \frac{l_c}{p_0}.$$

Bei Stirnrädern wechselt die Zahl der zusammenarbeitenden Zahnpaare ständig zwischen den ganzen Werten über und unter r_c; ist z.B. $r_c = 1,7$, so wechselt die Zahl der berührenden Zahnpaarungen zwischen 1 und 2. Mit bekannten l_p und l_w, d und D als Teilkreis-Durchmessern beider Räder, m als Modul und ψ als Eingriffswinkel wird

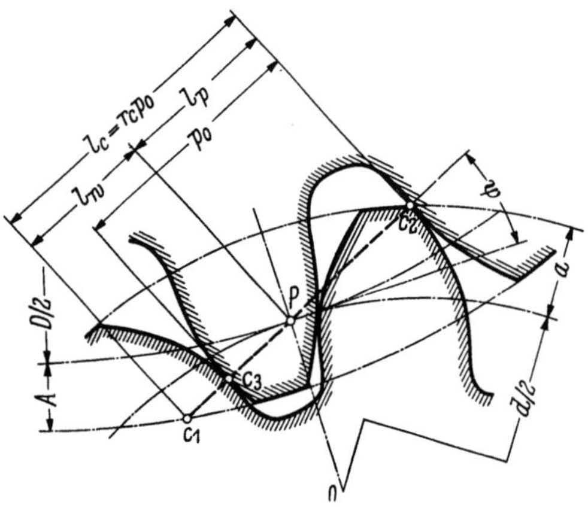

Bild 236.   Beziehungen zum Berührungsverhältnis r_c von MERRITT 1938

Die Länge l_c der Berührung $c_1 c_2$ ist die Summe des betr. Berührungsschrittes $c_2 P = l_p$ und $c_1 P = l_w$. $c_2 c_3$ ist die Eingriffsteilung p_0. Sind hier d und D die betreffenden Teilkreis-Durchmesser, m der Modul, a und A die Kopfhöhen, ψ der Eingriffswinkel, dann wird:

$$l_p = \frac{a}{2}\left[\sqrt{\left(\frac{d}{a}\cdot\sin\psi\right)^2 + 4\cdot\left(\frac{d}{a}+1\right)} - \frac{d}{a}\cdot\sin\psi\right]$$

$$l_w = \frac{A}{2}\left[\sqrt{\left(\frac{D}{A}\cdot\sin\psi\right)^2 + 4\cdot\left(\frac{D}{A}+1\right)} - \frac{D}{A}\cdot\sin\psi\right]$$

Die Ausdrücke für l_p und l_w sind genauso für Gerad- wie für Schraubenzähne mit genormtem, speziellem oder korrigiertem Profil anwendbar. Die Formel für das Q_c-Diagramm, Bild 237, lautet:

$$Q_c = \frac{1}{2}\left[\sqrt{\left(\frac{D}{A}\cdot\sin\psi\right)^2 + 4\cdot\left(\frac{D}{A}+1\right)} - \frac{D}{A}\cdot\sin\psi\right]$$

dann $r_c = \dfrac{l_c + l_w}{\pi \cdot m \cdot \cos\psi}$. Für den täglichen Rechenbedarf gibt MERRITT die Funktion $l = Q_c \cdot A$, wobei Q_c aus dem Diagramm Bild 237 entnommen werden kann.

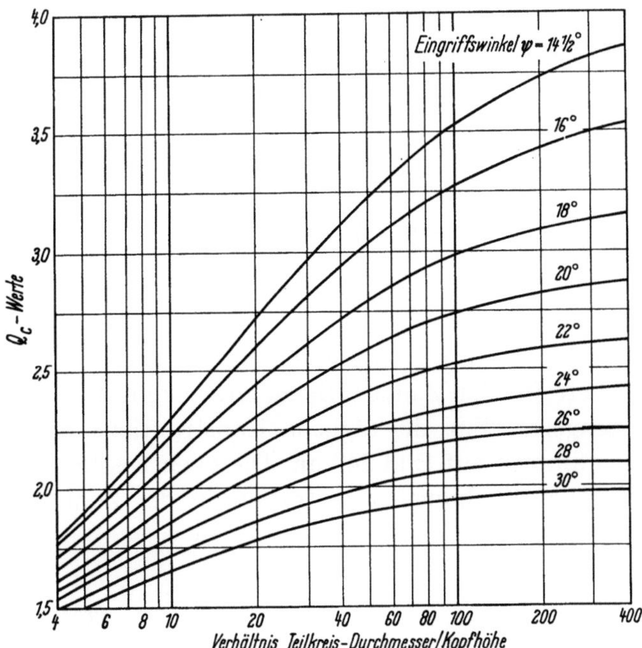

Bild 237.   Diagramm zur Bestimmung der Funktion Q_c von Merritt 1938

Zur Definition des Zahnformfaktors Y nimmt Merritt 1938 an: konstante tangentiale Last F, theoretisch korrektes Zahnprofil und einheitliche Lastverteilung über die Zahnbreite. Zur Ableitung des Biegungswiderstandes eines Zahnradpaares zeichnet Merritt 1938 die beiden Figuren auf Bild 238. Man sieht: die vergleichbare Festigkeit eines gegebenen Ritzelzahnes schwankt je nachdem, ob der Angriffspunkt der Last am Zahnkopf oder am äußeren Einzeleingriffspunkt angenommen wird. Nun betrachtete Merritt den Zahn A_1 von Bild 238b, im einzelnen auf Bild 239. Die höchste Biegungsbeanspruchung nimmt auch er an den Punkten G und H der Zahnwurzel an, wo die Lewis-Parabel mit ihrem Scheitel B das Zahnprofil berührt. Die Biegebeanspruchung S_{b_1} bei G und H ist dann mit $BL = x$ und $GH = y$ laut Bild 239:

$$S_{b_1} = \frac{6 \cdot F \cdot x \cdot \sec \psi \cdot \cos \Theta}{y^2}. \quad \text{Die direkte Druckbeanspruchung ist außerdem}$$

$$S_{b_2} = \frac{F \cdot \sec \psi \cdot \sin \Theta}{y}. \quad \text{Danach ist die gesamte Beanspruchung bei } G:$$

$$S_b = S_{b_1} + S_{b_2} = \frac{F \cdot \sec \psi}{y^2} \cdot (6 \cdot x \cdot \cos \Theta + y \cdot \sin \Theta) \quad \text{oder}$$

$$S_b = \frac{F}{\dfrac{y^2 \cdot \cos \psi}{6 \cdot x \cdot \cos \Theta + y \cdot \sin \Theta}} = \frac{F}{Y}$$

Y ist der Zahnformfaktor nach Merritt 1938, oder wie er ihn treffender nennt, „Festigkeitsfaktor". Er bedeutet das Verhältnis der maximalen Biegespannung S_b zur Umfangskraft F. Die Zahnfestigkeit eines gleichen Getriebes mit Rädern verschiedener Teilung ist proportional dem Modul und der Zahnbreite f. Merritt schreibt daher

22*

die Belastung, die die Beanspruchung S_b ergibt, zu $\quad F = S_b \cdot f \cdot Y \cdot m = \dfrac{S_b \cdot f \cdot Y}{P}$. Die

spezifische Belastung der Zahnbreite ist dann

$$F_i = \frac{F}{f} = S_b \cdot Y \cdot m = \frac{S_b \cdot Y}{P}. \quad \text{Das Drehmoment am Ritzel ist}$$

$$M_P = {}^1\!/_4 \cdot S_b \cdot Y \cdot f \cdot t \cdot m^2 = \frac{{}^1\!/_2 \cdot S_b \cdot Y \cdot f \cdot t}{P^2}, \quad \text{wobei } t \text{ Zähnezahlen am Ritzel bzw.}$$

Rad sind.

Die Bestimmung von Y für jede Kombination von Zähnezahlen erfordert genau gezeichnete Profile der betreffenden Zähne. Hierzu entwickelte HENRY E. MERRITT 1936 ein besonderes Zeichengerät. Für die tägliche Konstruktionspraxis gibt er aber die Y-Werte in den Diagrammen auf Bild 240 an. Die oben beschriebene Methode erfaßt allerdings nicht die Beanspruchungskonzentration in der Zahnfußausrundung. Hier

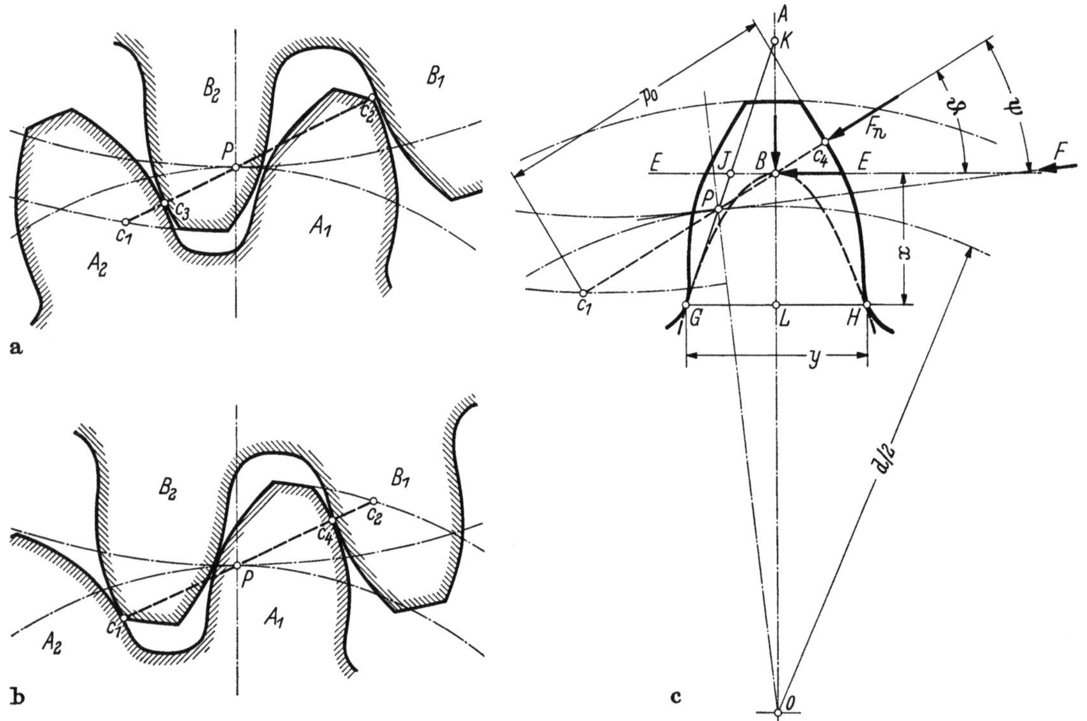

Bild 238.   Ableitung des Biegungswiderstandes am Zahnradpaar von MERRITT 1938

a) u. b) Die Zähne A_1 und A_2 des treibenden Ritzels kämmen mit den Zähnen B_1 und B_2 des Rades im Berührungs-verhältnis zwischen 1 und 2.

Bei a) ist der Zahn A_1 gezeigt, wie er mit seiner Spitze in c_2 den Gegenzahn B_1 berührt. An diesem Punkt herrscht maximale Beanspruchung in der Zahnwurzel, falls die ganze Last vom Zahn A_1 getragen würde. Sind Teilung und Profil jedoch exakt, so berühren sich in diesem Moment auch A_2 und B_2 in c_3 und tragen so einen Teil der Last. Die ganze Last trifft auf ein Zahnpaar beim Zahn B_2.

b) Hier trägt das Zahnpaar $A_2 B_2$ ebenfalls die Last allein, bei c_4 um eine Teilung entfernt vom Berührungsbeginn bei c_1.

c) Die tangential angreifende Zahnlast F erzeugt eine Kraft F_n bei c_4 im Abstand p_0 vom anderen Berührungspunkt c_1 $F_n = F \cdot \sec \psi$. Diese Kraft F_n schneidet die Zahnmittellinie OA bei B unter einem Winkel Θ zur Senkrechten EE auf OA. Sie zerlegt sich in die Komponenten $F_n \cdot \cos \Theta$ als Biegungskraft an der Zahnwurzel und in $F_n \cdot \sin \Theta$ als direkte Schubkraft. Man findet sie zeichnerisch durch Anlegen einer Maßskala tangential G, bis beim Probieren die Punkte G und K (als Schnittpunkt mit OA) von J (als Schnittpunkt von EE) aus gleich entfernt sind ($GJ = KJ$).

hält sich Merritt an die Forschungsergebnisse von Timoshenko/Baud 1926. Dieser Spannungskonzentrations-Faktor beträgt normalerweise 1,7 bis 2. Bei Schrägverzahnungen liegen die Werte der Biegungsberechnung fast bei denen der Stirnräder.

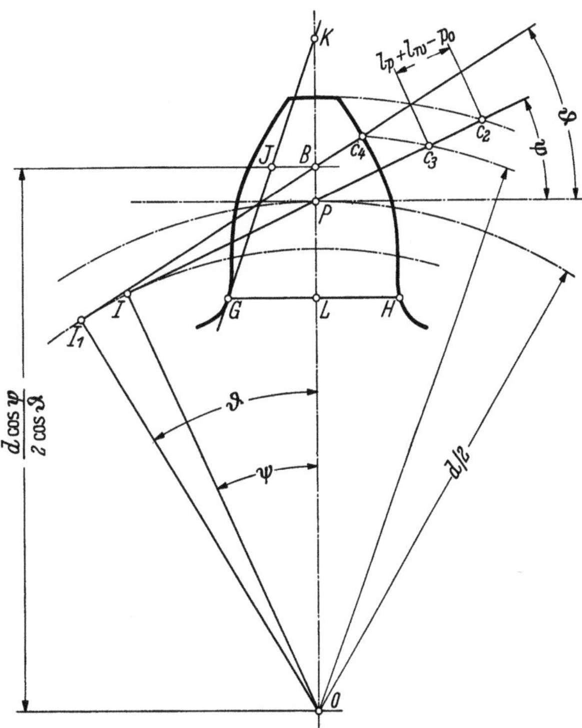

Bild 239. Bestimmung des Festigkeits- und des Spannungs-Konzentrationsfaktors durch Merritt 1938

Man findet den Punkt c_4 durch Zeichnen der Tangente $I_1 c_4$ am Grundkreis unter dem Winkel Θ. Dieser Winkel Θ hat die Größe

$$\Theta = \psi + \left[\frac{2\pi - l_w \cdot \sec \psi - \left(\dfrac{\pi}{2} + 2 \cdot k \cdot \operatorname{tg} \psi \right)}{t} \right],$$

wobei der Korrektur-Koeffizient k ist

$$\text{am Ritzel} \quad \left\{ k_p = 0,4 \cdot \left(1 - \frac{t}{T} \right) \right. \quad \text{bei Zahnsumme} > 60$$

$$\text{am Rad} \quad \left\{ \begin{array}{l} k_p = 0,02 \cdot (30 - t) \\ k_w = 0,02 \cdot (30 - T) \end{array} \right\} \quad \text{bei Zahnsumme} < 60$$

c_4 kann man auch finden durch Zeichnen des Berührungsweges $P c_2$ durch P, wodurch die Entfernung

$$c_2 c_3 = l_p + l_w - p_0$$

entsteht, indem man einen Kreis um den Zentralpunkt O durch c_3 schlägt, der das Profil in c_4 schneidet. Siehe dazu auch Bild 238c.

Merritt hat als erster für seine Berechnung den Doppel- und Einzeleingriff berücksichtigt. Er brachte damit ein neues Problem in die Zahnradberechnung: die Lastverteilung auf mehrere Zähne.

Auf der Suche nach einer Beziehung zwischen Lastverteilung und Beanspruchung zweier eingreifender Zähne führt der Schweizer Robert Viktor Baud 1929 den Begriff „Berührungsverhältnis" ein. Er hatte schon 1925 den Arbeiten von Timo-

SHENKO assistiert und 1927 die Lastverteilung bei variierender Zähnezahl untersucht. Vor der 13. AGMA-Jahrestagung in Cleveland, Ohio, Mitte Mai 1929 legt er dar: die wahre Lastverteilung hängt ab von der Durchbiegung und den Zahnfehlern, die Last ist also nicht gleichmäßig zur Hälfte verteilt. Am leichtesten läßt sich das Berührungsver-

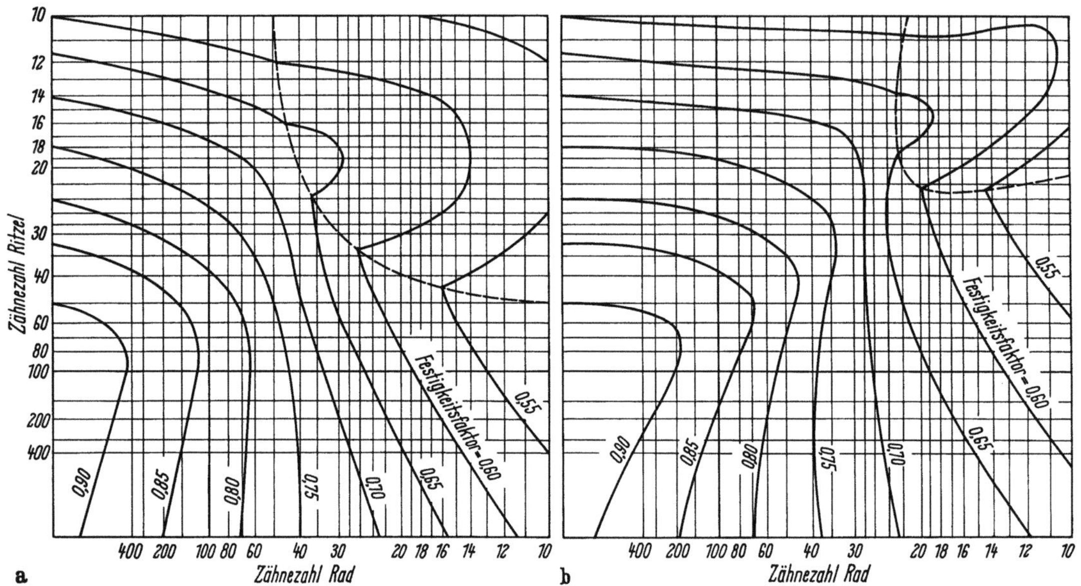

Bild 240.   Zahnformfaktor Y nach HENRY EDWARD MERRITT 1938
a) Stirnräder, b) Kegelräder

hältnis nach ANTHONY BRUCE COX ausdrücken, der 1920 die Länge der Eingriffsgraden durch die Teilung dividierte. BAUD gibt nun 1929 folgende Beziehungen für sein Berührungsverhältnis n an:

Für $n = 1$ trägt dauernd ein Zahn die gesamte Belastung

$2 > n > 1$ $\begin{cases} \text{ein Zahn ist belastet } (2/n - 1) \text{ der Zeit} \\ \text{zwei Zähne sind belastet } (2 - 2/n) \text{ der Zeit} \end{cases}$

Für $n = 2$ tragen dauernd zwei Zähne die gesamte Belastung

$3 > n > 2$ $\begin{cases} \text{zwei Zähne sind belastet } 2 \cdot (3/n - 1) \text{ der Zeit} \\ \text{drei Zähne sind belastet } 3 \cdot (1 - 2/n) \text{ der Zeit} \end{cases}$

Zum Beispiel trägt bei $n = 1{,}68$ ein Zahn 0,19 der Zeit die volle Belastung, zwei Zähne die restlichen 0,81 der Zeit. Bei $n = 2{,}32$ tragen zwei Zähne die Belastung 0,59 der Zeit, die restlichen 0,41 der Zeit drei Zähne.

Die Richtigkeit seiner Annahme, daß sich die Last nicht gleichmäßig zwischen zwei Zähnen verteilt, zeigte BAUD an einem vereinfachenden Beispiel. Die Gesamtlast ist $P = P_1 + P_2$. Verformen sich die Balken nach Bild 241 a, so wird $S = d_1 + d_2 = d_3$. Für rechteckige Balken ist dann

$$d_1 = d_2 = \frac{P_1 \cdot \left(\frac{l}{2}\right)^2}{3 \cdot E \cdot J} \qquad d_3 = \frac{P_2 \cdot l^3}{3 \cdot E \cdot J}$$

$$P_1 = 4 \cdot P_2 \qquad P_1 = \frac{4 \cdot P}{5}$$

Laut Bild 241a trägt das linke Paar nicht die Hälfte der Last, sondern $^4/_5$ durch die Elastizität beim Durchbiegen. Dieser Vorgang ist bei Zahnrädern ähnlich, zumindest bei langsam laufenden.

In Weiterentwicklung der Betrachtung durch Stephen P. Timoshenko 1926 nimmt Baud 1929 den Zahn als trapezförmigen Balken nach Bild 241b an. Dafür schreibt er jetzt in Anlehnung an die Formel von August Föppl für die Verformung zweier Zylinder die Funktion:

$$d = \frac{12 \cdot P \cdot l^3}{E \cdot h_0{}^3} \cdot \left[\left({}^3/_2 - \frac{a}{2 \cdot l} \right) \left(\frac{a}{l} - 1 \right) + \log \frac{l}{a} \right] + \frac{4 \cdot P \cdot (l - a)(1 - v)}{(h - h_0) \cdot E}$$

Für die eckige Klammer gibt Baud 1929 eine Kurve als Funktion von $\dfrac{l}{a}$.

v = Poisson'sche Konstante, E = Elastizitätsmodul (siehe Bild 242a).

In einigen Fällen nähert Baud den Zahn lieber an den rechtwinkligen Balken an, wobei die Biegegleichung heißt:

$$d_2 = \frac{P \cdot l^3}{3 \cdot EJ} + \frac{2 \cdot P \cdot l \cdot (1 - v)}{E \cdot h} .$$

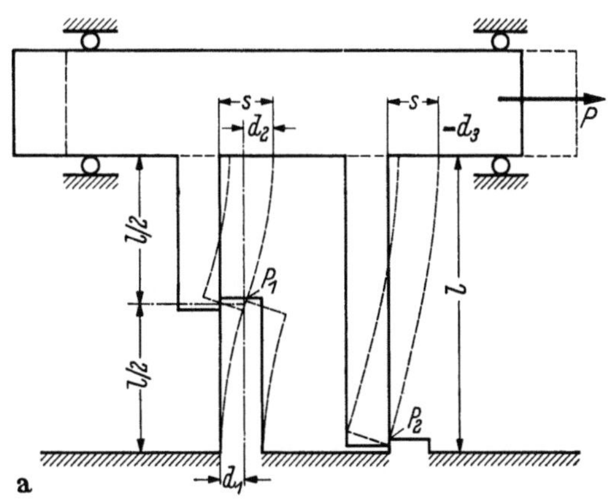
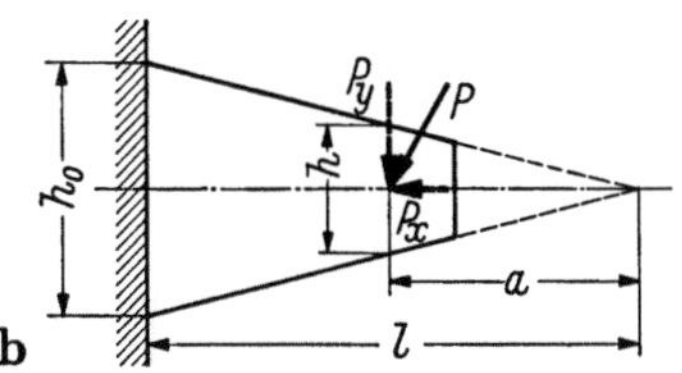

Bild 241. Annahmen für die Zahnbeanspruchung von Robert Viktor Baud 1929
a) Ungleichmäßige Lastverteilung zwischen zwei Zähnen,
b) trapezförmiger Balken

Der Verlauf der Verformung im Zahn ist dann $S = d_g + d_p + c = d_g' + d_p' + c' = \ldots$ usw., wobei d_g = Biegungsbeanspruchung am Zahn in der Eingriffslinie, d_p = dasselbe

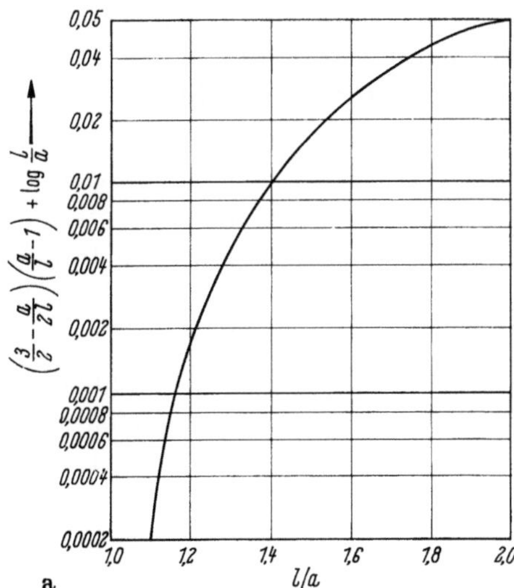

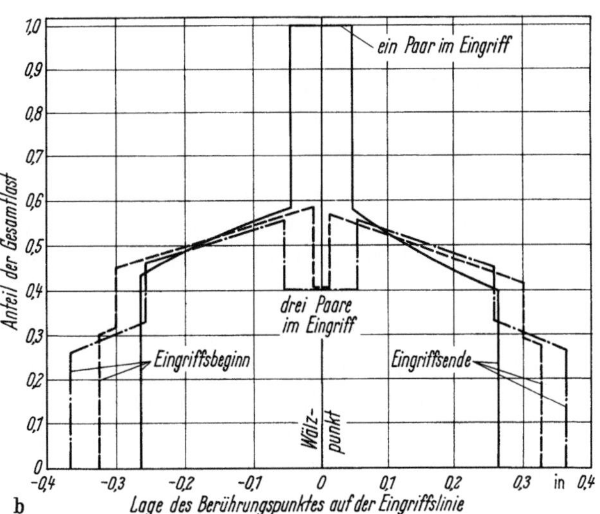

Bild 242. Diagramme zur Verformung und Lastverteilung an Zahnpaaren nach Baud 1929
a) Graphische Darstellung des Klammerausdrucks in der Formel für die Verformung zweier Zylinder, b) theoretische Lastverteilung bei Berührung von einem bis drei Zahnpaaren

vom Ritzel, $c =$ Pressung in der Eingriffslinie. Im einzelnen sind diese Größen definiert nach Bild 243 zu

$$d_g = d_{2g} \cdot \cos \alpha_g \cdot \frac{r_p}{r_b}, \quad \mathrm{d}_p = d_{2p} \cdot \cos \alpha_p \cdot \frac{y_2}{y_1} \cdot \cos \beta \cdot \frac{r_p}{r_c} \quad \text{und} \quad c = d_1 \cdot \cos \beta \cdot \frac{r_p}{r_c},$$

wobei d_1 und d_2 Verformungen nach den Funktionen von AUGUST FÖPPL und BAUD sind.

Nun gibt BAUD 1929 die Gesamtverformung des Zähnepaares pro Einheitslast und

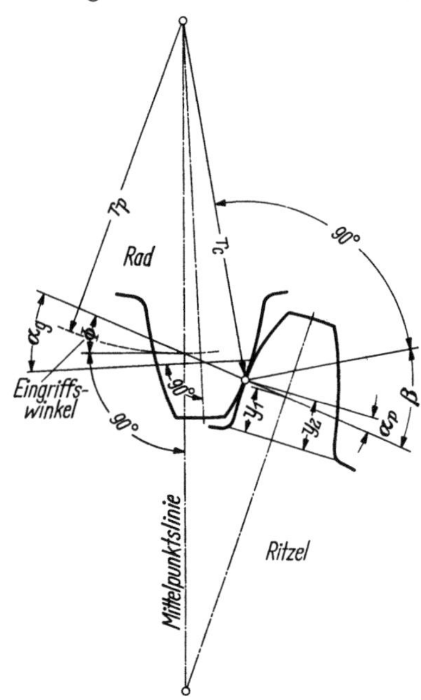

Bild 243.   Ableitung der Gesamtverformung eines Zahnpaares von BAUD 1929

-fläche in jeder einzelnen Lage durch den Faktor k wieder. k spielt hier die Rolle einer Federkonstanten, so daß die gesamte Verformung längs der Eingriffslinie die Form $k \cdot P$ hat. Die Gleichung für S heißt dann für zwei Zahnpaare im Eingriff $S = k_1 \cdot P_1 = k_2 \cdot P_2$, wobei k_1 und k_2 Federkonstanten sind.

Es wird also:

$$\frac{P_1}{P_2} = \frac{k_2}{k_1}, \qquad \frac{P_1}{P_1 + P_2} = \frac{k_2}{k_1 + k_2} = f_1,$$

$$f_2 = \frac{k_1}{k_1 + k_2},$$

wobei $f_1 =$ Teillast, die das erste Zahnpaar trägt, $f_2 =$ Teillast für das zweite Zahnpaar.
Und dann ist $f_1 + f_2 = 1$.

BAUD führt 1929 die Rechnung auch für drei Zahnpaare aus, wobei wird

$$S = k_1 \cdot P_1 = k_2 \cdot P_2 = k_3 \cdot P_3$$

und zeichnet davon Lastverteilungskurven für seine drei untersuchten Zahnpaare.

Zu Anfang der zwanziger Jahre unseres Jahrhunderts bildete sich in den USA die Meinung, man könne nicht alle Zahnradarten in der gleichen Weise auf Festigkeit berechnen. Aus diesem Grunde hatten 1922 die Gleason-Ingenieure FREDERICK E. McMULLEN und T. M. DURKAN zur Lewis-Formel einen speziellen Zahnformfaktor für Kegelräder entwickelt, der sich besonders an Spiralkegelrädern bewährte. Trotzdem gab es noch immer viele Schäden. Daher begann zu Anfang der dreißiger Jahre der Abteilungsleiter im Research Laboratory von General Motors JOHN OTTO ALMEN (geb. am 14. September 1886 in Grafton, N. D., USA) eine Untersuchung der Verhältnisse an Spiralkegelrädern von Automobil-Achsantrieben. Er verglich einerseits alle benutzten Biegungsformeln, andererseits prüfte er 200 Spiralkegelräder aus den General-Motors-Betrieben bis zum Zahnbruch. Die Nachrechnung von 62 Spiralkegelrädern ergab eine Ungenauigkeit bis zu $80^0/_0$. Schräge und schraubende Verzahnungen nahm man bisher mit gleichmäßig auf alle berührenden Zähne verteilter Last an. ALMEN's Versuche an Spiralkegelrädern mit dem Überdeckungsgrad $\varepsilon = 3$ zeigten, wie 1935 bekannt wurde: die stärkste Belastung wirkt lt. Bild 244 genauso am dicken Ende des Ritzels wie bei Geradzahn-Kegelrädern, trotzdem theoretisch auch mehrere Zähne im Eingriff sein können. So nahm ALMEN als erster auch bei schrägen Verzahnungen die volle Kraft am Einzelzahn an, weil die Durchbiegung fliegend gelagerter Ritzel und Bearbeitungsfehler den Überdeckungsgrad wieder verringern. Die gebräuchlichen Zahnformeln setzten immer genaue

Bearbeitung, exakte Montage und vollkommen starre Lagerung voraus. Annahmen, die in der Praxis — auch heute — nicht zutreffen. Auf Grund dieser Tatsachen gab Almen ein kombiniertes graphisch-rechnerisches Verfahren an, 1937 die GMR-Methode genannt.

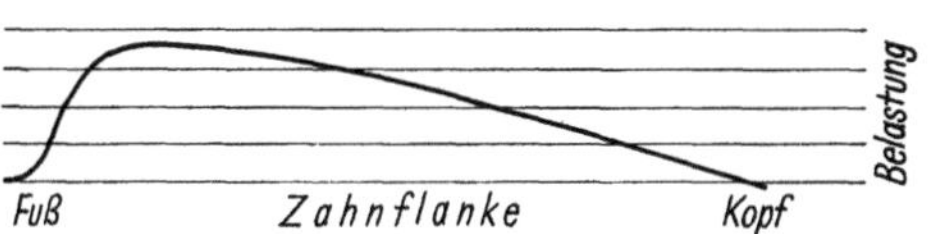

Bild 244. Belastungsverlauf längs der Zahnflanke bei Spiralkegelrädern mit dem Überdeckungsgrad $\varepsilon = 3$ nach John Otto Almen 1935

In bekannter Weise klappt er das schrägverzahnte Stirn- oder Kegelrad in den Normalschnitt, wie es z. B. schon 1913 Professor Adalbert Schiebel in Prag gelehrt hatte, und ermittelt hier den Teilkreisradius $R_n = \dfrac{PR_v}{\cos^2 \triangle}$, wobei $\triangle =$ Schrägungswinkel und $PR_v =$ Teilkreisradius im Grundriß. Nun zeichnet Almen 1935 den Zahn des Normalschnitts in vergrößertem Maßstabe auf und ermittelt den Zahnformfaktor X nach Lewis in neuer Art. Das wichtigste Merkmal seiner Methode ist das Auffinden dreier Evolventenpunkte: der Zahnspitze als Kraftangriff, in dessen Richtung die Eingriffslinie verläuft, des Wälzpunktes J und der Fußausrundung. Aus diesen drei Punkten konstruiert Almen alle weiteren Zahnabmessungen und kann schließlich die Größe für den Zahnformfaktor X abmessen. Erst dann errechnet er die Spannung zu $S = \dfrac{3\pi \cdot T}{N \cdot F \cdot N_a \cdot X}$, wobei sind $S =$ Biegespannung am Zahn, $T =$ Drehmoment am Ritzel, $N =$ Ritzel-Zähnezahl, $F =$ Zahnbreite, $N_a =$ Eingriffslänge.

Besonders interessant ist die Durchführung dieses Verfahrens an Spiralkegelrädern. Siehe Bild 245. Almen klappt die Verzahnung aus der Ebene CC' an der äußeren Seite in den Normalschnitt, Bild 245a. Er betrachtet hier das Tellerrad als Zahnstange, weil es im Automobilbau um vieles größer ist als das Ritzel. Zum genaueren Zeichnen der Figuren wird eine Evolventenschablone und der Vergrößerungsmaßstab $M =$ Grundkreisradius der Schablone benutzt. Almen konstruiert den Festigkeitsfaktor in vergrößertem Maßstabe in der Reihenfolge der eingetragenen Nummern auf Bild 245c. Zur Ermittlung der Zahndicke beim Spiralkegelrad benutzt Almen 1935 die Breite der Werkzeugschneide B_1 nach Bild 245d. Mit ihr findet er die Breite B der Zahnlücke an ihrer Wurzel. Dieser Wert wird dann auf Bild 245c übertragen, womit diese Figur gezeichnet werden kann. Almen verfährt dann weiter nach den laufenden Nummern in Bild 245c: Der Faktor X_p ergibt sich dann ebenfalls daraus, so daß die Spannungsgleichung jetzt heißt $S_p = \dfrac{1,5 \cdot W_p}{F \cdot N \cdot X_p}$, wobei sind $W_p =$ Kraft am Punkt 0 $= T/R$, $T =$ Drehmoment am Ritzel, $R =$ Radius zum Lastangriffspunkt, geklappt in die Normalebene $= OE \cdot \cos \beta$, $OE =$ Entfernung vom Mittelpunkt E zum Lastangriffspunkt 0, $F =$ Zahnbreite, $N =$ Umrechnungsfaktor für die Zahnlast an Spiralkegelrädern $= 1 - \dfrac{F}{L} + \dfrac{F^2}{3 \cdot L^2}$, $X_p =$ Zahnformfaktor Ritzel aus dem Bild 245c.

Am Tellerrad wird die Spannung genauso gefunden, wie Bild 245e zeigt. Der Zahnformfaktor X_g des Tellerrades ist hier die Strecke $U'V'$, so daß die Spannungsgleichung für das Tellerrad lautet

$$S_p = \frac{1,5 \cdot W_g}{F \cdot N \cdot X_g}, \quad \text{wobei} \quad W_g = \frac{T}{R_p} \quad \text{ist.}$$

Diese Methode von John Otto Almen erwies sich bei Schräg- und Spiralverzahnungen als so zuverlässig, daß die Tellerrad-Durchmesser trotz steigendem Antriebsdrehmoment um $34^0/_0$ verringert werden konnten. Seit Anfang der dreißiger Jahre in den General-Motors-Betrieben benutzt, wurde die Methode um 1935 auch von Gleason Works in Rochester, N. Y., übernommen. Gleason kleidete das graphisch-rechnerische Verfahren von Almen in eine neue Formel und schrieb danach die Zahnformfaktoren Y nach Tabelle 80 an. Im Herbst 1937 veröffentlichte Almen seine Methode ausführlich und seitdem benutzt man sie bis heute in den USA sehr oft bei allen Größen von Zahnrädern.

1939 stellt der technische Redakteur der amerikanischen Zeitschrift „Automotive Industries" Peter Martin Heldt das Thema erneut zur Diskussion. Seine An-

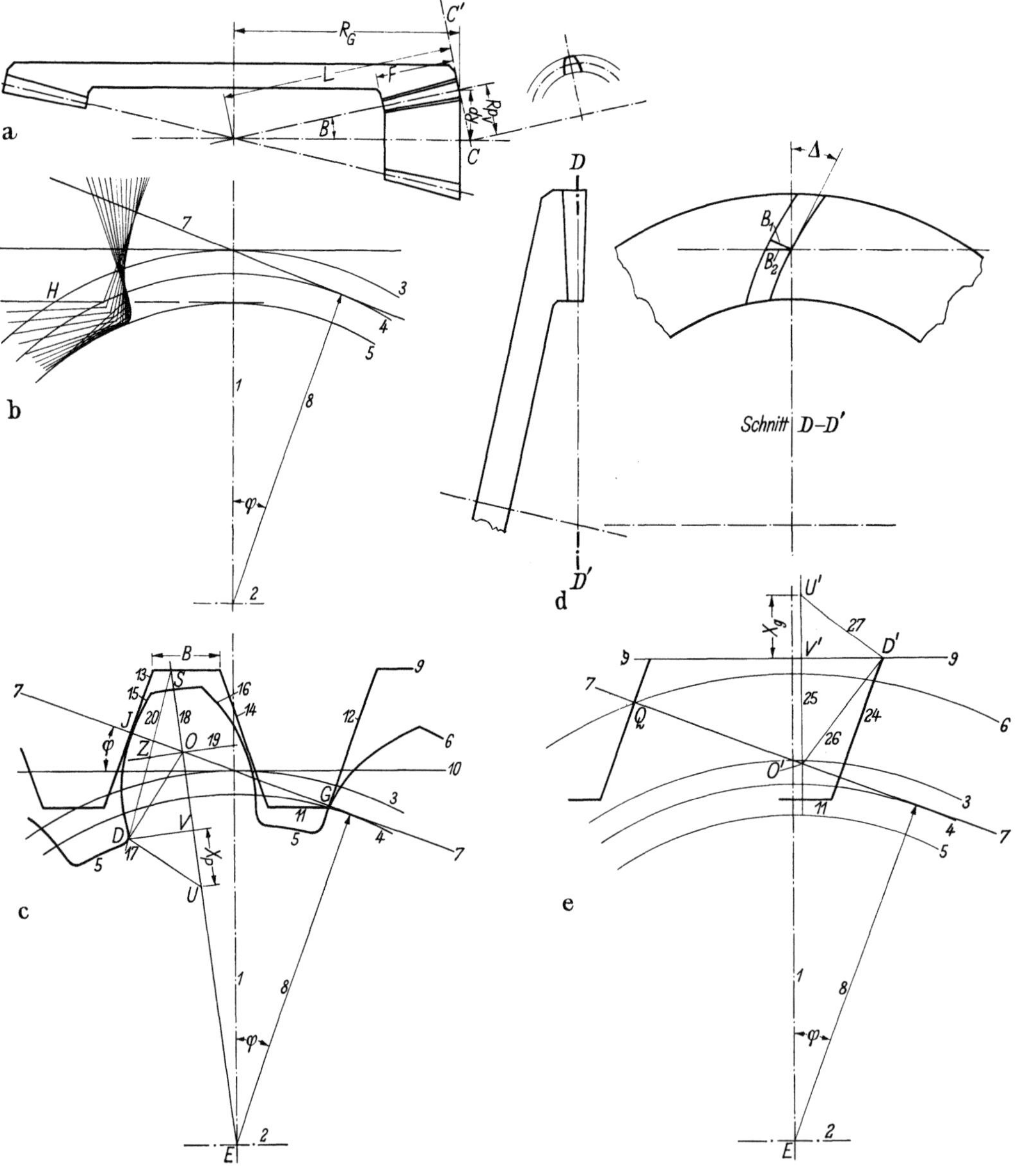

Bild 245. Ermittlung des Spannungsfaktors X bei Spiralkegelrädern von John Otto Almen 1937

(Legende siehe gegenüberliegende Seite)

regung zu einem neuem Zahnformfaktor ist jedoch dasselbe, was Merritt schon 1927 gesagt hatte. Als Unterschied wollte Heldt 1939 die angreifende Zahnkraft noch in zwei Komponenten, eine radiale und tangentiale, zerlegen. Er dachte sich dabei die Spannungsverteilung im Zahn dargestellt durch die horizontale Kraft a) und vertikale b), sowie die resultierende Kraft c), wie auf Bild 246.

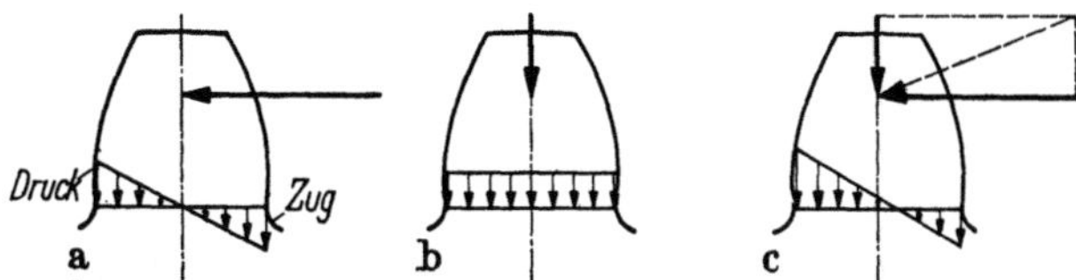

Bild 246.   Definition des Zahnformfaktors von Peter Martin Heldt 1939
a) Horizontale, b) Vertikale, c) resultierende Kraft

In einem Diagramm zeigt Heldt 1939, wie sich sein Zahnformfaktor auf der Differenz beider komponenten Kraftangriffe für amerikanische Stumpfverzahnung aufbaut. Schließlich will Heldt 1940 während der Fortsetzung seiner Diskussion die Spannungs-

---

Zu Bild 245: Ermittlung des Spannungsfaktors X bei Spiralkegelrädern von John Otto Almen 1937 auf Seite 346

a) Maße am Radpaar nebst Normalschnitt

Die Ebene CC' steht senkrecht zur Zeichenebene. Es sind R_g = normaler Teilkreisradius des Tellerrades, R_p = dasselbe des Ritzels = $\frac{N_p}{N_g} \cdot R_g$, N_p = Zähnezahl Ritzel, N_g = Zähnezahl Tellerrad, F = Zahnbreite von Ritzel und Tellerrad, β = Teilkegelwinkel Ritzel, $\mathrm{tg}\,\beta = \frac{R_p}{R_g} = \frac{N_p}{N_g}$, L = Teilkegel-Entfernung = $\frac{R_p}{\sin \beta} = \frac{R_g}{\cos \beta}$, $R_{pv} = \frac{R_p}{\cos \beta}$, $\mathrm{tg}\,\varphi = \frac{\mathrm{tg}\,\alpha}{\cos \varDelta}$, α = Eingriffswinkel, $\varDelta$ = Spiralwinkel, A_{pv} = Grundkreisradius-Ritzel = $R_{pv} \cdot \cos \varphi$ und

$$P = \frac{2\pi \cdot R_p}{N_p} = \text{circular pitch.}$$

Der Mittelpunkt der Teilkreislinie im Schnitt liegt am Schnittpunkt der Achse CC'. In der Projektion ist der Teilkreisradius gleich der hinteren Kegelentfernung des Ritzels; dieser Radius ist $R_{pv} = R_p/\cos \beta$.

b) Erzeugung der Fußausrundung durch das Werkzeug

Zur Bestimmung des Punktes größter Biegespannung im Zahn muß man die Fußausrundung *17* konstruieren. Sie wird erzeugt durch Abrollen des Kammstahles auf dem Teilkreis.

c) Konstruktion des Ritzelzahnes zur Ermittlung des Formfaktors X_p im vergrößerten Maßstab M

Nach Konstruktion der Fußausrundung wird die Mittellinie *18* des Ritzelzahnes gezeichnet. In *0* schneidet sie die Eingriffslinie. In *0* wird außerdem die Normale *19* auf der Mittellinie *18* errichtet. Der Schnittpunkt *0* ist der Punkt des Lastangriffs auf die Zahnmitte. Den Punkt größter Biegespannung erhält man nun durch Zeichnen der Tangente *20* an die Fußausrundung bei D, wobei *20* die Normale *19* in Z und *18* in S schneidet, so daß $DZ = ZS$ wird. Der Tangentenberührungspunkt D ist der Punkt der größten Biegespannung. Von diesem Punkt aus zieht man die Normale DV auf die Mittellinie *18*. OD wird gezogen und DU senkrecht zu OD. UV ist der Zahnformfaktor X in der Spannungsgleichung. Im einzelnen bedeuten: *1* und *2* Mittellinien des Ritzels, *3* Teilkreisradius R_p, *4* Grundkreisradius A_{pv}, *5* Zahnwurzelkreis, dessen Radius ist R_{pv} minus Zahnfußhöhe, *6* Kopfkreis des Ritzels, dessen Radius ist R_{pv} + Kopfhöhe Ritzel, *7* Eingriffslinie, *8* Normale zur Eingriffslinie, *9* Zahngrund des Tellerrades, *10* Teilkreis des Tellerrades, *11* Kopfhöhe des Tellerrades

d) Ermittlung der Zahndicke B in Schnitt $D—D'$

Hierzu werden die Werkzeugabmessungen benutzt. Die Werkzeugbreite ist B_1, die Zahnlücke im Schnitt $D—D'$ heißt dann $B_2 = \frac{B_1}{\cos \varDelta}$. Am äußeren Ende des Tellerrades wird dann $B = B_2 \cdot \frac{L}{L - \dfrac{F}{2}} = \frac{B_1}{1 - F} \cdot \cos \varDelta$. Dieses B wird dann nach c) übertragen und die gegenüberliegende Seite der Zahnlücke *14* gezeichnet. Die kämmende Flanke *15* des Ritzelzahnes berührt die Zahnstangenflanke *13* bei J, wo die Eingriffslinie ihn schneidet. Dann zeichnet man die andere Seite des Ritzelzahnes *16* unter Berücksichtigung des Flankenspiels.

e) Konstruktion des Tellerradzahnes zur Ermittlung des Formfaktors X_g im vergrößerten Maßstab M

Die Lage, in der ein Zahn zu tragen aufhört, ergibt Schnittpunkt Q der Eingriffslinie mit dem Kopfkreis des Ritzels. Die Zahnflanke *24*, senkrecht zur Eingriffslinie gezeichnet, schneidet die Zahnwurzel in D'. $D'V'$ wird gleich der halben Zahndicke an der Wurzel gemacht. Diese Größe stammt aus Figur c). Dann zieht man die Mittellinie *25* des Zahnes, die die Eingriffslinie in 0' schneidet. Zeichnen von $O'D'$ und der Senkrechten $U'D'$ ergibt den Formfaktor X_g.

konzentration in der Zahnfußausrundung nach TIMOSHENKO/BAUD 1926 mitberücksichtigen. Er kombiniert deren Zahnformfaktor q mit dem seinigen z zu z/q und trägt ihn im Bild 247b auf.

Die Methode, mit zusammengesetzten Beanspruchungen durch einzelne Kraftkomponenten zu rechnen, hatte aber schon 1936 als erster PAUL HOWARD BLACK (geb. 1902 in Huntington, Pa.), seit 1949 Professor an der Ohio-University Athens, an Stirnrädern anläßlich einer Forschungsarbeit im Maschinenlaboratorium der Universität von Illinois gezeigt.

Tabelle 80. *Festigkeitsfaktoren „Y" für die Lewis-Formel, um 1940 eingesetzt von Gleason Works, Rochester/N. Y.*

Zähnezahl im Ritzel	Übersetzung														
	1.00 bis 1.25	1.25 bis 1.50	.150 bis 1.75	1.75 bis 2.00	2.00 bis 2.25	22.5 bis 2.50	2.50 bis 2.75	2.75 bis 3.00	3.00 bis 3.25	3.25 bis 3.50	3.50 bis 3.75	3.75 bis 4.00	4.00 bis 4.50	4.50 bis 5.00	5.00 bis ∞
Geradzahnige Kegelräder															
10	0.231	0.260	0.280	0.294	0.305	0.315	0.324	0.332	0.340	0.347	0.347	0.358	0.371	0.365	0.377
11	0.268	0.264	0.273	0.286	0.296	0.303	0.309	0.315	0.320	0.324	0.328	0.332	0.336	0.340	0.342
12	0.248	0.265	0.281	0.295	0.308	0.318	0.328	0.335	0.341	0.345	0.348	0.351	0.353	0.355	0.356
13	0.264	0.278	0.291	0.280	0.278	0.286	0.291	0.295	0.298	0.299	0.301	0.303	0.305	0.307	0.310
14	0.242	0.254	0.263	0.272	0.281	0.288	0.294	0.299	0.304	0.307	0.310	0.313	0.316	0.318	0.319
15	0.248	0.258	0.266	0.274	0.283	0.290	0.296	0.301	0.305	0.308	0.312	0.315	0.318	0.319	0.320
16	0.252	0.261	0.269	0.277	0.285	0.292	0.298	0.304	0.308	0.312	0.314	0.317	0.319	0.321	0.323
17 bis 18	0.257	0.265	0.273	0.281	0.288	0.295	0.302	0.307	0.311	0.315	0.318	0.320	0.322	0.325	0.326
19 bis 21	0.265	0.272	0.279	0.286	0.294	0.300	0.307	0.312	0.317	0.320	0.324	0.326	0.328	0.330	0.332
22 bis 25	0.274	0.281	0.288	0.295	0.301	0.307	0.314	0.319	0.324	0.327	0.331	0.332	0.335	0.337	0.338
26 bis 20	0.284	0.291	0.297	0.304	0.310	0.317	0.322	0.327	0.332	0.336	0.339	0.342	0.344	0.346	0.347
Spiralkegelräder															
5	0.297	0.322	0.343	0.361	0.376	0.388	0.398	0.406	0.411	0.416	0.420	0.424	0.431	0.438	0.450
6	0.310	0.332	0.353	0.372	0.386	0.398	0.406	0.414	0.419	0.424	0.427	0.431	0.436	0.443	0.452
7	0.318	0.333	0.347	0.360	0.373	0.384	0.392	0.398	0.405	0.410	0.415	0.419	0.426	0.432	0.439
8	0.298	0.320	0.336	0.348	0.357	0.366	0.373	0.379	0.384	0.388	0.392	0.394	0.397	0.400	0.405
9	0.292	0.313	0.327	0.338	0.346	0.352	0.357	0.363	0.367	0.370	0.373	0.376	0.380	0.384	0.388
10	0.315	0.338	0.353	0.363	0.371	0.345	0.326	0.342	0.351	0.357	0.363	0.367	0.371	0.374	0.377
11	0.316	0.335	0.343	0.325	0.327	0.333	0.338	0.344	0.350	0.356	0.361	0.367	0.375	0.384	0.390
12	0.298	0.318	0.333	0.343	0.351	0.357	0.363	0.368	0.372	0.377	0.379	0.381	0.384	0.386	0.388
13	0.302	0.320	0.334	0.343	0.351	0.358	0.365	0.371	0.376	0.381	0.384	0.386	0.388	0.391	0.393
14	0.306	0.322	0.334	0.345	0.354	0.362	0.369	0.374	0.378	0.382	0.386	0.389	0.391	0.393	0.395
15	0.314	0.330	0.342	0.352	0.360	0.368	0.374	0.380	0.385	0.389	0.392	0.394	0.397	0.399	0.402
16	0.322	0.335	0.347	0.358	0.367	0.374	0.381	0.386	0.390	0.394	0.397	0.400	0.402	0.404	0.406
17 bis 18	0.329	0.343	0.354	0.364	0.373	0.382	0.389	0.394	0.398	0.400	0.403	0.406	0.407	0.409	0.410
19 bis 21	0.399	0.351	0.362	0.373	0.382	0.389	0.396	0.401	0.405	0.407	0.410	0.411	0.410	0.414	0.415
22 bis 25	0.351	0.363	0.373	0.382	0.391	0.398	0.403	0.407	0.410	0.412	0.413	0.414	0.415	0.417	0.418
26 bis 30	0.364	0.374	0.384	0.393	0.299	0.404	0.407	0.410	0.412	0.414	0.415	0.416	0.417	0.418	0.419

Noch 1940 meint der amerikanische Ingenieur H. A. HUEBOTTER: die tabellierten Werte des Zahnformfaktors von WILFRED LEWIS 1892 sind zwar bei kleinen Zähnezahlen zu hoch, aber bei steigender Zähnezahl verringert sich der Fehler. Er stellt noch einmal alle Zahnformfaktoren und ihre Werte bei Zahnpaarungen in Tabelle 81 zusammen.

Tabelle 81. *Zahnformfaktoren von Zahnpaarungen mit kleinen und großen Zähnezahlen in rechnerischer und zeichnerischer Ermittlung nach H. A. Huebotter 1940*

		$\dfrac{15}{15}$		$\dfrac{15}{60}$	
		Rechnung	Zeichnung	Rechnung	Zeichnung
Lewis 1892	y	0,1053	0,1047	—	—
McMullen 1922		0,1412	0,1402	0,1618	0,1623
Heldt 1939	z	0,132	—	0,145	—
Heldt 1940	$\dfrac{z}{q}$	0,1135	0,1128	0,128	0,128

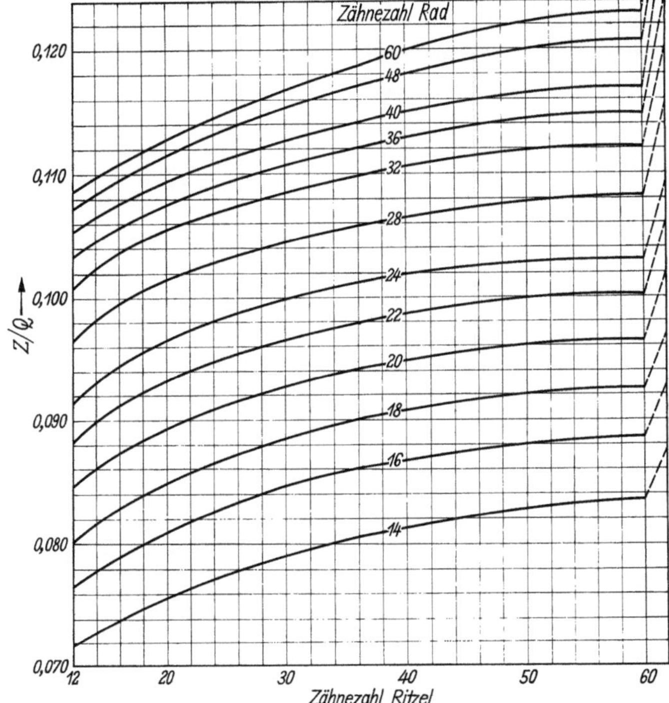

Bild 247.   Verlauf des Zahnformfaktors von Heldt bei amerikanischer Stumpfverzahnung 1940

Die kritischen Stimmen über die Lewis-Formel befaßten sich im weiteren Zeitverlauf mit dem Problem, den Zahn in diejenige gleichwertige Form zu verwandeln, bei der sich sämtliche Nennspannungen genau berechnen lassen. Lewis hatte 1892 den Zahn durch ein Parabelprofil ersetzt, wie es der Theorie des einseitig eingespannten Trägers gleicher Festigkeit nach Galilei 1638 entsprach. Diese Methode brachte aber folgende Fehler in die Zahndimensionierung:

1. die Lewis-Formel von 1892 betrachtet das einfache Biegemoment für parallelkantige Balken kleiner Breite im Verhältnis zu seiner Länge. Hierfür allein liefert sie befriedigende Ergebnisse

2. zusätzliche Spannungen in Nähe der Zahnwurzel erfaßt die Lewis-Formel nicht; sie waren von vornherein nicht berücksichtigt. Liegt z. B. der Schnittpunkt von Kraftwirkungs- und Zahnmittellinie unterhalb der Zahnfußausrundung, dann kann man die Lewis-Parabel gar nicht einbeschreiben.

So hält es 1955 der leitende Getriebe-Ingenieur der Austin Motor Co. in Birmingham M. A. JACOBSON für falsch, der alten Lewis-Formel von 1892 einfach einen einheitlichen Korrekturfaktor hinzuzufügen. Im Vergleich mit spannungsoptischen Untersuchungen enthält sie eine Schwankung von 46,3 bis 111,5%. Falsch ist solch ein Korrekturfaktor besonders dann, wenn die Lewis-Formel mit experimentell gefundenen Zahnformwerten abgestimmt werden soll.

Schließlich mußte also das viele Ändern der Lewis-Formel von 1892 genauso erfolglos bleiben, wie wir es schon im Kapitel 3.22 bei der Bach'schen Formel von 1881 gesehen haben. Der beste Weg zu ausreichender theoretischer Betrachtung scheint zu sein, von neuen Voraussetzungen auszugehen und sie mit Ergebnissen spannungsoptischer Untersuchungen in Einklang zu bringen. Im Ansatz von STEPHEN P. TIMOSHENKO bereits 1925 versucht, glauben die Wissenschaftler heute, auf diese Weise zu einer genaueren Formel ohne große Streuung in ihren Ergebnissen zu kommen. Niemals darf man aber eine solche Formel zu sehr komplizieren und die Erfüllung zu vieler praktischer Forderungen verlangen.

3.33 Die Entwicklung eines Zahnformfaktors in Deutschland seit 1928

Als einzelne Praktiker in Deutschland sahen, daß man durch Änderung der Bach'schen Formel immer schwerer auf brauchbare Werte bei der Zahndimensionierung kam, suchten sie selbst neue Theorien zu genauerer Festigkeitsberechnung zu entwickeln. Vor allem reizte der Zahnformfaktor in der Lewis-Formel. Sie allein führte einen solchen und ermöglichte es, spezielle Eigenheiten der Zahnbeanspruchung gegenüber dem rechteckigen Balken zu berücksichtigen. In Deutschland wurde die Lewis-Formel von 1892 bekannt durch:

1. die Veröffentlichung der ersten Versuchsreihe zur Nachprüfung der Lewis-Formel von Professor GUIDO H. MARX in der „Zeitschrift für praktischen Maschinenbau" 1913, der deutschen Ausgabe des „American Machinist"
2. die amerikanische Werkzeugmaschinen-Industrie, die in Europa Betriebe eröffnet und Lizenzen vergeben hatte (Deutsche Niles-Werke)
3. die amerikanische Automobil-Industrie, in der man Getriebezahnräder ausschließlich nach der Lewis-Formel rechnete (Übersetzung des amerikanischen Werkes von PETER MARTIN HELDT, Automobilbau, Bd. 2 Das Untergestell, 1922)
4. den Aufsatz des Düsseldorfer Ingenieurs FRANZ BRZOSKA in der Zeitschrift „Die Werkzeugmaschine", Heft 8, 1923
5. die Übersetzung des Werkes von EARLE BUCKINGHAM, Stirnräder mit geraden Zähnen, durch GEORG OLAH, 1932.

Sie inspirierte den Abteilungschef für Kranbaustudien in der Demag zu Duisburg Dipl.-Ing. KURT WISSMANN, die deutsche Bruchfestigkeitsrechnung für Zahnräder neu zu bearbeiten. Wenn auch nach seiner Meinung um 1928 die Festigkeitsrechnung wegen immer stärkerer Einführung gehärteter Stahlräder im Getriebebau an Wichtigkeit verlor, brachte sie WISSMANN durch die Schaffung eines deutschen Zahnformfaktors bedeutend vorwärts. Zusammen mit dem in seiner Abteilung tätigen Dipl.-Ing. OTTO CRANZ (1889 bis 1961), später Professor für Getriebebau und Hebezeuge an der Technischen Hochschulen Danzig und Stuttgart, leitete WISSMANN 1928 die Festigkeitsrechnung für Deutschland neu ab und führte sie bei der Demag sofort in die Praxis ein.

Ausgehend von den gleichen Annahmen wie Lewis 1892 erhielt Wissmann 1928 als größte Spannung im gefährlichen Querschnitt, bestehend aus Druck- und Biegespannung lt. Bild 248

$$\sigma_{\text{max}} = \frac{U \cdot q}{b \cdot m}\ (\text{kg/cm}^2), \quad \text{wobei} \quad U = \frac{20 \cdot M_d}{m \cdot z} = \text{Umfangskraft im Wälzkreis (kg),}$$

$b = $ ganze Zahnbreite (cm), $m = $ Modul (mm), $q = \dfrac{1}{c} = $ Zahnformfaktor, $c = $ Schei-

telhöhe der Lewis-Parabel. Mit $M_d = \dfrac{71\,620 \cdot N}{n}$ (m kg) und $z = \dfrac{d}{m}$ erhält die Formel

auch die Form $\sigma = \dfrac{14\,324 \cdot N \cdot q}{b \cdot d \cdot m \cdot n}$, wobei jetzt $N = $ Leistung (PS), $n = $ Drehzahl U/min,

$d = $ Teilkreis-Durchmesser (cm) und $z = $ Zähnezahl sind.

Mit den drei Größen U, b, m gleich 1 erhalten Wissmann/Cranz 1928 lt. Bild 248 die Gleichung für den ersten deutschen Zahnformfaktor q zu

$$q = \sigma_{\text{max}} = \frac{6 \cdot c \cdot \sin \beta}{a^2 \cdot \cos \alpha} + \frac{\cos \beta}{a \cdot \cos \alpha}$$

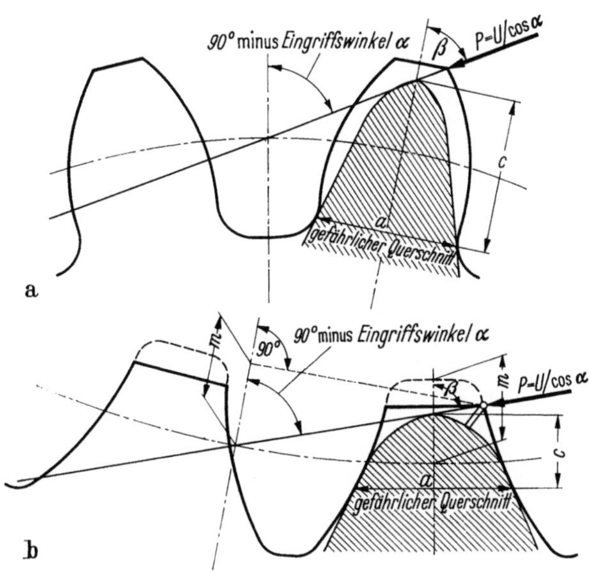

Bild 248. Festigkeitsrechnung von Stirnrädern mit der Lewis-Parabel von Kurt Wissmann 1928
a) Ungünstigster Kraftangriff bei Außenverzahnung, b) Dasselbe bei Innenverzahnung.

σ_{max} hängt von der Zähnezahl z ab, denn es ändert sich mit ihr außer dem Winkel β auch Lage und Stärke des gefährlichen Querschnitts; schließlich werden Flanken- und Kopfspiel berücksichtigt. Die genaue Zahnform ermittelte Otto Cranz für die einzelnen Zähnezahlen mit den Massen a, c und Winkel β wie in Bild 248 zeichnerisch, wobei er der Zahnstärke im Wälzkreis 0,07 m Flanken- und 0,2 m Kopfspiel gab. Danach trägt er die q-Werte als Formfaktor für 15°- und 20°-Außen- und Innenverzahnung in Tabelle 82 ein.

Festigkeitsformel und Formfaktor gelten auch für Kegelräder mit geraden Zähnen, wenn sie als Mantellinien von Ergänzungskegeln in Zahnmitte $d_1/2$ und $D_1/2$ aufgefaßt sind. q ist hier die Funktion der reduzierten Zähnezahlen des Kegelritzels

$$z' = z_{Ritzel} \cdot \frac{\sqrt{1 + i^2}}{i}$$

Tabelle 82. *Tafel der Zahnformfaktoren q von Kurt Wissmann und Otto Cranz 1928*

Außen-Verzahnung			Innen-Verzahnung		
z	q		z	q	
	15°	20°		15°	20°
10		52	∞	28	25
11		49	700	27	
12		46	350	26	
13	53,8	43,5	200	25	24
14	52,2	41	180		
15	50,7	39	105	24	
16	49,3	37,5	100	23,2	23
17	48	36	75	23	
18	46,8	35	70	22,2	22
19	45,7		60	22	
20	44,7		50	21	21
21	43,7	33	42	20	
22	42,8		38	19,4	20
23	42		35	19	
24	41,3	32	30	18,6	19
25	40,6		29	18	
26	40		24		17,7
28	39	31	20		17
30	38				
33	27				
34		30			
36	36				
40	35	29			
48	34				
50		28			
60	33				
65	32,7	27			
76	32				
80	31,8	26			
100	31	25			
140	30				
200	29				
∞	28	25			

und des Kegelrades $z'' = z_{Rad} \cdot \sqrt{1 + i^2}$. WISSMANN zeigt 1928 zum ersten Male auch die Lewis-Parabel bei der Innenverzahnung. Besonders bei kleinen Zähnezahlen rückt hier lt. Bild 248b der gefährliche Querschnitt zur Zahnmitte.

Nachdem WISSMANN 1928 den Zahndruck sehr ungünstig am Zahnkopf annahm, verlangt er auch bei Wahl der zulässigen Beanspruchungen keine besondere Vorsicht. Mit bekanntem Nenndrehmoment des Antriebes empfiehlt er Werte nach Tabelle 83. Diese lassen sich um $50^0/_0$ erhöhen, wenn die Kraftrichtung nicht wechselt und die Streckgrenze des Werkstoffes durch Stöße nicht überschritten wird. WISSMANN

Tabelle 83. *Zulässige Beanspruchungen von Zahnradwerkstoffen nach Kurt Wissmann 1928*

Werkstoff	σ_{zul} (kg/cm²)
Stg 52.81	750 bis 1100
St 50.11	850 bis 1200
St 60.11	1000 bis 1400
St 70.11	1150 bis 1600
SiMnSt Krupp	
σ_B = 75 bis 80	1300 bis 1800
= 85 bis 90	1400 bis 2000

beobachtete seit Mitte der zwanziger Jahre: auch bei sehr hohen Biegungsspannungen gibt es erst dann Zahnbrüche, wenn die Zähne durch den Verschleiß stark geschwächt sind. Greiferkranhubwerke arbeiteten fast mit den doppelten Biegungsspannungen der obigen Tabelle, ohne daß Zahnbrüche vorkamen. Allerdings verschleißen so stark belastete Räder sehr schnell[1].

So liefert die Festigkeitsrechnung die kleinste zulässige Teilung. WISSMANN empfiehlt aber Berücksichtigung der Lagerverhältnisse. Im Hinblick auf diese kann die Teilung im Verhältnis zur Zahnbreite um so geringer sein, je besser und starrer die Lagerung ist. Andererseits soll man auch zu grobe Teilung vermeiden. Das richtige Verhältnis von Teilung und Zahnbreite mit Rücksicht auf die Lagerverhältnisse gibt KURT WISSMANN 1928 in Tabelle 84.

Tabelle 84. *Nutzbare Zahnbreite b/m mit Rücksicht auf Bearbeitung und Lagerung der Zahnräder nach Wissmann 1928*

Radart	Lagerung oder Bearbeitung	nutzbare Zahnbreite $\dfrac{b}{m}$
Stirnräder mit geschnittenen Zähnen	Wälzlager oder gute Gleitlager auf starrem Unterbau, steife Wellen	bis 30
	gute Lagerung in Getriebekästen u. ä.	bis 25
	Lagerung auf Kran-Eisenkonstruktionen, Trägern usw.	bis 15
Stirnräder	mit sauber gegossenen Zähnen	bis 10
	mit gehärteten Zähnen	10 bis 15
Kegelräder, auf den Modul in Zahnmitte bezogen		halbe Werte wie oben

Die Festigkeitsnachrechnung der gewählten Zahnabmessungen hält WISSMANN 1928 für erforderlich, obwohl er die Verschleißrechnung auf Pressung lt. Kapitel 3.44 in den Vordergrund stellt.

Für ungenau hält 1934 der Studienprofessor für Maschinen-Elemente an der Ingenieurschule München Oberbaurat Dipl.-Ing. HERMANN TRIER (geboren am 31. August 1880 in Rosenheim/Obb.) sämtliche Zahnformfaktoren, z. B. auch die von LEWIS, wie sie noch 1932 EARLE BUCKINGHAM bzw. GEORG OLAH anschreiben. Vor allen Dingen lehnt TRIER die groben Überschlagsrechnungen bzw. -formeln ab. Er geht 1934 zunächst von der Lewis-Idee mit seiner im Zahn eingeschriebenen Parabel als Träger gleicher Festigkeit, seinem einzigen Zahnpaar im Eingriff, sowie seiner Belastungsrichtung aus. TRIER kommt demnach zunächst auf die gleichen Ergebnisse wie LEWIS 1892. Er gibt aber zu bedenken: die Zahnstärke s_f im gefährlichen Querschnitt $f \ldots f$ und dessen Abstand vom Zahnkopf l_f bleiben nicht gleich; beide beeinflussen Eingriffswinkel α, Teilung t, Zähnezahl z, manchmal noch den Unterschnitt. In den Funktionen $s_f = v\,t$ und $l_f = \lambda\,t$ (cm) hängen die dimensionslosen Größen v und λ nur noch von z und α ab. TRIER kommt damit zu einer übertragbaren Biegekraft von

$$P = \frac{b \cdot (v t)^2}{6 \cdot (\lambda t)} \cdot k_b = b \cdot t \cdot k_b \cdot \left(\frac{v^2}{6\,\lambda}\right) = b \cdot t \cdot k_b \underbrace{\frac{1}{\gamma_B}}$$

$$\text{Zahnformfaktor (bei LEWIS} = y)$$

---

[1] Grobe Verzahnung empfiehlt er bei Zahnrädern die Staub, Straßenschmutz und Metallspänen ausgesetzt sind, Kohle schadet dagegen nichts.

Weiter rechnet TRIER 1934 mit zwei Kräften nach Bild 249a: er zerlegt die im Scheitel der Lewis-Parabel A längs der Eingriffsstrecke wirkende Kraft P_n in die zwei Komponenten:

$$\text{a)} \quad \text{die biegende Kraft} \quad P_u = \frac{b \cdot s_f^2}{l_f \cdot 6} \text{ (kg)}$$

$$\text{b)} \quad \text{die Druckkraft} \quad P_r = s_f \cdot b \cdot k \text{ (kg)}$$

Den gefährlichen Zahnquerschnitt $f\ldots f$ zerlegt TRIER laut Bild 249b in eine Druck- und Zugseite $k_b + k$ bzw. $k_b - k$ oder $k_b \pm k$, wie schon um 1680 EDME MARIOTTE und 1713 der Pariser Mathematiker ANTOINE PARENT (1666 bis 1716) die Beanspruchung des eingespannten Balkens physikalisch exakt angaben. Danach ist die größte Randspannung im Zahnfuß $f\ldots f$ nach TRIER 1934

$$\sigma_{\max} = \frac{P_u \cdot \gamma_B}{b \cdot t} \pm \frac{P_r}{s_f \cdot b}.$$

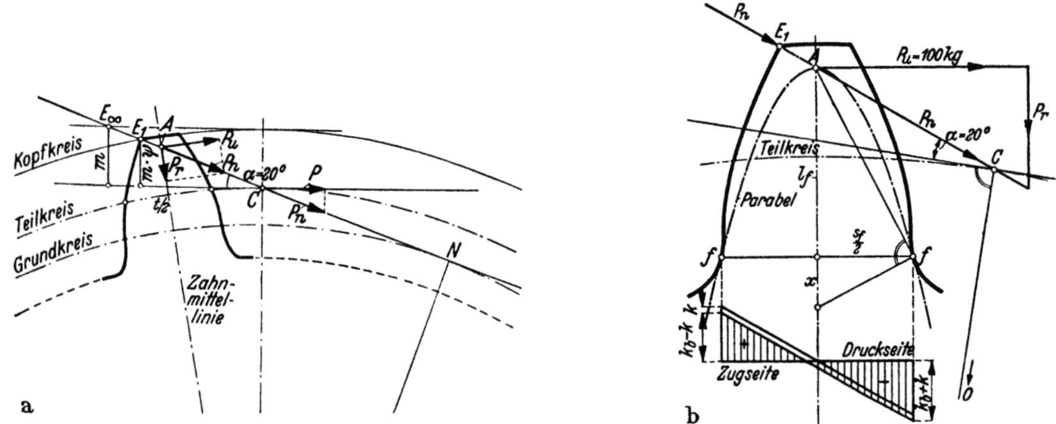

Bild 249.   Neue Ableitung des Zahnformfaktors von LEWIS nach HERMANN TRIER 1934
a) Bestimmung des Eingriffsbeginns durch Zerlegen der Zahnkraft P_n in die Komponenten P_u (Biegung) und P_r (Druck), b) Bestimmung des gefährlichen Querschnitts $f—f$ durch eine Parabel mit dem Scheitel in A.

Das Plus-Zeichen gilt für die Druckseite $k_b + k$, das Minus-Zeichen für die Zugseite $k_b - k$, laut Bild 249b.

An Stelle des Zahnformfaktors γ_B rechnet TRIER mit dem Faktor γ_{red} weiter, der die tatsächlich tangential am Teilkreis wirkende Umfangskraft $P = \dfrac{P_u \cdot r_A}{r}$ enthält, zu

$$\gamma_{red} = \frac{r}{r_A} \cdot \gamma_B + \frac{P_r\, r}{P_u\, r_A} \cdot \frac{t}{s_f} = \frac{r}{r_A} \left(\gamma_B + \underbrace{\frac{P_r \cdot t}{P_u \cdot s_f}}_{\gamma_D} \right)$$

oder zusammengenommen $\gamma_{red} = \dfrac{r}{r_A} \cdot (\gamma_B \pm \gamma_D) \cdot \dfrac{P_r}{P_u}$ bestimmt TRIER zeichnerisch nach Bild 249b.

Tabelle 85. *Zahnformfaktoren für Druck- und Zugseite des Evolventen-Radzahnes mit den Eingriffs-winkeln 15° und 20° von Hermann Trier 1934*

$$\alpha = 20°$$

Z	bei Normal-verzahnung und $m = 50$ mm		nach TRIER $\gamma_B = \dfrac{1}{y}$	nach LEWIS $y = \dfrac{1}{y_B}$	Druck-seite γ_{red}	Zug-seite $\dfrac{Ge}{\gamma_{red}}$
	x [mm]	s_f [mm]				
10	15,4	72,3	15,3	0,0654	14,58	11,88
11	16,5	75	14,27	0,0701	13,75	11,2
12	17,55	77,5	13,42	0,0745	13,07	10,63
13	18,5	79,5	12,72	0,0785	12,5	10,17
14	19,4	81,8	12,13	0,0824	12,01	9,78
15	20,2	83,6	11,64	0,0858	11,6	9,45
16	21,	85	11,22	0,089	11,26	9,19
17	21,65	86,5	10,86	0,092	10,96	9,85
18	22,2	87,7	10,6	0,0944	10,72	8,76
19	22,8	88,9	10,33	0,0966	10,49	8,59
20	23,3	89,9	10,11	0,0989	10,31	8,45
21	23,7	90,9	9,94	0,1006	10,15	8,31
23	24,6	92,5	9,58	0,1044	9,85	8,09
25	25,3	94	9,32	0,1073	9,62	7,93
27	25,9	95,3	9,10	0,1099	9,42	7,77
30	26,7	97	8,83	0,1132	9,17	7,59
34	27,6	98,5	8,54	0,1171	8,92	7,41
38	28,3	100,2	8,33	0,1200	8,72	7,27
43	29	101,6	8,13	0,1230	8,54	7,14
50	29,7	103	7,93	0,1261	8,36	6,99
60	30,5	104,3	7,72	0,1296	8,17	6,85
75	31,3	105	7,5	0,1333	7,98	6,7
100	32,2	105,5	7,32	0,1366	7,82	6,57
150	33	105	7,14	0,1401	7,65	6,44
300	34	104	6,93	0,1443	7,5	6,3
∞	34,8	95,4	6,77	0,1477	7,37	6,17

$$\alpha = 15°$$

Z	bei Normal-verzahnung und $m = 50$ mm		nach TRIER $\gamma_B = \dfrac{1}{y}$	nach LEWIS $y = \dfrac{1}{y_B}$	Druck-seite γ_{red}	Zug-seite $\dfrac{Ge}{\gamma_{red}}$
	x [mm]	s_f [mm]				
12	14,6	69,1	16,12	0,0621	15,5	13,11
13	15,4	71,1	15,3	0,0654	14,83	12,56
14	16,1	73,0	14,62	0,0684	14,27	12,09
15	16,17	74,6	14,07	0,0711	13,8	11,72
16	17,3	76,0	13,65	0,0733	13,46	11,45
17	17,8	77,3	13,25	0,0755	13,1	11,18
18	18,25	78,4	12,92	0,0774	12,83	10,94
19	18,65	79,5	12,6	0,0794	12,58	10,74
20	19,05	80,5	12,36	0,0809	12,35	10,56
21	19,4	81,1	12,12	0,0825	12,15	10,41
23	20,0	82,0	11,75	0,0851	11,82	10,16
25	20,6	84,1	11,42	0,0876	11,55	9,94
27	21,1	85,3	11,15	0,0897	11,32	9,76
30	21,75	86,8	10,82	0,0924	11,02	9,55
34	22,5	88,3	10,46	0,0956	10,7	9,30
38	23,1	89,5	10,18	0,0982	10,46	9,10
43	23,7	90,9	9,93	0,1007	10,23	8,92
50	24,4	92,2	9,64	0,1037	9,96	8,72
60	25,1	93,6	9,37	0,1067	9,72	8,52
75	25,9	95,2	9,08	0,1101	9,45	8,33
100	26,7	97,0	8,80	0,1136	9,18	8,14
150	27,6	99,1	8,50	0,1176	8,89	7,92
300	28,5	101,7	8,2	0,122	8,59	7,73
∞	29,8	105,3	7,9	0,1266	8,30	7,5

23*

Durch diese Methode rechnet Trier 1934 mit zwei Zahnformfaktoren, je nach Werkstoff:

schmiedbare Eisensorten,   Gußeisen und Stahlguß

legierte Stähle, elastische Stoffe

Druckseite γ_{red} Zugseite γ_{red}^{Ge}

Er faßt sie in Tabelle 85 für $\alpha = 15°$ und $20°$ zusammen, und erhält so die tatsächlichen Randspannungen genauer.

Schließlich schreibt Trier 1934 die größte zulässige Randspannung unter Beifügung des Geschwindigkeitsfaktors $\dfrac{a}{a + v}$ zu:

Druckseite

$$\sigma_{\max_{zul}} = \frac{P \cdot \gamma_{red}}{b \cdot t} \leqq \left(\frac{a}{a + v}\right) \cdot \frac{K_z}{S}\ (kg/cm^2)$$

Zugseite

$$\sigma_{\max_{zul}} = \frac{P \cdot \gamma_{red}^{Ge}}{b \cdot t} \leqq \left(\frac{a}{a + v}\right) \cdot \frac{K_z^{Ge}}{S}\ (kg/cm^2)$$

wobei sind K_z = Zugfestigkeit (kg/cm^2), Index Ge = Gußeisen, S = Sicherheitsfaktor = 3 bis 6, a = Geschwindigkeitsfaktor = 5 bis 20 m/s, P = Teilkreis-Umfangskraft $\dfrac{M_d}{r} = \dfrac{P_u \cdot r_A}{r}$ (kg), b und t in cm.

1942 leitete Hermann Trier den gleichen Gedanken noch etwas anders ab, indem er der Kraft P_n ihren Neigungswinkel ε von der Zahnmittellinie und noch eine Querkraft beifügt. Diese Ableitung ist inspiriert von Kurt Wissmann 1928.

Von den gleichen Voraussetzungen wie Hermann Trier 1934 geht 1940 der Professor für Maschinenelemente an der Eidgen. Technischen Hochschule Zürich Maurits ten Bosch (1883 bis 1950) aus. Er hält die Spannungen der Zugseite für ausschlaggebend, „da die Druckseite nicht so kerbempfindlich ist". Die Spannungsberechnung hält er übrigens nur für annähernd korrekt, weil:

1. nicht die volle Zahnkraft an der Kopfkante angreift, soweit der Überdeckungsgrad $\varepsilon > 1$. Die Rechnungsannahme ist im Interesse der Sicherheit übertrieben ungünstig

2. nur mit der Nennkraft P_u gerechnet wird, nicht mit der gelegentlichen Spitzenbelastung, wie sie im Betrieb der Antriebsmaschine entsteht, z.B. beim Starten oder Bremsen. Demnach ist nach ten Bosch $P_{wirkl.} = \xi \cdot P_u$, worin $\xi > 1$ (z. B. ist beim Anlaufen eines Drehstrommotors $\xi = 2,7$)

3. die Spannungskonzentration in der Zahnfußausrundung nicht berücksichtigt ist. Sie wiesen 1925 Stephen P. Timoshenko und Robert Viktor Baud nach, wie im Kapitel 3.32 behandelt. Hier heißt die entsprechende Formziffer α_k.

Unter Berücksichtigung dieser drei Punkte schreibt ten Bosch 1940 mit $m = \dfrac{t}{\pi}$, $\alpha_k = 0,5$ als Mittelwert, P_1 = Umfangskraft je Millimeter Zahnbreite, σ_{zul} = Spannung in kg/mm² und

$$\gamma = \pm \frac{6 \cdot \dfrac{a}{t}}{\left(\dfrac{s}{t}\right)^2 \cdot \cos \alpha} - \frac{\sin \beta}{\dfrac{s}{t} \cdot \cos \alpha}$$

die Gleichung $\xi \cdot \dfrac{P_u}{b} = \dfrac{\sigma_{zul}}{0,5 \cdot \gamma} \cdot m = \xi \cdot P_1$ laut Bild 250.

Aus $M_d = P_u \cdot r = \dfrac{P_u \cdot z \cdot m}{2}$ folgt mit $b = \psi \cdot t = \psi \cdot \pi \cdot m$ das übertragbare Dreh-

moment zu $\quad M_d = \dfrac{\psi \cdot \sigma_{zul}}{\gamma \cdot \xi} \cdot \pi \cdot m^3 \cdot z$ (mm kg)

TEN BOSCH folgert 1940: sind Drehmoment, Werkstoff und Zähnezahl gegeben, so

nimmt der Modul und damit der Rad-Durchmesser um $\quad m = \sqrt[3]{\dfrac{1}{\sigma_{zul} \cdot \psi}}$ ab. „Doppelt so

große Radbreiten resp. zulässige Spannungen verkleinern den Rad-Durchmesser um

$\dfrac{1}{\sqrt[3]{2}}$, d.h. um etwa 25%.“

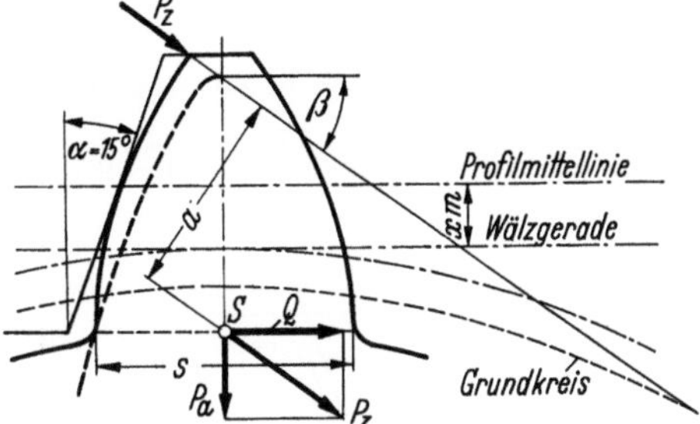

Bild 250.   Ableitung des Zahnformfaktors γ von MAURITS TEN BOSCH 1940

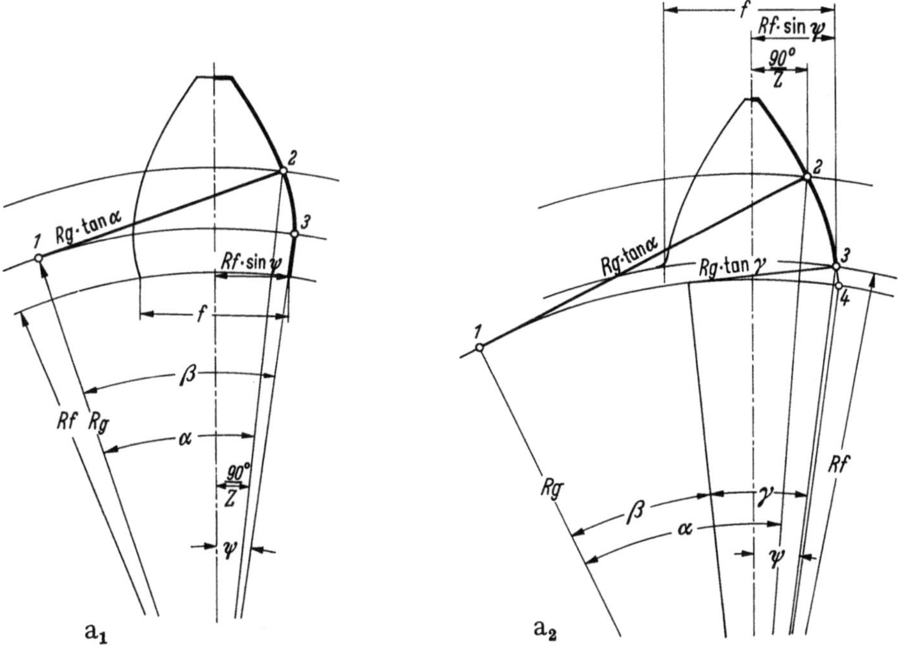

Bild 251.   Ermittlung der Zahnfußstärke nach ANTON LENTZ 1942
a) Normal-Verzahnung, b) korrigierte Verzahnung (s. S. 358)

Grundkreis-Durchmesser $\geq$ Fußkreis-Durchmesser Bild 251 a₁	Grundkreis-Durchmesser $<$ Fußkreis-Durchmesser Bild 251 a₂
$Rg \cdot \mathrm{tg}\,\alpha = \dfrac{z \cdot m}{2} \cdot \sin\alpha$ $\leftarrow$ auf dem Grundkreis wird abgerollt $\rightarrow$ $Rg \cdot \mathrm{tg}\,\gamma$ wobei $\cos\gamma = \dfrac{Rg}{Rf}$	
$\beta = \dfrac{360 \cdot Rg \cdot \mathrm{tg}\,\alpha}{2 \cdot Rg \cdot \pi} = \dfrac{180}{\pi} \cdot \mathrm{tg}\,\alpha$	$\beta = \dfrac{360 \cdot Rg \cdot (\mathrm{tg}\,\alpha - \mathrm{tg}\,\gamma)}{2 \cdot Rg \cdot \pi} = \dfrac{180}{\pi} \cdot (\mathrm{tg}\,\alpha - \mathrm{tg}\,\gamma)$
$\psi = \dfrac{90}{Z} + \dfrac{180}{\pi} \cdot \mathrm{tg}\,\alpha - \alpha$	$\psi = \dfrac{90}{Z} + \gamma + \dfrac{180}{\pi} \cdot (\mathrm{tg}\,\alpha - \mathrm{tg}\,\gamma) - \alpha$

Außer der Zähnezahl Z und dem Eingriffswinkel α hängt die Zahnfußdicke aber noch von der Korrektur x ab. Dies beweist 1942 als erster der Leiter der Schleppergetriebe-Konstruktion in der Landmaschinenfabrik Heinrich Lanz AG Mannheim Ob.-Ing. ANTON LENTZ (geb. am 20. September 1897 in Mannheim). Die einheitliche Annahme der Zahnfußdicke mit $t/2$ für alle Fälle ist nach seiner Meinung eine grobe Vernachlässigung der tatsächlichen Verhältnisse. LENTZ erwähnt das Beispiel: „Bei gleichem Modul und $\alpha = 20°$ hat der nicht korrigierte Zahn eines Rades mit 45 Zähnen die doppelte Tragfähigkeit gegenüber dem Zahn eines Rades mit 14 Zähnen." Um $50^0/_0$ steigt die Tragfähigkeit eines Getriebes, wenn man es auf gleiche Zahnfußdicke korrigiert.

LENTZ geht 1942 von einer Zahnstärke im Teilkreis $= t/2$ aus. Die Zahnfußstärke drückt er durch den Winkel ψ zwischen Zahnmitte und Schnittpunkt Flanke-Fußkreis aus (s. Bild 251 a). Dieser Winkel ist im Teilkreis: $\psi = \dfrac{360°}{Z \cdot m \cdot \pi} \cdot \dfrac{m \cdot \pi}{4} = \dfrac{90°}{Z}$. Nun unter-

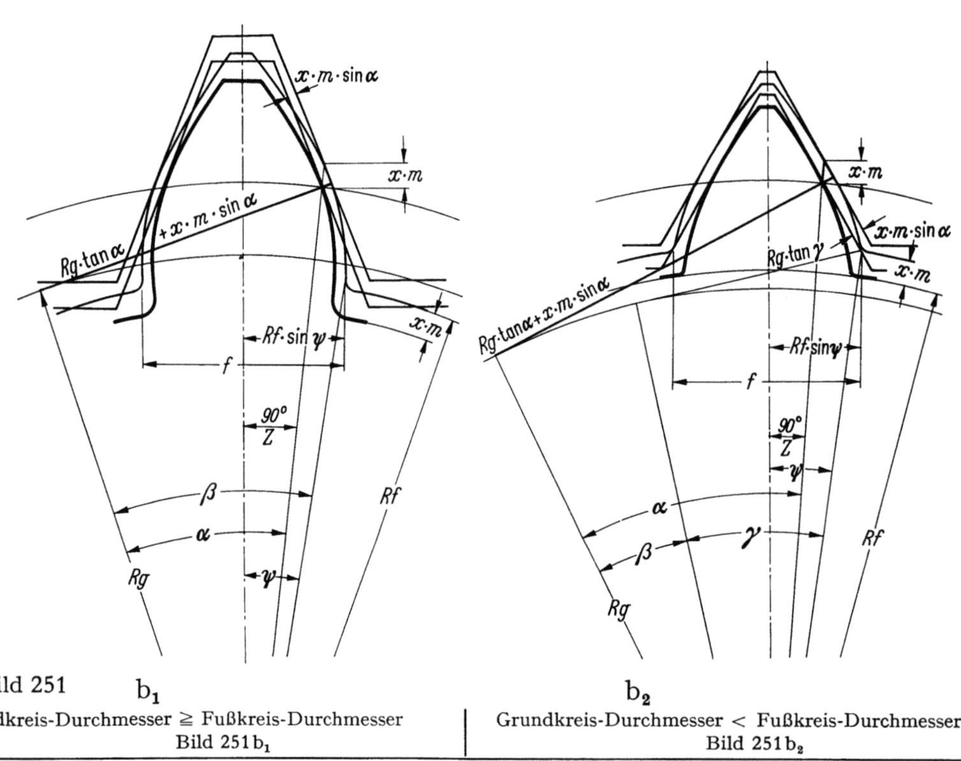

zu Bild 251

b_1

Grundkreis-Durchmesser $\geqq$ Fußkreis-Durchmesser
Bild 251 b_1

b_2

Grundkreis-Durchmesser $<$ Fußkreis-Durchmesser
Bild 251 b_2

$Rg \cdot tg\,\alpha \pm m \cdot x \cdot \sin\alpha$ $\qquad$ ← auf dem Grundkreis wird abgerollt →	$Rg \cdot tg\,\alpha \pm m \cdot x \cdot \sin\alpha - Rg \cdot tg\,\gamma$

$$Rf \pm m \cdot x \qquad Rf = \frac{m \cdot (Z - 2{,}33 \pm 2x)}{2}$$

$$Rg = \frac{m \cdot z}{2} \cdot \cos\alpha \qquad\qquad Rg = \frac{m \cdot Z \cdot \cos\alpha}{2}$$

$$\cos\gamma = \frac{Z \cdot \cos\alpha}{Z - 2{,}33 \pm 2x}$$

$$\beta = \frac{360 \cdot (Rg \cdot tg\,\alpha \pm m \cdot x \cdot \sin\alpha)}{2 \cdot Rg \cdot \pi} = \frac{180 \cdot tg\,\alpha}{\pi}\left(1 + \frac{2x}{Z}\right) \qquad \beta = \frac{180}{\pi}\cdot\left[tg\,\alpha \cdot \left(1 \pm \frac{2x}{Z}\right) - tg\,\gamma\right]$$

$$\psi = \frac{90}{Z} + \frac{180 \cdot tg\,\alpha}{\pi}\cdot\left(1 + \frac{2x}{Z}\right) - \alpha \qquad \psi = \frac{90}{Z} + \gamma + \frac{180}{\pi}\left[tg\,\alpha\cdot\left(1 \pm \frac{2x}{Z}\right) - tg\,\gamma\right] - \alpha$$

$$f = m \cdot (Z - 2{,}33 \pm 2x) \cdot \sin\left[\frac{90}{Z} + \frac{180 \cdot tg\,\alpha}{\pi} \cdot \left(1 \pm \frac{2x}{Z}\right) - \alpha\right]$$

$$f = m \cdot (Z - 2{,}33 \pm 2x) \cdot \sin\left\{\frac{90}{Z} + \gamma + \frac{180}{\pi} \cdot \left[tg\,\alpha \cdot \left(1 \pm \frac{2x}{Z}\right) - tg\,\gamma\right] - \alpha\right\}$$

scheidet LENTZ zwei Fälle der Größe von Grund- und Fußkreis-Durchmesser, siehe Bild 251.

Bei Minus-Korrektur erreicht man die Unterschnittsgrenze, bei Plus-Korrektur werden die Zähne spitz. Die Zahnköpfe einsatzgehärteter Räder sollen mindestens viermal so stark sein wie die Einsatzdicke; nach der Ansicht von ANTON LENTZ von 1942 vermeidet man damit Durchhärtung und Absplittern der Zähne. Der Zahnkopf

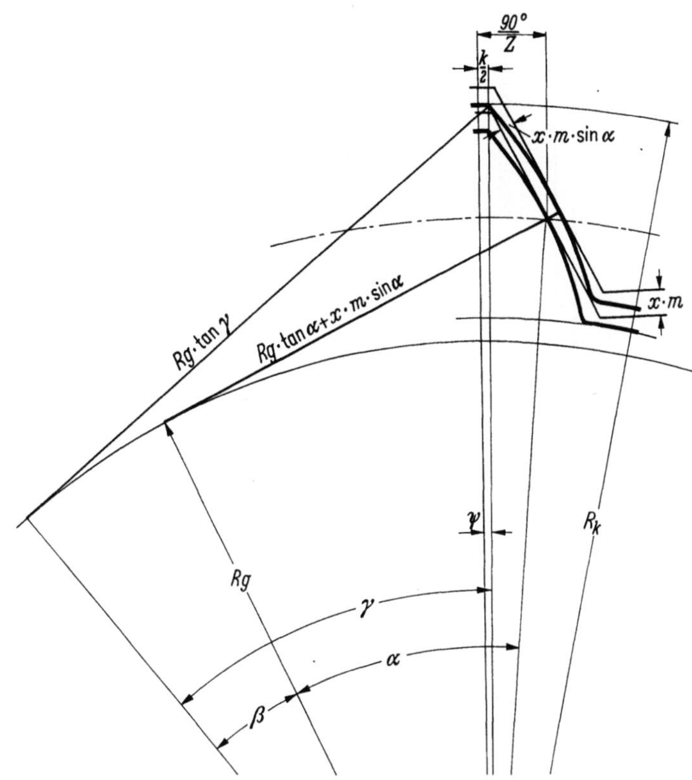

Bild 252.   Ermittlung der Zahnkopfstärke k nach ANTON LENTZ 1942

soll also $(0{,}4$ bis $0{,}48) \cdot m$ Millimeter breit sein. Siehe Bild 253. Entsprechend der Zahnfußstärke f lautet die Gleichung für die Zahnkopfstärke k, laut Bild 252:

$$k = m \cdot (Z + 2 \pm 2x) \cdot \sin\left[\frac{90}{Z} + \gamma - \alpha - \frac{180}{\pi}\left\{\operatorname{tg}\alpha\left(1 \pm \frac{2x}{Z}\right) - \operatorname{tg}\gamma\right\}\right]$$

wobei man γ aus $\cos\gamma = \dfrac{Z \cdot \cos\alpha}{Z + 2 \pm 2x}$ erhält.

Nach dieser neuartigen Ableitung der Zahnfestigkeit schreibt LENTZ 1942 die allgemeine Biegungsgleichung $P \cdot l = W \cdot k_b$ in der Form:

$P \cdot 2{,}166 \cdot m = \dfrac{f_0{}^2 \cdot m^2 \cdot b}{6 \cdot 10} \cdot k_b$, wobei $m \cdot f_0 = $ Zahnfußstärke in mm bei beliebigem Modul, $b = $ Zahnbreite in cm, $k_b = $ Biegespannung in kg/cm², $P = $ Umfangskraft im Teilkreis (kg), $l = $ Zahnlänge $= 2{,}166$ m in mm.

Damit ist das Widerstandsmoment $W = \dfrac{f_0{}^2 \cdot m^2 \cdot b}{6 \cdot 100}$ (cm³). Der Ausdruck $w = \dfrac{f_0{}^2}{60 \cdot 2{,}166}$ ist der neue Zahnformfaktor von LENTZ, mit dem er auch Zahnkorrekturen berücksichtigt.

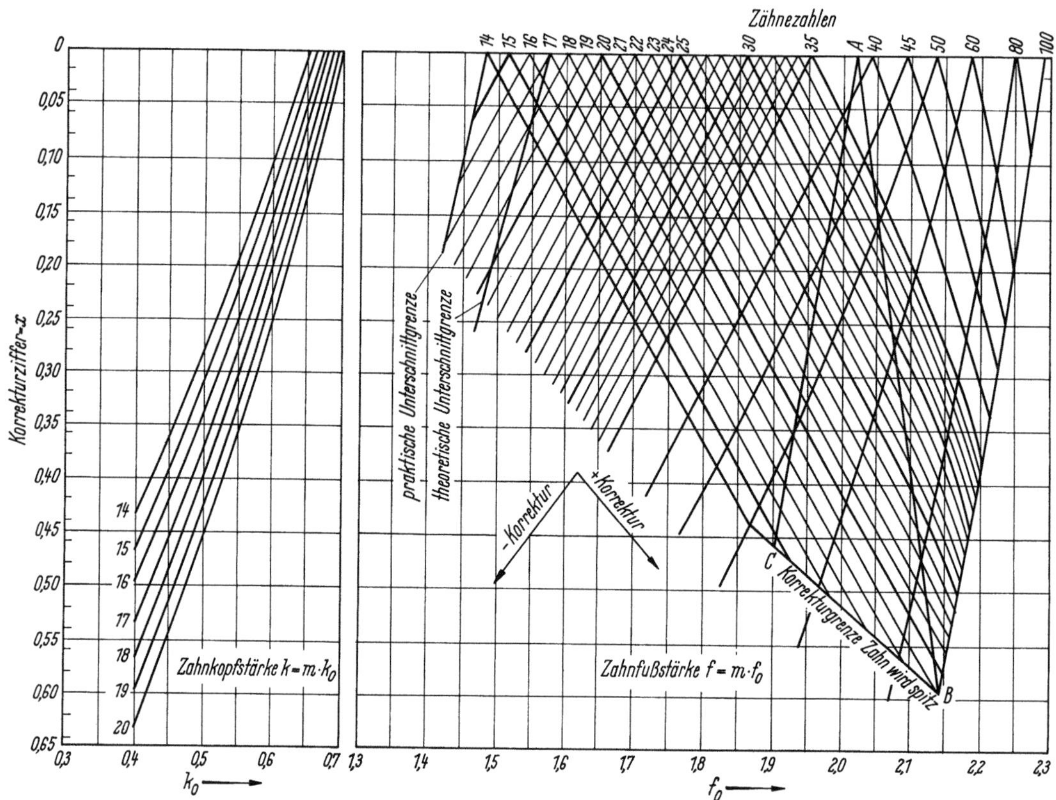

Bild 253. Zahnkopf- und Zahnfußstärke bei Null- und Vau-Null-Rädern nach LENTZ 1942. Modul 1 für $z = 14$ bis 100

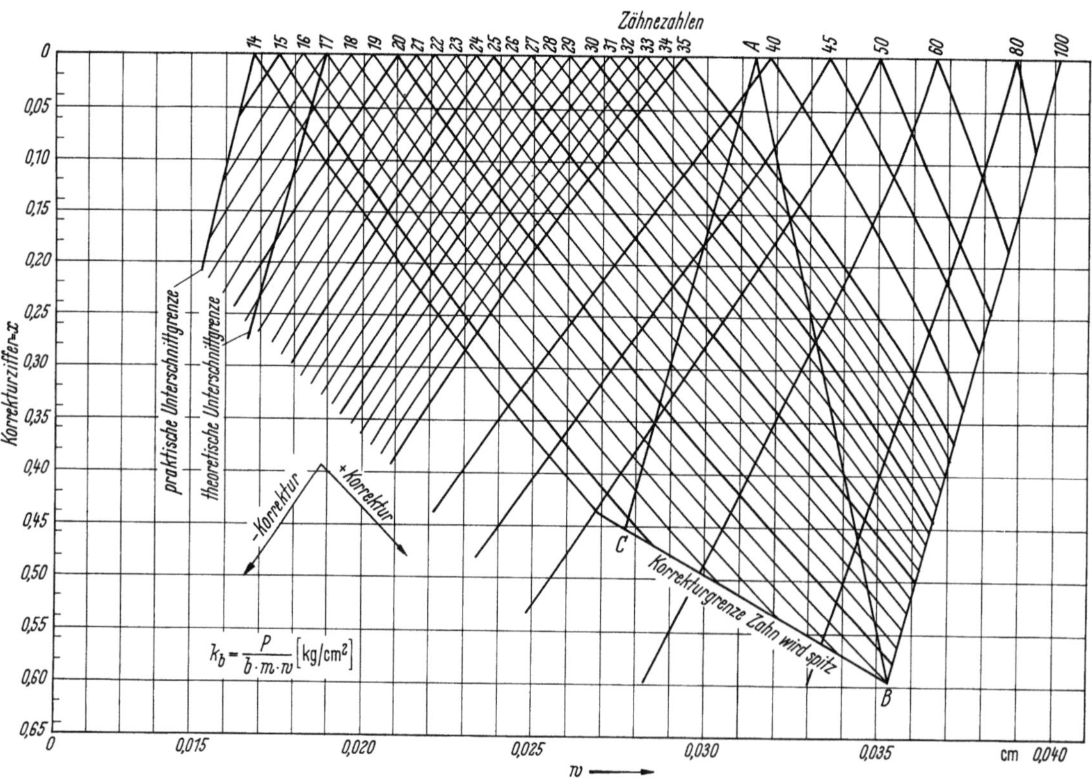

Bild 254.   Zahnformfaktor w für korrigierte Verzahnungen nach LENTZ 1942

Die Ergebnisse der obigen Formeln trug er auf Bild 253 und 254 ein, für Zähnezahlen von 14 bis 100 und bei Korrekturziffern $x = 0$ bis 0,6. Diese beiden Tafeln gestatten es zum ersten Male, schnell und sicher die richtige Korrektur für Zahnräder gleicher Fußstärke, d. h. aber nicht gleicher Biegungsfestigkeit, aufzusuchen. Bei Kegelrädern setzt LENTZ den Modul am äußeren Drittel der Zahnlänge, bei Schrägzahnrädern die Rad- als Zahnbreite ein. Als Modul gilt der Normalmodul. Auch LENTZ befaßt sich mit der Lastverteilung im Doppeleingriff, aber nur, um dadurch eine Profilrücknahme abzuleiten. Als äußerste Spannung im Werkstoff empfiehlt er schließlich 1942 bei Chrom-Molybdän-Stahl ECMo 100   60 kg/mm², bei St C 16.61 höchstens 20 kg/mm².

Über die Bedeutung der Verzahnungskorrektur bei der Stärkung des Zahnes ist sich zur gleichen Zeit die führenden deutsche Fahrzeuggetriebe-Fabrik, die Zahnradfabrik Friedrichshafen, im klaren. ZF hält allgemein die Zahnbruchsicherung für die vordringlichste aller Sicherungen. In einem Vortrag im Berliner Ingenieurhaus am 15. April 1943, eingeleitet durch ihren ersten technischen Direktor KARL-ALFRED GRAF VON SODEN-FRAUNHOFEN (1915 bis 1944), erläuterte der ZF-Oberingenieur ALBERT MAIER[1]: Am kräftigsten ist der Zahn mit der dicksten Wurzel, was sofort zu korrigierten Verzah-

Bild. 255. Dr.-Ing. E. h. ALBERT MAIER

nungen führt; durch Änderungen im Zahnprofil sind außerdem bedeutende Werkstoffeinsparungen möglich. MAIER tritt in diesem Vortrag für das Getriebe von „ausgeglichener Belastung" ein: „... Der ideale Fall, der zur besten Werkstoffausnützung führt, ist ja der, daß die Biege- und Anfreß-Sicherheitswerte für jedes Rad die gleiche Höhe, z. B. 1,3, aufweisen ... Ein solches Getriebe mit ausgeglichenen Beanspruchungen und richtigen, möglichst niederen, Sicherheitsfaktoren überträgt je kg aufgewendeten Materials die höchstmöglichste Leistung ...", sagt ALBERT MAIER 1943. Außerdem sind ihm die Räder fast um die Hälfte zu breit, was den Fahrzeuggetrieben mit Dauereingriffsrädern nicht Rechnung trägt. Seine Ideen führen natürlich zu Konsequenzen in der Festigkeitsberechnung. Sie bearbeitete der Leiter der ZF-Verzahnungsabteilung Ob.-Ing. HERMANN HOFER. Die Zahnfußstärke der Bruchsicherheitsrechnung zugrundelegend, folgt er nicht Gesetzen der Mechanik, sondern legt statt der umständlichen Lewis-Parabel zwei Tangenten an die Zahnfußradien, die die Mittellinie des Zahnes unter 30° schneiden. Die Rich-

---

[1] ALBERT MAIER, geboren am 3. Mai 1899 in Radolfzell am Bodensee. Ingenieur des Staatstechnikums Konstanz.   Am 6. 11. 1922 Eintritt in die ZF.   Dort Konstrukteur für Fahrzeuggetriebe. Seit 1936 Leiter des Konstruktionsbüros für handelsübliche Fahrzeuggetriebe und Mitarbeiter von GRAF SODEN. 1937 Oberingenieur, 1944 Prokurist. 1946 Chefkonstrukteur. 1950 als technischer Direktor und Nachfolger von GRAF SODEN in den Vorstand berufen. Publizistisch tätig seit 1937. Wegen seiner Verdienste um die Entwicklung der Getriebe 1963 Dr.-Ing. E. h. der Technischen Hochschule Stuttgart und seit Juni 1964 Inhaber des Großen Bundesverdienstkreuzes.

tigkeit dieser Annäherung bestätigten Erfahrung und Linienführung auf spannungs-optischen Bildern von Zahnrädern. So rechnet HOFER um 1942 die Zahnradbeanspru-chung in der Wurzel mit $S_b = \dfrac{143\,240 \cdot b}{P \cdot 10^6} \cdot m \cdot k_b \cdot f \cong 1,2$. Hierbei sind b = Zahn-breite (mm), P = Umfangskraft im Teilkreis (kg), m = Modul (mm), k_b = Bruchfe-stigkeit des Zahnradwerkstoffes (kg/mm²) und f = Zahnstärkefaktor nach Bild 256.

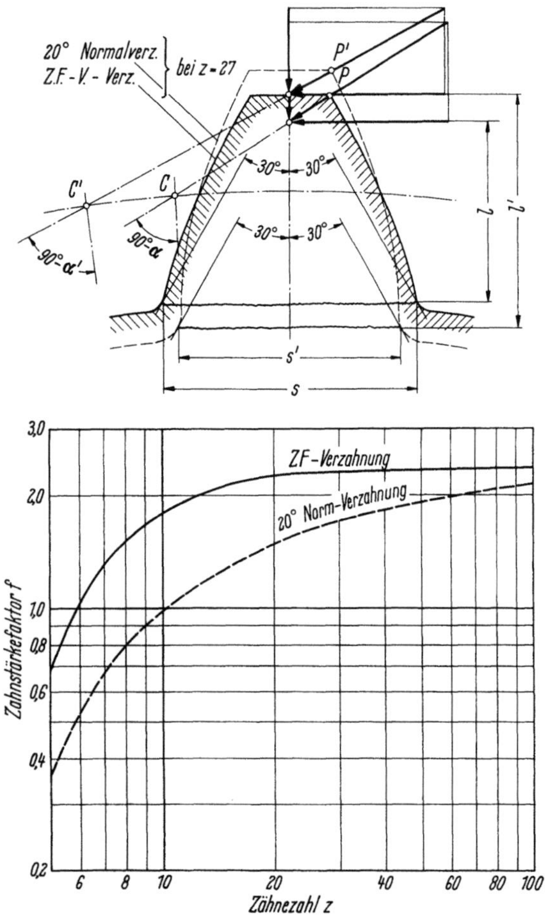

Bild 256. Bruchfestigkeitsberechnung der Zahn-radfabrik Friedrichshafen (ZF) in den dreißiger Jahren

a) 30°-Tangenten an die Zahnfußradien nach HERMANN HOFER,
b) Zahnstärkefaktor für 20°-Normal- und ZF-Verzahnung.

Für den Zahnstärkefaktor f stellte HOFER schon Ende der zwanziger Jahre je nach 20°-Normal- oder ZF-V-Verzahnung ein Diagramm nach Bild 256 auf. ALBERT MAIER schließt aus diesem 1943: für Kfz-Getriebe aus hochfesten Stählen mit Zähnezahlen zwischen $z = 10$ bis 30 sind nur korrigierte Verzahnungen zu verwenden, sonst ist eine rationelle Bemessung nicht möglich. Nach der Hofer'schen Festigkeitsrechnung liegt die zulässige Beanspruchung σ_z im Fahrzeuggetriebebau nach „jahrelanger Beobachtung" zwischen 22 bis 50 kg/cm² je nach erstem bis konstantem Gang. An Werkstoffen setzt er dabei voraus ECN 45, ECMo 100 oder EC 100 mit Oberflächenhärte 62 HRc und riefen-freie Zahnfußausrundung.

HOFERS Rechenverfahren um 1942 und seine Auswertung durch ALBERT MAIER bedeutet: mit Werkzeugen für Normalverzahnung läßt sich ein starker, von der Normalverzahnung abweichen-der, Zahnfuß herstellen. Hierbei wählt die ZF ihre Korrektur so, daß die Fuß-stärken vom treibenden und getriebenen Rade bis zum Höchstwert reichen. So vermeidet sie verschiedene Beanspru-chungen innerhalb eines Radpaares. Dar-aufhin wünscht HERMANN HOFER die Zahnfußstärke aus den üblichen Daten Zähnezahl, Modul, Profilverschiebungsfaktor, Werkzeug-Flankenwinkel, -kopfhöhe und -kopfabrundung zu bestimmen und direkt auf der Maschine einzustellen. Er leitet deshalb den mathematischen Zusammenhang zwischen Zahnfußstärke und den Werkzeugdaten tabellarisch und zeichnerisch auf Bild 257 ab. Dort kann man jetzt zu jeder Zähnezahl und jedem Profilverschiebungs-faktor die Zahnfußstärke ablesen und umgekehrt.

Der saarländische Ingenieur CURT MEHL gibt 1947 eine genaue Ermittlung der Zahn-fußstärke s und der Scheitelhöhe l der Lewis-Parabel, die sich in der Praxis bewährte.

Gemäß Bild 259 nimmt er an: $r_L - a + \dfrac{s_k}{2} = l$. Dann wird die Zahnstärke $s_a = 2a \cdot (\text{inv}\,\gamma - \text{inv}\,\alpha_3)$, wobei ist

$$\text{inv}\,\gamma = \frac{2 \cdot \text{tg}\,\alpha_0}{Z}\,x + \frac{\pi}{2Z} + \text{inv}\,\alpha_0.$$

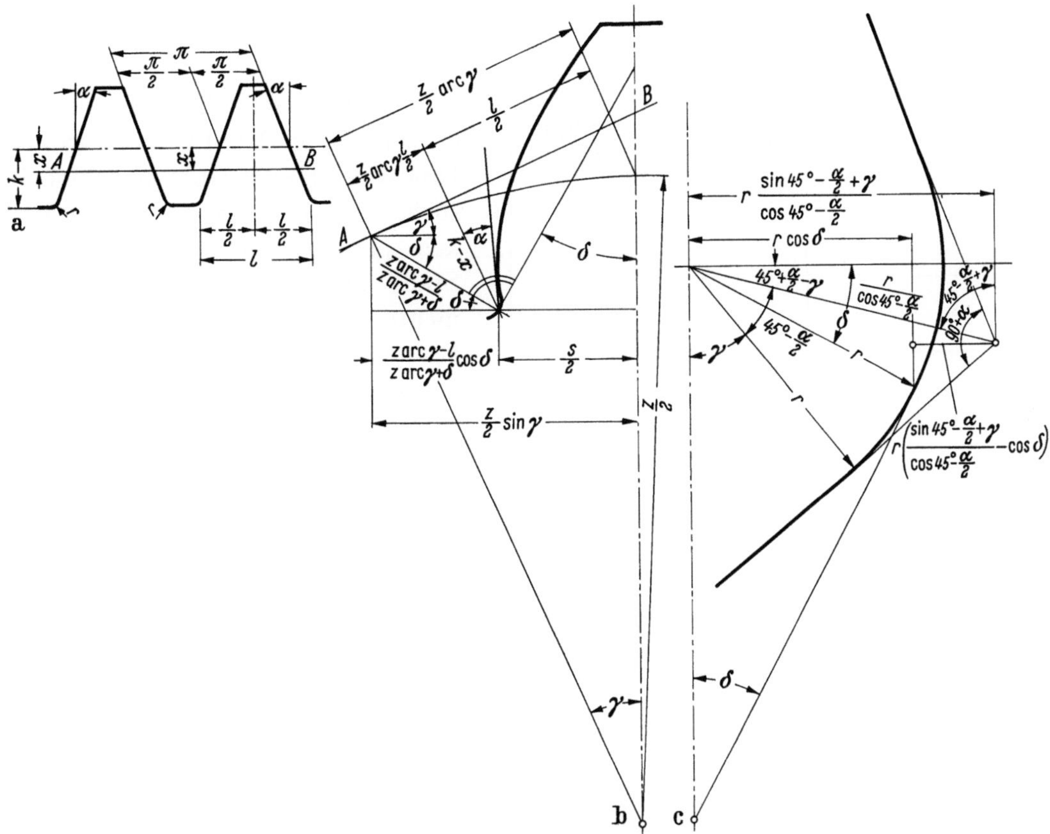

Bild 257. Mathematischer Zusammenhang zwischen Zahnfußstärke und Kammstahl-Daten nach HERMANN HOFER 1946

z Zähnezahl, x Profilverschiebungsfaktor, s gefährliche Zahnfußstärke, δ Neigungswinkel der Zahnfußtangente zur Zahnmittenlinie, α Flankenwinkel des Kammstahles, γ Werkzeug-Wälzwinkel bezogen auf die Zahnmittenlinie, k Werkzeugkopfhöhe über der Linie gleicher Zahn- und Lückenweite, $l = 2 \cdot k \cdot \text{tg}\,\alpha + \dfrac{\pi}{2}$ Lückenweite am Werkzeugkopf ohne Kopfabrundung, r Abrundungsradius des Werkzeugkopfes.

Nach den Bildern 257 a) bis c) lauten die Beziehungen zwischen x und s:

$$x = k - \frac{z\,\text{arc}\,\gamma - l}{2}\,\text{tg}\,(\gamma + \delta)$$

$$s = z \cdot \sin\gamma - \frac{z\,\text{arc}\,\gamma - l}{\cos(\gamma + \delta)}\cos\delta + 2r\left[\frac{\sin\left(45° - \dfrac{a}{2} + \gamma\right)}{\cos\left(45° - \dfrac{\alpha}{2}\right)} - \cos\delta\right]$$

Durch Einsetzen beliebiger γ-Werte im Bereich von $\dfrac{1}{z} \leqq \text{arc}\,\gamma \leqq 3\dfrac{1}{z}$ erhält HOFER 1946 beliebig viele Werte für x und s.

Nun setzt MEHL 1947 die Gleichungen von LEWIS und die der Festigkeitslehre für Biegung und Druck gleich zu

$$\frac{P}{t_0 \cdot b \cdot y} = \frac{P \cdot l \cdot 6}{s_a{}^2 \cdot b} - \frac{s_a \cdot P \cdot \operatorname{tg} \alpha}{b \cdot s_a{}^2}$$

und erhält so seinen Zahnformfaktor

$$y = \frac{s_a}{t_0 \cdot \left(\dfrac{6 \cdot l}{s_a} - \operatorname{tg} \alpha \right)}.$$

Um die gleiche Zeit beendeten gerade Professor GUSTAV NIEMANN und Dipl.-Ing. HEINZ GLAUBITZ eine Versuchsreihe über die „Zahnfußfestigkeit geradverzahnter Stirnräder aus Stahl" am Institut für Maschinen-Elemente der Technischen Hochschule Braunschweig. Während man um die Wende der dreißiger Jahre der Festigkeitsrechnung ihre Bedeutung absprach, kommen die beiden Forscher jetzt zu der Einsicht: für gehärtete Zahnräder aus hochfestem Stahl ist alles wichtig, was ihre Zahnfußfestigkeit erhöht. NIEMANN/GLAUBITZ klären ferner die Berechnung der Nennspannung bei Belastung. Hierbei bevorzugen sie einen Ansatz, in dem die Formzahl α_k und die Nennfestigkeit unabhängig vom Abstand des Kraftangriffs sind. Die Biegespannung σ_b, die Druckspannung σ_d und die Schubspannung τ in der Zahnfußausrundung vereinigen sie daher zur zusammengesetzten Spannung σ_v, wirkend auf der Zugseite (wo die Zahnbrüche meistens beginnen):

$$\sigma_v = \sqrt{(\sigma_b - \sigma_d)^2 + (a \cdot \tau)^2} \ (\text{kg/mm}^2),$$

wobei $a = $ Beiwert zur Umwertung der Schubspannung $\approx 2{,}5$. Mit der Umfangskraft $U = P \cdot \cos \alpha$ am Teilkreis und dem Modul m wird

$$\sigma_v = U \cdot \frac{q_v}{b \cdot m} \leqq \sigma_{v_{\text{zul}}}, \text{ wobei noch}$$

$$q_v = \frac{m \cdot \cos \alpha'}{\cos \alpha} \cdot \sqrt{\left(\frac{6 e}{s_f} - \operatorname{tg} \alpha' \right)^2 + a^2}.$$

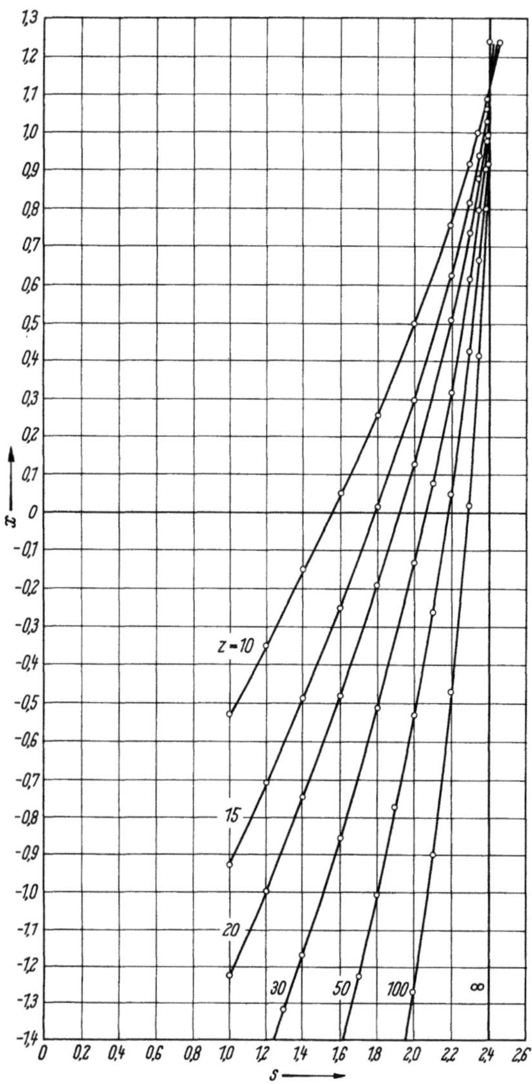

Bild 258. z-s-x-Tabelle von HOFER 1946 nebst ihrer zeichnerischen Darstellung zum Ablesen des Profilverschiebungsfaktors oder der entsprechenden Zahnfußstärke

	$z =$ 10	15	20	30	50	100
$s = 1{,}5$	$x =$ —0,05	—0,37	—0,62	—1,02		
1,6	+0,05	—0,25	—0,48	—0,86		
1,7	0,16	—0,12	—0,33	—0,69	—1,23	
1,8	0,26	+0,01	—0,19	—0,51	—1,01	
1,9	0,28	0,15	—0,03	—0,33	—0,78	
2,0	0,50	0,30	+0,13	—0,13	—0,53	—1,27
2,1	0,63	0,45	0,31	+0,08	—0,26	—0,90
2,2	0,76	0,63	0,51	0,32	+0,05	—0,47
2,25	0,84	0,72	0,62	0,47	0,24	—0,22
2,3	0,92	0,82	0,74	0,62	0,43	+0,02
2,35	1,00	0,94	0,88	0,80	0,67	0,42
2,4	1,09	1,06	1,03	0,98	0,92	0,83

Zur Überschlagsrechnung sind die folgenden q_v-Werte mit Kraftangriff am Zahnkopf und $\alpha = 20°$ anzunehmen:

z	12	14	16	20	24	28	32	40	60	100	∞
q_v	4,75	4,41	4,16	3,78	3,59	3,25	3,04	2,82	2,63	2,49	2,36

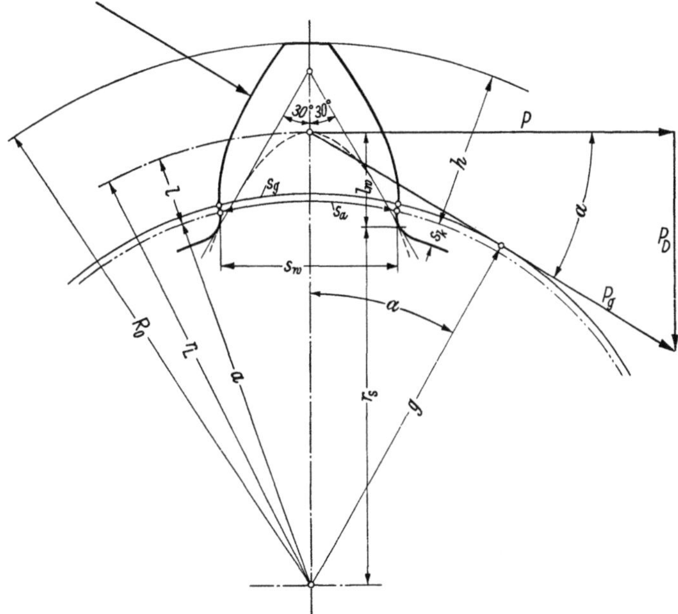

Bild 259.   Bestimmung des Zahnformfaktors durch Curt Mehl 1947

1952 kommt der Oberingenieur von Daimler-Benz AG Dipl.-Ing. Wolf-Dieter Bensinger auf das Problem der Profilverschiebung bei der Festigkeitsrechnung von Zahnrädern zurück, wie es Lentz und Maier/Hofer 1942 behandelt hatten. Unter Berücksichtigung von Korrektur und Überdeckungsgrad schreibt er die Biegebeanspruchung allgemein zu $\sigma_B = \dfrac{P_w \cdot s_{f_0}^2}{b \cdot m \cdot c \cdot s_1^2} \cdot f_\varepsilon$ (kg/mm²). Hierbei sind $P_w =$ Umfangskraft im Wälzkreis, für Kegelräder im Abstand $b/3$, $b =$ Radbreite, $m =$ Modul, $c =$ Zahnformfaktor, bei 10 bis unendlich vielen Zähnen $= 0,2$ bis $0,464$, $f_\varepsilon =$ Korrekturglied (am besten zeichnerisch bestimmt) < 1, $s_{f0} =$ Zahnstärke des unkorrigierten, s_f des korrigierten Rades im Abstand $- m$ von der Profilmitte.

c ist wohl der letzte Zahnformfaktor, den man in Deutschland formulierte. Und hier endet auch die Entwicklung der deutschen Festigkeitsberechnung. Gemischt mit Elementen führender Zahnradtheoretiker aus der ganzen Welt, enthalten diese Formulierungen viele Wiederholungen, die man im Auslande schon bis zu zwanzig Jahre früher anwandte. Alle diese Bestrebungen laufen letztlich hinaus auf die Schaffung der „tragfähigsten Evolventen-Verzahnung", wie sie 1954 als erster der Braunschweiger Forscher Dr. Hans Winter suchte. Hierin zog er überhaupt alle Gesichtspunkte der Verzahnung in Betracht, die die technischen Wissenschaften damals enthielten.

Nach dieser Klärung begann die Tendenz zur Normung der Zahnradberechnung. Denn erst dadurch können die Ingenieure in den Konstruktionsbüros aller Industrien einheitlich rechnen und zu gleichen Ergebnissen gelangen. Die verschiedenen modernen

Tabelle 86. *Zusammenstellung der aktuellen Verfahren zur Berechnung der Zahnfußträgheit nach* Dietrich/Winter *1956*

Verfahren und Verfasser	Geradverzahnung				Schrägverzahnung			
	Zahnquerschnitt	Kraftangriff	Spannung	Einflüsse	Kraftangriff	Lastverteilung	Spannung Rechenebene	Einflüsse
Verfahren 1 AGMA 1946-48		Äußerer Einzeleingriffspunkt E	Biegung u. Druck an der Zugseite (Punkt B) mit Kerbfaktor	Einbau- (Breiten)-Faktor, Lebensdauer- u. Geschwindigkeitsfaktor	am Zahnkopf (Kraft geteilt durch ε_n)	Gleichmäßig über die Zahnschräge	Nur Biegung Normalschnitt	Geschwindigkeits- und Kerbfaktor
Verfahren 2a Merritt 1938		Äußerer Einzeleingriffspunkt E	Biegung u. Druck an der Druckseite (Punkt A)	Lebensdauer- u. Geschwindigkeitsfaktor	in der Mitte der Eingriffsstrecke 1,5fache Kraft	Faktor 1,5 berücksichtigt ungleichmäßige Lastverteilung	Biegung u. Druck an der Druckseite Normalschnitt	Lebensdauer- u. Geschwindigkeitsfaktor
Verfahren 2b Merritt 1954		Äußerer Einzeleingriffspunkt E (Besonderer Punkt)[1][2]	Biegung u. Druck an der Zugseite (Punkt B)	Geschwindigkeitsfaktor Anwendungsfaktor	an äußerem Einzeleingriffspunkt im Normalschnitt (besonderer Punkt)[1][2]	Gleichmäßig über die mittlere Berührungslänge	Biegung u. Druck an der Zugseite Normalschnitt	Lebensdauer- u. Geschwindigkeitsfaktor
Dudley 1954		Äußerer Einzeleingriffspunkt E (Zahnkopf)[1]	Nur Biegung mit Kerbfaktor	Tragbildfaktor Lebensdauer-, Geschwindigkeits- u. Stoßfaktor	am Zahnkopf (Kraft geteilt durch ε_n)	Ungleichmäßig über die Breite b (nur Ungleichmäßigkeit aus Einbau u. Herstellung)	Nur Biegung Normalschnitt	Einbau- (Breiten)-Faktor, Lebensdauer- u. Geschwindigkeitsfaktoren
Verfahren 3 Niemann/Glaubitz 1950 bzw. 1955		Äußerer Einzeleingriffspunkt E (Zahnkopf)[1]	Biegung, Druck u. Schub an der Zugseite (Punkt B)	Wöhlerlinie gibt zulässige Spannung, dynamische Zusatzkraft	an konstantem Biegehebelarm $1\,m_n$	Ungleichmäßig über die kürzeste Berührungslänge (aus der Zahnsteifigkeit berechnete Lastverteilung)	Biegung, Druck u. Schub an der Zugseite Normalschnitt	Wöhlerlinie gibt zulässige Spannung; dynamische Zusatzkraft
Verfahren 5 Bensinger 1952		Kraftangriffspunkt nach besonderer Konstruktion	Nur Biegung	—	Besonders definierter Kraftangriffspunkt (im Normalschnitt)	Gleichmäßig über die Zahnschräge	Nur Biegung Normalschnitt	—
Verfahren 4 Dietrich 1952		Äußerer Einzeleingriffspunkt E	Nur Biegung	—	an äußerem Einzeleingriffspunkt (im Normalschnitt)	Gleichmäßig über die kürzeste Berührungslänge	Nur Biegung Normalschnitt	—
Verfahren 6 Brugger/Keck 1949/50		Kraftangriff am Zahnkopf	Biegung u. Druck an der Zugseite	—	am Zahnkopf	Gleichmäßig über die Zahnschräge	Biegung u. Druck an der Zugseite Stirnschnitt (als Geradverzahnung)	—

[1] bei ungenauen Verzahnungen   [2] gilt für Zahnräder mit Kopfrücknahme

Rechenverfahren scheinen trotz unterschiedlich aussehender Ansätze zu ähnlichen Resultaten zu führen, die sich in der Praxis bewährten. Dazu stellten die leitenden Ingenieure der Zahnradfabrik Friedrichshafen (ZF) Dr. GEORG DIETRICH und Dr. HANS WINTER die aktuellen Verfahren 1956 in Tabelle 86 zur Diskussion. Man sieht: dieser deutsche Normungsversuch berücksichtigt auch die Verfahren von DUDLEY und der AGMA (USA), sowie von MERRITT (England). Weniger geklärt sind noch die Verhältnisse der Schrägverzahnung, wenn auch NIEMANN/GLAUBITZ 1950 in ihren Versuchen eine Tragfähigkeit von $130^0/_0$ gegenüber geraden Zähnen ermittelten.

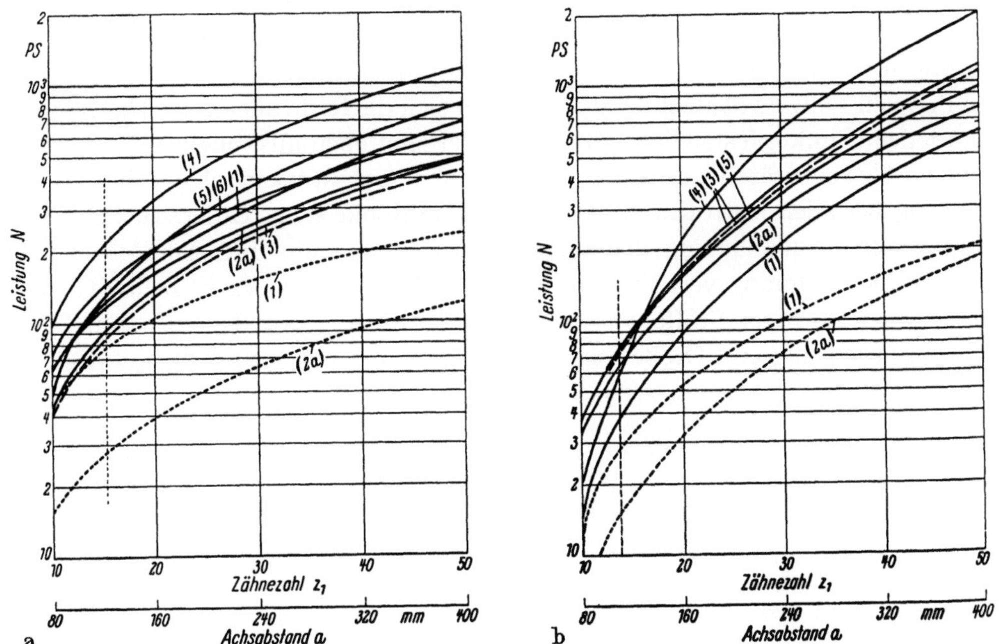

Bild 260.   Ergebnisse der Tragfähigkeits-Berechnung nach den Verfahren Tabelle 86
a) Am Zahnfuß, b) An der Flanke
------ Leistung in PS *mit* Berücksichtigung von Geschwindigkeitsfaktoren
——— dasselbe *ohne* Berücksichtigung von Geschwindigkeits-Faktoren
links von der gestrichelten Ordinate besteht Unterschnitt. Getriebedaten: Drehzahl $n_1 = 1500$ U/min, Werkstoff 16 Mn Cr 5 (Flankenhärte $HB = 575$ kg/mm², Kernhärte $HB = 270$ kg/mm²), Modul $m = 4$ mm, Radbreite $= 40$ mm, 20°-Norm-Geradverzahnung, Übersetzung $i = 3$.

Zu Beginn des Maschinenzeitalters kamen die empirischen Formeln und Konstanten der Festigkeitsberechnung direkt aus den praktischen Maschinenbau-Erfahrungen. Nach der Jahrhundertwende verdichtete man diese immer mehr durch laufende Versuche an besonderen Prüfmaschinen im Laboratorium. Man übernahm dann nicht allein Konstanten in die Formeln, sondern formulierte die Versuchsergebnisse mathematisch. In neuerer Zeit entstehen solche empirischen Formeln vielfach aus spannungsoptischen Bildern. Der Widerstreit zwischen Versuch und physikalischer Theorie bleibt dadurch bestehen.

3.34 Die Erforschung von Beanspruchungen in Zahnrädern durch Spannungsoptik seit 1922

In den zwanziger Jahren kamen die kritischen Stimmen zur Festigkeitsrechnung von Zahnrädern immer mehr aus den spannungsoptischen Laboratorien. Man versuchte jetzt die Theorie, meistens die Lewis-Formel, mit spannungsoptischen Versuchsergebnissen zu einer genaueren Formel ohne große Streuung zu kombinieren.

Die spannungsoptische oder photoelastische Methode löst zunächst zwei-dimensionale Spannungsfragen. Sie benutzt die doppelte Brechungseigenschaft isotroper, transparenter Stoffe unter Belastung nach dem Brewster'schen Gesetz von 1816: durchsichtige Körper werden durch innere Spannungen doppelbrechend. Daher können die Spannungen in Körpern an maßstäblich verkleinerten Modellen bestimmt werden, wenn sie aus homogenem, transparentem Material bestehen. Transparente Nitro-Zellulose-Zahnräder vertragen eine beträchtliche Belastung und können in Verzahnungsmaschinen bearbeitet werden. Geht nun planpolarisiertes Licht durch einen solchen, verspannten Körper z. B. aus Zelluloid und danach durch ein zweites Nicol'sches Prisma parallel der Polarisationsebene des ursprünglichen Lichtbündels, so werden nur die Punkte mit den Hauptspannungen parallel und senkrecht zu den Hauptquerschnitten der gekreuzten Nicol'schen Prismen schwarz bleiben. Dadurch lassen sich die Richtungen der Hauptspannungen an jedem Punkte feststellen. Farbige Bilder sind ebenfalls möglich; in diesem Fall werden noch zwei zusätzliche Strahlen durch das Versuchsstück geschickt. Diese Methode ist zulässig bei allen isotropen Körpern, die dem Hooke'schen Gesetz linearer Proportionalität folgen, unabhängig von ihren Elastizitätsmoduln und damit Werkstoffen. Das heißt: die Spannungsverteilung in den Versuchsstücken aus z. B. Zelluloid ist gleich denen anderer isotroper Stoffe wie Eisen, Stahl usw., die dem Hooke'schen Gesetz in Verteilung, Richtung und Größe folgen. Dies fand man experimentell bestätigt.

Die ersten Beobachtungen über die doppeltbrechende optische Wirkung mechanisch gespannter durchsichtiger Körper, wie z. B. Glas, machte der englische Physiker Sir DAVID BREWSTER (1781 bis 1868). Unter seinen Entdeckungen auf dem Gebiete der Optik befinden sich mindestens sechs Arbeiten dieser Art, beginnend 1810. 1815/16 faßte er seine Beobachtungen in das oben erwähnte Gesetz zusammen; 1818 beschrieb BREWSTER die Gesetzmäßigkeit der Verteilung der Polarisationsdoppelbrechung in Platten, Röhren und Zylindern aus Glas. 1819 maß der Pariser Ingenieur AUGUSTIN JEAN FRESNEL (1788 bis 1827) die Fortpflanzungsgeschwindigkeit des ordinären und des extra-ordinären Strahles bei Doppelbrechung, 1822 berichtete er schon über seine Beobachtungen der Doppelbrechung zusammengedrückten Glases. 1841 stellte der Physiker FRANZ ERNST NEUMANN (1798 bis 1895) auf Grund der Fresnel'schen Doppelbrechungstheorie die Zusammenhänge zwischen der Doppelbrechung und der Spannung nichtkristallisierter Stoffe her. 1850 gab der englische Physiker JAMES CLARK MAXWELL (1831 bis 1879) die Kurven gleicher Spannung und gleicher Spannungsrichtung in verspanntem Glase an. 1851/52 und 1854 bestimmte schließlich der gebürtige Wiener WILHELM WERTHEIM (1815 bis 1861) in Paris die Beziehungen zwischen Doppelbrechung und Spannung.

Die ersten Gedanken über die praktische Anwendbarkeit dieser optischen Tatsachen sprachen aus die Amerikaner L. NICKERSON 1871 und C. WILSON 1891. WILSON gab dabei schon die Trajektorien bzw. die isoklinen Flächen bei einfacher Biegung an. Bedeutende Hinweise für die technische Anwendbarkeit stammen von dem Pariser Bauingenieur und Professor AUGUSTIN MESNAGER (1862 bis 1933), die er anläßlich eines Kongreßvortrages 1901 in Budapest äußerte. Unabhängig von ihm begann 1902 der Ingenieur der Wiener Südbahn OTTO HÖNIGSBERG (1870 bis 1942) die neutrale Schicht bei reiner Biegungsbeanspruchung zu beobachten und zu photographieren. Bei MESNAGER und HÖNIGSBERG handelte es sich um drei Gruppen von Versuchen:

1. Sichtbarmachung der neutralen Schicht durch planpolarisiertes Licht in biegungsbeanspruchten Glasstäben. Sie beobachteten außerdem:
   a) vollständig spannungsfreie Stellen, d. h. neutrale Schichten, durch Verdunkelung im Bilde,
   b) Stellen, deren Spannungsellipse mit einer ihrer Hauptachsen in der Polarisationsebene liegt,
   c) Stellen, für welche die Spannungsellipse in einen Kreis übergeht.
2. Ausschaltung der Erscheinungen von b) und c) durch zirkularpolarisiertes Licht.
3. Aufzeigen von Zug- und Druckspannungen durch verschiedene Farben mit planpolarisiertem Licht.

MESNAGER wies 1901 auf die Auswertungsmöglichkeit hin, neben der Differenz beider Hauptspannungen auch die Dickenänderung durch diese Spannungen an jeder Stelle zu messen. Diese Dickenänderung ist proportional der Spannungssumme $\sigma_1 + \sigma_2$. Diese Idee verwirklichte der englische Ingenieur, spätere Professor an mehreren technischen Colleges und Direktor der Maschinenlaboratorien der Universität London ERNEST GEORGE COKER (1869 bis 1946). MESNAGER erfand noch 1930 einen Kunstharzanstrich auf der Metallkonstruktion, die dann bei der Beanspruchung mit verformt und doppelbrechend wird.

Seit 1910 wandte COKER die photoelastische Betrachtung der Spannungsverteilung direkt auf Konstruktionsteile des Maschinenbaues an. Die Methoden exakter graphischer Auswertung dieser Spannungsabbildungen entwickelte der Professor für angewandte Mathematik und Mechanik an der Universität London LOUIS NAPOLEON GEORGE FILON (1875 bis 1937). Diese beiden Engländer blieben Zeit ihres Lebens tonangebend für die gesamte Spannungsoptik in der Welt. Nach dem ersten Weltkriege interessierte sich die amerikanische General Electric Company für diese Verfahren. Sie engagierte zwei Forscher, die schon über die Arbeiten von MESNAGER, COKER und FILON berichtet hatten: A. L. KIMBALL JR. und PAUL HEYMANS; sie wandten die spannungsoptischen Verfahren als erste auf Zahnräder an.

In USA beschäftigten nach dem ersten Weltkriege Antriebsfragen großer elektrischer Lokomotivmotore die Unternehmen. Immer wieder kam es hierbei zu Schwierigkeiten an den antreibenden Zahnrädern. Daher sandte die General Electric Company in Schenectady 1919 den Physiker ihres Forschungslaboratoriums A. L. KIMBALL jr. zu Dr. COKER nach London, um dort dessen Spannungsuntersuchungen an transparenten Modellen zu studieren. Dabei bauten beide eine Vorrichtung zum Vergleichen mit einem

Probestück von konstantem Querschnitt unter gleichmäßiger Beanspruchung; zum Ablesen der Differenz der Hauptspannung an jedem Punkt brachten sie ein Dynamometer an. Danach richteten seit 1922 die Eisenbahnmotoren-Abteilung und das Forschungslabor von General Electric ihre Versuche auf die Untersuchung von Lokomotiv-Motorritzeln. Sie arbeiteten dabei zusammen mit dem Forschungslaboratorium des Massachusetts Institute of Technology (MIT). Ihr dortiger Forschungsassistent PAUL HEYMANS[1] hatte ein Seitenextensometer gebaut, mit dem er die querlaufende Verformung messen konnte. Mit diesen beiden Vorrichtungen gelang die erste photoelastische Abbildung der

Bild 261. Erste photoelastische Abbildung der Spannungsverteilung in einem Zahnrad von HEYMANS/ KIMBALL 1922
Im Original waren die dunklen bis hellen Partien abgestuft in den Farben purpurrot, blaugrün, orangerot und gelb.

Spannungsverteilung in einem Zahnrad, laut Bild 261. HEYMANS und KIMBALL jr. trugen ihre Beobachtungen auf der ASME-Jahrestagung Anfang Dezember 1922 in New York vor. Sie erklärten: für spezielle oder gut ausgenutzte Ritzel ist die photoelastische Untersuchung der beste und einzige Weg zur Feststellung von Lastverteilung und maximaler Spannung. Ihre Versuche an Ritzeln gaben unter normalem, radialem Druck und normalem, dynamometrisch gemessenem Drehmoment die Höchstspannungen auf Tabelle 87.

Zur Übertragung vom Zelluloid-Modell zum Stahlritzel multiplizierten HEYMANS/ KIMBALL 1922 die Spannungen im Zelluloid-Ritzel mit dem Verhältnis 1 : 297 und er-

---

[1] PAUL HEYMANS, geboren 1895 in Belgien als Sohn des Kunstmalers ADRIEN-JOSEPH H. (1839 bis 1921). Studierte an der Universität Gent, am Ecole Spéciale des Travaux Publics in Paris und an der Universität London. Promovierte mit dieser spannungsoptischen Arbeit.

hielten die Belastung des Stahlritzels. Sie maßen die größten Biegespannungen an der Zahnwurzel im Eingriff bei verschiedenen Geschwindigkeiten und erhielten Tabelle 88.

Tabelle 87.   *Höchstspannungen an Ritzeln nach Heymans/Kimball 1922*

z	D. P.	Zahnform	α	Höchstspannung (lb./sq.in.)
13 {	4 1/4″	Brown & Sharpe	} 20°	80 000
	4 1/4″	} hoher Zahnkopf		70 350
12	4,2″		22°	60 900

Bei allen drei Ritzeln war der Grundkreis-Durchmesser 1,854″.

Das 12-Zahn-Ritzel zeigte neben einer kleineren Höchstspannung eine bessere Spannungsverteilung; diese Größe scheint die beste Lösung für normale Verhältnisse zu sein.

Tabelle 88.   *Größte Biegespannungen an der Zahnwurzel bei verschiedenen Drehzahlen nach Heymans/Kimball 1922*

U/min	Max. Spannung an der Zahnwurzel auf Zugseite (lb./sq.in.)		Steigerung im Vergleich zum statischen Drehmoment in %
	Zelluloid-Modell	Stahl-Ritzel	
0	1 220	36 400	0
360	1 410	42 000	16
720	1 610	48 000	33
1 170	1 960	58 400	62
1 248	2 320	69 200	92

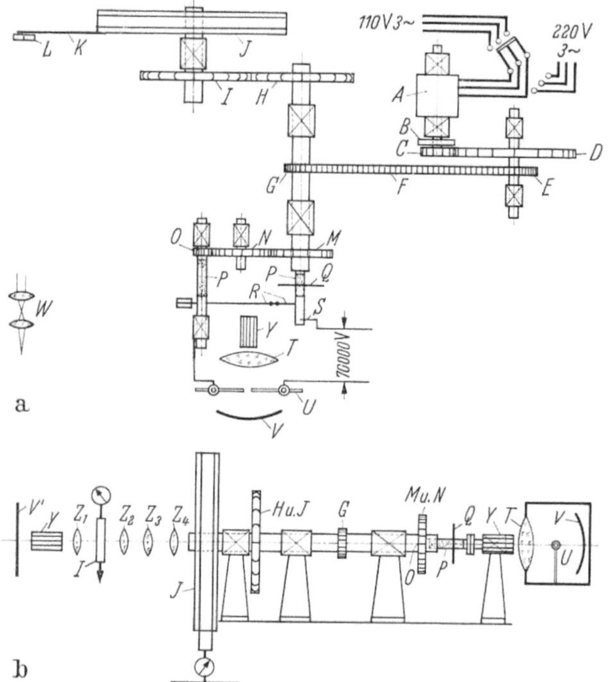

Bild 262.   Apparate-Anordnung bei den Versuchen von Heymans/ Kimball 1922 bis 1924

a) Antriebsschema für die Prüfzahnräder. Die Umlaufgeschwindigkeit der Prüfzahnräder H und I wurde kontrolliert von den Geradzahnstirnrädern C und D. Ein Kettenantrieb F verband die Ritzel E und G, was einen guten Antrieb ergab. Das Celluloid-Zahnrad H trieb das Celluloid-Zahnrad I an, das auf einen Spreizring montiert war, wodurch radialer Innendruck entstand. Auf der gleichen Welle mit I befand sich eine Bandbremse J und das Dynamometer, wodurch ein bekanntes Bremsmoment an die Zähne gebracht wurde. Die Wiedergabe der Berührungsbedingungen erleichterte ein Teleskop W, durch das man den Arm K mit dem an ihm befestigten Zeiger L beobachten konnte. Die drehbaren Arme R kontrollierten die Lichtstrahlen, ihr Spalt war in Serienschaltung mit den Elektroden. Die Frequenz der Lichtstrahlen wechselte mit der Geschwindigkeit der Ritzel.

b) Versuchsanordnung von (a) mit den photoelastischen Apparaten.

Interessant ist hier der merkliche Anstieg der maximalen Spannung bei steigender Drehzahl; bei 1248 U/min beträgt er fast 100 %. Dieses Resultat ist besonders wichtig, wenn nicht erstrangiger Natur. An wichtigen Erkenntnissen gewannen HEYMANS/KIMBALL noch:

1. Zahnschäden entstehen durch drei Ursachen:
   a) das Zahnrad ist nicht genau ausgeführt
   b) es wurde durch Überlastung beschädigt
   c) im warm aufgezogenen oder aufgepreßten Ritzel entstand ein unzulässig hoher, innerer, radialer Druck
2. die allgemeinen Methoden der Festigkeitsberechnung von Zahnrädern, in denen man den Zahn als einseitig eingespannten, belasteten Balken betrachtet, können nicht ganz zuverlässige und vollständige Werte über die Spannungsverteilung angeben, nicht einmal für das Wurzelgebiet des Zahnes
3. Zahnform, Fußausrundung, Verhältnis von Bohrungsdurchmesser zur Wurzel und Kopfkreis beeinflussen Spannungsverteilung und maximale Spannung. Diese Tatbestände beeinflussen die Spannungen im Zahnrad viel mehr als man mit den gegenwärtigen Berechnungsmethoden erwartete
4. ein Zahnradkranz ist schwächer als ein voller Ring ohne Zähne, dessen Außendurchmesser gleich dem Fußkreisdurchmesser ist. Trotzdem beim Zahnrad noch das Material der Zähne hinzukommt, ist es wegen des unregelmäßigen Profiles durch die Zähne dennoch schwächer
5. im Zahnfußbereich gibt es Höchstspannungen; Zahnbrüche gehen also durch die Zähne, nicht durch die Lücken. Der Werkstoff unter den Zähnen wird stärker beansprucht als der unter den Lücken. Ein Bruch wegen zu hoher Pressung von der Welle her geht nicht durch die Lücken, sondern durch die Zähne
6. die Gebiete gefährlicher Spannungen sind für verschiedene innere radiale Drücke und verschiedenes Drehmoment ebenfalls verschieden
7. aus der Form des Bruchwinkels lt. Bild 263a läßt sich auf die Bruchursache schließen. Flache Brüche (bis 180°) = Überlastung durch zu hohes Drehmoment. Steile Brüche = Überlastung durch Innendruck.

Dieses Ergebnis prüften HEYMANS/KIMBALL 1922 mit einer Spezialmaschine an Stahlritzeln nach.

1926 gab der Privatdozent für Maschinenbau an der Technischen Hochschule Berlin Dr. MAX KRONENBERG (geb. am 8. Juli 1894 in Berlin) die Versuchsergebnisse von HEYMANS/KIMBALL für die deutschen Ingenieure wieder. In mehreren Diagrammen, umgerechnet auf metrische Maße, zeigte er die verschiedenen, in USA spannungsoptisch ermittelten Beanspruchungen anf Bild 263.

Die Ergebnisse von HEYMANS/KIMBALL zwischen 1922 und 1924 waren noch nicht sehr ergiebig. Aber ihr polarisationsoptisches Verfahren bewies doch seine gute Eignung zu Beobachtungen des Spannungsverlaufes in Zahnrädern, wie sie bisher unmöglich gewesen waren. Ihre Schlüsse enthalten außerdem schon Andeutungen auf spätere Erkenntnisse, die in der Theorie noch gefehlt hatten.

Der entscheidende Pionier spannungsoptischer Untersuchungen an Zahnrädern ist der Zürcher ROBERT VIKTOR BAUD[1]. Er meint 1925: verschiedene Spannungszonen in

---

[1] ROBERT VIKTOR BAUD, geboren am 15. Juli 1894 in Meiringen/Berner Oberland. Schüler von Professor AUREL STODOLA an der ETH Zürich, die er 1915 bis 1920 besuchte. Zusatzstudium an der TH Berlin 1920/21. 1921 bis 1923 bei der AEG in Berlin und Sao Paolo. 1925 bis 1931 in Mechanical Division der Research Laboratories von Westinghouse Electric & Mfg. Co. Dr.-Ing. der ETH 1933 mit „Beiträgen zur Spannungsverteilung in Konstruktionselementen mit Querschnittsübergängen". 1934 bis 1959 Eidgen. Materialprüfungsanstalt (EMPA) in Zürich.

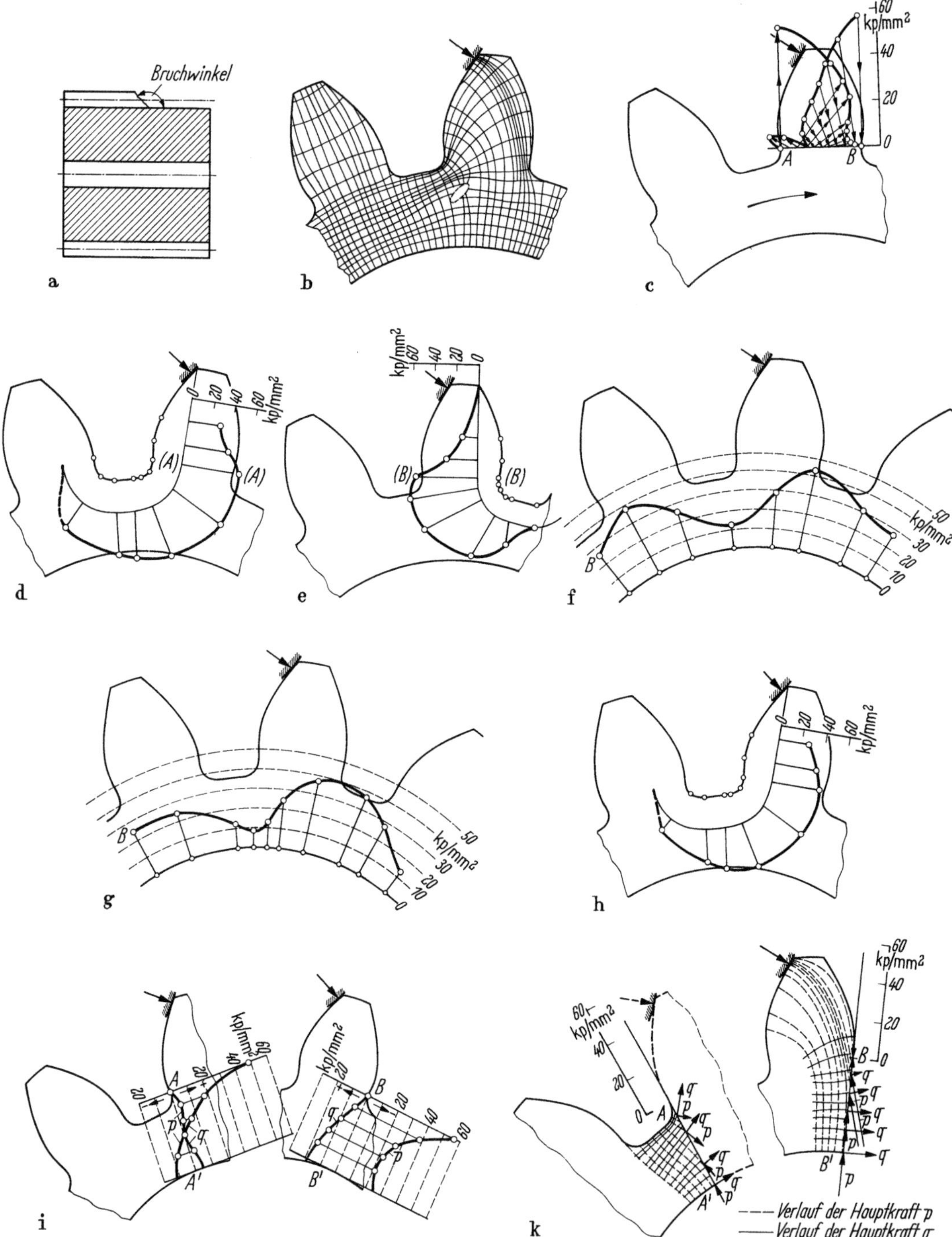

Bild 263.   Auswertung und Kommentar der Versuche von HEYMANS/KIMBALL in metrischem Maß durch MAX KRONENBERG 1926

a) Bruchwinkel des Zahnes, b) Kraftrichtung im Zahnrad bei Normalinnendruck und größtem Moment, c) Richtung und Größe der Druck- und Zugkräfte längs der Geraden A—B; bei A wirkt Zug, bei B Druck. d) Spannungen längs der belasteten Flanke bei Normalinnendruck und größtem Moment, e) Spannungen längs der unbelasteten Flanke, f) längs der Bohrung, g) dasselbe bei Unterdruck, h) Spannungen längs der belasteten Flanke bei Normalinnendruck und verringertem Moment, i) Spannungen im Radialschnitt der Zähne bei Normalinnendruck und größtem Moment (p Druck-, q Zugkomponente), k) Richtung und Größe der Hauptkräfte im Radialschnitt.

Konstruktionsteilen lassen sich theoretisch nur näherungsweise erfassen. Zur Klärung der Spannungsverhältnisse in Zahnrädern hielt BAUD das polarisationsoptische Verfahren für ideal. Während seines Wirkens im Forschungslaboratorium der Westinghouse Electric & Mfg. Co. wies er in achtjähriger Arbeit alle Beanspruchungsarten der Zahnräder spannungsoptisch nach. Er untersuchte:

1. mit STEPHEN P. TIMOSHENKO 1925 einen großen Einzelzahn, wie schon im Kapitel 3.32 behandelt. Diese Versuche bringen die Lehre von den *Spannungsspitzen in der Zahnfußausrundung*, abhängig vom Verhältnis des Krümmungsradius zur Zahnfußstärke. 1928 prüft BAUD dieses Ergebnis an kreisförmigen Ausschnitten bzw. Kerben nach, die er an verschiedenen Stellen der Verzahnung anbrachte; Ergebnis: die größere *Zahnfußbeanspruchung liegt auf der Druckseite*, nicht auf der Zugseite des Zahnes

2. mit RUDOLPH EARL PETERSON 1929 zum ersten Male umlaufende Zahnräder, bei belastetem Ritzel. Diese Versuche lehren den Einfluß des *Überdeckungsgrades auf die Lastverteilung* zwischen den Zähnen. Der Überdeckungsgrad ändert sich mit der Belastung. Berührt sich mehr als ein Zahnpaar, so verteilt sich die Last nicht gleichmäßig zwischen beiden Zähnen, die Lastverteilung hängt vielmehr von den Verformungen der beiden Zähne ab.

Bild 264.   Dr.-Ing. ROBERT VIKTOR BAUD

   BAUD kombinierte 1929 als erster die Polarisationsoptik mit der Kinematographie; dieser gefilmte, spannungsoptisch beobachtete Versuchslauf von Zahnrädern bestätigte alle obigen Lehren und deutete bereits spätere Erkenntnisse an. Siehe Bild 265.

3. mit ELMER HALL 1930 nochmals die rein statische Beanspruchung im Fuße des Einzelzahnes. Diese ersten Versuche auf Biegung *und* Flächenpressung *gleichzeitig* brachten die Regel: für den größten Teil des Beanspruchungsweges sind die *Druckkräfte größer als die Biegespannungen*. Daher führt BAUD 1931 je eine Formziffer für Zug und Druck ein. Der Winkel, unter dem die höchste Spannung auftritt, ändert sich. Siehe Bild 266.

4. die Pressung bei der Berührung von belasteten Zahnrädern. Mit diesen Versuchen bewies BAUD 1931 die Richtigkeit der angenommenen *parabelförmigen Druckfläche* nach HEINRICH HERTZ (1857 bis 1894), siehe Bild 268. Diese Theorie behandelt das folgende Kapitel 3.4. Diese letzten Versuche von ROBERT VIKTOR BAUD bei Westinghouse in USA 1931 erfüllten drei Aufgaben:

a) Vergleich der Versuchsergebnisse mit den Rechnungsresultaten von 1928

b) Vergleich der Beanspruchung durch Pressung mit der im Zahnfuß

c) Ermitteln von Näherungswerten über den gesamten Beanspruchungsbereich im Radzahn

zu 4: Die Zahnbeanspruchung teilt BAUD 1931 in die drei Hauptspannungen:
1. p in Richtung der Berührungsmittellinie

$$p = f_1 \cdot p_{max} = \frac{p_{max}}{\pi} \cdot \left[2\left(\frac{1}{\text{tg}^2\,\Theta} - 1\right) \cdot \Theta - \left(\frac{1}{\text{tg}^2\,\Theta} + 1\right) \cdot \sin 2\,\Theta \right]$$

laut Bild 267a,

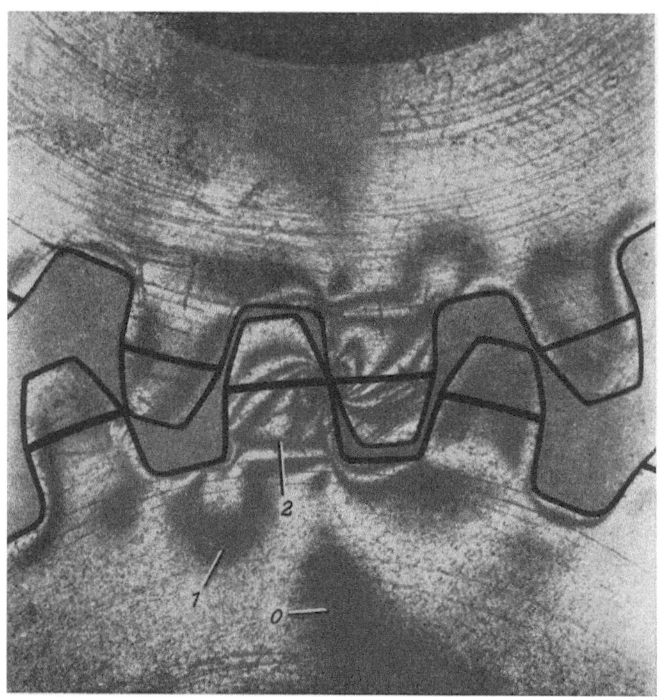

Bild 265. Bild der Lastverteilung zwischen einem Zahnradpaar aus dem ersten spannungsoptischen Film von BAUD/HIMES 1929

Man erkennt Streifen gleicher Dunkelheit oder Helligkeit. Für einige der dunklen Streifen sind Nummern verzeichnet. Mit Hilfe untenstehender Tabelle kann man die annähernde Größe der Schubspannungen ablesen. Man erkennt die beträchtliche Spannungsanhäufung im Zahnfuß und die höchste Spannung am Berührungspunkt; ein Überdeckungsgrad < 2 scheint demnach nicht günstig, > 2 ist günstiger als nahe 2.

Farbe im Original	Schatten auf dem Photo	No. auf Bild 265	Spannung oder Spannungs-Differenz $(p{-}q)$ in lb. per sq. in.
schwarz	schwarz	0	0
oliv-grün	grau	—	0— 330
I orange-gelb	weiß	—	330— 940
rotbraun	grau	—	940—1 320
dunkelgrün	schwarz	1	1 320—1 530
hellgrün	grau	—	1 530—1 730
orange-gelb	weiß	—	1 730—2 100
II rotbraun	grau	—	2 100—2 530
grün	schwarz	2	2 530—3 000
orange-gelb	weiß	—	3 000—3 200
III rotbraun	grau	—	3 200—3 660
grün	schwarz	3	3 660—4 000
orange-gelb	weiß	—	4 000—4 200
IV rotbraun	grau	—	4 200—4 500
grün	schwarz	4	4 500—5 100

2. q senkrecht zur Berührungsmittellinie

$$q = f_2 \cdot p_{\max} = \frac{p_{\max}}{\pi} \cdot \left[\frac{4}{\operatorname{tg}\Theta} + \left(1 + \frac{1}{\operatorname{tg}^2\Theta}\right) \cdot \sin 2\,\Theta - 2\left(1 + \frac{3}{\operatorname{tg}^2\Theta}\right) \cdot \Theta\right]$$

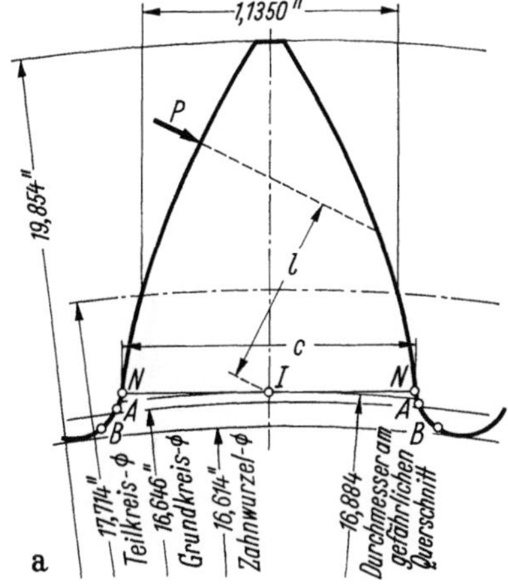

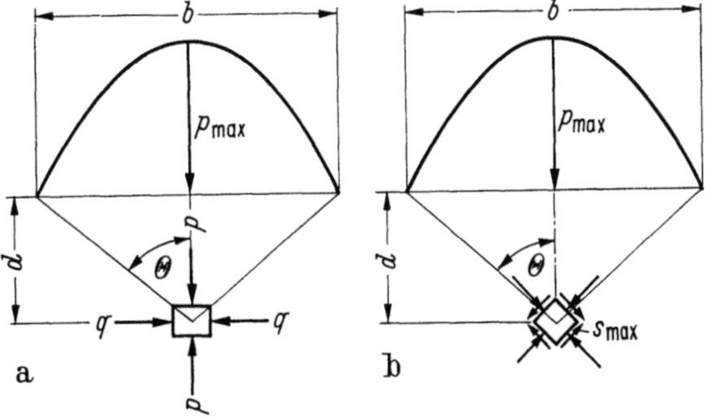

Bild 267.   Lastverteilung und Hauptspannungen $p-q$ in der Zahnbeanspruchung nach Baud 1931

a) in Richtung der Berührungsmittellinie, b) Schubspannung $s_{\max}$ unter 45° zur Berührungsmittellinie.

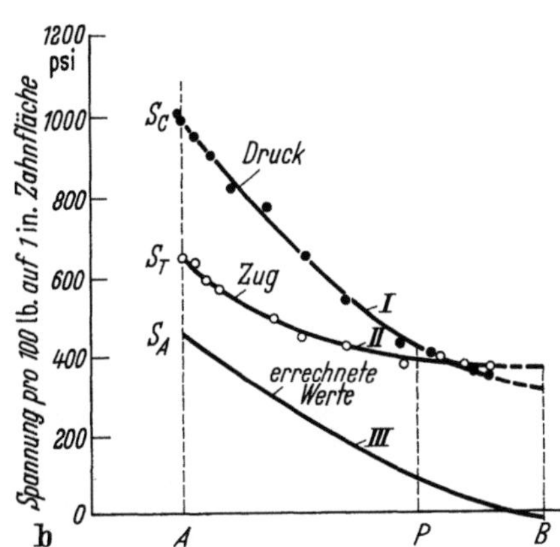

Bild 266. Spannungsoptische Untersuchung am Einzelzahn durch Baud 1929/30

a) Abmessungen des Versuchszahnes; die Messungen erfolgten in elf verschiedenen Winkelstellungen, im Eingriff liegt die höchste Beanspruchung bei B, die größte Zahnfußbeanspruchung am Eingriffsende bei A, b) Vergleich der gemessenen und errechneten Spannungen an der Zahnfußausrundung; B Eingriffs-, P Wälz- und A Endpunkt des Eingriffs. Kurve III errechnete Baud 1930 mit der Balkenformel

$$S_A = \frac{6\,P\,l}{c^2}$$

mit $P = 100$ lb./in. Zahnbreite, $l =$ veränderlichem Abstand und $c =$ Zahndicke längs $N\!-\!N$.

3. Schubspannung $S_{\max}$ unter 45° zur Berührungsmittellinie, lt. Bild 267b.

$$S_{\max} = f_3 \cdot p_{\max} = \frac{p_{\max}}{\pi} \cdot \left[\frac{2}{\operatorname{tg}\Theta} + \left(\frac{1}{\operatorname{tg}^2\Theta} + 1\right) \cdot \sin 2\,\Theta - \frac{4 \cdot \Theta}{\operatorname{tg}^2\Theta}\right]$$

$S_{\max}$ und f_3 sind die halben Differenzen von p und q bzw. f_1 und f_2, gegeben laut Tabelle 89.

Die Gleichungen für p und q ergaben meistens negative Werte, was aussagt: für alle $\frac{d}{b}$ sind die Beanspruchungen Pressungen, nach $p_{\max} = 1{,}5 \cdot \frac{P}{b}$, wobei $P =$ Last und $b =$ Breite der Abplattung.

Zum besseren Verständnis der dokumentarischen Photographien der Versuche gibt Baud 1931 noch skizzierte Abbildungen der spannungsoptisch ermittelten Beanspruchungen. In diesem Bild 268 zeigt er die Linien gleicher Schattierung aus den Fotos; die Zahlen an ihnen bedeuten die f_3-Werte nach der Gleichung für $S_{\max}$.

Baud kommt 1931 zu folgenden Untersuchungsergebnissen:

1. die analytisch und experimentell ermittelten Kurven für f_3 haben die gleiche Charakteristik. Damit bestätigt sich die Gleichung für $S_{\max}$ als treffend.

2. rotiert ein Ritzel unter Beanspruchung, so sinkt die Pressung, während die Zahnfußspannung steigt. Diese Tendenz wird am Eingriffsende zum Maximum; hier ist das Spannungsverhältnis zwischen maximaler Pressung und Zahnfußspannung $< 2^{1}/_{2}$ und nimmt für steigende Belastung weiter ab

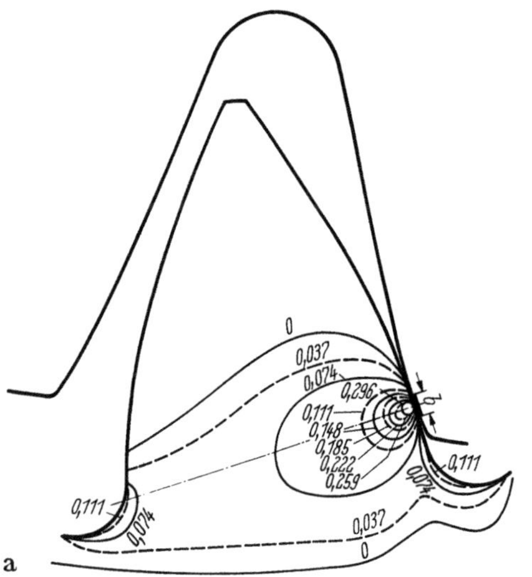

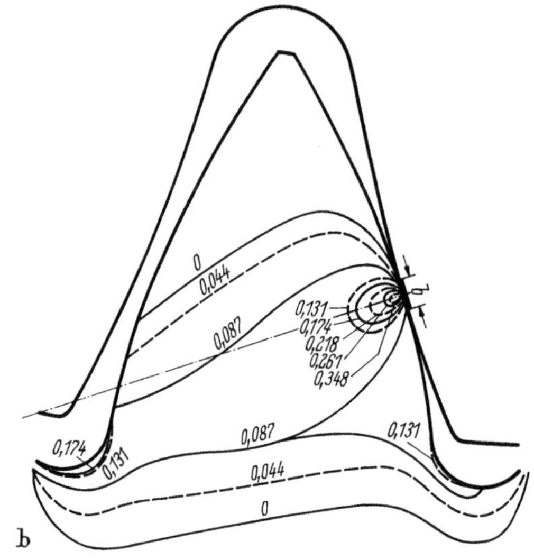

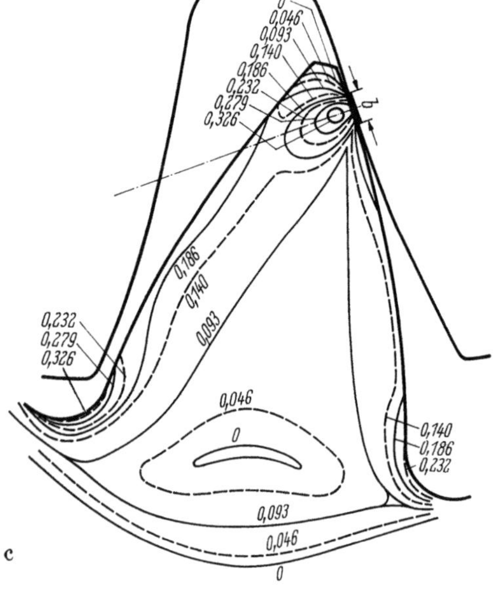

Bild 268. Zeichnerische Wiedergabe photoelastischer Aufnahmen in drei Zahnstellungen als Beweis für die parabelförmige Druckfläche bei der Pressung von Zahnrädern durch ROBERT VIKTOR BAUD 1930. Die Linien begrenzen gleiche Werte für f_3 oder s_{max}

Tabelle 89. *Analytische Werte für die Faktoren f_1, f_2 und f_3 bei veränderlichen d/b von R.V. Baud 1931. Für das Verhältnis $d/b=0{,}337$ ist f_3 ein Maximum.*

d/b	$\Theta°$	f_1	f_2	f_3
0	90°	1.0000	1.0000	0.0000
0.1	78,70	0.9670	0,5975	0,1848
0,2	68,20	0,8910	0,3560	0,2675
0,3	59,00	0,8000	0,2160	0,2920
0,337	56,00	0,7650	0,1790	0,2930
0,4	51,35	0,7150	0,1350	0,2900
0,5	45,00	0,6370	0,0900	0,2735
0,6	39,80	0,5680	0,0537	0,2553
0,7	35,53	0,5120	0,0413	0,2358
0,8	32,30	0,4690	0,0286	0,2202
0,9	29,05	0,4260	0,0207	0,2026
1,0	26,56	0,3880	0,0159	0,1860
1,5	18,41	0,2736	0,0081	0,1328
2,0	14,03	0,1972	0,0052	0,0960
2,5	11,31	0,1619	0,0031	0,0794
3,0	9,46	0,1310	0,0026	0,0642
4,0	7,18	0,1020	0,0024	0,0498
5,0	5,71	0,0715	0,0021	0,0347
6,0	4,76	0,0410	0,0016	0,0197
10,0	2,87	0,0366	0,0012	0,0183
13,3	2,15	0,0296	......	......
28,6	1,00	0,0222	......	......

3. die Hauptbeanspruchung längs der Eingriffslinie besteht in der Pressung. p ist die maßgebende Beanspruchung ohne Rücksicht auf die Materialeigenschaft und gibt die Größe für den Verschleiß an.

Bereits 1930 führten der Professor für Experimentalphysik und Hochfrequenztechnik an der Eidgen. Technischen Hochschule in Zürich Dr. Franz Tank (geboren am 6. März 1890 in Zürich) zusammen mit seinem Assistenten Dr. Jakob Müller († 1936) spannungsoptische Untersuchungen am kurzen, biegebeanspruchten Stabe aus. Dies deshalb, weil ein solcher „. . . . Stab als Grundform praktisch wichtiger Maschinen- und Bau-

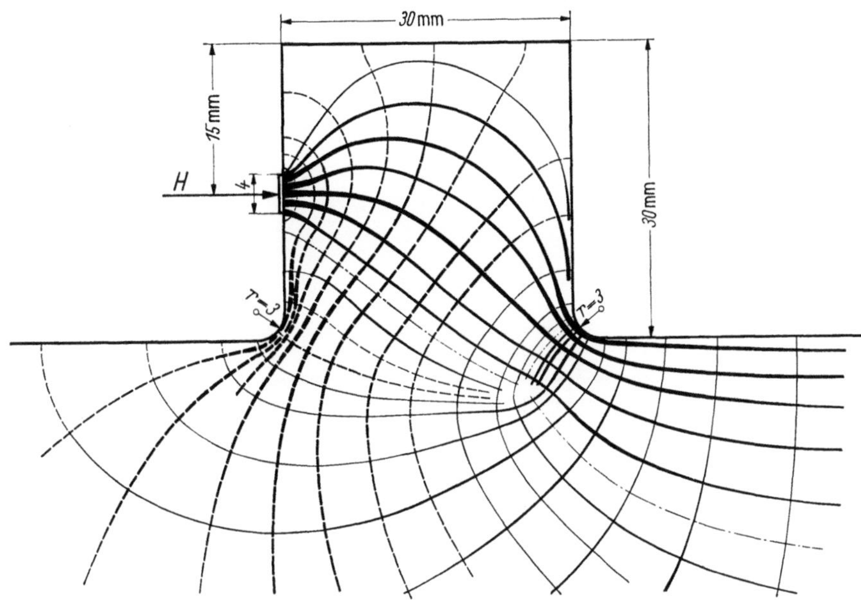

Bild 269.   Hauptspannungstrajektorien am kurzen Balken nach den Versuchen von Franz Tank und Jakob Müller 1930
Drucklinien voll ausgezogen, Zuglinien gestrichelt, die Breiten der Linien drücken die Größe der Druck- und Zugspannungen aus.

konstruktionsteile . . . wie Zähne und Konsolen . . ." betrachtet werden muß. Die Schweizer Forscher fahren 1930 fort: „. . . . andererseits ist man vom theoretischen Standpunkte aus bis jetzt im unklaren gewesen über die Zulässigkeit irgendwelcher vereinfachter Berechnungsmethoden . . ." Die Angriffspunkte der äußeren Kraft, der einspringenden Ecken und der Querschnittsänderung greifen hier zu unmittelbar ineinander ein. Die Hauptspannungstrajektorien unter der Belastung $H = 140,08$ kg zeigt Bild 269. Tank und Müller beobachteten 1930 Randspannungen am Angriffspunkt der Kraft H und an den Fußausrundungen. Sie finden die berechnete maximale Biegespannung auf jeden Fall um 2,1 bis 2,3 zu klein, und erkennen: im Gebiete des Querschnitts 2 von Bild 270 befindet sich eine ganz schmale Region, in der die gewöhnliche Balkentheorie noch richtige Werte liefern kann. Im Einspannquerschnitt 3 versagt der Ansatz; hier herrscht die Wirkung der einspringenden Ecken und der Querschnittsänderung vor.

In den dreißiger Jahren arbeiteten die US-Hochschulinstitute ihrerseits an spannungsoptischen Versuchen weiter. Unter ihnen traten besonders hervor die University of Illinois in Urbana, das Carnegie-Institut in Pittsburgh/Pa. und die University of Michigan in Ann Arbor. Als der zweite Weltkrieg (1939 bis 1945) ausbrach, stellten sich überraschend hohe Anforderungen an die Zahnräder, diesmal im Flugmotoren- und Kraftfahrzeugbau. Vorschläge und Anregungen für weitere Forschungsarbeiten kamen diesmal von der Zahnradindustrie selbst, soweit sie Zahnräder herstellte oder Zahnradbearbeitungsmaschinen lieferte. So regte der Forschungsingenieur

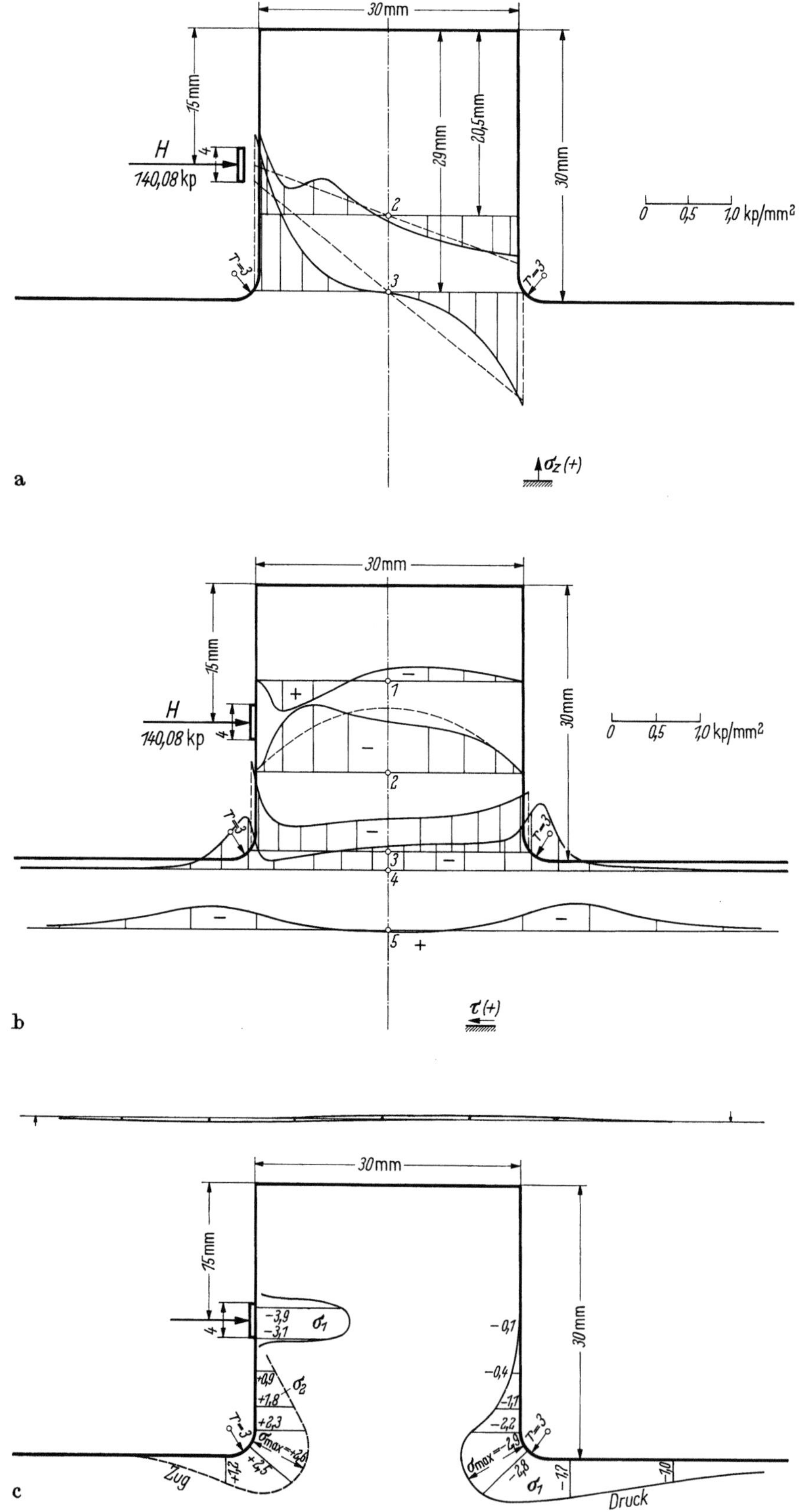

Bild 270. Spannungen am kurzen, biegungsbeanspruchten Stabe nach Tank/J. Müller 1930
a) Normalspannungen, b) Schubspannungen, c) Randspannungen.

von Gleason Works in Rochester/N. Y. ALLAN HARRY CANDEE (geboren 13. September 1884 in Eureka, Colorado/USA) die University of Illinois zu neuen photoelastischen Versuchsreihen an. Sie sollten ein genaueres Bild der örtlichen Spannungen im Zahnfuß liefern, wie sie die Lewis-Formel von 1892 niemals enthalten konnte. Diese Versuche begann 1939 THOMAS JAMES DOLAN (geb. 29. Dezember 1906 in Chicago, Ill.), der seit

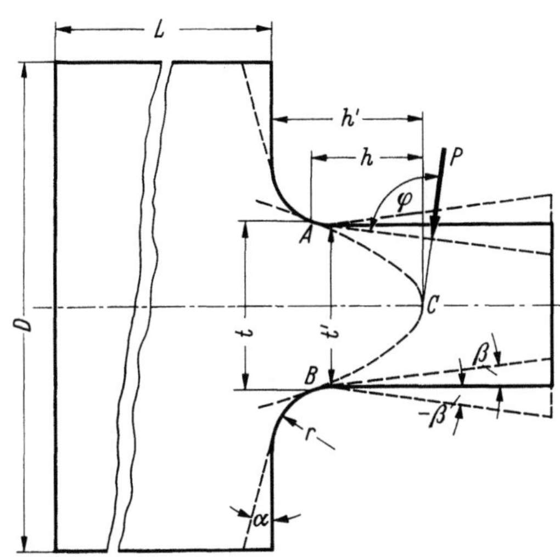

Bild 271.   Beziehungen an stumpfartigen, kurzen Schultern von DOLAN 1939

Radius r an der Zahnfußausrundung zwischen Zahnflanke und Wurzelkreis, Nenndicke t' und Dicke t am angenommenen schwächsten Querschnitt des Zahnes, Höhe des Lastangriffs h über dem angenommenen schwächsten Querschnitt, Winkel β zwischen der Seite des Zahnes und der radialen Senkrechten, Winkel α zwischen Zahnfußkreis und Zandicken-Tangente, Winkel φ zwischen Lastangriffslinie und Zahnseite (während der Versuche 90°).

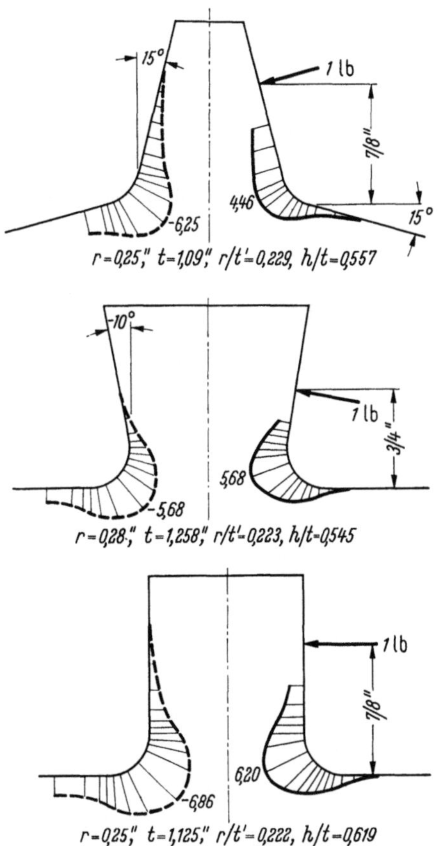

Bild 272.   Spannungsverteilung an der Fußausrundung bei verschiedenen Lastangriffsrichtungen und Balkenformen nach DOLAN 1939.

1935 mit spannungsoptischen Arbeiten hervorgetreten war, im Laboratorium des Dozenten für Technische Mechanik EDWARD LOUIS BROGHAMER (geb. 3. Oktober 1910) und unter Leitung seines Lehrers Professor FRED B. SEELY (geb. 29. April 1884). In einem Vortrag anläßlich der 11. Photoelastischen Halbjahreskonferenz am 24./25. Mai 1940 im Carnegie Institut of Technology trug DOLAN seine ersten Ergebnisse vor. An Neuerungen führte er als erster in das Versuchsprogramm ein:

1. die Verwendung eines stumpfen Rechteckbalkens mit variablen Profilen, als Vergleich zu echten Radzähnen. Siehe Bild 271.

2. die Untersuchung des Einflusses der Lastangriffshöhe auf die Spannungen an richtigen Zähnen

3. Aufstellung eines „Spannungsanhäufungsfaktors" k als Funktion der Zahnfußausrundung r, der Zahndicke t, vor allem aber Höhe der angreifenden Last h bei den verschiedenen Eingriffswinkeln $14\frac{1}{2}°$ und 20°.

Versuche an biegungsbeanspruchten Übergangsrundungen balkenförmiger Vorsprünge hatten 1934 und 1938 auch die Dozenten Emil Edwin Weibel (geb. am 19. November 1896 in Philadelphia) und Max Mark Frocht (geb. im Juni 1894 in Rußland) ausgeführt und entsprechende Spannungsanhäufungsfaktoren angeschrieben. In Bild 275 trug nun Dolan ihre Kurven zum Vergleich mit den seinigen ein. Dieser Vergleich zeigte: im stumpfen Rechteckbalken sind die örtlichen Spannungen höher als in den richtigen Zahnradformen.

Als erster hatte schon 1926 Stephen P. Timoshenko die Lewis-Formel durch einen Spannungsanhäufungsfaktor verbessert, wie im Kapitel 3.32 behandelt. Dies aber unter voller Beachtung der klassischen Festigkeitsformeln und nur in Anlehnung an die spannungsoptischen Beobachtungen von Baud. Dolan findet 1940 als Formfaktor eine ganze Funktion, die sich von den Gesetzen der Festigkeitslehre löst:

kurzer, stumpfer Rechteckbalken $\quad$ 1939 $\quad k = 1{,}25 \cdot \left(\dfrac{t'}{r}\right)^{0,2} \cdot \left(\dfrac{t}{h}\right)^{0,3}$

Zahnradzahn mit $\alpha = 14{,}5°$ und DP $= 2$

$\qquad\qquad\qquad\qquad$ 1940 $\quad K = 0{,}22 \cdot \left(\dfrac{t}{r}\right)^{0,2} \cdot \left(\dfrac{t}{h}\right)^{0,4}$

derselbe mit $\alpha = 20°$ $\qquad\qquad$ 1941 $\quad K_c = 0{,}18 \cdot \left(\dfrac{t}{r}\right)^{0,15} \cdot \left(\dfrac{t}{h}\right)^{0,45}$

Bild 273.   Spannungsoptische Aufnahmen an verschiedenen Balkenformen, wie in Bild 271, von Dolan 1939

Der Formfaktor k von 1939 stimmte bis auf 5% mit den Versuchswerten überein.

Mit Dolan beginnen 1940 die ernsten Bemühungen, spannungsoptische Beobachtungen in Berechnungsformeln zu kleiden.

Allgemein beobachtete DOLAN bereits 1939: steigerte er die Höhe der Lastangriffslage h/t, so stieg auch die maximale Spannung, aber der Formfaktor sank. Die Spannungen sanken entschieden, wenn DOLAN das zahnähnliche Modell allmählich spitz zulaufen ließ, gemäß der Parabel gleicher Festigkeit.

1940 setzte DOLAN die Versuche an verschiedenen, aber richtigen Radzähnen laut Bild 274 und mit Winkel $\alpha = 14^1/_2°$ fort. Dabei lagen die Spannungsanhäufungsfaktoren nach Bild 275a jetzt um 12 bis $25^0/_0$ höher als die von Modellzähnen mit richtigen Radzahnformen und gleichem kleinsten Zahnfußradius r/t'. Die Pressungsfaktoren entsprechend Bild 275 lagen zwischen Null und $10^0/_0$ höher als bei Modellzähnen mit gleichem kleinsten Zahnfußradius r/t'. DOLAN begründete 1940 seine Beobachtungen damit: beim echten Radzahnmodell kamen in der kreisförmigen Ausrundung noch kleinere, kreisförmige Riefen durch den Fräsvorgang hinzu. Daher enthalten DOLAN's Formfaktoren für Konstruktionszwecke schon gewisse Sicherheiten.

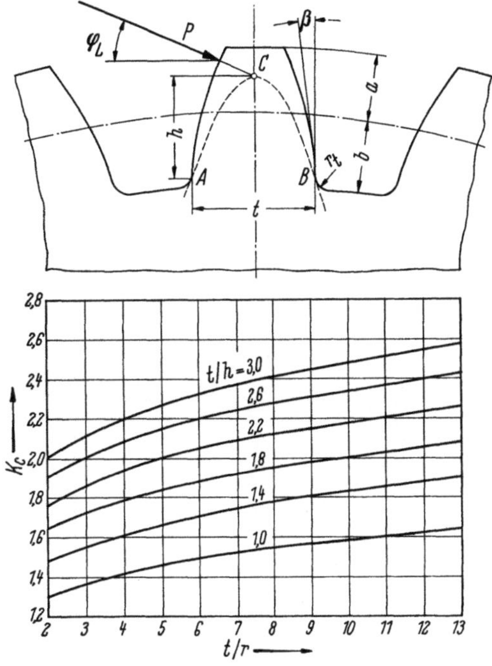

Bild 274.   Zahnformfaktor K_c nach spannungsoptischen Versuchen von THOMAS JAMES DOLAN 1940

Ihre letzten Ergebnisse trugen THOMAS JAMES DOLAN und EDWARD LOUIS BROGHAMER 1941 bei der 14. Photoelastischen Halbjahrskonferenz vor. Ihre Spannungsanhäufungsfaktoren treffen besonders für größere Zähnezahlen zu. 1946 nahm sie die AGMA in ihre neue Norm zur Festigkeitsberechnung auf. Spätere Untersuchungen durch die Forschungsingenieure der Caterpillar Tractor Co., Peoria/Ill., B. W. KELLEY und R. PEDERSEN im spannungsoptischen Laboratorium von Prof. BROGHAMER ergaben: der Punkt höchster Spannung am Zahn wird bei LEWIS zu hoch, bei DOLAN zu tief angenommen. Diese Differenzen können aber erheblich anwachsen seit der Einführung von Protuberanzfräsern in den vierziger Jahren.

Mit den Versuchen von THOMAS JAMES DOLAN zwischen 1939 und 1941 verschob sich die Thematik photoelastischer Versuche an Zahnrädern zu der Aufgabe: Umwandlung des Radzahnes in irgendeine gleichwertige Form, an der sich sämtliche Nennspannungen berechnen lassen. Was DOLAN 1939 schon geahnt und versucht hatte, sprach 1948 der beratende Ingenieur von Rolls-Royce Ltd. in Derby ROLAND BRYAN HEYWOOD in einem Vortrag vor der Royal Institution of Mechanical Engineers klar aus: die Lewis-Formel betrachtet das einfache Biegemoment für rechteckige Balken kleiner Breite im Vergleich zu seiner Länge; dieser Fall ist für den spitz zulaufenden Balken nicht anwendbar. Denn die Lewis-Formel von 1892 berücksichtigt nicht die Nahbelastung im stumpfzähnlichen Vorsprung. Für die Erfassung von zusätzlichen Spannungen in Nähe der Wurzel von Radzähnen reicht sie nicht aus, da diese von vornherein nicht berücksichtigt waren. Liegt z.B. der Schnittpunkt von Lastangriffs- und Zahnmittellinie unterhalb der Zahnfußausrundung, so läßt sich die Lewis-Parabel überhaupt nicht konstruieren.

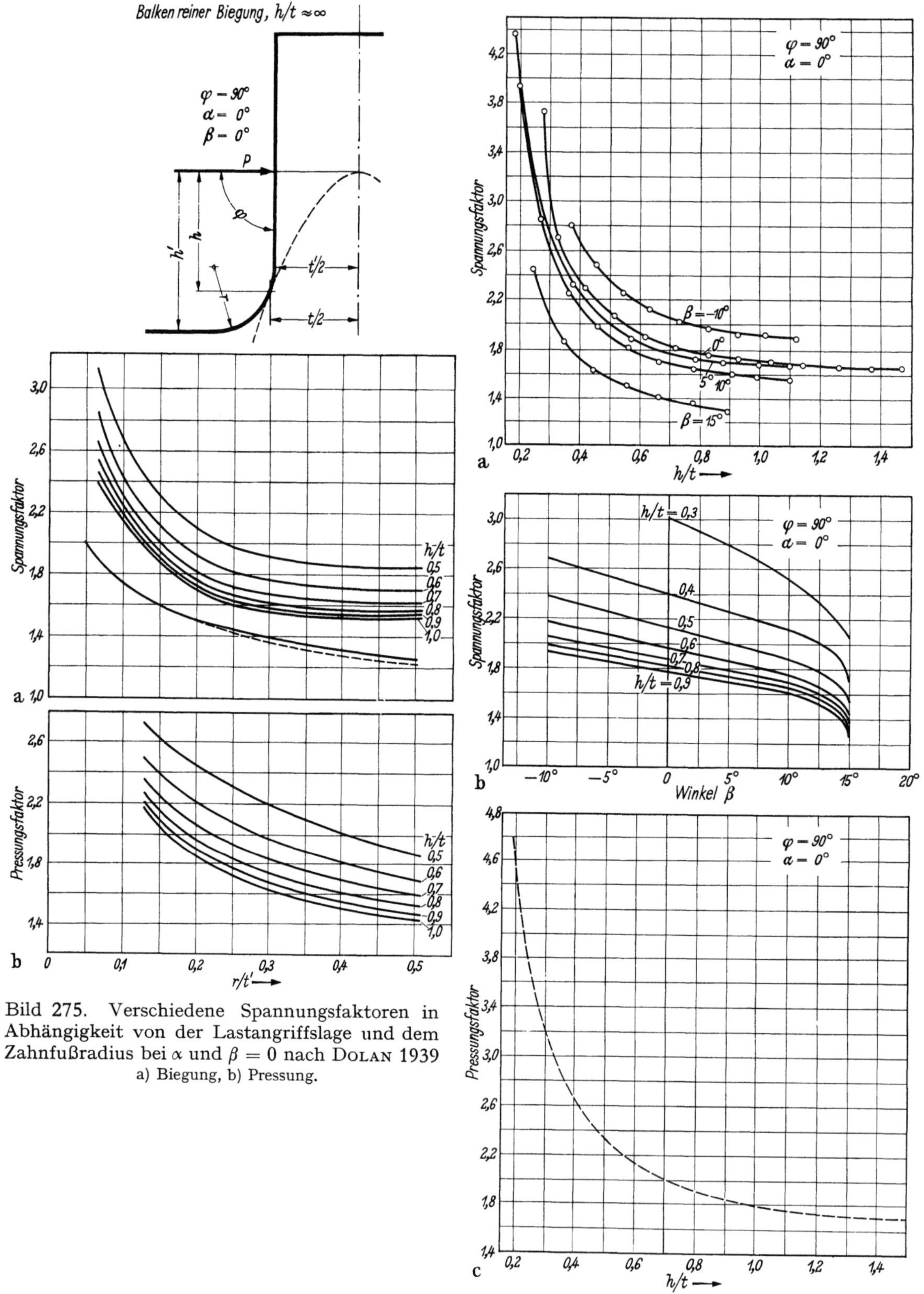

Bild 275. Verschiedene Spannungsfaktoren in Abhängigkeit von der Lastangriffslage und dem Zahnfußradius bei α und β = 0 nach DOLAN 1939
a) Biegung, b) Pressung.

Bild 276. Dasselbe wie bei Bild 275, nur bei veränderlichem Winkel
a) In Abhängigkeit von h/t, b) vom Winkel β, c) Durchschnittswerte für h/t bei $\beta = -10°$, $0°$, $+5°$, $10°$ und $15°$
Bei a) bis c) ist im Mittel: $r/t' = 0,225$.

Heywood kam auf das Problem stumpfartiger Vorsprünge und Schultern durch die Betrachtung des Bundes von Zylinderlaufbüchsen im Rolls Royce-Typ „Merlin", des erfolgreichsten Flugmotors im zweiten Weltkrieg. Weiter hatten ihn auf andere Art angeregt die zu gleicher Zeit ausgeführten Versuche seines Landsmannes D. G. Sopwith an Schraubengewinden; Sopwith ermittelte um 1947 die Lastverteilung in Schraubengewinden, als Heywood sie an den verschiedensten Querschnitten

erforschte. Schon 1939 hatte überigens der Forschungsingenieur bei Westinghouse & Mfg. Comp. Schenectady und spätere Professor Miklos Hetényi (geboren am 5. November 1906 in Debretzin/Ungarn) an Bolzen-Hammerköpfen von Turbinen nachgewiesen: der Spannungsanhäufungsfaktor wächst durch Wegnahme von Material am freien Ende um 26%. Geringere Unterschiede wären jetzt in Radzähnen zu erwarten.

Heywood sagte sich 1948: das photoelastische Verfahren ist für den täglichen, praktischen Gebrauch unerreichbar, die klassische Lewis-Formel von 1892 dagegen eine zu grobe Näherung. Er schlug daher 1948 einen angemessenen, eher universellen Kompromiß zwischen Theorie und Praxis vor in Gestalt eines gleichwertigen Profiles trapezförmiger (flachseitiger) Begrenzung, das unabhängig vom Ort des Lastangriffs bleibt. Die Parabelkonstruktion nach Lewis 1892 zur Spannungser-

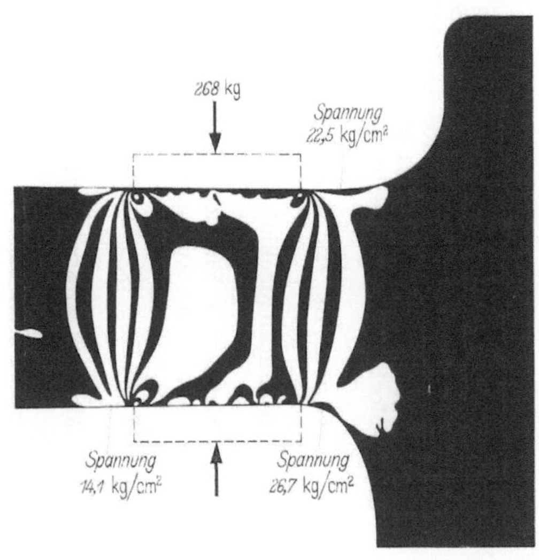

Bild 277.   Zugspannungen an der Oberfläche durch Nahabstands-Belastung in der zahnähnlichen Schulter nach Heywood 1948.

mittlung empfiehlt Heywood also aufzugeben, weil seine trapezförmige Begrenzung des Profils auch die kritischen Gebiete im Zahnfuß erfaßt und er damit die größte Spannung mit seiner Formel berechnen kann. Heywood fügt 1948 dem üblichen Biegemoment M die Nahbelastung L hinzu und erhält an der Zugseite in der zahnförmigen Schulter $K \cdot (M + L)$ und damit insgesamt

$$S_b = K \left[\frac{1{,}5 \cdot a}{e^2} + \sqrt{\frac{0{,}36}{b \cdot e} \cdot (1 - {}^1/_4 \cdot \sin \gamma)} \right] \cdot \frac{P}{t} \, , \text{ wobei } P = \text{Belastung}, \, t = \text{Zahnbreite},$$

$$R = \text{Radius der Fußausrundung}, \, K = 1 + 0{,}26 \cdot \left(\frac{e}{R} \right)^{0{,}7}, \text{ das Glied } {}^1/_4 \cdot \sin \gamma \text{ vernach-}$$

lässigbar klein und der Rest der Bezeichnungen lt. Tabelle 91.

Diese Formel von Heywood aus dem Jahre 1948 stimmt bis auf $4^1/_2\,{}^0/_0$ mit den photoelastischen Ergebnissen überein. Sie arbeitet etwas genauer, als die Methode von Dolan, ist aber für Innenverzahnungen nicht anwendbar. 1952 schlägt Heywood „stromlinienförmige" Ausrundungen vor[1]. Diese beginnen mit einem Anzug von großem Radius und enden erst mit dem gewünschten kleinen Radius. Mit solchen Ausrundungen verringerten sich die Spannungen um $37\,{}^0/_0$ gegenüber kreisbogenförmigen Ausrundungen gleichen Radius.

Trotz dieser ermutigenden Ergebnisse photoelastischer Forschungen sträuben sich vor allem europäische Wissenschaftler davor, die Theorie zu vergewaltigen. Entwurfs-

---

[1] Solche Gedanken äußerte 1914 als erster Dr.-Ing. Alfred Wyszomirski (geboren am 12. August 1884 in Essen) in seiner Dissertation bei Professor Karl Kutzbach an der TH Dresden „Stromlinien und Spannungslinien. Ein Versuch, Probleme der Elastizitätslehre mit Hilfe hydraulischer Analogien experimentell zu lösen".

Tabelle 90. *Die wichtigsten spannungsoptischen Arbeiten über Zahnräder 1922 bis 1957*

Jahr	Verfasser	Titel	veröffentlicht in
1922	HEYMANS, PAUL KIMBALL JR., A. L.	Stresses in Electric-Railway Motor Pinions	Trans. ASME (1922) No. 1859, S. 513 bis 545, Mechanical Engineering (1923) S. 93 bis 95 und 137, General Electric Review (1923) S. 143 bis 153, Z. VDI (1926) S. 641 bis 643.
1923	HEYMANS, PAUL KIMBALL JR., A. L.	Stress Distribution in Rotating Gear Pinions as Determined by the Photoelastic Method	Mechanical Engineering (1924) No. 3, S. 129 bis 132
1924	KIMBALL JR., A. L.	Effect of Rotation on Stress Distribution in Electric Railway Motor Pinions	General Electric Review (1924) February, S. 130/131
1925	KIMBALL JR., A. L.	Photoelasticity and its Application to Gear Wheels	American Machinist (1925) S. 7 bis 10 und 51 bis 54
1926	TIMOSHENKO, STEPHEN P. BAUD, ROBERT VIKTOR	The Strength of Gear Teeth	Mechanical Engineering (1926) No. 11, S. 1105 bis 1109 und Automotive Industries (1926) vol. 55 S. 138 bis 142.
1928	BAUD, ROBERT VIKTOR	Study of Stresses by Means of Polarized Light and Transparencies	Proc. Eng. Soc. W. Pa. (1928) No. 6
1929	BAUD, ROBERT VIKTOR PETERSON, RUDOLPH EARL	Load and Stress Cycles in Gear Teeth	Mechanical Engineering (1929), No. 9 S. 653 bis 662
1929	HIMES, W. H. BAUD, ROBERT VIKTOR	The Use of Motion Pictures to Illustrate the Generation of Involute Gearing and the Use of Motion Pictures and Polarized Light as a Method of Studying Gear Stress	Iron & Steel Engineer (1929) No. 6, S. 372, June vol. 6
1930	TANK, FRANZ MÜLLER, JAKOB	Spannungs-Optische Untersuchung eines kurzen, auf Biegung beanspruchten Stabes	Denkschrift 50jähr. Bestehen der EMPA a. d. ETH Zürich, November 1930
1930/31	BAUD, ROBERT VIKTOR	Photoelasticity — and its Application in Design	Machine Design 2 (1930), No. 11, S. 29, No. 12 S. 27, 3 (1931), No. 1 S. 37
1931	BAUD, ROBERT VIKTOR	Contact Stresses in Gears	Mechanical Engineering (1931) S. 667 bis 674
1936	BLACK, PAUL HOWARD	An Investigation of Relative Stresses in Solid Spur Gears by the Photoelastic Method	Engineering Exper. Station, University of Illinois, Bull. 288, December,
1941	DOLAN, THOMAS JAMES	Influence of Certain Variables on the Stresses in Gear Teeth	Journal of Applied Physics (1941) vol. 12, No. 8, S. 584 bis 591
1942	DOLAN, THOMAS JAMES BROGHAMER, EDWARD LOUIS	A photoelastic study of stresses in gear tooth fillets	Engineering Exper. Station, University of Illinois, Bull. 335, 31 & 39, March
1946	BOOR, F. H. und STITZ, E. O.	Stress distribution in spur gear teeth	Proc. Soc. Ex. stress An. 3 (1946) No. 2
1948	HEYWOOD, ROLAND BRYAN	Tensile Fillet Stresses in Loaded Projections	Proc. Inst. Mech. Eng. 159 (1948)
1950	NIEMANN, GUSTAV GLAUBITZ, HEINZ	Zahnfußfestigkeit geradverzahnter Stirnräder aus Stahl	Z. VDI 92 (1950) Nr. 33 S. 923 bis 932.
1951	AUBAUD, JACQUES	Spannungsoptische Untersuchung an Zahnfuß-ausrundungen eines Stirnradpaares	Rech. Aéro (1951) Nr. 22 Juillet/Août S. 33
1955	JACOBSON, M. A.	Bending Stresses in Spur Gear Teeth	Proc. Inst. Mechan. Engrs. 169 (1955) No. 33
1957	MÖNCH, ERNST ROY, AMARENDRA KRISHNA	Spannungsoptische Untersuchung eines schräg-verzahnten Stirnrades	Konstruktion 9 (1957) H. 11, S. 429 bis 438

formeln müssen einfach bleiben und sich dabei noch immer auf die festigkeitstheoretischen Grundbegriffe stützen. Wie sich spannungsoptische Ergebnisse berücksichtigen und trotzdem einfache Festigkeitsrechnungen aufrechterhalten lassen, das zeigen 1950 Professor Gustav Niemann und Dipl.-Ing. Heinz Glaubitz. Im Mechanisch-Technischen Laboratorium der Technischen Hochschule München ließen sie die größten Randspannungen an sechs verschiedenen Zahnformen, in der Art von Thomas James Dolan 1939 und Roland Bryan Heywood 1947, spannungsoptisch ermitteln.

Am Mechanisch-Technischen Laboratorium der Technischen Hochschule Münschen hatte seit 1928 auf Initiative des Professors für Technische Mechanik, Dr. Carl Ludwig Föppl und seines Schülers Dr. Hermann Cardinal von Widdern als Konstrukteur der Anlage die Spannungsoptik ihre führende Heimstätte in Deutschland gefunden. Schon von Anfang an hatte man hier die Spannungen in Ausrundungen r/h von Stabecken gemessen.

Jetzt stellte man auf der optischen Bank in München eine befriedigende Übereinstimmung mit der Rechnung fest, auch an der Berührungsstelle der Lewis-Parabel. Die einfachere Berührungstangente erwies sich im vollen Lastbereich vom Zahnkopf bis zum -fuß als auffallend gute Annäherung. Für die üblichen Evolventen-Zahnformen lieferte auch die Berührungstangente unter 30° zur Zahnmittellinie nach Albert Maier/Hermann Hofer 1940 zutreffende Werte bei Belastung zwischen Zahnkopf und -mitte. Die Normale zu den in München 1950 abgebildeten Spannungslinien im Gebiet der Höchstspannung stimmt mit den beobachteten Anrissen beim Dauerbruch von Stahlradzähnen gut überein. Die weiteren Münchener Ergebnisse von 1950 ähneln denen von Dolan 1940.

Als zweite Anregung des Instituts für Maschinenelemente an der Technischen Hochschule Braunschweig, geleitet von Professor Dr. Gustav Niemann, versuchte das spannungsoptische Forschungslaboratorium in München zur gleichen Zeit erstmalig Messungen an Schrägverzahnungen. Wegen des hier vorliegenden räumlichen Spannungszustandes ist diese Untersuchung besonders schwierig. Gustav Niemann und Wolfgang Richter hatten sich 1949 zunächst damit beholfen, daß sie in ihrem Braunschweiger Laboratorium die Flanken der Schrägverzahnung berußten und die Druckfläche mikroskopisch maßen. In München versuchte als erster der Münchner Dipl.-Ing. Dietrich Tiedemann die Druckverteilung längs der Berührungslinie des schrägverzahnten Rades spannungsoptisch zu untersuchen. Wegen des räumlichen Spannungszustandes bei solchen Schrägverzahnungen konnte sich Tiedemann hier nur des dreidimensionalen „Erstarrungsverfahrens" bedienen.

Die Einfrierwirkung erkannte bereits 1853 der englische Physiker James Clark Maxwell (1831 bis 1879) in seiner Arbeit "On the Equilibrium of Elastic Solids". Die praktische Anwendung als „Einfrierverfahren" zur Behandlung dreidimensionaler Probleme brachte 1936 als erster der Föppl-Schüler und -Assistent Dr. Georg Oppel (geboren am 28. Dezember 1909 in Louisenhof, Kreis Kleve) in die Spannungsoptik ein. Ein Schutzüberzug zur Ausschaltung von Randeffekten kam 1943 als Verbesserung hinzu. In den englisch sprechenden Ländern waren dreidimensionale photoelastische Messungen erst seit 1938 bekannt, als sie der Forschungsingenieur bei Westinghouse Electric & Mfg. Co. in Schenectady Miklos Hetényi (geboren am 5. November 1906 in Debretzin/ Ungarn) entwickelte.

Tiedemann wies schon 1949 spannungsoptisch nach: die Lastverteilung auf Schrägzähnen entspricht den rechnerischen Ansätzen von Niemann/Richter. 1955/56 wiederholte der Calcuttaer Dipl.-Ing. Amarendra Krishna Roy (geboren in Gaya/Indien) unter Leitung des ehemaligen Föppl-Schülers und -Assistenten Professor Dr. Ernst Mönch (geboren am 2. November 1902 in Grünwald bei München) diese Versuche mit günstigerem Modellmaterial. Sie maßen die Beanspruchungsmaxima an jedem Zahnschnitt, d.h. an der Berührungsstelle der Zahnflanken und am Zahnfuß, wobei sie das Licht schräg einfallen ließen. Auch ROY/MÖNCH fanden 1956 eine Zahndruckverteilung, die sehr gut mit der Rechnung für Stahlräder nach NIEMANN/RICHTER von 1950 übereinstimmten. Daraufhin verglichen sie ihr Ergebnis mit dem üblichen rechnerischen Näherungsverfahren und es ergab sich: die experimentell gefundene Flankendruckverteilung ist gleichmäßiger als wie sie die Rechnung angibt.

Der letzte wichtige Beitrag zur spannungsoptischen Untersuchung von Zahnrädern leistete bis heute der leitende Getriebeingenieur der Austin Motor Co. Ltd. in Birmingham M. A. JACOBSON im Jahre 1955. Danach findet auch er wie HEYWOOD 1948: die nominelle Spannung kann durch die Lewis-Parabel nicht genau genug errechnet werden. Man sollte daher die Faktoren für die spannungsoptisch gefundene nominelle Spannung und den theoretischen Kerbwert nicht trennen. Daß Kerbspannungen an den Zahnfüßen auftreten, zeigt er an Bild 278. JACOBSON empfiehlt 1955, die Zahnformwerte in der technischen Büropraxis nur auf Konstruktionstafeln zu geben, für die sie spannungsoptisch ermittelt sind. Sie brauchen dann nur abgelesen zu werden. Der einzige Nachteil dieses Weges wäre: bei Änderungen des Normprofiles sind neue spannungsoptische Versuche nötig, um neue Konstruktionstafeln aufzustellen. Die Voraussage des Einflusses solcher Änderungen erlaubt die halbempirische Formel von KELLEY/PEDERSEN 1952. Auf jeden Fall empfiehlt aber JACOBSON den Getriebeingenieuren, sich an die Normen

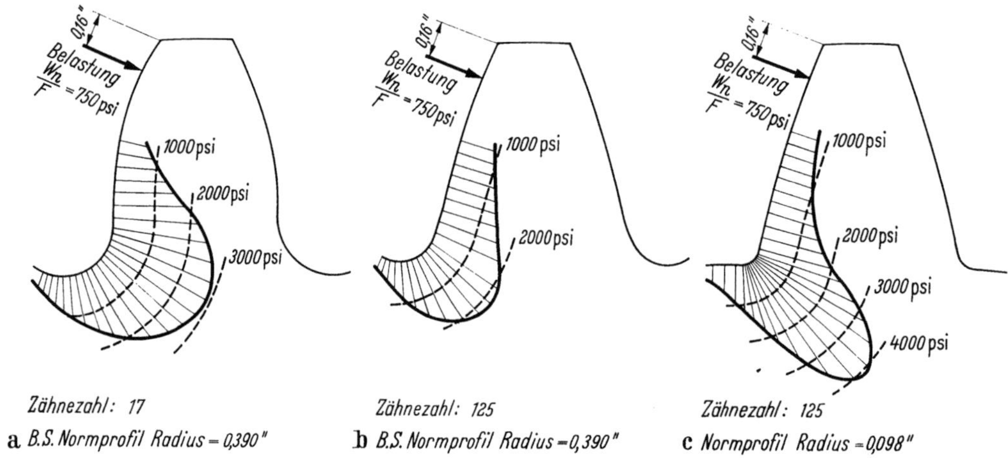

Bild 278.   Verteilungen der Zahnfußspannung an Rädern verschiedener Zähnezahl und verschiedenem Profilradius bei $\alpha = 20°$ nach M. A. JACOBSON 1955
Die Änderung des Zahnfußradius macht sich erst bei Rädern mit größerer Zähnezahl stärker bemerkbar

zu halten. Für ihn hat nämlich ein Ritzel mit beispielsweise 25 Zähnen nicht einen, sondern sehr verschiedene Zahnformwerte. Wie auch schon ALBERT MAIER 1943 sagte, kann man durch gute Auswahl der Profilverschiebung die Belastbarkeit eines Getriebes wesentlich steigern, ohne von der Norm abzuweichen.

Tabelle 91 zeigt die Gegenüberstellung der Festigkeitsformeln nach den neuesten photoelastischen Erkenntnissen. Die Berechnungsweise von NIEMANN/GLAUBITZ 1950 ist festigkeitsmäßig sinnvoll aufgebaut und kommt mit wenigen kennzeichnenden Verzahnungsabmessungen aus. Dabei lassen sich auch spannungsoptische Ergebnisse berücksichtigen. Dagegen sind die beiden anderen Formeln festigkeitstheoretisch nicht sinnvoll, decken aber alle spannungsoptischen Messungen; sie erfordern mehrere Größen am Zahn, die z. T. erst zeichnerisch ermittelt werden müssen. Die deutsche Schule wünscht bei einfachen Formeln auf festigkeitstheoretischer Grundlage zu bleiben, die angelsächsische vertritt halbempirische Formeln.

Ließen im Altertum reine Erfahrungsmaße ausgeführter Zahnräder empirische Formeln entstehen, so möchte sie in der Neuzeit gern die Spannungsoptik liefern. Schließlich werden aber die Kombination von weiterentwickelter Theorie, spannungsoptischer Beobachtung und Berücksichtigung des Verschleißes die Lösungen zur genauen Festigkeitsberechnung an Zahnrädern bringen.

Tabelle 91. *Gegenüberstellung der Beziehungen am Zahn für die neueren Zahnfußspannungsformeln a) flachseitiges Trapez von Heywood 1948, b) Kräfteparallelogramm von Niemann/Glaubitz 1950, c) Halbempirische Annahme von Kelley/Pedersen 1952.*

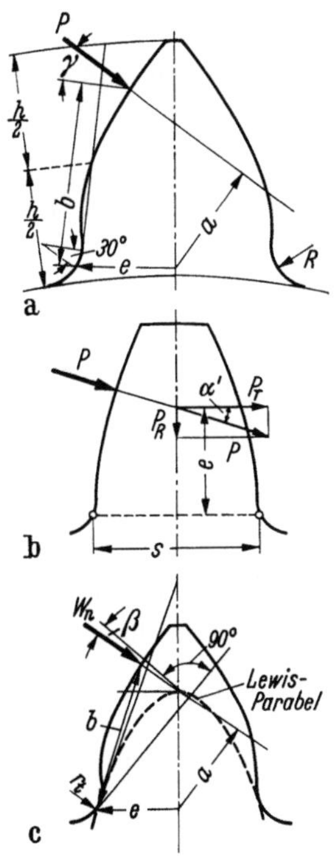

HEYWOOD 1948

$$s_b = \left[1 + 0{,}26\left(\frac{e}{R}\right)^{0{,}7}\right]\left[\frac{1{,}5\,a}{e^2} + \left(\frac{0{,}36}{be}\right)^{\frac{1}{2}} (1 - \tfrac{1}{4}\sin\gamma\right] \cdot \frac{P}{t}$$

t = Zahnbreite

NIEMANN und GLAUBITZ 1950

$$\sigma_b = \frac{P_T \cdot 6e}{bs^2}\ \text{(Biegung)} \qquad\qquad \sigma_d = \frac{P_R}{bs}\ \text{(Druck)}$$

$$\tau = \frac{P_T}{bs}\ \text{(Schub)}$$

$$\sigma_v = \sqrt{(\sigma_b - \sigma_d)^2 + (a\tau)^2} = P\,\frac{\cos a'}{bs}\,\sqrt{\left(\frac{6e}{s} - \operatorname{tg} a'\right)^2 + a^2}$$

b = Zahnbreite

KELLEY und PEDERSEN 1952

$$S_b = \frac{W_n}{F}\left[1 + 0{,}26\left(\frac{e}{r_t}\right)^{0{,}7}\right]\left[\frac{1{,}5\,a}{e^2} + \frac{\sin\beta}{2e} + \frac{0{,}45}{\sqrt{b \cdot e}}\right]$$

F = Zahnbreite

Literatur zum Kapitel 3.3

1893 LEWIS, WILFRED: Investigation of the Strength of Gear Teeth. Proceedings Engin. Club Philadelphia 10 (1893) No. 1 S. 16 bis 23.

1894 STRIBECK, RICHARD: Berechnung der Zahnräder. Z. VDI 38 (1894), No. 40, S. 1182 bis 1187.

1899 LASCHE, OSKAR: Elektrischer Antrieb mittels Zahnradübertragung. Z. VDI 43 (1899) Nr. 48, S. 1487 bis 1493; Nr. 49, S. 1528 bis 1533.

1908 VIDÉKY, EMIL: Beiträge zur Berechnung der Zahnräder. Z. d. Österreichischen Ingenieur- und Architekten-Vereins Bd. 60 (1908) Nr. 36 Spalten 579 bis 585.

1913 MARX, GUIDO H.: Untersuchung von Rädern auf die Festigkeit der Zähne. Z. f. praktischen Maschinenbau 4 (1913) Nr. 20, S. 619 bis 624.

1922 HELDT, PETER MARTIN: Lewis Constants Determined for Long Addendum Gears. Automotive Industries 47 (1922) No. 5 S. 219 bis 221.

1922 MC. MULLEN, FREDERICK E., und DURKAN, T. M.: Gleason Works System of Bevel Gears. Machinery 28 (1922) June S. 788 bis 792.

1923 BRZOSKA, FRANZ: Zahnräder-Berechnung nach Wilfred Lewis. Die Werkzeugmaschine 27 (1923) H. 8, S. 143—146.

1923 DURLAND, M. A.: Method of Finding Lewis Factors. Machinery (N.Y.) 29 (1923) August.

1923 HELDT, PETER MARTIN: Announcement of New Testing Machine Event of Gear Makers'
      Meeting. Automotive Industries 48 (1923) No. 17, S. 932—936.

1923 LEWIS, WILFRED: Testing Machine Developed to Solve Gear Strength Problem. Automotive
      Industries 48 (1923) No. 17, S. 974 bis 978.

1925 FRANKLIN, LLOYD J., und SMITH, CHARLES HERBERT: The Effect of Inaccuracy of Spacing
      on the Strength of Gear Teeth. Mechanical Engineering 47 (1925) No. 1, S. 29 bis 32.

1925 TIMOSHENKO, STEPHEN P., und BAUD, ROBERT VIKTOR: The Strength of Gear Teeth. Me-
      chanical Engineering 48 (1926) No. 11, S. 1105 bis 1109; Automotive Industries 55 (1926),
      S. 138 bis 142.

1927 ASME Special Research Committee on Strength of Gear Teeth: The Influence of Elasticity
      on Gear-Teeth Loads Progress Report No. 4 und Mechanical Engineering 49 (1927) No. 6,
      S. 644 bis 649.

1927 MERRITT, HENRY EDWARD: The Technique of Gear Design. Proceedings Inst. Autom. Engin.
      22 (1927/28) S. 86 bis 108.

1929 BAUD, ROBERT VIKTOR, und PETERSON, RUDOLPH EARL: Load and Stress Cycles in Gear
      Teeth. Mechanical Engineering 51 (1929) No. 9, S. 653 bis 662.

1929 BAUD, ROBERT VIKTOR: Load Distribution in Gears Improves as Tooth Contacts Increase.
      Automotive Industries 60 (1929) No. 23, S. 873 bis 878.

1930 WISSMANN, KURT: Berechnung und Konstruktion von Zahnrädern für Krane und ähnliche
      Maschinen. Diss. TH. Berlin. Borna-Leipzig: Universitätsverlag Robert Noske 1930.

1931 BAUD, ROBERT VIKTOR, und HALL, ELMER: Stress Cycles in Gear Teeth Mechanical Engi-
      neering 53 (1931) No. 3, S. 207 bis 210.

1934 TRIER, HERMANN: Der Zahnformfaktor. Werkstattstechnik u. Werksleiter 28 (1934) H. 9,
      S. 182 bis 185.

1937 ALMEN, JOHN OTTO, und STRAUB, JOHN C.: Factors Influencing the Durability of Automo-
      bile Transmission Gears, Part 2. Automotive Industries 77 (1937) No. 15, S. 488 bis 493.

1938 MERRITT, HENRY EDWARD: Gear Performance. The Engineer 166 (1938), No. II The Strength
      of Gear Teeth, S. 32 bis 34; No. III Strength Factors for Straight and Spiral Bevel Gears,
      S. 58 bis 60.

1939 HELDT, PETER MARTIN: Suggested Modifications in Gear Teeth Formula. Automotive In-
      dustries 81 (1939), No. 8, S. 428 bis 431; 82 (1940), No. 2, S. 56 bis 62.

1941 CANDEE, ALLAN HARRY: Calculated Bending Stresses in Spur Gear Teeth and Geometrical
      Determination of Tooth Form Factor. AGMA-Schrift Oktober 1941.

1943 MAIER, ALBERT: Grundlagen für die Berechnung und Größenbestimmung der Fahrzeug-
      Wechselgetriebe. Automobiltechnische Zeitschrift 46 (1943) H 21/22, S. 494 bis 505.

1947 HOFER, HERMANN: Verzahnungskorrekturen an Zahnrädern. Automobiltechnische Zeit-
      schrift 49 (1947) Nr. 2, S. 19/20; 50 (1948) Nr. 3, S. 44/45.

1948 HEYWOOD, ROLAND BRYAN: Modern Applications of Photoelasticity. Proc. Inst. Mechan.
      Engrs. 158 (1948) Nr. 2 September S. 235 bis 250.

1950 NIEMANN, GUSTAV, und GLAUBITZ, HEINZ: Zahnfußfestigkeit geradverzahnter Stirnräder
      aus Stahl. Z. VDI 92 (1950) Nr. 33, S. 923 bis 932.

1950 SCHULER, PETER: Beiträge zur Zahnradberechnung. Automobiltechnische Zeitschrift 52
      (1950) Nr. 5, S. 151 bis 153.

1952 HEYWOOD, ROLAND BRYAN: Designing by Photoelasticity London: Chapman & Hall 1952.

1952 BENSINGER, WOLF-DIETER: Konstruktion und Berechnung von hochbelasteten Zahnrädern.
      Automobiltechnische Zeitschrift 54 (1952) Nr. 11, S. 256 bis 258, mit ATZ-Konstruktions-
      tafeln 88 mit 95.

1952 VAN ZANDT, R. P.: Beam Strength of Spur Gears. Whether to Use the Higher or Lower
      Strength Factor. SAE Quarterly Transactions 6 (1952) Nr. 2 April S. 252 bis 258.

1956 DIETRICH, GEORG, und WINTER, HANS: Zur Tragfähigkeitsberechnung von Stirnrädern.
      Vergleichende Untersuchung üblicher Berechnungsverfahren. Z. VDI 98 (1956) Nr. 8,
      S. 337 bis 345.

1957 KELLEY, BRUCE W., und PEDERSEN, R.: The Beam Strength of Modern Gear Tooth Design.
      Zahnflußfestigkeit bei neuzeitlichen Getriebekonstruktionen. Schriftenreihe Antriebstechnik,
      Band 18, Getriebe - Kupplungen - Antriebselemente. Braunschweig: Friedr. Vieweg & Sohn
      1957.

1957 WITT, ARNOLD: Ermittlung des Zahnfußbeiwertes zur Berechnung der Zahnfußbeanspru-
      chung profilverschobener Zahnräder. Automobiltechnische Zeitschrift 59 (1957) Nr. 3,
      S. 76 bis 78, mit ATZ-Konstruktionstafeln 102 bis 104.

3.4 Die Berechnung der Flanken-Tragfähigkeit

Als man die Schadensursachen an den Zahnrädern laufend analysierte, erkannte man auch mit der Zeit: zur Erfassung der Schäden und damit zur Dimensionierung von Zahnrädern reicht eine einzige Formel nicht aus.

Man begann die theoretischen Erkenntnisse von Nachbargebieten auf die Zahnradberechnung zu übertragen. Mit speziellen Methoden sollten die einzelnen Zahnradschäden genauer erfaßt werden. Diese Methoden gruppierten sich schließlich wie folgt:

I. LEWIS rückte den Zahnbruch als bekanntesten und gefährlichsten Zahnradschaden in den Vordergrund des Interesses. Mit Hilfe der Festigkeitslehre versuchte er, die wahre Zahnfußspannung zu erfassen und sie mit der versuchsweise ermittelten Zahnfußfestigkeit zu vergleichen

II. Bei der theoretischen und versuchstechnischen Behandlung des Verschleißproblems wurden drei unterschiedliche Verschleißarten am Zahnrad festgestellt. Diese drei Verschleißarten waren streng und unmißverständlich zu trennen, denn sie beruhen auf ganz verschiedenen physikalischen Vorgängen, nämlich:

a) Reibverschleiß oder Abrieb
b) Druckverschleiß oder Grübchenbildung
c) Freßverschleiß bzw. Zerstörung der Flanken durch örtliche thermische Überbeanspruchung.

III. Bei Bearbeitung der Getriebeerwärmung suchte man zuerst die mittlere Temperatur der Getriebeteile zu erfassen und befaßte sich erst relativ spät mit den örtlichen Temperaturspitzen an den Zahnflanken, die zum Freßverschleiß führen können.

Am frühesten suchte man den Reibverschleiß zu berechnen. Man nahm dabei an, daß der Reibverschleiß proportional der Reibleistung ist, d.h. vom Produkt $P_N \cdot \mu \cdot v_g$ abhängt,

wobei ist:

$$P_N = \text{Zahn-Normalkraft}$$
$$\mu = \text{Reibwert}$$
$$v_g = \text{Gleitgeschwindigkeit.}$$

Man versuchte auch die Reibungsarbeit und Reibungsleistung theoretisch zu erfassen.

3.41 Die Berechnung auf Reibverschleiß

Bereits LEONARDO DA VINCI (1452 bis 1519) entdeckte den Tatbestand der Reibung zwischen den Radzähnen, indem er aussprach: „Je mehr Räder du in eine Maschine machst, desto mehr Verzahnungen sind nötig, und je mehr Verzahnungen da sind, so viel mehr Reibung gibt es zwischen den Zähnen und Triebstöcken der Getriebe, und je mehr Reibungen da sind, desto mehr Kraft verliert der Motor durch sie, und desto kleiner ist folglich die Kraft, welche zur Bewegung des Ganzen dient."
Nähere Angaben über die Zahnreibung machte 1831 der Polytechnische Verein im Königreich Bayern. Anläßlich eines Preisausschreibens zum Aufstellen einer mindestens dreigängigen Mühle berichtete das Preisgericht: „Reibung von Eisen auf Eisen ist sehr groß. Die gleitende Reibung der Bewegung ohne Schmierung ist $^2/_7$, bei guter Schmie-

rung immer noch $^1/_{10}$. Der Nürnberger Mechanikus JOHANN WILHELM SPÄTH[1] hat nun bei seinen Mühlen alle Getriebe und die Kränze seiner Räder von Eisen, die Speichen und Zähne aber von Holz gemacht. Das sei auch in Hinsicht der Reibung sehr viel günstiger."

Die späteren Äußerungen über die Reibung stehen unter dem Einfluß der Forschungen des Direktors des Conservatoire des Arts-et-Métiers und Professors der Mechanik an der Artillerieschule Metz ARTHUR JULES MORIN (1795 bis 1880). Seit 1831 gab er die Versuchsergebnisse über die gleitende Reibung bekannt, seit 1847 führte er die Versuche über die rollende Reibung durch.

In seinem „Cours de mécanique appliquée aux machines" versucht 1826 der Professor für angewandte Mechanik an den polytechnischen Schulen in Metz und Paris JEAN VICTOR PONCELET (1788 bis 1867) die Reibung der Zahnräderwerke für praktisch alle Verzahnungen abzuleiten. Er sagt: „Wenn ein Cylinder C, statt zu rollen, über dem unbeweglichen Cylinder C' hingleiten müßte, so entsteht an der Berührungsstelle eine gleitende Reibung $f(N)$." In der Zeit dt beschriebenes Wegelement ist $mm' = ds$. So wird durch Reibung nach PONCELET die Arbeit $f(N\,ds)$ hervorgebracht. Für den durchlaufenden Weg schreibt PONCELET 1826

$$f \cdot N \cdot (ds \pm ds') \,.$$

Die Reibungsarbeit bei einer unendlich kleinen Verrückung der Zahnräder schreibt PONCELET zu

$$f \cdot Q \cdot n \cdot \frac{R + R'}{R'} \cdot \frac{d\vartheta}{\cos \varphi} \,.$$

Hierbei ist die Kraft Q als mittlere Kraft am Umfang des Grundkreises gewöhnlich bekannt. n und φ ändern sich mit dem Winkel ϑ; n, φ, ϑ müssen genau bekannt sein. $Ct = R$ bzw. $C't = R'$ sind die Halbmesser beider Grundkreise, $tCm = \vartheta$ bzw. $tC'm = \vartheta'$ die Winkel von der Mittelpunktslinie CC' aus. f ist das Verhältnis der Reibung zum Druck.

Für die mittlere Kraft, welche am Grundkreis in tangentialer Richtung wirken muß, um die Reibung der Verzahnung zu überwinden, schreibt PONCELET

$$f \cdot Q \cdot \frac{R + R'}{R \cdot R'} \cdot \frac{a}{2} = f \cdot Q \cdot \pi \cdot \left(\frac{1}{m} + \frac{1}{m'} \right) = f \cdot Q \cdot \pi \cdot \frac{m + m'}{m \cdot m'} \,,$$

wobei m bzw. $m' = $ Zähnezahl und R bzw. $R' = $ Halbmesser der Räder.

PONCELET fährt fort: „Unter dieser Form werden wir den Ausdruck der mittleren Kraft gewöhnlich anwenden, weil die Anzahlen der Zähne immer unmittelbar durch die Beobachtung schon construirter Maschinen erhalten werden. Sie zeigt, daß diese Kraft desto kleiner ist, je größer die Anzahl der Zähne ist, und daß es folglich in dieser Beziehung vortheilhaft ist, die Anzahl der Zähne möglichst groß zu nehmen."

Schließlich schreibt PONCELET 1826 bereits die Formeln für die Arbeit während des Berührungsintervalles $\vartheta' + \vartheta''$ für sämtliche Verzahnungen an:

Epicycloide

$$f \cdot Q \cdot \frac{R + R'}{R} \cdot R' \left\{ \frac{\vartheta'^2 + \vartheta''^2}{2} \right\} = f \cdot Q \cdot \left(\frac{R + R'}{R} \right) \cdot R' \left\{ \frac{(\vartheta' + \vartheta'')^2}{2} - \vartheta'\vartheta'' \right\}$$

---

[1] JOHANN WILHELM SPÄTH (1786 bis 1854), Nürnberger Mechaniker und Gründer der ersten bayerischen Maschinenfabrik in Nürnberg.

Innenverzahnung   *Evolventenverzahnung*

$$f \cdot Q \cdot \frac{R - R'}{R} \cdot \frac{R' \cdot \vartheta'^2}{2} \qquad\qquad f \cdot Q \cdot \frac{R + R'}{R'} \cdot \frac{R \cdot \vartheta^2}{2}$$

Die mittlere Kraft in tangentialer Richtung an den Grundkreisen beträgt:

$$f \cdot Q \cdot \frac{R + R'}{RR'} \cdot \frac{R \cdot \vartheta}{2} = f \cdot Q \cdot \frac{R + R'}{RR'} \cdot \frac{a}{2} \quad \text{wobei } R \cdot \vartheta = a \text{ ist.}$$

Zahnstange mit der Reibungskraft $R = \infty$ $\qquad f \cdot Q \cdot \dfrac{a}{2 \cdot R}$.

Die Reibung der Kegelräder ist $f \cdot Q \cdot \dfrac{R + R'}{RR'} \cdot \dfrac{a}{2}$ nach PONCELET, „...worin R und R' die Halbmesser der abgewickelten Grundkreise, Q die Kraft oder den Widerstand, welcher in der Berührungsebene der Bewegung des Getriebs entgegenwirkt und a die auf den Umfängen der mittleren Kreise gemessene Theilung bezeichnen. ..."

„... daß die Reibung zwischen den Zähnen um so kleiner ausfällt, je größer die Anzahl der Zähne ist ..." erkennt 1851 auch Dr. JULIUS LUDWIG WEISBACH (1806 bis 1871) als Vorteil. Im dritten Band seines Werkes „Lehrbuch der Ingenieur- und Maschinen-Mechanik" „durchläuft die Reibung $F_1 = \varphi \cdot K$ den Weg AB, während die Kraft K im Theilkreis einen Weg $DE = DF = s$ macht." Hierbei ist φ der Reibungskoeffizient. Die Zahnlänge ist bei WEISBACH lt. Bild 279

$AB = \dfrac{s^2}{2} \cdot \left(\dfrac{1}{r_1} + \dfrac{1}{r_2}\right)$. Die Zahnreibung, reduziert auf den Teilkreis, ist

$$F = \frac{AB}{s} \cdot F_1 = \frac{s}{2} \cdot \left(\frac{1}{r_1} + \frac{1}{r_2}\right) \cdot \varphi \cdot K. \quad \text{Bei zwei Paar Zähnen im Eingriff ist mit}$$

$$\frac{s}{2r_{1,2}} = \frac{\pi}{n_{1,2}}; \; F = \left(\frac{1}{n_1} + \frac{1}{n_2}\right) \cdot \pi \cdot \varphi \cdot K, \quad \text{und schließlich schreibt er für } v \text{ Zähne im}$$

Eingriff $F = \left(\dfrac{1}{n_1} + \dfrac{1}{n_2}\right) \dfrac{v \cdot \pi}{2} \cdot \varphi \cdot K.$

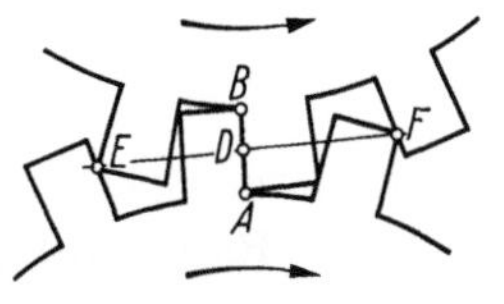

Diese Formeln gelten für WEISBACH auch bei Zähnen mit krummen Seitenflächen.

Bild 279. Ableitung der Zahnreibung von JULIUS LUDWIG WEISBACH 1851

Professor CARL BACH (1847 bis 1931) schreibt 1881 in der ersten Auflage seines dreizehnmal aufgelegten Werkes „Die Maschinenelemente" die Zahnreibung V für Zykloiden- und Evolventenverzahnung zu $V = \pi \cdot \mu \cdot \left(\dfrac{1}{z_1} \pm \dfrac{1}{z_2}\right) \cdot \alpha$, wobei $\alpha = $ Eingriffsdauer und der Reibungskoeffizient $\mu = 0{,}1$ bis $0{,}3$ je nach Oberfläche.

Über die Zahnreibung der Stirnräder sagt 1869 Professor FRANZ REULEAUX (1829 bis 1905) in der dritten Auflage seines „Constructeur": „Die Reibung der Stirnradzähne hängt sehr wesentlich von den Verzahnungscurven ab, und läßt sich aus der Form, Größe und Lage der Eingriffslinie beurtheilen. Im allgemeinen wächst die Reibung mit der Eingriffdauer ε." Er fährt dann fort:

„Von den Zähnezahlen hängt die Zahnreibung in starkem Maße ab, indem sie proportional deren harmonischen Mittel ist, mithin mit wachsenden Zähnezahlen rasch abnimmt." Dann schreibt REULEAUX für den Arbeitsverlust p_r durch die Zahnreibung je eine Formel an für Radlinien- (Zykloiden-) -Verzahnung, für Geradflanken- und Evolventen-Verzahnung. Die Formel ist immer gleich. Nur im letzten Glied des Produktes ändert sich jeweils die Eingriffdauer ε. Für Evolventenverzahnung heißt die

Formel: $\quad p_r = \pi \cdot f \cdot \left(\dfrac{1}{Z} \pm \dfrac{1}{Z_1} \right) \cdot {}^3/_4 \, \varepsilon.$

Dazu sagt REULEAUX 1869: „Wegen der Lage der Eingrifflinie führt ε in der Formel einen Coefficienten bei sich …". Er ist bei:

Radlinien-(Zykloiden-) Verzahnung	Eingriffbogen gleichmäßig zu beiden Seiten der Zentrale verteilt	$^1/_2$
Geradflanken-Verzahnung	Eingrifflinie liegt ganz auf *einer* Seite der Zentrale	1
Evolventen-Verzahnung	Eingrifflinie hält zwischen den beiden obigen Anordnungen die Mitte	$^3/_4$

In der Formel für p_r ist f = Reibungskoeffizient = 0,15 bis 0,25 und höher, Z bzw. Z_1 = Zähnezahlen, p_r = Arbeitsverlust durch die Zahnreibung, ε = Eingriffdauer.

Durch sechs Beispiele beweist REULEAUX 1869: die Geradflankenverzahnung hat mit 4,3% die größte, die „Radlinienverzahnung" mit 1,7% die kleinste Reibung.

In der gleichen Zeit wie REULEAUX lehrte der Professor für theoretische Maschinenlehre an der Technischen Hochschule Graz FRANZ H. STARK eine „Theorie der Zahncurven". Hierin berechnet auch er die Zahnreibungsarbeit aus der beliebigen Form der Eingriffslinie und wendet seine Formel dann speziell auf die Evolventen- und Cykloidenverzahnung an. Mit den Bezeichnungen des folgenden MORIZ KOHN lautet die Stark'sche Formel für die Zahnreibung $\Sigma (dL)$ während einer sehr kleinen Zeit τ:

$$\Sigma (dL) = f \cdot P \cdot \left(\frac{1}{r_1} \pm \frac{1}{r_2} \right) \cdot \frac{x \cdot dx}{\sin^2 \alpha}.$$

In dieser Beziehung denkt sich STARK alle Zahndrücke auf ein Zahnpaar konzentriert.

Diese Beschränkung gab der Pilsener Professor für Chemie und Technologie MORIZ KOHN auf. Ohne von STARK's Arbeiten zu wissen begründet er 1895 eine eigene Theorie der Zahnreibung, und bemüht sich um ihre zeichnerische Darstellung. Als Reibungsarbeit eines Zähnepaares während der Zeit τ schreibt KOHN den allgemeinen Wert

$$\triangle L = \frac{P}{n} \cdot f \cdot \left(\frac{1}{r_1} \pm \frac{1}{r_2} \right) \cdot \frac{\cos (\mu - \alpha)}{\sin^2 \alpha} \cdot x \cdot \triangle,$$

wobei $\triangle$ = Bogenstück der Verschiebung, n = Anzahl der Zahnradpaare, r_1 und r_2 = deren Radien, sowie der Zahndruck $N = \dfrac{P}{n \cdot \sin \alpha}$. Für das erste der n Zähnepaare im

Eingriff ist bei Evolventenverzahnung, d. h. $\triangle = dx$, Winkel $\alpha =$ konst. und Winkel $\mu = \alpha$

$$\triangle L_1 = \frac{P}{n} \cdot f \cdot \left(\frac{1}{r_1} \pm \frac{1}{r_2}\right) \cdot \frac{x_1 \cdot d\,x_1}{\sin^2 \alpha_1} \quad \text{und für sämtliche } n \text{ Zähnepaare}$$

$$\Sigma\,(d\,L) = f \cdot \frac{P}{n} \cdot \left(\frac{1}{r_1} \pm \frac{1}{r_2}\right) \left[\frac{x_1 \cdot d\,x_1}{\sin^2 \alpha_1} + \frac{x_2 \cdot d\,x_2}{\sin^2 \alpha_2} + \cdots \frac{x_n \cdot d\,x_n}{\sin^2 \alpha_n}\right].$$

Kohn bezeichnet weiter R als den Widerstand der Zahnreibung während der Zeit τ im Teilkreis; ferner ist ds das Stück des Eingriffbogens, welches der reibende Zahn während τ durchstreicht und daher ist auch $\triangle L = R \cdot ds$. Da bei Evolventenverzahnung der Eingriffspunkt mit der Geschwindigkeit $v \cdot \sin \alpha$ längs der Eingriffslinie weiterrückt (mit v als Geschwindigkeit im Teilkreis), ist auch $dx = ds \cdot \sin \alpha$. Daher leitet Kohn den Satz ab: $R = \dfrac{P}{n} \cdot f \cdot \left(\dfrac{1}{r_1} \pm \dfrac{1}{r_2}\right) \cdot \dfrac{x}{\sin \alpha}$. Das heißt:

„Bei gleichbleibender Zahl der im Eingriff stehenden Zähne ändert sich der Reibungswiderstand R, den ein Flankenpaar erzeugt, proportional und stetig mit $x/\sin\alpha$, d. i. mit der Länge des Ein-

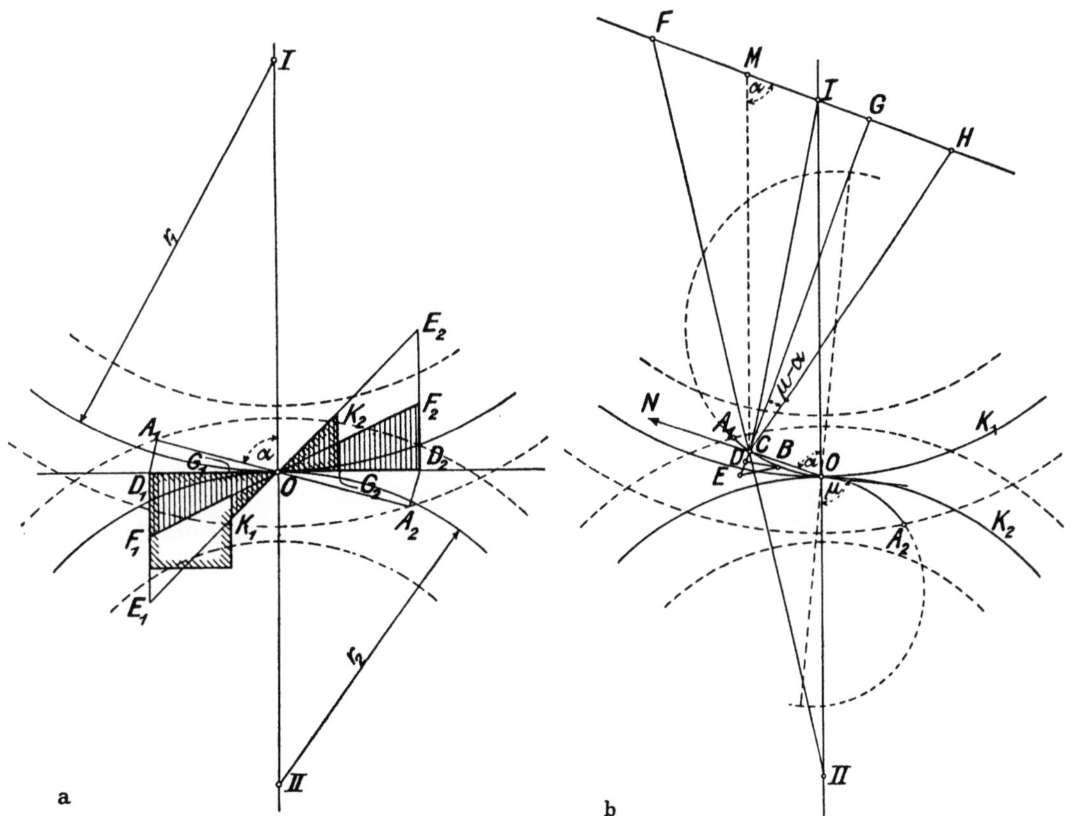

Bild 280. Darstellung der Zahnreibung von Moriz Kohn 1895

a) Während einer sehr kleinen Zeit τ hat sich der Eingriffspunkt der Zahnflanken von B nach C um das unendlich kleine Bogenstück $\varDelta$ verschoben. Der Eingriffspunkt durchläuft auf den beiden Flanken die Strecken CD bzw. CE. Dann ist DE das Gleiten der Zahnflanken, nämlich

$$DE = \frac{r_1 + r_2}{r_1 \cdot r_2} \cdot \frac{\cos(\mu - \alpha)}{\sin \alpha} \cdot x\,\varDelta$$

b) Hier bedeuten die Ordinaten der schraffierten Flächen den veränderlichen Reibungswiderstand R eines Zähnepaares, die Flächen bedeuten die Arbeit dieses Reibungswiderstandes.

griffbogens, der zwischen der Zahnflanke und dem Pole 0 liegt, und überdies sprungweise mit der Zahl n der im Eingriff befindlichen Zähne''.

KOHN fährt fort; ,,Der gesamte im Teilkreise wirkende Reibungswiderstand ist die Summe aller Reibungswiderstände, welche die gleichzeitig im Eingriffe stehenden Zähne erzeugen.'' KOHN stellt den Reibungswiderstand durch die Ordinaten der Flächen dar, die am Rande schraffiert sind (Bild 280). ,,Auch dieser Reibungswiderstand ist in der Regel veränderlich und bewirkt, daß die Kraft, welche auf das getriebene Rad einwirkt, sich in rascher Aufeinanderfolge ändert, und zwar in vielen Fällen sehr beträchtlich.''

KOHN schätzt einen Arbeitsverlust durch Zahnreibung von $3^0/_0$. Er schließt seine Abhandlung von 1895 mit der Erkenntnis: bei mehreren Zähnen im Eingriff gestaltet sich der Reibungswiderstand günstiger, die Zahnreibung schwankt zwar ebenfalls, bleibt aber im Gesamten konstant.

Formeln, die auf das gleiche Ergebnis führen, bringt 1896 der Regierungs- und Gewerberat in Köln J. GOEBEL. Allerdings geht er von dem kinematischen Satze von SAVARY aus; dieser Satz gilt für jedes Hüllkurvenpaar, das mit einem Rollkurvenpaar verbunden ist und mit oder ohne Gleitung aufeinander rollt. GOEBEL setzt die geleistete Reibungsarbeit allgemein an mit

$$\frac{dA}{ds} = f \cdot P \cdot \left(\frac{1}{R} \pm \frac{1}{R_1}\right) \cdot \frac{r}{\cos \alpha}, \quad \text{wobei} \quad \frac{P}{\cos \alpha} = \text{Pressung zwischen den Zahnkurven,}$$

R bzw. $R_1 =$ Teilkreishalbmesser der Zahnräder, $f \cdot \dfrac{P}{\cos \alpha} =$ Reibungswiderstand auf dem Gleitwege. GOEBEL gibt auch die Methode an, für jedes beliebige Zahnprofil die Reibungsarbeit zeichnerisch darzustellen. Er bemerkt: ,,Die Reibungsarbeit wird nun einerseits Wärme erzeugen und andererseits das Material der Zähne verschleißen.''

Für Evolventenverzahnung gibt GOEBEL die Zahnreibung speziell an mit:

$$A = f \cdot P \cdot \left(\frac{1}{R} + \frac{1}{R_1}\right) \int \frac{r \cdot dr}{\cos^2 \alpha} = f \cdot P \cdot \left(\frac{1}{R} + \frac{1}{R_1}\right) \cdot \frac{r^2}{2 \cdot \cos^2 \alpha}.$$

Angeregt durch die Arbeit des Berliner AEG-Oberingenieurs OSKAR LASCHE über den elektrischen Antrieb mittels Zahnradübertragung von 1899 trägt der Assistent an der Technischen Hochschule Dresden, KARL BÜCHNER, 1902 die Abnützungs- und Reibungsverhältnisse der Stirnzahnräder vor. Er stützt sich dabei weiters auf die Vorlesung des Professors für Maschinenbau und Wärmelehre an der gleichen Hochschule Dr. RICHARD MOLLIER (1863 bis 1935) über die Kinematik der Zahnräder. Wie schon 1894 RICHARD STRIBECK, fordert jetzt auch BÜCHNER: ,,... die Reibungsarbeit, die auf die Flächeneinheit der arbeitenden Zahnflanken des kleineren Rades in Zeiteinheit entfällt, darf einen gewissen Betrag nicht überschreiten, wenn die Erwärmung und Abnutzung nicht unzulässig hoch sein sollen.''

BÜCHNER setzt für die gesamte Reibungsarbeit von Beginn bis zum Ende des Zahneingriffes angenähert
$$A = \mu \cdot P_2 \cdot \left(\frac{1}{r_1} + \frac{1}{r_2}\right) \int_{-e_2}^{e_2} \frac{x \cdot ds}{\cos \alpha}$$

wobei $ds =$ Bogenelement der Teilkreise, $x =$ Strecke zwischen den Berührungspunkten beider Zahnprofile und den beiden Teilkreisen.

Speziell bei Evolventenverzahnung schreibt BÜCHNER für die Reibungsarbeit, während ein Punkt auf den Teilkreisen die Strecke $(e_1 + e_2)$ zurücklegt:

$$A = \mu \cdot P \left(\frac{1}{r_1} + \frac{1}{r_2} \right) \cdot \frac{e_1^2 + e_2^2}{2} = \mu \cdot P \frac{1 + \varepsilon}{r_2} \cdot \frac{e_1^2 + e_2^2}{2}$$

wobei e_1 und e_2 = Eingriffbogen vor und hinter der Zentralen ist.

BÜCHNER stellt bereits 1902 fest: die gleitende Reibung in der Zeit $\tau = \dfrac{60}{n_1}$ verteilt sich auf die Arbeitsfläche von z_1 Zähnen, also auf die Fläche

$$F = z_1 \cdot l \cdot b = \frac{2\pi \cdot r_1}{t} \cdot l \cdot c_2 \cdot h \cdot b,$$

wobei l = Flankenlänge proportional zur Kopfhöhe $= c_2 \cdot h$, b = Zahnbreite, t = Teilung, $c_2 = \dfrac{60 \cdot 75}{2\pi}$.

Nach KARL BÜCHNER betrachtet Professor Dr. ADALBERT SCHIEBEL (1872 bis 1931) in seinen maßgebenden Zahnradarbeiten 1911 die verbrauchte Reibungsarbeit während des Zeitteilchens dt. Er geht aus von der Gleichung

$$dA_r = \mu \frac{P}{\sin \alpha} \cdot \xi \cdot (\omega_1 + \omega_2) \cdot dt$$

wobei sind: $\dfrac{P}{\sin \alpha}$ = Zahndruck, der eine Reibungskraft von $\mu \dfrac{P}{\sin \alpha}$ erzeugt, $\xi \cdot (\omega_1 + \omega_2) = v_g$ = Gleitgeschwindigkeit in E, siehe Bild 281a.

Da bei Evolventenverzahnung $\dfrac{\xi}{\sin \alpha} = x$ und ferner $dt = \dfrac{dx}{R_1 \cdot \omega_1}$, so ist

$$d A_r = \mu \cdot P \cdot \left(\frac{1}{R_1} + \frac{1}{R_2} \right) \cdot x \, dx = P_r \cdot dx.$$

Dabei sind x = Teilkreisentfernung des Profilpunktes vom Zentralpunkt, und P_r der reduzierte Reibungswiderstand am Teilkreis. SCHIEBEL trägt ihn in ein Diagramm Bild 281b ein, mit den Teilkreisentfernungen x als Abszissen, und zeigt den Verlauf des Reibungswiderstandes im ganzen Eingriffbogen $(e_1 + e_2)$ durch die Geraden ACE. Die schraffierte Fläche des Diagramms bedeutet die verlorene Reibungsarbeit beim vollständigen Eingriff eines Zahnes.

Mit den Zähnezahlen z_1, z_2 und der Eingriffdauer $\varphi_1 = \dfrac{e_1}{t}$ und $\varphi_2 = \dfrac{e_2}{t}$ schreibt SCHIEBEL den Arbeitsverlust durch Zahnreibung zu

$$V = \frac{A_r}{A} = \mu \cdot \pi \cdot \left(\frac{1}{z_1} \pm \frac{1}{z_2} \right) [\varphi_1^2 + \varphi_2^2 - (\varphi_1 + \varphi_2) + 1]$$

oder bei Einführung der gesamten Eingriffdauer $\varphi = \varphi_1 + \varphi_2$ einfacher, aber ungenauer

$$V = \mu \cdot \pi \left(\frac{1}{z_1} \pm \frac{1}{z_2} \right) \cdot \frac{\varphi}{2} \quad \text{wobei } \mu = 0{,}1 \text{ bis } 0{,}25.$$

Bei Kegelrädern ist die Gleitgeschwindigkeit v_g nicht mehr $\xi \cdot (\omega_1 + \omega_2)$ sondern $v_g = \xi \cdot \sqrt{\omega_1^2 + \omega_2^2 + 2\omega_1 \cdot \omega_2 \cdot \cos \psi}$. Dann erhält der obige Arbeitsverlust V statt des Klammerausdrucks den Faktor $\sqrt{\dfrac{1}{z_1^2} + \dfrac{1}{z_2^2} + \dfrac{2 \cdot \cos \psi}{z_1 \cdot z_2}}$.

Den Schluß der wesentlichen Arbeiten über die Zahnreibung bilden die Versuche der Zahnradfabrik Friedrichshafen (ZF), die deren Versuchsleiter Dipl.-Ing. HUBERT FREIHERR VON THÜNGEN (geb. am 24. Mai 1898 in Bad Kissingen) ausführte. Bei ihrer Auswertung 1926 hält der Dresdener Professor KARL KUTZBACH die Verlustgrade V_z für die Zahnreibung allein für ziemlich unabhängig von der Belastung. Dabei rechnet er der Übersichtlichkeit halber mit einer mittleren Gleitgeschwindigkeit v_{gm}.

Er gibt die Gleichung $V_z = \dfrac{(\mu \cdot v_g)_m}{v}$ bei konstanter Umfangskraft, wobei μ Reibungszahl, v_g die ständig wechselnde und durch Null hindurchgehende relative Gleitgeschwindigkeit der Zähne ist, wachsend mit Zahnteilung und Überdeckungsgrad. Diese Betrachtungsweise kommentiert und ergänzt ADALBERT SCHIEBEL 1930, indem er aus der Reibungsleistung $\mu \cdot \dfrac{P}{\cos\alpha} \cdot v_{gm}$ und der Nutzleistung $P \cdot v$ die Formel für den angenäherten Zahnreibungsverlust anschreibt zu

$$V_g = \mu \frac{P}{\cos\alpha} \cdot v_{gm} \cdot \frac{1}{P \cdot v}$$

$$= \mu \frac{v_{gm}}{v \cdot \cos\alpha} = \mu \cdot \frac{v_{gm}}{v_n}$$

wobei $v_n =$ Umfangsgeschwindigkeit in Zahndruckrichtung und $\mu = 0{,}2$ bis $0{,}03$.

Einige dieser Gedanken halfen schon bei der Klärung der Freßtragfähigkeit. Zunächt aber verwandte man diese Kenntnisse zur Lösung von Fragen der Erwärmung, des Verschleißes bzw. der Abnutzung und des Wirkungsgrades.

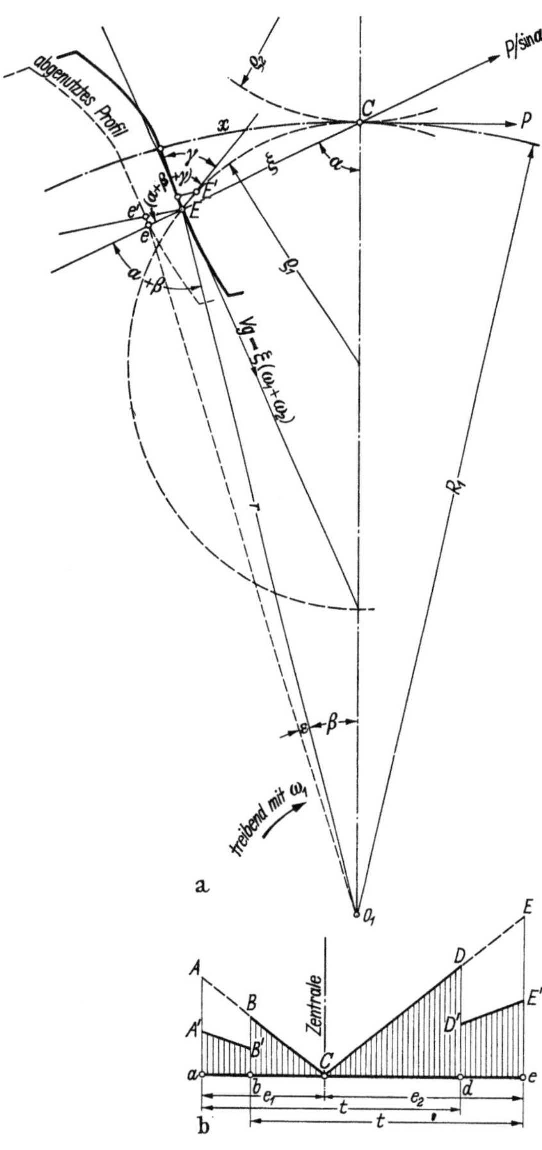

Bild 281.   Verhältnisse bei der Zahnreibung nach ADALBERT SCHIEBEL 1911

a) Betrachtung eines Flankenpaares bei der Kraft P am Teilkreis und im Berührungspunkt E, b) Verlauf des Reibungswiderstandes im Eingriffsbogen $e_1 + e_2$ mit der Teilkreisentfernung x als Abszisse.

Durch die genaue Kenntnis der Reibverhältnisse an den Zahnflanken während der Kraftübertragung konnte man sich ein qualitatives Bild über den Verschleiß machen. Unter Benutzung der mittleren Gleitgeschwindigkeit sollte der Gesamtverschleiß erfaßt werden. Aus der unterschiedlichen Reibleistung wiederum zog man Schlüsse auf besonders verschleißgefährdete Stellen.

3.42 Die Theorie der Berührung und Pressung fester elastischer Körper von Heinrich Hertz 1881

Nachdem man bei anderen Maschinenelementen, die ähnlichen Beanspruchungen ausgesetzt sind wie die Zahnräder, die Hertz'sche Pressung als Hauptkriterium für die Zerstörung von geschmierten Wälzflächen erkannt hatte, versuchte man diese Erfahrungen auch in der Zahnrad-Berechnung zu nutzen.

Vorerst aber ein Rückblick auf die Entwicklung dieser Theorie der Pressung. Eine strenge Herleitung der Vorgänge bei der Berührung fester elastischer Körper lieferte als erster HEINRICH HERTZ[1]. Anregung zu ihrer Ausarbeitung gaben ihm die damaligen Werke über Elastizität und Festigkeit von EMIL WINKLER 1867 und FRANZ GRASHOF 1878. HERTZ urteilte; „... die bisherigen Bestimmungen hierüber sind teils angenäherte, teils sogar behaftet mit nicht bekannten Erfahrungskoeffizienten. Indessen ist das Problem auch einer exakten Lösung fähig. Da der Gegenstand in einigen Punkten ein wesentlich technisches Interesse hat, erlaube ich mir, denselben hier etwas vollständiger mit einem die Härte betreffenden Zusatze zu behandeln ...“ Diese, seine wichtigsten Arbeiten auf dem Gebiete der Mechanik, gehören zur höheren Elastizitätstheorie und lauten:

1881   Über die Berührung fester elastischer Körper, veröffentlicht im Journal für die reine und angewandte Mathematik, Bd. 92, Berlin 1882

1882   Über die Berührung fester elastischer Körper und über die Härte, veröffentlicht in den Verhandlungen des Vereins zur Beförderung des Gewerbefleißes in Preußen, Berlin, November 1882

1883   Über die Verteilung der Druckkräfte in einem elastischen Kreiscylinder, veröffentlicht in der Zeitschrift für Mathematik und Physik, Bd. 28.

Alle drei Arbeiten sind vereinigt in seinen Gesammelten Werken, Bd. 1, Schriften vermischten Inhalts, Leipzig 1895.

HERTZ sagt in seiner ersten Arbeit einleitend, „zwei elastische isotrope Körper berühren sich in einem sehr kleinen Teile ihrer Oberfläche, und üben durch diesen Teil einen endlichen Druck aus, der eine auf den anderen. Die sich berührenden Oberflächen stellen wir uns als vollkommen glatt vor, d.h. wir nehmen nur einen senkrechten Druck zwischen den sich berührenden Teilen an.“

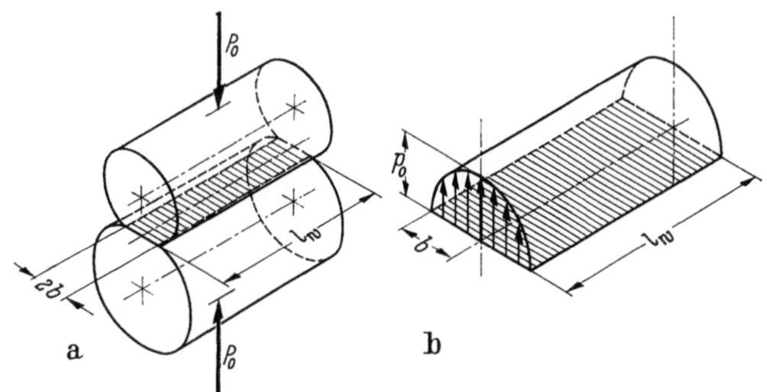

Bild 282.   Berührung und Spannungsverteilung bei zylindrischen Körpern
a) Berührung zweier zylindrischer Körper
b) Spannungsverteilung auf rechteckiger Druckfläche.

---

[1] HEINRICH RUDOLF HERTZ (1857 bis 1894), Sohn eines erfolgreichen Rechtsanwaltes, studierte in München Ingenieurwissenschaften, widmete sich aber später der Physik. 1880 Assistent bei HELMHOLTZ in Berlin, 1883 Privatdozent für theoretische Physik an der Universität Kiel, 1885 Professor an der TH Karlsruhe, 1889 Nachfolger von RUDOLF CLAUSIUS auf dem Lehrstuhl für Physik in Bonn. Wies während seiner Lehrtätigkeit an der TH Karlsruhe 1888 den Zusammenhang zwischen Licht und Elektrizität experimentell nach, beseitigte damit die Zweifel an der Faraday-Maxwell'schen Theorie und wurde praktisch zum Entdecker der elektrischen Wellen. Auf theoretischem Gebiet stellte er die elektrischen Erscheinungen mathematisch dar.

HERTZ nennt Druckfläche das beiden Körpern gemeinsame Stück der Oberfläche, ihre Begrenzung die Druckfigur. Er sucht

1. die Fläche der Berührung als unendlich kleiner Teil der Druckfläche
2. die Form der Druckfigur
3. die absolute Größe der Druckfigur
4. die Verteilung des senkrechten Druckes in der Druckfläche

Wichtig ist die Bestimmung

1. der Maximaldrücke in den aneinander gepreßten Körpern (wobei es von ihnen abhängt, ob der Druck ohne Deformation ertragen wird)
2. der Annäherung der beiden Körper, welche durch einen bestimmten Gesamtdruck entsteht.

Als gegeben betrachtet HERTZ 1. die beiden Elastizitätskonstanten der sich berührenden Körper, 2. die Form und gegenseitige Lage der Oberflächen in Nähe des Berührungspunktes, und 3. den Gesamtdruck.

HERTZ nimmt schließlich folgendes an:

1. die Druckfläche ist endlich, daher gelten Betrachtungen für endliches Gebiet
2. die Gesamtdimensionen der sich berührenden Körper sind unendlich.

HEINRICH HERTZ begann seine Arbeit 1881 ohne jegliche Anhaltspunkte für die Druckverhältnisse zwischen zwei gekrümmten Flächen. Er betrachtete sie unter vier Voraussetzungen:

1. die Körper sollen homogen und isotrop sein
2. der Werkstoff der Körper soll dem Hooke'schen Gesetz folgen, d.h. der Elastizitätsmodul E soll konstant bleiben, die Dehnungen also proportional den Spannungen sein; es dürfen keine bleibenden Deformationen auftreten
3. die entstehenden Druckflächen, in denen sich die Körper während der Belastung berühren, sind gegenüber der Gesamtoberfläche sehr klein
4. die Kräfte wirken senkrecht auf die Druckflächen. HERTZ spricht deshalb stets von absolut glatten, reibungsfreien Oberflächen.

Nach seiner streng bewiesenen Theorie berühren sich die Körper vor der Zusammendrückung in einem Punkte, danach in der Druckfläche. Die Projektion der Druckfläche auf die Berührungsebenen ist eine Ellipse, die Druckellipse. Die Druckfläche ist also zweiten Grades. Bei der Berührung von Kugeln ist die Druckfläche ein Kreis. Die Druckspannung für die Flächeneinheit nimmt vom Rande aus gegen die Mitte zu wie die Ordinaten eines Ellipsoids, das über der Druckellipse steht; die beiden anderen Hauptspannungen sind in der Mitte ebenfalls Druckspannungen, so daß das Material nach allen drei Richtungen zusammengedrückt wird. Es war die Idee von HERTZ, die Potentialfunktionen sich anziehender und abstoßender Massen als elastische Grundgleichungen zu benutzen. Er dachte sich in der kegelschnittsförmigen Druckfläche zwischen beiden aufeinandergedrückten Körpern ein dreiachsiges Ellipsoid mit gleichförmiger Massenverteilung. Die berührungsseitige Achse dieses Ellipsoids stellte sich HERTZ unendlich klein vor gegenüber den Achsen der Druckfläche. Er berechnete auf Grund dieser Annahme das Potential für die Anziehungskräfte, wie sie von dieser Masse nach dem Newton'schen Gravitationsgesetz ausgehen. Hierzu stand ihm die Formel aus der Potentialtheorie in der Himmelsmechanik zur Verfügung. Mit ihrer Beziehung für die Anziehungskräfte löst sich auch die elastische Grundgleichung. Durch Differenzieren und Integrieren nach den Koordinaten fand HERTZ weitere Funktionen, und aus diesen Ergebnissen setzte er eine Lösung zusammen, wie sie allen Grenzbedin-

HEINRICH RUDOLF HERTZ
1857 bis 1894

AUGUST FÖPPL
1854 bis 1924

RICHARD STRIBECK
1861 bis 1950

Bild 283.　Die Schöpfer einer Theorie der Pressung fester, elastischer Körper für die Technik
(Deutsches Museum u. Bosch)

gungen der Elastizitätslehre entspricht. Bis heute erwies sich seine Theorie als zutreffend, so daß alle Betrachtungen solcher Fälle mit „Hertz'schen Formeln" und „Hertz'scher Pressung" bezeichnet werden, trotzdem sie ihre Gestalt änderten zugunsten technisch einfacherer Schreibweisen.

HERTZ hatte dieses Thema im Januar 1881 bei der Berliner Physikalischen Gesellschaft vorgetragen. Bald darauf veröffentlichte er es im Druck, damit ihm nicht ein anderer mit der Bearbeitung des gleichen Stoffes zuvorkäme, wie er selbst sagte. Damit hatte der große Physiker die richtige Vorahnung, denn bereits 1885 behandelte der Pariser Professor für Mathematik und Physik JOSEPH-VALENTIN BOUSSINESQ (1842 bis 1929) Gedanken zum gleichen Thema in dem Buch „Application des potentiels à l'étude de l'équilibre et du mouvement des solides élastiques." Hierin nimmt BOUSSINESQ einen unendlich großen Körper an, auf dessen ebener Grenzfläche Lasten in verhältnismäßig kleinem Bezirk angreifen, so daß sie als Einzellast P gelten können. Um die Lösung des Problems zu erleichtern, verzichtet er auf die Betrachtung der allernächsten Nachbarschaft der Lastangriffsstelle. Dadurch brauchte die Lösung nur noch den Grenzbedingungen an der ebenen Grenzfläche angepaßt zu werden; denn beim unendlich großen Körper kommt es auf seine Außenform nicht mehr an, die Spannungen und Formänderungen im Unendlichen werden zu Null. Die Formeln, auf die BOUSSINESQ kam, stimmen — abgesehen von anderen Bezeichnungen bei HERTZ — mit der Theorie von HERTZ überein. So bestätigte der französische Gelehrte als erster ihre Bedeutung. Der Unterschied zwischen beiden Lösungswegen ist: HERTZ legte das Hauptgewicht auf die Ermittlung der Spannungen in der Nähe der Druckfläche, worauf BOUSSINESQ verzichtet. Beide Theorien berühren sich sehr nahe nur in dem Fall, daß eine Kugel auf eine Platte gedrückt wird.

Die Hertz'sche Theorie der Pressung fester elastischer Körper war so allgemeingültig formuliert, daß sich fast bis heute hervorragende Wissenschaftler vieler Fachrichtungen mit ihrer Interpretierung beschäftigten. Das überlegene mathematische und physikalische Können von HEINRICH HERTZ setzte zu viel voraus, um seine Formeln zu verstehen. Seine Betrachtung stützt sich bekanntlich auf die Formel für das Potential eines gleichmäßig mit Masse angefüllten dreiachsigen Ellipsoids, das er sich so weit zusammengedrückt dachte, daß es zur ebenen, elliptischen Scheibe wurde.

Der Verdienst, die Hertz'sche Pressungstheorie rechtzeitig in ihrer Wichtigkeit für die Technik erkannt zu haben, gebührt AUGUST FÖPPL[1]. In seinen Münchener Vorlesungen hat er sie seit 1894 zum ersten Male einem weiten Kreis von Ingenieuren vorgetragen, 1897 im Band 3 seiner „Technischen Mechanik" neu veröffentlicht und verständlicher bearbeitet. „Selbst ein elementares Buch wird in Zukunft kaum achtlos an den Hertz'schen Formeln vorübergehen können, wenn es sich freilich auch auf die bloße Wiedergabe der Ergebnisse der Theorie beschränken muß," sagt FÖPPL und erlebte, wie

---

[1] AUGUST FÖPPL (1854 bis 1924), also fast gleichaltrig mit HEINRICH HERTZ. Hessischer Arztsohn, studierte Ingenieurwissenschaften in Darmstadt, Stuttgart, Karlsruhe und in Leipzig Mathematik. 1886 Dr. phil. der Universität Leipzig. 1877 bis 1892 Lehrer an der Leipziger städtischen Gewerbeschule und 1892 bis 1894 Professor für Landwirtschaftsmaschinenkunde an der Universität. In seiner „Einführung in die Maxwell'sche Theorie der Elektrizität" 1894 verwendete er als einer der ersten Ingenieure die Vektorrechnung. Bereicherte alle Gebiete der technischen Mechanik. 1894 bis 1921 als Nachfolger von JOHANN BAUSCHINGER Professor für Technische Mechanik an der TH München; seine Vorlesungen erschienen in sechs Bänden, übersetzt in Französisch und Russisch, und wurden grundlegend. Als einziger Ingenieur war FÖPPL ordentliches Mitglied der Bayerischen Akademie der Wissenschaften. Dr.-Ing. E. h. 1911 der TH Darmstadt, 1924 der TH München.

sich durch sein Wirken die Hertz'sche Theorie zu einer der bedeutendsten in der praktischen Technik ausgestaltete, nämlich in den Bereichen der Maschinenelemente und des Bauwesens.

Föppl macht zwei, für die Technik passende Vereinfachungen;

1. er beschränkt sich für die Berührung auf die kreisförmige Druckfläche,

2. er drückt das Potential des Kraftfeldes und daraus die elastischen Verschiebungen allein mit der Laplace'schen Differentialgleichung aus, die Hertz in seiner Arbeit über die Härte 1882 als zulässig nur erwähnt hatte.

Dadurch kommt Föppl auf leichter verständliche Ausdrücke. Auch für seine Ingenieurstudenten bestätigte er in eleganter Weise schon 1894 das Ergebnis von Heinrich Hertz: der Halbmesser der Druckfläche wächst proportional mit der 3. Wurzel des Druckes P, in demselben Maße wächst auch die Beanspruchung des Materials. Die Annäherung oder Abplattung α wächst dagegen proportional mit der $^2/_3$ten Potenz von P.

Bald nach August Föppl lehrte auch der Professor des Maschineningenieurwesens an der Technischen Hochschule Stuttgart Carl Bach (1847 bis 1921) die Hertz'schen Formeln. In seinem angesehenen Standardwerk „Elastizität und Festigkeit" erwähnte er in dessen dritter Auflage 1898 im § 13 „Druckversuche" die Bedeutung der Härtetheorie von Heinrich Hertz. In der vierten Auflage 1902 bringt er im gleichen Paragraphen die Hertz'schen Formeln in der Schreibweise von Föppl, jedoch mit den α-Werten. In seinem Werk „Die Maschinen-Elemente" 12. Auflage 1920 weist Bach schließlich auf die richtige Mittelbildung zweier Elastizitätsmoduln hin zu

$$E_m = \frac{2\,E_1 \cdot E_2}{E_1 + E_2}\,, \quad \text{statt falsch} \quad \frac{E_1 + E_2}{2}\,.$$

Dies war der letzte Schritt zur Anwendbarkeit der Hertz'schen Gleichungen in der Ingenieurpraxis.

Durch die Bearbeitungen von Bach kamen die Hertz'schen Formeln in das Ingenieur-Taschenbuch „Hütte". In ihrer 20. Auflage 1908 behandelte im Kapitel „Festigkeitslehre, II. Festigkeit gerader Stäbe, A. Zug- und Druckfestigkeit, 3. Druck auf Körper mit gewölbter Oberfläche" sein Bearbeiter Geheimer Regierungsrat und späterer Senatsrat im Reichspatentamt August Friedrich Laskus (1859 bis 1946 in Berlin) die Hertz'schen Gleichungen für zwei Kreiszylinder. Er schreibt für die Breite der rechteckigen Druckfläche (in cm)

$$\left(\frac{b}{4}\right)^2 = 0{,}29\,\frac{P}{l} \cdot \frac{\alpha_1 + \alpha_2}{\dfrac{1}{r_1} + \dfrac{1}{r_2}} \quad \text{und für die größte spezifische Druckspannung}$$

$$\sigma_{\max}^2 = \left(\frac{4 \cdot P}{\pi \cdot b \cdot l}\right)^2 = 0{,}35 \cdot \frac{P}{l} \cdot \frac{\dfrac{1}{r_1} + \dfrac{1}{r_2}}{\alpha_1 + \alpha_2}$$

wobei r_1 und r_2 die Halbmesser der Grundflächen sind und l die Länge des Zylinders (in cm).

Für gleich elastische Zylinder, also für $\alpha_1 = \alpha_2 = 1/E$ ergibt sich entsprechend

$$\left(\frac{b}{4}\right)^2 = 0{,}58 \,\frac{P}{E \cdot l} \cdot \frac{1}{\dfrac{1}{r_1} + \dfrac{1}{r_2}}$$

$$\sigma_{\max}^2 = 0{,}175 \cdot \frac{P \cdot E}{l} \cdot \left(\frac{1}{r_1} + \frac{1}{r_2}\right)$$

LASKUS erwähnt hierin auch die Werkstoffkonstante mit

$$c = 2{,}86 \,\frac{\sigma_{\max}^2}{E} \quad \text{worin ist } 2{,}86 = \pi\left(1 - \frac{1}{\text{m}^2}\right) = \pi\left(1 - \frac{9}{100}\right)$$

Diese Formeln standen mit geringen Änderungen in der „Hütte" bis zu deren 25. Auflage 1925. Mit ihrer 26. Auflage von 1931 übernahm der Professor für Festigkeitslehre an der Technischen Hochschule Dresden Dr.-Ing. CONSTANTIN HEINRICH WEBER (geb. 14. August 1885 in Bärenwalde/Sachsen) die Bearbeitung der Hertz'schen Gleichungen in ähnlicher Weise, hob aber durch Skizzen die halbkreisförmige Druckfläche hervor.

Vor allem durch diese Veröffentlichungen in der „Hütte" wurde die Hertz'sche Pressungstheorie Allgemeingut der Ingenieure. Für ihre Verbreitung im angelsächsischen Sprachbereich sorgte seit 1892 der Oxforder Professor für Naturwissenschaften AUGUSTUS EDWARD HOUGH LOVE (1863 bis 1940) in seinem Standardwerk „Treatise on the Theory of Elasticity", das 1906 auch ins Deutsche übersetzt wurde. Trotzdem griffen die Maschinenbauer erst spät auf die Hertz'sche Theorie zurück.

Den Abschluß der theoretischen Arbeit zum Thema des Spannungszustandes und der Werkstoffanstrengung bei der Berührung zweier Körper lieferte der Sohn August Föppls, CARL LUDWIG FÖPPL[1]. Er bemühte sich um eine noch leichter verständliche Ableitung der Lehre seines Vaters, im besonderen um den nicht genügend geklärten Fall der Walze. In seinen Arbeiten von 1936 entwickelt LUDWIG FÖPPL die Hertz'sche Theorie weiter. Er untersucht jetzt noch die Spannungen nahe der Druckfläche im Innern der Körper. Hierzu geht er von folgenden Hertz'schen Ergebnissen aus;

1. den Formeln für Abplattung und Druck bei Zylindern

2. der halbkreisförmigen Druckverteilung über der Drucklinie.

LUDWIG FÖPPL führt ferner die Theorie der elastischen Platten ein und kommt damit zu einer allgemein verständlichen Ableitung des gesamten Problems. Zwar führt er sie mit dem Fall Walze und Ebene durch, weil sich hier die Formeln mit $r_1 = r$ und $r_2 = \infty$ vereinfachen. Seine Rechnungen gelten aber auch für zwei gegeneinander gedrückte Walzen mit parallelen Achsen; es ändern sich nur die Größe der Drucklinie 2a und die Belastungsdichte p_0. In seinen Überlegungen geht dann FÖPPL weiter als seine Vorgänger und versucht, den Ort der größten Schubspannung zu ermitteln.

---

[1] CARL LUDWIG FÖPPL, geboren am 27. Februar 1887 in Leipzig. Studium von 1906 bis 1912 an der TH München und den Universitäten München und Göttingen. 1912 Dr. phil. und Assistent im mathematischen Seminar der Universität Göttingen bei DAVID HILBERT. 1914 bis 1920 Dozent für angewandte Mathematik und technische Mechanik in Würzburg bzw. München. 1920 bis 1922 Professor für technische Mechanik an der TH Dresden, 1922 bis 1954 an der TH München als Nachfolger seines Vaters.

„Legen wir die Mohr'sche Theorie zugrunde, wonach die größte Schubspannung ein Maß für die Anstrengung bedeutet," sagt er 1936, so ergibt sich hierfür an irgendeiner Stelle der Drucklinie

$$\tau_{\mathrm{max}} = \frac{\sigma_{\mathrm{max}} - \sigma_{\mathrm{min}}}{2} = \frac{2 - m}{2\,m}\,p \quad \text{woraus für} \quad m = \frac{10}{3} \quad \text{folgt} \quad \tau_{\mathrm{max}} = -\frac{p}{5}.$$

Die meist beanspruchte Stelle der Drucklinie ist demnach die Mitte mit $p = p_0$; dort ist

$$\tau_{\mathrm{max}} = -\frac{p_0}{5}.\text{"}$$

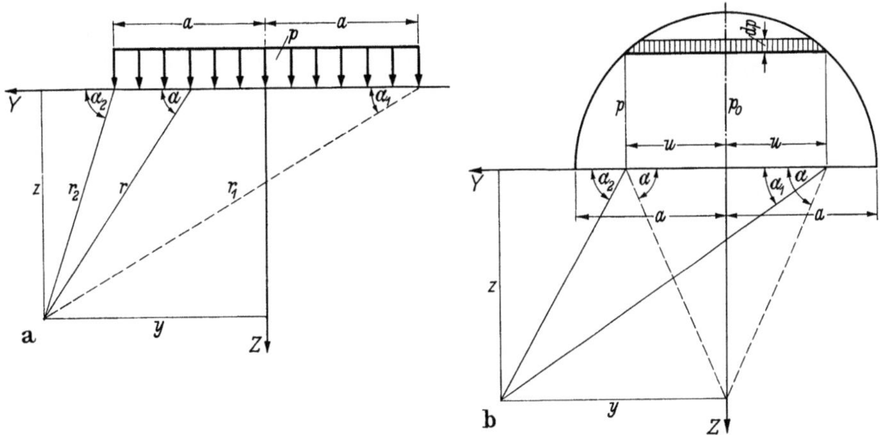

Bild 284. Unendliche Halbebene mit Belastung längs der Walzendruckfläche 2a nach
CARL LUDWIG FÖPPL 1936
a) Gleichmäßige Belastung, b) halbkreisförmige Belastung

Nun beweist FÖPPL noch zusätzlich: die Anstrengung des Werkstoffes ist im Innern noch größer als in der Mitte der Drucklinie[1]. FÖPPL geht wieder von den allgemeinen Spannungsgleichungen aus und betrachtet sie für die Symmetrieachse $y = 0$. Aus Symmetriegründen ist längs der z-Achse $\tau_{y,z} = 0$; außerdem schreibt FÖPPL lt. Bild 284 für die Winkel $\alpha_1 = \alpha$ und $\alpha_2 = \pi - \alpha$. Daraus entstehen unter Benutzung der erwähnten Beziehung $p = p_0 \sqrt{1 - \dfrac{u^2}{a^2}}$ und Integrieren der Gleichungen für den Spannungsverlauf längs der z-Achse zu

$$(\sigma_y)_{y=0} = \frac{2\,p_0}{a}\,z - \frac{p_0}{a} \cdot \frac{a^2 + 2\,z^2}{\sqrt{a^2 + z^2}}$$

$$(\sigma_z)_{y=0} = -\,p_0\,\frac{a}{\sqrt{a^2 + z^2}}$$

$$\tau = \frac{p_0}{a}\,z - \frac{p_0}{a} \cdot \frac{z^2}{\sqrt{a^2 + z^2}}$$

wobei die Gleichung für τ die größten Schubspannungen in allen Punkten der z-Achse unter 45° gegen σ_y und σ_z enthält.

---

[1] HERTZ vermutete 1882 schon: „... die Festigkeitsverhältnisse in der Nähe der Oberfläche sind häufig ganz andere, als diejenigen im Innern der Körper."

LUDWIG FÖPPL zieht daraus den Schluß; „Die größte Schubspannung τ_{max} befindet sich an der Stelle $z = 0{,}78\,a$. Sie beträgt

$$\boxed{\tau_{\mathrm{max}} = 0{,}3\,p_0}\quad (\mathrm{kg/mm^2}).$$

Dies ist demnach die stärkste Beanspruchung. Sie liegt nicht auf der Oberfläche, d. h. in der Drucklinie, sondern im Innern auf der Symmetrieachse im Abstand $0{,}78 \cdot a$ von der Oberfläche entfernt. Das Abblättern von dünnen Scheibchen bei Rad und Schiene, das bei starker Benutzung oft beobachtet wird, dürfte mit diesem Ergebnis seine Erklärung gefunden haben. Die Dicke der Blättchen würde demnach $0{,}78 \cdot a$ entsprechen, wenn $2\,a$ die Größe der Drucklinie bedeutet."

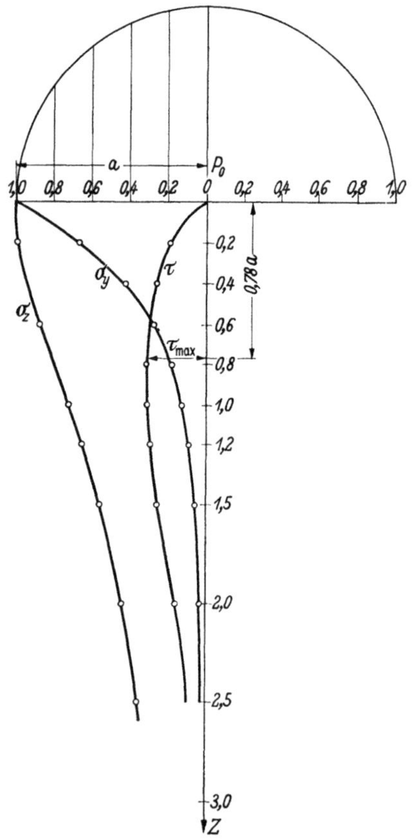

Mit seinen Assistenten Dr. KARL HUBER und Dr. GEORG OPPEL stellte LUDWIG FÖPPL 1936 im Mechanisch-Technischen Laboratorium der Technischen Hochschule München Versuche zur Bestätigung der weiterentwickelten Hertz'schen Theorie an. Vier Versuche im elastischen Bereich $2a$ der Druckfläche ergaben eine sehr gute Übereinstimmung. Die gewonnenen Werte lagen fast alle etwas über den berechneten, der Unterschied blieb aber immer unter $10^0/_0$. Die Druckversuche unternahm FÖPPL mit einem walzenförmigen Stempel ($l = 60$ mm, $r = 200$ mm, Material St 60) und einem eben geschliffenen, plattenförmigen Körper (Breite $= 40$ mm, Material St 37). Dabei beobachtete FÖPPL einen mittleren, dunklen Teil als eigentliche Druckfläche. Er versuchte auch den Nachweis für die größte Schubspannung von $0{,}78\,a$ unter der Oberfläche, indem er die Platte in der Druck-

Bild 285.   Spannungsverteilung längs der Symmetrieachse bei Walzendruck nach LUDWIG FÖPPL 1936
σ_y und $\sigma_z =$ Normalspannungen,
$\tau =$ Schubspannung

fläche durchschnitt. Aber hier bestätigte sich seine Theorie nur im Belastungsfall plastischer Formänderung $P = 2500$ kg/cm; beim ersten Entstehen einer Fließlinie reißt diese gleich auf eine längere Strecke durch. Es folgten ähnliche Versuche mit Kugel und Platte. Die Zerstörung von innen heraus wies er damit ausreichend nach, genauso wie sich die Grenzschubspannungen mit seiner Theorie deckten:

Walze	Kugel
$P\ \ = 1\,600$ kg, $p_0 = 5\,440$ kg/cm²	$P\ \ = 7\,000$ kg, $p_0 = 5\,650$ kg/cm²
$\tau_{\mathrm{max}} = 0{,}3\,p_0 = 1\,632$ kg/cm²	$\tau_{\mathrm{max}} = 0{,}31\,p_0 = 1\,750$ kg/cm²

LUDWIG FÖPPL schließt: „Auf Grund der vorliegenden Ergebnisse muß man mit der bisher üblichen Annahme (seines Vaters) brechen, daß die Zerstörung beim Kugel- und Walzendruck von der Oberfläche aus erfolgt und insbesondere mit der Ansicht, daß dabei besondere Wirkungen einer Oberflächenschicht maßgebend seien."

Damit hat Ludwig Föppl die Untersuchungen über die Pressungstheorie von Heinrich Hertz abgeschlossen. Sie ist heute Ingenieuren allgemein verständlich anwendbar und in allen ihren Erscheinungen durchgearbeitet. Föppl hat damit das Erbe seines Vaters in hervorragender Weise weitergeführt. An den Schluß seiner Untersuchung aus dem Jahre 1936 stellt er noch einen „Ausblick für eine neue Theorie der Anstrengung des Werkstoffes." Nach seiner Meinung gelten die Theorien von Christian Otto Mohr und M. T. Huber über die größte Schubspannung bzw. Gestaltänderungsarbeit nur für größere Strecken mit fast gleichen Spannungszuständen. Im Falle stark wechselnder Spannungszustände aber gilt für ihn die neue Theorie von Professor Dr. phil. August Thum (1881 bis 1957) und Dr.-Ing. Friedrich Wunderlich von der Technischen Hochschule Darmstadt: für den Beginn der Zerstörung ist nicht allein der

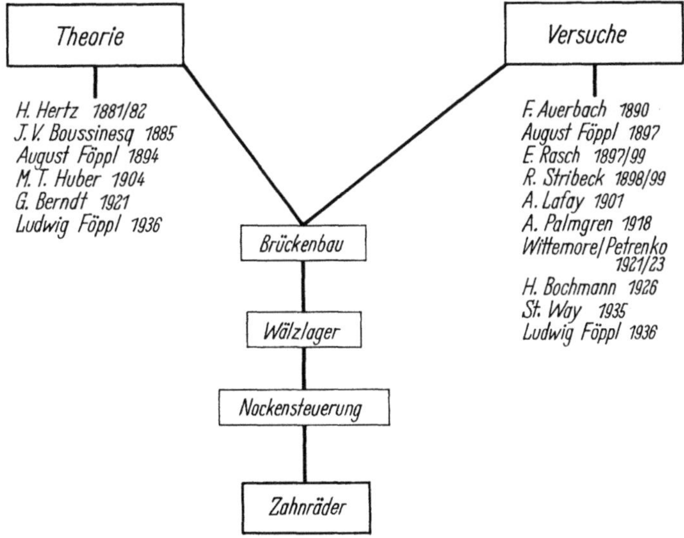

Bild 286.   Entstehung und Anwendung der Theorie von Heinrich Hertz in der Technik

Spannungszustand an einer bestimmten Stelle maßgebend, sondern längs einer Strecke. Und zwar längs der Strecke, die bei Überschreitung der Belastung plötzlich als Fließlinie erscheint. Nach dieser Theorie zeigt der Stahl das Bestreben, immer in Schichten, also paketweise oder „quantenhaft" zu fließen.

Damit haben wir die Entwicklung der theoretischen Arbeiten über die Pressung fester elastischer Körper in der technischen Mechanik kennengelernt. Wir nannten hier nur die ersten und prominentesten Interpreten und Benutzer der Hertz'schen Formeln. Denn von nun an riß die Diskussion dieses Themas vor allem auf dem Felde des Versuchswesens nicht mehr ab.

3.43 Die erste Berechnung auf Druckverschleiß oder Wälzfestigkeit nach Hertz durch Emil Vidéky 1908

Zu Anfang unseres Jahrhunderts glaubten einige Forscher, daß neben der Reibleistung $P_N \cdot \mu \cdot v_g$ auch die Pressung in der Berührungsstelle für die Abnutzung verantwortlich sei.

So brachte der damalige Assistent an der Technischen Hochschule Budapest Dipl.-Ing. Emil Vidéky als erster die Hertz'sche Pressung in Zusammenhang mit dem

Verschleiß. Für ihn hängen Wirkungsgrad und Lebensdauer, d.h. die Abnutzung der Zahnräder, von der Reibungsarbeit längs ihrer Zahnflanken ab. Die Reibungsarbeit besteht aus drei Faktoren; der Kraft, dem Weg derselben und dem Koeffizient der Reibung. „Der Zahndruck entsteht in Teilen, sobald mehrere Zähne zugleich im Eingriff stehen," sagt VIDÉKY. „Die Resultante der Teile (bei Evolventen die Summe) ist konstant. Das Verhältnis dieser Verteilung auf die einzelnen Zähne während des Eingriffes ist mehr oder weniger veränderlich, jedenfalls aber abhängig von der Deformation, welche jeder der Zähne erleidet. Es handelt sich um zwei Arten der Deformation;

1. die Durchbiegung des in dem als starr betrachteten Radkranze eingemauerten Zahnkonsols

2. die Abplattung der Oberfläche, welche von den Krümmungsverhältnissen abhängt.

Die Größe der letzteren ist durch die Hertz'schen Gleichungen zugänglich, welche jedoch durch gewisse Vernachlässigungen in eine unserem Zwecke entsprechende Form gebracht werden muß."

VIDÉKY schreibt nun die Formel für die Breite a der Druckfläche des Zylinders in Föppl'scher Schreibweise

$$a = 1{,}52 \sqrt{\frac{P'}{E} \cdot \frac{r_1 \cdot r_2}{r_1 + r_2}}$$

an und ist damit im Jahr 1908 der erste, der die Hertz'schen Gleichungen auf Zahnräder anwendet. VIDÉKY fährt fort; „Die Annäherung der beiden Zylinder gibt HERTZ nicht an, nach seiner Äußerung deshalb, weil er dieselbe von der sonstigen Form des Körpers beeinträchtigt findet." VIDÉKY aber betrachtet die Breite der Druckfigur annähernd als eine gemeinsame Sehne der beiden Zylindergrundkreise und berechnet sie geometrisch. Laut Bild 287, unter Benutzung der Hertz-Föppl'schen Formel für a und mit $E = 2 \cdot 10^6$ schreibt er für diese Annäherung

$$\alpha = 5{,}75 \cdot \frac{1}{10^7} \cdot P'.$$

VIDÉKY folgert: bei Evolventenverzahnung mit $r_1 + r_2 = $ const. ist die Annäherung längs des Eingriffs konstant. „Stehen i Zähne im Eingriff, so fällt N/i der Normalkraft N auf je einen Zahn, vorausgesetzt, daß bei der Deformation die Elastizitätsgrenze nicht überschritten wird. Um zu prüfen, wie weit letztere Bedingung erfüllt ist, suchen wir die auftretenden Flächendrücke." VIDÉKY schreibt hierzu die Hertz-Föppl'sche Formel für die maximale Druckspannung σ_0 an mit

$$\sigma_0 = 0{,}418 \cdot \sqrt{P' \cdot E \cdot \frac{r_1 + r_2}{r_1 \, r_2}}$$

und erhält für $r_1 + r_2 = $ const. die maximalen Flächenspannungen längs des Eingriffes

zu $\boxed{\sigma_0 = C \dfrac{1}{\sqrt{r_1 \cdot r_2}}}$. In Bild 288 zeichnet VIDÉKY als erster die Flächendrücke längs

der ganzen Eingriffslinie auf. Der Reibungskoeffizient besteht für VIDÉKY aus zwei Teilen: dem konstanten Reibungskoeffizienten f_0 selbst (für polierte Flächen) und dem Widerstand f' für „das Eindringen der Oberflächen ineinander, der von den Krümmungsverhältnissen abhängt.'' Somit ist der gesamte Reibungskoeffizient $f = f_0 + f'$. Bei Berührung zweier zylindrischer Körper ist die Druckfigur ebenfalls ein Zylinder mit dem Halbmesser $R = \dfrac{2\,r_1 \cdot r_2}{r_1 - r_2}$.

Laut Bild 287 ist
$\alpha = h_1 + h_2$ wobei h_1 und h_2 die Bogenhöhen zur Sehne a sind.

$$\sin\frac{\varphi}{2} = \frac{a}{r} \quad \text{und} \quad h = r\left(1 - \cos\frac{\varphi}{2}\right)$$

$$\cos\frac{\varphi}{2} = \sqrt{1 - \frac{a^2}{r^2}} = \frac{l}{r}\sqrt{r^2 - a^2} \approx 1 - \frac{a^2}{2r^2}$$

Das können wir nach SCHLÖMILCH schreiben, da a^2 gegen $(2r_1)^2$ nach den Hertz'schen Gleichungen sehr klein ist und wir den Eingriff in Nähe des Ursprungs der Evolvente ausschließen. Dann ist weiter

$$h = \frac{a^2}{2r}$$

Schließlich ist

$$\alpha = \frac{a^2}{2}\left(\frac{1}{r_1} + \frac{1}{r_2}\right)$$

und nach der Hertz'schen Gleichung $a = 1,15\,\dfrac{P'}{E}$

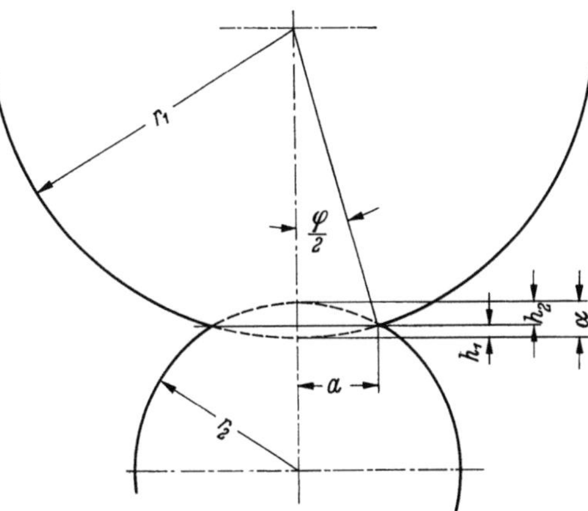

Bild 287.   Annäherung zweier Zylinder nach EMIL VIDÉKY 1908

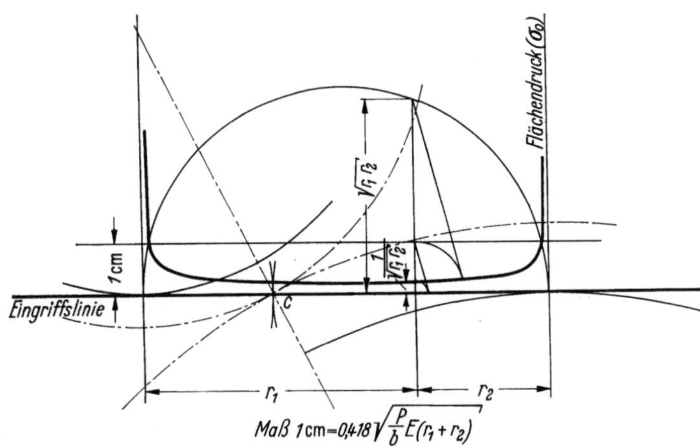

Bild 288.   Flächendrücke längs der ganzen Eingriffslinie nach VIDÉKY 1908
,,Beim Ausgangspunkt der Evolvente wird der Flächendruck unendlich groß, folglich wäre es unrichtig, diesen Punkt und seine Umgebung zum Eingriff auszunützen.''

Laut Bild 289 ist für den Fall von VIDÉKY ,,die Tiefe, mit welcher das eine Zahnprofil in das andere über die gemeinsame Sehne hineinragt, bestimmt von der Bogenhöhe h_0, die zur Sehnenlänge $2a$ in den Kreis mit dem Halbmesser R gehört.'' Die Kraft, welche der Verschiebung beider, unter dem Druck P sich berührender Oberflächen, auf die Richtung von P vertikal, d.h. in Richtung der Verschiebung Widerstand leistet, ist $S = P \cdot \operatorname{tg}\alpha = P \cdot f'$, wobei $f' = \operatorname{tg}\alpha \cdot \dfrac{h_0}{a}$. Aus der Formel für h_0 und a wird

$$f' = 0{,}38\sqrt{\frac{P'}{E} \cdot \frac{1}{r_1 + r_2} \cdot \frac{r_1 - r_2}{\sqrt{r_1 \cdot r_2}}}\,.$$

Bei $r_1 = r_2$ ist $f' = 0$ und es bleibt als Reibungskoeffizient nur f_0. $f = f_0 + f'$ wird im Diagramm Bild 290 aufgezeichnet, mit den entsprechenden Werten aus den Diagrammen der Kraft und des Gleitens multipliziert und ergibt dann das Diagramm der

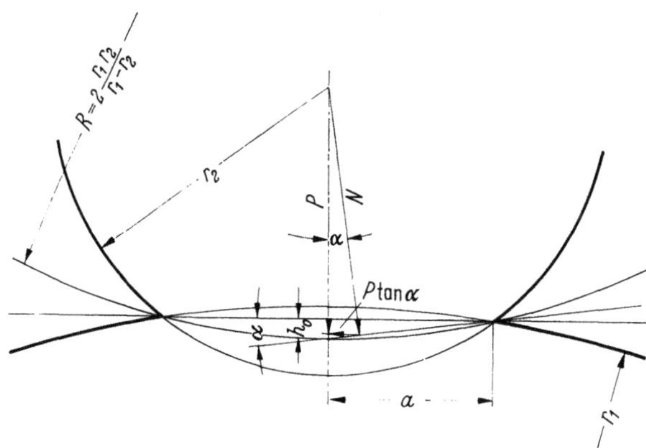

Bild 289.   Eindringen zweier Zylinder unter der Last P nach VIDÉKY 1908

$$\frac{1}{R} = \frac{\dfrac{1}{r_1} - \dfrac{1}{r_2}}{2} = \frac{r_1 - r_2}{2 r_1 \cdot r_2} \quad \text{wobei } R \text{ des neuen Zylinders als Druckfigur } R = \frac{2 \cdot r_1 r_2}{r_1 - r_2} \text{ ist.}$$

h_0 ist längs des Eingriffs veränderlich. Unter Benutzung der Formeln für $h = \dfrac{a^2}{2r}$ aus Bild 287 und für R ist dann

$$h_0 = \frac{a^2}{2R} = \frac{1{,}52^2 \cdot \dfrac{P'}{E}}{2} \cdot \frac{r_1 \cdot r_2}{r_1 + r_2}$$

Wenn r_1 oder r_2 gleich Null sind, dann ergibt sich für $f' = \infty$. D. h. in der Nähe des Ausgangspunktes der Evolvente findet schon keine Reibung mehr statt, sondern eine Abtrennung des Materials, was ca. bei $f_0 = f'$ beginnt.

Reibungsarbeit für einen Eingriff eines Zahnradpaares, wie in Bild 290 dargestellt.

VIDÉKY nimmt Aufliegen längs der ganzen Zahnbreite an, sofern die Evolvente im automatischen Abwälzfräsverfahren erzeugt wird. Er fährt fort:

„Die Berechnung würde nun eine Tabelle erfordern, welche Erfahrungswerte für P/b enthält je nach Material, Übersetzung, Neigungswinkel und Umfangsgeschwindigkeit. Die Werte müssen jedenfalls mit Rücksicht auf die Flächenpressungen hergeleitet werden, so daß sie für das Material zulässige Druckanstrengungen liefern. Schon zu diesem Zwecke sind Versuche zur Konstatierung der Hertz'schen Gleichungen auszuführen, welche mir auch in Aussicht stehen."

Als Anhalt gibt VIDÉKY nur in der kleinen Tabelle 92 Werte für P/b mit St auf St.

Tabelle 92.   *Werte für die Pressung P/b von Emil Vidéky 1908*

Eingriffs-Winkel δ	Übersetzung i	
	2	5
15°	30	20
20°	35	25
30°	40	30

VIDÉKY verwandte sein Verfahren zur Untersuchung von Straßenbahn-Zahnrädern und korrigierte ihre empirischen Werte. Zum Beispiel hielt ein großes Rad von 94 Zähnen $3 \cdot 10^7$ Umdrehungen bzw. 80 000 km aus, das kleine von 23 Zähnen dagegen nur 10^7 Umdrehungen = etwa 2500 km; das kleine Zahnrad tauschte man damals drei- bis viermal aus, bis das große unbrauchbar wurde. An den Zahnwurzeln wurde das Material gequetscht, da die Druckbeanspruchung die Elastizitätsgrenze überschritt.

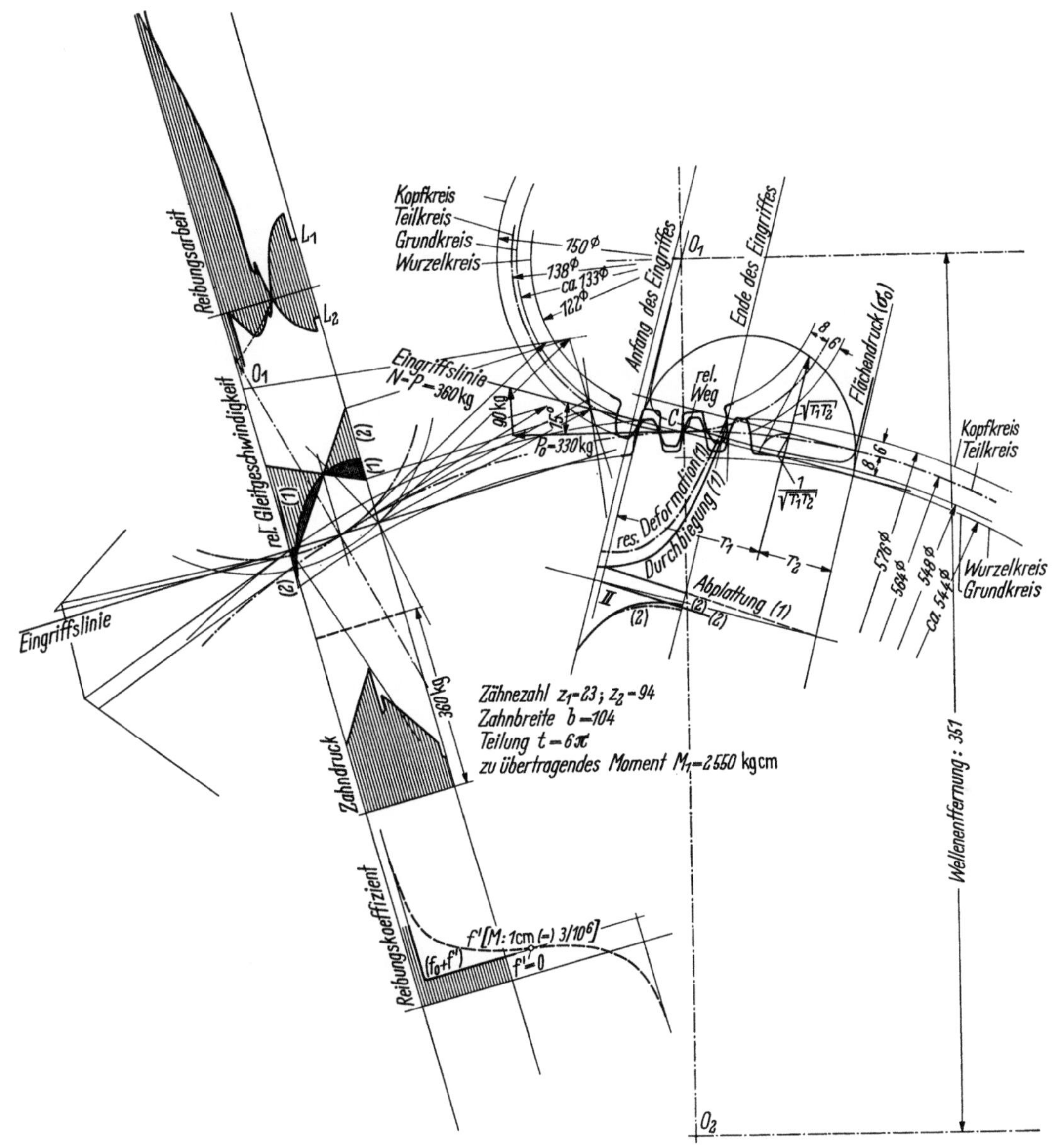

Bild 290.   Teildiagramme über Reibung, Reibungsarbeit, Druck und relative Gleitgeschwindigkeit am Zahn nach VIDÉKY 1908

Die Teilung des Diagramms erfolgte zuerst nach der Übersetzung, in zweiter Linie im umgekehrten Verhältnis zu den absoluten Geschwindigkeiten. VIDÉKY wörtlich: „Das Maß der Abnützung abgebrauchter Räder im Vergleich mit dem Diagramme der Reibungsarbeit gibt eine Basis zur Beurteilung der Lebensdauer, doch ist es nicht unbeachtet zu lassen, daß das Profil sich während der Abnützung fortwährend ändert und damit auch die Reibungsarbeit."

Schließlich empfahl VIDÉKY kleine Zähne wie an den Pfeilrädern der Dampfturbine des Stockholmer Erfinders und Industriellen Dr. phil. CARL GUSTAF PATRIK DE LAVAL (1845 bis 1913).

VIDÉKY hat zwar als erster die Hertz'sche Gleichung in die Zahnradberechnung eingeführt, hat aber nicht erkannt, welche Bedeutung ihr im Hinblick auf die Erfassung des Druckverschleißes zukommt.

3.44 Tragfähigkeits- und Verschleiß-Rechnung für Zahnräder mit der Hertz'schen Theorie von Richard Stribeck 1900 und Kurt Wissmann 1928

Die Versuche und Ableitungen von FÖPPL Vater und Sohn hatten die Hertz'sche Theorie bestätigt. Entscheidenden Einfluß auf die Bestimmung der Wälzfestigkeit hatten Versuche um 1900 von Professor RICHARD STRIBECK[1], die er im Auftrage der Kugellagerfabriken an der „Centralstelle für wissenschaftlich-technische Untersuchungen" ausführte.

Seine Versuche erwiesen sich als so bedeutend für viele Maschinenelemente, daß RICHARD STRIBECK in dieser Entwicklung die theoretischen Verdienste des Physikers HEINRICH HERTZ erreicht. Seine engeren Mitarbeiter in Neubabelsberg waren Ob.-Ing. Dr. phil. WILHELM SCHWINNING (1874 bis 1955), später Professor für Werkstoffkunde und Metallographie an der Technischen Hochschule Dresden, und der Ingenieur und Leiter der Kugelfertigung in den DWF AUGUST RIEBE (1867 bis 1936), von 1909 bis 1929 selbst Kugellager-Hersteller in Berlin-Weißensee.

STRIBECK fand keine ausreichenden Erfahrungen über die zulässige Belastung und Reibungswerte von Kugellagern vor und mußte mit den Grundlagen beginnen. Diese sah er in den beiden Gleichungen von HERTZ, in der Schreibweise von AUGUST FÖPPL, für:

Zusammendrückung der Körper
$$a = \frac{\delta}{2} = 1{,}23 \sqrt[3]{P^2 \cdot \alpha^2 \cdot \frac{r_1 + r_2}{r_1 \cdot r_2}}$$

größte Pressung in der Mitte der kreisförmigen Druckfläche
$$p_0 = 0{,}388 \sqrt[3]{\frac{P}{\alpha^2} \cdot \left(\frac{r_1 + r_2}{r_1 \cdot r_2}\right)^2}$$

Die wichtigen Forschungsarbeiten von STRIBECK über die Tragfähigkeit von Wälzlagern sind:

1900 Kugellager für beliebige Belastungen, veröffentlicht in den Mitteilungen der Centralstelle für wissenschaftlich-technische Untersuchungen, Mai 1900

1901 Kugellager, vorgetragen im Verein für Eisenbahnkunde zu Berlin, am 9. April 1901

Die wesentlichen Eigenschaften der Gleit- und Rollenlager, vorgetragen im Württembergischen VDI-Bezirksverein, am 5. Dezember 1901

1907 Prüfungsverfahren für gehärteten Stahl unter Berücksichtigung der Kugelform, veröffentlicht in der Zeitschrift des VDI, September, Nos. 37 und 38

---

[1] RICHARD STRIBECK (1861 bis 1950) studierte an der TH Stuttgart, dann praktische Ingenieur-Tätigkeit in Königsberg und Eßlingen. 1888, mit 27 Jahren, Professor für Maschinenbau an der Baugewerkschule Stuttgart, 1890 an der TH Darmstadt und 1892 an der TH Dresden. Seit 1898 Leiter der physikalisch-metallurgischen Abteilung der „Centralstelle" in Neubabelsberg b. Berlin. Wirkte dort auch bei der Entwicklung des Duralumins mit. Danach Industriestellungen: 1908 im Direktorium von Friedrich Krupp in Essen. Nach dem ersten Weltkrieg Rückkehr nach Stuttgart als technisch-wissenschaftlicher Berater seines gleichaltrigen Freundes ROBERT BOSCH, seit 1924 im Aufsichtsrat der Firma. Dort Werkstoff-Forschungen, bedeutend für die Zündkerzen-Herstellung und den Alni-Magnetstahl. Meister in allen Versuchsdurchführungen.

STRIBECK führte die Versuche parallel in zwei Gruppen aus:

a) drei Kugeln übereinander, um die Hertz'sche Voraussetzung zu erfüllen, wonach nur Kräfte normal zur Druckfläche wirken sollen

b) Kugel gegen ebene Platte.

Er drückte die Versuchskörper abwechselnd zusammen und entlastete dann gleich. Dies wiederholte er in jeder Belastungsstufe so oft, bis sich die Annäherung nicht mehr änderte. Bei kleinen Belastungen, die keine Eindrücke hinterließen, stimmten die Versuchswerte mit den errechneten Werten überein. Daher setzte STRIBECK die untere Belastungsgrenze mit 20 bis 50 kg an und berechnete die Zusammendrückung von dieser Grenze aus. Die erforderlichen Vorrichtungen hatte Dr. JAKOB AMSLER-LAFFON (1823 bis 1912) in Schaffhausen (Schweiz) gebaut.

Die Versuchs-Resultate von RICHARD STRIBECK aus den Jahren 1898/99 lassen sich in neun Punkten zusammenfassen:

1. die Hertz'schen Formeln ergeben bis über die Elastizitätsgrenze hinaus richtige Werte. Härteuntersuchungen ergaben keine Anhaltspunkte für (früher vermutete) Oberflächenspannungen

2. bei Eintritt der Elastizitätsgrenze sind die Belastungen der Kugeln proportional den Quadraten der Durchmesser; deshalb sind auch die Pressungen für beliebige Kugel-Durchmesser (in cm) gleich groß nach $\dfrac{P}{d_r^2} = f(p)$

3. das Zusammendrücken von Kugeln beliebigen Durchmessers d_r läßt sich zurückführen auf den Fall der Berührung von Kugel und ebener Platte. Die Pressung p ist die gleiche. Die Krümmung beeinflußt p_{max} also nicht

4. bei Berührung von Kugel und Ebene sind die Spannungen nur in der Mitte einander gleich, die Dehnung für die übrigen einander entsprechenden Elemente ist verschieden

5. die Elastizitätsgrenze wird erreicht bei der Belastung $P = 3$ bis $5\,d^2$ (kg). Nach Überschreitung der Elastizitätsgrenze kommen die Formänderungen nur ganz allmählich. Somit gilt die Hertz'sche Gleichung für die Zusammendrückung $\delta/2$ ausreichend genau auch nach ganz beträchtlicher Überschreitung der Elastizitätsgrenze, sicher aber für den Bereich der zulässigen Belastung $P = k \cdot d^2$

6. die zulässige Belastung von Gußstahlkugeln ist $P = k \cdot d^2$, von Zylindern $P = k_1 \cdot D \cdot L$. Hierbei sind k bzw. k_1 die zulässige spezifische Belastung, ermittelt durch die Versuche. Die Beziehung $P = k \cdot d^2$ ist abgeleitet aus den Vorgängen an den Druckstellen bei ruhender Belastung, sie gilt aber auch für dynamische Belastung.

$$k = \frac{\pi^3}{6}\alpha^2\left(1 - \frac{1}{m^2}\right)^2 \cdot \sigma_{max}^3 = 30 \text{ bis } 50 \text{ (bei } d \text{ in cm)}$$

für ebene, kegelige und zylindrische Laufflächen, wobei $1/m = 0{,}3$ die Poisson'sche Konstante ist.

7. die federnden Dehnungen sind bis weit über die Elastizitätsgrenze hinaus den Spannungen proportional. Die federnden Durchbiegungen sind bis zum Bruch den Spannungen proportional

8. bei hohen Belastungen nimmt auch das Innere der Kugel an der Zusammendrückung teil

9. die größte spezifische Belastung k_1 einer Walze in Beziehung zur Lagerbelastung

$$\text{ist } P = k_1 \cdot l \cdot d \cdot \frac{z}{5} \text{ bzw. } k_1 = \frac{P}{\dfrac{z}{5} \cdot l \cdot d} \text{ , wobei allgemein } k_1 = \pi \cdot \alpha \left(1 - \frac{1}{m^2}\right) \cdot \sigma_{max}^2.$$

Als Merkmale der Überanstrengung treten an den Laufbahnen und den Rollen-oberflächen kleine Grübchen oder Abplattungen auf.

Die Versuche von RICHARD STRIBECK und deren Ergebnisse erlangten Bedeutung nicht allein für die Wälzlager, sondern für weite Kreise der Technik, weil er den allgemeinen Fall der Berührung elastischer Körper von der Versuchsseite her gelöst hatte, dabei die Gültigkeit der Hertz'schen Theorie bestätigte und erweiterte. Diese Versuchsreihen beachtete die ganze Welt, und hiervon besonders die Zusammenfassung der Festigkeits-Kennwerte zu einem neuen Wert

$$k = \frac{2{,}86 \cdot \sigma_{max}^2}{E}.$$

STRIBECK hatte ihn als erster im Versuch ermittelt und mit „zulässiger spezifischer Belastung" bezeichnet. Dieser Kennwert hat sich in der Wälzlagertechnik schnell eingebürgert und ist auch teilweise auf die Zahnradberechnung übertragen worden.

Der Schwerpunkt einer theoretischen Klärung der Pressung beliebig gekrümmter Körper hatte in Europa gelegen. Während die Anwendung dieser Erkenntnisse auf Zahnräder dort aber wenig beachtet wurde, sondern erst sehr spät Aufmerksamkeit fand, schenkte man dieser Theorie in den USA bald Beachtung und sann auf ihre Anwendung. Der rapide Industrieaufbau in den USA brauchte große Leistungen, aber Betriebssicherheit und tragbare Herstellungskosten. Infolgedessen beobachtete man auch zuerst in den USA ernste Verschleiß- und Zerstörungserscheinungen an Zahnrädern durch Überlastung. Daher stellten die amerikanischen Konstrukteure gelegentlich die Verschleiß- über die Bruchfestigkeit der Zähne, besonders bei hohen Drehzahlen. Sie stellten verschiedene Gleichungen zur Bestimmung der zulässigen Belastung auf. Die bekannteste Gleichung für die zulässige Umfangskraft auf einen Zentimeter Zahnbreite war in den USA:

$$\frac{W_{a_{zul}}}{b} = K \cdot D \text{ (kg/cm), wobei } D = \text{Durchmesser des kleinen Rades (cm), } K = \text{Kon-}$$

stante, abhängig von der Belastung (kg/cm²). Werte für dieses K waren z.B.

$$K = 4{,}4 \qquad \text{einfache Rädergetriebe bei Dauerbeanspruchung mit der Höchsbelastung}$$
$$K = 7 \qquad \text{einfache Rädergetriebe mit seltener Höchstbelastung.}$$

In England nahm man D nicht proportional, sondern zog die Wurzel daraus.

Dabei betrugen aber die K-Werte für die gleichen Fälle mit vergüteten Stahlrädern 20 und 28 kg/cm. Alle diese Gleichungen berücksichtigten aber nicht die Umfangsgeschwindigkeit. 1919 empfahl daher L. POMINI ebenfalls in England für gußeiserne Räder die Formel:

$$\frac{W_{a_{zul}}}{b} = K \cdot t \frac{32}{V + 10} \text{ (kg/cm), wobei } t = \text{Teilung (cm), } V = \text{Umfangsgeschwindigkeit}$$

(m/s).

Die K-Werte in Tabelle 93 stellen Erfahrungswerte für geschmierte Räder um 1919 in England dar.

Tabelle 93. *Erfahrungswerte K für geschmierte Räder von Modul 4 bis 20 um 1919 in England*

Zähnezahl des kleinen Rades	Übersetzungsverhältnis							
	1 : 1	1 : 2	1 : 3	1 : 4	1 : 5	1 : 6	1 : 8	1 : 10
12	2,80	3,40	3,80	4,20	4,36	4,54	4,80	5,00
14	3,20	3,80	4,20	4,60	4,88	5,08	5,40	5,60
16	3,50	4,20	4,64	5,06	5,36	5,58	5,84	6,10
18	3,80	4,40	5,00	5,40	5,76	5,96	6,24	6,44
20	4,20	4,90	5,40	5,90	6,20	6,40	6,88	6,90
24	5,00	5,76	6,30	6,80	7,04	7,30	7,60	7,80
28	5,70	6,40	7,04	7,60	7,88	8,14	8,50	8,64
32	6,40	7,28	7,92	8,40	8,80	9,04	9,40	
36	7,20	8,10	8,76	9,24	9,60	9,88		
40	7,90	8,84	9,56	10,28	10,44			

Die Entwicklung setzte sich in den USA wie folgt fort:

Im Jahre 1910 schlug CHARLES H. LOGUE im Getriebebuch des „American Machinist" vor, die Krümmung der Zahnradprofile als Maßstab für die Abnützungsbeanspruchung zu nehmen. Der Getriebe-Ingenieur der Olds Motor Works in Lansing, Mich., JOSEPH JANDASEK nahm diesen Gedanken zwischen 1920 und 1922 auf und entwarf neue Gleichungen und Diagramme, die er aus den Hertz'schen Formeln herleitete. Auf jeden Fall betrachtete JANDASEK die größte spezifische Flächenpressung als Maßstab für die Abnützung.

Von 1920 ab berechnete auch Professor EARLE BUCKINGHAM[1] die Abnützung der Zahnräder nach den Hertz'schen Gleichungen und führte sie praktisch danach aus. 1926 legte er der „American Gear Manufacturers' Association" (AGMA) seine Erfahrungen mit dieser Berechnungsweise vor. Er sagt darin:

„Die Berührungsverhältnisse zwischen Stirnradprofilen sind ähnliche wie bei Berührung von zwei zylindrischen Flächen. Der Unterschied besteht lediglich darin, daß bei Zahnprofilen im Laufe des Eingriffes die Krümmungshalbmesser sich dauernd ändern. Zur Bestimmung der oberflächlichen Druckbeanspruchung an Zahnprofilen können diese durch äquivalente, zylindrische Flächen mit der gleichen Krümmung ersetzt werden. Da nun die Krümmungshalbmesser am Evolventenprofil veränderlich sind, entsteht die Frage, welcher Profilabschnitt für die Dimensionierung maßgebend ist bzw. welche Profilteile zur Errechnung der maßgebenden oberflächlichen Druckbeanspruchung durch äquivalente Zylinderflächen ersetzt werden sollen."

BUCKINGHAM fährt fort: „In vielen Fällen fängt die Abnützung in der Nähe des Wälzkreises an. Dies liegt wahrscheinlich daran, daß bei der Berührung der Zahnflanken am Wälzkreis die Belastung von einem einzigen Flankenpaar übertragen wird, bei Berührung des Zahnkopfes oder Zahnfußes verteilt sich dagegen die Belastung meistens auf zwei Flankenpaare. Solange das Gegenteil nicht erwiesen ist, ist diese Annahme eine genügende Begründung für das Einsetzen der Profilkrümmungen am Wälzkreis in die Hertz'sche Gleichung zwecks Errechnung der für die Abnützung maßgebenden Beanspruchungen, namentlich dann, wenn die gemeinsame Zahnlücke einigermaßen symmetrisch zum Wälzpunkt liegt. Dies trifft für Verzahnungen ohne Profilverschiebung zu."

---

[1] EARLE BUCKINGHAM (geb. 4. September 1887 in Bridgeport, Conn./USA) studierte an der Naval Academy 1904 bis 1906. Dann bekleidete er Industriestellungen u. a. in der Winchester Repeating Arms Co in New Haven 1908/1909 und 1916/1917, der Royal Tipewriter Co. 1911 bis 1914 und bei Pratt & Whitney 1919 bis 1924, beide in Hartford/Conn. Danach wurde er Professor für Maschinenbau am Massachusetts Institute of Technology, wo er bis in unsere Tage wirkte. Seine Hauptwerke über Zahnräder erschienen 1922, 1931 und 1949; seine „Stirnräder mit geraden Zähnen" von 1928 wurden in mehrere Sprachen übersetzt, 1932 von GEORG OLAH ins Deutsche.

Buckingham findet die Oberflächenpressung zweier aufeinander gepreßter Zylinder laut Bild 291 in der Art von Heinrich Hertz und seinen Interpreten. Er schreibt auch die Hertz'sche Gleichung für die größte spezifische Druckbeanspruchung σ_{max} an wie 1908 in der „Hütte". Diese Formel entwickelt er weiter, indem er R_1 und R_2 als Krümmungshalbmesser des Zahnprofils am Wälzkreis deutet, ferner die Wälzkreis-Durchmesser D beider Räder und ihren Eingriffswinkel α einführt zu

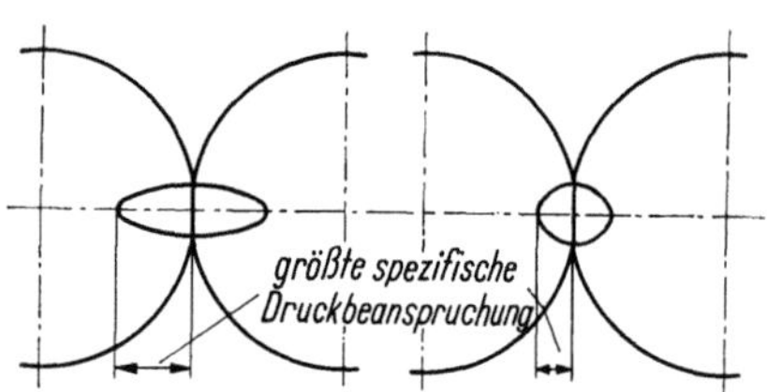

Bild 291. Druckverteilung bei zwei gegeneinander gedrückten Zylindern mit größerem bzw. kleinerem Elastizitätsmodul nach Earle Buckingham 1926.

$$R_1 = \frac{D_1 \cdot \sin \alpha}{2} \quad \text{und} \quad R_2 = \frac{D_2 \cdot \sin \alpha}{2}$$

Die Teile der Hertz'schen Gleichung für die Druckspannung faßt er zu einem „spezifischen Druckkoeffizienten" K zusammen zu:

$$K = \frac{\sigma_D{}^2 \cdot \sin \alpha}{4 \cdot 0{,}35} \cdot \left(\frac{1}{E_1} + \frac{1}{E_2} \right).$$

Danach bleibt für Buckingham als Belastung $W_d = D_1 \cdot b \cdot K \cdot Q$ (kg) wobei $b =$ Zahnbreite (cm), $D_1 =$ Wälzkreis-Durchmesser des kleinen Rades (cm) und der Übersetzungs-Koeffizient $Q = \dfrac{2\,z_2}{z_1 + z_2}$.

Zur Kontrolle bekannter Getriebe löste Buckingham die Gleichung nach dem spezifischen Druckkoeffizienten K auf und bestimmte hieraus die größte tatsächlich auftretende spezifische Druckbeanspruchung. Bei solchen Nachprüfungen beobachtete Buckingham:

„Lagen die so bestimmten spezifischen Beanspruchungen unterhalb der Elastizitätsgrenze des Materials, so hat sich keine nennenswerte Abnützung gezeigt. Wurde die Elastizitätsgrenze überschritten, so hielten die Räder in einigen Fällen stand, in anderen Fällen wieder hat sich schnelle Abnützung gezeigt. Es scheint hiernach, daß die Elastizitätsgrenze einen brauchbaren Ausgangspunkt zur Berechnung der bezüglich Abnutzung zulässigen Beanspruchung nach der Hertz'schen Gleichung bildet."

Die Richtigkeit dieser Behauptung wies Buckingham am Massachusetts Intsitute of Technology (MIT) mit der Lewis-Prüfmaschine bei verschiedenen Werkstoffen und Umfangsgeschwindigkeiten nach. Für die größte spezifische Oberflächenpressung ergaben die Versuche Werte zwischen der Elastizitäts- bzw. Ermüdungsgrenze und der Druckfestigkeit dieser Werkstoffe. Die Nachrechnungen ausgeführter Getriebe und die Versuche an der Lewis-Maschine bestätigten die Gültigkeit der Hertz'schen Gleichungen. Sie rechtfertigen auch die Annahme einer maßgebenden Oberflächenbeanspruchung in der Nähe des Wälzkreises. Buckingham schreibt schließlich die Gleichung für die zulässige äquivalente statische Belastung zu:

$$W_{a_{zul}} = \frac{D_1 \cdot b \cdot K_{max} \cdot Q}{S_a} \ (\text{kg})$$

wobei $K_{max} =$ Grenzwert des spezifischen Druckkoeffizienten (kg/cm²), bei dessen Überschreitung Grübchenbildung zu erwarten ist, $S_a =$ Sicherheitskoeffizient, nach Betriebsverhältnissen gewählt, bei ausgeführten Getrieben von rückwärts errechnet.

Hierzu gibt Buckingham Tabelle 94 mit Druckkoeffizienten für verschiedene Werkstoffe, ermittelt an der Lewis-Prüfmaschine.

Tabelle 94. *Druckkoeffizienten K_{max} für verschiedene Werkstoffe von Earle Buckingham 1926*

Werkstoffpaarung	Spezifischer Druck-koeffizient in kg/cm² $K_{max} = \dfrac{\sigma^2_{D\,max} \cdot \sin\alpha}{4 \cdot 0{,}35}\left(\dfrac{1}{E_1} + \dfrac{1}{E_2}\right)$		Höchste, zur Errechnung von K_{max} zugrunde gelegte spezifische Druckbean-spruchung in kg/ cm²	Angenommene Ermüdungs-grenze bei Druck-beanspruchung in kg/cm²
	$\alpha = 14\frac{1}{2}°$	$\alpha = 20°$		
Stahlformguß und Stahl-formguß	3,0	4,1	4 200	4 200
Flußstahl und Stahlformguß	3,5	4,8	4 550	5 600 und 4 200
Flußstahl und Flußstahl	5,3	7,2	5 600	5 600
Gehärteter Stahl und Stahlformguß	6,7	9,2	6 300	15 500 und 4 200
Flußstahl und Temperguß	8,0	11	5 600	5 600 und 6 300
Gehärteter Stahl und Phos-phorbronze	9,5	13	6 000	15 500 und 4 900
Gehärteter Stahl und Tem-perguß	10	14	6 300	15 500 und 6 300
Temperguß und Temperguß	13,5	18,5	6 300	6 300
Vergüteter Stahl und ver-güteter Stahl	12	16,5	8,450	8 450
Gehärteter Stahl und ver-güteter Stahl	14	19,5	9 150	15 500 und 8 450
Gehärteter Stahl und gehärteter Stahl	40,5	55,5	15 500	15 500

BUCKINGHAM weist noch auf Verhältnis zwischen dem Durchmesser des kleinen Rades und der Zahnbreite hin, für das in den zwanziger Jahren meist $b_{max} = 2\,d$ genommen wurde. „Es wäre im allgemeinen günstiger," stellt er fest, „die obere Grenze auf das eineinhalbfache des Durchmessers des kleinen Rades zu beschränken. Bei großen Zahn-breiten verursacht die elastische Verdrehung des kleinen Rades eine Konzentration der Belastung an einem Ende und hierdurch eine starke örtliche Abnutzung."

„Die beiden wichtigsten Faktoren für die Abnützung bei (Evolventen-) Verzahnungen sind das Gleiten der Zahnflanken und der spezifische Zahndruck", meinte 1923 Dipl.-Ing. und Ober-Ing. der Nürnberg-Fürther Straßenbahn FRIEDRICH SCHWEND (geboren am 28. Oktober 1880 in Schwäbisch-Hall). Er ging von der Hertz'schen Gleichung für die Spannung σ laut „Hütte" 20. Auflage 1908 aus. Nach Einsetzen des Zahndruckes längs der Eingriffslinie $\dfrac{p}{\sin\varepsilon}$, $\alpha = \dfrac{1}{E}$, geometrischen Betrachtungen nach Bild 292 und gemäß dem Verlauf des spezifischen Zahndruckes über der Eingriffslinie $A\,O\,B$ in Bild 293 erhielt SCHWEND für $a = 0$ die Endformel für den spezifischen Zahndruck zu:

$$\sigma^2 = 0{,}175 \cdot \frac{p \cdot E}{L} \cdot \frac{\dfrac{1}{r_1} + \dfrac{1}{r_2}}{\cos\varepsilon \cdot \sin\varepsilon}$$

wobei L = axiale Zahnlänge, r_1 und r_2 = Teilkreis-Halbmesser, ε = Eingriffswinkel.

Man sieht: auch SCHWEND befand sich auf dem Wege zur richtigen Lösung, zog aber zu wenige Konsequenzen in der Berechnung, als daß sie hätte Allgemeingut werden können.

Die Art der Störungen, wie sie immer wieder bei Zahnrädern auftraten, gaben in der Industrie zur Prüfung der Grundlagen für Berechnung und Konstruktion ihrer Zahnräder Anlaß, besonders, wenn sie über eigene Zahnradfabrikation verfügte. Es gab oft

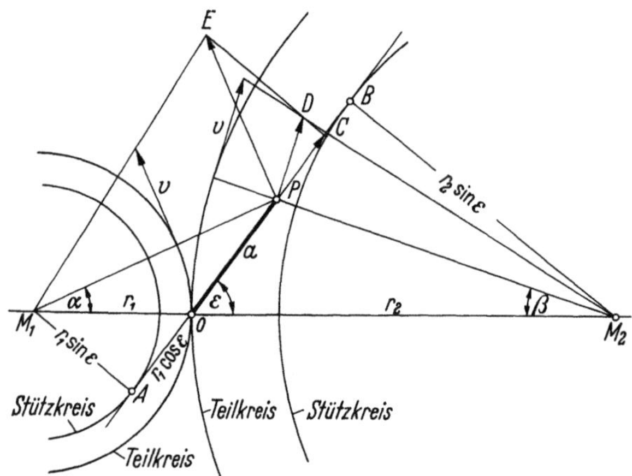

Bild 292. Geometrische Betrachtung und Ableitung der Formel für den spezifischen Zahndruck von FRIEDRICH SCHWEND 1923

Pfeile PD und PE sind die tatsächliche Geschwindigkeit der beiden Profilpunkte, die sich in P berühren, nach Richtung und Größe. Beiden Profilpunkten gemeinsam ist die Größe CD. Maß für das Rollen der beiden Profilpunkte

$$CD = R = \left(\cos\,\varepsilon - \frac{a}{r_2} \right) \cdot v$$

Gleiten beider Punkte gegeneinander ist $DE = G = a \left(\dfrac{1}{r_1} + \dfrac{1}{r_2} \right) \cdot v$, wobei v = Umfangsgeschwindigkeit der Teilkreise und a = Entfernung OP, $\dfrac{r_1}{r_2}$ = Teilkreis-Halbmesser. Die Eingriffsdauer ist $\tau = \dfrac{l}{t \cdot \sin \varepsilon}$ oder $l = \tau \cdot t \cdot \sin \varepsilon$ wobei l = Länge der Eingriffslinie und t = Teilung.

Die Formel für das Gleiten lautet

$$G = \xi \cdot \tau \cdot t \cdot \sin\,\varepsilon \cdot \left(\frac{1}{r_1} + \frac{1}{r_2} \right) \cdot v ,$$

wobei $a = \xi \cdot l$.

Rollen und Gleiten sind lineare Funktionen der Umfangsgeschwindigkeit v, beide abhängig vom Eingriffswinkel ε. Die Krümmungsradien der Zahnflankenprofile in P sind gemäß Evolvente $AP = \varrho_1$ und $BP = \varrho_2$. Damit ist $\varrho_1 + \varrho_2 = AP + BP = AB = r_1 \cdot \cos\,\varepsilon + r_2 \cdot \cos\,\varepsilon = (r_1 + r_2)\,\cos\,\varepsilon$. Mit $OP = a$ ist $\varrho_1 = r_1 \cdot \cos\,\varepsilon + a$; $\varrho_2 = r_2 \cdot \cos\,\xi - a$. Damit wird $\sigma^2 = 0{,}175 \dfrac{p \cdot E}{L} \cdot \dfrac{(r_1 + r_2) \cdot \cos\,\varepsilon}{(r_1 \cdot \cos\,\varepsilon + a)\,(r_2 \cdot \cos\,\varepsilon - a) \cdot \sin\,\varepsilon}$. Für die beiden Grenzfälle $a = -r_1 \cdot \cos\,\varepsilon$ und $a = r_2 \cdot \cos\,\varepsilon$ wird $\sigma^2 = \infty$, d. h. der spezifische Zahndruck in A und B wird unendlich groß, laut Bild 293. In der Linie AOB erreicht der spezifische Zahndruck im Mittelpunkt F für $\varrho_1 + \varrho_2 = {}^{1}/_{2}\,(r_1 + r_2) \cdot \cos\,\varepsilon$ ein Minimum. Damit wird

$$\sigma^2 = 0{,}175 \cdot \frac{p \cdot E}{L} \cdot \frac{4}{(r_1 + r_2) \cdot \cos\,\varepsilon \cdot \sin\,\varepsilon} . \quad \text{Für den Zentralpunkt 0 wird } a = 0 \text{ und daher ist}$$

$$\sigma^2 = 0{,}175 \cdot \frac{p \cdot E}{L} \cdot \frac{r_1 + r_2}{r_1 \cdot r_2 \cdot \cos\,\varepsilon \cdot \sin\,\varepsilon} .$$

Rückschläge infolge zu hoher Beanspruchung. Zahnflanken mit einer Berührungsfläche proportional der Teilung und der Zahnbreite nach BACH $U = k \cdot b \cdot t$ gaben die „Hütte", sowie die Normenlisten der Firmen Demag, Stolzenberg, Krupp-Gruson usw. an. Nur im Getriebebau für Turbinen, Schiffe und Fahrzeuge regten sich die Bemühungen um eine Verschleißrechnung eher.

Was schon 1894 RICHARD STRIBECK beanstandet hatte, fiel nun 1927 auch Dipl.-Ing. KURT WISSMANN[1] auf: die Bach'sche Formel ist in mehrfacher Hinsicht unzureichend.

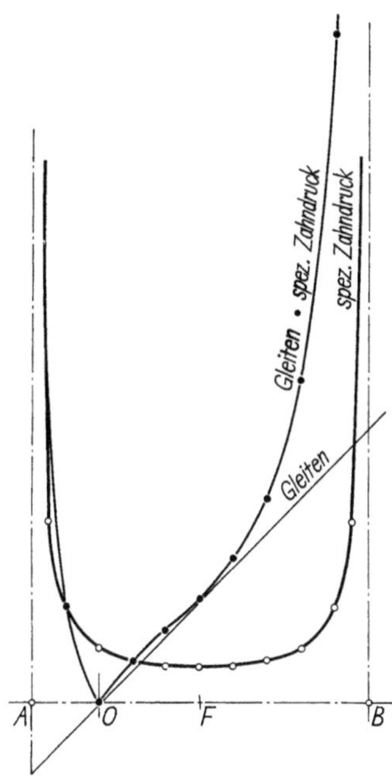

Bild 293.   Verlauf des spezifischen Zahndruckes über der Eingriffslinie AOB nach SCHWEND 1923

Bild 294.   Dr.-Ing. KURT WISSMANN

a) sie läßt für zwei verschiedene Zahneingriffe innerhalb eines Getriebes die gleiche Umfangskraft zu. Dadurch konnte ein Zahnrad ohne weiteres fressen, das andere wenig beansprucht werden.

b) WISSMANN beobachtete an Getrieben von Rheinmetall: zwei Räderpaare von gleichen Durchmessern und gleicher Breite, aber stark verschiedener Zähnezahl und Teilung vertrugen etwa die gleiche Belastung.

WISSMANN arbeitete daher eine neue Anweisung zur Zahnradberechnung für die Konstrukteure seiner Abteilung Kranbau bei der Demag aus. Er fand noch einen weiteren Grund zu dieser Maßnahme: man stellte seit dem 1. Weltkrieg meistens Zahnräder aus Stahl her. Die Formel $U = k \cdot b \cdot t$ schien für Gußeisen gedacht, einem spröden Material mit niedrigem Elastizitätsmodul. Stahl verhält sich aber gerade umgekehrt wie Gußeisen: sein wesentlich höherer Elastizitätsmodul beeinflußt die Pressung ungünstig,

---

[1] KURT WISSMANN (geb. 24. April 1896 in Duisburg) studierte neben Industriestellungen an den Technischen Hochschulen Berlin und Darmstadt. In Darmstadt 1922 Assistent am Lehrstuhl für Hebezeuge und Transportanlagen. 1922 bis 1924 im Technischen Büro für Krane und Transportanlagen bei Friedr. Krupp AG Essen, bis 1925 bei der Duisburger Maschinenbau AG Tigler im Elektroflaschenzug- und Normalkranbau tätig. Von 1926 bis 1950 in der Demag AG Duisburg; hier erst Studienabteilungsleiter im Kranbau, seit 1928 Leiter des Baggerbaues bzw. seit 1938 Direktor des Baggerwerkes in Düsseldorf. Dr.-Ing. der TH Berlin 1930.

seine Zähigkeit aber begünstigt seine Bruchfestigkeit. Die Bach'sche Formel war also für Gußeisen brauchbar, für Stahl nicht. Diese Lücke zwischen Gußeisen und Stahl bemühte sich KURT WISSMANN in allgemeinster Art zu schließen. Die Arbeit erwies sich als durchschlagender Erfolg. Durch den in seiner Abteilung Kranbau tätigen Dipl.-Ing. und späteren Professor für Fördertechnik an den Technischen Hochschulen Danzig und Stuttgart OTTO CRANZ (1898 bis 1961), der auch die mathematischen Ansätze und Ableitungen dieser neuen Berechnungsweise ausführte, erfuhr Geheimrat OTTO KAMMERER (1865 bis 1951)[1] von dieser interessanten Arbeit und nahm sie als Dissertation an, die 1929 eingereicht und 1930 genehmigt wurde.

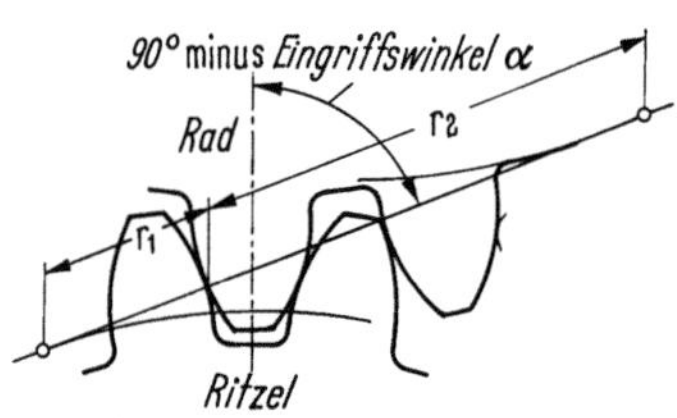

Bild 295. Krümmungshalbmesser von Zahnflanken nach KURT WISSMANN 1929

WISSMANN sieht die Pressung zwischen den Zahnflanken von Ritzel und Rad als maßgebend für die Berechnung der Zahnräder auf Verschleiß an. Er kommt zu dieser Ansicht durch folgende allgemeine Überlegung:

„Die Zahnflanken zweier zusammenlaufender Zahnräder berühren sich in einer oder mehreren geraden oder gekrümmten Linien bzw. sehr schmalen Flächen. Die Pressung der Zahnflanken in diesen schmalen Berührungsflächen hat in der Mitte ihrer Breite nach den Gleichungen von HERTZ den größten Wert. Nach dem Einlaufen der Räder kann dieser Wert über die Länge der Berührungsflächen für jeden einzelnen Augenblick als konstant angenommen werden. Für die einzelnen Zahnstellungen lassen sich auf diese Weise verschiedene Pressungen in den Berührungsflächen ermitteln. Der Berechnung muß der größte von diesen Werten zugrunde gelegt werden."

Laut Bild 295 ergeben sich bei Stirnrädern mit Geradzähnen folgende Betriebsverhältnisse: ihre Halbmesser r_1 und r_2 ändern sich dauernd, vom Augenblick des Eingriffs beider Zähne bis zu seinem Ende. Die Summe der Halbmesser bleibt aber konstant, denn $r_1 + r_2$ ist die Länge der inneren gemeinsamen Tangente an die Grundkreise der Verzahnung. Bei $r_1 + r_2 = $ const muß aber die Pressung um so größer werden, je kleiner einer der beiden Halbmesser im Verhältnis zum andern wird. Hier kommt es WISSMANN „auf den Teil des Zahneingriffs an, bei dem ein Zahn eines Rades den gesamten Zahndruck allein überträgt." Der ungünstigste Moment tritt also ein, wie auf Bild 295 gezeigt, wenn r_1/r_2 ein Minimum ist. „Der ungünstigste Augenblick während eines Zahneingriffs ist der", betont WISSMANN nochmals, „in dem ein Zahn gerade außer Eingriff gekommen ist und der nächstfolgende Zahn des Ritzels mit dem kleinsten Krümmungshalbmesser r_1 den ganzen Zahndruck allein übertragen muß."

KURT WISSMANN ist damit der erste, der mit dem Einzeleingriffspunkt als dem gefährlichen Moment rechnet. Er findet seine Ansicht im praktischen Betrieb bestätigt, indem sich die „Grübchen" in der Zahnstellung laut Bild 295 zu bilden beginnen und sich auf den Teilkreisen eindrücken, während die restlichen Flankenteile unbeschädigt bleiben.

WISSMANN schreibt nun die Formel für die Pressung in Anlehnung an die „Hütte" 20. Auflage 1908 mit

$$p^2 = 0{,}175 \cdot \frac{P}{b} \cdot \frac{2 \cdot E_1 \cdot E_2}{E_1 + E_2} \cdot \left(\frac{1}{r_1} + \frac{1}{r_2} \right).$$

<hr>

[1] OTTO KAMMERER (1865 bis 1951). Geboren in Miesbach/Obb. 1896 bis 1933 Professor für Maschinenbau und Fördertechnik an der TH Berlin. Rektor 1902/03 und 1907/08. 1908 Dr.-Ing. mit einer Arbeit über Werkzeug und Arbeitsteilung. Entfaltete mit seinem Versuchsfeld für Maschinenelemente und einem Konstruktionsbüro eine einflußreiche Tätigkeit. In Festreden und akademischen Vorträgen suchte er die Zusammenhänge der Technik mit anderen Wissensgebieten darzustellen. Als wesentliche technikgeschichtliche Arbeit veröffentlichte er 1912 „Die Entwicklung der Zahnräder". Starb am 15. Juli 1951 an seinem Geburtsort.

Für den Zahndruck P führt er das Drehmoment $M_d = P \cdot d/2 \cdot \cos\alpha$ ein, bzw.

$$P = \frac{M_d}{\dfrac{d}{2} \cdot \cos\alpha}\,,$$ und erhält als Ausgangsformel der mathematischen Ableitung für die

größte spezifische Pressung p_{max}:

$$p_{max}^2 = \frac{0{,}35}{\cos\alpha} \cdot \frac{2 \cdot E_1 \cdot E_2}{E_1 + E_2} \cdot \frac{M_d}{b \cdot d} \cdot \frac{r_2 \pm r_1}{r_2 \cdot r_1}$$

wobei r_1 und $r_2 =$ Krümmungshalbmesser der Zahnflanken mit den Vorzeichen plus für Außen- und minus für Innenverzahnung, $b =$ Länge der Berührungslinie der beiden Zahnflanken, bei Geradverzahnung die nutzbare Zahnbreite, $\alpha =$ Eingriffswinkel, $d =$ Wälzkreisdurchmesser des Ritzels, E_1 und $E_2 =$ Elastizitätsmoduln der Werkstoffe beider Räder.

Nun folgen die geometrischen Untersuchungen von Otto Cranz (siehe Bild 296). Ihr Endergebnis sind Formeln für die Verschleißrechnung, unabhängig von Zähnezahl, Teilung und Überdeckungsgrad nach Tabelle 95.

Tabelle 95. *Formeln für die Verschleißrechnung von Zahnrädern, unabhängig von Zähnezahl, Teilung und Überdeckungsgrad, nach Kurt Wissmann und Otto Cranz 1928*

Stirnräder	
Pressung	Zahnvolumen

$\alpha = 15°$

$$p_{max} = 1{,}73 \sqrt{\frac{2E_1E_2}{E_1+E_2}} \sqrt{\frac{M_d}{b \cdot d^2} \cdot \frac{i \pm 1}{i}} \qquad b \cdot d_{erf}^2 = 3\,\frac{2 \cdot E_1 \cdot E_2}{E_1+E_2} \cdot \frac{M_d}{p_{zul}^2} \cdot \frac{i \pm 1}{i}$$

$\alpha = 20°$

$$p_{max} = 1{,}61 \sqrt{\frac{2 \cdot E_1 \cdot E_2}{E_1+E_2}} \sqrt{\frac{M_d}{b \cdot d^2} \cdot \frac{i \pm 1}{i \pm 0{,}14}} \qquad b \cdot d_{erf}^2 = 2{,}6\,\frac{2 \cdot E_1 \cdot E_2}{E_1+E_2} \cdot \frac{M_d}{p_{zul}^2} \cdot \frac{i \pm 1}{i \pm 0{,}14}$$

Kegelräder (90°)

$\alpha = 20°$

$$p_{max} = 1{,}68 \sqrt{\frac{2 \cdot E_1 \cdot E_2}{E_1+E_2}} \sqrt{\frac{M_d}{b \cdot d^2}} \qquad b \cdot d_{erf}^2 = 2{,}84\,\frac{2 \cdot E_1 \cdot E_2}{E_1+E_2} \cdot \frac{M_d}{p_{zul}^2}$$

Man sieht: die Formeln für bd^2 verkörpern zunächst nur das erforderliche Gewicht für ein Vorgelege bestimmter Übersetzung i und gegebenem Drehmoment M_d nach Wahl von p_{zul}. Zahnbreite, Wälzkreisdurchmesser und Teilung der Räder liegen noch nicht fest. Der Konstrukteur bestimmt sie unter mehreren Ausführungsmöglichkeiten durch Festigkeitsrechnung und berücksichtigt dabei Lagerung, Achsabstand, Durchmesser der Ritzelwelle, Betriebsart und Werkstoff. Im Gegensatz zu Schwend meint Kurt Wissmann: Die Gleitgeschwindigkeit der Zahnflanken beeinflußt den Verschleiß nicht wesentlich wegen der verbesserten Schmierungsverhältnisse.

Seit dem 1. August 1929 bis heute sind diese Formeln für die Pressung zwischen den Zahnflanken und ihre Grundsätze als Demag-Normalverzahnung mit 20° Eingriffswinkel im Gebrauch. Sie beschränken sich nicht auf Ritzel allein.

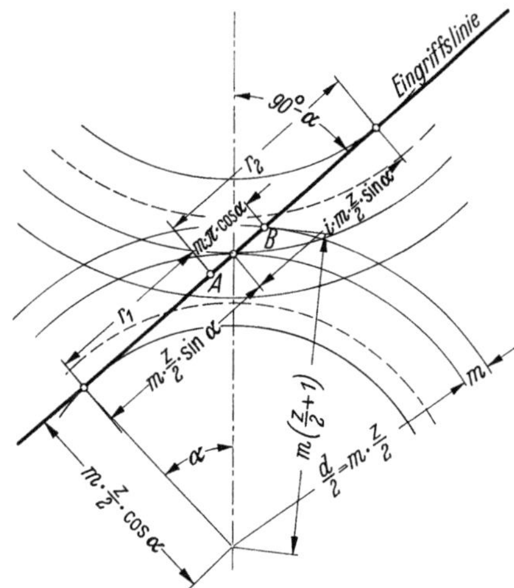

Bild 296.   Ableitung der Wissmann'schen Formeln durch OTTO CRANZ 1929

Hier sind die Krümmungshalbmesser r_1 und r_2 für die Zahnstellung in Bild 295 eingetragen. Bei B verläßt gerade ein Ritzel-Zahn den Eingriff, bei A tritt die höchste Pressung auf. Die Strecke AB entspricht dann der Zahnteilung auf der Eingriffslinie mit der Größe $AB = m \cdot \pi \cdot \cos \alpha$. Daraufhin ist:

$$r_1 = \sqrt{\left[m \cdot \left(\frac{z}{2} + 1\right)\right]^2 - \left[m \cdot \frac{z}{2} \cdot \cos \alpha\right]^2} - m \cdot \pi \cdot \cos \alpha$$

$$= m \cdot \left(\sqrt{\frac{z^2}{4} \cdot (1 - \cos^2 \alpha) + z + 1} - \pi \cdot \cos \alpha\right)$$

$$= \frac{m \cdot z}{2} \left(\sqrt{\sin^2 \alpha + \frac{4}{z} + \frac{4}{z^2}} - \frac{2\pi \cdot \cos \alpha}{z}\right)$$

Da $r = \dfrac{m \cdot z}{2} = \dfrac{d}{2}$ ist, kann auch geschrieben werden:

$$r_1 = \frac{d}{2} \cdot \left(\sqrt{\sin^2 \alpha + \frac{4}{z} + \frac{4}{z^2}} - \frac{2\pi \cdot \cos \alpha}{z}\right)$$

Die gemeinsame Tangente der Grundkreise ist:

$$r_2 \pm r_1 = i \frac{m \cdot z}{2} \sin \alpha \pm \frac{m \cdot z}{2} \sin \alpha = \frac{d}{2} \sin \alpha \cdot (i \pm 1)$$

Es folgt die Bestimmung des Ausdrucks

$$\frac{r_2 \pm r_1}{r_2 \, r_1} = \frac{1}{d} \cdot \frac{i \pm 1}{i \pm \left[1 - \dfrac{1}{\sin \alpha}\left(\sqrt{\sin^2 \alpha + \dfrac{4}{z} + \dfrac{4}{z^2}} - \dfrac{2\pi \cdot \cos \alpha}{z}\right)\right]} \cdot \frac{2}{\sqrt{\sin^2 \alpha + \dfrac{4}{z} + \dfrac{4}{z^2}} - \dfrac{2\pi \cdot \cos \alpha}{z}}$$

Diesen Wert in die Gleichung für $p_{\max}^2$ eingesetzt, ergibt :

$$p_{\max}^2 = \frac{0{,}7}{\cos \alpha \left(\sqrt{\sin^2 \alpha + \dfrac{4}{z} + \dfrac{4}{z^2}} - \dfrac{2\pi \cdot \cos \alpha}{z}\right)} \cdot \frac{2 E_1 E_2}{E_1 + E_2} \cdot \frac{M_d}{b d^2} \cdot$$

$$\cdot \frac{i \pm 1}{i \pm \left[1 - \dfrac{1}{\sin \alpha}\left(\sqrt{\sin^2 \alpha + \dfrac{4}{z} + \dfrac{4}{z^2}} - \dfrac{2\pi \cdot \cos \alpha}{z}\right)\right]}$$

In diesem Ausdruck werden die Teile, soweit sie von der Zähnezahl abhängig sind, und die Konstanten zu den Größen a und c zusammengefaßt. Die Formel für die größte Pressung $p_{\max}$ lautet danach einfach:

$$p_{\max}^2 = a \, \frac{2 \cdot E_1 \cdot E_2}{E_1 + E_2} \cdot \frac{M_d}{b d^2} \cdot \frac{i \pm 1}{i \pm c} \quad \text{für Stirnräder mit Außen- (+) und Innenverzahnungen (—),}$$

wobei noch $i = $ Übersetzung ($i \geqq 1$) und $z = $ Zähnezahl des Ritzels bei $\alpha = 20°$ sind.

$$a = \frac{0{,}7}{\cos \alpha \left(\sqrt{\sin^2 \alpha + \dfrac{4}{z} + \dfrac{4}{z^2}} - \dfrac{2\pi \cdot \cos \alpha}{z}\right)} \approx 2{,}6$$

$$c = 1 - \frac{1}{\sin \alpha}\left(\sqrt{\sin^2 \alpha + \frac{4}{z} + \frac{4}{z^2}} - \frac{2\pi \cdot \cos \alpha}{z}\right) \approx 0{,}14$$

Graphische Darstellung der Konstanten a und c s. Bild 297.

Für Zähnezahlen unter oder über $z = 24$ sind diese Werte um $\pm 10\%$ ungenau, so daß sie in der DEMAG-Norm ganz weggelassen wurden.

Geradverzahnte Kegelräder mit 90° Achswinkel werden als Stirnräder entsprechender Abmessungen betrachtet, da ihr Verschleißverhalten annähernd gleich ist. Die Halbmesser der entsprechenden Stirnräder sind die Mantellinien der Ergänzungskegel in Zahnmitte und werden mit $\dfrac{D_1}{2}$ und $\dfrac{d_1}{2}$ bezeichnet. Entsprechend ist die Pressung zwischen Kegelrad und -ritzel:

$$p^2_{\max} = a \cdot \frac{2 \cdot E_1 \cdot E_2}{E_1 + E_2} \cdot \frac{M_d}{bd^2} \cdot \frac{1 + i^2}{c + i^2} \cdot \frac{i}{\sqrt{1 + i^2}}$$

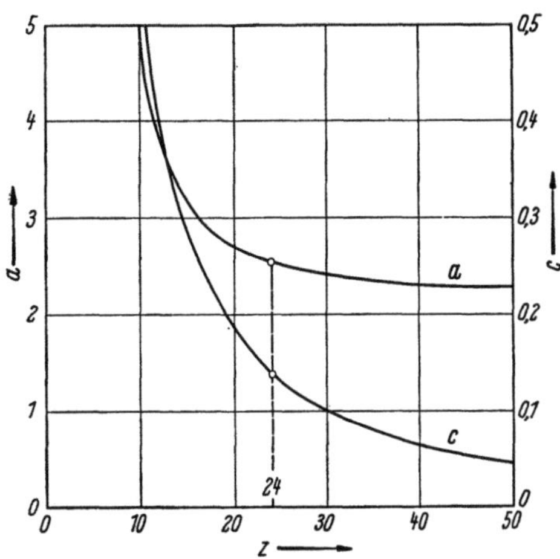

wobei d = Wälzkreisdurchmesser des Kegelritzels in Zahnmitte (cm) und die Übersetzung $i \geqq 1 = D/d$ ist. Die Werte a und c hängen von Zähnezahl und Übersetzung ab ihre Größen im Ausdruck

$$a\,\frac{1 + i^2}{c + i^2} \cdot \frac{i}{\sqrt{1 + i^2}}$$

ändern sich aber so wenig, daß der ganze Ausdruck als konstant angenommen werden kann. Für $\alpha = 20°$ beträgt er 2,84 und die Ungenauigkeit hierbei ist 5%.

Bild 297.   Graphische Darstellung der Konstanten a und c aus der Formel von WISSMANN/CRANZ 1929

Tabelle 96.   *Formeln für die Demag-20°-Normalverzahnung bei $E = 2{,}2 \cdot 10^6$ nach Wissmann 1928*

Stirnräder		Kegelräder (90°)
$p_{\max} = 24 \sqrt{\dfrac{M_d}{b \cdot d^2}\,\dfrac{i \pm 1}{i}}$	(kg/mm²)	$p_{\max} = 25 \sqrt{\dfrac{M_d}{b \cdot d^2}}$
$b \cdot d^2_{erf} = 576 \cdot \dfrac{M_d}{p^2_{zul}} \cdot \dfrac{i \pm 1}{i}$	(cm³)	$b \cdot d^2_{erf} = 625 \cdot \dfrac{M_d}{p^2_{zul}}$

Die Demag-Norm verlangt noch: „Ist ein Zahnrad mit zwei oder mehreren Zahnrädern gleichzeitig und mit annähernd gleichem Drucke im Eingriff, so muß die Flankenpressung p_{zul} auf den Wert verringert werden, welcher etwa der doppelten bzw. mehrfachen Umdrehungszahl dieses Rades entspricht, damit der Zahnverschleiß in zulässigen Grenzen bleibt."

Weiter heißt es: „Maßgebend für die spezifische Pressung zwischen den Zahnflanken ist der Beharrungszustand des Getriebes, da Stöße einen ziemlich geringen Einfluß auf den Verschleiß der Zahnflanken haben. Bei elektrischem Antrieb ist daher mit dem normalen Motordrehmoment zu rechnen."

Für WISSMANN hängt die Lebensdauer der Zahnflanken ab von der Zahl der Eingriffe des Zahnes pro Minute, die wieder gleich ist der Drehzahl des Rades pro Minute. Er stuft daher die Pressung nach Drehzahl und Betriebsart ab. Denn in der Betriebsart bestehen doch Unterschiede zwischen dauernder und seltener Höchstbelastung von Getrieben. In Anlehnung an die „Belastungsfälle 1 bis 3" nach AUGUST WÖHLER (1819 bis 1914) teilt WISSMANN die Betriebsarten der Zahnräder in „leicht", „normal" und „schwer" nach Tabelle 97 ein.

Tabelle 97.   *Betriebsarten und -belastungen im Kranbau nach Wissmann 1928*

Betriebsart	Benutzung	Belastung	p_{zul} (%)	M_d (%)
schwer	häufig	meist voll	90	80
normal	häufig normal selten	selten voll normal meist voll	100	100
leicht	selten	selten voll	112	125

WISSMANN hält es für wichtig, die Verschleißeigenschaften der Werkstoffe verschieden zu berücksichtigen; diese Verschiedenheit gründet sich auf Unterschiede im Gefüge und in der Ausbreitungsgeschwindigkeit des Verschleißes. Nun setzt er die zulässige Pressung bei verschiedenen Drehzahlen für einige Werkstoffe in die obigen Betriebsarten ein und erhält Tabelle 98, seit 1. August 1929 Demag-Werksnorm. Diese Abstufung der zulässigen Pressung nach der Drehzahl bewährte sich in der Praxis vollauf, und es entfielen dadurch die unsicheren Gefühlszuschläge.

Die Verschleißrechnung von Kurt Wissmann ergibt nur teilweise ähnliche Abmessungen der Zahnräder wie früher. Bei Innenverzahnung liefert sie viel kleinere Abmessungen, weshalb dort auch billigere Werkstoffe zur Wahl stehen. Kegelräder werden mit den gleichen Formeln berechnet: bei kleinem Achswinkel wie Stirnräder, bei annähernd 90° wie genau rechtwinklige. Für dazwischen liegende Winkel nimmt man das Mittel zwischen Stirn- und 90°-Kegelrädern.

In der Diskussion von Nicht-Geradverzahnungen fällt die maximale Pressung gleich großer Räder für Wissmann auf jeden Fall geringer aus als bei Geradverzahnungen, weil sich hier gleichzeitig kleine und große Krümmungshalbmesser berühren. Man macht keinen großen Fehler, wenn man hier mit den mittleren Krümmungshalbmessern rechnet. Räder mit Schräg- oder Bogenverzahnung dürfen um 25$^0/_0$ höher belastet werden als gleich große geradverzahnte. Die Vergrößerung des Zahndruckes durch den Schrägungswinkel gegenüber Geradverzahnungen hebt sich auf, weil sich auch die Krümmungshalbmesser im elliptischen Normalschnitt vergrößern. Wissmann kommt daher zu dem Schluß: auch Schräg-, Pfeil- und Bogenverzahnungen lassen sich nach den angegebenen Formeln berechnen; hierbei ist dann b die nutzbare Radbreite. Jedoch kamen zu dieser Zeit solche Verzahnungen im Kranbau wenig vor.

Bis zur Einführung der Demag-Norm (DNV) rechnete man in der Abteilung Kranbau während vier Jahren Tausende von Stirnrädern mit Innen- und Außenverzahnung aller Abmessungen und Werkstoffe nach dem Wissmann-System. Sie liefen über drei Jahre in anstandslosem Betrieb, wie es bisher seit den höheren Belastungen nicht der Fall gewesen war. Die Getriebe wurden im Durchschnitt bedeutend leichter, so daß sich die Werkstoffausnutzung verbessert haben muß.

Kurt Wissmann schließt seine ausführliche Arbeit von 1928/29 mit der Feststellung: die üblichen Gesichtspunkte für die Bemessung von Zahnrädern können nur verändert weiterbestehen. Die Veränderungen sind:

1. die Festigkeitsrechnung tritt an Wichtigkeit zurück
2. es ergeben sich feinere Verzahnungen mit größeren Zähnezahlen, dadurch Ersparung von Zerspanungsarbeit bzw. -kosten bei gleichzeitiger Qualitätssteigerung
3. die Abmessungen und Gewichte der so berechneten Zahnräder sinken im Durchschnitt.

Die Dissertation erwarb sich über die Demag hinaus einen erstklassigen Ruf in der Fachwelt. Zum mindesten brachte sie die Zahnradforschung in Fluß und bildete die Grundlage für neue Anschauungen. Sie wurde ins Russische übersetzt, und man rechnet im Kranbau bis heute nach Wissmann.

1953 entwickelte Dr. Wissmann in einem Vortrag seine Formeln weiter. Er rechnet jetzt mit der Schubspannung τ unter der Oberfläche, wie sie Ludwig Föppl 1936 abgeleitet hatte. Den Zusammenhang zwischen Walzenpressung k, Flächenpressung p und Schubspannung τ gab als erster Gustav Niemann 1938 mit $k = \dfrac{31{,}8 \cdot \tau^2}{E}$ (kg/mm²).

Tabelle 98.   *Zulässige spezifische Pressung p_zul (kg/mm²) nach Demag-Werknorm vom 1. August 1929*

a) *aussetzender Betrieb im Kranbau*

Drehzahl pro Min.	Si. Mn. St. 85-90 Dehnung $\delta_{10} \geqq 13\%$			Si. Mn. St. 75-80 Dehnung $\delta_{10} \geqq 16\%$			St. 60			St. 50			Stg. 52 u. St. 42		
Betriebsart.	leicht	normal	schwer	leicht	normal	schwer	leicht	normal	schwer	leicht	normal	schwer	leicht	normal	schwer
10				120	110	100	100	92	85	90	82	75	80	72	65
25				118	108	98	98	90	83	88	80	73	77	69	62
50				115	105	95	95	87	80	85	78	71	72	65	58
100	120	110	100	110	100	90	90	83	76	80	73	66	64	58	52
250	110	100	90	100	90	80	80	73	66	70	64	58	50	45	40
500	100	90	80	90	80	70	69	62	56	61	55	50	41	37	33
750	96	86	76	86	76	66	64	57	51	55	50	45			
1000	95	85	75	85	85	65	62	56	50	52	47	42			

b) *stoßfreier Dauerbetrieb im Getriebebau*

Drehzahl pro Min.	Si. Mn. St. 85-90	Si. Mn. St. 75-80	St. 60	St. 50	Stg. 52 u. St. 42
10	56	51	40	34	29
25	54	48	38	33	28
50	52	46	36	31	27
100	50	45	35	30	26
250	47	42	33	28	24
500	44	40	31	26	23
750	43	38	30	26	22
1000	41	37	29	25	22
1250÷1500	40÷41	36	28	24	21

Daraufhin schreibt WISSMANN zunächst für die Zahn-Normalkraft P_n:

$$P_n = \frac{P}{\cos \alpha} = k \cdot b \, \frac{2 \, \varrho_2 \cdot \varrho_1}{\varrho_2 \pm \varrho_1} = \frac{31{,}8 \cdot \tau^2}{E} \, b \, \frac{2 \, \varrho_2 \cdot \varrho_1}{\varrho_2 \pm \varrho_1}$$

Die Krümmungsradien ϱ_1 und ϱ_2 drückt er durch die Wälzkreis-Durchmesser d_1 und d_2 mal $\sin \alpha$ aus, d_2 des großen Rades durch d_1 mal der Übersetzung i, und erhält

$$P_\text{zul} = \frac{31{,}8 \cdot \tau^2}{E} \, b \cdot d_1 \cdot \frac{i}{i \pm 1} \cdot \sin \alpha \cdot \cos \alpha$$

wobei auch geschrieben werden kann $E = \dfrac{2 E_1 \cdot E_2}{E_1 + E_2}$.

Für Kegelräder ist die Übersetzung laut Bild 298: $i = \dfrac{z_2}{z_1} = \dfrac{d_{m_2}}{d_{m_1}} = \dfrac{\sin \delta_2}{\sin \delta_1}$ und die der

Ersatz-Stirnräder $i_e = \dfrac{z_{e_2}}{z_{e_1}} = \dfrac{d_{e_2}}{d_{e_1}}$. Dann lautet hier die Gleichung für P_zul:

$$P_\text{zul} = \frac{31{,}8 \cdot \tau^2}{E} \, b \cdot d_{e_1} \cdot \frac{i_e}{i_e + 1} \sin \alpha \cdot \cos \alpha = \frac{31{,}8 \cdot \tau^2}{E} \, b \cdot d_{m_1} \cdot \frac{i}{i \cdot \cos \delta_1 + \cos \delta_2} \sin \alpha \cdot \cos \alpha.$$

Für den häufigen Fall rechtwinkliger Kegelräder, also $\delta_1 + \delta_2 = 90°$ wird

$$d_{e_1} \cdot \frac{i_e}{i_e + 1} = d_{m_1} \sqrt{\frac{i^2}{i^2 + 1}} = \approx 0{,}85 \, d_{m_1}.$$

Demnach lauten die neuen Endformeln für Stahlräder mit $E = 2{,}2 \cdot 10^6$ (kg/cm²) und Eingriffswinkel $\alpha = 20°$:

$$\text{Stirnräder} \qquad P_{\text{zul}} = 4{,}7 \cdot \tau_{\text{zul}}^2 \cdot b \cdot d_1 \cdot \frac{i}{i \pm 1} \cdot 10^{-6}$$

$$\text{Kegelräder (90°)} \quad P_{\text{zul}} = 4 \cdot \tau_{\text{zul}}^2 \cdot b \cdot d_{m_1} \cdot 10^{-6}$$

dm_1 u. dm_2 mittlere Kegelraddurchmesser
de_1 u. de_2 Ersatzstirnraddurchmesser
δ_1 u. δ_2 Kegelwinkel
m_m: Zahnmodul in Zahnmitte

Bild 298. Anwendung der Wissmann-Formeln auf Kegelräder durch Zurückführung auf Ersatzstirnräder

Damit die Konstruktionen nicht zu schwer werden, empfiehlt Dr. WISSMANN im Fall von Aussetzbetrieb und geringer Geschwindigkeit in den Bereich der Zeitfestigkeit des Werkstoffes zu gehen. Er gibt für Stahl C 45 (Dauerschubfestigkeit bei $H_{Rc} = 50$ bis 64, $\tau_D = 4300$ bis 5800 kg/cm² und $\sigma_{D\text{zul}} = 2000$ bis 3000 kg/cm²) die zulässigen Spannungen τ_{zul} nach Tabelle 99.

Tabelle 99. *Zulässige Beanspruchung τ_{zul} der Zahnflanken mit Stahl C 45 in* kg/cm² *nach Wissmann 1953*

Werkstoffbehandlung	Betriebsart	τ_{zul} (kg/cm²)
geglüht	Dauerbetrieb	1000—1500
	Aussetzbetrieb	1500—2500
Oberfläche brenngehärtet	Dauerbetrieb	2500—3500
	Aussetzbetrieb	3500—6000
	selten auftretende Höchstbelastung	$\leqq$ 7000

Werte bei Dauerbetrieb = kein Verschleiß; obere Werte bei niederen Drehzahlen und Stoßfreiheit.

Bei Aussetzbetrieb gelten die unteren Werte für hohe Drehzahlen, häufige Höchst- und Stoßbelastung; die oberen Werte bei niedrigen Drehzahlen und gelegentlicher Höchstlast.

Im Hinblick auf die heute meistens gehärteten Zahnräder revidiert Dr. WISSMANN seine Ansicht von 1929: „Wenn man die Tragfähigkeit der gehärteten Zahnflanken voll ausnutzen will, muß man Mittel und Wege suchen, die Zahnwurzel entsprechend zu verstärken." D.h. die Festigkeitsrechnung hat unter Betrachtung geeigneter Härteverfahren ihre Bedeutung zurückerlangt.

Die Wissmannsche Berechnungsmethode hat die deutsche Verzahnungsberechnung wesentlich befruchtet. Sie wies darauf hin, wie man den Druckverschleiß treffend berücksichtigen kann, und wurde Hauptberechnungsart für Getriebe im Kranbau. Dagegen mußte man sie für Dauergetriebe modifizieren. Darüber berichtete der Leiter der Abteilung Getriebebau in der Demag seit 1924 Ob.-Ing. OTTO WOLF (1885 bis 1939) im Oktober 1935 vor dem VDI-Fachausschuß für Maschinenelemente in Aachen über ein Verfahren, das er für den Walzwerkbau benutzte. WOLF ging von den damals in Deutschland erhältlichen Stählen hoher Qualität aus, wie er sie in Getrieben für Walzwerksstraßen, Vorgelege, Grubenlüfter und bei Turbogetrieben in Schiffen verwandte. Der Vortrag wurde 1936 veröffentlicht und viel zitiert. Bei der Rechnung auf Verschleiß-Sicherheit stützt sich WOLF auf den Ansatz von WISSMANN, bildet ihn aber für den Wälzpunkt um, und schreibt mit $r_1 = d/2 \cdot \sin \alpha =$ Krümmungshalbmesser der Ritzelzahnflanke im Wälzpunkt, $P_U = P \cdot \cos \alpha$, $M_d = P_U \cdot d/2$, $E = 2,2 \cdot 10^6$ (kg/cm²) und $i = r_2/r_1$ die oft zitierte Formel:

$$\sigma_{\mathrm{max}} = C \cdot \frac{1}{d_1} \sqrt{\frac{M_d}{b} \cdot \frac{i+1}{i}}$$

Die Konstante $C = \sqrt{\dfrac{3{,}08 \cdot 10^6}{\sin 2\alpha}} = 1756 \sqrt{\dfrac{1}{\sin 2\alpha}}$ erreicht abhängig vom Eingriffs-Winkel α die Werte:

α	10°	15°	20°	25°	30°
C	3 001	2 482	2 190	2 006	1 886

Hierzu bemerkt WOLF: „Für gerade Zähne hat der Eingriffs-Winkel α einen erheblichen Einfluß auf die spezifische Flankenpressung ... bei voller Last auf einen Zahn." Bei Stirnrädern mit Schraubenzähnen werden die Verhältnisse wesentlich günstiger wegen ihrer Lastverteilung auf mehrere Zähne. WOLF behauptet: bei Pfeilrädern mit 20 bis 40° Schrägungswinkel sinkt die höchste Flankenpressung σ_{max} auf 0,7 des Wertes bei Geradverzahnung. Der Eingriffswinkel verliert hier völlig seinen Einfluß auf das Ergebnis, da das größere Eingriffsfeld die höhere Flankenpressung bei kleinen Eingriffswinkeln wettmacht. WOLF setzt die zulässigen Werte für p mit $^2/_3$ bis $^3/_4$ der Streckgrenze im Mittel $p_{\mathrm{zul}} = 0{,}7 \cdot \sigma_S$ niedriger an, als in der Normalverzahnung seiner eigenen Firma lt. Tabelle 100.

Tabelle 100. *Zulässige Werte für p in Walzwerksgetrieben nach Otto Wolf 1936*

	Stg 52.81	St 50.11	St 60.11	Si Mn St 70—80	Si Mn St 80—90
σ_s	25	28	38	45	55
$0{,}7 \cdot \sigma_s$ (Wolf)	17,5	19,5	26,6	31,5	38,5
Demag-Normal-Verzahnung	21	24	28	36	40

Die Brauchbarkeit dieser Berechnungsweise soll die Erfahrung mit ausgeführten Getrieben bestätigt haben. Unter Benutzung der Hertz'schen Gleichung gibt WOLF auch den Liniendruck, wie er bei Schiffsgetrieben bekannt ist, zu

$$P_l = \frac{P_U}{b} = \frac{\sigma_{\mathrm{max}}^2}{C_1} \cdot \frac{i}{i+1} \cdot d \quad \text{wobei} \quad C_1 = \frac{C^2}{2} \quad \text{ist. Das heißt: bei gleichen } \sigma_{\mathrm{max}} \text{ und}$$

i ist der Liniendruck verhältnisgleich dem Ritzel-Durchmesser.

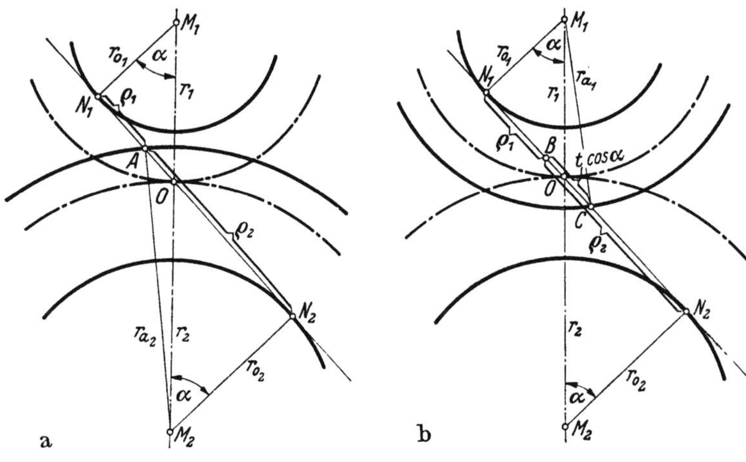

Bild 299.   Bestimmung des Krümmungshalbmessers bei verschiedenen Eingriffsarten nach SCHULZE-PILLOT 1931
a) Einzeleingriff ϱ_1,
b) Doppeleingriff ϱ_2.

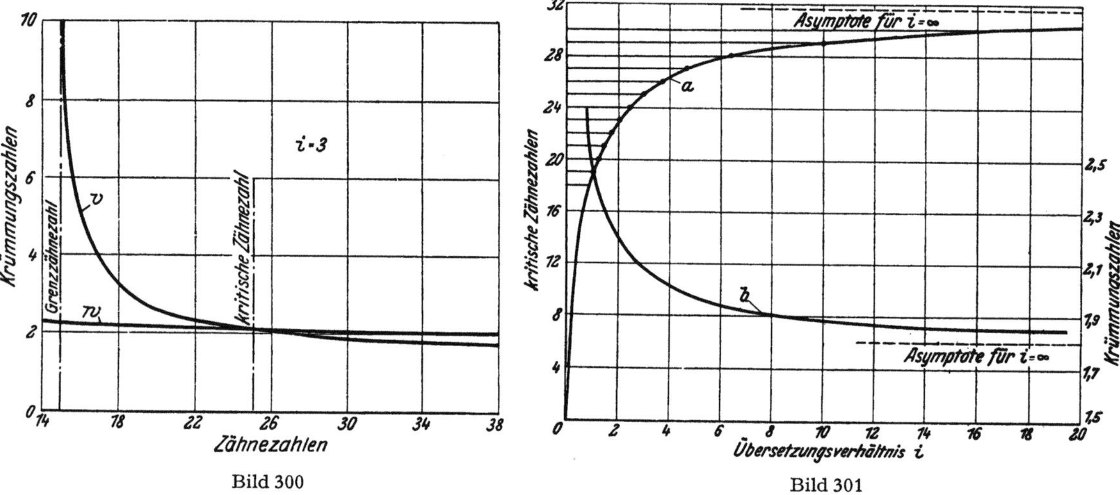

Bild 300

Bild 301

Bild 300.   Kritische Zähnezahl für ein bestimmtes Übersetzungsverältnis $i = 3$ und den Eingriffswinkel α. v Krümmungszahlen bei Doppeleingriff, w dasselbe bei Einzeleingriff

„Wählt man für eine bestimmte Übersetzung die Zähnezahl des kleinen Rades erheblich kleiner als die kritische, so steigt die Krümmungszahl v und damit die Pressung in den Zahnflanken bei gegebener Breite des Rades sehr steil an. Nähert man sich der Grenzzähnezahl, d. h. derjenigen Zähnezahl, unterhalb deren theoretisch der Unterschnitt beginnt, und die nach der Gleichung

$$z = \frac{2i}{(2i + 1)\sin^2 \alpha} + \sqrt{\frac{4i^2}{(2i + 1)\sin^4 \alpha} + \frac{4}{(2i + 1)\sin^2 \alpha}}$$

berechnet werden kann, so wächst die Krümmungszahl v asymptotisch zum Werte ∞. Jedenfalls steigt also auch die Pressung sehr hoch an, wenn man in die Nähe dieser Zähnezahl gelangt. Geht man andererseits mit der Zähnezahl über die kritische hinauf, so nimmt die Krümmungszahl w, die nunmehr gilt, nur sehr schwach ab.

Ist bei vorgeschriebener Umlaufzahl und einem gewählten Baustoff die für die verlangte Lebensdauer des Zahntriebes zulässige Pressung gegeben, so müssen bei Unterschreitung der kritischen Zähnezahl die Räder erheblich verbreitert werden; dadurch steigen die Kosten. Wird andererseits die kritische Zähnezahl überschritten, so vermindert sich die Radbreite nur unwesentlich. Demnach wird die *wirtschaftliche Zähnezahl* für den Normalfall *in der Nähe der kritischen liegen*.“

Bild 301.   Abhängigkeit zwischen der kritischen Zähnezahl, den dabei auftretenden Krümmungszahlen und dem Übersetzungsverhältnis

a) Kurve der kritischen Zähnezahlen, b) Kurve der entsprechenden Krümmungszahlen

Nach diesem Schaubild rechnete SCHULZE-PILLOT 1931 kleinere z mit der Formel für den Doppeleingriff v, größere Z mit der Formel für den Einzeleingriff w.

Bild 302. Abhängigkeit der Krümmungszahlen v und w von der Übersetzung bei verschiedenen Zähnezahlen nach SCHULZE-PILLOT 1931. Hier sind aufgetragen die Krümmungszahlen für v und w innerhalb ihres Geltungsbereiches. „Für das aufgetragene Gebiet der Übersetzungen bis $i = 15$ liegen die Grenzzähnezahlen unter 17. Daher zeigen die Krümmungszahlen v bis $z = 16$ einen Verlauf, der asymptotisch dem Wert ∞ zustrebt. Die Zähnezahl 17 ergibt einen innerhalb des Auftragungsbereiches endlichen Verlauf; erst für die Zahnstange würde sich der Wert ∞ ergeben. Da die kleinste *kritische Zähnezahl* (für $i = 1$) über 18 liegt, so gelten bis zu 18 Zähnen aus den Schaulinien der Krümmungzahl nur die v-Äste. Für 19 Zähne gilt der w-Ast nur bis $i = 1,1$. Erst bei 25 Zähnen reicht der w-Ast bis zur Übersetzung $i = 3$.“

Für die Berechnung der Zahntriebe ergibt sich aus dem Bild: „Für die kritischen und kleineren Zähnezahlen hängt die Bemessung des Zahntriebes von der Zähnezahl ab, für größere Zähnezahlen ist sie davon praktisch unabhängig“.

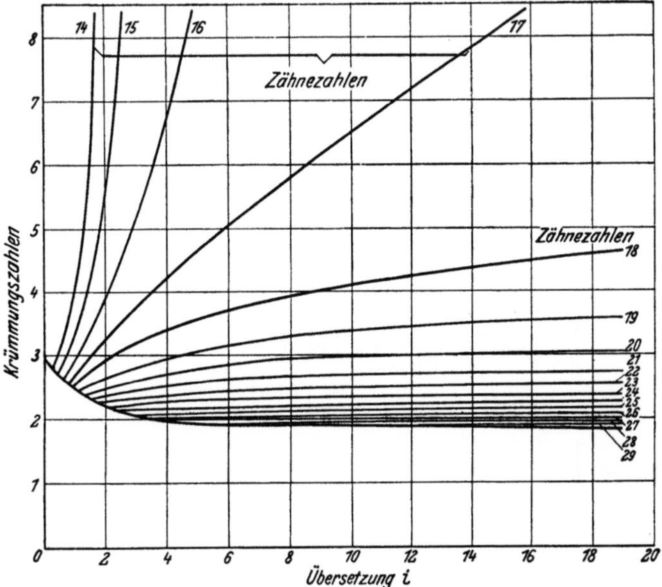

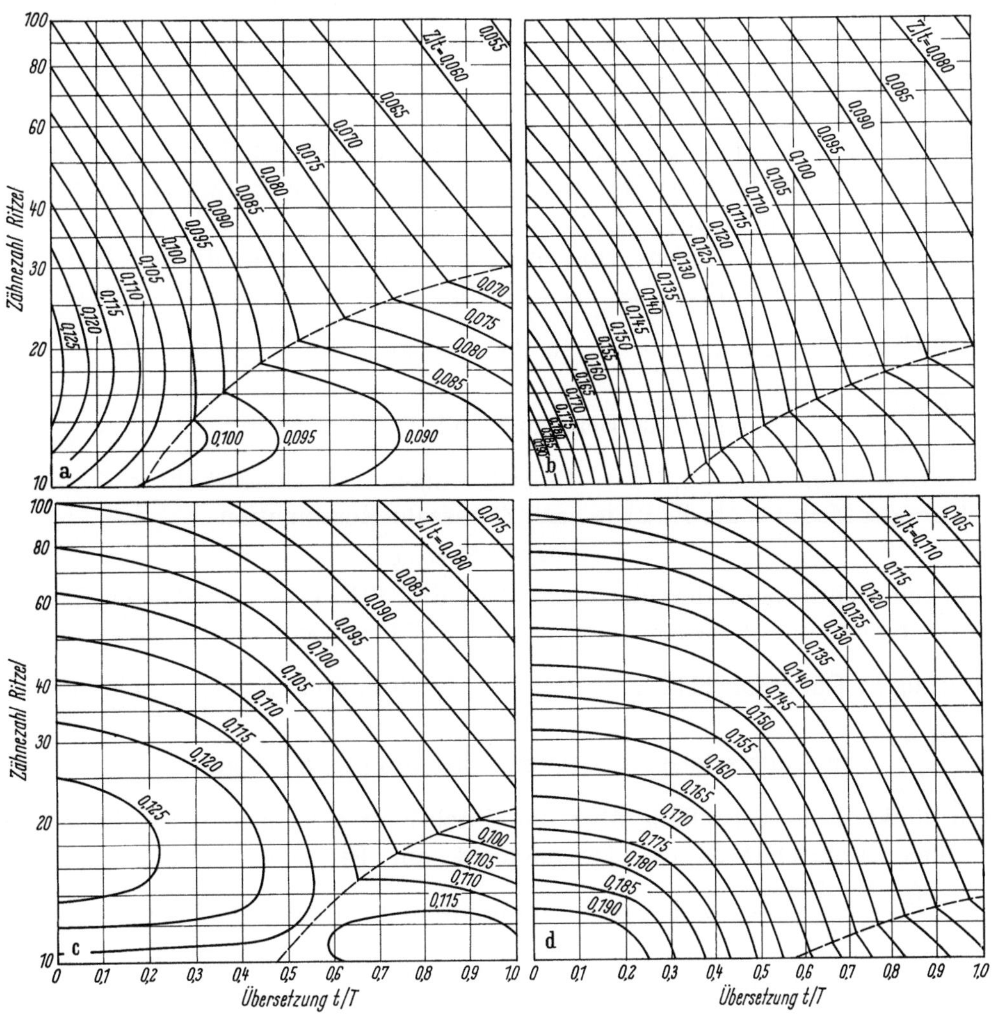

Bild 303. Faktoren für die Pressung VON HENRY EDWARD MERRITT 1938
a) Geradzahn-Stirnräder, b) Schrägzahn-Stirnräder, c) Geradzahn-Kegelräder, d) Spiral-Kegelräder.

1931 untersucht der Danziger Professor GERHARD SCHULZE-PILLOT (1872 bis 1946) die kritische Mindestzähnezahl im Zusammenhang mit der Flächenpressung. Ausgehend von den bekannten Hertz'schen Gleichungen und unter Benutzung der Ableitung von WISSMANN für den Einzeleingriffspunkt, entwickelt SCHULZE-PILLOT diese weiter für den Fall des Doppeleingriffs. Die Krümmungszahl p beträgt bei

Einzeleingriff

$$w = \sqrt{\frac{i+1}{\left[i+1-\dfrac{1}{\sin\alpha}\left(\sqrt{\sin^2\alpha+\dfrac{4}{z_1}+\dfrac{4}{z_1{}^2}-\dfrac{2\pi\cdot\cos\alpha}{z_1}}\right)\right]\left(\sqrt{\sin^2\alpha+\dfrac{4}{z_1}+\dfrac{4}{z_1{}^2}-\dfrac{2\pi\cdot\cos\alpha}{z_1}}\right)}}$$

Doppeleingriff

$$v = \sqrt{\frac{i+1}{2\left(i+1-\dfrac{1}{\sin\alpha}\sqrt{i^2\cdot\sin^2\alpha+\dfrac{4i}{z_1}+\dfrac{4}{z_1{}^2}}\right)\sqrt{i^2\cdot\sin^2\alpha+\dfrac{4i}{z_1}+\dfrac{4}{z_1{}^2}}}}$$

Diese Werte für v und w nennt SCHULZE-PILLOT „Krümmungszahlen". Danach berechnet er Kurventafeln, in denen er die Abhängigkeit der kritischen Mindestzähnezahl vom Übersetzungsverhältnis i zeigt. Aus ihnen liest sich der Ort des Größtwertes von σ_{max} ab. Hierbei nimmt SCHULZE-PILLOT willkürlich gleichmäßig zur Hälfte verteilte Lasten an. Er schließt: für kleinere Zähnezahlen tritt die größte Pressung beim Doppeleingriff, für größere im Einzeleingriff auf.

Um die Mitte der dreißiger Jahre wollte der führende englische Zahnrad-Wissenschaftler Dr. HENRY EDWARD MERRITT (geb. 1899 in London) die Krümmung bei verschiedenen Zähnezahlen und die Überdeckung unbedingt berücksichtigen. Er führt daher als erster einen „Zonen-" und einen „Pitch-Faktor" ein. Mit dem Zonen-Faktor Z möchte MERRITT die Pressung im ungünstigsten Berührungspunkte ausdrücken. Bei einem Überdeckungsgrad $r_c < 2$ ist die Belastung $F_i = \dfrac{F}{f} = S_c \cdot Z$, wobei sind:

$S_c = \dfrac{F\cdot\sec\psi}{f\cdot R_r{}^{0,8}}$, F = tangentiale Belastung (lb.), f = Zahnbreite (in.), $R_r = \dfrac{R_1\cdot R_2}{R_1+R_2} =$ = relative Krümmung (in.), ψ = Eingriffswinkel. Der Zonen-Faktor Z hängt vom pitch P oder Modul m ab. Er ist je nach Zähnezahl-Kombination

$$Z = R_r{}^{0,8} \cdot \cos\psi.$$

Für die wichtigsten Zahnradarten ist Z in Bild 303a bis d aufgetragen. Da sich die relative Krümmung je nach diametral pitch P ändert, ändert sich auch die zulässige Belastung F_i. Daher führt MERRITT 1938 den „Pitch-Faktor" $K_p = \dfrac{1}{P^{0,8}}$ ein und schreibt

$F_i = \dfrac{S_c\cdot Z}{K_p}$. Im Unterschied zur Biegung wird also hier K_p eingesetzt, nicht diametral pitch direkt. Eine Aufstellung über den Pitch-Faktor K_p bringt Tabelle 101. Somit errechnet MERRITT 1938 das Drehmoment am Ritzel bei Geradverzahnung zu

$M_p = \dfrac{{}^1/_2\cdot S_c\cdot Z\cdot f\cdot t}{P\cdot K_p}$, wobei f = Zahnbreite und t = Zähnezahl. Für Schrägverzah-

nung lautet der Zonen-Faktor $Z = \dfrac{S_c}{F_i} = \dfrac{r_c\cdot(R_{rt}\cdot\sec^2\sigma_0)^{0,8}}{1,5}$, wobei σ_0 = Schrägungs-

winkel, R_{rt} = relativer Krümmungsradius bei t Zähnen, in Normalebene $R_{rn} = R_{rt}\cdot\sec^2\sigma_0$.

Bei Geradzahn- und Spiral-Kegelrädern schreibt MERRITT 1938 als zulässige Belastung $F = \dfrac{S_c \cdot Z \cdot f \cdot (C - f)}{C \cdot K_p \cdot K_d}$. Bei Schneckenrädern ist das Pressungs-Kriterium $S_c = \dfrac{F_a \cdot \sec \lambda_0}{l \cdot (^1/_2 \cdot D \cdot \sin \lambda_0)^{0,8}}$, wobei sind $F_a =$ Axiallast, $\lambda_0 =$ Steigungswinkel, $D =$ pitch-$\varnothing$, $l =$ Länge der Eingriffslinie, $R_r = {}^1/_2 \cdot D \cdot \sin \lambda_0$. Unter der Annahme, die Tragfähigkeit der Schnecke sei proportional der wirklichen Zahnbreite f_w, schreibt MERRITT 1938 für das Drehmoment M_w am Schneckenrad die Gleichung $M_w = 0{,}18 \cdot S_c \cdot f_w \cdot D^{0,8}$. Er vertritt diese Berechnungsweise in seinen „Gears" auch heute noch.

1940 untersucht Dr.-Ing. FRANZ KARAS[1] an der Technischen Hochschule Dresden die elastische Formänderung der Zahnflanken für verschiedene Eingriffsstellungen. Aus den Verschiebungen für die Belastungseinheit löst er die statisch unbestimmte Aufgabe: Errechnung der Lastverteilung auf zwei gleichzeitig eingreifende Flankenpaare. KARAS stellt Beziehungen auf für die elastischen Verschiebungen in Richtung der Eingriffslinie. Er zeigt: die Formänderungen durch Schub und durch Walzenpressung dürfen gegenüber der Zahnbiegung nicht vernachlässigt werden. Die Hertz'sche Gleichung schreibt er mit dem mittleren Krümmungsmaß $1/\varrho$ des Getriebes

$$\frac{1}{\varrho} = \frac{1}{R_1} \pm \frac{1}{R_2} = f(z, i, \alpha, \xi),$$

Tabelle 101.
Pitch-Faktor K_p von
H. E. Merritt 1938 (Auszug)

Diametral Pitch P	Pitch Factor $K_p = \dfrac{1}{P^{0,8}}$
1	1
2	1,741
3	1,408
4	3,031
5	3,624
6	4,193
7	4,743
8	5,278
9	5,799
10	6,31
11	6,81
12	7,3
13	7,783
14	8,259
15	8,727
16	9,19
18	10,01
20	10,98
22	11,81
24	12,71

wobei $\xi =$ Ort des Eingriffs, zu

$$\sigma_{\max} = \frac{4}{\pi} \cdot \frac{P_{nx}}{b} \cdot \frac{1}{2 \cdot a} = \sqrt{\frac{E}{2\pi \cdot (1 - \nu^2)} \cdot \frac{\beta_x \cdot P}{b \cdot \cos \alpha} \cdot \frac{1}{\varrho}} \quad (\text{kg/cm}^2)$$

mit gleichen elastischen Konstanten E und ν der Zahnwerkstoffe, $b =$ Zahnbreite. Der Verlauf dieses Ausdruckes läßt sich für jedes Getriebe leicht verfolgen, da R_1 und R_2 gleich ist dem Abstand des Eingriffspunktes von den beiden Evolventen-Fußpunkten, solange $P_{nx} = \beta_x \cdot \dfrac{P}{\cos \alpha}$; hierin ist $P_{nx} =$ Zahndruck im Eingriffspunkt X, $\beta_x =$ Lastverteilungsfaktor $= 0{,}26$ bis $0{,}37$ (steigend nach z und i), $2a =$ Breite der Hertz'schen Berührungsfläche, $\nu =$ Poisson'sche Konstante $= 0{,}3$ und $\sigma_{\max} =$ größter Normaldruck an der Eingriffsstelle. Laut dieser Formel liegt $\sigma_{\max}$ entweder im Einzeleingriff

---

[1] FRANZ KARAS (1906 bis 1947). Geboren in Falkenau/Erzgebirge. Studium an den Technischen Hochschulen Wien und Prag. 1941 Dr.-Ing. habil. an der TH Prag mit seiner Schrift über die „Elastische Formänderung und Lastverteilung beim Doppeleingriff gerader Stirnradzähne", die Beachtung fand. 1942 bis 1945 Dozent und Oberingenieur der Maschinentechnischen Abteilung des Materialprüfungsamtes an der TH Dresden. Nach seinem Tode erschien 1949 in Halle seine letzte Arbeit über die „Berechnung der Walzenpressung von Schrägzähnen an Stirnrädern".

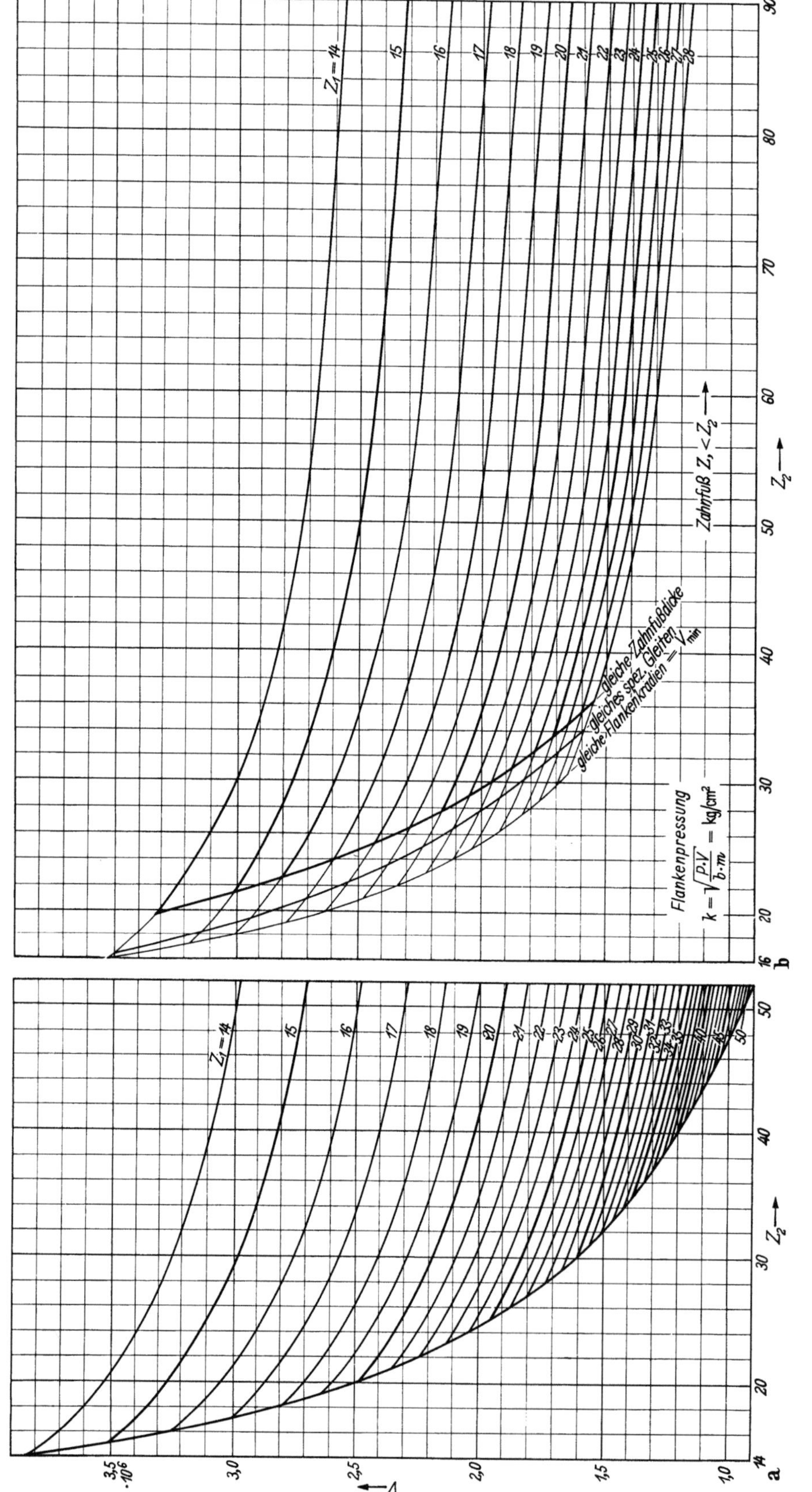

Bild 304. Ermittlung der Flankenpressung nach Anton Lentz 1942
a) Normalverzahnung, b) korrigierte Verzahnung mit $x = 0{,}1$.

oder im Endpunkt für den Doppeleingriff. Die Endformeln von KARAS für die größte Beanspruchung der Zahnflanken durch Walzenpressung bei Außenverzahnung finden sich in Tabelle 109 Seite 443. In seiner Formel für den Doppeleingriff führt KARAS dort mit dem Lastverteilungsfaktor β_x als erster einen genauen Belastungswert bei Doppeleingriff ein, den SCHULZE-PILLOT noch mit $\beta = 0,5 = $ constans nur grob praktischen Verhältnissen angenähert hatte. Ist die Zähnezahl des Ritzels $28 > z > 16$, so hängt der Ort der größten Pressung von i ab. Für große Zähnezahlen und Übersetzungen ist auf jeden Fall der Einzeleingriff maßgebend.

Diese Theorie der elastischen Formänderungen und der relativen Lastverteilung für Stirnräder mit Geradzähnen erweiterte KARAS später auf Schrägzähne. Dabei findet er, daß hier die größten Zahnkräfte ungefähr im Mittelpunkt der Eingriffsstrecke auftreten. Er gibt Formeln für die spezifische Zahnlast, Linienlast und Walzenpressung, und beweist: die größte spezifische Zahnlast ist etwa 1,15 mal ihr Mittelwert, unabhängig von der Verzahnungsgröße. Bei einer Überdeckung von Schrägverzahnungen $2 > \varepsilon > 1,018$ ist die größte spezifische Zahnlast wesentlich geringer als bei geraden Zähnen, desgleichen bei $3 > \varepsilon > 2,162$.

1942 faßt der Dipl.-Ing. von der Staatlichen Materialprüfungsanstalt TH Stuttgart HEINZ GLAUBITZ (geb. 12. Juli 1909) alle Berechnungsformeln für die Hertz'sche Pressung an Zahnflanken zusammen und vergleicht ihre Resultate. Da alle Formeln laut Tabelle 105 für gleiche Fälle auf verschiedenen Voraussetzungen aufbauen, versucht er die Berechnungsweise der Pressung zu vereinheitlichen. Er bestätigt die beiden bekannten Höchstwerte für die Walzenpressung über der Eingriffsstrecke: Kopf- und Einzeleingriffspunkt, siehe Bild 305a. GLAUBITZ meint dazu: ,,Welcher von beiden den absoluten Höchstbetrag annimmt, hängt von der Ritzel-Zähnezahl und der Übersetzung ab. Zur Ermittlung der höchsten Walzenpressung von Zahnflanken sind demgemäß zwei Formeln nötig. Nach den Forschungsergebnissen bis 1943 hängt die Dauerfestigkeit von Zahnflanken noch vom Schlupf γ ab, wie die Bilder 305b und 306 zeigen. GLAUBITZ kommt zu folgenden Schlüssen:

1. Die Walzenpressung von Zahnflanken kennt mit dem Überdeckungsgrad $2 > \varepsilon > 1$ zwei Spitzenwerte:

   a) den Kopfeingriffspunkt im Doppeleingriff
   b) den Einzeleingriffspunkt;

zu a) Für den Doppeleingriff kann GLAUBITZ die Stelle größter Gefährdung durch Grübchenbildung nicht sicher angeben. Zu ihrer Beurteilung empfiehlt er, für den Kopfeingriffspunkt des Ritzels die Gleichung

$$p_{\max_D} = \sqrt{a_D \cdot \beta_D \cdot \frac{E \cdot M_d}{b \cdot d^2} \cdot \frac{i+1}{i+c_D}} \qquad \text{wobei}$$

$$a_D = \frac{0,7}{\cos\alpha \sqrt{i^2 \cdot \sin^2\alpha + \dfrac{4 \cdot i}{z_1} + \dfrac{4}{z_1^2}}} \quad \text{und} \quad c_D = 1 - \frac{1}{\sin\alpha}\sqrt{i^2 \cdot \sin^2\alpha + \frac{4 \cdot i}{z_1} + \frac{4}{z_1^2}}.$$

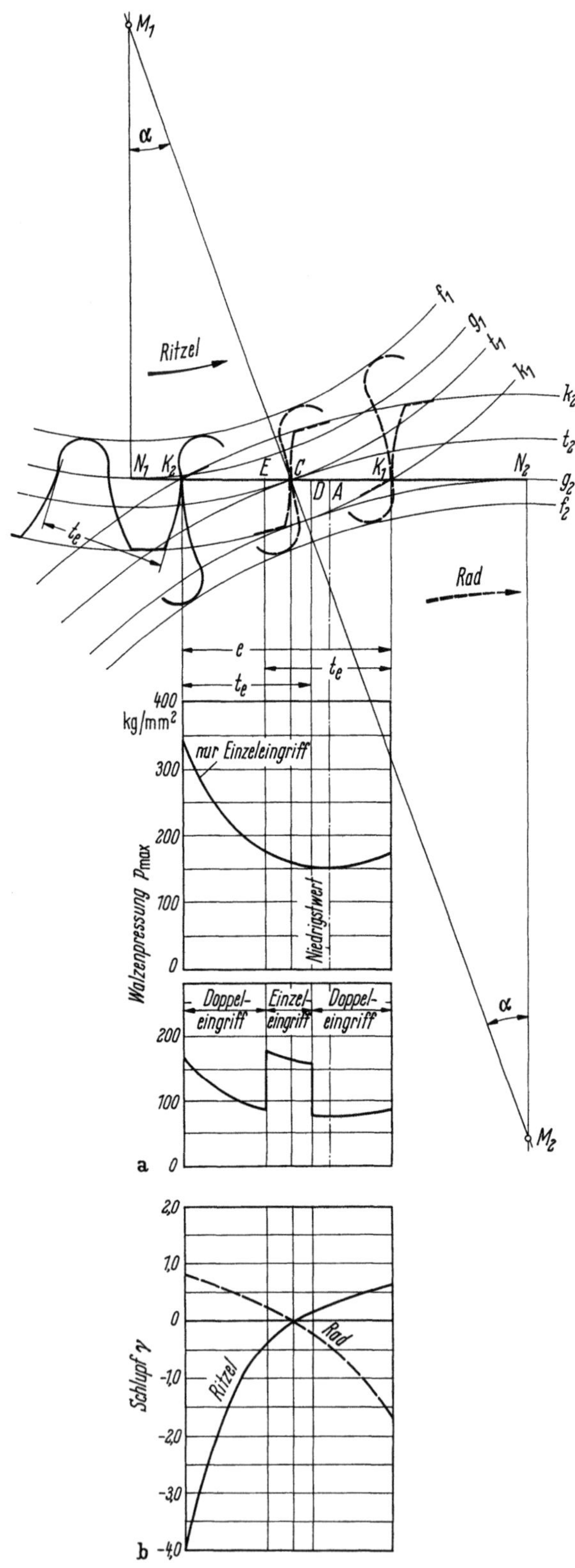

Bild 305.   Walzenpressung und Schlupf über der Eingriffsstrecke nach Heinz Glaubitz 1942

a) Walzenpressung p_{max}, b) Schlupf γ. Zahnrad-Daten: $z/Z = 22/32$, $m = 3$ mm, $M_d = 1500$ cm-kg, b = 1cm,

$$E = 2{,}2 \cdot 10^6 \frac{\mathrm{kg}}{\mathrm{cm}^2}.$$

Da p_{max} stark von c_D abhängt, läßt sich die Formel nicht vereinfachen. Die Benutzung der Lastverteilungszahl β_0 von KARAS 1940 wird empfohlen.

zu b) Der höchste Pressungswert liegt im Einzeleingriffspunkt; er ist am meisten gefährdet durch die Grübchenbildung. Hierfür gilt die Formel von WISSMANN 1929.

In welchem dieser beiden Punkte die Pressung am höchsten ist, richtet sich nach der Ritzelzähnezahl und Übersetzung, siehe Bild 307.

2. Im Bereich kleiner Ritzelzähnezahlen liefern die Formeln auf den Wälzpunkt von WOLF 1935, NIEMANN 1938 und UGGLA 1939, sowie im Einzeleingriffspunkt von WISSMANN 1929, zu niedrige Werte.

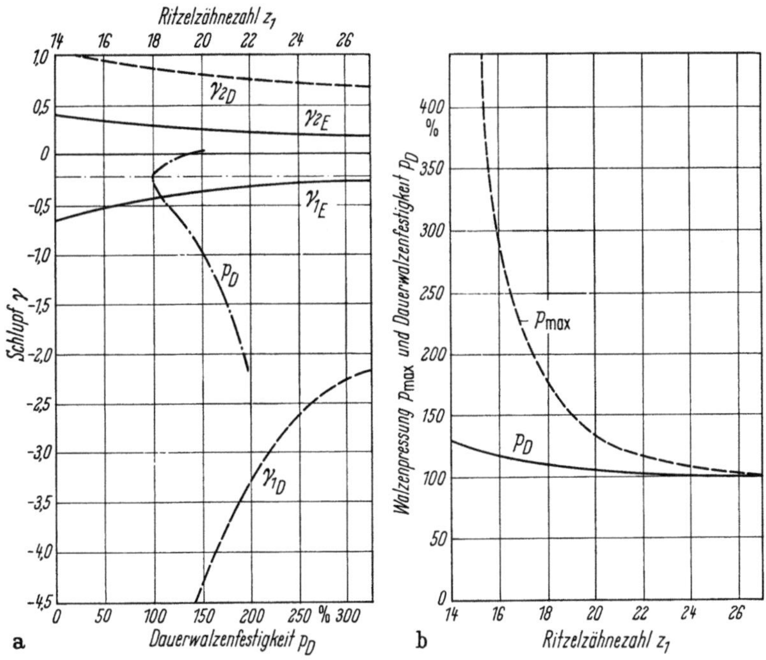

Bild 306.   Dauerwalzenfestigkeit p_D bei Stirnrädern mit konstantem Achsabstand nach GLAUBITZ 1942, in Abhängigkeit von

a) Schlupf γ, b) Walzenpressung p_{max}.

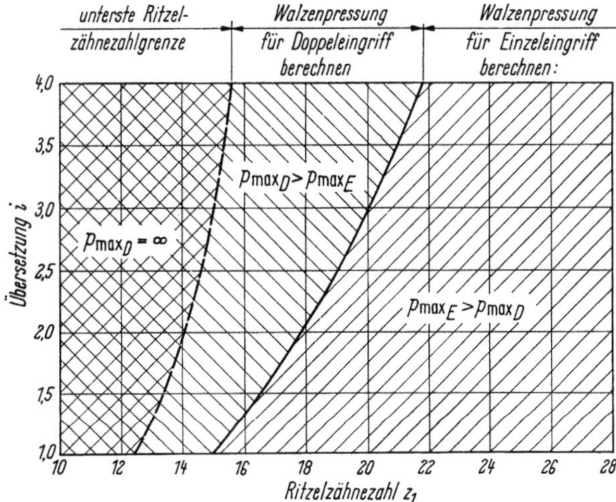

Bild 307.   Kritische Ritzel-Zähnezahlen im Hinblick auf die Walzenfestigkeit nach GLAUBITZ 1942

——— kritische Zähnezahl $p_{max\,D} = p_{max\,E}$

---------- unterste Zähnezahlgrenze $p_{max\,D} = \infty$

3. Die Gleichungen von Wissmann 1929 und Glaubitz 1942 sind in einem Nomogramm Bild 308 dargestellt. Auf ihm lassen sich die Walzenpressungswerte sofort ablesen.

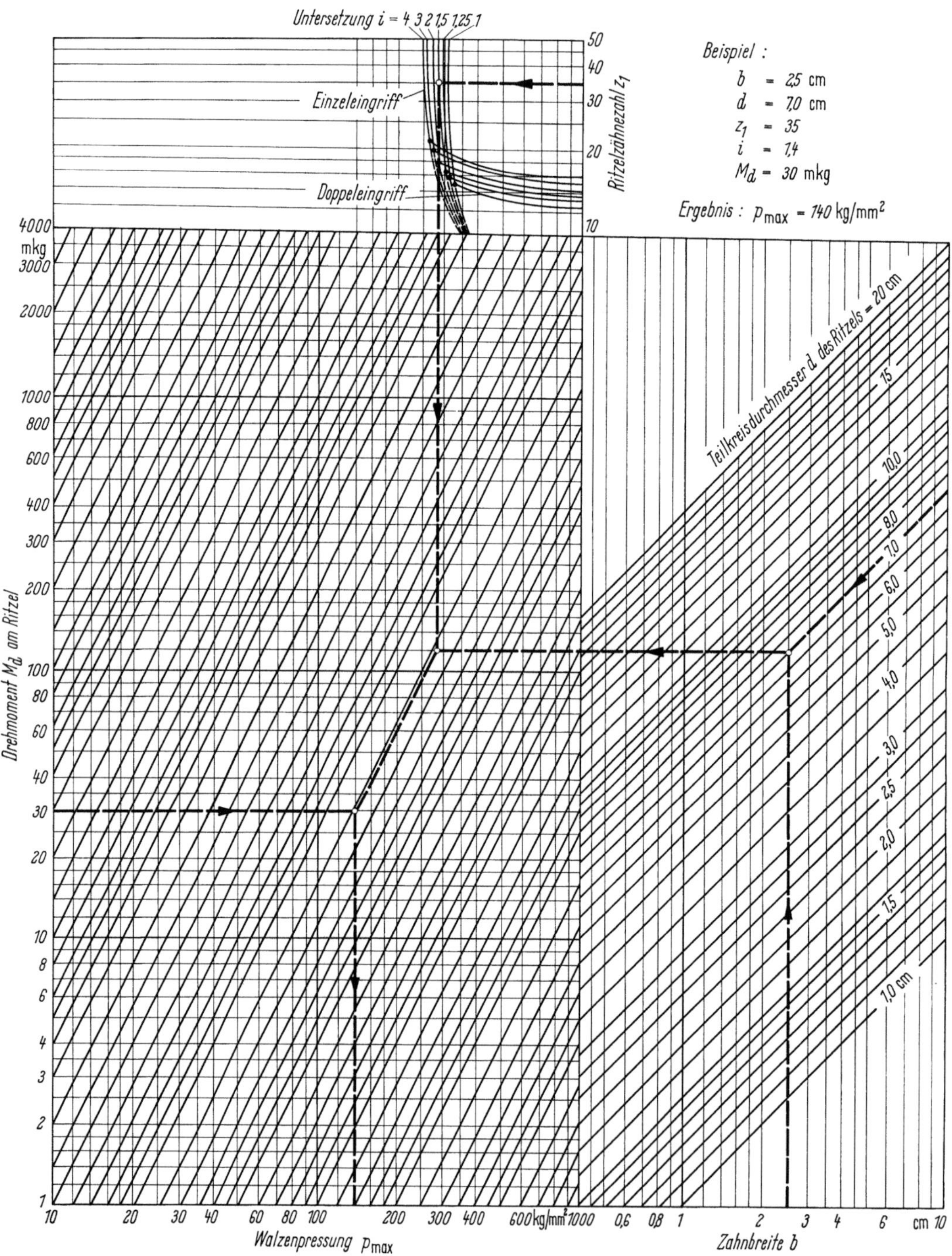

Bild 308. Nomogramm zur Ermittlung der Walzenpressung normaler Geradzahn-Stirnräder von Heinz Glaubitz 1942

3.45 Berechnungsverfahren und Forschungen über die Walzenpressung von Zahnrädern durch Gustav Niemann von 1938 bis 1950

Am Ende des Kapitels 3.44 hatten wir bereits angedeutet, wie sich die Zahnradforschung der ähnlichen und weiter geklärten Wälzlagertechnik zu bedienen suchte, um die Walzenfestigkeit der Zahnflanken zu bestimmen. Der Gedanke war: an Modell-Zylindern, -Walzen oder -Rollen sollten sich ähnliche Gleit- und Wälzvorgänge erzeugen lassen wie an Zahnrädern. Diese Entwicklung begann mit KARL KUTZBACH[1].

Bereits im November 1916 hatte er darauf hingewiesen: ,,die Auflagebeanspruchung an der Berührungsstelle kann nach der Hertz'schen Formel berechnet werden. Maßgebend dafür ist der Wert $\dfrac{P}{b \cdot \varrho_m}$, wo ϱ_m der relative Krümmungshalbmesser der Zahnflanken an der Berührungsstelle ist und $\dfrac{1}{\varrho_m} = \dfrac{1}{\varrho_1} + \dfrac{1}{\varrho_2}$. Bei ähnlich ausgebildeten Evolventenverzahnungen wächst ϱ_m unmittelbar mit der Teilung t_u, so daß $\dfrac{P}{b \cdot t_u}$ in diesem Falle als erstes Vergleichsmaß für die Auflagebeanspruchung dienen kann.''

KUTZBACH gibt diesen Gedanken aber eine andere Wendung, als er 1926 im 2. Band der ,,Hütte'' die ,,Walzenfestigkeit'' der Zahnräder behandelte. Hier fügt er der mittleren Krümmung noch die ,,Erfahrungszahl für den Walzendruck'' $k = \dfrac{\xi \cdot P_m}{b \cdot 2\varrho}$ hinzu. Dieser Ausdruck stellt den mittleren Druck in den Berührungsflächen von Rollenlagern abgewandelt dar, er lautet $p_m = \dfrac{P}{\xi \cdot d_r \cdot l}$. $\xi \cdot d_r \cdot l$ bedeutet die Abplattungsfläche. Dabei ist nach HERTZ für Rollen (und bei gleichen Elastizitätsmoduln E) $\xi = \dfrac{4{,}65 \cdot p_m}{E^2}$. Nun setzt KUTZBACH in seiner Rollenlagertheorie (,,Hütte'' gleicher Band, Seite 123) den Vergleichswert $k = \dfrac{P}{d_r \cdot l}$ ein und schreibt als Kennzahl $k_2 = \dfrac{P}{d_r \cdot l} = \dfrac{4{,}65 \cdot p_m^2}{E}$. Die gesamte Senkung y unter der Last nimmt KUTZBACH 1926 bei Wälzlagern an mit $\dfrac{y}{d_r} \approx \xi^2$, d.h. die Quadrate ihrer Belastungen P oder k verhalten sich wie die dritten Potenzen der Senkungen y.

In seiner Übertragung von Rollenlager-Theorien auf Zahnräder bezeichnet KUTZBACH nun $\xi \cdot p_m$ als den Höchstdruck in den Flanken. Für Evolventenzähne und ihren Wälzpunkt schreibt er die Gleichung $k = \dfrac{\xi \cdot P_m}{2 \cdot b \cdot \sin\alpha} \cdot \dfrac{1}{r_r}$, wobei $\dfrac{1}{r_r}$ die mittlere Krümmung des Getriebes $\dfrac{1}{r_1} \pm \dfrac{1}{r_2}$ ist. Er schließt: ,,Setzt man für normale Verzahnung

---

[1] KARL KUTZBACH (1875 bis 1942). Geboren und aufgewachsen in Trier. Studierte in Aachen und Berlin. Danach Assistent bei ALOIS RIEDLER und JOHANNES STUMPF an der Technischen Hochschule Charlottenburg. 1900 bis 1913 in Industriestellungen, darunter MAN Nürnberg. Seit Oktober 1913 Professor für Maschinen-Elemente, Direktor der maschinentechnischen Abteilung des Versuchs- und Materialprüfungsamtes und mehrmals Vorstand der Fakultät Maschinenwesen an der TH Dresden. 1928 Dr.-Ing. E. h. der TH Hannover. Einflußreich wurden seine Arbeiten über die Grundlagen der Zahnraderzeugung und -normung.

28*

$h = 2\,m$, $\alpha = 15°$, $2\,r_r = m \cdot z_r$ und $\dfrac{P}{b \cdot h} = \dfrac{k_b}{10}$ ein, wo $\dfrac{1}{z_r} = \dfrac{1}{z_1} \pm \dfrac{1}{z_2}$, so muß sein

$k_b \leqq \dfrac{5}{4} \cdot z_r \cdot \dfrac{1}{\xi} \cdot k$. „$\xi$ und k sind Erfahrungszahlen, die nur durch Vergleich zu gewinnen und für Zahnräder noch nicht abgeschlossen sind." KUTZBACH kann daher solche Zahlen nur für Rollenlager angeben zu $k = 200$ für gehärtete Chromnickelstahl-Walzen, auf ebensolchen Ringen und langsamer Bewegung dagegen ist $k = 20$ bis 30 auf ungehärteten Stahlringen üblich.

Auch 1931 lehrt KUTZBACH an der gleichen Stelle dasselbe, setzt aber statt dem Ausdruck „Walzenfestigkeit" die Abschnittsüberschrift „Abnutzung durch Druck". Die Erfahrungszahl ξ läßt er jedoch fallen und sagt nur noch: „$k = \dfrac{P}{b \cdot 2\varrho}$, steigt mit dem Quadrate der *Brinellhärte* und nimmt andererseits bei zunehmender Gleit- und Rollengeschwindigkeit rasch ab. P ist der in den Flanken auftretende Höchstdruck." Unter den gleichen Voraussetzungen wie 1926, jedoch mit $\alpha = 20°$, gibt er k jetzt die Größe $k_b \leqq {}^5\!/_3 \cdot k \cdot z_r$. Er bemerkt hierzu noch: „Mit zunehmender Geschwindigkeit sinkt dabei k. Als Vergleichsgröße für raschlaufende Zahnräder von $\alpha = 20°$ gibt schließlich

KUTZBACH den Wert $\boxed{\dfrac{P}{b \cdot r_r} \leqq {}^2\!/_3\,k}$.

Einen Fortschritt in der neuen Richtung, die Erfahrungen mit Wälzlagerbeanspruchungen auch bei der Flankentragfähigkeitsberechnung von Zahnrädern anzuwenden, versucht der Professor für Maschinen-Elemente an der Technischen Hochschule Braunschweig Dr.-Ing. GUSTAV NIEMANN[1] im Jahre 1938. Er kombiniert die Berechnungsweise von KUTZBACH mit den Konstruktionsanweisungen von WISSMANN, rechnet mit dem Wälzpunkt, gibt aber dem Faktor k eine neue Bedeutung. Er sagt:

„. . . die zulässige Walzenpressung k ist kein fester Wert des Werkstoffes des untersuchten Rades, sondern hängt sehr stark von der *Lebensdauer* und außerdem von der Elastizitätszahl des Werkstoffes des Gegenrades, der Drehzahl, der Belastungsdauer je Stunde und der wirklichen Höhe der Betriebsbelastung ab. Der Zusammenhang dieser Größen mit der Lebensdauer läßt sich nach den bisherigen Erfahrungen ähnlich wie für Rollenlager ungefähr angeben. Er zeigt, daß schon eine Verringerung der Flankenfestigkeit um 10 v. H. oder eine Verdoppelung der Betriebsdrehzahl die Lebensdauer auf etwa die Hälfte herabsetzt und daß umgekehrt die Herabsetzung der wirklichen Betriebslast um 20 v. H. die Lebensdauer etwa verdoppelt . . . ."

Die zulässige Belastung P von beliebigen Zahnflanken auf Walzenpressung schreibt NIEMANN 1938 zu $P = k \cdot b \cdot \delta$ (kg), wobei er den Krümmungsdurchmesser der Zahnflanken mit $\delta = \dfrac{\delta_1 \cdot \delta_2}{\delta_1 \pm \delta_2}$ (cm) bezeichnet, b als Zahnbreite und k als Walzenpressung in kg/cm².

Mit den weiteren Bezeichnungen $d_m =$ Durchmesser des Kegelritzels in Zahnmitte, $M =$ Drehmoment, $i =$ Übersetzung und $d =$ Ritzeldurchmesser, gibt NIEMANN die Formeln nach Tabelle 102.

---

[1] GUSTAV NIEMANN (geb. 9. Februar 1899 in Rheine/Westfalen) studierte an der TH Darmstadt und bekleidete 1923 bis 1934 Industriestellungen, u. a. in der Kranbauabteilung der Demag. Dissertation zum Dr.-Ing. 1928 an der TH Berlin über Wippkrane. 1934 bis 1950 Professor für Allgemeine Gestaltungslehre und Maschinenelemente an der TH Braunschweig, dort Begründer der Forschungsstelle für Zahnräder und Getriebebau. Seit 1951 in gleicher Eigenschaft an der TH München. Begann seine intensive Zahnradforschung 1938. 1964 in Anerkennung seiner Zahnrad- und Getriebeforschung Dr.-Ing. E. h. der TU Berlin. Klassisch wurden seine „Maschinenelemente".

Tabelle 102. *Formeln für die Berechnung der Flankentragfähigkeit von Gustav Niemann 1938*

	15°	20°
Stirnräder	$b \cdot d^2 = 8 \dfrac{M}{k} \cdot \dfrac{i \pm 1}{1}$	$b \cdot d^2 = 6,25 \dfrac{M}{k} \cdot \dfrac{i \pm 1}{i}$
Kegelräder	$b \cdot d_m^2 = 8 \dfrac{M}{k} \sqrt{\dfrac{i^2 + 1}{i^2}}$	$b \cdot d_m^2 = 6,25 \dfrac{M}{k} \sqrt{\dfrac{i^2 + 1}{i^2}}$

Er erhält sie durch Einsetzen des Wertes $p^2_{\max} = \dfrac{k \cdot E}{2,86}$ in die Formel von OTTO WOLF 1935.

Die Walzenpressung k für Stähle definiert NIEMANN zu

$$k = \frac{54 \cdot \tau^2}{E \cdot W^{1/3}} \left[\frac{\text{kg}}{\text{cm}^2}\right] \quad \text{mit } W = \frac{n \cdot h \cdot 60}{10^6}$$

wobei $\tau =$ Schubspannung unter der Oberfläche nach LUDWIG FÖPPL 1936, $W =$ Lebensdauer in Zahl der Belastungswechsel in Millionen bis zur Grübchenbildung, $n =$ Drehzahl, $h =$ Lebensdauer in Betriebsstunden. Diese Formel für k entstand durch Einsetzen von $\tau = 0,112 \cdot H_B$ in die Gleichung $k = \dfrac{0,68 \cdot H^2}{E \cdot W^{1/3}}$. In Tabelle 103 gibt NIEMANN k-Werte für eine Lebensdauer von $h = 5000$ Betriebsstunden nach obiger Gleichung für k mit dem Zähler $0,68 \cdot H^2$, mit der Brinell-Härte H in kg/mm² und $E = 21\,000$ kg/mm² für Stahl.

Tabelle 103. *Werte für die Walzenpressung k_{5000} (kg/cm²) für eine Lebensdauer von 5000 Betriebsstunden und φ-Werte zum Umrechnen der k_{5000}-Werte in eine andere Lebensdauer $k = k_{5000} \cdot \varphi$ nach Niemann 1938*

Werkstoff der Verzahnung	Brinell-härte H^2 kg/mm²	Drehzahlen in U/min										
		10	25	50	100	250	500	750	1000	1500	2500	5000
St 42; Stg 52	125	35	26	20	16	12	9,5	8,3	7,5	6,6	5,6	
St 50	153	52	38	31	24	18	14	12	11	9,8	8,3	6,6
St 60	180	73	53	42	34	25	20	17	16	14	11	9,1
St 70	208	97	71	57	45	33	26	23	21	18	15	12
Si-Mn-St 75—80	230		87	69	55	41	32	28	26	22	19	15
Si-Mn-St 85—90	260			89	70	52	41	36	33	28	24	19
Legierter Einsatzstahl, gehärtet	600				374	276	219	190	174	152	128	100
h in Betriebst.	150	312	625	1200	2500	5000	10 000	40 000	80 000	150 000	300 000
φ	3,2	2,5	2	1,6	1,25	1	0,8	0,5	0,4	0,32	0,256

$$\tau = \sqrt{\frac{k \cdot E \cdot W^{1/3}}{54}} = \sqrt{\frac{k \cdot E}{54}} \cdot \sqrt[3]{\frac{n \cdot 60 \cdot h}{10^6}}$$

$$\tau = \sqrt{k} \cdot \sqrt{\frac{2,1 \cdot 10^6}{5,4 \cdot 10^2}} \sqrt[3]{1000 \cdot 60 \cdot 5000} = 510 \cdot \sqrt{k} \ (\text{kg/cm}^2)$$

Werte für τ: $0,118 \cdot H_B$ Kohlenstoffstähle, $0,112 \cdot H_B$ legierte Stähle, $0,33 \cdot \sigma_B$ für alle Stähle.

Schließlich empfiehlt NIEMANN zur Wahl der rechnerischen Lebensdauer h in Betriebsstunden:

vollbelastete Dauergetriebe (z. B. Turbinengetriebe) — 50 000 bis 300 000

zeitweise eingeschaltete oder zeitweise vollbelastete Getriebe (z. B. Werkzeugmaschinen-, Kraftwagen-, Flugzeug- und Krangetriebe) — 500 bis 5 000

Für Schrägverzahnung kann bei gleicher Lebensdauer 20 bis 35% mehr Leistung übertragen werden. Bei mehrfachem Flankeneingriff je Umdrehung (z. B. Planetengetriebe) vervielfachte Lebensdauer einsetzen.

NIEMANN berechnet schließlich die tabellierten k-Werte auch für andere Betriebsstunden als $h = 5000$ nach der Formel von ROBERT MUNDT[1] 1928 $\varphi = \sqrt[3]{\dfrac{5000}{h}}$.

Tabelle 104. *Entstehung der Niemann'schen Formeln von Tabelle 102*

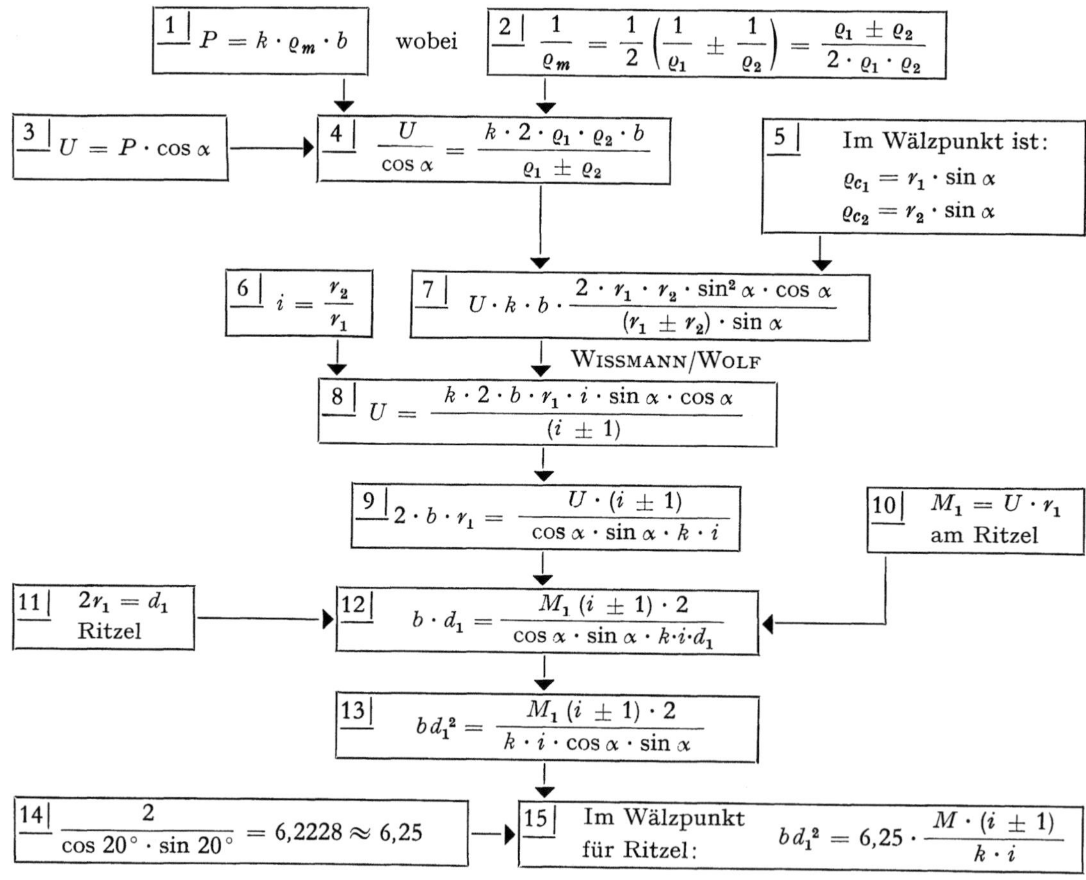

---

[1] ROBERT MUNDT (1901 bis 1964). Geborener Berliner, wo er auch 1920 bis 1925 studierte. 1928 Dr.-Ing. der TH Berlin mit einer Dissertation über Ermüdungsbruch und zulässige Belastung von Wälzlagern. Seit 1925 bei SKF in Berlin und Schweinfurt, dort 1932 Prokurist, 1942 bis 1959 Leiter der Technischen Abteilung, 1953 Direktor der SKF. 1938 Dr.-Ing. habil. an der TH Berlin. 1955 Privatdozent, 1961 Professor der TH München.

Tabelle 105. *Ableitung der Formel für k von Gustav Niemann 1938 bis 1940*

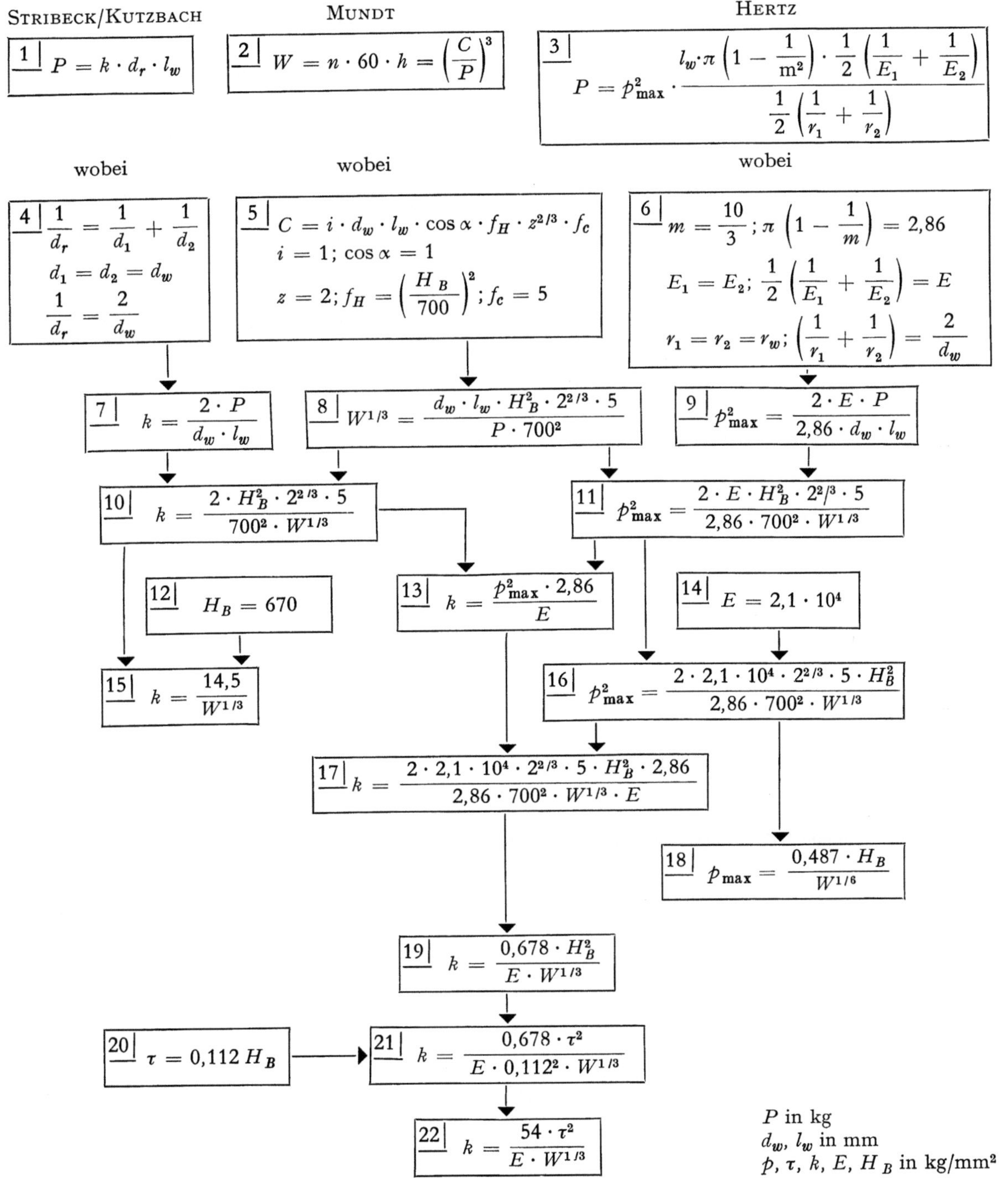

Die dargebotene Betrachtungs- und Berechnungsweise von Gustav Niemann kennzeichnet sich durch folgende Merkmale:

1. an die Stelle der Hertz'schen Pressung p_{max} tritt die Stribeck'sche Pressung k von
   1894 in Kutzbach'scher Abwandlung von 1916
2. die Belastung der Zahnflanken wird im Wälzpunkt gerechnet
3. die zulässigen k-Werte sind aus Versuchswerten mit Rollenlagern nach Robert
   Mundt von 1928 errechnet, und zwar sind sie abhängig gemacht von der Anzahl
   ihrer Überrollungen, anstatt von der Drehzahl.

Tabelle 106. *Werkstoff-Kennwerte zur Formel* $k = \dfrac{54 \cdot \tau^2}{E \cdot W^{1/3}}$ (kg/cm²) *von Gustav Niemann 1938*

Werkstoff	k (kg/cm²)	$\tau = 510 \cdot \sqrt{k}$ (kg/mm²)	H_B (kg/mm²)	$\sigma_B = 3\tau$
St 42, Stg 52	8,5	14,9	126	45
St 50	12,5	18	153	54
St 60	17,6	21,4	181	65
St 70	23,6	24,8	210	75
Si Mn St 75/80	25	25,5	216	77
Si Mn St 85/90	32	28,9	258	87
Leg. Einsatz St. gehärtet	201	72,5	650	218

Während die VDI-Fachtagung Maschinen-Elemente in Düsseldorf 1938 kombiniert
Gustav Niemann die Hertz'sche Pressung mit der von Stribeck.

Hertz 1881   Stribeck 1894

(Schreibweise von Laskus 1908)

$$P = \frac{2,86 \cdot p^2 \cdot b \cdot \delta}{E} \qquad\qquad P = k \cdot b \cdot \delta$$

Durch Gleichsetzen beider Gleichungen für P erhält er $k = \dfrac{2,86 \cdot p^2}{E}$ (kg/mm²) und

schreibt dann die Formeln für die Walzenpressung im Teilkreis bei Geradverzahnung
wie in Tabelle 107.

Tabelle 107. *Formeln für die Walzenpressung im Teilkreis bei Geradverzahnung
von Niemann 1938*

	nach Hertz	nach Hertz/Stribeck	
15°	$p^2 = \dfrac{1,4 \cdot U \cdot E \cdot (i \pm 1)}{i \cdot b \cdot d}$	$k = \dfrac{4 \cdot U \cdot (i \pm 1)}{i \cdot b \cdot d}$	(kg/mm²)
20°	$p^2 = \dfrac{1,09 \cdot U \cdot E \cdot (i \pm 1)}{i \cdot b \cdot d}$	$k = \dfrac{3,12 \cdot U \cdot (i \pm 1)}{i \cdot b \cdot d}$	(kg/mm²)

wobei U = Umfangskraft in kg, b = ausgenutzte Zahnbreite in mm, i = Übersetzung, d = Ritzel-
durchmesser in mm.

Sie besagen dasselbe wie die obigen Formeln.

1939 verbreitet er diese neue Lehre weiter im „Technischen Hilfsbuch" der Zahnrad-
und Werkzeugmaschinenfabrik Ferd. Klingelnberg Söhne. Hierin gibt Niemann aber
die k-Werte um 10% niedriger an. Für vollbelastete Dauergetriebe empfiehlt er,
nur noch 40 000 bis 150 000 Betriebsstunden einzusetzen.

Diese eingeschlagene Linie konnte NIEMANN aber nicht beibehalten. Schon 1949, als er die Bearbeitung der Maschinenelemente in der „Hütte" von KUTZBACH übernahm, lenkt er in Richtung Demag-Normalverzahnung ein, was die Materialbeanspruchungen betrifft. Aber die Niemann'schen Werte lagen um 25 bis 30⁰/₀ niedriger als bei der Demag.

Tabelle 108. *Vergleich der Werkstoffbeanspruchung bei den k-Werten von Niemann 1949 und bei der Demag-Normalverzahnung 1929*

l = leichter, m = mittlerer und s = schwerer Betrieb

Material	Niemann k 1949			Demag-Normalverzahnung 1929					
				p (kg/mm²)			$k = \dfrac{p^2_{Hertz}}{7{,}34 \cdot 10^4}$ (kg/cm²)		
	l	m	s	l	m	s	l	m	s
Stg 52/St 42	45	36	29	64	58	52	56	46	37
St 50.11	73	58	46	80	73	66	87	72	59
St 60.11	92	74	59	90	83	76	110	94	79
Si Mn St 75	135	108	86	110	100	90	165	136	110
Si Mn St 85	164	131	105	120	110	100	196	165	136

Anläßlich der 200-Jahrfeier der Technischen Hochschule Braunschweig 1950 beseitigen Professor Dr. GUSTAV NIEMANN und Dr. HEINZ GLAUBITZ in einem Vortrag der VDMA-Fachtagung „Zahnradforschung" die letzten Unklarheiten. Die Praxis zeigte seit längerer Zeit, daß die Walzenpressung von Rollen nicht auf Zahnräder angewendet werden kann. Sie geben nun einen Berechnungsgang bekannt, der sich durch folgende Punkte entscheidend charakterisiert:

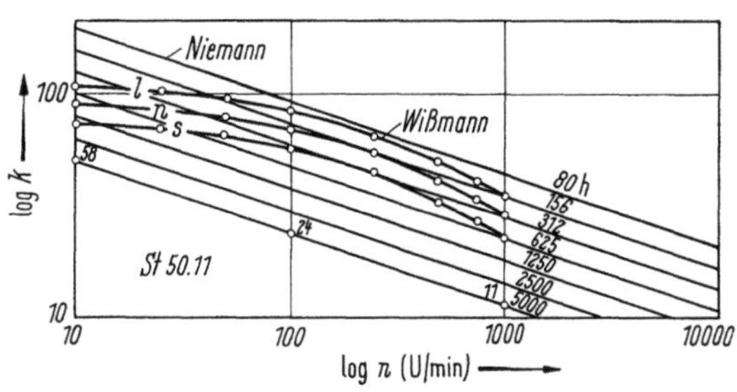

Bild 309. Vergleich der k-Werte von WISSMANN 1929 und NIEMANN 1939 bei St 50.11. Bei St 60.11 und Si Mn St 75...80 ist der Verlauf ähnlich

1. als maßgebend für die Flankenpressung wird die Wälzpressung im Einzeleingriffspunkt am Zahnfuß des Ritzels anerkannt

2. für Zahnflanken wird eine Dauerfestigkeitsgrenze anerkannt

3. wegen des negativen Schlupfes von Radzähnen sind die k-Werte von Walzen wesentlich größer als diejenigen von Zahnflanken. Dies erklärten schon 1937 die Japaner NISHIHARA und KOBAYASHI

Wie wir am Schluß von 3.44 feststellten, führen die Erkenntnisse dieses Vortrages wieder auf die Formeln nach WISSMANN von 1929. Damit fand dieser Entwicklungszweig der Flankentragfähigkeitsberechnung seinen Abschluß.

Tabelle 109.　*Entwicklung der Formeln für die Berechnung auf Flanken-Tragfähigkeit nach Hertz 1908 bis 1954*

1908　Emil Vidéky

Annäherung　$\alpha = 5{,}75 \cdot \dfrac{1}{10^7} \cdot P'$

Widerstand für das Eindringen ineinander

$$f' = 0{,}38 \sqrt{\frac{P'}{E} \cdot \frac{1}{r_1 + r_2} \cdot \frac{r_1 - r_2}{r_1 r_2}}$$

1916　Walter G. Noack

$$\varrho_{\max} = 0{,}59 \cdot \sqrt{\frac{P_u \cdot E}{b \cdot \sin 2\alpha} \cdot \left(\frac{1}{r_1} + \frac{1}{r_2} \right)}$$ wobei $P_u = P \cdot \sin \alpha$, $E = $ Elastizitätsmodul,

$b = $ Zahnbreite, $\alpha = $ Eingriffswinkel, r_1 bzw. $r_2 = $ Teilkreisradius.

1920　Earle Buckingham

zulässige äquivalente statische Belastung　$W_d = D_1 \cdot b \cdot K \cdot Q$

wobei spezifischer Druckkoeffizient　$K = \dfrac{\sigma_D^2 \cdot \sin \alpha}{4 \cdot 0{,}35} \cdot \left(\dfrac{1}{E_1} + \dfrac{1}{E_2} \right)$ in kg/cm² und Übersetzungskoeffizient　$Q = \dfrac{2 \cdot z_2}{z_1 + z_2}$.

1923　Friedrich Schwend

$$\sigma^2 = 0{,}175 \cdot \frac{p \cdot E}{L} \cdot \frac{\dfrac{1}{r_1} + \dfrac{1}{r_2}}{\cos \varepsilon \cdot \sin \varepsilon},$$ wobei $p = $ Umfangskraft am Teilkreis, $L = $ Zahnbreite,

r_1 und $r_2 = $ Teilkreis-Halbmesser und $\alpha = $ Eingriffswinkel.

1924　Robert Kraus

$$Ge: \quad p_g = \sqrt{\frac{1}{36} \cdot 58 \cdot m \cdot \frac{1 \cdot 10^6}{2} \cdot \frac{\dfrac{1}{z_1} + \dfrac{1}{z_2}}{0{,}13 \, m}},$$

$$Stg: \quad p_g = \sqrt{\frac{1}{36} \cdot 116 \cdot m \cdot \frac{2{,}15 \cdot 10^6}{2} \cdot \frac{\dfrac{1}{z_1} + \dfrac{1}{z_2}}{0{,}13 \cdot m}}.$$

Bei $N = $ Normaldruck (kg), $b = $ Zahnbreite (cm), $E = $ Elastizitätsmoduln für Ge $(1 \cdot 10^6)$ und Stg $(2{,}15 \cdot 10^6)$, $\varrho_{1,2} = $ Krümmungsradien $= R_1 \cdot \cos \alpha = 0{,}259 \cdot R_{1.2} = 0{,}13 \cdot m \cdot z_{1,2}$, $\dfrac{\varrho_1 \varrho_2}{\varrho_1 + \varrho_2} = 0{,}13 \, m \cdot \dfrac{z_1 \cdot z_2}{z_1 + z_2}$, $\alpha = 75°$ und $P = \dfrac{b \cdot m \cdot s}{5{,}35}$ ist $N = \dfrac{P}{\sin \alpha} = \dfrac{b \cdot m \cdot s}{5{,}35 \cdot 0{,}966} = \dfrac{b \cdot m \cdot s}{5{,}17}$.

Ge $(s = 300 \text{ kg/cm}^2)$: $\dfrac{N}{b} = \dfrac{m \cdot 300}{5{,}17} = 58 \, m$,

Stg $(s = 600 \text{ kg/cm}^2)$: $\dfrac{N}{b} = \dfrac{m \cdot 600}{5{,}17} = 116 \, m$.

1928　Kurt Wissmann

für $\alpha = 20°$, $E_1 = E_2 = 2{,}2 \cdot 10^6$ (kg/cm²) und den *Einzel*eingriff

$$p_{\max} = 23{,}9 \cdot 10^2 \sqrt{\frac{M_d}{b \cdot d^2} \cdot \frac{i \pm 1}{i \pm 0{,}14}}$$

1929　Maurits ten Bosch, Schweiz

Wälzpunkt

$$\sigma_b = \left(\frac{p_{\max}}{3100} \right)^2 \cdot \xi \cdot \gamma \cdot z_1 \cdot \frac{z_2}{z_1 + z_2} \; (\text{kg/cm}^2),$$

wobei $\alpha = 15°$; $\xi = 1$ bis 3, bei Schiffspropeller-Antrieben bis 6 als Faktor für Zusatzkräfte der Umfangskraft P_u; $\gamma = 17$ bis 22 als Festigkeitsfaktor der Zahnhöhe und -breite; und

$$p_{\max} = \frac{16{,}72}{z_1 \cdot m} \sqrt{\frac{M_d \cdot E}{\varepsilon \cdot b} \cdot \frac{z_1 + z_2}{z_2}} \; (\text{kg/cm}^2);$$

$E = 2{,}15 \cdot 10^6$ (kg/cm²); $\varepsilon > 1$ als Eingriffsdauer und $b = \psi \cdot t = \dfrac{\psi \cdot \pi \cdot m}{10} = 2$ bis 40 (cm).

Das zulässige Drehmoment steigt angenähert mit der dritten Potenz des Ritzel-Durchmessers.

1932 Gerhard Schulze-Pillot

$$p_{\max} = \sqrt{\dfrac{0{,}35 \cdot M_d \cdot E_1 \cdot E_2 \cdot (r_1 + r_2)}{b \cdot (E_1 + E_2) \cdot r_{t1} \cdot \cos \alpha \cdot r_1 r_2}}$$

1935 Otto Wolf

für $\alpha = 20°$, $E = 2{,}2 \cdot 10^6$ und den *Wälz*punkt: $p_{\max} = 21{,}9 \cdot 10^2 \sqrt{\dfrac{M_d}{b \cdot d^2} \cdot \dfrac{i+1}{i}}$.

1937 Henry Edward Merritt

$$S_{\max} = 0{,}418 \sqrt{\dfrac{S_c \cdot 2 \cdot E_1 \cdot E_2}{E_1 + E_2}} = 0{,}418 \sqrt{S_c \cdot E_r},$$

wobei $S_{\max}$ = höchste Pressung = 26 bis 140 (to/in.²), S_c = Pressungs-Kriterium =

$$= \dfrac{\text{Belastung längs der Eingriffslinie}}{(\text{relativer Krümmungsradius})^{0{,}8}} = F_i/R_r^{0{,}8} \ (200 \text{ bis } 21\,000 \text{ lb./in.}^2), \ R_r = \dfrac{R_1 \cdot R_2}{R_1 + R_2}.$$

Mit $E_r = 29 \cdot 10^6$ wird $S_{\max} = 2250 \sqrt{S_c}$; für Ge und Bronze = $1870 \sqrt{S_c}$.

1938 Gustav Niemann

Zulässige Belastung P von beliebigen Zahnflanken auf Walzenpressung in kg $P = k \cdot b \cdot \delta$,

wobei $\delta = \dfrac{\delta_1 \cdot \delta_2}{\delta_1 \pm \delta_2}$ (cm) als Krümmungs-Durchmesser der Zahnflanken und die Walzenpressung im *Wälz*punkt $k = 6{,}25 \dfrac{M_d}{b \cdot d^2} \cdot \dfrac{i \pm 1}{i}$.

1939 Wilhelm Robert Uggla, Härnösand/Schweden

für $E = 2{,}15 \cdot 10^6$ (kg/cm²), $\sqrt{0{,}35 \cdot E} = 867$ und den *Wälz*punkt

$$p_{\max} = 867 \sqrt{\dfrac{U}{b \cdot \sin 2\alpha} \left(\dfrac{1}{r_{t_1}} + \dfrac{1}{r_{t_2}} \right)}.$$

Die Formeln von Wolf, Niemann und Uggla sagen dasselbe aus.

1940 Franz Karas

Einzeleingriff bei $z > 28$

$$\sigma_{\max} = \sqrt{\dfrac{E \cdot P \cdot A}{2\pi \cdot (1 - v^2) \cdot b \cdot \cos \alpha \cdot (C - 2\pi \cdot \cos \alpha) \cdot A/2 - C + 2\pi \cdot \cos \alpha) \cdot m}},$$

wobei $A = 2(i + 1) \cdot z \cdot \sin \alpha$ und $C = \sqrt{z^2 \cdot \sin^2\alpha + 4(z + 1)}$;
Doppeleingriff bei $z \leqq 16$

$$\sigma_{\max} = \sqrt{\dfrac{E \cdot \beta_x \cdot P}{2\pi \cdot (1 - v^2) \cdot b \cdot \cos \alpha} \cdot \dfrac{A}{(A/2 - B) \cdot B \cdot m}},$$

wobei $B = \sqrt{i^2 \cdot z^2 \cdot \sin^2\alpha + 4(iz + 1)}$ und $\beta_x = 0{,}26$ bis $0{,}37$.

1941 Anton Lentz, Mannheim

für den Einzeleingriffspunkt

$$k = \sqrt{\dfrac{P}{b} \cdot \dfrac{v}{m}} \ (\text{kg/cm}^2), \text{ wobei } \dfrac{v}{m} = \dfrac{0{,}175 \cdot E \cdot (r_1 + r_2) \cdot 10}{\cos \alpha \cdot r_1 \cdot r_2},$$

$E = 2{,}2 \cdot 10^6$ (kg/cm²) und $P/\cos \alpha$ = Kraft senkrecht zur Zahnflanke.

1942 Heinz Glaubitz

Kopfeingriffspunkt oder Doppeleingriff beim Überdeckungsgrad $2 > \varepsilon > 1$

$$p_{\max_D} = \sqrt{a_D \cdot \beta_D \cdot \frac{E \cdot M_d}{b \cdot d^2} \cdot \frac{i+1}{i+c_D}}, \quad \text{wobei}$$

$$a_D = \frac{0{,}7}{\cos\alpha \sqrt{i^2 \cdot \sin^2\alpha + \dfrac{4 \cdot i}{z_1} + \dfrac{4}{z_1^2}}}, \quad c_D = 1 - \frac{1}{\sin\alpha} \cdot \sqrt{i^2 \cdot \sin^2\alpha + \frac{4i}{z_1} + \frac{4}{z_1^2}}.$$

1954 Darle W. Dudley, USA,

für Gerad- und Schrägverzahnung im *Wälz*punkt

$$p_c = y_c \cdot y_w \sqrt{\frac{P}{b_e \cdot d_{b1}} \cdot \frac{i \pm 1}{i}} \cdot \sqrt{\frac{C_b \cdot C_A}{C_v}} \leqq p_{zul},$$

wobei Umfangskraft im Wälzkreis $P = \dfrac{2M_d}{d_w}$ (kg), tragende Zahnbreite $b_e = b = \sqrt{\dfrac{2P}{c_1 \varDelta\beta}}$,

Zahnformfaktor für Kraftangriff im Wälzpunkt $y_c = \sqrt{\dfrac{1}{\sin\alpha \cdot \cos\alpha}}$ und beträgt bei

$\alpha_{b,sb}$	15°	20°	25°	30°	35°	40°
y_c	2	1,76	1,62	1,52	1,46	1,42

$y_w = \sqrt{0{,}35 \cdot E}$ ist ein Werkstoff-Faktor: bei Stahl $= 85{,}7$, Gußeisen $= 68{,}7$, Aluminium (Silumin) $= 51{,}8$ (kg/mm²), $C_A =$ Anwendungsfaktor $= 1$ bis $1{,}85$, $p_{zul} =$ zulässige Hertz'sche Pressung $= p_{grenz} \cdot L_F$; hierbei ist $p_{grenz} = 24{,}6$ bis 140 kg/mm² und $L_F =$ Lebensdauerfaktor $= 0{,}9$ bis $1{,}4$. Die Faktoren C_b für den Flankenrichtungsfehler und C_v für den Einfluß der Umfangsgeschwindigkeit wie bei Zahnfuß-Biegespannung.

3.46 Die Berechnung auf Freßverschleiß
durch Hermann Hofer 1926 und John Otto Almen 1935

Im 19. Jahrhundert hatte der Reibverschleiß bei der Auslegung von Zahnradgetrieben die Hauptrolle gespielt. Denn als Zahnradwerkstoffe verarbeitete man meistens Grauguß oder Baustahl. Zudem war die Schmierung äußerst mangelhaft. Als hochwertige und legierte Stähle herangezogen wurden, und man auch die Schmierung verbesserte, konnte der Reibverschleiß in unschädlichen Grenzen gehalten werden. Jetzt galt der Druckverschleiß, die Pitting-Bildung, als hauptsächliche Schadensursache und mußte bei der Auslegung berücksichtigt werden. Die Druckverschleiß-Anfälligkeit konnte man wiederum mindern durch die Härtung der Zahnräder, so daß auch sie keine entscheidende Rolle mehr spielte. Bei gehärteten Zahnrädern, wenn sie hoch beansprucht waren und mit hoher Drehzahl liefen, trat jetzt dafür trotz guter Schmierung an den Zahnflanken der Freßverschleiß auf. Solche Freßerscheinungen werden auf thermische Überbeanspruchung der Flanke zurückgeführt und man versuchte sie unter Einbeziehung der Reibungsforschung zu erklären.

Eine Berechnung auf Freßtragfähigkeit von Zahnradpaaren führte sich erst Anfang der zwanziger Jahre unseres Jahrhunderts ein. In dieser Zeit gestalteten sich die Forderungen nach kleinstmöglichsten Rädern für höchstmögliche Belastungen immer gegensätzlicher. Der Werkzeugmaschinenbau verlangte für gegebene Achsabstände, Baustoffe und Radabmessungen Zahnräder von genügender Lebensdauer und niedrigem Preis. Am meisten aber trieb der Leicht- bzw. Luftfahrzeugbau die Forderungen in die Höhe. Die Erfahrungen mit seinen Getrieben galten bald für den gesamten Maschinenbau. Hinzu trat die steigende Verwendung warmfester, hochbelastbarer Stähle als Zahnradmaterial. „Auf keinem Gebiet kommen so viele Grenzfälle der zulässigen Zahnradbeanspruchung und so viele Überschreitungen dieser vor als hier, wo Gewichts- und Raumersparnis natur-, ja lebensnotwendig sind‟,

sagt 1931 Ob.-Ing. HERMANN HOFER von der Zahnradfabrik Friedrichshafen. Er konnte dies aus bester Erfahrung feststellen, denn die ZF hat seit ihrer Gründung im Jahre 1915 alle Arten von Zahnrädern für Luftschiffe, Flug- und Kraftfahrzeuge, feststehende Maschinen, sogar feinmechanische Geräte konstruiert und in Massen gefertigt. Dieses Programm kannte hohe Antriebsleistungen einerseits, und Streben nach geringem Gewicht und Raum andererseits. In ähnlichen Verhältnissen wie die ZF befanden sich die gleichartigen Industrien in England, Frankreich und vor allem in den USA. Sie führten zu Berechnungsformeln, die sich zunächst aus praktischen Versuchen und Beobachtungen zusammensetzten. Es folgten Hypothesen aus der Theorie der Wärmeleitung in Metallen und der hydrodynamischen Schmierung.

Bild 310. HERMANN HOFER
1891 bis 1963

Als erste bestimmte anfangs der zwanziger Jahre unseres Jahrhunderts die Zahnradfabrik Friedrichshafen (ZF) rechnerisch die Freßgefahr an Zahnflanken. Dieses Verfahren stammt von ihrem Leiter des Verzahnungsbüros Ingenieur HERMANN HOFER[1]. Im Rahmen einer Arbeit über „gehärtete und in der Verzahnung geschliffene Zahnräder aus hochwertigem Stahl‟ veröffentlichte er 1926 eine Formel zur Errechnung der Sicherheit gegen Anfressen der Zahnflanken. Bei der Tragfähigkeitsberechnung von Zahnflanken paarte HOFER die Theorie mit der praktischen Erfahrung der ZF, gehärtete und geschliffene Zahnräder aus hochwertigem Stahl herzustellen. Diese Sicherheit gegen Anfressen der Zahnflanken stand hier an erster Stelle vor der Bruchsicherheit. Den Walzendruck nach Hertz'scher Theorie berechnete die ZF nicht. Vielmehr blieben HOFER bei schnellaufenden Getrieben die Sicherheit gegen Anfressen S_a maßgebend, bei langsam laufenden erst die Bruchsicherheit S_b, und im Zweifelsfalle beide. Er geht von der Reuleaux'schen Formel zur Ermittlung der Erwärmung aus

$$A = P \cdot \frac{n_1}{b}$$

---

[1] HERMANN HOFER (1891 bis 1963), geboren in Haslach, Kreis Tettnang/Wttbg. Studierte bis 1916 an den Technischen Hochschulen Stuttgart und Berlin Mathematik, Maschinen- und Flugzeugbau. 1917 bis 1944 in der Zahnradfabrik Friedrichshafen (ZF) als Leiter des Verzahnungsbüros. Dort 1927 Abteilungsleiter und 1936 Oberingenieur. Noch bis 1957 für die ZF tätig. Erhielt 1960 das Ehrenzeichen des VDI. Einer der wichtigsten deutschen Zahnradtheoretiker der 20er und 30er Jahre mit bedeutenden Veröffentlichungen.

und setzt $A = 70000$ als Grenzwert ein. Dann formt er die Gleichung nach modernen Gesichtspunkten um, und schreibt

$$S_a = \frac{A}{P \cdot \dfrac{n_1}{b}} = \frac{z \cdot m \cdot b}{20 \cdot N}$$

wobei S_a = Sicherheitsfaktor gegen Fressen, m = Modul in mm, z = Zähnezahl des kleineren der zwei zusammenarbeitenden Räder, b = Zahnbreite in mm, und N = Leistung in PS. Er sagt: die zulässige spezifische Höchstleistung N in PS pro Millimeter Zahnflankenbreite ist vom gleichen Betrag wie $5^0/_0$ des Ritzelteilkreis-Durchmessers d in mm, d.h. $N_{spez} = \dfrac{5 \cdot d}{100}$. Hofer stellte diese S_a-Formel für einsatzgehärtete und geschliffene Strinräder mit Spritzschmierung auf; er fußte auf der Beobachtung: gut geschmierte, gehärtete und geschliffene Zahnflanken des kleinen Rades zeigen bei einem Wert $\dfrac{P \cdot n}{b}$ von rund 70000 die ersten Anfressungen (wobei P die Zahnkraft in kg ist).

Die Sicherheitswerte hängen für Hofer ganz von dem Zweck des Getriebes ab. Je nach der erforderlichen Betriebs- und Lebensdauer wählt er für S_a die 1,5- bis 3fache Sicherheit im Leichtfahrzeugbau, 3- bis 5fache Sicherheit im allgemeinen Maschinenbau.

Vor Raum- und Gewichtsersparnis erstrebt Hofer hohen Wirkungsgrad, damit sich der Leistungsverlust nicht in schädliche Energiearten umwandelt, wozu auch die Erwärmung gehört: „Dauernde Wärmezufuhr verursacht hohe Getriebe- und Maschinentemperaturen," sagt er 1926, „und damit Wärmedehnungen, Spannungen und Einstelländerungen. Bei übermäßig hohen Temperaturen in der Verzahnung kann sogar die Widerstandsfähigkeit des Materials heruntersinken und schneller Verschleiß, Anlaufen und Anfressen verursacht werden. Hier muß man das Übel an der Wurzel fassen und durch möglichste Verkleinerung des Flankenreibungs-Beiwertes, d.h. saubersten und glattesten Schliff der Flanken, die Wärme gar nicht erst erzeugen."

In der 71. Hauptversammlung des Vereins Deutscher Ingenieure (VDI) in Friedrichshafen und Konstanz 1933 gab Alfred Graf von Soden[1] zum ersten Male öffentlich Werte der Anfreßsicherheit S_a nach Hofer an. Siehe Tabelle 110.

Graf Soden sagte hier: „Zum Leichtmotor gehört das Leichtgetriebe. Maßgebend für die Leichtigkeit der Zahnrädergetriebe ist die Beanspruchung der Verzahnung. … Die Erfahrung hat gelehrt, daß Zahnrädergetriebe ohne besondere Spülkühlung bei einsatzgehärteter und glatter Flankenoberfläche und guter Tauchschmierung keine zu große Erwärmung erleiden, wenn $S_a \geqq 1$. …"

---

[1] Karl Alfred Maria Graf von Soden-Fraunhofen (1875 bis 1944). Geboren in Neufraunhofen/Niederbayern als Sohn eines Gutsbesitzers. Besuchte Gymnasien in Augsburg und München. Studium der Rechtswissenschaften 1894 bis 1898, des Maschinenbaues und der Elektrotechnik 1898 bis 1902 in München. Dann Konstrukteur in der Daimler-Motoren-Gesellschaft (Versuchsleiter) und im MAN-Dieselmotorenbau. Trat 1910 in den Friedrichshafener Luftschiffbau Zeppelin als Versuchsleiter ein. Bei Gründung der ZF 1915 wurde Graf Soden ihr technischer Leiter. Seitdem war er häufig auch publizistisch tätig. Die Zukunft der Zahnradgetriebetechnik in Kfz und Flugzeugen erkennend, schuf er bei der ZF die Grundlage für eine moderne Zahnradfertigung. Er arbeitete hierbei auch mit Max Maag zusammen. Fand 1922 mit seinem Kfz-Vorwählgetriebe Beachtung. 1928 bis 1930 im Vorstand des VDI und Ehrenmitglied des Bezirksvereins Bodensee, 1931 bis 1936 Vorsitzender der Automobiltechnischen Gesellschaft (ATG) als Nachfolger von August von Parseval. 1941, im Jahre des 25jährigen Bestehens der ZF, Dr.-Ing. E.h. der TH Stuttgart. Graf Soden starb am 14. Juni 1944 in Tübingen.

Tabelle 110. *S_a-Werte verschiedener Getriebe nach Graf Soden 1933*

Getriebebauart und Type			Z	m	b	D	$D \cdot b$	N	S_a
Luftfahrtgetriebe									
Curtiss „Conqueror"			32	4,23	76	135,5	10 300	575	0,9
Rolls-Royce „Kestrel"			31	4,5	50	139,5	6 970	490	0,71
Packard 2A—2500			43	4	97	172	16 700	800	1,04
Junkers G 38, Antriebsrad			32	5	85	160	—	740	0,92
Junkers G 38, Zwischenrad			31	5	85	155	—	740	0,45
Farman Flugzeuggetriebe			54			242,5	—		1,78
			3 × 30	4,5	38	135	—	800	1,49
			33			148,5	—		1,09
Luftschiffgetriebe für „Akron"			41	6,5	80	266,2	21 350	600	1,78
Schwenkgetriebe für „Graf Zeppelin"			41	7	50	287	14 350	550	1,3
Farmangetriebe für „Graf Zeppelin" (Umlaufgetriebe)			42			252			2,06
			3 × 24	6	—	144	—	550	1,76
			42			252			2,06
Daimler Benz F 2			24	7	122	168	20 500	1 000	1,025
Lorraine (Umlaufgetriebe)			66			280,1			2,46
			6 × 15	4,25	40	63,75	—	650	1,68
			36			153			1,34
Napier „Lion"			26	5,6	48,5	145,5	7 050	530	0,66
Rolls-Royce „Condor"			21	6,95	63,5	146	9 260	670	0,69
Fiat A 24 R			22	6,75	88	148,5	13 080	630	1,04
Fiat A 22 R			22	6,75	88	148,5	13 080	560	1,17
Luftschiffgetriebe MAN (Projekt)			43	6,98	300	120	36 001	1 200	1,5
Automobilgetriebe									
Aphongetriebe G 35 / G 45 / G 55 für Lkw			25	2,36	32	59,03	1 890	60	1,57
			24	2,71	38	41	1 558	80	0,97
			25	3,05	45	76,39	3 440	120	1,43
Aphongetriebe G 35 / G 25 für Pkw			30	2,36	32	70,83	2 265	70	1,62
			30	2	25,5	60	1 530	50	1,53
4 Gang		K 20 P	18	3	14	54	756	30	1,26
4 Gang		K 30 P	19	3,39	16	64,46	1 003	45	1,14
4 Gang		K 40 P	22	3,73	21	82,03	1 725	70	1,23
3 Gang		DK 10 P	22	2,25	11	49,5	545	15	1,82
3 Gang	Getriebe mit	DK 15 P	18	2,92	12,5	52,66	657	25	1,31
3 Gang	Knüppelschal-	DK 20 P	18	3	18	54	972	40	1,21
3 Gang	tung	DK 30 P	18	3,8	18	68,4	1 232	60	1,03
4 Gang		K 30 L	19	3,39	16	64,46	1 003	40	1,29
4 Gang		K 45 L	18	4,5	33	81	2 675	65	2,06
4 Gang		K 50 L	21	4,5	41,5	94,5	3 920	95	2,06
4 Gang		K 60 L	21	4,5	48	94,5	4 530	140	1,62
3 Ganggetriebe für Citroen			16	3,39	21,5	54,2	1 165	30	1,94
3 Ganggetriebe für Ford			14	2,82	14,3	39,5	563	20	1,41
4 Gang-Panaphongetriebe P 4/35			20	3,67	25	73,4	1 835	85	1,08
Triebwagen- und Lokomotivgetriebe									
Mylius-Triebwagengetriebe „b"			20	4	33	80	2 640	75	1,75
„cv"			24	5	60	120	7 200	150	2,55
Maybach-Triebwagengetriebe 4. Gang			59	6	70	354	24 800	175	7,1
1. Gang			17	6	100	102	10 200	175	3,0
Kleinlokomotivgetriebe (Projekt)			31	7	72	217	15 600	85	9,1
Triebwagen-Sodengetriebe			18	5,61	110	101	11 100	100	5,55
Turbogetriebe									
de Laval-Turbinengetriebe			17	—	430	46	19 800	180	5,5
			24	—	480	64	30 700	300	6,2
Westinghouse Machine Co.			35	—	1015	355	360 000	6 000	2,95
			26	—	810	198	160 000	2 000	4,0
			21	—	610	162	99 000	2 000	2,45
			24	—	560	122	68 300	800	4,2
Parsons			20	—	610	127	77 400	450	8,5
			23	—	914	195	176 000	2 200	3,9
			33	—	1220	244	298 000	2 725	5,4

GRAF SODEN zielt hier schon klar auf die Kraftfahrzeug- und Flugmotorengetriebe, die am ersten zur Freßanfälligkeit neigten. In seinen beiden Zahlentafeln zeigt er: nur wenige Flugmotorengetriebe haben ein $S_a < 1$. Bei Zahnrädern von Automobilgetrieben liegt der S_a-Wert in den meistbenutzten Gängen zwischen 1 und 2; für den nur kurzzeitig belasteten ersten Gang ist S_a noch kleiner. Triebwagen- und Lokomotiv-Getriebe rechnet GRAF SODEN nicht zu den Leichtgetrieben, da sie wegen rauhem Betrieb unempfindlich und aus weniger hochwertigem Material ausgeführt sind.

Durch ihre Einfachheit hielt sich die Hofer'sche Wärmestau-Formel von 1926 zwanzig Jahre. Am 15. April 1941 gab die ZF in einer Mitteilung noch eine Änderung bekannt. Danach rechnet sie die zulässige Wärmebeanspruchung zu

$$S_a = \frac{m_{no} \cdot z \cdot b}{10 \cdot V \cdot N} \geqq 1 \left(\frac{\mathrm{mm}^2}{\mathrm{PS}}\right),$$

wobei m_{no} = Normalmodul in mm (um vergleichbare Werte für Gerad- und Schrägverzahnung zu bekommen), $m_{no} \cdot z \cdot b$ = Mantelfläche des kleinsten Rades (bestimmend für die Wärmeabführung), $V \approx 14,1 \dfrac{z_1 \pm z_2}{z_1 \cdot z_2}$ als vereinfachter Wert für den Verlustgrad, zu entnehmen aus Tabelle 111. V ist der einzig veränderliche Wert in dieser Formel; er wird mit zunehmender Zähnezahl kleiner, also kann auch die Radbreite kleiner gewählt werden. Genau rechnen ALBERT MAIER/HERMANN HOFER 1941 den Verlustgrad in $^0/_0$ der Wälzleistung für verschiedene Zähnezahlverhältnisse nach

$$V = 100 \cdot \left(1 - \frac{7y - 1}{7x + 1} \cdot \frac{x}{y}\right),$$ wobei x = treibende und y = getriebene Zähnezahl (bei Innenverzahnungen negativ), als mittlere Reibungs- bzw. Erwärmungsleistung.

Tabelle 111. *Verlustgrad V der Wälzleistung nach Hermann Hofer* (%)

z	5	7	10	15	20	25	30	40	50	75	100	150	300	∞
5	5,56	4,80	4,23	3,77	3,55	3,41	3,32	3,20	3,13	3,04	3,00	2,95	2,90	2,86
7	0,83	4,00	3,42	2,96	2,74	2,60	2,50	2,39	2,32	2,23	2,18	2,13	2,09	2,04
10	1,45	0,62	2,82	2,36	2,13	1,99	1,90	1,78	1,71	1,62	1,57	1,52	1,48	1,43
15	1,92	1,10	0,48	1,89	1,65	1,52	1,42	1,30	1,23	1,14	1,09	1,05	1,00	0,95
20	2,16	1,34	0,72	0,24	1,42	1,28	1,18	1,07	1,00	0,90	0,86	0,81	0,76	0,71
25	2,30	1,48	0,86	0,38	0,14	1,14	1,04	0,93	0,85	0,76	0,71	0,67	0,62	0,57
30	2,39	1,57	0.96	0,48	0,24	0,10	0,95	0,83	0,76	0,67	0,62	0,57	0,52	0,48
40	2,51	1,69	1,08	0,60	0,36	0,22	0,12	0,71	0,64	0,55	0,50	0,45	0,40	0,36
50	2,58	1,76	1,15	0,67	0,43	0,29	0,19	0,07	0,57	0,48	0,43	0,38	0,33	0,29
75	2,67	1,85	1,24	0,76	0,52	0,38	0,29	0,17	0,10	0,38	0,33	0,29	0,24	0,19
100	2,72	1,90	1,29	0,81	0,57	0,43	0,33	0,21	0,14	0,05	0,29	0,24	0,19	0,14
150	2,76	1,95	1,33	0,86	0,62	0,48	0,38	0,26	0,19	0,10	0,05	0,19	0,14	0,10
300	2,81	1,99	1,38	0,91	0,67	0,52	0,43	0,31	0,24	0,14	0,10	0,05	0,10	0,05
∞	2,86	2,04	1,43	0,95	0,71	0,57	0,48	0,36	0,29	0,19	0,14	0,10	0,05	0

Außenverzahnung

Innenverzahnung

1946 suchte HERMANN HOFER den Freßverschleiß noch besser zu berücksichtigen. Seine Anfreßsicherheit ist $S_a = \dfrac{z}{z_{\min}}$, wobei $z = $ Zähnezahl des Ritzels und $z_{\min} = 100\,\dfrac{V_i \cdot N}{b \cdot d}$ die kleinste zulässige Zähnezahl ohne Wärmestauung und Anfreßgefahr (da die Wärmeentwicklung umgekehrt proportional der Zähnezahl). In $z_{\min}$ bedeuten weiter $V_i = V$, $N = $ Leistung in PS, $b = $ Zahnbreite des Ritzels und Rades, und $d = $ Teilkreis-Durchmesser des Ritzels, beide in mm.

Diese Formel für S_a bzw. $z_{\min}$ versieht nun HOFER 1946 mit folgenden Faktoren für den Einfluß:

a)   des Überdeckungsgrades ε auf die Flanken-Wärmeentwicklung $f_{\varepsilon v}$

b)   der Eingriffsverteilung auf die Flanken-Wärmeentwicklung $f_{e1,\,e2}$
(wobei e_1 und e_2 die Teileingriffsstrecken vor und nach der Radmittenlinie bei Ritzel und Rad sind)

c)   der Schmiermittelart auf die Flanken-Schweißgefahr f_{sa}

d)   der Schmiermittel-Zähigkeit auf die Flanken-Grübchenbildung f_{sd}
mit den Werten auf Tabelle 112.

Tabelle 112. *Einfluß-Faktoren für die Anfreß-Sicherheit von Hermann Hofer 1946*

Je nach Schmiermittel

	f_{sd}	f_{sa}	
dünnflüssig	1,2	1,34	Mineralöl
mittel	1,0	1,00	Mischung
dickflüssig	0,8	0,73	Hypoidöl

Je nach Überdeckungsgrad ε

Einfluß-Faktoren	Überdeckungsgrad ε			Eingriffs-verteilung e_1/e_2
	1,0	1,5	2,0	
$f_{\varepsilon v}$	0,8	1,00	1,00	—
$f_{e1,e2}$	1,00	1,00	1,00	1,0
	1,05	1,07	1,10	1,4
	1,22	1,44	1,50	2,0
	1,55	2,12	2,30	3,0
	2,00	3,20	3,50	5,0

Mit diesen Einfluß-Faktoren lautet die Formel für $z_{\min}$:

$$z_{\min} = f_{\varepsilon v} \cdot f_{e1,e2} \cdot f_{sa} \cdot 100 \cdot \frac{V_i \cdot N}{b \cdot d}\,.$$

Diese Formel bedeutet: HERMANN HOFER spaltet den konstanten Faktor 5 aus $N_{spez} = \dfrac{5 \cdot d}{100}$ in das Produkt dreier Einflußfaktoren auf. Sie stimmt in ihren Hauptzügen gut überein mit der „Blitztemperatur"-Theorie des Holländers H. BLOK.

In der Mitte der zwanziger Jahre unseres Jahrhunderts erreichten die Motorenleistungen US-amerikanischer Automobile bis zu 100 PS. Die hierdurch möglichen Spitzengeschwindigkeiten ließen sich auch ausfahren auf den neuen, zum Teil betonierten, Ausfallstraßen einiger Großstädte und den großen Überlandchausseen. Die USA hatten sie seit 1920 großzügig ausgebaut. Lange Geraden und große Kurvenradien bei reichlicher Straßenbreite erlaubten lange Vollgasfahrten der Automobile. Hierbei traten wiederholt Zahnschäden in ihren Hinterachsgetrieben auf. Die General Motors Corp. (GM) suchte daher seit 1927 die Ursachen für diese Zahnschäden durch Prüfstandversuche zu ergründen. Mitte Oktober 1935 gab der Sektionsleiter für Zahnräder im

Research Laboratory der GM John Otto Almen[1] die Ergebnisse der achtjährigen Versuche mit Hinterachsantrieben während der 18. Jahrestagung der American Gear Manufacturers Association (AGMA) in Niagara Falls, Canada, bekannt.

Almen untersuchte ungefähr 400 gehärtete Spiralkegelräder serienmäßiger Personen- und Lastwagen-Hinterachsen auf Prüfständen. Darüber hinaus studierte er Tausende von Berichten der Kundendienste, um die Beanspruchungen solcher Zahnräder im normalen Betrieb kennenzulernen. Seine Ergebnisse brachten einen Fortschritt für die Tragfähigkeitsbeurteilung der Zahnräder allgemein, wenn sie auch an Spiralkegelrädern gewonnen wurden. Die Hauptgründe für das Fressen erfuhr Almen aus den Kundendienstberichten. Nach Gruppierung der Zahnräder in fressende und nichtfressende verglich er sie mit den vorher ermittelten Pressungswerten auf der Zahnoberfläche. Dabei kam er zu der Erkenntnis: die augenblickliche Temperatur beim Fressen ist proportional

Bild 311.   John Otto Almen

---

[1] John Otto Almen (geb. 14. September 1886 in Grafton, N. D., USA). Absolvierte 1911 das Washington State College. Arbeitete zuerst auf dem Motorengebiet und entwickelte 1915 bis 1924 in Seattle einen eigenen Taumelscheibenmotor. 1924 bis 1926 im Luftfahrtforschungszentrum McCook Field in Dayton, Ohio, tätig. 1926 bis 1952 Sektionsleiter im Research Laboratory von General Motors (GM). Meldete 75 Patente für GM an. Begann 1928 mit der Entwicklung des Hydramatic-Getriebes, studierte 25 Jahre lang die Materialermüdung, gab 1929 den Anstoß zur Entwicklung der EP-Öle. 1946 von der AGMA für seine Zahnradforschungen ausgezeichnet (Edward Connell-Preis).

dem Produkt aus der Hertz'schen Pressung P und der Gleitgeschwindigkeit V dünn geschmierter Oberflächen. ALMEN berechnete nun den Pressungs-Gleitgeschwindigkeits-Wert PV auf der Zahnflankenoberfläche unter verschiedenen Arbeitsverhältnissen und erhielt:

1. der größte PV-Wert tritt am Zahnkopf auf, wenn das Zahnradpaar fast mit Höchstgeschwindigkeit belastet wird, also bei hohen Fahrgeschwindigkeiten eines Automobils auf der Straße

2. der größte PV-Wert trifft ferner auf die Zahnflanke bei plötzlich schwerer Belastung z.B. beim plötzlichen Hereinfallenlassen der Kupplung auf Gefällstrecken.

ALMEN errechnete für einige Personenwagen und Omnibusse ohne und mit Freß-erscheinungen die größten PV-Werte im Hinterachsantrieb und stellte sie in einer Tabelle zusammen. Sie ergab bei den PV-Werten in lb./in.² mal ft./sec:

$$< 1,5 \cdot 10^6 \qquad \text{Zahnräder fressen nicht}$$
$$> 1,8 \cdot 10^6 \qquad \text{Zahnräder fressen (bei Mineralölschmierung).}$$

Hieraus zieht ALMEN den konstruktiven Hinweis: für $PV < 1,5$ Millionen reicht Mineralölschmierung der Zahnräder aus. Ist der PV-Wert aber höher, muß ein EP-Öl gefüllt werden, dessen Entwicklung ALMEN gegen Fressen und Geräusch 1929 selbst angeregt hatte. Bei niederen PV-Werten genügt es schon als Erstfüllung. Trotzdem ALMEN die PV-Werte nicht an Hypoidgetrieben nachprüfte, die eine höhere Gleitgeschwindigkeit haben, hält er seine PV-Methode für die allgemeine Praxis genügend genau.

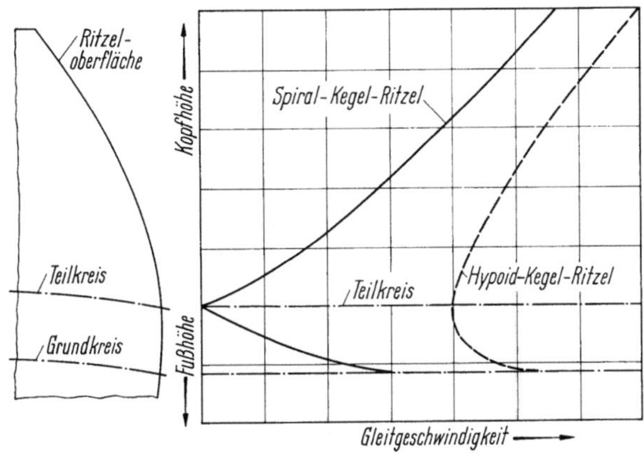

Bild 312. Vergleich der Gleitgeschwindigkeiten bei Spiral- und Hypoid-Kegelritzeln vom Teilkreis aus nach ALMEN
Hypoid-Kegelritzel sind wegen ihrer höheren Gleitgeschwindigkeit eher freß- oder schweißempfindlich als normale Spiralkegelritzel.

Für ALMEN ist Fressen eine Riefenbildung in Gleitrichtung der Zähne, entstanden durch örtliche Zusammenschweißungen kleiner Oberflächenteile der berührenden Zahnflanken bei hoher Reibungstemperatur und hohem Pressungsdruck. Spannungs-Konzentration auf der Zahnflanke fördert das Fressen, genau wie es die Grübchenbildung und sogar den Bruch verursacht. Weiterhin vergrößern die Tendenz zum Fressen: Klemmen oder knappes Zahnspiel, sowie große Erwärmung im Betrieb, wobei neue Zahnräder eher fressen als eingelaufene. Zur Verhinderung des Fressens empfiehlt ALMEN außer erwähnter Schmierung mit einem EP-Öl (d. i. extreme pressure oil, in

29*

Produktion seit 1931) Herabsetzung der Gleitgeschwindigkeit, feineren Modul, kürzere Zähne und möglichst harte Zahnflanken. Mit Beendigung seiner Versuche 1935 hat ALMEN als erster die Freßbeanspruchung von Zahnrädern analysiert als gleichzeitiges Wirken von Flankenpressung, Gleitgeschwindigkeit, Reibwert und Schmiermitteleinfluß.

Für Räder sehr hoher Drehzahl, wie sie z. B. in Planetengetrieben von Flugmotoren vorkommen, reichte der PV-Wert von 1935 nicht mehr aus, wie Freßschäden zu Anfang der vierziger Jahre bewiesen. Bei seinen Versuchen mit Spiralkegelrädern von Automobil-Hinterachsen 1935 waren zwar Drehzahl und damit Gleitgeschwindigkeit hoch, aber die Pressung klein, die Betriebstemperatur regelmäßig; die Gesamtzeit für Vollast lag hier im Gegensatz zum Flugmotor verhältnismäßig niedrig. ALMEN untersuchte daher schadhafte Räder der Flugmotorenhersteller Allison (Indianapolis, bei GM seit 1929), Continental, Packard (Detroit), Pratt & Whitney (Hartford, Conn.) und Wright (Paterson, N. J.). Sie gaben den Rädern Berichte über Einsatzart und -zeit, Häufigkeit des Schadens sowie die Konstruktionsdaten mit. Nützliche Daten enthielten 143 Räder, die in 73 Ge-

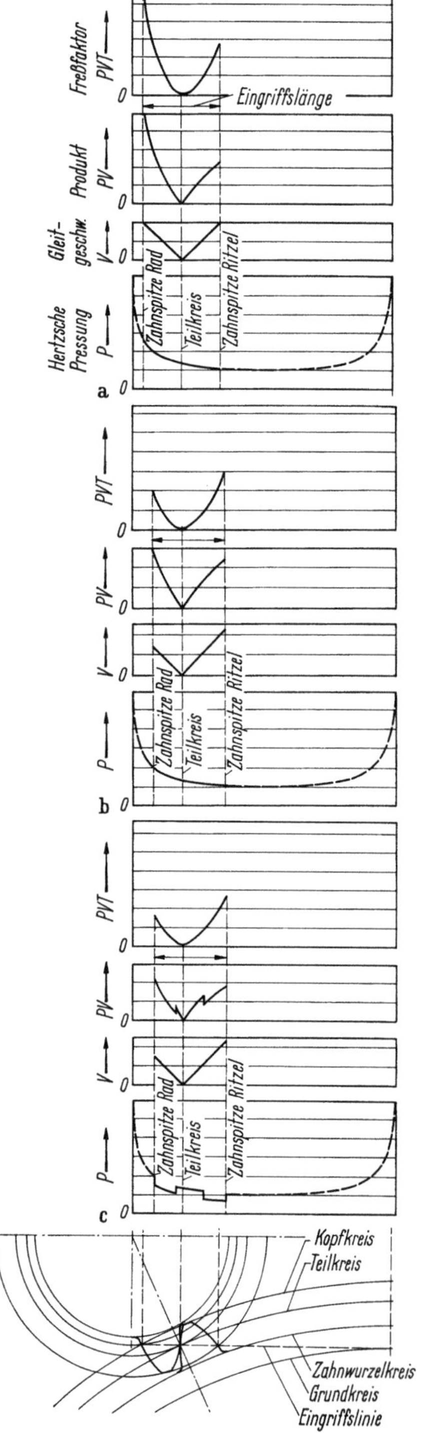

Bild 313.   Bestimmung des PVT-Faktors durch JOHN OTTO ALMEN 1943

a) genormte Verzahnung, b) korrigierte Verzahnung, beide mit dem Zahnpaar $i > 1$, c) mehrere Zähne im Eingriff. An Hand von drei Diagrammen stellt er dar: die Hertz'sche Pressung P, die Gleitgeschwindigkeit V längs der gesamten Eingriffsstrecke, das Produkt PV und den Freßfaktor PVT (nach Multiplizieren des PV-Wertes an jedem Punkt der Eingriffsstrecke mit seinem Abstand T vom Eingriffspunkt).

b) zeigt den gleichen Fall wie a), jedoch bei großer Profilverschiebung. Dabei verschiebt sich die Eingriffslänge nach rechts und vermindert dadurch die höchste Beanspruchung. Der größte PVT-Wert liegt hier am Kopf des Ritzels. Erkenntlich wird: erhöht man den Überdeckungsgrad, so steigen auch die PVT-Werte wegen der höheren Gleitgeschwindigkeit und Pressung. Man sollte daher den Überdeckungsgrad bei freßverdächtigen Rädern auf höchstens 1,25 beschränken, besser weniger. ALMEN empfiehlt in diesem Zusammenhang noch: man sollte schnellaufende und zum Fressen neigende Zahnräder, soweit es die Biegefestigkeit erlaubt, mit feinem Modul und einem Winkel auslegen, der die niedrigste Pressung ergibt. Die allgemeine Auslegung auf Belastung pro Zahnflächeneinheit hält ALMEN für irreführend und gefährlich.

Waren in a) und b) nur ein Zahnpaar mit $i > 1$ im Eingriff, so zeigt c) den Fall für mehrere eingreifende Zähne. Hier reduzieren sich die PV- und PVT-Werte wegen der verteilten Belastungen.

trieben liefen. Es handelte sich um außen- wie innenverzahnte Räder von Planetengetrieben mit Drehmomenten zwischen 0,3 und 900 mkg, Drehzahlen zwischen 1200 und 28000 U/min und Teilkreisgeschwindigkeiten zwischen 240 und 5800 m/s. Für diese Verhältnisse fügte ALMEN 1943 zum Produkt $P \cdot V$ den neuen Faktor T hinzu. Er bedeutet die Berührungslänge vom Anfang bis zum Ende des Eingriffs, gemessen auf der Eingriffslinie. Mit diesem neuen Produkt bzw. Freßfaktor $P \cdot V \cdot T$ galt für ALMEN weiterhin 1,5 Millionen lb/in.² als Freßgrenze, mit dem Anwendungsbereich auf alle mineralölgeschmierten Flugmotorengetriebe. Außerdem hält ALMEN geschliffene Zahnräder für freßanfälliger, weil die Schleifscheibe die Härteschicht angreift und mit ihrer hohen Schleiftemperatur Spannungen in der weichen Zone darunter hervorruft, die das Fressen begünstigen.

Schließlich schaffen oft schon die Getriebe-Konstrukteure die Voraussetzungen zum Fressen: Sie legen die Zähne zu stark gegen Biegebeanspruchung aus und erhöhen dadurch die Gleitgeschwindigkeit. Sie wählen einen zu hohen Überdeckungsgrad und erhalten dadurch größere Zahnhöhen. Im Interesse kleiner, leichter und nicht fressender Zahnräder hält ALMEN 1948 die genaueste Kenntnis folgender Größen für notwendig:

1. die größte Biegebeanspruchung
2. der kleinste erforderliche Überdeckungsgrad
3. die freßsichere Kombination von zulässiger Pressung und Gleitgeschwindigkeit

Die Diskussion der Almen-Formel am Massachusetts Institute of Technology bringt 1948 das Resultat: Zahnräder im Automobil- und Flugmotorenbau arbeiten gegenüber dem allgemeine Maschinenbau unter sehr speziellen Verhältnissen und Anforderungen. Hier interessieren schon den Konstrukteur alle Vorgänge vor der Ermüdungsgrenze des

PV und PVT (engl., Millionen)	metrisch	
	PV	PVT
1	220	5 495
1,5	—	8 242
2	440	10 990
3	660	16 485
4	880	
5	1 100	
6	1 320	

Tabelle 113. *Freßfaktoren von John Otto Almen 1943 im angelsächsischen und metrischen Maßsystem*

wobei

	englisch	metrisch
P	lb./in.²	kg/mm²
V	ft./sec	m/sec
T	in.	mm

Spezialöle und Zahnprofiländerungen sind nötig bei PV = 4 bis 5 Millionen, PVT = 2 bis 3 Millionen.

Zahnradwerkstoffes. ALMEN's PVT-Wert gilt nur für voll gehärtete Räder von Rockwell C-60. Die Freßneigung ändert sich außerdem mit dem Schmiervermögen der Öle. ALMEN sagt 1948 schließlich selbst:

„Ich beabsichtige nicht, die Freßneigung *aller* Zahnräder mit dem PVT-Wert zu errechnen. Dieses Ergebnis entspricht nur den Rädern, wie sie während der Entwicklung der Formel untersucht wurden — nämlich Zahnrädern von Flugmotoren im zweiten Weltkriege, geschmiert in herkömmlicher Art. Die PV-Formel als Maß der Freßtragfähigkeit von Automobil-Zahnrädern gilt nur für einsatzgehärtete Spiralkegelräder. Sie gilt nicht für Räder, in denen andere Verhältnisse bestehen, auch wenn sie in gleicher Weise hergestellt sind.‟

Man muß hier einräumen: ALMENS Verfahren hat seine Bedeutung wegen der großen Stückzahl von Zahnrädern, die er damit erfaßt.

3.47 Die Weiterentwicklung der Hofer'schen Wärmestauformel in Deutschland 1938 bis 1943

Die gleichen Sorgen mit Flugmotorengetrieben hatte man in Deutschland schon vor dem Beginn des zweiten Weltkrieges. Die Industrie entwickelte damals sehr moderne Triebwerke um 1000 PS und stellte sie serienmäßig her, z.B. die Brandenburgischen Motorenwerke in Berlin-Spandau (Typ Fafnir 323), die Bayerischen Motorenwerke in München (Typ 132), die Junkers-Motorenwerke in Dessau (Jumo 210) und Daimler-Benz in Stuttgart-Untertürkheim (DB 600). Mit Daimler-Benz-Flugmotoren vom Typ 600 und 601 hatten zwischen 1937 und 1939 Heinkel- und Messerschmitt-Flugzeuge mehrere absolute Weltbestleistungen geflogen. Bei diesen damaligen Höchstleistungen ergab sich immer wieder: gerad- und auch pfeilverzahnte Räder von Planeten- und Vorgelegegetrieben zur Luftschraubenuntersetzung, aber auch Laderantriebe und Sammelgetriebe bei Koppelung von zwei Kurbelwellen zeigten Zerstörungen, obwohl die bekannten Berechnungsverfahren eine ganz mäßige Beanspruchung ergeben hatten. Daher schrieb die Lilienthal-Gesellschaft für Luftfahrt-Forschung 1938 für das Gebiet der Flugmotoren einen Wettbewerb in Studien über den Entwicklungsstand von Zahnradgetrieben in Flugmotoren aus. Begründung:

„Die Forderung geringsten Raum- und Gewichtsbedarfes bei größten Leistungen gilt besonders für Zahnradgetriebe der Flugmotoren (Luftschraubenantrieb, Laderantrieb). Die Entwicklung ist nicht abgeschlossen, um so mehr, als durch konstruktive Gestaltung, durch Werkstoffe und Werkstattherstellung Grenzen nach oben noch nicht erreicht sind. Die im allgemeinen Maschinenbau übliche Berechnungsweise führt zu unbrauchbaren Entwürfen, während die auf Grund praktischer Erfahrungen aufgestellten brauchbaren Berechnungsunterlagen durch Entwicklung, besonders hinsichtlich der Erfahrungsbeiwerte, Wandlungen unterworfen sind.‟

1940 wird die Preisarbeit des Berliner Argusmotoren-Ingenieurs OTTO NÜBLING veröffentlicht. Er stellt darin fest: die Formel für die Anfreß-Sicherheit S_a von HERMANN HOFER gilt nur für einfache Stirnrädergetriebe bei begrenztem Geschwindigkeitsbereich. Bei besonders schnellaufenden Getrieben aber steigt der Geschwindigkeitseinfluß so bedeutend, daß die Hofer'sche Formel zu ungenau wird. Vor allem hält NÜBLING den Hofer'schen S_a-Wert bei Planetengetrieben für unzureichend, weil sie:

1. mehrere Zahneingriffe im Außen- oder Innenrad haben. Hierdurch verändert sich die Erwärmung, was im Rechnungsansatz zu berücksichtigen ist;

2. insgesamt einen Schaltweg und einen abgewälzten Weg zurücklegen. Der abgewälzte Weg ist die Gleitgeschwindigkeit; dadurch ist sie kleiner als sie dem Faktor N der Hofer'schen Formel entspricht.

Unter N versteht NÜBLING den Ausdruck $N = \dfrac{P \cdot n \cdot z \cdot m}{60 \cdot 75} \cdot C$, wobei $P =$ Belastung der Zähne, $n \cdot z =$ Häufigkeit der Belastung und $m =$ Länge der gewalzten Zahnflanke. Daraufhin schreibt NÜBLING für sechs verschiedene Getriebearten von Flugmotoren die abgeänderten Wärmestau-Formeln S_a nach Bild 314.

Beim Zahneingriff laut Bild 314a ist das kleine Rad z_3 gefährdet, weshalb man seine Zähnezahl in die Formel einsetzt. Bei Getrieben nach Bild 314b oder Planetengetrieben ist meistens das Zwischenrad z_2 gefährdet, bei Planetengetrieben außerdem das Innenrad z_3. Schon für den Fall der Zwischenräder ändert NÜBLING die Hofer'sche Formel, da sie wegen des doppelten Zahneingriffes auch die doppelte Wärmemenge abführen müssen. Hinsichtlich Wärmeabführung ist für NÜBLING zweimaliger Zahneingriff dasselbe wie einmaliger mit doppelter Last.

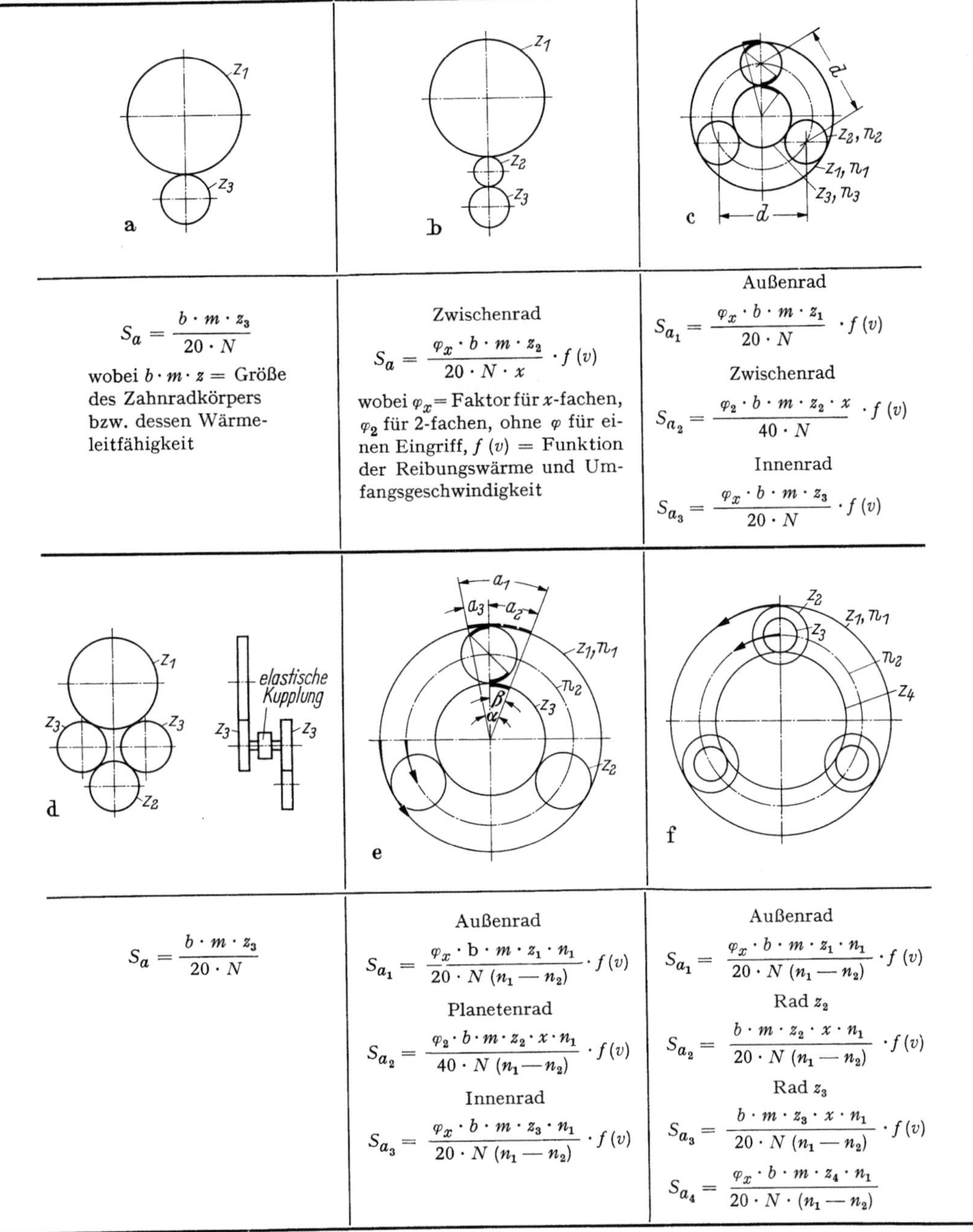

Bild 314. Fälle der Berechnung auf Freßverschleiß S_a von Getrieben nach OTTO NÜBLING 1940

a) Stirnradgetriebe, b) Getriebe mit gefährdetem Zwischenrad z_2, c) Untersetzungsgetriebe mit gegenläufigem Außen- und Innenrad und fester Lagerung von z_2, d) Getriebe mit elastisch gekuppelten Doppel-Zwischenrädern z_3 zum Ausgleich von Teilungsfehlern, Achsabständen und nicht zentrischen Radmitten, e) Planetengetriebe mit freibeweglichen Rädern z_1 und z_3 im Eingriff (Farman- und Stöckicht-Getriebe); Innenrad z_3 bleibt stehen, Planetenträger z_3 und Außenrad z_1 drehen sich, f) Planetengetriebe mit feststehendem Innenrad z_4.

Die Konstruktion nach Bild 314c enthält die Schwierigkeit: Getriebe mit mehreren Zwischenrädern tragen selten gleichmäßig wegen Teilungsfehlern, nicht genau gleichen Achsabständen d und nicht genau zentrischen Radmitten von z_1 und z_3. Abhilfe zeigt Bild 314d: hier sind z_3 als Doppelräder ausgeführt und durch eine elastische Kupplung verbunden.

Die allgemeine Formel für die Sicherheit gegen Anfressen in Planetengetrieben schreibt NÜBLING zu

$$S_a = \frac{\varphi_x \cdot b \cdot m \cdot z \cdot x}{20 \cdot N \cdot p_{1-3}} \cdot f(v),$$

wobei x = Anzahl der Planetenräder und p_{1-3} = Faktor für die Räder von Planetengetrieben sind.

Bei Planetengetrieben hängt nach NÜBLING die Anzahl der Zahneingriffe von der Anzahl x der Planeten z_2 und deren Anordnung ab. Nach Bild 314e dreht sich das Außenrad z_1 um den Winkel α, der Planetenradträger legt den Winkel β zurück. Die Anzahl der Zahneingriffe am Außenrad ist $(n_1 - n_2)\,x$, wobei $n_1 - n_2$ die Relativdrehzahl zwischen Außenrad z_1 und Planetenradträger ist. NÜBLING multipliziert daher die Hofer'sche Sicherheit gegen Anfressen noch mit einem Faktor je nach Art des Zahnrades im Planetengetriebe, nämlich:

Außenrad z_1
$$\frac{1}{p_1} = \frac{n_1}{x\,(n_1 - n_2)}$$

Planetenrad z_2
$$\frac{1}{p_2} = \frac{n_1 \cdot z_1 \cdot z_2}{2 \cdot (n_1 - n_2) \cdot z_1 \cdot z_2} = \frac{n_1}{2 \cdot (n_1 - n_2)}$$

Innenrad z_3
$$\frac{1}{p_3} = \frac{n_1 \cdot z_1}{n_2 \cdot x \cdot z_3} = \frac{n_1}{x \cdot (n_1 - n_2)}$$

$$\text{weil } \frac{z_3}{z_1} = \frac{n_1 - n_2}{n_2}$$

Die Räder nach Bild 314e werden nicht gleichmäßig tragen. Bei diesem ungleichmäßigen Tragen ist der Erwärmungsanteil der einzelnen Zahneingriffe verschieden. NÜBLING empfiehlt, den Sicherheitsfaktor für Wärmestau bei Getrieben mit mehreren Zwischenrädern nicht so niedrig zu setzen wie bei einfachen Untersetzungesgetrieben. Der Schaltweg von z_1 ist in Bild 314e $a_1 = a_2 + a_3$. Damit verringert sich die Gleitgeschwindigkeit $v = \dfrac{a_3}{a_1} \cdot v_1 = \dfrac{n_1 - n_2}{n_1} \cdot v_1$. Somit ist $f(v) = f\!\left(\dfrac{n_1 - n_2}{n_1} \cdot v_1\right)$.

Die Sicherheit gegen Anfressen von Zahnrädern ist für NÜBLING am größten, wenn der Faktor $\dfrac{n_1}{n_1 - n_2}$ am größten ist, d.h. $n_1 = n_2$. In diesem Falle gibt es kein Abwälzen mehr, der Weg des Außenrades ist Schaltweg und das Getriebe läuft als Kupplung. Die erweiterten Hofer-Formeln von NÜBLING gelten auch, wenn das Außenrad feststeht und das Innenrad umläuft.

OTTO NÜBLING ergänzt 1940 auch die S_a-Werte GRAF SODEN's von 1933 um die neuesten Flugmotore und -getriebe, siehe Tabelle 114. Den Einfluß der Geschwindigkeit $f(v)$ bestimmt er am feststehenden Innenrad ausgeführter Planetengetriebe, indem er die Zahn-Temperaturen mit Thermoelementen bei konstantem Drehmoment, veränderlicher Gleitgeschwindigkeit und eintretender Grübchenbildung mißt, sowie den Einfluß der Innenradform auf günstigen Wärmefluß abschätzt. Danach ließe sich $f(v)$ für eine Getriebebauart bestimmen und auf ähnliche Fälle übertragen.

NÜBLING schließt: Planetenrädergetriebe brauchen viel höhere S_a-Sicherheitszahlen als einfache Stirnradgetriebe. Denn Planetengetriebe sind kompakte Getriebe auf klei-

Tabelle 114. *Sa-Werte von ausgeführten Luftschraubengetrieben nach Otto Nübling 1940*

Baumuster	z_1	z_2	z_3	b	m	N	Sa_1	Sa_2	Sa_3
Rolls Royce „Buzzard"	44	21		75	8,5	933		0,715	
Daimler-Benz DB 600	56	36		63	5	1000		0,6	
Jumo 210	56	32		56	5	700		0,6	
Bramo 323	54	25	33	35	5,5	950	1,25	0,87	0,77
Wright „Cyclone"	103	28	47	20,7	3,17	650	1,71	1,4	0,78
Pratt & Whitney „Twin Wasp"	72	18	36	35	3,63	950	1,47	1,09	0,74
Argus 410	64	16	32	24	3	450	1,57	1,15	0,77

Bemerkung: Die letzten drei Getriebe besitzen sechs Stirnradplaneten.

nem Raum, die ihre Wärme nicht so leicht ableiten können wie Stirnradgetriebe. Daher muß man besonders bei Planetengetrieben durch gute Schmierung für ausreichende Kühlung sorgen.

Otto Nübling versucht 1940 zwar, die Hofer'sche Formel für die Anfreß-Sicherheit weiterzuentwickeln, entschärft seine Theorie aber mit dem allgemeinen Begriff der Erwärmung.

Mit dem Ansteigen der Flugmotorenleistungen während des zweiten Weltkrieges ergab die Nachrechnung ihrer Getriebe oft einen S_a-Wert kleiner als 1. Man hätte daher neue zulässige Sicherheitszahlen vereinbaren müssen. In seinen Vorlesungen über Verbrennungskraftmaschinen an der Technischen Hochschule Braunschweig schlägt daher zur gleichen Zeit Professor Otto Lutz den Begriff einer „Umfangsbelastung des vergleichbaren 20-Zähne-Rades" mit der Dimension PS/cm² vor, d.i. die übertragene Leistung in PS je cm² Teilkreisfläche. Hofer's S_a-Wert ist dagegen der Kehrwert einer Leistungsbelastung je Flächeneinheit.

Das Verfahren von Lutz bedeutet einen Vergleich zwischen Getrieben aus Materialien gleicher Dichte und gleichen Elastizitätsmoduls, die dem Hooke'schen Gesetz folgen. Ein ähnlicher Vergleich ist bei Verbrennungs-Kolbenmaschinen die Größe Leistung/Kolbenfläche. Lutz leitet seine Theorie aber aus der Formel von 1929 für die Erwärmung von Zahnrädern des Professors für Maschinenelemente an der ETH in Zürich Maurits ten Bosch (1883 bis 1950) ab. Sie wird daher im Kapitel 3.51 behandelt.

3.48 Die Einführung des Begriffs „Blitztemperatur" bei der Berechnung der Freßtragfähigkeit durch den Holländer H. Blok 1937

Die meisten Verfahren zur Nachrechnung von Getrieben auf Freßtragfähigkeit sind spezialisiert: Hofer's S_a-Wert mußte allmählich für Spezialfälle abgewandelt werden, der PV- bzw. PVT-Wert von Almen arbeitet gut bei kleinen und mittelgroßen Zahnrädern. Inzwischen versuchte der Holländer Dr. H. Blok[1] von der Schmierungsseite her eine allgemeine Lösung des Problems. Seine Versuche zur Theorie der Freßerscheinungen — auch an Zahnrädern — führte er an der Prüfstation der N. V. de Bataafsche Petroleum Maatschappij, Royal Dutch Shell, in Delft aus und veröffentlichte sie in den folgenden Arbeiten:

---

[1] H. Blok, geboren in Amsterdam. Studierte erst fünf Jahre in Niederländisch-Indien, vor dem Examen an der Technischen Universität Delft Maschinenbau und Elektrotechnik. 1933 trat er in das Maschinenlaboratorium der Royal Dutch Shell in Delft ein. Dort bearbeitete er die Grenzschmierungsforschung. Mit dem Vierkugel-Prüfapparat des Laboratoriums-Direktors Gerrit Daniel Boerlage führte er die ersten Versuche zu seinen wesentlichen Theorien aus.

1937   Les Températures de Surface dans des Conditions de Graissage sous pression Extrême, vorgetragen am 2. Welt-Petroleum-Kongreß in Paris, Juni, 4. Sektion, vol. III, Seite 471—486.

1937   Measurement of Temperature Flashes on Gear Teeth under Extreme Pressure Conditions, Seite 14—20.

1937   Theoretical Study of Temperature Rise at Surfaces of Actual Contact under Oiliness Lubricating Conditions, Seite 222—235.

Letztere beiden Arbeiten vorgetragen in der Schmierungs- und Schmierstoff-Tagung der Institution of Mechanical Engineers in London vom 13. bis 15. Oktober 1937, siehe Inst of Mech Eng. Proc. General Discussion on Lubrication, vol. 2, 1937.

1938   „Seizure-Delay" Method für Determining the Seizure Protection of EP Lubricants, vorgetragen am National Fuels and Lubricants Meeting der SAE in Tulsa, Okla., am 6. Oktober. Veröffentlicht SAE-Journal 44 (1939) No. 5 Seite 193—201.

1939   Fundamental Mechanical Aspects of Boundary Lubrication, vorgetragen am World Automotive Engineering Congress der SAE in New York am 24. Mai. Veröffentlicht SAE-Journal 46 (1940) No. 2 Seite 54—68.

1948   Gear Wear as Related to Viscosity of Oil, sowie Diskussion mit J. O. ALMEN über die PV- bzw. PVT-Formel, beides vorgetragen an der Konferenz „Mechanical Wear" am Massachusetts Institute of Technology im Cambridge, Mass., im Juni 1948.

1949   Dissipation of frictional heat, vorgetragen an der Jahresversammlung der American Society of Lubrication Engineers in Detroit, Mich.

1950   Getriebeschmierstoff — ein Getriebebaustoff, Vortrag 13 der Fachtagung Zahnradforschung anläßlich der 200 Jahrfeier der Technischen Hochschule in Braunschweig am 6./7. Juli. Veröffentlicht in der Schriftenreihe Antriebstechnik, Heft 1, Seite 153—181.

BLOK teilte zunächst grundsätzlich die Grenzschmierung in die zwei Fälle mechanischer Berührung auf. Dadurch konnte er wieder unterteilen in rollende und gleitende Bewegung, sowie in Massen- und „Blitz"-Temperatur der Körper, siehe Bild 315.

Bisher sprach man ziemlich allgemein von der Erwärmung, von „Oiliness" oder Schmierfilmstärke. BLOK zielt vor allem auf die Temperatur bei gleitender Bewegung. Die örtlichen Temperaturen in der Berührungsfläche bestehen für ihn aus zwei Komponenten: der Körper- bzw. Massentemperatur und dem „Temperaturblitz". Bereits 1936 bemerkten die Cambridger Forscher FRANK PHILIP BOWDEN und K. E. W. RIDLER bei Messungen: erhöhten sie die Gleitgeschwindigkeit der reibenden Oberflächen um einige Meter pro Sekunde, so stiegen die örtlichen Temperaturen bis zum Schmelzpunkt an, nahmen aber rasch wieder ab. BLOK gab dieser Erscheinung 1937 den Namen „Temperaturblitz".

Solange zwei Zahnflanken nicht im Eingriff sind, sagt BLOK 1937, haben sie die Massentemperatur des Getriebes. Der Temperaturblitz kommt während des Eingriffs.

BLOK führte 1937 Messungen an Stirnrädern mit verdichteter Berührung aus, da für andere Arten von Zahnrädern das Verfahren schon zu schwierig wird. Körper-Temperatur ist die Temperatur des Zahnradkörpers. Sie setzt sich zusammen aus der fortschreitenden Wärmeanhäufung von außen her und aus der Reibungswärme im Radkörper. Die Körper-Temperatur ist im ganzen Radkörper einheitlich, bedeutet also den bisher üblichen Begriff „Erwärmung". Blitz-Temperatur ist nach BLOK das plötzliche Anschwellen der Temperatur über die Massentemperatur hinaus im Moment, wenn zwei Zahnflächen aneinander gleiten. Die Körper-Temperatur ist leicht meßbar, und daher jederzeit bekannt, die Blitz-Temperatur nicht. In Automobilgetrieben ist die Massentemperatur der Radkörper veränderlich, so daß ein Temperaturblitz sehr ungelegen kommen kann.

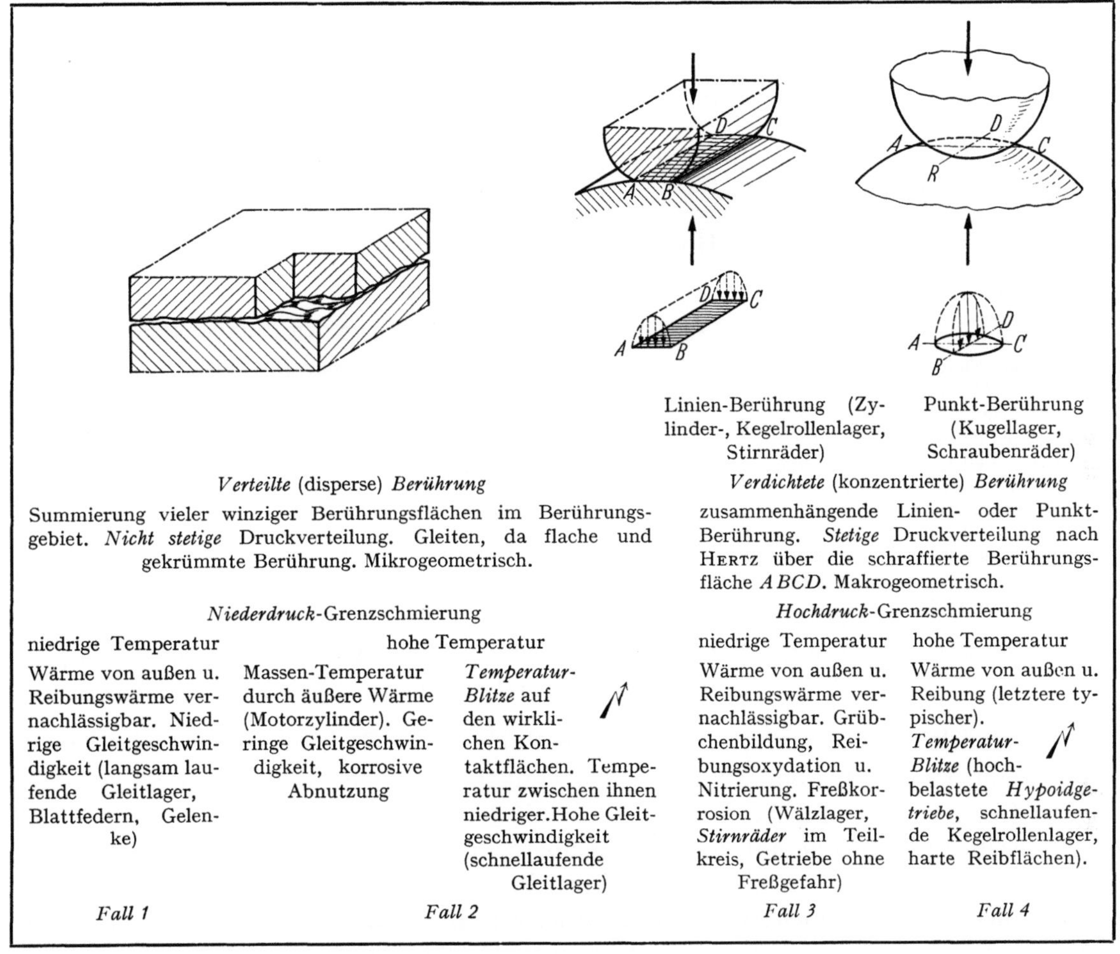

<table>
<tr><td>Verteilte (disperse) Berührung</td><td>Verdichtete (konzentrierte) Berührung</td></tr>
<tr><td>Summierung vieler winziger Berührungsflächen im Berührungsgebiet. Nicht stetige Druckverteilung. Gleiten, da flache und gekrümmte Berührung. Mikrogeometrisch.</td><td>zusammenhängende Linien- oder Punkt-Berührung. Stetige Druckverteilung nach HERTZ über die schraffierte Berührungsfläche ABCD. Makrogeometrisch.</td></tr>
</table>

Niederdruck-Grenzschmierung		Hochdruck-Grenzschmierung	
niedrige Temperatur	hohe Temperatur	niedrige Temperatur	hohe Temperatur
Wärme von außen u. Reibungswärme vernachlässigbar. Niedrige Gleitgeschwindigkeit (langsam laufende Gleitlager, Blattfedern, Gelenke)	Massen-Temperatur durch äußere Wärme (Motorzylinder). Geringe Gleitgeschwindigkeit, korrosive Abnutzung / Temperatur-Blitze auf den wirklichen Kontaktflächen. Temperatur zwischen ihnen niedriger. Hohe Gleitgeschwindigkeit (schnellaufende Gleitlager)	Wärme von außen u. Reibungswärme vernachlässigbar. Grübchenbildung, Reibungsoxydation u. Nitrierung. Freßkorrosion (Wälzlager, Stirnräder im Teilkreis, Getriebe ohne Freßgefahr)	Wärme von außen u. Reibung (letztere typischer). Temperatur-Blitze (hochbelastete Hypoidgetriebe, schnellaufende Kegelrollenlager, harte Reibflächen).
Fall 1	Fall 2	Fall 3	Fall 4

Bild 315.   Einteilung der Grenzschmierung nach H. BLOK 1937

Der Temperatur-Blitz entsteht ausschließlich durch Reibungswärme in der Oberfläche wirklicher Berührung bei sehr schnellem Gleiten der Zahnflanken aufeinander. Er wirkt nur auf die unmittelbare Nachbarschaft dieser Oberfläche, d. h. sehr örtlich. Innerhalb einer tausendstel Sekunde und weniger erreicht er die Hitze einer Acetylen-Schweißflamme und verursacht kleine Verflüssigungen des Materials. Dies ist das sog. Fressen nach den Erklärungen von BLOK zwischen 1937 und 1939. Kritischer Faktor für das Fressen ist also die Temperatur in der Berührungszone der arbeitenden Zahnflanken. 1948 sagt BLOK: es gibt sogar für jede Werkstoffpaarung von Zahnrädern und für jedes Mineralöl eine eigene „kritische Freßtemperatur T_k", unabhängig von Pressung und Geschwindigkeiten. Sobald sie erreicht wird, tritt das Fressen ein.

Zum Beispiel erreicht der Temperaturblitz an hochbelasteten Hypoid-Getrieben leicht 500 °C und mehr (Rotglut!). Bei ihnen sind die Temperaturblitze deshalb viel höher als bei normalen Spiralkegelrädern gleicher Belastung, weil Hypoidräder im Gegensatz zu Spiralkegelrädern durch eine große Komponente in der Längsrichtung eine höhere Gleitgeschwindigkeit in der Linienberührung haben. Blok ließ ein Zahnradpaar solcher Werkstoffpaarung laufen, daß ein Thermoelement entstand.

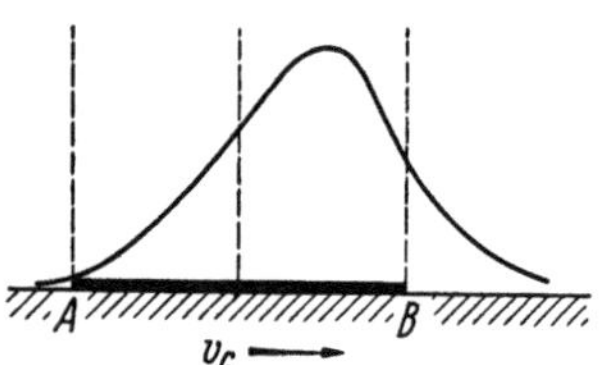

Bild 316. Verteilung des Temperatur-Blitzes über die Berührungsfläche nach H. Blok 1939

A-B ist ein Schnitt durch die Oberfläche wirklicher Berührung. v_c ist die entsprechende kreuzweise Geschwindigkeit der Reibflächen.

Man sieht: die Temperatur ist am höchsten nahe des folgenden Randes der Berührungsoberfläche; sie kann in allen Punkten vor diesem Rande vernachlässigt werden. Diese Beobachtung stimmt überein mit der von Almen.

Haben die reibenden Werkstoffe die gleichen thermischen Eigenschaften, so wird die meiste Reibungswärme von der reibenden Oberfläche aufgenommen werden, die sich am schnellsten bewegt.

Für den allgemeinen Fall von Zahnrädern, die sich in Streifen berühren und aus verschiedenem Material bestehen, gab Blok 1937 für die Blitztemperatur T folgende Formel an:

$$T = 0{,}83 \cdot \frac{f \cdot |(v_1 - v_2)| \cdot P_1}{(b_1 \cdot \sqrt{v_1} + b_2 \cdot \sqrt{v_2}) \cdot \sqrt{R}} \; [°C]$$

Hierin bedeuten:

f Reibungskoeffizient

$v_{1,2}$ tangentiale Geschwindigkeiten an den Zahnflanken [cm/s]

P_1 Normalkraft pro Zahn-Breiteneinheit [kg/cm]

R halbe Breite der Hertz'schen Druckellipse [cm]

b $\sqrt{\lambda \cdot \gamma \cdot c} = c \cdot \sqrt{a}$ [kg/(cm · °C · sec$^{1/2}$)]

λ Wärmeleitzahl [kg · cm/(cm · °C · sec)]

γ spezif. Gewicht [kg/cm³]

c spezif. Wärme pro Gewichteinheit [kg · cm/(kg · °C)]

a Temperaturleitzahl [cm²/sec]

Die Ableitung dieser Beziehung ist sehr übersichtlich in seiner Arbeit enthalten, die die Shell 1937 veröffentlichte.

Es handelt sich hier um eine Näherungsmethode, in der Blok annimmt: eine Wärmequelle mit endlichen Abmessungen und unendlicher Wärmekapazität bewegt sich mit einer Geschwindigkeit v über einen Körper mit der Wärmekonstanten b, wobei ein Teil der (Reibungs-) Wärme auf den Körper übergeht. Es stellt sich daraufhin an dessen Oberfläche eine Temperatur T ein. Die Verteilung der Intensität der Wärmequelle wird parabolisch angenommen (Hertz'sche Druckverteilung als Parabel angenähert). Die Wärmequelle wird praktisch durch die Kontaktfläche (Abplattungsfläche) der beiden Zahnflanken verkörpert. Die erzeugte Wärme wird gleich $P_N \cdot \mu \cdot v_g$ gesetzt. Diese Blitztemperatur T addiert Blok dann noch zur Massetemperatur des Rades, um eine maximale Temperatur $T_{\max}$ zu erhalten, die kleiner als die kritische Freßtemperatur sein muß.

Recht gute Näherungswerte ergeben sich nur, wenn

$$v_{1,2} > 5 \cdot \frac{4 \cdot a}{R}$$

Dieser Grenzwert entsteht aus Bedingungen des Ansatzes. Für kleinere $v_{1,2}$ ist mit einigen Prozent Fehler zu rechnen. Der große Vorteil der Methode von Blok ist die Möglichkeit, für jeden Punkt der Eingriffslinie bzw. der Flanke die Momentantemperatur errechnen zu können.

Blok diskutiert seine Formel 1948 anläßlich der Tagung „Mechanical Wear" am Massachusetts Institute of Technology in Cambridge, Mass., mit dem Amerikaner

Tabelle 115. *Gegenüberstellung der Werte von Almen und Blok. P in lb./in.², V in ft./s*

	PV-Werte von J. O. ALMEN 1935					Werte nach der Formel $\sqrt{P^3 \cdot V}$ von H. BLOK 1937				
Radpaar	Fressen	U/min	M_d	Pressung P	Gleit-geschw. V	$P \cdot V$ (Millionen)	Gruppe	Radpaar	$P \cdot V \cdot 10^{-6}$	$\sqrt{P^3 \cdot V} \cdot 10^{-7}$	Fressen
1		2 400	328	71 900	16,70	1,200		2	1,355	8,55	—
2		3 450	112	73 400	18,42	1,355	I; $n/V = 186$	9	1,548	9,96	gelegentlich
3		3 710	100	84 700	16,40	1,392		14	1,848	10,80	stark
4		3 720	96	94 700	14,75	1,402		16	1,932	13,32	stark
5		3 820	90	87 200	16,05	1,403					
6	gelegentlich	3 850	87	87 600	16,20	1,420		3	1,392	10,00	—
7		2 970	91	80 000	17,85	1,430	II; $n/V = 225$	10	1,551	10,81	gelegentlich
8		4 060	92	88 200	17,05	1,505		11	1,595	11,68	gelegentlich
9		3 600	118	80 000	19,35	1,548		13	1,800	14,39	ernstlich
10		4 000	95	86 600	17,80	1,551					
11		3 800	107	92 500	17,10	1,595		5	1,403	10,34	—
12	ernstlich	3 600	97	109 200	15,40	1,676	III; $n/V = 237$	6	1,420	10,45	—
13		3 800	109	108 000	16,60	1,800		8	1,505	10,83	—
14		4 266	88	79 300	23,25	1,848		12	1,676	14,15	ernstlich
15		3 810	90	101 200	18,32	1,852					
16	stark	3 800	109	95 800	20,05	1,932					
17		2 400	328	75 000	26,75	2,010	ohne Radpaar 1, 4, 5, 7, 15 und 17				

JOHN OTTO ALMEN. Er stellt der Almen'schen PV-Tabelle seine eigene gegenüber, siehe Tabelle 115. Hierbei faßt BLOK drei Gruppen zu vier Radpaaren nach den Werten n/v zusammen und scheidet Einzelfälle der Almen-Statistik aus.

ALMEN hatte f als konstant angenommen, die Temperaturen seiner Radkörper änderten sich nur wenig. Für BLOK ergibt erst die Funktion $f \cdot PV$ die Reibungswärme pro Zeiteinheit und Berührungsfläche als proportionales Maß für den Wärmefluß. Durch einen gegebenen Wärmefluß ist aber noch lange nicht der Verlauf und das Maximum der Berührungstemperatur gegeben. BLOK's Formel gibt nur eine ihrer Komponenten wieder, die Blitztemperatur. So unterscheidet BLOK 1937 zwei gleichzeitige, unabhängige Parameter für die Berührungstemperatur: einen für die Blitz- und einen für die Körper-Temperatur. Beschränkt er den Vergleich auf geometrisch ähnliche Räder mit gleichen Elastizitäts- und Wärmeeigenschaften, so vereinfacht sich die volle Formel zu $f\sqrt{P^3 \cdot V \cdot l}$ oder auch nur $\sqrt{P^3 \cdot V \cdot l}$, wobei l ein charakteristischer Wert für die geometrische Ähnlichkeit der Räder ist.

Für den häufigsten Fall von Zahnradpaaren gleichen Elastizitätsmoduls E und gleichen Berührungs - Koeffizienten b schreibt BLOK auf der Fachtagung „Zahnradforschung"

1950 in Braunschweig eine zulässige spezifische Getriebeleistung N_{spez} pro Breiteneinheit zu:

$$\boxed{N_{spez} = M \cdot F_B \cdot S_B \cdot n^{1/3} \cdot d^{2/3}}$$ wobei sind: $M = \left(\dfrac{E}{b^4}\right)^{-1/3}$ als Einflußfaktor für den

Zahnradwerkstoff, F_B = Form-Kennziffer, und n = Drehzahl des Zahnrades, auf das der Teilkreisdurchmesser d bezogen wird. Der Berührungskoeffizient b ist ein thermischer Wert, ausgedrückt durch $b = \sqrt{\lambda \cdot \varrho \cdot c}$ mit λ = Wärmeleitzahl, ϱ = Dichte und c = spezifische Wärme; bei nicht zu hoch legierten Stählen ist

$$b = 12 \text{ bis } 16 \ (\mathrm{kg/cm} \cdot \mathrm{sec}^{1/2} \cdot {}^{\circ}\mathrm{C}).$$

Den Öleinfluß- oder Freßfaktor S_B definiert BLOK durch $S_B = \left(\dfrac{T_k - T_m}{f}\right)^{4/3}$, wobei wiederum ist: T_k = kritische Freßtemperatur, T_m = Körper- bzw. Massentemperatur der Zahnräder (bei Tauchschmierung wird T_m fast gleich der Ölbadtemperatur sein), und f = Reibungszahl der Zahnflanken $\approx 0{,}1$. Die zulässige Blitztemperatur besteht in der Differenz $T_k - T_m$.

BLOK nennt dieses zulässige N_{spez} 1954 bei der Fachtagung ,,Antriebselemente" in Essen Freßgrenzleistung N_f, und zwar faßt er hierunter geometrisch ähnliche Getriebe gleicher Klasse mit der linearen Baugröße l zusammen. Er schreibt jetzt für:
Linienberührung $N_f = C_f \cdot n^{1/3} \cdot l^{5/3}$,   Punktberührung $N'_f = C'_f \cdot l$.

Diese Formeln gelten für die gesuchte Durchschnittsleistung; die Formfaktoren C_f und C'_f schließen Lastverteilung, Kerbwirkung und dynamische Belastung als ,,verborgene Faktoren" ein. BLOK schreibt daher 1954 seine Formel für die Freßgrenzleistung N_f:

$$N_f = C_3 \cdot \left(\frac{b^4}{E'}\right)^{1/3} \cdot \left(\frac{T_f - T_m}{f}\right)^{4/3} \cdot n^{1/3} \cdot l^{5/3}.$$

Der Formfaktor C_3 enthält die ,,verborgenen Faktoren" und entspricht dem früheren F_B.

Im Gegensatz zum S_a-Wert von HERMANN HOFER berücksichtigt BLOK in seinem Blitztemperatur-Verfahren die Drehzahl n, indem er die Freßgrenzleistung N_f mit $n^{1/3}$ zunehmen läßt. Diese reelle Abhängigkeit bewiesen 1950 die Engländer J. R. HUGHES und R. TOURRET an Stirnrädern.

Auch dem Leiter des Getriebebaues in der General Electric Corp., Schenectady, DARLE W. DUDLEY, fiel 1948 auf: ,,... im Schiffsgetriebe- und Flugzeugturbinen-Bau muß man mehrere Posten in Betracht ziehen, ehe der PV-Faktor von ALMEN allgemein zur Tragfähigkeitsbeurteilung auch großer Zahnräder dienen kann." DUDLEY meint:

1. der PV-Wert 1,5 Millionen gilt offenbar nur für voll gehärtete Räder von Rockwell C-60. Bei weichen und mittelharten Zahnradstählen ist PV viel niedriger. Vielleicht ist der PV-Wert aber irgendwie proportional der Härte.

2. bei großen Rädern muß man die Genauigkeit der Zahnabmessungen, des Zahnprofils und der Oberflächenbearbeitung sorgfältig berücksichtigen. In sehr großen Rädern ist das Trägheitsmoment der bewegten Massen so groß, die Verbindungswellen sind so steif, daß Zahnfehler während des Eingriffs große dynamische Kräfte erzeugen. Fressen kam daher schon oft bei einem Viertel bis einem Achtel des Entwurfsdrehmomentes vor, während andere, gleiche Räder noch bei $200^0/_0$ Überlastung einwandfrei liefen. Kaum meßbare Differenzen in Profil und Spirallinie verursachen diese Unterschiede.

3. die Viskosität des Schmieröles spielt eine wichtige Rolle in der Frage des Fressens. Zahnräder von heutigen Flugzeugtriebwerken arbeiten mit immer dünneren Ölen. Und mit dem Schmiervermögen der Öle ändert sich auch die Freßneigung der Zahnräder.

Im Schiffbau müssen die Zahnräder für eine viel längere Betriebszeit und viel niedrigere Belastung ausgelegt sein als in der Automobil- und Flugzeugpraxis. Schiffsgetriebe haben lange Vollast-Betriebszeiten. Der Unterschied zwischen Schiffs-, Automobil- und Flugzeuggetrieben verhält sich hierin wie 3000 zu 1.

In der Weiterentwicklung zu einer allgemeingültigen Formel für die Freßtragfähigkeit traf sich DUDLEY 1952 mit dem leitenden Versuchsingenieur der Caterpillar Tractor Co. BRUCE W. KELLEY. Sie behalten das Blok'sche Blitztemperatur-Verfahren bei, arbeiten aber noch den wichtigen Verzahnungsfehler-Einfluß ein. Für KELLEY beginnt das Fressen eines Zahnradpaares im inneren Einzeleingriffspunkt des Ritzels. Außerdem berücksichtigt KELLEY neben BLOK's Faktoren noch die Eintrittstemperatur des Öles t_i und die Flankenrauheit s. Damit ist der moderne Stand erreicht.

Literatur zum Kapitel 3.4

1882 HERTZ, HEINRICH RUDOLF: Über die Berührung fester elastischer Körper. Journal für die reine und angewandte Mathematik, Bd. 92 (1882), S. 156 bis 171.

1882 HERTZ, HEINRICH RUDOLF: Über die Berührung fester elastischer Körper und über die Härte. Verhandlungen des Vereins zur Beförderung des Gewerbefleißes in Preußen, Bd. 61 (1882), S. 449 bis 463.

1894 STRIBECK, RICHARD: Berechnung der Zahnräder. Z. VDI 38 (1894), No. 40, S. 1182 bis 1187.

1895 KOHN, MORIZ: Zahnreibung. Z. VDI 39 (1895), No. 37, S. 1114 bis 1116.

1896 GOEBEL, J.: Die Reibung der Zahnräder. Z. VDI 40 (1896), No. 17, S. 459 bis 465.

1897 FÖPPL, AUGUST: Vorlesungen über Technische Mechanik, Bd. 3: Festigkeitslehre, §§ 71 bis 73, 1. Aufl. Leipzig: B. G. Teubner 1897.

1897 FÖPPL, AUGUST: Festigkeitsprüfung von Gußstahlkugeln. Baumaterialienkunde 2 (1897/98) Heft 11/12 S. 177 bis 180.

1901 SCHWINNING, WILHELM: Versuche über die zulässige Belastung von Kugeln und Kugellagern. Z. VDI 45 (1901) Nr. 10, S. 332 bis 336.

1901 STRIBECK, RICHARD: Kugellager für beliebige Belastungen. Z. VDI 45 (1901), Nr. 3, S. 73 bis 79 und Nr. 4, S. 118 bis 125.

1902 BACH, CARL: Elastizität und Festigkeit. 4. Aufl. Berlin: Julius Springer 1902, S. 160 bis 171.

1902 BÜCHNER, KARL: Beitrag zur Kenntnis der Abnutzungs- und Reibungsverhältnisse der Stirnzahnräder. Z. VDI 46 (1902), Nr. 5, S. 159 bis 166 und Nr. 8, S. 278 bis 284.

1907 FÖPPL, AUGUST: Vorlesungen über Technische Mechanik. Bd. 5: Die wichtigsten Lehren der höheren Elastizitätstheorie, §§ 48/49, 51 bis 54, 1. Aufl. Leipzig: B. G. Teubner 1907.

1907 STRIBECK, RICHARD: Prüfverfahren für gehärteten Stahl unter Berücksichtigung der Kugelform. Z. VDI 51 (1907), No. 37, S. 1445 bis 1451, besonders No. 38 S. 1500 bis 1506.

1908 LASKUS, AUGUST: Festigkeitslehre. In „Hütte", des Ingenieurs Taschenbuch. 1. Band. 20. Aufl., S. 409 bis 411. Berlin: Wilh. Ernst & Sohn 1908.

1908 VIDÉKY, EMIL: Beiträge zur Berechnung der Zahnräder. Z. d. Österreichischen Ingenieur- und Architekten-Vereins 60 (1908), Nr. 36, Spalte 579 bis 585.

1910 SCHAEFER, OTTO: Die Berechnung der Zahnradteilung mit Rücksicht auf Abnutzung. Dinglers Polytechnisches Journal, Bd. 325, 91 (1910) H. 9 S. 129 bis 132.

1920 NOACK, WALTER G.: Flugzeuggetriebe. Z. VDI 64 (1920), Nr. 15/16, S. 317 bis 322; Nr. 17/18, S. 346 bis 350 und Nr. 19/20, S. 377 bis 381.

1921 JANDASEK, JOSEPH: Gearing Calculations by the Compressive Stress Method. Automotive Industries 45 (1921), No. 11, S. 512 bis 515.

1922 BERNDT, GEORG: Über die Gültigkeit der Hertz'schen Formeln zur Berechnung der Abplattung von Meßkörpern. Z. f. Technische Physik 3 (1922), S. 14 bis 20, 82 bis 87.

1922 JANDASEK, JOSEPH: Rear-Axle Gear Calculations by thy Compressive-Stress Method. SAE Journal 11 (1922), No. 4, S. 375 bis 379.

1923 SCHWEND, FRIEDRICH: Die Evolventen-Verzahnung. Maschinenbau/Gestaltung 2 (1922/23), H. 16, S. 629 bis 632.

1925 KRAUS, ROBERT: Die Abnutzung der Verzahnung. Maschinenbau 4 (1925), H. 2, S. 61 bis 64.

1926 HOFER, HERMANN: Gehärtete und in der Verzahnung geschliffene Zahnräder aus hochwertigem Stahl. Maschinenbau 5 (1926), H. 8, S. 353 bis 356.

1926 KUTZBACH, KARL: Maschinenteile II, Zahnradgetriebe. In „Hütte", des Ingenieurs Taschenbuch, 2. Band. 25. Aufl., S. 185/186. Berlin: Wilhelm Ernst & Sohn 1926.

1926 TIMOSHENKO, STEPHEN PROKOPOVIC, und BAUD, ROBERT VIKTOR: The Strength of Gear Teeth, Mechanical Engineering 48 (1926), No. 11, S. 1105 bis 1109.

1927 BOCHMANN, HELLMUTH: Die Abplattung von Stahlkugeln und Zylindern durch den Meßdruck. Diss. TH Dresden. Erfurt: Deutsche Zeitschriften-Gesellschaft, und Z. f. Feinmechanik & Präzision 35 (1927), besonders H. 9, S. 95 bis 100 und H. 11, S. 122 bis 125.

1930 WISSMANN, KURT: Berechnung und Konstruktion von Zahnrädern für Krane und ähnliche Maschinen. Diss. TH Berlin. Borna-Leipzig: Universitäts-Verlag Robert Noske 1930.

1931 HOFER, HERMANN: Die zulässige Zahnradbeanspruchung und ihre Berechnungsweise im Maschinenbau. Werkstattstechnik 25 (1931), H. 5, S. 128 bis 131.

1932 SCHULZE-PILLOT, GERHARD: Kritische Zähnezahlen bei normalen Stirnrädern. Z. VDI 76 (1932), Nr. 3, S. 57 bis 61.

1933 V. SODEN, ALFRED GRAF: Getriebe mit Leichtmotoren. Vorträge und Aussprachen der 71. Hauptversammlung des VDI, Friedrichshafen und Konstanz 1933. Berlin: VDI-Verlag 1933, Seite 93 bis 98.

1933 WISSMANN, KURT, u. SCHULZE-PILLOT, GERHARD: Kritische Zähnezahlen bei normalen Stirnrädern. Diskussion. Z. VDI 77 (1933), Nr. 6, S. 152.

1935 ALMEN, JOHN OTTO: Factors Influencing the Durability of Spiral-Bevel Gear for Automobiles. Automotive Industries 73 (1935), November 16 und 23, S. 662 bis 668 und 696 bis 701, besonders 699 bis 701.

1936 BOWDEN, F. P., u. RIDLER, K. E. W.: The Surface Temperature of Sliding Metals — The Temperature of Lubricated Surfaces. Proc. of the Royal Society 154 (1936), S. 640 bis 656.

1936 FÖPPL, CARL LUDWIG: Neue Ableitung der Hertz'schen Härteformeln für die Walze. Z. f. Angewandte Mathematik und Mechanik (ZAMM) 16 (1936), H. 3, S. 165 bis 170.

1936 FÖPPL, CARL LUDWIG: Der Spannungszustand und die Anstrengung des Werkstoffes bei der Berührung zweier Körper. Forschung auf dem Gebiete des Ingenieur-Wesens 7 (1936), September/Oktober, Nr. 5, S. 209 bis 221.

1936 WOLF, OTTO: Konstruktive Entwicklung der Getriebetechnik unter besonderer Berücksichtigung der Anwendung hochwertiger Werkstoffe. Z. VDI 80 (1936), Nr. 36, S. 1093 bis 1098.

1937 ALMEN, JOHN OTTO, u. STRAUB, JOHN C.: Factors Influencing the Durability of Automobile Transmission Gears, Part 1 und 2. Automotive Industries 77 (1937), September 25, No. 13, S. 426 bis 432; October 9, No. 15, S. 488 bis 493.

1937 BLOK, H.: Les Températures de Surface dans les Conditions de Graissage sous pression Extreme. 2. Welt-Erdöl-Kongreß Paris, 14. bis 20. Juni, 4. Sektion, Vol. III, Seite 471 bis 486. Berichtigte englische Übersetzung: The Calculation of Surface Temperatures under Extreme-Pressure Lubrication Conditions. Delft: Royal Dutch Shell Laboratory 1937.

1938 MERRITT, HENRY EDWARD: Gear Performance, No. IV, The Surface Loading of Gear Teeth, und No. V. Working Stresses and Design Factors. The Engineer 166 (1938), S. 84 bis 86, 110 bis 113, 138 bis 140.

1938 NIEMANN, GUSTAV: Walzenpressung und Grübchenbildung bei Zahnrädern. Werkstatt und Betrieb 71 (1938), H. 3/4, S. 29 bis 31; H. 21/22, Seite 294.

1939 BLOK, H.: Klassifikation der Grenzschmierung. Kraftstoff 15 (1939), Oktober S. 10/11, November S. 44 bis 46 und Dezember S. 81/82.

1940 CLAYTON, D.: Effect of Lubricants on Scoring of Steel and Bronze. Engineering 149 (1940), S. 131 bis 135.

1940 NÜBLING, OTTO: Die Zahnradbeanspruchung und ihre Berechnungsweise bei Flugmotorengetrieben. Luftfahrtforschung 17 (1940) Lfg. 5, S. 145 bis 153.

1941 KARAS, FRANZ: Elastische Formänderung und Lastverteilung beim Doppeleingriff gerader Stirnradzähne. VDI-Forschungsheft 406. Berlin: VDI-Verlag 1941.

1942 ALMEN, JOHN OTTO: Facts and Fallicies of Stress Determination. SAE-Journal 50 (1942), No. 2, S. 52 bis 61.

1942 GLAUBITZ, HEINZ: Walzenpressungsformeln für normale Geradzahn-Stirnräder. Automobiltechnische Zeitschrift 45 (1942), H. 19, S. 515 bis 523.

1942 ZEMAN, JARO: Die Abnützung als Berechnungsgrundlage für Maschinenteile. Motortechnische Zeitschrift 4 (1942), H. 10, S. 372 bis 381.

1943 BIRKLE, HANS: Die Walzenfestigkeit von Zahnrädern, ein Beitrag zur Berechnung von Verzahnungen. Die Werkzeugmaschine 47 (1943), H. 5, S. 97 bis 106.

1943 GLAUBITZ, HEINZ: Zahnrad-Versuchsergebnisse zum Schlupfeinfluß auf die Walzenfestigkeit von Zahnflanken. Forschung a. d. Gebiete d. Ingenieur-Wesens 14 (1943), H. 1, S. 24 bis 29.

1943 MAIER, ALBERT: Grundlagen für die Berechnung und Größenbestimmung der Fahrzeug-Wechselgetriebe. Automobiltechnische Zeitschrift 46 (1943), Nr. 21/22, S. 494 bis 505.

1946 HOFER, HERMANN: Vorläufige und verbesserte Zahnradberechnungsarten. Automobiltechnische Zeitschrift 48 (1946), Nr. 1, S. 4 bis 6; No. 2, S. 24/25.

1948 BERGÈRE, J.: Résistance et Encombrement des Engrenages. Paris: H. Dunod 1948, 2 vol.

1949 KARAS, FRANZ: Berechnung der Walzenpressung von Schrägzähnen an Stirnrädern. Halle: J. Knapp 1949.

1950 BURWELL, JOHN T.: Mechanical Wear. Cleveland: American Society for Metals 1950. H. BLOK, Gear Wear as related to viscosity of Oil, S. 199 bis 217; J. O. ALMEN, Surface Deterioration of Gear Teeth, S. 229 bis 288.

1950 KECK, KARL FRIEDRICH: Über die Bestimmung der Beanspruchungsvergleichswerte bei Geradzahnstirnrädern. Automobiltechnische Zeitschrift 52 (1950), Nr. 1, S. 8 bis 13 und ATZ-Konstruktionstafeln 76 bis 81.

1950 SCHULER, PETER: Beiträge zur Zahnradberechnung. Automobiltechnische Zeitschrift 52 (1950), Nr. 5, S. 151 bis 153.

1951 LANE, T. B., u. HUGHES, J.R.: A Practical Application of the Flash Temperature Hypothesis to Gear Lubrication. 3. Welt-Erdöl-Kongreß Den Haag, 28. Mai bis 6. Juni 1951, Proc. Section 7, S. 320 bis 327, Leiden: E. J. Brill Ltd. 1951.

1951 NIEMANN, GUSTAV, u. GLAUBITZ, HEINZ: Zahnflankenfestigkeit geradverzahnter Stirnräder aus Stahl. Z. VDI 93 (1951), Nr. 6, S. 121 bis 126.

1951 Automotive Gearing Committee, Sec. II: PVT Values of Gear Teeth. AGMA 101.02, October 1951.

1952 KELLEY, BRUCE W.: A New Look at the Scoring Phenomenal of Gears. SAE-Transactions September 1952.

1953 WEBER, CONSTANTIN, u. BANASCHEK, KURT: Formänderung und Profilrücknahme bei gerad- und schrägverzahnten Rädern. Schriftenreihe Antriebstechnik, Heft 11, Braunschweig: Friedrich Vieweg & Sohn 1953.

1953 WISSMANN, KURT: Konstruktion und Berechnung von brenngehärteten Zahnrädern im allgemeinen Maschinenbau. Kundendienst-Mitteilung Nr. 8/1953 von Paul Ferd. Peddinghaus, Gevelsberg i. W.

1956 DAVIES, W. JOHN: Some aspects of the loading of gears and rolling bearings. London: British Gear Manufacturers' Association 1956.

1960 WYDLER, ROBERT: Berechnungsmethoden für die Freßsicherheit von Zahnrädern. VDI-Berichte Nr. 47, S. 133 bis 136. Düsseldorf: VDI-Verlag 1960.

1960 HASE, REINHART: Über die Entwicklung der Berechnung und der zulässigen Werte für die Walzenpressung an Zahnflanken. Duisburg: Demag 1960.

3.5 Die Berechnung der Wärme-Tragfähigkeit

Das Problem der Erwärmung von Zahnrädern trat gegen 1890 auf. Um diese Zeit begann der moderne Maschinenbau mit seiner Schnelläufigkeit, seiner intensiven Ölschmierung und seinen geschlossenen, gedrängten Gehäusen. Er verlangte Zahnräder in elektrischen Eisen- und Straßenbahnen, an Dampfturbinen, Verbrennungsmotoren und Werkzeugmaschinen aller Art. Gerade für die Kraftfahr- und Flugzeuge, die sich nach der Jahrhundertwende zu gleicher Zeit entwickelten, brauchte man eine große Zahl vor allem kleiner Zahnräder.

Aber interessant war die Erwärmung nach der Jahrhundertwende nur bei den Getrieben der Turbinenschiffe, da hier zuerst die großen Leistungen auftraten. Daher setzte zu gleicher Zeit die Reibungsforschung an Zahnrädern ein. Man suchte ihre Energieverluste bzw. Wirkungsgrade aufzuklären. Kleine Zahnräder liefen im Betrieb blau und schwarz an. Solange man ihre Freßerscheinungen noch nicht klar erkannte, betrachtete man die Massen Zahnrad, Öl und Gehäuse als Ganzes und ging bei der Berechnung von thermodynamischen Gleichungen der Physik aus. Nachrechnungen auf Erwärmung blieben aber immer von untergeordneter Bedeutung, vor allem bei Stirnrädern. Bei Schneckengetrieben erwies sie sich wegen der größeren Reibung als unumgänglich.

3.51 Die Berechnung von Stirnrädern auf Erwärmung von 1894 bis 1940

Die Erwärmung von Zahnradgetrieben hängt eng mit der Zahnreibung zusammen, wie sie im Kapitel 3.41 behandelt wurde. Man baute auf den Ergebnissen der Reibungsforschung auf und entwickelte Methoden zur Ermittlung der Erwärmung.

Die Erwärmung der Stirnräder kommt durch die Reibung der Zähne bei ihrem Gleiten zustande. Am ehesten beobachtete man die Erwärmung bei raschlaufenden Zahnrädern, um die Jahrhundertwende noch „Arbeitsräder" genannt.

Als erster suchte der Professor für Maschinenbaukunde an der Technischen Hochschule Dresden RICHARD STRIBECK (1861 bis 1950) die Erwärmung eingehender zu berücksichtigen. In seiner richtungweisenden Arbeit über die „Berechnung der Zahnräder" hält er 1894 für die Erwärmung maßgebend, welche Reibungsarbeit w auf 1 cm² Zahnfläche des kleinen Rades in der Sekunde entfällt. Seine Formel für w ähnelt der für das Warmlaufen von Tragzapfen, bei denen man mit dem Produkt aus durchschnittlichem Druck für 1 cm Lagerlänge mal Drehzahl nicht über einen gewissen Betrag hinausging. Im Falle der Zahnräder ist für STRIBECK $w = \dfrac{P \cdot n_1}{i \cdot b}$, wobei $P =$ Belastung, $n_1 =$ Drehzahl des Ritzels, $i =$ Eingriffdauer, $b =$ Zahnbreite, $\dfrac{P}{i \cdot b} =$ durchschnittlicher Druck auf einen Zentimeter Zahnbreite.

Tabelle 116. *Erwärmungskoeffizienten w nach Stribeck 1894*

	Drehzahl n_1 des kleineren Rades			
	90	120	150	180
w	3 330	3 840	4 200	4 500
$\dfrac{P}{i \cdot b}$	37	32	28	25

STRIBECK gibt die Abhängigkeit des Reibungskoeffizienten μ von der Pressung P zu beachten, da sie bei Zahnrädern sehr hoch sein kann. Er geht deshalb bei seiner Zahnradberechnung davon aus, daß mit wachsender Pressung der Reibungskoeffizient merklich zunimmt. Als durchschnittliche Reibungsarbeit in der Zeiteinheit und einen Quadratzentimeter Arbeitsfläche des kleinen Rades rechnet STRIBECK 1894 für Zykloidenverzahnung

$$A = \frac{e^2 \cdot \pi}{2 \cdot t}\left(\frac{1}{z_1} + \frac{1}{z_2}\right)\mu \cdot \frac{P}{i} = \frac{e}{2} \cdot \pi \frac{1 + \varepsilon}{z_1}\mu \cdot P$$

wobei sind $\varepsilon = z_1/z_2$, $e =$ Eingriffstrecke in cm, $P/i =$ durchschnittlicher Druck auf einen Zahn in kg, $\mu =$ Mittelwert für den Koeffizienten der Zahnreibung, $i = e/t =$ Eingriffdauer. Hierzu sagt STRIBECK 1894 noch:

„Diese Reibungsart entfällt am Zahn des kleineren Rades auf eine Fläche, deren eine Abmessung die Radbreite b, und deren andere die zum Eingriff kommende Länge ist."

STRIBECK's Kriterium für die Erwärmung ist die Zahnbreite b. w liefert die Radbreiten, bei deren Unterschreitung Warmlaufen zu erwarten ist, den Ausdruck für w zieht er bei kleinen z_1/z_2 und großer Teilung zur Bestimmung von b heran. So kann die Reibungsarbeit pro Arbeitsfläche des kleinen Rades den zulässigen Betrag nicht überschreiten. Bei sehr niedrigen Drehzahlen und großen Teilungen empfiehlt STRIBECK $\dfrac{P}{i \cdot b} < 60$. Auf jeden Fall verlangt die Rücksicht auf Warmlaufen $\dfrac{P}{i \cdot b} \leqq \dfrac{w}{n_1}$ oder

$b \geqq \dfrac{P \cdot n_1}{i \cdot w}$, wobei nur ausnahmsweise das Gleichheitszeichen gilt.

Aber es fiel noch schwer, für die Berechnung Formeln und Zahlenwerte aufzustellen, die sich wirklich den verschiedenen Beeinflussungen anpassen und die von den Konstrukteuren allgemein angewendet werden können. 1911 sagt der Professor für Maschinenelemente an der Technischen Hochschule Prag Dr. ADALBERT SCHIEBEL (1872 bis 1931) noch: „In dieser Hinsicht besteht zur Zeit noch eine Unsicherheit und Willkür, da es an zusammenfassenden Versuchen und Erfahrungen auf diesem Gebiete mangelt." Außerdem liefen die Zahnräder damals schon mit weit höheren Drehzahlen und Pressungen als die Berechnungsformeln vorsahen.

Wesentlich für die Erwärmung des Zahnrades hält 1916 der Dresdener Professor KARL KUTZBACH (1875 bis 1942) den Umfangsdruck P_u/b für 1 cm Zahnbreite ohne Rücksicht auf die Eingriffdauer. Als Maßstab für die erzeugte Wärme sieht KUTZBACH schon 1916 an: den Umfangsdruck P_u und die mittlere Gleitgeschwindigkeit v_{gm} der Zähne, bzw. ihre Teilung t_u und $(n_1 + n_2)$. Er meint: „Ausschlaggebend für die gleichzeitig durch Luft und Öl *abführbare* Wärme ist jedenfalls zunächst die Oberfläche des Ritzels, also b und D_1. Als Vergleichswert ist darum für verschiedene, im ganzen aber ähnliche Räder der Wert anzusehen:

$$\frac{P_u \cdot t_u \cdot (n_1 + n_2)}{b \cdot D_1} \quad \text{oder} \quad \frac{P_u}{b} \cdot \frac{(n_1 + n_2)}{z_1} \cdot \text{"}$$

Dieser Wert bestimmt nach KUTZBACH's Ansicht bei ähnlichen Verhältnissen „die *Temperatur*, bei welcher Gleichgewicht zwischen erzeugter Reibungswärme und abgeführter Wärme auftritt. Da der Verlust in der Verzahnung nur $^1/_2$ bis $1^0/_0$ der übertragenen Arbeit beträgt, so ist die abzuführende Wärmemenge nicht bedeutend. Tatsächlich wurden die Ritzel in der Verzahnung bei den Versuchen von Westinghouse 1909 weniger heiß wie in den Lagern."

Die Werte P_u/b schwankten in den Schiffsturbinenanlagen bis 1916 zwischen 93,2 und 160 kg/cm bei Westinghouse, und bei Parsons betrugen sie höchstens 82,2 kg/cm. 1926 bemerkte KUTZBACH bei den Zahnreibungsversuchen der ZF, „daß auch die Gehäusetemperatur einen merklichen Einfluß hatte ... dagegen übt eine Änderung der Öltemperatur oder der Temperatur des zufließenden Öles allein nur geringen Einfluß aus ..."

KUTZBACH setzt 1923 seine Lehre fort und hebt in Hütte, 24. Auflage, hervor: die mittlere Gleitgeschwindigkeit v_{gm} steigt mit der Relativgeschwindigkeit $\omega_{1,2} = \omega_1 \pm \omega_2 = \dfrac{n_1 \pm n_2}{9,55}$ und mit der Länge der Eingriffslinie $= \varepsilon \cdot t \cdot \cos \alpha$, wobei ε der Überdeckungsgrad ist. Die obige Formel schreibt KUTZBACH jetzt als Vergleichswert w für raschlaufende Räder

zu

$$w = \frac{P \cdot t \cdot (n_1 \pm n_2)}{b \cdot d_1 \cdot \pi} = \frac{P}{b} \cdot \frac{n_1 \pm n_2}{z_1}.$$

Er fährt fort: „Ist für eine bestimmte Getriebeanordnung der ohne unzulässige Erwärmung (z. B. über 70°) erreichbare Höchstwert von w bekannt, so ergibt sich daraus die notwendige Mindestbreite von

$$b \gtrless \frac{P \cdot (n_1 \pm n_2)}{w \cdot z_1}$$

Arbeiten auf ein Rad i weitere Räder, so setzt Kutzbach statt P die Größe $i \cdot P$ ein. Schließlich gibt er folgende Werte für w an:

Flugmotorengetriebe (gut geschmiert, gekühlt durch äußeren Luftzug) < 30000
große Schiffs- und Turbinengetriebe < 15000

1926 dringt Dipl.-Ing. Werner Bondi (geb. 7. Mai 1898 in Dresden) in seiner Dissertation zum Abnutzungsproblem mit Berücksichtigung der Zahnräder an der Technischen Hochschule Darmstadt noch tiefer in die Erwärmungsfrage ein. Er sagt darüber: „Die ermittelte Reibungsarbeit bzw. -leistung wird an den aktiven Zahnflanken der beiden in Eingriff stehenden Zahnräder verbraucht und bis auf einen geringen und vernachlässigbaren Rest an Formänderungsarbeit in Wärme umgewandelt. Der Abfluß dieser Wärmemenge von den Zahnoberflächen, an denen sie erzeugt wird, muß gesichert sein, wenn eine unzulässig hohe Erwärmung des Zahnrades vermieden werden soll."

Bondi erwartet bei bestimmter Temperatur t ein Gleichgewicht zwischen der Wärmemenge L_R durch Flankenreibung und ausstrahlender, abfließender Wärmemenge L_S vom Zahnrad aus, d.h. $L_R = L_S$. Die Reibungsleistung setzt er:

$$N_R = \left[\mu \left(\frac{1}{r_1} + \frac{1}{r_2} \right) \cdot \frac{1}{\sin \alpha} \cdot \frac{E_1^2 + E_2^2}{2E} \right] N \ (\text{PS}).$$

Dann ist zunächst $L_R = \dfrac{75 \cdot N_R}{2}$ (mkg/sec). Bei der abfließenden Wärmemenge L_S

verwendet Bondi die Annahmen der Gleitlager-Theorie, d. h. die Leitungszahl k (kg/m · sec · grd) und F (cm²). Dann betrachtet er Zahnprofile mit geraden Flanken (siehe Bild 317) und ermittelt als Zahnfläche F, von der Wärmemenge ausstrahlt:

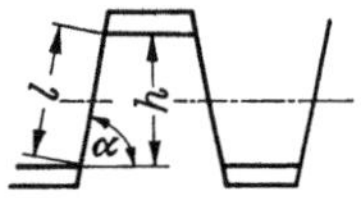

$$F = z \cdot l \cdot b = \frac{z \cdot h \cdot b}{\sin \alpha} \ (\text{cm}^2).$$

Bild 317. Ermittlung der wärmeausstrahlenden Zahnfläche F durch Werner Bondi 1926

Das Temperaturgefälle zwischen Zahnrad t und Umgebung t_0 in °C bezeichnet Bondi mit $(t - t_0)$ und erfaßt die ausstrahlende Wärmemenge durch:

$$L_S = k \cdot F \cdot (t - t_0) = k \cdot \frac{z \cdot h \cdot b}{\sin \alpha} \cdot (t - t_0).$$ Dann setzt er L_R und L_S gleich und errechnet die entstehende Temperatur t zu:

$$t = \frac{\mu \cdot \left(\dfrac{1}{r_1} + \dfrac{1}{r_2} \right) \cdot \dfrac{E_1^2 + E_2^2}{2E} \cdot \dfrac{75 \cdot N}{2}}{k \cdot z \cdot h \cdot b} + t_0 \leqq t_{\text{zul}}.$$

Für *normale* Zahnräder mit der Kopfhöhe $h_k = m$, $\dfrac{E_1^2 + E_2^2}{2E} = \dfrac{m}{2 \cdot \cos \alpha} \approx 2m$ und $\alpha = 75°$ bzw. $\cos \alpha \approx 1/4$ vereinfacht sich die obige Gleichung für t bzw. t_{zul} zu:

$$t = \frac{\mu \cdot \left(\dfrac{1}{r_1} + \dfrac{1}{r_2} \right) \cdot \dfrac{75}{2} N}{k \cdot z \cdot b} + t_0 \leqq t_{\text{zul}},$$

wobei $N = $ Leistung in PS und $k = 5$ bis 8 (kg/m · sec · grd).

Diese Erwärmungstemperatur t darf nach Bondi 1926 einen zulässigen Wert je nach Material nicht überschreiten, „indem bei höheren Temperaturen die Festigkeitszahlen aller Metalle und damit auch die Verschleißfestigkeit sinkt."

Seit 1922 behandelte auch Professor Maurits ten Bosch[1] die Erwärmung der Zahnräder. ten Bosch galt damals als führender Mann auf dem Gebiet der Wärmeübertragung, mit der er sich seit 1917 in der Abteilung Kältemaschinen bei Gebr. Sulzer in Winterthur beschäftigt hatte. Vor allem brachte er 1922 den Ingenieuren die damals noch wenig bekannten Theorien von Reynolds, Nusselt und Prandtl näher durch sein Buch „Die Wärmeübertragung". Aus diesem Grunde beachtete man seine Vorlesungen über Maschinenelemente ebenfalls weithin; sie wurden 1929 zum ersten Male veröffentlicht, danach noch 1940 und 1950.

ten Bosch setzt 1929 die Reibungsarbeit, verteilt auf beide Räder, an mit

$$L_r < 150 \cdot \mu \cdot N \cdot m \cdot \left(\frac{1}{r_1} \pm \frac{1}{r_2} \right) \text{(mkg/sec)}, \quad \text{wobei} \quad m = \text{Kopfhöhe}, \quad N = \text{Leistung},$$

$\mu = $ Reibungskoeffizient, $r_{1,2} = $ Teilkreis-Durchmesser.

Wird nun die ganze Reibungsarbeit in Wärme umgesetzt, so entsteht mit

$1 \text{ mkg} = \dfrac{1}{427} \text{ kcal}$ die Reibungswärme

$$Q = \frac{150 \cdot 3600}{427} \cdot \mu \cdot N \cdot m \cdot \left(\frac{1}{R_1} \pm \frac{1}{R_2} \right) \text{(kcal/h)}$$

oder mit $\quad R = \dfrac{z \cdot m}{2}$

$$Q = 1254 \cdot \mu \cdot N \cdot \left(\frac{1}{z_1} \pm \frac{1}{z_2} \right) \text{(kcal/h)}.$$

Da die Räder meistens in einem geschlossenen Gehäuse laufen, gibt ten Bosch zwei Arten der Wärmeabgabe an die Gehäusewand an:

1. durch Strahlung

2. und zum größten Teil, durch das Schmieröl.

ten Bosch empfiehlt 1929 genügend Flankenspiel für die noch kalten Zähne, damit sie wegen ungleicher Wärmeausdehnungen nicht klemmen können. Das kleine Rad erwärmt sich wesentlich stärker als das große. Schließlich schlägt ten Bosch 1929 auf jeden Fall künstliche Ölkühlung vor, z. B. durch Kühlschlange im Ölraum des Gehäuses selbst oder besonderen Kühler im Ölkreislauf, falls die Oberfläche des Gehäuses für die Abgabe der Wärme nicht mehr ausreicht. Er gibt auch einer Durchlüftung des Gehäuses für die Kühlung der Zahnräder Aussichten.

Die Wärmeabgabe durch Strahlung an die Gehäusewand behandelt ten Bosch 1940 eingehender. Er benutzt zu ihrer Berechnung das Wärmestrahlungsgesetz von Stefan/ Boltzmann.

---

[1] Maurits ten Bosch (1883 bis 1950). Sohn eines Kunstmalers aus s'Gravenhage. Studierte 1903 bis 1907 in der mechanisch-technischen Abteilung am Polytechnikum Zürich. 1908 bis 1913 Ingenieur bei Gebr. Bühler in Uzwil. Bis zum Ausbruch des 1. Weltkrieges Besitzer einer Maschinenfabrik in Kronstadt. 1917/1918 Leiter der Abteilung Kältemaschinen bei Gebr. Sulzer in Winterthur. Seit 1922 Lehrstuhl für Maschinenelemente an der ETH Zürich, seit 1923 Professor. Seine Bücher „Die Wärmeübertragung" 1922 und „Vorlesungen über Maschinen-Elemente" 1929 wurden je dreimal aufgelegt.

Dieses Gesetz entdeckten die Wiener Physiker JOSEF STEFAN (1835 bis 1893) und LUDWIG BOLTZMANN (1844 bis 1906). STEFAN fand 1878 die Beziehung zwischen Wärmestrahlung und Temperatur $Q = \sigma \cdot T_4$, wobei σ = Emissionskonstante. BOLTZMANN stellte diese Beziehung 1884 auf thermodynamische Grundlage (absolut schwarzer Körper)

$$Q = C \cdot \left[\left(\frac{T_1}{100}\right)^4 - \left(\frac{T_2}{100}\right)^4\right]\left(\frac{\text{kcal}}{\text{m}^2 \cdot h}\right) \quad \text{wobei } C = 10^8 \cdot \sigma = \text{Strahlungszahl} = 0{,}2 \text{ bis } 1{,}3 \left[\frac{\text{kcal}}{\text{m}^2 \cdot h \cdot T^4}\right],$$

T_1 = absolute Temperatur des strahlenden Körpers, T_2 = absolute Temperatur der Umgebung (beide in °Kelvin).

Nach TEN BOSCH wird dem Gehäuse die Wärmemenge Q_1 zugestrahlt

$$Q_1 = C_1 \cdot F_1 \left[\left(\frac{T_1}{100}\right)^4 - \left(\frac{T_w}{100}\right)^4\right]$$

Die ausgestrahlte Wärmemenge Q_2 an die Umgebung ist

$$Q_2 = C_2 \cdot F_2 \left[\left(\frac{T_w}{100}\right)^4 - \left(\frac{T_2}{100}\right)^4\right]$$

Für den Beharrungszustand sind beide Wärmemengen gleich groß, also $Q_1 = Q_2$. Ist ferner die Umgebung 18 °C, also $\left(\frac{T_2}{100}\right)^4 = 71$, so wird $\left(\frac{T_1}{100}\right)^4 = \left(\frac{F_2}{F_1} + 1\right) \cdot \left(\frac{T_w}{100}\right)^4 - 71$.

Hierbei sind:

C_1 und C_2 Strahlungszahlen der Zahnräder bzw. des Gehäuses

F_1 und F_2 strahlende Oberfläche (in m²) der Zahnräder bzw. des Gehäuses

T_1 T_w, T_2 Temperaturen (in °Kelvin) der Zahnräder, Gehäuse-Oberfläche und -Umgebnng.

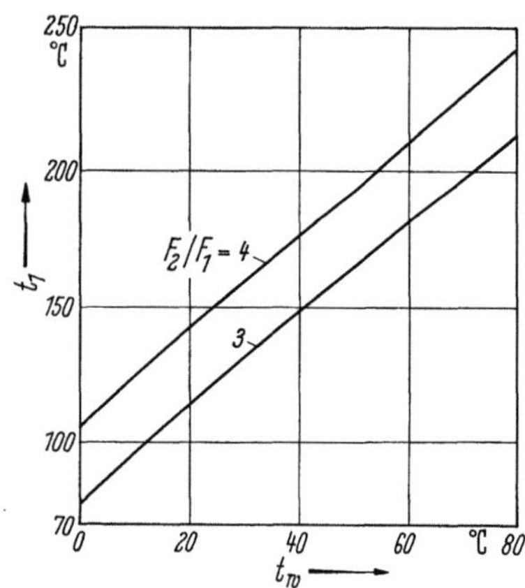

Bild 318. Diagramm zur Lösung der Gleichung für die Wärmeabgabe durch Strahlung an die Gehäusewand von MAURITS TEN BOSCH 1940

Diese Gleichung löst TEN BOSCH 1940 mit Hilfe eines Diagramms für F_2/F_1, siehe Bild 318. Im geschlossenen Gehäuse vermindert sich die Wärmeabgabe durch Strahlung mit dem Faktor $\dfrac{1}{\frac{F_2}{F_1} + 1}$. Hier gibt die Gehäusewandung Wärme ab nach der Gleichung $Q = \alpha \cdot F \cdot \Delta\vartheta$, wobei F = kühlende Oberfläche in m², $\alpha \leqq 18 \left[\dfrac{\text{kcal}}{\text{m}^2 \text{h} °C}\right]$, $\Delta\vartheta$ = Übertemperatur der Gehäuseoberfläche, geschätzt durch obige Gleichungen für Q.

Die erzeugte Wärme durch Zahnreibung erhält TEN BOSCH 1940 durch Integrieren der Reibungsgleichung $dA = \mu \cdot P_z \left(\dfrac{1}{r} \pm \dfrac{1}{R}\right) \cdot \dfrac{E \cdot de}{\cos\alpha}$ über die ganze Eingriffstrecke $E = E_1 + E_2$, mit E_1 und E_2 als Kopf- und Fußeingriffsstrecken.

Als Gleichung für die Reibungsarbeit pro Flankenpaar erhält er jetzt

$$A_1 = \mu \cdot P_z \cdot \left(\frac{1}{r} \pm \frac{1}{R}\right) \cdot \frac{E_1^2 + E_2^2}{2 \cdot \cos\alpha}, \quad \text{für eine Umdrehung des kleinen Rades von } z \text{ Flan-}$$

kenpaaren $z \cdot A_1$, als

Reibungsleistung bei $\dfrac{n}{60}$ Umdrehungen pro Sekunde

$$L_r = n_1 \cdot z \cdot \frac{A_1}{60} = \frac{n_1 \cdot z}{60} \cdot \mu \cdot P_z \cdot \left(\frac{1}{r} \pm \frac{1}{R}\right) \cdot \frac{E_1^2 + E_2^2}{2 \cdot \cos \alpha}, \text{ und als}$$

übertragene Leistung $L = P_z \cdot \omega_1 \cdot r \cdot \cos \alpha = \dfrac{\pi \cdot n_1}{60} \cdot P_z \cdot z \cdot m \cdot \cos \alpha$ (kg $\cdot$ mm/sec).

Der Quotient $\dfrac{L_r}{L}$ ergibt den Reibungsverlust; er wird ein Minimum bei $E_1 = E_2 = \dfrac{E}{2}$ und $i = 1$, ein Maximum bei $E_1 = E$ und $E_2 = 0$. TEN BOSCH rät daher von einer Zahnkopfvergrößerung auf Kosten der Fußhöhe ab. Schließlich gibt TEN BOSCH 1940 die erzeugte Wärme durch Reibung bei $\alpha = 15°$ an mit

$$Q \leqq 10\,\mu \cdot \left(\frac{1}{z} \pm \frac{1}{Z}\right) \cdot N_{kW} \cdot 860 \leqq 10\,\mu \cdot \left(\frac{1}{z} \pm \frac{1}{Z}\right) \cdot N_{PS} \cdot 632 \left(\frac{\text{kcal}}{\text{h}}\right).$$

Sie „verteilt sich auf beide Räder im Verhältnis der Abkühlungsmöglichkeit".

MAURITS TEN BOSCH trug diese Berechnungsmethoden der Erwärmung von Zahnrädern bereits in Kenntnis der neuen Theorien über den Temperaturblitz von H. BLOK vor. Er ging aber nicht darauf ein, denn den Ingenieuren der Praxis fiel das Rechnen nach dem Blok'schen Verfahren zu schwer.

In der Folge verwischten sich die Begriffe Erwärmung und Fressen. Ein Beispiel dafür ist der Berliner Argus-Ingenieur OTTO NÜBLING. Er glaubt 1940, also zur gleichen Zeit wie TEN BOSCH, daß die Erwärmung der Zahnoberfläche von fünf Größen abhängt:

1. Belastung und Häufigkeit, mit der die Erwärmung auftritt
2. Beschaffenheit der Zahnoberfläche
3. Gleitgeschwindigkeit
4. Art der Schmierung der Zähne
5. Wärmeleitfähigkeit des Zahnradkörpers bzw. Getriebe-Gehäuses.

Jedoch sind diese Größen für ihn genügend durch die S_a-Formel von HERMANN HOFER erfaßt. NÜBLING erkennt aber bereits: bei Zahnrädern liegt im Gegensatz zu Lagern keine reine Flüssigkeitsreibung vor, da „durch die Fliehkraftwirkung das Öl abgeschleudert wird". Dies ist eine Andeutung in Richtung Grenzschmiertheorie, deren exakte Klärung seit 1937 dem Holländer H. BLOK gelang, doch wurde sie erst nach dem zweiten Weltkriege allgemein bekannt.

Zur gleichen Zeit rechnet der Professor für Verbrennungskraftmaschinen an der Technischen Hochschule Braunschweig OTTO LUTZ (geb. 4. April 1906 in Stuttgart-Cannstatt) die Erwärmung hochbelasteter Zahnräder mit der übertragenen Leistung in PS pro cm² Teilkreisfläche nach. In seinen Vorlesungen über Verbrennungskraftmaschinen schlägt er den Begriff „Umfangsbelastung des vergleichbaren 20-Zähne-Rades" vor. Er setzt dabei Werkstoffe, entsprechend dem Hooke'schen Gesetz, von gleicher Dichte und gleichem Elastizitätsmodul voraus. Für ihn hängt die Erwärmung des Zahnrades von seiner Zähnezahl ab. Er berücksichtigt, wenn es in einem Eingriff die gesamte oder in zwei Eingriffen die halbe Last überträgt.

LUTZ leitet seine Umfangsbelastung aus der Gleichung für die übertragene Leistung nach MAURITS TEN BOSCH 1940 in vereinfachter Form ab:

$$L = k_1 N_F \left(\frac{1}{z_1} \pm \frac{1}{z_2}\right), \text{ wobei } N_F = \text{übertragene Leistung in den Zahnflanken, } k_1 = \text{Kon-}$$

stante. Die Erwärmung selbst läßt er ausgehen von der Mantelfläche des Teilkreiszylinders bei Stirnrädern $f_u = b \cdot z \cdot m \cdot \pi$ bzw. vom Mantel des Teilkreiskegelstumpfes bei Kegelrädern. Es ist daher die Umfangsbelastung $w = \dfrac{N_F}{f_u} \cdot \left(\dfrac{1}{z_1} \pm \dfrac{1}{z_2} \right)$ in PS/cm². Hierbei ist die Umfangsbelastung N_F/f_u umgekehrt proportional zum S_a-Wert von

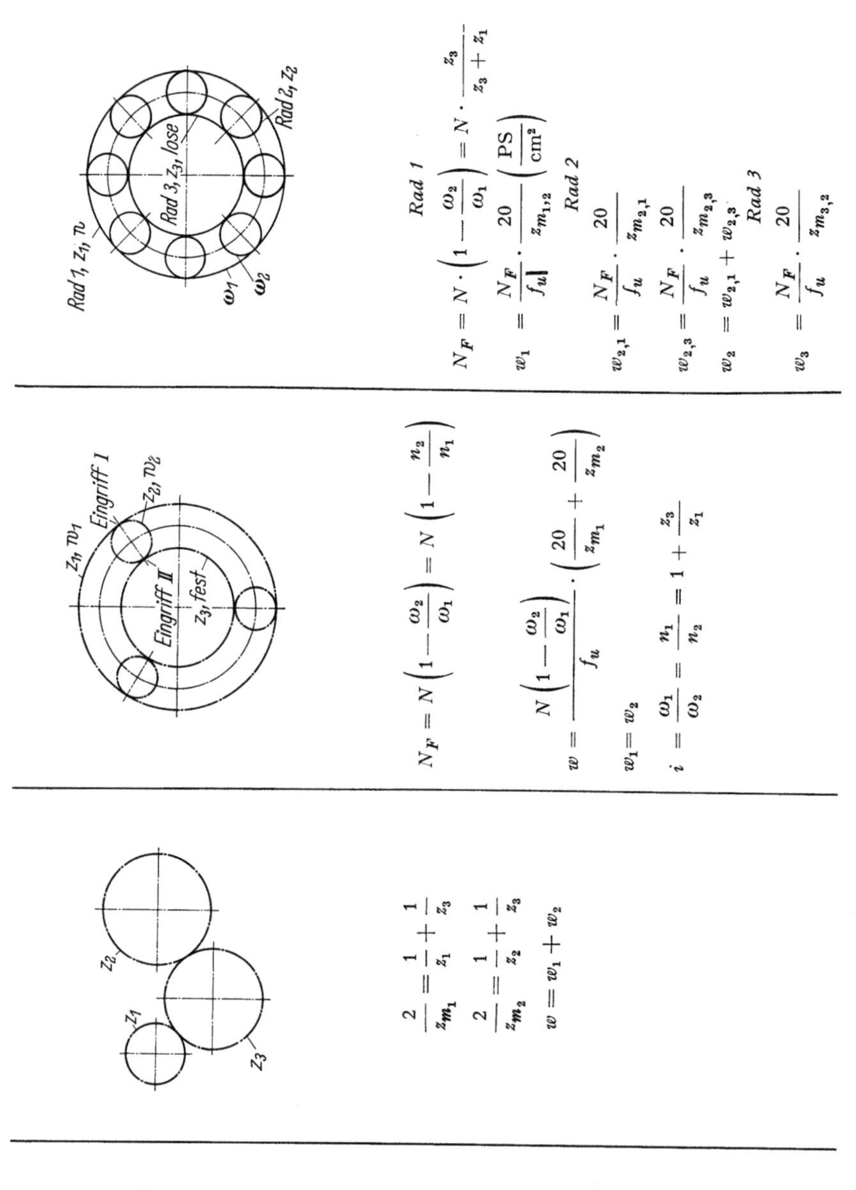

Bild 319. Verfahren zur Berechnung von Zahnrädern auf Erwärmung, von Otto Lutz 1941

HERMANN HOFER. Dann stellt LUTZ dem nachzurechnenden Getriebe ein Vergleichsgetriebe mit $z_m = 20$ Zähnen gegenüber und hat bei gleicher Erwärmung beider

$$\frac{1}{z_1} + \frac{1}{z_2} = \frac{1}{20} + \frac{1}{20} = \frac{2}{20} = \frac{2}{z_m}.$$ Danach schreibt LUTZ die Umfangsbelastung w in der

Form $w = \dfrac{N_F}{f_u} \cdot \dfrac{20}{z_m}$ (PS/cm²). Ein Rad mit mehreren Eingriffen rechnet LUTZ für jeden

Eingriff getrennt nach und addiert die Werte $w_1 + w_2 + \ldots + w_n$. Bei Planetengetrie

ben wird die Umfangsbelastung w für das Planetenrad laut Skizze und $\dfrac{\omega_1}{\omega_2} = 1 + \dfrac{z_3}{z_1}$,

schließlich $w = \dfrac{N \cdot \left(1 - \dfrac{\omega_2}{\omega_1}\right)}{f_u} \left(\dfrac{20}{z_{m_1}} + \dfrac{20}{z_{m_2}}\right)$, wobei die übertragene Flankenleistung

ist $N_F = N \cdot \left(1 - \dfrac{n_2}{n_1}\right) = N \cdot \left(1 - \dfrac{\omega_2}{\omega_1}\right) = N \cdot \dfrac{z_3}{z_3 + z_1}$ für alle Planetenräder. Dann

berechnet LUTZ die einzelnen Zwischenräder $\dfrac{2}{z_{m_1}} = \dfrac{1}{z_1} + \dfrac{1}{z_3}, \dfrac{2}{z_{m_2}} = \dfrac{1}{z_2} + \dfrac{1}{z_3}$ usw.

Für jedes einzelne Planetenrad ist dann

$$w_1 = \frac{N_F}{f_u} \cdot \frac{20}{z_{m_{1,2}}}, \; w_{2,1} = \frac{N_F}{f_u} \cdot \frac{20}{z_{m_{2,1}}}, \; w_{2,3} = \frac{N_F}{f_u} \cdot \frac{20}{z_{m_{2,3}}} \text{ und } w_2 = w_{2,1} + w_{2,3} + \ldots$$

LUTZ gibt abschließend die üblichen Belastungszahlen von Flugmotorengetrieben um 1941 in Tabelle 117 an.

Tabelle 117. *Belastungszahlen von Flugmotorengetrieben nach Otto Lutz 1941*

	Erwärmung PS/cm²	Abnutzung kg/cm²	Biegung kg/cm²
1. Luftschraubengetriebe			
normales Stirnrad-Getriebe, Ritzel	1,5	150	350
Umlaufgetriebe, Innenrad	2,5	200	180
Außenrad	1,5	120	180
2. Ladergetriebe			
Übertragungs-Ritzel	1,7	150	200
Ritzel am Laderad	2	80	80

Die Wärmetragfähigkeit der Zahnräder blieb wegen ihrer hohen Drehzahlen bis heute ein Punkt der Nachrechnung. Der amerikanische Professor EARLE BUCKINGHAM ließ sich 1931 gar nicht weiter auf die Erwärmung ein, sondern hielt nur die Kontrolle wertvoll, ob Umlaufschmierung nötig ist oder nicht. Er nahm einen Leistungsverlust von 1% für jede Eingriffstelle an und fand den Temperaturunterschied

zwischen Räderkasten und Raumtemperatur in °C zu $\vartheta = \dfrac{N}{2 \cdot F}$, wobei $N =$ übertragene

Leistung in PS und $F =$ wärmeabgebende Oberfläche in m². Bei ungünstiger Wärmestrahlungsmöglichkeit setzt BUCKINGHAM für die Wärmeabgabe nur $^2/_3$, d. h.

8,7 WE/h $= 1$ mkg/sec $= 0,0133$ PS/m², und $\vartheta = \dfrac{N}{1,33 \cdot F}$ (°C) ein. Bei zweifachen

Übersetzungsgetrieben muß für N der doppelte Wert der Nennleistung eingesetzt werden, da sie an zwei Stellen übertragen wird. Bei $\vartheta > 30°$ hält BUCKINGHAM Umlaufschmierung erforderlich.

1952 verzichtet sein Landsmann E. J. WELLAUER auf Ölkühlung bei $N \leqq N_{grenz}$. In einem Vortrag vor der American Gear Mfrs. Association (AGMA) 1952 setzt er die zulässige Reibungsverlustleistung eines Getriebes gleich der Wärmeabgabe des Gehäuses an die Luft mit $N_t = \dfrac{\alpha \cdot F \cdot \Delta t}{632,3}$ (PS). Dabei ist $\alpha \approx 12 \ldots 27 \left(\dfrac{\text{kcal}}{\text{m}^2 \cdot °\text{C} \cdot \text{h}} \right)$, $F = $ wirksame Gehäuseoberfläche in m² (wie sie dem freien Luftstrom und der Ölspülung ausgesetzt ist), $\Delta t = $ Temperaturanstieg in °C (üblich 28 bis 39 °C, ausgeführt bis 55 °C bei höchster Umgebungstemperatur von 32 °C). Davon ausgehend ermittelt WELLAUER 1952 die übertragbare Nutzleistung zu $N_{grenz} = K_1 \cdot K_2$ (PS) aus zwei Diagrammen.

1951 unternehmen Professor GUSTAV NIEMANN und Dipl.-Ing. HEINZ GLAUBITZ Versuche mit schrägverzahnten, schmalen Stirnrädern auf dem Verspannungsprüfstand des Institutes für Maschinen-Elemente der Technischen Hochschule Braunschweig. Dabei erweist sich der Schrägungswinkel auf die Erwärmung als von geringem Einfluß, mit steigender Belastung wird er immer geringer. Der Temperaturanstieg läuft linear mit der Belastung. Die Temperaturdifferenz $T_U - T_{UL}$ zwischen Ölsumpfübertemperatur T_U und der Leerlauftemperatur T_{UL} verläuft bei Abhängigkeit von der Belastung linear. Die Forscher schließen: „Die Dauer-Übertemperatur steigt mit der Belastung fast linear an, und zwar bei allen Schrägungswinkeln mit fast der gleichen Steigung. Demnach scheint der Reibwert an den Zahnflanken fast unabhängig von der Belastung zu sein und die Verlustleistung auch fast unabhängig vom Schrägungswinkel …"

3.52 Geschichte der Wirkungsgrad-Untersuchungen an Zahnrädern

Reibung und Erwärmung, diese Erscheinungen stehen in direktem Zusammenhang mit dem heutigen Begriff „mechanischer Wirkungsgrad". Er entstand bei der Ermittlung der Verluste bei Kraftübertragungen. Mit dem Zeitalter der Kraftmaschinen begann auch das der wirtschaftlichen Rentabilitätsrechnung im Maschinenbau. Es mußte über die günstigste Maschinenart, aber auch über die günstigste Kraftübertragung entschieden werden.

Reibungsberechnungen begann schon LEONARDO DA VINCI 1518 und seit der endgültigen Ermittlung der Reibungskoeffizienten durch die französischen Offiziere CHARLES-AUGUSTE DE COULOMB (1736 bis 1806) und ARTHUR JULES MORIN (1795 bis 1880) in den Jahren 1781 und 1831 konnte FRANZ REULEAUX 1869 die ersten Beispiele über Reibungsverluste an Stirnrädern und Schrauben ohne Ende rechnen. Seine Formel für den Arbeitsverlust p_r von Stirnrädern haben wir schon in 3.41 kennengelernt. Nach REULEAUX's Ansicht hängt die Reibung von den Verzahnungskurven, von Form, Größe und Lage der Eingriffslinie ab; sie wächst ferner mit der Eingriffdauer ε und ist schließlich proportional dem harmonischen Mittel der Zähnezahlen. Damit erkannte er die Gleitung als Ursache für Kraftverlust und Abnutzung. Für die Schraube ohne Ende schreibt REULEAUX 1869 die Formel

$$\frac{P'}{P} = \frac{1 + f \cdot \dfrac{2 \cdot \pi \cdot R}{t}}{1 - f \cdot \dfrac{t}{2 \cdot \pi \cdot R}}$$

Mit $f = 0,16$ und nach Abrundung wird $\dfrac{P'}{P} = 1 + \dfrac{R}{t}$,

wobei P' = wirklich aufzuwendende Kraft, P = angreifende Kraft, f = Reibungskoeffizient, t = Schraubensteigung, R = Teilkreishalbmesser der Schraube. REULEAUX empfiehlt zur Verhütung großer Kraftverluste R/t möglichst klein zu machen, und er vergleicht andere Regeln in Tabelle 118.

REULEAUX schließt: „Kleiner läßt sich R/t nicht wohl ausführen. Man sieht, daß selbst dann der Nutzeffekt nur 50 Proc. beträgt .. Zu der gefundenen Reibung kommt übrigens noch die gewöhnliche Zahnreibung und die der Zapfen hinzu."

Tabelle 118. *Auslegung möglichst reibungsfreier Schrauben ohne Ende*

	R	$\dfrac{P'}{P}$
MORIN 1838	3 t	4
REDTENBACHER 1852	1,6 t	2,6
REULEAUX 1869	t	2

Daß der Wirkungsgrad auch von der Zähnezahl abhängt, zeigte 1883 der Professor für Maschinenbau und technische Mechanik an der höheren Gewerbeschule in Halberstadt ADOLF ERNST (1845 bis 1907) in seinen „Hebezeugen". Er gibt den Reibungskoeffizienten der Zähne mit $\mu_1 = 0,16$ an und berechnet dann den Wirkungsgrad η

nach der Formel $\eta = \dfrac{z}{z + 0,5 \cdot \left(1 + \dfrac{z}{Z}\right)}$ für verschiedene Zähnezahlen bzw. Übersetzungen. Siehe Tabelle 119. ERNST schließt 1883: „Die Tabelle zeigt, daß der Wirkungsgrad eines Zahnräderpaares vorzugsweise von der Zähnezahl z des kleineren Triebrades abhängig ist, und sich um so günstiger ergibt, je größer die kleinste Zähnezahl im Räderpaar an sich ist, und je kleiner der Quotient z/Z. Das Zahnstangengetriebe liefert das relativ günstigste Güteverhältnis." Als Mittelwert für den Wirkungsgrad nimmt ERNST 1883 $\eta = 0,94$ an bei $z = 10$ und $i = 4$.

Tabelle 119. *Wirkungsgrad der Zahnräder bei* $\mu_1 = 0,16$ *je nach Übersetzungsverhältnis von Adolf Ernst 1883*

z	Übersetzung i							
	$^1/_1 = 1$	$^3/_4 = 0,75$	$^1/_2 = 0,5$	$^1/_3 = 0,333$	$^1/_4 = 0,25$	$^1/_6 = 0,166$	$^1/_8 = 0,125$	$\dfrac{1}{\infty}\left[\text{Zahnstange}\right]$
3	0,750	0,774	0,800	0,818	0,828	0,837	0,843	0,857
4	0,800	0,820	0,842	0,857	0,865	0,873	0,877	0,889
5	0,833	0,851	0,870	0,882	0,889	0,896	0,900	0,909
6	0,857	0,872	0,889	0,900	0,906	0,911	0,914	0,923
7	0,875	0,889	0,903	0,913	0,918	0,923	0,926	0,933
8	0,889	0,901	0,914	0,923	0,928	0,932	0,934	0,941
9	0,900	0,911	0,923	0,931	0,935	0,939	0,941	0,947
10	0,909	0.919	0,930	0,937	0,941	0,945	0,947	0,952
12	0,923	0,932	0,941	0,947	0,950	0,954	0,955	0,960
14	0,933	0,941	0,949	0,954	0,957	0,960	0,961	0,965
16	0,941	0,948	0,955	0,960	0,962	0,965	0,966	0,970
20	0,952	0,958	0,963	0,968	0,970	0,972	0,973	0,976

1887 veröffentlichte REULEAUX an der Technischen Hochschule Charlottenburg mathematische Untersuchungen über die Reibungsverluste von Stirn- und Kegelrädern. Er verglich dabei die Evolventen- und Zykloidenverzahnung und entwickelte Formeln für die Reibungsverluste. REULEAUX folgerte, die Verluste seien bei Evolventenverzahnung größer als bei Zykloidenverzahnung. Seine Ergebnisse bestritten die Amerikaner.

Bei dem zunehmenden Bau von Großkraftmaschinen in den USA für Schiffe und Kraftwerke interessierte immer mehr eine wirtschaftliche Kraftübertragung und dadurch sparsamer Betrieb der ganzen Anlage bei gleicher Leistung. Die direkte Übertragung erschien immer wieder verlockend, aber das Zwischenschalten von Zahnrädern erwies sich letztlich als noch günstiger und erlaubte ferner Platz- und Treibstoffersparnis. Daher begannen in den USA noch Ende des 19. Jahrhunderts intensive Versuche zur Bestimmung des Wirkungsgrades von Zahnrädern.

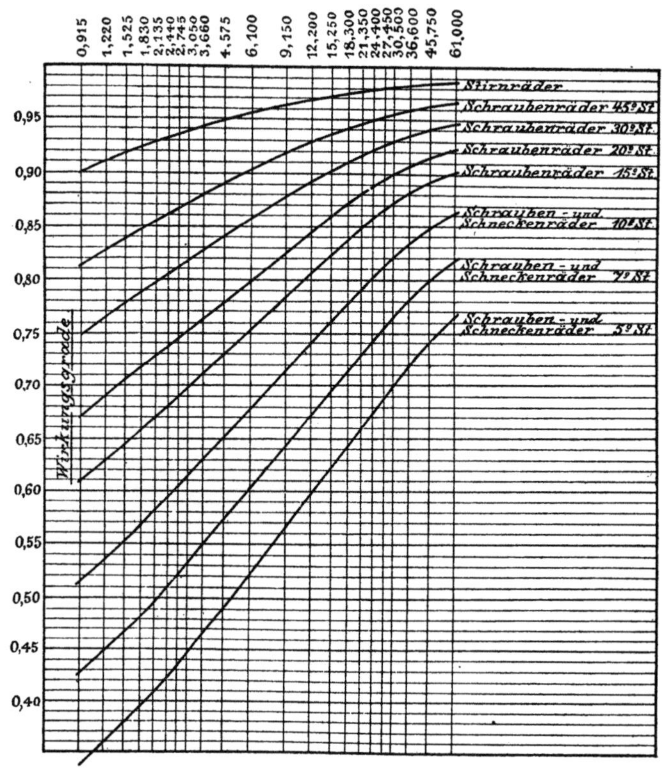

Bild 320.   Wirkungsgrade von Sellers-Getrieben bei verschiedenen Geschwindigkeiten im Teilkreis des treibenden Rades (m/min) nach Versuchen von WILFRED LEWIS 1886

Schon 1886 führte WILFRED LEWIS bei der Fa. William Sellers & Co in Philadelphia 800 Versuche zur Bestimmung des Wirkungsgrades von Stirnrad-, Schrauben- und Schneckengetrieben aus. Die Belastung lag zwischen 116 und 1800 kg, die Drehzahl zwischen 3 und 880 U/min. Geprüft wurden Ge-Räder bzw. -Schnecken gleicher Abmessungen. Bei ein- bis sechszahnigen Schnecken maß LEWIS Wirkungsgrade von 50 bis 95% bei 8 bis 200 U/min (Teilkreis-Durchmesser = 4″ = 101,6 mm, kämmend mit Stirnrad $z = 39$, $t = 1^1/_2''$, Teilkreis-Durchmesser = 18,62″). Einzelheiten zeigt Tabelle 120.

Das untersuchte Stirnradpaar von $z = 12$, Teilkreis-Durchmesser = 5,73″, $t = 1^1/_2''$, kämmend mit Stirnrad wie oben, zeigte Wirkungsgrade von 87 bis 98,5%.

Ähnliche Versuche machte im gleichen Jahr der Leiter des Sibley College an der Cornell-University, erste Vorsitzende der „American Society of Mechanical Engineers (ASME) und Professor der Mechanik Robert Henry Thurston (1839 bis 1903). Für die Yale & Towne Mfg. Comp. untersuchte er gleichzeitig auch den Einfluß verschiedener Spurlager. Ähnlich Lewis maß Thurston

Tabelle 120. *Bestimmung des Wirkungsgrades von Schneckengetrieben durch Wilfred Lewis bei der Fa. Wm. Sellers in Philadelphia 1886*

z	Steig-Winkel	t (Zoll)	η (%)
1	6° 51′	1,511	50—76
2	13° 49′	3,086	66—89
4	28° 31′	6,828	75—92
6	45° 44′	12,894	85—95

die eingeleitete Arbeit durch ein Dynamometer, die erhaltene Nutzarbeit durch einen Prony'schen Zaum.

Beide Versuchsreihen klärten noch nicht Größe und Einfluß des spezifischen Druckes, der Temperatur, die Beschaffenheit des Schmiermittels, den Zustand der reibenden Oberfläche und die zulässige Dauer der Inanspruchnahme bei hohen Belastungen. Diese Veränderlichen enthalten so viele Variationen, daß nur sehr umfassende Versuche ihren größeren oder geringeren Einfluß aufdecken. Andererseits waren die Einrichtungen zur Messung der Reibungsverluste noch nicht empfindlich genug, und daher die Meßfehler entsprechend groß. Selten ließen sich die gleichen Versuchsbedingungen wiederholen.

1888 stellte der Professor am Massachusetts Institute of Technology Gaetano Lanza (1848 bis 1928) über die gegensätzlichen Ergebnisse von Reuleaux und Lewis fest: die Schlußfolgerungen von Reuleaux und seiner Gegner beruhen auf rein theoretischen Grundlagen, ihre mathematischen Lösungen sind nur Annäherungen. Lanza leitet neue Formeln für den Wirkungsgrad ab und sagt dazu:

„1. Ob der Wirkungsgrad einer Zykloiden- oder Evolventenverzahnung höher ist, hängt von den speziellen Abmessungen ab

2. Der Wirkungsgrad bei Evolventenverzahnungen ist nicht unabhängig vom Eingriffswinkel, wie George B. Grant (1849 bis 1917) 1885 behauptete

3. Die Unterschiede in den Wirkungsgraden, wie sie aus Lanzas Formeln ermittelt werden können, sind derartig gering, daß sie von anderen unbestimmten Faktoren leicht überdeckt werden können

4. Eine korrekte Lösung der Frage des Wirkungsgrades kann nur durch Versuch erfolgen."

In allen führenden Stahlländern Europas stellte man ebenfalls beachtliche Zahnradgetriebe her. Trotzdem rechnete Carl Bach 1891 noch mit 60⁰/₀ Wirkungsgrad. Die Pfeilzahnräder (45°) des Schweden Carl Gustaf Patrik de Laval (1845-1913) hatten 1892 bei 30 m/s schon einen Wirkungsgrad von 98⁰/₀! Nach den ersten bekanntgewordenen Versuchen 1895 in Europa bei der Maschinenfabrik Oerlikon, Schweiz, sagte Professor Aurel Stodola: „... ein Schneckengetriebe liefert, wenn tadellos ausgeführt, auch bei relativ kleiner Steigung, ausgezeichnete, bis an 90⁰/₀ reichende Nutzeffekte" (s. Bild 321). Professor Richard Stribeck erkannte bei seinen Versuchen mit Schneckengetrieben 1897 als erster die Bedeutung der Öltemperatur für den Wirkungsgrad. 1898 setzte er seine Versuche mit einem *Ge*-Schneckengetriebe der Fa. Otto Gruson & Co, Magdeburg-Buckau, fort. Hier kam eine Rücksicht auf Erwärmung nicht in Betracht. Bei 50 bis 1000 U/min und 60 °C Öltemperatur erreichte Stribeck Wirkungsgrade von 67,5 bis 74⁰/₀. Diese Versuchsergebnisse blieben aber verhältnismäßig unbekannt. Dadurch erschwerte sich die Einführung z. B. von Schneckengetrieben durch viele Vorurteile. Außer den großen Anforderungen bei ihrer

Berechnung und Herstellung, nahm man in den Handbüchern meistens einen zu großen Reibungskoeffizienten an und leitete daraus natürlich einen niedrigen Wirkungsgrad ab. Noch um die Wende des 20. Jahrhunderts sprach man von 75%, dabei hatten die führenden Hersteller auch diesen Wert schon hoch überschritten. Den Beweis lieferte 1902 der Zürcher Ingenieur N. WESTBERG mit einem Schneckengetriebe der Maschi-

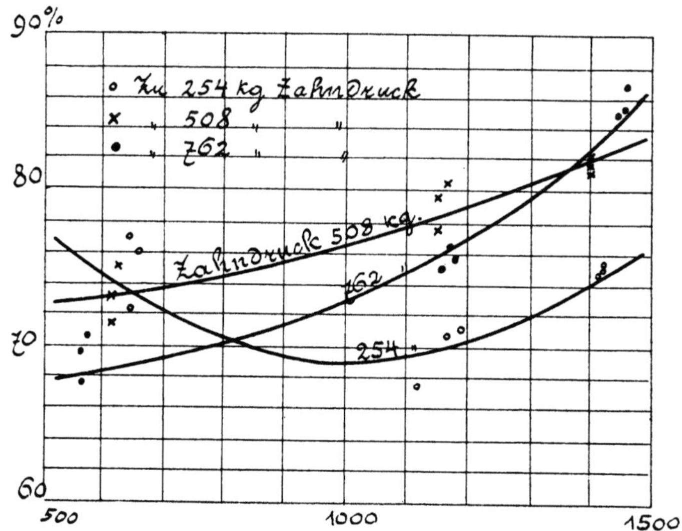

Bild 321.   Wirkungsgrad-Versuche von AUREL STODOLA mit einem Schneckengetriebe 1895
Bei kleineren Geschwindigkeiten ist der Wirkungsgrad für die Vollbelastung kleiner als für $^2/_3$ Belastung.

nenfabrik Oerlikon. Er erreichte praktische Wirkungsgrade von 76,2 bis 96,8%. Nach der Bach'schen Formel für den theoretischen Wirkungsgrad der Schnecke rechnete WESTBERG alle Steigungswinkel α durch und zog daraus den konstruktiv wichtigen Schluß: man wählt nur 25 bis 30° Steigungswinkel, denn darüber verbessert sich der Wirkungsgrad nicht mehr bedeutend. WESTBERG folgert: vermindern muß man vor allem den Reibungskoeffizienten durch richtige Zahnform, mäßigen spezifischen Zahndruck, große Gleitgeschwindigkeit, passendes Übersetzungsverhältnis und geeignete Schmierölbeschaffenheit. Leistung und Geschwindigkeit beeinflussen den Reibungskoeffizienten indirekt.

Als Formel für den theoretischen Wirkungsgrad der Schnecke benutzte CARL BACH

1896 $\eta = \dfrac{\text{tg}\,\alpha}{\text{tg}\,(\alpha + \varrho)}$ nach der Reibungstheorie des 19. Jahrhunderts.   Hierbei ist

α = Steigungswinkel der Schnecke, $\mu = \text{tg}\,\varrho$ = Reibungskoeffizient.   Die Ergebnisse seiner eigenen Versuche mit seinem damaligen Assistenten Dr. EDMUND FRIEDRICH ROSER (1870 bis 1961) aus dem Jahre 1902 finden sich auf Bild 322 in anschaulichen Ebenen dargestellt. Die Allgemeinkenntnisse über die Verluste in Zahnrädern und ihre „in ihrem Wesen höchst dunkeln Reibungsgesetze" blieben aber immer noch schwach.

Nun kamen wieder die Amerikaner zum Zuge. 1904 maß W. M. WILSON zwei unbearbeitete *Ge*-Stirnradpaare mit verschieden genauen Evolventenverzahnungen bei Drehzahlen zwischen 60 und 230 U/min. Er erzielte 90 bis 95% Wirkungsgrad und knüpfte die Leitsätze an:

1. der Wirkungsgrad ist in diesem Versuchsbereich unabhängig von der Geschwindigkeit

2. die Größe der übertragenen Kraft hat auf den Wirkungsgrad keinen bemerkenswerten Einfluß

3. durch Verwendung eines dicken Schmieröles läßt sich der Wirkungsgrad erhöhen, und zwar im Durchschnitt um 1,7%.

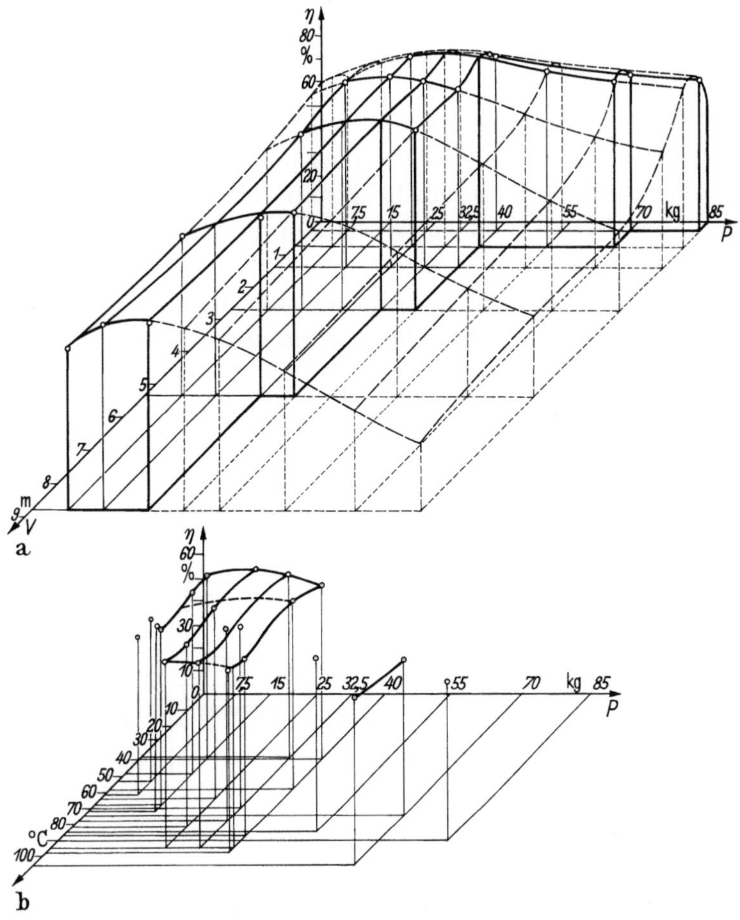

Bild 322. Abhängigkeit zwischen Wirkungsgrad, Zahndruck und anderen Größen nach den Versuchen von Bach/Roser 1902
a) Gleitgeschwindigkeit, b) Öltemperatur.

Gemäß eines Vorschlages von Professor J. B. Webb, Stevens Institute of Technology, baute Wilfred Lewis als erster eine Verspannungsprüfmaschine. Ein erstes Proberadpaar diente zur Leistungszuführung, ein zweites zur Rückführung der zugeführten Leistung abzüglich der Verluste. Durch diese Anordnung konnte man die Zahnräder auch unter schweren Belastungen bei hoher Drehzahl prüfen. 1910 führte Professor Gaetano Lanza am Massachusetts Institute of Technology die ersten Messungen auf Reibungsverluste bei verschiedenen Zahnabmessungen mit der neuen Prüfmaschine durch. Ihnen entnahm Wilfred Lewis die Werte aus Tabelle 121.

Lewis bemerkte noch: die Größe der Reibungsverluste bestimmt viel eher die Zahnkopfhöhe als der Eingriffswinkel; es zeigte sich nie ein wesentlicher Einfluß eines

Tabelle 121.   *Reibungsverluste bei verschiedenen Verzahnungen nach Gaetano Lanza 1910*

Verzahnung	Eingriffs-Winkel	Kopfhöhe h	Verluste %
Stumpf-Verzahnung	20°	0,24 t	< 1
	22½°	0,28 t	1
Mischverzahnung Brown & Sharpe	14½°	0,32 t	1,3
Verzahnung nach Bilgram-Verfahren (korrig.)	15°	Profil-verschiebung	2

bestimmten Verzahnungssystems auf die Reibung. Diese Ergebnisse bestätigten beide Forscher 1913 mit einer verbesserten Prüfmaschine.

Im Laufe der Zeit ging es immer mehr darum, durch steigend verbesserte Versuchseinrichtungen, -anordnungen und -meßverfahren die Richtigkeit der hohen Wirkungsgrade von Zahnrädern aller Arten zu beweisen.

In Europa beachtete man daher besonders die Versuche des Zürcher Ingenieurs H. RIKLI im Jahre 1911. RIKLI war sich vor allem über die Ungenauigkeit des Bremsens von Getrieben im klaren, besonders, wenn die Wirkungsgrade sehr hoch sind. Schließlich müssen zwei Größen geringen Unterschiedes gemessen werden. Die Differenz dieser beiden Größen, nämlich die Verluste im Getriebe, kann 50 bis 100% falsch sein. Daher baute der Ingenieur HUGO GROB in der Aufzüge- und Räderfabrik Seebach bei Zürich eine für Europa neuartige Räderprüfmaschine lt. Bild 323. Die Versuche waren ferner

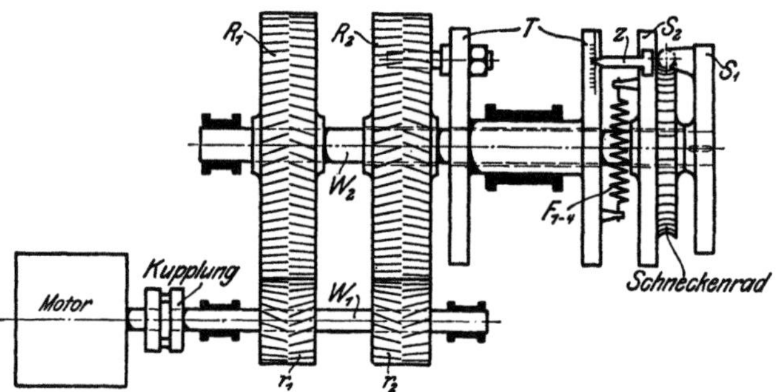

Bild 323.   Schema der Prüfmaschine zur Messung des Wirkungsgrades von Pfeilrädern nach H. RIKLI 1911

Die Radpaare $r_1\,r_2$ und R_1 sitzen fest auf den Wellen $W_1\,W_2$. Rad R_2 ist auf W_2 drehbar, zusammen mit dem Mitnehmer T. T wird durch eine auf W_2 verkeilte Scheibe S_1 durch Federkupplung gedreht. Die Federkupplung besteht aus vier am Umfange der Scheibe S_2 angreifenden und in Hülsen geführten Federn F_{1-4}. Verbindung von S_1 und S_2 durch Schneckentrieb. Durch Drehen der Schnecke kann S_2 um einen bestimmten Winkel gegen W_2 verdreht werden. Dadurch wird ein Drehmoment auf T ausgeübt, das man am Zeiger Z auf einer Skala von T abliest. Die Räder werden dabei zwar nicht mitgedreht, aber das Drehmoment wirkt trotzdem in den Räderpaaren. Die Lagerungen sind ausschließlich Kugellager.

deshalb interessant, weil sie Wüst'sche Pfeilräder betrafen, die man damals wegen hoher Belastungsfähigkeit und hohen Geschwindigkeiten bei erstaunlicher Laufruhe rühmte. Der Wirkungsgrad erwies sich mit $\eta = 97{,}46$ bis $97{,}99\%$ fast unveränderlich. Dabei beobachtete RIKLI noch:

1. die Verluste sind bei allen Zahndrücken direkt proportional der Umfangsgeschwindigkeit
2. der Wirkungsgrad ist also unabhängig von der Umfangsgeschwindigkeit
3. die Verluste nehmen direkt proportional mit den Zahndrücken zu

4. der Wirkungsgrad ist unabhängig von Geschwindigkeit und Zahndruck
5. das Schmieren des Eingriffes erhöht den Wirkungsgrad. Dies bewies eine zweite Versuchsreihe von RIKLI; sie sollte den Dauerbetrieb wiedergeben, d. h. die Pfeilräder liefen in Öl und geschlossenem Gehäuse (aber ebenfalls in der Werkstoffpaarung Delta-Metall/Grauguß) und doppelt so hoher Übersetzung. Die Wirkungsgrade lagen dabei zwischen 97,43 und 98,67%.

Um die gleiche Zeit benutzte in England der vielseitige Forscher und Ingenieur FREDERICK WILLIAM LANCHESTER (1868 bis 1946) zur Prüfung der Schneckengetriebe in seinen Automobil-Hinterachsen einen Pendelrahmen. In ihm lagerte das ganze Getriebegehäuse leicht drehbar und durch Kardangelenke von allen Wellenleitungen unabhängig. Er konnte damit das resultierende Drehmoment der treibenden und getriebenen Welle abnehmen und den Getriebe-Wirkungsgrad auf 0,4% genau bestimmen.

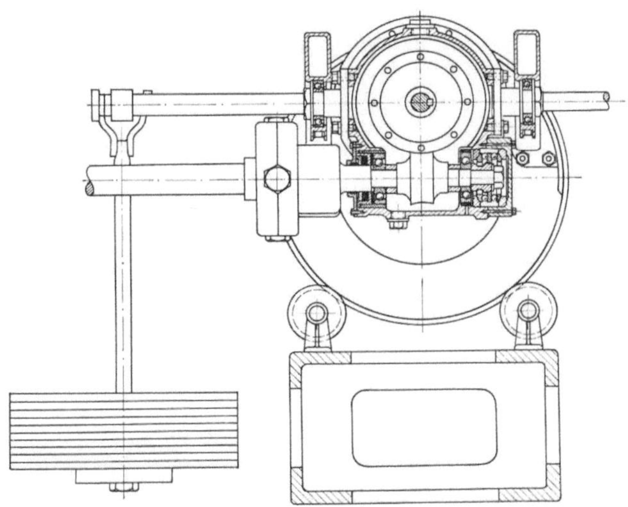

Bild 324. Versuchsstand für Wirkungsgradmessungen an Schneckengetrieben von FREDERICK WILLIAM LANCHESTER 1912

Später entwarf das National Physical Laboratory in Teddington eine Meßeinrichtung speziell für Stirnräder. Sie maß gleichzeitig eines der Wellendrehmomente und den Widerstand - Unterschied der Drehmomente zwischen treibender und getriebener Welle. Diese Vorrichtung mit Federdynamometer und Pendelwaage (in der beide Stirnräder mit einem Zwischenrade frei hängen) lieferte den Wirkungsgrad auf 0,2% genau. Der Wissensstand nach dem 1. Weltkriege lehrt:

Bei Stirnrädern ist die Gleitreibung der Zähne nur bei gegossenen Zähnen groß, bei geschnittenen und geschmierten Rädern ist sie gering. Auch Wälz- und Lagerreibung wurde damals schon als klein betrachtet. Bei richtiger Bauart und Lagerung kannte man 1920 für Stirnräder die Wirkungsgrade

	η
gegossen	90 bis 95
geschnitten und gefettet	95 bis 97
geschnitten und im Ölbad	98 bis 99

Beträchtlich sinkt η nur bei rascher Abnutzung (Straßenbahn-Getriebe). Die größten Verluste im Schneckengetriebe entstehen nach dem Wissensstande von 1920 durch die Quergleitung der Schnecke, die kleinsten Verluste durch Wälz- und Gleitreibung ihrer Zahnflanken.

1922 begannen an der amerikanischen Illinois-University neue Versuche auf Abnutzung und Wirkungsgrad von Stirnrädern bei starker Überlastung durch die Professoren CLARENCE WALTER HAM (1881 bis 1962) und JESSE WILLIAM HUCKERT (geboren am 15. Mai 1897).

Sie wurden mit der Lewis-Prüfmaschine ausgeführt; die kleinen Stirnräder bestanden aus Stahl, die großen aus Gußeisen. Diese Versuche erbrachten 1925 diese Resultate:

„1. der Wirkungsgrad weicher Räder ist praktisch unabhängig von der zur Schmierung verwendeten Ölmenge, falls sie nur genügend groß ist, um eine Erhitzung und ein Anfressen zu verhindern

2. der Wirkungsgrad ist unabhängig von der Geschwindigkeit, wenigstens in dem Geschwindigkeitsbereich, in dem die Untersuchungen erfolgt sind, d.h. von 0,3 bis 7,5 m/s

3. der Wirkungsgrad ist praktisch unabhängig vom Eingriffswinkel

4. der Wirkungsgrad ist praktisch von der Größe der Belastung unabhängig; der Wirkungsgrad von guten, handelsüblichen Zahnrädern kann mit etwa 99% angesetzt werden

5. unter sonst gleichen Bedingungen ist der Wirkungsgrad noch von der Oberflächenbeschaffenheit der Flanken abhängig. Räder mit rauhen Flanken haben einen kleineren Wirkungsgrad als Räder mit glatten Flanken. Der Unterschied ist jedoch nicht so groß, wie allgemein angenommen wird

6. bei sonst gleichen Bedingungen ist der Wirkungsgrad bei Rädern mit großer Zahnhöhe infolge der größeren Gleitung im allgemeinen etwas geringer. Andererseits aber sind bei bestimmten Übersetzungsverhältnissen bei Rädern mit großer Kopfhöhe die Vibrationen geringer als bei kleinen Kopfhöhen und demzufolge kann der Wirkungsgrad bei den ersteren höher werden

7. der Unterschied im Wirkungsgrad bei den verschiedenen normalen Zahnformen ist nicht so groß, daß sich die Bevorzugung einer bestimmten Zahnform mit Rücksicht auf den Wirkungsgrad rechtfertigen würde.“

Die Versuche wurden am Massachusetts Institute of Technology bis 1931 fortgesetzt. Man ermittelte die Reibungsverluste in verschiedenen Verfahren, z.B. im Auslaufverfahren oder durch Subtrahieren der Reibungskraft bei Leerlauf von der Reibungskraft bei Belastung. Das Ergebnis der bis 1931 fortgeführten Versuche ließ sich in den drei Punkten zusammenfassen:

„1. die Größe der Reibungsverluste betrug bei den Versuchsgetrieben (von Modul 2,5 und 8 bzw. D.P. 10 und 3) etwa 0,15 bis 0,73% der übertragenen Leistung

2. die Reibungsverluste sind mit großer Annäherung der übertragenen Belastung proportional

3. bei gleichen Teilkreisdurchmessern der Räder sind die Reibungsverluste um so größer, je gröber die Teilung. Dies ist wohl darauf zurückzuführen, daß bei einer gröberen Teilung die Zähnezahl kleiner und dementsprechend die spezifische Gleitung größer ist.“

Während man noch 1931 in USA eine genaue Trennung der Verlustquellen für unmöglich hielt, bewies bereits 1926 die Zahnradfabrik Friedrichshafen (ZF) so gut wie das

Gegenteil. Diese Versuche bestimmten ferner eine neue Richtung in bezug auf Wahl der Zahnform und des Werkstoffes. Interessant war schon die Versuchsanlage, wie sie der ZF-Versuchsleiter Dipl.-Ing. HUBERT FREIHERR VON THÜNGEN[1] aufgebaut hatte, siehe Bild 325. Bisher arbeitete man mit dem Energie-Durchgangs-Verfahren. Für genaue Verlustmessungen eignete sich aber besser ein Energie-Kreislauf-Verfahren, wie

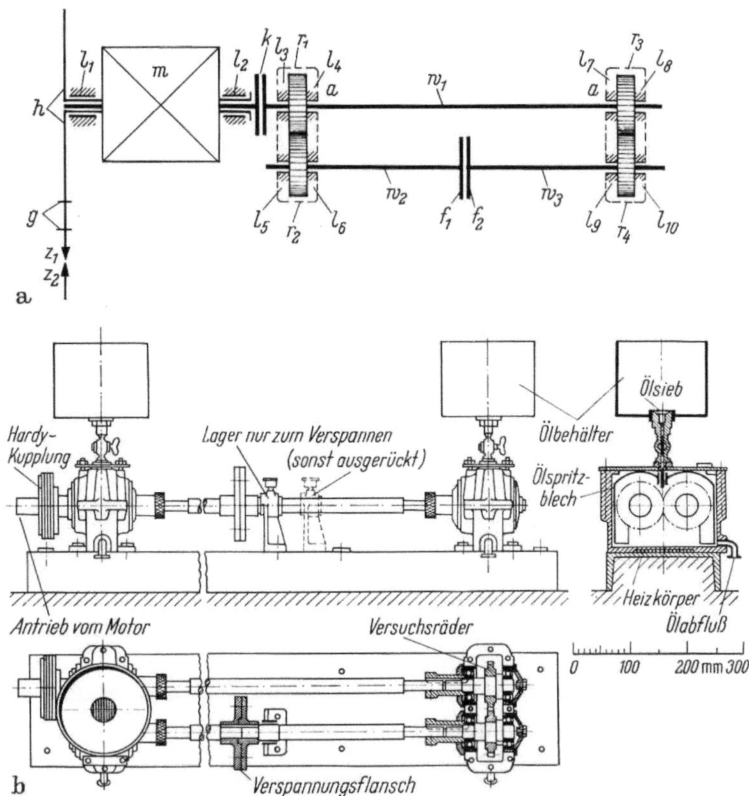

Bild 325. Verlustmessungen der ZF zur Bestimmung des Wirkungsgrades von Zahnradgetrieben 1926

a) Versuchsanordnung, b) Versuchseinrichtung.

Die Zahnradpaare laufen in geschlossenen Aluminiumgehäusen, in die Öl durch einen feinen Faden von 40 bis 80 ccm/min in die Zahneingriffe fließt und unten dauernd abgeleitet wird. Zur Einhaltung der Beharrungstemperatur wärmte man Öl und Gehäuse an. Das Drehmoment der Ruhe M_3 entsteht durch Anhängen von Gewichten an einen langen Hebel in Höhe der Flanschkupplung $f_1 f_2$, die dann unter Last zusammengeschraubt wird.

es als erster der Zürcher Ingenieur H. RIKLI angewendet hatte. Gegenüberstellung der beiden Systeme siehe Bild 326. v. THÜNGEN arbeitete mit einheitlichen Stirnrädern von $z = 27$, Teilkreis-Durchmesser $d = 81$ mm, Zahnbreite $b = 10$ mm, Modul $m = 3$ und Überdeckungsgraden $\varepsilon = 1,52$ bis 2. Während RIKLI 1911 mit Ge-Rädern nur 15 und 22 kg/cm² zulassen konnte, ging v. THÜNGEN 1926 mit gehärteten Stahlrädern bis 315 kg/cm² bei $n = 1500$ U/min bzw. $v = 6,3$ m/s. Da die Höchstwerte der relativen

---

[1] HUBERT LUDWIG WILHELM FREIHERR VON THÜNGEN, geboren am 24. Mai 1898 in Bad Kissingen. Studierte 1919 bis 1923 an der Technischen Hochschule München. Am 1. Dezember 1924 trat er in die Zahnradfabrik Friedrichshafen A. G. (ZF) ein, war Leiter ihrer Versuchsabteilung von 1924 bis 1936 und 1943 bis 1945, außerdem Leiter der Patentabteilung. Seit 1944 Prokurist. Seit 1950 Leiter der Abteilung Grundlagenforschung in der ZF.

Gleitgeschwindigkeit der Zähne v_g mit Zahnteilung und Überdeckungsgrad ε wachsen, zeigten sich bei Rädern mit geringerem Überdeckungsgrad auch geringere Zahnreibungsverluste V_z. Verluste V_z für die Zahnreibung allein bestehen auch bei Leerlauf, z.B.

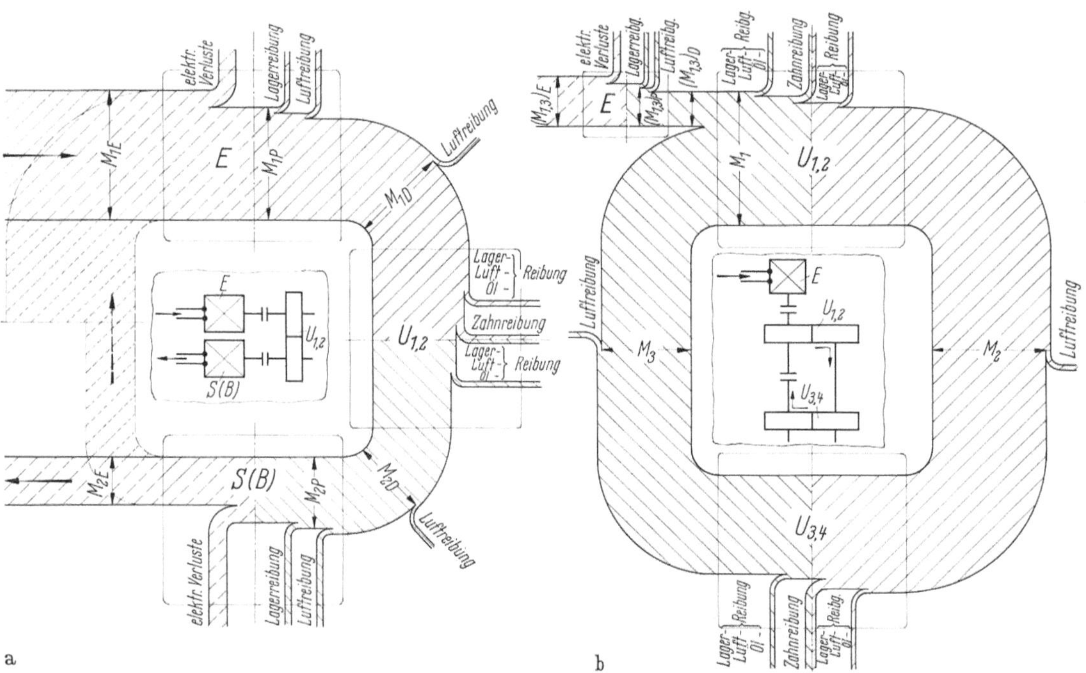

Bild 326.   Meßverfahren für Verluste an Zahnradantrieben
B Bremse, *E* Elektromotor, *S* Stromerzeuger, *U* Zahnradumformer.

a) Allgemein angewandtes Verfahren

Aus dem Elektromotor E wird die in mechanische Arbeit umgewandelte Energie unmittelbar durch den Zahnradumformer $U_{1,2}$ geleitet und dann in einem Stromerzeuger oder einer Bremse B in elektrische oder Wärme-Energie zurückverwandelt. Das Drehmoment wird gemessen aus der elektrischen Leistung M_{1E} oder M_{2E} oder mit pendelnd aufgehängtem Elektromotor oder Stromerzeugerrahmen M_{1P} und M_{2P}, oder mit Dynamometern M_{1D} und M_{2D} in der Wellenleitung vor und hinter dem Zahnradumformer.

b) Verfahren nach RIKLI 1911 und ZF 1926

Die mechanische Energie liegt im geschlossenen Kreislauf mit den mechanischen Umformern, die Gesamtverluste $M_{1,3} = (M_1 - M_2) + (M_2 - M_3)$ werden unmittelbar gemessen und nicht aus dem Unterschied zweier Meßwerte bestimmt. Gleiche Umformer $U_{1,2}$ und $U_{3,4}$ werden im Stillstand gegeneinander durch elastische Zwischenglieder mit einem Moment M_3 verspannt. Der Verlust an Drehmoment wird gemessen aus der elektrischen Leistung oder unmittelbar durch Pendelmotor $(M_{1,3})_P$ oder Dynamometer $(M_{1,3})_D$. M_3 wird im Stillstand eingestellt und gemessen, und gilt auch im Betriebe. Die Verlustgrade $V = \dfrac{M_{1,2}}{M_1}$ bzw. $V = \dfrac{M_{2,3}}{M_2}$ werden in % abhängig von den Zahndrücken P aufgetragen.

durch Erschütterungen, Ölreibung und in den Kugellagern. Mittelwert der Reibungszahl ist $\mu = 0{,}03$ bis $0{,}04$, woraus der große Anteil der metallischen Reibung hervorgeht; bei Schneckenrädern ist er vergleichsweise $\mu = 0{,}02$.

Das Ergebnis der v. THÜNGEN'schen Versuche von 1926 geben Tabelle 122 und Bild 327 wieder.

Interessant ist noch ein abschließender Dauerversuch über 48 Stunden mit Rädern aus Skleron, einer Aluminium-Lithium-Legierung. Seinen Verlauf zeichnet Bild 327b auf. Nach anfangs fallenden Verlusten (Einlaufzeit) steigen sie erst langsam, nach 45 Stunden aber sehr stark an (Fressen). Dieser Versuch bedeutete eine zeitliche Zusammendrängung des Verschleißvorganges in jedem Getriebe. Er bestätigte gleichzeitig die Versuche an Straßenbahngetrieben von 1923 durch die Berliner Professoren Dr. HERMANN CRANZ (1883 bis 1914) und Dr. OTTO KAMMERER (1865 bis 1951), bei denen der Wirkungsgrad durch Abnutzung von 95 auf 85% sank. Die Thüngen'schen Versuche

Tabelle 122. *Zahnrad-Versuchsreihen in der ZF 1926 nach Hubert v. Thüngen*

Ver-suchs-Reihe	Verzah-nung	Über-deckg. ε	Werkstoff	Zahnoberfläche	Tempe-ratur °C	Bela-stung kg/cm²	Lauf-dauer h
1	Sd. 20°	2		Maag-Schliff	40°	315	439
5,10	Sd. 20°	2	Stahl E 724 gehärtet	Spezialschliff und ungeschliffen	60°	315	146/200
4	Norm 15°	1,88		Maag-Schliff	60°	315	162,5
2,3		1,52		ders.	60/40°	315	204/102
6,7	Maag	1,52	Novotext	ungeschliffen	40°	26	50-88
8,9		1,52	Skleron	dass.	40°	105	90-48

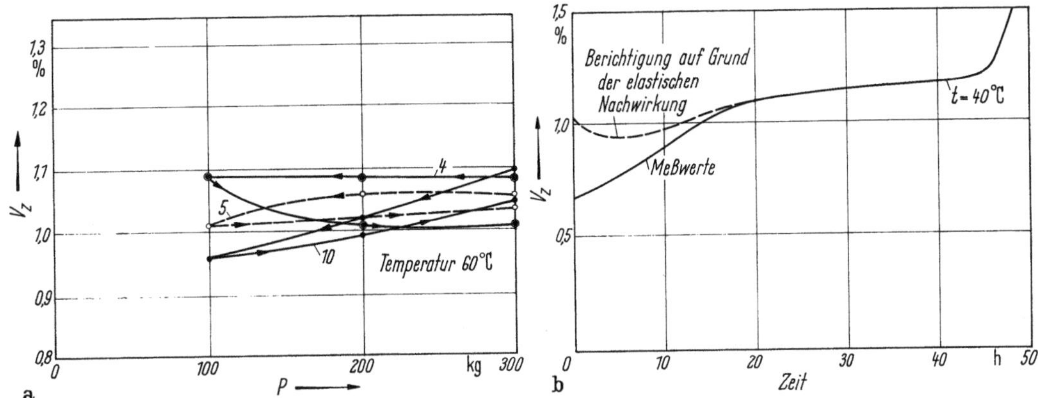

Bild 327.   Ergebnisse der ZF-Versuche 1926
a) Mit gehärteten Stahlrädern, b) Mit überlasteten Zahnrädern (Skleron mit $P = 85$ kg oder $c = 80$ kg/cm²) über 48 Stunden.

bei der ZF 1926 bestätigten aber auch die Richtigkeit der Verwendung legierter und gehärteter Stähle bei allen Zahnradantrieben, denn mit ihnen sind die Verluste in jedem Falle am niedrigsten. Vergrößert sich z.B. der Wirkungsgrad eines Getriebes von 98 auf 99%, so verringern sich Wärme-, Schwingungs- und Schall-Energie um 50%. So schloß die ZF ihre Versuchsprotokolle mit dem zum ersten Male vorgetragenen Grundsatz: hoher Wirkungsgrad über eine größere Laufdauer bedeutet schwingungsfreien, ruhigen Gang bei bester Raumausnutzung.

Der Professor für Maschinen-Elemente an der eidgen. Technischen Hochschule Zürich MAURITS TEN BOSCH (1883 bis 1950) läßt zur Ermittlung des größten theoretischen Wirkungsgrades in seinen Vorlesungen seit 1922 die Formel $\eta = \dfrac{\operatorname{tg}\alpha}{\operatorname{tg}(\alpha + \varrho)}$ für die flach-gängige Schraube ein Maximum werden, d.h. $\dfrac{\mathrm{d}\eta}{\mathrm{d}\alpha} = 0$. Nach Differenzieren des obigen

Ausdrucks und Umformung kommt er auf die Gleichung sin 2 α = sin 2 ($\alpha + \varrho$). Das ist nur möglich für $\varrho = 0$ und für $2\alpha = 180 - 2 (\alpha + \varrho)$ oder $\alpha = 45 - \varrho/2$. Danach gibt er Tabelle 123 für den theoretischen Wirkungsgrad einer Schnecke bei Winkeln von 5° bis 40°.

Tabelle 123.   *Theoretischer Wirkungsgrad einer Schnecke nach ten Bosch 1929*

μ	α					
	5°	10°	15°	20°	25°	40°
0,01	0,897	0,945	0,961	0,97	0,974	0,98
2	813	895	926	941	95	96
3	743	85	892	914	927	941
4	682	809	861	888	904	922
5	634	772	831	863	882	904
7	552	707	778	817	841	869
0,10	463	627	709	756	785	819

TEN BOSCH zieht drei Schlußfolgerungen:

„1. der Wirkungsgrad hängt in hohem Maße von der Reibungszahl μ ab. Ein hoher Wirkungsgrad ist durch genaue Herstellung der Zahnform und hauptsächlich durch zweckmäßige Schmierung und durch glatte Oberflächen zu erreichen

2. von einem Steigungswinkel der Schraube von etwa 15° an ist die Verbesserung des Wirkungsgrades nicht mehr bedeutend, besonders wenn die Reibungszahl klein ist. Dieser Umstand ist für die Praxis von großer Wichtigkeit, weil bei großen Steigungen Eingriffs- und Herstellungsschwierigkeiten entstehen. Man wird deshalb möglichst Steigungswinkel von 15° bis 25° verwenden

3. nach der Gleichung $\eta = \dfrac{\operatorname{tg}\alpha}{\operatorname{tg}(\alpha + \varrho)}$ scheint der Wirkungsgrad von der Leistung

unabhängig zu sein, da weder die Geschwindigkeit noch der Zahndruck in dieser Gleichung vorkommt. In Wirklichkeit ist aber die Reibungszahl μ und damit der Reibungswinkel ϱ für geschmierte Flächen sowohl von der Gleitgeschwindigkeit als auch vom Druck abhängig."

Einen ähnlichen Leitgedanken gibt Dr. GÜNTER MASCHMEIER 1930 nach seinen Berliner Versuchen an: „Maßgebend für die Verluste in Schneckengetrieben sind deren Reibungsverhältnisse und damit die Schmiervorgänge." MASCHMEIER findet an einer Zylinder- und Globoidschnecke bei flüssiger Reibung wenig Unterschiede in ihrem Verhalten, bei halbflüssiger Reibung zeigte der Zylindertrieb wegen seiner höheren Flankengeschwindigkeit einen besseren Wirkungsgrad. Bei halbtrockener Reibung ermittelt MASCHMEIER 1930 für den Globoidtrieb einen besseren Wirkungsgrad.

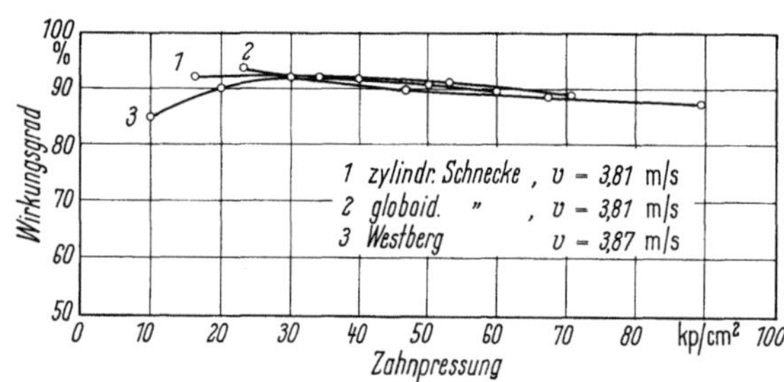

Bild 328. Wirkungsgrad von Schneckengetrieben nach MASCHMEIER 1930 im Vergleich mit N. WESTBERG 1902

Seine Wirkungsgradkurven sind auf Bild 328 mit der von N. WESTBERG 1902 verglichen.

Der Professor für Maschinenlehre an der deutschen Technischen Hochschule Prag Dr. RUDOLF KÖNIGER (1883 bis 1957) empfiehlt 1934, bei Entwürfen die Wirkungsgrade

$\eta_s = \dfrac{\eta}{1 + \varphi}$ mit größeren Reibungsverlusten anzunehmen, wobei $\varphi \approx 0{,}1$ bis $0{,}02$ ist (der kleinste Wert gilt nur bei guter Schmierung der Lager und bei Kugelspurlagern der Schneckenwelle). Als Richtlinie hierfür nennt er:

Zähne	ϱ	μ	φ
unbearbeitet	7°	0,12	0,1
bearbeitet	3°	0,05	0,02
(St/Phosphorbronze)			

Für übliche Schnecken-Abmessungen gibt KÖNIGER in Tabelle 124 Wirkungsgrade η_s bei den Gangzahlen z_1:

Tabelle 124. *Wirkungsgrade η_s bei den Gangzahlen z_1 nach Rudolf Königer 1934*

	Gangzahl z_1			
	1	2	3	4
volle Schnecken	71,7	79,5	82,6	84,3
aufgesetzte Schnecken	63,2	75,8	81	83,6

Bei selbsthemmenden Trieben ist nach KÖNIGER tg $\beta \gtrless \mu$, der Wirkungsgrad $\eta < 50^0/_0$; hier sinkt μ nur bei größeren Geschwindigkeiten, es wird tg $\beta > \mu$. Dadurch können auch selbsthemmende Getriebe noch bis zu $70^0/_0$ Wirkungsgrad erreichen (allerdings ohne sichere Selbsthemmung).

Tabelle 125 gibt eine Übersicht über die wichtigen Wirkungsgrad-Versuche mit Schneckengetrieben. KÖNIGER schließt aus ihren Resultaten: „Die hohen Wirkungsgrade der Laboratoriumsversuche werden in den Ausführungen der Praxis nie erreicht; geringe Ausführungs- und Aufstellungsfehler, die bei Stirnrädern lediglich das Ganggeräusch verstärken, schmälern bei Schneckengetrieben schon wesentlich den Wirkungsgrad, der übrigens auch durch rascher einsetzenden Verschleiß bei sorgloser Wartung vermindert wird."

1941 sind die Fortschritte so weit, daß der Professor für Maschinen-Elemente an der Technischen Hochschule Braunschweig Dr. GUSTAV NIEMANN behaupten kann: „Der Wirkungsgrad der Schneckengetriebe liegt bei den gewählten günstigen Verhältnissen in Höhe des Stirntriebes." Den Hauptanteil der gesamten Verlustleistung beanspruchen nach NIEMANN die Lager, nicht die Verzahnung.

Inzwischen arbeiteten neben rechnenden und experimentierenden Ingenieuren auch die Kinematiker. Sie suchten Geschwindigkeiten, Kräfte, Drehmomente und sogar die Verluste an Zahnradgetrieben mit den graphischen Verfahren der Kinematik darzustellen. Die Anschaulichkeit solcher zeichnerischen Lösungen erleichterte das Verständnis der Vorgänge, weshalb die Ingenieure der Praxis gern darauf zurückkamen. Überdies mußten sie oft in der Getriebewahl zwischen Schneckenrad- und Planetengetriebe entscheiden. 1926 führte als erster der Dresdener Professor Dr. KARL KUTZBACH (1875 bis 1942) Geschwindigkeits- und Drehzahlpläne für Rädergetriebe ein. Ihm folgt fast zur gleichen Zeit der Privatdozent an der eidgen. Technischen Hochschule in Zürich Dr. HEINRICH GEORG BRANDENBERGER (geb. am 12. Juli 1896 in Wien). In seinen dortigen Vorlesungen seit 1928 zeigt er die graphische Darstellung der Leistungen, Reibungsverluste und Wirkungsgrade von Umlaufrädergetrieben, sowie die Wirkungsgrade in deren einzelnen Drehzahlbereichen.

Tabelle 125. *Reibungszahlen und Wirkungsgrade von Schneckengetrieben bei Versuchen von 1886 bis 1930*

Jahr	Versuchs-Leiter (Hersteller)	Kern-⌀ $2r$ (mm)	z_1	Steigungs-winkel tg β	Gleit-geschw. v (m/s)	Öltem-peratur °C	Reibungs-Koeffiz. μ	Wirkungs-grad η %
1886	W. Lewis	101,6	2	0,246	0,6—1	41— 83	0,02 —0,095	50 —74
	(Sellers)	101,6	1	0,119	1,6—4,5			47 —70
1886	R. H. Thurston							
	(Yale & Towne)	154,9	2		0,3—2,8		0,01 —0,13	36 —60
1895	A. Stodola							
	(Oerlikon)	80	2	0,333	2,6—6	30— 60	0,02	67,4—86,7
1897	R. Stribeck							
	(Reinecker)	82	2	0,16	1,5—6	50— 85	0,02	87 —90
1898	derselbe							
	(Gruson)	60	1	0,1	1,4—4	50— 60	0,025—0,06	67,5—74
1902	N. Westberg							
	(Oerlikon)	95	5	0,31	1,5—6	50—100	0,01	76,2—96,8
1903	Bach/Roser							
	(Reinecker)	76,6	3	0,317	0,3—8,6	53— 94		65 —84
1912	Nat. Phys. Labor.							
	(Lanchester/							
	Daimler)		8-9					93,1—96,6
1919	dasselbe							
	(David Brown)		6	0,09-1			0,005—0,1	95 —97,3
1926	R. Gruson							
	(Gruson)	55	3	0,328	1,5—4,5	38—104	0,025—0,02	80 —98
1930	G. Maschmeier							
	(Stolzenberg,							
	Hansa Lloyd)	80	5	0,796	2 —5	60—130		85,9—94

Kutzbach und Brandenberger bauen ihrerseits natürlich auf folgende Verfahren früherer Kinematiker auf:

1866 Carl Culmann (1821 bis 1881): Darstellung der Kraftmomente durch Strecken unter Verwendung einer Bezugskraft

1887 Christian Otto Mohr (1835 bis 1918): Geschwindigkeits- und Beschleunigungspläne

1888 Ludwig Burmester (1840 bis 1927): Bestimmung der Beschleunigungspole

1913 Wilhelm Hartmann (1853 bis 1923): Darstellung des Geschwindigkeitszustandes eines Punktes durch Theta-Gerade.

1921 Ferdinand Wittenbauer (1857 bis 1922): dynamische Kräftepläne von Getrieben.

1928 bestimmt der amerikanische Professor Earle Buckingham Zahn- und Lagerdrücke, Geschwindigkeiten und Umfangskräfte von Umlaufrädergetrieben zeichnerisch. 1929 ergänzt Dr. Rudolf August Beyer (1892 bis 1960) die Kutzbach'schen Drehzahlpläne für Stirnräder durch Drehzahlvektorpläne für sich schneidende Achsen (ω-Vektoren).

Diese Verfahren entwickelt 1937 weiter der Berliner Dr.-Ing. habil. Arno Budnick. Die Ermittlung der Reibungsverluste in Getrieben durch Zeichnung anstatt Versuchen hält er deshalb für berechtigt. Die Zahn- und Lagerdrücke von Zahnradgetrieben, sowie die Gleitgeschwindigkeit in den Lagerstellen ändern sich während des Laufes nicht; „die Gleitgeschwindigkeiten in den Zahneingriffen aber ändern sich in so rasch aufeinanderfolgenden, gleichen Perioden, daß es ausreicht, den Betriebszustand als gleichförmig anzunehmen. Aus bis jetzt bekanntgewordenen Versuchen geht hervor, daß der relative Reibungsverlust in einem neuzeitlichen, sorgfältig verzahnten Stirnradgetriebe von der Belastung, der Zahnform, der Umfangsgeschwindigkeit und dem Baustoff der Räder ziemlich unabhängig ist und etwa 2,5 bis 1$^0/_0$ und weniger betragen kann, je nach der Güte der Herstellung der Verzahnung, der Zweckmäßigkeit der Schmierung und der Genauigkeit der Lagerung der Räder."

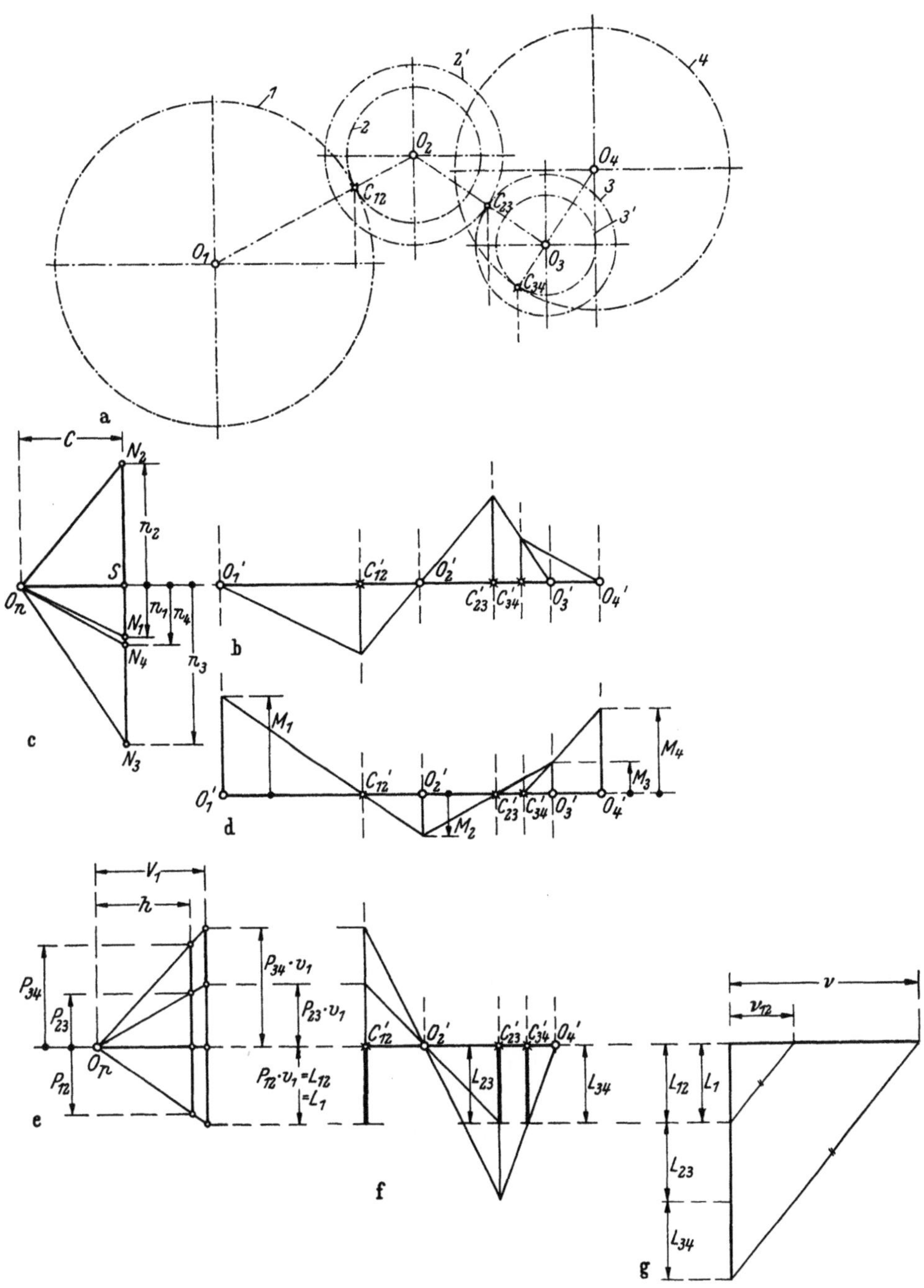

Bild 329.   Graphische Ermittlung von Reibungsverlusten in Getrieben von Arno Budnick 1937
a) mehrgliedriges Radgetriebe, b) V-Plan zu a, c) n-Plan zu b, d) M-Plan zu a, e) P-Plan zu d, f) L-Plan zu a), g) Ermittlung des Verlustgrades des Getriebes nach a).

Der Verlustgrad v eines mehrgliedrigen Rädergetriebes beträgt nach den Zeichnungen von Budnick, siehe Bild 329:

$$v \cdot L_1 = v_{12} \cdot (L_{12} + L_{23} + L_{34}).$$

In Bild 329g ermittelt er v auch zeichnerisch, indem er v_{12} im voraus schätzt und die Gleichung für den Verlustgrad v umformt zu:

$$\frac{L_1}{L_{12} + L_{23} + L_{34}} = \frac{v_{12}}{v}$$

Seine Zeichnungen, Bild 329, beweisen die Richtigkeit der Annahmen.

Mit der Klärung seiner Wirkungsgrad-Verhältnisse sicherte sich das Zahnrad einen festen Platz unter den Kraftübertragungsorganen. Es brachte Gewichts- und Raumersparnis, senkte die Betriebskosten und ließ die Antriebsmaschine immer mit der wirtschaftlichsten Drehzahl laufen. So sparte bereits 1915 das Turbinenschiff „Vaterland" von 70 000 PS durch Zwischenschaltung von Zahnradgetrieben an verschiedenen Größen nach Tabelle 126.

Tabelle 126. *Ersparnisse durch Verwendung von Zahnradgetrieben im Turbinenschiff „Vaterland"*
1915

	%
Gewicht der Turbinenanlage	81
erforderliche Bodenfläche der Anlage	51
Gewicht der gesamten Maschinen- und Kesselanlage	42
absoluter Kohleverbrauch	28
spezifischer Kohleverbrauch	22,5
Gesamtleistung durch vorteilhafte Drehzahl	7,5

Bei kleineren, mäßig schnell fahrenden Dampfern von 2 000 bis 5 000 PS Leistung ersparte man 1915 an Kohlen ebenfalls 24 bis 26%, an Maschinengewicht 27 bis 29%.

Diese Tendenz beobachtete man bei allen anderen Antriebsfragen, und bei der Betrachtung auch anderer Kraftübertragungen hatte das Zahnrad wegen seines hohen Wirkungsgrades immer eine Chance.

Literatur zum Kapitel 3.5

1887 Salomon, Bernhard: Die Wirkungsgrade von Schnecken-, Schrauben- und Stirnrädergetrieben bei Benutzung zu Kraftübertragungen nach Versuchen von Wm. Sellers & Co. und von Professor Thurston. Z. VDI 31 (1887) No. 22 S. 451 bis 456.

1894 Stribeck, Richard: Berechnung der Zahnräder. Z. VDI 38 (1894) No. 40 S. 1182 bis 1187.

1895 Stodola, Aurel: Versuche mit einem Schneckengetriebe von hohem Wirkungsgrade. Schweizerische Bauzeitung 26 (1895) Nr. 2 S. 16/17.

1897 Stribeck, Richard: Versuche mit Schneckengetrieben zur Erlangung der Unterlagen für ihre Berechnung und zur Klarstellung ihres Verhaltens im Betriebe. Zahnform und Eingriffsverhältnisse der Getriebe. Z. VDI 41 (1897) No. 33 S. 936 bis 941, No. 34 S. 968 bis 972.

1898 — : Versuche mit Schneckenradgetrieben. Z. VDI 42 (1898) No. 42 S. 1156 bis 1162.

1902 Westberg, N.: Schneckengetriebe mit hohem Wirkungsgrade. Z. VDI 46 (1902) Nr. 25 S. 915 bis 920.

1903 Bach, Carl, und Roser, Edmund: Untersuchung eines dreigängigen Schneckengetriebes. Z. VDI 47 (1903) Nr. 7 S. 221 bis 231.

1911 Rikli, H.: Bestimmung des Wirkungsgrades von Zahnrädern. Z. VDI 55 (1911) Nr. 34 S. 1435 bis 1438.

1916   KUTZBACH, KARL: Zur Entwicklung der Zahnrädergetriebe. Z. VDI 60 (1916) Nr. 48 S. 990 bis 992.

1926   HOFER, HERMANN: Gehärtete und in der Verzahnung geschliffene Zahnräder aus hochwertigem Stahl. Maschinenbau 5 (1926) H. 8 S. 353 bis 356.

1926   KUTZBACH, KARL: Reibung und Abnützung von Zahnrädern. Bericht über Versuche der Zahnradfabrik Friedrichshafen. Z. VDI 70 (1926) Nr. 30 S. 999 bis 1003.

1927   BONDI, WERNER: Beiträge zum Abnutzungs-Problem, insbesondere von Zahnrädern. Berlin: VDI-Verlag 1927.

1927   GRUSON, RUDOLF: Untersuchung von Schneckengetrieben. Versuchsergebnisse des Versuchsfeldes für Maschinen-Elemente der Technischen Hochschule Berlin. 7. Heft München und Berlin: R. OLDENBOURG 1927.

1928   KUTZBACH, KARL: Mehrgliedrige Radgetriebe und ihre Gesetze. Sonderheft Getriebe, Berlin: VDI-Verlag 1928.

1929   BEYER, RUDOLF AUGUST: Graphisch-kinematische Grundlagen der Radgetriebe mit sich schneidenden Achsen. Maschinenbau/Der Betrieb 8 (1929) H. 21 S. 718 bis 720.

1929   BRANDENBERGER, HEINRICH: Wirkungsgrad und Aufbau einfacher und zusammengesetzter Umlauffrädergetriebe. Maschinenbau/Der Betrieb 8 (1929) H. 8 S. 249 bis 253, H. 9 S. 290 bis 294.

1929   KUTZBACH, KARL: Mechanische Leistungsverzweigung. Maschinenbau/Der Betrieb 8 (1929) H. 21 S. 710 bis 716.

1930   MASCHMEIER, GÜNTER: Untersuchungen an Zylinder- und Globoid-Schneckengetrieben. Versuchsergebnisse des Versuchsfeldes für Maschinen-Elemente der Technischen Hochschule Berlin. 9. Heft. München und Berlin: R. Oldenbourg 1930.

1938   BUDNICK, ARNO: Zeichnerische Behandlung von Kräften und Momenten in Koppel- und Rädertrieben. VDI-Forschungsheft 388. Berlin: VDI-Verlag 1938.

1940   NÜBLING, OTTO: Die Zahnradbeanspruchung und ihre Berechnungsweise bei Flugmotorengetrieben. Luftfahrtforschung 17 (1940) S. 145 bis 153.

1941   HAVEMANN, HANS: Beitrag zur Berechnung von Flugmotorengetrieben. Motortechnische Zeitschrift 3 (1941) H. 10 S. 315 bis 318.

1942   NIEMANN, GUSTAV: Schneckengetriebe mit flüssiger Reibung. Abhängigkeit der übertragbaren Leistung und des Reibwertes von Zahnform, Abmessung, Drehzahl und Schmierzähigkeit. VDI-Forschungsheft 412. Berlin: VDI-Verlag 1942.

1951   NIEMANN, GUSTAV, und GLAUBITZ, HEINZ: Schrägverzahnte schmale Stirnräder. Einfluß des Schrägungswinkels auf Erwärmung, Verschleiß, Wälzfestigkeit, Zahnfußfestigkeit und Geräusch. Z. VDI 93 (1951) Nr. 9 S. 215 bis 222.

1952   WELLAUER, E. J.: Solving the Thermal Problem for Enclosed Gear Drives. Machine Design 24 (1952) Nr. 3 S. 123 bis 127.

1953   WELLAUER, E. J.: Wärmeabgabe von Zahnradgetriebegehäusen bei Tauchschmierung. Konstruktion 5 (1953) H. 5 S. 165.

Bibliographie der Zahnradtechnik

Technische Bücher waren im 15. bis 18. Jahrhundert noch Seltenheiten. Die Kluft zwischen Handwerksmeistern und Gelehrten war wissensmäßig und sprachlich zu groß. Der erste technische Schriftsteller war LEONARDO DA VINCI (1452 bis 1519). Er hat auch Fragen der Zahnradübertragung behandelt, wie allgemein bekannt ist. Seine Blätter blieben lange unbekannt, man wies im 16. Jahrhundert auf sie hin und erst 1883 kam die erste Faksimile-Ausgabe in London heraus.

Das erste gedruckte Werk der Ingenieurtechnik stammt von ROBERTO VALTURIO aus Rimini. Er verfaßte es um 1460, und 1472 wurde es in Verona gedruckt, es erschien bis 1555 in mehreren Auflagen. Der erste große Erfolg eines technischen Buches war 1556 das Werk „De Re Metallica" von GEORG AGRICOLA (1494 bis 1555). Ihm gelang es, Handwerksmeister und Gelehrte zusammenzubringen. Dadurch beeinflußte er die Technik an die 200 Jahre.

Die Abbildungen in Kupferstichen waren recht teuer. Der erste Autor, der ein billiges technisches Buch herausgeben wollte und dazu Beiträge anderer Autoren zusammenstellte, war HEINRICH ZEISINGH mit seinem „Theatrum Machinarum" 1612 bis 1614. Alle diese klassischen Bücher, und auch die folgenden, berühren verschieden ausführlich die Zahnräder, oder was mit ihnen zusammenhängt. Sehr groß war die Wirkung dieser Bücher für die Praxis jedoch nicht. Sie waren viel zu wenig bekannt, ihre Stückzahl viel zu klein, und oft bewegte sich ihr Inhalt zwischen Phantasie und Wirklichkeit.

Tabelle 127. *Die klassischen Druckwerke der Technik*

Jahr	Verfasser	Titel	Erscheinungsort
1472	ROBERTO VALTURIO	De re militari	Verona
1540	VANUCCIO BIRINGUCCIO	Pirotechnia	Venedig
1556	GEORG AGRICOLA	De re metallica	Basel
1557	GERONIMO CARDANO	De rerum varietate	Basel
1569—1578	JAQUES BESSON	Théatre des Instruments mathématiques et méchaniques	Lyon
1588	AGOSTINO RAMELLI	Le diverse et artificiose machine…	Paris
1597	BUONAIUTO LORINI	Delle Fortificationi	Venedig
1590—1605	FAUSTO VERANZIO	Machine novae	Venedig
1607—1614	HEINRICH ZEISINGH	Theatrum machinarum	Leipzig
1615	SALOMON DE CAUS	Les raisons des forces mouvantes	Frankfurt a. M.
1617/18	ROBERT FLUDD	Utriusque cosmi maioris scilicet et minoris, metaphysica, physica atque technica historia	Oppenheim
1621	VITTORIO ZONCA	Novo Teatro di Machine et edificii	Padua
1629	GIOVANNI BRANCA	Le Machine	Rom
1690	VENTURUS MANDEY, JAMES MOXON	Mechanical Power	London
1724/25	JACOB LEUPOLD	Theatrum machinarum generale	Leipzig
1758	WILLIAM EMERSON	Principles of Mechanics (5. Aufl. 1825)	London
1787	JOHN IMISON	The School of Arts	London

Der Inhalt dieser Bücher ist ausreichend dargestellt in:

THEODOR BECK, Beiträge zur Geschichte des Maschinenbaues. Berlin: Julius Springer, 1. Aufl. 1899, 2. Aufl. 1900.

Von den Maschinenbau-Büchern sonderten sich im 17. Jahrhundert ab die Mühlenbücher. Diese gingen schon mehr auf die unbedingten Notwendigkeiten der Praxis ein. Natürlich behandelten die Mühlenbücher durchweg Zahnräder und alles dazu Wissenswerte, weil die Zahnräder in der Mühle als damals größter Kraftmaschine die wichtigsten Elemente darstellten.

Tabelle 128. *Die klassischen Mühlenbücher*

Jahr	Verfasser	Titel	Erscheinungsort
1617/18	GIACOMO STRADA À ROSBERG	Kunstliche Abriss allerhand Wasser-, Wind-, Rosz- und Hand-Mühlen. 2 Teile, der zweite von BENJAMIN BRAMER	Frankfurt a. M.
1661	GEORG ANDREAS BÖCKLER	Theatrum machinarum novum (bis 1703 vier Auflagen)	Nürnberg
1718	LEONHARD CHISTOPH STURM	Vollständige Mühlen-Baukunst (bis 1819 sechs Auflagen)	Augsburg
1721	PIETER LINPERGH	Architectura mechanica of Moole-Book	Amsterdam
1734	JOHANNIS VAN ZYL	Theatrum machinarum universale of Groot algemeen Moolen-Book (Ausgaben bis 1770). Deutsche Übersetzung durch J. R. FAESCH 1738	Amsterdam
1734—1736	LEENDERT VAN NATRUS, JACOB POLLY, CORNELIUS VAN VUUREN	Groot volkomen Moolenboek. 2 Teile	Amsterdam
1735	JOHANN MATTHIAS BEYER	Theatrum Machinarum Molarium	Leipzig & Rudolstadt
1759	JOHN SMEATON	Experimental Enquiry concerning the natural powers of wind and water to turn mills and other machines, depending on a circular motion[1].	London
1795	JOHN BANKS	A Treatise on mills. 2. Aufl. 1815. Deutsche Übersetzung von CHR. GOTTLIEB ZIMMERMANN 1800	London
1795	OLIVER EVANS	The young Mill-wright (bis 1860 fünfzehn Auflagen)	Philadelphia
1804	ANDREW GRAY	Experienced Millwright	Edinburgh
1814	ROBERTSON BUCHANAN	Practical Essays on Mill Work and other Machinery. Weitere Auflagen 1823 und 1841. Deutsche Übersetzung durch M. H. JACOBI 1825	London
1861—1863	WILLIAM FAIRBAIRN	Treatise on mills and millwork. 2. Aufl. 1864/65.	London

[1] Vorträge vor der Royal Society 1759, 1776 und 1782. Zuerst erschienen in den Philos. Transactions 51 (1759) p. 100—174. Als Buch mit den Auflagen: 1794, 1796, 1813.

STURM vereint Theorie und Praxis in sachlicher Form. Er zeigt die Verbindung von Wasserrädern mit Arbeitsmaschinen und gibt sie durch Orthogonal-Projektion maßstäblich wieder (Beginn der Maschinenzeichnung). Berühmt sind die holländischen Mühlenbücher. Sie bestechen durch saubere Risse und exakte Darstellungen von Einzelheiten in Schnitt, Grund- und Aufriß. Das Werk von VAN ZYL gilt als das exakteste technische Buch des 18. Jahrhunderts. SMEATON und BANKS suchen die exakten Wissenschaften auf die Technik anzuwenden. Mit EVANS beginnt die Industrialisierung der Getreidemühle, er mechanisiert und automatisiert (Aufzug, Conveyor, Schneckenförderer, Rutsche). Die ersten modernen Erkenntnisse vermitteln BUCHANAN und FAIRBAIRN, vor allem in der Eisentechnik. Eine zusammenfassende Darstellung der Mühlenbücher gibt: FRIEDRICH KLEMM, Die Mühlenbücher. Börsenblatt f. d. deutschen Buchhandel, Frankfurter Ausgabe, 1951, Nr. 16, Seite A 173.

Die Zahnräder betrachtete man ferner in den Uhrenbüchern, vor allem in geometrisch-kinematischer Sicht. Die Literatur der Uhrenbücher beginnt schon 1344. Am einflußreichsten auf die Verzahnungstechnik waren die Uhrenbücher nach Tabelle 129.

Tabelle 129. *Für die Verzahnungstheorie bedeutende Uhrenbücher*

Jahr	Verfasser	Titel	Erscheinungsort
1658	CHRISTIAN HUYGENS	Horologium	Den Haag
1673	CHRISTIAAN HUYGENS	Orologium oscillatorum sive de motu pendulorum	Paris
1734	JACQUES ALLEXANDRE	Traité Général des Horloges	Paris
1741	ANTOINE THIOUT L'AINÉ	Traité mécanique et pratique. de l'horlogerie 2 Bände	Paris
1763	FERDINAND BERTHOUD	Essai sur l'horlogerie, dans lequel on traite de cet art relativement à l'usage civil, à l'astronomie et à la navigation (2. Aufl. 1786)	Paris
1826	THOMAS REID	Treatise on Clock and Watch Making	Edinburgh

Den Büchern über Maschinenbau des 15. bis 18. Jahrhunderts folgten im 19. Jahrhundert Werke über die Maschinenelemente. Mit ihnen setzt eindeutig die Spezialisierung in der technischen Literatur ein. Wahrscheinlich sollten die Werke über Maschinenelemente einen Kompromiß bilden zwischen Maschinenkunde, Mühlen- und Uhrenbüchern, vielleicht sogar ein Bindeglied zwischen „theoretischer" und „praktischer Mechanik" sein.

Den Anstoß zur wissenschaftlichen Behandlung der Maschinenelemente gab 1811 der Pariser Mathematiker JEAN-NICOLAS-PIERRE HACHETTE (1769 bis 1834) mit seinem „Traité Elementaire des Machines". Den wichtigsten Fortschritt in dieser Behandlungsweise aber erzielte der Begründer der Maschinen-Dynamik JEAN-VICTOR PONCELET (1788 bis 1867) mit seinen beiden Werken:

1826　Cours de mécanique apliquée aux machines. Weitere Auflagen 1831 und 1836. Deutsche Übersetzung 1845 von Dr. C. H. SCHNUSE.

1829　Mécanique Industrielle. Lüttich: A. Leroux & Comp. 2. Auflage 1841.

Einfluß in dieser Richtung gewannen auch das „Hilfsbuch für praktische Mechanik zum Gebrauche für Artillerie-Offiziere, Civil- und Militär-Ingenieure" von ARTHUR-JULES MORIN, in deutscher Übersetzung 1838 von C. HOLTZMANN, und der „Choix des Modèles appliquer à l'enseignement du Dessin des Machines" 1830 von V. LE BLANC.

Im deutschen Sprachraum sind als Überleitung von Maschinenbau-Büchern zu wissenschaftlicher Behandlung von Maschinen-Elementen die vier Werke zu nennen:

Jahr	Verfasser	Titel	Erscheinungsort
1826—1828	Karl Christian von Langsdorf	Ausführliches System der Maschinen-Kunde. 4 Bände + Atlas	Heidelberg und Leipzig
1831—1834	Franz Joseph von Gerstner	Handbuch der Mechanik. Besonders Band 1 und 3	Prag
1835	Gideon Jan Verdam	Neuer Schauplatz der Künste und Handwerke	Weimar
1846	Adam Ritter von Burg	Theoretische Prinzipien der Mechanik nebst Art und Weise ihrer Anwendung auf das Maschinenwesen	Wien

Die Verfasser schälten immer stärker den Begriff „Maschinen-Elemente" als nicht mehr zerlegbare Grundbestandteile heraus, wie sie im „allgemeinen Maschinenbau" vielerorts in gleicher Art vorkamen. So umfaßte der Stoff „Maschinen-Elemente" selbstverständlich und immer ausführlicher die Zahnräder. Da in den technischen Schulen die Maschinenelemente eigenes Lehrfach wurden, übten diese Bücher bald einen erheblichen Einfluß in der Praxis aus. Die klassischen, deutschsprachigen Werke über Maschinenelemente zeigt Tabelle 130.

Die wichtigsten Werke hiervon sind Reuleaux, Weisbach, vor allem aber Bach. Die Wirkung von Bachs Maschinenelementen in der Fachwelt praktisch bis in unsere Tage hinein ist im Kapitel 3.2 herausgestellt; sie erlebten dreizehn Auflagen und erschienen 43 Jahre lang in laufender Bearbeitung.

Im 20. Jahrhundert setzte die Spezialisierung im Maschinenbau ein, und sie erforderte auch spezielle Literatur. Die Bücher über Maschinen-Elemente gewannen daher weiter an Bedeutung und ihre Verfasser mußten den Stoff immer mehr über das Niveau des „allgemeinen Maschinenbaues" hinausheben. Tabelle 131 zählt die deutschen Standardwerke der Neuzeit auf. Die wirksamsten sind hier Volk, Rötscher, ten Bosch, Tochtermann und Niemann. Trotz des technischen Fortschrittes hielten sich auch diese Werke durch laufende Bearbeitung recht lange.

Bände über das Thema „Maschinen-Elemente" enthalten auch folgende Serienwerke: Max Hittenkofers Sammelwerke für den Selbstunterricht (O. Grosser, Paul Haberstolz und E. Lohmar), Webers Illustrierte Katechismen (L. Ofterdinger), Die Werkstatt (Adolf Schunke), Sammlung Göschen (Friedrich Barth und Erich Albert vom Ende), Technische Lehrhefte für den Einzelunterricht an Gewerbe- und Handwerkerschulen (H. Korn), Ernst Siegfried Mittler & Sohn (Carl Kahle), Bibliothek der gesamten Technik Dr. Max Jänecke (Karl Laudien und Ludwig Quantz), Fachbücher für Schule und Beruf W. Girardet (Otto Tosch), Teubners Fachbücher für Maschinenbau (Günter Köhler/Hans Rögnitz), Fachbücher für Ingenieure W. Girardet (Dr. Ottomar Fratschner), Bücher der Technik (Dr. Robert Kraus), Deutsche Werkmeister-Bücherei (Kurt Rabe und Hans Luft), Aus Natur und Geisteswelt (Richard Vater), Oskar Leiners Technische Bibliothek (Richard Botsch); Ernst Siegfried Mittler & Sohn (Carl Kahle).

Bücher über Maschinenbau und Maschinenelemente allein reichten bald nicht mehr aus. Das Gebiet der Technik erweiterte sich so sehr, daß man es nur noch schwer übersehen konnte. Viele Daten, die der Ingenieur leicht einmal brauchte, waren schwer zu beschaffen. So entstanden die technischen Handbücher und Ingenieur-Kalender. Begründer dieser Art von Nachschlagewerken ist der Glasgower Ingenieur Robert Brunton. Er brachte 1824 für seine Kollegen in Glasgow ein Werkchen mit dem Titel heraus:

"A Compendium of Mechanics; or Text Book for Engineers, Mill-Wrights, Machine-Makers, Founders, Smiths etc. Containing Practical Rules and Tables connected with the Steam Engine,

Tabelle 130. *Deutschsprachige Werke über Maschinenelemente im 19. Jahrhundert*

Ersch.-Jahr	Verfasser	Titel	Ort, Verlag	Weitere Auflagen
1839—1843	SEBASTIAN HAINDL	Die Maschinenkunde und Maschinenzeichnung	München, Literar.-artistische Anstalt	2. Aufl. 1852
1842	W. SALZENBERG	Vorträge über Maschinenbau	Berlin, Realschulbuchhandlung	—
1848	FERDINAND REDTENBACHER[1]	Resultate für den Maschinenbau	Mannheim, Friedr. Bassermann	1852, 1858 1864, 1869
1854—1860	FRIEDRICH CARL HERMANN WIEBE	Die Lehre von den einfachen Maschinenteilen	Berlin, Ernst & Sohn	2 Bände und Atlas
1854—1862	C. L. MOLL, FRANZ REULEAUX	Constructionslehre für den Maschinenbau	Braunschweig, Friedr. Vieweg	2 Teile
1859	PIUS FINK	Construction der Maschinentheile	Wien, Carl Gerold's Sohn	
1860	JULIUS LUDWIG WEISBACH[2]	Lehrbuch der Ingenieur- und Maschinenmechanik ohne Anwendung des höheren Calculs, Band 3	Braunschweig, Friedr. Vieweg	1876, 1880 1896, 1901
1861	FRANZ REULEAUX, C. L. MOLL	Der Constructeur	Braunschweig, Friedr. Vieweg	1865, 1869, 1872, 1882 bis 1889, 1894
1874	KARL KELLER	Berechnung und Construction der Triebwerke, eine Constructionslehre für den Maschinenbau	München, Friedr. Bassermann	1881, 1898, 1904
1879	OTTO VON GROVE	Formeln, Tabellen und Skizzen für das Entwerfen einfacher Maschitheile	Hannover, Schmorl & v. Seefeld Leipzig, S. Hirzel 1902	1881, 1883, 1885, 1886, 1889, 1890, 1892, 1894, 1896, 1899, 1901
1881	CARL BACH	Die Maschinen-Elemente. Ihre Berechnung und Konstruktion	Stuttgart: Cotta und Bergsträsser	1891—1893, 1894, 1895, 1896, 1897, 1899
1898	EDUARD BRESLAUER	Der Maschinenbau. 1. Thl. Meß-Instrumente und Maschinen-Elemente	Leipzig, Maschinenbau Richard Hahn	2. Aufl. 1906
1898	EGBERT VON HOYER	Kurzes Handbuch der Maschinenkunde	München, Theodor Ackermann	—
1901	CARL BACH	Die Maschinen-Elemente. (Fortsetzung seines Werkes von 1881 bzw. 1899)	Stuttgart und Leipzig, Alfred Kröner	1903, 1908, 1913, 1919, 1921/22

[1] Die 5. erweiterte Auflage 1869 bearbeitete FRANZ GRASHOF.

[2] Dieser 3. Band trägt den Untertitel „Mechanik der Zwischen- und Arbeitsmaschinen" und ist in zwei Abteilungen gegliedert. Seit der 2. Auflage 1876 ist GUSTAV HERRMANN der Herausgeber.

Tabelle 131. *Deutschsprachige Standard-Werke über „Maschinen-Elemente"*
im 20. Jahrhundert

Jahr	Verfasser	Ort	Verlag	Weitere Auflagen
1903—1905	M. SCHNEIDER	Braunschweig	Vieweg & Sohn	2 Bände
1905	HUGO KRAUSE	Berlin	Springer	1913, 1920, 1922
1906	OTTO VON GROVE	Leipzig	S. Hirzel	mit Tafelband
1910	GEORG LINDNER	Stuttgart	Deutsche Verlags-Anstalt	—
1912/13	CARL VOLK[1]	Berlin	Springer	
1913	CURT ROHEN	Leipzig	S. Hirzel	1920, 1923
1914/15	PAUL VON LOSSOW	München	Reichart	—
1919/20		Leipzig	S. Hirzel	1921/22, 1925—1929
1921	OTTO KAMMERER[2]	München und Berlin	R. Oldenburg	—
1927 und 1929	FELIX RÖTSCHER	Berlin	Springer	2 Bände
1929	OTTO RICHTER, RICHARD VON VOSS[3]	Berlin	VDI-Verlag	—
1929—1931	MAURITS TEN BOSCH	Berlin/ Göttingen/ Heidelberg	Springer	1940, 1951
1930	WILHELM TOCHTERMANN[4]	Berlin/ Göttingen/ Heidelberg	Springer	1951, 1956,
1943—1945	FRANZ FINDEISEN	Berlin	Otto Elsner	2 Bände. Neuauflage bei SDV Zürich 1950—1953
1950—1960	GUSTAV NIEMANN	Berlin/ Göttingen/ Heidelberg	Springer	2 Bände. Mehrere Neudrucke

[1] Der genaue Titel dieses Werkes ist „Einzelkonstruktionen aus dem Maschinenbau". Es erschien in elf Heften, z. T. in mehreren Auflagen, darunter auch zwei Hefte über Zahnräder (Nr. 3 und 5) von Dr. ADALBERT SCHIEBEL.

[2] Dieses Werk über Maschinenelemente trägt den Titel „Mechanische Arbeitsübertragung" und enthält Skizzen, Diagramme und Berechnungen zu den Vorlesungen des Verfassers an der Technischen Hochschule Berlin.

[3] Dies ist das deutsche Standardwerk über „Bauelemente der Feinmechanik". Es erschien bis heute in mehreren Auflagen. Die erste, hier angegebene Auflage, brachte eine ausführliche Abhandlung im 3. Abschnitt über „Zahngetriebe" von MAX FÖLMER; sie fehlt in den späteren Auflagen.

[4] Dieses Buch ist die Fortführung des Werkes von HUGO KRAUSE 1905 bzw. 1922.

Water Wheel, Force Pump and Mechanics in General; also Examples for each Rule, Calculated in Common decimal Arithmetic, which readers this Treatise particularly adapted for the use of Operative Mechanics."

Die meisten Regeln und Tabellen wählte BRUNTON aus den neuesten Arbeiten führender Ingenieure und Wissenschaftler aus und bearbeitete sie für die praktische Anwendung. Mit vielen durchgerechneten Beispielen enthielt sein „Compendium" Kapitel über Masse, Gewichte, Planimetrie, Stereometrie, Schwerpunkte, Materialfestigkeitszahlen und natürlich auch Zahnräder; in den zwei kurzen Abschnitten über Zahnräder beruft sich BRUNTON auf BUCHANAN und TREDGOLD. Als sich Bruntons „Compendium" 1826 bereits in der dritten Auflage befand, entschloß sich der Baseler Professor CHRISTOPH BERNOULLI (1782 bis 1863), aus der dortigen berühmten Gelehrtenfamilie stammend, zu einer erweiterten Bearbeitung des Brunton in deutscher Sprache. Daraus entstand das „Vademecum des Mechanikers oder praktisches Handbuch für Mechaniker, Maschinen- und Mühlenbauer, und Techniker überhaupt"; es kam 1829 bei Alfred Kröner in Stuttgart und Leipzig heraus und ist das älteste, deutschsprachige, technische Taschenbuch. Der „Bernoulli" erschien gerade während der ersten Anfänge einer deutschen Industrie. Die zweite Auflage 1832 gab der Sohn des Begründers Johann Gustav Bernoulli (1811 bis 1877) heraus, der damals in Paris lebte. Er brachte den Stoff der führenden technischen Schulen von Paris, sowie die Dimensionen Meter und Kilogramm in das Vademecum. Eine Aufstellung der wichtigsten deutschsprachigen Hand- und Hilfsbücher des Maschinenbaues bzw. der Technik bringt Tabelle 132.

Tabelle 132.   *Technische Hand- und Hilfsbücher des Maschinenbaues in deutscher Sprache*

Erscheinungs-jahre	erster Herausgeber	Ort	Verlag	Auf-lagen
1829—1923	Christoph Bernoulli	Stuttgart u. Leipzig	Alfred Kröner	27
1848—1877	Julius Ludwig Weisbach	Braunschweig	Friedr. Vieweg	6
1857—heute	Akadem. Verein „Hütte"	Berlin	Ernst & Sohn	28
1878—1925	H. Fehland	Berlin	Springer	47
1883—1953	Wilhelm Heinrich Uhland	Leipzig	Alfred Kröner	71
1899—heute	Hermann Haeder	Duisburg, Wiesbaden, Berlin, Braunschweig	Otto Haeder, R. C. Schmidt	21
1901—heute	Edmund Rumpler	Berlin	M. Krayn, H. Cram	18
1904—1930	Friedrich Freytag	Berlin	Springer	8
1913—heute	Alfred H. Schütte (seit 1939 „Klingelnberg")	Berlin/Göttingen/Heidelberg	Springer	14
1914—heute	Heinrich Dubbel	Berlin/Göttingen/Heidelberg	Springer	12
1932—heute	Robert Bosch AG	Berlin u. Düsseldorf	VDI-Verlag	15
1938—heute	Heinrich Buschmann	Stuttgart	Franckh, DVA	7

Beim „Bernoulli" hatten die ersten Auflagen zwei bis drei Tafeln mit geometrischen Figuren, in seiner 25. Auflage 1914 standen bereits über hundert. Der Textumfang schwoll von ursprünglich 125 auf 600 Seiten 1869 an! Heute sind die „Handbücher" bereits so umfangreich geworden, daß sie mehrbändig erscheinen müssen, um ihrem Namen gerecht zu werden. In Tabelle 132 fallen die vielen Auflagen der Handbücher in Zeiträumen bis zu über hundert Jahren auf! Natürlich wurden sie von führenden Fachleuten laufend auf den neuesten Stand der Technik gebracht.

Beliebt und siebzig Jahre lang bekannt war der Ingenieurkalender des Pioniers deutscher Ingenieur-Literatur und Gründers der ersten privaten technischen Lehranstalt (in Mittweida/Sa.) Wilhelm Heinrich Uhland (1840 bis 1907). Die Spezialisierung der Maschinentechnik erkannte der Flugzeug- und Automobilkonstrukteur Edmund Rumpler (1872 bis 1940), als er 1901 den „Automobiltechnischen Kalender", seit 1909 „Automobiltechnisches Handbuch" begründete. Die weiteren Herausgeber waren 1909 bis 1919 der Geh. Reg.-Rat Dr. Ernst Valentin (1874 bis 1950) und von 1921 bis 1953 Ob.-Ing. Richard Bussien (geb. 18. November 1888 in Leipzig). Natürlich behandelte es auch alle Arten von Zahnrädern im Kraftfahrwesen. Bearbeiter dieser Themen waren Ernst Waldemar Toron, Hermann Hofer und Karl Friedrich Keck über Zahnräder, Richard Bussien, Henry Edward Merritt, Hans F. Puchstein, Herbert Zabinski, Albert Maier und Hubert von Thüngen über Getriebe.

Ingenieure der Zahnradtechnik im technischen Büro und Betrieb schätzten die Taschen- bzw. Hilfsbücher der Berlin-Kölner Werkzeugmaschinenfabriken von Schuchardt & Schütte. 1939 wurde es das „Technische Hilfsbuch" der Werkzeug-, Zahnrad- und Zahnrad-Maschinenfabrik W. Ferd. Klingelnberg Söhne, bearbeitet durch Ernst Preger, Josef und Rudolf Reindl, Walter Krumme und Fritz Pohl.

Noch stärker spezialisiert ist das Taschenbuch für Getriebe-Ingenieure und Verzahnungstechniker der Maag-Zahnräder AG in Zürich. Hieran arbeiteten 22 führende Ingenieure der Branche, darunter Professor Georges Henriot, Paul Aschwanden, Richard Ritter, Robert Wydler u. a. Kapazitäten. Es spiegelt den reichlichen Beitrag der Schweiz zur Verzahnungstechnik wieder und erwies sich bald nach seinem Erscheinen 1963 als unentbehrlich.

Die klassischen deutschen technischen Handbücher sind heute die „Hütte" und der „Dubbel". Die „Hütte" ist herausgegeben vom Akademischen Verein Hütte, der 1846 in Berlin gegründet worden war. Sie wandte sich an die Studierenden des Kgl. Gewerbe-Institutes, der späteren Technischen Hochschule Berlin, als Taschenbuch mit Formeln, Tabellen, empirischen und theoretischen Resultaten der Mathematik, Mechanik, der mechanischen und chemischen Technologie, sowie des Maschinenbaues und Bauwesens. Später erweiterte sich die „Hütte" mehrbändig auf alle Gebiete der Technik. Vor allem sollten die neuesten, für die Technik wichtigen, theoretischen Erkenntnisse, die noch nicht in Buchform vorlagen, laufend eingearbeitet werden, damit sie rasch Gemeingut der Ingenieure werden konnten. Seit 1914 führte sich speziell für Maschinenbauer der „Dubbel" ein. Er ist benannt nach seinem ersten Herausgeber, dem Studienprofessor an der Berliner Beuthschule Heinrich Dubbel (1873 bis 1947), der dieses meistens zweibändige „Taschenbuch für den Maschinenbau" bis 1943 bearbeitete. 1953 übernahmen Professor Dr. Friedrich Sass und Charles Bouché die weitere Bearbeitung.

Beide Taschenbücher bringen in ihrem allgemeinen Band die Abschnitte Mathematik, Mechanik, Physik, Festigkeitslehre, Thermodynamik, Werkstoffkunde und Maschinenteile, in ihrem maschinenbaulichen Bande dann Kraft- und Arbeitsmaschinen, Elektrotechnik, Hebe- und Fördermittel, Werkzeugmaschinen, Kraftwagen und Flugtechnik.

Die Zahnräder wurden mit der Zeit so ausführlich behandelt, daß diese Abschnitte absolut den Rang einer speziellen Schrift über dieses Thema erreichten. Bearbeiter waren die bekannten Professoren Carl Bach, Karl Kutzbach und Gustav Niemann.

Im ganzen gesehen halfen gerade diese Handbücher dem Fortschritt schnell voran. Die ersten Ingenieure zu Anfang des 19. Jahrhunderts mußten ohne Unterlagen arbeiten. Seitdem es aber diese Handbücher gab, wurden sie schon auf der Schule benutzt, wodurch sie den Unterricht erleichterten und beschleunigten. Unentbehrlich blieben sie selbstverständlich in der Praxis und dadurch übten sie einen großen Einfluß bei Konstruktion und Herstellung aus.

Damit ist die Bibliographie bei der speziellen Literatur über das Zahnrad angelangt. Spezielle Werke über Zahnräder gab es erst im 19. Jahrhundert. Die Gründe für ihren Bedarf waren:

1. die ständig steigenden Leistungen der Kraftmaschinen, die eine eingehende Betrachtung der Kraftübertragung erforderten,
2. die Fortschritte in der Eisentechnik,
3. der immer umfangreichere Stoff, der die Zahnradtechnik umfaßte.

Das erste Zahnradbuch stammt von dem englischen Patent-Ingenieur John Isaac Hawkins (1772 bis 1865). Er erkannte die Bedeutung dieses speziellen Stoffes, über-

Tabelle 133. *Zahnradbücher des 19. Jahrhunderts*

Ersch.-Jahr	Verfasser	Titel	Ort, Verlag	Weitere Auflagen
1806	John Isaac Hawkins	Teeth of Wheels	London	1837 und 1842
1808	Robertson Buchanan	An Essay on the Teeth of Wheels	London, William Savage	
1830	Sebastian Haindl	Construction der Verzahnungen, mit bes. Rücks. auf die beste Form der Zähne	Stuttgart und Tübingen, J. G. Cotta	
1852	Edward Sang	New General Theory of the Teeth of Wheels	Edinburgh	
1854	Peter Rittinger	Theoretisch-praktische Anleitung zur Räder-Verzahnung	Wien, Friedrich Manz	
1861	Otto von Grove[1]	Anleitung zur Konstruktion der Zahnräder	Hannover	Mitth. d. Gewerbe-Vereins f. d. Königreich Hannover, Spalten 86—97, 175—202, 293—302
1885	George Barnard Grant	A Handbook on the Teeth of Gears	Boston	
1892	Joseph Horner	Toothed Gearing	London, Crosby, Lockwood & Son	
1897	A. Baltzinger	Eine Sammlung von 100 Zahnformen für Zahnräder	Straßburg	1904
1899	George Barnard Grant	A Treatise on Gear Wheels	Philadelphia	
1899	Oskar Lasche[1]	Elektrischer Antrieb mittels Zahnrad-übertragung	Berlin	erschien noch in der Neuzeit Z. VDI Jg. 43 Nr. 46, S. 1417—1422 Nr. 48, S. 1487—1493 Nr. 49, S. 1528—1533 Nr. 50, S. 1563—1569

[1] Dies sind Zeitschriftenaufsätze, die in mehreren Fortsetzungen erschienen, und nach Umfang und Bedeutung den Rahmen eines Buches erreichten.

setzte 1806 die theoretischen Arbeiten des Franzosen CAMUS 1733 und übernahm Auszüge aus Werken von IMISON 1787 und THOMAS GILL 1803. Ihm folgte der Glasgower Ingenieur ROBERTSON BUCHANAN (1769 bis 1816), der das Thema vornehmlich von der praktischen Seite auffaßte, wie der Untertitel seines Buches sagt: ,,... Comprehending Principles, and their Application in Practice to Millwork and other Machinery ...". Das erste deutsche Zahnradbuch veröffentlichte der Münchner Professor SEBASTIAN HAINDL (1802 bis 1863). Tabelle 133 bringt die wichtigsten Zahnradbücher des 19. Jahrhunderts. Alle hier zitierten Bücher sind im vorliegenden Text erwähnt und die Meinungen ihrer Verfasser wiedergegeben. Das beachtliche Werk von JOSEPH HORNER kam zu der Zeit, als geschnittene Zähne die gegossenen abzulösen begannen; hier kam ein früherer ,,pattern maker", d. h. Modellmacher, zu Wort. Er mußte schon damals die Theorie genau kennen. Klassische Bücher über die Verzahnungstheorie sind die des Amerikaners GEORGE BARNARD GRANT 1885 und 1899; dieser Pionier der Verzahnungstechnik gab in ihnen die ersten wissenswerten Daten für die Fabrikation bekannt.

In die Probleme der modernen Zahnradtechnik führt schon zu Ende des 19. Jahrhunderts die vielzitierte Aufsatzreihe von OSKAR LASCHE in der VDI-Zeitschrift 1899 ein. Sie ging in ihrer Bedeutung über den Inhalt mancher späterer Zahnradbücher hinaus, wie die Überschriften ihrer einzelnen Kapitel beweisen:

1. Zahnform, mit Bestimmung des spezifischen Flächendruckes p, Nr. 46 Seite 1418/19.
2. Gleiten und Rollen, mit Bestimmung des spezifischen Gleitens γ und der Gleitgeschwindigkeit v_γ, Nr. 46 Seite 1420/21.
3. Abnutzungscharakteristik, Nr. 46 Seite 1421.
4. Eingriffdauer, Nr. 46 Seite 1421/22.
5. Wirkliche Abnutzung und Abnutzungscharakteristik, Nr. 48 Seite 1487 bis 1489.
6. Folgerungen aus der Abnutzungscharakteristik, Nr. 48 Seite 1489/90.
7. Bemessung der Zähne mit Rücksicht auf Abnutzung, Nr. 48 Seite 1490/91.
8. Berechnung der Zähne mit Rücksicht auf Festigkeit, Nr. 48 Seite 1491/92.
9. Herstellung der Zähne und der Fräser, Nr. 48 Seite 1492/93.
10. Einfluß von falscher Zahnform und von Fehlern in der Teilung, Nr. 49 Seite 1528 bis 1531.
11. Konstruktion und Ausführung der Räder, Nr. 49 Seite 1531/32.
12. Lagerung und Zusammenbau, Nr. 49 Seite 1532/33.
13. Erfahrungsbeispiele, mit Tabelle ausgeführter Zahnräder, Nr. 50 Seite 1563 bis 1568.
14. Versuchsreihen, Nr. 50 Seite 1568/69.

Die Arbeit wurde erst 1916 im angelsächsischen Sprachraum entdeckt und von DANIEL ADAMSON übersetzt.

Im 20. Jahrhundert begann die lebhafte Zahnradforschung, wodurch sich der Stoff immer mehr erweiterte und über den Rahmen eines Kapitels der Maschinenelemente hinauswuchs. So wurden die Buchveröffentlichungen recht zahlreich.

Das erste deutsche Standardwerk über Zahnräder war der ,,Schiebel". Es erschien als Heft 3 und 5 der Reihe ,,Einzelkonstruktionen aus dem Maschinenbau", wobei Heft 3 die Gerad- und Heft 5 die Schrägverzahnung enthielten.

Der Prager Professor ADALBERT SCHIEBEL baut die Verzahnungstheorie als erster deutscher Autor vom Standpunkt der Bearbeitung her auf. Er legt nur noch Zahnformen zugrunde, die die Bearbeitungsmaschinen erzeugen können. D. h., er zeigt die geometrische Ermittlung der Zahnflächen zusammen mit der Ermittlung von Bewegungsvorgängen für die Erzeugung dieser Flächen. SCHIEBEL untersucht auch den Eingriff genau. Den fehlerhaften Eingriff behandelt SCHIEBEL bei der Erörterung des unregelmäßigen Ganges der Zahntriebe. Die späteren Auflagen seines Werkes sind den theoretischen und praktischen Fortschritten angepaßt. Einen bedeutenden Schlußstrich unter SCHIEBELS Werk setzte 1934 sein Assistent und Nachfolger Professor Dr. RUDOLF KÖNIGER mit der 3. Auflage des zweiten Teiles, in der er die Räder mit schrägen Zähnen am bisher ausführlichsten behandelte. So brachte er auch Schrägzahn- und Schraubenkegelräder und berechnete ausgeführte Getriebe. Im Abschnitt Schneckengetriebe behandelt KÖNIGER als erster alle Schneckenformen, von der Spiral- zur Evolventen-Schnecke.

Tabelle 134. *Werke über Zahnräder im 20. Jahrhundert*

Ersch.-Jahr	Verfasser	Titel	Ort, Verlag	Weitere Auflagen
1911	Charles H. Logue	American machinist gear book	New York, McGraw-Hill	
1912/13	Adalbert Schiebel	Zahnräder	Berlin, Springer	1922/23, 1930—1934
1921	Gastone Cavalieri	Ingranaggi	Mailand, Ulrico Hoepli	
1927	Gaston Cavalieri	Les Engrenages	Paris, Ch. Béranger	französ. Bearb. v. 1921
1928	Earle Buckingham	Spur Gears Design	New York, McGraw-Hill	
1932	Earle Buckingham, Georg Olah	Stirnräder mit geraden Zähnen	Berlin, Springer	deutsche Bearbeitung v. 1928
1932—1936	Jean Pérignon	Théorie et Technologie des Engrenages	Paris, H. Dunod	3 Bände
1935—1937	Earle Buckingham	Manual of Gear Design. Operation and Production	New York, The Industrial Press	3 Bände
1939—1942	Hermann Trier[1]	Die Zahnformen der Zahnräder. Die Kraftübertragung durch Zahnräder	Berlin, Springer	Werkstattbücher, Hefte 47 und 87.
1940	T. C. F. Stott	Fundamentals of gearing	Draughtsman Publishing Comp.	
1942	Anton Lentz	Zahnräder- und Gertiebe-Berechnung	Mannheim, Heinrich Lanz AG	Lanz-Forschung, Band 2 2. Aufl. 1951
1942	Henry Edward Merritt	Gears	London, Isaac Pitman & Sons	1946, 1954/55
1944	William Alfred Tuplin	Machinery's gear design handbook	London, Machinery Publishing Comp.	
1947	Henry Edward Merritt	Gear Trains	London, Isaac Pitman & Sons	—
1948	William Steeds	Involute Gears	London, Longmans Green & Co	—
1949	Earle Buckingham	Analytical Mechanics of Gears	New York, McGraw-Hill	—
1949—1951	Georges Henriot	Traité théorique et pratique des engrenages	Paris, H. Dunod	3 Bände. 2. Aufl. v. I 1954
1950	Richard Ritter	Zahnradgetriebe	Zürich, Leemann	
1950	Alfred Kurt Thomas	Die Tragfähigkeit der Zahnräder	München, Carl Hanser	1954, 1957, 1960, 1963
1951	Rudolf Huber	Zahnradgetriebe	Heidelberg u. Wien, Rudolf Bohmann	
1951	Curt Mehl	Die Evolventenzahnform der Stirnräder mit geraden Zähnen	Stuttgart, Franckh'sche Verlagshandlung	
1952	Georg Dietrich	Berechnung von Stirnrädern mit geraden und schrägen Zähnen	Düsseldorf, VDI	

[1] Weitere Auflagen von Heft 47: 1942, 1949, 1954, 1956, 1958 und von Heft 87: 1949, 1955, 1958, 1962.

Ersch.-Jahr	Verfasser	Titel	Ort, Verlag	Weitere Auflagen
1952	Philip Stephen Houghton	Gears, spur, helical, bevel and worm	London, Chapman & Hall	
1954	Darle W. Dudley	Practical Gear Design	New York, McGraw-Hill	
1954—1957	Wolfram Lindner	Zahnräder. 2 Hefte	Berlin, Springer-Verlag	4. Aufl. des Schiebel
1956	Paul Kämpf, Helmut Kreisel	Berechnung und Herstellung von Zahnrädern	Leipzig, Fachbuchverlag	
1956—1958	Karl Friedrich Keck	Die Zahnradpraxis	München, R. Oldenbourg	2 Bände
1957	Alfred Kurt Thomas	Grundzüge der Verzahnung	München, Carl Hanser	
1960	Gustav Niemann	Getriebe	Berlin/Göttingen/Heidelberg, Springer	Band 2 der Maschinenelemente deutsche Bearb. v. 1954
1961	Darle W. Dudley, Hans Winter	Zahnräder-Berechnung, Entwurf und Herstellung nach amerikanischen Erfahrungen	Berlin/Göttingen/Heidelberg, Springer	
1961	William Alfred Tuplin	Gear Load Capacity	London, Pitman	
1961	Gerhart Schreier mit 4 Bearbeitern	Stirnrad-Verzahnungen	Berlin, VEB Verlag Technik	
1962	Darle W. Dudley	Gear Handbook. The Design, Manufacture and Application of Gears	New York, McGraw-Hill	

Bände über das Thema „Zahnräder" enthalten auch folgende deutschsprachigen Serienwerke: Max Hittenkofers Sammelwerke für den Selbstunterricht (O. GROSSER und PAUL HABERSTOLZ), Uhlands technische Bibliothek (A. DROTH), Bibliothek der gesamten Technik Dr. Max Jänecke (HANS HOYER), Werkstattbücher für Betriebsbeamte, Konstrukteure und Facharbeiter (GEORG KARRASS und HERMANN TRIER), Krausskopf-Schriftenreihe für Theorie und Praxis im Ingenieurwesen (HANS SIEBERT 1962), Deutsche Werkmeisterbücherei (PAUL KÄMPF), Unterrichtswerk für Maschinenbau (KURT ZIRPKE), Schriften des Industrieblattes Stuttgart (FRITZ WOLF), SVD-Fachbücher (RICHARD RITTER).

Die weiteren Werke des 20. Jahrhunderts über Zahnräder zeigt Tabelle 134. 1928 kam in den USA das erste lange wirkende Zahnradbuch heraus. Sein Verfasser war der unvergeßliche EARLE BUCKINGHAM. Das Buch beschränkte sich zwar nur auf Stirnräder, bringt aber die ganze Theorie und deren Anwendung an Hand durchgerechneter Beispiele. Es galt bis nach dem 2. Weltkriege in der ganzen Welt als maßgebend. Man muß es daher zu den erfolgreichsten Büchern der Zahnradliteratur rechnen, da es auch alle grundlegenden Fragen über Stirnräder enthält. Es macht vor allem bekannt mit den Herstellungs-, Meß- und Prüfverfahren.

Klar wurde die Bedeutung des „Buckingham" durch die verdienstvolle deutsche Bearbeitung von GEORG OLAH. Er stellte darüber hinaus alle Dimensionen auf metrisches Maß um und berücksichtigte die deutschen Normen. Wichtige Abschnitte sind: die Evolvente und ihre Eigenschaften, Evolvententrigonometrie, Profilverschiebung, Betriebsverhältnisse bei Rädergetrieben, Bruch- und Abnutzungsfestigkeit der Zähne (mit Behandlung der dynamischen Zusatzbeanspruchung), Bearbeitung und Messung der Zähne (mit Auslegung von Fräsern, Schneidrädern und Zahnstangenwerkzeugen). In der deutschen OLAH-Bearbeitung sind auch die neuen Versuche über Festigkeit und Abnutzung der Zähne berücksichtigt, die am Massachusetts Institute of Technology inzwischen ausgeführt worden waren.

BUCKINGHAM wollte damals ein Nachschlagewerk über die Zahnradtechnik schaffen, wie er es sich selbst wünschte. So gab er eine vollständige, mathematische Darstellung des Themas in einfacher Form und erschloß den Ingenieuren neue Gesichtspunkte. Sein Werk blieb maßgebend, bis der „Dudley" kam.

Das erste Standardwerk Frankreichs über Zahnräder war der dreibändige „Pérignon".

Sein erster Teil behandelt die Verzahnungstheorie mit geometrischen und kinematischen Betrachtungen der Hauptzahnradarten. Er geht aber auch auf die Kräfte und Energie-Verhältnisse ein. Der zweite Teil behandelt die Fertigung, ausgehend von den technologischen und metallographischen Grundlagen. JEAN PÉRIGNON schildert das Gießen, Schmieden, Hobeln, Fräsen und Schleifen verschiedener Zahnformen und beschreibt die entsprechenden Maschinen. Den Beschluß bildet das Prüfen und Messen. Der dritte Teil (1936) behandelt Zahnradgetriebe selbst, ihre Kinematik und Dynamik. Ausführlich wird die Wechselräderberechnung für Drehbänke und für einfache Umlaufgetriebe dargestellt.

Dieses Werk löste 1949 der dreibändige „Henriot" ab. Professor GEORGES HENRIOT ist heute der maßgebende Zahnradwissenschaftler Frankreichs.

Der erste Band bringt die bewegungsgeometrischen Grundlagen der Zahnräder im Hinblick auf ihre Erzeugung, also auch die Sonderverzahnungen der Kegelräder. Selbstverständlich folgen Abschnitte über Profilverschiebung, Festigkeit und Abnutzung. Die zweite Auflage dieses ersten Bandes von 1954 erweitert die Kapitel über den Zahneingriff und die Zahnkorrektur, wobei HENRIOT genau auf die Fragen des Unterschnitts und spezifischen Gleitens eingeht. Im Abschnitt Zahnradberechnung berücksichtigt er die Lebensdauer und fügt Tafeln zur Wahl der zweckmäßigsten Zahnradabmessungen und -werkstoffe hinzu. Neu sind in dieser Auflage die Kapitel: Verbesserung der Eigenschaften einer Verzahnung (Prüfstände) und die Behandlung des Wirkungsgrades bei Umlaufgetrieben. Der zweite Band gibt einen Querschnitt durch Verzahnungsmaschinen und -werkzeuge, wobei solche aus der Schweiz und den USA im Vordergrund stehen. Eine wertvolle Hilfe für den Konstrukteur sind die Tabellen und Nomogramme des dritten Bandes.

Zu einem sehr wirksamen kleinen Werk über Zahnräder entwickelten sich die beiden Werkstattbücher für Betriebsbeamte, Konstrukteure und Facharbeiter. Es begann 1932 mit einem Heft 47 von GEORG KARRASS. Die volle Tragweite erreichte das Werk aber erst, als 1939 HERMANN TRIER das gleiche Heft 47 unter dem Titel „Die Zahnformen der Zahnräder" herausbrachte. Es wurde vom Nachwuchs auf allen technischen Schulen, aber auch in der Praxis vielfach benutzt, da es die neuesten Erkenntnisse der Verzahnungstheorie kurz und einfach vermittelte. Alle Auflagen erreichten daher eine schnelle Verbreitung. 1942 folgten im gleichen Stil „Die Kraftübertragung durch Zahnräder" als Heft 87.

Heft 47 gibt einen klaren Überblick über die Grundlagen, Eingriffsverhältnisse und Entwurfsbedingungen. Nach den Grundbegriffen folgen Stirnräder mit geraden und schraubenförmigen Zähnen, Kegelräder und Räder auf sich kreuzenden Wellen, mit Berechnungsbeispielen und kritischer Betrachtung der verschiedenen Möglichkeiten. Klare Zeichnungen werden gegeben, die ohne Text verständlich sind und zu zeichnerischer Untersuchung der Profile anregen. Die 5. Auflage 1958 bringt zum ersten Male eine korrigierte Geradverzahnung mit konstantem Faktor $x = + 0,5$ mit bebilderten Berechnungsbeispielen nach DIN. Diese Neuerung stellt eine ausgezeichnete Einführung in das Wesen der Profilverschiebung dar, deren Theorie zu wenig bekannt ist, und verhilft endlich zu deren allgemeinen Verständnis.

Heft 87 gibt im Zusammenhang mit Heft 47 in gleichem Stile Aufschluß über die Betriebsverhältnisse bei Zahnradgetrieben, einschließlich Schrauben- und Schneckenrädern. Lehrreiche Beispiele sind angefügt. Sehr anschaulich sind das Gleiten und die Reibungskräfte an den Zahnflanken erklärt, womit TRIER direkt zu den neuesten Erkenntnissen über die Zahnraderwärmung, -verlustleistung und deren praktisch so wichtiger Abhängigkeit von den Zähnezahlen hinführt. Mit Klarheit behandelt er auch die Zahnbruchfestigkeit mit Hilfe seines eigenen Zahnformfaktors. Auch das schwierige Gebiet der Umlaufgetriebe weiß TRIER leicht verständlich zu machen. Von der 3. Auflage 1954 an stützt er sich auf die Berechnungsmethoden von Professor GUSTAV NIEMANN.

Seit 1942 fand in Deutschland die „Zahnräder- und Getriebe-Berechnung" von ANTON LENTZ Beachtung. Sie war als 2. Forschungsband der Heinrich Lanz AG erschienen. Dieses Buch zielt mehr auf die Überlegungen beim Entwerfen von Kfz-Getrieben.

LENTZ stellt die Berechnung geradverzahnter Stirnräder auf Festigkeit mit Hilfe der Beanspruchungsbeiwerte (Biegung, Flankenschlupf und -pressung) allgemein dar. Ausführlich behandelt er nur die Vau-Null-Verzahnung mit $\alpha = 20°$ Flankenwinkel und den kleinen Profilverschiebungen $x \leq 0,5$ und stellt sie in sehr handlichen Rechentafeln dar. Mit ihnen läßt sich auch die günstigste Profilverschiebung wählen. LENTZ stellt auch die Krümmungsverhältnisse bei verschiedenen Zähnezahlen und Profilverschiebungen zu Beginn des Einzeleingriffs dar. Er weist darauf hin, wie sich die Rechentafeln für Vau-Null-Getriebe bei Schrägzahn-Stirn- und -Kegelrädern anwenden lassen. Schließlich behandelt er ausführlich den Einfluß von Massenkräften auf die Beanspruchung von Kfz-Getrieben und gibt zulässige Beanspruchungen.

1942 brachte der führende englische Zahnradwissenschaftler HENRY EDWARD MERRITT das englische Standardwerk „Gears" heraus. Es berücksichtigt die englischen Normen und Praktiken.

Das Buch entstand aus den zwei Aufsatzreihen 1936 und 1938 im „Engineer" mit den Titeln „The Art of Gear Design" und „Gear Performance" mit folgenden Unterkapiteln:

The Art of Gear Design   The Engineer 162 (1936)

  1. Introduction, S. 52.
  2. The Classification of Gears, S. 76 bis 78.
  3. Conventions, S. 102.
  4. Nomenclature, Notation & Definitions, S. 126/127.
  5. Pitch Surfaces & Tooth Spirals, S. 150/151.
6.—7. Principles of Tooth Contact, S. 174/175, 198/199.
  8. The Analysis of Tooth Contact, S. 222/223.
  9. The Involute Rack and its Conjugate Surfaces, S. 250/251.
 10. Helical Rack, S. 278/279.

11.—13. Principles of Gear Tooth Generation, S. 306 bis 308, 334/335 und 366 bis 368.
 14. The Design of Tooth Forms, S. 398 bis 400.
 15. Principles of Internal Gear Design, S. 424/425.
 16. Tooth Design: Helical and Spiral Gears ,S. 450/451.
 17. Tooth Design: Bevel Gears, S. 480 bis 482.
 18. Worm Gears: Tooth Contact, S. 508 bis 510.
 19. Worm Gears: Detail Design, S. 536/537.
 20. Tooth and Bearing Loads, S. 564/565.

Gear Performance The Engineer 166 (1938)
 1. Zahnschäden (Einleitung), S. 2 bis 4.
 2. The Strength of Gear Teeth, S. 32 bis 34.
 3. Strength Factors for Straight and Spiral Bevel Gears, S. 58 bis 60.
 4. The Surface Loading of Gear Teeth, S. 84 bis 86.
 5. Working Stresses and Design Factors, S. 110 bis 113.
 6. Rechentafeln zu 5 mit Beispielen, S. 138 bis 140.
 7. Efficiency, S. 166 bis 168 und 190/191.

Die „Gears" erfreuen sich im angelsächsischen Sprachbereich großer Autorität und
sind das Ergebnis langer Forschungs- und Konstruktionstätigkeit von MERRITT in der
englischen Getriebeindustrie.

Das erste beachtete Zahnradbuch in Deutschland nach dem 2. Weltkriege legte 1951
CURT MEHL vor. Das Manuskript dazu hatte er schon Ende 1947 abgeschlossen.

Das Buch behandelt die Zahnform von Stirnrädern mit geraden Zähnen und ihren Einfluß auf die
Laufeigenschaften. Als erster stellt MEHL verschiedene bekannte Verzahnungssysteme übersichtlich
gegenüber, wobei er Flankenschlupf, Flankenpressung und Zahnbiegung berücksichtigt. Er gibt
Verfahren zur Berechnung von Paarungssystemen mit guten Laufeigenschaften. Verschleiß- und
Lebensdauer-Rechnung fehlen.

Den Mangel an Zahnradbüchern in Österreich beseitigte 1951 der Technikums-
Dozent in Steyr RUDOLF HUBER mit einem Skriptum über die Haupt-Zahnradarten,
das auf die Bedürfnisse der Praxis ausgerichtet ist. Die Berechnungen bauen bei
Stirnrädern auf EARLE BUCKINGHAM, bei Kegelrädern auf Klingelnberg auf. Die
Profilverschiebung behandelt er nach dem Kutzbach-Verfahren. Mit Aufgaben und
Rechenbeispielen versehen, ist das Skriptum auch für den Schulgebrauch geschaffen.

Das erste deutsche Zahnradbuch mit ausführlicher Behandlung der Schrägverzahnung
von Stirnrädern verfaßte 1952 Dr. GEORG DIETRICH von der ZF Schwäbisch Gmünd.
Er hatte seine Betrachtungen ursprünglich zum eigenen Gebrauche aufgestellt. Ihre
Herausgabe beim VDI regte der technische Vorstand der ZF, Dr.-Ing. E.h. ALBERT
MAIER, an.

Nach einer gut verständlichen Einführung in den Berechnungsgang der verschiedenen Zahnradarten bringt DIETRICH die Berechnung der Schrägzahnräder so ausführlich, wie sie in Zahnradfabriken gebraucht wird. Interessant sind weiter die Kapitel: Herstellung einer Verzahnung mit
einem Werkzeug mit anderem Eingriffswinkel, Berechnung der wichtigsten Kontrollmaße für die
Werkstatt, Prüfung von Zahnradwerkstoffen und Zahnradversuche, 5 Schemata für die wichtigsten
Berechnungsvorgänge, neues graphisches Verfahren zur schnellen und nahezu exakten Berechnung
der Abmessungen und Beanspruchungen von Gerad- und Schrägzahnrädern nebst 7 eingelegten
Rechentafeln (bei Annahme gleichgroßer Zahnfußspannungen im Zahnpaar). Das Buch schließt
mit zwölf Berechnungsblättern, auf denen Beispiele durchgerechnet sind.

Nachdem eine Generation von Ingenieuren aus dem „Schiebel" verläßliches Wissen
über Zahnräder geschöpft hatte, entschloß sich 1954 der Springer-Verlag zu einer Neu-
bearbeitung in ebenfalls zwei Heften. Sie führte Baurat Dr. WOLFRAM LINDNER aus.

Das erste Heft (1954) ist der Geradverzahnung von Stirn- und Kegelrädern gewidmet. Es zeichnet
sich aus durch die sorgfältige Behandlung der Zahnrad-Schwingungen, die beim Bau hochwertiger
Getriebe wichtig sind, sowie des Einflusses der wirkenden Kräfte (mit elastischer Deformation
durch die Zahnkraft). Im Tafel-Anhang bringt LINDNER alle für die Zahnradtechnik wissenswerten
Funktionswerte, Werkstoff-Konstanten und Berechnungsbeispiele. Im zweiten Heft der Schräg-

verzahnungen (1957) stellt er den Zusammenhang von Verzahnungsqualität und Druckverteilung bei Schrägverzahnung mit Hilfe von Erfahrungswerten heraus. Die wesentlichen Verfahren zur Fertigung von Kegelrädern werden mit Berechnungsbeispielen dargestellt. Der Abschnitt über Schraubgetriebe bringt neu die Hohlflächen- oder Cavex-Schnecke. Wie im ersten Heft behandelt LINDNER auch hier die Kräfte am Schrägzahnrad und die Herstellung von Stirnrädern mit schrägen Zähnen.

Nach dem 2. Weltkrieg erfuhr in Deutschland bald eine spezielle Formelsammlung für die Tragfähigkeitsberechnung von Zahnrädern große Verbreitung. Sie stammte von dem Chemnitzer Ingenieur ALFRED KURT THOMAS. Er hatte bereits in den vierziger Jahren „die Berechnungsweise der zulässigen Zahnbeanspruchung" in der Zeitschrift „Die Werkzeugmaschine" dargestellt (siehe 1941, H. 9, S. 232 und 1943, H. 1, S. 1 bis 8). Aus diesen Anfängen gestaltete er bis 1950 eine Formelsammlung zur Tragfähigkeitsberechnung aller Zahnradarten.

An Hand dieses Buches kann man nichts Wesentliches der Zahnradberechnung übersehen. Auch die Fragen der Schmierung, Kühlung und Lagerberechnung sind erörtert. In der 2. Auflage geht THOMAS bereits mehr auf die Walzenpressung ein. Im ganzen lassen sich die verschiedenen Berechnungsarten durch die Art ihrer Zusammenstellung gut vergleichen und ihre maßgebenden Faktoren beurteilen. 35 Tafeln sind zur besseren Übersicht beigegeben.

Als Ergänzung dieser Formelsammlung zur Tragfähigkeit der Zahnräder bringt THOMAS 1957 noch „Grundzüge der Verzahnung".

Das Schwergewicht liegt hier auf den kinematischen Grundgesetzen und geometrischen Berechnungen der Evolventen-Verzahnungen aller Zahnradarten. Text- und Tafelteil sind getrennt angeordnet, so daß man die zugehörigen Abbildungen ausklappen kann. Unter den Tabellen befindet sich eine 12stellige Tafel der Evolventenfunktion von 0 bis 59° von Minute zu Minute.

Kein allgemeiner Gesamtüberblick, sondern ein Berechnungswerk aus der Praxis sind die „Stirnrad-Verzahnungen" der Bearbeitergruppe GERHART SCHREIER, KLAUS DIRLAM, JOACHIM HAMPEL, WOLFGANG PAUKSCH und DIETMAR SIELER. Ausführlich behandelt ist vor allem die Innenverzahnung mit ihren geometrischen Verhältnissen. Das Buch enthält viele Diagramme, Tabellen und Formblätter und berücksichtigt die Erfordernisse des Kraftfahrzeugbaues.

Wie es um die Fortschritte der Zahnradtechnik wirklich stand, zeigte sich Mitte der fünfziger Jahre, als noch vier Standardwerke erscheinen konnten: DUDLEY, KECK und NIEMANN.

Der Schwerpunkt liegt auf dem leitenden Getriebeingenieur der General Electric DARLE W. DUDLEY. Mit seinen beiden Büchern zeigt er die Zahnradprobleme des allgemeinen Maschinenbaues, spricht also den größten erreichbaren Kreis von Ingenieuren an.

In seinem „Practical Gear Design" geht er bei der Auslegung immer von den verfügbaren Maschinen und Vorrichtungen aus, er gibt als erster Formeln zur Zeitberechnung für das Verzahnen in den verschiedenen Herstellungsverfahren. Überall folgen der Theorie viele Zahlenangaben aus der amerikanischen Praxis.

Dieses Buch übersetzte und bearbeitete seit 1955 auf Anregung von Professor GUSTAV NIEMANN sein damaliger Assistent und heutiger Leiter der Verzahnungsabteilung in der Zahnradfabrik Friedrichshafen (ZF) Dr. HANS WINTER. Durch seine Bearbeitung vereinigte er amerikanische und deutsche Erfahrungen. So wurde der „Dudley/Winter" das unentbehrliche Arbeitsbuch, das den „Buckingham/Olah" ablösen konnte.

Es bringt alle Zahnradarten vom Entwurf an bis zur Herstellung. Für die Praxis einer Zahnradfabrik besonders interessant sind die Zahnradwerkstoffe nebst ihrer Wärmebehandlung, die Methoden der Kopfrücknahme und die Flankenrichtungskorrektur, sowie Entwurf und Berechnung von Verzahnungswerkzeugen. Hervorragend sind die vielen Zahlenangaben aus der Praxis.

Winter verstand es, die Gegebenheiten amerikanischer *und* deutscher Praxis abzustimmen und damit beiden Teilen zu dienen. Alle Dimensionen sind übrigens auf metrische Maße umgestellt, amerikanische und deutsche Normen berücksichtigt. An Sonderproblemen enthält das Werk schließlich Profilkorrekturen, Lastverteilung über die Zahnbreite bei breiten Ritzeln und den Entwurf schnellaufender Getriebe mit Berechnung der dynamischen Zahnkräfte. Jedes Kapitel ist mit ausführlichen Literaturangaben ausgestattet, die man bisher meistens vermißte.

Seine eigene Leistung überbot Darle W. Dudley noch durch das spätere „Gear Handbook", in dem er sich auf sämtliche führenden Zahnradfachleute der USA als Mitarbeiter stützt. Es ist umfangreicher als sein früheres Werk, ist aber eher ein Kompendium der gesamten Zahnradtechnik als ein Handbuch. Es dürfte das dreibändige „Manual of Gear Design" von Buckinghham aus den dreißiger Jahren ablösen.

Die Erkenntnisse vorwiegend deutscher Industrie-Praxis verarbeitet Karl Friedrich Keck in seiner zweibändigen „Zahnradpraxis". Er gibt hier seine über zwanzigjährigen Erfahrungen im Verzahnungswesen wieder. Der erste Band behandelt die Geradzahn-Stirnräder, der zweite die Schrägzahn-Stirn- und -Kegelräder. Somit ist der „Keck" das zweite deutsche Standardwerk der Zahnradtechnik, vorwiegend für die Betriebspraxis.

Im ersten Band (1956) widmet Keck außer dem bisher üblichen Stoff der Beschreibung von Maschinen, Prüfmethoden und Meßgeräten wesentlichen Raum. Er grenzt die erprobten Praktiken der Verzahnungstechnik klar von denen ab, die sich erst bewähren müssen. Der Band ist die erste umfassende deutsche Darstellung der Geradzahn-Stirnräder seit über zwanzig Jahren. Im zweiten Band (1958) beschreibt Keck ausführlich die Verfahren und Maschinen zum Herstellen, Prüfen und Messen, vor allem gerad- und spiralverzahnter Kegelräder. Er zeigt die Beziehungen zwischen Schrägungswinkel, Profil- und Sprungüberdeckung, Profilverschiebung und Tragfähigkeit der Verzahnung, hierbei beachtete er auch die amerikanischen Verfahren und Verzahnungsmaschinen für große Kegelräder. Mehrfach weist Keck auf die Anwendung der DIN-Verzahnungstoleranzen hin, an deren Festlegung er selbst mitwirkte. Insgesamt bringt das Werk 61 Tabellen und sieben Arbeitstafeln.

Als drittes Standardwerk unter den deutschen Zahnradbüchern machte sich der „Niemann" einen Namen. Als zweiter Band der „Maschinenelemente" wurde es schon lange erwartet. Die Zahnradgetriebe werden hier sehr eingehend behandelt, wobei sich Professor Gustav Niemann auf die vielen Ergebnisse seiner Forschungsstelle für Zahnräder und Getriebebau an der Technischen Hochschule München stützt.

Der Band bringt folglich viele neue Methoden zur sicheren Berechnung, Ausnutzung der Belastungsfähigkeit und zu optimaler Gestaltung von Zahnradgetrieben. Es ist ein Arbeitsbuch nach dem neuesten Stand von Wissenschaft, Forschung und Praxis für den Studierenden und den fertigen Getriebeingenieur.

Zusammenfassend läßt sich also die Entstehung der Zahnrad-Literatur in folgenden Abschnitten darstellen:

14. bis 17. Jahrhundert	Uhrenbücher
15. und 16. Jahrhundert	erste technische Druckwerke und Maschinenbaubücher
17. bis 18. Jahrhundert	Mühlenbücher
19. Jahrhundert bis heute	Bücher über Maschinen-Elemente und spezielle Zahnradbücher

Spezielle Schriftenreihen über Zahnrad- und Getriebetechnik sind neueren Datums. An solchen Veröffentlichungen in deutscher Sprache sind erwähnenswert:

1950 bis heute: Schriftenreihe Antriebstechnik, herausgegeben von der Fachgemeinschaft Getriebe und Antriebselemente im VDMA. Braunschweig: Friedr. Vieweg & Sohn. Bis heute 14 Hefte über Zahnräder und Getriebe; insgesamt bis Heft 21 fortgeführt.

1950 bis heute: Berichte und Veröffentlichungen der Forschungsstelle für Zahnräder und Getriebebau, herausgegeben von Professor GUSTAV NIEMANN, TH Braunschweig und München.

1954 bis heute: Technisch-wissenschaftliche Veröffentlichungen der Zahnradfabrik Friedrichshafen AG, begründet von ALBERT MAIER. Friedrichshafen: Robert Gessler KG. Bis heute 6 Hefte.

Die technische Presse brachte ebenfalls viele Zahnradarbeiten, oft besondere Getriebehefte. Diese Arbeiten sind, soweit für die allgemeine Entwicklung wichtig, in den Literatur-Verzeichnissen der einzelnen Kapitel angeführt.

Einen Gesamtüberblick über die Entwicklung des Zahnrades suchen die Werke über die „Geschichte des Zahnrades" selbst zu geben. Hierzu sind bereits folgende fünf Arbeiten bekannt:

1911 FELDHAUS, FRANZ MARIA: Die geschichtliche Entwicklung des Zahnrades in Theorie und Praxis. Berlin-Reinickendorf: Friedrich Stolzenberg & Co 1911.

1912 KAMMERER, OTTO: Die Entwicklung der Zahnräder. Beiträge zur Geschichte der Technik und Industrie, Jahrbuch des VDI, herausgegeben von CONRAD MATSCHOSS, 4. Band, Seite 242 bis 273. Berlin: Julius Springer 1912.

1924 BURLINGAME, LUTHER D.: Evolution of Gears from Crude Beginnings and Early. American Machinery 1924, S. 529 bis 534.

1940 MATSCHOSS, CONRAD: Geschichte des Zahnrades. Berlin: VDI-Verlag 1940.

1958 WOODBURY, ROBERT S.: History of the Gear-Cutting Machine. Cambridge, Mass.: The Technology Press, Massachusetts Institute of Technology 1958.

Das Bändchen des berühmten Technik-Historikers Dr.-Ing. E. h. FRANZ MARIA FELDHAUS (1874 bis 1957) wies dem Thema zunächst den Weg in die kulturgeschichtliche Richtung. Er zog die ältesten Bücher, sogar Handschriften heran, um das frühe Auftreten des Zahnrades zurückzuverfolgen. Er schildert auch die Entwicklung der Rollkurven und ihre Anwendung auf Zahnräder, wie sie aus der Mathematik-Geschichte bekannt sind.

Der Professor für Maschinenbau an der Technischen Hochschule Berlin Dr. OTTO KAMMERER (1865 bis 1951) geht mehr ingenieurmäßig vor. So rechnet er als erster die Beanspruchungen der Zahnräder vom Altertum bis in seine Zeit hinein nach und macht viele getriebetechnische Bemerkungen. Natürlich schildert er auch die Entwicklung der Zahnformen, ausführlicher ihre Herstellung.

Der Amerikaner LUTHER D. BURLINGAME war Patentingenieur der ältesten Lehren- und Werkzeugmaschinenfabrik der USA Brown & Sharpe in Providence und faßte das Thema aus dieser Sicht auf.

Kulturgeschichtlich behandelt auch der zweite bedeutende deutsche Technik-Historiker Professor Dr.-Ing. E.h. CONRAD MATSCHOSS (1871 bis 1942) seine „Geschichte des Zahnrades". Anläßlich des 25jährigen Jubiläums der Zahnradfabrik Friedrichshafen (ZF) im Jahre 1940 zeigt er die bedeutende Rolle dieses Maschinenelementes für den gesamten Maschinenbau zu allen Zeiten. Er bringt dem Buchumfang gemäß viele Abbildungen aus alten Schriften und leitet dann auf die Neuzeit über. Die Hauptabschnitte des Buches sind entsprechend: Entstehung des Zahnrades in Antike, Mittelalter, 14. bis 18. Jahrhundert und im Zeitalter der Dampfmaschine. Beachtlich ist ferner ein Schrifttumsverzeichnis mit interessanten Literaturstellen zur Entwicklung des Zahnrades. Wertvoll sind schließlich im Anhang die „Bemerkungen zur Entwicklung der Verzahnung" von KARL KUTZBACH. Sie sind für den Fachmann gedacht und entsprechend kinematisch-mathematisch aufgefaßt. Hier wird EULER als Vater unserer heutigen Evolventenverzahnung bezeichnet. Das Buch spricht alle Freunde der Betrachtung technischer Entwicklung an; es ist bis heute das Standardwerk der Zahnradgeschichte.

ROBERT S. WOODBURY schildert zwar hauptsächlich die Entwicklung der Verzahnungsmaschine. Im ersten Kapitel „The Mathematics of Gears" deckt er jedoch neue Zusammenhänge auf, die zur Verbreitung der wissenschaftlichen Verzahnungslehre führten. Die französischen Verdienste waren bekannt, WOODBURY fügt noch die englischen und amerikanischen Beiträge hinzu und zitiert dabei mehrere neue Quellen.

Die deutschsprachigen Dissertationen zur Zahnrad-Wissenschaft

Die absolut erste Promotionsschrift über Zahnräder reichte 1831 JOHANN HEINRICH RIECKEN der Universität Marburg in lateinischer Sprache ein. Ihr Titel lautete „De figuribus rotarum dentium in mechanica arte delineandis". Beachtenswert sind ferner die Dissertationen von G. BELLERMANN, Epicykloiden und Hypocykloiden, an der Universität Jena 1867, und von MAX HECKHOFF, Die Schraubenflächen, an der Universität Tübingen 1894.

Die ersten deutschen Lehranstalten für andere als Universitätsfächer, vor allem für technische Disziplinen, entstanden 1745 in Braunschweig und 1776 in Berlin. 1799 wurde in Berlin die Bauakademie gegründet, die Deutsche Technische Hochschule in Prag 1806, in Wien 1815, und es folgten bis zum Ende des 19. Jahrhunderts die meisten heute bekannten Technischen Hochschulen. Den Grad eines Diplom-Ingenieurs (Dipl.-Ing.) und die Würde eines Doktor-Ingenieur (Dr.-Ing. und Dr.-Ing. E. h.) schuf Kaiser WILHELM II. durch Erlaß vom 11. Oktober 1899. Die ersten Promotionen nach der Promotionsordnung vom 19. Juni 1900 fanden am 4., 7. und 12. Juni 1901 statt.

Die erste Bibliographie der Dr.-Ing.-Dissertationen an den deutschen Technischen Hochschulen von 1900 bis 1910 verfaßte CARL WALTHER (1877 bis 1960). Sie wurde bis Ende 1912 fortgesetzt vom damaligen Bibliotheksleiter der Technischen Hochschule Danzig, Dr. PAUL TROMMSDORFF (1870 bis 1940) und bis 1927 von WILLY B. NIEMANN/ M. W. NEUFELD. Seit 1913 bis heute sind die Promotionsschriften der Technischen Hochschulen aufgenommen im „Jahresverzeichnis der an den Deutschen Universitäten und Hochschulen erschienenen Schriften", die nach Erlaß des Ministers der geistlichen Unterrichts- und Medicinal-Angelegenheiten, Dr. VON GOSSLER, vom 6. November 1885 seit 1887 gedruckt erscheinen.

Die Schriften der Technischen Hochschulen, an denen die deutsche Sprache zugelassen ist, sind (außer Prag) zu finden in:

1887 bis heute	Jahresverzeichnis der an den deutschen Universitäten und Hochschulen erschienenen Schriften. Herausgegeben von der Kgl. Preußischen Staatsbibliothek Berlin 1887 bis 1935, Deutsche Bücherei Leipzig 1936 bis heute. Der 67. Jg. (1951) enthält einen Nachtrag der zwischen 1913 und 1935 nicht angezeigten Habil.-Schriften und Dissertationen. Seit 70. Jg. nach Fakultäten unterteilt wie vor 1913.
1889 bis 1943	Bibliographischer Monatsbericht über neu erschienene Schul-, Universitäts- und Hochschulschriften. Herausgegeben von GUSTAV FOCK. Leipzig 1889 bis 1943. Berücksichtigten die Technischen Hochschulen schon seit 1908.
1913	WALTHER, CARL: Bibliographie der an den Technische Hochschulen erschienenen Doktor-Ingenieur-Dissertationen in sachlicher Anordnung 1900 bis 1910. Berlin: Julius Springer 1913.
1914	TROMMSDORFF, PAUL: Verzeichnis der bis Ende 1912 an den Technischen Hochschulen des Deutschen Reiches erschienenen Schriften. Berlin: Julius Springer 1914.
1924 bis 1931	NIEMANN, WILLY B., u. M. W. NEUFELD: Verzeichnis der Dr.-Ing.-Dissertationen der Deutschen Technischen Hochschulen 1913 bis 1922 u. 1923 bis 1927. Berlin: Robert Kiepert 1924 bis 1931.
1948 und 1956	MIKULASCHEK, W.: Die Dissertationen der Eidgenössischen Technischen Hochschule 1909 bis 1946 und 1947 bis 1956. Eidgenössische Technische Hochschule, Schriftenreihe der Bibliothek, Nr. 1 und 3. Zürich: Gebr. Leemann & Co 1948 und 1956.
1955	Die Dissertationen der Technischen Hochschule Wien aus den Jahren 1901 bis 1953. Abhandlungen des Österreichischen Dokumentationszentrums für Technik und Wirtschaft, Heft 26. Wien 1955.

Tabelle 135 zeigt die Dissertationen und Habil.-Schriften aus der Zahnrad-Wissenschaft bis heute.

Tabelle 135. *Deutschsprachige Dissertationen zur Zahnrad-Wissenschaft 1901 bis 1963*

Jahr	Verfasser	Titel der Dissertation	Hochschule	Veröffentlicht von
1901	ROSER, EDMUND FRIEDRICH	Untersuchung des Grissongetriebes	Stuttgart	Stuttgart: Bergsträsser 1901
1904	URBANEK, JULIUS	Untersuchungen über die Eingriffsfläche der Zahntriebe	Wien	—
1905	CRAIN, RUDOLF	Schraubenräder mit geradlinigen Eingriffsflächen	Berlin	Berlin: Springer 1907 und Werkstatttechnik 1 (1907) S. 81—98, 141 bis 152, 247—253, 301—306, 351—357
1907	NATHER, EUGEN	Über Zahnräder	Wien	—
1910	MOOG, OTTO	Die Globoidschneckengetriebe	Hannover	Z. f. Werkzeugmaschinen u. Werkzeuge 15 (1910/11), H. 14 bis 17
1910	SCHNEIDER, RICHARD	Die Erzeugung der Stirnräder-Evolventen nach dem Wälzverfahren	Stuttgart	Heilbronn: Baier & Schneider 1911
1911	BARTH, CURT	Die Grundlagen der Zahnradbearbeitung unter Berücksichtigung der modernen Verfahren und Maschinen	Aachen	Berlin: Springer 1911
1912	NUGEL, FRIEDA	Die Schraubenlinien	Univ. Halle	Halle: Kaemmerer 1912
1916	GOETTKE, HANS	Ein Beitrag zur Kenntnis der Verzahnungen	Hannover	Der Betrieb 3 (1920/21), H. 14, S. 413-414
1919	KARRASS, GEORG	Die Trägheitsmomente von Zahnrädern	Danzig	Die Werkzeugmaschine 24 (1920), H. 30, S. 465 bis 468 u. H. 31, S. 489 bis 492
1922	MEHNER, FRIEDRICH	Die Genauigkeit normaler Evolventen-Stirnradverzahnungen in Theorie und Praxis	Braunschweig	
1923	KRÜGER, PAUL	Beitrag zur Theorie der im Abwälzverfahren herstellbaren Evolventen-Satzrädersysteme	Berlin	Berlin: Springer 1926 (u. d. T. Die Satzrädersysteme der Evolventenverzahnung
1923	WOLFF, WALTER	Über die Erzielung günstiger Eingriffverhältnisse an Schneckengetrieben	Aachen	—
1923	TEICHMANN, OTTO	Die Beseitigung der Eingriffsstöße bei Zahngetrieben	Stuttgart	—
1923	ADRIAN, WALTER	Evolventen-Schneidräder	Hannover	—
1923	GLÄSER, KURT	Beiträge zur Verzahnung der Schraubenräder	Dresden	—
1924	RAUDNITZ, MAX	Das Fräsen von Kegelrädern auf der Universalfräsmaschine	Darmstadt	Berlin: Springer 1924 und Werkstatttechnik 18 (1924), H. 5, S. 135—141
1925	AMMANN, RUDOLF	Zahnradpumpen mit Evolventenverzahnung	München	Mitt. d. Hydr. Inst. d. TH München, Heft 1, S. 1—20 München: R. Oldenbourg 1926

Tabelle 135. *Deutschsprachige Dissertationen zur Zahnrad-Wissenschaft 1901 bis 1963* (Fortsetzung)

Jahr	Verfasser	Titel der Dissertation	Hochschule	Veröffentlicht von
1925	BRANDENBERGER, HEINRICH	Die Erzeugung theoretisch exakter Spiralkegel-räder	Wien	Berichte Weltkongreß f. allgem. Mechanik, Lüttich 1930
1926	KRAUS, ROBERT	Verzahnung für kleine Zähnezahlen bei großer Übersetzung	Karlsruhe	—
1926	GRUSON, RUDOLF	Untersuchung von Schneckengetrieben	Berlin	Vers.-Ergebn. d. Vers.-Feldes f. Masch.-Elemente d. TH Berlin, 7. Heft, Berlin: R. Oldenbourg 1927
1927	ALTMANN, FRITZ GERHARD	Zahnform und Schmierung	Dresden	Berlin: VDI-Verlag 1932 und Maschinenbau 7 (1928), H. 12, S. 596 bis 600
1927	BONDI, WERNER	Beiträge zum Abnutzungs-Problem, m. bes. Berücksichtigung der Abnutzung von Zahn-rädern	Darmstadt	Berlin: VDI-Verlag 1927
1927	DÜRRFELD, WALTHER	Die Erzeugung geometrisch genauer Zahnflanken an Kegelrädern mit Radialzähnen und die Tredgoldsche Annäherung	Aachen	Saarbrücken-Völklingen: Gebr. Hofer AG 1927
1927	OVERLACH, HANS	Über Umlaufgetriebe, ihre Berechnung, Verwendung und Konstruktion	Karlsruhe	—
1927	INGRISCH	Untersuchung der Eingriffsverhältnisse bei der Evolventenschnecke	Prag	—
1928	BRANDENBERGER, HEINRICH	Die Verzahnungstheorie und die mechanische Verwirklichung der Verzahnungsmethoden (Habil.-Schrift)	Zürich	—
1928	KILLMANN, FRANZ	Die Berechnung von Evolventenverzahnungen mit besten Profilverschiebungen	Graz	—
1930	MASCHMEIER, GUENTER	Untersuchungen an Zylinder- und Globoid-Schneckengetrieben	Berlin	Vers.-Ergebn. d. Vers.-Feldes f. Masch.-Elemente d. TH Berlin, 9. Heft. Berlin: R. Oldenbourg 1930
1930	WISSMANN, KURT	Berechnung und Konstruktion von Zahnrädern für Krane und ähnliche Maschinen	Berlin	Borna-Leipzig: Universitätsverlag Robert Noske 1930
1931	DUHNSEN, WERNER	Ermittlung der Berührungsverhältnisse von Globoidschneckengetrieben	Berlin	Vers.-Ergebn. d. Vers.-Feldes f. Masch.-Elemente d. TH Berlin, 10. Heft. Berlin: R. Oldenbourg 1931

Tabelle 135. *Deutschsprachige Dissertationen zur Zahnrad-Wissenschaft 1901 bis 1963* (Fortsetzung)

Jahr	Verfasser	Titel der Dissertation	Hochschule	Veröffentlicht von
1932	VOGEL, WERNER F.	Analytische Untersuchung des zylindrischen Schneckentriebes mit gerader, die Achse schneidender Erzeugender	Berlin	Stuttgart: Omnitypie-Ges. 1933 (u. d. T. Eingriffsgesetze und analytische Berechnungsgrundlagen d. zylindr. Schneckentriebes m. geradflankigem Schnecken-Achsenschnitt)
1933	BÜLTMANN, WILHELM	Die Entwickelung der Arbeitszeitermittelung für die bekanntesten Verzahnungsverfahren (Fräsen, Hobeln, Stoßen) in einer Zahnräderfabrik	Braunschweig	Braunschweig: Hunold 1934
1935	BÜRGER, KARL	Beiträge zur Messung von Stirnrädern mit geraden Evolventenzähnen	Dresden	Leipzig: Frommhold & Wendler 1935
1936	FELLNER, JOSEF	Untersuchungen an einem Zahnradgetriebe	Wien	
1937	BUDNICK, ARNO	Die zeichnerische Behandlung von Kräften und Momenten in Koppel- und Rädertrieben (Habil.-Schrift)	Dresden	Berlin: VDI-Verlag 1937 und VDI-Forschungsheft 388 1938
1937	TUSCHY, HANS	Gleit- und Wälzversuche an Stahlrollen	Danzig	Bottrop i. W.: W. Postberg 1938
1937	ALTMANN, FRITZ GERHARD	Bestimmung des Zahnflankeneingriffs bei allgemeinen Schraubgetrieben (Habil.-Schrift)	Dresden	Forschungsarbeiten a. d. Gebiete d. Ingenieurwesens 8 (1937), H. 5., S. 209 bis 225
1938	PEPPLER, WILHELM	Druckübertragung an geschmierten zylindrischen Gleit- und Wälzflächen	Dresden	Berlin: Triasdruck 1938 und VDI-Forschungsheft 391
1939	BLASBERG, FRIEDRICH	Festigkeiten und Verschleiß von Zahnrädern aus geschichtetem Kunstharzpreßstoffen	Aachen	Deutsche Kraftfahrtforschung, H. 36 (mit H. OPITZ)
1939	ZAJONZ, RUDOLF	Die zeichnerische und rechnerische Untersuchung von Stirnrad-Umlaufgetrieben	Dresden	Automobiltechnische Zeitschrift, Beiheft 4
1939	SCHEMBERGER, GERHARD	Untersuchung über die Spannungsverteilung, Drehsteifigkeit und Drehwechselfestigkeit der Hirth-Verzahnung	Stuttgart	Stuttgart: Omnitypie Ges. 1939
1939	DIETRICH, GEORG	Reibungskräfte, Laufunruhe und Geräuschbildung an Zahnrädern	Dresden	Deutsche Kraftfahrtforschung, H. 25. Berlin: VDI-Verlag
1940	REESE, HELMUT	Untersuchungen über das Verschleißverhalten von Kunststoffzahnrädern und über deren Berechnung, unter Berücks. der Lebensdauer	Aachen	Kunststoffe 32 (1942), H. 9, S. 263 bis 269 (mit H. OPITZ)
1940	HULTZSCH, ERASMUS	Beiträge zur Messung an Stirnrädern mit gerader Evolventenverzahnung (Flankenform, Eingriffs- und Kreisteilung)	Dresden	Dresden: Dresdner Fotokopie 1940

Tabelle 135. *Deutschsprachige Dissertationen zur Zahnrad-Wissenschaft 1901 bis 1963* (Fortsetzung)

Jahr	Verfasser	Titel der Dissertation	Hochschule	Veröffentlicht von
1941	KARAS, FRANZ	Elastische Formänderung und Lastverteilung beim Doppeleingriff von geraden Stirnradzähnen (Habil. Schrift)	Prag	VDI-Forschungsheft 406. Berlin: VDI-Verlag
1941	PIETSCH, EDGAR	Das Schmiermittel im Zahngetriebe unter bes. Berücks. der Grenzreibung	Dresden	Deutsche Kraftfahrtforschung, H. 59; Forschung a. d. Gebiete d. Ingenieurwesens 12 (1941), Nr. 2, S. 74 bis 87 (mit E. HEIDEBROEK u. d. T. Untersuchungen über den Schmierzustand in der Grenzreibung)
1942	GÖTTSCHING, HERBERT	Die wesentlichen Merkmale der Verzahnwerkzeuge und -maschinen der Feinwerktechnik	Berlin	
1942	JOERES, HANS	Über die Berechnung und Entwicklung von Zahnradgetrieben für Flugmotoren	Berlin	
1942	HARZ, HELMUT	Über Zahnradgeräusche	Dresden	Deutsche Kraftfahrtforschung, H. 69
1943	HIERSIG, HEINZ MAX	Der Zusammenhang von Gestaltung und Beanspruchung bei Schneckengetrieben mit Evolventenverzahnung	Braunschweig	
1943	HELBIG, FRIEDRICH	Walzenfestigkeit und Grübchenbildung von Zahnrad- und Wälzlagerwerkstoffen	Braunschweig	
1947	HUPPERT, CARL	Kapsel- und Zahnradpumpen für Flugzeuge	Wien	
1948	SCHÄFER, ALFRED	Die Reibung beim Walzendruck bei verschiedenen Elastizitätsmoduln	München	
1948	RUBO, ERNST	Ermittlung der Achsfehler-Empfindlichkeit verschiedener Zylinder-Schneckengetriebe mit Hilfe des „Einlauf-Abschliffvolumens"	Braunschweig	
1949	BRAUN, ALFONS	Entwicklung eines Meßgerätes zur Untersuchung der Zahnreibung und zur Bestimmung des Zahnwirkungsgrades kleiner Zahnräder	München	
1950	HÄFNER, HANS	Über Lager- und Zahnreibung an kleinen Getrieben	Darmstadt	
1950	MAUSHAKE, WILHELM	Theoretische Untersuchung von Schneckentrieben mit Globoidschnecke und Stirnrad	Braunschweig	
1950	GRÖBER, EUGEN	Ein Beitrag zur Entwicklung eines Kleinstverzahnungsmeßgerätes auf mechanischer Grundlage	Stuttgart	

Tabelle 135. *Deutschsprachige Dissertationen zur Zahnrad-Wissenschaft 1901 bis 1963* (Fortsetzung)

Jahr	Verfasser	Titel der Dissertation	Hochschule	Veröffentlicht von
1951	BANASCHEK, KURT	Die Gleitreibung geschmierter Flächen kleiner Schmiegung. Einfluß von Werkstoffpaarung, Krümmung, Oberfläche und Schmierstoff	Braunschweig	Z. VDI 95 (1953), Nr. 6, S. 167 bis 173 (mit G. NIEMANN, u. d. T. Der Reibwert bei geschmierten Gleitflächen)
1951	KRAUPNER, KARL-WILHELM	Versuche zur Wälzfestigkeit umlaufender Stahlrollen bei Punktberührung. Einfluß von Überrollungszahl, Belastung, Härte, Krümmung und Vorbelastung auf Beginn und Verlauf der plastischen Verformung	Braunschweig	Schlewecke: Nette 1951
1952	HEYER, EDUARD	Versuche an Zylinderschneckentrieben. Einfluß von Zahnform, Modul, Durchmesser und Schmierstoff auf Verlustleistung und Tragfähigkeit	München	Schriftenreihe Antriebstechnik, H. 10 und Z. VDI 95 (1953), Nr. 6, S. 147 bis 157 (mit G. NIEMANN u. d. T. Untersuchungen an Schneckentrieben)
1952	HENTSCHEL, GEORG	Der Hochleistungswälztrieb, Entwicklungsstand und Entwicklungsmöglichkeiten	München	—
1953	WOLF, ALBRECHT	Die Grundgesetze der Umlaufgetriebe	Stuttgart	Schriftenreihe Antriebstechnik, H. 14, 1954 und 1958
1954	KIESSEL, HANS	Über die Grenzen der Profilverschiebung bei evolventenverzahnten Gerad-Stirnrädern. Unter bes. Berücks. der Erfordernisse des Kraftfahrzeugbaues	Karlsruhe	Konstruktion 7 (1955), H. 1, S. 7 bis 12, H. 2, S. 46 bis 53
1954	WINTER, HANS	Die tragfähigste Evolventen-Geradverzahnung. Theoretische Untersuchung und Vergleich verschiedener Verzahnungssysteme	München	Schriftenreihe Antriebstechnik, H.15. Braunschweig: Vieweg & Sohn
1955	TREML, THOMAS	Kritik an der Eignung eines Umlaufgetriebes zur Drehschwingungstilgung	Karlsruhe	
1956	MÜLLER, WOLFGANG	Untersuchungen über die Zerspanbarkeit der Einsatzstähle 18 Cr Ni 8, 16 Mn Cr 5 und 20 Mn Cr 5 in der Zahnradfabrikation. Unter bes. Berücks. der Wärmebehandlung vor der Zerspanung und ihres Einflusses auf die Standzeiten der Werkzeuge beim Drehen, Räumen und Fräsen	Stuttgart	

Tabelle 135. *Deutschsprachige Dissertationen zur Zahnrad-Wissenschaft 1901 bis 1963* (Fortsetzung)

Jahr	Verfasser	Titel der Dissertation	Hochschule	Veröffentlicht von
1956	WENDT, KLAUS-GÜNTER	Möglichkeiten und Grenzen der Ermittlung von fertigungstechnischen Kennzahlen und Richtwerten. Erörtert am Beispiel der Zahnradherstellung	Aachen	
1956	WEINHOLD, HERBERT	Zusammenhang von Zahnweite u. Zweikugelmaß mit den Verzahnungsfehlern an Stirnrädern	Dresden	
1957	HEITGER, HANS-JOACHIM	Beiträge zum Problem des Verschleißes durch Grübchenbildung	Karlsruhe	
1957	HÖFLER, WILLY	Die Ursachen der Verzahnungsfehler beim Wälzfräsen und Wälzstoßen	Karlsruhe	Ettlingen/Baden: Lorenz AG 1957 und Der Lorenz-Kreis (1957) Juli
1957	RETTIG, HEINZ	Dynamische Zahnkraft. Untersuchungen und Versuche über das elastische Verhalten von Zähnen, insbesondere über den Einfluß von Zahnfehlern und Belastung, von Umfangsgeschwindigkeit und Schwungmassen, von Zahnfederung und Wellenfederung auf die zusätzliche dynamische Belastung der Zähne von Zahnrädern	München	Z. VDI 99 (1957), Nr. 3, S. 89 bis 96, Nr. 4, S. 131 bis 137 (mit G. NIEMANN u. d. T. Dynamische Zahnkräfte)
1957	LECHLEITNER, KARL	Beiträge zur Messung von zylindrischen Getriebeschnecken	Hannover	
1957	ROY, AMARENDROT KRISHNA	Spannungsoptische Untersuchung eines schrägverzahnten Stirnrades	München	Konstruktion 9 (1957) H. 11, S. 429 bis 438 (mit E. MÖNCH)
1957	ARNDT, WERNER	Der VKA-Stufentest. Ein neuer Weg zur Beurteilung des Verschleißschutzes durch Motoren- und Getriebeöle	Hannover	
1957	HAGEN, KARL	Volumenverhältnisse, Wirkungsgrade und Druckschwankungen in Zahnradpumpen	Stuttgart	
1957	JOERG, EKKEHARDT	Untersuchung der Brauchbarkeit von wälzgefräster Evolventenverzahnung für Uhrenzahnräder	Stuttgart	Stuttgart: Photokopie GmbH 1958
1959	UNTERBERGER, MICHAEL	Geräuschuntersuchungen an geradverzahnten Zahnrädern. Grundversuche zur Geräuschfrage bei Zahnradgetrieben	München	Z. VDI 101 (1959), Nr. 6, S. 201 bis 212 (mit G. NIEMANN u. d. T. Geräuschminderung bei Zahnrädern)
1960	LOOMAN, JOHANNES	Das Abrichten von profilierten Schleifscheiben zum Schleifen von schrägverzahnten Stirnrädern	München	Z. VDI 102 (1960), Nr. 6, S. 231 bis 238 (mit G. NIEMANN u. d. T. Abrichtgeräte f. d. Profilschleifen von Schrägstirnrädern)

Tabelle 135. *Deutschsprachige Dissertationen zur Zahnrad-Wissenschaft 1901 bis 1963* (Fortsetzung)

Jahr	Verfasser	Titel der Dissertation	Hochschule	Veröffentlicht von
1959	SPERLING, FRANK	Über die analytische Behandlung des allgemeinen Verzahnungsproblems bei beliebiger Lage der Drehachsen	Berlin	
1959	KÖHLER, HEINZ	Beiträge zur Untersuchung der Laufeigenschaften von Uhrwerksverzahnungen (2 Teile)	Dresden	
1959	OHLENDORF, HERMANN	Verlustleistung und Erwärmung von Sitrnrädern. Einfluß von Schmierung, Zahnform, Bearbeitung, Werkstoff, Belastung und Umfangsgeschwindigkeit auf den Verlustgrad und die Erwärmung von Stirnrädern mit Geradverzahnung	München	Z. VDI 102 (1960), Nr. 6, S. 216 bis 224 (mit G. NIEMANN u. d. T. Verlustleistung und Erwärmung von Stirnradgetrieben)
1960	JARCHOW, FRIEDRICH	Versuche an Stirnrad-Globoid-Schneckentrieben. Einfluß von Wälzlinienlage, Zahngröße, Werkstoffen, Schmierölen und Drehzahl auf Verlustleistung und Tragfähigkeit. Vergleich mit Ergebnissen an Zylinderschneckentrieben, Vergleich mit theoretischen Werten	München	Z. VDI 103 (1961), Nr. 6, S. 209 bis 221 (mit G. NIEMANN u. d. T. Versuche an Stirnrad-Globoid-Schneckentrieben)
1960	JANI, VINAYAKRAY JESHTARAM	Systematische Untersuchung der Tragfähigkeit von Zylinderschnecken mit geraden, balligen und hohlen Zahnflanken unter bes. Berücks. der Normprofile	Dresden	
1960	POPOVIĆ, ILIJA	Einfluß von Zahnform und Bearbeitung auf die Zahnfußfestigkeit nach Pulsatorversuchen	München	Z. VDI 104 (1962), Nr. 6, S. 245 bis 248 (mit G. NIEMANN u. d. T. Die Zahnfuß-Tragfähigkeit für unterschiedlich ausgeführte Evolventenverzahnungen nach Pulsatorversuchen)
1960	NOCH, RUDOLF	Beiträge zur Messung der Kreisteilungsfehler an Zahnrädern und Teilscheiben	Hannover	Werkstatttechnik 51 (1961), H. 3, S. 142 bis 147, H. 4, S. 188 bis 193 und Z. f. Instrumenten-Kunde 69 (1961), Nr. 2, S. 33 bis 39
1961	v. NORDHEIM, GÜNTHER	Kleingefüge und Standzeitverhalten von Zahnradstoßrädern	Karlsruhe	Karlsruhe: Otto Berenz 1962
1961	DE JONG, HERBERT	Der Einfluß der Wälzgenauigkeit von Verzahnmaschinen auf die Fertigungsgenauigkeit und das Laufverhalten von Stirnradgetrieben	Aachen	Köln: Pulm 1961
1961	BRANDNER, GERHARD	Fertigungsgeometrie kreisbogenverzahnter Kegelräder	Magdeburg	

34*

Tabelle 135. *Deutschsprachige Dissertationen zur Zahnrad-Wissenschaft 1901 bis 1963* (Fortsetzung)

Jahr	Verfasser	Titel der Dissertation	Hochschule	Veröffentlicht von
1962	ASSMUS, FRIEDRICH	Einfluß des Polierens auf die Zahnform und auf das Drehmomentverhalten von Uhrenverzahnungen	Stuttgart	Stuttgart: Paul Illg 1962
1962	NEUGEBAUER, GUSTAV	Beitrag zur Ermittlung der Lastverteilung über der Zahnbreite bei schrägverzahnten Stirnrädern	Dresden	
1962	GAPPISCH, MAX	Über die Grübchenbildung an Evolventen-Stirnradgetrieben	Aachen	Mondorf/Rhein: R. M. Krupinski 1962
1962	HENSEN, FRIEDHELM	Erhöhung der Fertigungsgenauigkeit von Stirnradgetrieben durch Einlaufläppen	Aachen	
1962	KALKERT, WERNER	Untersuchungen über den Einfluß der Fertigungsgenauigkeit auf den Zahnkraftverlauf und die Flankentragfähigkeit ungehärteter Stirnräder	Aachen	
1962	SCHLAF, GÜNTER	Beitrag zur Steigerung der Tragfähigkeit und Laufruhe von geradverzahnten Stirnrädern durch Profilrücknahme	Dresden	
1962	EHRLENSPIEL, KLAUS	Die Festkörperreibung von geschmierten und ungeschmierten Metallpaarungen mit Linienberührung. Stick-Slip-Versuche zur Festkörperreibung bei Variation von Normalkraft, Krümmung und Härte, von Rauheit, Werkstoffpaarung und Oberflächenbehandlung, von Schmierstoff und Temperatur	München	Z. VDI 105 (1963), Nr. 6., S. 221 bis 233 (mit G. NIEMANN u. d. T. Anlaufreibung und Stick-Slip bei Gleitpaarungen)
1962	FLECK, WOLFGANG	Beitrag zur Klärung der Freßtragfähigkeit bei Wälzgleiten	Dresden	
1962	BECKER, KARL EUGEN	Untersuchungen zur Grübchenbildung bei schwellender Beanspruchung	Karlsruhe	Karlsruhe: Otto Berenz 1963
1963	ROTH, KARLHEINZ	Untersuchungen über die Eignung der Evolventen-Zahnform für eine allgemein verwendbare feinwerktechnische Normverzahnung	München	Feinwerktechnik 68 (1964) H. 9 S. 344 bis 357, H. 10 S. 409 bis 423 (mit G. NIEMANN u. d. T. Zahnformen und Getriebeeigenschaften bei Verzahnungen der Feinwerktechnik)
1963	HOPPEN, JOHANNES	Die Einflankenwälzprüfung von Zahnrädern und Getrieben mit seismischen Drehschwingungsaufnehmern	Aachen	Aachen: Gerd Wasmund 1963
1963	MOLERUS, OTTO	Laufunruhige Drehzahlbereiche mehrstufiger Stirnradgetriebe	Karlsruhe	Stuttgart: Mayer 1963
1963	MALETZ, KLAUS	Beitrag zur Beanspruchbarkeit und Beanspruchung geradverzahnter Stirnräder	Aachen	Köln: Pulm 1964

Tabelle 135. *Deutschsprachige Dissertationen zur Zahnrad-Wissenschaft 1901 bis 1963* (Fortsetzung)

Jahr	Verfasser	Titel der Dissertation	Hochschule	Veröffentlicht von
1963	HERRMANN, JOBST	Über den Einfluß des Gehäuses auf die Schallabstrahlung von Zahnradgetrieben und konstruktive Maßnahmen zur Geräuschminderung	Aachen	—
1963	SCHWIEGELSHOHN, KARL	Entwicklung seismischer Drehfehlermeßgeräte mit niedrigen Eigenfrequenzen für die Verzahntechnik	Aachen	—
1963	BERENDT, WILLI	Verschleißermittlung an Hartgewebezahnrädern	Dresden	—
1963	FRANK, WOLFGANG	Ermittlung des günstigsten Raumbedarfes sechs- und neunstufiger Schieberadgetriebe	Dresden	—

Namenverzeichnis

Die *kursiven* Zahlen bezeichnen die Seiten mit einer Biographie oder mit einem Portrait

Abt 12, 14
Adamson 501
Africano 145
Agricola 49, 492
Airy 81, 137
Albrecht 22
d'Alembert 55, 56
Allexandre 77, 494
Almen 258, 344, 345, 346, 347, 444, *450*, 451, 452, 453, 458, 461, 462
Alt 105
Altmann 101, 103, 104, 105, 512, 513
Ampère 55, 57
Amsler-Laffon 411
Apollonius 52, 54
Archimedes 48, 54
Aristoteles 2, 52
Armengaud l'Aîné 208, 209, 210, 281
Aronhold 128
Arrowsmith 47
Assmann 239
Auerbach, Felix (1856 bis 1933), Prof. f. Theor. Physik in Jena 405

Bach 155, 292, *293*, 294, 295, 296, 297, 298, 300, 301, 302, 303, 304, 305, 306, 307, 308, 312, 318, 326, 391, 401, 416, 477, 478, 479, 488, 495, 496, 499
Ball 125, 128
Banks 41
Barényi, Béla (geb. 1. März 1907), Patent- u. Entwicklungs-Ing. d. Automobilbaues 26
Barth, Carl Georg *329*, 332
Barth, Curt 187, 188, 194, 216, 511
Baud 330, 332, 333, 334, 335, 341, 342, 343, 344, 347, 348, *371*, *373*, 374, 375, 376, 380, 384
Bauer 133, 301
Bauersfeld 187, 188
Baumann 220
Baumgartner 239
Bauschinger, Johann (1834 bis 1893) 400
Beale 125, 126, 156

Beck (1839 bis 1917), Technikhistoriker 59, 493
Bélanger 58, 124
de Bélidor 259
Bensinger 365, 366
Bergsträsser 237, 238, 239
Berndt 167, 239, 405
Bernoulli, Christoph 497, 498
Bernoulli, Jakob 259, 325
Bernoulli, Johann 56, 63.
Bernoulli, Johann Gustav 498
Beyer 58, 488
Birkigt 40
Black 348, 384
Blanckett 11
Blenkinsop 11, 12
Blok 449, *457*, 458, 459, 460, 461, 462, 463, 471
Bobillier 56, 72, 104
Bochmann, Hellmuth 405
Bodmer (1786 bis 1864), Zürcher Fabrikant u. Erfinder 186
Böckler, Architekt u. Ing. i. Frankfurt a. M. 5, 493
Boerlage, Gerrit Daniel (1885 bis 1938) 457
Boisseau 146, 148
Boltzmann 469, 470
Bondi 306, 313, 314, 468, 469, 512
Borsig, August (1804 bis 1854), deutscher Lokomotiv-Pionier 274
Bostock 243, 244, 245, 248, 249
Bour 55, 58, 95
Bourdon 121
Boussinesq 400, 405
Bowden 458
Bramley-Moore 243, 244, 245, 248, 249
Brandenberger († 10. August 1964 in Zürich) 218, 219, 220, 487, 488, 512
Brewster 80, 84, 368
Broghamer 379, 381, 384
Brown, John 45
Brown, Joseph R. 43, 156
Brugger, Hans (ZF) 366
Brunel (1806 bis 1859). Engl. Schiffbauer u. Erfinder 32
Brunton 495, 497
Brzoska 350

Buchanan 77, 79, 80, 81, 96, 106, 137, 191, 207, 208, 209, 261, 262, 263, 264, 265, 269, 271, 277, 278, 291, 493, 494, 497, 500, 501
Buchli 19
Buckingham 161, 162, 163, 166, 186, 199, 350, 353, *413*, 414, 415, 442, 473, 474, 488, 502, 504, 506, 508
Budnick 232, 239, 488, 489, 490, 513
Büchner 194, 394, 395
Büttner 155, 193, 194
Buffon 259
v. Burg 149, 157, 255, 495
Burmester 58, 60, 72, 488
Butz 46

Camus 65, 66, 67, 68, 73, 80, 81, 84, 104, 105, 112, 501
Candee 161, 166, 167, 330, 379
Capella 53
Carmichael 262, 263, 291
Carnot 53, 55
Cathcart 12
Cauchy 56, 255
Cayley 125
van Ceulen 54
Chasles 56
Christie 291
Cicero 53
Clapeyron 325
Clausius (1822 bis 1888), Prof. f. Physik i. Zürich, Würzburg, Bonn, Begründer d. mechan. Wärmetheorie 397
Clement 81
Coker 368, 369
Colsman 38
Cooper 326
Coriolis 55
Corliss 6, 8, 177
Cort 45, 264
Coulomb 325, 474
Couvreux 49
Cowlin 166
Cox 158, 161, 162, 199, 201, 203, 204, 205, 342
Crain 129, 130, 511
Cranz, Hermann 485
Cranz, Otto 350, 351, 352, 356, 418, 419, 420, 421

Cuénod 13
Culmann 488
Cusanus 60, 61
Cutter 330, 331, 332

Daelen, Reiner 48
Daelen, Vital 48
Daimler 6, 16
Dalchau 306, 307
Darwin 325
Delaunay 58, 59
Desaguliers 262
Desargues 60, 61
Descartes 60
Diderot 63
Dietrich 132, 238, 366, 367, 502, 506, 513
Disteli 98, 128, 130
Dolan 379, 380, 381, 382, 383, 384, 385
Dudley 366, 367, 444, 462, 463, 503, 507, 508
Dürer 60
Durkan 332, 344
Durland 329, 330

Eberhardt 186
Ernst 475
Euklid 52, 53, 54
Euler 54, 55, 56, *68, 69*, 70, 72, 73, 80, 84, 90, 106, 124, 149, 225, 259, 325, 509
Eytelwein 157, 269

Fairbairn 142, 143, 173, 174, 272, *280*, 291, 493, 494
Farey 267, 268, 269, 291
Farman 40
Fellows 185
Ferguson 67, 84, 137
Filon 369
Fisher 158, 199, 227
Fölmer 109, *158*, 159, 160, 161, 163, 166, 188, 204, 212, 215, 219, 222, 223, 224, 225, 230, 233, 236, 497
Föppl, August 332, 343, 344, *399, 400*, 401, 405, 410
Föppl, Ludwig 385, *402*, 403, 404, 405, 422, 437
Föttinger (1877 bis 1945). Prof. f. Masch.-Bau TH Berlin 37
Ford 28
Franke 158, 222
Franklin 330, 332
Franz 180, 182, 183, 216, 227
Fresnel 368
Fritz 46
Frocht 380

Galilei 60, 255, 258, 259, 282, *324*, 325, 328, 349
Garbo 56, 124

Geckeler 230, 231, 232
Gerke 239
v. Gerstner 157, 268, 269, 277, 495
Gill 67, 80, 137, 138, 139, 501
Girault 58
Giulio 58
Glaubitz 239, 364, 367, 384, 385, 386, 387, 431, 432, 433, 434, 441, 444, 474
Goebel 394
Grammateus 52
Grant 125, 156, *177*, 178, 228, 477, 500, 501
Grashof 274, *280*, 281, 282, 288, 397
Grob 480
Grodzinski 320
v. Grove 286, 496, 497, 500
Grübler 58, 59, 60
Grundstein 135, 136
Gruson, Otto Wilhelm 213
Gruson, Rudolf 488, 512

Haas 144, 145
Hachette 56, 117, 494
Haindl 139, *140*, 496, 500, 501
Hall 373
Ham 482
Hartmann 58, 72, 128, 129, 225, 488
Hartness 323, 326
Haswell 291
Haton de la Goupillière 58, 59, 95
Harkort, Friedrich (1793 bis 1887), deutscher Industrie-pionier u. Förderer d. Eisenbahnwesens 274
Hawkins 67, 68, *73*, 81, 96, 140, 141, 149, 193, 499, 500
Heidebroek 313, 514
Heidenhain 149
Heilek (ZF) 167
Heldt 332, 346, 347, 348, 349, 350
Hellmich 187
v. Helmholtz, Hermann (1821 bis 1894), bedeutender Naturforscher u. Physiker d. 19. Jahrhunderts 397
Henri 40
Henriot 239, 499, 502, 504
Herrmann 121
Heron 52, 54
Hertz 373, *397*, 398, *399*, 400, 401, 403, 405, 410, 414, 418, 435, 439, 440, 441
Hetényi 383, 385
Heymans *369*, 370, 371, 372, 384
Heywood 381, 383, 384, 385, 386, 387

Hiersig 237, 238, 514
Hilb 145
Hilbert (1862 bis 1943) Prof. f. Math. in Göttingen 402
Himes 374, 384
Hipparchos 53, 60
Hippokrates 53
de la Hire 53, 61, *64*, 65, 66, 68, 73, 80, 81, 84, 105
Hönigsberg 368
Hofer 132, 147, 148, 206, 207, 227, 228, 314, 330, 361, 362, 363, 365, 385, 444, *445*, 446, 448, 449, 454, 457, 462, 471, 473, 498
Holley 46
Holtzapfel 94
Hooke 255, 325
Hoppe 89, 90, 109, 190, 212, 215
v. Hoyer (1836 bis 1920), Prof. f. Technologie TH München 59, 496
Huber, Karl 404
Huber, M. T. 405
Huckert 482
Huebotter 348, 349
Humphris 240, 241
Hutton 208
Huygens 53, *61, 62*, 63, 494
Hughes, Joseph R. (Shell) 462

Ilgner 46
Imison 67, 68, 492, 501

Jacobi 77
Jacobson 350, 384, 386
Jadoff 16
Jandasek 413
Jung 187, 216, 225, 226, 236

Kästner 68, *73*, 74, 80, 137, 225
Kammerer *418*, 485, 497, 509
v. Kankelwitz *295*
Kant 55
Karas *429*, 431, 433, 443, 514
Keck 239, 366, 498, 503, 507, 508
Keller 316, 496
Kelley 381, 386, 387, 463
Killmann 237, 512
Kimball, A. L. 369, 370, 371, 372, 384
Kimball, Dexter Simpson 218
Klein 193
Klemm, Friedrich, Prof. f. Technikgesch. TH München u. Bibl.-Dir. Deutsches Museum 494
Kobayashi, Masaichi, Prof. an der Tokyo Engineering University 441
Königer 486, 487, 501

Kohn 392, 393, 394

Koolhoven, Sytze Frederik Willem (1886 bis 1946), führender holländ. Flugzeugkonstrukteur d. Neuzeit 40

Kopernikus 54

Kraus 442, 495, 512

Kreisel 167, 503

Kronenberg 371, 372

Krumme 239, 499

Krupp 46, 47, 274

Ktesibios 3

Kühner 145

Kutzbach 65, 71, 72, 98, 104, 161, 188, 228, 230, 231, 232, 233, 239, 305, 311, 312, 383, 396, *435*, 436, 438, 439, 441, 467, 468, 487, 488, 499, 509

de Laboulaye 57, 58, 95

Lafay 405

Lambert (1728 bis 1777), Elsäss. Mathematiker u. Physiker 54

Lamé 325

Lanchester 481

v. Langsdorf 80, 225, 495

Lanza 477, 479, 480

Lasche 109, 194, 199, 213, 214, *215* 225, 236, *308*, 309, 310, 311, 394, 500, 501

Laskus 401, 402, 440

Laudien 305, 495

de Laval 6, 32, 116, 409, 477

Ledwinka (geboren 14. Februar 1878 in Klosterneuburg, Nd. Ö.), Österr. Automobilkonstrukteur 26

Lefebvre 117

Lehr 31

v. Leibniz 63, 73

Lenoir 6

Lentz 357, 358, 359, 360, 361, 365, 430, 443, 502, 505

Leonardo da Vinci 4, 45, 144, 192, 255, 389, 474, 492

Leonardo von Pisa 52

Leupold 3, 56, 57, 74, 75, 76, 77, 78, 259, 492

Levassor 23, 24

Lewis 291, 292, 325, *326*, *327*, 328, 329, 330, 331, 332, 345, 348, 349, 351, 353, 364, 381, 383, 389, 476, 477, 479, 488

Liechty 21, 22

Limbourg 75

Lindemann (1852 bis 1939) Prof. f. Mathematik, Univ. München 54

Lindner, Georg 59, 156, 178, 179, 180, 194, 195, 497

Lindner, Wolfram 239, 503, 506, 507

List (1789 bis 1846), Volkswirtschaftler, Planer d. deutschen Eisenbahnnetzes u. Zollvereins 274

Livius 53

Ljungström 15

Locher 12

Logue 413, 502

Lohrke 146

Lomonossoff 16, 17

Lorenz 15

Lory 8, 9

Love 402

Lutz 457, 471, 472, 473

Maag 14, 109, 158, 204, 212, *216*, 217, 218, 220, 221, 227, 236, 446

Mac Alpine 33, 311

Mac Cord 58, 156

McMullen 332, 344

Maier *361*, 362, 365, 385, 386, 448, 498, 506, 509

Mandey 66, 492

Mannesmann 47

Mariotte 325, 354

Marsh 11, 12

Marx 330, 331, 332, 350

Maschmeier 486, 488, 512

Maudsley 43

Maxwell 368, 385

Maybach 6, 23, 24, 25

Mecke 19

Mehl 238, 362, 364, 365, 502, 506

Meinert 52

Melville 33

Merritt 167, 233, 330, *335*, 336, 337, 338, 339, 340, 341, 342, 347, 366, 367, 427, 428, 429, 443, 498, 502, 505, 506

Mersenne 60, 325

Mesnager 368, 369

de Meuron 13

Moebius 56, 57, 124

Mönch 384, 385, 386, 516

Mohr, Prof. f. Techn. Mechanik TH Stuttgart u. Dresden 405, 488

Moll 152, 176, 289, 496

Mollier 394

Monge 56, 57, 117

Moore *257*

Morin 58, 157, 273, 291, 390, 474, 475, 494

Moxon 66, 492

Müller, Jakob 377, 378, 384

Müller, Rudolf 60

Mundt 438, 439, *440*

Murray 11

Musschenbroek 259, 269, *280*

Narusé 98, 206

Navier 55, 255, 262

Neuhaus 187

Neumann, Franz Ernst 368

Neumann, Karl, Preuß. Wasserbauinspektor Anfang d. 19. Jahrhunderts 269

Newton 53

Nickerson 368

Niemann 239, 364, 366, 367, 384, 385, 386, 387, 422, 433, 435, *436*, 437, 438, 440, 441, 443, 474, 487, 495, 497, 499, 503, 505, 507, 508, 509, 515, 516, 517, 518

Nishihara, Toshio. Professor der Koyoto-Universität seit 1925 441

Noack 442

Noch 239, 517

Novikov 249

Nübling 454, 455, 456, 457, 471

Nußelt, Wilhelm (1882 bis 1957) Professor TH Dresden, Darmstadt, Karlsruhe u. München 469

Nystrom 291

Olah 162, 166, 188, 206, 350, 353, 413, 502, 504

Olivier 117, 118, 119, 120, 121, 124, 125, 130

Opitz 321, 322, 323, 513

Oppel 385, 404

Otis, William Smith (1816 bis 1886), Erfinder aus Canton, Mass./USA 50

Otto 6, 7

Ovid 53

Palmgren, Nils Arvid (SKF) 405

Papin 7

Pardies 61

Parent 259, 354

v. Parseval (1861 bis 1942), Professor für Flugzeugbau TH Berlin 446

Parsons 6, 32, 34, 467

Peacock 84

Pedersen 381, 386, 387
Peter 12, 13
Peters 165, 166, 167
Peterson 373, 384
Pfauter 33, 125
Philon 3
Piehler 145
Piepka, Erwin (ZF) 167
Platon 52, 54
Plessing 217, 236
Plinius d. Ä. 53
Plücker 125, 128
Poinsot 57, 117
Polhem 45
Pomini 412
Poncelet 55, 57, 96, 105, 106, 107, 108, 117, 149, 267, 273, *280*, 325, 390, 391, 494
Prandtl, Ludwig (1875 bis 1953), Prof. f. Physik in Göttingen 469
Ptolemaios 60
Pützer 121, 122, 123, 124

Quantz 306, 307, 495

Rabitz *134*
v. Radinger 7
Ramelli 48, 492
Ramsbottom 45
Ramus 53
Rankine 58, 121, 291
Rasch, Ewald (1871 bis 1927), Obering. Materialprüfungs-anstalt Nürnberg 405
Redtenbacher 56, 151, 152, 255, 274, 275, 276, 277, 278, 279, *280*, 281, 282, 475, 496
Reese 321, 322, 323, 513
v. Reiche 109, 155, 211, 212, 217
Reichel 19
Reid 87, 494
Reinecker 33
Renault 23, 24
Rennie 259
Resal 58, 124
Ressel (1793 bis 1857), Österr. Erfinder 32
Reuleaux 43, 57, 58, 59, 60, 66, 72, 81, 96, *97*, 98, 104, 105, 108, 109, 128, 137, 143, 152, 153, 176, 177, 182, 193, 194, 225, 274, 289, 290, 291, 292, 304, 305, 392, 474, 475, 476, 477, 495, 496
Reynolds, Osborne (1842 bis 1912), Professor in Manche-ster 469
Richter, Otto 236, 497

Richter, Wolfgang 385, 386
Ridler 458
Riebe 410
Riedler 7, 215, 435
Riggenbach 12
Rikli 480, 483, 484
Ritter 58
Rittershaus 59, 60
Rittinger 171, 277, 278, 500
de Roberval 60
Robison 79
Robinson 95
Roemer 63, 64
Rötscher 98, 99, 111, 131, 495, 497
Rondelet 255
Roser, Assistent bei C. v. Bach 478, 479, 488, 511
Roy 384, 385, 386, 516
Rühlmann (1811 bis 1896), Professor f. Maschinen-lehre, TH Hannover 59
Rumpler 26, 498

Saalschütz 109, 111, 154, 193, 212
de Saint-Venant 256, 325
Salzenberg 95, 262, 269, 270, 271, 272, 496
Sang 89, 108, 185, 190, 211, 212, 500
Sauvage (1785 bis 1857), Kon-strukteur in Boulogne 32
Savary 72, 394
Saxton 77, 82
Seely 379
Sellers 43
Schäfer 145
Schell 58
Schiebel 98, 130, 131, 161, 166, 194, 205, 233, 234, 236, 345, 395, 396, 467, 497, 501, 502
Schlömilch, Oskar (1823 bis 1901), Prof. f. Mathematik in Jena und Dresden 407
Schmid 53
Schmidt, Gustav 290
Schmidt, Karl 221
Schneckenberg 98, 101
Schulze-Pillot 426, 427, 428, 431, 443
Schwend 415, 416, 417, 419, 442
Schwieger 19
Schwinnig 410
Siemens 18, 274
Smeaton 45, 80, 90, 262, 264, 493, 494
Smith, Charles Herbert 330, 332
Smith, Robert Henry 240, 241, 242, 243, 245

Späth *390*
Spicer 27
Sprague 20
Sprenger, Richard (1877 bis 1957), Techn. Direktor AEG-Isolierstoff-Werk 319
v. Soden-Fraunhofen 19, 361, *446*, 447, 448, 456
Sombart (1863 bis 1941), Pro-fessor f. Volkswirtschaft in Breslau und Berlin 59
Somoff 58
Sopwith 383
Southern 260
Stark 152, 154, 392
Stefan 469, 470
Stodola (1859 bis 1942), Prof. f. Masch. Bau ETH Zürich 371, 477, 478, 488
Stoeckicht 40
Stolzenberg 177, 215, 316
Stribeck 225, 301, 302, 394, *399*, 405, *410*, 411, 412, 417, 438, 439, 440, 466, 467, 477, 488
Strub 12
Stumpf (1862 bis 1936), Prof. f. Kraftmaschinen TH Berlin 435
Sturm 172, 259, 260, 493
Sykes 134, 135

Tank 377, 378, 384
Taylor 329
Taylor, Frederick Winslow (1856 bis 1915), Masch.-Ing., Erf. d. wissensch. Be-triebsführung und des Schnellstahls 329
Tchebytchev 98
ten Bosch 316, 317, 318, 356, 357, 442, 457, *469*, 470, 471, 485, 486, 495, 497
Tessari 124
Thales von Milet 54
Theon 60
Thibaut 53
Thompson 58
Thornycroft, John Isaac (1843 bis 1928), englischer Ing. u. Schiffbauer 27
v. Thüngen 396, *483*, 484, 485, 498
Thum 405
Thurston 477, 488
Tiedemann 385
Timoshenko 330, *332*, 333, 334, 335, 341, 343, 347, 348, 350, 356, 373, 380, 384

Tredgold 79, *264*, 265, 266, 267, 269, 270, 272, 277, 278, *280*, 281, 282, 289, 291, 294, 308, 497
Tresca 325
Trier 353, 354, 355, 356, 502, 504, 505
Toron 303, 305, 498
Torricelli 60
Tourret 462
Toussaint 158, 187, 188, 194, 195, 196, 197, 198, 199, 200, 201, 221

Uggla 433, 443
Uhland 498
Unold 314, 315, 316, 317
Unwin (1838 bis 1933), Prof. Ing. Kunde i. London, Erforscher d. Materialfestigkeit 291

Verdam 115, 116, 495
Vergil 53
Vidéky 312, 313, 405, 406, 407, 408, 409, 441
Viète 53, 54
Vitruv 3, 4, 57
Vogel 163, 164, 165, 167, 513
v. Voss 236, 497

Walker, E. R. 290, 291, 326, 329

Walker, Harry 233, 249
Waterman 186
Watt 7, 171, 257, 258, 259, 260, 262, 267, *280*, 291
Way, Stewart 405
Webb 479
Weber 402
Weibel 380
Weierstrass (1815 bis 1897), Professor f. Mathematik Univ. Berlin 54
Weihe 60
Weisbach 57, 95, 107, 141, 142, 150, 151, 274, 278, 279, *280*, 281, 391, 495, 496, 498
Weiss 146, 147
Wellauer 474
Wendt, Helmut, Dipl. Ing. u. Leiter d. Studienabteilung d. Demag 239
Wertheim 368
Wesslau 18
Westberg 478, 486, 488
White 111, 112, 113, 114, 115, 116, 117, 119, 132, 133
Whitney 43
Whitworth 43, 282
v. Widdern 385
Widmann 52
Wiebe 108, 109, 155, *173*, 175, 176, 211, 212, 215, 217, 225, 282, 283, 284, 285, 287, 288, 292, 496

Wildhaber 161, 205, 248, 249
Wilkinson 45
Willis 57, 58, *81*, 82, 83, 85, 86, 87, 88, 89, 90, 91, 92, 93, 94, 95, 96, 108, 121, 137, 141, 142, 143, 149, 150, 156, 171, 174, 176, 177, 183, 186, 191, 192, 212
Wilson, C. 368
Wilson, W. M. 478
Winkler (1835 bis 1888), Prof. f. Eisenbahn-, Brückenbau u. Ing. Baukunde TH Dresden, Prag u. Berlin 397
Winter 167, 239, 365, 367, 503, 507, 508, 515
Wissmann 49, 350, 351, 352, 353, 356, 410, *417*, 418, 419, 421, 422, 423, 424, 425, 428, 433, 434, 436, 441, 442, 512
Wittenbauer 58, 488
Wöhler, Eisenbahndirektor u. Pionier d. Materialprüfwesens 293, 421
Wolf 425, 433, 437, 443
Woollams 115, 116, 132, 133
Wüst (1856 bis 1916), Zürcher Ing. u. Fabrikant 216, 480
Wyszomirski 383

Young 81, 84, 255, 264

Zoelly 14

Sachverzeichnis

Abnutzung 151, 155, 182, 199, 218, 272, 289, 294, 295, 298, 302, 303, 305, 312, 313, 314, 394, 396, 405, 406, 409, 413, 414, 415, 504
Abnutzungsfestigkeit 504
Abrundungsradius, Werkzeugkopf 363
Achsabstand 81, 155, 161, 217, 221, 223, 224, 225, 227, 230, 231, 233, 238, 317, 419, 455
Achsabstandsvergrößerung 218, 219, 223
Achsunempfindlichkeit 155
Achsverschiebung 155, 208, 231
Achsverschiebung, allgemeine Näherungsgleichung u. Berechnung 230, 233, 238
Achsverschiebungsfaktor 231, 238
Anfressen 296, 456, 482
Anfreß-Sicherheit 446, 449, 456, 457
Arbeitsausschuß, Zahnräder 187, 228, 232
–, –, Obmänner 187, 188, 232, 239
Arbeitsräder, Berechnung 295
Armzahl 297
Ausrundung, stromlinienförmige 383
Automobil-Zahnrad 24, 25, 27, 185, 189, 305, 318, 336, 338, 344, 361, 362, 445, 447, 449, 450, 451, 452, 453, 481, 498

Beanspruchung, zulässige, s. Biege- bzw. Druckbeanspruchung
Belastungswerte von Radzähnen, nach PONCELET 267
Belastungszahl nach BACH 295
Belastungszahlen, Flugmotorengetriebe 473
Berechnungsansatz von BACH 294, 312
Berechnungsansatz von TREDGOLD 265, 270
Berechnungsformeln von Radzähnen auf Bruch im 18. u. 19. Jahrh. 267, 291
Berührung, konkav-konvex 241
Berührungsverhältnis 338, 340, 341, 342
Bezugsprofil 108, 171, 183, 184, 185, 187, 188, 189, 218, 230, 232
Biegebeanspruchung, zulässige 32, 266, 271, 283, 287, 289, 291, 295, 304, 305, 312, 313, 315, 318, 329, 338, 347, 352, 424, 437
Biegungsgleichung 282, 289, 303, 308, 313, 328, 335, 336, 343, 344, 345, 351, 359, 364, 365
Bibliographie der Zahnradtechnik 492, 499
Biographien 61, 64, 68, 73, 81, 97, 134, 158, 173, 177, 215, 216, 257, 264, 293, 295, 324, 326, 329, 332, 335, 361, 369, 371, 390, 397, 400, 402, 410, 413, 417, 418, 429, 435, 436, 440, 445, 446, 450, 457, 469, 483
Bogenverzahnung 422
Bruchfestigkeit 185, 504
Bruchfestigkeitsrechnung nach GRASHOF 282
– nach SALZENBERG 271
– nach WISSMANN 350
Bruchlast 277, 291, 330, 331
Bruchsicherheit 302

Circular pitch 83, 84, 347

Diagramm 159, 198, 201, 219, 223, 281, 286, 304, 307, 309, 319, 339, 360, 364, 382, 409, 421, 434, 470
– Reibungsarbeit 408
– zur Verformung und Lastverteilung 343
diametral pitch 83, 84, 95, 186, 328, 428
Dissertation 60, 129, 130, 249, 259, 313, 335, 365, 369, 371, 383, 385, 418, 429, 436, 440, 468, 510
–, Bibliographie 510, 511—519
Doppeleingriff 341, 426, 428, 429, 431, 443, 444
Drehzahl 260, 330, 333
Drehzahlplan 487, 488
Dreieckskonsol 312, 406
Druckbeanspruchung, zulässige 205, 305, 415, 423, 424, 425, 430, 434, 437, 440, 441
Druckellipse von HERTZ 398, 460
Druckfigur 406, 401
Druckfläche, parabelförmige 373, 376
Druckkoeffizient 414, 415
Druckverschleiß 398, 405, 410, 424, 444

Einfluß, dynamisch 251, 289
Eingriff 181, 242, 316, 353, 370, 394, 408, 418, 420, 421, 429, 454, 455, 456, 458, 468, 471, 473, 481, 488, 504
–, falsch 20, 21, 26, 37, 88, 97, 111, 114, 155, 190
–, spiraloidisch 121, 122
Eingriffsbeginn 300
Eingriffsdauer 13, 22, 95, 151, 154, 155, 182, 190, 193, 194, 195, 196, 198, 213, 233, 234, 238, 296, 302, 303, 314, 316, 391, 392, 395, 416, 442, 466, 467, 474
Eingriffsdiagramm 240
Eingriffsebene 131
Eingriffsfeld 136
Eingriffslänge 86, 87, 88, 95, 192, 242, 345
Eingriffslinie 77, 86, 97, 98, 101, 103, 104, 105, 108, 109, 111, 154, 181, 199, 204, 208, 218, 242, 243, 244, 347, 392, 393, 406, 407, 415, 416, 420, 429, 443, 453, 460, 467, 474
–, gekrümmt 245
–, kombiniert 178
Eingriffsminderung 205, 206
Eingriffspunkt 91, 104
Eingriffsstellung 429
Eingriffsstörung 152, 190, 191, 207
Eingriffsstrecke 109, 155, 186, 233, 366, 431, 432, 452, 466, 470
Eingriffsverlauf 130
Eingriffswinkel 150, 159, 162, 163, 164, 189, 190, 212, 217, 219, 223, 224, 227, 237, 242, 338, 347, 353, 358, 379, 414, 415, 419, 424, 425, 426, 428, 442, 477, 479, 482, 506

526   Sachverzeichnis

Eingriffswinkel 15° 13, 70, 72, 73, 81, 86, 89,
    92, 94, 95, 155, 171, 178, 193
–, kleinster 236
–, veränderlicher 211, 215, 216
Einheitsevolvente 164, 165
Einzeleingriff 341, 426, 429, 442, 443
Einzeleingriffspunkt 418, 428, 431, 433, 441
–, äußerer 340, 366
–, innerer 463
Einzelverzahnung 64, 66, 89
Elastizitätsmodul 264
–, Mittelbildung 401
Epizykloide 60, 61, 64, 65, 66, 68, 73, 80, 84,
    85, 89, 145, 390
–, sphärisch 118
Epizykloiden-Verzahnung 77, 81, 149, 151
Ermittlung, Zahnunterschneidung 205
Ersatzstirnrad 424
Erwärmung 198, 295, 305, 314, 394, 396, 446,
    451, 454, 457, 458, 465, 466, 467, 468, 469,
    471, 472, 473, 474, 477, 505
Erzeugungs-Wälzkreis 174
Evolvente 62, 68, 80, 84, 86, 89, 106, 108, 145,
    146, 313, 326, 407, 408, 416
–, sphärisch 118
Evolventen-Beziehung 149
Evolventenfunktion 158, 159, 160, 161, 162, 164,
    165, 167, 204, 223, 507
Evolventenfunktionswert 207
Evolventengeometrie 238
Evolventen-Kurzverzahnung 194, 195
Evolventenschablone 345
Evolventenschnecke 501
Evolventen-Schraubenfläche 119
Evolventen-Trigonometrie 161, 163, 165, 504
Evolventen-Verzahnung 13, 74, 79, 81, 91, 95,
    99, 105, 109, 111, 149, 150, 151, 152, 154,
    155, 156, 157, 177, 179, 181, 184, 185, 192,
    208, 210, 242, 246, 247, 283, 296, 331, 391,
    392, 393, 394, 395, 406, 435, 475, 476, 477,
    478
– –, Grenzfälle 199, 201, 204
– –, räumliche 128
– –, tragfähigste 239, 365
Evolventenzirkel 146, 147, 148
Evolventen-Zeichengerät 137, 140, 141, 145,
    146, 149, 340
Evolventenzylinder 121, 123

Federkonstante 344
Festigkeitsberechnung 258, 269, 272, 293, 309,
    311
– auf Bruch 259, 288
Festigkeitsfaktor 316, 336, 340
–, ALMEN 345
–, GLEASON 348
–, MERRITT 337
Festigkeitsformel, SALZENBERG 270
Festigkeitslehre, allgemeine 255
Festigkeitswerte für Radzähne, TREDGOLD 266
Flanke 66, 67, 96, 99, 143, 301, 302, 315, 347,
    379, 418, 421, 424, 429, 431, 435, 436, 460
Flankenfestigkeit 258

Flankenkrümmung 217
Flankenpaar 396, 470
Flankenpressung 32, 425, 430, 441, 452
Flankenrauheit 463
Flankenschweißgefahr 449
Flankenspiel 95, 150, 161, 221, 223, 231, 469
Flankentragfähigkeit, Formel von NIEMANN 437
Flankentragfähigkeit, Entwicklung d. Berech-
    nungsformeln 442
Flankenwärmeentwicklung 449
Fluchtlinientafel, Novotexträder 319
Formel von BACH 295, 303, 305, 306, 312, 314,
    316, 317, 318, 319, 320, 322, 323, 350, 417,
    418, 478
– von BAUD 343, 374, 375
– von BLOK 460, 462
– von BUCHANAN 291
– von BUCKINGHAM 442
– von BÜCHNER 395
–, Beanspruchung bei verschiedenen Umlauf-
    geschwindigkeiten 320
–, Bruchlast 290
–, Bruchsicherheit 314
– von DOLAN 380
– von DUDLEY 444
– von FAIRBAIRN 272, 273, 291
– von FÖLMER 224
– von GECKELER 230
– von GLAUBITZ 431, 434, 444
– von GOEBEL 394
– von HERTZ 400, 401, 405, 411, 413, 435, 441
– von HERTZ/FÖPPL 406
– von HEYWOOD 383, 387
– von HOFER 228, 314, 446, 448, 449, 454, 456
– von KANKELWITZ 295
– von KARAS 443
– von KELLEY 387, 463
– von KOHN 392, 393
– von KUTZBACH 231, 233, 311, 435, 436
– von LENTZ 443
– von LEWIS 291, 329, 330, 332, 333, 334, 335,
    344, 348, 349, 350, 367, 379, 380, 381, 383
– von LUTZ 471, 472, 473
– von MAC ALPINE 311
– von MARX/CUTTER 330, 331
– von MERRITT 429, 443
– von MUNDT 438, 439
– von NIEMANN 433, 437, 438, 439, 440, 443
– von NIEMANN/GLAUBITZ 387
– von NÜBLING 455, 456
– von PONCELET 390, 391
– von REULEAUX 289, 290, 291, 445
– von REULEAUX/BACH 314
– von SALZENBERG 269, 270, 271, 272
– von STARK 392
– von STOLZENBERG 305, 316
– von STRIBECK 302, 411, 412, 438, 439, 440, 466
– von TEN BOSCH 313, 442, 457
– von TIMOSHENKO 333
– von TOUSSAINT 221
– von TREDGOLD 265, 266, 291
– von UGGLA 433, 443
– von UNWIN 291

Formel von WALKER (E. R.) 290, 291, 326
– von WATT 260, 291
– von WEISBACH 278, 279, 281, 391
– von WELLAUER 474
– von WISSMANN 420, 421, 424, 425, 433, 441, 442
– von WOLF 425, 433, 437, 443
Formfaktor 335, 356, 380, 381
Formzahl 364
Freßanfälligkeit 448
Freßbeanspruchung 452
Fressen 445, 459, 461, 462, 463, 471, 485
Freßerscheinung 451, 465
Freßfaktor 452, 453, 462
Freßgefahr 296, 445
Freßneigung 453
Freßtragfähigkeit 396, 456, 457, 463
Freßverschleiß 32, 389, 444, 449, 455
Fußausrundung 161, 190, 329, 334, 347, 370, 371, 377, 383
–, Spannungsverteilung 379
Fußflanke 86, 92, 95, 108
Fußhöhe 74, 326
Fußkreis 152, 357, 358, 359

Gegenprofil 98, 101
Geradverzahnung 49, 126, 130, 231, 366
Geradzahn-Kegelräder 231, 337, 344
– – –, Stirnräder 231, 238
Geräusch 52
Gesamtverformung, des Zahnpaares 344
Gesamtverschleiß 396
Geschwindigkeitsfaktor 306, 331, 356, 366, 367
Gleichung von GLAUBITZ 434
– von HERTZ 406, 407, 408, 410, 411, 414, 415, 418, 425, 428, 429
–, relative Materialfestigkeit 259
– für die Schubspannung von BAUD 375
– von TEN BOSCH 471
– von VIDÉKY 313
– von WISSMANN 351, 418, 419, 420, 421, 423, 424, 434
Gleiten 68, 88, 89, 106, 180, 182, 186, 192, 193, 199, 218, 243, 312, 393, 415, 416, 459, 474, 482, 504, 505
–, spezifisches 198, 199, 217, 229, 239
Gleitgeschwindigkeit 190, 199, 200, 211, 242, 389, 395, 396, 409, 419, 451, 452, 453, 454, 456, 458, 459, 460, 461, 467, 471, 478, 484, 488
Globoidtrieb 486
Grenzzähnezahl 185, 188, 195, 203, 212, 426, 427
Grübchenbildung 244, 246, 389, 412, 414, 431, 433, 437, 449, 451, 456, 459
Grundkreis 82, 85, 86, 99, 105, 109, 145, 154, 155, 162, 163, 164, 195, 198, 211, 267, 334, 347, 357, 358, 359, 390, 420
Grundkreisteilung 109, 158, 173, 176, 179, 215, 217
Gußeisenrad 90

Härteschicht 453
Hand- und Hilfsbücher, technische 498, 499
Hauptbeanspruchungsarten von Zahnrädern 258
Hauptspannungen in der Zahnbeanspruchung 375
Hauptspannungstrajektorien am kurzen Balken 377
Hilfsaxoid 129, 130
Hilfstafel, zur Schnellberechnung von Evolventenzahnrädern 159, 161
Hyperboloid-Zahnrad 117, 128
Hypoidgetriebe 451, 459, 460
Hypozykloide 64, 84, 85, 145

Innenverzahnung 27, 40, 145, 156, 199, 200, 248, 351, 383, 391, 419, 420, 422, 507
Instrument zum Zeichnen von Verzahnungen 137, 138

K-Wert von BACH 295, 296, 301, 302, 303, 312
– von BAUD 333, 334, 335, 344
– von BONDI 314
– von DOLAN 380
– in England 413
– von KUTZBACH 435, 436
– von KRUPP 303
– von LAUDIEN 305
– von NIEMANN 436, 437, 438, 439, 440, 441, 443
– von Stolzenberg 305, 316
– von STRIBECK 411, 412
– in USA 414, 415
– von Vickers 246
Kammwalze 46, 47, 135, 136
Kegelrad 18, 19, 22, 23, 26, 29, 38, 40, 42, 47, 48, 49, 113, 118, 230, 251, 305, 329, 336, 345, 351, 353, 361, 365, 391, 395, 419, 420, 422, 423, 424, 427, 429, 437, 472, 475, 504, 505, 506, 508
–, Zahnformfaktor 344
Kerbfaktor 366
Konkav-Verzahnung 171
Konsole, dreieckige 236
Konvex-Verzahnung 171
Kopfeingriffslänge 161
Kopfeingriffspunkt 431, 444
Kopfflanke 86, 92, 93, 95, 108
Kopfhöhe 74, 86, 87, 88, 89, 171, 173, 196, 326, 338, 347, 469, 479, 482
Kopfhöhenfaktor 203, 205
Kopfkreis 152, 218, 347
Kopfkürzung 177, 198, 219, 224
Kopfspiel 105, 232
Korrektur 208, 219, 226, 316, 359, 362, 365
Korrekturtafel von JUNG 225, 226
Kraftangriff am Zahnkopf 365, 366
Kräfteplan, dynamischer, von Getrieben 488
Kraftträder, Berechnung 295
Kreisbogenverzahnung 72, 73, 136, 243, 249
Kreisevolvente 63, 65, 68, 72, 73, 80, 108, 117, 198
–, Gleichung in Polarkoordinaten 157

Kunstharz-Zahnrad 318, 319, 320, 321, 323
---, Berechnung 319
Kurzverzahnung 193, 227

Lastangriffshöhe 379
Lastangriffslage 381, 382
Lastverteilung 373, 374, 375
-, auf mehrere Zähne 341
Lastverteilungsfaktor 431
Lastverteilungszahl von KARAS 433
Laufeigenschaft 207, 211
Lebensdauer 180, 182, 273, 303, 308, 310, 366,
    406, 409, 421, 426, 436, 437, 438, 445, 446,
    504
Linienberührung 462
Literatur, s. a. Bibliographie der Zahnradtech-
    nik
Literatur, Kap. 2.1 167
-, Kap. 2.2 251
-, Kap. 3.1 292
-, Kap. 3.2 323
-, Kap. 3.3 387
-, Kap. 3.4 463
-, Kap. 3.5 490
Literaturangaben 508
Lochrad 240
Lückenweite 173

Maschinenbau-Bücher 508
Maschinenelemente, Bücher 495, 508
Maschinenelemente, deutschsprachige Werke
    496, 497
Maßsystem 261
Methode, GMR 345
Mindestzahnbreite 322
Mindestzähnezahl 201, 302
-, kritische 428
Minus-Korrektur 359
Mischverzahnung, $14\frac{1}{2}°$ 95, 183, 184, 189, 480
Modell zur Veranschaulichung 114, 153
Modul 83, 84, 95, 126, 171, 177, 178, 186, 187,
    188, 195, 213, 214, 221, 223, 224, 225, 227,
    234, 305, 308, 314, 317, 320, 329, 336, 338,
    340, 351, 357, 358, 359, 361, 362, 364, 365,
    367, 424, 428, 446, 452, 482, 483
Modulreihe 187, 217
Mühlenbauregel 267
Mühlenbücher 493, 508
Musterrad 221

Näherungsgleichung 205, 231, 233, 238
- für die Achsverschiebung 230
Nomogramm 434
Norm 186, 187, 217, 386
-, Demag 421, 422, 423
-, Deutschland 187, 188, 214, 222, 230, 233, 239
-, elektrische Bahnen 214
-, Italien 189
-, Schweiz 189
-, USA u. Canada 183, 184, 185, 186, 189, 205
Normalmodul 126, 448
Normalteilung 126, 127, 136

Normalverzahnung 49, 214, 217, 229, 236, 357,
    362, 367, 430
-, Demag 419, 420, 421, 441
-, 15° 229, 314
Normung 171, 194, 210, 230, 239
- der Zahnradberechnung 365
Nullverzahnung 177, 183, 185, 191, 211, 222,
    228, 231

Obmann, Arbeitsausschuß Zahnräder 187, 188,
    232, 239
Odontograph 90, 91, 93, 94, 95, 141, 171, 177
Ölkühlung 469
Ozoidenverzahnung 181, 182

Paarverzahnung 66, 67
Parabel von LEWIS 340, 351, 352, 353, 354, 362,
    383, 385, 386
---, Innenverzahnung 352
Parameter-Gleichung 164
Patent 115, 132, 145, 146, 147, 149, 182, 227,
    241, 242, 243, 244, 245, 247, 248, 249
Pfeilrad 27, 33, 46, 48, 49, 133, 135, 297, 409,
    425, 480, 481
-, DE LAVAL 477
-, WÜST 480
Pfeilverzahnung 132, 133, 171, 189, 422
Pfeilwinkel 133
Pfeilzahn 111, 134, 136
Pferdekraft 262
Pitch-Faktor von MERRITT 428, 429
Pitting-Bildung 444
Planetengetriebe 7, 39, 40, 42, 49, 453, 454, 455,
    456, 457, 473, 487, 488
Polarwinkel 152, 163, 164
Portrait der Zahnradwissenschaftler 62, 69, 73,
    97, 140, 158, 216, 280, 293, 308, 324, 327,
    335, 361, 373, 399, 417, 445, 450
Präzisionsrad 118, 119
Pressung 64, 373, 376, 399, 405, 418, 421, 431,
    433, 451, 459, 461, 466
-, größte 420, 428
-, Schöpfer der Theorie 399
-, spezifische 419, 423
-, zulässige 422, 426, 453
- nach HERTZ 357, 400, 405, 438, 440, 444, 451,
    452
- nach MERRITT 427
- nach STRIBECK 438
Pressungs-Gleitgeschwindigkeitswert von
    ALMEN 451
Pressungs-Kriterium 429
Profilabrückung 236
Profilpunkt 97
Profilverschiebung 211, 212, 216, 221, 222, 225,
    228, 230, 231, 232, 236, 239, 332, 365, 386,
    452, 480, 504, 506, 508
-, Berechnung 221, 230
-, Diagramme von SCHIEBEL 234, 235
-, große 109, 170, 190, 192, 193, 237, 238
-, Grundgleichung von FÖLMER 224
-, Summe 231, 233, 238

Profilverschiebungsfaktor 218, 227, 230, 231,
237, 361, 362, 363, 364
Prüfmaschine von Lewis 414
– von Marx 330, 332
Prüfzahnräder 370
Punktberührung 462
Punktverzahnung 65

Radabrückung 234, 235
Radarm 263, 266, 273, 279, 283, 297, 298, 300
Radkörper 263, 266, 273, 279, 297, 298
Radprüfmaschine von Hugo Grob 480
Rechenschieber 231, 257
Reibung 64, 66, 80, 88, 89, 97, 111, 151, 192,
312, 409, 466, 468, 474
Reibungsarbeit 314, 466, 469, 470
Reibungsforschung an Zahnrädern 465
Reibungsverlust 479, 480, 482, 489
Reibverschleiß 389, 444
Reibwert 474
Ritzel 340, 345, 347, 370, 371, 418, 419, 420,
428, 431, 441, 463, 467
Ritzelzähnezahl, kritische 433
Ritzelwelle 419
Rotationshyperboloid 124

Satzrad 86, 88, 89, 94, 95, 150, 170, 171, 213, 230
Satzradeigenschaft 174, 189, 212, 220
Satzrädersystem 171
Satzräderverzahnung 155, 178, 236
Schablone zum Zeichnen von Verzahnungen 142,
143
Schlupf 432
Schmierfilmstärke 458
Schmierung 51, 52, 444, 451, 457, 471, 489, 507
Schnecke, Tragfähigkeit 429
Schneckenrad 21, 22, 23, 26, 27, 29, 43, 44, 48,
49, 50, 51, 429, 484, 487, 505
Schneckengetriebe 133, 145, 251, 301, 466, 476,
477, 478, 481, 482, 487, 501
Schrägungswinkel 26, 35, 48, 112, 113, 115, 126,
127, 136, 422, 425, 428, 474
Schrägverzahnung 15, 25, 33, 36, 40, 42, 49, 111,
112, 115, 116, 124, 125, 126, 128, 130, 131,
132, 170, 189, 231, 341, 346, 366, 367, 385,
422, 428, 438, 444, 448, 474 ,506
Schrägzahn 136, 431
Schrägzahnrad 26, 111, 112, 231, 427, 505, 506,
508
Schraube ohne Ende 279
Schraubenfläche 129, 130
Schraubenrad 8, 43, 108, 113, 115, 116, 121, 125,
129, 279, 281, 305, 338, 505
Schraubentheorie 124, 125
Schraubenverzahnung 112
Schraubenzahn 22, 111, 425
Schriftenreihe 458, 508
Schulter, stumpfartige kurze 379
Sicherheit 277, 293
–, Anfressen 445, 446, 456
– – Planetengetriebe 456
Sicherheitsfaktor 287, 290, 329, 356, 414, 456,
457

Sonderverzahnung 212, 215
Spannungsanhäufungsfaktor 379, 380, 381, 382,
383
Spannungsfaktor, abhängig von der Lastan-
griffslage 382
–, Almen 346, 347
–, graphische Darstellung 333
Spannungskonzentrationsfaktor 333, 334
–, Merritt 341
Spannungsoptik 367, 368, 369, 370, 371, 373,
375, 376, 380, 381, 385, 387
–, Arbeiten über Zahnräder 384
Spannungsverteilung im Zahn nach Heldt 347
Spiralkegelrad 26, 332, 336, 337, 344, 345, 347,
427, 450, 451, 452, 460
Spiralkegelrad, Belastungsverlauf 345
Spiraloid 121
Spiralverzahnung 346
Spritzschmierung 446
Stangenzirkel 144, 146
Steigungswinkel 429, 478
–, Schraube 486
Stiftritzel 240
Stirnrad 18, 20, 23, 26, 38, 39, 49, 50, 51, 108,
269, 305, 337, 353, 418
Stirnrad-Schneckengetriebe 134, 135
Stirnteilung 126, 127, 305
Straßenbahn-Zahnrad 408
Stufenzahnrad 111, 136
Stumpfverzahnung, USA 228, 229, 347, 349, 480
–, $14\frac{1}{2}°$ 330
–, 20° 185, 186, 205, 330, 331

Tabelle s. Zahlentafel
Teileingriffsstrecke 449
Teilkreis 82, 84, 85, 86, 91, 92, 93, 99, 109, 145,
155, 157, 162, 170, 174, 176, 178, 184, 186,
192, 197, 199, 202, 203, 204, 213, 214, 215,
221, 223, 227, 230, 231, 247, 248, 249, 259,
263, 270, 287, 294, 301, 316, 320, 326, 338,
347, 351, 358, 364, 415, 416, 440, 449, 476
Teilung 13, 82, 83, 84, 86, 87, 93, 95, 111, 171,
283, 294, 301, 302, 305, 308, 312, 313, 314,
316, 319, 320, 322, 323, 326, 329, 331, 333,
353, 395, 396, 412, 416, 417, 419, 435, 467,
482
Tellerrad, Spannungsgleichung 347
Temperatur, Berührung 461
–, Blitz 457, 458, 459, 460, 461, 462, 463, 471
–, Erwärmung 469
–, Fressen 459, 460, 462
–, Gehäuse 467
–, Körper 458, 459, 461, 462
–, Masse 459, 460, 462
–, momentan 460
–, Öl 463, 467, 477
–, Reibung 451
Temperatur-Leitzahl 460
Textprobe aus alten Schriften 63, 64, 75, 77, 78,
172, 260, 263, 268, 275, 278, 286
Theorie der Pressung, Schöpfer 399
– von Hertz 401, 402, 404, 405, 412

Tragfähigkeitsberechnung 255, 367, 410, 436, 437, 441, 445
–, Begründer 280
–, Formelsammlung 507
Triebstock 47, 49, 74, 80, 191, 241, 251, 266, 389
–, Länge 266
–, Stärke 265
Trillingsstab, Festigkeitsformel 272

Ueberdeckung 277, 296, 311, 317, 322, 338, 428
Überdeckungsgrad 84, 101, 131, 161, 186, 188, 191, 217, 228, 302, 315, 326, 330, 331, 332, 335, 344, 345, 356, 365, 396, 419, 428, 431, 444, 449, 452, 453, 467, 483, 484
–, Einfluß auf Lastverteilung 373
Übergangsrundung 333
–, balkenförmiger Vorsprünge 380
Überlastung 370, 371
Übersetzung 29, 37, 49, 50, 65, 181, 182, 218, 225, 236, 283, 367, 419, 420, 421, 423, 426, 427, 428, 431, 433, 436, 478, 481
Uhrenbücher 494, 508
Umfangsbelastung 467, 472, 473
Umfangsgeschwindigkeit 317, 320, 321, 323, 326, 329, 408, 412, 414, 416, 444, 480
Umfangskraft 322, 328, 340, 354, 356, 359, 362, 364, 365, 412, 417, 442, 444
Umlaufschmierung 473, 474
Unterschnitt 89, 98, 99, 105, 161, 177, 185, 190, 191, 192, 195, 196, 197, 198, 203, 205, 206, 207, 211, 217, 225, 236, 239, 240, 353, 367, 504
Unterschnittsgrenze 359
Untersuchung, spannungsoptische 332, 350, 377

Vau-Null-Getriebe 230, 239, 360, 505
Vau-Rad 231, 360
Vau-Verzahnung 215, 216, 222, 228, 230, 236, 237
Verlust am Zahnradantrieb 484
Verlustgrad 448, 490
Verschleiß 41, 44, 48, 155, 170, 199, 213, 313, 353, 396, 418, 419, 422, 424, 446, 487, 506
Verschleißarten am Zahnrad 389
Verschleißfestigkeit 258
Verschleißrechnung 292, 353, 410, 416, 419, 422, 506
Verschleiß-Sicherheit 425
Verschleißverhalten 322
Verschleißversuch 321
Verspannungsprüfstand 474, 479
Versuche, Pressungstheorie 405
–, spannungsoptische 370, 372, 386
–, von ALMEN 344, 450, 451, 452
–, von BACH 293, 478, 479, 488
–, von BAUD 330, 332, 333, 334, 373, 374, 376, 384
–, von BLOK 457, 458
–, von BUCKINGHAM 414, 502
–, von CRANZ (HERM.)/KAMMERER 485
–, von DOLAN 379, 380, 381, 382, 384
–, von FÖPPL (LUDWIG) 404

Versuche, von FRANKLIN/SMITH 330, 332
–, von GRUSON (RUDOLF) 488, 512
–, von HAM/HUCKERT 482
–, von HEYMANS/KIMBALL 369, 370, 371, 372, 384
–, von JACOBSON 386
–, von KELLEY/PEDERSEN 381
–, von LANCHESTER (F. W.) 481, 488
–, von LANZA 479, 480
–, von LEWIS 476, 477, 480, 488
–, von MARX 330, 350
–, von MARX/CUTTER 330, 331, 332
–, von MASCHMEIER 486, 488, 512
–, von NIEMANN/GLAUBITZ 367, 384, 385, 474, 503
–, von NIEMANN/RICHTER 385, 386
–, von OPITZ/REESE 321, 513
–, von RIKLI 480, 481, 483, 484
–, von ROY/MÖNCH 384, 385, 516
–, von STODOLA 477, 478, 488
–, von STRIBECK 410, 411, 412, 477, 488
–, von TANK/MÜLLER 377, 378, 384
–, von THÜNGEN 483, 484, 485
–, von THURSTON 477, 488
–, von Vickers 245, 246, 247
–, von WESTBERG 478, 486, 488
–, von WILSON 478, 479
–, von ZF 483, 484, 485
Versuchsstand von LANCHESTER 481
Verzahnung, A. v. ZF 228, 229
–, AEG 213, 214, 215, 225, 228, 229
–, B. von ZF 227, 228, 229
– hoher Tragfähigkeit 239, 240
–, BB bzw. VBB 244, 245, 246, 247, 248
–, CAMUS 65, 67
–, EULER 70, 71
–, FAIRBAIRN 173, 174
–, FÖLMER 222, 228, 229
–, GRANT 178
–, Gnome & Rhône 243
–, DE LA HIRE 65
–, HOPPE 90, 212
–, HUMPHRIS 240
–, KAESTNER 74
–, konkav- konvex 240, 248, 249
–, korrigierte 35, 161, 167, 207, 215, 223, 224, 227, 228, 233, 239, 357, 362, 430, 452, 480
–, korrigiert mit Satzradeigenschaft 227
–, LINDNER (GEORG) 179, 183, 195
–, MAAG 158, 212, 216, 217, 218, 219, 220, 228, 229
–, MERRITT 233
– im Mühlenbau 171, 173, 191, 207, 259, 261, 262, 272
–, NOVIKOV 249, 250
–, Ozoiden 180, 181, 182, 183
–, REULEAUX 176
–, RITTINGER 171
–, SMITH (R. H.) 241, 242
–, SR 227
–, Triebstock 251
–, Vau 215, 216
–, Vau-Null 239, 360, 505

Verzahnung, V-3 bzw. V-X 238
-, Walker (Harry) 249
-, Weisbach 151
-, Wiebe 175
-, Wildhaber 248
-, Willis 86, 87, 88, 89, 90, 93, 174, 192
-, 05 239
-, $14\frac{1}{2}°$ bzw. 15° 95, 176, 177, 227, 351
Verzahnungsberechnung, deutsche 424
Verzahnungsfehler 326
Verzahnungsgesetz 79, 99, 104, 105, 106, 107, 108, 112
Verzahnungslehre, wissenschaftliche 225
Verzahnungstheorie, moderne 212
Vorgelege 24, 29, 35, 45

Wälzfestigkeit 405, 410, 433, 435, 436
Wälzkreis 66, 67, 96, 97, 99, 101, 103, 104, 105, 163, 171, 413, 414, 419, 421, 423
Wälzpunkt 68, 70, 72, 86, 91, 95, 101, 104, 105, 106, 108, 111, 163, 192, 231, 232, 242, 413, 435, 436, 438, 442, 443, 444
Wärmeabführung 303
Wärmebeanspruchung, zulässige 448
Wärmeleitfähigkeit 471
Wärmeleitzahl 460
Wärmestauformel von Hofer, Sa-Werte 447, 448, 454, 457, 462, 471, 472
Wärmestauung 449
Wärmetragfähigkeit 465
Walzenpressung 136, 422, 431, 432, 434, 435, 436, 437, 440, 443
-, zulässige Werte 437
Warmfestigkeit 258
Warmlaufen 295, 467
Wechselrad 220
Werkstoffe, s. Biege- u. Druckbeanspruchung
Werkstoff-Faktor 271, 272, 303
Werkstoffpaarung 279, 295, 307, 321, 459, 460
Werkzeug-Flankenwinkel 362
Werkzeugkopf, Abrundungsradius 362, 363
Werkzeugkopfhöhe 363
Werkzeug-Wälzwinkel 363
Winkelzahn 301
Wirkungsgrad 38, 51, 156, 243, 301, 396, 406, 446, 465, 475, 476, 477, 478, 479, 480, 481, 485, 487, 490
-, Planetengetriebe 504
-, Schneckengetriebe 486, 488
-, Untersuchung 474
-, Untersuchung von Rikli 484
-, Untersuchung von Stodola 478
-, Untersuchung von ZF 483, 484, 485

Zahlentafel 127, 136, 160, 161, 173, 178, 192, 206, 226, 232, 263, 266, 271, 275, 278, 284, 285, 288, 303, 312, 315, 318, 328, 348, 352, 355, 376, 413, 415, 423, 437, 440, 441, 447, 448, 457, 461, 475, 486, 488
- mit Evolventenfunktion 166, 167
-, Unterschnittsberechnung 207
Zahnbeanspruchung 272, 375
- an der Wurzel 362

Zahnbelastung, zulässige 301
Zahnbreite 171, 262, 267, 273, 277, 279, 289, 290, 291, 294, 295, 296, 297, 302, 305, 310, 311, 312, 314, 315, 316, 317, 319, 322, 323, 326, 328, 331, 336, 339, 345, 347, 351, 353, 359, 362, 383, 395, 408, 412, 414, 415, 416, 419, 428, 429, 436, 442, 444, 446, 449, 466, 467, 483
-, Formel 301
Zahnbruch 44, 264, 278, 344, 353
Zahndicke 161, 171, 173, 175, 176, 217, 218, 221, 223, 224, 242, 265, 267, 273, 277, 279, 281, 283, 287, 289, 291, 302, 312, 313, 326, 328, 333, 347
Zahndruck 155, 266, 270, 290, 294, 300, 311, 315, 316, 317, 392, 395, 406, 415, 416, 418, 419, 422, 429, 481
Zahnecke, Kraftkonzentration 289
Zahnfläche, spezifische Belastung 336
Zahnflanke 68, 70, 71, 90, 98, 103, 104, 105, 106, 111, 115, 295, 314, 317, 331, 347, 389, 406, 415, 419, 435, 438, 441, 443, 445, 451, 452, 454, 459, 460, 468, 474, 482
Zahnflankenreibungszahl 462
Zahnform 326, 328, 329, 370, 371, 478
Zahnformfaktor 324, 328, 329, 349, 353, 365
- von Almen 345, 347
- von Bensinger 365
-, deutscher 350, 351
- von Dolan 380, 381, 382
- von Dudley 444
- von Gleason 332, 344, 346
- von Heldt 347, 349
- von Lentz 359, 360
- von Lewis 328, 330, 331, 332, 348, 350
- von McMullen 332, 344, 349
- von Mehl 364, 365
- von Merritt 336, 337, 340, 341
- von ten Bosch 357
- von Trier 353, 354, 355, 356, 505
- von Wissmann 351, 352
Zahnfuß 32, 67, 73, 89, 130, 177, 188, 190, 311, 314, 326, 328, 334, 386, 413
-, Randspannung 354
-, Spannungskonzentration 333
Zahnfußausrundung 332, 333, 348, 349, 356, 362, 364, 379
-, Spannungsspitzen 373
Zahnfußdicke 236, 357, 358, 359, 360, 362, 379
Zahnfußfestigkeit 292, 364
Zahnfußkreis 347, 379
Zahnfußspannung 376, 379, 389
Zahnfußstärke, mathem. Zusammenhang mit dem Kammstahl 363
Zahnfuß-Tragfähigkeit 324
---, Zusammenstellung der Berechnungsweisen 366
Zahnhöhe 84, 86, 88, 89, 95, 171, 173, 176, 224, 227, 311, 313, 482
-, Gleichung 231
-, Verschiebung 236
Zahnhöhenkorrektur 208, 210, 225
-, Tabellen 216

Zahnkopf 67, 74, 130, 177, 226, 352, 359, 413
–, Kraftangriff 365, 366
–, Zuspitzung 233
Zahnkopfabrundung 161
Zahnkopfstärke 359, 360
Zahnkorrektur 209, 210, 237, 359, 504
Zahnkraft 272, 319, 320, 356
Zahnkranz 273, 298, 300
Zahnkurven-Zeichengerät 141, 144, 145, 340
Zahnlänge 87, 175, 176, 289, 291, 313, 359, 391,
　　442
Zahnlücke 136, 176, 188, 347, 371
Zahnnormalkraft 423
Zahnpaar 94, 339, 343, 344, 349, 392, 393, 452
Zahnprofil 316, 340, 407, 414
Zahnquerschnitt 366
Zahnrad, Geschichte 509
–, Konstruktionsdaten 285
–, Konstruktionsregel 283
– mit gebrochener Zähnezahl 203, 204
Zahnradabmessung 266
Zahnradbahn 11, 12, 13, 14
Zahnradberechnung 264, 267, 268, 274, 292, 308,
　　350
Zahnradbuch 499, 500, 502, 508
Zahnraddaten mit Lebensdauerangaben 273
Zahnradforschung 422, 501
Zahnradgestaltung von BACH 298, 299, 300
– von REDTENBACHER 276
Zahnradlärm 32
Zahnradliteratur 504
Zahnradlokomotive 13
Zahnradnormung, s. Norm
Zahnradpaar 340, 347, 374, 408, 451, 461, 483
Zahnradpumpe 16

Zahnradtheorie 170
Zahnradwerkstoff 444
Zahnreibung 155, 295, 389, 391, 392, 393, 394,
　　395, 396, 444, 470, 475, 484
Zahnreibungsverlust, Näherungsformel 396
Zahnschäden, Ursachen 371
Zahnspitze 85, 161
Zahnstärke 233, 270, 279, 294
Zahnstärkefaktor von HOFER 362
Zahnstange 7, 12, 14, 89, 93, 94, 108, 145, 156,
　　174, 195, 197, 198, 203, 204, 218, 326, 347,
　　391, 427, 475
Zahnwurzel 176, 333, 370, 424
–, größte Biegebeanspannung 294
Zähnezahl 14, 31, 66, 77, 82, 86, 87, 88, 89, 90,
　　94, 173, 176, 219, 225, 283, 287, 294, 313,
　　314, 316, 318, 320, 322, 323, 329, 331, 336,
　　340, 345, 347, 351, 353, 358, 361, 362, 363,
　　381, 386, 392, 395, 417, 419, 420, 421, 422,
　　427, 431, 446, 448, 449, 454, 471, 474, 475,
　　505
–, große 349
–, kleine 190, 191, 192, 199, 201, 205, 211, 215,
　　218, 230, 236, 239, 302, 346, 349, 427, 428,
　　449
–, kritische 426, 428
–, unterschnittsfreie 195
Zwischenrad 15, 454, 455, 473
Zykloide 60, 61, 64, 70, 84, 88, 104, 196, 313, 326
Zykloidenverzahnung 67, 74, 95, 149, 152, 153,
　　154, 156, 177, 179, 181, 191, 192, 244, 295,
　　326, 391, 392, 466, 475, 476, 477
Zykloidenzeichner 143
Zylindertrieb bei Schneckengetrieben 486